CMP BOOKS
机工IT

人工智能科学与技术丛书

ATTENTION IN ARTIFICIAL INTELLIGENCE
SYSTEMS, MODELS AND ALGORITHMS

人工智能注意力机制

体系、模型与算法剖析

傅罡 著

机械工业出版社
CHINA MACHINE PRESS

“注意”作为一切思维活动的起点，一直是哲学、心理学和认知神经科学的重点研究对象。随着计算机技术的发展，人类对注意力机制的模拟和应用成为计算机科学领域的热点研究方向——让计算机能够具有类似人类的注意力机制，使其能够有效地应用于对数据的理解和分析。Transformer 模型诞生后，注意力机制在人工智能各大重要领域的研究和应用更是如火如荼，成果丰硕。

本书从注意力机制这一重要角度入手，阐述注意力机制的产生背景和发展历程，通过详实的理论剖析，以深入浅出的方式着重介绍注意力机制在计算机视觉、自然语言处理，以及多模态机器学习三大人工智能方向中的应用思路、模型与算法。

本书以人工智能相关专业研究人员，特别是计算机视觉与自然语言处理等领域的研发人员作为主要读者对象，一方面帮其梳理技术的发展脉络、开拓思路、构建完整的认知体系；另一方面为其剖析算法原理、深刻理解算法细节。本书提供配套源代码，下载方式见封底。

图书在版编目（CIP）数据

人工智能注意力机制：体系、模型与算法剖析/傅罡著 . —北京：机械工业出版社，2024. 1（2024. 9 重印）

（人工智能科学与技术丛书）

ISBN 978-7-111-74476-4

Ⅰ. ①人…　Ⅱ. ①傅…　Ⅲ. ①人工智能-研究　Ⅳ. ①TP18

中国国家版本馆 CIP 数据核字（2024）第 000166 号

机械工业出版社（北京市百万庄大街 22 号　邮政编码 100037）

策划编辑：李培培　　　　责任编辑：李培培

责任校对：王小童　李　杉　　责任印制：张　博

北京建宏印刷有限公司印刷

2024 年 9 月第 1 版第 2 次印刷

184mm×240mm · 27. 25 印张 · 573 千字

标准书号：ISBN 978-7-111-74476-4

定价：169. 00 元

电话服务　　网络服务

客服电话：010-88361066　　机　工　官　网：www. cmpbook. com

010-88379833　　机　工　官　博：weibo. com/cmp1952

010-68326294　　金　书　网：www. golden-book. com

机工教育服务网：www. cmpedu. com

前　言

PREFACE

“注意是我们心灵的唯一门户，意识中的一切，必然都要经过它才能进来。”

——俄国著名教育家、俄国教育学体系创立者乌申斯基

幼儿园阿姨总是拍着手对小朋友说“小朋友请看我这里……”，英语老师也常常敲着黑板要求学生“pay attention……”。无论是幼儿园阿姨还是英语老师，他们的目的是相同的——让他人“集中注意”。那么，所谓的“注意”到底是什么？

不同的学科会从不同的视角对注意做出不同的解释。从生理学视角，注意是我们的感觉器官对外界事物做出的有侧重的响应，并由此引发一系列的生理活动。例如，以视觉注意力为例，就在此时此刻，你正在读的这句话，没错，就是这句话，你的眼球就聚焦在这句话上，其他的文字仿佛“形同虚设”；从心理学视角，注意是心理活动对对象的指向和集中。我们对某事物“有所思”，正是因为我们将心智指向并聚焦在该事物上，即对该事物产生了注意；从认知学视角，注意是外界信息进入认知环节的唯一通路……但无论从哪个视角定义，注意的核心理念是统一的：注意是一切思维活动的起点——有注意，方有思考，通过注意，才能认知。

人工智能（Artificial Intelligence）作为计算机科学的一个重要分支，是研究、开发用于模拟、延伸和扩展人的智能的理论、方法、技术及应用系统的一门技术体系。能够让机器以人类智能相似的方式认知世界并做出恰当的反应，一直是人工智能技术追求的目标。既然注意作为一切认知的起点，对注意力机制的探索与模拟也是人工智能领域的一个重点研究方向。

本书从注意力机制这一重要角度入手，阐述注意力机制的产生背景和发展历程，通过详实的理论剖析，以深入浅出的方式着重介绍注意力机制在计算机视觉（Computer Vision）与自然语言处理（Natural Language Processing）两大人工智能方向中的体系、模型与算法，并在最后将注意力机制在其他智能领域的应用加以拓展。

全书一共分 7 章。第 1 章沿着时间线索，从相对宏观的角度，从哲学思辨到计算机科学，介绍注意力机制研究的“前世今生”。尤其是在计算机科学部分，介绍目前人工智能领域中各方向围绕注意力机制的研究现状。第 2 章介绍计算机视觉领域中的注意力机制。该章从注意力的分类谈起，

讨论视觉显著性模型这一注意力在计算机视觉的最直接体现。然后从 5 类典型计算机视觉任务入手，介绍计算机视觉领域任务驱动注意力机制的应用并深度剖析若干算法实例。最后再举若干模型实例，介绍神经网络中“即插即用”的注意力模块。需要说明的是，本章内容不包括 Transformer 在计算机视觉领域“踢馆”的部分，我们将该部分作为第 6 章的内容。第 3 章介绍“前 Transformer 时代”自然语言处理领域中的注意力机制。这一章可以认为是自然语言处理领域的“Transformer 前传”。第 4 章详细剖析 Transformer 这一具有里程碑意义的重要模型，尤其是对自注意力机制的原理进行深刻剖析。第 5 章从自然语言处理领域的预训练范式谈起，重点讨论 Transformer“一统江湖”下自然语言处理领域的最新进展，分门别类地对诸多经典模型进行详细分析。第 6 章介绍“后 Transformer 时代”的计算机视觉领域。以算法实例的方式分析基于 Transformer 的各类计算机视觉模型。第 7 章针对多模态机器学习领域，对注意力机制的最新研究进展和应用展开详细讨论。

对注意力机制的讨论与研究涉及诸多交叉学科，可谓枝繁叶茂，源远流长。尤其是本书介绍的人工智能领域，发展更是日新月异，迅速异常。笔者自认才疏学浅，且时间与精力皆有限，故书中错谬、偏颇恐在所难免。若蒙读者不吝指教，笔者将不胜感激！

作　者

CONTENTS 目录

CHAPTER 1

第1章

人类注意力与计算机注意力——从认识自我到改造世界

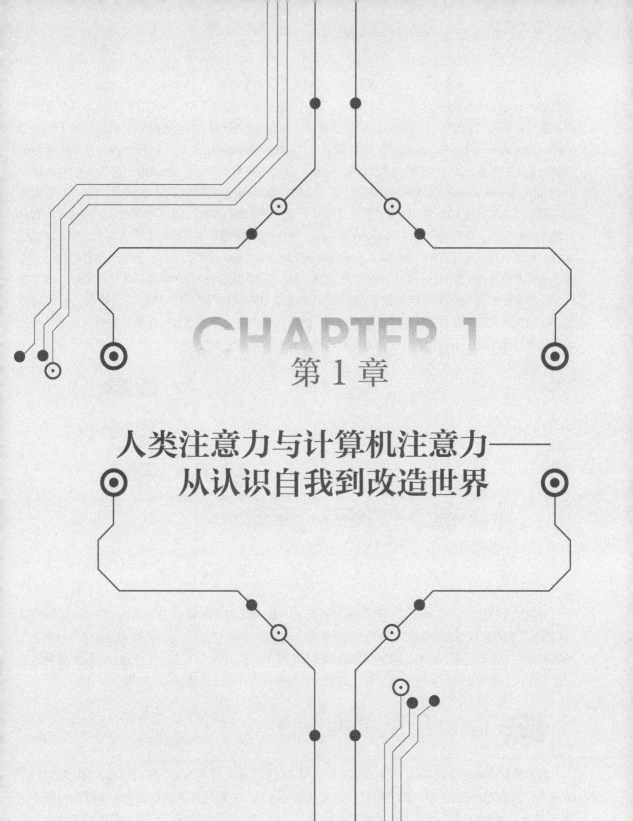

“注意”是一个古老而永恒的话题。与注意相关的研究是从哲学（Philosophy）领域开始的，这是人类对自身如何感知世界本源的思考与探究。随后，人类希望能够更深层次地了解自身心理活动的起源，故注意引起了心理学（Psychology）界的重视，而心理学领域对注意的研究又先后经历了实验心理学（Experimental Psychology）和认知心理学（Cognitive Psychology）两个阶段，由表及里不断明确注意与认知的关系。20 世纪 70 年代后期，随着对脑机制研究的深入，注意也引起了认知神经科学（Cognitive Neuroscience）领域的“注意”。作为认知心理学和神经科学相结合的产物，以“心智的生物基础”作为研究定位的认知神经科学，试图从分子、神经细胞以及脑组织等生物学层面探究注意背后的机理和作用。计算机科学（Computer Science）的兴起大幅提升了人类的生产力水平。作为计算机学科的重要分支，人工智能（Artificial Intelligence）技术从 1956 年诞生的那一刻起，跌宕起伏，一直围绕让机器具有认知能力这一目标不断探索前进。既然心理学、神经科学等诸多学科已经对注意力在认知中的重要作用进行了深刻的论证和积累，对注意力的探究与应用自然也不会被人工智能所错过——让机器具有注意力，从而能够快速排除干扰，自动地将关注重点放在有价值的对象上面，为机器的认知打开通道。不同领域对注意力研究的历史阶段示意如图 1-1 所示。

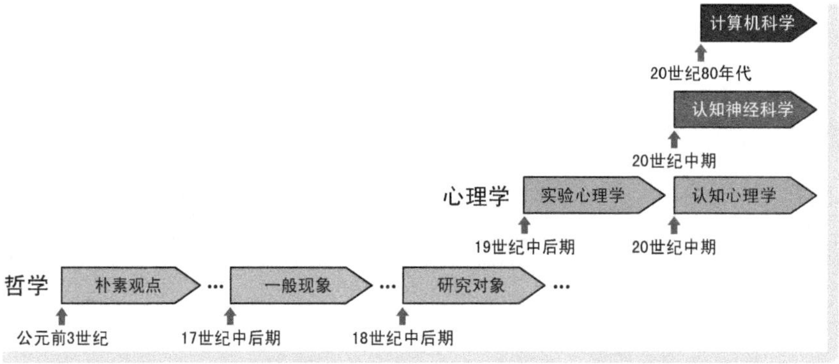

● 图 1-1　不同领域对注意力研究的历史阶段示意

如果说从哲学到认知神经科学都是以“形而上”的方式探索注意力之“道”，则人工智能是以“形而下”的方式探索注意力之“器”；从哲学到认知神经科学对注意力的研究过程，是一个从现象开始不断探究本质的过程，也是人类对自我认识不断深化的过程。而人工智能对注意力的探索更多的是以注意力作为重要工具，将注意力的理论赋能于实践的过程，也是改造世界的过程。

1.1 本源思考：哲学中的注意力

哲学是世界观的理论体系，探索人类怎么看待自我和怎么看待世界这一根本问题。而注意力的主体是人，客体是世间的万事万物。注意力连接主观与客观，关系到意识与存在这一世界观的核心问题。因此，围绕注意力的讨论在哲学领域由来已久，对注意力的探索也经历了从早期的朴素认识，到将其视作一种认知现象，再到将其作为重要研究对象的发展历程。

1.1.1 早期哲学的朴素观点

首先对注意力做出明确阐述的是古希腊哲学家亚里士多德（Aristotle，公元前 384—公元前 322 年）。亚里士多德在其著作《尼各马科伦理学》（*Nicomachean Ethics*）中认为：在诸如我们生动感知某事物，因响亮的声音或音乐分神，专注于几何问题等不同现象的背后，都涉及一种特殊的选择特性，这是不同认知刺激之间竞争的结果。这种选择性就是注意力。亚里士多德还揭示了注意力和快乐是如何增强我们认知活动的[1]。站在现在的视角看，上述观点是简单的甚至可以说是粗糙的，但是追溯到人类对自我认知还是一片“蛮荒之地”的 2000 多年前，亚里士多德强调了注意力的选择特性，并将选择性注意与精神联系起来，这是何等超前的认知？公元 4 世纪，古罗马神学家圣奥古斯丁（St. Augustine，354—430 年）认为之所以我们对某些事物感兴趣，是因为这些事物可以自动吸引人的注意力，从而推断出非自愿注意力的存在。圣奥古斯丁所说的非自愿注意力，实质即自下而上的注意力。这种注意力是不受主观控制的——“之所以我注意你，只是因为你太好看”。

1.1.2 注意力视为一般认知现象

17 世纪，法国著名数学家、哲学家笛卡儿（Descartes，1596—1650 年）虽然没有对注意力的概念进行深入分析，但他却经常提及注意力[2]。例如，在其著作《沉思录》（*Meditations*）中，就反复强调注意力在认知中扮演重要角色：只有集中注意力，才能使得观念变得清晰明了而不被怀疑；只有集中注意力，才能释放思想的认知潜力。除此之外，笛卡儿对自愿和非自愿注意力之间的区别也进行了补充，他将前者称为“关注”（attention），后者称为“惊讶”（admiration）㊀。尤其是后者，笛卡儿的思想已经与一些现代计算机注意力模型所使用的“意外”（surprise）的概念非常接近。尽管笛卡儿的思想充满了主观唯心主义色彩，但其对注意力对于认知的重要性是值得肯定的。特别是其自愿和非自愿注意力的观点，本质上是对自上而下注意力和自下而上注意力的朴素表达。紧随笛卡儿之后，法国哲学家尼古拉·马勒伯朗士（Nicolas Malebranche，1638—1715 年）在其 1675 年出版的著作《真理的探索》（*Concerning the Search after Truth*）中，重点讨论了注意力在场景理解和思维组织中的作用。他还将注意力视为自由意志的基础。马勒伯朗士在书中写道“思想出现的偶然原因是注意力……很容易认识到，这正是我们的自由之道。”[3]因此，从一开始，马勒伯朗士就认为注意力与意识有关。作为英国最早的经验主义哲学家之一，约翰·洛克（John Locke，1632—1704 年）认为人类的一切知识都来自感官经验，而正是通过注意力，才能够将感官经验转化为知识。正如其在著作《人类理解论》（*Essay Concerning Human Understanding*）中阐述的注意力作用在观念后引发认知的过程——“当观念在脑海中浮现但对其毫无所思时，我们几乎无法描述它。但是当观念被关注到并被记录在记忆中时，它就成了注意：当我们的头脑对其投入热情并进行选择，该理念在我们头脑固定，并且不会被其他理念所诱导而发生改变，我们即开始研究它。”[4]洛克的观点用计算机处理数据的过程类比可能会更加形象：那些浮现在脑海的观念如同硬盘上的一个个文件，这些文件平时根本不会受到关注。但是当计算机需要处理某文件的时候，先找到它再加载到内存，然后开始后续的处理。洛克强调了注意力的选择特性及

㊀ 对单词“admiration”现代翻译为“赞美”或“钦佩”，但这里取其旧义，即译为“惊讶”或“惊奇”。

注意作为认知起点的认知过程，这是非常值得肯定的。

18 世纪早期，德国著名哲学家、数学家戈特弗里德·莱布尼茨（Gottfried W. Leibniz，1646—1716 年）首次提出“统觉”（apperception）的概念：将新的和过去的经验、知识、兴趣、态度同化到当前的世界观中。莱布尼茨同样也提到了一种自下而上的、非自愿的注意力形式，并认为这种注意力是将客观事物转化为认知所必不可少的。因此在莱布尼茨的观点中，注意力被视为一个“非自愿的意识之门”。继洛克之后，另一位著名英国经验主义哲学家乔治·贝克莱（George Berkeley，1685—1753 年）将洛克存在“抽象观念”的观点批判得体无完肤，甚至还将经验主义延伸到否定物质这一无比激进的程度。但是贝克莱丝毫不否认注意力在认知中的作用——在其 1710 年出版的著作《人类知识原理》（*Principles of Human Knowledge*）中，虽然未明确阐述注意力的相关理论，但是从侧面反映了注意力使人具备思考抽象观念的能力，以及注意力在描绘“心灵图景”中发挥的重要作用。

1.1.3 注意力作为重要研究对象

洛克、莱布尼茨以及贝克莱等哲学家的研究重点在于人类如何形成知识，并且也都承认注意力在知识形成过程中所扮演的重要角色。但是他们更多的认为注意的过程是以“润物细无声”的方式，在不经意间完成的，即他们均认为注意力仅仅是一种认知现象，无需给予太多解释。然而，纵观整个 18 世纪和认知有关的哲学和心理学研究，越来越多的人认为注意力本身就是一个非常值得研究的对象，并开始将注意力作为一个独立的理论展开研究。

德国启蒙哲学家克里斯蒂安·沃尔夫（Christian Wolff，1679—1754 年）将莱布尼茨哲学系统化，并在其著作中以大段篇幅阐述注意力，尤其是视觉注意力的作用机制。沃尔夫首次对注意力的移动做出了生动比喻：“首先感知整棵树，然后将注意力从树叶转移到树枝再转移回树干；或者感知一片叶子，将注意力从形状转移到颜色。”[5]㊀

18 世纪对注意力的阐述同时向两个方向扩展。第一个方向为：注意力从作用于已经接收到的观念，转向参与这些观念的最初接收，即注意力朝着“传感器端”移动。例如，洛克认为注意力是作用在感官获得的观念上才开启知识的形成。但英国美学家、道德哲学家亨利·霍姆（Henry Home，1696—1782 年）在其 1769 年出版的著作《批判的元素》（*Elements of Criticism*）中却强调“注意力是一种使人准备接受印象的心理状态。根据注意的程度，物体会给人留下强烈或微弱的印象。即使是简单的看的动作，注意力也是必要的。”[6]霍姆认为注意力本身就具有感官功能，即使一个小小的感官行为，注意力都是要参与的。第二个方向为：不仅仅认为注意力在观念感知过程中发挥作用，逐渐开始认为注意力在行为产生过程中同样发挥作用。这一点在苏格兰数学家、哲学家杜格尔德·斯图尔特（Dugald Stewart，1753—1828 年）的观点中体现得尤为明显。斯图尔特在其 1792 年出版的著作《人类心灵哲学的要素》（*Elements of the Philosophy of the Human Mind*）中一方面保留洛克关于注意力在观念选择性存储中重要性这一观点，另一方面认为注意力在决定哪些特定记忆被回忆也起着重要作用，即

㊀ 准确地说沃尔夫的观点属于经验心理学（Empirical Psychology）范畴，且该段描述也是在其心理学著作中提出的。但是考虑到早期心理学问题绝大多数是在哲学领域内讨论的，所用的是思辨和经验概括的方法，故本书将沃尔夫的观点算作哲学观点。

认为某些注意力对于任何记忆行为都是必要的。斯图尔特甚至认为注意力在熟练行为的开发和运用中起着作用[7]，即认为注意力能够影响行为。

在斯图尔特之后的一个世纪里，人们不断期望注意力能够解释更多的内容，包括从感知到思考再到行动等各种各样的众多心理学现象。但是，在哲学的框架下，以思辨和经验的方式研究注意力及其相关心理学问题再难以产生实质性进展，甚至带来了诸多争论和混乱。

1.2 心路历程：心理学中的注意力

在 19 世纪以前，绝大多数心理学问题都在哲学领域中讨论。19 世纪随着生物学、物理学以及其他自然科学的发展，心理学逐渐与哲学脱离成为一门独立的学科，对心理学问题的探索逐渐拥有了一套有别于哲学的、科学完整的研究体系。对注意力的研究也随之进入一个崭新时代。

心理学领域将注意力的作用机制至少分为四种：第一种注意力表现为“唤醒”（arousal）或“警觉”（alertness）。例如，小明在课堂望着窗外发呆，老师突然敲黑板，小明不禁浑身一颤，然后赶紧看黑板；再例如，正在进食的小猫突然听到异响，立即停止进食，开始紧张地四处张望等。上述例子中注意力仅用于帮助实现状态切换，而与认知无关。第二种注意力与认知有关，一般称为“感官注意力”（sensory attention）。所谓的感官注意力是指在我们通过眼睛、耳朵等感觉器官获取输入后，帮助我们聚焦心智，实现信息加工并完成认知的一种注意机制。例如，在看书时，目光不断地在字里行间移动聚焦，同时大脑也在不断思考，领会文字的含义。第三种注意力与行为有关，表现为“认真”（conscientious）或“专注”（concentration）。在这种机制下，注意力参与并指导身体动作的执行。例如，体操运动员必须通过集中注意力来完成高难度的动作。第四种注意力表现为“冥思”（meditation）。比如，闭着眼睛想象一个苹果的样子和味道，注意力的确集中在脑海中那个“虚拟”的苹果上，但此时此刻感觉器官未获得任何信息输入，自然不存在对外界信息的加工。当然，需要说明的是，上述几种注意力并不是孤立的，往往体现为完整行为的多个环节。例如，球场上，小明的思绪已经“神游”，突然场边教练叫他的名字，小明先是浑身一颤，然后意识到是在叫自己，然后开始专心运球……整个过程中前三种注意力均发挥了作用——注意力先后发挥了唤醒、参与认知和参与行为三方面的作用。考虑到本书的落脚点在于人工智能中的注意力机制，而人工智能最重要的目标是让机器具有认知世界的能力。因此，我们将聚焦第二种注意力机制展开详细讨论。

1.2.1 实验心理学中的注意力

19 世纪下半叶，德国著名生理学家、物理学家赫尔曼·冯亥姆霍兹（Hermann von Helmholtz，1821—1894 年）围绕视觉与听觉感官的作用机理，以及感官与心理活动之间的相互作用等方面开展了诸多深入研究，取得丰硕的研究成果。1875 年，在其出版的著作《生理光学手册》（*Treatise on Physiological Optics*）中，冯亥姆霍兹强调了眼球运动获取场景信息这一重要生理机制，他强调在视野中移动眼睛“是我们能够尽可能清楚地依次看到场景各个部分的唯一方法”[8]。尽管冯亥姆霍兹的实验工作主要涉及对“外显注意力”（overt attention）的研究，但是他还指出了“内隐注意力”（covert

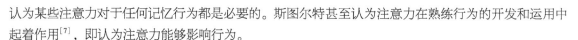

attention）的存在㊀。除此之外，冯亥姆霍兹将注意力扮演的角色看作是“感兴趣的东西在哪里”问题的答案。作为实验心理学对注意力的先驱研究，即使在一百多年后的今天来看，冯亥姆霍兹的观点也具有非常深刻的指导意义。

1879年，德国生理学家、心理学家威廉·冯特（Wilhelm Wundt，1832—1920年）在莱比锡大学创立世界上第一个专门研究心理学的实验室，标志着实验心理学（Experimental Psychology）的诞生，也使得对注意力的探索进入了一个科学研究的阶段。首次将意识和注意力的研究引入心理学领域的正是实验心理学的奠基人、有着实验心理学之父之称的冯特本人。冯特让受训过的天文学家通过望远镜判断天体凌日能力，研究每个参与者注意力的个体差异。冯特将这种差异解释为一个人自愿将注意力从一种刺激转移到另一种刺激所需的时间，并由此开启了一系列关于心理处理速度的研究[9]。另一位实验心理学的代表人物，冯特的学生、英籍美国心理学家爱德华·铁钦纳（Edward B. Titchener，1867—1927年）把注意力在感知和“感觉明确性”（sensory clearness）中的作用作为其最基本的特征。在其1908年发表的文章中，将注意力定义为“一种感官明确性的状态，有边界和焦点。注意力是意识的一个方面，与专注于体验的某些事物所投入的努力有关，从而使这些事物变得相对生动。”[10]

在实验心理学界，美国著名心理学家、有着美国心理学之父之称的威廉·詹姆斯（William James，1842—1910年）可以说是里程碑一般的存在。其著作《心理学原理》（*The Principles of Psychology*）几乎概括整个19世纪的心理学内容，堪称心理学的经典著作。尽管这不是心理学领域第一部以详细讨论注意力作为主题的著作，但是，这本书写于1890年那个特殊的年代，要知道那正是处在一个对注意力讨论的大混乱时期，更是心理学作为一门学科的发展至关重要的时期。与温度、质量等物理学对象都具有明确定义相反，注意力作为一种心理现象，此刻还没有一个被大家广泛接受的定义。詹姆斯要做的首要工作是要给注意力一个可以被广泛认可的定义，从而能让大家能够搁置争议，一致向前。詹姆斯于1890年在其著作中写下名言：“人人都知道什么是注意。”[11]这句话的意思大概是“不多说，你懂的”，似乎什么也没说，但是却有着非凡的意义——至少所有人在这句话上是能达成高度共识的。詹姆斯接下来对注意的定义更为明确：“‘注意’是意识以清晰而迅速的形式，在多种可能性中选取一个物体或一系列想法的过程。定焦、集中和意识是注意的关键因素。注意意味着对某些对象的忽视，以便更高效地处理其他对象，它与分散、混乱的精神状态相对，后者称作‘分心’。”[11]尽管詹姆斯这句话更像是一种描述，而不像是一个科学客观的定义。但是，上述描述将注意力所具有的主观性、选择性、指向性和集中性等心理、生理以及认知特性表达得已经非常明确。除此之外，詹姆斯认为注意力使我们感知、构思、辨别、记忆，并缩短反应时间，例如，当我们集中注意力时，思考可以更加迅速，动作也会更加敏捷。詹姆斯对“主动”和“非主动”注意力进行了定义和区分，可以说这是对注意力自下而上特性和自上而下特性的进一步阐述。另外，与冯亥姆霍兹不同，詹姆斯认为注意力应该回答感兴趣的东西“是什么”这一问题。尽管冯亥姆霍兹“在哪里”和詹姆斯“是什么”的观点看似差不多，但是二者却有着实质性的区别：前者更多地强调注意力的被动特性——感兴趣的东西本身

㊀ 外显注意力是指目光直视所投射的注意力形式，如开车时目光直视前方路况，可以理解为是直接的、显式的注意力表现形式；内隐注意力是指不通过眼球移动即实现的注意力形式，如开车时用余光查看侧方来车等，可以理解为是间接的、隐式的注意力表现形式。

就客观存在，注意力只是帮助我们找到它；而后者强调注意力有发现感兴趣东西的主观能动性，甚至是注意力能够决定何为感兴趣的东西。可以说詹姆斯对注意力的很多观点为后续认知心理学、认知神经科学，甚至是计算机科学对注意力的研究都起到引领性的作用。

1.2.2 认知心理学中的注意力

20 世纪初期，行为心理学（Behavioral Psychology）在美国诞生。该流派认为意识这种发生在头脑中看不见摸不着的东西是“鬼火”，不应该作为心理学的研究对象，心理学应该去研究从人的意识中折射出来的客观存在——行为。在这一思路的指导下，自然有很多心理学家尝试用行为来解释注意力。例如，美国心理学家约翰·弗雷德里克·达希尔（John Frederick Dashiell，1888—1975 年）在其 1928 年出版的行为主义著作《客观心理学基础》（*Fundamentals of Objective Psychology*）中，将注意力解释为一种“举止”（posturing）[12]。但是这种试图用某一种外化行为解释内心活动的做法过于苍白无力，自然难以成功。然而，正是因为行为心理学以看得见摸得着的人类行为作为研究对象，容易借助生物、物理等学科的理论和方法作为其研究和实验手段，这些偏“实在”的特性使得其一时间成为心理学的主流方向，产生了极大的影响力。在相当长的一段时期，使注意力这种与意识和认知高度相关的过于“虚幻”的对象，长期受到冷落。

第二次世界大战以后，信息、通信等理论获得突飞猛进的发展，再加上心理学界对行为主义的广泛质疑，人们开始试图用信息加工的过程来刻画认知过程。20 世纪 50 年代，认知心理学（Cognitive Psychology）应运而生，重新将认知作为研究的核心对象。对注意力的研究也随之迎来了重大转机，重返“C 位”。

英国电气工程师、认知学家爱德华·切瑞（Edward C. Cherry，1914—1979 年）在 1953 年提出“鸡尾酒会效应”（Cocktail-party Effect），描述了人能够在嘈杂的环境中排除干扰，把注意力集中在和某人的交谈上这一现象。受到切瑞观点的启发，1958 年，英国著名心理学家唐纳德·布罗德本特（Donald E. Broadbent，1926—1993 年）在其出版的著作《感知与交流》（*Perception and Communication*）中提出著名的过滤器理论⊖，以此理论来刻画人类对信息加工的过程。过滤器理论认为外界的信息是大量的，而人脑的容量和加工能力又有一定的限制，于是出现了瓶颈。为了避免因“带宽不足”的超负荷问题，就需要一个过滤器来实现信息选择功能——选择其中较少且价值高的信息，使其进入高级分析阶段接受进一步的加工而被认知和存储，而其他信息则予以抛弃。在过滤器理论中，注意力就扮演信息过滤器的角色，该过滤器根据诸如图像颜色、说话人的语音特点等特定物理属性对信息进行选择。正如布罗德本特所说“注意是资源有限的加工系统的工作结果。”[13]布罗德本特的过滤器理论是认知心理学界第一个体系化的认知架构，对后来认知心理学对注意力的研究带来深远影响。由于布罗德本特过滤器理论认为注意力的选择机制发生在一切认知之前，因此该观点又被称为“早期选择理论”（Early Selection Theory）。也正是因为注意力在信息加工过程中扮演信息筛选的角色，这一类注意力机制也被称为“选择注意力”（Selective Attention）机制。但是，尽管过滤器理论能够对“鸡尾酒会效应”等现象进行很好的解释，但却很难解释一些随机的注意现象。例如，乘坐飞机飞临广阔沙漠，从

⊖ 布罗德本特的过滤器理论也经常被称为“瓶颈”（bottleneck）模型。

悬窗望向地面，唯有一望无际的苍茫，单调而无聊。突然间，飞机下方出现一片绿洲，我们瞬间被吸引，顿时来了精神……这一切是如何发生的？过滤器理论认为认知系统试图去定位那些能够引起注意的信息输入，似乎有一种“需求就在这里，给我找出满足需求的对象”的感觉。但是上面例子中的注意力体现出极大的是随机性，根本就不存在任何预先的设定，这一现象用过滤器理论就很难解释。

在布罗德本特的过滤器理论中，注意力对信息的选择采用“非留即走”的方式进行——注意力中存在一系列选择信息的阈值，那些没有超过阈值的信息根本就不会进入认知环节。例如，以听声音为例，过滤器理论可能以声音强度为阈值，认为声音强度高于某个阈值的才会被感知，否则认为其根本就无法被察觉。显然，这种“一刀切”的方式在很多情况下与现实人类的认知现象是不符的。例如，在一个异常嘈杂的环境中，很容易注意到别人呼唤自己的名字，即便是声音很小也有可能引起注意。这就意味着那些没有被注意的信息不是直接被“挡在门外”，只是强度被减弱了。因此，在 1960 年，美国著名心理学家安妮·特里斯曼（Anne M. Treisman，1935—2018 年）提出注意力的衰减理论。衰减理论与过滤器理论相比，有三点显著的区别：第一，在衰减理论中，注意力扮演的角色是衰减器，而不再是纯粹的二元化的过滤器；第二，衰减理论中注意力对于不同信息的筛选阈值是不同的，这一点也是显而易见的——听到陌生名字和听到自己名字能够引起注意的强度阈值一定是不同的，陌生名字的阈值高，而自己名字的阈值低；第三，衰减理论强调注意力的筛选过程受到认知的指引。同样是在“叫名字”的例子中，听到某个名字就会立即引起注意，前提是意识中已经存在这个人的名字，这一观点再次体现了注意力的自上而下机制。

无论是过滤器理论还是衰减理论，都认为注意力的选择发生在认知过程之前。然而有些心理学家则认为信息在进入过滤器和衰减器之前已经得到分析，而注意力对信息的选择发生在加工后期的反应阶段。这便是所谓认知的“后期选择理论”（Late Selection Theory）。该理论由美国夫妻心理学家安东尼·多伊奇（J. Anthony Deutsch，1927—2016 年）和戴安娜·多伊奇（Diana Deutsch，1938 年至今）于 1963 年提出。具体来说，后期选择理论描述了如下的认知过程：所有的信息首先经过一个前期分析，并被暂存在一个称为“工作记忆”（working memory）的临时存储空间中，然后注意力在工作记忆上展开选择，选择的结果被送入记忆形成认知。后期选择理论体现了注意力基于记忆的信息二次加工特性，因此也被称为完善加工理论或记忆选择理论。下面再举一个例子对后期选择理论做进一步说明。假如需要从若干个随机数字中找到其中最大的那个，我们需要逐个看一遍这些数字，这便是前期的分析；我们需要将看过的数字记在心中，这便是工作记忆的临时存储；然后我们根据记忆选择最大的那个数字，这便是注意力的选择。正所谓看遍所有数，只取最大值。

过滤器理论、衰减理论和后期选择理论的差异主要体现在注意力的选择发生在认知过程中的不同环节上。图 1-2 示意了过滤器理论、衰减理论和后期选择理论三种注意力选择在信息加工中的机制。后期选择理论之后，还有很多心理学家对注意力的选择机制提出了更多的观点。例如，在 2006 年，约翰斯顿（Johnston）等[14]学者提出了注意力的多阶段选择理论。顾名思义，该理论认为注意力对信息的选择可以发生在认知环节中的多个阶段，即认为在不同的认知场景中，注意力可以在任何阶段介入并发挥选择作用。上述这些理论讨论的核心问题都是注意力的选择特性是如何在认知过程中发挥作用的，因此这些理论共同构成了认知心理学中注意力选择的认知理论体系。

眼睛是我们最主要的感觉器官，我们对世界信息的获取绝大多数来自视觉。视觉感官接收到的信

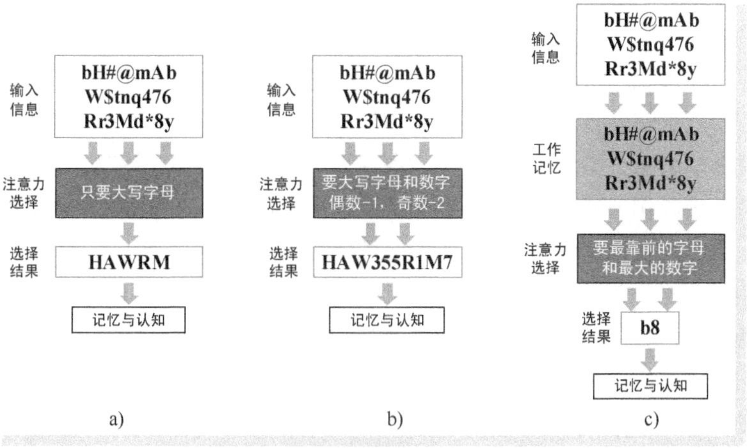

● 图 1-2 过滤器理论、衰减理论和后期选择理论示意图

a）过滤器理论 b）衰减理论 c）后期选择理论

息可以说是海量的，只要是睁着眼睛，视觉场景就会源源不断地从眼前经过。但是，面对如此大规模的视觉信号，视觉系统将其中的绝大部分视为“过眼云烟”，唯有那些引发注意的少部分输入才能真正由眼入心，可以说视觉系统将注意力的选择特性发挥得淋漓尽致。那么我们不禁要问：视觉系统中的注意力基于什么因素进行聚焦，或者说视觉注意力到底在“选什么”？心理学界对上述问题一直争论到了今天，但大家普遍认为能引发注意的因素至少包括三个：特征、位置和物体。与之对应的即有三种类型的注意力机制：基于特征的注意力(Feature-based Attention)、基于空间的注意力(Space-based Attention）和基于物体的注意力(Object-based Attention)。其中，基于特征的注意力工作在特征层面，认为视觉刺激是形状、大小、方向、颜色和明暗度等特征的复合，某一个特征维度的信息或某几个特征维度信息的组合都可能被视觉注意系统选择性地加工。例如，在如图 1-3 所示的两个视觉刺激物看板中，我们可以瞬间将目光聚焦在那两个“特立独行”的图形上面。并且我们也很清楚地知道对于这两组刺激物，我们分别因形状（也可以认为是方向）和颜色引起注意。在 1971 年，英国认知心理学家艾伦·奥尔波特（Alan Allport）利用具有不同颜色和形状的简单视觉刺激物开展了类似视觉认知心理实验。奥尔波特在其实验中发现，在人类的视觉系统能够对颜色和形状刺激这两个不同的维度进行并行编码并进行视觉加工，通过追踪受试者的眼球运动定位其注视位置，得出人类的视觉注意力是基于视觉特征所激发的结论。

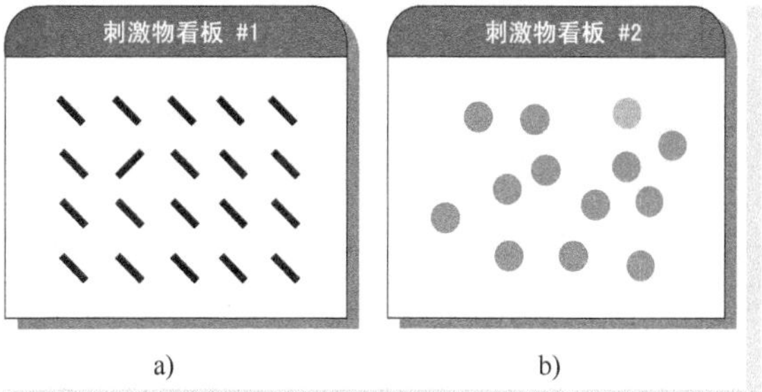

● 图 1-3 基于形状和基于颜色的视觉刺激物示例

a）基于形状的视觉刺激物 b）基于颜色的视觉刺激物

说完“特征派”，我们再来看看“空间派”。基于空间的注意力，认为视觉系统的注意力构建在位置这一因素上，即认为视觉注意力重点解决“看哪里”的问题。这就是著名的注意定向(Attention Orientation）问题。1980 年，美国心理学家迈克尔·

波斯纳（Michael Posner，1935年至今）在开展了一系列视觉认知心理实验后，提出了注意定向理论（Attention Orienting Theory）。注意定向理论认为：注意力如同聚光灯下的光线般投射到视觉场景中，例如，在图1-4a中，视觉注意力首先被区域A[⊖]所吸引；注意力的焦点可以在场景中移动，即注意力能够定向或重定向（reorientation）；注意的范围可以像变焦镜头一样进行缩放，而注意集中程度在焦点处最高，并向四周逐渐衰减。注意定向理论认为注意力投射的空间位置取决于外因和内因两方面因素，即所谓的外源性定向和内源性定向。外源性定向是指根据刺激的显著性或刺激潜在的相关性引发的注意位置改变，因此没有意识指引，是一种“自下而上”的方式。例如，在图1-4b中，原本投射在区域A上的注意力被其左侧的区域B所吸引；内源性定向是指在特定目标驱动下，注意力以“带着任务”的方式产生投射位置的改变，因此属于“自上而下”的方式。例如，在图1-4c所示的例子中，注意了两个区域后，我们希望再看看还有什么其他类似的区域，因此我们带着“找类似区域”的目的将注意力焦点移动到区域C处。注意定向理论强调了注意力的分布是以特定空间位置或者区域为基础的，系统地阐述了不同注意定向方式对视觉信息加工的作用和影响。

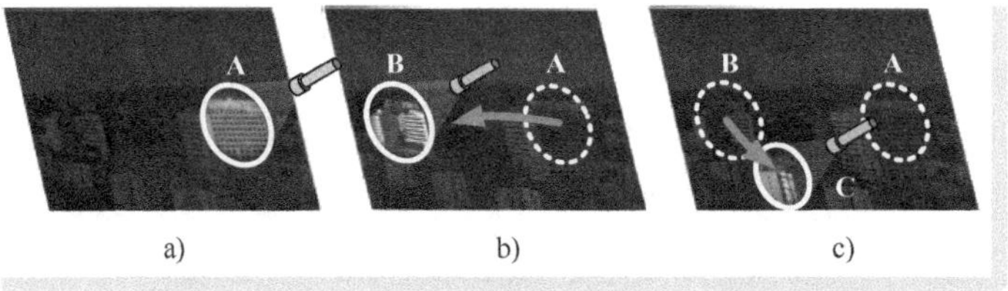

● 图1-4　视觉任务中的注意定向理论示意图

a）初次定向　b）外源性重定向　c）内源性重定向

尽管空间在视觉选择中扮演着极其重要的角色，但是人们也逐渐意识到空间并不是注意力机制的唯一因素，例如，在图1-4所示的例子中，注意力的投射和转移到底是基于“纯区域”还是“建筑物”？显然后者恐怕更能立得住脚——实际我们在看这幅照片的时候很大程度是带着看建筑的目的的。这就意味着很多注意力选择的基本单位是物体。这也正是“物体派”的观点，接下来我们再来说说基于物体的注意力。基于物体的注意力，简单来说就是因为“是个‘东西’”才引起的注意，这里的“东西”学名叫作“知觉物体”（Perceptual Objects）。所谓的知觉物体，严格来说即遵从格式塔（Gestalt）法则的、由部件构建的可感知整体。基于物体的注意力理论认为我们注意的是那些高层次的知觉物体，而构成物体的部件会被忽略。因此注意力的选择性体现为谁的对象完整性越高就选择谁。例如，在图1-5a所示的两幅图中，我们是先注意到大熊猫呢还是黑白“零件”？答案肯定是大熊猫。即便是大熊猫脸和肚子的边缘根本就没有画出，但是这一切显然是“脑补”到了，我们似乎早已感受到了“胖乎乎，圆滚滚”的形象；再例如，图1-5b所示的图形，我们最先注意到的是字母“QN”还是构成字母笔画的一个个笑脸？答案自然是“QN”。这两个例子都说明了感知物体在注意力投射时的先整体后局部特性——大熊猫作为层级远远高于黑白零件的可认知对象而得到优先注意；同样，笑脸拼成的字母

⊖ 示例中，几个区域的实际内容都是“建筑物”，但我们刻意规避直接使用“建筑物”一词。这是因为基于空间的注意力仅强调空间位置（反映在图像上即区域），不会涉及物体层面的语义类别，即认为注意力纯粹因“区域”引起，而不是因“建筑物”而引起。后者反而是“物体派”的观点。

“QN”在认知层级上远高于笑脸本身，故其也作为物体被优先注意。额外补充一点，格式塔理论除了解释注意力的选择机制外，还试图阐述人们对视觉输入进行分组的倾向性。还是以图 1-5 的两组图为例，在不看任何文字描述的前提下，甚至是在认清大熊猫和具体字母之前，我们一眼看上去就知道这幅图大致在说两件事——格式塔理论认为人的视觉系统自动会按照视觉刺激的一致性自动分组。

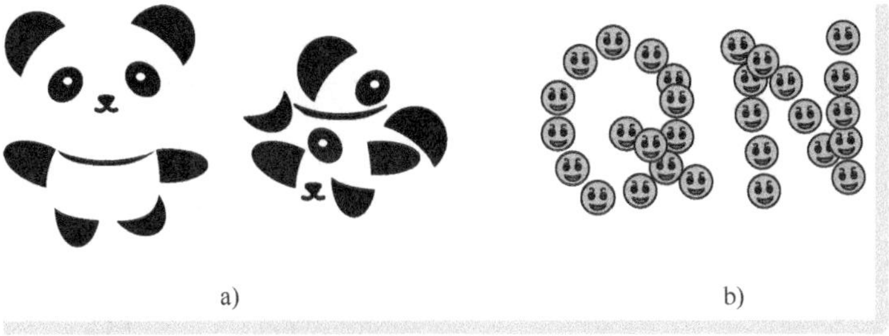

● 图 1-5　物体与部件示例

a）熊猫简笔画与打散的图案部件　b）笑脸图案拼成的英文字母

视觉场景中，物体最直接的特性就在于其能够区别于背景。例如，我们能够注意到绿草地上的一个足球，实际上我们的视觉系统已经在认知的最初阶段实现了足球（前景）与绿地（背景）的剥离。1967 年，有着认知心理学之父之称的美国著名认知心理学家乌尔里克·奈塞尔（Ulric G. Neisser，1928—2012 年）在它出版的著作《认知心理学》（*Cognitive Psychology*）中提出了人类早期视觉的两阶段理论。奈塞尔认为人类的早期视觉分为预注意阶段（Pre-attentive Stage）和聚焦注意阶段（Focal Attention Stage）两个阶段。其中，在预注意阶段，视觉系统并未产生真正的意识，仅仅是从场景中获取视觉刺激。这些刺激表现为场景对象的各类视觉特征；在聚焦注意阶段，大脑中的视觉神经系统会将这些特征进行融合，形成一张注意力分配图，指明场景中注意力在不同对象上的分布，然后以此再去指导眼球朝着显著区域运动。两阶段理论的选择注意力机制体现了被注意的基本元素不是纯粹的特征或空间位置，而是物体。注意力分配图可以视为注意力在视觉场景上的“掩膜”，因此已经体现了分离前景和背景的机制，蕴含了基于物体注意力的思想。下面我们举一个例子说明两阶段理论描述的注意发生过程：小明走在昏暗的街巷中，突然在他的左前方亮起一个灯带拼成的红色大字，于是小明的认知系统开始工作。首先，预注意阶段提取场景中各要素的特征，其中包括字的笔画和亮度特征；然后，聚焦注意阶段将这些特征进行融合形成注意力分配图，由于字的位置笔画纵横且闪闪发亮，而场景中其他的区域漆黑一片，所以唯独字的位置在注意力分配图上最为显著；最后大脑按照注意力分配图给眼球下达了“看左前方”的指令——小明定睛一看，原来那是一个大写的“串”字，认知完成。基于物体注意力的特性体现为小明在认清“串”字之前，已经意识到了左前方有一个“亮东西”的存在。也正是因为上述两个阶段均发生在小明看清“串”字之前，因此才称为“早期视觉”。尽管奈塞尔的两阶段理论已经体现了选择注意力是“选物体”的诸多性质，但是正式将基于物体注意力“搬上台面”讨论的是剑桥大学心理学家约翰·邓肯（John Duncan）。1984 年，邓肯发表其具有开创性的研究成果，标志着视觉注意力选择单位概念变化的开始。如图 1-6 所示，在邓肯的对比试验中㊀，

㊀ 邓肯的实验实际使用的是带缺口的矩形叠加不同角度的点线段或虚线。但是为了更加直观举例，这里我们换成水果。

要求受试者完成 3 组认知实验：第 1 组实验为报告某对象上的一个特征，如说出苹果的颜色；第 2 组实验为报告相同对象上的两种特征，如说出香蕉的颜色和形状；第 3 组实验为报告不同对象上的两种特征，如说出苹果的颜色和香蕉的形状。结果表明第 2 组实验与第 1 组实验相比，受试者报告的正确率没有明显变低，但到了第 3 组实验，受试者的正确率却明显降低。实验结果一方面说明了基于空间注意力的不合理性——这些实验的空间位置并未发生改变，但结果却大相径庭；另一方面说明，人在认知过程中更倾向于将不同特征和物体捆绑为一个整体，这就意味着注意力选择的基本元素是带着各种特征的物体。

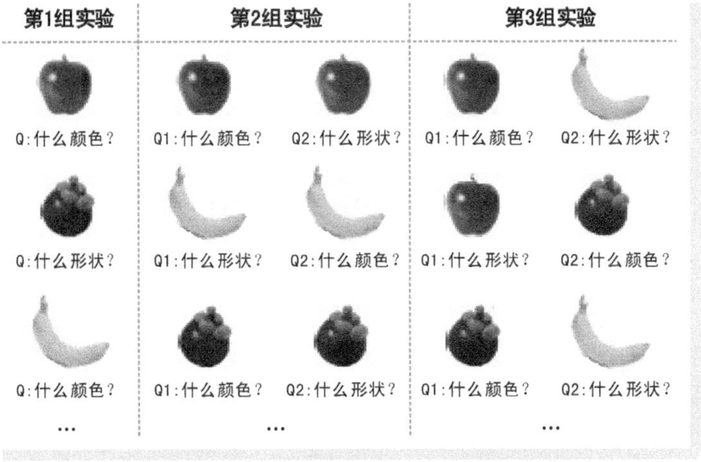

● 图 1-6　邓肯视觉认知对比实验（水果版）

特征在我们的认知过程中扮演着重要的角色，我们所认知的万事万物都可以用不同维度的特征来描述。例如，我们能够快速且准确地分辨一个红色的圆形，这一分辨过程使用到颜色和形状两个维度的特征，且这两个维度的取值分别为红色和圆形。但是，无论是在注意力的选择理论还是奈塞尔的早期视觉两阶段理论中，注意力可以针对不同维度的特征进行筛选，实现特征的获取，然而这离我们形成认知还差了关键的一步：平行获取的特征如何正确地关联起来，形成我们的认知整体——毕竟我们认知的不是独立的“红色”和“圆形”，我们认知的是“红色的圆形”。这便是认知心理学中的“捆绑问题”（binding problem）。衰减理论的提出者、美国心理学家特里斯曼意识到解释捆绑问题的重要性，于 1980 年提出著名的特征整合理论（Feature Integration Theory），该理论为后续认知神经科学和计算机科学对注意力机制的研究都有着极其深远的影响。与奈塞尔的观点类似，特征整合理论将信息的加工过程分为特征获取和特征整合两个阶段。在特征获取阶段，注意力以分散和并行的方式获得认知对象在不同维度的特征。获取每一个维度的特征后，认知系统都会对其进行独立编码，每一类特征的独立编码都称为“特征图”（Feature Map）。在这一阶段，注意力基本上是以自动化加工的方式进行的，是难以觉察的；在特征整合阶段，注意力通过空间位置将不同特征进行“粘合”，以此来解决特征的捆绑问题，从而形成我们对对象的整体认知。在这一阶段，需要注意力逐个加工每一个认知对象，即在加工某一对象时，其他对象暂时处于被遮挡状态。因此该阶段注意力是以类似受控加工的模式开展工作。图 1-7 所示为特征整合理论对信息的加工流程。在理解早期视觉两阶段理论和特征整合理论时，都有着似曾相识、甚至“倍感亲切”的感觉。的确，特征理论处处体现了计算机视觉特征提取与融合的基本理念——我们使用不同的滤波器作用在图像上，为的就是得到图像不同的特征？再说眼前，我们在深度学习中广泛使用的深度卷积网络，不正是在反复应用特征的获取与特征的整合？只不过这些特征是任务驱动下的、难以名状的特征而已。

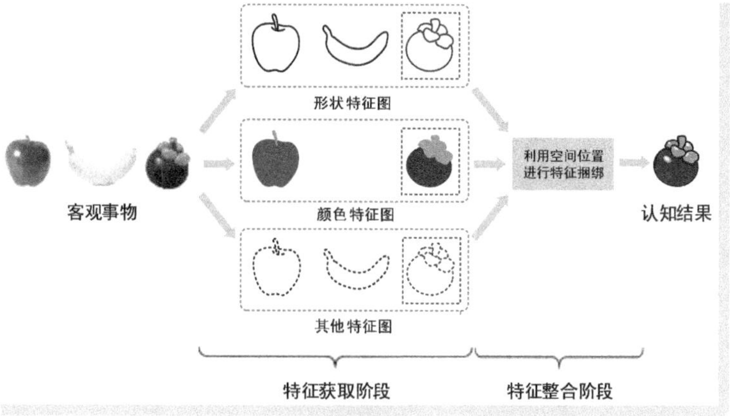

● 图 1-7 特征整合理论对信息的加工流程

视觉感官接收到的信息可以说是海量的，只要是睁着眼睛，视觉场景就会源源不断地从眼前经过。但是，面对如此大规模的视觉信号，我们的视觉系统将其中的绝大部分视为“过眼云烟”，唯有那些引发注意的少部分输入才能真正由眼入心。那么，我们的视觉系统是如何决定“看哪里”的呢？

认知心理学中，还有一类重要的观点是将注意力看作是一种认知资源。既然是资源，那就意味着需要考虑其分配问题。1973 年，以色列著名心理学家、诺贝尔经济学奖得主丹尼尔·卡内曼（Daniel Kahneman，1934 年至今）在其著作《注意力与努力》（*Attention and Effort*）中就将注意力视为认知资源。卡内曼认为人的注意力资源总量是有限的，注意力具有能够在不同任务间进行分配的特性——如果一个任务没有占用所有注意力，那注意力就可以再分配到其他的任务上。上述观点在我们的日常生活中的例证可谓比比皆是。例如，在刚开始学开车的时候，我们双手紧握方向盘，目不转睛直视前方道路，丝毫不能有一丝分心，仿佛投入了全部的注意力；但是当我们成为“老司机”以后，我们可以一边开车一边听音乐，同时还查看着电子地图，仿佛开车这件事已经不需要投入全部的注意力。那么问题来了，多个任务同时抢占注意力资源的时候会不会产生阻塞，或者导致某些任务的质量下降？1975 年，美国学者、作家唐纳德·诺曼（Donald A. Norman，1935 年至今）与计算机科学家丹尼尔·鲍勃（Daniel G. Bobrow，1935—2017 年）一起对这一问题做出了进一步的阐述。在其文章中，以类似“计算机”的方式，讨论了当多个任务共同使用注意力资源时，什么情况下可能会出现相互干扰的问题。二位学者还认为当注意力资源受到限制时，任务的完成质量会降低。上述观点是显而易见的，可以概括为两句话——同时干好多件事往往很难，要干好一件事必须集中注意力。沿着心理资源分配的思想，人们开始思考决定注意力分配的因素到底是什么的问题，首先发现注意力的分配和熟练程度与任务的难度有关，从而进一步引出了注意力的“自动与受控加工”（Automatic and Controlled Processes，ACP）理论。ACP 理论体现了注意力分配过程中存在自动化加工和受控加工两个方面的特性，由美国心理学家沃尔特·施耐德（Walter Schneider）和理查德·希夫林（Richard M. Shiffrin，1942 年—至今）在 1977 年提出。在 ACP 理论中，自动化加工体现了在面对简单任务时，认知的过程会体现为在非刻意情况下的自动完成，认知过程对注意力的资源耗费极低。例如，通过反复练习使得我们可以轻松完成某个任务，即“熟能生巧”，前面开车的例子就非常能说明问题；再例如，运动员反复练习某动作，逼迫自己出现“想都不用想”的应激能力，这种能力也称为“肌肉记忆”。而受控加工指的是面对较难任务时，我们的认知系统会自动为其分配更多的注意力资源。还是以开车为例，在熟悉的路段上，我们可以“轻车熟路，谈笑风生”，这时体现出了注意力的自动化加工机制；当到达不熟悉的路段或者路况变得复杂时，我们又回到了聚精会神的驾驶模式，这表明受控加工机制开始启用。从卡内曼开始将注意力作为一种心理资源，到随后注意力资源的分配等各种机制的讨论，都属于认知心理学中注意力分配的认知理论范畴。

1980—1990 年间，认知心理学界对注意力的研究已经变得相当的广泛，产生了大量关于注意力的理论。然而，可惜的是没有一个理论能够完美地解释所有认知现象。人们似乎察觉到自己之前把注意力想简单了。随着研究的深入，人们发现注意力在认知中扮演的角色远比想象中的要复杂得多，甚至开始对注意力的存在性产生了质疑。历史就是这样充满了戏剧性，19 世纪 80 年代末，注意力把心理学家们再次逼到窘境，这与 90 年前的哲学家们面对的局面是何其的相似——费尽心思提出的理论却解释不了现象。1890 年，美国心理学之父詹姆斯发出“人人都知道什么是注意”的呐喊，给心理学家们指明了道路。可 90 年后的此时此刻，人们却发现自己对注意力似乎一无所知。正如波斯纳在其著作《注意力心理学》（*The Psychology of Attention*）中回顾此时的境地时，发出“没有人知道什么是注意力”的感叹。看来，又到需要技术革命来突破困境的时刻了。

1.3 深入脑海：认知神经科学中的注意力

从人类诞生起直至今日，我们对自身认知过程的探索就从未停止过。但是，早期对认知的研究多体现为哲学、心理学等学科的“子模块”㊀，对认知研究局限在其父学科的理论框架中，难以“借他山之石，攻己方之玉”。直到 1975 年，美国学者在斯隆基金会的支持下，将哲学、心理学、语言学、人类学、计算机科学和神经科学 6 大学科进行整合，形成以认知作为独立研究对象的新学科——认知科学(Cognitive Science)。认知科学最重要的支柱是神经科学，正是神经科学为认知科学提供了最为重要的脑机制理论支撑。因此认知科学对认知的研究已经不再是哲学的思辨，也不仅仅是心理学等单一学科的实证研究，而是建立在多学科交叉基础上的综合性研究。

神经科学是认知科学最重要的基础。认知科学能够取得重要进展，这得益于神经科学的发展。认知科学与神经科学的紧密结合，催生出了另一个新兴学科——认知神经科学(Cognitive Neuroscience)。认知神经科学借助神经科学的理论和技术，以全新的方法从更深层次探索认知问题。认知神经科学的兴起，无论在理论上还是在技术上都为注意力的研究开创了一条崭新的道路，对注意力的研究也由此进入一个新的时期。

㊀ 哲学中的认知“子模块”称为“认知论”（epistemology）；心理学中的认知“子模块”即上文涉及的认知心理学。

1.3.1 认知神经科学的研究基础和方法

认知神经科学是建立在脑结构和脑功能研究基础上的、利用神经科学方法来解释认知活动的科学。上面的定义将认知神经科学的基础、方法和目的阐述得一清二楚。理解认知神经科学的目的很容易——认知活动，这一点在定义中说得再明白不过了。那么认知神经科学研究的基础和方法具体又是什么呢？

首先谈谈认知神经科学的研究基础——脑结构和脑功能。无论是东方还是西方，最早都认为心脏是产生意识的场所，“心想事成”说的就是这个道理。得益于解剖学，尤其是神经解剖学的发展，人们才发现心脏只是一个“血泵”，大脑才是思维和认知的真正载体。接下来，人们开始将目光集中在大脑上，探究它的结构和功能：首先，发现大脑皮层（cerebral cortex）是意识活动的物质载体，几乎所有信息的加工过程都发生在大脑皮层中。大脑皮层可谓“千沟万壑”，按照皮层上较大的“沟回”㊀，首先将整个大脑分为左右半球，每个半球又都分为额叶、顶叶、枕叶和颞叶四个大的区域；接下来，探索朝着细胞级迈进——人们发现大脑皮层中的神经细胞具有不同的结构，相同结构的细胞喜欢“扎堆”，因此可以按照细胞的结构进行进一步区域划分。其中最为著名的当属德国解剖学家科比尼安·布罗德曼（Korbinian Brodmann，1868—1918 年）在 1909 年提出的“布罗德曼分区”（Brodmann areas），布罗德曼分区系统将每个大脑半球分为 52 个分区。有了大脑的分区系统，我们等于拥有了一张大脑地图，认知的研究也拥有了能够精确定位的“坐标系”。图 1-8 所示为大脑两侧的布罗德曼分区图。

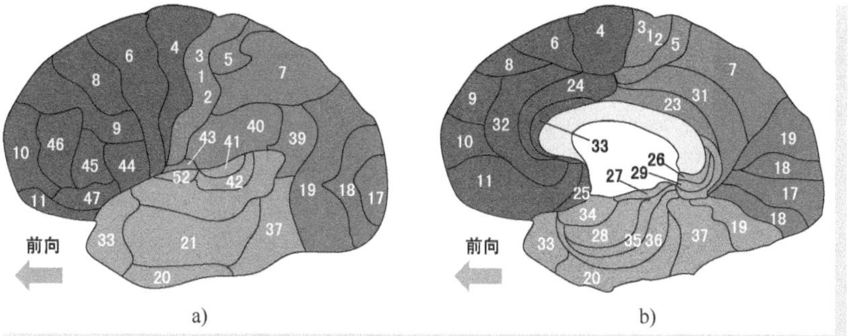

● 图 1-8　大脑两侧的布罗德曼分区图

a）大脑外侧　b）大脑内侧

有了划分了区域的地图还不够，还得需要表示功能的地图。随着神经科学研究的深入，人们发现大脑中不同的区域具有不同的功能，掌管着人类不同的能力或行为。例如，人在主管语言的大脑分区发生损伤后，就会丧失说话能力。有着“神经外科先驱”之称的加拿大神经外科医生、神经生理学家怀尔德·潘菲尔德（Wilder Graves Penfield，1891—1976 年）在 1928—1959 年间，通过在多名脑手术病人的大脑皮层上开展的电刺激探索，发现了大脑皮层中控制运动、语言等功能的区域。至此大脑皮

㊀ 大脑皮层“沟回”中的“沟”指的是皮层凹陷，“回”指的是皮层凸起。

层功能定位的早期模型已经有了一个比较清晰的轮廓（如图 1-9a 所示）。随着人们对神经元认识的不断深入和脑观测手段的不断进步，对大脑构造的认识也更加深刻，对大脑功能的划分也更加精确，发现了一系列完成某一类特殊认知功能的皮层区域及其作用关系。例如，人们发现大脑中位于枕叶距状裂周围的皮层主要负责处理视觉信息，于是将其命名为视觉皮层（Visual Cortex）。视觉皮层接收视觉信息输入，并对其进行分级处理。按照对视觉信息的加工过程，又将视觉皮层进一步分为初级视皮层和一系列次级皮层，分别用 V1 ~ V4[⊖]，以及 MT（MT 是“中颞”英文“Middle Temporal”首字母简写，该区亦简称为 V5 区）等作为其简称（如图 1-9b 所示）。

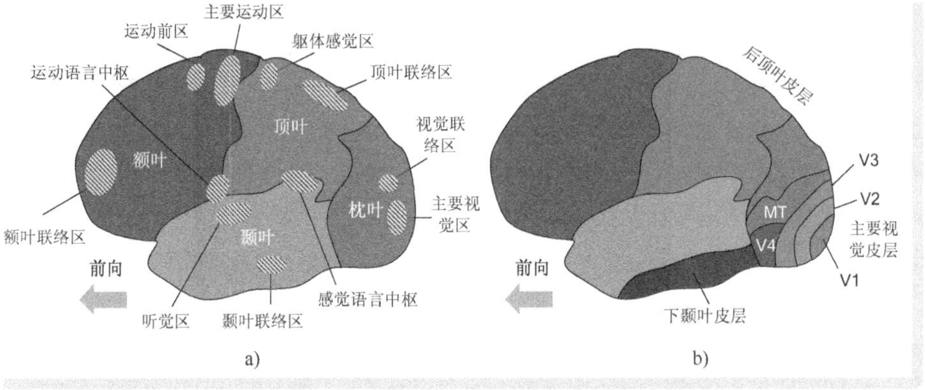

● 图 1-9　大脑的功能分区示意图

a）大脑整体功能分区　b）大脑视觉皮层功能分区

接下来再谈谈认知神经科学的研究方法——神经科学方法。与认知心理学研究认知行为时采用的实验手段类似，神经科学研究认知问题的一般方法也是通过给受试者施加特定输入，一方面获取其直接的行为反应输出，另一方面借助脑功能探测设备从整脑、脑分区、神经元和分子等不同尺度观测其脑功能及脑状态变化，从而确定认知过程在大脑中发生的时间、位置、强度以及依赖次序等关键特性。图 1-10 示意了这一方法框架。为了进一步说明行为反应与脑状态变化的区别，下面再举一例，设想下面的场景：角落里突然窜出一条狗，小明头脑瞬间一片空白，然后拔腿就跑。“拔腿就跑”即行为反应，而从头脑正常到“一片空白”，再到做出“拔腿就跑”的指令即脑功能的体现和脑状态的变化。在一般的神经科学实验研究中，往往会结合行为反应及脑功能探测设备共同研究某一认知过程的脑作用。

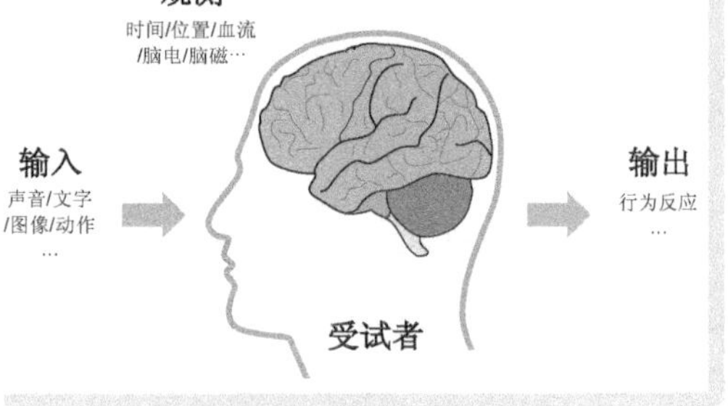

● 图 1-10　神经科学研究认知的一般方法框架

脑功能研究离不开脑探测技术。可以说认知科学能够取得重要进展，得益于神经科学的发展，而

⊖ 视觉皮层英文简称中的“V”取自单词“Visual”的首字母，后面的数字表示视觉信息处理的层级。另外，目前视觉皮层的分级早已超过 5 级。

神经科学的发展又得益于对大脑的探测，尤其是非侵入大脑探测技术的进步。在脑电图（Electroencephalogram，EEG）、脑磁图（Magnetoencephalography，MEG）、事件相关电位（Event Related Potential，ERP）、计算机线断层扫描（Computerized Tomography，CT）、磁共振成像（Magnetic Resonance Imaging，MRI）、功能磁共振成像（functional Magnetic Resonance Imaging，fMRI）以及正电子发射断层显像（Positron Emission Tomography，PET）等脑探测技术的“加持”下，人们开始抵近观察认知过程发生的最重要场所——大脑，并可以“进入”大脑的内部一探究竟。不过需要说明的是，认知神经科学对脑机制研究主要是观测认知过程在脑中发生的时机和位置，因此需要从时间和空间分辨率两个方面来综合考虑所选择的观测技术。但是，正所谓“鱼和熊掌不可兼得”，上述设备难以在时间分辨和空间分辨上做到两全其美：某些设备可以“秒出”结果，如 EEG 和 ERP 等设备；而某些设备反应稍慢但可以“看”得很清楚，如 fMRI 等。另外，费用也是必须考虑的因素，毕竟某些设备可谓是“设备一转，成千上万”。

前文我们已经探讨认知心理学领域对注意的探索。与认知心理学中“给刺激，看行为”的方式相比不同，认知神经科学更多的是借助仪器设备，以“给刺激，找证据”的方式开展试验和研究，带有一种“合上电闸，看哪盏灯亮”的感觉。如果我们希望体会认知神经科学和哲学、心理学的差异，试着在脑海中构建如下的画面：一位穿着长袍、白髯飘飘的老者，每天坐在树下冥想，他叫作哲学家；一位穿着白大褂，一边观察一群受试者的反应，一边忙碌地在预先准备的表格上做着记录的人，他是心理学家；一位受试者头上连满了各种电极和传感器，旁边几台叫不上名字的机器嘶嘶作响，不断闪烁着数字或是绘制着曲线，机器旁边一个戴着眼镜的人目不转睛地看着机器的输出，这个人就是认知神经科学家。

1.3.2 认知神经科学中的注意力研究

在上一小节，我们介绍了认知神经科学是如何开展认知研究的，算是做了个简单的铺垫。这一小节我们重新将注意力集中在“注意力”上。

无论是我们的直观感受还是认知心理学的理论模型，都告诉我们，人类的视觉系统在进行信息加工时，对输入的信息绝不是“一揽子全收”，而是依赖注意力在视觉场景中“划重点”。那么这个现象是否能够得到脑机制层面的理论支持呢？这个问题已经触及了“视觉感受野”（Visual Receptive Field）这一概念的核心。首先，视网膜上的光感受细胞本身就只分布在某些特定的区域，这就意味着眼睛作为“传感器”在一开始就对输入的信号做了有侧重的筛选。更重要的是，随后视觉信息在进入大脑后，视觉皮层对视觉信息的逐级加工过程也是有重点感知区域的，这些重点感知区域即视觉感受野。早在 1958 年，著名神经科学家大卫·休伯尔（David H. Hubel，1926—2013 年）与托斯坦·维厄瑟尔（Torsten N. Wiesel，1924 年至今）在对猫视觉皮层的研究中就首次提出视觉初级皮层 V1 中的感受野特征，并基于感受野的结构对视觉皮层细胞进行分类。除此之外，二位学者还认为视觉系统某一层级皮层的细胞感受野是由视觉系统较低层级皮层细胞的输入形成的。这说明了感受野具有层级嵌套结构。值得一提的是，正因为在视觉信息加工方面取得的一系列卓越成果，休伯尔和维厄瑟尔二位先驱在 1981 年获得诺贝尔生理或医学奖。尽管二位学者在他们的研究中只字未提“注意力”一词，但是视觉感受野的概念本身就体现了注意力在视觉认知过程中扮演的信息筛选角色，注意力的作用机制与视觉感受野息息相关，所以我们将其视为是视觉注意力重要的生理基础，甚至认为其就是一种广义的注意力机制⊖。

随着研究的深入，神经科学家们根据视觉系统的生理和功能特点，对视觉认知的过程和发生位置进行了进一步细化，普遍认为视觉信息在脑中的加工沿着两条通路进行，即所谓的“双通路假设”（Two-streams hypothesis）。双通路假设认为视觉信息抵达初级视觉皮层 V1 后，通过 V2 和 V3 两个中间级别的视觉皮层加工后“兵分两路”：其中一路称为腹侧通路（Ventral Stream，也称为“枕-颞通路”），该通路从 V3 区开始，经过 V4 区，再到下颞叶的 TEO 和 TE 区。腹侧通路中的神经元主要对颜色和形状等物体特征进行反应，其功能主要体现为对物体的识别，因此也被称为“What 通路”（如图 1-11 中彩色箭头所示）；另一路称为背侧通路（Dorsal Stream，也称为“枕-顶通路”），该通路从 V3 区开始，经过位于背内侧区和中颞的 MT 区，然后抵达后顶叶（Posterior Parietal Cortex，PPC）皮层区。背侧通路的神经元主要对运动速度与方向等特征进行反应，功能是对物体空间位置和运动进行识别，因此也被称为“Where 通路”（如图 1-11 中黑色箭头所示）。上述两个通路的信息加工模式及其在认知过程中扮演的角色均是在对猕猴的脑功能进行研究后总结得到的，其中腹侧通路假设在 1968 年提出，背侧通路假设在 1972 年提出。

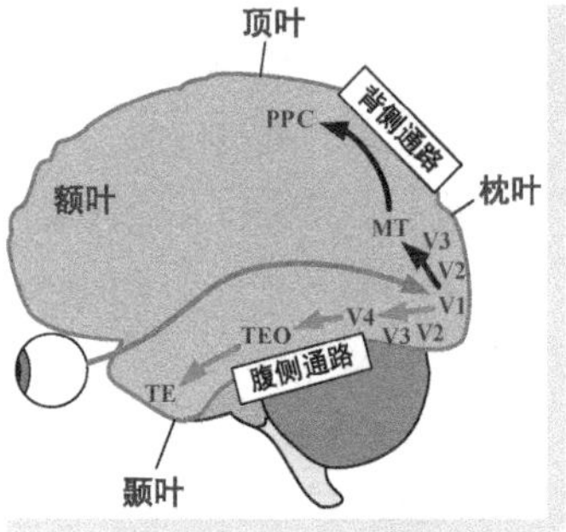

● 图 1-11　视觉系统的“双通路假设”示意

在腹侧和背侧两条通路中，处于不同层级的神经元在结构和功能上存在明显差异，信息处理的形式也存在很大差异。以视觉信息沿着腹侧通路的逐级加工过程为例，神经元的结构和性质的变化具体体现在两个方面：第一，感受野作为注意力生理层面的发生场所，其范围不断增大。例如，从 V1 皮层到 TE 皮层，视觉感受野的范围分别为 0.2 度、3 度、6 度和 25 度；第二，视觉处理的复杂度和抽象程度不断增加。例如，许多 V1 区的神经元仅仅起着局部能量响应的作用，而 V2 区神经元则可以对对象轮廓做出反应，到了颞叶的 TEO 和 TE 区，神经元则选择性地对全局或整体对象特征做出感应。图 1-12 示意了腹侧通路不同层级视觉皮层的感受野范围及其对视觉信息的层级加工模式。

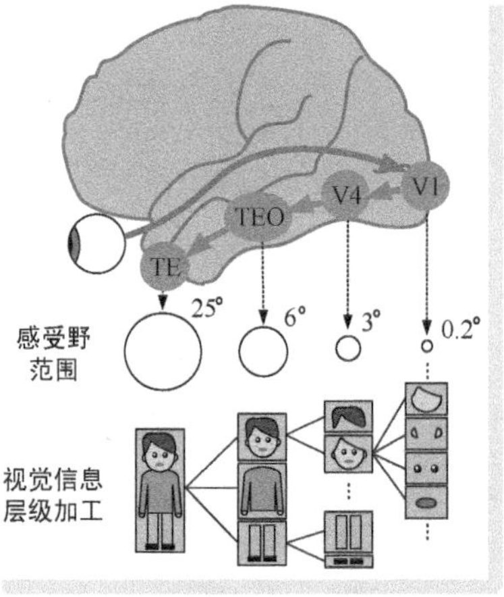

● 图 1-12　腹侧通路不同层级视觉皮层的感受野范围及其对视觉信息的层级加工模式

我们知道，视觉系统对物体的识别主要发生在腹侧通路。而在腹侧通路中，神经元的感受野随着皮层层级的增加而变大。而

⊖ 实际上，大约在几十年后的计算机视觉领域，视觉感受野的理论被大名鼎鼎的卷积神经网络视为其生理学基础，而卷积和注意力在计算机视觉领域中算是两大“阵营”，甚至引发了“要卷积还是要注意力”的讨论，但这都是后话。

感受野越大，意味着神经元在整个视野中“看”的区域越大，也意味着处理的视觉信息就越多。但是同时我们也知道，在视网膜接收到的海量视觉刺激中，我们只选择其中的极小部分进行加工，那么在脑机制层面，我们是怎么过滤掉那些我们不想要的信息的呢？1985 年，美国神经科学家杰弗里·莫兰（Jeffrey Moran）和罗伯特·德西蒙（Robert Desimone）在《科学》杂志上发表了其研究成果，对上述问题给出了初步的解释。两位科学家利用单神经元电生理记录（Single-cell Electrophysiological Recording）手段，对恒河猴腹侧通路的 V4 和 TE 两个视觉皮层的神经元分别进行电生理观测，探索在不同的视觉刺激下、注意力是如何影响视觉皮层神经元的反应的。实验表明，针对 V4 皮层神经元，当目标刺激物（effective sensory stimuli，即能够引起注意的刺激物，如图 1-13 中的香蕉）和分心刺激物（ineffective sensory stimuli，即不能够引起注意的刺激物，如图 1-13 中的肘子）同时出现在其感受野中，神经元的反应完全取决于是哪个刺激物处在被注意位置：当目标刺激物处在被注意位置时，神经元将会产生明显反应；而当分心刺激物处于被注意位置时，即使目标刺激物仍然处于感受野中，神经元的反应强度将大幅减弱，如图 1-13 实验 A 所示。另外，实验还表明，当目标刺激物处于感受野内部，而分心刺激物处于感受野外部时，V4 区神经元都能产生较强的反应，而这一现象与注意力的投射位置无关，如图 1-13 实验 B 所示。针对 TE 皮层的测试也表现出类似的现象，神经元的反应都会受到对刺激物注意的影响。但是这种效应与 V4 区神经元相比弱很多，而且由于 TE 皮层神经元的感受野更大，甚至覆盖了整个视野区域，神经元几乎不会对分心刺激物产生任何反应，如图 1-13 实验 A 所示。莫兰和德西蒙两位科学家的研究结果表明，注意力以类似“门限”的方式，在视觉信息加工中对神经元的反应施加调控，从而实现对非相关视觉信息的逐级过滤。

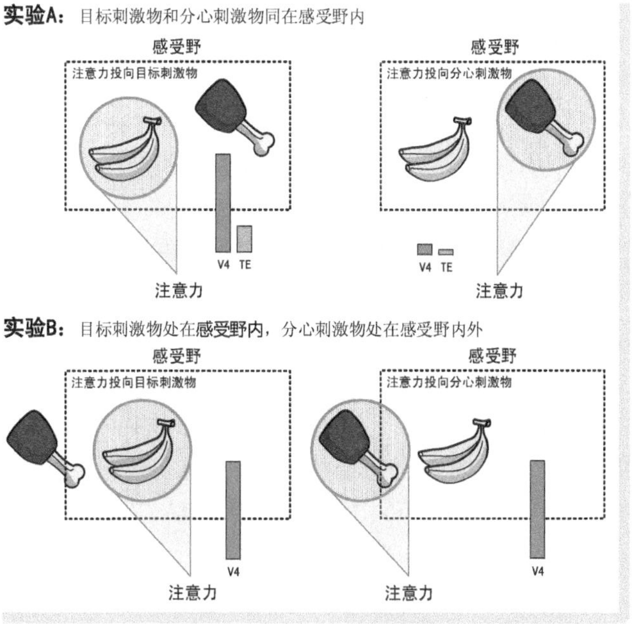

● 图 1-13 注意力对 V4 和 TE 皮层神经元的刺激影响示意

认知心理学中对选择注意力到底选什么这一问题的讨论，在“神经”层面也仍然在延续着㊀。双通路机制看似已经将视觉处理的脑功能区分得非常清晰——腹侧通路从特征到物体，背侧通路判断位置和运动，可谓“分工明确，各司其职”。自然我们也能够想到基于特征和基于物体的注意应该发生在腹侧通路，而基于空间的注意发生在背侧通路。但是事情远没有这么简单，双通路假设更多的是一种“大概其”的假设，毕竟大脑中神经元的形态异常多样，神经元之间关系也是错综复杂，注意发生的场所和时机也要比想象中复杂得多。例如，一个运动的红色物体，涉及特征、空间和物体三方面要素，我们对它的注意到底发生在腹侧通路还是背侧通路？或者，既然背侧通路中的 MT 分区被认为是完成位置和运动感知的主要区域，那么在大脑感知运动的红色物体时，MT 分区是否也参与了颜色的感知？

在基于特征、空间和物体的三种选择注意力中，物体可以视为是特征、空间位置以及运动等诸多要素的集合，属于最高级的认知对象，故基于物体注意力的机制也被认为是最复杂的。因此在研究的初期，受技术手段和对脑机能认识的限制，人们更多的是围绕基于特征和基于空间的两种注意力机制开展研究。显然，前文介绍的莫兰和德西蒙两位科学家对恒河猴 V4 和 TE 两个脑分区开展的研究，就明显体现了注意力的空间选择特性：神经元是否有反应，取决于目标刺激物的出现位置，当其出现在被注意的位置时，神经元反应强烈，否则神经元的反应极为微弱。的确，无论是心理学还是神经科学，多数学者也都持有“选空间”的观点，他们认为在注意力选择的过程中，刺激物出现的位置起着决定性的作用。但是，也有不少学者认为特征在注意力的选择方面也起着非常重要的作用。例如，美国神经科学家莫里齐奥·科尔贝塔（Maurizio Corbetta）率先利用正电子发射断层显像（Positron Emission Tomography，PET）技术对人类注意力的脑机制开展探究实验，并在 1990 年将研究成果发表在《科学》杂志上。科尔贝塔选择的视觉特征包括形状、颜色和速度三种，研究结论体现在两个方面：第一，当受试者有选择地注意到上述特征中的某一个时，他们在任务中辨别细微刺激变化的敏感性远高于将注意力分散到多个特征上；第二，PET 对大脑活动的监测表明，纹状视觉皮层在什么区域产生活跃信号取决于选择注意力关注的特征。例如，当注意速度刺激时，左顶下小叶（left inferior parietal lobule）的一个区域被激活，注意颜色刺激激活了侧副沟（collateral sulcus）和枕叶外侧（dorsolateral occipital）皮质的一些区域，而注意形状刺激激活了侧副沟某些区域等。而在视觉系统之外，注意力在聚集和分散时，也激活了不同的脑区域。科尔贝塔研究表明，对不同特征的选择性注意调节了视觉皮层不同区域的活动，即在某种程度上可以认为这些脑区域专门针对不同“特征”进行加工。在选择性注意和分散注意条件下，视觉系统之外大脑区域产生的不相交激活现象，也表明认知过程涉及不同的神经系统参与，这取决于注意力的使用模式。图 1-14 所示为对于形状、颜色和速度三种特征产生激活现象的脑区域。

同样，除了“选空间”和“选特征”，很多认知神经科学家也持有“选对象”的观点，他们认为引起注意的是某个完整的“东西”本身，不像“空间派”那样认为引起注意是因为目标物出现在某一

㊀ 由于章节安排的需要，我们将认知心理学和认知神经科学组织为两个平行的部分，但是大家切勿泾渭分明地将其分为两个阵营。认知神经科学更多强调的是借用神经科学方法，从脑机制和神经元层面讨论各类认知问题，但绝大多数问题还是心理学的问题。另外，很多心理学家本身在研究心理现象时就使用了脑观测等神经科学手段。

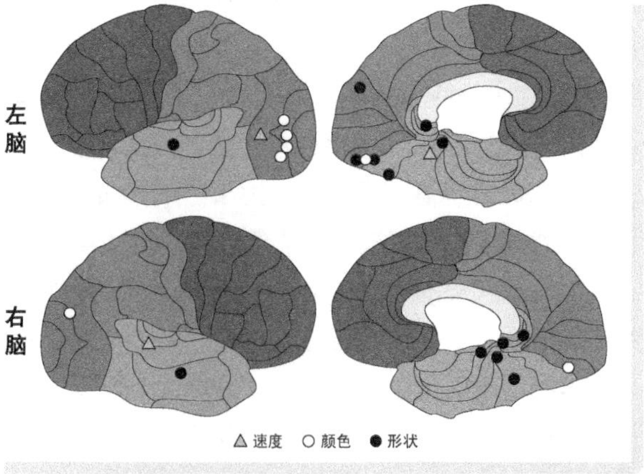

● 图 1-14 对于形状、颜色和速度三种特征产生激活现象的脑区域

位置，也不像“特征派”那样认为引起注意的是某个或某几个视觉特征。例如，麻省理工学院的凯瑟琳·奥克雷文（Kathleen M. O'Craven）等科学家于 1999 年在《自然》杂志上发表文章，公布其利用功能磁共振成像技术对注意力选择的研究成果，他们找到了注意力在进行选择时以对象作为选择基本单位的证据。奥克雷文等在其研究中首先提出两个问题：第一，是否如基于空间注意力的观点那样，在注意力投射的位置，所有视觉特征的处理都会得到增强？第二，是否如同基于对象注意力观点那样，对某对象一个视觉特征的注意会自动引发对该对象其他不相关视觉特征的同时处理？事实上，如果能够对上述两个问题做出否定和肯定的答复，就能够得到注意力选择是基于对象进行的这一重要结论。在研究中，几位科学家将半透明的人脸图像与半透明的房屋图像相互叠加，并在两者间人为制造相对运动，以此作为受试者的视觉刺激物。与此同时，利用 fMRI 设备监测受试者大脑梭状回面孔区（Fusiform Face Area，FFA）、海马旁位置区（Parahippocampal Place Area，PPA），以及颞叶 MT/MST（MST 是“内侧颞叶上部”英文“Medial Superior Temporal”首字母简写，该区处于背侧通路，与 MT 区相邻）三个脑区域的脑活动强度。之所以将图像叠加是为了保证不同对象和特征出现在相同的空间区域，从而控制空间位置对注意力选择的影响。而之所以选择上述三个脑区域开展监测，正是因为早先神经科学的研究已经证明 FFA、PPA 和 MT/MST 三个区域在视觉认知过程中，分别扮演人脸识别、场景分辨和运动感知的三类认知功能。研究表明，当受试者在注意某一对象的某一特征时，大脑在增强对该特征处理的同时，也会增强对与该对象相关所有其他特征的处理，而对与之不相关的对象特征的处理将被减弱。例如，当受试者注意到人脸图像发生运动时，负责运动感知的 MT/MST 区和负责人脸识别的 FFA 区的 fMRI 信号同时增强，且其强度要远远高于负责场景分辨（在实验中即为房屋分辨）的 PPA 区的信号强度。这就意味着引起受试者注意的不是纯粹的人脸也不是纯粹的运动，而是“运动的人脸”，当然也更不是处于相同位置的房屋。上述现象很难用基于空间或者基于特征的注意力理论来解释：房屋与人脸都出现在相同的区域，但是受到的关注却天壤之别，这与“空间派”的“只要人圈即被关注”的观点截然相悖；受试者只注意运动，但是对人脸的注意也同时发生，这又与“特征派”的“特征能够单选”的观点大相径庭。因此奥克雷文等几位科学家认为注意力的选择是以对象为基本单位的。

认知心理学中，注意力分配认知理论将注意力视为一种资源，当有多个任务共同使用注意力资源时，有可能会出现资源抢占的问题。神经科学家在研究中发现，“竞争”在神经元层面也同样存在——注意力决定了谁能够在信息处理过程中得到优先加工。1995 年，德西蒙和剑桥大学的约翰·邓肯（John Duncan）两位神经科学专家在认知实验中观察受试者视觉响应时，首先发现了两个有趣的现象：第一，认知资源是有限的，这就意味着并不是视觉场景中所有的对象都能够实现同时处理；第二，在处理特定对象时，可以过滤掉场景中不重要的信息，即视觉认知表现选择特性。在此基础上提出著名的注意力偏向竞争理论（Biased Competition Theory），从脑机制层面对注意力的资源抢占问题做出了进一步阐述：在视觉系统面对超过自身加工能力的大量对象时，由于注意力的资源有限，不同对象之间就会产生竞争注意力资源的现象，这些对象相互“踩踏”，都试图获得更高水平的视觉加工机会，最终，在注意力的选择下“杀出重围”的获胜者将得以控制知觉和行为反应。之所以会出现资源竞争的局面，正是与大脑不同层级视觉皮层感受野的作用机制有着直接关系。而这些感受野可以被视为一种重要的注意力资源，感受野中的对象之间必然产生竞争。也正是由于视觉感受野受到加工能力和范围的限制，才需要注意力在感受野中做出选择并优先处理。

人类的注意力总是包括“自下而上”（Bottom-Up）和“自上而下”（Top-Down）两个方面的机制。其中，自下而上的注意力是指认知对象本身就具有足够的显著性，能够引起人的注意，如茫茫黑夜中的一点亮光就能够瞬间吸引目光；自上而下的注意力是指人们调用记忆等已有的认知体系，对关心的对象投射更多的关注，从而进一步完成辨别工作，如茫茫黑夜中的一盏灯——此时，亮光已经得到进一步分辨，之所以能够识别那是灯，原因是在人的记忆中已经存在灯的形象和概念。关于自下而上和自上而下的注意力的讨论可谓由来已久，从 17 世纪笛卡儿对“自愿”和“非自愿”注意力的朴素表达，到 19 世纪詹姆斯对“主动”和“非主动”注意力的阐述㊀，再到 20 世纪特里斯曼认知指引下注意力对外界信息带有衰减的筛选，无不体现注意力的自下而上和自上而下特性。在认知神经科学领域，科学家们则更进一步从脑机制层面对注意力的自下而上和自上而下机制给出了解释。德西蒙和邓肯在其偏向竞争理论中认为，视觉信息沿着自下而上的通路进行逐级加工，但是，加工的过程中存在偏向性——只有那些从未出现过的视觉刺激，或是最近一段时间未出现过的视觉刺激，才会在视觉皮层中产生较大的神经信号，使它们在控制注意力方面具有竞争优势。那么怎么判断“从未出现过”和“最近一段时间未出现过”？显然，这就需要动用工作记忆机制对当前输入刺激进行匹配，确定其“新旧”属性，从而进一步决定到底哪些输入信号需要“重点关照”。这种动用工作记忆帮助那些特定输入获得更多注意力偏向，使其能够在竞争中占优的机制，即偏向竞争理论中自上而下的注意力机制。1999 年，麻省理工学院认知神经科学教授厄尔·米勒（Earl K. Miller，1962 年至今）在其发表在《自然》杂志的文章中也提出了类似的观点。米勒认为认知和思想正是大脑中自下而上和自上而下注意力机制相互作用的结果，而自上而下注意力机制对认知起到尤为关键的作用：视觉信息沿着位于下颞叶的腹侧通路得到逐级加工，在该过程中，自下而上的注意力按照图像特征构建“显著性图”（Saliency Map，等同于前文提到的注意力分配图）；同时，前额叶皮层不断将记忆信号传送到上述加工流程，此时自上而下的注意力依据记忆不断对认知过程增加有倾向性的调控。随着视觉信息加工层级的

㊀ “自愿”和“主动”对应“自上而下”的注意力；“非自愿”和“非主动”对应“自下而上”的注意力。

提升，认知在自下而上和自上而下双重注意力的加持下变得越来越丰满而鲜活。例如，在图 1-15 所示的简笔画中，我们可以一眼就注意到其中的大熊猫，即使它被竹子严重遮挡，而且它脸部和腹部的外轮廓也未画出。但是这丝毫不影响我们对它的识别，我们可以轻易忽略掉竹子的干扰，并且能够“脑补”出那些缺失的笔画，最终做出正确的判断。这正是因为我们在自下而上注意力帮助下加工图像特征的同时，还在利用自上而下注意力调用我们对大熊猫的已有认知进行调控，正所谓“双管齐下”。

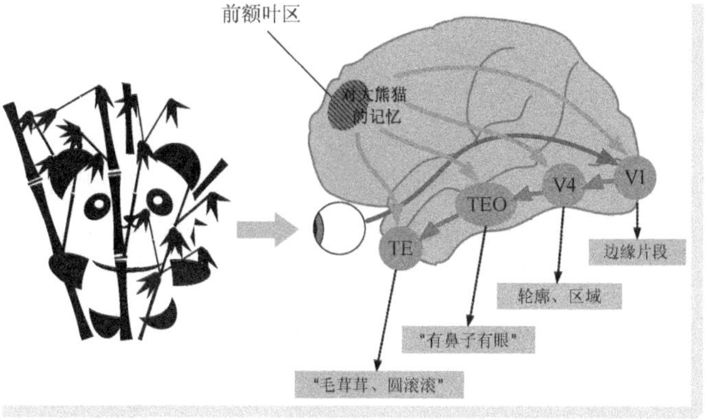

● 图 1-15　对象识别是自下而上（彩色箭头）和自上而下（灰色箭头）注意力双重作用的结果

作为认知心理学在脑与神经层面的延伸，认知神经科学以神经科学为基础，借助脑科学的理论成果和各类先进的仪器设备，深入大脑一探究竟，不断发现注意力的生理学本质。

然而，大脑作为信息处理中心，拥有数量惊人、功能繁多、关系复杂的神经元，大脑结构具有高度的完备性和复杂性，精密程度也可谓无与伦比。另外，人类的认知过程是一个需要神经系统诸多环节和模块共同参与才能完成的复杂过程。目前，人们对大脑功能、结构以及认知过程生理学基础的研究刚刚起步、知之甚少，前方一片星辰大海。因此在认知科学领域，对注意力探索从未停止，还在不断深入。

1.4 改造世界：计算机科学中的注意力

正如上文所说，注意力在人类认知过程中扮演着极其重要的角色，认知系统对任何信息的加工都是从注意开始的。从哲学到认知神经科学，人们都在孜孜不倦地追求着注意力的本质。随着人工智能的兴起，能够让机器以人类智能类似的方式认知世界并做出恰当反应，也成为人工智能科学家追求的终极目标。在 20 世纪 80 年代中后期，构建注意力的计算机模型的工作在计算机科学领域悄然兴起，人们开始讨论计算机信息处理中在哪里“划重点”的问题：从一开始的注意力计算机仿真到在各类计算机任务中融入注意力机制，计算机科学领域对注意力的研究与应用如雨后春笋，开辟出别样的广阔天地。在注意力赋能下的计算机进一步成为改造世界的重要工具。作为人工智能领域中活跃度最高、应用前景最为广阔的计算机视觉（Computer Vision，CV）和自然语言处理（Natural Language Processing，

NLP）两大领域，自然更是不遗余力地将注意力机制的研究和应用作为其发力的重点。两个领域中的注意力研究与应用也经历了“你方唱罢我登场”的发展历程。除了 CV 和 NLP 这两个领域，注意力在多模态机器学习中的模态对齐、多模态数据融合方面也有不俗的表现，同时，注意力也逐渐成为附能图卷积模型、增强对象间关系表达的利器。

1.4.1 人工智能为什么要讨论注意力?

我们的视觉系统能够在复杂场景中快速锁定目标、聚焦重点，我们的听觉系统能够迅速捕捉我们想听的重点，而我们读完一句话能够迅速抓住其核心词汇等，这一切都是因为注意力在各类信息加工过程中起到信息筛选和认知资源分配的关键作用。也正是因为这一原因，在人工智能领域，对注意力开展研究也成为一件顺理成章、再自然不过的事情。其目的就是让计算机在对视觉信息处理中也能“仿生”人类，能够像我们人类那样对信息的加工过程不要“雨露均沾”，而要“有所为，有所不为”。具体来说，我们认为研究注意力的原因体现在如下两个方面。

第一，我们需要借助注意力来决定输入中哪里重要、关系如何。这一点是对注意力机制开展研究最直接也是最本源的诉求。首先，“哪里重要”这个问题本身就很重要，这与心理学家乌尔里克·奈塞尔早期视觉理论中预注意是聚焦注意的前提类似。例如，在很多 CV 的应用中，我们需要知道图像或视频承载的场景中哪里重要，这里的“哪里”即被称之为显著性区域，代表着场景中能够“吸引眼球”的位置。确定显著性区域即对应着预注意环节，而这往往是开展下一步视觉信息分析的起点，而确定显著性区域也正是视觉显著性检测任务要解决的问题。显著性检测任务的应用有很多，例如，我们设计一个能够实时进行环境感知的机器人，视频场景中显著性区域（如茫茫沙漠中的一个人）是机器人需要重点获取信息的待感知对象。这就要求机器人拥有类似人类那样的集中注意力的能力——先通过显著性检测确定待感知对象在哪里，然后再进一步获取其他属性。再例如，在某个广告效能分析的应用中，我们需要知道广告看板的哪个位置放置什么样的广告能够博得人们的眼球，从而用分析结果去指导广告的设计策略等，这些获取“哪里重要”的工作，都是需要运用注意力机制来实现的。除此之外，我们还需要在各类人工智能任务中利用注意力机制学会区别对待数据中的重要部分和不重要的部分——抛弃不重要数据，让重要数据参与进一步加工，从而最终提高视觉分析的整体质量，这一点正是认知科学中注意力选择特性的重要体现。例如，在 NLP 应用中，我们希望计算机能够针对一段文字进行翻译或提取其中心思想，而面对上述任务，文字中词汇承载语义的“分量”是不同的，这就意味着我们需要在文字中不同词汇上投以不同的注意力，以表示对其重要性和贡献的区分，这也正是注意力机制在各类人工智能任务中所起到的关键作用。在计算机对各类信息的处理过程中，注意力机制虽然不以显著性作为其最终输出，但是在信息的逐级加工过程中，却起着对信息进行层层筛选的重要作用。在认知目标的驱动下，对信息去糟粕、取精华。“哪里重要”反映的另外一个关键问题即“关系如何”——注意力机制的计算方法为“站在”某一特征的视角，考察其与其他特征之间的相似度，看看其他特征可以以怎样的方式表达自己。这一操作的本质是特征之间关系的建模。

第二，我们需要借助注意力来节约计算机的处理资源。我们人类的认知资源是极其有限的，认知系统对信息的加工能力与面临的海量输入信息相比可谓九牛一毛。我们对这一点应该深有体会：一睁眼，一幕幕场景即扑面而来，但是受到资源限制，我们只能够关注并进一步处理其中的一小部分视觉内容。有学者甚至从信息论角度对上述关系进行过定量分析，结论是眼睛每秒接收到的视觉信息量为几百兆，但是我们的视觉系统对其处理速度仅为 40bit/s，由此可见，二者差距是多么的悬殊；我们的耳朵不间断地获得声音信号，如身边人说话的声音、各类机器设备的嘈杂声等，我们的听觉系统也没有能力对所有这些声音信号都进行深度加工。人类认知系统正是利用注意机制来解决上述矛盾，注意力在认知过程中起到认知资源调配的关键作用，这也是人类认知系统在千百年进化过程中练就的本领——忽略大量冗余信息以节约认知资源。例如，此时此刻，在编辑这段文字的时候，我双眼紧盯屏幕，只有这段文字是清晰的，手下的键盘，屏幕旁的水杯、书本等物品都进入“虚化”状态，仿佛我的眼里和脑里只剩下当前这段文字；我身边人的谈话声和楼下路口车辆的鸣笛声，我却能将其视为“耳旁风”，做到“两耳不闻窗外事”……。人类的认知系统需要注意力来优化资源，那么在人工智能领域中，我们面对的问题又何尝不是如此？互联网上的照片数以亿计，各类摄像头源源不断获取视频信息，各类文字资料更是浩如烟海，如此众多的数据在大幅增加可用数据资源的同时，也给信息传输与加工带来了巨大的冲击和挑战。毕竟计算机的处理能力是有限的。尤其是到了深度学习时代，对算力要求变得更高，计算资源贵似黄金，“节能减排”更是迫在眉睫。因此，一视同仁处理所有输入信息显然是不现实也是大可不必的。在这种迫切需求下，注意力机制再次发挥其重要作用，作为信息筛选和计算资源优化分配的利器，注意力机制在提升计算机系统处理海量数字媒体能力，提高数字媒体资源利用率这一问题上，起到至关重要的作用。

1.4.2 注意力与计算机视觉

在 20 世纪 80 年代中后期，当认知神经科学家还在受试者头顶接各种仪器设备探究注意力的生理学奥秘的时候，对注意力的研究出现了新的视角——某些计算机科学家开始以“很数学，很计算”的方式开展对注意力的研究和模拟工作，试图以定量化的数学模型实现对注意力的建模，这些研究为日后计算机注意力模型奠定了基础。例如，基于认知心理学家特里斯曼等于 1980 年提出的著名的特征整合理论，麻省理工学院的克里斯托弗·科赫（Christof Koch，1956 年至今）和希蒙·乌尔曼（Shimon Ullman，1948 年至今）在 1985 年提出了一种选择注意力的生物启发模型（以下简称为“KOCH 模型”㊀），该模型以人和灵长类动物视觉系统中注意力在视觉场景中移动这一现象作为模拟对象，以诸如颜色、方向、距离等一系列基础视觉特征作为输入，通过简单的神经网络模型，来解释选择注意力在场景中转移相关的各种现象。科赫等学者的文章中也首次出现了公式，也清晰地表达出了“特征图”“神经网络”等鲜明的 CV 概念，可以说是将注意力的理念在计算机领域朝前推进了一大步。在随后的 1989 年，科赫再次连同其学生，同是计算机科学家兼心理学家的洛朗·伊蒂（Laurent Itti）以及神经科学家恩斯特·尼伯（Ernst Niebur）一起，提出了一种基于显著性的视觉注意力模型（以下简称为“ITTI 模型”）。ITTI 模型首先利用多尺度高斯滤波构建图像的高斯金字塔，然后基于高斯金字塔计算图像颜色、方向和亮度 3 类特征图，最后再经过特征差异计算、特征图融合两个步骤获得显著

㊀ 为了简化描述，本书对很多算法模型都使用了类似的简称。但是，由于很多模型的提出者并未在原著中给出其提出模型的简称，本书使用提出者姓名或自行抽取算法首字母作为其简称。因此，在对模型名称的表述方面，可能与其他文献存在差异。

性图，其中显著性高的区域即认为是容易引起注意的区域[16]。不难看出，ITTI模型的心理学基础即特里斯曼的特征整合理论。与科赫在1985年提出的生物仿生模型相比，ITTI模型在特征提取、特征融合、显著性图构建等方面与当代CV领域的操作套路已经相差无几，可以认为其已经是非常纯粹的CV模型了。ITTI模型为后续的视觉显著性检测等任务带来深远影响。

在科赫和伊蒂等学者做出上述开拓性的研究之后，CV领域对注意力有关的研究开始蓬勃发展起来，产生了大量从图像或视频中获取显著性指征的算法和模型，这些研究构成了CV领域视觉显著性检测（visual saliency detection）这一和注意力息息相关的重要分支。视觉显著性检测直接以显著视觉性的分布作为模型输出，结果表达为视觉注视点、注视轨迹、显著性图、显著目标掩膜图或显著目标包围框等形式。因此，显著性检测更多体现出一种数据驱动、反映场景客观事实的特性。早期的显著性检测多是利用人工特征，以无监督的方式进行，而在近些年，随着显著性公开数据集的不断完善和深度学习技术的不断进步，以深度学习得到特征为基础、以监督方式进行的显著性检测逐渐成为主流方法。除此之外，显著性检测研究也大量借鉴了图像分割和目标检测领域中的新技术。目前视觉显著性检测已经形成相对成熟的技术体系，拥有完善的公开数据集和测评方法。

就在视觉显著性检测研究还在如火如荼开展的时候，注意力的另一个更加重要研究方向悄然兴起——人们开始意识到在图像分类、目标识别等其他诸多CV任务开展过程中注意力能够发挥更加重要的赋能作用，有着更大的应用前景，这就是以“将注意力嵌入CV任务”为思路的视觉注意力机制（visual attention mechanism）⊖研究。2014年，谷歌DeepMind团队发布循环注意力模型（Recurrent Attention Model，RAM），可以视为CV领域第一个真正意义的注意力机制应用。RAM是一种可嵌入在其他视觉任务模型的注意力子模型，该模型利用循环神经网络（Recurrent Neural Network，RNN）结构，按照序列决策（sequential decision）的思路，从图像或者视频中以自适应方式不断挑选重要区域并对其进行高分辨率处理，而这些所谓的“重要区域”即为那些能够为视觉任务带来决定性影响的注意力投射区域。随后，CV领域中注意力机制的研究和应用可以说是轰轰烈烈，俨然一幅“无注意力不CV”的感觉。视觉显著性检测和视觉注意力机制这两个研究方向的相同点在于二者均是以对人类注意力的模拟作为核心研究内容，均是为了让模型实现有针对性的“聚焦”，但是二者又存在着明显的区别：显著性检测更多体现出一种数据驱动、反映场景客观事实的特性。而视觉注意力机制则不以生成显著性图或定位出显著目标作为最终目标，注意力机制体现为在具体CV任务的驱动下，对信息的有侧重筛选；显著性检测纯粹关注“哪里重要”，而注意力机制通过确定“哪里重要”而最终赋能其他各项视觉任务；前者强调目的，而后者强调手段。

不难看出，CV任务驱动下的注意力机制附能任务，算是“授之以渔”，而且更能产生无限应用外延，因此有着更为广阔的应用前景。但是，如果想对CV领域的注意力机制梳理出一个清晰的脉络可不是一件容易的事，毕竟花样太多了，不同的视角下模型有着不同的分类，每一个算法身上都贴着多个标签。以RAM为例，在模型结构方面，整体架构为RNN，但特征提取用的是卷积神经网络（Convolutional Neural Network，CNN），注意力类型为硬性注意力，优化方法用的是强化学习中的决策梯度方

⊖ 从广义上来讲，无论是显著性检测还是视觉注意力机制，都属于计算机对视觉注意力的建模，故都能称作为视觉注意力模型。但是在狭义上讲，很多研究只将后者算作视觉注意力模型。

法；再以 Non-local 网络为例，注意力机制属于自注意力，但其能用在各类任务、各类 CNN 网络结构中，故又属于注意力模块……可以说是“横看成岭侧成峰”。从 2014 年 RAM 开始至今的 9 年时间里，CV 领域的注意力模型可谓有软也有硬、有空间域也有通道域、有框架级也有模块级、有卷积也有注意力，在 CV 任务方面有分类也有目标检测、有看图说话也有语义分割……俨然一幅百家争鸣、百花齐放的绚丽场景。

1.4.3 注意力与自然语言处理

与 CV 领域中注意力从仿生模型起步不同，NLP 领域的注意力机制几乎没有任何心理学和生理学背景，可以说是纯粹的计算机任务。如果说 CV 领域的注意力模型花样繁多，让人眼花缭乱，那么 NLP 领域对注意力的研究和应用却呈现出另一番风景，走出了一条从没有注意力到基于 RNN[㊀] 的注意力，再到 Transformer“一统江湖”的清晰路线。2014 年，人工智能领域约书亚·本吉奥（Yoshua Bengio）等科学家提出了带有注意力机制的“序列到序列”（Sequence to Sequence，Seq2Seq）模型（以下简称为“注意力 Seq2Seq”模型），该模型采用基于 RNN 的“编码器-解码器”结构，通过对输入序列不同符号赋予不同的注意力权重，来提升机器翻译的效果。注意力 Seq2Seq 模型被广泛认为是注意力机制在 NLP 领域的首次尝试。

仅仅从文献发表时间来看，NLP 领域对注意力研究的起步远远晚于 CV 领域（2014 年 vs. 1985 年），仿佛在注意力 Seq2Seq 模型之前，注意力的概念在 NLP 领域几乎没有出现过。两个领域对注意力的研究会有这样的区别，主要原因是视觉和语言两种感知形式本身就存在显著差异：视觉感知是最直接的感知过程，可谓“下生就有，睁眼即来”。也正是因为这个原因，我们前文介绍的认知科学中各类心理学和神经科学实验，绝大多数也都是围绕视觉感知构建的，到了心理学的后期，人们事实上已经用数学方式刻画注意力。延伸到 CV 领域，对注意力的研究也经历了从仿生研究到机制研究这样一个“顺理成章”的过程。与之不同的是，语言理解是架构在语言、词汇、语法甚至是习惯之上的，具有更深层次的感知过程。可以说在语言理解方面几乎不需要，也没有直接的认知科学理论可以借鉴。因此 NLP 中的注意力在任务目标驱动下，以“很数学，很计算机”的方式登场——哪是重点无所谓，任务结果好才是王道。因此可以认为 NLP 中的注意力才是完全意义的、“自上而下”的注意力机制应用。

纵观 NLP 领域中注意力研究不到十年的时间，其特点可以概括为如下四大方面：范式一致、成效显著、模型庞大、两极分化。

NLP 中注意力的应用范式逐渐变得一致。具体表现为：第一，NLP 中注意力的使用目的和表现形式是一致的。解决的都是在任务目标下，输入序列中的不同符号谁更具有重要性的问题，也都表现为且仅表现为机器翻译等语言处理任务中输入序列的权重问题（具体来说是时间维度的权重）。无论是早期基于 RNN 的注意力还是当今红得发紫的 Transformer 都是如此，差异只在于注意力的权重到底是

㊀ 在提出 Seq2Seq 模型的文献中，将编码器和解码器构造为 LSTM，在这里我们不对 LSTM 和 RNN 进行区分，事实上 Seq2Seq 模型中只要求两个网络能够考虑序列中元素的关系即可，况且 LSTM 本身就是 RNN 的一个具有门控机制的特例。在不做任何强调时，这里的 RNN 泛指包括 LSTM、GRU 等任意循环网络结构。

怎么算出来的。因此 NLP 中的注意力模型只表现为“自上而下”、任务驱动的注意力机制。第二，NLP 模型的架构趋于一致。“编码器-解码器”作为 NLP 领域应用最为广泛的架构之一，从注意力 Seq2Seq 模型开启针对该架构的“加权魔改”以来，这一架构就没有发生本质性改变——Transformer 是完整的“编码器-解码器”架构，而著名的 GPT 系列和 BERT 系列分别使用了 Transformer 的一半，其他模型也是类似。特别的，Transformer 如同一个分水岭，在其诞生前人们只用 RNN，但是在其诞生后，一夜间“风向大变”，所有的 NLP 模型都整齐划一地切换到 Transformer 结构。在这些模型中，注意力只表现为以 Transformer 块为载体的自注意力机制，且模型架构都表现为具有相同结构 Transformer 块的堆叠与重复。

NLP 模型的效果不断达到新高度。就在 RNN 还在 NLP 领域大行其道的时候，其存在的问题也日渐凸显。人们不禁要问：RNN 结构是否真的必要？2017 年，谷歌针对这一问题用 Transformer 给出了明确答案——“Attention is all you need”，言下之意即“RNN is not all you need”。Transformer 为一种基于自注意力的新型 Seq2Seq 模型，诞生的同时就伴随着其在机器翻译方面表现出的惊人效果。尤其是在其日后成为标配之后，NLP 的预训练模型在自注意力机制的加持下开启了“屠榜”模式：OpenAI 取下 Tranformer 的“右手”——解码器结构打造 GPT-1.0 模型，把 12 个 NLP 任务中的 9 个做到了“SOTA”；谷歌基于 Transformer 架构的 BERT 更是了得，一诞生就在 NLP 领域的 11 个任务上刷了榜，可谓光环闪耀；随后，OpenAI 发布 GPT-2.0，号称能写诗写散文甚至是写小说。其后，具有“地表最强”模型之称的 GPT-3.0 更是宣称任何和语言相关的活都能干；2021 年英伟达和微软联合研发的自然语言生成模型 MT-NLG，更是在完形填空、阅读理解、自然语言推理、词义消歧等诸多 NLP 任务上取得碾压性效果……每一次 NLP 模型在发布时都头顶着“史上最强”的光环。

NLP 在注意力加持下逐渐走进巨模型时代。在 CV 领域，CNN 的广泛使用标志着深度学习时代的到来，在 CNN 统治的 CV 领域，视觉模型也逐渐变得越来越“深”，参数量也随之大幅增加。但是在深度学习刚起步的 NLP 领域，无论是数据集还是模型规模，却都保持在一个相对“克制”的范围。在 RNN 统治 NLP 的时期，由于 RNN 的参数共享机制，NLP 模型相比于视觉模型普遍显得“浅”得多。即使日后在注意力机制的加持下，模型参数量的增加幅度也非常有限。但是，“克制”是短暂的，随着数据集的不断增多和任务复杂度的不断提升，NLP 模型也开始不断“增肥”。在 Transformer 诞生之后，大厂在“不差算力，不差语料，只拼疗效”的目标驱动下，模型规模一次次刷新着人们的认知，每一个新模型往往都是“史上最强”和“史上最大”并举。例如，2018 年，OpenAI 提出的 GPT-1.0 模型的参数量达到 1.1 亿，这一参数规模已经和 CV 领域的大模型 VGG-19 持平；谷歌同年提出的 BERT 模型，其基础版（BERT Base）模型参数规模与 GPT-1.0 相当，但其大规模版（BERT Large）模型参数量达到 3.4 亿；2019 年，OpenAI 发布 GPT-2.0，其参数量激增到 15 亿；同年，英伟达借助自家算力优势，提出巨型模型“威震天”（Megatron），其参数量达到惊人的 83 亿；还是在 2019 年，谷歌发布 T5 模型，参数量再次暴增，达到 110 亿；2021 年，沉寂多年的微软突然爆发，提出自然语言生成（Natural Language Generation，NLG）模型“图灵”（Turing，故该模型简称 Turing-NLG），参数量较“威震天”直接翻倍，达到 170 亿；没过多久，OpenAI 的 GPT-3.0 问世，参数量在“威震天”的基础上直接提了一个数量级，达到 1750 亿；可是 GPT-3.0 天下第一规模的椅子还没坐热，英伟达的“威震天”和微软的“图灵”强强联手，新的 NLG 模型 MT-NLG 闪亮登场，其参数量较 GPT-3.0

增长超过 3 倍，达到 5300 亿，模型规模用“惊世骇俗”来形容一点也不为过……短短 3 年，NLP 模型参数量扩大了几千倍，NLP 在注意力机制的加持下逐渐走进巨模型时代。

NLP 应用的研发模式已经呈现两极分化之势。现在的 NLP 领域是预训练模型的天下，NLP 应用的研发也逐渐呈现出两极分化的态势：谷歌、微软、英伟达等大厂借助自身强大的语料资源和算力资源，恨不得以“阅尽天下之书”的气魄训练一个通用的、能够完成所有 NLP 任务的超级模型出来，而我们这些“票友”则秉承“站在巨人肩膀上”的原则，拿着这些模型，要么是灌入自己的训练数据并加上自己需要的监督，做面向具体语言任务的模型微调，要么是连微调都不做，用现成模型提取词向量直接用在自己的工程中了事。实际上，随着模型规模的不断增大，我们所做的参数微调能够带来的效果也是微乎其微的，因此类似 GPT-3.0 这样的大模型，OpenAI 只开放了 API 接口，压根就没打算让我们做微调——“所有语料都喂过，用就好了，要啥微调”。由此可见，NLP 应用的研发模式已经表现出鲜明的马太效应——强者恒强，而“票友”永远是“票友”。现在的时代是一个小团队难以出大成果的时代，训练动辄要用几十 TB 的数据，几百台 GPU 服务器，训练费用动辄上千万美元，别说一般的个人负担不起，就连小点的公司都负担不起。

1.4.4 注意力机制的多模态应用

多模态机器学习（MultiModal Machine Learning，MMML）是近几年人工智能领域发展最为迅猛的方向。在该领域注意力机制也扮演了重要的角色。每一种信息的来源或者信息获取形式，被称为一种模态（Modality）。目前，在诸多多模态的任务中，注意力机制都起到了重要作用：在多模态表示与融合中，不同模态之间存在互补关系，注意力机制有效确定了在进行信息表示与融合时，“多路人马”的参与程度，甚至可以认为注意力机制将隐式对齐与融合两件事“一勺子烩了”，由此可见注意力机制在多模态融合中的妙用。在模态翻译中，注意力机制分别实现从不同模态的输入中抽取重点，起到依重点生成所需内容的重要作用；在多模态对齐中，通过跨模态构建元素之间注意力权重，以此表达其中一个模态中的某元素和另一模态所有元素的关联强度，从而以隐式的方式建立模态之间各元素间的对应关系；特别是在 Transformer 诞生后，诞生了很多基于 Transformer 的多模态机器学习架构。之所以 Transformer 在多模态机器学习领域又火了一把，原因有二：第一，很多多模态机器学习任务都涉及语言这一模态，而 Transformer 因语言而生，直接可以用来做词向量提取；第二，也是更重要的一方面，Transformer 中基于查询（Query）、键（Key）和值（Value）的注意力机制能够很容易地构建跨模态数据的依赖和匹配关系，从而能够以更加“丝滑”的方式实现多模态数据的融合。

参考文献

[1] FICCONI C F. Aristotle on attention [J]. Archiv für Geschichte der Philosophie, 2021, 103 (4): 602-633.

[2] HATFIELD G. Attention in the work of Descartes: Mental and physiological aspects [J]. Les Études philosophiques, 2017, 120 (1): 7-26.

[3] GREENBERG S. 'Things that undermine each other': Occasionalism, Freedom, and Attention in Malebranche [M]. In Daniel Garber & Steven Nadler (eds.), Oxford Studies in Early Modern Philosophy, Oxford University Press. 2008.

[4] LOCKE J. An Essay Concerning Human Understanding [M]. P. Nidditch (ed.), Oxford: Oxford University Press. 1979.

[5] HATFIELD G. Institute for Research in Cognitive Science Attention in Early Scientific Psychology [M]. r. d. wright new. 1995.

[6] KAMES H H. Elements of Criticism [M]. 4th ed. Edinburgh: A. Millar and T. Cadell. 1769.

[7] STEWART D. Elements of the Philosophy of the Human Mind [M]. Cambridge MA: J. Monroe & Co. 1792.

[8] HELMHOLTZ V H. Die Lehre von den Tonempfindungen als Physiologische Grundlage für die Theorie der Musik [M]. 1th ed. VDM Verlag Dr. Müller. 2007.

[9] WUNDT W M. Principles of physiological psychology [M]. London: Sonnenschein. 1904.

[10] TITCHENER E B. Attention as Sensory Clearness [J]. The Journal of Philosophy, Psychology and Scientific Methods, 1908, 7 (7): 180-182.

[11] JAMES W. The principles of psychology (Vol. II) [M]. New York: Henry Holt and Co, vi. 1913.

[12] DASHIELL J F. Fundamentals of objective psychology [M]. Houghton Mifflin, 1928.

[13] BROADBENT D E. Perception and Communication [M]. Oxford: Pergamon Press. 1958.

[14] JOHNSTON J C, MCCANN R S. On the locus of dual-task interference: Is there a bottleneck at the stimulus classification stage? [J]. The Quarterly Journal of Experimental Psychology, 2006, 59 (4): 694-719.

[15] ALLPORT A. Parallel encoding within and between elementary stimulus dimensions [J]. Perception & Psychophysics, 1971, 10 (2): 104-108.

[16] ITTI L, KOCH C, NIEBUR E. A Model of Saliency-Based Visual Attention for Rapid Scene Analysis [J]. IEEE Transactions on Pattern Analysis & Machine Intelligence, 1998, 20 (11): 1254-1259.

[17] ITTI L, KOCH C. A saliency-based search mechanism for overt and covert shifts of visual attention [J]. Vision research, 2000, 40 (10-12): 1489-1506.

CHAPTER 2

第2章

计算机视觉中的注意力

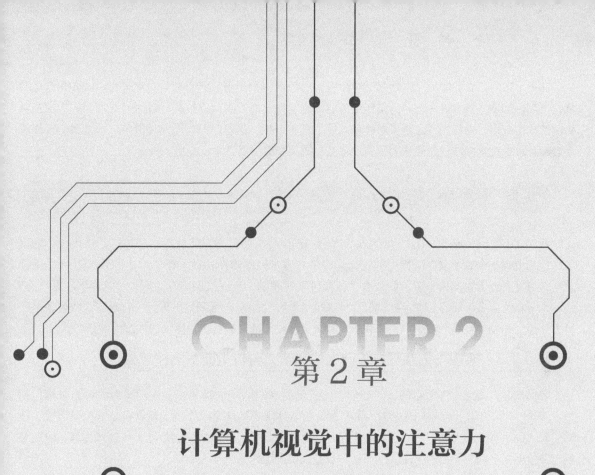

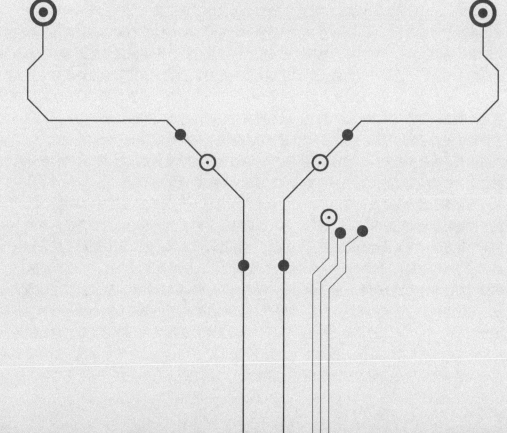

在第 1 章中，我们按照从早期哲学对注意力的朴素认识开始，到心理学对注意力的认知角色的探索，再到认知神经科学对注意力的神经生理层面的发掘，最后到计算机科学领域对注意力的模拟及其机制的广泛应用，沿着先贤之路，对注意力的“前世今生”进行了一番粗略地浏览。本章我们开始深入理解计算机视觉领域，对注意力研究的体系、模型和算法展开深入剖析。

2.1 注意力模型的分类

我们在上文已经提及，在 19 世纪末的实验心理学界，注意力虽然作为一种被广泛认可的心理现象，但却没有一个被大家广泛接受的定义。美国心理学家詹姆斯由此发出了“人人都知道什么是注意”的呼吁，让大家搁置争议。如今到了计算机科学领域，也许我们同样会问，注意力到底是什么？很不幸，和一百多年前的心理学界类似，计算机科学中的注意力更多地体现为一种思想，或者说是一种方法论，并没有特别严格的定义。既然没有定义，我们就来从五个角度谈谈注意力的分类。

2.1.1 客观与主观：自下而上的注意力与自上而下的注意力

我们知道，无论是哲学还是认知心理学，还是后来的认知神经科学，人们认为注意力总是包括“自下而上”和“自上而下”两个方面的机制。前者体现了认知对象客观上就具有足够的显著性，能够引起人的注意，和人的记忆、已有观念无关；后者则是指人们调用记忆等已有的认知体系，对关心的对象投射更多的主观上的关注，从而进一步完成辨别工作。

同样，在 CV 领域实现机器“注意”的方法也包括了自下而上和自上而下两种思想，其中前者也被称为基于“显著性”（saliency）方法，后者称为基于“视觉性”（visibility）方法：第一类方法的研究对象为场景，核心研究目标为根据给定场景生成显著性图，所谓的显著性图是一种热点图，该图以定量的方式表征了场景不同位置吸引“注意力”的强度。例如，在显著性检测任务中，试图让计算机去发现场景本身就具备的显著性，因此更多地体现出自下而上的思想。第二类方法的研究对象为各类视觉传感器，该类方法为任务导向型，以系统在关心的任务上获得最优表现为目标，任务完成的越优意味着越多信息量的获取。因此，自下而上方法体现了纯粹数据驱动下的被动注意力，而自上而下的方法代表了结合先验知识、在意识的控制下对场景进行主动注意力投射。二者的关系非常类似辩证唯物主义中物质与意识的关系——“物质决定意识，而意识反作用于物质”。

判断某注意力模型是否应用了“自上而下”信息的一个简单方法就是看其是否使用了语义信息，或者说是否动用了记忆和常识。例如，有一张照片，其内容为一匹白马站在茫茫的草原上。假设采用如下两种方法实现显著性分析：第一种方法，对照片进行区域分割（即仅能得到区域划分，但无法得到区域对应的类别），然后根据分割结果，直接以“一大片绿色区域中有一个白色小区域”作为判断依据而将白马作为显著对象；第二种方法，采用一个已经训练好的语义分割模型（即既能得到区域划分，又能得到每个区域的类别，且类别设定中包括马和草地两种类别）对照片进行语义分割，然后根据分割结果，以“一大片草地上站着一匹马”作为判断依据而将白马作为显著对象。按照上述对两种作用机制的判定规则，在第一种方法中，由于“区域”“绿色”“白色”均属于图像特征范畴，显著性的判定规则中没有任何语义信息参与，因此属于“自下而上”的方法。而在第二种方法中，“草地”

和“马”均是语义概念，是人脑对两种事物的认知抽象，在语义分割模型训练时有人类认知参与（如标注），因此其运用了“自上而下”的机制。考虑到无论在心理学、生理学领域还是在 CV 领域，注意力的自下而上和自上而下作用都非常重要，所以我们再给出一些例子，如图 2-1 所示，我们已经对被注意的对象进行了矩形框标注。例如，在图 2-1a 中，如果我们注意到其中矩形框所示区域，是因区域基本位于图像中心位置，则意味着我们采取了自下而上的方法。但是倘若我们通过场景理解等途径，从图中识别出了铁轨，分析高亮区域的形状特征等手段，注意到其实就是隧道出口，说明我们动用了自上而下的注意机制；再例如，在图 2-1b 中，矩形框所示区域因其基本位于图像正中位置，且其颜色、纹理与形状等特征与周围区域存在明显差异而被注意，这便是自下而上的注意。如果我们通过行人检测等方法，注意到其是一个小姑娘，则表示我们使用了自上而下的注意，等等。

a) b) c) d) e) f)

● 图 2-1　图像及其被注意区域示意

a）隧道出口　b）小姑娘　c）花雨伞　d）轿车　e）平衡车　f）花簇

需要强调的是，注意力的自下而上和自上而下的作用不是孤立的，正如马泰·曼卡斯（Matei Mancas）等[1]在其著作《从人类注意力到计算机注意力》（*From Human Attention to Computational Attention*）中的对注意力的概括：注意力实际上是自下而上的外因和自上而下的内因互相抗衡的结果，即最终获得的注意力是客观现实和主观修正后的综合。在 CV 领域中，大多数注意力机制的使用也都是自下而上和自上而下双管齐下。另外，细心的读者可能已经注意到，在上面例子中，我们在自下而上和自上而下方法中分别用到“因为什么而被注意”和“注意到什么”的句式。从认知阶段看，二者分别体现了被动的“被吸引”和主动“去认知”两个阶段，而两个阶段综合构成完整的认知过程；从因果关系角度看，前者体现了认知的原因，后者体现了认知的结果。

2.1.2 目的与手段：视觉显著性检测与视觉注意力机制

在前文中，我们不止一次地提及 CV 领域的注意力研究包括了视觉显著性检测和视觉注意力机制两个研究方向。前者中，注意力体现为“纯粹为了找显著”的目的性，体现了注意力的感知特性；而在后者中，注意力体现了提升各类 CV 任务效果的手段性，体现了注意力的认知特性。

视觉显著性检测是指在静态图像或者视频中，定位具有和其他对象具有明显差异的目标或区域——即寻找显著区域或者物体。视觉显著性检测起步于克里斯托弗·科赫在 1985 年提出的 KOCH 模型[2]和洛朗·伊蒂等在 1989 年提出的 ITTI 模型[3]，这两个模型可以视为是对认知心理学中特征整合理论选择性视觉注意力框架的计算机仿生，都体现了“提取特征→融合特征→获取显著性”。ITTI 模型之后，计算机科学界提出了大量的视觉显著性检测模型，这些模型按照思路区分，又可以用“先点后面”来概括。所谓点即视觉注视点（eye fixation），这一类任务我们统称为注视点预测（fixation prediction）任务[⊖]。注视点预测综合体现了“眼睛是心灵的窗口”以及“眼睛盯哪哪显著”的朴素思路——通过分析视觉场景中的各类特征来预测视觉注视点并以此表达视觉显著性，KOCH 模型和 ITTI 模型就是此类方法的典型代表。注视点预测方法的研究多借助眼动仪（eye tracker）来跟踪记录人们观察视觉场景时眼球的移动和驻留情况，以此建立图像特征与显著性的关系，其输出的结果往往体现为一系列预测得到的视觉注视点或者是注视轨迹（如图 2-2b），或是表达为目光投射强度的显著性图（如图 2-2c）。说完点我们再说“面”。所谓面体即显著性物体（salient object），这一类任务称为显著物体检测（salient object detection）。显著物体检测是继注视点预测任务之后，视觉显著性检测方向出现的另一个重要分支。与注视点预测这种带着浓厚生物仿生背景的任务相比，显著物体检测一般将问题建模为场景的二值标注（binary labeling）或目标检测（object detection）问题，其目的旨在将显著物体从图像背景中分离出来，显著物体检测可以认为是一种更加纯粹的计算机方法。在很多模型中，显著物体检测以区域作为视觉场景的显著性表达，同时强调了区域对对象表达的整体性，即显著的不能只是区域，而需要是个尽量完整的物体。因此显著物体检测模型的输出一般是显著物体的二值掩膜（如图 2-2d）或矩形包围框（如图 2-2e）。这一特性带着鲜明的“格式塔”心理学思想，是基于物体注意力的忠实体现。另外，某些显著物体检测甚至需要现有知识的驱动和指导，这一点又体现出“自上而下”注意力的作用。需要说明的是，注视点预测和显著物体检测两类任务之间是有着很强的关联关系的，体现在注视点往往落在最显著的物体上，而最显著的物体吸引最多注视。在方法层面，注视点预测形成的显著性图尽管不表达物体，但是也可以通过二值化、区域标记等方式进一步获取其中的物体。另外，随着显著性检测公开数据集不断完善，尤其是深度学习在 CV 领域兴起，二者在实现方式上都趋同于“端到端”（end-to-end）的有监督训练。

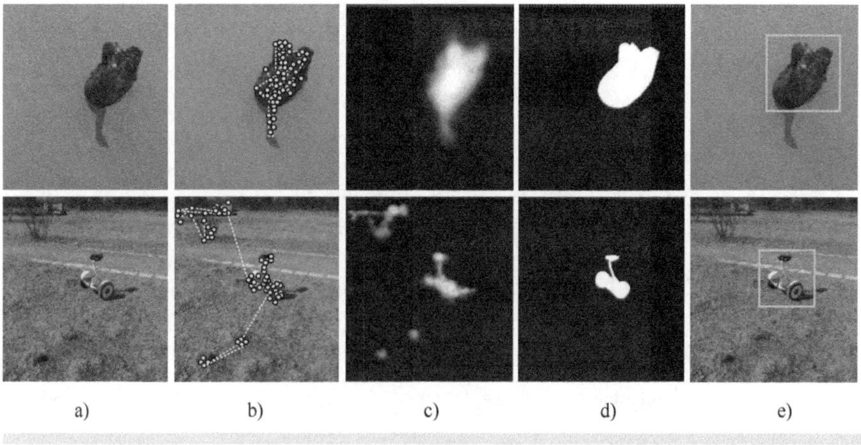

● 图 2-2　两类不同视觉显著性检测的显著性表达形式对比示意

a）原始图像　b）以注视点和轨迹表达注视点预测　c）以目光投射强度热力图表达的视觉点预测　d）二值掩膜表示的显著目标　e）包围框表示的显著目标

⊖ 注视点预测在很多文献中也称为眼动点预测或人眼关注点检测。

视觉注意力机制是指针对各类 CV 任务，在模型结构设计或信息加工流程设计中，引入受任务效果驱动的特征筛选或者加权机制，使得模型在对数据的加工和处理过程中有侧重、有取舍，从而为看图说话（image captioning）、细粒度分类（fine-grained classification）、目标检测（object detection）等各类 CV 任务提供赋能作用。简而言之，我们认为视觉注意力机制的要点有三：第一，视觉注意力机制赋能的还是那些传统的 CV 任务；第二，视觉注意力机制的实现手段是筛选或加权；第三，视觉注意力机制的目的是提升效果。与显著性检测不同的是，视觉注意力机制不以生成显著性图或定位出显著区域作为最终目标，因此可以认为是一种相对“隐式”的模型。例如，在看图说话任务中，模型像是在完成一个翻译任务——将图像翻译为能够对其进行描述的文字，因此视觉注意力机制像是在输入图像上找“关键词”。而在细粒度分类任务中，需要利用细微差异实现对不同类别的区分，视觉注意力机制在其中所完成的功能仿佛是拿着放大镜在细节上寻找明显不同，从而基于细微差异最终实现更加准确的细粒度分类。以车型细粒度分类为例，在很多针对车辆图像进行的车型细分类的任务中，要求类别细化到年款级别，而很多车型在不同年款间的外形差别极其细微，即使使用肉眼也得对这些细微差异进行仔细辨别才能做到准确区分。如图 2-3 所示的两种年款的轿车，其差异主要存在于前车灯和车标位置。因此针对这些区域提取具有差异化的特征是实现车型细分的必备条件，而实现此操作的一个有效手段即通过视觉注意力机制让模型自动“关注”到这些区域。

● 图 2-3　两种年款车型细分类示意

a）2017 款明锐和 2019 款明锐　b）2008 款凯美瑞和 2009 款凯美瑞

2.1.3　掩膜与权重：硬性注意力与柔性注意力

针对某一场景进行注意力获取，核心任务就是标记出场景中哪里被投射了注意力、投射了多少注意力，即确定不同位置获取注意力的强度。在具体表现形式、计算方式等方面，又有硬性注意力（hard attention）和柔性注意力（soft attention）之分。

先说表现形式，所谓硬性注意力是指通过不断在场景中搜索、以“挑选”的方式获得被注意区域的注意力机制，该注意力机制的表现形式为 {0，1} 二值掩膜，即表示要么完全被注意，要么就完全不被注意，可谓“非彼即此”，这也正是“硬性”一词的来源。硬性注意力确定被注意区域后，后续操作仅针对该区域进行特殊处理，因此在某种角度，硬性注意力机制可以理解为“抠图”操作——抠取那些被认为是应该注意的区域或对象。图 2-4a 示意了硬性注意力的表现形式。而在应用柔性注意力机制的模型中，注意力的投射强度被表达为针对场景不同位置的注意力权重，即在场景中任意一个位置都给出一个对注意力的分配概率，因此可以认为柔性注意力模型得到的是注意力的空间分布。在

CV 应用中，柔性注意力机制针对一幅图像或者一帧视频，输出一个具有相同尺寸的注意力分布矩阵，其中每一个位置的数值都表示与之对应位置输入数据获得注意力的强度，一般用［0,1］区间的连续数值来表示。后续处理即将此矩阵作为权重因子与输入数据进行对应位置相乘，用权重对输入数据做增强或抑制。柔性注意力机制中的“柔性”即体现为注意力强度为“柔软的”连续值。图 2-4b 示意了柔性注意力的表现形式。

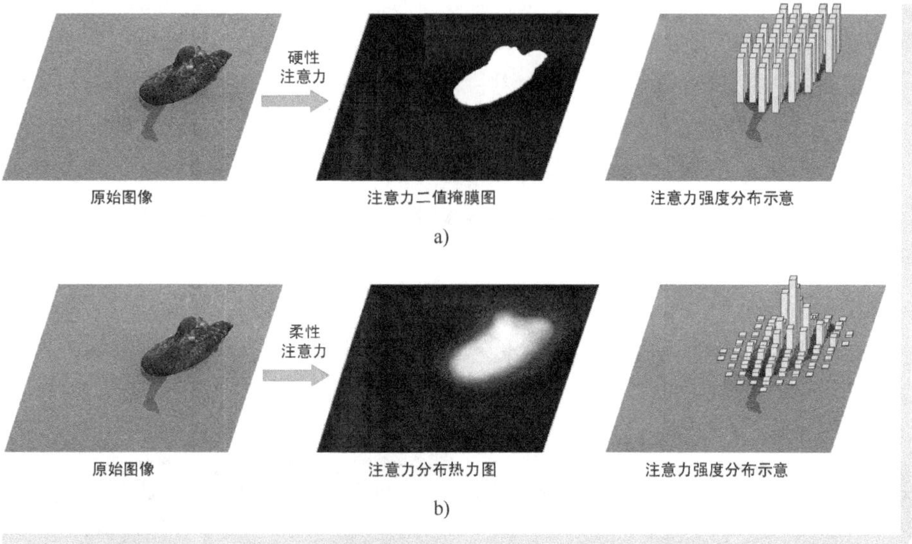

● 图 2-4　硬性注意力和柔性注意力的表现形式示意（无柱状图位置表示注意力无分布）
a）硬性注意力　b）柔性注意力

再说计算方法。由于硬性注意力采用的“挑选”这一操作很难通过一个关于输入的可微函数来表达，这一点与围棋中每走一步对最终结果的影响未知类似，在对整个场景的遍历结束之前，每一步的注意力评估是否是全局最优也是未知的，因此硬性注意力的投射过程是一个随机预测过程，只能通过在不断地交互、不断地对“挑选”这一动作施加不同的激励来获取最终的注意力投射位置。因此绝大多数硬性注意力模型都是通过强化学习(Reinforcement Learning，RL）的方法来实现。在柔性注意力模型中，将注意力的投射强度表达为针对场景不同位置的注意力权重，一般是光滑可微的，因此绝大多数柔性注意力模型都可以通过梯度下降法(Gradient Descent，GD）来实现。由于柔性注意力机制具有可微的良好性质，能够与基于梯度反向传播优化的现有模型无缝整合，因此目前更多的研究和应用还是更倾向于使用柔性注意力机制。

2.1.4　特征与位置：特征域注意力与空间域注意力

在第 1 章对心理学和认知神经科学的介绍中，我们已经详细讨论了人们对引发注意力的因素所持有的三种不同观点，即“特征说”“位置说”和“物体说”。对于物体这一高级概念，考虑到其本质就是具有各类视觉特征与空间位置绑定的整体，所以暂且“按下不表”，这里我们单说特征和位置。

在视觉显著性检测任务中，可以说位置既是原因也是结果。前者体现为在进行显著性评估的过程中，空间位置往往在高维特征中占了一个或者几个维度，即位置是特征化了的位置。这一点很好理解，视觉显著性与亮度、颜色、纹理、结构等视觉特征息息相关，同时也受到这些视觉特征出现位置的影响——越靠近场景中间位置越显著，面积越大越显著。而位置是结果体现为在视觉显著性检测任务中，一般以空间位置作为模型的输出成果。毕竟注意力机制要回答的最根本的问题即“哪里重要”，这显然是一个针对位置的问题。在视觉注意力机制相关的研究中，人们最早关注的也是空间域注意力机制的应用。例如，早期多种基于强化学习的硬性注意力机制，均是通过在视觉场景的不同位置试探、搜索、挑选来确认重点区域的位置，显然这些注意力机制都是在空间域上开展的；某些细粒度分类模型中，注意力机制以针对不同区域抵近观察的方式产生作用，这也是空间域注意力的重要体现。

在 CNN 主宰的 CV 领域，在卷积特征图上应用注意力机制也是一类重要的研究方向。而对于注意力针对特征还是针对位置的问题，则转变为注意力机制是在卷积特征图的通道域上进行还是在空间域上进行的问题。我们知道，每一个 CNN 特征图可以看作是一个立方体——宽度维和高度维构成了空间域，而通道维则表示特征域。所谓注意力的作用域，说直白了就是看针对哪些维度开展权重设定而已。图 2-5 即为 CNN 卷积特征图的通道域注意力和空间域注意力作用示意。

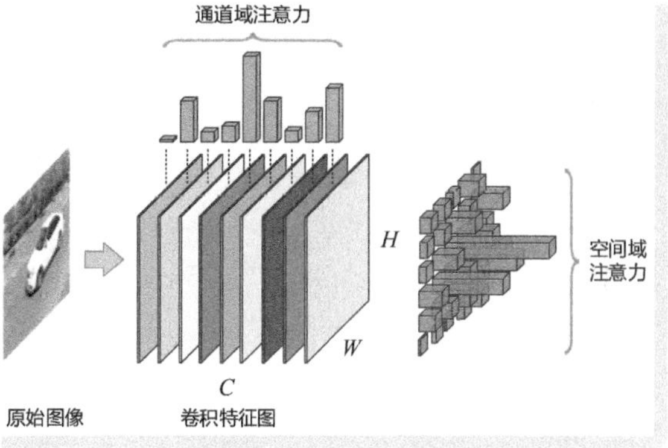

图 2-5　针对卷积特征图的通道域注意力与空间域注意力对比示意

除了特征域注意力和空间域注意力，还有针对视频分析应运而生的时间域注意力（temporal domain attention）机制。时间域注意力机制通过在时间维度上施加不同的注意力权重，实现对视频中帧与帧之间的有侧重处理。除了纯粹某一维度的注意力，还有“混合型”的注意力，例如，将特征域与空间域注意力的融合，综合考虑两个维度的特征重要性，针对 CNN 卷积特征，最简单的方式是将通道域注意力模块与空间域注意力模块串联，让两种注意力先后发挥作用。除此之外还有空间域注意力与时间域注意力的融合等。

2.1.5　自己与相互：自注意力与互注意力

2017 年，Transformer 的大获成功也带火了一种注意力机制——自注意力（self-attention）机制。可以说近 5 年来，无论是 NLP 还是 CV 领域，与注意力有关的词汇中，“自注意力”可以说是出现频率最高的词汇，可谓没有之一。

自注意力还有一个别称，叫作“内注意力”，英文为“intra-attention”。按照英文前缀的命名惯例，既然有“intra-”，自然也有“inter-”与之对应，而这里的“inter-attention”即所谓的互注意力机制。所谓互注意力机制，特指在具有“编码器-解码器”结构的 Seq2Seq 模型中，某个输入项的注意力权重被构造为上一个输出项与当前项的函数（如图 2-6a 所示。黑色实线箭头表示利用注意力权重加权计算的方向，而蓝色虚线箭头表示某注意力权重计算的依赖关系方向，图 2-6b 同）。这样一来，注意力的计算是跨在输入与输出之间的，这也正是“inter”的来历。与之相反，内注意力也即大名鼎鼎的自注意力，顾名思义，就是数据自己跟自己“较劲”得到注意力权重，然后再将权重作用于自身以实现轻重取舍的一种特殊注意力机制。在自注意力中，注意力权重的计算仅在输入的各项间进行，不需要输出参与（如图 2-6b 所示）。

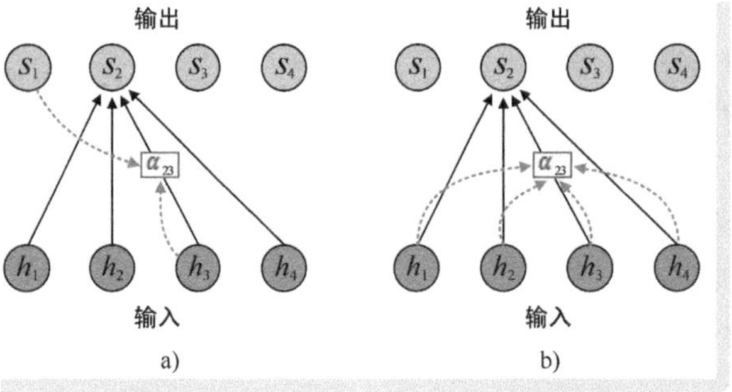

● 图 2-6　互注意力机制与内注意力机制的对比示意
a）互注意力机制　b）内注意力机制

2.2 视觉显著性检测原理与模型剖析

在本章的前半部分，我们已经对 CV 领域为什么要开展针对注意力的研究，以及注意力模型的基本分类进行了介绍，下面我们按照任务属性，将视觉显著性检测分为注视点预测和显著物体检测两类具体任务，分别对其中的经典模型进行详细分析。

2.2.1　注视点预测

下面我们首先介绍视觉显著性检测中的注视点预测模型，该类模型更多的关心“注意哪里”以及“注意力哪投得多哪投得少”的问题，更具浓重的仿生学背景。在下文中，我们对模型的分析从 1985 年提出的 KOCH 模型开始，一直到 2015 年提出的 DeepFix 模型结束，总共涉及 11 个经典模型。

1. KOCH：第一个仿生计算模型

无论是心理学还是生理学，已经存在大量研究证据表明，灵长类动物和人类的视觉系统经过进化，具有了能够在场景中移动注意力焦点这一特殊的能力。正是受到这些生理现象和研究成果的启发，1985 年，麻省理工学院的克里斯托弗·科赫（Christof Koch，1956-）和希蒙·乌尔曼（Shimon Ullman，1948-）[2]联合提出了第一个选择注意力的理论计算模型——KOCH 模型。KOCH 模型使用由类神经元（neuron-like element）构成的简单网络㊀来解释或模拟选择性注意力如何在视觉场景中移动等各种生理现象。具体来说，KOCH 模型试图用模型化的方式解释如下三个关键问题：视觉特征的早期表示和视觉场景的显著性表示问题、注视点选择的问题以及注视点在视觉场景中的移动问题。

㊀ 在这里，不要将“网络”过多的联想为人工神经网络模型，将其简单理解为数据加工或者传输的通路更为合适。

KOCH 模型的整体架构如图 2-7 所示。

针对视觉特征的早期表示和视觉场景的显著性表示问题，KOCH 模型采用特征图(Feature Maps) 机制来解决，在 KOCH 模型中，特征图被定义为针对视觉场景的、具有空间位置信息[㊀]的一组基础视觉特征表示，这些视觉特征包括颜色、方向、运动和距离等。由于特征图具有与视觉场景对应的空间位置信息，因此本身就能够实现空间对齐。获得特征图后，通过将这些特征图逐位置进行信息融合，即可得到显著性图(Saliency Map)，显著性图即可作为整个场景显著性的全局表示。KOCH 模型中的视觉特征的早期表示和视觉场景的显著性表示，与奈塞尔的早期视觉两阶段理论（1967 年）以及特里斯曼的特征整合理论（1980 年）中的相关概念是一致的。

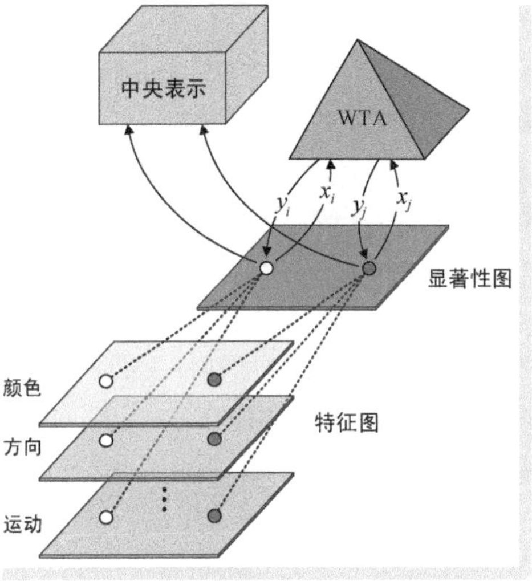

● 图 2-7　KOCH 模型整体架构图

针对注视点的选择问题，KOCH 模型使用一种称为“赢者通吃”（Winner-Take-All，WTA）网络的简单结构来解决该问题。初看“赢者通吃”可能会一头雾水，这里将其翻译为“只有最大者被选中”可能会更加容易理解一些——WTA 网络完成的工作就是在显著性图上寻找到显著性最大值所对应的位置，并将注意力聚焦到这个唯一的位置。可以认为 WTA 网络扮演了一个类似“argmax”操作的角色。KOCH 模型中将上述过程以更加“神经”的方式进行表述：WTA 网络由一系列类神经元构成，该网络以整个显著性图作为输入，并为其中每一个位置的显著性值计算一个输出。例如，针对位于显著性图上第 i 个位置的显著性值 x_i，WTA 会为其计算一个输出$y_i=f(x_i)$，以y_i来标识该位置是否为注视点位置。函数f的具体形式可简可繁，最简单的形式莫过于当 x_i不是所有显著性值中的最大值时，令$y_i=0$，否则给y_i赋予一个正常数。这样一来，注视点的位置即为正常数所在位置。在 KOCH 模型中，还给出了一种更加稳健的实现形式，该形式类似在显著性图上执行了一个“softmax”操作，从而最大显著性值对应的输出接近 1，而其他值对应输出被几乎抑制为 0，因此确定注意点位置的操作即等价于“寻 1”操作。值得一提的是，从显著性图到对其逐位置的注视点标注这“一去一回”，在某种意义上正是模拟了视觉信息加工过程中，外膝体（Lateral Geniculate Nucleus，LGN）与视觉皮层[㊁]的信息加工机制：“一去”模拟了 LGN 到视觉皮层的正向加工过程，而“一回”则模拟了从视觉皮层到 LGN 的反投影(back-projection）生理机制。图 2-8a 为 WTA 网络的工作模式示意。被 WTA 确定的唯一的注视点，其对应的特征将被转存到一个称为“中央表示”（central representation）的结构，这一步可以理解为对获取到的注视点信息进行存储。图 2-8b 为注视点特征的中央表示示意。

所谓注视点在视觉场景中的移动问题，即搜索下一个具有最强显著性位置、从而确定下一个注视

㊀ 在提出 KOCH 模型的文章中，特征图的空间位置特性用“topographical”一词来表达。

㊁ 在视觉神经系统中，LGN 是第一级视觉中枢，而视觉皮层是更加高级的视觉信息处理单元，视觉皮层以层级化的加工方式处理 LGN 输入的视觉信号。

点的过程。考虑到视觉场景中的物体往往在颜色、运动等特征上体现出整体特性，KOCH 模型在进行下一个注视点确定的过程中提出了空间临近和特征相似两种规则，即所谓的“临近偏好”（proximity preference）和“相似偏好”（similarity preference）。临近偏好为局部检索策略，即搜索的目标是以当前注视点为中心的局部范围内的显著性局部极大值位置。相似偏好为全局检索策略，即在整个视觉场景中搜索与当前关注点特征最为接近特征的位置。相似偏好的特征检索需要使用到当前注视点的中央表示。上述两个规则分别体现了“注意了某物体，则倾向于注意到它附近物体”和“注意了某物体，则倾向于注意到与它相似的物体”这两种心理生理现象，在某种意义上，也是对注意定向理论中外源性定向和内源性定向概念的模拟，在后者中，当前注视点的中央表示扮演的正是已经存在的知识，起到“自上而下”的指导作用。另外，无论是哪种规则，KOCH 首先都要对当前注视点的显著性值进行抑制，以防止当前点再次被选中，即确保注视点能够“移动”。同时，临近偏好和相似偏好往往是综合使用的，即在下一个注视点的搜索中，距离当前点近且相似的位置最有可能被选中。

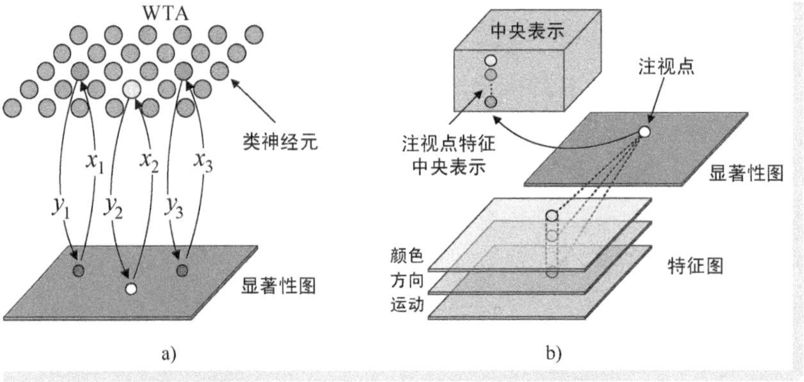

● 图 2-8 WTA 网络的工作模式及注视点特征的中央表示示意

a）WTA 网络的工作模式示意 b）注视点特征的中央表示示意

2. ITTI：特征整合理论的忠实体现

1998 年，科赫的学生洛朗·伊蒂（Laurent Itti）与自己的老师科赫，连同神经科学家恩斯特·尼伯（Ernst Niebur）[3]一起提出著名的 ITTI 模型，以实现针对彩色静态图像的显著性检测。与 KOCH 模型类似，ITTI 模型也是以特征整合理论作为认知科学基础的，其整体计算流程包括了预处理、视觉特征表示、显著性图构造与注视点选择与转移四大步骤，其中提取的图像视觉特征包括强度、颜色和方向三大类。其整体架构如图 2-9 所示。

1）预处理。预处理步骤主要指采用构建高斯金字塔的方式对输入图像进行多尺度化，以获得输入图像的多尺度版本。高斯金字塔中每尺度图像都是在上一尺度图像的基础上进行高斯滤波和 1/2 降采样得到。在 ITTI 模型中，高斯金字塔的尺度数设定为 9，用 $\sigma=0$，…，8 表示高斯金字塔的尺度下标，其中 $\sigma=0$ 表示原始图像尺度。图 2-10 为针对某图像构建的 9 尺度高斯金字塔示意。

2）视觉特征表示。在预处理步骤获得图像金字塔后，接下来即针对图像金字塔开展图像强度、颜色和方向三大类视觉特征表示的操作。针对每一类视觉特征，又包括了基础特征计算、差异特征图构建和归一化三个环节。其中，针对强度特征，设 r、g 和 b 分别为输入图像的原始红绿蓝通道，在基

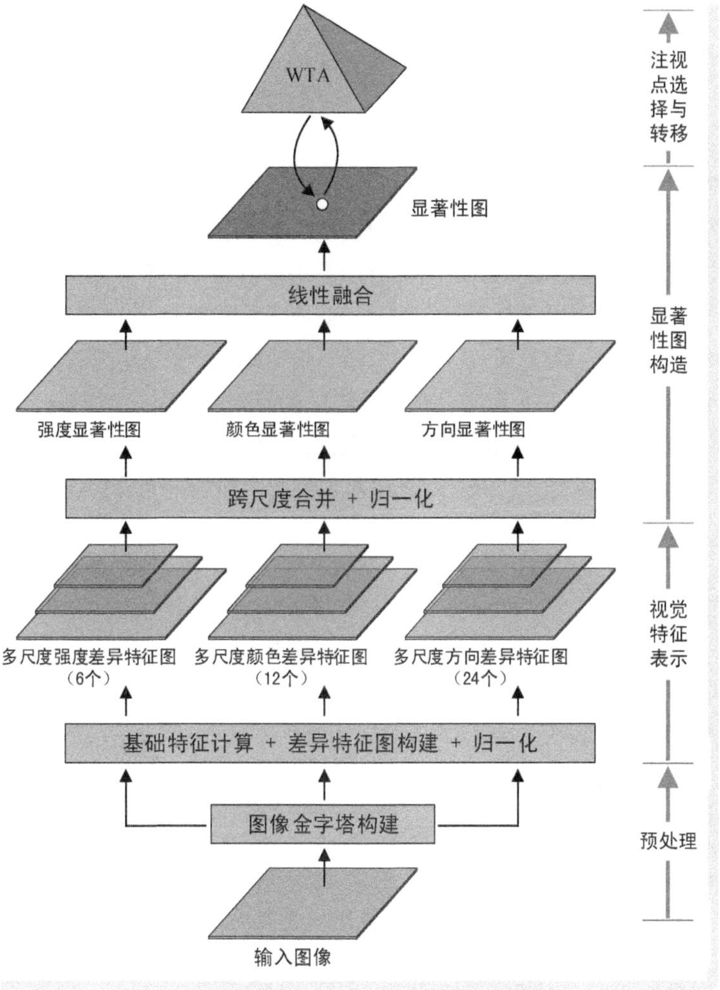

• 图 2-9　ITTI 模型整体架构图

础特征提取环节，ITTI 模型使用三个通道的平均值，即 $I=(r+g+b)/3$ 来获取基础强度特征。因此，针对 9 个尺度的图像金字塔，将得到一组多尺度的强度特征图 $I(\sigma)$，$\sigma=0, \cdots, 8$。在接下来的差异特征图构建环节，借鉴神经元视觉空间响应中心和外围关系的一般计算原理，ITTI 模型采用跨尺度“中心-外围”差异（center-surround differences）作为视觉特征的表示。具体来说，针对强度特征，用精细尺度特征图 $I(c)$ 作为中心、粗略尺度特征图 $I(s)$ 作为外围，计算两图差异的绝对值，表示为

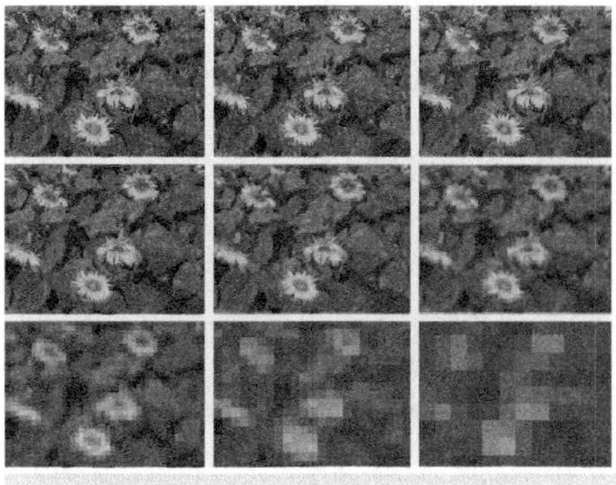

• 图 2-10　图像 9 尺度高斯金字塔示意（从上到下、从左到右分尺度增加；为方便显示，从第 2 尺度开始均进行了上采样操作以统一图像尺寸）

$$I(c,s)=N(I(c)\ominus I(s)) \tag{2-1}$$

式中，$c\in\{2,3,4\}$ 为精细尺度特征图下标；$s=c+\delta$，$\delta\in\{3,4\}$ 为粗略尺度特征图下标；符号“$\ominus$”表示跨尺度差异运算（先缩放再相减）。因此按照上述 s 和 c 的组合，针对强度特征将计算得到 6 个差异特征图，如图 2-11a 所示；$N(\cdot)$ 为归一化操作，该操作又包括值变换、局部极大值平均和乘系数三步：值变换将差异特征图线性变换至［$0,M$］的固定范围，其中 M 为任意正常数；局部极大值平均即针对值变换后的差异特征图，检索除了全局最大值之外位置（取值为 M）的所有局部极大值，求取其平均值 $\overline{m}$；在乘系数步骤，对每个值变换后差异特征图都乘以系数 $(M-\overline{m})^2$。归一化操作能够起到无显著点全局抑制，有显著点增强显著的双重作用——前者表示所有特征“表现平平，没有拔尖”，则 $M\approx\overline{m}$，这就意味着最后乘以的系数 $(M-\overline{m})^2\approx 0$。归一化的最终效果为几乎全局清零（如图 2-11b 中实线所示数据，$M=\overline{m}=3$）；后者表示存在“鹤立鸡群”的显著点，则有 $M\gg\overline{m}$，这就意味着归一化操作能够起到倍增器的作用（如图 2-10b 中虚线所示数据，$M=5$，$\overline{m}=2/3$）。除强度特征外，针对颜色和方向两类特征的差异特征图构建，以及后续的三类特征跨尺度融合都会以上述归一化作为后处理操作，方法完全相同，在此不再赘述。

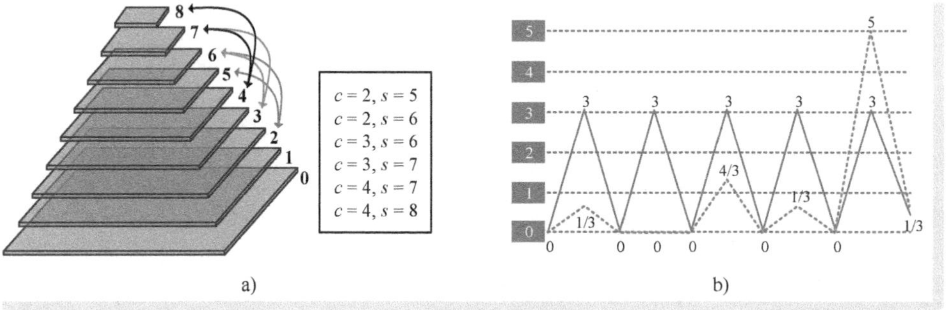

● 图 2-11 差异特征图计算与两种不同情形的差异特征图示意（以一维数据为例）

a）差异特征图计算示意 b）两种不同情形的差异特征图示意（以一维数据为例）

针对颜色特征，ITTI 模型并未使用原始的颜色通道，而是重新构造了红（R）、绿（G）、蓝（B）、黄（Y）4 个所谓宽调谐（broadly-tuned）颜色通道，这 4 个新颜色通道的计算方法分别为：$R=r-(g+b)/2$，$G=g-(r+b)/2$，$B=b-(r+g)/2$ 和 $Y=(r+g)/2-|r-g|/2-b$。这 4 个颜色通道在高斯金字塔下的多尺度版本分别记作 $R(\sigma)$、$G(\sigma)$、$B(\sigma)$ 和 $Y(\sigma)$，其中 $\sigma=0,\cdots,8$。由于人类视觉系统存在一种被称为“颜色双竞争”（color double-opponent）的机制——处于感受野中心的神经元会被一种颜色激发（如红色），而被另一种颜色抑制（如绿色），周围的神经元则与此相反。特别是在人类主视觉皮层中，上述空间和颜色的对立主要体现在红和绿、蓝和黄两组颜色上。因此为了体现上述生理层面的对立机制，ITTI 模型在构建颜色差异特征图时，分别计算了跨红绿通道“中心-外围”差异 $RG(c,s)$ 和跨蓝黄通道“中心-外围”差异 $BY(c,s)$，两种差异的计算方法可以表示为

$$RG(c,s)=N((R(c)-G(c))\ominus(G(s)-R(s))) \tag{2-2}$$

$$BY(c,s)=N((B(c)-Y(c))\ominus(Y(s)-B(s))) \tag{2-3}$$

式中，c 和 s 的取值与式（2-1）相同。因此，按照 s 和 c 的组合，针对每一种跨颜色通道将计算产生 6

个差异特征图，因此针对颜色特征将总共产生 12 个差异特征图。图 2-12 为以 $BY(c,s)$ 为例的颜色差异特征图计算模式示意。

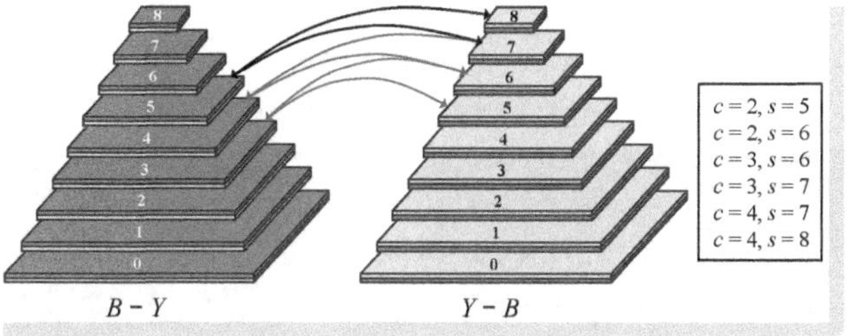

● 图 2-12　以 $BY(c,s)$ 为例的颜色差异特征图计算模式示意

ITTI 模型采用 Gabor 滤波的方式获取图像的方向特征，其中 Gabor 滤波的方向为 4 个，记作 $\theta\in\{0°,45°,90°,135°\}$。在高斯金字塔 $I(\sigma)$ 上进行方向为 θ 的 Gabor 滤波，即得到该方向对应的 Gabor 特征金字塔 $O(\sigma,\theta)$，其中 $\sigma=0$，…，8。然后再以“中心-外围”差异的方式在该 Gabor 特征金字塔上构建差异特征图，计算方法为

$$O(c,s,\theta)=N(O(c,\theta)\ominus O(s,\theta)) \tag{2-4}$$

式中，c 和 s 的取值与上文相同。因此按照 s 和 c 的组合，针对每一个方向将计算产生 6 个差异特征图，故针对 4 个所有方向将总共产生 24 个差异特征图。

3）显著性图构造。显著性图构造过程形成最终的显著性图。该过程又分为逐特征跨尺度合并和线性融合两个环节。逐特征跨尺度合并环节针对强度、颜色和方向 3 类特征的多尺度差异特征图，形成各自的显著性分量图，3 类特征对应的显著性分量图分别记作$\bar{I}$、$\bar{C}$和$\bar{O}$，其具体计算方法如下

$$\bar{I}=N(\oplus_{c=2}^{4}\oplus_{s=c+3}^{c=4}I(c,s)) \tag{2-5}$$

$$\bar{C}=N(\oplus_{c=2}^{4}\oplus_{s=c+3}^{c=4}[RG(c,s)+BY(c,s)]) \tag{2-6}$$

$$\bar{O}=N(\sum\nolimits_{\theta\in\{0°,45°,90°,135°\}}N(\oplus_{c=2}^{4}\oplus_{s=c+3}^{c=4}O(c,s,\theta))) \tag{2-7}$$

式中，符号“$\oplus$”表示跨尺度合并运算㊀，其他符号的含义在前文中进行过介绍。线性融合环节针对上述 3 个显著性分量图进行平均，作为显著性图的最终输出，即 $S=(\bar{I}+\bar{C}+\bar{O})/3$。

4）注视点选择与转移。与 KOCH 模型类似，ITTI 模型也是不断通过 WTA 网络的“一去一回”来实现注视点的选择与转移。在“一去”的过程中，通过从显著性图中检索具有最大显著性值的位置作为注视点位置，“一回”则对当前注视点所在的区域进行显著性抑制，以实现“注意过的位置不再注意”。图 2-13 为注视点选择与转移模式的示意：WTA 网络在最初的显著性图上确认 1 处具有显著性最大值，故将初始注意点确定在 1 处，然后再将 1 处所在区域的显著性值清零。接下来重复上述步骤，进一步得到注视位置 2~4，将这些位置按照先后顺序连接起来即得到一条注视点的轨迹。

㊀ 符号“$\oplus$”表示的跨尺度合并运算，包括了将特征图降采样到与第 4 尺度特征图相同尺寸的步骤，以及随后的逐位置求和步骤。

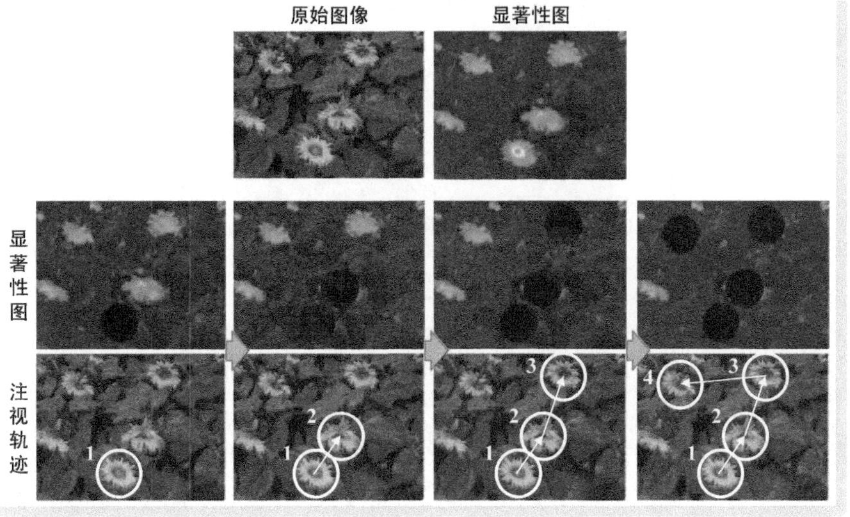

• 图 2-13　注视点选择与转移模式示意

前文介绍的 KOCH 模型提出了一个视觉选择注意力的计算框架，但是其并未明确给出计算机的实现方法，因此 KOCH 模型只能算作是一个理论上的计算模型。而这里讨论的 ITTI 模型明确给出了图像处理方法、参数设置等具体实现方法，这些“很计算机”的特性使得 ITTI 模型是真正意义上的计算机模型，对后续显著性检测方向带来深远影响，具有里程碑意义。

3. BS：利用贝叶斯框架建模“意外”

无论在心理学还是生理学中，一个普遍的观点是，人们集中注意力并开启随后的认知之旅往往来自于收到某些突如其来事物的刺激，如同平静的水面之上突然泛起的涟漪能够吸引人的注意，或是沙漠中突然出现的一小块绿洲能够瞬间让人产生兴趣一样。这种突如其来的刺激，我们往往称之为“意外”（surprise）。可以说“意外”是和注意力有关的核心概念之一，这一点早在 17 世纪笛卡尔就给出过类似的阐述。2005 年，洛朗 · 伊蒂等[4]学者利用贝叶斯（Bayes）框架对“意外”这一重要概念展开数学模型的构造，该模型称为“贝叶斯意外”（Bayesian Surprise，BS）框架㊀。上述二位科学家将 BS 框架应用于图像注视点预测，结果表明模型预测得到的注视点转移结果与眼动仪获取真人受试者的注视点转移记录达到较高的一致性，因此可以认为 BS 模型能够较好地模拟人类视觉系统的注意力投射机制。简单来说，BS 框架基于贝叶斯公式，基于观测，不断对某事件的先验分布（prior distribution）进行修正以获得其后验分布（posterior distribution），将那些导致先验分布与后验分布产生明显差异的事件视为“意外事件”，在注视点预测任务中，这些“意外事件”即那些能够吸引注意力的注视点。具体来说，对于某一事件 E，我们对其有一个事先分布的认知 $\{p(E)\}_{E\in\varepsilon}$，其中 ε 为事件空间。当观测到新的观测数据 D 时，都可利用如下的贝叶斯公式计算其后验概率

㊀ 需要强调的是，BS 框架针对的“意外”是一种广义层面“意外”，涵盖了任何不在预料之中的事件或对象。BS 框架试图对人类神经系统在面对一切意外时的反应进行建模，而视觉显著性只是其中的一个具体应用。

$$\forall E \in \varepsilon, p(E|D)=\frac{p(D|E)p(E)}{p(D)} \tag{2-8}$$

而先验分布和后验分布之间的差异能够用KL散度(Kullback-Leibler divergence)来度量，定义为

$$KL(p(E|D),p(E))=\int_{\varepsilon} p(E|D)\log\frac{p(E|D)}{p(E)}\mathrm{d}E \tag{2-9}$$

在面对序列观测时，上述后验分布的计算和差异的评估采用交替迭代的方式进行，即将当前步骤的后验分布作为下一个步骤的先验分布，该过程如图2-14所示。可以说，BS框架体现了一种不断用最新的观测数据修正历史经验，并用最新的历史经验评估当前观测是否“出乎意料”的思想。同时，BS框架还实现了“意外见多了就不再意外”的惯性效果。

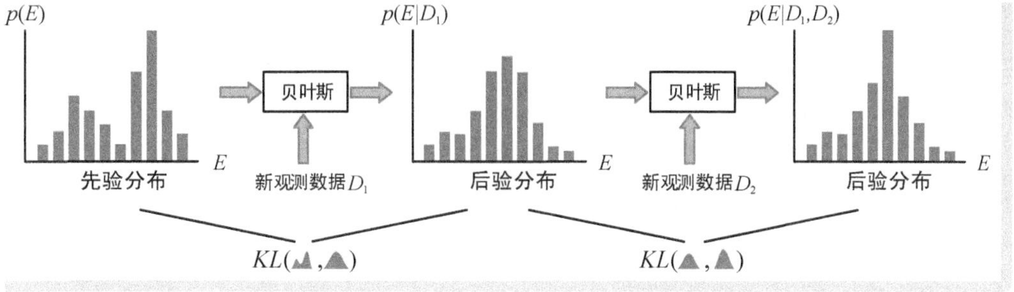

● 图2-14　BS基本原理示意

BS框架将视觉注视点预测任务作为其一个重要应用场景开展实验验证。首先，在特征提取方面，BS采取了与ITTI模型类似的“中心-外围”跨尺度差异特征表示方法，在保留了ITTI模型42个特征图（6个强度、12个颜色和24个方向）的基础上，又添加了6个“抖动”（flicker）特征图和24个4方向“运动能量”（motion energy）特征图，共计构造72个特征图作为原始图像的特征表示，这就意味着在图像的任意位置，都有一个72维的特征与之对应。在BS的框架下，具有显著性的位置即那些概率意义下的离群点(outlier)：在每一次后验分布估计的迭代中，首先利用最大后验(Maximum A Posteriori，MAP）估计的方法确定当前有可能出现的特征，即如图2-15中的最大后验估计步，即

$$E_{MAP}=\arg\max_{E} p(E|D_1,\cdots,D_{N-1}) \tag{2-10}$$

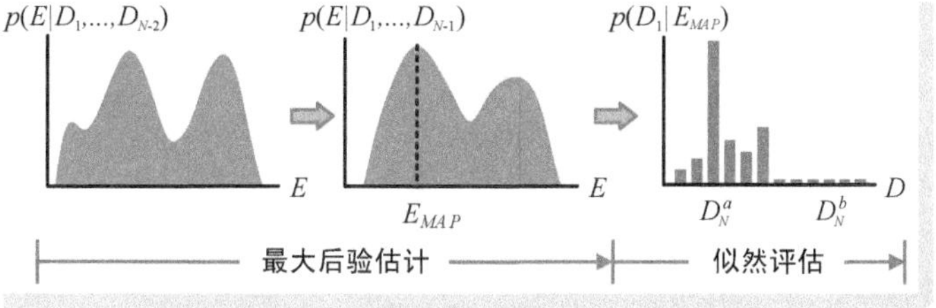

● 图2-15　BS离群点判断基本原理示意

然后，观测一个新位置的特征D_N，计算其按照既有认知E_{MAP}观测得到该特征的似然概率$p(D_N|E_{MAP})$，如果$p(D_N|E_{MAP})\approx 0$，则表示获得观测特征D_N非常“突兀”，因此可以判定该观测特征为一个显著性

的离群点（如图 2-15 中的D_N^a），否则表示观测与历史认知没有什么两样，可谓“稀松平常”（如图 2-15 中的D_N^b）。

在上述对 BS 框架的介绍中，各种分布还都是以抽象形式表示，为了开展实际的计算，必须给出其具体的形式。具体在注视点预测应用中，BS 框架将每个位置的 72 维特征建模为 72 个独立的一维泊松分布（Poisson distribution），除此之外，为了方便计算和统一表示，BS 框架将先验分布和后验分布构建为共轭分布（conjugate distribution），先验分布和应用贝叶斯公式之后得到的后验分布都是泊松分布，只不过参数发生了变化。需要说明的是，泊松模型是一种人工神经元常用的概率模型，因为泊松分布在某种意义上很好地体现了神经元的响应过程，其中泊松分布的参数表达了神经元的放电率（firing rate）。带入具体分布形式的注视点预测方法，这里就不再详细展开。

很多注视点预测方法都认为人们倾向于将注意力集中在具有高熵、高对比度、高显著性，或是具有闪烁、运动刺激的区域，而 BS 框架独辟蹊径，通过建立新的模型来量化动态自然场景中吸引人类注意力的空间和时间因素，认为“意外”是“贝叶斯的”，从而得出人们更容易注意到能够引起他们惊讶、令他们产生“意外”位置的结论。基于上述结论，给出了基于图像或视频的注视点预测方法。

4. GBVS：基于图的视觉显著性模型

ITTI 模型作为视觉显著性检测算法的“鼻祖”，给出了计算图像显著性图的一般流程，很多后续算法都是以 ITTI 模型为蓝本开展改进工作。例如，受到神经元在处理信息时存在相互影响、相互通信机制的启发，Jonathan Harel 等[5]加州理工学院的学者于 2006 年提出基于图的视觉显著性模型（Graph-Based Visual Saliency，GBVS），就是对 ITTI 模型的一个卓有成效的改进。Jonathan Harel 等在文章中，首先进一步明确注视点预测的主要工作包括特征提取（简称“s1”步）、激活图构建（简称“s2”步）与归一化/合并（简称“s3”步）三大步骤，GBVS 将改进重点放在 s2 步和 s3 步。首先，在 s2 步，GBVS 模型针对单通道特征图，对位于(i,j)和(p,q)两个不同位置的特征$M(i,j)$和$M(p,q)$的距离（文中用的是“dissimilarity”）给出了定义

$$d((i,j)\mid(p,q))=\left|\log\frac{M(i,j)}{M(p,q)}\right| \tag{2-11}$$

将特征图上不同位置的特征作为节点，构建特征节点间的关系，除了需要考虑上述特征距离，还需要考虑其间的空间距离。因此 GBVS 模型对上述特征距离定义上添加位置差异来表示特征节点之间的关系

$$w_1((i,j)\mid(p,q))=d((i,j)\mid(p,q))\cdot F(i-p,j-q) \tag{2-12}$$

式中，$F(i-p,j-q)$为位置(i,j)和(p,q)的空间距离因子，定义为

$$F(i-p,j-q)=\mathrm{e}^{-\frac{(i-p)^2+(j-q)^2}{2\sigma^2}} \tag{2-13}$$

有了上述特征节点间的关系，从图的角度，针对一个具有n个节点的特征图，其中任一个节点都有$n-1$条边与之相连。将这$n-1$条边上的关系做“求和得 1”的归一化处理，则又可将其视为某一状态（state）节点到其他所有状态的转移概率（transition probability）。这样一来，上述特征图又可视为一个具有n个状态的马尔可夫链（Markov Chain），其状态转移概率矩阵即由上述归一化关系构成。图 2-16 示意了一个具有 9 个节点的特征图，分别以其中节点a和c为例，其状态转移概率定义。

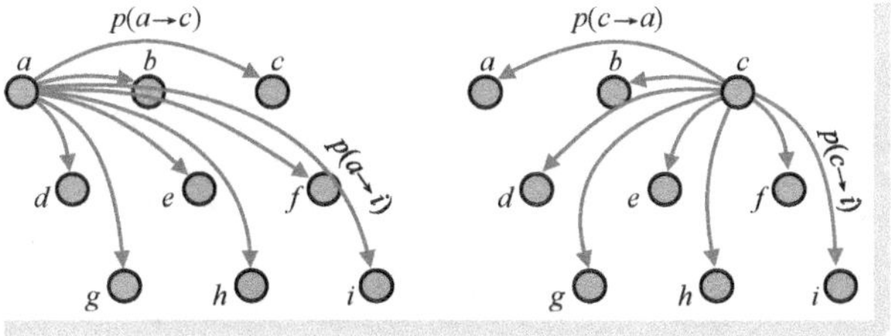

● 图 2-16 状态转移概率示意

面对上述马尔可夫链，GBVS 模型通过寻找其平稳分布(equilibrium distribution）来确定某一位置出现某一特征的概率，而这一概率值，即所谓的激活值。所谓平稳分布，简单理解即在上述状态转移概率的不断调整下，不再发生改变的状态分布。图 2-17 即为以图 2-16 情况为例的平稳状态分布示意。平稳分布体现了一种在随机的状态转移下最终达到的稳定状态，这一点与我们的视觉系统在视觉场景中随机搜索在不同位置最终实现注意力的稳定投射是非常相似的。在 GBVS 模型中，平稳状态分布的计算可以通过状态转移概率矩阵连乘的迭代方法和求取特征值的直接方法两种方法实现。

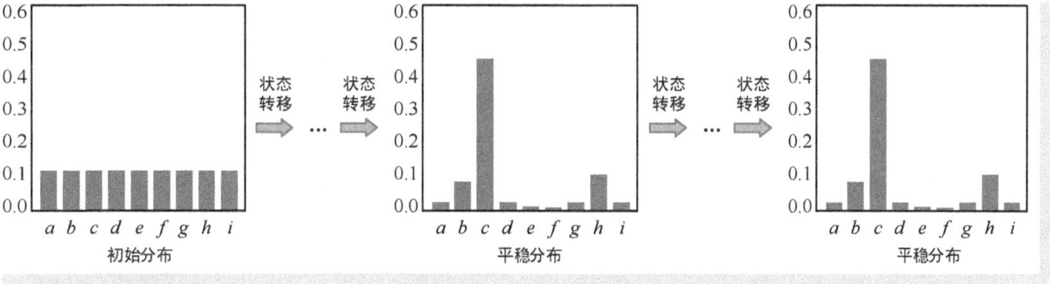

● 图 2-17 状态转移概率示意

针对激活图开展归一化的一个核心目的在于进一步突显差异，可谓“让山更高，让谷更深”。在 s3 步，GBVS 模型再次通过构造马尔可夫链的方式实现上述目标，只不过将图构造在已经得到的激活图之上，而并非基础特征图之上。除此之外，且将式（2-12）的关系定义改造为

$$w_2((i,j)\mid(p,q))=A(p,q)\cdot F(i-p,j-q) \tag{2-14}$$

式中，$A(p,q)$为位于位置（p,q）上已经计算得到的激活值。式（2-14）表明激活值越大，则由位置（i,j）指向其边的权重越大，这就意味着在随后的计算中位置（p,q）越能“吸引火力”，从而实现进一步突显显著位置的目的。

5. AIM：基于信息最大化的注视点预测

我们的视觉系统通过不断投射和转移注意力来获取有价值的视觉信息，那么怎么定义“有价值”？从信息论的角度，所谓“有价值”的事物就是那些具有最大信息量的事物。因此，沿着信息论的思路，可以认为视觉注意力的投射与转移总是以最大化视觉系统获取到的信息量作为驱动的。在这一思路的指导下，2006 年，加拿大约克大学的两位学者 Bruce 和 Tsotsos[6] 联合发表文章，提出一种基于信息最大化的显著性(Saliency Based on Information Maximization）模型（以下将其简称为“AIM 模型”，

其中“A”取自“Attention”首字母)。AIM模型的注视点预测分为独立特征提取、特征密度估计、联合似然计算和自信息计算四个关键步骤，如图2-18所示。

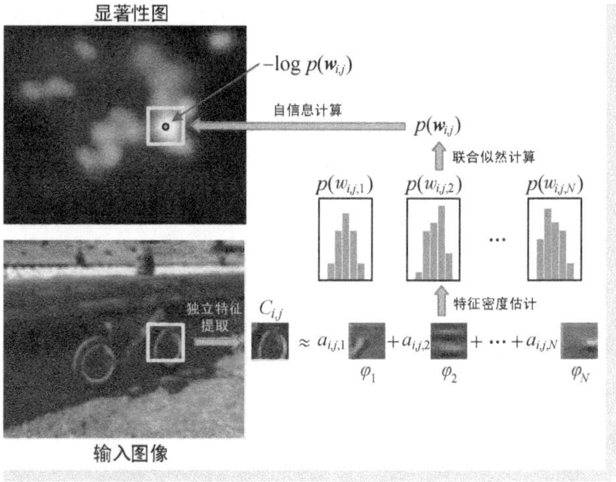

● 图2-18 AIM模型的注视点预测过程示意

在独立特征提取环节，AIM模型并未直接采用类似ITTI模型那样的手工特征，而是以一组基函数（basis function）的系数作为图像的特征表示。具体来说，对于以位置(i,j)为中心的一个图像邻域$C_{i,j}$，计算其在N个基函数$\{\varphi_1,\cdots,\varphi_N\}$下的表示系数$a_{i,j,k}$，使得

$$C_{i,j}\approx a_{i,j,1}\varphi_1+a_{i,j,2}\varphi_2\cdots+a_{i,j,N}\varphi_N \tag{2-15}$$

成立，则将$\{a_{i,j,1},\cdots,a_{i,j,N}\}$作为对应图像邻域的特征表示。这里，所谓的基函数为一组形如Garbor滤波核那样的基础图像元素，世间所有图像都能够用这组基础图像元素组合而成。在AIM模型中，基函数是通过独立分量分析(Independent Component Analysis，ICA）方法得到的：从3600幅自然图像中随机抽取了36万个具有固定大小的图像块，然后利用ICA获取这些图像块的N个独立分量作为基函数。值得一提的是，在CV领域，类似上述提取图像特征的方法非常常见，可以认为ICA构造了一个新的坐标系，而作为特征的系数即可视为原始像素在这个新坐标系下的坐标，系数的计算通过求解线性方程组即可获取。我们知道，AIM模型追求的是信息量（具体在AIM模型中特指自信息量）的最大化。而信息论中，信息量都是基于概率分布计算的，因此需要对图像特征引入不确定性，并且为这一不确定性进行概率建模，这便是特征密度估计环节需要完成的工作。所谓的特征密度估计即给出以位置(i,j)为中心、第k维特征的概率$p(w_{i,j,k}=a_{i,j,k})$。在AIM模型中，使用核密度估计(Kernel Density Estimation，KDE）这种非参数密度估计方式对上述概率进行建模，其具体形式为

$$p(w_{i,j,k}=a_{i,j,k})=\frac{1}{\sigma\sqrt{2\pi}}\sum_{\forall s,t\in\psi}\omega(s,t)\,\mathrm{e}^{\frac{-(a_{i,j,k}-a_{s,t,k})^2}{2\sigma^2}} \tag{2-16}$$

式中，$w_{i,j,k}$为以位置(i,j)为中心、第k维特征对应的随机变量，而$a_{i,j,k}$表示其具体的取值，即也是直接的特征观测值；$\omega(s,t)$为归一化因子，有$\sum_{s,t}\omega(s,t)=1$；ψ为密度估计的范围，即在评估某位置的特征取值时，需要周围多大范围的区域做出贡献，在AIM模型中，该范围为整幅图像。有了上述概率密度估计，也就是知道了在任意位置的任意维度观测到任意特征值的可能性，这即是单一维度特征的似然概率(Likelihood)。有了单一维度，接下来需要考虑所有维度特征的联合似然计算，记作$p(\boldsymbol{w}_{i,j})=p(w_{i,j,1}=a_{i,j,1},\cdots,w_{i,j,N}=a_{i,j,N})$。由于ICA的独立性，该联合概率可以表示为单一维度似然概率的连乘积，即

$$p(\boldsymbol{w}_{i,j})=\prod_{k=1}^{N}p(w_{i,j,k}=a_{i,j,k}) \tag{2-17}$$

所谓联合似然，即“一次性”取到一组N维特征的联合概率。有了联合概率，最后一步即基于该联合似然概率开展自信息计算，构建显著性图。显著性图上位于(i,j)位置的显著性值即为依据上

述联合似然概率计算得到的自信息(Self-information)

$$-\log p(\boldsymbol{w}_{i,j}) \tag{2-18}$$

在信息论中，自信息定义为概率的负对数，这就意味着概率越小的事件所含有的信息量越大。这一点也很好理解，“稀松平常”的事件不会受到关注，反而是那些小概率事件才能吸引眼球。有了显著性图，接下来的工作就“一马平川”了——按照显著性值的从大到小逐个确定注视点，自然就做到信息量最大化的目标。

在宏观思路上，AIM 模型与前文介绍的 GBVS 模型是类似的，二者都是以某位置出现某特征的可能性作为显著性的判断标准。区别在于二者在表达可能性的手段上不同：AIM 是按照特征的联合似然来表示可能性，而 GBVS 中是用马尔可夫平稳分布表示可能性。

6. SR：用频率域的谱残差表示显著信息

认知神经科学的研究成果表明，人类的视觉系统经过长期进化，具备了一种能够以“最经济”方式对外界环境做出反应的机制——抑制对频繁出现冗余信息的响应，同时仅对新颖信息保持敏感。上述对信息加工机制基本假设被称为高效编码原理(efficient coding principle)。在这一理论的指导下，华人学者侯晓迪[7]还在上海交通大学读本科时，就在 2007 年的 CVPR 会议发表了基于谱残差(Spectral Residual，SR)的注视点预测方法。首先，SR 模型以高效编码原理为理论依据，认为我们获得的任意一幅图像也都可以认为是新颖信息和冗余信息的合成，表示为

$$H(\text{Image}) = H(\text{Innovation}) + H(\text{PriorKnowledge}) \tag{2-19}$$

式中，$H(\text{Innovation})$和$H(\text{PriorKnowledge})$分别代表了图像中“特立独行”的新颖信息成分和“司空见惯”的冗余信息成分。SR 模型的核心目标即移除图像的冗余信息，保留下来的新颖信息即被认为是那些能够吸引注视点的显著性信息。那么我们自然会问，什么信息属于“司空见惯”的冗余信息？答案是那些在所有图像中都存在的、具有普适性的统计信息。具体到 SR 模型中，作者充分借鉴了一种被称为“$1/f$定律”的图像尺度不变形统计特征来刻画冗余信息——在频率域，自然图像的振幅均值与周期成正比，即

$$\mathbb{E}[\mathcal{A}(f)] \propto 1/f \tag{2-20}$$

式中，$\mathcal{A}(f)$为频率域中频率f对应的振幅，即振幅谱。上述统计规律体现了两个要点：第一，几乎天下所有图像的振幅谱整体看都“长得差不多”；第二，天下所有图像的平均振幅谱与频率成反比且光滑。为了进一步凸显特征差异，SR 模型对上述振幅谱取对数，即使用对数谱（Log Spectrum，LS）作为冗余信息的统计表示，而那些图像所具有新颖性的显著信息则表现为与对数谱的偏差，这种偏差就是所谓的谱残差，SR 模型的核心思想就是保留图像谱残差所承载的显著性信息，其整体工作流程如图 2-19 所示。

在图 2-19 所示的流程中，首先通过傅里叶变换(Fourier Transform) 将输入的原始图像变换到频率域，分别获得其振幅谱$\mathcal{A}(f)$和相位谱$\mathcal{P}(f)$，该步骤分别如式（2-21）和式（2-22）所示；然后对振幅谱取对数得到其对数谱表示$\mathcal{L}(f)$，该步骤如式（2-23）所示；考虑到自然图像平均振幅谱均值的局部线性特性，接下来对频谱进行均值滤波处理以近似该重要特性，然后再从对数谱中移除该滤波成分，得到谱残差$\mathcal{R}(f)$，该步骤如式（2-24）所示；最后，利用傅里叶逆变换(Inverse Fourier Transform）将谱残差从频率域变换回空间域，再经过高斯平滑等后处理操作，即得到输入图像对应的

显著性图$\mathcal{S}(x)$，该步骤如式（2-25）所示

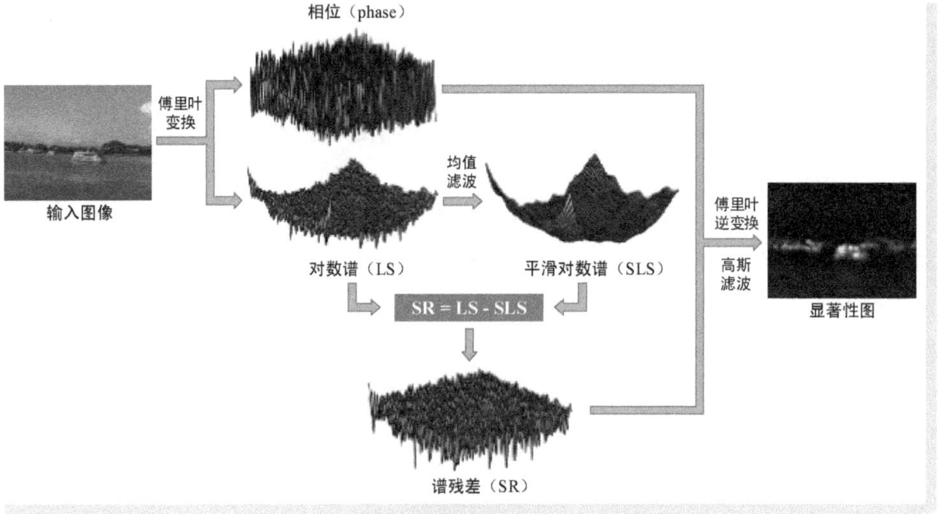

● 图 2-19　SR 模型的整体工作流程

$$\mathcal{A}(f)=\text{Amplitude}(FT(I(x))) \tag{2-21}$$

$$\mathcal{P}(f)=\text{Phase}(\text{FFT}(I(x))) \tag{2-22}$$

$$\mathcal{L}(f)=\log \mathcal{A}(f) \tag{2-23}$$

$$\mathcal{R}(f)=\mathcal{L}(f)-h_n(f)*\mathcal{L}(f) \tag{2-24}$$

$$\mathcal{S}(x)=\mathcal{G}(x)*\text{IFT}(\exp(\mathcal{R}(f)+\text{i}\,\mathcal{P}(f)))^2 \tag{2-25}$$

式中，$I(x)$为输入原始图像；$FT(\cdot)$和$\text{IFT}(\cdot)$分别表示傅里叶变换和傅里叶逆变换操作；Amplitude(·)和 Phase(·)分别为从傅里叶变换结果中提取振幅谱和相位谱的操作；$h_n(f)*\mathcal{L}(f)$即表示在对数谱$\mathcal{L}(f)$上执行窗口大小为 n 的均值滤波操作；$\mathcal{G}(x)$为对傅里叶逆变换结果所做的高斯滤波操作；式（2-25）中平方操作的目的是为了增强显著性的信号。如果说前文介绍的几种典型的注视点预测方法都是在空间域上进行的，那么 SR 模型则独辟蹊径，从频率域入手，借助了视觉系统抑冗这一生理背景，将注视点的预测问题表述为谱残差的抽取问题，可以说 SR 模型给出了一种注视点预测的新思路。

7. SUN：基于贝叶斯框架的视觉显著性

站在概率的视角，位于显著性图上某一个位置的显著性值，都可以看作是该点是否具有显著性的可能性。正规地，设 z 表示视觉场景中的一个点，假设有一个二值随机变量 C 标志着其是否具有显著性：C 取值 1 或 0 分别表示显著或不显著，然后再以随机变量 L 和 F 分别表示点的空间位置和其具有的视觉特征，则点 z 的显著性 s_z 可以表示为以 L 和 F 为条件的条件概率 $p(C=1|L=l_z,F=f_z)$，其中 l_z和f_z分别为位置和特征的具体取值，该条件概率可以视为是显著性标志的后验概率。那么，既然是后验概率，自然可以利用贝叶斯公式对其进行进一步的整理和表示。在这一思路的指导下，来自加州大学圣迭戈分校的 Lingyun Zhang 等[8]学者于 2008 年提出了基于自然统计量的显著性(Saliency Using Natural statistics，SUN）框架，这是一个用于图像注视点预测的完整贝叶斯框架。次年，Christopher Kanan

等[9]基于上述框架，发文对其进行进一步完善（两篇文章的模型都叫“SUN”，而且作者基本是相同的团队。但是区别在于，Lingyun Zhang 等提出的贝叶斯框架，其中包括了“自下而上”和“自上而下”两方面，但是作者只针对其中“自下而上”的部分进行了详细的讨论；而 Christopher Kanan 基于 SUN 框架，对其中“自上而下”的机制进行了深入研究。所以为了方便阐述，下文我们分别将整贝叶斯框架简称为“SUN 框架”，分别将“自下而上”和“自上而下”的讨论简称为“SUN-BU 模型”和“SUN-TD 模型”）。SUN 框架首先利用贝叶斯公式，对上述条件概率进行整理，得到

$$s_z = p(C=1|L=l_z,F=f_z) = \frac{p(L=l_z,F=f_z|C=1)p(C=1)}{p(L=l_z,F=f_z)} \tag{2-26}$$

为了简化表示，SUN 模型对上式进行两个独立性假设：第一，位置和特征相互独立，即有 $p(L=l_z,F=f_z)=p(L=l_z)p(F=f_z)$；第二，给定条件 C 下、位置和特征独立，即有 $p(L=l_z,F=f_z|C=1)=p(L=l_z|C=1)p(F=f_z|C=1)$。我们认为以上的两点独立性的假设是合理的：前者认为在什么位置与出现什么样的特征没有关系，后者认为某一显著点出现的位置和其具有的特征之间没有关系。因此，上述条件概率可以进一步表示为

$$\begin{aligned} s_z &= \frac{p(L=l_z|C=1)p(F=f_z|C=1)p(C=1)}{p(L=l_z)p(F=f_z)} \\ &= \frac{1}{p(F=f_z)} \cdot p(F=f_z|C=1) \cdot p(C=1|L=l_z) \end{aligned} \tag{2-27}$$

式中，条件概率 $p(C=1|L=l_z,F=f_z)$ 被拆分为 3 部分：第一部分中的 $p(F=f_z)$ 纯粹表示了视觉特征 f_z 出现的概率，该概率以“自下而上”的方式体现了图像特征的客观分布规律。不难发现，概率 $p(F=f_z)$ 在分母位置，这就意味着特征越是罕见，则显著性越强，这一点与 AIM 模型“越意外就越显著”以及 BS 框架“概率越小信息量越大”的理念是相同的；第二部分的 $p(F=f_z|C=1)$ 表达了“显著目标大概具有什么样的特征”这一可能性，因此被称为特征似然概率；第三部分的 $p(C=1|L=l_z)$ 被称为位置先验概率，表达了“哪里会比较显著”这一可能性，这一概率也比较容易理解，例如，在某些显著性检测算法中就认为位置是决定显著性的因素之一，处于视野居中位置的物体往往更加容易受到关注。需要强调的是，无论是特征似然概率还是位置先验概率，都蕴含了和知识、历史经验有关的可能性，因此都体现出“自上而下”的特征。对式（2-27）两边取对数有

$$\begin{aligned} \log s_z = &-\log p(F=f_z) + \\ &\log p(F=f_z|C=1) + \\ &\log p(C=1|L=l_z) \end{aligned} \tag{2-28}$$

在式（2-28）所示的对数概率表示中，$-\log p(F=f_z)$ 即为特征的自信息。在 SUN-BU 模型中，只将自信息这一“自下而上”的部分作为重点研究对象，而将后面两个“自下而上”的部分省略。对自信息进行建模，重要的就是给出特征分布的具体表达式，而给出分布表达式的前提是确定怎么描述特征。在特征提取方面，SUN-BU 给出了基于高斯差分（Difference of Gaussian，DoG）滤波和线性 ICA 滤波两种特征提取方式。其中针对 DoG 滤波，首先将原始图像红（r）、绿（g）、蓝（b）的 3 通道表示，转变为强度（I）、红/绿竞争（RB）、蓝/黄竞争（BY）的 3 通道表示

$$
\begin{aligned}
I&=r+g+b\\
RG&=r-g\\
BY&=b-\frac{r}{2}-\frac{\min(r,g)}{2}
\end{aligned}
\tag{2-29}
$$

然后，在每个通道上利用如下定义的 DoG 滤波核执行滤波操作，提取 DoG 特征

$$
\mathrm{DoG}(x,y)=\frac{1}{\sigma^2}\mathrm{e}^{-\frac{x^2+y^2}{\sigma^2}}-\frac{1}{(1.6\sigma)^2}\mathrm{e}^{-\frac{x^2+y^2}{(1.6\sigma)^2}}
\tag{2-30}
$$

式中，σ 为 DoG 滤波器的尺度参数。在 SUN-BU 模型中，DoG 滤波在 $\sigma=4$、$\sigma=8$、$\sigma=16$ 和 $\sigma=32$ 像素 4 个尺度上进行，因此面对 3 个新构造的通道，共计得到 12 个滤波表示，每个图像位置都将这 12 个滤波响应作为其特征表示，记作$\{f_1,\cdots,f_{12}\}$。为了构建$p(F=f_z)$，SUN-BU 在 138 幅自然图像上进行特征统计和拟合，将每种特征建模为广义高斯分布(Generalized Gaussian Distribution，GGD。该分布在某些文献中也被称为“Exponential Power Distribution”，即所谓的“指数幂分布”)

$$
p(f_i;\sigma_i,\theta_i)=\frac{1}{2\sigma_i\Gamma\left(\frac{1}{\theta_i}\right)}\mathrm{e}^{-\left|\frac{f_i}{\sigma_i}\right|^{\theta_i}}
\tag{2-31}
$$

式中，$\Gamma(\cdot)$为伽马函数；f_i即为 DoG 滤波得到的第 i 个特征，其中 $i=1,\cdots,12$；θ_i和 σ_i分别为f_i分布模型的尺度和形状参数，SUN-BU 通过拟合为每一维特征计算这两个参数。为了简化计算，SUN-BU 认为 12 个特征的分布是相互独立的，因此自信息的计算最终可以表示为

$$
\begin{aligned}
\log s_z&\approx-\log p(F=f_z)=-\log p(f_1,\cdots,f_{12})\\
&=-\log\prod_{i=1}^{12}p(f_i;\sigma_i,\theta_i)=-\sum_{i=1}^{12}\log p(f_i;\sigma_i,\theta_i)\\
&=\sum_{i=1}^{12}\left|\frac{f_i}{\sigma_i}\right|^{\theta_i}+\mathrm{const}
\end{aligned}
\tag{2-32}
$$

在基于线性 ICA 滤波的特征提取中，与 AIM 模型类似，SUN-BU 在公开的大规模数据集随机抽取大量 11×11 大小的图像块，然后再在其上应用 ICA 算法，得到 362 个 ICA 基础滤波核，因此在线性 ICA 滤波特征提取方法中，每一个位置的特征维度从 DoG 的 12 维提升为 362 维。在获得特征表示后，随后的概率建模与 DoG 相同，也是使用 GGD 进行，这里不再赘述。

SUN 框架给出了“自下而上”和“自上而下”的完整框架，而 SUN-BU 只填了其中“自下而上”的“坑”，2009 年的 SUN-TD 则将其目标定位到“自上而下”的部分。首先，为了简化计算，SUN-TD 模型对位置先验概率进行了忽略，即认为显著目标出现在哪里的可能性是相同的，从而式（2-22）可以整理为

$$
\begin{aligned}
\log s_z&\approx-\log p(F=f_z)+\log p(F=f_z\mid C=1)\\
&=\log\frac{p(F=f_z\mid C=1)}{p(F=f_z)}\\
&=\log\frac{p(F=f_z,C=1)}{p(F=f_z)p(C=1)}
\end{aligned}
\tag{2-33}
$$

经过上述整理，显著性值被表达为显著目标的存在性和视觉特征的点间互信息(Pointwise Mutual

Information，PMI）。这就意味着视觉显著性体现为显著目标与其视觉特征的关联程度。事实上，如果将 C 视为更加广义的类别标签时，标识某类别对象图像位置的热力分布也可以视为是类别与特征的互信息——当特征和对应类别相匹配时，对应位置就“热”，反之则“冷”，此处 C 作为显著性二值标志可以视为是分类问题中的二分类特例。面对显著性检测这种单目标任务，p（$C=1$）表达了“全天下显著点的出现频率”，故可以视其为常量。因此，沿着 PMI 的定义继续往下整理，有

$$\begin{aligned}\log\frac{p(F=f_z,C=1)}{p(F=f_z)p(C=1)}&=\log\frac{p(F=f_z,C=1)}{p(F=f_z)}-\log p(C=1)\\&=\log p(C=1|F=f_z)-\log p(C=1)\\&=\log p(C=1|F=f_z)+\text{const}\end{aligned}\tag{2-34}$$

经过层层简化，SUN-UD 模型将 SUN 框架中最开始的 $\log p(C=1|L=l_z,F=f_z)$，简化为 $\log p(C=1|F=f_z)$ 再加上一个常数，看似没做什么实质性操作。但是，仔细观察不难发现，条件概率 $p(C=1|F=f_z)$ 不正是我们用于分类的判别模型？这岂不是使用一个分类器在每个位置预测一个概率就完成了注视点的预测？答案的确简单如此：SUN-UD 模型利用具有真实眼动数据标注的公开数据集作为训练数据，将 SUN-BU 中的线性 ICA 滤波响应经过主成分分析（Principal Component Analysis，PCA）得到的 94 维特征作为输入，训练基于支持向量机(Support Vector Machine，SVM）的分类器以实现上述分类。不知不觉，SUN-UD 模型走上了监督学习的道路，也正如上文所说，具有标注信息的训练数据包含了人类已有认知，也正是因此，SUN-UD 体现出“自上而下”的鲜明特色。

8. IS：利用图像标识抑制背景信息

在前文中我们已经介绍过，侯晓迪等于 2007 年提出的 SR 模型充分利用自然图像对数谱分布接近这一统计规律，借助剥离的思想，在频率域中通过计算谱残差来提取图像的新颖信息成分，并以此表示图像的显著特征。同样是还在变换域，利用剥离的思想，侯晓迪[10]于 2012 年在 IEEE TPAMI 上再次发表文章，提出基于图像标识（Image Signature）的稀疏显著区域提取模型（以下简称为“IS 模型”）。IS 模型将显著区域定位问题视为前景背景剥离（figure-ground separation）问题，并在此基础上做了两个稀疏性假设：第一，作为前景的显著目标在空间域是稀疏的；第二，背景在频率域是稀疏的。所谓空间域稀疏，简单说就是显著物体在图像上占得面积比例小，这一点很好理解，毕竟“满屏”显著就等于没有显著；而频率域稀疏，则是指在频率域中，非零系数只占其中的少数。相比 5 年前的 SR 模型，IS 模型的理论背景更为深刻，但是表现形式更加简洁。IS 模型的整体工作流程如图 2-20 所示。

首先，给定单通道图像 $I(x)$，IS 模型对图像标识 $\mathcal{IS}(x)$ 的定义为

$$\mathcal{IS}(x)=\text{sign}(DCT(I(x)))\tag{2-35}$$

式中，$DCT(\cdot)$ 表示离散余弦变换(Discrete Cosine Transform，DCT)，$\text{sign}(x)$ 为符号函数：当 $x>0$ 时，$\text{sign}(x)=1$；当 $x=0$ 时，$\text{sign}(x)=0$；当 $x<0$ 时，$\text{sign}(x)=-1$。不难看出，所谓的图像标识，即为图像在 DCT 域的 $\{1,0-1\}$ 三值编码表示。侯晓迪等在文章中已经证明，在满足上述两点稀疏性假设的条件下，图像标识中蕴含了绝大多数前景信息，而背景信息得到显著抑制。然后，再通过反离散余弦变换(Inverse Discrete Cosine Transform，IDCT）对图像标识进行空间域重构

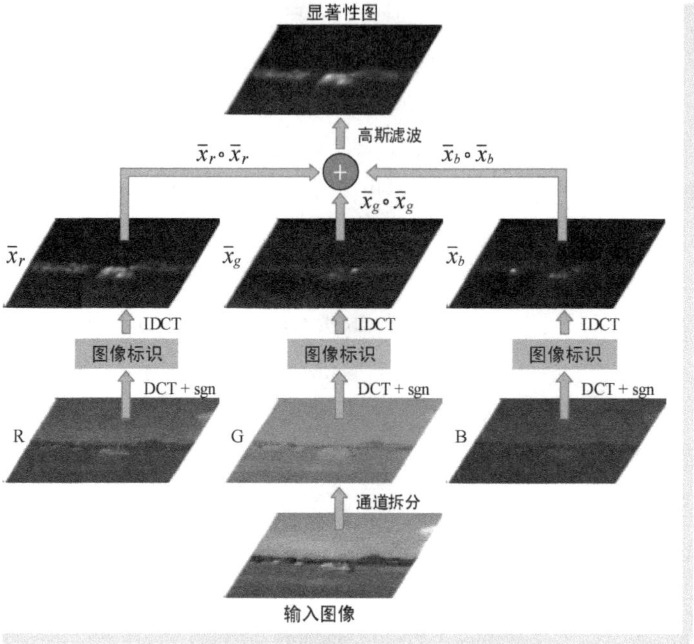

● 图 2-20 IS 模型的整体工作流程

$$\bar{x}=IDCT(\mathcal{I}\mathcal{S}(x)) \tag{2-36}$$

式中，$\bar{x}$即为图像标识的空间域表示，其中绝大多数信息都是具有显著特征的前景信息。接下来对其进行平方增强和高斯滤波处理，得到最终的显著性图

$$\mathcal{S}(x)=g(x)*(\bar{x}\circ\bar{x}) \tag{2-37}$$

式中，运算符“∘”表示哈达玛积（Hadamard product），简单说就是矩阵或向量的逐元素相乘；$g(x)$为对平方增强后的显著性图所做的高斯滤波操作。针对彩色图像，IS 模型分通道获得图像标识的空间域重构，然后分别对其进行平方增强再进行融合和高斯滤波，即 $\mathcal{S}(x)=g(x)*\sum_{i=1}^{C}(\bar{x}_i\circ\bar{x}_i)$，其中下标 i 表示通道下标，C 表示通道个数。

9. SERC：区域相比得到的显著性

前文介绍了多个注视点预测方法，这些方法可谓思路各异、各有千秋。但无论是何种方法，都将视觉特征的提取与表达作为其核心工作，后续显著性的评估都是基于提取得到的视觉特征完成的。然而，特征的显著与否是一个相对的概念，如“大草原上的一匹斑马很显著，而斑马群里的一匹斑马就不那么显著”一样，显著不显著可以说是在场景内部“比”出来的。然而，前文介绍的诸多方法中，似乎都缺少了在图像内部开展特征相对显著性评估这一关键性操作。正是出于这一考虑，Erkut Erdem 等[11]学者于 2013 提出 SERC（Visual Saliency Estimation by nonlinearly integrating features using Region Covariances）模型，SERC 模型以图像的一个个不重叠的局部区域作为基本处理单元，针对每一个区域，计算其特征间的协方差矩阵作为该区域的特征描述，而所谓的显著区域，就是那些与周边区域相比，特征描述“与众不同”的区域。例如，在图 2-21a 和图 2-21b 所示的图像及其对应的协方差矩阵中，D、E 和 F 三个显著区域的协方差矩阵非常类似，而相比位于背景范围的 A、B 和 C 三个区域的协方差矩阵，其间的差异却十分明显。

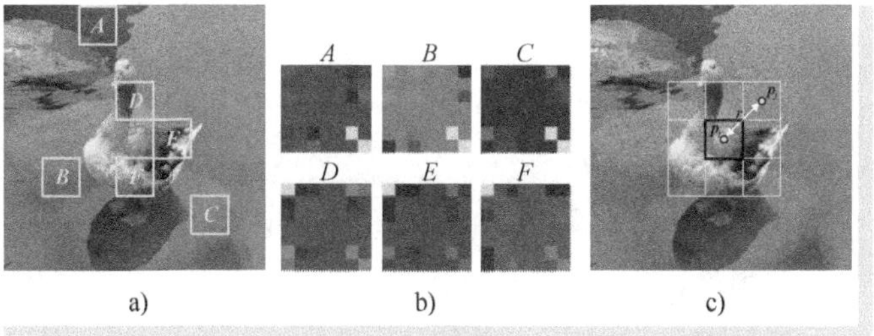

● 图 2-21　不同图像区域的协方差矩阵对比及区域显著性计算示意

a）图像上的 6 个区域　b）6 个区域对应的协方差矩阵 c）显著性计算方法示意（$r=1$ 的情形）

在特征提取方面，SERC 模型首先针对每一个像素位置提取一个 k 维特征，这些特征可以非常简单。例如，SERC 模型在实现细节部分的介绍中，即以颜色、梯度和位置 3 类共计 7 维简单特征作为上述特征表达

$$\left(L,a,b,\left|\frac{\partial I}{\partial x}\right|,\left|\frac{\partial I}{\partial y}\right|,x,y\right)^{\mathrm{T}} \tag{2-38}$$

式中，L、a 和 b 分别为 LAB 颜色空间的 3 个颜色分量；$|\partial I/\partial x|$ 和 $|\partial I/\partial y|$ 分别为水平和垂直方向的两个图像梯度特征；x 和 y 分别为像素的水平与垂直位置，x 和 y 在此处用于表达空间特征。这样一来，有 $k=7$。针对一个有 n 个像素的区域 R，则可以获得 n 个 k 维特征。接下来，在这些特征之间计算协方差矩阵作为该区域的特征描述，即

$$\boldsymbol{C}_R=\frac{1}{n-1}\sum_{i=1}^{n}(\boldsymbol{f}_i-\boldsymbol{\mu})(\boldsymbol{f}_i-\boldsymbol{\mu})^{\mathrm{T}} \tag{2-39}$$

式中，$\{\boldsymbol{f}_i\}_{i=1,\cdots,n}$ 即为 n 个 k 维特征；$\boldsymbol{\mu}$ 为其均值；协方差矩阵 $\boldsymbol{C}_R$ 为一个 k 阶对称矩阵。协方差矩阵提供了一种自然的方式来组合不同的视觉特征，其对角线元素表示特征的方差，而非对角线元素表示特征之间的相关性。对于两个协方差矩阵 $\boldsymbol{C}_j$ 和 $\boldsymbol{C}_k$，定义其之间的距离为

$$\rho(\boldsymbol{C}_j,\boldsymbol{C}_k)=\sqrt{\sum_{i=1}^{n}\ln^2\lambda_i(\boldsymbol{C}_j,\boldsymbol{C}_k)} \tag{2-40}$$

式中，$\{\lambda_i(\boldsymbol{C}_j,\boldsymbol{C}_k)\}_{i=1,\cdots,n}$ 为矩阵 $\boldsymbol{C}_j$ 和 $\boldsymbol{C}_k$ 的广义特征值（generalized eigenvalues），满足 $\lambda_i\boldsymbol{C}_j\boldsymbol{x}_i=\boldsymbol{C}_k\boldsymbol{x}_i$，其中 $\boldsymbol{x}_i$ 为其对应的广义特征向量。在接下来进行的显著性计算阶段，SERC 模型将某区域 R_i 的显著性 $S(R_i)$ 定义为该区域与其周边半径 r 之内、所有区域差异性（dissimilarity）的平均值（如图 2-21c 所示），即

$$S(R_i)=\frac{1}{m}\sum_{j=1}^{m}\mathrm{diss}(R_i,R_j) \tag{2-41}$$

式中，$\mathrm{diss}(R_i,R_j)$ 表示区域 R_i 和 R_j 的差异度量；m 为以 R_i 为中心、r 为半径的相邻区域数量。针对上述差异度量，SERC 模型给出了基于协方差特征的差异度量和基于协方差与平均特征的差异度量两种具体实现方式。其中，基于协方差特征的差异度量 $d_1(R_i,R_j)$ 即是在式（2-40）给出的协方差距离基

础上添加区域中心距离因子，即

$$\mathrm{diss}(R_i,R_j)\triangleq d_1(R_i,R_j)=\frac{\rho(\boldsymbol{C}_i,\boldsymbol{C}_j)}{1+\|\boldsymbol{p}_i-\boldsymbol{p}_j\|} \tag{2-42}$$

式中，$\boldsymbol{p}_i$和$\boldsymbol{p}_j$分别为区域R_i和R_j的中心点坐标。基于协方差与平均特征的差异度量$d_2(R_i,R_j)$要相对复杂一些，定义为

$$\mathrm{diss}(R_i,R_j)\triangleq d_2(R_i,R_j)=\frac{\|\boldsymbol{\psi}(\boldsymbol{C}_i)-\boldsymbol{\psi}(\boldsymbol{C}_j)\|}{1+\|\boldsymbol{p}_i-\boldsymbol{p}_j\|} \tag{2-43}$$

式中，$\boldsymbol{\psi}(\boldsymbol{C})$为表示由协方差矩阵$\boldsymbol{C}$的一阶统计量构造得到的新的特征表示，该特征由均值特征和协方差矩阵的“Sigma 点”（Sigma Points）向量拼接得到

$$\boldsymbol{\psi}(\boldsymbol{C})=(\boldsymbol{\mu}^{\mathrm{T}},\boldsymbol{s}_1^{\mathrm{T}},\cdots,\boldsymbol{s}_k^{\mathrm{T}},\boldsymbol{s}_{k+1}^{\mathrm{T}},\cdots,\boldsymbol{s}_{2k}^{\mathrm{T}})^{\mathrm{T}} \tag{2-44}$$

式中，$\boldsymbol{\mu}$ 为区域中 n 个 k 维特征的均值；其含义同式（2-39）；$\{\boldsymbol{s}_i\}_{i=1,\cdots,k,k+1,\cdots,2k}$即为协方差矩阵的“Sigma 点”，定义为

$$F_k(a_x,\boldsymbol{I})=\begin{cases}\alpha\sqrt{k}\boldsymbol{L}_i, & 1\leqslant i\leqslant k\\ -\alpha\sqrt{k}\boldsymbol{L}_{i-k}, & k+1\leqslant i\leqslant 2k\end{cases} \tag{2-45}$$

式中，$\boldsymbol{L}_i$为k阶协方差矩阵$\boldsymbol{C}$对应乔里斯基分解（Cholesky decomposition）得到下三角矩阵的第i个列向量；在 SERC 模型中，系数α取$\sqrt{2}$。从式（2-43）~式（2-45），我们以“倒序”的方式不断对公式中的符号进行展开，这种方式可能不够清晰明了，那么按照“正序”，特征$\boldsymbol{\psi}(\boldsymbol{C})$的构造过程包括如下的六个步骤：第一步，给定一个有$n$个像素的区域，对每个像素位置按照式（2-38）计算n个k维特征$\{\boldsymbol{f}_i\}_{i=1,\cdots,n}$；第二步，由$\{\boldsymbol{f}_i\}_{i=1,\cdots,n}$，求取特征均值$\boldsymbol{\mu}$；第三步，对协方差矩阵$\boldsymbol{C}$进行乔里斯基分解，有$\boldsymbol{C}=\boldsymbol{L}\boldsymbol{L}^{\mathrm{T}}$，其中$\boldsymbol{L}$为下三角矩阵；第四步，将$\boldsymbol{L}$按列分块，将列向量$\boldsymbol{L}_1,\cdots,\boldsymbol{L}_k$拼成一个$k^2$维长向量并乘以系数$\alpha\sqrt{k}$，即得到$\boldsymbol{s}_1^{\mathrm{T}},\cdots,\boldsymbol{s}_k^{\mathrm{T}}$；第五步，将系数换为$-\alpha\sqrt{k}$，重复操作第四步，得到$\boldsymbol{s}_{k+1}^{\mathrm{T}}$，…，$\boldsymbol{s}_{2k}^{\mathrm{T}}$；第六步，也是最后一步，将第二、四、五步得到的三个向量拼成一个大向量作为区域的特征表示，即为$\boldsymbol{\psi}(\boldsymbol{C})$。

考虑到位于视野中心的物体往往更能吸引人的注意，所以 SERC 模型在每一个区域的显著性上，又添加了一个表示该区域与图像中心位置差异的权重，即所谓的“中心偏差”（center bias）机制。除此之外，考虑到显著目标物的尺寸充满了随机性，故 SERC 模型通过设定不同的区域尺寸参数开展多尺度的显著性检测。在此基础上，对不同尺度的显著性图进行对应位置的乘积，再经过高斯平滑得到最终的显著性图。这一过程很好理解，故这里不再赘述。

10. EDN：第一个类深度学习模型

2012 年可以算作是深度学习（Deep Learning，DL）的元年，因为在这一年，基于卷积神经网络（Convolutional Neural Networks，CNN）架构的 AlexNet 模型横空出世，在 ImageNet 挑战赛上取得碾压式的成绩，才真正将 DL 带入人们的视野。在这一时期，也有学者开始借鉴 DL 的思路，在显著性检测领域开展类似的研究工作。2014 年，Eleonora Vig 等[12]三名哈佛大学的学者在 CVPR 会议上发表文章，提出用于视觉显著性检测的深度网络集成（Ensemble of Deep Networks，EDN）模型，EDN 将层次特征学习引入到视觉显著性领域，在表现形式上，EDN 已经有了现代 CNN 的影子，并且更重要的是，

EDN 在当时几乎所有的公开数据集上都做到“SOTA”了。EDN 的整体工作流程如图 2-22 所示。

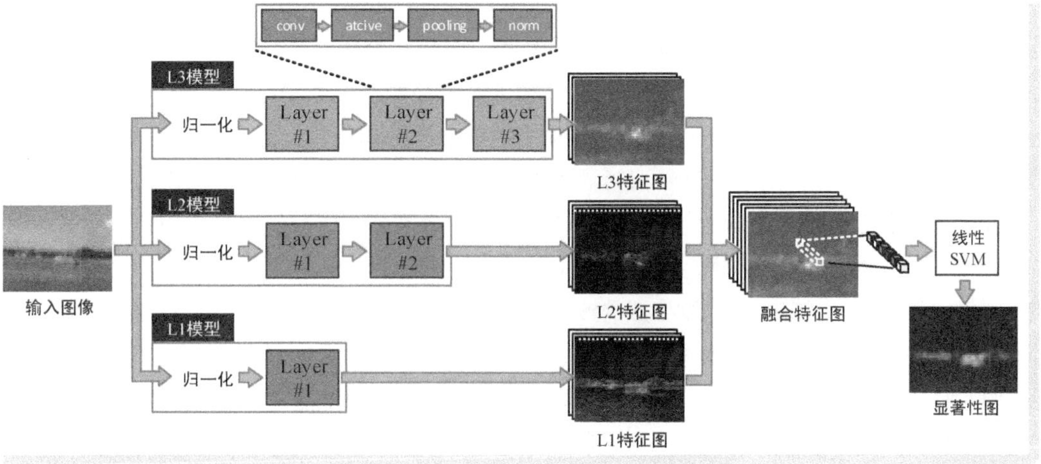

● 图 2-22　EDN 模型的整体工作流程

EDN 的重点工作包括了特征表达和特征学习两个大的方面。其中，在特征表达方面，EDN 使用的特征提取器已经与 CNN 的结构“形似”——每一个被称为“层”（layer）的结构中都包括四个基本操作：卷积、激活、池化与归一化，而这正是我们在 CNN 中常见的“四驾马车”。EDN 将这种特征表达称为“仿生显著性特征”（Bio-inspired saliency features）。在卷积操作中，EDN 使用一组服从均匀分布的k^l（其中，l 表示层下标）个滤波器作用在同一个输入上，即可得到一组具有k^l个通道的特征图作为输出。但是，EDN 与 CNN “形似” 但 “神不似”：EDN 卷积核中的参数一旦从均匀分布中采样就不再发生改变，而 CNN 的核心精神则是通过学习确定这些卷积核参数。另外，在 EDN 中，反而是卷积核的尺寸和数量才是需要搜索得到的模型参数，而这些参数在 CNN 中却是事先确定的固定值。得到卷积特征图后，EDN 采用有界激活函数（bounded activation function）对其进行激活处理，所谓有界激活，即将输入中小于下界$\gamma_{\min}^l$和是大于上界$\gamma_{\max}^l$的值分别裁剪至$\gamma_{\min}^l$和$\gamma_{\max}^l$，其余值则保持不变。经过激活后的特征图将进行空间池化处理。空间池化操作可以表示为$P^l=DS_\alpha\left(\sqrt[p^l]{(A^l)^{p^l} * \mathbf{1}_{a^l\times a^l}}\right)$，其中$A^l$和$P^l$分别为输入的激活特征和池化操作的输出特征；$\mathbf{1}_{a^l\times a^l}$表示尺寸为$a^l\times a^l$的全 1 矩阵，将其作为卷积核作用在$(A^l)^{p^l}$即表示在其上$a^l\times a^l$的区域进行求和；$DS_\alpha(\cdot)$表示因子为 α 的降采样操作；p^l为幂次参数。不难看出与 CNN 相比，EDN 的池化操作增加了 p^l的乘幂和对应开方操作。最后一步操作为对池化特征进行的归一化操作。EDN 的归一化操作简单说就是在$b^l\times b^l$的局部区域内用特征减去均值再进行分段拉伸操作。在原文中，EDN 给出的归一化操作在形式上比较复杂，我们这里就不再对其进行详细讨论。为了进一步增加特征表达能力，EDN 将上述层结构进行堆叠，形成特征提取模型，分别将具有 1 层、2 层和 3 层的特征提取模型记作 L1、L2 和 L3 模型。

EDN 的第二项重点工作为特征学习。所谓特征学习，即确定到底提取什么样的视觉特征才能够最好的表现图像的显著性。在 EDN 中，上述问题被进一步具体化为如何从模型空间中选择若干最优模型，以及如何对这些模型的输出特征进行有效集成的问题。EDN 采用模型搜索结合监督学习的方式来解决上述问题。首先，EDN 为每一个模型参数（准确地说是超参数）设定了一个搜索空间，例如，卷积操作中，卷积核尺寸的搜索空间为 $s^l \in \{3,5,7,9\}$，卷积核个数的搜索空间为 $k^l \in \{16,32,64,128,256\}$，池化操作中，幂次参数的搜索空间为 $p^l \in \{1,2,10\}$ 等。然后，利用随机搜索（random search）和引导式搜索（guided search）相结合的方式确定最优模型参数。在两种搜索策略中，前者体现了“蛮力冒猜”，凭的是运气，而后者则体现为监督学习下的有向搜索。在 EDN 中，监督学习使用的训练样本为 MIT1003 公开数据集，该数据集中包含 1003 幅具有真实受试者注视点记录的样本图像。在监督策略方面，EDN 模型显著性的预测建模为“显著/非显著”的二分类任务，分类器采用简单线性 SVM 分类器，损失函数即为预测得到的显著性标签与样本数据中显著性真值标签之间的误差。值得一提的是，在整个监督学习过程中，EDN 将模型参数的搜索与 SVM 分类器的参数训练“一勺子烩了”，这一点在某种程度上体现出了很多现代 CNN 模型所具有的“端到端”训练思想，但是区别在于 EDN 的模型参数无法像 CNN 那样通过损失函数的误差反向传播进行修正，而是只能通过搜索得到。在模型搜索的过程中，EDN 使用了粗略搜索和精确搜索两阶段搜索策略：在粗略搜索阶段，首先在 RGB 颜色空间表示输入的情况下，以独立的方式粗略搜索出 2000 个 L1 模型、2200 个 L2 模型和 2800 个 L3 模型。其中 1200 个 L2 模型和 2400 个 L3 模型采用随机搜索方式得到，而其余模型则以引导式搜索的方式得到；然后，将输入图像变换到 YUV 颜色空间，再以独立的方式搜索得到 1900 个 L1 模型，1700 个 L2 模型和 1900 个 L3 模型，其中有 600 个模型是在随机搜索模式下得到。在精确搜索阶段，在第一阶段已经获取的 L1 到 L3 三类模型中，每类再选择 5~10 个表现最优的模型[⊖]，以最少 2 个、最多 8 个模型组合的方式，将这些模型的输出特征进行通道维拼接并输入 SVM 分类器进行特征评估，进一步确定最优模型及其组合。经过大约 1000 次试验，得到了 6 个结构不同的最优模型，其中包括随机搜索得到的 3 个 L3-RGB 模型和由引导式搜索得到的 1 个 L2-YUV 和两个 L3-YUV 模型。有了最优特征提取模型及其特征集成策略，也有了 SVM 分类器，可谓“万事俱备”——针对任意输入图像，利用特征提取器提取视觉特征，再将每个位置的特征输入分类器预测该位置的显著性值，显著性图唾手可得。

EDN 模型诞生于 DL 刚刚在 CV 领域兴起的关键时期，采用了与 CNN 非常类似的层级特征提取结构，并且也以搜索的方式避免使用手工特征，这一点在某种程度上体现了 DL 数据驱动下的特征学习机制这一核心思想。除此之外，EDN 将注视点预测任务明确的建模为基于公开数据集的监督学习任务，这与日后 CNN 统治下各类 CV 任务的研究模式也是类似的。然而，与 CNN 模型能够实现卷积参数级别的细粒度训练相比，EDN 的模型参数确定仅在超参数级别，且最优参数的确定是“试”出来的，无法通过分类器损失函数的误差反向传播方式来实现调整，因此 EDN 还不能算作真正意义的 DL 模型，所以我们姑且称之为“类深度学习”模型吧。

11. DeepFix：基于全卷积网络的端到端预测

2012 年后，随着各类公开数据集的不断丰富、网络性能的不断提升，以及算力资源的不断丰富，CNN 在 CV 领域迅速兴起，可谓“无 CNN 不 CV”。其中，在各类 CNN 的架构中，“将卷积进行到底”的全卷积网络（Fully Convolutional Network，FCN）能够保持图像二维结构，在图像语义分割等逐位置

⊖ 这里的最优模型是指提取特征带入当前 SVM 分类器获得误差最小的特征提取模型。

预测的任务中具有得天独厚的优势。显然，以获得显著性图为目的注视点预测任务属于典型的逐位置预测任务，FCN 结构自然有其用武之地。2015 年，Kruthiventi 等[13]三位印度学者提出了基于 FCN 结构的注视点预测模型 DeepFix，实现了注视点预测的“端到端”训练与预测。DeepFix 模型的整体架构图如图 2-23 所示。

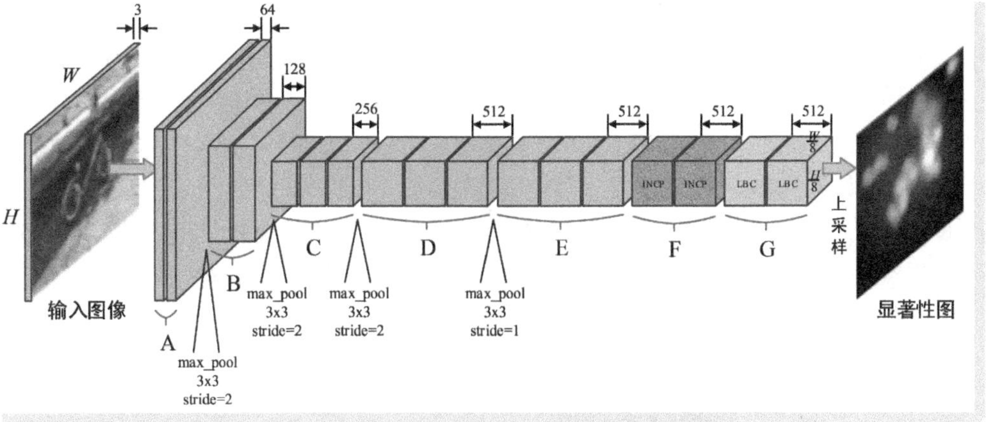

● 图 2-23　DeepFix 模型的整体架构图

DeepFix 模型以 RGB 三通道彩色图像作为输入，其整个网络结构分为 7 组卷积结构，我们分别用 A 到 G 来表示。其中，前 5 组（A 到 E 组）卷积结构与著名的 VGG-16 网络类似，每组都包含两个或 3 个具有相同参数卷积操作的堆叠：A 组包含两个 3×3×64 卷积㊀，B 组包含两个 3×3×128 卷积，C 组包含 3 个 3×3×256 卷积，D 组和 E 组各包含 3 个 3×3×512 的卷积，不过为了在不增加参数量的前提下增加卷积的感受野，E 组中的 3 个卷积均为膨胀系数为 2 的“膨胀卷积”（“dilation convolution”，所谓膨胀即在卷积核中加洞，因此在某些文献中，膨胀卷积也被称为“空洞卷积”，对应的英文名为“atrous convolution”）。在 DeepFix 模型的前 4 组（A~D 组）卷积结构后，都添加了最大池化操作。在前 3 组（A~C 组）之后，特征图的尺寸降低到原始输入的 1/8，在随后的池化和卷积操作中，通过设定步长参数，所有的特征图都保持在这一尺寸。受到 GoogLeNet 的启发，DeepFix 使用两个类似 Inception 卷积模块的结构来捕获多尺度语义信息，F 组即包含两个这样的 Inception 模块，其结构如图 2-24 所示。

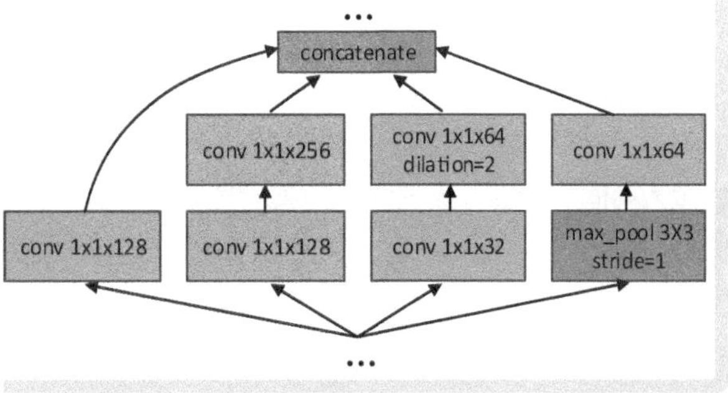

● 图 2-24　DeepFix 使用的 Inception 卷积模块结构

㊀ 本书中，对卷积和池化参数、特征图维度的表示做如下约定：（1）将 CNN 卷积操作的参数表示为“$k_h \times k_w \times k_n$”。其中，$k_h$和$k_w$分别为卷积核的高与宽，即卷积核大小；$k_n$为卷积核的个数，也即卷积操作输出特征图的通道数。在不刻意强调时，卷积操作默认步长均为 1；（2）将池化操作的参数表示为“$k_h \times k_w$”。其中，k_h和k_w分别为池化窗口的高与宽，在不刻意强调时，池化操作默认步长与池化窗口尺寸一致；（3）将单个多通道图像及特征图的维度表达为“$H \times W \times C$”；针对序列多通道图像及特征图的维度表达为 $N \times H \times W \times C$。

前文我们已经提及，人类的视觉系统更加倾向于在视野的中心位置投射更多的注意力，因此，很多显著性检测模型都添加了中心偏差操作以模拟上述生理机制。在 DeepFix 中，通过一种叫作“位置偏差卷积”（Location Biased Convolution，LBC）的特殊操作来实现中心偏差机制，位于最后一组（G 组）的两个模块即为 LBC 模块。在 LBC 模块中，首先在输入的 512 通道特征图的基础上，添加了 16 个人工通道，这 16 个人工通道是由具有不同水平、垂直方差的二维高斯分布生成的强度图，以此表达了不同尺度下、注意力投射“中心强、四周弱”的空间分布规律。这样一来，原始输入的特征图通道数从 512 增加到 528。然后，在新的特征图上运用一般的 3×3×512 卷积操作，新添加的 16 个通道强度将体现为权重与原始 512 通道特征图上的原始特征进行融合，体现中心偏差作用。不难看出，LBC 的设计是简单而巧妙的：LBC 模块利用了“将空间信息特征化”这一思想，仅套用现有框架，没有引进任何新操作；输入输出的特征图维度相同，能够作为即插即用的模块嵌入到任何现有网络结构之中；不会阻碍梯度的反向传播，因此支持“端到端”训练。图 2-25 为 LBC 模块结构示意。

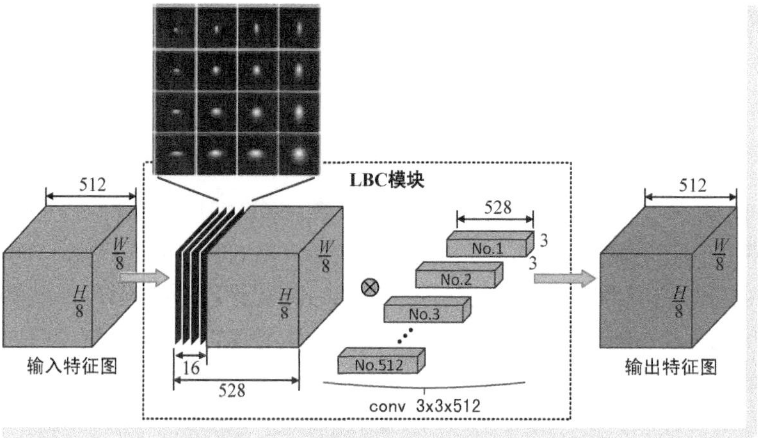

● 图 2-25 LBC 模块结构示意

DeepFix 基于多个业界公开的显著性检测数据集来进行模型训练和评估。在训练环节，但凡与 VGG-16 网络能够“对得上”的结构（如 A～E 组），DeepFix 首先利用 VGG-16 提供的现有分类网络参数作为初值对其进行初始化，使得对这些结构的训练能够“站在巨人的肩膀上”。接下来，在正式训练时，DeepFix 又采用了粗略训练结合精确训练的两阶段模式优化模型参数。其中在粗略训练阶段，DeepFix 基于 SALICON 数据集进行训练。尽管 SALICON 数据集中的标注信息并不是真正实验得到的眼动数据记录，但该数据集贵在规模庞大，包含了 15000 幅图像。依托如此众多的训练样本，能够使得模型参数快速朝着“正路”走。接下来，DeepFix 从 CAT2000 数据集和 MIT1003 两个数据集分别提取 1800 和 900 幅训练样本，开展第二阶段的精确训练。除了前文已经提及的 MIT1003 数据集，CAT2000 数据集包含了 4000 幅图像，这些图像涉及了卡通、艺术作品、卫星图像、室内外场景、随机图像和线条图等 20 个不同类别。与 SALICON 数据集不同，MIT1003 和 CAT2000 两个数据集都是具有真实标注的眼动记录数据集，但是规模较 SALICON 数据集小得多。在具体训练策略方面，DeepFix 的操作就相对简单：使用上述几个公开数据集提供的标注数据作为真值，计算预测显著性图与真实显著性图之间的欧几里得距离作为损失，采用带有动量的随机梯度下降（Stochastic Gradient Descent，SGD）法进行两阶段监督训练的方式优化模型参数。

DeepFix借助成熟的CNN架构并进行有针对性的模型改进，实现“端到端”的视觉注视点预测，基于公开数据集开展训练和测评，可以说在整个模式上，DeepFix已经“非常的CNN”，对于后续基于DL的显著性检测工作有着较强的借鉴意义。

2.2.2 显著物体检测

下面我们介绍视觉显著性检测中的显著物体检测模型，这些模型以区域或物体的显著性为分析对象，以提取一个“与众不同”的物体为目的，属于纯粹的计算机模型。在下文中，我们对模型的分析从2007年提出的LDSO模型开始，一直到2015年提出的SCHED模型结束，同样涉及11个经典模型。

1. LDSO：将显著物体检测建模为二值分割

视觉注视点预测任务如同让计算机回答“如果你是人类，那么你将怎样在场景中移动或聚焦目光”这一问题，因此注视点预测任务有着很强的心理和生理学背景。但是与之不同的是，显著物体检测任务关心的仅仅是“什么东西显著”这一问题，因此说显著物体检测是一种更加纯粹的CV任务。2007年，西安交通大学的Liu Tie[14]与微软亚洲研究院的几名学者在CVPR会议上公布了一种显著物体检测的学习(Learning to Detect A Salient Object，LDSO）架构，将显著物体检测问题视为基于监督训练的图像二值分割问题。可以说是LDSO将“物体说”带入人们的视野。除此之外，在提出LDSO的文章中，学者们还公开了一个用于显著物体检测的大规模数据集，供大家训练或评估显著物体检测模型之用。该数据集拥有超过60000幅含有显著物体的图像，这些图像是从来自不同渠道的130099幅高质量图像中精心筛选得到，其中的显著物体以二值掩膜(binary mask）和包围框(bounding box）两种方式进行了标注。为了保证数据的准确性，学者们组织了多重标注和精度评估，可以说无论是规模还是质量，该数据集都是用于显著物体检测任务的首个高质量公开数据集。

我们说LDSO将显著物体检测问题建模为图像的二值分割问题。所谓图像的二值分割，即给定图像$\boldsymbol{I}$，预测其对应的二值标签$\boldsymbol{A}=\{a_x\}$，其中$a_x\in\{0,1\}$为像素x对应的表达其显著与否的二值标签——1表示显著，0表示非显著。站在概率图模型的视角，将图像上的每一个像素及其对应的标签均视为随机变量，这些随机变量构成了一个无向图模型，其中图像$\boldsymbol{I}$中的每一个像素均为观测变量，其对应标签$\boldsymbol{A}$为未知变量。那么对上述二值标签的预测任务可以等价为对条件概率$p(\boldsymbol{A}|\boldsymbol{I})$进行建模，最优的二值标签使得条件概率$p(\boldsymbol{A}|\boldsymbol{I})$取得最大值。而在概率图模型中，条件随机场(Conditional Random Field，CRF）就是建模上述条件概率的利器，这也正是LDSO的主体思路。令$p(\boldsymbol{A}|\boldsymbol{I};\boldsymbol{\lambda})=\frac{1}{Z(\boldsymbol{I})}\mathrm{e}^{-E(\boldsymbol{A}|\boldsymbol{I};\boldsymbol{\lambda})}$，其中，$Z(\boldsymbol{I})=\sum_{\boldsymbol{A}}\mathrm{e}^{-E(\boldsymbol{A}|\boldsymbol{I};\boldsymbol{\lambda})}$为归一化因子，使得其能够作为一个合法的概率表示；$E(\boldsymbol{A}|\boldsymbol{I};\boldsymbol{\lambda})$称为能量函数(energy function)，其定义为单像素显著性与像素间显著性的和

$$E(\boldsymbol{A}\mid\boldsymbol{I};\boldsymbol{\lambda})=\sum_x\sum_{k=1}^{K}\lambda_k F_k(a_x,\boldsymbol{I})+\sum_{x,x'}S(a_x,a_{x'},\boldsymbol{I}) \tag{2-46}$$

式中，$F_k(a_x,\boldsymbol{I})$表示像素x对应K维显著性中的第k个分量，$\boldsymbol{\lambda}=\{\lambda_k\}_{k=1}^{K}$为其对应权重，也是模型的待定参数；$S(a_x,a_{x'},\boldsymbol{I})$表示像素$x$和$x'$之间的差异特征，其中像素$x'$为像素$x$的相邻像素。上述能量函数可以简单理解为：LDSO使用了K种视觉特征提取方法（这一点可以类比ITTI模型中的强度、颜

色和方向三类视觉特征）提取视觉特征，每一种视觉特征都会计算得到一个或几个显著性分量，第1项双重求和即表示将所有位置的所有分量显著性进行求和，可以认为是“单像素显著性总能量”。由于该项只涉及单像素上的能量，故该项在很多有关 CRF 文献中被称为“一元项”（unary term）；第2项表达了所有像素与其周边相邻像素的差异总和，可以认为是“差异特征总能量”。由于该项考虑到不同像素间的关系，故该项在很多文献中也被称为“二元项”（pairwise term）。在式（2-46）中，显著性分量$F_k(a_x,\boldsymbol{I})$的定义为

$$F_k(a_x,\boldsymbol{I})=\begin{cases} f_k(x,\boldsymbol{I}),a_x=0 \\ 1-f_k(x,\boldsymbol{I}),a_x=1 \end{cases} \tag{2-47}$$

式中，$f_k(x,\boldsymbol{I})\in[0,1]$为特征提取得到的第$k$维视觉特征图。对于像素间差异特征$S(a_x,a_{x'},\boldsymbol{I})$，其定义为

$$S(a_x,a_{x'},\boldsymbol{I})=|a_x-a_{x'}|\cdot \mathrm{e}^{-\beta\cdot d_{x,x'}} \tag{2-48}$$

式中，$d_{x,x'}=\|\boldsymbol{I}_x-\boldsymbol{I}_{x'}\|$为像素$x'$与像素$x$的颜色差异，$\boldsymbol{\beta}$为其权重。不难看出在最小化能量函数的过程中，$S(a_x,a_{x'},\boldsymbol{I})$起到了用像素颜色约束二值标签的作用：当两个相邻像素的颜色接近时，若其被赋予不同的二值标签（即a_x和$a_{x'}$不同为0或同为1），则会受到惩罚。

在式（2-46）所示的能量函数中，首先需要确定不同分量显著性分量的线性组系数$\boldsymbol{\lambda}=\{\lambda_k\}_{k=1}^{K}$。在给定$N$组样本图像$\{\boldsymbol{I}^n,\boldsymbol{A}^n\}_{n=1}^{N}$的情况下，则可以通过最大似然估计（Maximum Likelihood Estimation，MLE）来确定最优参数$\boldsymbol{\lambda}^*$，最优参数$\boldsymbol{\lambda}^*$使得对数自然函数取得最大值，即

$$\boldsymbol{\lambda}^*=\arg\max_{\boldsymbol{\lambda}}\sum_{n=1}^{N}\log p(\boldsymbol{A}^n\mid \boldsymbol{I}^n;\boldsymbol{\lambda}) \tag{2-49}$$

LDSO 使用梯度下降法来完成上述优化过程，给出了上述目标函数对参数$\boldsymbol{\lambda}$梯度的表达式，但是这个表达式非常复杂。另外，在优化过程中还需用到信念传播等复杂的算法，对这些算法本身的讨论将远远超过本书的内容范畴，因此考虑到篇幅限制，这里就不再展开详细讨论。

上文我们介绍了 LDSO 的整体框架，特征的问题只是草草带过，下面我们来介绍 LDSO 使用了哪些视觉特征。在 LDSO 中，使用了多尺度对比度（Multi-Scale Contrast，MSC）、“中心-外围”直方图（Center-Surround Histogram，CSH）和颜色-空间分布（Color Spatial-Distribution，CSD）三种视觉特征。

MSC 特征为局部特征，定义为多尺度高斯金字塔上像素局部差异强度的合成，为

$$f_{msc}(x,\boldsymbol{I})=\sum_{l=1}^{L}\sum_{x'\in N(x)}\|\boldsymbol{I}_x^l-\boldsymbol{I}_{x'}^l\|^2 \tag{2-50}$$

式中，L为高斯金字塔的尺度数，在 LDSO 中，取$L=6$；$N(x)$为以像素x为中心的局部窗口，LDSO 中$N(x)$为取以像素x为中心的9×9的局部窗口；$\boldsymbol{I}_x^l$和$\boldsymbol{I}_{x'}^l$分别为第l尺度高斯金字塔图像中位于像素x和像素x'的颜色向量。

CSH 特征为区域特征，其基本出发点为：显著物体所在区域与其外围区域的特征差异较大（如图2-26a 的位置A所示），而非显著区域与其外围区域的特征差异较小（如图2-26a 的位置B所示）。

考虑到特征的鲁棒性，LDSO 使用 RGB 颜色直方图表示区域特征，特征之间差异使用卡方距离$\chi^2(R_x,\overline{R}_x)$来度量，其中，$R_x$和$\overline{R}_x$分别表示以像素$x$为中心的中心矩形和外围矩形㊀；两向量$\boldsymbol{a}$与$\boldsymbol{b}$之

㊀ 在这里，我们用R_x和$\overline{R}_x$表示两个矩形区域，但是在计算卡方距离时，使用的是二者的 RGB 直方图，但是为了简化写法，我们此处不再区分区域和区域的直方图，直接将卡方距离表示为$\chi^2(R_x,\overline{R}_x)$。

间的卡方距离定义为$\chi^2(\boldsymbol{a},\ \boldsymbol{b})=\frac{1}{2}\sum_i\frac{(a_i-b_i)^2}{a_i+b_i}$。接下来，针对某一个外围矩形$\overline{R}_x$，定义其最显著中心矩形 R_x^* 为其内部的一个与之有着最大卡方距离的同心矩形，即有 $R_x^*=\arg\max_{R_x}\chi^2(R_x,\overline{R}_x)$。图 2-26b 即为最显著中心矩形区域示意。寻找 R_x^* 的过程可以说是试出来的，为了减少尝试次数，LDSO 对 R_x尺寸和长宽比的搜索范围做了限制：其中边长搜索范围为图像最短边的 0.1~0.7 倍，而矩形长宽比的搜索范围为{0.5,0.75,1.0,1.5,2.0}。最显著中心矩形与其外围矩形之间的卡方距离 $\chi^2(R_x^*,\overline{R}_x)$即为最显著距离。遍历图像的所有位置，在每一个位置都可以计算出一个最显著中心矩形及其对应的最显著距离。有了上述计算方法，接下来就可以计算任意像素 x 的 CSH 特征，像素 x 的 CSH 特征定义为其周边像素最显著距离的空间位置加权求和

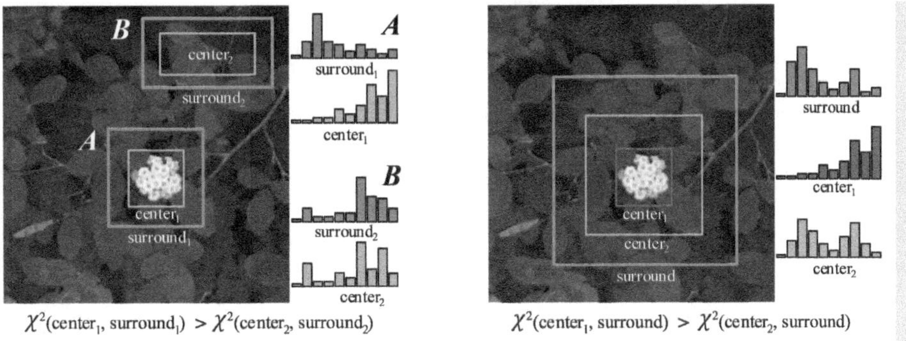

a) b)

● 图 2-26 显著区域与非显著区域的中心-外围特征对比最显著中心区域示意
a）显著区域与非显著区域的中心-外围特征对比 b）最显著中心矩形区域示意

$$f_{csh}(x,\boldsymbol{I})=\sum_{\{x'|x\in R_{x'}^*\}}w_{xx'}\chi^2(R_{x'}^*,\overline{R}_{x'}^*) \tag{2-51}$$

式中，$w_{xx'}=\exp(-0.5\sigma_{x'}^{-2}\|x-x'\|^2)$为基于空间位置构造的高斯衰减权重系数，其中 $\sigma_{x'}$为其方差，在 LDSO 中设置其为 $R_{x'}^*$ 最大边长的 1/3；而这里所谓的“周边像素”，即定义为在当前像素 x 周围，最显著中心矩形包含了像素 x 的那些像素，该集合即记作上式中的$\{x'|x\in R_{x'}^*\}$。图 2-27 为针对两个位置计算 CSH 特征的示意。其中，左右两图分别示意了 3 个周围像素和 4 个周围像素加权求和的情形。

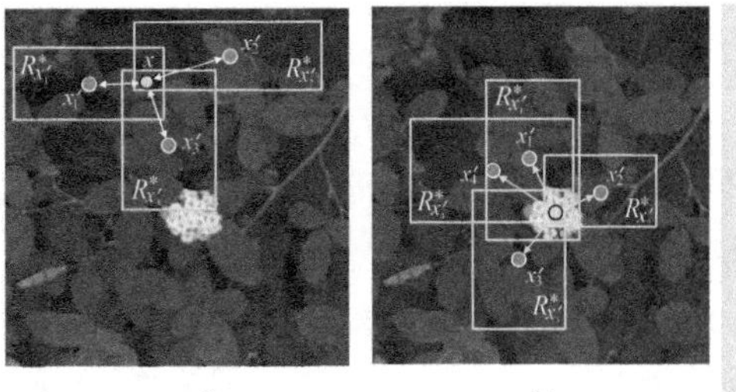
a) b)

● 图 2-27 CSH 特征计算示意
a）3 个周边像素对当前像素进行空间加权求和示意
b）4 个周边像素对当前像素进行空间加权求和示意

CSD 特征为全局特征，其基本出发点为：图像上若一种颜色分布很广，则显著性目标就不太可能含有该种颜色。上述出发点非常容易理解，试想在漫漫黄沙中，远远的有一头棕色骆驼，大面积的黄沙自然不是关注的重点，反倒是占了较小区域的棕色骆驼吸引了眼球。因

此，可以利用颜色的空间分布特征来表达显著性物体的全局特征。首先，LDSO 将图像的颜色分布表达为高斯混合模型(Gaussian Mixture Model，GMM)，即有 $p(\boldsymbol{I}_x)=\sum_{k=1}^{K}\pi_k\mathcal{N}(\boldsymbol{I}_x\mid\boldsymbol{\mu}_k,\boldsymbol{\Sigma}_k)$，所谓 GMM 模型，即认为图像上的颜色分布呈现出 K 簇聚集，每一个颜色聚集都被建模为一个高斯分布，而整体的颜色分布为这些高斯分布的加权和。GMM 模型的参数为 $\{\pi_k,\boldsymbol{\mu}_k,\boldsymbol{\Sigma}_k\}_{k=1}^{K}$，其中 π_k、$\boldsymbol{\mu}_k$ 和 $\boldsymbol{\Sigma}_k$ 分别表示第 k 个颜色高斯分量（以下简称为“颜色分量”）的权重、颜色均值向量以及协方差矩阵；K 为全部聚集的个数。那么，某一个图像像素隶属于第 k 个颜色分量的概率为

$$p(k\mid\boldsymbol{I}_x)=\frac{\pi_k\mathcal{N}(\boldsymbol{I}_x\mid\boldsymbol{\mu}_k,\boldsymbol{\Sigma}_k)}{\sum_{k=1}^{K}\pi_k\mathcal{N}(\boldsymbol{I}_x\mid\boldsymbol{\mu}_k,\boldsymbol{\Sigma}_k)}\tag{2-52}$$

LDSO 使用颜色的水平方差(horizontal variance) 和垂直方差(vertical variance) 来刻画某颜色在两个空间方向上的波动情况。其中，第 k 个颜色分量水平方差的计算方法为

$$V_h(k)=\frac{1}{|X|_k}\sum_x p(k\mid\boldsymbol{I}_x)\cdot|x_h-M_h(k)|^2\tag{2-53}$$

式中，x_h 为像素 x 的水平坐标；$|X|_k=\sum_x p(k\mid\boldsymbol{I}_x)$ 为所有隶属于第 k 个颜色分量的总概率，在这里作为归一化因子；$M_h(k)=\frac{1}{|X|_k}\sum_x p(k\mid\boldsymbol{I}_x)\cdot x_h$，可以视为第 k 个颜色分量在水平位置的分布均值，即表明第 k 个颜色分量平均意义上出现在图像的第几列。按照上述定义，也可以很容易的得到颜色分量的垂直方差 $V_v(k)$。有了 $V_v(k)$，令 $V(k)=V_h(k)+V_v(k)$ 作为颜色的综合空间方差。有了上述一系列铺垫，最后，定义图像的 CSD 特征为

$$f_{\text{csd}}(x,\boldsymbol{I})=\sum_k p(k\mid\boldsymbol{I}_x)\cdot(1-V(k))\tag{2-54}$$

在式（2-54）中，不难看出 CSD 特征与颜色在全图的空间分布程度反相关，这与我们在前文所说 CSD 特征的出发点一致。

到这里，我们对 LDSO 模型的讨论就告一段落了。LDSO 将显著目标检测视为有监督的二值分割问题，基于自己构造的大规模高精度数据集开展训练和测试，不难看出 LDSO 似乎已经不那么“仿生”。至此，以 LDSO 为代表的显著目标检测逐渐变为一个纯粹的 CV 任务。纵观后续研究，绝大多数相关方向的模型也都按照这一模式开展。因此我们说 LDSO 掀起了视觉显著性检测方向的一个新的浪潮。

2. FT：频率调谐显著性区域检测

碧波上漂浮着的一片火红的枫叶，我们只要看一眼就能立即注意到它并且认出它，这是因为除了作为前景的枫叶与作为背景的水面之间存在着显著的颜色差异外，还因为枫叶有着明确的、独特的掌状形状，可以说是在“掌形”及其围着的“一团火红”两个因素的共同加持下，我们才投射下了注意力并产生了正确的认知。不难看出，在诸多视觉特征中，边缘特征是某物体能够“称得上是该物体”的一类重要视觉特征。然而，很多显著性检测方法生成的显著性区域分辨率很低，边界不够清晰，可以说在物体边缘处是“模棱两可，不清不楚”，尤其是很多显著目标检测被定义为一系列后续认知任务的基础任务，正如我们在上面枫叶的例子中所说的那样，掌状的形状是我们实现认知的一个关键因素，那么对显著物体边缘提取的完整性便对认知起着事关重要的作用。正是出于上述考虑，Achanta 等[15]学者在 2009 年的 CVPR 会议上提出了频率调谐显著性区域检测模型（Frequency-tuned Salient

Region Detection，以下简称“FT 模型”）。在文章中，Achanta 等几位学者首先从频率损失角度，逐个分析了 ITTI、GBVS 和 SR 等 5 种经典显著性检测模型无法生成具有清晰边缘显著物体的原因，结论是一致的也是很好理解的，那就是这几种经典模型都涉及模糊和降采样操作，带有物体边缘的高频信息在这些操作中被大幅减弱。例如在 ITTI 模型中，构造了 9 个尺度的高斯金字塔（第 0 尺度为原始图像），每个尺度金字塔图像都是在上一尺度图像上执行 1/2 降采样并进行模糊操作得到，在第 8 次降采样和模糊操作之后，空间频率的范围仅剩下 $[0,\pi/256]$，物体边缘所蕴含的高频信息可以说已经损失殆尽。

既然原因已经明确，FT 便“对症下药”，给出了相应的解决方案，即在显著特征提取的过程中有针对性地进行频率取舍，使得在大幅舍弃非显著性信息的同时，尽可能保留类似物体边缘这种重要的视觉信息。FT 首先对显著物体检测设定了三个目标㊀：第一，大的显著性物体要突出显示；第二，显著物体的边缘要清晰；第三，需要抑制图像中的噪声。FT 采用带通滤波器(band pass filter) 来达到上述三个目标。设 ω_{lc} 和 ω_{hc} 分别为带通滤波的低频和高频截断值，在上述 3 个目标的要求下，对带通滤波器的宏观设计策略为：为了保留大面积的具有低频信息的显著物体（如图 2-28a 中 A 所示的枫叶），需要将 ω_{lc} 设置到一个比较低的值（为了达到目标 1 的要求）；为了保留显著物体边缘（图 2-28a 中 B 所示的枫叶边界），则需要较多的保留图像中的高频信息，这就意味着 ω_{lc} 的值需要设置得比较高（为了达到目标 2 的要求）；为了能够去除图像中的高频噪声，特别是具有一定模式的重复性噪声（如图 2-28a 中，C 所示的重复性波浪线），需要将图像中的最高频率信息舍弃（为了达到目标 3 的要求）。综上所述，在图 2-28 的示例中，FT 要求针对图 2-28a 所示的原始输入图像，给出图 2-28b 所示的理想显著物体检测结果作为输出。

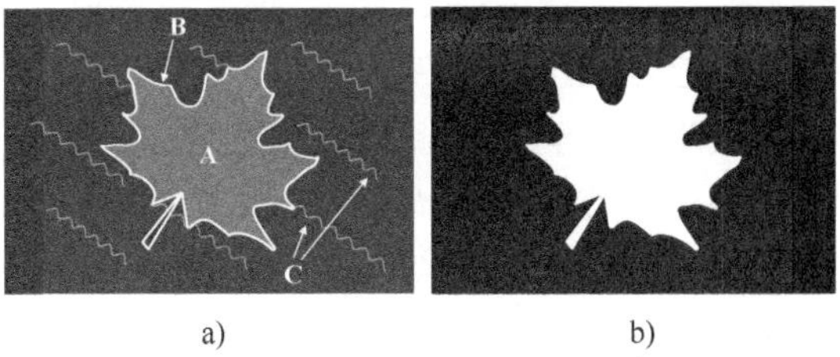

● 图 2-28 FT 的理想显著物体检测结果示意
a）原始输入图像示意 b）理想显著物体检测输出示意

与上文已经介绍过的 SUN-BU 模型类似，FT 也使用高斯差分(Difference of Gaussian，DoG) 滤波来实现带通滤波，并以此作为图像的显著性表示。对 DoG 滤波器的定义在式（2-30）中已经给出，这里的在写法上稍有不同，所以我们对其再次给出如下

$$\begin{aligned}\mathrm{DoG}(x,y)&=\frac{1}{2\pi}\left(\frac{1}{\sigma_1^2}\mathrm{e}^{-\frac{x^2+y^2}{\sigma_1^2}}-\frac{1}{\sigma_2^2}\mathrm{e}^{-\frac{x^2+y^2}{\sigma_2^2}}\right)\\&=G(x,y,\sigma_1)-G(x,y,\sigma_2)\end{aligned}\tag{2-55}$$

式中，σ_1 和 σ_2 为 DoG 滤波器中用于进行高斯差分的两个标准差参数（$\sigma_1>\sigma_2$），而 DoG 带通滤波器的带通宽度正是由这两个参数的比值 $\rho=\sigma_1/\sigma_2$ 来控制。令 $\sigma_2=\sigma$，则有 $\sigma_1=\rho\sigma$，考虑 N 个相邻窄带滤波器（即标准差为 $\rho^{n+1}\sigma$ 和标准差为 $\rho^n\sigma$ 的高斯差分）的叠加可以表示为

$$\begin{aligned}&\textstyle\sum_{n=1}^{N}G(x,y,\rho^{n+1}\sigma)-G(x,y,\rho^n\sigma)\\&=G(x,y,\rho^N\sigma)-G(x,y,\sigma)\end{aligned}\tag{2-56}$$

㊀ 原文给出了 5 个目标，但是这里我们将其整理合并为 3 个。

式（2-56）表示多个相邻窄带滤波器 DoG 滤波结果的叠加，等效于最后一个标准差 $\rho^N\sigma$ 与第一个标准差 $\rho\sigma$ 的高斯差分，简单说就是“一个个做相邻窄带带通”等同于“一次性从头到尾做一个宽带带通”。不难看出，我们在上文所说的带通滤波的两个截断值 ω_{lc} 和 ω_{hc}，在这里分别由 σ_1 和 σ_2 来决定，为了达到上文讨论的宽带带通滤波的要求，我们只需要 σ_1 和 σ_2 的比例设置得足够悬殊即可。按照这一“两头走极端”的思路，首先，为了保留显著物体的低频信息，FT 将 σ_1 推向无穷大，而以无穷大标准差的高斯滤波核对图像进行滤波，等价于求取整幅图像的平均值；然后，为了过滤高频噪声也处于计算成本的考量，FT 使用 5 阶二项式滤波器（binomial filter）$[1,4,6,4,1]/16$ 来近似高斯滤波，从而将高频截断值 ω_{hc} 控制在 $\pi/2.75$。因此，给定图像 $\boldsymbol{I}$，其显著性图的计算可以进一步表示为

$$S(x,y)=\|\boldsymbol{I}_\mu-\boldsymbol{I}_{\omega_{hc}}(x,y)\| \tag{2-57}$$

式中，$\boldsymbol{I}_\mu$ 为图像 $\boldsymbol{I}$ 的平均值（考虑到是图像在多通道上处理，故这里为均值向量）；$\boldsymbol{I}_{\omega_{hc}}$ 为对图像进行二项式滤波的结果；$\|\cdot\|$ 表示对向量的 L2 范数。经过上述推导，FT 对显著物体的检测过程变得十分清晰整洁：首先，输入的图像“兵分两路”，一路对其开展逐通道的均值计算，构造均值图像 $\boldsymbol{I}_\mu$，另一路对其进行逐通道二项式滤波，得到原始图像的模糊版本 $\boldsymbol{I}_{\omega_{hc}}$；然后逐像素计算均值图像与模糊图像颜色差值的二范数，得到最终的显著性图。上述步骤如图 2-29 所示。

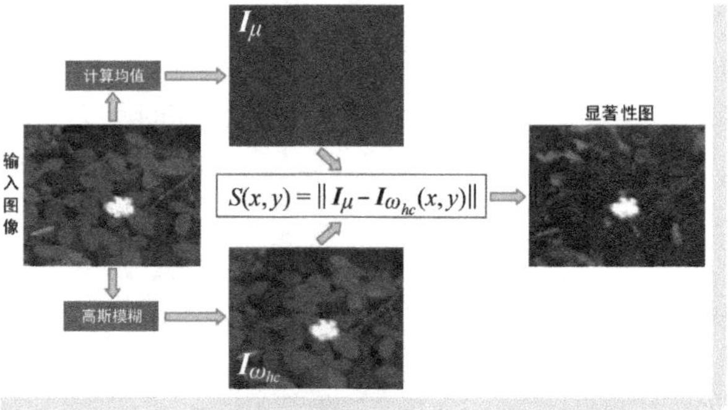

● 图 2-29　FT 模型的显著物体检测流程

到这里，我们对 FT 模型的介绍就结束了。回头看去，FT 模型的提出可谓是环环相扣：首先分析了 5 种经典显著性检测模型无法有效保持显著物体边缘信息的原因——显著特征提取的过程中损失了过多的高频信息；然后就此提出了显著物体检测需要达到的 3 个目标，由此提出了基于带通滤波的显著物体检测思路，同时强调了带通滤波截断值需要满足的条件；随后，提出了基于 DoG 的带通滤波实现方法和最佳参数选择方案；最后推导出了一种形式非常简单，但是确实非常有效的显著物体检测方法。FT 模型的特点可以概括为：问题明确、理论深刻、实现简单。

3. SSO：先构造显著性图再分割的两阶段模型

对一幅图像进行显著物体检测一般包括两个步骤，第一步是遍历图像，为每一个像素预测一个显著性的分值；第二步是将具有显著性的区域与图像中其他场景分割开来。在 2010 年的 ECCV 大会上，Rahtu 等学者提出的显著物体检测方法（以下简称“SSO 模型”），实现针对静态图像或视频（这里我们不对视频做展开讨论）中的显著物体检测[15][16]。SSO 模型正是上述“两步走”思路的忠实体现，其研究工作重点围绕两个问题展开：像素级的显著性度量问题以及显著物体分割问题。

首先是显著性度量（saliency measure）问题。上文介绍的 LDSO 模型以嵌套矩形的方式，通过提取“中心-外围”差异的 CSH 特征来表达图像的局部特征。CSH 特征的出发点在于：若某物体具有显著性，则其所在区域与其外围区域间会存在比较大的特征差异，反之亦反。与 LDSO 模型“大框套小框”的思想类似，SSO 也是在图像中的局部矩形区域中讨论显著性问题：SSO 首先选择一个矩形区域

W（以下简称为“外框”），在其内部嵌套一个内小的矩形区域 K（以下简称为“显著框”），将外框 W 内但在显著框 K 之外的部分称为 B（即外框 W 中抠掉显著框 K 剩下的镂空区域，以下简称为“背景框”）。SSO 认为所有位于显著框 K 中的点都是具有显著性的，而背景框 B 则表示了显著物体外围的局部上下文背景。设随机变量 Z 表示 W 中像素的取值，用来描述 W 中像素的分布。那么给定 K 中的某一个像素 $x \in K$，其显著性度量被定义为如下的条件概率

$$S_0(x)=p(Z \in K | F(Z) \in Q_{F(x)}) \tag{2-58}$$

式中，$F(x)$ 表示对像素 x 进行的某种特征提取，这里的特征可以是颜色、纹理等任意视觉特征；$Q_{F(x)}$ 是特征分布直方图中 $F(x)$ 所在的柄，落入相同柄中的特征是相似特征。上述条件概率中，条件部分的“$F(Z) \in Q_{F(x)}$”表达了像素 Z 的特征 $F(Z)$ 与 $F(x)$ 落在同一个柄中，即特征相似；“$Z \in K$”即表示像素位于显著框中。因此，上述条件概率定义表明：若像素 x 上的特征与显著框中点的特征是相似的（与背景框中点的特征是不同的），则像素 x 就是显著的。坦白地讲，上述以条件概率定义的显著性多少有些让人感到费解，为了进一步说明，下面我们举两个“极端”的例子：若 $p(Z \in K | F(Z) \in Q_{F(x)}) \approx 1$，则表明与显著框中像素特征相似的像素几乎还都处于显著框中，那么显著框相对背景框中的背景，自然是显著的。例如，在图 2-30a 的示例中，像素 x 的特征是“白花花”，而具有相似特征的像素 Z_1 和 Z_2 都落在显著框 K 中；与之相反，若 $p(Z \in K | F(Z) \in Q_{F(x)}) \approx 0$，则有 $p(Z \in B | F(Z) \in Q_{F(x)}) \approx 1$，这就意味着“显著框中像素 x 的特征与背景框中像素特征相似”这一事件几乎是必然事件，而我们说背景框中的像素全部是背景，这样一来，显著框与背景框几乎无差别，显著框中的像素自然就没有显著性。例如，在图 2-30b 的示例中，像素 x 的特征是“绿油油”，而具有相似特征的像素 Z_1、Z_2 和 Z_3 都落在背景框 B 中。简而言之，某一像素显著性的强与弱，取决于与它具有相似特征的像素是落在显著框 K 中还是背景框 B 中。

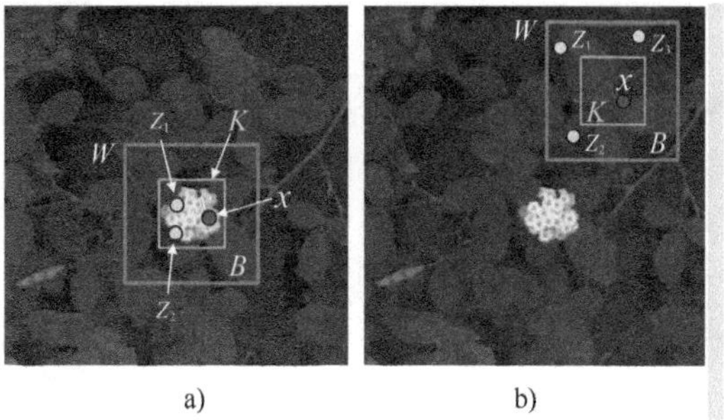

● 图 2-30　像素显著性的两种极端情况示例

a）像素 x 的显著性约等于 1 的情况

b）像素 x 的显著性约等于 0 的情况

为了简化写法，下面分别用 H_0、H_1 和 $F(x)$ 表示 $Z \in K$、$Z \in B$ 和 $F(Z) \in Q_{F(x)}$，然后利用贝叶斯公式，将上述条件概率整理为

$$S_0(x)=p(H_0 | F(x))=\frac{p(F(x) | H_0)p(H_0)}{p(F(x) | H_0)p(H_0)+p(F(x) | H_1)p(H_1)} \tag{2-59}$$

不难看出，式（2-59）定义的显著性表达了像素 x 具有特征 $F(x)$ 的条件下其具有显著性的后验概率。式中，$p(H_0)$ 和 $p(H_1)$ 分别表示像素落入显著框和背景框的概率，显而易见，这两个概率之比即为显著框 K 和背景框 B 的面积之比，这就意味着如果我们使用相同尺寸比例的显著框和背景框，则上述两个概率为常数，这样会为计算带来极大的便捷性。我们令 $p(H_0)=p_0$，则有 $p(H_1)=1-p_0$，其中 $0<p_0<1$ 为一事先给定的常数，如令 $p_0=0.25$，则 $p(H_0)=0.25$，$p(H_1)=0.75$；$p(F(x) | H_0)$ 和 $p(F(x) | H_1)$ 分别表示显著框和背景框中像素的特征分布情况，这两个分布的本质即为两个框中特征分布的直方图，

我们暂时先将二者分别记作 $h_K(x)$ 和 $h_B(x)$。图 2-31 为图像某位置显著性度量的计算示意。

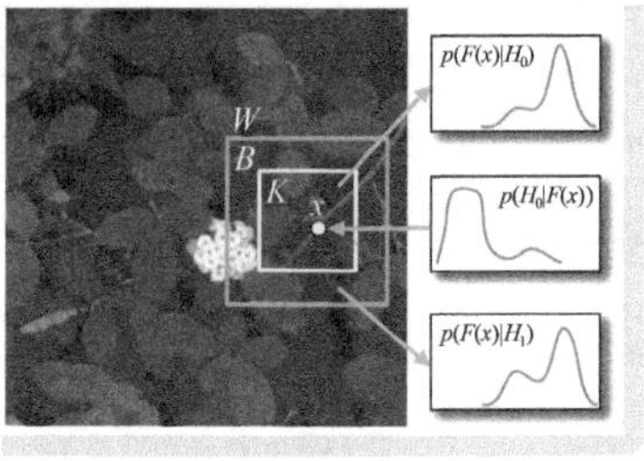

● 图 2-31　显著性度量计算示意

考虑到特征提取函数 $F(x)$ 的微小改变都会改变 $S_0(x)$ 的取值，因此为了提高鲁棒性，分别对 $h_K(x)$ 和 $h_B(x)$ 做基于高斯平滑的正则化处理，得到其对应的正则化直方图（normalized histogram）：令 $h_{K,\alpha}(x)=\mathcal{N}(g_\alpha(x)*h_K(x))$，其中 $g_\alpha(x)=c_\alpha \mathrm{e}^{-\frac{x^2}{2\alpha}}$ 为以 α 为参数的高斯平滑函数；$\mathcal{N}(f(x))=f(x)/\sum_x f(x)$ 为归一化操作。按照相同的方式，也可以得到 $h_B(x)$ 对应的正则化直方图 $h_{B,\alpha}(x)$。将上述这一切操作与符号替换带入式（2-59），可以得到针对像素 x 的显著性度量

$$S_\alpha(x)=\frac{h_{K,\alpha}(x)p_0}{h_{K,\alpha}(x)p(H_0)+h_{B,\alpha}(x)(1-p_0)} \tag{2-60}$$

针对整幅图像的显著性图是通过在图像上滑动具有不同比例的窗口 W 来实现。在窗口的滑动过程中，在每个窗口位置构建显著框和背景框的特征直方图 $h_K(x)$ 和 $h_B(x)$，并对其进行平滑处理得到对应的正则化直方图 $h_{K,\alpha}(x)$ 和 $h_{B,\alpha}(x)$，然后再按照式（2-60），在每个窗口位置和尺寸比例下（SSO 采用的四个滑窗预设宽度和高度为 $\{(10,25),(30,30),(50,50),(40,70)\}$），计算显著框 K 中每个像素的显著性度量值 $S_\alpha(x)$。当某一像素被多个滑窗重复计算时，其显著性值取多个显著性度量值中的最大值，例如，在图 2-32a 中，像素 x 在滑窗 W_1 和 W_2 分别计算得到两个显著性度量 $S_1(x)$ 和 $S_2(x)$，则最终像素 x 显著性度量为二者中的最大者 $S(x)=\max\{S_1(x),S_2(x)\}$。经过整幅图像的遍历后，每个像素位置都会产生一个显著性值，即得到了整幅图像对应的显著性图，如图 2-32b 所示。

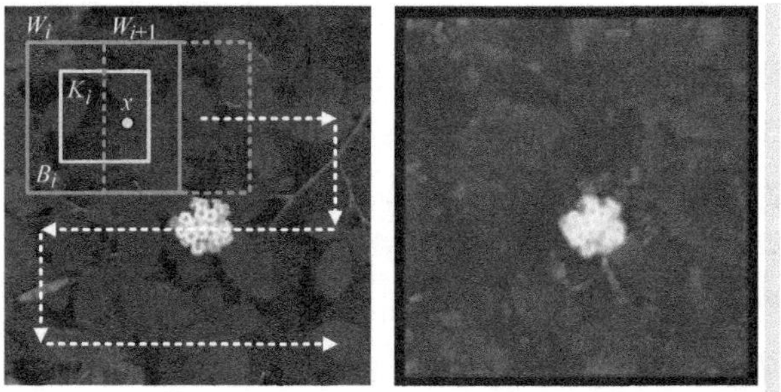

a)　　　　b)

● 图 2-32　基于滑窗的逐位置显著性计算与得到的显著性图

a）基于滑窗的逐位置显著性计算示意

b）全图遍历完毕后得到的显著性图

谈完显著性度量问题，下面我们来讨论显著物体分割问题，利用上文介绍的显著性度量方法遍历整幅图像，我们将得到一幅显著性图，但是显著性图中的每一个位置都表示一个显著性强度值，还不是真正意义的显著物体二值标签值，显著物体分割即基于已经得到的显著性图，构造显著物体的二值标签图。SSO 将上述显著物体分割任务正式描述为：给定一幅有 N 个像素的图像 $\boldsymbol{I}$，将其像素的序列记作 $\boldsymbol{I}=(\boldsymbol{I}_1,\cdots,\boldsymbol{I}_N)$，其中 $\boldsymbol{I}_n=(L_n,a_n,b_n)$ 为第 n 个像素的 LAB 颜色分量。按照显著性度量计算方法，计算将得每个像素的显著性度量序列，记作 $\boldsymbol{s}=(s_1,\cdots,s_N)$，其中 $s_n\in[0,1]$ 为第 n 个像素对应的显著性度量。显著物体分割任务即确定对应的二值标签序列 $\boldsymbol{A}=(a_1,\cdots,a_N)$，其中 $a_n\in\{0,1\}$ 为第 n 个像素对应的显著物体二值标签：取值为 0 或 1 分别表示该像素隶属于背景或是显著物体。SSO 基于原始

图像和已经获得的显著性图，使用 CRF 来完成上述显著物体二值标签的确定任务，之所以选择 CRF 模型，是因为 CRF 能够很好地对像素之间的关系进行建模，这与显著物体检测实现对象级分割的目的是契合的。最终的显著物体二值标签使得以下能量函数达到最小值

$$E(\boldsymbol{A},\boldsymbol{I},\boldsymbol{s}) = \sum\nolimits_{n=1}^{N} w_S U^S(a_n,s_n) + \sum\nolimits_{n=1}^{N} w_C U^C(a_n,\boldsymbol{I}_n) + \sum_{(n,m)\in\varepsilon} V(a_n,a_m,\boldsymbol{I}_n,\boldsymbol{I}_m) \tag{2-61}$$

式（2-61）中的能量函数一共包括三项，其中前两项只涉及单个像素位置（像素下标只涉及 n），故为一元项，w_S和 w_C分别为这两项的系数；第三项涉及了相邻两像素之间的关系（像素下标涉及 n 和 m），故为二元项。进一步，前两项中的 $U^S(a_n,s_n)$和 $U^C(a_n,\boldsymbol{I}_n)$分别被称为“一元显著项”（unary saliency term）和“一元颜色项”（unary color term），二者分别描述了二值显著标签 a_n如何受到已有显著性度量 s_n以及像素颜色 $\boldsymbol{I}_n$的约束；第三项中的 $V(a_n,a_m,\boldsymbol{I}_n,\boldsymbol{I}_m)$综合考虑了相邻两像素之间颜色与二值标签的关系，要求两个空间位置接近的像素如果颜色接近，则二值显著性标签也要接近，故该项约束了二值显著性标签相对颜色和空间位置的一致性，从而进一步约束了显著物体检测结果的完整性。考虑到 SSO 在原文中对上述 3 项的具体表达式以及 CRF 模型求解过程都很复杂，这里就不对其进行过多的展开。

SSO 将显著物体检测任务分为了显著性图的构建和显著物体分割两个阶段。在第一阶段首先明确给出了显著性的计算方法，即所谓的“显著性度量”，然后通过滑动窗口的全图像遍历得到整幅图像的显著性图。在第二阶段，通过构建实现二值显著物体分割的 CRF 模型，以图像颜色、显著性值以及像素空间位置关系作为约束，得到一个能够表达完整显著物体的二值分割结果。

4. CAS：上下文感知的显著性检测

一般来说，在一幅图像中，主要物体（dominant object）承载了图像绝大多数的视觉信息，也最能够吸引人的注意力，因此前文介绍的几种显著物体检测模型都只是以提取图像中的主要物体为目标，甚至要求背景剥离得越干净越好。然而，主要物体本身虽然重要，但是在某些特殊的应用场合，其所在上下文信息的重要性也不可小觑，特别是将显著性检测作为其他 CV 任务的前置任务时，对主要物体所处环境上下文提取的缺失可能会影响后续任务的开展，甚至会带来严重的偏差。例如，在图 2-33 所示的三组（按行分组）图像示例中，我们分别为每幅图像事先给出了

● 图 2-33　仅提取主要物体和提取主要物体及上下文的对比

a）原始图像及文字描述　b）仅提取主要物体示意　c）提取主要物体及上下文示意

一句话的描述，希望提取得到的显著区域（黄色边界所示区域）能够与这些话产生最佳的匹配，其中第一列为原始图像及其对应的文字描述，第二列和第三列图像分别为只提取主要物体和同时提取主要物体及其上下文区域的示意。不难看出，在第一组例子中，由于句子中只描述了“鸭子”，故只提取鸭子这一主要物体就足够表达句子所承载的信息。然而在第二组和第三组例子中，仅提取“小姑娘”和“花伞”这两个主要物体则远远不够，毕竟文字描述中除了“小姑娘”还有“野花丛”，除了“花伞”还有“落叶路”。

针对上述问题，Goferman 等[17]几位以色列理工学院的学者在 2010 年的 CVPR 会议上提出了一种带有上下文感知的显著性检测方法（Context-aware saliency detection，下文简称为“CAS 模型”）。CAS 的基本思想是：显著区域无论是在其所处的局部环境中还是全局环境中，都具有独特性。因此，CAS 不仅要检测出图像中的主要物体，还要提取那些具有显著性的背景信息作为围绕主要物体的上下文信息。具体来说，CAS 在实现显著区域检测时，综合考量了如下四点心理学基本原则：第一条原则，对局部低级特征的考量，如对像素的颜色、比度等低级视觉特征的提取与表达等；第二条原则，对全局显著性的考量，如显著特征不可能在整幅图像上频繁出现，因此需要考虑对频繁出现特征的抑制和对显著特征的保留；第三条原则，对视觉元素组织规则的考量，如要求具有显著性的像素应该是聚集在一起的，而不是分散在整幅图像上；第四条原则，对高级语义的考量，如图像上是否包括人脸信息等。

针对上述第一条原则和第三条原则，CAS 使用 LAB 颜色作为低级视觉特征，并综合考虑像素之间的空间位置，构造像素之间的差异计算方法（也即“不相似度”）为

$$d(\boldsymbol{p}_i,\boldsymbol{p}_j)=\frac{d_{\text{color}}(\boldsymbol{p}_i,\boldsymbol{p}_j)}{1+c\cdot d_{\text{position}}(\boldsymbol{p}_i,\boldsymbol{p}_j)} \tag{2-62}$$

式中，$\boldsymbol{p}_i$和$\boldsymbol{p}_j$分别为以像素 i 和像素 j 为中心的两个图像块，这些块中的像素已经从原始的 RGB 颜色表示转为 LAB 颜色表示，并且在此基础上进行了归一化和向量化处理，$d_{\text{color}}(\boldsymbol{p}_i,\boldsymbol{p}_j)$即为基于上述颜色向量计算得到的两个图像块之间的欧几里得距离。在 CAS 中，图像块的尺寸设定为 7×7 像素，并且在遍历的过程中进行 50%的重叠；$d_{\text{position}}(\boldsymbol{p}_i,\boldsymbol{p}_j)$为像素 i 和像素 j 空间位置的欧几里得距离，其中像素坐标也进行了相对图像尺寸的归一化处理；c 为事先给定的常数，在 CAS 中，$c=3$。

针对第二条的全局显著性原则，CAS 基于当前图像块与图像上所有图像块之间的差异平均值构造当前图像块的全局显著性。在实际的显著性计算中，考虑到评估图像块 $\boldsymbol{p}_i$ 的显著性没有必要遍历全部图像块，故 CAS 仅选择与之最接近的 K 个图像块计算平均差异，毕竟如果最接近的差异都很大，那当前图像块自然是显著的。除此之外，为了应对显著物体可能存在的尺度多样性，CAS 在多尺度图像上以及多尺度图像间开展显著性的计算，计算方法为

$$S_i^r=1-\exp\left\{-\frac{1}{K}\left(\sum_{k=1}^{K}\mathrm{d}(\boldsymbol{p}_i^r,\boldsymbol{q}_k^{r_k})\right)\right\} \tag{2-63}$$

式中，S_i^r即为在尺度 r 下像素 i 所具有的显著性，$\boldsymbol{p}_i^r$为该尺度下像素 i 对应的图像块；$\boldsymbol{q}_k^{r_k}$为尺度 r_k下、第 k 个与$\boldsymbol{p}_i^r$具有最小差异的图像块，其中 $r_k\in\{r,r/2,r/4\}$，这就意味着 CAS 在考虑某一尺度下的显著性时，会综合应用当前尺度及其后两个尺度的图像块特征。图 2-34 为跨尺度进行图像块差异计算的示意。

在多个尺度显著性 $S_i^r(r=1,\cdots,R)$ 计算完毕后，最终的显著性即为所有尺度显著性的平均值，即为

$$\bar{S}_i=\frac{1}{R}\sum_{r=1}^{R}S_i^r \tag{2-64}$$

直到此处，我们只讨论了如果获得一幅常规的显著性图，还没有涉及任何的“上下文感知”操作。心理学研究成果表明，在视觉场景获得注意的主要物体之外，也会获得一定的注意力投射，只不过这些位置获得注意力强度会变弱，且距离主要物体越远的位置，得到的注意越微弱。按照这一思路，CAS 在主要物体之外分配额外的注意力作为其上下文。首先，不难看出，上式中的$\bar{S}_i$是一个介于 0 和 1 之间的值，那么针对整幅图像对应的显著性图，CAS 以 0.8 作为阈值再对其进行一次二值分割，将所有显著性取值大于 0.8 的像素视为能够获得视觉注意力的像素（attended pixel），也即隶属于主要物体的像素，上述操作等同于完成了显著物体检测。接下来，在已经获得主要物体之外的背景区域像素，利用距离反向加权对其进行显著性的计算，这些获得显著性赋值的背景像素将作为主要物体的上下文像素。上下文显著性的计算方法为

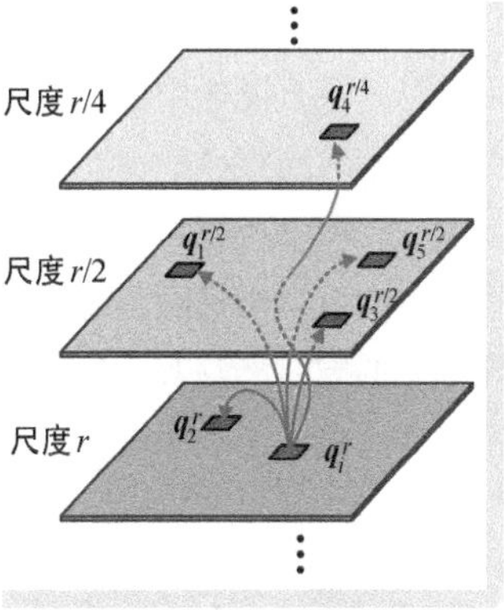

● 图 2-34　跨尺度图像块差异计算示意（$K=5$ 的情形）

$$\hat{S}_j=\begin{cases}0, & \bar{S}_i\leqslant 0.8\\ \bar{S}_i\cdot(1-d_{\text{foci}}(i,j)), & \bar{S}_i>0.8\end{cases} \tag{2-65}$$

式中，$\hat{S}_j$即为上下文像素 j 上赋予获得的显著性；$\bar{S}_i$为按照式（2-64）计算得到的、距离像素 j 最近的主要物体像素的显著性值；$d_{\text{foci}}(i,j)$ 为像素 i 和像素 j 空间位置的欧几里得距离，其中两个像素位置也进行了相对图像尺寸的归一化处理。

对于第四条原则，CAS 只考虑了人脸信息，而且使用了现成的人脸检测算法。CAS 将人脸检测得到的人脸区域直接作为主要物体区域。关于这部分内容这里我们不做过多展开。

在很多 CV 应用中，都要求自动提取图像中的重要内容，并基于这些重要内容进行后续处理和分析，而这里所谓的“重要内容”往往指的就是具有视觉显著性的内容，这就意味着图像显著性检测的结果直接影响到后续处理和分析的质量。在图 2-33 中，我们已经举了若干例子说明显著物体上下文信息的提取对图像语义表达的重要性，为了进一步说明显著性检测对于后续 CV 任务的重要意义，我们下面再举一例。试想这样一幅画面：一匹斑马正在河边喝水，水中有一只鳄鱼正“鳄视眈眈”准备偷袭斑马。画面最合理的含义应该是“一条鳄鱼准备袭击斑马”或“危险正在逼近斑马”等。然而，如果我们按照视觉显著性仅仅提取了斑马，那么得到的图像就只能表达“一匹斑马”的含义，而“一匹斑马”所携带的语义非常多，甚至可以联想出“悠闲自得”的画面，这与原始画面所给人传达的紧张、窒息的情绪相比可谓大相径庭。但是，如果我们提取的显著区域除了斑马这一主要物体，还涵盖了鳄鱼这一上下文信息，那么得到图像所携带的语义就能够更加忠实的表现图像的原本含义。经过上文的分析我们不难发现，CAS 的上下文感知机制在类似上述 CV 应用中有着巨大的优势。Goferman 等学者在文末也给出了 CAS 的两个典型的应用场景：图像重定向（image retargeting）和拼贴画生成（collage creation）。其中，图像重定向根据图像内容的重要程度选择性地去除图像的部分内容，以满足

对图像不同尺寸需求，简单说就是“取图像之精华，去图像之糟粕，变图像之尺寸”。而拼贴画生成是指从一系列图像中抽取重要内容，将重要内容以自然、有机的方式融合在一起形成一幅新的图像。这一技术在海报生成、艺术画创作等应用中非常实用，例如，微软于 2008 年发布的相册工具 AutoCollage，允许用户将相册中的多张照片融合在一起，其背后使用的就是自动拼贴画生成技术。无论是图像重定向还是拼贴画生成，都是以显著性检测作为第一个处理步骤的，也正是由于 CAS 能够在提取主要物体的同时能够兼顾到其上下文信息，使得其能够更好地抓住图像的内容主旨，因此在上述两项任务中均有着不俗的表现。

5. HC 与 RC：基于全局对比度的显著性检测

俗话说“显著不显著是比出来的”。因此有很多显著性检测算法都是通过对比的方式来获得显著像素或显著物体。但是，以对比的方式开展显著性检测，至少要面对两个关键问题：拿什么比？怎么比？前者涉及用什么颗粒度看待图像问题，而后者则代表了如何度量对比度的问题。2011 年，程明明老师[18]团队在 CVPR 会议上发表了《基于全局对比的显著区域检测》，在其中提出了基于直方图的对比度(Histogram-based Contrast，HC）和基于区域的对比度(Region-based Contrast，RC）一对全局显著性对比方法的“并蒂莲”。对于第一个“拿什么比”的问题，上述两种方法给出的答案分别是拿像素颜色和拿区域颜色比；而对于第二个“怎么比”的问题，两种给出的答案均是比全局对比度。

我们首先介绍 HC 方法。HC 是一种在颜色统计量之间构造的对比方法，该方法评估了图像每一个像素在颜色方面是否具有全局显著性。对于像素 $\boldsymbol{I}_x$，假设其对应的颜色为 $\boldsymbol{c}_l$，则其显著性 S_x 也即颜色 $\boldsymbol{c}_l$ 的显著性，被定义为以该颜色出现频率作为权重对颜色距离之间进行的加权线性组合，即有

$$S_x = S(\boldsymbol{c}_l) = \sum_{j=1}^{n} f(\boldsymbol{c}_j) \cdot D(\boldsymbol{c}_l,\boldsymbol{c}_j) \tag{2-66}$$

式中，$f(\boldsymbol{c}_j)$ 为颜色 $\boldsymbol{c}_l$ 在全图所有颜色中出现的频率；n 为图像所有不同颜色的数量；$D(\boldsymbol{c}_l,\boldsymbol{c}_j)$ 为 LAB 颜色空间中，颜色 $\boldsymbol{c}_l$ 与 $\boldsymbol{c}_j$ 之间的距离度量。不难看出，HC 方法实际上是将一个个像素的全局显著性转换到了颜色空间进行，其计算的是某一种颜色的显著性。图 2-35 示意了两幅图像及其对应的 7 柄颜色直方图示意。以其中左图中的像素 x_1 为例，其颜色为 $\boldsymbol{c}_2$，则按照式（2-66），可以计算其显著性为：$S_{x_1} = S(\boldsymbol{c}_2) = 0.59D(\boldsymbol{c}_2,\boldsymbol{c}_1) + 0.10D(\boldsymbol{c}_2,\boldsymbol{c}_3) + 0.05D(\boldsymbol{c}_2,\boldsymbol{c}_4) + 0.03D(\boldsymbol{c}_2,\boldsymbol{c}_5) + 0.02D(\boldsymbol{c}_2,\boldsymbol{c}_6) + 0.01D(\boldsymbol{c}_2,\boldsymbol{c}_7)$。

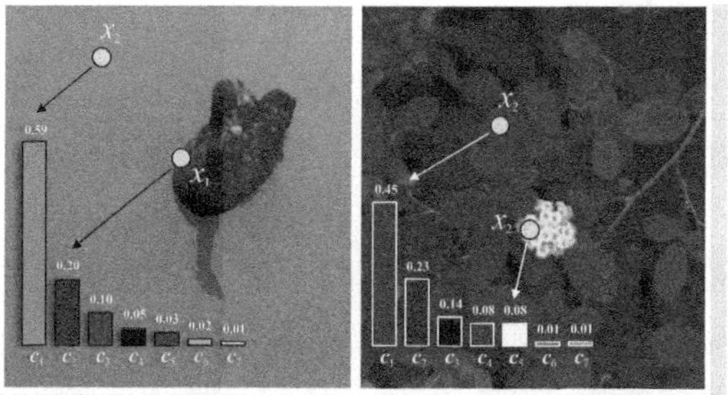

● 图 2-35　图像及其颜色直方图示意

HC 方法计算显著性的原理非常简单，但是在实际操作时需要考虑计算量问题。按照式（2-66），假设图像的像素数为 N，颜色总数为 n，则其时间复杂度为 $O(N)+O(n^2)$，试想当颜色数量极大时（如真彩色的 256^3 种颜色），计算量将会多么惊人，因此需要对颜色直方图中的颜色数量进行合理的控制。在原文中，颜色数量一般设置为 85 种，这就意味着用图像中最具代表的 85 种颜色来量化原图像。除此之外，考虑到颜色的量化过程中，很接近的两种颜色很可能由于硬性截断而被分配到不同直方图柄中，从而导致显著性结果的计算偏差。为此，HC 对上述颜色显著性的定义进行了改进，其替换为

近似颜色所具有显著性的加权平均，这种加权平均的实质就是某种意义的平滑处理。针对某颜色 $\boldsymbol{c}$，改进版颜色显著性的定义为

$$S'(\boldsymbol{c}) = \frac{1}{(m-1)T}\sum_{i=1}^{m}(T - D(\boldsymbol{c},\boldsymbol{c}_i)) \cdot S(\boldsymbol{c}_i) \tag{2-67}$$

式中，$T = \sum_{i=1}^{m} D(\boldsymbol{c},\ \boldsymbol{c}_i)$ 为颜色 $\boldsymbol{c}$ 与其最接近的 m 个颜色的距离之和，HC 中，取 $m=4/n$；由于 $\sum_{i=1}^{m}(T - D(\boldsymbol{c},\ \boldsymbol{c}_i)) = (m-1)T$，故上式前添加了 $1/[(m-1)T]$ 的归一化因子。

HC 方法以像素为最小单位计算显著性，而 RC 方法则以区域为单位计算显著性，接下来我们讨论 RC 方法。在 RC 方法中，首先对图像进行分割，然后对分割得到的区域建立颜色直方图，针对每一个区域 r_k，其显著性定义为该区域颜色与图像其他所有区域颜色的对比度，有

$$S(r_k) = w_s(r_k)\sum_{r_k \neq r_i} w(r_k,r_i) \cdot D_r(r_k,r_i) \tag{2-68}$$

式中，$D_r(r_k,r_i)$为区域 r_k与 r_i之间的颜色距离度量，$w(r_k,r_i)$为其权重系数。在 RC 中，$w(r_k,r_i)=\exp(-D_s(r_k,r_i)/\sigma_s^2)\cdot N_i$，综合表达两区域间的空间位置关系和面积两个因素[⊖]，其中，$D_s(r_k,r_i)$区域 r_k与 r_i之间的空间距离，N_i为区域 r_i中的像素数；σ_s为控制空间权重的系数，σ_s越大，则越倾向于将距离较远区域纳入显著性的计算；$w_s(r_k)=\exp(-9d_k^2)$为区域 r_k的中心偏差因子，其中 d_k为区域 r_k中像素距离图像中心的平均距离，该因子使得越靠近图像中心的区域越具有高的显著性。式（2-68）中，区域颜色距离度量$D_r(r_k,r_i)$的定义为

$$D_r(r_k,r_i) = \sum_{v}^{n_k}\sum_{u}^{n_i} f(\boldsymbol{c}_{k,v})f(\boldsymbol{c}_{i,u})D(\boldsymbol{c}_{k,v},\boldsymbol{c}_{i,u}) \tag{2-69}$$

式中，n_k和 n_i分别为区域 r_k与 r_i中的颜色个数；$f(\boldsymbol{c}_{k,v})$和$f(\boldsymbol{c}_{i,u})$分别表示在上述两区域中，第 v 种和第 u 种颜色出现的频率，而 $D(\boldsymbol{c}_{k,v},\boldsymbol{c}_{i,u})$表示这两种颜色的距离度量。上述颜色频率和颜色距离度量与 HC 方法中相关的概念是相同的：在 HC 方法中，式（2-66）给出了两种颜色之间的对比，而区域中的颜色可能是多样的，故式（2-69）给出的区域间颜色度量定义为两区域所有颜色两两对比的总和。图 2-36 为 RC 方法中计算区域全局对比度的示意。

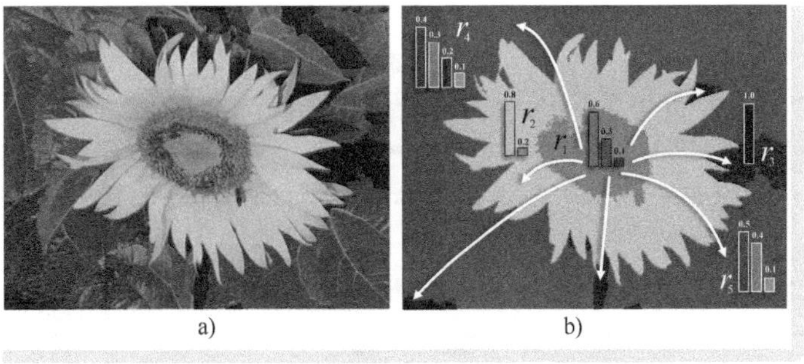

● 图 2-36　区域的全局对比度计算示意（以区域 r_1为例）

a）原始图像　b）分割图像及区域全局对比度计算示意

⊖ 在原文中，显著性的定义为 $S(r_k)=\sum_{r_k\neq r_i}\exp(-D_s(r_k,\ r_i)/\sigma_s^2)\cdot w(r_i)\cdot D_r(r_k,\ r_i)$，其中 $w(r_i)=N_i$。这里为了节约篇幅，我们将 $\exp(-D_s(r_k,r_i)/\sigma_s^2)\cdot w(r_i)$统一表示为 $w(r_k,r_i)$。

在获得显著性检测结果之后，几位学者将得到的显著性图与著名的 GrabCut[19] 图像前景分割算法相结合，结合得到的新方法被称为“SaliencyCut”。SaliencyCut 借助 GrabCut 提升了自身对显著物体的提取质量，GrabCut 也在显著性图的赋能下降低了对人工交互的依赖，同时也克服了人工框选可能引入的噪声干扰，可以说二者是强强联合，相互成就。下面我们首先简要回顾一下 GrabCut 方法。GrabCut 是一种交互式前景分割算法，用户只需在前景物体外围简单勾选一个矩形区域，算法即自动完成区域内的前景目标提取，与手工抠图需要精细勾画前景物体边界相比，GrabCut 具有很高的自动化程度。GrabCut 是一种基于“图割”（GraphCut）的交互式图像分割技术，其以图结构存储区域和边界信息，利用“最大流/最小割”（Max-flow/Min-cut）的思路，通过迭代的方式在图上“切出最优的一刀”以区分前景和背景。在 GrabCut 中，以“三元图”（trimap）$T=(T_B,T_U,T_F)$ 来表达图像的前景和背景信息，其中 T_B、T_F 和 T_U 分别表示背景、前景和“模棱两可”的未知区域，在 GrabCut 执行过程中的任意时刻，图像中的每个像素都属于 T 中的某一种情形。

在初始化阶段，SaliencyCut 首先以某一阈值对 RC 方法得到的显著性图进行二值化处理，将其中显著性大于阈值的最大联通区域作为显著物体的初始标注（如图 2-37d 所示），这样一来 GrabCut 要求手工勾选矩形大致范围的环节都可以省略了。接下来，按照上述二值显著物体标注构造初始三元图：位于显著物体标注内的位置标注为 T_U，即表示未知，其余部分标注为 T_B，即表示背景（如图 2-37e 所示）。而标准 GrabCut 方法以手工框选矩形区域为界，内部为未知区域，外部为背景区域（如图 2-37c 所示），显然，与标准 GrabCut 相比，SaliencyCut 构造的初始三元图与前景物体的真实区域更加契合，可以说为后续分割操作打下了一个好基础。

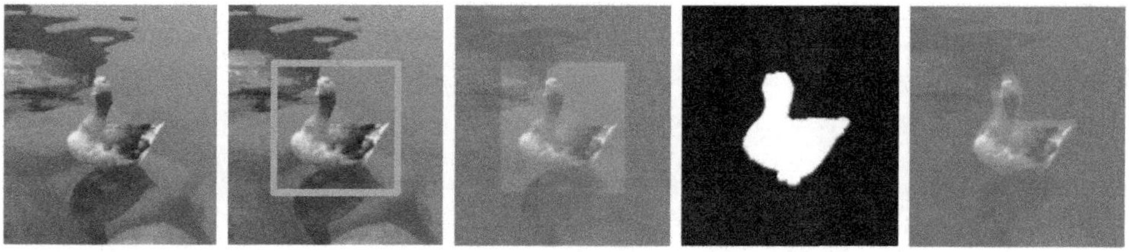

a)　　b)　　c)　　d)　　e)

● 图 2-37　标准 GrabCut 与 SaliencyCut 初始三元图的对比示意

a）原始图像　b）用户初始矩形标注　c）GrabCut 初始三元图　d）显著物体初始标注　e）SaliencyCut 初始三元图

（注：在图 c 和图 e 所示的三元图中，彩色区域为背景区域，透明区域为未知区域）

在分割阶段，SaliencyCut 利用多轮 GrabCut 分割不断对显著物体的提取结果进行优化。在每轮 GrabCut 迭代执行完毕后，SaliencyCut 都针对 GrabCut 输出的三元图做膨胀和腐蚀两种形态学操作，以获得新的三元图作为下一轮迭代的初值。其中，将膨胀区域以外的区域设置为背景，而将腐蚀区域以内的区域设置为前景区域。上述形态学操作的目的在于：膨胀操作用来开辟更多的未知区域，给后续 GrabCut 分割提供更广阔的搜索空间；腐蚀操作减小了前景的面积，以更加“保守但可靠”的方式为后续 GrabCut 分割提供前景标注。通过初值设定和迭代改进，SaliencyCut 在显著性检测与 GrabCut 分割的合力作用下，得到更加精准的显著目标检测提取结果。

到这里，对程明明老师团队工作的主要内容就基本讨论完毕了，简单来说，我们介绍的核心内容有三个：HC、RC 和 SaliencyCut。当然，在程明明老师的原文中，还讨论了诸多基于显著性检测的下游 CV 应用，内容十分丰富详实，不过限于篇幅和主题限制，我们这里不再详细展开介绍。

6. SF：基于超像素分割的显著性滤波

还是“拿什么比”和“怎么比”两个问题，有学者也给出了掷地有声的回答：拿超像素比，用对比滤波的方式比——2012 年，Perazzi 等[20]来自迪士尼研究院和斯坦福大学的学者们提出了显著性滤波(Saliency Filters，SF）方法，该方法基于对比滤波实现针对图像显著区域的检测。具体来说，SF 的工作包括了图像抽象、颜色显著性计算、空间分布计算和显著性赋值四个基本步骤。

图像抽象(image abstraction）将图像分解为不同的基础元素，这些基础元素保持了原始图像的必要结构信息，但是忽略了图像噪声等不希望得到的琐碎细节。在 SF 中，采用超像素(superpixels）分割技术实现对图像的抽象。超像素分割指的是将具有相似纹理、颜色、亮度等特征的相邻像素构成具有一定视觉意义的不规则像素块，这些像素块在后续处理中被视为不可再分元素，就和一个个像素一样，因此叫作“超像素”。在 CV 领域应用最为广泛的超像素分割方法莫过于 Achanta 等于 2010 年提出的简单线性迭代聚类(Simple Linear Iterative Clustering，SLIC）方法[21]，SLIC 分割按照指定的超像素个数和紧凑度(compactness）参数，通过局部聚类的方式生成超像素，具有思想简单、高效便捷的优点，在各类 CV 应用中被广泛使用，SF 也是用基于 SLIC 的超像素分割作为其图像抽象方法。SLIC 分割处理的像素为 5 维向量表示(L,a,b,x,y)，其中(L,a,b)为原始 RGB 颜色空间变换到 LAB 颜色空间中的颜色向量；(x,y) 为像素的坐标位置。图 2-38 为基于 SLIC 的图像超像素分割示意。图中三列图像分别为原始图像以及超像素数为 250 和 500 的超像素分割结果（分割紧凑度参数设置均为 15）。

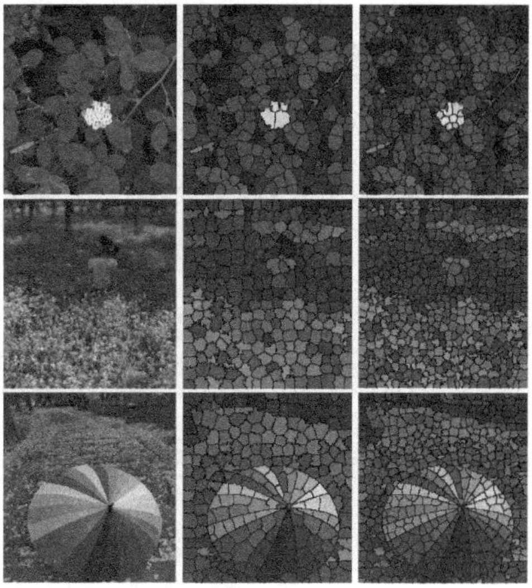

a)　　b)　　c)

图 2-38　基于 SLIC 的图像超像素分割示意

a）原始图像　b）超像素数为 250 的 SLIC 分割结果
c）超像素数为 500 的 SLIC 分割结果

颜色显著性计算基于图像抽象环节得到的超像素开展，用来评估超像素在颜色方面的显著性。SF 的显著性为全局显著性：对于超像素 i，给定其 LAB 空间表示的颜色向量 $\boldsymbol{c}_i$（超像素颜色即为超像素对应像素块中的颜色平均值）及其位置 $\boldsymbol{p}_i$，其显著性定义为该超像素与其他所有超像素 j 之间差异的总和，有

$$C_i = \sum_{j=1}^{N} \|\boldsymbol{c}_i - \boldsymbol{c}_j\|^2 \cdot w(\boldsymbol{p}_i,\boldsymbol{p}_j) \tag{2-70}$$

式中，N 为分割得到所有超像素的个数；$\|\cdot\|$表示对向量的 L2 范数；$w(\boldsymbol{p}_i,\boldsymbol{p}_j)$为超像素 i 和 j 所在空间位置之间的某种度量，下文中将其简记为$w_{ij}^{(p)}$。按照式（2-70）所示的显著性计算方法计算全部超

像素的显著性，其时间复杂度为 $O(N^2)$（需要为 N 个超像素计算显著性，而在计算每个超像素显著性的时候还需要遍历所有超像素）。为了简化计算，SF 使用高斯滤波的近似方式将超像素显著性计算的时间复杂度降低到 $O(N)$。首先对式（2-70）中的 L2 范数进行展开，有

$$\begin{aligned} C_i &= \sum_{j=1}^{N} \|\boldsymbol{c}_i - \boldsymbol{c}_j\|^2 w_{ij}^{(p)} \\ &= \|\boldsymbol{c}_i\|^2 \sum_{j=1}^{N} w_{ij}^{(p)} - 2\boldsymbol{c}_i^{\mathrm{T}}\left(\sum_{j=1}^{N} \boldsymbol{c}_j w_{ij}^{(p)}\right) + \sum_{j=1}^{N} \|\boldsymbol{c}_j\|^2 w_{ij}^{(p)} \end{aligned} \tag{2-71}$$

式中，SF 将$w_{ij}^{(p)}$构造为高斯权重$w_{ij}^{(p)}=\frac{1}{z_i}\exp\left(-\frac{1}{2\sigma_p^2}\|\boldsymbol{p}_i-\boldsymbol{p}_j\|^2\right)$，其中 σ_p为控制空间作用范围的标准差参数，在 SF 中，$\sigma_p=0.25$；z_i为归一化因子，使得 $\sum_{j=1}^{N} w_{ij}^{(p)}=1$。在式（2-71）中，展开形式包括了三项：第一项仅剩下$\|\boldsymbol{c}_i\|^2$，即 LAB 颜色向量分量的平方和；第二、三项等价于将$w_{ij}^{(p)}$视为高斯滤波核、分别对 $\boldsymbol{c}$ 和$\|\boldsymbol{c}\|^2$开展的平滑滤波。图 2-39c 为针对 4 幅示例图像得到的超像素颜色显著性计算结果。

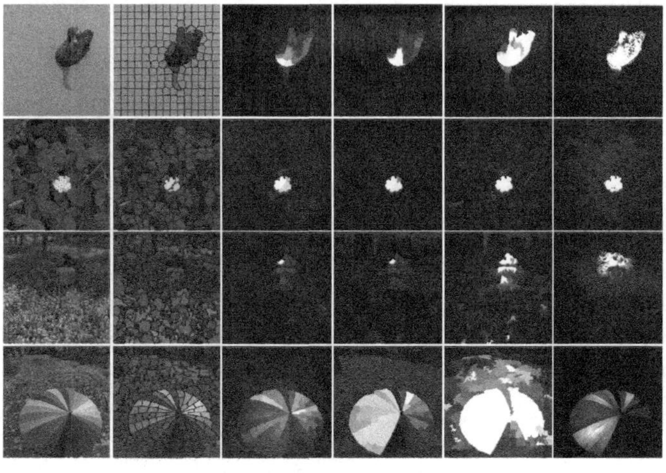

● 图 2-39　SF 显著性检测各阶段结果示意

a）原始图像　b）超像素分割　c）颜色显著性　d）空间分布　e）超像素综合显著性　f）逐像素显著性

空间分布计算通过评估特征在空间上的分布情况来表达超像素在空间上的显著性：特征在空间上分布紧凑的对象，相较于特征分布分散的对象会更加显著。绝大多数显著性检测方法也都将特征的空间分布作为显著性评估的一个重要因素，例如，在前文介绍的 LDSO 模型中，CSD 特征即用颜色的水平方差和垂直方差表示颜色特征的空间分布。SF 空间分布的计算方法几乎可以“照搬”颜色显著性的计算方法，只不过颜色显著性用空间为颜色差异加权，而空间分布则为颜色、位置差异加权。针对超像素 i，定义其空间分布为

$$D_i = \sum_{j=1}^{N} \|\boldsymbol{p}_j - \boldsymbol{\mu}_i\|^2 \cdot w(\boldsymbol{c}_i, \boldsymbol{c}_j) \tag{2-72}$$

式中，$w(\boldsymbol{c}_i,\boldsymbol{c}_j)=\frac{1}{z_i}\exp\left(-\frac{1}{2\sigma_c^2}\|\boldsymbol{c}_i-\boldsymbol{c}_j\|^2\right)$为使用超像素颜色 $\boldsymbol{c}_i$和 $\boldsymbol{c}_j$构造的高斯权重，其中参数 $\sigma_c=20$，

下文将其简记为$w_{ij}^{(c)}$，且有 $\sum_{j=1}^{N} w_{ij}^{(c)}=1$； $\boldsymbol{\mu}_i=\sum_{j=1}^{N}\boldsymbol{p}_j w_{ij}^{(c)}$ 表示颜色 $\boldsymbol{c}_i$的加权平均位置。依照颜色显著性计算的模式，对上式进行类似的展开，得到

$$\begin{aligned} D_i &= \|\boldsymbol{p}_j-\boldsymbol{\mu}_i\|^2 w_{ij}^{(c)} \\ &= \sum_{j=1}^{N}\|\boldsymbol{p}_j\|^2 w_{ij}^{(c)} - 2\boldsymbol{\mu}_i^{\mathrm{T}}\left(\sum_{j=1}^{N}\boldsymbol{p}_j w_{ij}^{(c)}\right) + \|\boldsymbol{\mu}_i\|^2\sum_{j=1}^{N} w_{ij}^{(c)} \end{aligned} \tag{2-73}$$

式中，展开得到三项中的第二项，按照$\boldsymbol{\mu}_i$的定义，$\sum_{j=1}^{N}\boldsymbol{p}_j w_{ij}^{(c)}$ 就是$\boldsymbol{\mu}_i$，因此第二项中的$2\boldsymbol{\mu}_i^{\mathrm{T}}\left(\sum_{j=1}^{N}\boldsymbol{p}_j w_{ij}^{(c)}\right)=\boldsymbol{\mu}_i^{\mathrm{T}}\boldsymbol{\mu}_i=\|\boldsymbol{\mu}_i\|^2$； 第三项中，由于 $\sum_{j=1}^{N} w_{ij}^{(c)}=1$， 故就剩下$\|\boldsymbol{\mu}_i\|^2$。因此式（2-73）可以进一步简化为 $D_i=\sum_{j=1}^{N}\|\boldsymbol{p}_j\|^2 w_{ij}^{(c)}-\|\boldsymbol{\mu}_i\|^2$， 其中的二项分别可以视为以滤波核$w_{ij}^{(c)}$分别对$\|\boldsymbol{p}_j\|^2$和$\boldsymbol{p}_j$开展的高斯平滑滤波。图 2-39d 为针对四幅示例图像得到的特征空间分布计算结果。针对每一个超像素，计算得到其颜色显著性C_i和空间分布D_i后，定义其综合显著性为

$$S_i=C_i\cdot \mathrm{e}^{-k\cdot D_i} \tag{2-74}$$

式中，k 为指数的缩放系数，在 SF 中取 $k=6$。图 2-39e 为针对四幅示例图像得到的超像素综合显著性结果。

上述几个环节得到的显著性图是超像素级别的，显著性赋值即将超像素的“大线条”显著性赋予原始像素，以提高显著性表达的分辨率，完成从抽象回到具体的过程。SF 将像素级的显著性定义为其周边超像素显著性的加权线性组合，即

$$\widetilde{S}_i=\sum_{j=1}^{N} w_{ij}\cdot S_j \tag{2-75}$$

式中，$w_{ij}=\frac{1}{z_i}\exp\left(-\frac{1}{2}(\alpha\|\boldsymbol{c}_i-\boldsymbol{c}_j\|^2+\beta\|\boldsymbol{p}_i-\boldsymbol{p}_j\|^2)\right)$，为综合考虑周边超像素与当前像素的颜色和位置关系的高斯权重系数，α 和 β 分别为上述两种因素的控制系数，在 SF 中，取 $\alpha=\beta=1/30$。看到高斯权重，按照我们在上文介绍的方法，容易想到上述加权求的计算自然也可以表达为高斯滤波，这是继颜色显著性计算和空间分布计算之后，SF 第三次利用高斯滤波来简化计算。图 2-39f 示意了将超像素显著性分配给原始像素的效果。

到这里，我们对 SF 模型的讨论就结束了，不得不说 SF 显著性检测的“四步走”方法非常清晰明确，可谓先由具体到抽象，在抽象算完再回到具体。尤其是在对比计算环节，SF 将对比计算表达为高斯滤波，可以说是非常巧妙的，正是这一原因，方法被命名为“显著性滤波”。

7. HSD：使用层级架构的显著物体检测

生活常识告诉我们，在不同尺度上观察某一幅图像，能够引起我们注意的内容也会不同，可谓“远看是美女，近看有雀斑”。除此之外，图像上的显著物体有大有小，充满了随机性。这都意味着在单一尺度分析图像显著特征容易产生“横看成岭侧成峰，远近高低各不同”的偏差。特别是当某些显著物体内部也存在很大的差异时，上述问题就变得更加明显而棘手。例如，图像上有一个穿黄衣服黑裤子的人，单看其上身或下身，两个区域都可以算作是显著区域。然而，正如格式塔法则所强调的认知具有完整性那样，从我们的整体认知视角，整个人才是真正意义的显著物体，而非其具有高对比度的局部区域。正是出于对上述问题的考量，在 2013 年的 CVPR 会议上，Qiong Yan 等[22]四位来自香港

中文大学的学者提出了层级显著物体检测(Hierarchical Saliency Detection，HSD）框架。HSD 显著物体检测框架基于多尺度分割得到的图像区域提取多尺度“显著性线索”（saliency cues）㊀，并构造层级的树状结构表达不同尺度下显著性之间的关系，通过最小化能量函数实现最终的显著性的推断，从而实现高质量的显著物体检测。HSD 进行显著物体检测的整体流程包括多尺度图像分割、多尺度显著性线索提取和层级显著性推断三大步骤，如图 2-40 所示。

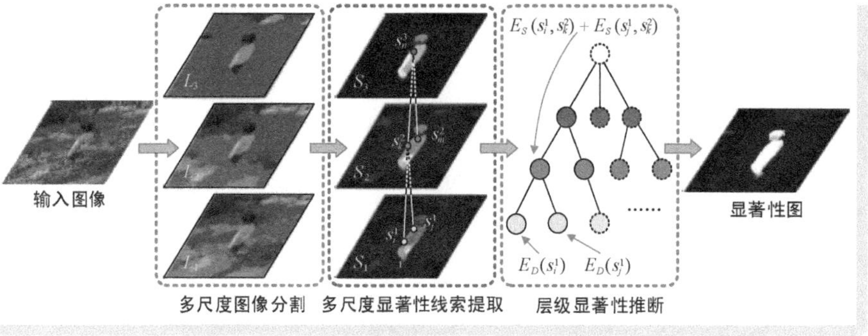

● 图 2-40　HSD 模型的显著物体检测流程

多尺度图像分割步骤用来形成不同尺度下显著性的基本计算单元。HSD 在 CIELUV 颜色空间，采用基于分水岭(watershed）的图像分割技术进行多尺度分割，形成三个尺度的分割图，分别记作 L_1、L_2和 L_3，其中 L_1和 L_3分别为最精细和最粗略尺度的分割图。在 HSD 中，每个粗略尺度分割图都是在下层精细尺度分割图上以相邻区域合并方式得到，最精细的 L_1层则产生于过分割（over-segmentation）得到初始分割的区域合并操作。在区域和并过程中，HSD 采用了“区域尺度”（region scale）作为区域是否需要合并的判据：若某区域的尺度小于某阈值，则将其与相邻区域合并。HSD 将区域尺度定义为区域能够包含的最大内接正方形的边长，以区域尺度因子指导区域合并，能够防止产生过于细小的区域，从而更好地保证了显著物体的完整性。试想如图 2-41 所示的场景，草原上站着一匹斑马，自然我们期望提取的显著物体是斑马。但是斑马身上的黑白相间条纹区域，每一个区域相比其邻接区域都具有极大的差异，因此，这些条纹状区域很容易成为显著性评估的基本计算单元。而按照 HSD 区域尺度的定义，这些具有“细长条”形状的区域都具有很小的尺度，故都倾向于与相邻区域合并。这样一来，显著性的分析单元更倾向于是整匹斑马，而不是斑马身上的黑白条纹。为了达到“在不同尺度看不同细节”的效果，HSD 在分割图时构造了三个尺度，分别设置了 3、17 和 33 像素作为其区域尺度阈值。

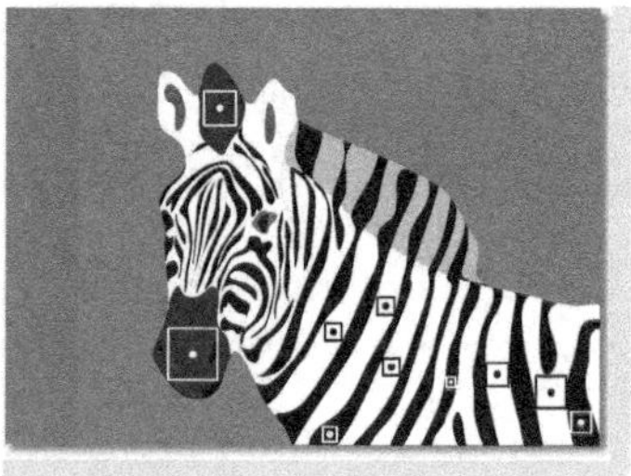

● 图 2-41　区域尺度因子能够有效避免长条状区域成为显著性评估的计算单元

多尺度显著线索提取在每个尺度的分割图像上计算区

㊀ 这里的“显著性线索”即可理解为显著性特征。但是为了尊重原文，我们这里采用“显著性线索”这一原文的提法。

域的显著性表征，也即我们前文所说的显著性特征。HSD 为每个区域计算局部对比(local contrast) 和位置启发(location heuristic) 两种显著性线索。其中，区域的局部对比线索体现了当前区域及其周边一定空间范围内其他区域的加权颜色对比，其定义与程明明老师 RC 方法中对比度的定义类似，局部对比显著性线索的计算方法为

$$C_i = \sum_{j=1}^{N} w(R_j) \cdot \phi(i,j) \cdot \|\boldsymbol{c}_i - \boldsymbol{c}_j\| \tag{2-76}$$

式中，N 为当前尺度图像分割的区域总数；$\boldsymbol{c}_i$和 $\boldsymbol{c}_j$分别为区域 R_i和区域 R_j的颜色向量，$\|\boldsymbol{c}_i-\boldsymbol{c}_j\|$计算了两颜色之间的 L2 范数距离；$w(R_j)$表示区域 R_j中的像素个数；$\phi(i,j)=\exp(-D(R_i,R_j)/\sigma^2)$为控制空间距离对区域颜色影响的高斯权重，其中 $D(R_i,R_j)$表示区域 R_i和区域 R_j中心点之间的欧几里得距离，σ 为高斯权重的标准差超参数。位置启发线索类似于前文介绍过的中心偏差——越靠近图像中心的物体越显著。HSD 的位置启发线索定义为

$$H_i = \frac{1}{w(R_i)} \sum_{x_i \in R_i} \mathrm{e}^{-\lambda \cdot \|\boldsymbol{x}_i - \boldsymbol{x}_c\|^2} \tag{2-77}$$

式中，$\boldsymbol{x}_i$和 $\boldsymbol{x}_c$分别表示区域 R_i中的像素坐标和图像中心像素坐标；λ 为控制空间距离影响的超参数，在 HSD 中，取 $\lambda=9$。有了上述C_i和 H_i，HSD 通过直接相乘将二者合成，作为区域的显著性值，即

$$\bar{s}_i = C_i \cdot H_i \tag{2-78}$$

层级显著性推断环节完成最终显著性图的构造。在每个尺度的每个图像区域上运用式（2-74）给出的显著性计算方法，都会得到一个该区域对应的显著性值，接下来就需要考虑如何将 3 个尺度显著性图融合在一起的问题。考虑到 HSD 在逐尺度的区域合并过程中，会自然地产生一个分层的树状结构：每个图像区域都是树结构中的节点，其中合并前的区域作为叶子节点，而合并后的区域为根节点。因此，HSD 巧妙地借助基于树状结构的图模型（graphical model)，以层级推断的方式获得最佳的显著性融合结果。其中，推断初值正是按照式（2-78）为每个区域计算得到的显著性值。将第 l 层第 i 个节点的显著性初值记作$\bar{s}_i^l$，其对应的待求最优显著性值记作 s_i^l，将所有待求最优显著性值的集合$\{s_i^l\}$记作 S。HSD 的层级显著性推断的目标即最小化如下能量函数

$$E(S) = \sum_l \sum_i E_D(s_i^l) + \sum_l \sum_{i,R_i^l \subseteq R_j^{l+1}} E_S(s_i^l, s_j^{l+1}) \tag{2-79}$$

式（2-79）表示的能量函数包括两项，第一项中的 $E_D(s_i^l)$称为数据项(data term)，定义为 $E_D(s_i^l)=\beta^l\|s_i^l-\bar{s}_i^l\|^2$。其中，$\beta^l$为对第 l 层赋予的数据项权重因子。不难看出，数据要求最优显著性的值不能与初值偏差太远；第二项中的 $E_S(s_i^l,s_j^{l+1})$称为层级项(hierarchy term)，该项定义为 $E_S(s_i^l,s_j^{l+1})=\gamma^l\|s_i^l-s_j^{l+1}\|^2$。其中，$s_j^{l+1}$与 s_i^l是父子节点关系，γ^l为对第 l 层赋予的层级项权重因子。可以看出，层级项要求父子节点之间的显著性值不能差太远。HSD 采用信念传播(belief propagation) 算法实现对上述能量函数E (S)的最优化，这里就不再展开叙述。

HSD 是一种具有层级架构的显著物体检测模型，我们认为其最大贡献在于提出了区域尺度指导下的层级区域合并机制和层级显著性推断机制，在显著物体检测的过程中，一方面充分发挥了不同尺度对图像细节和结构的表达能力，同时也在最大程度上保证了显著物体提取的完整性。

8. DRFI：基于显著性判别和整合的显著物体检测

上文介绍的 HSD 等多数显著物体检测方法均是使用颜色、纹理、形状等基本图像特征及其之间的

对比差异来表达像素或图像区域的显著性。那么问题来了，这些特征得到的显著性是否与人类的认知吻合？另外，在多尺度显著特征融合时，哪种融合机制最好？在 2013 年的 CVPR 会议上，Huanzu Jiang 等[23]学者提出了判别区域特征整合(Discriminative Regional Feature Integration，DRFI）框架，对上述两个问题给出了简明扼要的回答——“学出来”。DFRI 进行显著物体检测的整体流程包括多尺度图像分割、多尺度显著性计算和多尺度显著性融合三大步骤，如图 2-42 所示。

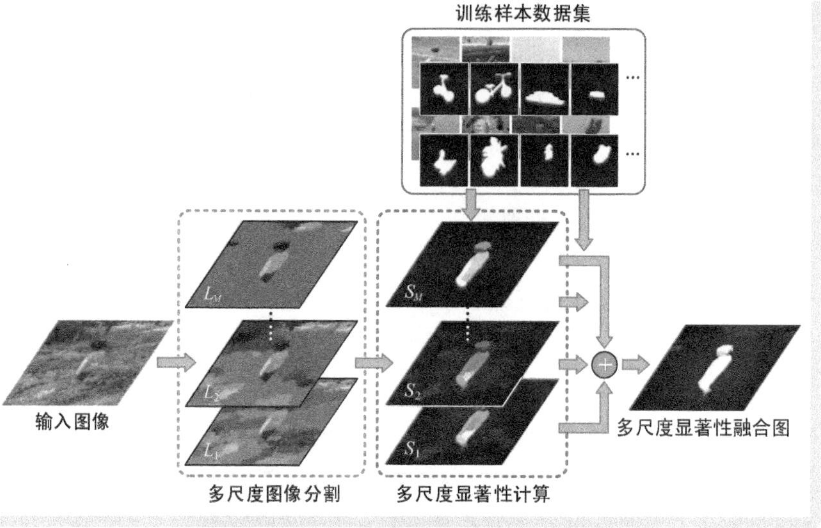

● 图 2-42　DRFI 模型的显著物体检测流程

多尺度图像分割(Multi-level segmentation）步骤用来形成不同尺度下显著性的基本计算单元。DFRI 采用基于图(Graph-based）的图像分割技术将图像分割为 M 个级别，记作 $\{L_1,\cdots,L_M\}$。其中，DFRI 以过分割（over-segmentation）的方式首先生成最精细级别的分割图 L_1，然后通过合并相邻区域的方式不断形成更粗略的分割图 $L_2,L_3,\cdots$，直至最粗略的分割级别 L_M。随后，DFRI 针对每级分割结果的每个区域，提取区域对比类、属性类和背景类三类显著性特征，并将这些特征表达为向量格式，记作 $\boldsymbol{x}=(\boldsymbol{x}_c^{\mathrm{T}},\boldsymbol{x}_p^{\mathrm{T}},\boldsymbol{x}_b^{\mathrm{T}})^{\mathrm{T}}$，其中 $\boldsymbol{x}_c^{\mathrm{T}}$、$\boldsymbol{x}_p^{\mathrm{T}}$和 $\boldsymbol{x}_b^{\mathrm{T}}$分别为上述三类特征的向量表示；在接下来的多尺度显著性计算阶段，DFRI 以特征向量 $\boldsymbol{x}$ 为输入，将其带入一个训练好的随机森林(Random Forest，RF）判别器，通过判别的方式为每个区域预测一个其属于显著物体的值，这一过程可以表示为 $a=f(\boldsymbol{x})$。这样一来，针对 M 级分割结果，将得到 M 个显著性图，记作 $\{\boldsymbol{S}_1,\cdots,\boldsymbol{S}_M\}$；最后，在多尺度显著性融合阶段，DFRI 利用学习得到的线性组合参数对上述 M 个显著性图进行线性组合，得到最终的显著性图 $\boldsymbol{S}=\sum_{m=1}^{M}w_m\boldsymbol{S}_m$。

在上文中，我们一笔带过了提取区域三类显著性特征这一重要话题，下面我们就来详细讨论这方面的内容。三类特征中的第一类特征为区域对比特征(Regional contrast descriptor)，提取该类特征正是秉承了“显著不显著是比出来的”这一核心思想。区域对比特征可以表示为 $\mathrm{diff}(\boldsymbol{v}^R,\boldsymbol{v}^N)$，其中 $\boldsymbol{v}^R$和 $\boldsymbol{v}^N$分别为当前区域和相邻区域的基础视觉特征（有多个邻域的，将这些邻域视为一个整体）。基础视觉特征包括了 8 组颜色特征和纹理特征，记作 $\boldsymbol{v}=(\boldsymbol{a}_1,\boldsymbol{a}_2,\boldsymbol{r},r,\boldsymbol{h}_1,\cdots,\boldsymbol{h}_4)$，其中，$\boldsymbol{a}_1$和 $\boldsymbol{a}_2$分别为区域像素在 RGB 和 LAB 颜色表示下的平均值向量，其维度均为 3 维；$\boldsymbol{r}$ 和 r 分别为 Leung-Malik（LM）滤波的绝对响应和最大响应，其维度分别为 15 维和 1 维；$\boldsymbol{h}_1$ 为 LAB 颜色直方图，维度为 2048 维（$8\times16\times16$）；$\boldsymbol{h}_2$ 和 $\boldsymbol{h}_3$ 分别为色调（hue）和饱和度（saturation）直方图，其维度均为 8 维；$\boldsymbol{h}_4$ 为纹理基元（texton）直方图，其维度为 65 维。针对上述基础视觉特征，区域对比特征的计算方法包括两类：针对向量类特征，计算两向量分量的绝对差值，结果维度保持不变，因此针对 $\boldsymbol{a}_1$、$\boldsymbol{a}_2$、$\boldsymbol{r}$ 和 r 四组特征，区域对比特征的计算输出维度仍然为 3 维、3 维、15 维和 1 维；针对直方图类特征，计算二者之间的卡方距离，无论输入的直方图的柱数有多少，输出均为 1 维，因此针对特征 $\boldsymbol{h}_1\sim\boldsymbol{h}_4$，区域对比特征计算的输出维度均为 1 维。综上所述，区域对比特征为一个 26 维特征向量。第二类特征为区域属性特征（regional property descriptor），该类特征的维度为 34 维，代表了区域自身的外观、几何等一般属性，其中外观特征试图描述区域中颜色和纹理的分布情况，包括 RGB、LAB 和 HSV 颜色通道的方差、LM 滤波响应的方差等；而几何特征则刻画了区域的大小和位置，这些属性有助于描述显著物体及背景的空间分布，包括区域归一化坐标均值、归一化周长以及外界矩形长宽比等。第三类特征为区域背景特征（regional backgroundness descriptor）用来表征区域属于背景的可能性。但是，考虑到具有相似特征的图像区域可能在一幅图像中属于背景，而在其他图像中属于显著物体，因此仅凭某些区域独立特征难以判断其是背景还是显著物体，这就意味着与区域对比特征类似，区域的背景特征也是“比出来的”。经过对 MSRA-B 数据集中的 5000 幅图像的进行分析，Jiang 等学者发现 98%的背景像素位于距离图像边界 15 像素以内的区域，因此将这些区域作为“伪背景”（pseudo-background）区域，而 DFRI 将图像区域的背景特征定义为区域与伪背景区域之间基础视觉特征的差异，记作 $\mathrm{diff}(\boldsymbol{v}^R,\boldsymbol{v}^B)$，其中 $\boldsymbol{v}^R$ 和 $\boldsymbol{v}^B$ 分别为当前区域和伪背景区域的基础视觉特征，这些视觉特征的内容以及其间差异的计算方法与区域对比特征相同，因此 DFRI 的区域背景特征也是一个 26 维特征向量。这样一来，DFRI 显著性特征的维度为 86 维（26+34+26=86）。图 2-43 示意了上述三种显著性特征的计算方法。

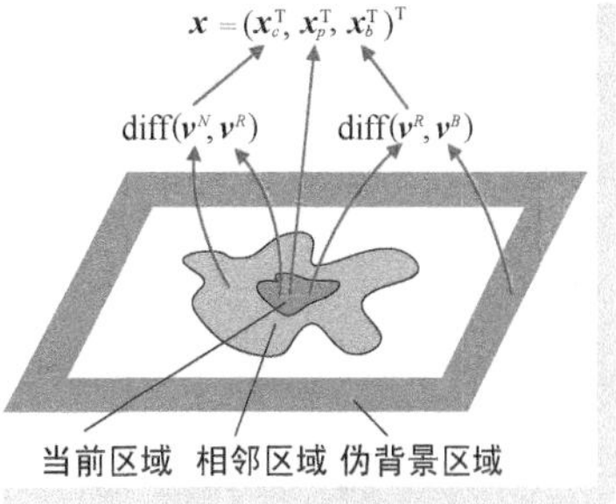

● 图 2-43 DRFI 模型三种显著性特征的计算方法示意

谈完特征的问题，接下来我们谈谈 DFRI 的学习问题。DFRI 的学习包括了两个具体任务：第一个任务为构造将 86 维显著性特征 $\boldsymbol{x}=(\boldsymbol{x}_c^{\mathrm{T}},\boldsymbol{x}_p^{\mathrm{T}},\boldsymbol{x}_b^{\mathrm{T}})^{\mathrm{T}}$ 映射为显著性值的随机森林判别器，第二个任务为获取将多尺度显著性图融合为最终显著性图的最优线性组合系数。在第一个学习任务中，DFRI 首先利用带有真实显著物体标注的公开数据集构造区域级的真值标注，这一过程将区域的显著特征与区域是显著物体或是背景的标签进行绑定。但是考虑到图像分割得到的图像区域与真实的显著物体难以完美吻合，因此 DFRI 在对区域赋予真值的过程中，对区域与真值的重叠面积进行了约束：若某区域有超过 80%的面积在真值中处于显著物体内部，则将该区域视为显著物体，并给予其 1 的真值赋值；若某区域有超过 80%的面积在真值中隶属于背景，则对该区域赋予 0 的背景标签。有了真值标签后，DFRI 即利用标准训练方法构造随机森林判别器。在第二个学习任务中，设有显著物体真实标注 $\boldsymbol{S}^*$，DFRI 以 $\arg\min_{w_m}\left\|\boldsymbol{S}^*-\sum_{m=1}^{M}w_m\boldsymbol{S}_m\right\|^2$ 为目标函数开展回归优化，求取多尺度显著性融合的最优线性组合系数。

DFRI 是一种基于判别和显著特征整合的显著物体检测模型，在针对多个公开数据集的测评中都取得了不俗的效果。结合作者在文中的自我总结，我们认为 DFRI 的成功主要归功于三个方面：多尺度分割及特征表达、基于学习的显著性判别和基于学习的多尺度显著性整合。其中，多尺度分割及特征表达为显著性的计算提供了多尺度环境，避免了单一尺度显著物体表达中容易产生的表达不充分或过分琐碎的现实问题；基于学习的显著性判别通过学习构建了从多尺度显著特征到显著性值的映射关系；而基于学习的多尺度显著性整合则通过学习给出了多尺度显著性图之间的融合策略。尽管 DFRI 的学习机制不涉及特征学习，相较于后续的 CNN 模型学习简单得多，但是 DFRI 这种通过学习发掘数据规律的方法已经带有数据驱动下统计机器学习的特点，对后续工作具有非常好的借鉴意义。

9. SGMR：使用流形排序的显著物体检测

前文我们介绍的绝大多数显著物体检测方法都是通过分析前景与其周围局部对比度或与整幅图像对比度来确定其显著性，可以说是以“硬刚”的方式直面显著物体。也有一少部分方法试图用“排除法”来解决显著物体检测的问题——将图像背景剥离，剩下的就是显著物体。2013 年，Chuan Yang 等[24]学者在 CVPR 会议上者提出利用一种基于图的流形排序(Graph-based manifold ranking) 模型（以下简称为“SGMR 模型”），独辟蹊径，以排序(ranking) 的思路实现显著物体检测的方法。SGMR 模型进行显著物体的检测包括两个阶段，简单来说就是：第一阶段依背景排序反找前景显著物体，第二阶段依上阶段获得前景再次排序来优化前景显著物体。图 2-44 示意了 SGMR 进行显著物体检测的整体流程。

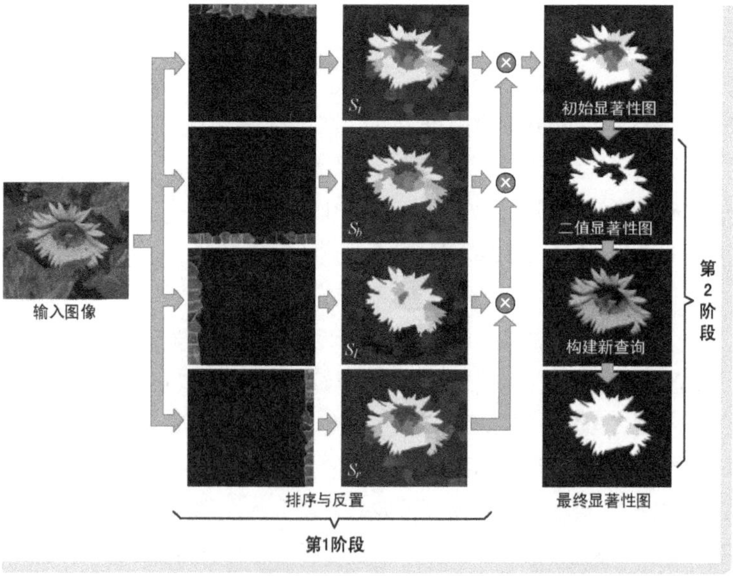

● 图 2-44　SGMR 模型的显著物体检测流程

既然叫“基于图的流形排序”，那我们首先需要简单说说三个基本概念：第一个概念是“排序”。所谓排序，就是给定一个查询(query)，针对一个具有多个数据项的数据集，按照与查询的相关程度为每一个数据项指定一个先后顺序。排序的应用我们几乎天天都能遇见：搜索引擎的相关网页检索、电商的商品推荐、参考文献的引用分析等都涉及排序的问题；第二个概念是“流形排序”。所谓流形排序，顾名思义，就是在“流形”上排序，即假设待排序的数据集还构成一定的几何结构——流形，并且在排序的过程中通过挖掘和利用这些几何结构来实现排序；第三个概念为“基于图的流形排序”。这种排序即在流形排序思想基础上，将排序的数据集表达为图结构，其中图中的每一个节点即为数据集中的数据项，而图中的边表示数据项之间的关系。在 SGMR 模型中，首先对流形排序给了严格定义：设有一个具有 n 个数据点的数据集，记作 $\boldsymbol{X}=\{\boldsymbol{x}_1,\cdots,\boldsymbol{x}_n\}\in\mathbb{R}^{m\times n}$，其中每个数据点都是一个 m 维向量。在这些数据点中，有一部分数据点被指定为查询点(也称为“种子点”)，排序的目的即按照与查询点的相关性给其余的数据点排序。数据点是查询点还是待排序点，使用一个 n 维指示向量 $\boldsymbol{y}=[y_1,\cdots,y_n]^{\mathrm{T}}$来表示：若数据点 $\boldsymbol{x}_i$为查询点，则有$y_i=1$，否则$y_i=0$；排序任务的实质即构造排序函数 $\boldsymbol{f}:\boldsymbol{X}\to\mathbb{R}^n$，为每一个数据点指定一个排序值。因此，排序函数可以表达为向量形式$\boldsymbol{f}=[f_1,\cdots,f_n]^{\mathrm{T}}$。接下来，基于上述数据集构造图结构 $G=(V,E)$，其中节点 V 表示数据集中的数据点，边 E 表示数据点之间的关系，用 n 阶关联矩阵（affinity matrix）$\boldsymbol{W}=[w_{ij}]_{n\times n}$来表示，其中元素 w_{ij}表示节点 i 和节点 j 之间的关系。基于关联矩阵 $\boldsymbol{W}$，即可计算度矩阵（degree matrix）$\boldsymbol{D}=\mathrm{diag}(d_{11},\cdots,d_{nn})$，其中 $d_{ii}=\sum_j w_{ij}$，表示节点 i 与所有节点关系之和。有了上述准备，即可通过求解如下最优化目标来获取数据集的最优排序

$$\boldsymbol{f}^*=\operatorname{argmin}_f\frac{1}{2}\left(\sum_{i,j=1}^{n}w_{ij}\left\|\frac{f_i}{\sqrt{d_{ii}}}-\frac{f_j}{\sqrt{d_{jj}}}\right\|^2+\mu\sum_{i=1}^{n}\|f_i-y_i\|^2\right)\tag{2-80}$$

式中，优化目标中的两项分别为平滑约束项和拟合约束，前者要求一个好的排序在相邻数据点上不能有太剧烈的波动，而后者要求排序结果也不应该与初始分配相差太多；参数 μ 是用于平衡二者关系的系数。利用“求导得零”方式，上式的最优解可以表示为 $\boldsymbol{f}^*=(\boldsymbol{I}-\alpha\boldsymbol{S})^{-1}\boldsymbol{y}$。其中，$\boldsymbol{I}$ 为单位矩阵，$\alpha=1/(1+\mu)$，$\boldsymbol{S}$ 为归一化拉普拉斯矩阵（Laplacian matrix），$\boldsymbol{S}=\boldsymbol{D}^{-1/2}\boldsymbol{W}\boldsymbol{D}^{-1/2}$。

SGMR 的第一阶段为依背景排序。这一阶段基于“图像边界多是背景”这一先验知识开展，通过排序的方法生成初始显著性图。由上文的介绍可知，要开展基于图的流形排序，前提有两个，即构建图结构并标记查询点。第一个问题为如何构建图结构。SGMR 首先通过 SLIC 对图像进行单一尺度的图像分割，分割得到的每一个区域即作为图中的节点。在构建边时，针对每一个未处于图像边界的区域，构建该区域与其相邻区域、以及与相邻区域具有共同边界其他区域之间的 k 个边连接[㊀]；针对处在图像四个边界的区域，在两两相邻区域之间都构造边连接。图 2-45 为基于超像素分割的图结构建立示意。边上的权重定义为 $w_{ij}=\exp(-\|\boldsymbol{c}_i-\boldsymbol{c}_j\|/\sigma^2)$。其中，$\boldsymbol{c}_i$和 $\boldsymbol{c}_j$分别表示超像素 i 和超像素 j 的 LAB 颜色向量；σ 为控制

a)　　b)

● 图 2-45　SGMR 模型的图构造示意

a）原始图像　b）超像素分割及图模型示意

㊀ 这种构造边连接的方式简单理解就是从一个区域往外“看两圈”，找到最相近的 k 个外围区域。这种方式构造的图结构即“k-正则图”（k-regular graph）。

因子。第二个问题为如何标记查询点。Chuan Yang 等学者通过对诸多图像的分析发现，绝大多数显著物体都集中在图像的中央位置，位于图像四个边界的区域往往是背景区域（这一结论在直觉上也很容易验证）。这就意味着只要将这些背景区域作为查询点，对其余区域进行排序，那么排的越靠后的区域自然就具有高的显著性。SGMR 分别将贴近图像上、下、左、右四个边界的区域作为查询点，进行四次排序，形成四组排序结果，分别记作 $\boldsymbol{f}_t^*$、$\boldsymbol{f}_b^*$、$\boldsymbol{f}_l^*$ 和 $\boldsymbol{f}_r^*$。这四组排序结果分别表示图像所有的分割区域与图像四个边界的区域的相关程度排序，而我们说 SGMR 假设边缘区域是背景，这就意味着在这轮排序中，排名越靠后反而就越像前景。因此，可以将每个区域的显著性表达为排序的反置，即 $S_{t,b,l,r}(i)=1-\bar{\boldsymbol{f}}_{t,b,l,r}^*(i)$，其中 $\bar{\boldsymbol{f}}_{t,b,l,r}^*$ 表示归一化排序得分。最后，将四个区域显著性图进行相乘，作为第一阶段的输出。

SGMR 的第二阶段为依前景排序。该阶段以第一阶段得到的初始显著区域作为查询点，再次进行排序得到最终的显著性图。在这一阶段，首先对第一阶段得到的合成显著性图进行二值化操作，在二值化中“胜出”的区域即那些在依背景排序中的“最差生”。以这些二值化为前景显著物体的区域为查询点，SGMR 第二次对全图区域执行排序操作，这一阶段对第一阶段获得的初步前景显著物体进行完善和优化，查缺补漏，输出最终的显著物体检测结果。

SGMR 提出了一种两阶段显著物体检测方法，两个阶段都应用了基于图的流行排序的方法，分别完成“看看谁不像背景”和“看看谁还和最不像背景的那些区域像”。可以说思路新颖，成效显著。

10. MDF：基于多尺度深度特征的显著物体检测

和其他 CV 任务相同，如何表达图像特征也是显著物体检测任务中的核心问题。2012 年，以 CNN 为代表的深度学习技术在 CV 领域掀起一轮新的浪潮之后，放弃手工特征在 CV 工作者中迅速形成共识。在 2015 年的 CVPR 会议上，提出的多个显著物体检测的新方法无一例外都用到了 CNN 作为视觉特征提取器。其中，香港中文大学的 Guanbin Li 等[25]学者提出的基于多尺度深度特征（Multiscale Deep Features，MDF）的显著物体检测方法就是其中的典型代表。MDF 方法利用三个 CNN 结构，分别针对图像区域、区域的邻域以及整幅图像三个尺度提取特征（简称为“S-3CNN”），然后再将上述特征融合后，通过训练得到全连接网络实现显著性预测。图 2-46 为 MDF 显著物体检测方法的整体架构示意。

MDF 方法对显著性的计算基于区域进行，其整体执行流程为：首先，MDF 对图像进行基于图的图像分割，形成一个个不相交的图像区域，后续显著性的预测均针对这些图像区域逐个开展，这一点与日后广为流行的 FCN 结构逐像素“端到端”的预测方法有着显著区别。接下来，与 DRFI 方法的思路类似，考虑到区域的显著性由区域本身特征、区域与其邻域对比特征以及区域与全图对比特征共同决定，因此 MDF 使用具有三个 CNN 网络的 S-3CNN 结构，分别提取当前区域、当前区域邻域以及整幅图像的特征，这三种特征分别被称为“特征 A”“特征 B”和“特征 C”。上述三个 CNN 结构完全相同，都具有五个卷积层（图 2-46 中的“conv_1”至“conv_5”）和两个全连接层（图 2-46 中的“FC_6”和“FG_7”），其中两个全连接层的神经元个数均为 4096。针对特征 A 和特征 B 的提取，MDF 利用图像分割获取的矩形区域进行子图像裁剪送入网络：其中针对特征 A，为了减少背景影响，MDF 采用区域边界进行掩膜操作，在矩形边框以内、区域以外的像素采用图像均值进行填充；针对特征 B，直接使用当前区域一阶邻域的外界矩形进行子图像裁剪。需要说明的是，MDF 不对 S-3CNN 结构的参数进行训练，而是使用“拿来主义”，直接采用 ImageNet 分类任务训练得到的模型参数作为其参数，属于典型的类别监督下的特征提取器。因此，为了迎合分类网络对输入图像尺寸的要求，MDF 在将图像输入三个网之前，都将其缩放至 227×227 的尺寸。在得到特征 A、B 和 C 后，MDF 对其进行拼接，将合并得到的特征送入两个均具有 300 个神经元的全连接层（图 2-46中的“FC_8”和“FG_9”）进行充分“搅拌”，然后再将输出特征送入输出层，输出层对其进行降维后再利用 softmax 函数进行概率化，输出当前区域是否具有显著性的二值预测结果。

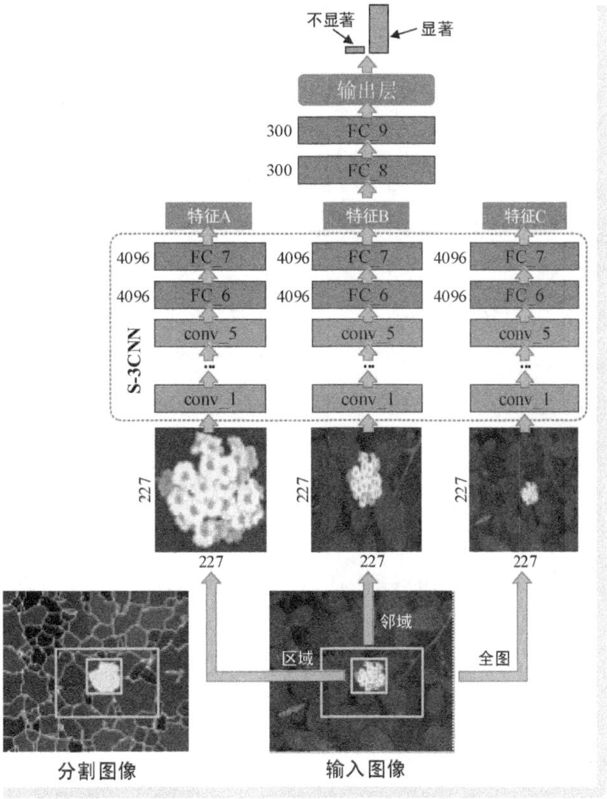

● 图 2-46 MDF 显著物体检测方法的整体架构

在训练阶段，MDF 采用具有逐像素二值显著性真值标注的公开数据集进行模型参数的监督训练，涉及参数调整的结构仅包括最后的两个全连接层和输出层。考虑到图像分割和逐像素显著物体真值标注可能存在无法对应的问题，MDF 采用 70%的重叠率作为区域真值赋值的阈值：只有那些具有 70%及以上的像素被真值标注为显著物体或背景的区域才被作为正负样本分别赋予 1 或 0。

为了克服单一尺度分割导致区域过大或过于琐碎的问题，MDF 显著物体检测在多级分割结果上分别进行。首先，对于输入图像进行 M 级分割，然后分别对每个级别的分割结果执行一遍上述显著性预测的操作，将得到的多级显著物体检测结果记作 $\{\boldsymbol{S}_m\}_{m=1}^{M}$。然后，对多级显著物体检测结果以线性组合的方式进行融合得到最终的结果。线性组合系数的获取方法与前文介绍的 DFRI 相同，即以 $\arg\min_{w_m}\left\|\boldsymbol{S}^*-\sum_{m=1}^{M}w_m\boldsymbol{S}_m\right\|^2$ 为目标㊀，通过回归的方法得到。其中$\boldsymbol{S}^*$为真实显著物体标注。

从多尺度特征提取到多级显著物体检测结果的融合，在 MDF 身上都不难看到 DFRI 的影子，但是 MDF 的可贵之处在于将 CNN 作为特征提取器而规避了手工特征，使得图像特征的表达能力得到显著提升，因此在显著物体检测结果方面也取得了良好的效果。尽管与随后“端到端”的显著物体检测方法相比，MDF 的训练和预测存在明显的脱节问题，但是如同 R-CNN 之于目标检测那样，MDF 与其他

㊀ 为了降低读者理解的工作量，这里给出的目标函数与前文中的 DFRI 目标函数具有相同的形式，而不同于 MDF 原文给出的目标函数形式。但需要注意，二者在本质上的含义是相同的，即均是以最小二乘回归的方法确定线性组合系数。

一些基于 CNN 的方法一起，为深度学习应用于显著物体检测任务开启了一个良好的开端。

11. SCHED：带有短连接的多尺度显著物体检测深度模型

绝大多数显著物体检测任务都是以逐像素的显著性二值标签预测作为其输出形式，而这一任务模式的本质就是图像的二值分割。自从在图像语义分割领域大放异彩之后，FCN 以其所具有的能够保持图像二维结构、支持“端到端”训练等得天独厚的优势，在显著物体检测任务中也受到广泛青睐。在图像语义分割任务中，尺度问题不容忽视：一方面要求得到的分割区域具有语义的完整性，即得够“格式塔”，另一方面还要求分割结果的分辨率不能有过多的损失，区域的边界得足够清晰鲜锐。在 2015 年的 ICCV 会议上，屠卓文老师团队提出了著名的整体嵌套边缘检测（Holistically-Nested Edge Detection，HED）模型[26]，将边缘检测这一基础图像任务视为区分图像边缘与非边缘的二值分割问题。HED 模型在 FCN 架构的基础上添加多路侧边连接（side output）提取多尺度边缘特征并进行多尺度特征融合，以“端到端”的方式将深度学习应用于边缘检测这一基础的视觉任务，产生了惊人的效果。鉴于 HED 模型的优异表现，2017 年，Qibin Hou 等学者在 CVPR 会议上提出一种应用于显著物体检测的新模型（以下简称为“SCHED 模型”）[27]，该模型在 HED 网络结构的基础上，通过添加短连接（shot connection）结构来更加充分的表达显著物体的多尺度特征。

讨论 SCHED 前，必须先得聊聊 HED 模型。HED 模型以 VGG16 网络作为其主干网络结构，在其上进行了大幅改造。首先，HED 砍掉 VGG16 网络的最后一个阶段，即移除第五个池化层和最后两个全连接层；然后，在每个阶段卷积操作（即 VGG16 网络中的 conv1_2、conv2_2、conv3_3、conv4_3 和 conv5_3 层）后均引出侧边连接得到多尺度边缘预测结果$\{\hat{Y}_{\text{side}}^{(i)}\}_{i=1,\cdots,5}$。在这些侧边连接中，首先对多通道卷积结果进行 1×1×1 卷积、上采样操作，使得其具有单一通道且与输出图像具有相同的尺寸，然后再对其应用 sigmoid 函数进行概率化操作，使得其能够表达“像素属于边缘”这一事件的概率。然后对这五个侧边预测进行通道维度的拼接，然后再次使用 1×1×1 卷积得到融合边缘预测结果$\hat{Y}_{fuse}$。为了充分利用不同尺度边缘预测的优势，HED 将侧边边缘预测结果与融合预测结果的平均值作为模型对图像边缘的最终预测结果，即

$$\hat{Y}_{\text{HED}} = \text{Average}(\hat{Y}_{\text{fuse}}, \hat{Y}_{\text{side}}^{(1)}, \cdots, \hat{Y}_{\text{side}}^{(5)}) \tag{2-81}$$

在训练阶段，HED 以具有二值边缘标注的真值标注作为监督数据，其训练的宗旨概括起来就是两句话，即“侧边预测得像真值，融合预测也得像真值”，体现在损失函数方面即在五个侧边预测和融合特征上均设置损失函数开展监督，最终的总体损失函数被构造为上述六个损失函数的线性组合。考虑到图像上边缘和非边缘像素数量对比悬殊，会导致类别样本数量失衡的问题，HED 对标准交叉熵损失函数进行改造，采用具有类别平衡机制的交叉熵函数作为损失函数。以侧边边缘预测为例，损失函数定义为

$$\begin{aligned} L(\hat{Y}_{\text{side}}^{(i)}, Y) = &-\beta \sum_{j \in Y_+} \log p(y_j^{(i)} = 1 \mid X) \\ &- (1-\beta) \sum_{j \in Y_-} \log p(y_j^{(i)} = 0 \mid X) \end{aligned} \tag{2-82}$$

式中，$p(y_j^{(i)}=1|X)$和$p(y_j^{(i)}=0|X)$分别表示侧边通过 sigmoid 函数进行概率化操作后，将像素预测为边缘或是非边缘的概率；$\beta=|Y_-|/|Y|$和$(1-\beta)=|Y_+|/|Y|$分别为负样本像素和正样本像素在所有像素

中的数量占比，作为类别平衡系数。其中，Y_+和Y_-分别表示真值中标注为边缘和非边缘的像素下标，$|Y_+|$、$|Y_-|$和$|Y|$分别表示正负样本像素个数和像素总数。不难看出，HED 采用了一种“占比越小权重越大”的策略，以避免代表少量边缘像素的损失被大量非边缘像素损失所淹没。图 2-47 示意了 HED 边缘检测模型的整体架构。

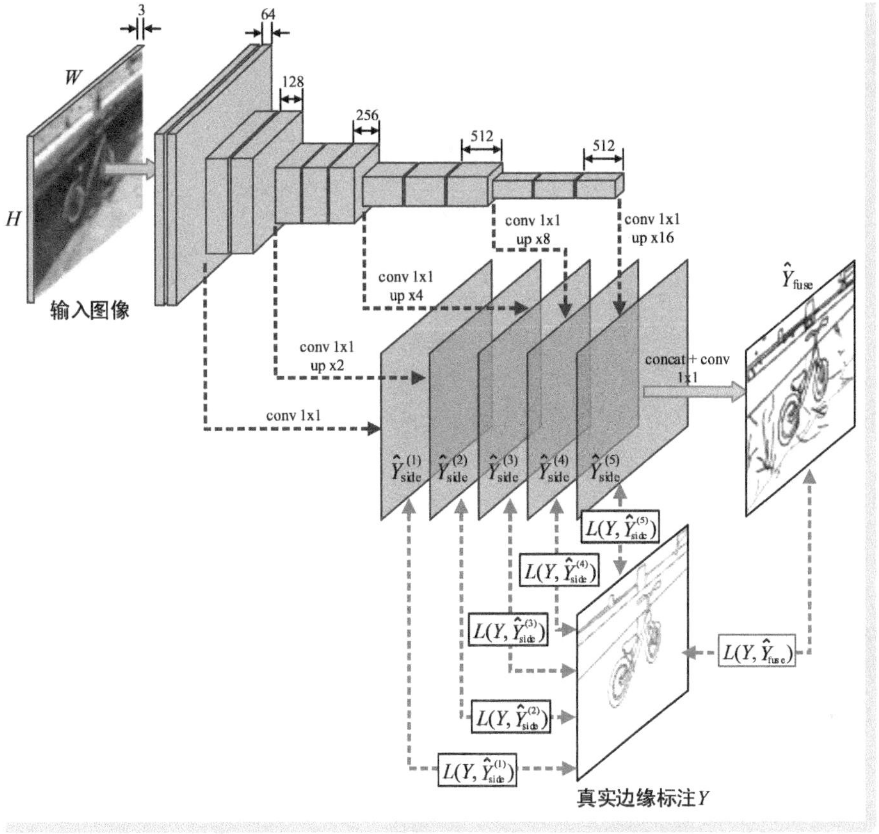

● 图 2-47　HED 边缘检测模型整体架构

说完 HED，我们回过头来继续讨论我们的“主角”——用于进行显著物体检测任务的 SCHED 模型。SCHED 在如下观点的驱动下开展网络结构改造：较深的侧边输出能够表达显著区域的位置，但以丢失细节为代价，而较浅侧边输出则侧重于低层视觉特征表达，但是缺乏全局信息。因此，为了综合利用空间位置信息和图像底层特征，SCHED 模型在 HED 结构的基础上，在侧边连接中进一步引入短连接，将深层侧边特征与浅层侧边特征融合，来实现特征的进一步融合。SCHED 的短连接结构分为两种：第一种结构我们称之为单阶短连接结构，即在每个侧边（除了最浅层侧边）与其前一层侧边之间构造直接短连接，如图 2-48b 所示。这种结构体现了“融合后再融合”的间接融合思路；第二种结构我们称之为完备短连接结构，即在每个侧边输出（除了最浅层侧边）与其所有前层侧边之间构造直接短连接，如图 2-48c 所示。这一结构除了具有第一种结构间接融合的特点之外，还具有“一步到位”的直接融合，特征融合得更加充分完全。

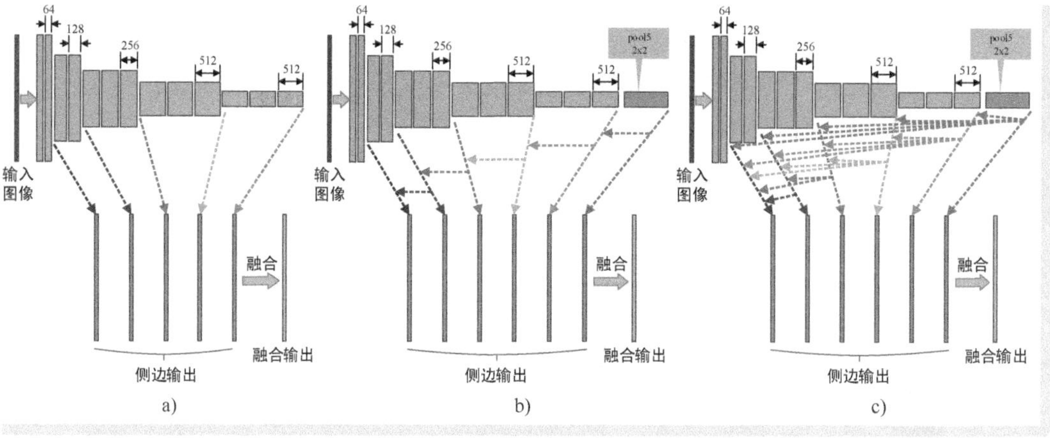

● 图 2-48 HED 与 SCHED 结构对比示意

a）HED 结构 b）SCHED 单阶短连接结构 c）SCHED 完备短连接结构

在特征融合方面，SCHED 采用“一降、二升、三拼、四融、五概率”的方式进行不同尺度侧边特征的融合并得到对显著物体检测的输出。其中，“一降”是指采用两个 1×1 卷积分别将两个侧边多通道特征图输入降低为单通道特征图；“二升”是指将上述卷积输出结果中具有较小尺寸（位于深层的侧边）的特征图上采样至与另外一个特征图具有相同的尺寸，上采样的倍率取决于两个侧边之间的层次关系；“三拼”即指利用通道维拼接整合上述两个相同尺寸的单通道特征图；“四融”是指再次使用一个 1×1×1 卷积操作将上述双通道拼接特征图融合为单通道特征图；“五概率”即指利用 sigmoid 函数进行概率化操作，为每个像素预测其隶属于显著物体的概率。图 2-49 示意了上述特征融合与形成侧边输出的模式示意，其中已经用数字标出上述五个步骤。

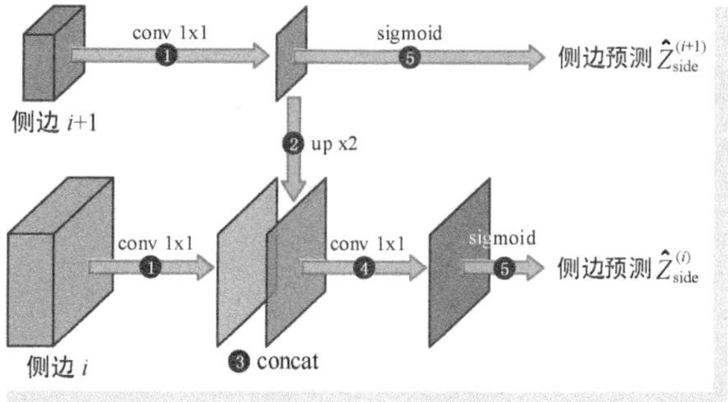

● 图 2-49 SCHED 的特征融合方法及侧边输出示意

在侧边设置方面，SCHED 与 HED 类似，也是采用 VGG16 作为主干网络结构，也是在每个卷积阶段后引出侧边通路。但是 SCHED 保留了 VGG16 第五阶段后的池化层（pool5 层），并且该池化层后再引出一个侧边通路，因此 SCHED 的侧边有六条，上述侧边通路从主干网络引出后，首先进行若干卷积操作，然后再通过特征融合后输出多尺度显著物体检测结果 $\{\hat{Z}_{side}^{(i)}\}_{i=1,\dots,6}$。接下来，SCHED 对这些侧边输出进行通道拼接再进行 1×1×1 卷积操作融合得到融合输出 $\hat{Z}_{fuse}$。在监督训练过程中，与 HED 模型类似，SCHED 采用显著物体二值标注真值作为像素级监督数据，也是通过在不同尺度和融合预测上设置交叉熵损失函数来开展监督训练。在推理阶段，SCHED 将第二～四个侧边预测结果与融合预测结果的平均值作为最终的显著物体检测结果，即有 $\hat{Z}_{SCHED}=\text{Average}(\hat{Z}_{fuse},\hat{Z}_{side}^{(2)},\hat{Z}_{side}^{(3)},\hat{Z}_{side}^{(4)})$。

SCHED 模型衍生自 HED 模型，并充分借鉴了 HED 模型多尺度侧边预测和融合的网络结构。为了进一步发挥不同层次特征的优势，SCHED 在侧边连接间添加短连接让不同尺度的特征能够更加充分地“搅拌”。SCHED 模型是一种典型的基于深度学习的显著物体检测“端到端”架构，其基于现有成熟分类网络、利用公开数据集训练测评的模式在日后成为显著物体检测方向甚至是整个 CV 领域的主流模式。

2.3 注意力机制的计算机视觉应用与模型剖析

在 CV 领域，除了上文介绍的视觉显著性检测这一“就注意力研究注意力”的方向之外，与注意力有关的研究更多地集中在注意力机制的研究，即研究在各类 CV 任务中如何引进注意力机制，使其能够赋能并提升各类 CV 算法的效果。在视觉 Transformer 模型广泛使用之前，CV 领域的注意力机制研究也经历了从针对具体任务的专用注意力模型构建，到“放之四海皆准”的通用注意力模块研究的发展历程。在本部分内容中，我们即按照时间顺序，从三个方面，对共计 10 个模型开展详细分析。

2.3.1 目标搜索与识别

CNN 模型一问世就几乎包揽了所有视觉任务的冠军，真可谓“红得发紫”。但是，计算量大、对 GPU 资源要求高一直是其饱受诟病的缺陷之一。在针对高分辨率图像完成分类、目标检测等任务时，上述缺陷暴露得更加明显，让人“左右为难”——全图保持高分辨率输入网络，对显存的需求大到让人难以承受；全图降低分辨率再输入网络，有助于分类和目标识别的图像细节信息又损失殆尽。面对这种困境，一种自然而然的想法是能否在图像重要的位置使用高分辨率，其他不重要位置使用低分辨率甚至直接舍弃不处理？我们下文中即将介绍的 RAM 和 DRAM 两个模型，即在目标任务的驱动下、利用注意力从图像上检索重点位置，以支持目标检索与识别等下游 CV 应用。

1. RAM：序列决策思路下的注意力模型

在 2014 年，来自谷歌 DeepMind 的 Mnih 等[28]三位学者提出循环注意力模型（Recurrent Attention Model，RAM），可以看作是一种可嵌入在其他视觉任务模型的注意力子模型，该模型利用 RNN 结构，按照序列决策（sequential decision）的思路，从图像或者视频中以自适应方式不断挑选重要区域并对其进行高分辨率处理，而这些所谓的“重要区域”即为那些能够为视觉任务带来决定性影响的注意力投射区域。RAM 模型不可微，其训练过程只能通过强化学习方式来实现，因此该模型是典型的硬性注意力模型。

RAM 的核心结构包括三个：G 传感器㊀、G 网络（glimpse network），以及 RNN 序列决策架构。其中 G 传感器完成对给定图像区域中不同视野下子图的抽取；G 网络实现对这些子图进行特征编码以及位置信息融合；RNN 架构针对不同步骤 G 网络特征输出进行序列决策。下面就分别对上述三个结构进行讨论。

㊀ RAM 原文中该传感器称为“glimpse sensor”，但是对“glimpse”一词翻译为“一眼”或“一瞥”都显得非常别扭，这里索性取其首字母以代之，下文的“G 网络”和“G 特征”也按照此方式命名。

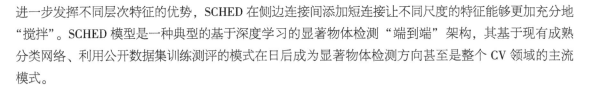

G 传感器：在步骤 t，G 传感器针对当前图像 x_t（针对输入图像 x 的第 t 次“观察”）以上一步（第 $t-1$ 步）获得的注意力投射位置 l_{t-1} 为中心，抽取具有不同视野范围的子图像，然后对这些子图像进行统一尺寸缩放再编码得到类视网膜（retina-like，即中心固定的放射状视野区域）局部特征 $\rho(x_t, l_{t-1})$。尽管 G 传感器接受的输入为整幅图像，但是它没有观察全图的权限，仅能观察到以 l_{t-1} 为中心的局部图像区域。较输入图像相比，G 传感器输出的特征维度要低得多，这也是“glimpse”一词的来源。图 2-50 为 G 传感器的工作方式示意。

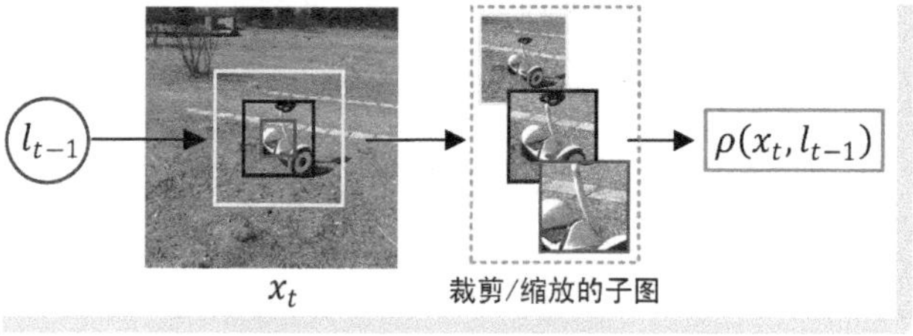

• 图 2-50　G 传感器工作方式示意

G 网络：在步骤 t，G 网络分别针对 G 传感器得到该步骤的局部特征 $\rho(x_t, l_{t-1})$ 和位置 l_{t-1} 进行变换，然后对变换结果再次进行融合变换，得到针对步骤 t 的 G 特征（图像-位置特征表示）g_t。G 网络提取 G 特征的过程可以用变换 $g_t = f_g(\rho(x_t, l_{t-1}), l_{t-1}; \theta_g)$ 来表示，其中 $\theta_g = \{\theta_g^0, \theta_g^1, \theta_g^2\}$，$\theta_g^0$、$\theta_g^1$ 和 θ_g^2 分别为针对局部特征 $\rho(x_t, l_{t-1})$、位置 l_{t-1} 以及融合后特征的变换参数，每个变换均表示为单层感知器形式，每个输出神经元以 ReLU 作为激活函数，式（2-83）为 G 特征计算过程的“伪数学”表示

$$g_t = \mathrm{ReLU}(\theta_g^2 \cdot (\mathrm{ReLU}(\theta_g^0 \cdot \rho(x_t, l_{t-1})) + \mathrm{ReLU}(\theta_g^1 \cdot l_{t-1}))) \tag{2-83}$$

图 2-51 为 G 网络的结构及工作方式示意。

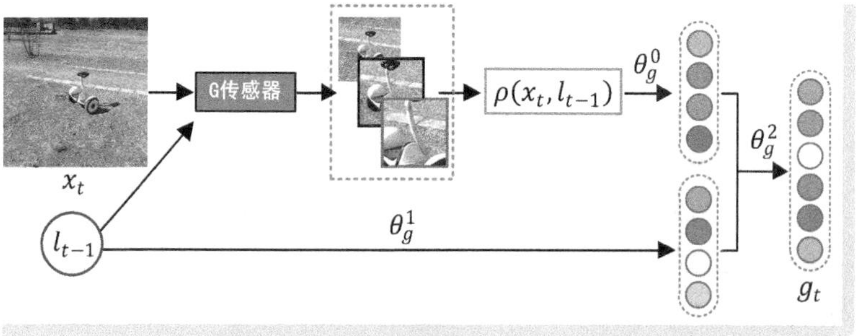

• 图 2-51　G 网络结构及工作方式示意

RNN 序列决策架构：在 RAM 中，G 传感器和 G 网络（实际可以将 G 传感器视为 G 网络的一个特征输入模块）仅实现在某一步骤 t 中、针对一个给定位置的图像区域进行 G 特征提取。但是这些位置是怎么产生的？这才是核心问题所在。上文已经进行过介绍，在硬性注意力模型中，吸引注意力的关键位置是在一系列步骤中“挑选”得到的，而 RAM 作为硬性注意力模型的代表，正是通过 RNN 架构来实现这一位置序列决策过程：针对步骤 t，G 网络以图像 x_t 和在 $t-1$ 步骤得到的注意力投射位置 l_{t-1} 作为输入，得到对应的 G 特征 g_t。然后通过构造映射 $h_t = f_h(h_{t-1}, g_t; \theta_h)$ 获得当前 RNN 单元的隐状态向

量 h_t，在 RAM 中，该映射表达为一个神经网络（在 RAM 中称之为 core network，即核心网络），θ_h 为其参数。上述映射以 t-1 步骤的隐状态 h_{t-1} 和 G 特征 g_t 作为输入，因此可以认为当前隐状态 h_t 是之前隐状态（包含了不同位置的 G 特征信息）和当前 G 特征的融合。得到当前隐状态 h_t 后，再分别构造以 θ_l 为参数的位置动作网络 $f_l(h_t;\theta_l)$ 和以 θ_a 为参数的环境动作网络 $f_a(h_{t+1};\theta_a)$，分别完成下一个注意力投射位置 l_t 和环境变量 a_t 的预测㊀。这里需要对所谓"动作"（action）的概念再进行一次强调：从数据的表现形式上看，l_t 和 a_t 均为向量，l_t 表示二维位置，即 $l_t \in \mathbb{R}^2$（仅针对一幅图，不考虑批次维度），而 a_t 的具体含义是和任务相关的，例如，在分类任务中，a_t 往往表示为图像在不同类别之间的概率分布，即 $a_t \in \mathbb{R}^{\text{class\_num}}$（其中 class_num 为类别个数）。但是两个向量怎么表示"动作"呢？这是因为从序列决策角度来看，l_t 和 a_t 又分别表示了步骤 t 带来的两个动作：l_t 表示将注意力投射位置由 l_{t-1} 变为 l_t 这一动作，而 a_t 表示将环境变量从 a_{t-1} 变为 a_t 这一动作（如分类任务中调整图像类别的预测分布），即 l_t 和 a_t 分别表达了下一瞥位置变更和图像属性变更这两个动作。正是因为这个原因，上文才对两个网络从动作角度进行了重新命名。图 2-52 为 RAM 的 RNN 序列决策架构示例。

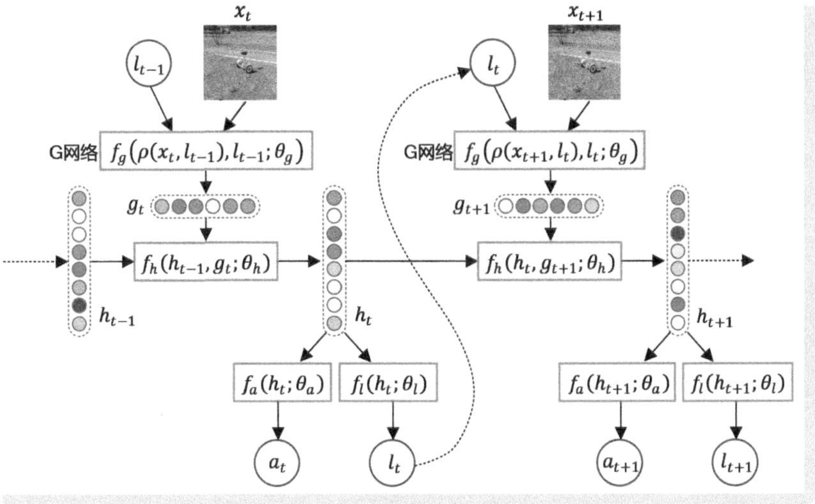

• 图 2-52　RNN 序列决策架构示例

位置动作网络 $f_l:\mathbb{R}^{\text{hidden\_dim}}\rightarrow\mathbb{R}^2$ 实现一个从隐状态向量到二维坐标向量的映射，其中 hidden_dim 为隐状态向量维度。在步骤 t 中，RAM 通过对以位置网络 $f_l(h_t;\theta_l)$ 为参数的分布进行采样，得到下一个注意力投射位置 l_t 的预测，即 $l_t \sim p(\cdot|f_l(h_t;\theta_l))$。具体实现时，分布 $p(\cdot|f_l(h_t;\theta_l))$ 被建模为一个各向同性的二维高斯分布，其均值为位置网络 $f_l(h_t;\theta_l)$ 的输出，方差 σ_l^2 为一个事先指定的常数。在高斯分布设定下，上述抽样可以表达为

$$l_t \sim \mathcal{N}(l|f_l(h_t;\theta_l),\text{diag}(\sigma_l^2,\sigma_l^2)) \tag{2-84}$$

式（2-84）表明了下一个注意力投射位置 l_t 通过在位置网络输出的坐标上添加了一个均值被零向量、

㊀ 这两个网络在原文中分别被称为"location network"和"action network"，即"位置网络"和"动作网络"。

方差为σ_l^2的高斯噪声向量得到，即 $l_t=f_l(h_t;\theta_l)+\varepsilon,\varepsilon\sim\mathcal{N}(0,\mathrm{diag}(\sigma_l^2,\sigma_l^2))$。

在步骤 t 中，环境动作网络会产生一个环境变量 a_t，该变量表示当前步骤对输入图像属性的判断。a_t也可以称为环境动作，之所以能如此称呼是因为动作 $a_{t-1}\rightarrow a_t$的执行有可能会对整个环境带来影响。例如，在一个图像分类任务中，环境变量表示预测得到的类别概率分布，若 a_{t-1}和 a_t中取得最大概率的下标位置发生变化，则表示对图像的类别属性带来了影响。一般的，与注意力投射位置 l_t类似，a_t的取值也可以通过采样得到，即 $a_t\sim p(\cdot|f_a(h_{t+1};\theta_a))$。具体到分类任务中，对 a_t更方便的计算方法即对环境动作网络的输出进行 softmax 计算，以获得图像在不同类别之间的概率分布。

作为典型的硬性注意力模型，RAM 通过强化学习(Reinforcement Learning) 的方式实现各步骤的决策。而强化学习的核心即为对智能体(agent，在 RAM 中每一步操作可以看作是一个有智能的机器人在不同信息输入下进行决策，这个机器人就是所谓的“智能体”）在做出不同动作时给予不同的激励(reward) 以使其不断向最终目标逼近。因此在 RAM 中，也需要对每一步的动作进行激励。在步骤 t，智能体在执行完操作后即获得激励信号 r_t，那么在经历了 T 个步骤后，智能体获得的激励总和为 $R=\sum_{t=1}^{T}r_t$，而模型优化的目标就是最大化该激励总和。在图像分类的应用场景中，如果在 T 步后对图像类别预测正确，设定 $r_T=1$，否则设定 $r_T=0$[㊀]。T 步骤后，智能体留下了一个与环境进行交互的历史轨迹(trajectory)，记作$\tau_T=x_1,l_1,a_1,\cdots,x_T,l_T,a_T$（其中 x 表示环境，l 和 a 表示交互动作）。由于历史轨迹具有随机性，因此可将其视为一个随机序列，假设其分布为 $p(\tau_T;\theta)$，其中 θ 为其参数。这里的 θ 也就是 RNN 的模型参数（即 RNN 在参数 θ 的控制下、在 T 步骤后产生一个环境交互随机序列τ_T）。另外，由于激励是由交互动作决定的（不同的动作会带来不同的激励），故总激励可以表达为历史轨迹的随机函数，即 $R=R(\tau_T)$。因此最大化激励总和即等价于最大化如下数学期望

$$J(\theta)=\sum_{\tau_T}p(\tau_T;\theta)R(\tau_T)=\mathbb{E}_{\tau_T\sim p(\tau_T;\theta)}[R(\tau_T)] \tag{2-85}$$

式（2-85）表达的优化目标为：确定最优的 RNN 模型参数 θ，以使得其在 T 步骤结束后，智能体获得总激励的数学期望取得最大值。对上式计算关于 θ 的梯度为

$$\nabla_\theta J=\sum_{\tau_T}\nabla_\theta p(\tau_T;\theta)R(\tau_T)=\sum_{\tau_T}R(\tau_T)p(\tau_T;\theta)\ \ \nabla_\theta \log p(\tau_T;\theta) \tag{2-86}$$

式（2-86）可以进一步表达为数学期望，即 $\nabla_\theta J=\mathbb{E}_{\tau_T\sim p(\tau_T;\theta)}[R(\tau_T)\ \ \nabla_\theta\log p(\tau_T;\theta)]$。然而计算该数学期望的绝对取值需要遍历$\tau_T$的所有取值可能，而这是根本无法实现的。因此这里我们需要“祭出”蒙特卡洛方法(Monte Carlo method)，即通过采样(sampling) 的方式对数学期望进行近似[㊁]，有

$$\begin{aligned}\nabla_\theta J&=\mathbb{E}_{\tau_T\sim p(\tau_T;\theta)}[R(\tau_T)\ \ \nabla_\theta\log p(\tau_T;\theta)]\\&\approx\frac{1}{N}\sum_{n}^{N}R(\tau_T^n)\ \ \nabla_\theta\log p(\tau_T^n;\theta)\\&=\frac{1}{N}\sum_{n}^{N}\sum_{t}^{T}R(\tau_T^n)\ \ \nabla_\theta\log\pi(l_t^n,a_t^n\mid\tau_t^n;\theta)\end{aligned} \tag{2-87}$$

㊀ 分类只求最后一步能够实现类别的准确预测，因此可以只看最后一步。

㊁ 在此处，蒙特卡洛方法的基本思想为对于服从分布 $p(x)$ 的离散随机变量 x 和任意函数 $f(x)$，有 $\sum_x p(x)f(x)=\mathbb{E}_{x\sim p(x)}[f(x)]\approx\frac{1}{N}\sum_{n=1}^{N}f(x^n)$，$x^n\sim p(x)$，其中$x^n$为分布 $p(x)$ 的第 n 次采样。正是因为使用了采样方法，这种注意力机制才称得上是“近似”。

式中，τ_T^n为分布 $p(\tau_T;\theta)$ 的第 n 个采样；$\tau_t=x_1,l_1,a_1,\cdots,x_{t-1},l_{t-1},a_{t-1},x_t$表示在步骤 t，智能体已经产生的交互轨迹，$\pi(l_t^n,a_t^n|\tau_t^n;\theta)$则表示在此时，智能体做出动作$l_t^n$和$a_t^n$的概率，上角标 n 表示第 n 趟序列决策过程。在强化学习中，$\pi(l_t^n,a_t^n|\tau_t^n;\theta)$称为针对步骤 t 的“策略”（policy），按照以上方式对参数梯度进行确定的方法称为决策梯度(policy gradient）方法。为了克服采样带来的梯度波动，RAM 将基线(baseline）机制引入梯度的计算过程，改造后的参数梯度计算方法为

$$\nabla_\theta J \approx \frac{1}{N}\sum_n^N \sum_t^T (R(\tau_T^n) - b_t)\ \ \nabla_\theta \log\pi(l_t^n,a_t^n \mid \tau_t^n;\theta) \tag{2-88}$$

式中，b_t即为基线。式（2-88）即可能“一边倒”的激励$R(\tau_T^n)$⊖替换为“有正有负”的激励($R(\tau_T^n)-b_t$)，这样能够在很大程度上降低梯度波动。在确定基线 b_t时，最直接的方法即令其等于当前步骤已经获得激励的均值，即 $b_t=\mathbb{E}_{\tau_t\sim\pi(l_t^n,a_t^n|\tau_t^n;\theta)}[R(\tau_t)]$。当然，还有很多应用中将其构造为对应步骤 RNN 隐变量的一个函数。

对 RAM 模型基本原理的讨论到这里就算结束了。RAM 模型对图像的分析过程可以用图 2-53 所示“瓢虫看图”的例子做以类比：一只瓢虫趴在一幅图像上看图，但是它每次只能看到身体下方的一小块图像（即注意力投射区域，如图中白色实线边框所示）。在某一时刻 t，瓢虫所在位置为 l_{t-1}（在开始的时候瓢虫趴在一个随机位置 l_0），它收集当前所看见图像的信息（即 G 传感器抽取的类视网膜特征）并将其与位置信息进行综合（即 G 网络进行的图像-位置特征融合）得到一个信息表示 g_t。然后瓢虫将该信息和其脑子中对图像已有的认知信息 h_{t-1}进行再次整合（即 RNN 单元完成的工作），得到一个对图像新的认知信息 h_t。然后，瓢虫按照当前认知信息 h_t做出对图像状态的判断 a_t，并决定下一个看图位置 l_t（如图中彩色实线边框所示，白色虚线边框表示历史看图位置），如果瓢虫判断对了，就给它一个奖励。瓢虫以获得最多奖励为目标在图像上不断前行，在奖励的“诱惑”下，不断在图像上选择重点区域并对图像状态做出更加恰当的判断。

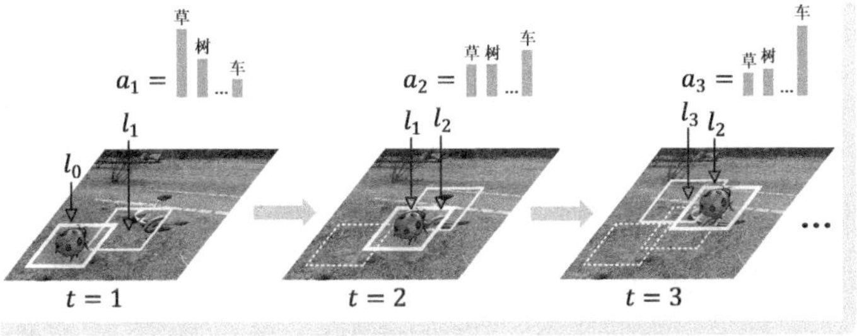

● 图 2-53 RAM 的图像分析过程类比

2. DRAM：多目标识别的实用化 RAM

RAM 模型使用强化学习的方式，将注意力投射位置的确定看作是智能体与环境的交互，通过激励机制，模型一边确定注意力投向哪里，一边完成图像类别预测等视觉任务。可以说注意力模型提升了

⊖ 在很多实际应用中 $R(\tau_T^n)$都是非负数，例如，在球类运动中赢球得分，但输球不扣分，$R(\tau_T^n)$最少也是零。

视觉任务的表现，而视觉任务也促进了注意力模型的改善，二者可谓相互成就。然而，RAM 模型只给出了诸如 MINIST 手写数字这样目标单一且简单数据集上的应用，可以说仅仅算开了个头，模型在实际复杂场景中的应用能力还有待进一步论证。正是基于上述原因，来自谷歌 DeepMind 团队的 Ba 等[29]三位学者在 2014 年的 ICLR 会议上提出了深度循环注意力模型（Deep Recurrent Attention Model，DRAM）。DRAM 模型也同样是采用强化学习方法，实现了复杂场景下的多目标识别。从技术角度看，DRAM 模型和 RAM 模型在基本思想和实现架构等方面有很多相似之处，因此可以认为 DRAM 模型是 RAM 模型的多目标识别升级版。但是更重要的是，正如其原文中所说，DRAM 实现的是“learning *WHERE* and *WHAT*”，而目标“在哪”和“是什么”这两个问题正好又是目标检测任务的核心问题。因此，从应用范畴角度看，DRAM 在某种程度上可以视为注意力模型助力目标识别任务的典型代表㊀。

与 RAM 相比，DRAM 的结构要复杂一些，其核心结构包括五个子网络结构：G 网络（glimpse network）、循环网络（recurrent network）、输出网络（emission network）、上下文网络（context network）和分类网络（classification network）。

G 网络：与 RAM 类似，DRAM 中的 G 网络也是用来将图像上注意力投射区域的图像信息与空间信息进行融合。具体来说，在步骤 t，G 网络接受位置 l_t㊁和按照位置 l_t 在图像上获取的子图像块 x_t，输出图像-空间融合特征 g_t（以下同样简称为“G 特征”），该过程表示为㊂

$$g_t = G(x_t, l_t) = G_{\text{img}}(x_t; W_{\text{img}}) \circ G_{\text{loc}}(l_t; W_{\text{loc}}) \tag{2-89}$$

式中，$G_{\text{img}}(x_t; W_{\text{img}})$ 和 $G_{\text{loc}}(l_t; W_{\text{loc}})$ 分别表示以 W_{img} 和 W_{loc} 为参数图像特征提取函数和位置特征提取函数。在 DRAM 中，函数 G_{img} 被构造为一个 CNN 结构，该结构包括三个无池化操作的隐含卷积层和一个全连接层，而函数 G_{loc} 被构造为一个全连接网络。函数 G_{img} 和 G_{loc} 的输出具有相同的维度，G 网络最终输出的 G 特征 g_t 通过对上述两个特征进行逐元素相乘（上式中用运算符“∘”表示）得到。

循环网络：循环网络以连贯的方式将历史信息与当前输入信息进行融合，不同步骤的网络单元上携带了当前及以前步骤获得的所有信息，循环网络结构非常有利于以序列方式展开，在不同“浓度”的信息下进行决策。与 RAM 中 RNN 结构不同的是，DRAM 使用双层 RNN 结构。分别用 $h_t^{(1)}$ 和 $h_t^{(2)}$ 表示在步骤 t 中 DRAM 第一层和第二层的 RNN 隐状态单元，其中 $h_t^{(1)}$ 接受当前的 G 特征 g_t，然后将其与第一层中之前步骤保存的特征 $h_{t-1}^{(1)}$ 进行融合；而 $h_t^{(2)}$ 以 $h_t^{(1)}$ 的输出作为输入，再将其与第二层中之前步骤保存的特征 $h_{t-1}^{(2)}$ 进行融合。上述信息处理过程用公式表示为

$$h_t^{(1)} = R_r(g_t, h_{t-1}^{(1)}; W_r^{(1)}), h_t^{(2)} = R_r(h_t^{(1)}, h_{t-1}^{(2)}; W_r^{(2)}) \tag{2-90}$$

式中，R_r 为 RNN 的特征融合函数，$W_r^{(1)}$ 和 $W_r^{(2)}$ 分别为该函数针对第一层和第二层的融合参数。在 DRAM 中，为了保持更长的记忆，R_r 被构造为 LSTM 单元。图 2-54 示意了 DRAM 在第 $t-1$、t 和 $t+1$ 步骤的双层 RNN 结构。

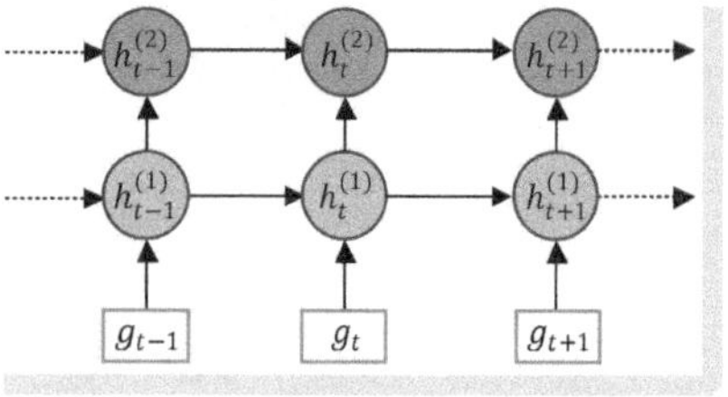

● 图 2-54 DRAM 的双层 RNN 结构示意

㊀ 但是与目标识别或检测不同的是，DRAM 不以精准确定目标包围框位置作为目的。

㊁ 在 RAM 位置下标比此处少 1，即表示为 l_{t-1}。

㊂ 为了保持与 RAM 符号的连贯性，在针对 DRAM 的讨论中，部分符号与原文不一致，请读者注意。

输出网络：输出网络用 RNN 隐状态向量预测下一个注意力投射位置。该网络以当前步骤第二层 RNN 单元的隐状态向量 $h_t^{(2)}$ 作为输入，预测下一个注意力投射位置 l_{t+1}。该预测过程表示为 $l_{t+1}=E(h_t^{(2)};W_e)$。在 DRAM 中，上述输出网络被构造为一个带有隐含层的全连接网络，其中 W_e 为其参数。

上下文网络：上下文网络以整幅图像的降采样版本作为输入，为 RNN 第二层特征提供初始隐状态，表示为

$$h_0^{(2)}=C(I_c;W_c) \tag{2-91}$$

式中，I_c 为整幅图像的降采样版本，W_c 为网络参数。在 DRAM 中，上下文网络被构造为 CNN 结构，包括三个卷积层和一个全连接层，该网络输出的特征向量蕴含了整幅图像的信息，为 RNN 提供了粗略的全图特征，这也是“上下文”一词的由来㊀。

分类网络：分类网络用 RNN 隐状态向量预测图像类别。具体来说，该网络以 RNN 第一层最后一步（第 T 步）的隐状态向量作为输入，输出当前图像在各类别间的概率分布。分类网络表示为

$$p(y|I)=O(h_T^{(1)};W_o) \tag{2-92}$$

在 DRAM 中，分类网络为一个全连接网络，在网络最后具有一个 softmax 层以实现概率预测。

上述五个网络各有分工，各司其职：G 网络获取当前图像块的特征；循环网络融合历史特征；输出网络预测下一步位置；上下文网络提供全图特征作为隐状态初值；分类网络预测图像类别。DRAM 是由这五个子网络组成的有机整体，将他们“拼”在一起，即得到如图 2-55 所示的 DRAM 架构全貌。

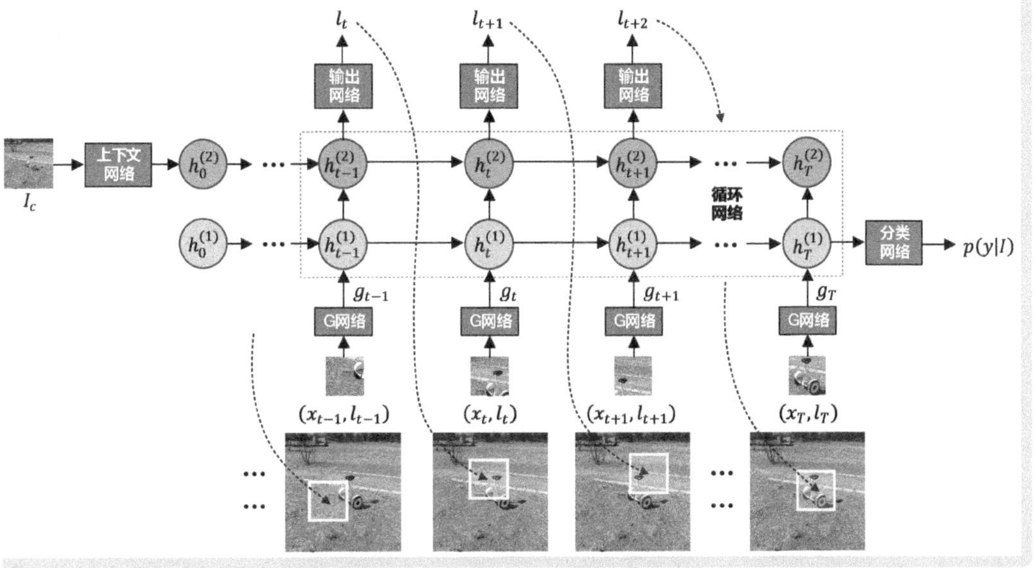

● 图 2-55 DRAM 的完整架构示意

上文中已经对 DRAM 架构的组成、各部分功能以及整个模型的运作方式进行了详细的讨论。但是，有了“骨架”，还缺“血肉”，这里的“血肉”就是以上五个网络的参数，将这些参数的集合记

㊀ 在 RDAM 中，设定 RNN 第一层的初始隐状态为零向量。

为 W，即

$$W=\{W_{\text{img}},W_{\text{loc}},W_r^{(1)},W_r^{(2)},W_e,W_c,W_o\} \tag{2-93}$$

下面就来介绍针对这些参数的学习过程。为简单起见，首先讨论单一目标的情况。设 I 和 y 分别表示输入图像及其对应的类别标签，则分类任务的监督学习可以建模为：最大化给定图像 I 和参数 W 的条件下，标签 y 的对数似然函数 $\log p(y|I,W)$。将注意力投射位置 l 作为中间隐变量引入分布 $p(y|I,W)$，有

$$\log p(y|I,W)=\log\sum_l p(l|I,W)p(y|l,I,W) \tag{2-94}$$

式（2-94）即表示在联合分布 $p(y,l|I,W)$ 中将隐变量 l 边缘化。接下来，首先应用琴生不等式（Jensen Inequality），构造上述对数似然函数的下界函数$\mathcal{F}$，以优化该下界函数代替优化原始的对数似然函数

$$\begin{aligned}\mathcal{F}&=\sum_l p(l|I,W)\log p(y|l,I,W)\\&\leqslant\log\sum_l p(l|I,W)\log p(y|l,I,W)\end{aligned} \tag{2-95}$$

式中，$\mathcal{F}$称为对数似然函数 $\log p(y|l,I,W)$ 的变分下界（variational lower bound）。对参数的学习规则即为对上述下界函数$\mathcal{F}$计算关于参数 W 的梯度，即

$$\begin{aligned}\frac{\partial\mathcal{F}}{\partial W}&=\sum_l p(l|I,W)\left[\frac{\partial\log p(y|l,I,W)}{\partial W}+\log p(y|l,I,W)\frac{\partial\log p(l|I,W)}{\partial W}\right]\\&=\mathbb{E}_{l\sim p(l|I,W)}\left[\frac{\partial\log p(y|l,I,W)}{\partial W}+\log p(y|l,I,W)\frac{\partial\log p(l|I,W)}{\partial W}\right]\end{aligned} \tag{2-96}$$

又遇见难以计算的数学期望，蒙特卡洛方法又有用武之地。上述学习规则的“采样版”近似计算方法为

$$\frac{\partial\mathcal{F}}{\partial W}\approx\frac{1}{N}\sum_{n=1}^{N}\left(\frac{\partial\log p(y|\tilde{l}^n,I,W)}{\partial W}+\log p(y|\tilde{l}^n,I,W)\frac{\partial\log p(\tilde{l}^n|I,W)}{\partial W}\right) \tag{2-97}$$

式中，$\tilde{l}^n$为分布 $p(l|I,W)$ 的第 $n(n=1,\cdots,N)$ 个采样。与 RAM 的做法类似，RDAM 同样在每一个步骤将分布 $p(l|I,W)$ 建模为各向同性二维高斯分布。因此在步骤 t 中、下一个注意力投射位置的第 n 次采样表示为

$$\tilde{l}_t^n\sim p(l_t|I,W)=\mathcal{N}(l_t;\hat{l}_t,\text{diag}(\sigma_l^2,\sigma_l^2)) \tag{2-98}$$

式中，$\hat{l}_t$为上述高斯分布的均值向量，在 DRAM 中即为输出网络在当前步骤得到的输出向量；方差σ_l^2为一个事先指定的常数。图 2-56 为注意力投射位置的高斯采样示意。

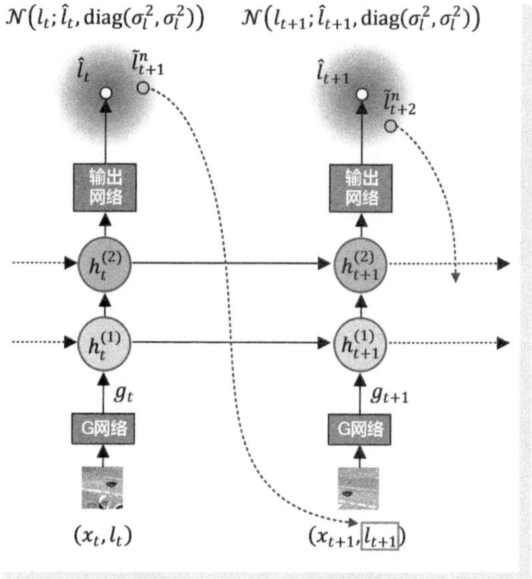

● 图 2-56　DRAM 注意力投射位置的高斯采样示意

按照上文已经形成的思维定式，当出现梯度、对数似然和采样这“三兄弟”时，梯度波动的问题也会随之而来。DRAM 又是以惯用的基线

方法来应对这一问题。首先引入 0/1 指标 R：若$y=\text{argmax}_y \log p(y|\tilde{l}^n,I,W)$，则 $R=1$，否则 $R=0$，因此 R 为一个类别预测正确与否的指示器，可以看出 R 与 RAM 中的激励是等价的。然后再为每一个步骤构造基线 b_t

$$b_t=E_{\text{base}}(h_t^{(2)};W_{\text{base}}) \tag{2-99}$$

式（2-99）中的 E_{base}被实现为一个作用在第二层隐状态向量上的非线性函数（一个线性变换再加 sigmoid 非线性激活），其中 W_{base}为其参数，因此有 $b_t\in(0,1)$。添加基线机制的参数估计方法为

$$\frac{\partial\mathcal{F}}{\partial W}\approx\frac{1}{N}\sum_{n=1}^{N}\left(\frac{\partial\log p(y|\ \tilde{l}^n,I,W)}{\partial W}+\lambda(R-b)\frac{\partial\log p(\ \tilde{l}^n\mid I,W)}{\partial W}\right) \tag{2-100}$$

式中，λ 事先指定的权重系数，用来在类别梯度项和位置梯度项之间进行平衡。从强化学习的角度，0/1 指示器即为按照类别预测结果得到的激励值。因此，DRAM 的学习规则与 RAM 中的学习规则是等价的，只不过是策略梯度规则的两种表达形式而已。

正如文章标题所说，DRAM 的真正威力是多目标的识别。有了上文对单目标识别的理论铺垫，多目标识别的方法也水到渠成。在多目标识别任务中，DRAM 接受一幅图作为输入，预测一系列的类别标签，并在一步步实现类别预测的同时，一步步“探测”每类对象在图像上的位置（即与类别关联的注意力投射位置）。在多目标任务的训练环节，图像的类别标签以序列的形式提供，记作$y_{1:s}=\{y_1,y_2,\cdots,y_S\}$，为了方便处理，每个标签序列具有固定长度 S。针对序列标签预测的对数似然函数为

$$\begin{aligned}\log p(y_{1:S}\mid I,W)&=\log\prod_{s=1}^{S}p(y_s\mid I,W)\\&=\sum_{s=1}^{S}\log\sum_{l}p(l_s\mid I,W)\log p(y_s\mid l_s,I,W)\end{aligned} \tag{2-101}$$

式中，假设图像预测的不同类别是相互独立的，因此多目标识别变为多个单目标识别。按照单目标识别的学习规则仿写多目标识别的学习规则如下

$$\frac{\partial\mathcal{F}}{\partial W}\approx\frac{1}{N}\sum_{s=1}^{S}\sum_{n=1}^{N}\left(\frac{\partial\log p(y_s|\tilde{l}_s^n,I,W)}{\partial W}+\lambda(R_s-b)\frac{\partial\log p(\ \tilde{l}_s^n|I,W)}{\partial W}\right) \tag{2-102}$$

式中，$R_s=\sum_{j<s}R_j$ 为类别预测指标函数，表示从第一类目标开始一直到当前的第 s 类目标、已经正确预测的总次数。从强化学习角度看，即也是已经得到的类别预测动作获得的总激励。

作为 RAM 的升级版本，DRAM 与 RAM 结构类似，也是利用 RNN 架构，以一步步决定“看哪里，是什么”的方式实现“端到端”的多目标识别，这里的“哪里”即注意力的投射位置。在实用化方面，DRAM 较 RAM 前进了一大步。从学习目标的形式来看，RAM 从强化学习的角度入手，以最大化整体激励作为目标，而 DRAM 以最大化类别预测的对数似然函数为目标，前者直接应用策略梯度算法，而后者则是参数的最大似然估计。但是，在 DRAM 使用 0/1 指示器后，“殊途”得以“同归”，两个模型的本质实现了统一。因此，RAM 和 DRAM 为基于 RNN 架构的注意力模型提供了两种思考问题的角度。

2.3.2 细粒度分类

图像分类是 CV 领域最基本的任务之一。随着技术的发展，尤其是深度学习技术的进步，应用于

分类任务的新模型和新算法不断涌现，一次次刷新着图像分类的记录。然而，需求总是无止境的，可谓“水涨船高”，人们对分类的要求也不断提高，其中一个重要的要求即对图像类别预测的进一步精细化，细粒度图像分类（fine-grained image classification）任务在此需求下应运而生。细粒度图像分类有时也被称为亚类别图像分类（sub-category image classification），是近年来 CV 领域的一个热门研究方向，也是 CV 领域一项极具挑战的研究课题——“别只是告诉我是猫还是狗，请告诉我是萨摩耶还是哈士奇；别再只给我说是轿车还是货车，请给我说是奔驰还是宝马，抑或进一步是宝马 3 系还是宝马 5 系，是 08 款还是 09 款……”。类别的精细化意味着模型不能只停留在宏观尺度上进行粗略类别划分，而是要进入更加微观的尺度“洞察秋毫”，细粒度图像的类别划分更加细化，类别之间差异更加细微，只能借助于微小的局部差异才能对不同类别进行区分，而这些微小差异是需要“集中注意力”才能发现并加以区分。因此，细粒度图像分类为视觉注意力模型找到一个绝佳的应用场景——让分类任务驱动注意力模型去发现那些细微但有差异的区域，进而促进模型实现更加准确的图像分类。下文中我们即针对三种基于注意力机制的经典细粒度图像分类模型展开介绍。

1. TLAM：用于细粒度分类的两级注意力

在 2015 年的 CVPR 会议上，Tianjun Xiao 等[30]学者提出了基于深度网络的两级注意力模型（Two-Level Attention Model，TLAM）来实现细粒度图像分类。在 TLAM 中，两个级别对应的子模型分别称为对象级注意力模型（object-level attention）模型和部件级注意力模型（part-level attention model），前者用来实现整体目标发现，而后者用来完成局部差异判别。之所以使用两级架构，灵感来自简单直觉，在原文中，作者举了一个非常形象的例子说明这个问题：我们先“看到”一只狗，然后深入细节再详细区分到底是吉娃娃还是其他狗。即第一级模型负责“看到”狗，第二级模型负责分辨吉娃娃区别于其他狗的局部细节特征。在 TLAM 中，涉及的多个 CNN 架构都是以获得 2012 年 ImageNet 挑战赛冠军的 AlexNet 网络作为其具体实现。转眼 10 年已过，为了方便读者在下文中进行参考也为了致敬，我们在开始 TLAM 的讨论前将 AlexNet 这一经典网络结构再次呈现，如图 2-57 所示。

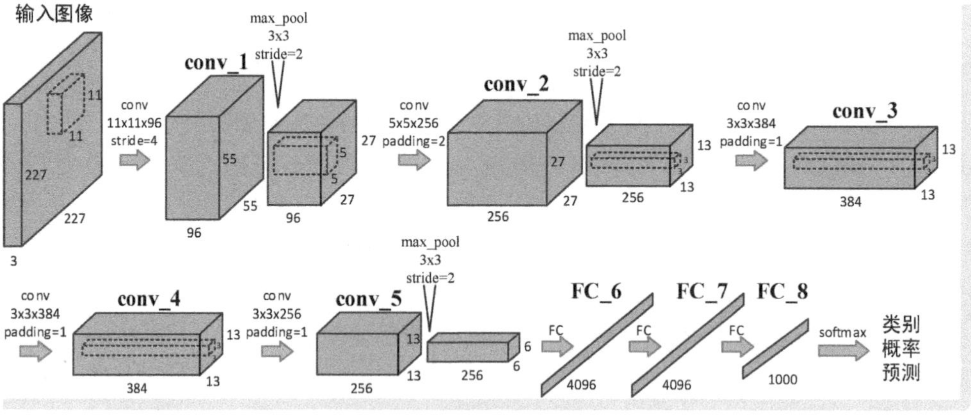

● 图 2-57　AlexNet 深度网络结构

对象级注意力模型用来“看到”整体目标，具体包括两方面的工作：父类图像筛选和构建域内细粒度分类网络。其中，父类图像筛选从训练样本中抽取那些我们所关心的父类目标样本。例如，我们的细粒度分类任务需要对鸟进一步细分为相思鸟、云雀等子类别，那么父类图像筛选即从所有训练样本图像中抽取那些包含“鸟”这一父类对象的图像块。在TLAM中，父类图像筛选通过一个被称为对象级FilterNet的CNN架构来完成。该网络为AlexNet架构，并且已经在ILSVR2012 1K细粒度分类公开数据集上经过充分训练，这里只用其进行推理预测。在这一操作中，与RCNN目标检测模型相同，TLAM首先利用选择性搜索（selective search）算法得到可能包含父类目标物的候选区域，这些候选区域是尺寸各异、数量繁多且高度重叠的。然后将这些候选区域内的图像块输入FilterNet预测其隶属于1000种细类别中的概率分布，对所有我们关心的细类别预测概率进行求和作为父类预测概率，最后保留那些父类预测概率高于某阈值的所有图像块作为新的图像集合，而那些容易产生干扰的背景区域得到有效滤除。我们还是以鸟类的细分类为例，选择性搜索得到的诸多图像块送入FilterNet，预测得到1000个类别的概率分布，其中包括若干鸟的子类，如“相思鸟”“云雀”“黄鹂”和“鹦鹉”等，我们把这些鸟的子类对应的预测概率求和作为“鸟类”的概率预测，然后按照阈值筛选出所有含有“鸟”的图像块[⊖]。图2-58示意了对象级FilterNet应用于父类图像筛选的工作流程。对象级注意力模型完成的第二个工作为构建域内细粒度分类网络。在这一项工作中，TLAM基于父类图像筛选步骤得到的图像块训练一个细粒度分类器DomainNet，该分类器对父类图像进行进一步的细分类预测，也正是因为这步操作已经局限在关心类别的“域内”，所以才被冠以“domain”的名称。DomainNet作用有两个：一方面，DomainNet本身就是一个能够预测子类概率的分类模型，在TLAM的框架中起到部分细粒度分类的作用；另一方面，DomainNet为后续第二级操作提供了局部特征的提取和表达方法。

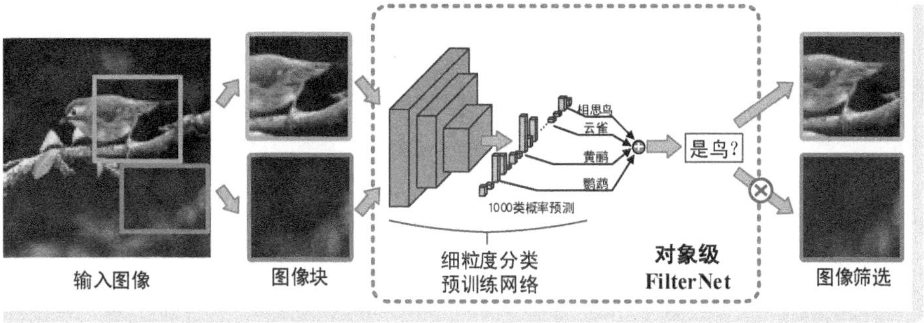

• 图2-58 对象级FilterNet应用于父类图像筛选的工作流程

能够决定细粒度类别判定结果的微小的差异往往由局部特征来体现，TLAM的第二级操作——对象级注意力模型，即实现对上述局部特征的提取与表达。在TLAM之前，可变形部件描述（Deformable Part descriptors，DPD）和部件RCNN（Part-RCNN）等模型已经证明了局部特征在细粒度分类中扮演的重要作用，受到上述思路的启发，TLAM提出了利用卷积操作中神经元响应具有聚集的特性开展局部特征提取。以鸟类的细分类任务为例，上述聚集特性体现为在某个卷积层的多个卷积操作中，某些卷积负责对鸟头特征的提取，某些卷积负责对鸟身特征的提取，而另一些卷积则负责对鸟腿特征的提取等，这些局部特征往往是能够对鸟类实现细分类的重要特征。TLAM首先利用谱聚类

⊖ 这里的“鸟”的子类是我们虚构的，ILSVR2012 1K细粒度分类公开数据集中的1000个细粒度类别不包括“相思鸟”“云雀”“黄鹂”和“鹦鹉”等类别，这里仅用来举例说明。

（spectral clustering）对 DomainNet 的第四个卷积（AlexNet 的 conv_4 层）中不同通道的特征进行聚类分析，将其划分为 k 个聚类，而与之对应卷积运算也随之分组。图 2-59 为 TLAM 局部特征聚类的示意，示意中 $k=3$。卷积有了分组，那么即可以利用这些分组卷积进行部件检测（part detection），所谓部件检测，即在所有已经得到的区域建议中，找出那些最能够代表某个聚类的区域。操作过程为：首先在图像块送入 conv_4 层之前，对其进行缩放处理，使其尺寸与 conv_4 卷积层的感受野相同，这样一来，conv_4 层的每一个卷积都会为其产生一个激活值，将这些激活值按聚类分别进行求和，即为每一个图像块计算得到 k 个聚类得分；反过来，当处理完毕所有图像块后，针对其中的任一个聚类，选择其中在该聚类上取得最大聚类得分的图像块作为最具代表性的部件子图像。上述步骤等价于在第一级提取的所有候选子图像中，再进行了进一步的筛选，从而得到最能够代表部件的子图像。有了部件子图像，再对其进行尺寸缩放，输 DomainNet 获得其激活值，将这些激活值与整幅图像的激活值进行拼接。基于上述拼接结果，TLAM 训练一个 SVM 细粒度分类器，实现针对部件层级图像的细粒度分类。

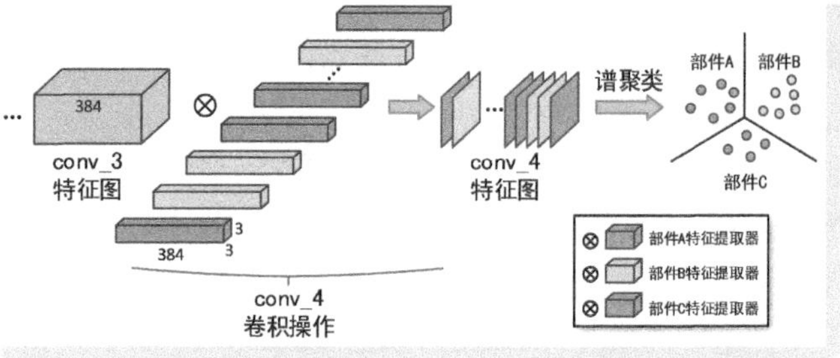

● 图 2-59　局部特征提取示意（以 $k=3$ 为例）

给定一张输入图像，TLAM 对其执行细粒度分类的“连贯动作”分为如下五个步骤：第一步为整体粗筛。利用选择性搜索形成候选图像区域，然后利用 FilterNet 对这些图像块进行过滤，只保留与父类有关的图像块，去除背景干扰。在鸟类细分类的例子中，即留下“与鸟有关”的图像块。当然，这些图像块可能包含鸟的各个部位，而且高度冗余。第二步为整体细分类。利用 DomainNet 对保留下来的图像块进行细类别得分预测，将所有图像块得分进行求和得到 object_score。在鸟类细分类的例子中，即利用 DomainNet 对留下“与鸟有关”的所有图像块进行细分类，对得分预测进行求和。第三步为部件筛选。然后利用 DomainNet 第四个卷积输出的聚集特性从之前的图像块中筛选出 k 个典型部件图像，在鸟类细分类的例子中，即从“与鸟有关”的图像块中，筛选出鸟头、鸟身、鸟腿等典型的图像块。第四步为部件细分类。针对这些部件再次利用 DomainNet 开展激活值计算，并且将上述部件激活值与全图激活值进行拼接，带入 SVM 分类器预测 part_score；第五步为综合结果。最后，综合对象级得分与部件级得分，得到细粒度分类的最终结果 $\text{final\_score}=\text{object\_score}+\alpha\cdot\text{part\_score}$。图 2-60 示意了上述步骤，其中步骤编号已经在图中标出。

不难看出，TLAM 已经和传统意义的“一图一标签”的分类任务架构有着显著的差异，尤其是 TLAM 利用区域建议引进对象和部件这种具有明显位置属性的要素，带有明显目标检测的风格，而这也正是基于空间注意力的一个重要体现。TLAM 通过“聚焦、再聚焦”的两级操作实现图像细粒度分类：在初步聚焦操作中，TLAM 以“看大不看小”的方式，将面向“万事万物”的图像样本“下沉”到我们关系的问题类别，因此这一步可以理解为是注意力首次粗聚焦；在再聚焦操作中，TLAM 将目光聚焦到能够支持细粒度类别分辨的细小特征上，开展部件层面的特征提取与表达，因此这一步可以认为是注意力精细化再聚焦，在某种意义上看，也体现了注意力的两阶段特性。

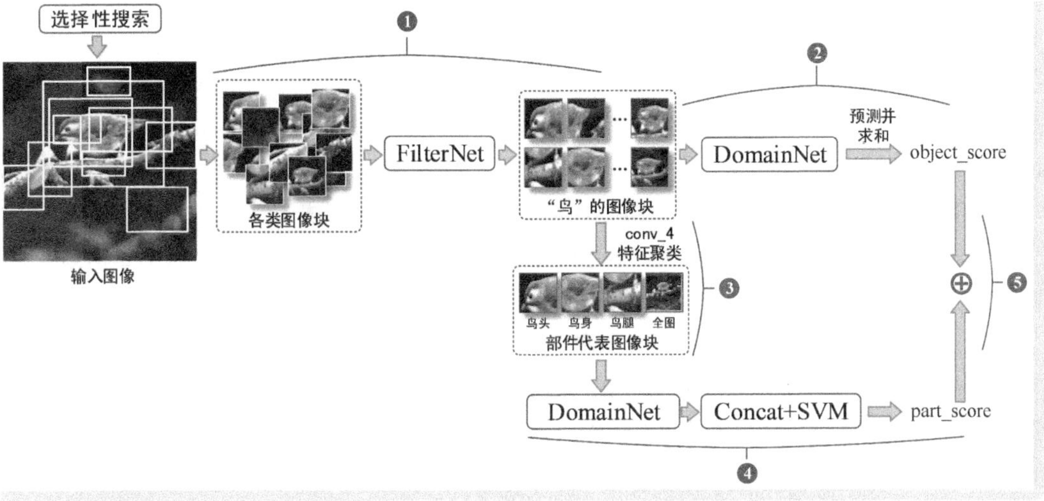

• 图 2-60　TLAM 进行细粒度分类的完整过程示意

2. RA-CNN：用于细粒度分类的循环注意力

众所周知，在宏观尺度下对图像进行分类，能够表征不同类别差异的微小特征会被图像中其他无用信息所淹没。面对这一困境，一种自然的想法是将分类操作聚焦到具有差异特征的区域上进行，如果以上这些进行聚焦的区域还不足以进行类别区分，那就再聚焦一次，而这里的聚焦即注意力的投射。循环注意力卷积神经网络（Recurrent Attention Convolutional Neural Network，RA-CNN）模型正是以上述常识作为基本思路提出的。2017 年，微软亚洲研究院的 Jianlong Fu 等[31]人在 CVPR 会议上提出了 RA-CNN 模型。文章主标题"离得更近，看得更清"（"Look Closer to See Better"）已经对该模型的基本原理进行了精准的概括——类似在观察场景时不断拉近摄像机的镜头，在需要投射注意力的区域投射更强的注意力，即"在重点找重点"。图 2-61 还是以年款级车型分类为例，示意了 RA-CNN 的循环注意力投射机制——全车难以区分年款，那就聚焦到车头，车头还是难以区分年款，那就聚焦到车灯。下面我们即对 RA-CNN 这一经典模型展开详细讨论。

• 图 2-61　RA-CNN 循环注意力的执行示意

RA-CNN 的分类是在从粗略到精细三个尺度上进行的，三个尺度的输入图像分别记作 a_1、a_2和 a_3，其中 a_1为原始图像，a_2和 a_3均为由上一尺度图像中注意力投射区域得到的子图像。因此三个尺度的图像关系可以简单表示为 $a_1=I_{org}$，$a_2=\text{attend}(a_1)$，$a_3=\text{attend}(a_2)$，其中I_{org}表示原始图像，attend(·)表示注意力投射机制（包括注意力投射位置预测和子图像生成两个方面）。在每一个尺度，图像首先被输入一个 CNN 结构进行特征提取，三个尺度使用的 CNN 结构均相同，但是各自拥有独立的网络参数。在 CNN 结构的最后一个卷积层（如 VGG16 结构中的 conv5_3 层或 VGG19 结构中的 conv5_4 层）之后，均跟着一个类别预测子网络，该网络包括一个全连接层，和一个 softmax 层，为每个尺度的图像预测其在不同类别之间的概率分布，针对三个尺度预测得到的类别概率分布分别记作 $\boldsymbol{Y}^{(1)}$、$\boldsymbol{Y}^{(2)}$和 $\boldsymbol{Y}^{(3)}$。针对在 a_1和 a_2尺度，除了类别预测子网络，还有一个与之平行的网络分支，称为注意力建议网络(Attention Proposal Network，APN)，该网络用来预测注意力投射位置，即产生 attend(·)机制所依赖的位置信息，用该投射位置与当前尺度输入图像相结合即形成下一尺度的输入图像，即所谓的重点位置“抠图”。RA-CNN 中的 APN 和 Faster -RCNN 目标检测模型中的区域建议网络（Region Proposal Network，RPN）有些类似，二者均是基于卷积特征预测矩形包围框的位置，而且都是以分支网络的形式存在。但是 RPN 预测若干个可能是目标的候选区域作为后续类别判定和位置修正的基础数据，而 APN 预测一个注意力投射位置，该位置为更细化尺度提供分类用的图像输入，也为更细化的注意力“再投射”提供背景图像。RA-CNN 的整体框架结构如图 2-62 所示。

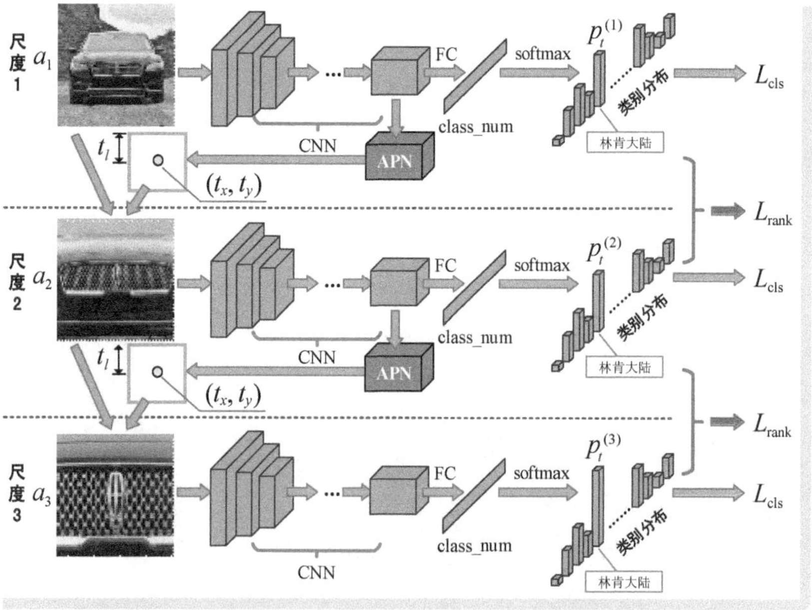

● 图 2-62　RA-CNN 模型整体架构

RA-CNN 中每个尺度的类别预测网络和其他基于 CNN 的分类模型没有太多区别，这里就不再重复介绍，下面主要对 APN 的技术细节做讨论。APN 是 RA-CNN 用来产生注意力投射区域的核心结构，该子网络以卷积特征（即每个尺度在输入全连接层之前的卷积特征）$\boldsymbol{F}_{conv}$为输入，预测一个正方形注

意力投射区域的坐标，表示为

$$(t_x,t_y,t_l)=f_{\rm apn}(\boldsymbol{F}_{\rm conv};\boldsymbol{W}_{\rm apn}) \tag{2-103}$$

式中，(t_x,t_y)为预测得到注意力投射区域的中心点坐标，t_l为该区域边长的一半（即正方形边长为 $2t_l$），确定上述三个值即可以唯一确定区域位置。$f_{\rm apn}$为 APN 所表达的映射，$\boldsymbol{W}_{\rm apn}$为该映射参数。在 RA-CNN 中，上述 APN 映射被构造为一个输出三维向量的全连接层，$\boldsymbol{W}_{\rm apn}$即为其权重。得到位置预测结果后，需要将该位置套叠在当前尺度的输入图像上，将注意力投射区域裁剪出来然后再将其放大。实现裁剪的一般做法即通过原始图像与注意力掩膜之间的逐元素相乘来实现，表示为

$$\boldsymbol{X}^{\rm att}=\boldsymbol{X}\circ\boldsymbol{M}(t_x,t_y,t_l) \tag{2-104}$$

式中，$\boldsymbol{X}$ 和$\boldsymbol{X}^{\rm att}$分别表示原始图像和裁剪后图像；$\boldsymbol{M}(t_x,t_y,t_l)$为按照位置（$t_x,t_y,t_l$）确定的注意力掩膜；“$\circ$” 为逐位置相乘运算。通常情况下，将 $\boldsymbol{M}$ 构造为一个 0/1 掩膜图像即可实现最“干脆利落”的图像裁剪，但是在基于梯度反向传播算法中，对 APN 参数 $\boldsymbol{W}_{\rm apn}$ 的更新需要计算梯度 $\partial\boldsymbol{M}/\partial\boldsymbol{W}_{\rm apn}$（梯度反向传播到达 APN 的形式为：$\partial\boldsymbol{X}^{\rm att}/\partial\boldsymbol{W}_{\rm apn}=\boldsymbol{X}\circ\partial\boldsymbol{M}/\partial\boldsymbol{W}_{\rm apn}$）的计算，如果 $\boldsymbol{M}$ 为一个二值掩膜，则梯度 $\partial\boldsymbol{M}/\partial\boldsymbol{W}_{\rm apn}$不存在，梯度反向传播到了 APN 就会“掉链子”。因此，需要将 $\boldsymbol{M}$ 构造为一个光滑函数，在 RA-CNN 中，注意力掩膜的构造方法

$$\begin{aligned}\boldsymbol{M}(x,y;t_x,t_y,t_l)=&(h(x-t_{\rm xtl})-h(x-t_{\rm xbr}))\\&\cdot(h(y-t_{\rm ytl})-h(y-t_{\rm ybr}))\end{aligned} \tag{2-105}$$

式中，$t_{\rm xtl}=t_x-t_l$，$t_{\rm xbr}=t_x+t_l$，$t_{\rm ytl}=t_y-t_l$，$t_{\rm ybr}=t_y+t_l$分别为方形注意力投射区域的左、右、上、下边界坐标。$h(\cdot)$为带有指数参数 k 的逻辑函数（logistic function），即

$$h(x)=\frac{1}{1+{\rm e}^{-kx}} \tag{2-106}$$

在 $h(x)$中，k 取值越大，函数体现出的“S”形曲线也将越来越陡，当 k 取值足够大时，$h(x)$的取值就只与 x 的正负有关：当 $x>0$ 时，有 $h(x)\approx1$；而 $x>0$ 时，有 $h(x)\approx0$，此时就能够用 $h(x)$去近似阶跃函数。在二维情况下，当 $t_{\rm xtl}<x<t_{\rm xtl}$ 且 $t_{\rm ytl}<y<t_{\rm ytl}$时，有掩膜值约等于 1，否则掩膜值约等于 0，此时构造出的注意力掩膜可以近似二维方脉冲函数(boxcar function)，所谓的二维方脉冲函数即二值掩膜。但是无论 k 大到何种程度，掩膜都是光滑的，这样一来即实现了“图也抠了，导也求了”。图 2-63 分别为使用二值掩膜和光滑掩膜的对比示意（以一维情况为例）。

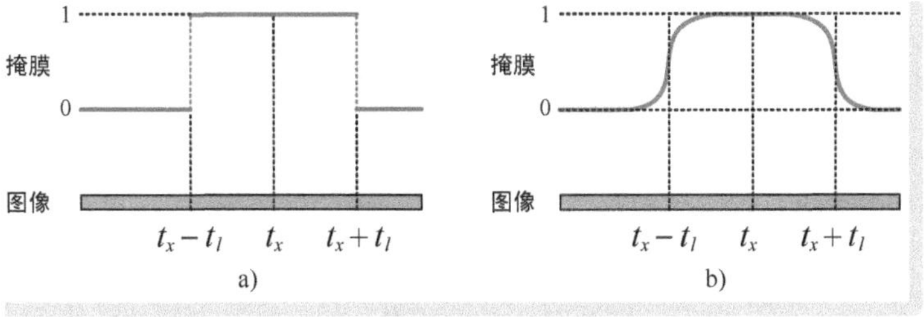

● 图 2-63　二值掩膜与光滑掩膜对比示意（以一维情况为例）

a）二值掩膜　b）光滑掩膜

然后，RA-CNN 以双线性插值（bilinear interpolation）的方式，将注意力投射区域中的子图像放大至原始图像尺寸，以方便进行下一尺度的特征提取、分类以及注意力投射位置预测等操作，关于双线性插值的相关内容这里不再赘述。

在模型训练时，RA-CNN 的损失包括两部分：每个尺度内的类别损失和相邻尺度间的排序损失（ranking loss），损失函数定义如下

$$L_{\text{ra-cnn}} = \sum_{s=1}^{3} L_{\text{cls}}(\boldsymbol{Y}^{(s)}, \boldsymbol{Y}^{*}) + \sum_{s=1}^{2} L_{\text{rank}}(p_t^{(s)}, p_t^{(s+1)}) \tag{2-107}$$

式中，第一项的 L_{cls} 为类别损失函数，其中 $\boldsymbol{Y}^{(s)}$ 表示第 s 尺度中由 softmax 预测得到的类别概率分布；$\boldsymbol{Y}^{*}$ 为以独热编码形式给出的真实类别。L_{cls} 定义为交叉熵损失，即

$$L_{\text{cls}}(\boldsymbol{Y}^{(s)}, \boldsymbol{Y}^{*}) = -\sum_{i} p_i^{*} \log p_i^{(s)} \tag{2-108}$$

式中，p_i^{*} 为真实类别分布 $\boldsymbol{Y}^{*}$ 中第 i 个类别的概率，$p_i^{(s)}$ 表示第 s 尺度预测类别分布 $\boldsymbol{Y}^{(s)}$ 中第 i 个类别的预测概率㊀。在 RA-CNN 损失函数中，第 2 项的 L_{rank} 为排序损失函数，主要目的是对 APN 进行约束，该损失函数的定义为

$$L_{\text{rank}}(p_t^{(s)}, p_t^{(s+1)}) = \max\{0, p_t^{(s)} - p_t^{(s+1)} + \text{margin}\} \tag{2-109}$$

式中，$p_t^{(s)}$ 和 $p_t^{(s+1)}$ 分别表示在第 s 尺度和第 $s+1$ 尺度、真实类别标签为 t 的图像被预测属于类别 t 的概率（例如，分别用 0 和 1 表示“猫”和“狗”两个类别，假设针对一幅狗的图像，有真实类别标签 $t=1$。假设预测其类别概率分布为 $Y=\{p_0=0.3, p_1=0.7\}$，则有 $p_t=0.7$）；margin⩾0 为一个事先指定的间隔常量。在式（2-109）中，当 $p_t^{(s)} - p_t^{(s+1)} + \text{margin} > 0$ 时，有 $L_{\text{rank}} > 0$。这就意味着在新尺度的类别预测中，要求对真实类别的预测概率（可以看作是类别得分）比上一尺度对应的预测概率要高，且拉开的差距至少与 margin 持平，否则将会被惩罚。简而言之，就是要求“同比得分”要有所增长，而且涨幅不能小于某一预期值。在图 2-64 所示的车型细分类的例子中，图像的真实标签为“林肯大陆”，在三个尺度上预测其是“林肯大陆”的概率分别为 $p_t^{(1)}=0.4$、$p_t^{(2)}=0.8$ 和 $p_t^{(3)}=0.9$，可以看出“同比”相比，得分均有增长。但是如果设定 margin = 0.3，则有 $L_{\text{rank}}(p_t^{(0)}, p_t^{(1)}) = 0$，但 $L_{\text{rank}}(p_t^{(1)}, p_t^{(2)}) = 0.2$，这就意味着第二次注意力投射尽管在“正确的道路上”又往前走了一步，但是进步的幅度未达到预期水平。

为了让注意力投射位置确定和细粒度分类这两个方面能够更好地“成就对方”，RA-CNN 在训练阶段使用的一些技巧和策略也值得进行讨论。RA-CNN 的整个训练流程分为三步：第一步为初始化特征提取网络。RA-CNN 使用基于 ImageNet 分类任务得到的 VGG 预训练参数去初始化每个尺度的特征提取网络，获得一个“起点较高”的特征提取器。第二步为初始化 APN 参数。用上述特征提取网络对输入图像进行特征提取，抽取其最后一个卷积特征（如 VGG19 中的 conv5_4 层），在该特征图上搜索卷积响应值最高的区域，并以同样的方式在精细化尺度获得更小的区域，用这些区域“假装”作为不通尺度的注意力投射区域，以此进行 APN 的预训练，从而得到一个相对“靠谱”的初级 APN。第三步为类别预测和 APN 两个结构的交替训练。首先固定 APN，然后针对三个尺度优化类别预测损失，更新特征提取网络和类别预测子网络中的参数，直到收敛；然后固定特征提取网络和类别预测子网络

㊀ 由于 $\boldsymbol{Y}_i^{*}$ 为独热编码表示，上式的求和实际只有 1 项：假设真实类别标签为 t，则 $L_{\text{cls}}(\boldsymbol{Y}^{(s)}, \boldsymbol{Y}^{*}) = -\log p_t^{(s)}$。

的参数，转为最小化排序损失，以此来更新两个 APN 中的参数，使得其对注意力投射位置的确定能力得以进一步增强。

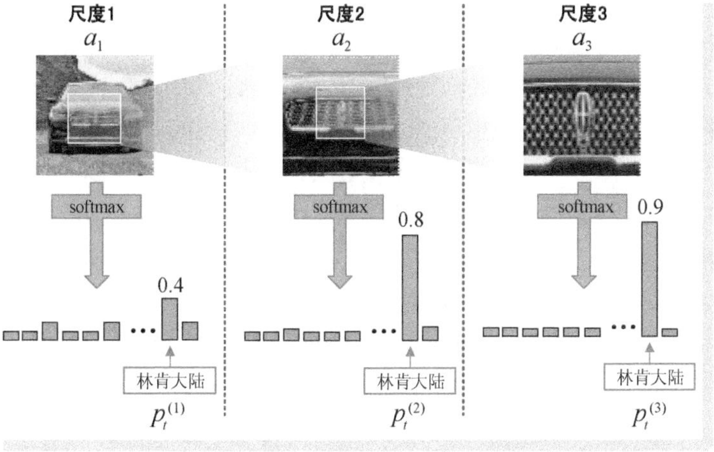

● 图 2-64　三个尺度的精细化类别预测示意

RA-CNN 以一种“近乎常理，人尽皆知”的思路，通过不断地在图像上聚焦注意力，找出图像中有助于对类别进行区分的细微区域，然后不断用这些区域提取的特征进行更加精确的分类和更加细化的再聚焦。实践结果表明 RA-CNN 应用在 UB Birds、Stanford Dogs 和 Stanford Cars 三个细粒度分类图像数据集上，使得分类准确率提升了 3.3%、3.7%和 3.8%，可谓架构设计精良，效果明显，不愧是注意力应用于细粒度分类的经典之作。

3. MA-CNN：用于细粒度分类的多部件注意力

正所谓“差异仅在毫厘间”，提取并分辨细节差异是图像细粒度分类任务的核心工作，这一点已经在 TLAM 的“整体部分两步走”和 RA-CNN 的“不断抵近观察”中得到充分体现。分辨细节差异涉及两个关键问题：细节在哪里和细节如何表达。例如，我们需要对两种长相很接近的鸟进行细分类，而二者仅在嘴的位置有所差异。那么，第一个问题即如何聚焦鸟嘴，第二个问题即如何表达鸟嘴。很多已有的细粒度分类模型以独立的眼光看待上述两个问题，如先独立的定位区域，然后再考虑如何表达其特征。但是，如同到底是因位置而注意还是因特征而注意难以说清那样，上述两个问题是高度关联的。2017 年，Heliang Zheng 等[32]学者在 ICCV 会议上提出了多注意力卷积神经网络(multi-attention convolutional neural network，MA-CNN）模型。该模型提出了一种新颖的部件学习（part learning）方法，将部件的定位和特征表达作为一个整体进行统一学习，二者相互加强，相互成就。MA-CNN 的核心工作有两个：第一个工作是部件定位与特征表达，该工作通过构造通道分组加权子网络（channel grouping and weighting sub-network，以下简称为“CGW 子网络”）来表达待细分类对象不同部件的位置和特征，这也是注意力机制在 MA-CNN 中的重要体现；第二个工作是通道分组与部件分类双任务训练，为的是体现上述“细节在哪里”和“细节如何表达”两个方面的问题在统一的目标驱动下得到综合考量，共同进步。

部件定位与特征表达通过 CGW 子网络结构来完成，CGW 子网络背后蕴含的逻辑是：卷积特征图的每个通道往往是对特定视觉模式的响应，这就意味着如果我们按照通道响应峰值的位置对通道进行分组，分组的结果自然对应着不同部件的特征。例如，以鸟类细分类任务为例，在某个卷积特征图中，一些通道负责对鸟头进行响应，而一些通道负责对鸟腿进行响应，那么如果我们知道了哪些通道是负责对鸟头进行响应的，那么对这些通道特征进行整合，自然就是对鸟头这一部件的表达，鸟腿也是如此。这样一来，部件的定位问题就转换为通道的分组问题。对于一个具体通道，在其“看遍”图像数据集中的所有图像后，其响应峰值出现的位置将会留下一串坐标向量，记作

$$[t_x^1, t_y^1, t_x^2, t_y^2, \cdots, t_x^{\Omega}, t_y^{\Omega}] \tag{2-110}$$

式中，t_x^i，t_y^i为该通道对于第i幅图像的响应峰值坐标，$\boldsymbol{\Omega}$为图像数据集中所有图像个数。上述坐标向量即作为通道分组的特征向量。之所以能够使用响应峰值坐标向量作为通道分组的特征，根本原因还是在于卷积运算具有平移不变(translation invariant)特性。所谓平移不变，即部件在原图上平移到哪里，负责对其进行响应卷积通道上的峰值就“跟随”到哪里。为了能够更加明了的说明上述问题，我们以图2-65所示的简单示例进行进一步说明。在该例中，卷积特征图有四个通道，通道上的“小尖尖”即表示响应峰值。从图上通道峰值出现的位置可以看出，通道1和通道3对于输入的两幅图像，形成了几乎相同的响应峰值位置向量，而通道2和通道4则“各成一派”。即对通道进行分组的结果为：通道1、3为一组，通道2、4各为一组。回看图像不难发现，通道1、3负责对圆形进行响应，通道2、4分别负责对正方形和三角形进行响应。试将形状换回“鸟头”“鸟身”和“鸟腿”，也是相同的道理。

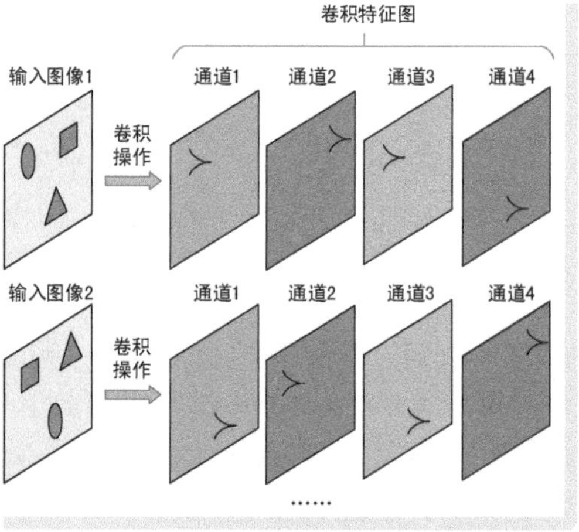

● 图2-65　以特征通道响应峰值进行通道分组示意

在实现层面，所谓特征通道分组就是给每个特征通道一个分组指标。设卷积特征图的通道数为c，分组个数为N，则对于第i个分组，可以用0-1编码向量表示各通道隶属于该分组的情况，有

$$\boldsymbol{g}_i = [\mathbf{1}\{1\}, \cdots, \mathbf{1}\{j\}, \cdots, \mathbf{1}\{c\}] \tag{2-111}$$

式中，$\mathbf{1}\{j\}=1$和$\mathbf{1}\{j\}=0$分别表示第j个通道属于或是不属于第i个分组。在图2-65所示的例子中，有$\boldsymbol{g}_1=[1,0,1,0]$，$\boldsymbol{g}_2=[0,1,0,0]$，$\boldsymbol{g}_3=[0,0,0,1]$。可以看出，上述0-1编码向量即体现了通道域硬注意力的筛选机制——对于某向量，将其中元素1对应的通道进行加和，即得到了卷积操作对部件的总响应，这一总响应充分蕴含了部件的位置信息，也即实现了将注意力投射到部件。但是，上述分组指标向量无法直接构造，因为这需要遍历整个数据集才能获得完整的响应峰值坐标。为了能够让通道分组操作在训练的同时完成，MA-CNN利用CGW子网络，将N个输出为c维全连接层作用在卷积特征图上，预测得到上述指标向量的近似值。对于第i个全连接层的操作，可以表示为$\boldsymbol{d}_i=f_i(\boldsymbol{F}_{\text{conv}})$。其中，$\boldsymbol{F}_{\text{conv}}$为输入的多通道卷积特征图，$f_i(\cdot)$表示对作用在其上的全连接操作。输出$\boldsymbol{d}_i=[d_i^{(1)},\cdots,d_i^{(c)}]$为一个$c$维向量，其中元素$d_i^{(j)}$描述了第$j$个特征通道对于第$i$个分组的隶属程度。可以想象，与上文$\boldsymbol{g}_i$利用0和1表示通道隶属分组的“生硬”方式不同，利用全连接层预测得到分组隶属程度往往

不是整数。因此，这里的注意力体现为通道域柔性注意力机制。在得到 $\boldsymbol{d}_i$后，即可利用其为每个部件获取部件注意力图(part attention map)，计算方法为用 $\boldsymbol{d}_i$中的元素作为权重对通道进行加权求和并进行 sigmoid 概率化，即

$$\boldsymbol{M}_i = \text{sigmoid}\left(\sum\nolimits_{j=1}^{c} d_i^{(j)} \cdot [\boldsymbol{F}_{\text{conv}}]_j\right) \tag{2-112}$$

式中，$[\boldsymbol{F}_{\text{conv}}]_j$表示输入卷积特征的第 j 个特征通道，输出矩阵 $\boldsymbol{M}_i$即表示对第 i 个部件进行空间注意力投射的柔性掩膜。有了部件的柔性掩膜，即可将其“罩在”特征图上，抽取所有通道的部件特征再求和，从而获得部件的融合特征，即

$$\boldsymbol{P}_i = \sum\nolimits_{j=1}^{c} [\boldsymbol{F}_{\text{conv}}]_j \circ \boldsymbol{M}_i \tag{2-113}$$

式中，符号“∘”表示逐位置乘法运算。图 2-66 为 MA-RNN 利用 CGW 子网络进行部件定位与部件特征表达的方法示意。

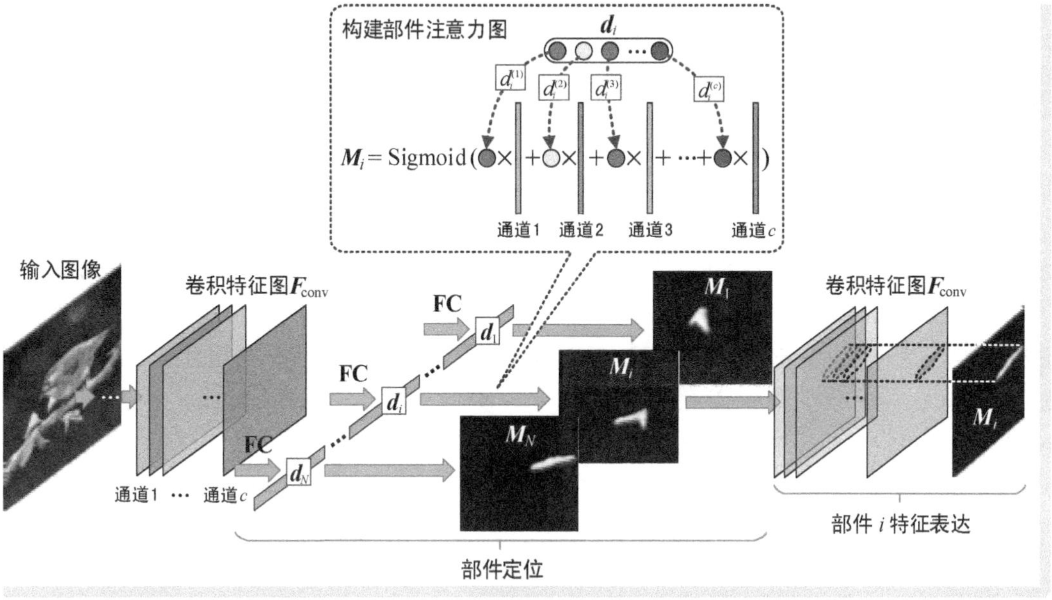

● 图 2-66　CGW 子网络部件定位与特征表达示意

MA-CNN 利用双任务训练来实现通道分组与部件分类的整体训练。在损失函数设计方面，MA-CNN 的整体损失函数被定义为部件分类和通道分组两方面损失函数的合成，写作[⊖]

$$L_{\text{ma-cnn}} = \sum\nolimits_{i=1}^{N} L_{\text{cls}}(\boldsymbol{Y}^{(i)}, \boldsymbol{Y}^{*}) + L_{\text{cng}}(\boldsymbol{M}_i) \tag{2-114}$$

式中，第一项的 L_{cls}为部件分类损失函数，其中 $\boldsymbol{Y}^{(i)}$为模型基于第 i 个部件特征 $\boldsymbol{P}_i$得到的类别预测，$\boldsymbol{Y}^{*}$为类别真值。和一般的分类任务相同，L_{cls}也被定义为交叉熵损失函数。需要注意的是，L_{cls}是定义在

⊖ 这里的损失函数我们进行了改写，原文中的整体损失函数写作 $L_{\text{ma-cnn}} = \left(\sum\nolimits_{i=1}^{N} L_{\text{cls}}(\boldsymbol{Y}^{(i)}, \boldsymbol{Y}^{*})\right) + L_{\text{cng}}(\boldsymbol{M}_1, \cdots, \boldsymbol{M}_N)$，但是 $L_{\text{cng}}(\boldsymbol{M}_1, \cdots, \boldsymbol{M}_N)$并未明确给出。我们在这里认为 $L_{\text{cng}}(\boldsymbol{M}_1, \cdots, \boldsymbol{M}_N) = \sum\nolimits_{i=1}^{N} L_{\text{cng}}(\boldsymbol{M}_i)$。

部件类别预测和真实类别之间的，而在整体损失函数中，对部件类别损失进行求和，这就意味着 MA-CNN 要求每个部件的类别都得逼近目标类别——鸟嘴得像鸟，鸟身也得像鸟。第二项的 L_{cng} 为通道分组损失函数，该损失函数要求分组得到的部件一方面要紧凑，即部件得“成团”，不能散落的到处都是；另一方面还要部件具有多样性，即不能是分完组了发现都是“鸟头”。因此在上述两个要求下，L_{cng} 的构成包括两个部分，定义为

$$L_{cng}(\boldsymbol{M}_i)=\mathrm{Dist}(\boldsymbol{M}_i)+\lambda\cdot\mathrm{Div}(\boldsymbol{M}_i) \tag{2-115}$$

式中，$\mathrm{Dist}(\boldsymbol{M}_i)$ 约束了部件注意力图 $\boldsymbol{M}_i$ 上取值的紧凑程度，即要求部件不能太松散；$\mathrm{Div}(\boldsymbol{M}_i)$ 限制了当前部件注意力图 $\boldsymbol{M}_i$ 与其他部件部件注意力图之间的接近程度，即保证部件间的多样性；λ 为平衡上述二者关系的权重因子。其中，$\mathrm{Dist}(\boldsymbol{M}_i)$ 的定义

$$\mathrm{Dist}(\boldsymbol{M}_i)=\sum_{(x,y)\in\boldsymbol{M}_i} m_i(x,y)(\|x-t_x\|^2+\|y-t_y\|^2) \tag{2-116}$$

式中，(x,y) 为注意力图 $\boldsymbol{M}_i$ 中的坐标位置，$m_i(x,y)$ 为在该位置对应的部件注意力强度值；(t_x,t_y) 为注意力图 $\boldsymbol{M}_i$ 中的峰值位置㊀。可以看出 $\mathrm{Dist}(\boldsymbol{M}_i)$ 以峰值为中心对注意力图上的取值做了约束：如果位置离峰值位置远，注意力的取值就不能太大。在式（2-115）中，多样性约束函数 $\mathrm{Div}(\boldsymbol{M}_i)$ 定义为

$$\mathrm{Div}(\boldsymbol{M}_i)=\sum_{(x,y)\in\boldsymbol{M}_i} m_i(x,y)(\max_{k\neq i} m_k(x,y)-\mathrm{margin}) \tag{2-117}$$

式中，$\max_{k\neq i}m_k(x,y)$ 为除了第 i 个部件注意力图外，其他部件注意力图在 (x,y) 位置取值中的最大值；margin 为了防止噪声干扰设定的一个边界常数。式（2-117）意味着如果某位置的注意力最大值已经很大，那么当前注意力的取值就不能太大，否则将受到惩罚，反之亦反。这就意味着 $\mathrm{Div}(\boldsymbol{M}_i)$ 要在所有部件注意力图上造成一种“你高我低”的局面，以此达到对部件多样性的约束目的。

MA-CNN 在 UC Birds、FGVC Aircraft 和 Stanford Cars 三个公开细粒度分类数据集上进行实验和对比，结果自然是“SOTA”了。在注意力的应用模式方面，与前文已经介绍过的、只差一个字母的 RA-CNN 相比，MA-CNN 与其最主要的区别就体现在这个字母上：RA-CNN 默认只有一个注意力区域，并且以循环的方式盯着这一个位置不断抵近观察。而在 MA-CNN 中，认为一幅图中可以有多个注意力投射区域，这也是其名称中冠以“多注意力”的原因，我们认为这一想法显然更具有合理性，毕竟细粒度的差异往往不止一处。除此之外，我们认为 MA-CNN 模型最值得关注的创新点有两个方面：第一，利用卷积操作的平移不变特性，将用于细粒度分类的部件定位转换为通道分组问题，这一思路非常的巧妙，也是注意力机制在 MA-CNN 中的重要体现；第二，基于卷积特征预测通道域注意力权重，并且将这些权重的确定过程嵌入到整个分类任务中进行整体训练——一边是注意力权重确定好了，另一边是类别预测也准了，这也是日后注意力机制最主流的应用模式。

2.3.3 神经网络中的通用注意力模块

上文介绍的几种注意力机制都是针对目标搜索识别、细粒度分类两种具体 CV 任务而设计，因此可以将其视为是专用型注意力机制。那么是否可以将注意力机制构造为一个与具体任务无关的 CNN 的模块，使其能够无缝嵌入到任何 CNN 任务模型中呢？这样一来，这些注意力模块就能够与整个 CNN

㊀ 在 MA-CNN 的原文中并未给出 (t_x,t_y) 的含义描述，这里为我们按照式 RA-CNN 中的位置定义进行的推测。

任务模型进行一体化训练，以“放之四海皆准，润物细无声”的方式发挥注意力的作用、赋能各类任务模型。在下文中，即对五种经典的注意力模块进行详细介绍。

1. STN：空间变换下的注意力机制

一个理想的识别系统在面对物体发生平移、旋转、倾斜和缩放等姿态变化时，应该仍然能够给出正确的分析结果。例如，在图2-67a 的示例中，无论对手写数字“8”进行了何种空间变换，识别系统都应该输出唯一的正确结果——“8”。然而，CNN 使用的卷积操作具有的平移不变特性，会使得卷积特征响应随着物体的平移而平移，而在分类网络最后的“拉向量”（flatten）操作，会使得二维空间一个微小的平移都会引起一维特征向量的剧烈变化。例如，在图 2-67b 的示例中，彩色图案在竖直方向产生一个像素的平移，就导致输出特征向量与平以前特征向量之间产生了天壤之别的差异。除了平移，旋转、倾斜、缩放等其他变化对 CNN 分类带来的影响更加严重。为了增强 CNN 的空间不变特性，人们在其中广泛使用多级池化(pooling）操作，尽管池化操作能够通过特征的空间聚合，能够在一定程度上降低 CNN 对输入信号空间位置的敏感程度，但是池化操作只在一个很小的区域进行（如常用的 2×2 池化)，太过“局部”，对空间不变特性能力的提升非常有限。正是出于上述原因，2015 年，Jaderberg 等[33]来自谷歌 DeepMind 团队的四名学者在 NIPS 上联名发文，提出了著名的空间变换网络(Spatial Transformer Network，STN）模型㊀，通过在图像上投射注意力以选择最相关的区域，然后针对这些区域进行空间变换，对其进行姿态的标准化，以简化后续层中的识别操作。值得注意的是，STN 能够作为模块在任意的位置和任意的次数插入已有 CNN 结构中，并且能够通过标准反向传播进行端到端训练。

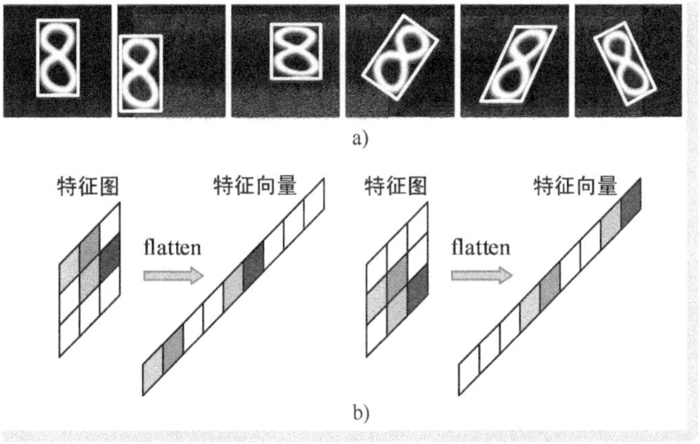

● 图 2-67　几种典型的空间变换示意和平移引发特征向量剧烈变化示意
a) 几种典型的空间变换示意（以二维仿射变换为例）　b）平移引发特征向量剧烈变化示意

STN 的核心模块叫作空间变换模块(Spatial Transformer Module，STM)。STM 以多通道的特征图作为输入，将其加工成一个新的特征图，其中包括定位网络(Localisation Network)、网格生成器(Grid

㊀ 需要注意这里的“Transformer”和日后红得发紫的各种“Transformer”没有任何关系。

Generator）和采样器（Sampler）三个子结构，分别完成空间变换参数预测、坐标映射构建和特征点采样三项工作。其结构可以用图 2-68 来表示。

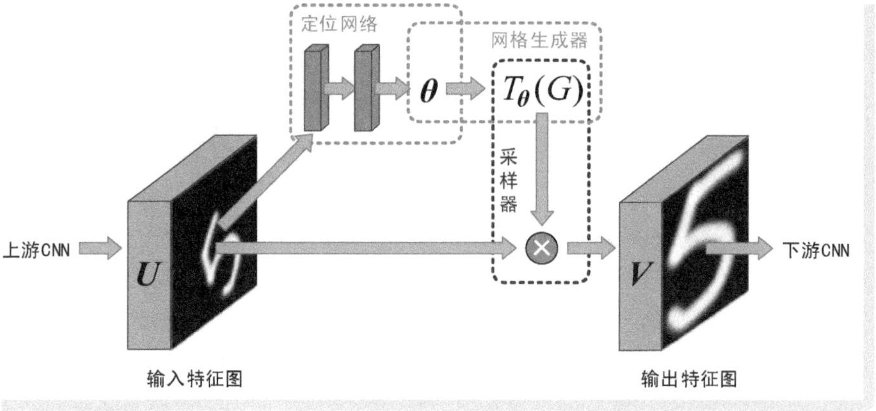

● 图 2-68　STM 结构示意

定位网络用来预测空间变换参数。定位网络以特征图 $\boldsymbol{U}$ 作为输入，以空间变换参数 $\boldsymbol{\theta}$ 作为输出，可以记作 $\boldsymbol{\theta}=f_{\mathrm{loc}}(\boldsymbol{U})$。其中输入特征图 $\boldsymbol{U}$ 的维度为 $H\times W\times C$。定位网络可以构造为任意网络结构，只不过要求输出层的维度要与后续空间变换参数的维度相匹配，而空间变换参数的维度又取决于我们要解决空间变换的种类。例如，针对 2 维仿射变换（affine transform），$\boldsymbol{\theta}$ 的维度为 6 维；针对 2 维透视变换（projection transform），$\boldsymbol{\theta}$ 的维度为 9 维；而针对 3 维仿射变换，$\boldsymbol{\theta}$ 的维度为 12 维等。这也意味着，理论上 STM 可以支持各种变换类型。

网格生成器基于定位网络的输出参数，构建输入特征图与输出特征图之间的坐标映射关系，简单来说就是确定输出特征图的某个位置是从输入特征图中的哪里获得特征取值。令 $G_i=(x_i^t,y_i^t)$ 表示输出特征图 $\boldsymbol{V}$ 上的某个坐标位置，可以将网格生成器完成的坐标映射表示为 $T_\theta(G_i)$。其中特征图 $\boldsymbol{V}$ 的维度为 $H'\times W'\times C$。针对 2 维仿射变换，上述映射可以进一步表示为

$$\begin{pmatrix} x_i^s \\ y_i^s \end{pmatrix}=T_{\boldsymbol{\theta}}(G_i)=\boldsymbol{A}_\theta\begin{pmatrix} x_i^t \\ y_i^t \\ 1 \end{pmatrix}=\begin{pmatrix} \theta_{11} & \theta_{12} & \theta_{13} \\ \theta_{21} & \theta_{22} & \theta_{23} \end{pmatrix}\begin{pmatrix} x_i^t \\ y_i^t \\ 1 \end{pmatrix} \tag{2-118}$$

式中，(x_i^s,y_i^s) 表示输入特征图上的坐标位置；$\boldsymbol{A}_\theta$即为定位网络预测得到的 6 个仿射变换参数拼成的变换矩阵。我们可以通过对 $\boldsymbol{A}_\theta$施加更多的约束以使得变换的目的更加明确。例如，如果令

$$\boldsymbol{A}_\theta=\begin{pmatrix} s_x & 0 & t_x \\ 0 & s_y & t_y \end{pmatrix} \tag{2-119}$$

其中，s_x和 s_y分别表示水平和竖直方向的缩放系数，而（t_x,t_y）为坐标平移参数，则表示变换仅涉及缩放和平移，不涉及旋转。因此该变换可以表示对任意长宽比矩形包围框的预测，此时 $\boldsymbol{\theta}$ 的维度为 4 维——预测 4 个值，让其分别指代 s_x、s_y、t_x和 t_y，将它们填入 $\boldsymbol{A}_\theta$中对应的位置做变换即可；再例如，令 $s_x=s_y$，则表示水平和竖直方向缩放比例相同，任意长宽比的矩形被进一步限制为任意边长的正方

形，此时 $\boldsymbol{\theta}$ 的维度为 3 维；抑或是更为极端，令 $s_x=s_y=0$，参数就剩下 t_x 和 t_y，变换就变为一个简单的点位预测，此时 $\boldsymbol{\theta}$ 的维度为 2 维。在执行过程中，上述坐标映射以“逆向查找”的方式确定坐标对应关系：遍历输出特征图的每一个位置，利用上式逐个计算这些位置应该从输入特征图的什么位置获取特征取值。图 2-69 以手写数字“5”为例，示意了输入特征图和输出特征图之间的坐标映射工作原理。

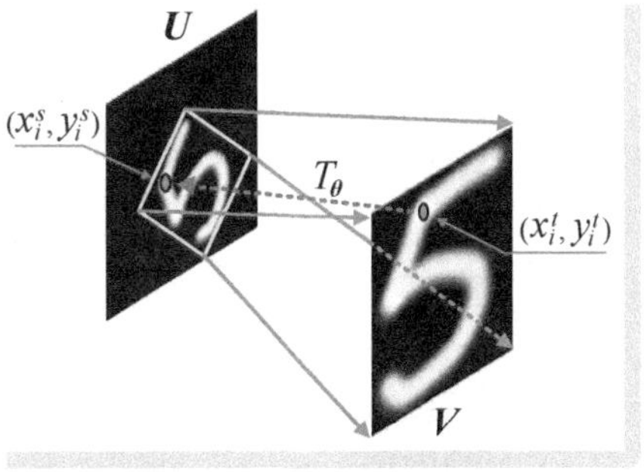

● 图 2-69　输入特征图和输出特征图之间的坐标映射工作原理（以手写数字“5”为例）

采样器按照网格生成器构建两个特征图之间的坐标映射关系进行特征点采样，从而实现为输出特征图赋值。定位网络预测得到的空间变换参数往往不会是整数，因此按照式（2-118）计算得到的输入特征图坐标（x_i^s, y_i^s）也不会是整数，这就意味着需要通过插值才能确定输出值，而插值需要按照一定规则从输入特征图上取值，因此也称为采样㊀。对于输出特征图第 c 个通道、位于（x_i^t, y_i^t）位置的输出值 V_i^c，通用的采样方法可以表示为

$$V_i^c = \sum_n^H \sum_m^W U_{nm}^c k(x_i^s - m; \Phi_x) k(y_i^s - n; \Phi_y)$$
$$where\ \forall i \in \{1, \cdots, H' \times W'\}, \forall c \in \{1, \cdots, C\} \qquad (2\text{-}120)$$

式中，U_{nm}^c 为输入特征图第 c 个通道、位于位置（m,n）处的特征取值；$k(\cdot)$ 为通用采样核（sampling kernel），定义了采样空间权重，Φ_x 和 Φ_y 分别为其水平和竖直方向的参数。理论上，$k(\cdot)$ 可以采用任意形式，且只要可以针对输入定义了偏导数，采样操作就具有了可微（differentiable）特性，STM 也就能够无缝嵌入到基于梯度下降优化的 CNN 框架中，从而实现“端到端”训练。在 STM 中，给出了两种采样核的具体形式，其中，第一种为整数采样核（integer sampling kernel），定义为㊁

$$V_i^c = \sum_n^H \sum_m^W U_{nm}^c \delta(\lfloor x_i^s + 0.5 \rfloor, m) \delta(\lfloor y_i^s + 0.5 \rfloor, n) \qquad (2\text{-}121)$$

式中，$\lfloor \cdot \rfloor$ 为向下取整运算，因此 $\lfloor x+0.5 \rfloor$ 表示对 x 进行“四舍五入”取整操作；$\delta(i,j)$ 为克罗内克（Kronecker）函数，该函数定义为：若 $i=j$，有 $\delta(i,j)=1$，否则 $\delta(i,j)=0$。式（2-121）表示对位置坐标 (x_i^s, y_i^s) 进行四舍五入取整，然后从输入特征图的对应位置取值作为输出，简单理解就是“就近”找整数坐标位置并取值。STM 给出的第二种采样函数的形式为双线性采样核（bilinear sampling kernel），定义为

$$V_i^c = \sum_n^H \sum_m^W U_{nm}^c \max(0, 1 - |x_i^s - m|) \max(0, 1 - |y_i^s - n|) \qquad (2\text{-}122)$$

式中，“max”一方面将采样的操作限制在（x_i^s, y_i^s）落入的网格中，另一方面实现采样以距离作为权重。其中，空间位置限制作用体现为：在所有（m,n）表示的位置中，若其距离与（x_i^s, y_i^s）大于 1 个网格，则放弃处理。以水平方向为例，若 m 与 x_i^s 距离超过 1 个网格，有 $|x_i^s-m|>1$，则 $1-|x_i^s-m|<0$，而

㊀ 这里我们遵照 STM 原文的提法，使用“采样”一词，但是实际就是图像插值。包括下文介绍的两种具体的采样方式，实际上就是我们常用的最近邻插值和双线性插值。

㊁ 这里的对原文公式进行了修改，原文公式为 $V_i^c = \sum_n^H \sum_m^W U_{nm}^c \delta(\lfloor x_i^s + 0.5 \rfloor - m) \delta(\lfloor y_i^s + 0.5 \rfloor - n)$。

$\max(0,1-|x_i^s-m|)=0$，竖直方向也是同理；距离权重作用体现为：若 m 与x_i^s距离小于 1 个网格，则有 $\max(0,1-|x_i^s-m|)=|x_i^s-m|$为水平距离分量，该值将作为取值权重，对 U_{nm}^c进行加权求和，竖直方向亦是如此。图 2-70 为整数采样和双线性采样两种采样方法的模式示意，其中蓝色圆圈表示点位（x_i^s,y_i^s）。

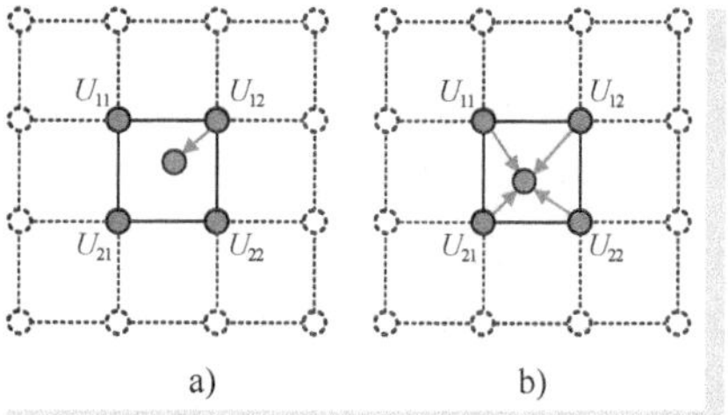

● 图 2-70　整数采样和双线性采样示意

a）整数采样　b）双线性采样

就如同在手写算子时，写完“Forward”函数还得写“Backward”函数一样，上文的采样明确了 STM 中特征数据由 $\boldsymbol{U}$ 到 $\boldsymbol{V}$ 的前向传播过程，下面还需要考虑梯度由 $\boldsymbol{V}$ 到 $\boldsymbol{U}$ 的反向传播过程，即需要给出 $\partial V_i^c/\partial U_{nm}^c$、$\partial V_i^c/\partial x_i^s$、$\partial V_i^c/\partial y_i^s$以及 $\partial V_i^c/\partial\boldsymbol{\theta}$ 的明确定义。否则 STM 嵌入 CNN 后，训练中的梯度反向传播到了 STM 这里就会“掉链子”。针对式（2-121）所示的整数采样，其偏导数可以表示为

$$\frac{\partial V_i^c}{\partial U_{nm}^c}=\sum_n^H\sum_m^W\delta(\lfloor x_i^s+0.5\rfloor,m)\delta(\lfloor y_i^s+0.5\rfloor,n)\tag{2-123}$$

$$\frac{\partial V_i^c}{\partial x_i^s}=\sum_n^H\sum_m^W U_{nm}^c\delta(\lfloor y_i^s+0.5\rfloor,n)\begin{cases}1, & \lfloor x_i^s+0.5\rfloor=m\\0, & \lfloor x_i^s+0.5\rfloor\neq m\end{cases}\tag{2-124}$$

针对式（2-122）所示的双线性采样，其偏导数可以表示为

$$\frac{\partial V_i^c}{\partial U_{nm}^c}=\sum_n^H\sum_m^W\max(0,1-|x_i^s-m|)\max(0,1-|y_i^s-n|)\tag{2-125}$$

$$\frac{\partial V_i^c}{\partial x_i^s}=\sum_n^H\sum_m^W U_{nm}^c\max(0,1-|y_i^s-n|)\begin{cases}0, & |m-x_i^s|\geqslant 1\\1, & m>x_i^s\\-1, & m<x_i^s\end{cases}\tag{2-126}$$

对于 $\partial V_i^c/\partial y_i^s$的表达式，可以分别按照式（2-124）和式（2-126）改写得到，这里不再赘述。已经有了 $\partial V_i^c/\partial x_i^s$和 $\partial V_i^c/\partial y_i^s$，按照线性关系，很容易得到 $\partial V_i^c/\partial\boldsymbol{\theta}$ 的表达式，这里也不再赘述。

说完 STM 的工作原理，下面我们来聊聊它怎么用的问题。STM 是一个网络模块，其核心功能即完成特征图空间形变的校正。但是 STM 不能独立工作，需要将其作为组件嵌入到完成各类 CV 任务的 CNN 结构中，与 CNN 无缝融为一个整体进行训练和推理，这种嵌入了 STM 的 CNN 结构即空间变换网络——STN，注意力机制的作用也在 STN 中体现。在 STN 的论文中，作者给出了一系列的实验和分析，包括六个具体的 CV 应用：扭曲手写数字识别、街景门牌号（Street View House Numbers，SVHN）识别、细粒度分类、手写数字加法、高维空间变换和联合定位（co-localization）。下面我们对其中前三种典型应用进行分析。这三个应用也分别示范了 STM 与 CNN 架构结合的 3 模式：单模块嵌入、多模块串行和多模块并行。

在扭曲手写数字识别实验中，学者们首先对标准 MNIST 数据集进行“无情扭曲”，构造出“扭曲版”手写数字数据集。这里的扭曲操作包括四种：旋转（简记为“R 型”）、旋转+缩放+平移（简记为“RTS 型”）、透视变换（简记为“P 型”）和弹性扭曲（elastic warping，简记为“E 型”）。为

了进行对比，学者们分别训练了一个全连接网络和一个标准 CNN 在“扭曲版”版数据集上进行训练和推理作为基线模型，结果可以说是“惨不忍睹”。然后，学者们将 STM 放置在两个网络分类层之前，再进行统一训练。其中，STM 的采样器均采用双线性采样核，但是空间变换尝试了仿射变换、透视变换和 16 点薄板样条变换（thin plate spline transformation）三种。结果表明，STN 能够有效提升神经网络对扭曲手写数字识别的准确率。值得一提的是，通过对 STM 输入输出进行分析，利用式（2-118）反向计算输出特征 **V** 对应到输入图像上的位置并进行可视化，可以发现 STM 能够比较准确且自然地将“目光”聚焦到分类任务的主体目标上。图 2-71 示意了 STM 与 CNN 结合应用于扭曲手写数字识别的网络架构。

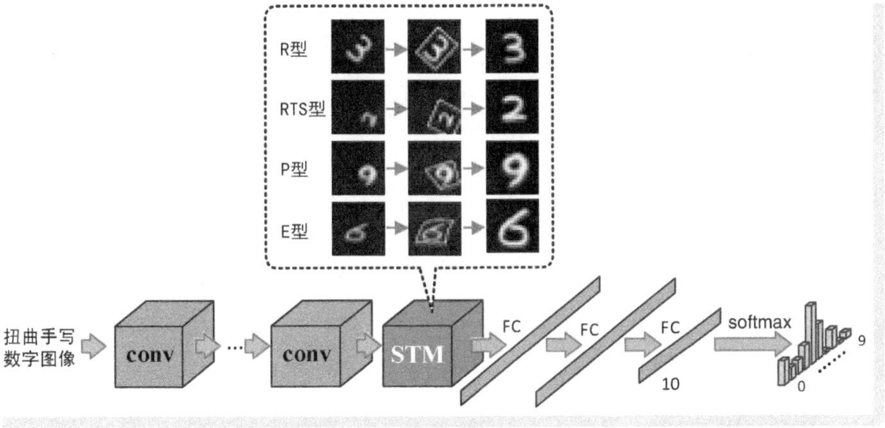

● 图 2-71　STM 与 CNN 结合应用于扭曲手写数字识别的网络架构示意

SVHN 识别是指从带有数字门牌号的街景自然照片中识别出这些数字及数字序列。由于在自然场景中，受到光照、拍摄角度、背景以及门牌号规格差异的影响，SVHN 识别任务面对的情况更加多样，图像的变形更加复杂，因此识别难度也更高。在 STN 的实验中，采用了吴恩达（Andrew Ng）老师团队公开的 SVHN 数据集进行训练和测评，该数据集中包括超过 20 万幅来自谷歌街景的真实门牌号图像㊀，每幅图像中的门牌号包含 1~5 个数字。STN 采用的基线 CNN 模型包括了 8 个卷积层和 3 个全连接层，每个全连接层的输出维度均为 3072 维。为了实现 1~5 个数字的预测，在最后一个全连接层之后，再跟着 5 个输出维度为 11 维的平行的全连接层分支，每个分支最后都接着一个 softmax 操作进行 11 维概率化，从而实现针对 10 个数字以及“非数字”共计 11 个类别的预测。STN 的改造工作包括两个方面：第一个方面，在输入之后、所有卷积操作之前放置一个 STM（该结构在 STN 的论文中称为“单模型”），该模块中的定位网络包括两个卷积层和两个全连接层，每个全连接层的输出维度均为 32 维；第二个方面，在前四个卷积层的每层后都分别放置一个 STM（这些结构在 STN 的论文中称为“多模型”），这些模块中的定位网络两个维度为 32 维的全连接层。上述两种 STM 的空间变换方式均为仿射变换（即在 32 维后还会跟着一个 6 维的全连接操作）和双线性插值。5 个串联的 STM 相当对

㊀ 20 万幅图像是 STN 提出时的图像数量。在编写此书时，该公开数据集中图像数量已经超过 60 万幅。

输入图像进行了 5 次连续空间变换，因此将 5 个 STM 预测得到的变换矩阵相乘，即得到整体空间变换。将上述变换对应区域进行原始图叠加可视化，同样可以看到 STM 比较准确地定位到门牌号所在位置，并得到较为理想的校正结果。图 2-72 示意了 STM 与 CNN 结合应用于 SVHN 识别的网络架构。

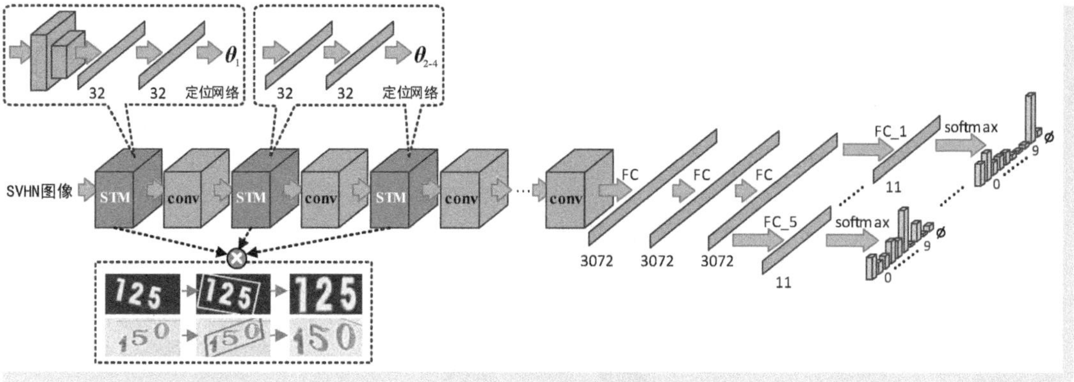

● 图 2-72　STM 与 CNN 结合应用于 SVHN 识别的网络架构示意（其中仅示意了 3 个 STM）

在细粒度分类实验中，STN 在 CUB-200-2011 birds 鸟类细粒度分类公开数据集上开展训练和测评数据，基线 CNN 模型选择当年已经在 ImageNet 上做到“SOTA”的 Inception（V1）网络。细粒度分类的核心问题在于显著区域定位及其特征表达，针对显著区域定位问题，STN 采用多个平行的 STM 扮演多注意力机制，通过在输入图像上选择多个显著区域，来获取图像上待分类对象的代表性部件。所有的 STM 共享一个定位网络，即一个定位网络进行一次预测，形成多套空间变换参数供多个 STM 使用。为了简化操作，在进行细粒度分类时，STN 将输入图像的尺寸固定为 448×448，而显著区域的尺寸设定为 224×224。既然显著区域尺寸固定且为正方形，那么这样一来，情况同式（2-119）中 $s_x=s_y=0$ 的情形，STM 定位网络仅用来预测点位，因此一套 STM 的变换参数为 2 维，设使用平行 STM 的个数为 N（STM 的个数即部件的个数，在 STN 中，分别尝试了 $N=2$ 和 $N=4$ 的两种情形），则在共享定位网络的情况下，定位网络的输出为 $2N$ 维。在结构方面，定位网络基于 Inception 网络进行改造得到，改造内容包括：首先，去掉 Inception 网络用于分类的所有全连接层和最后一个池化层，裁剪得到网络输出张量的维度为 7×7×1024；利用一个 1×1×128 的卷积操作将上述 1024 通道特征图的通道数降低至 128；在上述结构之后构造一个 $2N$ 维的全连接层，作为 N 套变换参数的输出。针对显著特征表达问题，多个共享定位网络的 STM 结构完成多个显著区域的位置预测后，针对每个显著区域的子图像，STN 同样采用了 Inception 网络对其进行特征表达，但是移除了最后一个用于 ImageNet 分类的 1000 维的全连接层，因此输出向量的维度变为 1024 维。最后一步为特征融合与类别预测，对多个 Inception 网络得到的多个 1024 维的特征通过拼接融合，再经过一个 200 维的全连接和 softmax 概率化操作，最终即得到对 CUB-200-2011 数据集中 200 种鸟类类别的概率预测。图 2-73 示意了 STM 与 CNN 结合应用于细粒度分类的网络架构。该图示意了 $N=2$ 的情形，即利用 2 个 STM 结构在输入图像的两个位置投射注意力，获得待分类对象的 2 个代表性部件。

上文中，我们从 STM 的工作原理及其与 CNN 结合得到产物——STN 的 CV 应用两个方面进行了较为详细的讨论。细心的读者可能会发现，我们在这一部分很少提到“注意力”这一关键词。但是，读到这里，相信读者早已经体会到 STN 中注意力机制的体现——空间变换的对象正是注意力投射的结果，只不过注意力并没有以“显式”的方式体现而已。可以说 STN 在以空间变换之名，一方面投射了注意力，一方面也应用了注意力。不得不说，STN 不愧是一项优秀的工作，令人拍手叫绝。

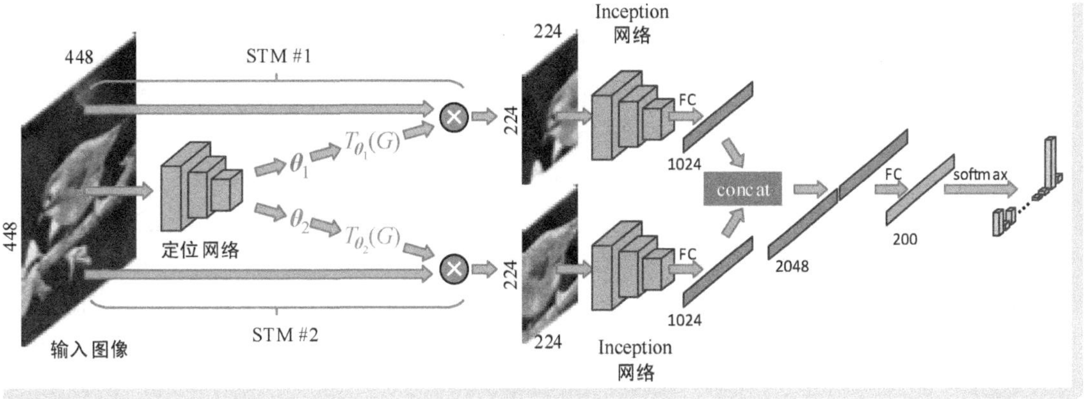

● 图 2-73　STM 与 CNN 结合应用于细粒度分类的网络架构示意（其中示意了 2 个 STM 结构）

2. SENet：“挤压”出的通道域注意力模块

我们知道，无论在心理学领域还是在生理学领域，注意力机制都具有位置和特征两方面因素的考量，前者体现了“哪儿重要”的问题，而后者表达了“什么重要”的问题。到了 CNN“横行”CV 领域的时代，“位置说”和“特征说”有了进一步的延伸——每一个卷积特征图的宽度维和高度维构成了空间域，而通道维则表示特征域。因此上述两个因素就进一步体现为注意力的权重到底是作用在特征图不同位置还是不同通道的问题。如果说我们在前文介绍的诸多工作中，绝大多数注意力机制都体现为空间位置的权重，即都体现了注意力的空间特性，那么这里我们将要介绍的 SENet 就是通道域注意力机制的典型代表。SENet 的全称是“Squeeze-and-Excitation Networks”，翻译为中文就是“挤压与激发网络”，其作者为胡杰（Hu Jie）等[34]来自 Momenta 公司和牛津大学的三名学者。SENet 的核心结构被称为“挤压与激发块”（Squeeze-and-Excitation Block，SEB）作为一个简单的模块级架构，能够在任意的位置、任意的个数嵌入到应用于任何 CV 任务的任何结构的 CNN 架构中，由 SEB 赋能的 CNN 结构即所谓的 SENet。SENet 在不显著增加计算量的情况下，让注意力在“无声无息”中有效赋能各类 CV 任务。与上文中介绍 STN 的方法类似，我们这里也按照先 SEB 再 SENet 的顺序展开讨论。

首先我们介绍 SEB 的结构和工作原理。SEB 的结构和原理非常简单，整体上来看与 STM 类似，概括为一句大白话就是“分出一支一顿操作，然后回过头来收拾自己。”具体来说，SEB 结构跟在任意变换 $\boldsymbol{F}_{tr}: \boldsymbol{X} \rightarrow \boldsymbol{U}$ 之后，其中 $\boldsymbol{X}$ 和 $\boldsymbol{U}$ 为多通道特征图，二者的维度分别为 $H' \times W' \times C'$ 和 $H \times W \times C$；$\boldsymbol{F}_{tr}$ 可以是包括卷积在内的任意变换。在获得特征图 $\boldsymbol{U}$ 后，SEB 用包含有“挤压”和“激发”两个操作的分支结构产生通道域注意力权重，然后将其再作用到特征图 $\boldsymbol{U}$ 上，得到一个维度相同但在通道信息有侧重的新特征图 $\widetilde{\boldsymbol{X}}$。其中，挤压操作用 $\boldsymbol{F}_{eq}(\cdot)$ 来表示，该操作逐通道将每个通道的二维特征图“浓缩”

成一个值，因此对于输入的 C 通道特征图，将得到具有 C 个值的向量，记作 $\boldsymbol{z}$，其维度表示为 $1\times1\times C$。挤压操作如同将一张纸揉成一团，这也正是“挤压”一词的由来。在 SEB 中，挤压操作用全局平均池化(global average pooling) 来实现。挤压后面跟着“激发”，激发操作用来形成通道域注意力权重，用 $\boldsymbol{F}_{ex}(\cdot,\boldsymbol{W})$ 来表示。在 SEB 中，$\boldsymbol{F}_{ex}$ 被构造为两个全连接层，最终的全连接层输出再利用 sigmoid 函数进行概率化。激发操作的公式化表示为

$$\boldsymbol{s}=\boldsymbol{F}_{ex}(\boldsymbol{z},\boldsymbol{W})=\sigma(\boldsymbol{W}_2\delta(\boldsymbol{W}_1\boldsymbol{z})) \tag{2-127}$$

式中，$\boldsymbol{W}_1\in\mathbb{R}^{\frac{C}{r}\times C}$ 和 $\boldsymbol{W}_2\in\mathbb{R}^{C\times\frac{C}{r}}$ 分别为两个全连接层的参数，其中 $r>1$ 为维度缩放比例参数；$\delta(\cdot)$ 和 $\sigma(\cdot)$ 分别为 ReLU 和 sigmoid 激活函数。不难看出，SEB 将两个全连接层构造为“先小后大”的对称沙漏形状，数据经过该结构，维度先从 C 维降低到 C/r 维，然后再恢复到 C 维。维度的一降一升等价于先编码后解码，起到对冗余信息的滤除作用。另外需要注意的是，SEB 要的通过注意力对某些通道进行适当强化或抑制，但不能出现“你高我就低”甚至是“一家独大”的局面，即要求以“非排他”的形成注意力的权重。因此，SEB 使用 sigmoid 函数对向量中的每个元素独立处理，而不是像很多其他注意力模型那样使用 softmax 函数对整个向量进行概率化。这就意味着 SEB 得到的通道域注意力权重向量不满足归一化（求和得 1）性质。在得到 C 个注意力权重之后，即以其分别作为因子与 $\boldsymbol{U}$ 中的对应通道相乘，得到输出特征图 $\widetilde{\boldsymbol{X}}$。SEB 的基本结构如图 2-74 所示。

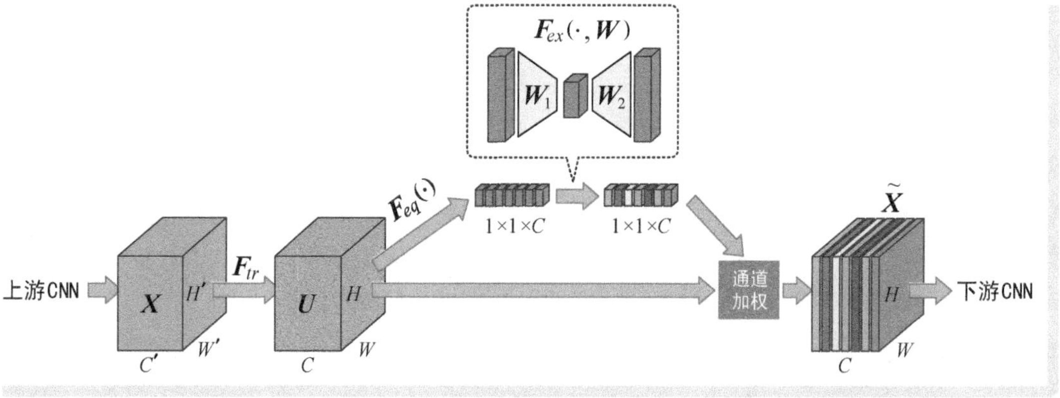

● 图 2-74　SEB 结构示意

接下来我们来看看 SEB 如何与 CNN 网络整合。SENet 作为一个轻量级模块，可以很容易地嵌入到任何 CNN 架构中。例如，针对 VGG 等网络，任何卷积操作都可以视为是 SEB 中的变换 $\boldsymbol{F}_{tr}$。在 SENet 的论文中，学者们给出了 SEB 与 Inception 网络和 ResNet 两种经典 CNN 网络整合的结构，前者称为 SE-Inception 网络，后者称为 SE-ResNet 网络。在 SE-Inception 中，将原 Inception 网络中的 Inception 模块视为变换 $\boldsymbol{F}_{tr}$，也即在相邻的两个 Inception 模块之间“塞”一个 SEB 进去。而面对 ResNet，SE-ResNet则将每一个残差块的残差分支视为变换 $\boldsymbol{F}_{tr}$，这也就意味着在每个 ResNet 残差块结构中的残差分支后面再续一个 SEB。因此在 SE-ResNet 中，残差块呈现出“分支套分支”的结构。图 2-75 分别示意了 SE-Inception 和 SE-ResNet 网络的基本模块。

除了 Inception 网络和 ResNet 网络，几位学者还给出了 SEB 与其他诸多经典 CNN 结构整合构造

SENet 的方案、配置及实验，但考虑到这部分内容与本书主旨相关性不高，这里我们就不再赘述。简单来说，我们认为 SENet 的特点概括起来就两点：简单且有效。先说简单，SEB 从特征图上分出一支预测出一组权重再逐通道作用到原特征图上，再无其他操作，可谓干净利落；再说有效，在通道域注意力机制的助力下，SENet 以极大的优势斩获了最后一届 ImageNet 2017 图像分类竞赛的冠军，足以证明其有效性。

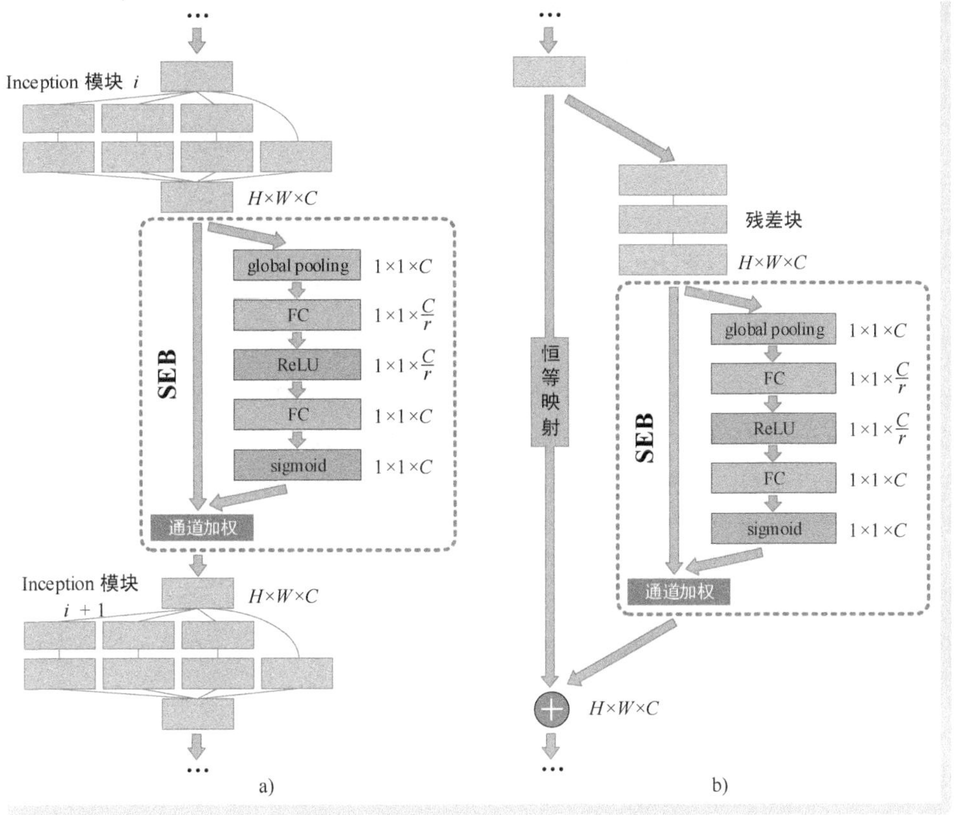

● 图 2-75　SE-Inception 模块与 SE-ResNet 模块结构示意

a）SE-Inception 模块　b）SE-ResNet 模块

3. Non-local：自注意力机制的视觉应用

在开展某些 CV 任务时，要求我们必须进行长范围的关系建模，这里的“范围”可以是图像上的空间范围，也可以是视频中的时间范围，抑或是空间时间兼顾。然而，广泛使用的 CNN 结构是一种典型的局部特征提取方法——只考虑了感受野范围内一小块图像中像素之间的关联，而缺少对图像全局特征的综合把握，因此长范围依赖关系建模能力也十分有限。正是出于对上述问题的考虑，2017 年，还在卡内基·梅隆大学读博士的王小龙（Xiaolong Wang）老师与 RBG、何恺明等[35]几位 CV 界大牛联名提出非局部神经网络(Non-local Neural Network，以下简称“Non-local 网络”）模型，有效捕捉序列中各个元素间的依赖关系。在这里，所谓的序列可以是单幅图像的不同位置（即空间序列），也可以是视频中的不同帧（即时间序列），还可以是视频中不同帧的不同位置（即时空序列）。Non-local 网络的结构非常简单，用几个卷积操作“拼拼凑凑”就能得到，实现起来非常容易。与前文介绍的 STM 和 SEB 类似，Non-local 网络也是一个通用的“积木”，可以将其嵌入到任意具体 CV 任务模型中的任意位置，可谓“即插即用”。为了验证 Non-local 网络的有效性，原文中给出其在目标检测、分割和姿态估计三方面的应用，结果表明使用 Non-local 网络在增加微小计算量的基础上带来大幅度的精度提高。需要说明的是，可谓是“左看成岭侧成峰”，Non-local 网络从不同的视角看待，就具有不同的历史沿革和应用场景：Non-local 网络是一种“神经化”的非局部均值（Non-local Means）滤波，Non-local 网络是一个表达了不同位置或不同时刻像素间关系的图模型，Non-local 网络是一种用于序列分析的前馈模型，Non-local 网络是自注意力机制的体现等。本部分内容为对视觉注意力的讨论，在这里我们自然着重从自注意力角度看待 Non-local 网络。下面我们就对 Non-local 网络的原理和应用展开深入分析。

Non-local 网络以神经网络的形式表达了从集合 $\boldsymbol{x}$ 到集合 $\boldsymbol{y}$ 的映射，而映射表达了“当前位置的对应输出由全体数据加权得到”这一基本思路，其一般模型为

$$\boldsymbol{y}_i = \frac{1}{C(x)}\sum_{\forall j} f(\boldsymbol{x}_i,\boldsymbol{x}_j)g(\boldsymbol{x}_j) \tag{2-128}$$

式中，$\boldsymbol{x}$ 为输入序列，可以表示一幅图像、一段视频等，更一般则是表示序列的某种特征，如 CNN 中的卷积特征图等；$\boldsymbol{y}$ 为对应的输出序列。序列 $\boldsymbol{x}$ 和 $\boldsymbol{y}$ 两个序列具有相同的元素个数；i、j 均为两个集合的元素下标，这里的下标可以表达空间位置、时间位置（时刻）或是时空位置；$f(\boldsymbol{x}_i,\boldsymbol{x}_j)$ 为作用在输入序列第 i、j 两个位置元素上的标量函数，在这里扮演权重系数；$g(\boldsymbol{x}_j)$ 为作用在输入序列第 j 个位置元素上的某种变换函数；$C(\boldsymbol{x})$ 为权重归一化函数，使得 $\frac{1}{C(x)}\sum_{\forall j} f(\boldsymbol{x}_i,\ \boldsymbol{x}_j)=1$。从以上公式可以直观地看出，对于任意一个输出位置的计算，都需要输入序列中所有位置元素的参与，这便是其名称中“非局部”的含义，这一点与卷积的局部操作有着本质区别。以我们常用的 3×3 卷积为例，仅仅做到了“$i-1\leqslant j\leqslant i+1$”，这与 Non-local 网络中的“$\forall j$”相去甚远。除此之外，与全连接网络中权重系数是通过训练得到的不同，$f(\boldsymbol{x}_i,\boldsymbol{x}_j)$ 作为权重系数是通过输入序列中元素“自己和自己”计算得到的。因此站在注意力机制的视角，正是这种“自娱自乐”的模式，决定了 Non-local 网络属于自注意力机制的应用，而 $f(\boldsymbol{x}_i,\boldsymbol{x}_j)$ 即为注意力的权重，表达了在计算当前值时，所有其他的“队友们”以多少权重参与其中。

在式（2-128）所示的一般模型中，对函数 g、f 和 C 只给出了抽象表达。在实际构造网络时则需要确定其具体形式。在 Non-local 网络中，首先，$g(\boldsymbol{x}_j)$ 被确定为针对 $\boldsymbol{x}_j$ 的线性变换 $g(\boldsymbol{x}_j)=\boldsymbol{W}_g\boldsymbol{x}_j$，其中 $\boldsymbol{W}_g$ 为一个学习得到的权重矩阵。当 $\boldsymbol{x}$ 为一幅图像或图像对应的特征图时，g 即可以表示为一个 $1\times1\times d_v$ 卷积操作，其中 d_v 为 $\boldsymbol{x}$ 的维度，也即上述特征图的通道数。确定了 g，下面就得确定 f，而 C 作为 f 的归一化因子，不同的 f 也决定了不同的 C。具体来说，Non-local 网络给出了四种 f 的设定形式，分别为：高斯（Gaussian）、嵌入高斯（embedded Gaussian）、点积（dot product）和拼接（concatenation）。在对 f 不同的设定下，归一化函数 C 也具有不同的形式，下面我们就分别对其进行讨论。

第一种为高斯设定。在高斯设定下，Non-local 网络的注意力权重系数实现为“两向量点积的指数函数”，也即高斯函数，这一点与非局部均值滤波中的方式相同，表示为

$$f(\boldsymbol{x}_i,\boldsymbol{x}_j)=e^{\boldsymbol{x}_i^{\mathrm{T}}\boldsymbol{x}_j} \tag{2-129}$$

式中，指数部分的$\boldsymbol{x}_i^{\mathrm{T}}\boldsymbol{x}_j$为点积形式表示的向量间相似度，对应的归一化函数为$C(\boldsymbol{x})=\sum_{\forall j}\exp(\boldsymbol{x}_i^{\mathrm{T}}\boldsymbol{x}_j)$。在高斯设定下，将$f$、$g$和$C$的具体表达式代入式（2-128）所示 Non-local 网络的一般形式，有

$$\boldsymbol{y}_i=\frac{1}{\sum_{\forall j}e^{\boldsymbol{x}_i^{\mathrm{T}}\boldsymbol{x}_j}}\sum_{\forall j}e^{(\boldsymbol{x}_i^{\mathrm{T}}\boldsymbol{x}_j)}\cdot\boldsymbol{x}_j=\sum_{\forall j}\frac{e^{(\boldsymbol{x}_i^{\mathrm{T}}\boldsymbol{x}_j)}}{\sum_{\forall j}e^{(\boldsymbol{x}_i^{\mathrm{T}}\boldsymbol{x}_j)}}\boldsymbol{x}_j \tag{2-130}$$

从式（2-130）中我们看到了 softmax 函数的影子，我们抽取其中的 softmax 函数部分，并将上式整理为矩阵形式，有

$$\boldsymbol{y}=\mathrm{softmax}(\boldsymbol{x}^{\mathrm{T}}\boldsymbol{x})\boldsymbol{W}_g\boldsymbol{x} \tag{2-131}$$

第二种为嵌入高斯设定。在嵌入高斯设定下，Non-local 网络的注意力权重系数函数实现为“两变换后向量点积的指数函数”，表示为

$$f(\boldsymbol{x}_i,\boldsymbol{x}_j)=\mathrm{e}^{\theta(\boldsymbol{x}_i)^{\mathrm{T}}\phi(\boldsymbol{x}_j)} \tag{2-132}$$

式中，函数$\theta(\cdot)$和$\phi(\cdot)$分别为对$\boldsymbol{x}_i$和$\boldsymbol{x}_j$的变换（嵌入）函数，在 Non-local 网络中，这两个变换也构造为线性变换，即有$\theta(\boldsymbol{x}_i)=\boldsymbol{W}_\theta\boldsymbol{x}_i$和$\phi(\boldsymbol{x}_j)=\boldsymbol{W}_\phi\boldsymbol{x}_j$，其中$\boldsymbol{W}_\theta$和$\boldsymbol{W}_\phi$分别为两个学习得到的线性变换系数矩阵。与嵌入高斯匹配的归一化函数为$C(\boldsymbol{x})=\sum_{\forall j}\exp(\theta(\boldsymbol{x}_i)^{\mathrm{T}}\phi(\boldsymbol{x}_j))$。将$f$、$g$和$C$的具体表达式代入 Non-local 网络的一般形式，并以矩阵形式表示，有

$$\boldsymbol{y}=\mathrm{softmax}(\boldsymbol{x}^{\mathrm{T}}\boldsymbol{W}_\theta^{\mathrm{T}}\boldsymbol{W}_\phi\boldsymbol{x})(\boldsymbol{W}_g\boldsymbol{x}) \tag{2-133}$$

第三种为点积设定。在点积设定下，Non-local 网络的权重系数函数实现为“两变换后向量的点积”，表示为

$$f(\boldsymbol{x}_i,\boldsymbol{x}_j)=\theta(\boldsymbol{x}_i)^{\mathrm{T}}\phi(\boldsymbol{x}_j) \tag{2-134}$$

式中，函数$\theta(\cdot)$和$\phi(\cdot)$的定义与嵌入高斯设定中对应函数的定义相同。为了简化梯度计算，不再使用$C(\boldsymbol{x})=\sum_{\forall j}f(\boldsymbol{x}_i,\ \boldsymbol{x}_j)$作为归一化函数，而是直接以$C(\boldsymbol{x})=N$这一简化版本取代之，其中$N$为序列$\boldsymbol{x}$的长度。与嵌入高斯的主要区别在于点积设定下，注意力权重系数没有通过 softmax 函数进行概率化操作，即不对权重系数进行归一化。

第四种为拼接设定。在拼接设定下，Non-local 网络的权重系数函数实现为“拼接向量各维度加权和的激活值”，表示为

$$f(\boldsymbol{x}_i,\boldsymbol{x}_j)=\mathrm{ReLU}(\boldsymbol{w}_f^{\mathrm{T}}\mathrm{concat}(\boldsymbol{x}_i,\boldsymbol{x}_j)) \tag{2-135}$$

式中，$\boldsymbol{w}_f^{\mathrm{T}}\in\mathbb{R}^{2d}$为一个学习得到的权重向量，其以内积的形式将$\boldsymbol{x}_i$和$\boldsymbol{x}_j$的拼接结果变换为一个标量，该标量再经过 ReLU 函数进行激活得到最终的注意力权重系数。与点积设定类似，拼接设定也简单使用序列长度作为归一化函数，即有$C(x)=N$。

上文已经提到，Non-local 网络是一个通用模块，可以很方便地像搭积木那样嵌入到其他 CV 模型中，这种结构称之为“非局部块”（“Non-local block”，以下称为“Non-local 块”），一般以残差块的形式体现，即

$$\boldsymbol{z}_i=\boldsymbol{W}_z\boldsymbol{y}_i+\boldsymbol{x}_i \tag{2-136}$$

式中，$\boldsymbol{y}_i$为 Non-local 网络的输出，得到该输出后，首先对其进行线性变换$\boldsymbol{W}_z\boldsymbol{y}_i$，然后再与输入$\boldsymbol{x}_i$进行合成，“$+\boldsymbol{x}_i$”即表示了残差连接。使用残差结构的优点在于可以很“柔和”的将一个 Non-local 块插

入一个预训练的模型中继续训练㊀。在实现中，为了降低计算量，Non-local 块一般构造为“瓶颈”（bottleneck）的形态，而“瓶颈”表现在特征图的通道上：首先，以卷积方式实现变换 $\boldsymbol{W}_\theta\boldsymbol{x}$、$\boldsymbol{W}_\phi\boldsymbol{x}$ 和 $\boldsymbol{W}_g\boldsymbol{x}$，设定其输出特征图的通道数均为输入特征图的一半，基于这些低维特征图完成后续的注意力权重系数的计算。然后，再通过同样是以卷积方式表达的变换 $\boldsymbol{W}_z\boldsymbol{y}$，将输出特征图的维度恢复至原始维度，从而使其能够进一步与原始输入进行求和运算。这样一来，Non-local 保证了输入和输出具有相同的尺寸，“嵌入”其他模型变得易如反掌。图 2-76 示意了针对某一图像特征图，对其进行 Non-local 块处理的示意图（该图示意了针对空间序列的 Non-local 操作，其中假设提取得到的特征图尺寸为 $H\times W\times1024$，采用嵌入高斯设定）。

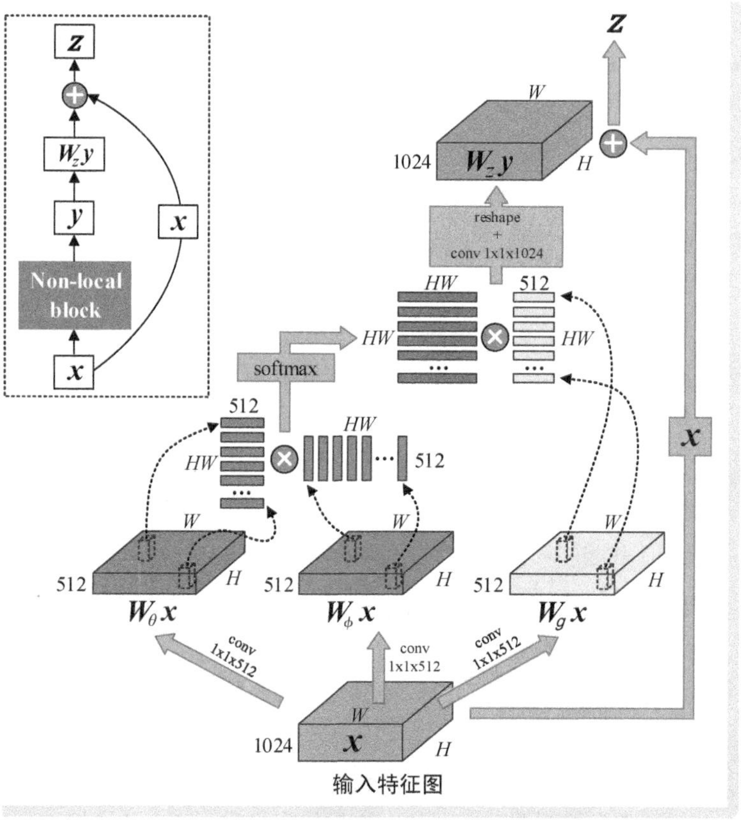

● 图 2-76　Non-local 块工作模式示意

在针对视频这种时空序列数据进行分类等操作时，Non-local 网络的处理方式与针对静态图像空间序列的处理方式类似。只不过在静态图像中，自注意力机制考虑的仅仅是某像素与其他所有位置像素的关系，而在视频序列中，自注意力机制考虑的是某帧上的某像素与所有帧上的所有像素之间的关系。图 2-77 示意了 Non-local 网络在时空序列上的工作机制。

㊀ 具体实现方法为首先将 $\boldsymbol{W}_z$初始化为零矩阵，让 Non-local 网络“神不知鬼不觉”的参与进来，然后在后续微调中不断对其进行修正，逐渐让其产生作用，这种操作不会改变原模型的初始行为。

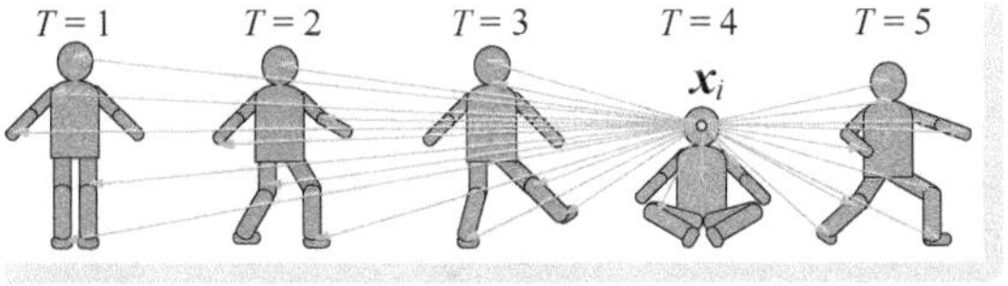

● 图 2-77　Non-local 网络在时空序列上的工作机制示意

设输入的视频一共有 T 帧（在图 2-77 的示意中有 $T=5$），针对每一帧图像获取的特征图维度为 $H\times W\times d_v$，其中 H、W 和 d_v 分别为每帧图像特征图的高度、宽度以及通道数，那么输入序列 $\boldsymbol{x}$ 可以表达为一个 $T\times H\times W\times d_v$ 维张量。Non-local 块的处理过程包括如下六个步骤：第一步，对输入序列分别进行三个 1×1×1、输出通道数为 $\frac{d_v}{2}$ 的卷积操作，得到三个维度为 $T\times H\times W\times\frac{d_v}{2}$ 的特征图；第二步，对三个特征图进行形状变换（“reshape” 操作），得到三个特征图的矩阵表示，将这三个矩阵分别记作 $\boldsymbol{Q}$、$\boldsymbol{K}$ 和 $\boldsymbol{V}$，其维度分别为 $THW\times\frac{d_v}{2}$、$\frac{d_v}{2}\times THW$ 和 $THW\times\frac{d_v}{2}$ ㊀；第三步，利用 softmax（$\boldsymbol{Q}^{\mathrm{T}}\boldsymbol{K}$）计算归一化的注意力权重系数；第四步，将注意力权重系数作用到 $\boldsymbol{V}$ 上，即计算 $\mathrm{softmax}(\boldsymbol{Q}^{\mathrm{T}}\boldsymbol{K})\boldsymbol{V}$，得到一个 $THW\times\frac{d_v}{2}$ 矩阵；第五步，将第四步得到的矩阵进行形状变换，得到一个 $T\times H\times W\times\frac{d_v}{2}$ 维张量，将该张量记为 $\boldsymbol{y}$；第六步，对张量 $\boldsymbol{y}$ 进行 1×1×1、输出通道数为 d_v 的卷积操作，得到一个 $T\times H\times W\times d_v$ 维张量，该张量即为 $\boldsymbol{W}_z\boldsymbol{y}$，然后再将其与 $\boldsymbol{x}$ 相加得到最终输出 $\boldsymbol{z}$。

Non-local 网络受非局部均值滤波这一经典图像去噪方法的启发，将其“神经化”和模块化，形成了一个能够广泛应用于各类 CV 任务的通用网络模块。Non-local 网络在对数据加工时，以“看全部，算当前”的思路使用全局信息，对图像不同空间位置、特别是视频帧与帧之间的长距离依赖关系进行了很好的建模。从注意力的角度，Non-local 网络通过向量内积再概率化的方式与 Transformer 中自注意力机制的应用模式是高度一致的。不得不说，Non-local 网络是自注意力机制应用于 CV 领域的一项经典工作。

4. CBAM：串联通道注意力和空间注意力的通用模块

面对“哪儿重要”和“什么重要”这两个老生常谈的问题，难道我们就不能“鱼和熊掌来个兼得”？何况有前文 SENet 的“打样”，我们难道不能再预测一个空间维度的注意力权重作用到特征图上？如果能想到上面的思路，那么就和我们即将介绍的工作想到一块儿了。2018 年，Sanghyun Woo 等[36]四名来自韩国的学者在 ECCV 会议上发文提出“卷积块注意力模块”（Convolutional Block Attention Module，CBAM）网络结构。给定一个卷积特征图，CBAM 沿着通道和空间两个独立的维度依次预测注意力权重，然后再将注意力权重作用在输入特征图上，从而实现对特征图通道和空间位置上“划重点”。CBAM 的结构如图 2-78 所示。

㊀ 熟悉 Transformer 的读者可能已经看出，我们这里用 $\boldsymbol{Q}$、$\boldsymbol{K}$ 和 $\boldsymbol{V}$ 分别作为 $\boldsymbol{W}_\theta\boldsymbol{x}$、$\boldsymbol{W}_\phi\boldsymbol{x}$ 和 $\boldsymbol{W}_g\boldsymbol{x}$ 的简记，也算为后面介绍的 Transformer 埋个伏笔。

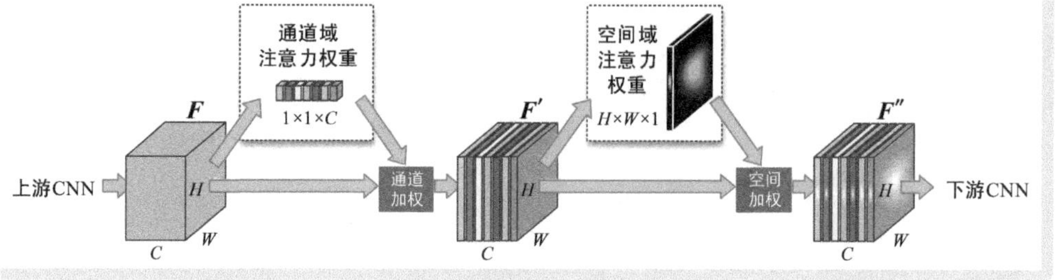

● 图 2-78 CBAM 结构示意

设输入的特征图为 $\boldsymbol{F}$，其维度为 $H\times W\times C$。与 SENet 类似，CBAM 首先基于 $\boldsymbol{F}$ 预测出一个 $1\times1\times C$ 的向量作为通道域注意力权重，然后将其与 $\boldsymbol{F}$ 做逐通道相乘，实现注意力的通道域作用，形成新的特征图 $\boldsymbol{F}'$，其维度为 $H\times W\times C$；然后，再基于特征图 $\boldsymbol{F}'$ 预测一个 $H\times W\times 1$ 的空间域注意力权重，将其与 $\boldsymbol{F}'$ 做逐位置相乘，实现注意力的空间域作用，形成特征图 $\boldsymbol{F}''$ 作为最终的输出，$\boldsymbol{F}''$ 的维度仍然为 $H\times W\times C$。不难看出，一个 CBAM 是两个独立的注意力模块串联得到的。CBAM 中通道域和空间域注意力的产生和作用机制可以表示为

$$\begin{aligned}\boldsymbol{F}' &= M_c(\boldsymbol{F})\circ\boldsymbol{F}\\ \boldsymbol{F}'' &= M_s(\boldsymbol{F}')\circ\boldsymbol{F}'\end{aligned}\tag{2-137}$$

式中，$M_c(\cdot)$ 和 $M_s(\cdot)$ 分别表示通道域和空间域注意力权重的生成操作；两式中的运算符"$\circ$"分别表示逐通道相乘和逐位置相乘。

在通道域注意力模块中，CBAM 采用"池化、全连接、融合、激活"的方式得到通道域注意力权重。其中，池化操作的目的与 SENet 通道域注意力模块中池化的目的类似，都是为了实现对通道特征的"浓缩"，只不过与 SENet 的用均值代表通道不同，CBAM 中采用了最大池化和平均池化两个池化操作——一方面像 SENet 那样用均值代表通道，另一方面"挑个最大的"来代表通道；进行两个池化操作后，再分别将两个输出代入同一个全连接网络进行变换。与 SENet 类似，上述全连接层具有 3 层对称的沙漏结构，最终输出的向量维度保持不变；再得到最大池化和平均池化的变换结果后，再以逐元素相加的方式对两向量进行融合；最后，使用 sigmoid 函数对融合向量进行权重化。上述过程可以表示为

$$M_c(\boldsymbol{F})=\sigma(\boldsymbol{W}_2\delta(\boldsymbol{W}_1\boldsymbol{F}^c_{\max})+\boldsymbol{W}_2\delta(\boldsymbol{W}_1\boldsymbol{F}^c_{\text{avg}}))\tag{2-138}$$

式中，$\boldsymbol{F}^c_{\max}\in\mathbb{R}^{1\times1\times C}$ 和 $\boldsymbol{F}^c_{\text{avg}}\in\mathbb{R}^{1\times1\times C}$ 分别表示最大池化和平均池化的输出向量；$\boldsymbol{W}_1\in\mathbb{R}^{\frac{C}{r}\times C}$ 和 $\boldsymbol{W}_2\in\mathbb{R}^{C\times\frac{C}{r}}$ 分别为两个全连接层的参数，其中 $r>1$ 为维度缩放比例参数；$\delta(\cdot)$ 和 $\sigma(\cdot)$ 分别为 ReLU 和 sigmoid 激活函数。图 2-79 为 CBAM 通道域注意力模块的结构示意。

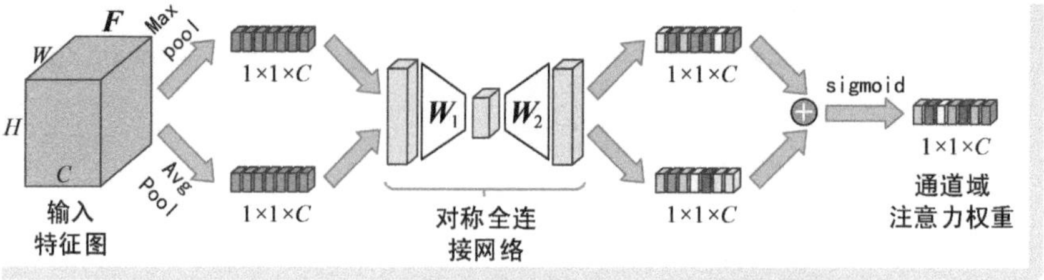

● 图 2-79 CBAM 通道域注意力模块结构示意

在空间域注意力模块中，CBAM 采用“池化、卷积、激活”的方式得到空间域注意力权重。其中，池化操作沿着通道轴开展，同样也分别进行最大和平均两种池化操作，输出两个维度均为 $H×W×1$ 的特征图，这两个特征图上的特征值即分别表示了沿着通道轴以最大和平均两种方式得到的“浓缩”特征[⊖]；然后按照通道维度对上述两个特征图进行拼接，并将拼接得到 $H×W×2$ 维特征图再送入一个参数为 7×7×1 的卷积操作，得到一个 $H×W×1$ 维的特征图输出；最后对上述卷积特征图输出逐位置进行 sigmoid 激活，得到最终的空间位置注意力权重。上述过程可以表示为

$$M_s(\boldsymbol{F})=\sigma(\mathrm{conv}_{7\times7}(\mathrm{concat}(\boldsymbol{F}^s_{\max},\boldsymbol{F}^s_{\mathrm{avg}}))) \tag{2-139}$$

式中，$\boldsymbol{F}^s_{\max}\in\mathbb{R}^{H\times W\times1}$ 和 $\boldsymbol{F}^s_{\mathrm{avg}}\in\mathbb{R}^{H\times W\times1}$ 分别表示沿通道轴进行最大池化和平均池化的输出特征图；concat(·，·)为按照通道维度的拼接操作；$\mathrm{conv}_{7\times7}$(·)表示参数为 7×7×1 的卷积操作，并且进行了 3 像素的补边（padding）操作。图 2-80 为 CBAM 空间域注意力模块的结构示意。

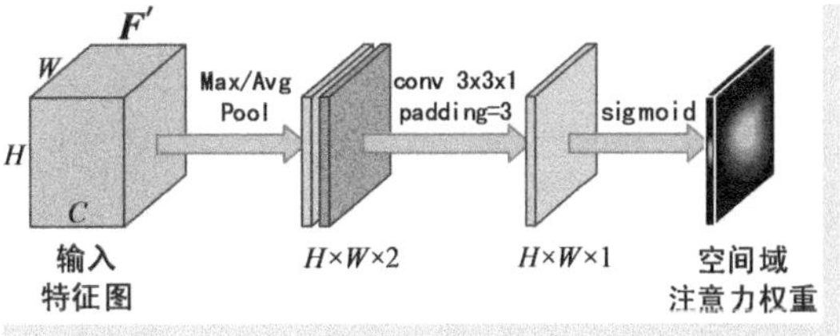

● 图 2-80 CBAM 空间域注意力模块结构示意

谈完原理我们谈集成。为了证明 CBAM 的有效性，几位学者将 CBAM 嵌入到多个现有主流的 CNN 架构，通过开展图像分类和目标检测两类 CV 任务进行对比实验。其中图像分类基于 ImageNet-1K 公开数据集开展，目标检测分别基于 MS COCO 和 PASCAL VOC 2007 两个公开数据集开展。在图像分类中，学者们分别将 CBAM 与 ResNet（包括 18、34、50 和 101 层四种具体结构）、WideResNet18、ResNeXt（包括 50 层和 101 层两种具体结构）和 MobileNet 四种经典 CNN 架构进行集成。结果表明，在 CBAM 的加持下，图像分类的 Top-1 和 Top-5 错误率相较基本版本均降低了 1～2 个百分点[⊖]；在基于 MS COCO 公开数据集开展的目标检测实验中，学者们分别以 CBAM 嵌入的 ResNet50 和 ResNet101 作为主干网络并构造 Faster R-CNN 目标检测模型。结果表明，在使用 CBAM 之后，目标检测的 mAP 指标也提升了 2～3 个百分点；在基于 PASCAL VOC 2007 公开数据集开展的目标检测实验中，学者们分别以 VGG16 和 MobileNet 作为主干网络，分别构建具有 CBAM 嵌入的 SSD 和 StairNet 目标检测模型，结果同样显示，目标检测的 mAP 指标提高了两个百分点。在具体的集成架构方面，学者们给出了其与 ResNet 残差块进行集成的架构示例，该架构 SE-ResNet 模块类似，简单来说就是在图 2-78 所示的结构之外引入恒等映射直通连接，如图 2-81 所示。

在上文中，我们介绍了 CBAM 的工作原理和一些基本应用。CBAM 分别实现了通道域注意力和空间域注意力两个子模块，并将两个子模块进行串联，形成兼顾回答“什么重要”和“哪儿重要”两个问题的综合注意力模块。与前文介绍的 STN、SEM 类似，CBAM 可以在 CNN 架构中的任意位置，以任意的数量进行嵌入并进行一体化训练和推理，思路非常清晰，结构也非常简洁。

⊖ 对于一个维度为 $H×W×C$ 的三阶张量，沿通道轴进行池化，将得到一个维度为 $H×W$ 的二维张量。在输出张量中，位于某个位置的值为所有通道位于相同位置位置特征的平均值（对应平均池化）或最大值（对应最大池化）。

⊖ 实际上，CBAM 通道域和空间域注意力子模块的参数（如池化方式和卷积尺寸等），以及两个模块的先后顺序安排都是在分类任务中通过测试对比得到。

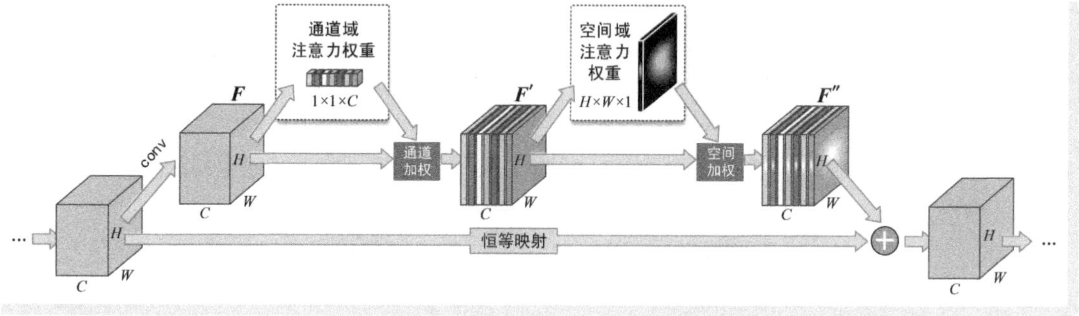

● 图 2-81 CBAM 与 ResNet 的残差块集成结构示意

5. DANet：空间与通道并举的注意力模块

上文介绍的 CBAM 以串联方式组织通道域注意力和空间域注意力模块，以此来回答“什么重要”和“哪儿重要”两个重要问题。其中，通道域注意力在前，空间域注意力在后，空间域注意力模块以通道域注意力的输出作为输入。那么，如同电路有串并联之分，是否能够以互不干扰的并联方式组织两类注意力模块？答案自然是可定的——在 2019 年的 CVPR 会议上，FU Jun 等[37]七名学者联名发表文章，提出了双注意力网络(Dual Attention Network，DANet）模型。DANet 以并列方式组织空间域注意力㊀子模块和通道域注意力子模块，最后通过对并列结果进行融合使得模型兼顾两类注意力机制的综合作用。需要说明的是，尽管几位学者是在场景分割(Scene Segmentation）这一具体 CV 任务中提出的 DANet 模型，但是考虑到 DANet 的架构和应用方式具有通用模块特性，因此我们将其视为通用注意力模块并纳入本部分内容的讨论。另外，也正是因为场景分割对特征之间的依赖关系，尤其是长范围依赖关系提出更高的要求，因此与 Non-local 网络类似，DANet 在进行两种注意力模块的设计时，也将注意力构造为自注意力机制，以此来实现对长范围依赖关系进行建模。在最终的场景分割测评中，DANet 在自注意力机制的赋能下，表现“SOTA”。DANet 中的双注意力模块由空间域注意力子模块和通道域注意力子模块并列构成，其整体结构如图 2-82 所示。

DANet 的双注意力模块可以将任意层级的特征图 $\boldsymbol{F}_{in}$ 作为输入，以特征图 $\boldsymbol{F}_{out}$ 作为输出。具体过程为：在获得输入特征图 $\boldsymbol{F}_{in}$ 后，分别对其进行两个卷积操作，得到两个特征图 $\boldsymbol{A}_s$ 和 $\boldsymbol{A}_c$，这两个特征图即为空间域注意力模块和通道域注意力模块各自的输入；经过两个注意力模块的作用之后，将得到两个维度均为 $H\times W\times C$ 的带有注意力作用的新特征图 $\boldsymbol{E}_s$ 和 $\boldsymbol{E}_c$；最后以求和方式对上述两个特征图进行求和融合，对融合得到的特征图再进行一次卷积操作，得到整个注意力模块的输出 $\boldsymbol{F}_{out}$。上述过程可以用公式表示为

$$\boldsymbol{A}_s=\mathrm{conv}(\boldsymbol{F}_{in})$$

$$\boldsymbol{A}_c=\mathrm{conv}(\boldsymbol{F}_{in})$$

$$\boldsymbol{E}_s=\mathrm{attention}_s(\boldsymbol{A}_s)$$

㊀ 在 DANet 的原文中，使用“位置注意力”（position attention)。但是为了全书的一致性，我们这里仍然沿用“空间域注意力”这一提法。

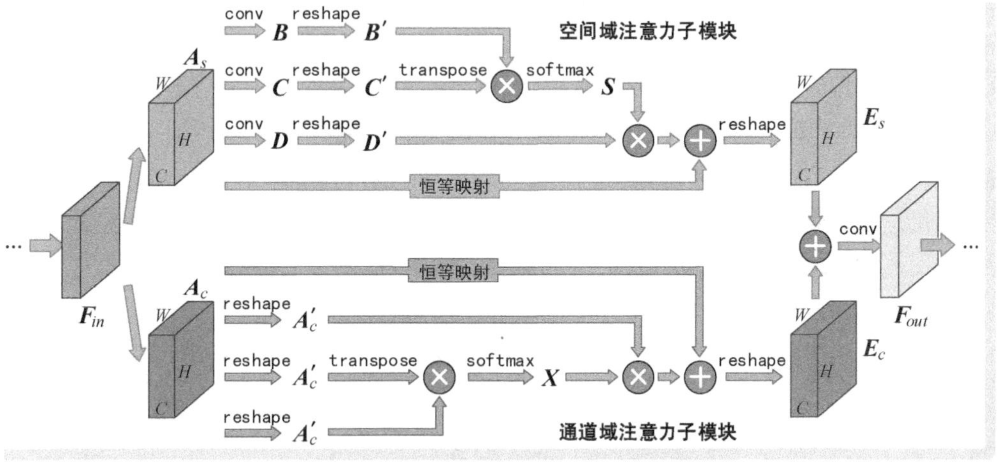

● 图 2-82　DANet 双注意力模块结构示意

$$E_c = \text{attention}_c(A_c)$$

$$F_{out} = \text{conv}(E_s + E_c) \tag{2-140}$$

式中，$\text{attention}_s(\cdot)$和$\text{attention}_c(\cdot)$分别表示空间注意力子模块和通道注意力子模块的数据加工过程。

在图 2-82 上半部分结构所示的空间域注意力子模块中，对于输入特征图 $A_s \in \mathbb{R}^{H\times W\times C}$，DANet 首先将其送入三个不同的卷积操作，得到三个新的特征图，分别记作 B、C 和 D。这三个新特征图的维度与输入特征图 A_s的维度相同，均为 $H\times W\times C$；接下来，针对特征图 B 和 C 进行变形（reshape）操作，均将其变换为 $N\times C$ 维矩阵，分别记作 B'和 C'，其中 $N=H\times W$ 即为特征图中的像素个数；接下来计算矩阵乘法 $B'C'^{\mathrm{T}}$，得到一个 N 阶矩阵，其中位于第 i 行第 j 列位置的值，即表示输入特征图 A_s在两个卷积的变换下，分别位于第 i 个位置第 j 个位置特征之间内积；然后，利用 softmax 对上述 N 阶矩阵进行概率化，得到注意力权重矩阵，记作 S；有了注意力权重，还得找一个被作用对象，容易发现，第三路的特征图 D 还未使用，那么对特征图 D 进行 $N\times C$ 变形，得到 D'，然后将注意力权重矩阵与其作用，即计算矩阵乘法 SD'，从而实现为不同位置的特征进行加权。另外，DANet 也将空间域注意力模块构造为残差结构，即直接从特征图 A_s构造一条恒等映射连接到最后与上述注意力分支的输出进行融合，得到模块的最终输出 E_s。将上述过程用公式表示，有

$$B' = \text{reshape}_{N\times C}(\text{conv}(A_s))$$

$$C' = \text{reshape}_{N\times C}(\text{conv}(A_s))$$

$$D' = \text{reshape}_{N\times C}(\text{conv}(A_s)) \tag{2-141}$$

$$S = \text{softmax}(B'C'^{\mathrm{T}})$$

$$E_s = \alpha \cdot \text{reshape}_{H\times W\times C}(SD') + A_s$$

式中，α 为平衡注意力分支和恒等映射分支所添加的权重系数。不难看出，DANet 的空间域注意力模块“兵分三路”的操作模式——分别将输入的特征图做三个变换，对前两个变换结果做内积再概率化算出注意力权重，然后再作用在第三个变换结果上，这与上文介绍的 Non-local 网络是一致的。注意力

分支之外再引入直通连接，这也与上文介绍的一系列注意力模块嵌入 CNN 架构的思路是相同的。另外，熟悉 Transformer 的读者自然一眼也能看出来谁是“QKV 饰演者”。

在图 2-82 下半部分结构所示的通道域注意力子模块中，DANet 的处理方式与空间域注意力的模式类似且更加简单。对于输入特征图 $\boldsymbol{A}_c \in \mathbb{R}^{H\times W\times C}$，DANet 首先对其进行变形处理，得到一个其“扁平化”版本 $\boldsymbol{A}_c' \in \mathbb{R}^{N\times C}$；然后计算内积 $(\boldsymbol{A}_c')^{\mathrm{T}}\boldsymbol{A}_c'$，得到一个 C 阶矩阵；紧接着，利用 softmax 对上述 C 阶矩阵进行概率化，得到通道域注意力权重矩阵，记作 $\boldsymbol{X}$；然后通过计算 $\boldsymbol{X}(\boldsymbol{A}_c')^{\mathrm{T}}$ 实现通道域注意力对原始数据的作用；最后，添加从输入特征图 $\boldsymbol{A}$ 到最后的恒等映射并融合，得到模块输出 $\boldsymbol{E}_c$，从而将模块构造为残差结构。DANet 的通道域注意力模块的工作流程可以表示为

$$
\begin{aligned}
\boldsymbol{A}_c' &= \mathrm{reshape}_{N\times C}(\boldsymbol{A}_c)\\
\boldsymbol{X} &= \mathrm{softmax}((\boldsymbol{A}_c')^{\mathrm{T}}\boldsymbol{A}_c')\\
\boldsymbol{E}_c &= \beta\cdot \mathrm{reshape}_{H\times W\times C}(\boldsymbol{X}(\boldsymbol{A}_c')^{\mathrm{T}}) + \boldsymbol{A}_c
\end{aligned}
\tag{2-142}
$$

式中，β 同样为平衡注意力分支和恒等映射分支所添加的权重系数。

DANet 的双注意力模块以卷积特征图作为输入，也以卷积特征图作为输出，因此可以嵌入到任何现有的 CNN 架构中。在 DANet 的原文中，几位学者将双注意力模块放置在 ResNet 主干网络之后，与后续的各操作一同构成用于图像语义分割的 FCN 架构，其具体的参数配置和实验结果我们就不再赘述。我们认为 DANet 模型有两个方面是可圈可点的：第一，DANet 将两个注意力子模块构造为并联结构，兼顾考虑注意力的位置和特征两个重要因素；第二，为了捕获特征的长范围依赖关系，DANet 将两个注意力子模块都构造为具有残差连接的自注意力模块。另外，在结构方面，可以看出 DANet 结构同样非常清晰简洁，“对仗”也非常工整。

参考文献

[1] MANCAS M, TAYLOR J G, FERRERA V P, et al. From Human Attention to Computational Attention [M]. New York: Springer, 2016.

[2] KOCH C, ULLMAN S. Shifts in selective visual attention: Towards the underlying neural circuitry [J]. Human Neurobiology, 1985, 4 (4): 219-227.

[3] ITTI L, KOCH C, NIEBUR E. A Model of Saliency-Based Visual Attention for Rapid Scene Analysis [J]. IEEE Transactions on Pattern Analysis & Machine Intelligence, 1998, 20 (11): 1254-1259.

[4] ITTI L , BALDI P. Bayesian surprise attracts human attention [C]. Vancouver: Advances in Neural Information Processing Systems 18, 2005.

[5] HAREL C K J, PERONA P. Graph-based visual saliency [C]. Vancouver: Advances in Neural Information Processing Systems 19, 2006.

[6] BRUCE N B, TSOTSOS J K. Saliency Based on Information Maximization [C]. Vancouver: Advances in Neural Information Processing Systems 19, 2006.

[7] HOU X, ZHANG L. Saliency detection: A spectral residual approach [C]. Minneapolis: IEEE Conference on Computer Vision and Pattern Recognition, 2007.

[8] ZHANG L, TONG M H, MARKS T K, et al. SUN: A Bayesian framework for saliency using natural statistics

[J]. Journal of Vision, 2008, 8 (7): 32. 1-20.
[9] KANAN C, TONG M H , ZHANG L, et al. SUN: Top-down saliency using natural statistics [J]. Visual Cognition, 2009, 17 (6/7): 979-1003.
[10] HOU X, HAREL J, KOCH C. Image Signature: Highlighting Sparse Salient Regions [J]. IEEE Transactions on Pattern Analysis & Machine Intelligence, 2012, 34 (1): 194-201.
[11] ERDEM E, ERDEM A. Visual saliency estimation by nonlinearly integrating features using region covariances [J]. Journal of Vision, 2013, 13 (4): 11. 1-20.
[12] VIG E, DORR M, COX D. Large-Scale Optimization of Hierarchical Features for Saliency Prediction in Natural Images [C]. Columbus: IEEE Conference on Computer Vision and Pattern Recognition, 2014.
[13] KRUTHIVENTI S S S, AYUSH K, Babu R V. Deepfix: A fully convolutional neural network for predicting human eye fixations [J]. IEEE Transactions on Image Processing, 2017, 26 (9): 4446-4456.
[14] LIU T, SUN J, ZHENG N N, et al. Learning to Detect a Salient Object [C]. Minneapolis: IEEE Conference on Computer Vision and Pattern Recognition, 2007.
[15] ACHANTA R, HEMAMI S, ESTRADA F, et al. Frequency-tuned salient region detection [C]. Miami: IEEE Conference on Computer Vision and Pattern Recognition, 2009.
[16] RAHTU E, KANNALA J, SALO M, et al. Segmenting Salient Objects from Images and Videos [C]. Heraklion: European Conference on Computer Vision 11, 2010.
[17] GOFERMAN S, ZELNIK-MANOR L, TAL A. Context-aware saliency detection [C]. San Francisco: IEEE Conference on Computer Vision and Pattern Recognition, 2010.
[18] CHENG M, ZHANG G, MITRA N J, et al. Global contrast based salient region detection [C]. Colorado Springs: IEEE Conference on Computer Vision and Pattern Recognition, 2011.
[19] ROTHER C, KOLMOGOROV V, BLAKE A. "GrabCut" - Interactive foreground extraction using iterated graph cuts [J]. ACM TOG, 2004, 23 (3): 309 - 314.
[20] PERAZZI F, KRÄHENBÜHL P, PRITCH Y, et al. Saliency filters: Contrast based filtering for salient region detection [C]. Providence: IEEE Conference on Computer Vision and Pattern Recognition, 2012.
[21] ACHANTA R, SHAJI A, SMITH K, A. et al. SLIC Superpixels [R]. EPFL Technical Report 149300, 2010. 3.
[22] YAN Q, XU L, SHI J, et al. Hierarchical saliency detection [C]. Portland: IEEE Conference on Computer Vision and Pattern Recognition, 2013.
[23] JIANG H, WANG J, Yuan Z, et al. Salient object detection: A discriminative re gional feature integration approach [C]. Portland: IEEE Conference on Computer Vision and Pattern Recognition, 2013.
[24] YANG C, ZHANG L, LU H, et al. Saliency detection via graph-based manifold ranking [C]. Portland: IEEE Conference on Computer Vision and Pattern Recognition, 2013.
[25] LI C, YU Y. Visual saliency based on multiscale deep features [C]. Boston: IEEE Conference on Computer Vision and Pattern Recognition, 2015.
[26] XIE S, TU Z. Holistically-Nested Edge Detection [C]. Santiago: International Conference on Computer Vision, 2016.
[27] HOU Q, CHENG M, HU X, et al. Deeply Supervised Salient Object Detection with Short Connections [C].

Hawaii: IEEE Conference on Computer Vision and Pattern Recognition, 2017.

[28] MNIH V, HEESS N, GRAVES A, et al. Recurrent Models of Visual Attention [C]. Montreal: Conference on Neural Information Processing Systems 28, 2014.

[29] BA J, MNIH V, KAVUKCUOGLU K. Multiple object recognition with visual attention [C]. Banff: International Conference on Learning Representations, 2014.

[30] XIAO T, XU Y, YANG K, et al. The Application of Two-Level Attention Models in Deep Convolutional Neural Network for Fine-Grained Image Classification [C]. Boston: IEEE Conference on Computer Vision and Pattern Recognition, 2015.

[31] FU J, ZHENG H, MEI T. Look closer to see better: Recurrent attention convolutional neural network for fine-grained image recognition [C]. Hawaii: IEEE Conference on Computer Vision and Pattern Recognition, 2017.

[32] ZHENG H, FU J, MEI T, et al. Learning multi-attention convolutional neural network for fine-grained image recognition [C]. Venice: International Conference on Computer Vision, 2017.

[33] JADERBERG M, SIMONYAN K, ZISSERMAN A. Spatial transformer networks. Montreal: Conference on Neural Information Processing Systems 19, 2015.

[34] HU J, SHEN L, SUN G. Squeeze-and-excitation networks [C]. Salt Lake City: IEEE Conference on Computer Vision and Pattern Recognition, 2018.

[35] WANG X, GIRSHICK R, GUPTA A, et al. Non-local neural networks [C]. Salt Lake City: IEEE Conference on Computer Vision and Pattern Recognition, 2018.

[36] WOO S, PARK J, LEE J Y, et al. CBAM: Convolutional Block Attention Module [C]. Munich: European Conference on Computer Vision, 2018.

[37] FU J, LIU J, Tian H, et al. Dual attention network for scene segmentation [C]. Long Beach: IEEE Conference on Computer Vision and Pattern Recognition, 2019.

CHAPTER 3

第3章

自然语言处理中的注意力——“前Transformer”的时代

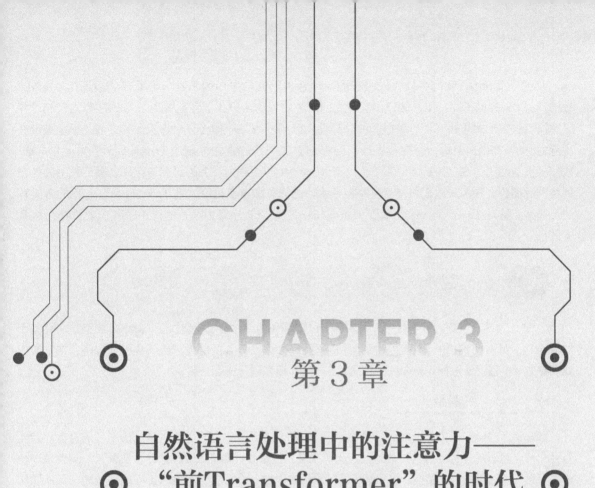

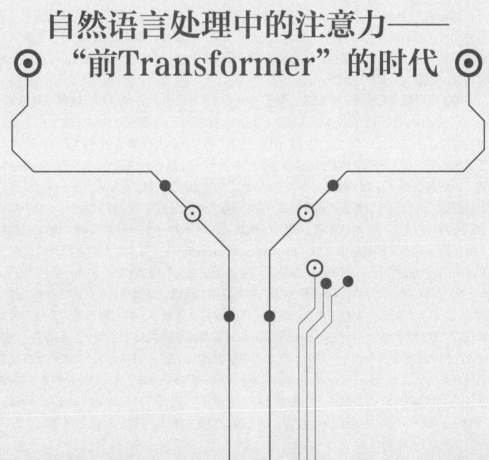

从这一章开始，我们将转入人工智能中注意力研究与应用的另外一个重要“战场”——NLP领域。与CV领域不同，NLP领域中注意力的研究对象均为服务于各类NLP任务的注意力机制，并且在模型组织形式应用方面有着很强的趋势性：以Transformer作为分水岭，在其之前几乎全是带有注意力机制的RNN架构，而在其之后全部都是以实现自注意力机制的Transformer架构。在本章，我们从机器翻译的Seq2Seq模型谈起，讨论NLP领域与注意力有关的研究与应用。需要说明的是在算法剖析部分，在本章我们将目光集中在分水岭之前，即重点讨论“前Transformer”时代的各类算法及模型。针对Transformer以及基于Transformer各类NLP注意力模型的讨论，我们安排在后续章节进行。

3.1 机器翻译与Seq2Seq模型

在NLP领域，注意力机制首先被引入用于机器翻译的Seq2Seq模型，而Seq2Seq模型是一种基于RNN架构、具有“编码器-解码器”的神经机器翻译模型。为了帮助大家进一步梳理脉络，在下文中我们首先对机器翻译进行简要介绍，随后对Seq2Seq模型展开详细介绍。

3.1.1 机器翻译

机器翻译(Machine Translation)，也称为自动翻译，是利用计算机将一种自然语言（源语言）转换为另一种自然语言（目标语言）的过程。简单来说，就是让计算机成为翻译员，帮助人们实现从一种语言到另一种语言的自动转换。机器翻译是计算语言学的一个分支，也是人工智能领域的一项重要研究方向，更是人们美好的期望。

有关机器翻译的相关研究可以追溯至20世纪30年代初。在1933年，法国工程师G. B. 阿尔楚尼(G. B. Artsouni)提出了用机器翻译语言的想法，并获得了一项名为“翻译机”的专利。同年，苏联发明家特洛扬斯基（П. П. ТРОЯНСКИЙ）设计了将一种语言转换为另一种语言的机器，并登记公开了他的发明。在上述两名学者提出其发明的1933年，计算机还未诞生，二者的翻译装置均为机械装置。1946年，第一台数字电子计算机“ENIAC”在美国宾夕法尼亚大学诞生，计算机的强大计算能力令人震撼，人们也开始思索利用计算机开展机器翻译的问题。在随后的1949年，受到战时利用计算机破译密码的启发，信息论的先驱、美国科学家瓦伦·韦弗（Warren Weaver，1894—1978年）撰写了一篇题为《翻译》的备忘录(*The Translation Memorandum*)，正式提出机器翻译的思想，机器翻译研究的大门也就此打开，韦弗也因此被称为“机器翻译之父”。1954年，美国乔治敦大学与IBM公司合作，利用IBM-701计算机将60个俄语句子自动翻译为英语，这次实验被认为是世界上第一次机器翻译尝试，也让人们的心中燃起了希望。随后，在冷战的大背景下，美国和苏联两个超级大国均投入巨资来进行机器翻译研究。同时，一些欧洲国家也对机器翻译研究给予了相当大的重视。然而好景不长，就在人们充满希望准备大干一场时，反对的声音也随之产生——1964年，美国科学院成立语言自动处理咨询委员会(Automatic Language Processing Advisory Committee，ALPAC)，调查机器翻译的研究情况，并于1966年11月公布了一个题为《语言与机器》的报告(*Language and Machines*，一般简称为“ALPAC报告”)，对机器翻译采取否定的态度，宣称“在目前看，对机器翻译给予大力支持还没有多少理由。”建议停止对机器翻译项目的资金支持。此报告一出，如同给机器翻译刚刚燃起的火苗浇了一盆冷水，多项机器翻译项目都被迫下马，对机器翻译的研究陷入了空前的萧条。但是，沉寂是短暂的，随着计算机技术的进步和语言学的发展，以及在信息服务需求的刺激下，对机器翻译的研究开始复苏并逐渐繁荣。20 世纪 70 年代~20 世纪 80 年代，业界研发出了多个机器翻译系统，其中，由加拿大蒙特利尔大学与加拿大联邦政府翻译局在 1976 年联合开发的 TAUM-METEO 系统，被认为是机器翻译由复苏走向繁荣的标志。早期的机器翻译系统均采用基于规则的机器翻译（rule-based machine translation）方法实现翻译。简单理解，基于规则的机器翻译即以“遇见词语 A，应该理解为…，倘若遇见短语 B，则应该翻译为…”机械方式开展翻译工作。可以想象，在面对语言翻译、特别是长句翻译这一复杂问题时，规则设计将多么复杂且无从下手。出于上述原因，在 1993 年，Peter Brown 等四名来自 IBM 华盛顿研究中心的学者联合发表题为《统计机器翻译的数学理论：参数估计》的著名文章[1]，正式提出“统计机器翻译”（Statistical Machine Translation，SMT）这一重要思想，通过对大量的平行语料进行统计分析，构建统计翻译模型，进而使用此模型进行翻译。统计机器翻译简单理解就是在大规模语料数据上通过训练构造翻译模型。Peter Brown 等学者的研究奠定了现代机器翻译的基础。随着深度学习的兴起，机器翻译也随之进入一个新的发展期。2013 年，Nal Kalchbrenner 和 Phil Blunsom 两位来自牛津大学的学者提出了循环连续翻译模型（Recurrent Continuous Translation Models，RCTM）[2]。RCTM 是一种具有编码器-解码器架构的“端到端”翻译模型，其利用一维 CNN 将输入序列编码为连续向量，再利用 RNN 结构作为解码器将其转换为目标语言。可以说 RCTM 已经具备了现代机器翻译模型的基本形态，开创了神经机器翻译（Neural Machine Translation，NMT）的先河，机器翻译领域也进入了繁荣期。在随后的 2014 年，我们下文的“主角”——Seq2Seq 模型[3]诞生，作者来自约书亚・本吉奥（Yoshua Bengio）团队。Seq2Seq 模型同样采用编码器-解码器架构，其中二者都被构造为 RNN 结构：输入的自然语言序列被编码器 RNN 转换为一个中间向量，然后再被解码器 RNN 构造为输出的目标语言序列。但是我们知道，对于一个语言序列，其中不同词汇对于翻译的重要性是不同的，而标准 Seq2Seq 模型“雨露均沾”的将整个输入编码为一个定长向量，一定会导致重要信息的损失。因此在随后，本吉奥团队基于 Seq2Seq 架构添加注意力机制，提出了大名鼎鼎的注意力 Seq2Seq 模型[4]，有效提升了机器翻译质量，在之后两年多的时间中，注意力 Seq2Seq 模型一直是机器翻译的主力军。但是，在应用注意力 Seq2Seq 模型进行机器翻译时，人们也逐渐发现其在处理长序列时难以对长范围依赖关系进行建模这一严重问题，于是在 2017 年，谷歌团队针对这一问题用带有自注意力机制的 Transformer 架构[5]给出了的明确答案。Transformer 为一种基于自注意力的新型 Seq2Seq 模型，诞生的同时就伴随着其在机器翻译方面表现出的惊人效果。2018 年，基于 Transformer 架构的 GPT 模型[6]和 BERT 模型[7]先后问世，又将机器翻译乃至 NLP 各类任务的水平推上一个新的高度。再往后直至今日，整个机器翻译领域的研究和应用也从此步入一个各种“Former”层出不穷的爆发期。图 3-1 示意了机器翻译领域的发展历史及关键节点㊀。

㊀ 在很多文献中，将机器翻译的历史分为机器翻译的提出（1933—1949 年）、开创（1949—1964 年）、受挫（1964—1975 年）、复苏（1975—1989 年）、发展（1993—2006 年）和繁荣（2006 年至今）六大时期。但是本书按照作者个人观点，将其分为机器翻译的起步（1933—1966 年）、萧条（1966—1975 年）、发展（1975—2013 年）、繁荣（2013—2017 年）和爆发（2017 年至今）五个时期。

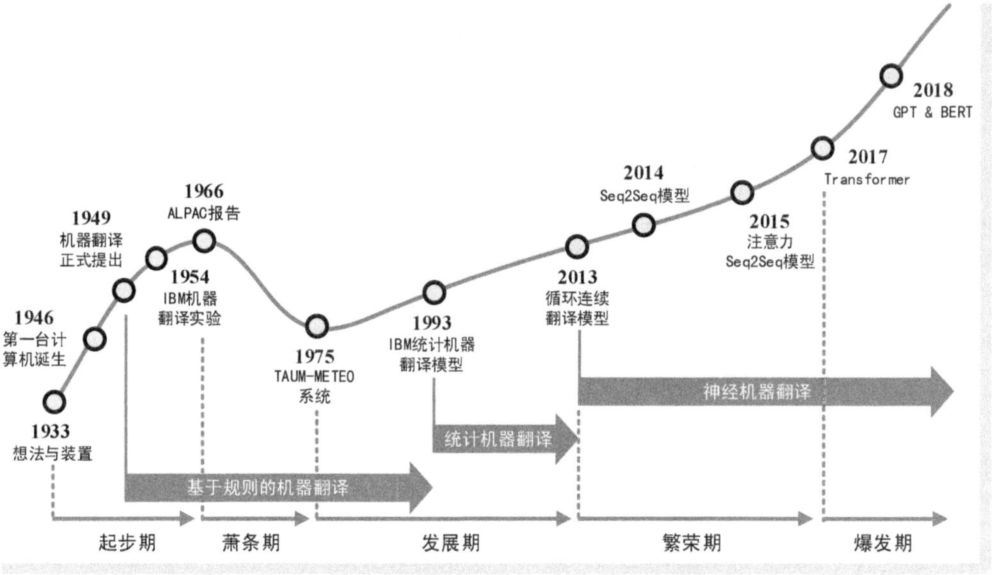

● 图 3-1　机器翻译领域的发展历史及关键节点示意

我国对机器翻译的正式研究开始于20世纪80年代末。1988年，机器翻译课题“智能型机器翻译系统”被列为“863”国家高技术研究发展重点课题，形成了当时具有世界先进水平的EC-863智能型英汉机器翻译系统。该系统是一种典型的基于规则的机器翻译系统，其中包括4.5万英语基本词汇和25万条汉语词条，还包括15万条特殊规则和成语规则以及1500余条通用规则。在随后的90年代，随着计算机在我国应用的普及，人们对翻译的需求也越来越迫切，国内多家软件厂商都先后研发了机器翻译软件，如我们所熟悉的“金山词霸”和“金山快译”就是这一时期的著名产品。2011年，百度公司翻译服务“百度翻译”正式上线，经过10余年发展，百度翻译支持全球28种语言互译、756个翻译方向，每日响应过亿次的翻译请求。随后，阿里巴巴、腾讯等互联网大厂也先后推出自己的机器翻译服务与软件。再例如，科大讯飞公司自1999年成立以来，一直从事智能语音、自然语言理解等核心技术研究，该公司的机器翻译系统多次在国际机器翻译大赛上获得冠军。总而言之，我国在机器翻译领域虽然起步较晚，但经过短短30余年的不懈努力，目前已经在广度和深度方面达到世界先进水平，甚至在某些机器翻译的研究与应用方面达到世界领先，形成后来居上之势。

目前，机器翻译的应用和产品在我们的日常生活中随处可见，例如，我们随手打开谷歌翻译、百度翻译等网页，都能够很方便地在线即时翻译，这些翻译服务均支持源语言和目标语言任意切换；我们也可以手持“阿尔法蛋”这样的集光电传感器、光学字符识别和机器翻译为一体的智能化产品，实现边扫描边翻译等。但是，每种语言都有自身特殊的语法，还存在着一词多义以及俗语和俚语等特殊的语言使用习惯，这就导致机器翻译机器变得异常困难。例如，在汉译英任务中，面对“你这人真没意思，过年也不给我意思意思”这句话，其中“意思”一词就具有不同的“意思”。更重要的一点，人们通过语言传达情绪，而机器翻译很难实现丰富的情感表达。因此，机器翻译在准确度方面还亟待提升，离我们所期望的“信、达、雅”这一终极目标还有很长一段路要走。

3.1.2 Seq2Seq 模型

在 NLP 领域，第一个使用注意力机制的模型为注意力 Seq2Seq 模型。“注意力 Seq2Seq”，顾名思义，即带有注意力机制的 Seq2Seq 模型。因此，在正式讨论 NLP 领域的注意力机制之前，我们需要首先理解 Seq2Seq 模型。Seq2Seq 模型诞生于 2014 年，作者是 AI 领域世界级专家约书亚·本吉奥及其率领的研究团队[3]。Seq2Seq 模型具有编码器-解码器（Encoder-Decoder）架构，是一种典型的神经机器翻译模型，该模型能够以“端到端”方式实现机器翻译。

Seq2Seq 模型的目标是将一个输入序列转换为一个输出序列，这也正是其“序列到序列”（Sequence to Sequence）名称的由来。上述过程的精确表述为：给定一个长度为 T 的输入序列 $\boldsymbol{x}=\{x_1,\cdots,x_T\}$，Seq2Seq 模型通过编码器-解码器架构来产生一个长度为T'的目标序列$\boldsymbol{y}=\{y_1,\cdots,y_{T'}\}$作为对应的输出。当 $\boldsymbol{x}$ 和 $\boldsymbol{y}$ 为不同语言时，即 Seq2Seq 模型完成真正意义的机器翻译功能。例如，$\boldsymbol{x}$ 为英语语句，而 $\boldsymbol{y}$ 为其对应的中文译文；当 $\boldsymbol{x}$ 和 $\boldsymbol{y}$ 为同种语言时，$\boldsymbol{y}$ 则可以认为是 $\boldsymbol{x}$ 的另外一种表述（如 $\boldsymbol{x}$ 为一篇中文新闻稿，$\boldsymbol{y}$ 为与之对应的中文摘要等）。Seq2Seq 模型的整体架构如图 3-2 所示。

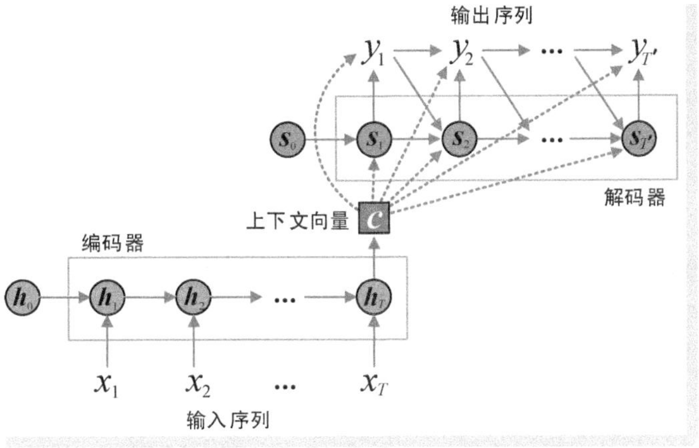

● 图 3-2 Seq2Seq 模型整体架构示意

Seq2Seq 模型将其编码器和解码器均构造为 RNN 结构。RNN 是一种用来处理序列数据的神经网络架构：面对输入序列 $\boldsymbol{x}=\{x_1,\cdots,x_T\}$，RNN 为其中的第 t 个元素 $x_t(t=1,\cdots,T)$ 计算一个对应的隐状态表示 $\boldsymbol{h}_t$和一个对应的可选输出y_t㊀。在计算隐状态时，RNN 会综合使用上一步隐状态 $\boldsymbol{h}_{t-1}$和当前步输入 x_t来综合得到当前步的隐状态 $\boldsymbol{h}_t$，即有

$$\boldsymbol{h}_t=f(\boldsymbol{h}_{t-1},x_t) \tag{3-1}$$

式中，f 为针对输入 x_t和隐状态 $\boldsymbol{h}_{t-1}$所开展的某种变换操作，其具体形式可简可繁：简能简到“线性变

㊀ 在一个标准的 RNN 中，会为输入序列 $\boldsymbol{x}=\{x_t\}$ 中的每一个元素 x_t计算一个隐状态 $\boldsymbol{h}_t$和一个对应的输出y_t，其中 $\boldsymbol{h}_t$可以视为输入 x_t的中间表示，y_t为其对应的任意预测输入。但是在 Seq2Seq 中，编码器和解码器均为 RNN 结构，其中作为编码器的 RNN 只产生隐状态，不产生输出，而最终输出由解码器 RNN 结构产生，作为输入语言的翻译输出结果。因此，这里我们使用“可选输出”这一提法。

换加激活”——标准 RNN；繁能繁到“各种门控制的一顿操作”——长短期记忆网络（Long Short-Term Memory，LSTM）；抑或是“LSTM 的门控简化版”——控循环单元（Gated Recurrent Unit，GRU）等。在机器翻译任务中，上文的输入序列即为待翻译的一句话，其中每一个元素就是这句话中的一个字或词[⊖]。不难看出，RNN 在决定当下输入的表示时，不是仅仅“看着眼前”（即 x_t），而是还要“想着过去”（即 $\boldsymbol{h}_{t-1}$），以此来建模历史对当下的影响。具体在机器翻译的应用中，历史信息即上文信息，这就意味着翻译模型在考虑当前词汇的表达时，不是仅考虑当前输入的待翻译词汇是什么，而是要看其出现的前文说了什么，这一特性在机器翻译中极其重要。例如，有如下两句英文需要翻译为中文，第一句为“I want to read a magazine”，第二句为“A gun magazine”。那么面对两句中的“magazine”，我们是应当将其翻译为“杂志”还是“弹匣”呢？显然，前者应该翻译为“杂志”，毕竟前文中出现了“read”，自然“读杂志”才能解释得通；而后者应当翻译为“弹匣”，因为前文中出现“gun”，自然“枪配弹匣”才更加合理。上述翻译的例子都说明在翻译的过程中需要“朝前看”（当然，只是“朝前看”也有问题，也有“既朝前看也朝后看”的模型），而 RNN 就具有这种本事，因此 RNN 也成为在进行序列分析时应用最为广泛的神经网络结构。

Seq2Seq 模型的编码器按照先后顺序逐个读取输入元素，针对每一个输入都会产生一个隐状态。在处理完整个输入序列 $x_1,\cdots,x_T$后，即也得到了其对应的隐状态序列 $\boldsymbol{h}_0,\boldsymbol{h}_1,\cdots,\boldsymbol{h}_T$，其中，$\boldsymbol{h}_0$为计算隐状态 $\boldsymbol{h}_1$时用到的隐状态初值。然后，编码器基于上述隐状态再计算得到一个具有固定长度的上下文向量$\boldsymbol{c}$，以此作为整个输入序列的“浓缩”表示。因此，Seq2Seq 模型的编码器可以表示为从输入序列 $x_1,\cdots,x_T$到上下文向量 $\boldsymbol{c}$ 的映射，表示为

$$\boldsymbol{c}=\text{encode}(x_1,\cdots,x_T) \tag{3-2}$$

获得上下文向量 $\boldsymbol{c}$ 的具体方法有多种，只要蕴含输入序列的完整信息即可。其中最简单的方式是取 RNN 编码器的最后一个隐状态，即 $\boldsymbol{c}=\boldsymbol{h}_T$；也可以是最后一个隐状态的某种变换，即 $c=q(\boldsymbol{h}_T)$，还可以是针对所有隐状态做的某种变换，即 $\boldsymbol{c}=q(\boldsymbol{h}_1,\cdots,\boldsymbol{h}_T)$。

Seq2Seq 模型的解码器也被构造为 RNN 结构。该 RNN 结构以编码器输出的上下文向量 $\boldsymbol{c}$ 作为输入，一边逐个产生自身的隐状态序列 $\boldsymbol{s}_1,\cdots,\boldsymbol{s}_{T'}$，一边逐个生成目标序列$y_1,\cdots,y_{T'}$，其中$T'$为输出序列的长度。在机器翻译任务中，序列 $x_1,\cdots,x_T$即为输入的待翻译语句，而输出$y_1,\cdots,y_{T'}$则为其对应的译文。相较于编码器，Seq2Seq 解码器 RNN 结构要复杂一些，其第 t 步隐状态 $\boldsymbol{s}_t(t=1,\cdots,T')$ 由上下文向量 $\boldsymbol{c}$、上一个隐状态 $\boldsymbol{s}_{t-1}$，以及上一个输出y_{t-1}共同决定，表示为

$$\boldsymbol{s}_t=f(\boldsymbol{s}_{t-1},y_{t-1},\boldsymbol{c}) \tag{3-3}$$

隐状态 $\boldsymbol{s}_t$即表示在解码器中，输出y_t的某种内部表示。式（3-3）相较于式（3-1）所示的标准 RNN 的隐状态计算方法，除了隐状态前向依赖这一“很 RNN”的特性没有改变之外，RNN 的隐状态计算方法存在着明显不同：$\boldsymbol{s}_t$依赖 $\boldsymbol{c}$，这一点很好理解，毕竟解码器完成最终的目标序列输出，它必须能够看到输入序列，而上下文向量 $\boldsymbol{c}$ 蕴含了整个输入序列的“浓缩”信息；$\boldsymbol{s}_t$依赖y_{t-1}，即表示决定当前隐状

⊖ 英文语句往往以标点符号和空格作为单词的天然分隔，因此一般面对英文序列，x_t即表示一个英文单词。但是，中文语句除了标点符号之外不具备天然分隔，因此 x_t可以是一个中文的字或是经过分词处理得到的中文单词，这取决于具体算法选择处理的序列颗粒度。

态还是得看看上步“说了什么”。例如，在上文所示的两个翻译的例子中，在决定“magazine”到底翻译成什么时，得看看前面已经翻译出了“读”还是翻译出了“枪”。对于第 t 步的输出y_t，其计算方法可以表示为

$$y_t = g(\boldsymbol{s}_t, y_{t-1}, \boldsymbol{c}) \tag{3-4}$$

从式（3-4）可以看出，y_t对应的隐状态 $\boldsymbol{s}_t$、上一个输出y_{t-1}以及上下文向量 $\boldsymbol{c}$。其中，y_t依赖 $\boldsymbol{s}_t$，这是“天经地义”的，毕竟 $\boldsymbol{s}_t$就是y_t对应的隐状态；y_t依赖y_{t-1}，这一点很好理解——正所谓“张嘴说话前，想想前面说了什么”；y_t依赖 $\boldsymbol{c}$，表示当前要“说出”的那个词，一定与输入语句的整体信息是高度相关的。g 为 RNN 计算单元。在机器翻译任务中，g 中还包括概率化和“选最大”操作，这是因为作为翻译得到的第 t 个输出词汇，y_t正是能够使得在给定输入以及一系列先前翻译输出这两个条件下概率取得最大的那个词汇，即

$$y_t = \arg\max_y p(y \mid y_{t-1}, y_{t-2}, \cdots, y_1, \boldsymbol{c}) \tag{3-5}$$

Seq2Seq 模型使用“端到端”的模式对编码器和解码器中的参数进行联合训练。训练用的样本集中包含了诸多输入序列和对应输出序列的成对样本，表示为$\{(\boldsymbol{x}^{(i)}, \boldsymbol{y}^{(i)})\}_{i=1}^N$。其中，$\boldsymbol{x}^{(i)}$和 $\boldsymbol{y}^{(i)}$分别为成对的输入和输出序列。在机器翻译任务中，$\boldsymbol{y}^{(i)}$即为 $\boldsymbol{x}^{(i)}$的正确译文，也即监督用的真值；N 为样本集的大小。针对样本集中的单个样本（$\boldsymbol{x}^{(i)}, \boldsymbol{y}^{(i)}$），利用 MLE 的思想，最优的模型参数能够使得条件似然概率$p_\theta(\boldsymbol{y}^{(i)} \mid \boldsymbol{x}^{(i)})$取得最大，也即对数似然函数 $\log p_\theta(\boldsymbol{y}^{(i)} \mid \boldsymbol{x}^{(i)})$取得最大。那么针对整个训练样本集，Seq2Seq 模型将参数的优化过程表达为上述对数似然函数在样本集上平均值的最大化过程，即

$$\boldsymbol{\theta}^* = \arg\max_{\boldsymbol{\theta}} \frac{1}{N} \sum_{i=1}^{N} \log p_{\boldsymbol{\theta}}(\boldsymbol{y}^{(i)} \mid \boldsymbol{x}^{(i)}) \tag{3-6}$$

式中，$p_{\boldsymbol{\theta}}(\boldsymbol{y}^{(i)} \mid \boldsymbol{x}^{(i)})$表示在给定输入序列 $\boldsymbol{x}^{(i)}$、获得输出序列 $\boldsymbol{y}^{(i)}$ 的概率。那么，这一“整句对整句”的条件概率具体到 Seq2Seq 模型中应该怎么计算？我们知道，对于一个联合分布，可以用链式法则将其展开为一系列条件概率的连乘积形式，因此有㊀

$$\begin{aligned} p_{\boldsymbol{\theta}}(\boldsymbol{y} \mid \boldsymbol{x}) &= p_{\boldsymbol{\theta}}(y_1, \cdots, y_{T'} \mid \boldsymbol{c}) \\ &= p_{\boldsymbol{\theta}}(y_1 \mid \boldsymbol{c}) p_{\boldsymbol{\theta}}(y_2 \mid y_1, \boldsymbol{c}) \cdots p_{\boldsymbol{\theta}}(y_{T'} \mid y_{T'-1}, \cdots, y_1, \boldsymbol{c}) \end{aligned} \tag{3-7}$$

将式（3-7）与式（3-5）进行对比不难发现，最右边展开式中的每一项条件概率正好对应解码器的每一个预测输出。这就意味着，如果我们将经过 softmax 概率化后的解码器所有输出直接连乘，得到的结果就是“整句对整句”的条件概率。按照上式对式（3-6）进行细化，有

$$\boldsymbol{\theta}^* = \arg\max_{\boldsymbol{\theta}} \frac{1}{N} \sum_{i=1}^{N} \sum_{t=1}^{T'} \log p_{\boldsymbol{\theta}}(y_t^{(i)} \mid y_{t-1}^{(i)}, \cdots, y_1^{(i)}, \boldsymbol{x}^{(i)}) \tag{3-8}$$

式（3-8）将目标函数从句子级的表示细化到序列词汇级的表示。其中，$y_t^{(i)}$表示样本集中第 $i(i=1, \cdots, N)$个输出序列中的第 $t(t=1, \cdots, T')$个输出元素。

训练好的 Seq2Seq 模型，一般有两种应用模式：第 1 种应用模式即标准的机器翻译——给定一个输入序列 $\boldsymbol{x}$，Seq2Seq 模型预测其输出序列 $\boldsymbol{y}^*$，预测模型可以表示为 $\boldsymbol{y}^* = \arg\max_y p_{\boldsymbol{\theta}^*}(\boldsymbol{y} \mid \boldsymbol{x})$；第 2 种应用模式为针对两个序列的评分——给定任意的两个序列 $\boldsymbol{x}$ 和 $\boldsymbol{y}$，Seq2Seq 模型给出 $\boldsymbol{y}$ 作为 $\boldsymbol{x}$ 对应序列的

㊀ 为了简化表达，在式（3-7）中，我们省略表示样本集位置上标“（i）”。在式（3-8）中，我们再将该上标写回。

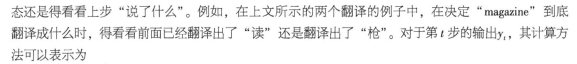

得分。例如，$\boldsymbol{x}$ 为一句英文，$\boldsymbol{y}$ 为一句中文，Seq2Seq 模型给出 $\boldsymbol{y}$ 作为 $\boldsymbol{x}$ 中文译文的得分，预测模型可以表示为 $score=p_{\boldsymbol{\theta}^*}(\boldsymbol{y}|\boldsymbol{x})$。

Seq2Seq 模型可以认为是一个序列到序列转换的通用框架，可以完成诸如从中文到英文的翻译任务，也可以完成从文章到关键词的摘要提取任务，甚至可以完成从图像到文字的看图说话任务等。

3.2 自然语言处理中注意力机制的起源

在上文中，我们介绍了著名的 Seq2Seq 模型。Seq2Seq 模型自 2014 年诞生以来，就以其在机器翻译领域中的优异表现赢得了广泛关注并得到大量应用，其架构对机器翻译乃至整个 NLP 领域的影响直到今天依然存在。然而，随着人们对其研究和应用的深入，Seq2Seq 模型具有的先天不足也逐渐暴露。当然，也正是 Seq2Seq 模型的不足才催生了我们下面的“主角”——注意力 Seq2Seq 模型。在下面的内容中，我们从 Seq2Seq 存在的问题谈起，着重介绍注意力 Seq2Seq 模型的原理和应用。

3.2.1 Seq2Seq 模型的问题

针对机器翻译等序列到序列的转换任务，我们认为 Seq2Seq 模型存在的明显缺陷主要体现在如下的两个方面。

第一，上下文向量语义表达能力有限。Seq2Seq 模型理论上可以接受任意长度的序列作为输入，但是机器翻译的实践表明，输入的序列越长，模型的翻译质量越差。产生这一问题的原因在于无论输入序列的长短，编码器都会将其“浓缩”并“抽象”的表达为一个具有固定长度的上下文向量 $\boldsymbol{c}$。那么问题来了，当输入序列很长时，这么一个向量还能否表达输入序列的全部信息？毕竟上下文向量也就是一个维度最多不过几千的向量。试想在一个短文本摘要生成的应用中，或许能够表达新闻稿的全部语义信息，但是面对一篇长篇小说的翻译，上下文向量在语义信息表达方面将显得力不从心。

第二，输入序列“不划重点，平等对待”。在上述编码器-解码器框架中，解码器能够看到编码器的唯一输出即为上下文向量 $\boldsymbol{c}$，这就意味着在生成每一个目标元素y_i时使用的上下文向量 $\boldsymbol{c}$ 都是相同的，这也就意味着输入序列 $\boldsymbol{x}$ 中的每个元素对输出序列 y 中的每一个元素都具有相同的影响力。这种现象是有悖常理的，毕竟在一个输入序列中，不同元素所携带的信息量是不同的，甚至是有天壤之别的，在翻译等任务中受到关注的程度也自然存在差异。例如，在英文到中文的机器翻译应用中，英文语句中的不定冠词“a”或“an”在英文书面表达时固然重要，在很多场合是不需要显式翻译的，而类似“very”这样的副词在很多语句中却携带着很重的情感信息。这就意味着 Seq2Seq 模型这种对输入序列“不划重点”，对其所有元素“平等对待”的模式，难以实现准确且“有温度”的语言翻译。

3.2.2 注意力 Seq2Seq 模型

为了解决 Seq2Seq 模型存在的问题，在 2015 年，本吉奥团队的 Bahdanau 等学者在 ICLR 会议上发文提出了著名的注意力 Seq2Seq 模型[4]。注意力 Seq2Seq 模型直面标准 Seq2Seq 的两个主要缺陷，提出了非常具针对性的改进，主要体现为不再要求编码器将输入序列的所有信息都压缩为一个固定长度

的上下文向量 $\boldsymbol{c}$，取而代之的是将输入序列映射为多个下文向量 $\boldsymbol{c}_1,\cdots,\boldsymbol{c}_{T'}$，其中，$\boldsymbol{c}_i$是与输出$y_i$对应的上下文信息（$i=1,\cdots,T'$）。这样即从原来 Seq2Seq 模型的所有输出共享一个上下文向量变为了每个输出都独立拥有自己的上下文向量。图 3-3 示意了注意力 Seq2Seq 模型的整体架构。

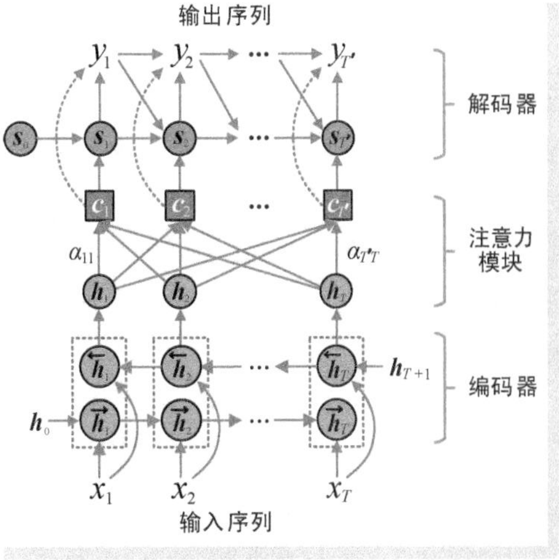

● 图 3-3　注意力 Seq2Seq 模型的整体架构

下面我们对注意力 Seq2Seq 模型进行逐项“拆解”。首先是解码器隐状态的计算问题，参照式（3-3）所示的 Seq2Seq 模型解码器隐状态计算法，对于注意力 Seq2Seq 模型的解码器，第 i 个隐状态的计算方法可以表示为

$$\boldsymbol{s}_i=f(\boldsymbol{s}_{i-1},y_{i-1},\boldsymbol{c}_i) \tag{3-9}$$

从式（3-9）可以看出，在注意力 Seq2Seq 模型解码器中，第 i 个隐状态 $\boldsymbol{s}_i(i=1,\cdots,T')$依赖于上一个隐状态 $\boldsymbol{s}_{i-1}$、上一个输出y_{i-1}以及自身专有的上下文向量 $\boldsymbol{c}_i$。图 3-4 示意了 Seq2Seq 模型和注意力 Seq2Seq 模型在隐状态依赖模式方面的差异。

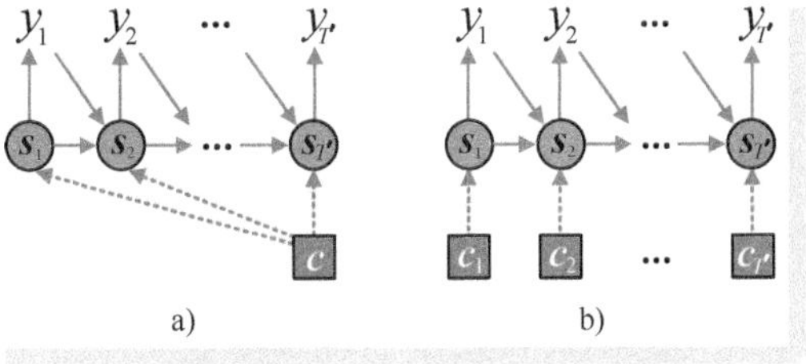

● 图 3-4　Seq2Seq 模型和注意力 Seq2Seq 模型隐状态依赖模式对比示意

a）Seq2Seq 模型　b）注意力 Seq2Seq 模型

那么重点来了，$\boldsymbol{c}_i$是怎么得到的？这正是注意力 Seq2Seq 模型中注意力机制的体现——每一个上下文向量 $\boldsymbol{c}_i$为编码器所有隐状态向量的加权和，即

$$\boldsymbol{c}_i=\sum_{j=1}^{T}\alpha_{ij}\boldsymbol{h}_j \tag{3-10}$$

式中，α_{ij}即为注意力权重系数(也称为注意力得分)。在编码器中，隐状态 $\boldsymbol{h}_j$蕴含了输入序列第 j 个输入元素的信息㊀，因此对编码器隐状态按照不同权重求和表示在生成预测结果y_i时，对输入序列中的各个元素上分配的注意力是不同的——α_{ij}越大，表示第 i 个输出在第 j 个输入上分配的注意力越多，即生成 i 个输出时受到第 j 个输入的影响也就越大，反之亦反。图 3-5 示意了针对上下文向量 $\boldsymbol{c}_i$的计算

㊀ 准确地讲，在 RNN 架构中，编码器隐变量 $\boldsymbol{h}_j$不仅蕴含了第 j 个输入元素的信息，还蕴含了第 j 个元素之前所有输入元素的信息。在双向 RNN 中，甚至还蕴含了之后所有输入元素的信息。但是在 $\boldsymbol{h}_j$所蕴含的信息中，还是第 j 个输入元素的信息最为“新鲜”也最为关键，因此在这里我们进行了简化描述。

方法。

为了进一步说明上述注意力机制的作用，我们下面再举一例。例如，在某个中文到英文的翻译中，输入中文序列为“我爱我的女儿”，则编码器中的隐状态 $\boldsymbol{h}_1 \sim \boldsymbol{h}_6$ 可以分别看作是“我”“爱”“我”“的”“女”“儿”这六个字的信息表达。在进行翻译时，与第一个输出“I”对应的第一个上下文向量 $\boldsymbol{c}_1$ 应该将重点放在主语“我”上，因此 α_{11} 取值较大，而 $\alpha_{12} \sim \alpha_{16}$ 相对较小；与第二个输出“love”对应的第二个上下文向量 $\boldsymbol{c}_2$ 的关注重点为动词“爱”，因此 α_{22} 权重占优；与第三个输出“my”对应的第三个上下文向量 $\boldsymbol{c}_3$ 与代表“我”的 $\boldsymbol{h}_3$ 和代表“的”的 $\boldsymbol{h}_4$ 均高度相关，因此 α_{33} 和 α_{34} 具有较大取值；与最后一个输出“daughter”对应的最后一个上下文向量 $\boldsymbol{c}_4$ 的聚焦点在“女儿”一词上，因此隐状态 $\boldsymbol{h}_5$ 和 $\boldsymbol{h}_6$ 对应的权重 α_{45} 和 α_{46} 取值相对较大。图 3-6 示意了上例的注意力权重的投射情况，其中，彩色三角表示取值大的注意力权重系数。

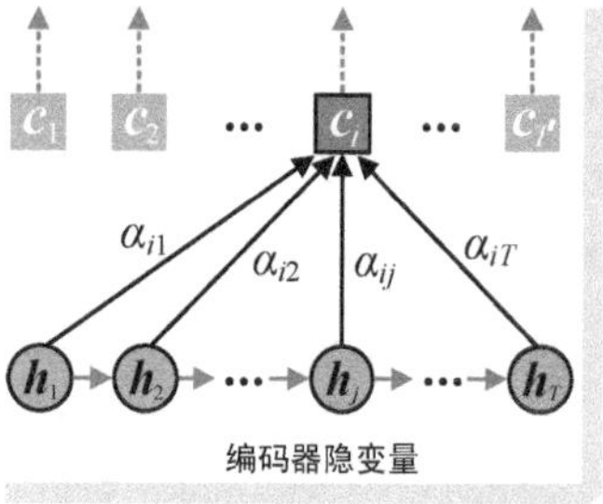

图 3-5　上下文向量 $\boldsymbol{c}_i$ 的计算方法示意

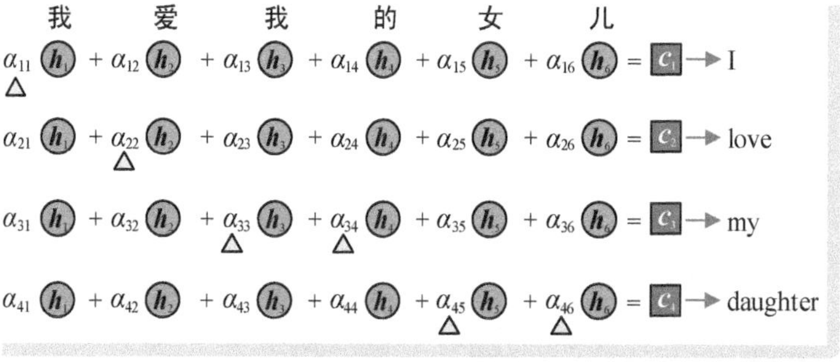

图 3-6　中译英翻译示例中的注意力权重投射情况示意

剩下最后一个关键问题即如何得到注意力权重系数 α_{ij} 了。首先，α_{ij} 表示编码器第 i 个隐状态对于第 j 个上下文向量的注意力权重，因此有归一化性质，即有 $\sum_{j=1}^{T} \alpha_{ij} = 1$。我们很容易想到利用 softmax 函数进行概率化即可以达到上述目的，因此有

$$\alpha_{ij} = \frac{\exp(e_{ij})}{\sum_{k=1}^{T} \exp(e_{ik})} \tag{3-11}$$

式中，e_{ij} 即为待概率化的“logits”（在注意力 Seq2Seq 模型的原文中，e_{ij} 也被称为“能量”）。在注意力 Seq2Seq 模型中，假设模型正在生成第 i 个输出 y_i，则 e_{ij} 由解码器上一个隐状态 $\boldsymbol{s}_{i-1}$ 以及编码器的第 j 个隐状态 $\boldsymbol{h}_j$ 共同确定，表示为

$$e_{ij} = a(\boldsymbol{s}_{i-1}, \boldsymbol{h}_j) \tag{3-12}$$

从式（3-12）中，我们可以看出两个问题：第一，注意力是作用在输入上的权重，但是对其进行计算时既用到输入信息也用到了输出信息（这里，编码器的隐状态代表了输入信息，而解码器的隐状态分别代表了输出信息）。这是因为注意力 Seq2Seq 模型将注意力定义为在处理当前输出时，解码器隐状态 $\boldsymbol{h}_j$ 对于上一步输出隐状态 $\boldsymbol{s}_{i-1}$ 的重要性。也可以认为其将注意力建模为编码器隐状态 $\boldsymbol{h}_j$ 和解码器隐

状态 $\boldsymbol{s}_{i-1}$之间的匹配程度，因此 $a(\cdot,\cdot)$也称为"对齐模型"（alignment model），而 e_{ij}也经常被称为"对齐得分"（alignment score）。也正是因为上述原因，注意力 Seq2Seq 模型中的注意力是"骑在"输入和输出之间的，因此属于互注意力机制，而并非我们后续广泛应用的自注意力机制；第二，用到的解码器隐状态是上一个隐状态。这是因为注意力 Seq2Seq 模型希望用上一步的输出影响当前的注意力权重。另外，解码器的隐状态及输出是按照顺序产生的，此时此刻当前的编码器的隐状态 $\boldsymbol{s}_i$还没有产生，因此也只能使用距离最近且信息最为丰富的隐状态 $\boldsymbol{s}_{i-1}$。模型也希望用上一步的输出影响当前的注意力权重。图 3-7 为以$e_{2*}(*=1,\cdots,T)$为例，对其计算方法的图形化表示。

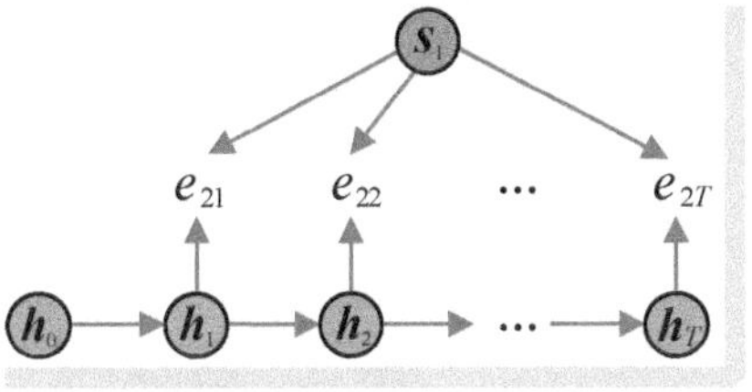

• 图 3-7　注意力 Seq2Seq2 模型注意力权重投射情况示意（以e_{2*}为例）

在式（3-12）中，对齐模型 $a(\cdot,\cdot)$的具体实现方式可以是多样的，在注意力 Seq2Seq 模型中，将其构造为一个前馈神经网络来实现对e_{ij}的预测。该神经网络的训练与整个模型其他部分的训练同时完成，即实现"端到端"训练。在具体实现时，注意力 Seq2Seq 模型将上述前馈神经网络构造为单层感知器结构，有

$$e_{ij}=a(\boldsymbol{s}_{i-1},\boldsymbol{h}_j)=\boldsymbol{w}_3^{\mathrm{T}}\tanh(\boldsymbol{W}_1\boldsymbol{s}_{i-1}+\boldsymbol{W}_2\boldsymbol{h}_j) \tag{3-13}$$

式中，$\boldsymbol{w}_3$为参数向量，$\boldsymbol{W}_1$和 $\boldsymbol{W}_2$分别为前馈神经网络参数矩阵；$\tanh(\cdot)$为双曲正切激活函数。

在上文中，我们已经强调了在进行机器翻译时"朝前看"的重要性，而 RNN 就具有这种"朝前看"的能力。但是，在很多场合，仅仅考虑上文信息是不够的，很多能够决定翻译结果的关键词往往出现在下文中。例如，针对"A gun magazine"这句话，对"magazine"的翻译看到前面的"gun"就够了。那么面对"Magazine of the gun"中的"magazine"呢？要知道翻译它的时候"gun"还没有出现。因此，很自然的想法就是在处理当元素时其上文下文信息全用。在这一思想的指导下，注意力 Seq2Seq 模型将 Seq2Seq 模型编码器中的标准 RNN 替换为双向 RNN 结构，以使得编码器在对输入序列进行处理时能"顾前又顾后"。所谓双向 RNN，即按照从前到后和从后到前两个方向，分别构造两条隐状态序列$\overrightarrow{\boldsymbol{h}}=\{\overrightarrow{\boldsymbol{h}}_1,\cdots,\overrightarrow{\boldsymbol{h}}_T\}$和$\overleftarrow{\boldsymbol{h}}=\{\overleftarrow{\boldsymbol{h}}_1,\cdots,\overleftarrow{\boldsymbol{h}}_T\}$。其中，$\overrightarrow{\boldsymbol{h}}_t=f_1(\overrightarrow{\boldsymbol{h}}_{t-1},x_t)$，$\overleftarrow{\boldsymbol{h}}_t=f_2(\overleftarrow{\boldsymbol{h}}_{t+1},x_t)$；隐状态上方的"→"和"←"分别表示上述两个方向。最终的编码器隐状态为上述两个隐状态的融合，在注意力 Seq2Seq 模型中，以简单的拼接方式实现，即有 $\boldsymbol{h}_t=\mathrm{concat}(\overrightarrow{\boldsymbol{h}}_t,\overleftarrow{\boldsymbol{h}}_t)$。图 3-8 示意了注意力 Seq2Seq 模型的双向 RNN 编码器架构。

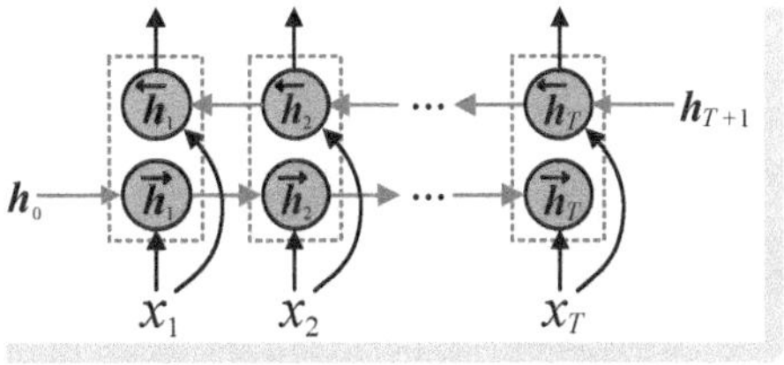

• 图 3-8　注意力 Seq2Seq 模型的双向 RNN 编码器架构示意

到这里，我们已经把注意力 Seq2Seq 模型的几个主要方面基本介绍完毕了。整体来看，注意力 Seq2Seq 模型的特点可以总结为以下两点：第一点，注意力 Seq2Seq 模型也是采用基于 RNN 的编码器-解码器架构。其中，编码器中的 RNN 为双向 RNN 结构，以使得模型可以捕获上下文信息；第二点，也是最重要的一点，注意力 Seq2Seq 模型为每个输出构建独立的上下文向量，而每个上下文向量则是通过对输入投射可学习的注意力权重综合得到。注意力 Seq2Seq 模型利用注意力机制，在面对文本翻

译、特别是长文本翻译等任务时，在很大程度上克服了 Seq2Seq 模型“短视”的弊端，在诸多翻译应用中都取得了良好的效果，该模型在随后的 NLP 领域称霸若干载，对机器翻译，乃至整个 NLP 领域都有着深远的影响。

3.3 经典算法剖析

自从 2014 年注意力 Seq2Seq 模型诞生后，注意力机制的应用开始受到整个 NLP 领域的重视，随后诞生了不少经典模型。这些经典模型均是基于 RNN 网络结构，绝大多数也具有编码器-解码器的架构。但是，这些模型在具体架构设计与注意力的实现形式等方面各有特色，可谓可圈可点。接下来，我们将分类别对注意力 Seq2Seq 模型之后、Transformer 模型诞生之前，NLP 领域中的经典注意力模型进行详细分析。

3.3.1 全局注意力与局部注意力机制

我们知道在 CV 领域中，注意力机制“有软也有硬”，其中前者体现了注意力“人人有份”但强度有差异，而后者体现只看部分而忽略其他，且部分内注意力权重相等。在实现层面，前者一般实现为权重，而后者则实现为掩膜。在 NLP 领域，注意力机制也有全局注意力（global attention）和局部注意力（local attention）之分⊖。其中，全局注意力的表现形式与 CV 领域的柔性注意力类似，也是以全局权重对输入序列的所有元素进行通盘考虑；而局部注意力与 CV 领域的硬性注意力的部分选择机制类似，也是只看输入序列的局部位置。容易看出，我们前文介绍的注意力 Seq2Seq 模型是典型的全局注意力机制。下面我们就来讨论一下 NLP 领域的全局注意力和局部注意力机制。2015 年，来自斯坦福大学的 Luong 等[8]学者在其文章中明确给出了全局注意力和局部注意力的两种注意力模型（在下文中，我们将 Luong 等提出的模型统称为“Luong 模型”，而针对其中的两种注意力机制，分别简称为“Luong 全局注意力模型”或“Luong 局部注意力模型”）。接下来我们分别对 Luong 全局注意力和局部注意力模型进行讨论。

我们首先来看 Luong 全局注意力模型。Luong 全局注意力模型与注意力 Seq2Seq 模型非常类似，也是以编码器隐状态和解码器隐状态之间对齐得分的概率化结果作为注意力权重，对所有输入进行加权求和来构造独立的上下文向量，然后再以上下文向量作为输入序列的中间表示指导解码器逐个产生输出。但是在具体实现方面，相较注意力 Seq2Seq 模型，Luong 全局注意力模型具有三点显著不同。其中，第一点不同体现在对齐得分的计算方法不同：在注意力 Seq2Seq 模型中，第 t 个输出对于第 i 个输入的对齐得分产生于上一步解码器隐状态 $\boldsymbol{s}_{t-1}$ 和编码器隐状态 $\boldsymbol{h}_i$ 之间，即有 $e_{ti}=a(\boldsymbol{s}_{t-1},\boldsymbol{h}_i)$；而在 Luong 全局注意力模型中，对齐得分由当前步骤解码器隐状态和 $\boldsymbol{s}_t$ 编码器隐状态 $\boldsymbol{h}_i$ 共同产生。除此之外，针对上述对齐模型 $a(\cdot,\cdot)$，Luong 模型给出了三种不同的实现形式。第二点不同体现为解码器隐状态

⊖ 需要说明的是，注意力的柔性和硬性、全局与局部是两个不同角度的分类方法。准确地说，NLP 中的局部注意力一般是“局部柔性注意力”，这一点反而有点类似 CV 中的卷积操作。但是考虑到二者在表现形式上有相似之处，所以我们放在一起进行类比。

的构造方法不同：在注意力 Seq2Seq 模型中，第 t 步的解码器隐状态由解码器上一步隐状态、上一步输出以及当前步上下文向量的函数，即有 $\boldsymbol{s}_t=f(\boldsymbol{s}_{t-1},y_{t-1},\boldsymbol{c}_t)$；而在 Luong 全局注意力模型中，步骤 t 的解码器隐状态 $\boldsymbol{s}_t$ 与 $\boldsymbol{c}_t$ 没有直接关系。第三点不同体现为产生输出的模式不同：注意力 Seq2Seq 模型直接基于解码器隐状态 $\boldsymbol{s}_t$ 产生对应输出 y_t；而 Luong 全局注意力模型在解码器中创建了额外的一系列隐状态 $\tilde{\boldsymbol{s}}_1$，…，$\tilde{\boldsymbol{s}}_{T'}$——先由 $\boldsymbol{s}_t$ 和 $\boldsymbol{c}_t$ 一起生成 $\tilde{\boldsymbol{s}}_t$，然后再基于 $\tilde{\boldsymbol{s}}_1$ 产生对应输出 y_t。综合起来，Luong 全局注意力模型执行机器翻译的整体过程为：针对输入序列 $\boldsymbol{x}=x_1,\cdots,x_T$，编码器首先将其加工为对应的隐状态序列 $\boldsymbol{h}_1,\cdots,\boldsymbol{h}_T$。接下来解码器逐个构造隐状态和上下文向量，并产生对应输出——在步骤 t 中，假设当前已经获得解码器隐状态 $\boldsymbol{s}_t$，则首先利用全局注意力机制构造上下文向量 $\boldsymbol{c}_t$，该过程也具有“一对齐，二概率化，三加权”的“三步走”模式，具体实现方式为 $e_{ti}=a(\boldsymbol{s}_t,\boldsymbol{h}_i)$，$\alpha_{ti}=\exp(e_{ti})/\sum_{k=1}^{T}\exp(e_{ik})$，$\boldsymbol{c}_t=\sum_{i=1}^{T}\alpha_{ti}\boldsymbol{h}_i$；然后利用 $\boldsymbol{s}_t$ 和 $\boldsymbol{c}_t$ 生成 $\tilde{\boldsymbol{s}}_t$，在 Luong 全局注意力模型中实现 $\tilde{\boldsymbol{s}}_t=\tanh(\boldsymbol{W}_c\cdot\text{concat}(\boldsymbol{s}_t,\boldsymbol{c}_t))$，其中 $\boldsymbol{W}_c$ 为可训练的线性变换参数矩阵；最后，基于 $\tilde{\boldsymbol{s}}_t$ 生成输出 y_t，在 Luong 全局注意力模型中，这一操作实现为 $p(y_t|y_1,\cdots,y_{t-1},\boldsymbol{x})=\text{softmax}(\boldsymbol{W}_s\tilde{\boldsymbol{s}}_t)$，其中 $\boldsymbol{W}_s$ 也为可训练的线性变换参数矩阵。图 3-9 分别为注意力 Seq2Seq 模型与 Luong 全局注意力模型的结构对比⊖。

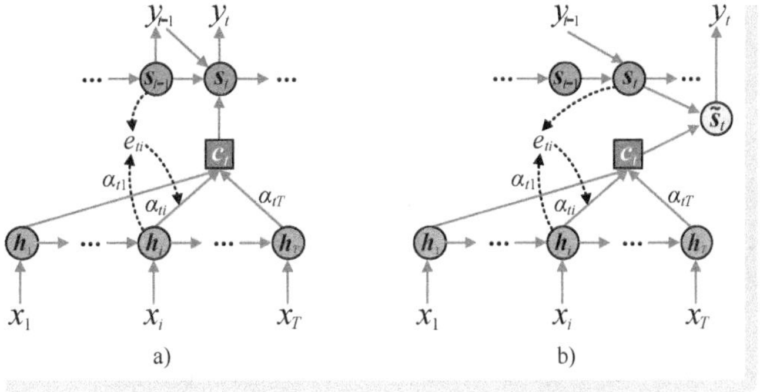

● 图 3-9　注意力 Seq2Seq 模型与 Luong 全局注意力模型的结构对比示意
a）注意力 Seq2Seq 模型　b）Luong 全局注意力模型

接下来我们再来看看 Luong 局部注意力模型。之所以要考虑局部注意力机制，主要是因为全局注意力模型在计算每一个输出都要所有输入项参与，计算量过于庞大。在面对长句翻译时，上述问题将表现得更加突出。因此，一个很自然的想法就是能不能不看全部，只看局部。具体来说就是在计算上下文向量时，仍然采用注意力权重对输入采用加权求和，只不过权重只对局部窗口中的输入项发挥作用，这也正是 Luong 局部注意力模型的思路：在步骤 t，记 p_t 和 D 分别表示注意力窗口的中心和半宽，其中 D 是通过经验预先设定的某一具体的数值，则注意力窗口可以表示为 $[p_t-D,p_t+D]$，窗口宽度为

⊖ 请读者注意，该图与 Luong 模型原文插图中模型结构的表现形式略有差别。首先，为了简化表示，该图使用单层 RNN 结构，而在 Luong 模型中，采用了双层的层叠 LSTM 结构；其次，我们在图中将编码器和解码器表达为传统的“上下结构”。而在实现中，包括 Luong 模型在内，都将编码器的最后一个状态作为解码器的初始状态，即有 $\boldsymbol{s}_0=\boldsymbol{h}_T$。因此在很多文献中都将模型结构表示为首尾相接的左右结构。

$2D+1$。图 3-10 为 Luong 全局注意力模型和局部注意力模型的对比示意（以 $D=2$ 为例）。

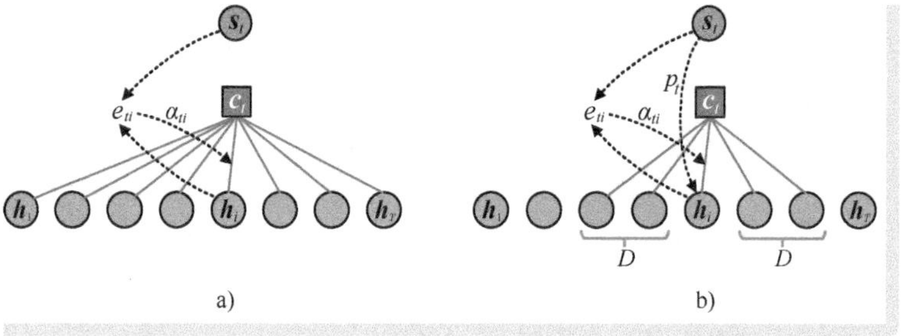

● 图 3-10　Luong 全局注意力模型和局部注意力模型的对比示意（以 $D=2$ 为例）

a）Luong 全局注意力模型　b）Luong 局部注意力模型

针对如何确定p_t的问题，Luong 局部注意力模型给出了两种不同的实现方式：第一种方式称为"单调对齐"（monotonic alignment，在 Luong 局部注意力模型中也称为"local-m"模式），即直接令 $p_t=t$，即生成第 t 个词的时候就在输入的第 t 个位置"前看一段，后看一段"。这种方式的优点是实现简单直接，但是缺点是位置不见得准确，毕竟在机器翻译时，输入序列和输出序列的长度、语义表达难以按照位置一一对应；第二种称为"预测对齐"(predictive alignment，在 Luong 局部注意力模型中也称为"local-p"模式)，顾名思义，即注意力窗口的中心位置通过模型预测得到，具体方法为

$$p_t=T\cdot \text{sigmoid}(\boldsymbol{v}_p^{\mathrm{T}}\tanh(\boldsymbol{W}_p\boldsymbol{s}_t)) \tag{3-14}$$

式中，$\boldsymbol{v}_p$和 $\boldsymbol{W}_p$分别表示可训练的模型参数向量和参数矩阵；T 为输入序列的长度。上式中的 sigmoid 函数基于当前的解码器隐状态 $\boldsymbol{s}_t$预测出一个 0~1 之间的实数，该实数作为长度比例作用到输入序列的长度 T 上，即得到了在输入序列中的相对位置。在计算对齐得分时，Luong 局部注意力模型在标准对齐模型上添加了高斯权重，即

$$e_{ti}=a(\boldsymbol{s}_t,\boldsymbol{h}_i)\cdot \mathrm{e}^{-\frac{(i-p_t)^2}{2\sigma^2}},p_t-D\leqslant i\leqslant p_t+D \tag{3-15}$$

高斯权重的加入能够使得距离注意力窗口中心近的输入项得分高，反之亦反。

Luong 模型被认为是继注意力 Seq2Seq 模型之后，又一个经典的注意力模型。在整体架构方面，Luong 模型与注意力 Seq2Seq 模型类似，也是采用了基于 RNN 的编码器-解码器架构，但是在具体网络结构方面，Luong 模型将编码器和解码器均构造为层叠 LSTM 结构（Stacked LSTM），这一点又与注意力 Seq2Seq 模型中编码器和解码器分别采用双向 GRU 和单向 GRU 结构不同。Luong 模型最大的贡献在于提出了全局注意力和局部注意力两种注意力机制。

3.3.2　层级注意力机制

视觉系统采用逐级加工的模式对视觉信息进行处理，因此在 CV 领域，人们从一开始就已经充分认识到在不同尺度处理数据的重要性，具有层级结构的视觉注意力模型也屡见不鲜。那么在 NLP 领域，面对一个语言序列，特别是整篇文档时，从多个尺度看待并输入语料进行重要性区分同样也有着重要意义。正是出于上述考虑，在 2016 年，Zichao Yang 等[9]六名来自 CMU 的学者提出了层级注意力网络(Hierarchical Attention Network，HAN）模型，以实现针对文档的分类(document classification)。和

图像分类任务类似，所谓文档分类任务，简单来说就是针对一段长文本打类别标签。例如，针对一段新闻稿，按照题材可以区分其是新闻类、娱乐类，还是针对某人的一段话，按照表达的情感可以判断其是悲观或是乐观等。

HAN 模型对于文档分类有着两点核心认知：第一个认知即文档具有层级结构——文档由句子构成，而句子又是由词构成；第二个认识即在每个层级，每个元素对于整个文档分析的重要性也不同。具体到 HAN 的结构中，上述两点认知即体现为 HAN 具有词编码器（word encoder）和句编码器（sentence encoder）的双层编码器结构，以及在每个编码器后构造的对应层级的注意力结构——词注意力（word attention）层和句注意力（sentence attention）层。HAN 模型进行文档分类包括了五个重要环节：词编码、词注意、句编码、句注意及文档类别预测，其整体架构如图 3-11 所示。

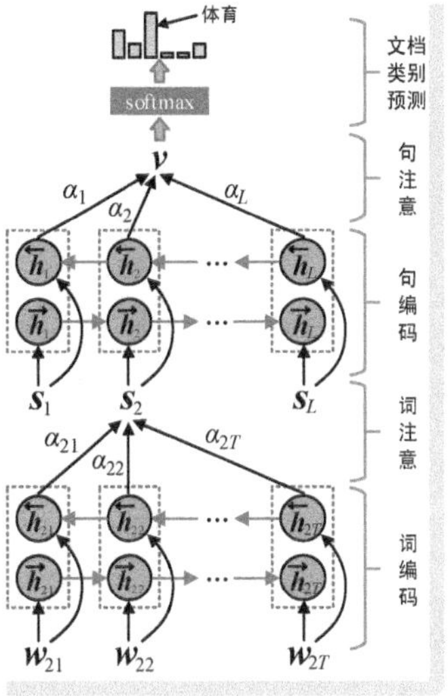

● 图 3-11　HAN 模型的整体架构示意

词编码过程由词编码器来完成，用来为文档中的每个词形成内部编码表示。假设待分类的文档有 L 个句子，每个句子中有 T 个词，将第 i 个句子中的第 t 个词记作 w_{it}，词编码形成其内部编码表示，记作 $\boldsymbol{h}_{it}$。和绝大多数 NLP 架构类似，针对词 w_{it}，编码器首先对其进行嵌入（embedding）操作，得到其嵌入表示 $\boldsymbol{x}_{it}=\boldsymbol{w}_{it}\boldsymbol{W}_e$㊀。接下来，与注意力 Seq2Seq 模型类似，HAN 也是利用双向 GRU 模型构建词的隐状态：分别获得 $\boldsymbol{x}_{it}$ 在两个方向的隐状态 $\overrightarrow{\boldsymbol{h}}_{it}=\overrightarrow{\mathrm{GRU}}(\boldsymbol{x}_{it})$ 和 $\overleftarrow{\boldsymbol{h}}_{it}=\overleftarrow{\mathrm{GRU}}(\boldsymbol{x}_{it})$，然后将上述两个隐状态进行拼接得到词 w_{it} 的编码表示，即 $\boldsymbol{h}_{it}=\mathrm{concat}(\overrightarrow{\boldsymbol{h}}_{it},\overleftarrow{\boldsymbol{h}}_{it})$。

词注意过程在词注意力层中实现，该过程针对一句话中的所有词计算注意力权重，然后通过加权求和得到句向量（sentence vector）表示。例如，在图 3-10 中的词注意过程即示意了针对第二个句子的句向量构造。词注意过程又可分为全连接、注意力权重计算和加权求和 3 个步骤，可以表示为

$$\boldsymbol{u}_{it}=\tanh(\boldsymbol{W}_w\boldsymbol{h}_{it}+\boldsymbol{b}_w) \tag{3-16}$$

$$\alpha_{it}=\frac{\exp(\boldsymbol{u}_{it}^{\mathrm{T}}\boldsymbol{u}_w)}{\sum_{k=1}^{T}\exp(\boldsymbol{u}_{ik}^{\mathrm{T}}\boldsymbol{u}_w)} \tag{3-17}$$

$$\boldsymbol{s}_i=\sum_{t=1}^{T}\alpha_{it}\boldsymbol{h}_{it} \tag{3-18}$$

㊀ 在全书中，这里首次遇见“词嵌入”（word embedding）这一重要概念，故在此处简单展开解释，第 4 章我们再对其进行详细介绍。首先，这里的 $\boldsymbol{w}_{it}$ 已经是将词进行了独热编码表示，其中编码的长度等同词典的大小，而“独热”元素下标即为该词在词典中的位置。假设我们有一个小词典，其中只有 5 个词，这就意味着独热编码长度为 5。以在词典中排在第 2 个位置的词为例，其独热编码表示即为（0,1,0,0,0）。所谓词嵌入操作就是将每个词表示为一个可学习的向量。上述嵌入操作可以很方便地通过可学习词嵌入矩阵与独热编码相乘的方法得到。还是上面的例子，假设我们希望得到的嵌入维度为 3，即 $\boldsymbol{x}_{it}$ 的维度为 3，因此有 $\boldsymbol{W}_e\in\mathbb{R}^{5\times3}$。按照矩阵与向量乘法规则，针对词典中的第 2 个词，$\boldsymbol{w}_{it}\boldsymbol{W}_e$ 即表示抽取嵌入矩阵的第 2 行作为其向量表示。

在式（3-16）中，$\boldsymbol{W}_w$和$\boldsymbol{b}_w$为全连接网络的模型参数；在式（3-17）中，$\boldsymbol{u}_w$被称为“词上下文向量”(word context vector)，该向量是对词的一种全局性的高层次表示。在注意力计算过程中可以视为“标杆”。在 HAN 模型中，该向量以随机向量作为初值，在模型训练过程中也一并进行训练；在式（3-18）中，通过注意力权重加权求和得到的结果$\boldsymbol{s}_i$即为针对第 i 个句子的向量表示。

句编码过程由句编码器来实现，该过程以词注意力层输出的 L 个句向量 $\boldsymbol{s}_1,\cdots,\boldsymbol{s}_L$作为输入，为文档中的每个句子形成内部编码表示。句编码器的架构与词编码器相同，也是双向 GRU 架构，也是以双向隐状态拼接结果作为每个句子的内部编码表示，即有 $\boldsymbol{h}_i=\text{concat}(\overrightarrow{\boldsymbol{h}}_i,\overleftarrow{\boldsymbol{h}}_i)$，其中$\overrightarrow{\boldsymbol{h}}_i=\overrightarrow{\text{GRU}}(\boldsymbol{s}_i)$，$\overleftarrow{\boldsymbol{h}}_i=\overleftarrow{\text{GRU}}(\boldsymbol{s}_i)$，$i=1,\cdots,L$。

句注意过程由句注意力层实现，该过程对文档中所有句计算注意力权重，然后通过加权求和得到文档向量(document vector）表示。与词注意操作类似，句注意操作“三步走”操作可以表示为

$$\boldsymbol{u}_j=\tanh(\boldsymbol{W}_s\boldsymbol{h}_j+\boldsymbol{b}_s) \tag{3-19}$$

$$\alpha_j=\frac{\exp(\boldsymbol{u}_j^{\mathrm{T}}\boldsymbol{u}_s)}{\sum_{k=1}^{T}\exp(\boldsymbol{u}_k^{\mathrm{T}}\boldsymbol{u}_s)} \tag{3-20}$$

$$\boldsymbol{v}=\sum_{j=1}^{L}\alpha_j\boldsymbol{h}_j \tag{3-21}$$

在式（3-19）中，$\boldsymbol{W}_s$和$\boldsymbol{b}_s$为全连接网络的模型参数，$\boldsymbol{h}_j$即为句编码操作为第 j 个句子构造的内部向量表示；在式（3-20）中，$\boldsymbol{u}_s$被称为“句子级上下文向量”（sentence level context vector)，其作用与式（3-17）中词上下文向量$\boldsymbol{u}_w$的作用相同，这里不再赘述；在式（3-21）中，$\boldsymbol{v}$ 即为 HAN 模型对整个文档的向量表示。经过句注意操作的加工，整个文档被“浓缩”为一个向量表示。

有了文档向量，最后一步操作即文档类别预测。这一步可谓“水到渠成”，HAN 采用标准的“全连接+softmax”方式预测文档所属于的类别，即

$$p=\text{softmax}(\boldsymbol{W}_c\boldsymbol{v}+\boldsymbol{b}_c) \tag{3-22}$$

式中，$\boldsymbol{W}_c$和$\boldsymbol{b}_c$为全连接网络的模型参数；p 为对类别的分布预测，其维度为分类的类别个数。在训练阶段，HAN 模型利用标准的交叉熵损失进行监督优化，这里就不再多说。

在原文的实验部分，学者们对 HAN 模型进行了文档分类实验和分析对比。结果表明，相较之前工作，HAN 模型能够有效提升文档分类精度。特别地，对预测为不同类别的文档，学者们对其中词或者句子获得的注意力权重进行了可视化。结果进一步表明，被投射了较强注意力的词或者句子，都和文档的类别高度相关。例如，在体育题材的新闻稿中，和运动、比赛有关的词或者句子都被“高亮”显示了。这就从另一个侧面反映了 HAN 模型的注意力机制在助力文档分类任务时发挥了积极的作用。除此之外，作者对 HAN 模型的细节讨论还有很多，但是由于与我们讨论的注意力这一主题无关，故这里我们就不再详细展开。回过头再看 HAN 模型，不能不感叹其思路之清晰，结构之工整。HAN 模型最大的特色就是在层次认知和注意力认知的指引下，构造了具有层次结构的注意力模型——词注意力施加在词上“浓缩”为句子，句注意力施加在句子上“浓缩”为文档，可谓从细到粗，层层递进。

3.3.3 自注意力机制

我们知道，注意力机制有互注意力(inter-attention）和自注意力(self-attention）之分。其中，互注

意力特指那些注意力权重在源于目标之间产生的注意力机制。例如，在注意力Seq2Seq等模型中，注意力的计算需要编码器隐状态和解码器隐状态共同参与，故注意力Seq2Seq模型中的注意力属于典型的互注意力机制。而所谓的自注意力，在某些文献中也被称为“内注意力”（intra-attention），顾名思义，就是指通过序列内部元素之间相互作用产生注意力权重的注意力机制。自注意力是一类非常重要的注意力机制，例如，在NLP领域乃至CV领域大放异彩的Transformer更是自注意力机制的典型代表。这里我们即对Transformer之前NLP领域的两种自注意力机制的经典应用进行剖析。

1. LSTMN：结合记忆的自注意力

人类能够轻松地处理结构化的序列数据。例如，在阅读一部小说时，我们能够一边阅读一边理清小说中人物之间的关系，掌握情节之间的脉络等。之所以我们能够达到如此之高的认知水平，是因为我们的认知系统能够通过记忆和注意的综合作用，以“神不知鬼不觉”的方式构建各个语言要素之间的关系，从而进一步帮助我们实现准确的认知。在NLP领域，人们自然也希望计算机能够具有人类那样的阅读理解能力。在诸多模型中，作为专门用来处理序列数据的、具有记忆特性的神经网络结构，LSTM能够较好地模拟人类的阅读行为——LSTM将每个句子视为一个单词序列，以递归的方式将每个单词与其先前的记忆组合起来，直到得出整个句子的语义表示。然而，在实践中，尤其是在针对长句处理的任务中，人们也发现LSTM结构存在的显著缺陷：第一个缺陷即“记忆压缩”（memory compression）问题。所谓记忆压缩，简单来说就是由于记忆体容量有限，导致其无法表达整个序列的丰富语义。这一点很好理解，标准LSTM结构中只有一个记忆单元，在进行序列处理时，LSTM以递归方式不断更新其中的内容，这就导致如果处理的序列太长，偏早期的记忆就会被严重稀释；第二个缺陷即缺乏结构表达能力的问题。该问题即体现为LSTM平等对待输入序列中的每一个元素并将其“混为一团”，而不会考虑输入序列中元素与元素之间的关系。为了解决上述问题，在2016年，来自爱丁堡大学的Jianping Cheng[10]等三名学者提出了用于机阅读的长短期记忆网络模型（Long Short-Term Memory-Networks，以下简称为“LSTMN模型”）。LSTMN以标准LSTM为基础，通过在标准LSTM结构上添加两个“磁带”（tape）存储结构以保存历史信息，以及通过在处理每个输入时引入注意力机制以建模元素之间关系来更加逼真地模拟人类的阅读行为。

为了能够更加深刻地理解LSTMN模型，我们下面首先来简单温习一下LSTM模型。LSTM模型是为了解决标准RNN存在的长期依赖问题而专门设计的时间循环神经网络结构。LSTM在标准RNN单一隐状态单元的基础上额外添加了记忆单元以表达长期记忆，并通过一套复杂的门控机制来控制隐状态和记忆单元的更新。图3-12示意了标准RNN单元与LSTM单元输入输出的对比。

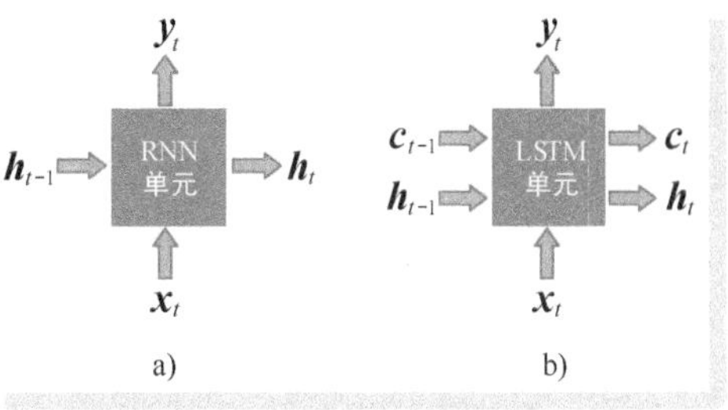

● 图3-12 标准RNN单元与LSTM单元输入输出的对比示意
a）标准RNN单元 b）LSTM单元

LSTM对信息加工的过程为：在第t步，LSTM单元读入当前输入$\boldsymbol{x}_t$（如一句话中的第t个词），并接收到来自上一步的隐状态$\boldsymbol{h}_{t-1}$和记忆$\boldsymbol{c}_{t-1}$。LSTM单元首先对$\boldsymbol{h}_{t-1}$和$\boldsymbol{x}_t$进行拼接操作，然后以非常“工整”的方式对拼接结果开展3个“线性变换+激活”的操作（简单理解就是过了一个全连接网络）

$$\begin{cases} \boldsymbol{i}_t=\sigma(\boldsymbol{W}_i\cdot[\boldsymbol{h}_{t-1},\boldsymbol{x}_t]+\boldsymbol{b}_i) \\ \boldsymbol{f}_t=\sigma(\boldsymbol{W}_f\cdot[\boldsymbol{h}_{t-1},\boldsymbol{x}_t]+\boldsymbol{b}_f) \\ \boldsymbol{o}_t=\sigma(\boldsymbol{W}_o\cdot[\boldsymbol{h}_{t-1},\boldsymbol{x}_t]+\boldsymbol{b}_o) \end{cases} \tag{3-23}$$

式中，$\boldsymbol{W}_i$、$\boldsymbol{W}_f$、$\boldsymbol{W}_o$、$\boldsymbol{b}_i$、$\boldsymbol{b}_f$和$\boldsymbol{b}_o$均为可训练的模型参数矩阵和参数向量；$\sigma(\cdot)$为 sigmoid 函数。不难看出，三个输出$\boldsymbol{i}_t$、$\boldsymbol{f}_t$和$\boldsymbol{o}_t$的取值均在 0～1 之间，三者在 LSTM 中分别被称为“输入门”（input gate）、“遗忘门”（forget gate）和“输出门”（output gate）。接下来 LSTM 单元针对拼接结果再次进行“线性变换+激活”操作，以获得对“新记忆”的表示，只不过这次的激活函数采用双曲正切函数，有

$$\hat{\boldsymbol{c}}_t=\tanh(\boldsymbol{W}_c\cdot[\boldsymbol{h}_{t-1},\boldsymbol{x}_t]+\boldsymbol{b}_c) \tag{3-24}$$

式中，$\boldsymbol{W}_c$和$\boldsymbol{b}_c$分别为可训练的模型参数矩阵和参数向量㊀。接下来，让我们“忘掉一些旧记忆并加入一些新记忆”——LSTM 分别以遗忘门和输入门作为旧记忆$\boldsymbol{c}_{t-1}$和新记忆$\hat{\boldsymbol{c}}_t$的权重执行加权求和，获得当前步骤的更新后记忆，有

$$\boldsymbol{c}_t=\boldsymbol{f}_t\circ\boldsymbol{c}_{t-1}+\boldsymbol{i}_t\circ\hat{\boldsymbol{c}}_t \tag{3-25}$$

式中，符号“∘”表示向量的逐元素乘法运算。最后，LSTM 基于当前记忆$\boldsymbol{c}_t$，并结合输出门计算当前步骤的隐状态$\boldsymbol{h}_t$，有

$$\boldsymbol{h}_t=\boldsymbol{o}_t\circ\tanh(\boldsymbol{c}_t) \tag{3-26}$$

在标准 RNN 中，记忆仅通过隐状态来表示，而隐状态在每一个时刻都会被改变，因此这种记忆属于短期记忆，可谓转瞬即逝。而在 LSTM 中，额外引入的记忆单元在门控机制的作用下，以较为缓和的方式进行更新，可以“串起”一个相对较长时间间隔的序列信息。记忆单元中保存记忆的周期明显长于标准 RNN 的短期记忆，但又远远短于能够表达整篇文章甚至整部小说的长期记忆，这也正是其名称——“长短期记忆”的由来。

然而，在 Jianping Cheng 等学者的眼中，标准 LSTM 的记忆容量还是太小了。于是在 LSTMN 中所进行的第一个改进，即记忆“扩容”——在标准 LSTM 结构的基础上，再额外引入两个存储结构以记录历史信息。其中，第一个存储结构称为“记忆磁带”（memory tape），其中存储了当前步骤之前的所有历史记忆，记作$\boldsymbol{C}_t=(\boldsymbol{c}_1,\cdots,\boldsymbol{c}_{t-1})$；第二个结构称为“隐状态磁带”（hidden tape），其中存储了当前步骤之前的所有历史隐状态，记作$\boldsymbol{H}_t=(\boldsymbol{h}_1,\cdots,\boldsymbol{h}_{t-1})$。有了存储，就需要讨论记忆和隐状态的更新机制，这便是 LSTMN 的第二点重要改进——利用自注意力机制构建当前输入与历史信息之间的关系。具体操作方式为：在第 t 步，LSTMN 单元接收到当前输入$\boldsymbol{x}_t$，随即采用“三步走”方式进行：通过神经网络计算其与隐状态磁带中每个历史隐状态之间的相关关系，即得到前文我们反复提及的“对齐得

㊀ 在一般的文献中，式（3-22）和式（3-23）往往会统一写作矩阵形式，有$\begin{pmatrix}\boldsymbol{i}_t\\ \boldsymbol{f}_t\\ \boldsymbol{o}_t\\ \hat{\boldsymbol{c}}_t\end{pmatrix}=\begin{pmatrix}\sigma\\ \sigma\\ \sigma\\ \tanh\end{pmatrix}\boldsymbol{W}\cdot[\boldsymbol{h}_{t-1},\boldsymbol{x}_t]$。其中参数矩阵 $\boldsymbol{W}$ 包含了所有模型的参数。只不过在这里为了分步骤说明 LSTM 的工作机制，我们将其表达为分量形式。在下文中我们也将恢复矩阵形式的表示。

分”；再通过基于 softmax 函数的概率化操作将其转换为归一化的注意力权重；然后再利用注意力权重分别对历史隐状态和历史记忆进行加权求和，得到综合隐状态和综合记忆。以上三个步骤具体的实现方式为

$$e_{ti}=\boldsymbol{v}^{\mathrm{T}}\tanh(\boldsymbol{W}_h\boldsymbol{h}_i+\boldsymbol{W}_x\boldsymbol{x}_t+\boldsymbol{W}_{\tilde{h}}\tilde{\boldsymbol{h}}_{t-1}) \tag{3-27}$$

$$\alpha_{ti}=\frac{\exp(e_{ti})}{\sum_{k=1}^{t-1}\exp(e_{tk})} \tag{3-28}$$

$$\begin{pmatrix}\tilde{\boldsymbol{h}}_t\\ \tilde{\boldsymbol{c}}_t\end{pmatrix}=\sum_{i=1}^{t-1}\alpha_{ti}\cdot\begin{pmatrix}\boldsymbol{h}_i\\ \boldsymbol{c}_i\end{pmatrix} \tag{3-29}$$

在式（3-27）中，$\boldsymbol{v}$、$\boldsymbol{W}_h$、$\boldsymbol{W}_x$和 $\boldsymbol{W}_{\tilde{h}}$ 均为可训练的对齐模型参数；式（3-28）即使用 softmax 函数对之前 $t-1$ 个对齐得分进行的概率化操作；在式（3-29）中，$\tilde{\boldsymbol{h}}_t$和$\tilde{\boldsymbol{c}}_t$分别表示由注意力加权得到的综合隐状态和综合记忆。从以上过程很容易看出，LSTMN 在处理当前步骤的输入时，面对的当前记忆和隐状态是全部历史信息“有轻有重”地融合。除此之外，我们也能够发现注意力产生于序列之间，因此 LSTMN 中的注意力机制属于典型的自注意力机制㊀。下面我们以图 3-13 所示的简单示例进行进一步说明。在句子“I have a daughter. I love her very much.”中，单词“her”排在第 7 位，其对应的输入即为 $\boldsymbol{x}_7$。在对该单词进行处理时，记忆磁带和隐状态磁带中已经分别存储了前 6 步的记忆 $\boldsymbol{c}_1,\cdots,\boldsymbol{c}_6$和隐状态 $\boldsymbol{h}_1,\cdots,\boldsymbol{h}_6$，同时模型也保存了上一步的综合隐状态$\tilde{\boldsymbol{h}}_6$。LSTMN 利用式（3-27）和式（3-28），计算当前输入$\boldsymbol{x}_7$与前 6 步所有输入（以隐状态表示）之间的关系$\alpha_{71},\alpha_{72},\cdots,\alpha_{76}$。然后以此作为权重对前 6 步的隐状态和记忆进行加权求和，得到综合隐状态$\tilde{\boldsymbol{h}}_7$和综合记忆$\tilde{\boldsymbol{c}}_7$。在该示例中，由于“her”与“daughter”关系最为紧密，而与“love”关系的紧密程度次之，故 α_{74}在所有的权重中明显占优，α_{76}则略逊。

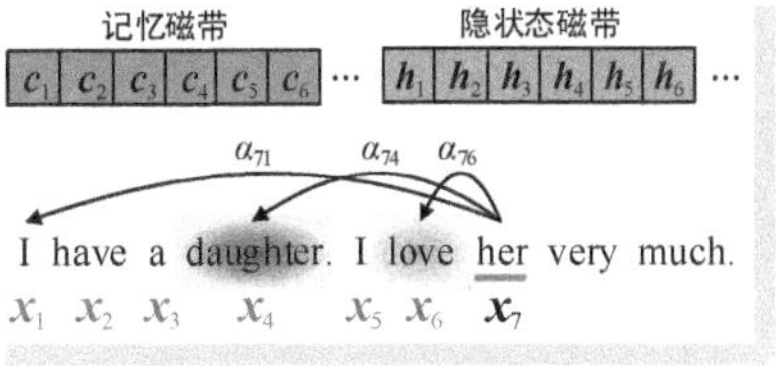

● 图 3-13 LSTMN 模型的工作机制示意

有了综合隐状态和综合记忆，下面的操作便水到渠成——LSTMN 基于综合隐状态和综合记忆，按照标准 LSTM 的方式进行三个门控值以及输入记忆的预测，然后利用三个门控值作为“信息阀门”更新记忆和隐状态，即有

$$\begin{pmatrix}\boldsymbol{i}_t\\ \boldsymbol{f}_t\\ \boldsymbol{o}_t\\ \hat{\boldsymbol{c}}_t\end{pmatrix}=\begin{pmatrix}\sigma\\ \sigma\\ \sigma\\ \tanh\end{pmatrix}\boldsymbol{W}\cdot[\tilde{\boldsymbol{h}}_t,\boldsymbol{x}_t] \tag{3-30}$$

$$\boldsymbol{c}_t=\boldsymbol{f}_t\circ\tilde{\boldsymbol{c}}_t+\boldsymbol{i}_t\circ\hat{\boldsymbol{c}}_t \tag{3-31}$$

㊀ 在 LSTMN 的原文中，使用的是“内注意力”（intra-attention）这一提法。

$$\boldsymbol{h}_t=\boldsymbol{o}_t\circ\tanh(\boldsymbol{c}_t) \tag{3-32}$$

LSTMN 是一种不针对任何具体 NLP 任务的通用架构，因此，理论上在任何基于 RNN 体系的 NLP 模型中，都可以用其无缝替换 RNN 结构以提升语义理解效果。在 LSTMN 的原文中，学者们即给出了 LSTMN 应用于诸如机器翻译等序列到序列建模的两种可能的架构。其中，第一种架构称为“浅注意力融合”（shallow attention fusion），该架构简单来说就是注意力 Seq2Seq 模型的 LSTMN 版本——编码器和解码器都构造为带有“双磁带存储”和自注意力机制的 LSTMN，而编码器和解码器之间则按照注意力 Seq2Seq 模型那样进行互注意力(inter-attention) 的计算以获得上下文向量。第二种架构称为“深注意力融合”（deep attention fusion，我们以下将其简称为“DAF 模型”），DAF 模型也是具有基于 LSTMN 的编码器-解码器的架构，下面我们就详细讨论注意力在该模型中的工作方式。假设我们有一个长度为 T 的输入序列 $\boldsymbol{x}_1,\boldsymbol{x}_2,\cdots,\boldsymbol{x}_T$，首先执行编码过程，作为编码器的 LSTMN 结构利用自身的磁带机制和自注意力机制，形成输入序列的中间编码表示，当编码器读取完毕整个输入序列后，其记忆磁带和隐状态磁带中已经存储了完整的编码器记忆和隐状态，我们将此时的编码器记忆磁带和隐状态磁带分别记作 $\boldsymbol{A}=(\boldsymbol{\beta}_1,\cdots,\boldsymbol{\beta}_T)$ 和 $\boldsymbol{Y}=(\boldsymbol{\gamma}_1,\cdots,\boldsymbol{\gamma}_T)$。接下来为解码过程，针对第 t 个解码步骤，我们仍然将解码器 LSTMN 的记忆磁带和隐状态磁带分别记作 $\boldsymbol{C}_t=(\boldsymbol{c}_1,\cdots,\boldsymbol{c}_{t-1})$ 和 $\boldsymbol{H}_t=(\boldsymbol{h}_1,\cdots,\boldsymbol{h}_{t-1})$。解码器 LSTMN 首先利用式（2-27）~式（3-29）计算当前步骤的解码器综合隐状态 $\tilde{\boldsymbol{h}}_t$ 和综合记忆 $\tilde{\boldsymbol{c}}_t$，并按照式（3-30）预测三个门控值以及新输入的记忆表示 $\hat{\boldsymbol{c}}_t$。接下来针对对应的第 t 个输入 $\boldsymbol{x}_t$，计算其与所有输入序列之间的关系，并将其表达为注意力权重对所有记忆和隐状态进行加权求和，即

$$e'_{tj}=\boldsymbol{u}^{\mathrm{T}}\tanh(\boldsymbol{W}_{\tilde{\gamma}}\boldsymbol{\gamma}_j+\boldsymbol{W}_x\boldsymbol{x}_t+\boldsymbol{W}_{\tilde{\gamma}}\tilde{\boldsymbol{\gamma}}_{t-1}) \tag{3-33}$$

$$\alpha'_{tj}=\frac{\exp(e'_{tj})}{\sum_{k=1}^{T}\exp(e'_{tk})} \tag{3-34}$$

$$\begin{pmatrix}\tilde{\boldsymbol{\gamma}}_t\\ \tilde{\boldsymbol{\beta}}_t\end{pmatrix}=\sum_{j=1}^{T}\alpha'_{tj}\cdot\begin{pmatrix}\boldsymbol{\gamma}_j\\ \boldsymbol{\beta}_j\end{pmatrix} \tag{3-35}$$

以上三式与前文介绍 LSTMN 自注意力的计算方式非常类似。但是观察求和范围不难发现，计算相关关系以及注意力加权求和的范围不再是前 $t-1$ 步，而是整个序列范围。这就意味着 $\tilde{\boldsymbol{\gamma}}_t$ 和 $\tilde{\boldsymbol{\beta}}_t$ 可以视为是以 $\boldsymbol{x}_t$ 为基准的、编码器的全局综合隐状态和全局综合记忆。接下来，再基于 $\tilde{\boldsymbol{\gamma}}_t$ 与 $\boldsymbol{x}_t$ 的拼接结果预测一个新的门控值

$$\boldsymbol{r}_t=\sigma(\boldsymbol{W}_r\cdot[\tilde{\boldsymbol{\gamma}}_t,\boldsymbol{x}_t]) \tag{3-36}$$

式中，$\boldsymbol{W}_r$ 为可学习的模型参数。经过 sigmoid 函数处理得到的 $\boldsymbol{r}_t$，其取值范围介于 0~1 之间。接下来，解码器用更新自身记忆和隐状态，有

$$\boldsymbol{c}_t=\boldsymbol{r}_t\circ\tilde{\boldsymbol{\beta}}_t+\boldsymbol{f}_t\circ\tilde{\boldsymbol{c}}_t+\boldsymbol{i}_t\circ\hat{\boldsymbol{c}}_t \tag{3-37}$$

$$\boldsymbol{h}_t=\boldsymbol{o}_t\circ\tanh(\boldsymbol{c}_t) \tag{3-38}$$

相较式（3-31），式（3-37）中多出了第一项的 $\boldsymbol{r}_t\circ\tilde{\boldsymbol{\beta}}_t$，该项即表示被门“拦住”部分信息后编码器的

全局综合记忆。式（3-37）表明，解码器在更新自身记忆和隐状态时，不仅使用了解码器当前步骤之前的信息，还融入了编码器的全局信息，而这也正是 DAF 模型名称中“深”的具体体现。

到这里，我们对 LSTMN 模型的讨论就告一段落了。LSTMN 模型通过引入磁带存储和自注意力机制，以“站在当下并有重点的回忆过去”的方式，提升机器理解并表达结构化序列数据的能力。LSTMN 模型的作用过程可以用如下场景进行类比：在某一刻，我们看见某一事物，于是触景生情，我们记忆的闸门打开，往事一幕幕浮现在眼前。我们在记忆中搜索与当前事物类似的事物，并对这些记忆进行重新整理和归纳。在上述记忆机制的加持下，我们对当前这一事物有了更加深刻的认知。随后，我们脑海中的记忆也因为当前事物而发生了改变，变得更加完善。

2. SSA：用于句嵌入的自注意力

在上文中，我们已经多次提及词嵌入（word embedding）这一重要概念。词嵌入是 NLP 领域的一种重要技术，该技术要求在将词映射为固定长度向量表示的同时，还要体现词的语义性质——具有相似语义的词，其嵌入向量也得接近。例如，同属于动物类的“cat”和“dog”两个词，对应的词嵌入向量在向量空间中应是接近的，而“logic”一词可以说与前两者是风马牛不相及，故其在嵌入空间的向量应远离“cat”和“dog”两词对应的嵌入向量。然而，词仅仅是构成语言的最基本单元，在很多 NLP 应用中，我们还要求对更高级别的语言单位——句子进行分析处理。例如，针对情感分析、观点分类等典型的 NLP 任务，我们要求针对一句话给出其某种属性的预测，这就意味着我们需要将一句话构造向量表示，这便是所谓的句嵌入(sentence embedding）操作。通常情况下，人们通过以下两种方式获得句嵌入向量：第一种方式为“以词代句”，例如，可以将 RNN 的最后一个词对应的输出作为整个句子的向量表示，毕竟 RNN 按照顺序处理每一个词，故理论上最后一个输出蕴含了全部句子的信息；第二种方式为“二次整合”，例如，可以在词嵌入的基础上进行池化、加权求和等各类整合操作，基于词的嵌入向量构造为句嵌入向量。例如，我们上文介绍的具有层级注意力机制的 HAN 模型就是这一方式的典型代表。相较于词嵌入，句嵌入的要求要高得多，毕竟“话有三说”，句子可长可短，使用一个向量充分表达一句话的语义信息是一项非常具有挑战性的工作。在 2017 年的 ICLR 会议上，Zhouhan Lin 等[11]学者提出了用于句嵌入的结构化自注意力(Structured Self-attention，以下我们将其简称为“SSA 模型”）。SSA 模型创造性的以一个矩阵作为一个句子的嵌入，矩阵中的每一行都通过自注意力机制来关注句子的不同部分。

SSA 模型的工作机制如图 3-14 所示。设输入句子的长度为 n，SSA 模型首先利用双向 LSTM 模型为句子中的每个词构建隐状态表示。我们将这些隐状态的序列记作

$$\boldsymbol{H}=(\boldsymbol{h}_1,\cdots,\boldsymbol{h}_n) \tag{3-39}$$

式中，每一个隐状态都是两个方向 LSTM 隐状态拼接得到，即有 $\boldsymbol{h}_t=\text{concat}(\overrightarrow{\boldsymbol{h}_t},\overleftarrow{\boldsymbol{h}_t})$，其中 $\overrightarrow{\boldsymbol{h}_t}=\overrightarrow{\text{LSTM}}(\boldsymbol{w}_t,\overrightarrow{\boldsymbol{h}_{t-1}})$，$\overleftarrow{\boldsymbol{h}_t}=\overleftarrow{\text{LSTM}}(\boldsymbol{w}_t,\overleftarrow{\boldsymbol{h}_{t+1}})$，$t=1,\cdots,n$，$\boldsymbol{w}_t$ 为 LSTM 模型的参数。假设 LSTM 每个单向隐状态向量的维度为 u，则上述

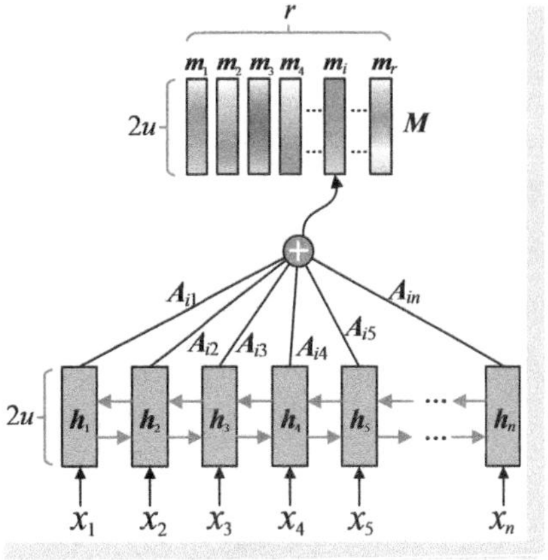

● 图 3-14　SSA 模型的工作机制示意

矩阵 $\boldsymbol{H}$ 的维度为 $n\times 2u$。句嵌入的目标是将一个不定长度的句子映射为一个固定长度的嵌入表示，SSA 模型通过对 n 个隐状态取线性组合的方式达到这一目标，而线性组合的系数反映了各个隐状态的重要程度，也即我们已经非常熟悉的注意力权重。SSA 通过一个带有 softmax 函数的简单变换来预测这一系列的注意力权重，有

$$\boldsymbol{a}=\mathrm{softmax}(\boldsymbol{w}_2\tanh(\boldsymbol{W}_1\boldsymbol{H}^{\mathrm{T}})) \tag{3-40}$$

式中，$\boldsymbol{W}_1\in\mathbb{R}^{d_a\times 2u}$和$\boldsymbol{w}_2\in\mathbb{R}^{d_a}$分别为预测模型的参数矩阵和参数向量。可以看出，$\boldsymbol{a}$ 即为一个 n 维的归一化向量，也即注意力权重。我们将其作用在所有 n 个隐状态上进行加权求和，即可得到一个 $2u$ 维的向量 $\boldsymbol{m}=\boldsymbol{a}^{\mathrm{T}}\boldsymbol{H}$，该向量可看作是在一个注意力视角下的句子嵌入表示。如果我们希望从 r 个视角看句子，那么我们就按照式（3-40）的方式，形成 r 套注意力权重再分别与隐状态向量进行加权求和即可，对应注意力权重计算的矩阵表示为

$$\boldsymbol{A}=\mathrm{softmax}(\boldsymbol{W}_2\tanh(\boldsymbol{W}_1\boldsymbol{H}^{\mathrm{T}})) \tag{3-41}$$

式中，$\boldsymbol{W}_2\in\mathbb{R}^{r\times d_a}$为模型的参数矩阵；$\boldsymbol{A}\in\mathbb{R}^{r\times n}$即为注意力权重矩阵，该矩阵的行向量具有求和唯一的归一化性质。有了注意力权重矩阵，可以得到最终的句嵌入表示为

$$\boldsymbol{M}=\boldsymbol{A}\boldsymbol{H} \tag{3-42}$$

其中，$\boldsymbol{M}\in\mathbb{R}^{r\times 2u}$即为在 r 个注意力视角下的句子嵌入表示，$2u$ 也即每个视角下的嵌入维度。不难看出，式（3-41）实质上就是以 $\{\boldsymbol{W}_1,\boldsymbol{W}_2\}$ 为模型参数的两层 MLP 网络。连同式（3-42）一起，体现在模型结构上，即表示在双向 LSTM 之后，又添加了一个以 LSTM 隐状态为输入的两层 MLP 网络，预测出 r 组权重系数，然后再分别作用回 LSTM 隐状态上，得到 r 个“浓缩”的向量表示，而这些向量表示构成的矩阵即作为整个句子的嵌入表示。但是，以上预测注意力权重的方式难以保证每次得到的注意力权重不会趋同。毕竟，我们试图从多个注意力视角下看待句子，自然不希望多个注意力得到的权重是一样的，否则多个视角就没有任何意义。为了达到上述多样性目标，学者们在训练损失函数上添加了如下惩罚项，使得当预测得到的注意力权重趋同时就会遭到惩罚

$$P=\|(\boldsymbol{A}\boldsymbol{A}^{\mathrm{T}}-\boldsymbol{I})\|_F^2 \tag{3-43}$$

式中，$\boldsymbol{I}$ 为 r 阶单位矩阵；$\|\cdot\|_F$为矩阵的 F 范数，上述惩罚简单理解就是“矩阵版”的 L2 正则化约束；$\boldsymbol{A}\boldsymbol{A}^{\mathrm{T}}$为 r 阶矩阵，其中位于非对角线位置的元素 a_{ij}，即表示第 i 组注意力权重和第 j 组注意力权重之间的内积。我们考虑两个极端的情况：如果两个注意力完全相同，且有 $\boldsymbol{a}_i=\boldsymbol{a}_j=(1,0,0)$，则有 $a_{ij}=1$，这样一来 $\boldsymbol{A}\boldsymbol{A}^{\mathrm{T}}$为一个所有元素均为 1 的矩阵，那么对角线清零后剩余矩阵的 F 范数会非常之大。这种情况自然需要惩罚；相反，如果两个注意力权重完全不同，且有 $\boldsymbol{a}_i=(1,0,0)$，$\boldsymbol{a}_j=(0,1,0)$，则有 $a_{ij}=0$。这样一来有 $\boldsymbol{A}\boldsymbol{A}^{\mathrm{T}}-\boldsymbol{I}=\boldsymbol{0}$，这种情况自然不需要进行任何惩罚。上面是两个非常极端的情况，二者均表示待注意的隐状态向量有三个。不同的是前者表示两次注意力都完全集中在第一个隐状态上，而后者则表示两次注意力分别完全集中在第一个隐状态和第二个隐状态上。在非极端情况下，有 $0<a_{ij}<1$，惩罚项发挥作用的程度也介于以上两种极端情况之间，这里就不再进行过多讨论。

SSA 模型围绕句嵌入这一关键问题开展一系列设计，归纳其特点可以用两个词来形容——简单而深刻。其中，简单自然不必多说，两个公式搞定，可谓思路简单，实现也简单。下面我们重点说说“深刻”。首先，当看到 SSA 模型这种“源自自身，改造自身”的注意力作用模式时，我们一定会感到似曾相识。没错，我们前文介绍的 SENet 和 CBAM 等 CV 领域的注意力模型便是此类套路——对于

一个特征图，首先将其送入一个能够产生注意力权重的神经网络分支，预测得到一系列注意力权重，然后再将这些权重重新作用回原始特征图，得到一个具有注意力“加持”的新特征图。回到 SSA 模型，只不过就是把卷积特征图换为 LSTM 隐状态、把新的特征图换为句嵌入矩阵而已。其次，SSA 模型得到的句嵌入矩阵含有多个（按照上文，具体说是 r 个）嵌入向量，相当于我们从多个视角看一个相同的句子得到的多个“版本”的表示。而熟悉 Transformer 的读者可能一眼就能看出，这正是所谓的“多头注意力”（multi-head attention）机制。的确，SSA 模型的句嵌入矩阵正是多头注意力的产物，话说谁说注意力非要在一个维度上开展呢？

3.4 注意力机制的形式化表示

所谓注意力机制，简单来说就是针对一个具有多个元素的输入序列（如对于输入的一句话，其中的每个元素即为该语句中的一个词或者词的某种特征表示），对其计算出一组能够表达重要性程度的值向量——注意力权重，然后以此权重对数据项进行加权求和作为输出序列中的一个元素或该元素的某种表示。因此，注意力机制的核心问题即如何计算上述注意力权重。如果说 CV 领域的注意力模型花样繁多，让人眼花缭乱，那么 NLP 领域中注意力机制的工作模式却相对一致，因此我们可以比较方便地给出其形式化的表示。注意力机制的形式化表示定义在查询（query）、键（key）和值（value）3 个集合之上，其中，注意力的权重由查询集合和键集合产生，然后再作用在值集合上。我们将上述三个集合分别记作 $\boldsymbol{Q}=\{\boldsymbol{q}_1,\cdots,\boldsymbol{q}_N\}$、$\boldsymbol{K}=\{\boldsymbol{k}_1,\cdots,\boldsymbol{k}_M\}$ 和 $\boldsymbol{V}=\{\boldsymbol{v}_1,\cdots,\boldsymbol{v}_M\}$。三个集合中向量的维度分别为 d_q、d_k 和 d_v。注意力机制的工作模式可以表示为

$$e_{ij}=a(\boldsymbol{q}_i,\boldsymbol{k}_j) \tag{3-44}$$

$$\alpha_{ij}=\frac{\exp(e_{ij})}{\sum_{k=1}^{M}\exp(e_{ik})} \tag{3-45}$$

$$\boldsymbol{c}_i=\sum_{j=1}^{M}\alpha_{ij}\boldsymbol{v}_j \tag{3-46}$$

在式（3-44）中，$a(\cdot,\cdot)$ 即我们上文已经介绍过的对齐模型，该模型给出了查询向量 $\boldsymbol{q}_i$ 和键向量 $\boldsymbol{k}_j$ 之间的匹配程度；式（3-45）实现对对齐得分的概率化，使得 $\sum_{j=1}^{M}\alpha_{ij}=1$；式（3-45）完成对输入项的注意力加权求和。针对对齐模型，其具体实现方式可简可繁，例如，常见的实现形式包括如下两大类

$$a(\boldsymbol{q}_i,\boldsymbol{k}_j)=\beta\cdot\boldsymbol{q}_i^{\mathrm{T}}\boldsymbol{W}\boldsymbol{k}_j \tag{3-47}$$

$$a(\boldsymbol{q}_i,\boldsymbol{k}_j)=\mathrm{NN}(\boldsymbol{q}_i,\boldsymbol{k}_j) \tag{3-48}$$

式（3-47）所示的模式一般被称为“乘积型”（multiplicative）对齐模型，其中 $\boldsymbol{W}$ 为一个可学习的权重矩阵，β 为缩放比例因子。特别地，$d_q=d_k=d$，且 $\boldsymbol{W}$ 为一个 d 阶单位矩阵，则有 $a(\boldsymbol{q}_i,\boldsymbol{k}_j)=\boldsymbol{q}_i^{\mathrm{T}}\boldsymbol{k}_j$，即对齐模型被简单地定义为两个向量的点积。故这种情况也被称为“点积型”（dot-product）对齐模型。大名鼎鼎的 Transformer 采用的就是这种简单的形式（其中 $\beta=\sqrt{d_k}$）；式（3-48）所示的模式表示使用神经网络预测对齐得分。其中 $\mathrm{NN}(\boldsymbol{q}_i,\boldsymbol{k}_j)$ 表示作用在向量 $\boldsymbol{q}_i$ 和 $\boldsymbol{k}_j$ 上的某种神经网络结构，因此我们称之为“网络预测型”对齐模型。例如，在注意力 Seq2Seq 模型中，就采用多层感知器（Multilayer perceptron，MLP）来实现对齐得分的预测。我们将上述注意力机制作用的分量表示改写为矩阵表示，有

$$\boldsymbol{C}=\text{softmax}(a(\boldsymbol{Q},\boldsymbol{K}))\boldsymbol{V} \tag{3-49}$$

在式（3-49）中，如果将 $a(\boldsymbol{Q},\boldsymbol{K})$ 具体写作点积加缩放的模式，即有 $\boldsymbol{C}=\text{softmax}\left(\frac{\boldsymbol{Q}\boldsymbol{K}^{\mathrm{T}}}{\sqrt{d_k}}\right)\boldsymbol{V}$，这就得到 Transformer 的缩放点积注意力(Scaled Dot-Product Attention)。

在上述注意力机制的表达中涉及了三个集合：查询集合 $\boldsymbol{Q}$、键集合 $\boldsymbol{K}$ 和值集合 $\boldsymbol{V}$。但是，这些集合并非一定要来自不同的数据源，常见情况分为三种：第一种，$\boldsymbol{Q}\neq\boldsymbol{K}\neq\boldsymbol{V}$㊀，即三个集合互不同源，我们简称其为 QKV 模式；第二种，$\boldsymbol{Q}\neq\boldsymbol{K}=\boldsymbol{V}$，即键和值集合是同源，但二者与查询集合不同源，我们简称这种模式为 QVV 模式。例如，在注意力 Seq2Seq 模型中，查询集合 $\boldsymbol{Q}$ 由解码器隐状态集合 $\boldsymbol{s}$ 扮演，而键集合 $\boldsymbol{K}$ 和值集合 $\boldsymbol{V}$ 均由编码器隐状态集合 $\boldsymbol{h}$ 扮演。在多模态任务中，$\boldsymbol{Q}$ 甚至可以是来自一种模态的数据，而 $\boldsymbol{K}$ 和 $\boldsymbol{V}$ 则是另外一种模态特征的表示；第三种，$\boldsymbol{Q}=\boldsymbol{K}=\boldsymbol{V}$，即查询、键和值三个集合实际是“一回事儿”，我们将这种模式简称为 VVV 模式。其中，也正是因为 VVV 模式下的注意力是以“自嗨”的方式获得的，才将这种模式下的注意力称为“自注意力”。为了对上述三种模式的注意力机制进行更加充分的说明，下面用一个试剂融合的例子进行类比。该例子可能并不那么恰当，但是至少能够部分说明问题。

假设有一堆瓶装的纯净试剂，每个瓶子的标签上贴着试剂的品名。因此在这里，试剂本身就是值，而品名对应的就是键。现在有一个品名清单，要依次按照该清单中的品名制作混合试剂（假设不考虑化学反应），因此在这里，清单上的品名就是查询。混合试剂要用到所有单纯试剂，而且要求某单纯试剂在最终混合试剂中所占的比例由其标签品名与清单品名之间的相似度决定——相似度越高，占的比例也越高。这种模式即 QKV 模式。图 3-15 为 QKV 模式下的“试剂混合”示意。

● 图 3-15　QKV 模式下的“试剂混合”示意

同样还是制作混合试剂的问题，只是现在没有品名清单，只有一些其他类型的少量试剂样本，而且纯净试剂的瓶子上也没有贴标签。现在的任务是选择当前的某一个试剂样本，取不同比例的纯净试剂进行混合，每个纯净试剂的混合比例是按照其与样本试剂之间的相似度决定——试剂本身越相似，占的比例也越高。在这一示例中，样本试剂即是查询，而纯净试剂本身既是键也是值，这种模式即简称为 QVV 模式。图 3-16 为 QVV 模式下的“试剂混合”示意。

㊀ 需要说明的是，我们这里所说的三个集合的相等与否不是严格意义上的数值相等，而更多的是强调“同源”这一概念。例如，如果有 $\boldsymbol{Q}=\varphi_1(\boldsymbol{X})$，$\boldsymbol{K}=\varphi_2(\boldsymbol{X})$，$\boldsymbol{K}=\varphi_3(\boldsymbol{X})$。尽管三个集合的值不同，但是我们认为都是来自相同的源头 $\boldsymbol{X}$，故我们认为“$\boldsymbol{Q}=\boldsymbol{K}=\boldsymbol{V}$”。

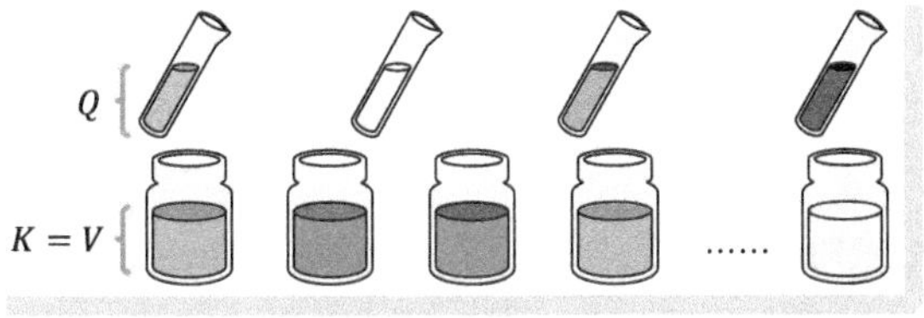

● 图 3-16　QVV 模式下的“试剂混合”示意

在上面问题的基础上再往前推进一步——标签也好，试剂样本也罢，一概都没有，就只有纯净试剂本身。现在的任务是通过混合纯净试剂的方式得到这些纯净试剂自己，这种模式下的混合比例取决于纯净试剂内部的相似度。这就意味着在此时此刻，每个纯净试剂本身既是键也是值，同时也是查询，这种模式即简称为 VVV 模式。图 3-17 为 VVV 模式下的“试剂混合”示意。

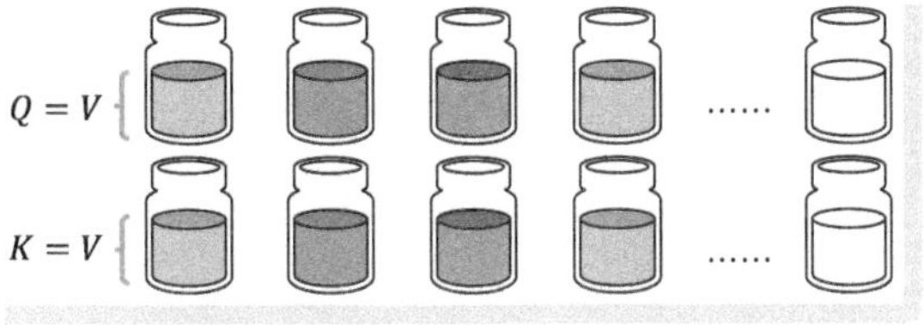

● 图 3-17　VVV 模式下的“试剂混合”示意

上述三种注意力模式中，QVV 和 VVV 两种模式应用最为广泛，因为二者蕴含了特征表示中的两个非常重要的问题：QVV 模式代表着如何用一个特征集合表示另一个集合，而 VVV 模式代表了如何用一个特征集合表示自己。

从心理学、生理学一路走来的我们，到这里对计算机领域的注意力仿佛产生了疑惑，我们不禁要问，这还是心理学、生理学意义上的注意力么？不得不说，到了此时此刻，注意力机制已经不再具有仿生属性。从纯粹的数学角度，所谓的注意力机制就是产生一组或多组权重，作用到某数据上得到新的数据的过程。所谓的注意力机制，可以理解为就是具有了在任务目标驱动下的、基于输入数据并能够对其进行自由调节的额外能力，只不过我们将这种额外能力冠以心理学、生理学名词——“注意力”而已。

参考文献

[1] BROWN P, PIETRA D, MERCER R. The mathematics of statistical machine translation: Parameter estimation [J]. Computational Linguistics, 1993, 19 (2): 263-311.

[2] KALCHBRENNER N, BLUNSOM P. Recurrent continuous translation models [C]. Seattle: Conference on Empirical Methods in Natural Language Processing, 2013.

[3] CHO K, VAN MERRIËNBOER B, GULCEHRE C, et al. Learning phrase representations using RNN encoder-decoder for statistical machine translation [OL]. (2014-9-3) [2022-11-1]. https://arxiv. org/abs/1406. 1078.

[4] BAHDANAU D, CHO K, BENGIO Y. Neural Machine Translation by Jointly Learning to Align and Translate [OL]. (2016-5-19) [2022-11-1]. https://arxiv. org/abs/1409. 0473.

[5] VASWANI A, SHAZEER N, PARMAR N, et al. Attention Is All You Need [OL]. (2017-12-6) [2022-11-3]. https://arxiv.org/abs/1706.03762.

[6] RADFORD A, NARASIMHAN K, SALIMANS T, et al. Improving Language Understanding by Generative Pre-Training [R]. OpenAI, 2018.

[7] DEVLIN J, CHANG M W, LEE K, et al. BERT: Pre-training of Deep Bidirectional Transformers for Language Understanding [OL]. (2019-5-24) [2022-11-4]. https://arxiv.org/abs/1810.04805.

[8] LUONG M T, PHAM H, MANNING C D. Effective approaches to attention based neural machine translation [OL]. (2015-9-20) [2022-11-6]. https://arxiv.org/abs/1508.04025.

[9] YANG Z, YANG D, DYER C, et al. Hierarchical attention networks for document classification [C]. San Diego: Annual Conference of the North American Chapter of the Association for Computational Linguistics, 2016.

[10] CHENG J, DONG L, LAPATA M. Long Short-Term Memory-Networks for Machine Reading [C]. Austin: Conference on Empirical Methods in Natural Language Processing, 2016.

[11] LIN Z, FENG M, SANTOS C N, et al. A structured self-attentive sentence embedding [OL]. (2017-3-9) [2022-11-12]. https://arxiv.org/abs/1703.03130.

CHAPTER 4

第4章

“只要注意力”的 Transformer

2017 年，谷歌大脑、谷歌研究院等团队联合发表文章“Attention Is All You Need”，提出了一种新的注意力 Seq2Seq 模型，以取代之前以 RNN 作为编码器-解码器实现的 Seq2Seq 模型。该模型一次性地“看见”所有输入的词汇，利用自注意力机制构建单词与单词之间的关系，将距离不同的单词进行结合。谷歌团队赋予新模型一个大名鼎鼎的名字——Transformer。尽管 Transformer 在诞生之际仅将目光放在机器翻译这一相对较小的领域，但是说它大名鼎鼎一点也不过分，现如今在 NLP 领域乃至 CV 领域，可以说诸多有着“逆天”表现的模型都是基于 Transformer 模型构造的。因此，Transformer 模型在现代 NLP 领域有着“奠基者”的地位，其重要程度毋庸置疑。在本章，我们就对 Transformer 模型进行深入剖析。

需要说明的是，我们在本章重点讨论 Transformer 模型，对于机器翻译、RNN 结构、编码器-解码器架构等基础概念就不再进行过于详细地展开，需要了解细节内容的读者请参考第 3 章相关内容。

4.1 Transformer 的诞生

在 NLP 领域，Transformer 最主要的应用场景之一是序列转换（sequence transduction，在很多文献中也被称为“序列到序列的翻译”，即“sequence to senquence translation”）。所谓序列转换，就是输入一个序列，输出与之对应的另一个序列。最典型的序列转换即机器翻译任务，例如，在汉英翻译中，输入的序列是汉语表示的一句话，而输出的序列即为对应的英语表达。

在 Transformer 产生之前，基于 RNN，尤其是基于 LSTM 和 GRU㊀等带有门控机制循环神经网络构造的编码器-解码器结构，一直都被认为是序列转换的最佳模型。其中，2014 年提出的 Seq2Seq 模型[1]就是此类模型的经典代表。使用 RNN 结构的目的就是为了实现对序列上下文信息以及不同范围元素间的依赖关系进行捕捉。为克服长序列产生的信息淹没问题，注意力机制被添加到标准的编码器-解码器架构中——注意力 Seq2Seq 模型应运而生[2]，该机制通过在上下文序列构造时，为输入序列的不同元素赋予不同的注意力权重，从而使得序列中的重要元素被投射以高的注意力，这样一来，即使在长序列中，重要信息也难以被淹没。然而，基于 RNN 的架构存在着两个明显问题。第一个问题为 RNN 难以开展并行处理。RNN 属于序列模型，需要以一个接一个的序列化方式进行信息处理，注意力权重需要等待序列全部输入模型之后才能确定，即需要 RNN 对序列“从头看到尾”。这种架构无论是在训练环节还是推断环节，都具有大量的时间开销，难以充分发挥现代并行处理器的计算优势实现高效并行处理。第二个问题为 RNN 容易造成历史信息的稀释。我们还是以“杂志/弹匣”的翻译问题为例，面对输入待翻译的句子“A magazine is stuck in the gun.”，其中的“magazine”到底应该翻译为“杂志”还是“弹匣”？当看到“gun”一词时，将“magazine”翻译为“弹匣”才能确认无疑。在基于 RNN 的机器翻译模型中，需要一步步顺序处理从“magazine”到“gun”的所有词语，而当它们相距较远时，RNN 中存储的信息还是会不断受到稀释，前文的信息早就到了“九霄云外”，翻译效果常常难尽人意，而且效率非常很低。

看来问题出在 RNN 上，那么我们不禁要问一个问题：RNN 结构是否真的必要？2017 年，Ashish

㊀ 不特别说明，下文中我们仍以 RNN 指代包括 LSTM 和 GRU 在内的所有循环神经网络。

Vaswani 等[3]8 名来自谷歌大脑和谷歌研究院的学者联合发表文章"Attention Is All You Need"，针对上述问题给出了明确的答案。"Attention is all you need"，这句话是文章标题，更像是一句口号——"你只要注意力就行"，对应隐含台词是"RNN 不要也行"，大名鼎鼎的 Transformer 模型就此诞生，以取代之前以 RNN 作为编码器-解码器实现的 Seq2Seq 模型以及基于 RNN 的各类带有注意力的序列转换模型。

Transformer 的诞生可谓是 NLP 领域的"一声炸雷"，宣告了 RNN 时代的终结。随后，很多 CV 领域的学者开始在多个 CV 应用上尝试使用 Transformer 架构，取得了良好的效果，在随后甚至在 CV 领域引发了彻底"Transformer 化"的风潮。很多新闻报道都用上"Transformer 到 CV 领域'踢馆'""Transformer 在 CV 领域又拿下一城"等劲爆的标题。一时间，CNN 在 CV 领域的地位仿佛也变得不那么稳固。

4.2 Transformer 的编码器-解码器架构

编码器-解码器（encoder-decoder）是序列转换中最常用的架构，Transformer 模型也采用该架构。但是在 Transformer 中，编码器和解码器不再是 RNN 结构，取而代之的是编码器栈（encoder stack）和解码器栈（decoder stack）。这里，所谓的"栈"就是将同一结构重复堆叠多次的意思。具体在 Transformer 中，编码器栈和解码器栈中分别包含了串联的 N 个（在 Transformer 模型中，$N=6$）具有相同结构的编码器和解码器。图 4-1 示意了 Transformer 模型的编码器-解码器架构。

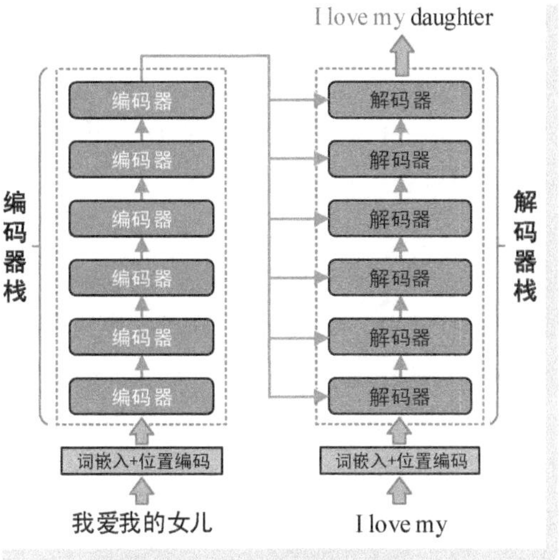

● 图 4-1 Transformer 模型的编码器-解码器架构示意

从图 4-1 所示的架构示意图中，我们可以看到 Transformer 的整体架构非常"整齐工整"：输入的序列整体送入编码器栈，其中的多个编码器对其进行逐级加工，为序列中的每个元素构造其内部编码表示；然后解码器栈再利用其堆叠的解码器逐级加工，输出最终的目标序列。

然而，看似整齐工整的编码器-解码器结构在数据加工模式方面是有着显著差异的：其中，每一个编码器只以上一级编码器的输出作为输入（当然，第一个编码器以原始序列作为输入），因此编码器对数据加工采用纯粹的逐级加工方式进行。除此之外，编码器栈采用真正并行的方式进行数据处理，即在每级加工时，看到的都是完整的序列，输出的也是完整序列对应的特征表示。然而，解码器栈的工作方式则不同，其中的每一个解码器（不包括第一个解码器）除了以上一级解码器的输出作为输入，还同时以整个编码器栈的输出（也即最后一个编码器输出）作为输入，因此解码器对数据的加工采用逐级跳级融合的方式进行。除此之外，与编码器栈的并行处理不同，解码器栈采用自回归（autoregressive）方式产生逐个输出序列。所谓自回归方式，即在生成当前的目标词汇时，会用到已经生成的全部词汇。例如，在图 4-1 中，Transformer 已经生成了 “I love my”，那么解码器栈会将这些已经生成的词汇作为其输入，解码器栈中的每个解码器会将其信息与输入 “我爱我的女儿” 对应的内部编码序列进行综合加工和逐级处理，最终预测得到下一个目标词汇—— “daughter”。

4.2.1 编码器结构

Transformer 的编码器栈由一系列的编码器串联构成，其中的每一个编码器中又包含两个以串联方式组织的子模块。其中，第一个子模块被称为 “多头注意力”（Multi-Head Attention）模块，该模块中的注意力机制为自注意力机制；第二个子模块为一个简单的全连接前馈网络。除此之外，在两个子模块外还添加了两个残差连接，并且在其后还分别设置有两个归一化操作。图 4-2 所示为 Transformer 编码器的结构示意。

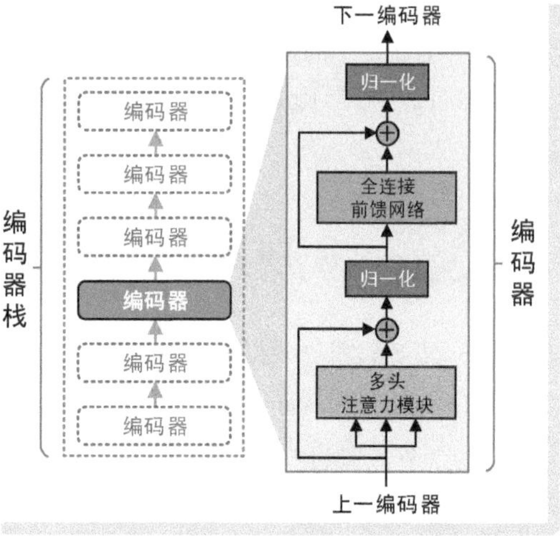

图 4-2 Transformer 编码器的结构示意

针对某一编码器，假设其输入和输出序列分别为 $\boldsymbol{x}=(\boldsymbol{x}_1,\cdots,\boldsymbol{x}_T)$ 和 $\boldsymbol{y}=(\boldsymbol{y}_1,\cdots,\boldsymbol{y}_T)$，其中 T 为序列长度。则上述注意力和全连接前馈网络两个子模块对数据的加工过程可以分别表示为

$$\boldsymbol{x}'=\text{LayerNorm}(\boldsymbol{x}+\text{AttLayer}(\boldsymbol{x})) \tag{4-1}$$

$$\boldsymbol{y}=\text{LayerNorm}(\boldsymbol{x}'+\text{FwdLayer}(\boldsymbol{x}')) \tag{4-2}$$

在式（4-1）中，$\text{AttLayer}(\boldsymbol{x})$ 即表示作用在输入序列 $\boldsymbol{x}$ 上的多头注意力，其输出也是一个具有 T 个元素的向量序列；$\text{LayerNorm}(\cdot)$ 即表示对序列中的向量进行 “减均值，除标准差” 的归一化操作。需要注意，这里用到的归一化方法是 “LayerNorm” 而不是 “BatchNorm”，至于二者的区别以及这里为什么用 “LayerNorm”，请读者参考 4.5 节内容。为了简化操作并保证残差连接能够有效开展，在 Transformer 中，从词嵌入开始到每个层的输入与输出，所有向量都具有相同的维度 $d_{\text{model}}=512$，这就意味着针对一个输入序列中的每一个元素，在 Transformer 的架构中，从输入到中间处理再到输出自始至终都被表达为一个 512 维的向量。在上式中，即有 $\boldsymbol{x}$，$\boldsymbol{x}'$，$\boldsymbol{y}\in\mathbb{R}^{T\times d_{\text{model}}}$，即 T 个 d_{model} 维的向量。在式（4-2）中，$\text{FwdLayer}(\boldsymbol{x}')$ 即表示作用在注意力子模块输出序列 $\boldsymbol{x}'$ 之上的全连接前馈网络处理。需要说明的是，上述前馈神经网络是逐位置（position-wise）进行的，即针对向量序列中的每一个 512 维向量逐个进行相同的操作，所有向量共享参数[⊖]。在 Transformer 中，前馈神经网络具有三层结构，其中输入层和输出层的维度均为 $d_{\text{model}}=512$，而中间层的维度为 $d_{ff}=2048$。其中，在第一个全连接操作之后设置有 ReLU 激活函数。针对注意力输出序列中的第 $i\,(i=1,2,\cdots,T)$ 个向量 $\boldsymbol{x}'_i$，上述前馈神经网络的计算方式可以表示为

⊖ 这里的共享参数是指在一个编码器中，序列中的所有向量共享全连接前馈网络参数，简单理解为用一个相同的网络对每个向量都加工一次。但是在不同的编码器中，用的则是不同的网络参数。

$$\mathrm{FwdLayer}(\boldsymbol{x}_i') = \mathrm{ReLU}(\boldsymbol{x}_i'\boldsymbol{W}_1+\boldsymbol{b}_1)\boldsymbol{W}_2+\boldsymbol{b}_2 \tag{4-3}$$

式中，$\boldsymbol{W}_1 \in \mathbb{R}^{d_{\text{model}}\times d_{ff}}$和 $\boldsymbol{W}_2 \in \mathbb{R}^{d_{ff}\times d_{\text{model}}}$均为线性变换的参数矩阵，$\boldsymbol{b}_1 \in \mathbb{R}^{d_{ff}}$和 $\boldsymbol{b}_2 \in \mathbb{R}^{d_{\text{model}}}$均为线性变换的偏置向量㊀；$\mathrm{ReLU}(x)=\max(0,x)$为 ReLU 激活操作。

4.2.2 解码器结构

Transformer 的解码器栈由一系列的解码器串联构成，其中的每一个解码器中又包含三个以串联方式组织的子模块，即相较编码器，解码器多出一个子模块。除了最后一个子模块与编码器相同，也是全连接前馈网络之外，前两个模块均为注意力模块。其中，第一个注意力模块称为“掩膜多头注意力”（Masked Multi-Head Attention）模块；第二个注意力模块为一个多头注意力模块。与编码器类似，在解码器的上述三个子模块外也添加了三个残差连接，并且在其后还分别设置有三个归一化操作。图 4-3 所示为 Transformer 解码器的结构示意。

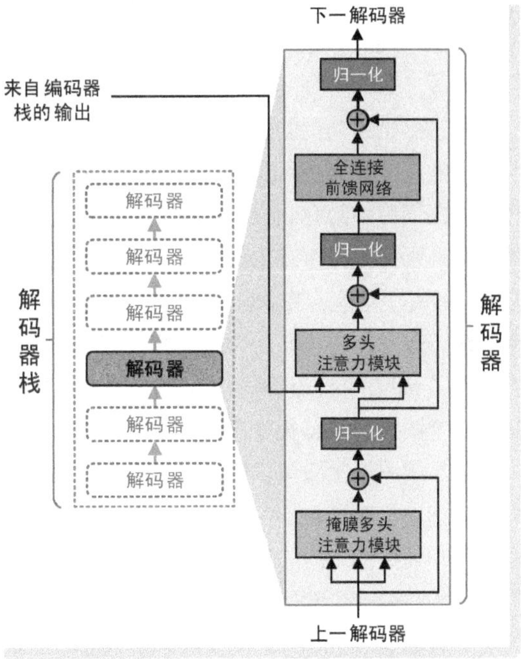

● 图 4-3 Transformer 解码器的结构示意

在图 4-3 所示的解码器结构中，第一个掩膜多头注意力模块，简单理解为就是多头注意力模块的“掩膜版本”，其输入纯粹来自上一个解码器的输出；第二个多头注意力子模块的完整名称是“编码器-解码器注意力”（encoder-decoder attention）模块，仅从名称上来看，想必应该是一种需要编码器和解码器数据共同参与的注意力模块。的确，该注意力模块与编码器中的多头注意力模块在输入方面是不同的：该注意力模块一方面以掩膜多头注意力模块的输出作为输入，另一方面还以编码器栈的输出作为输入，而我们所说的每个解码器都接收编码器栈的输入就体现在这里。关于上述两个注意力模块的结构和工作模式，我们将在 4.4 节进行展开讨论；针对最后一个全连接前馈网络模块，其结构与工作方式与编码器中的全连接前馈网络相同，我们这里就不再重复讨论了。

4.3 Transformer 的输入与输出

Transformer 是一种典型的序列转换模型——输入是一个序列，输出是另外一个序列表示。这一过

㊀ 按照式（4-3）给出的计算形式，$\boldsymbol{x}_i'$、$\boldsymbol{b}_1$和 $\boldsymbol{b}_2$均为行向量表示。另外，式（4-3）给出的是针对一个向量进行。实际上在具体程序中，可以使用矩阵操作针对序列中的所有向量一次性地计算网络输出，有 $\mathrm{ReLU}(\boldsymbol{x}'\boldsymbol{W}_1+\boldsymbol{B}_1)\boldsymbol{W}_2+\boldsymbol{B}_2$。其中，$\boldsymbol{x}' \in \mathbb{R}^{T\times d_{\text{model}}}$，即将$\boldsymbol{x}_1',\cdots,\boldsymbol{x}_T'$摆为 T 行；$\boldsymbol{B}_1 \in \mathbb{R}^{T\times d_{ff}}$和$\boldsymbol{B}_2 \in \mathbb{R}^{T\times d_{\text{model}}}$分别表示把行向量 $\boldsymbol{b}_1$ 和 $\boldsymbol{b}_2$ 分别竖着重复排列 T 次，这一重复操作可以利用深度学习框架提供的“广播”机制轻松实现。

程看似简单，但实则“暗藏玄机”、可圈可点。在本节中，我们将对 Transformer 的输入和输出进行详细讨论。

4.3.1 词嵌入

以英译汉这一典型的序列转换应用为例，我们面对的输入序列由诸如“I”“love”“my”和“daughter”等这样的自然语言词汇构成，这些长短不一的词自然不能直接作为模型输入。那么我们如何表达这些词汇？在“万物皆向量”思路的指引下，我们自然想到将每个词转换为向量表示。那么问题又来了，如何得到能够代表不同词的向量表示呢？

最直接、最简单的表示方法即将每个词以独热编码(one-hot encoding) 的形式表示。首先，我们将所有词的集合称为“词典”，这个词典中词的数量称为词典长度，记作$|V|$。词典是无重复且有序的，每个词在词典中都有一个下标索引。所谓独热编码，即为每个词构造一个长度为$|V|$且只有唯一一个 1 的 0-1 向量 $(0,\cdots,0,1,0,\cdots,0)$，向量中只有与该词在词典中下标位置相同的元素取 1，其余位置均取 0。可谓“诸人皆冷我独热”——独热编码由此得名。独热编码的长度可长可短，取决于词典长度，若使用比较完整的词典，那么词典长度$|V|$将异常庞大，有的甚至超过 50 万（如《牛津英语词典》大约收录了 55 万个英语单词），若使用简单词典（如常用核心词汇），那么$|V|$的大小大约为几万的数量级。固定词典后，其长度$|V|$即也固定，每个词都有唯一且长度固定的独热编码表示。

独热编码虽然简单，但是存在两个明显问题：第一，我们总是希望模型能够处理更多的词，这就意味当词典长度$|V|$越大越好，但是词典长度的增加会导致词特征的维度过高；第二，也是最主要的原因，即独热编码为二值编码，不同词对应编码两两正交，无法有效区分词汇的语义属性。例如，我们之前举过的一个例子，“cat”“dog”和“logic”三个词，假设它们的对应的独热编码分别是$(1,0,0,0)$、$(0,1,0,0)$和$(0,0,0,1)$（简单起见，我们假设词典中只有四个词汇，即$|V|=4$），不难看出在向量空间中，三者是等距的。但是，按照很多实际应用的需求甚至是常识，“cat”和“dog”同属动物类，其对应的特征应该接近，且要远离“logic”这个抽象的词对应的特征表示。将一个自然语言的词汇，映射为一个固定长度，且能够按照任务要求区分词汇语义属性的技术，称为词嵌入(word embedding)。所谓的词嵌入，是一个宽泛的概念，广义上只要能够将自然词汇转为向量表示都能叫作词嵌入，因此词嵌入的形式可繁可简。先说“繁”的，例如，我们本章的主角——Transformer，很多应用都是将其视为词嵌入工具：手握一个谷歌预训练的 Transformer，输入一句话，然后我们接收其编码器输出，得到的每个 d_{model} 维向量，就是对应输入词的嵌入表示。在这种应用中，我们将整个 Transformer 视为词嵌入的模型，在早期的 Word2vec、GloVe 等模型也均是此类词嵌入工具。再说“简”的，在 NLP 领域，形式最为简单的词嵌入方式即为线性词嵌入，其最广的应用场景就是各类模型的输入前处理，我们在这里所讨论的词嵌入就特指此类。

线性词嵌入的方法非常简单——再对独热编码进行一次线性变换 $\boldsymbol{x}_i\boldsymbol{W}_E$ ㊀，其中 $\boldsymbol{x}_i\in\mathbb{R}^{|V|}$ 为某词的独热编码表示，$\boldsymbol{W}_E\in\mathbb{R}^{|V|\times d_{\text{model}}}$ 为可学习的嵌入矩阵。上述变换将得到一个新的 d_{model} 维嵌入特征表示。特别地，当 $d_{\text{model}}\ll|V|$时，线性嵌入同时起到了很好的降维作用。下面是一个小例子，假设我们有一

㊀ 在很多文献中将此线性变换表示为 $\boldsymbol{W}_E\boldsymbol{x}_i$，这种表示和我们此处的表示无本质区别，仅仅是行列互换而已。

个小词典，其长度$|V|=4$，我们期望得到的嵌入维度 $d_{\text{model}}=3$，再假设某词对应的独热编码表示为 $\boldsymbol{x}_i=(0,1,0,0)$，那么基于线性变换的词嵌入可以表示为

$$\boldsymbol{x}_i\boldsymbol{W}_E=(0,1,0,0)\begin{pmatrix} w_{11} & w_{12} & w_{13} \\ w_{21} & w_{22} & w_{23} \\ w_{31} & w_{32} & w_{33} \\ w_{41} & w_{42} & w_{43} \end{pmatrix}=(w_{21},w_{22},w_{23}) \tag{4-4}$$

从式（4-4）不难看出，独热编码作用在嵌入矩阵，等效于行向量抽取：假设独热编码向量 $\boldsymbol{x}_i$ 的独热位置为 k，则线性变换 $\boldsymbol{x}_i\boldsymbol{W}_E$ 表示从嵌入矩阵 $\boldsymbol{W}_E$ 中抽取第 k 行。

嵌入矩阵 $\boldsymbol{W}_E$ 可以以两种模式使用。第一种模式为“拿来主义”，即利用一个其他的模型产生该矩阵，并将其作为固定值在当前模型中使用。这样一来，嵌入矩阵 $\boldsymbol{W}_E$ 就是一个单纯的查找表（look-up table），词嵌入也变为纯粹的矩阵“抽行”操作；第二种模式为一体化训练，即将嵌入矩阵 $\boldsymbol{W}_E$ 也作为模型参数，参加模型的整体训练。这样一来，随着模型的训练，嵌入矩阵的内容会不断进行更新，从而使得不同词对应的嵌入向量在任务的驱动下形成能够更好表达语义特征的嵌入向量。在上述两种方式中，第二种是应用最为广泛的方式，Transformer 中的输入嵌入也采取该方式进行。

4.3.2 位置编码

无论是什么语言，句子中的词都是有序的，即每个词都是位置相关的（position-wise）。同一个词出现在句子中的不同位置，对其转换的结果可能也会大相径庭。举一个汉译英的例子：对于中文句子“我爱我女儿”，第一个“我”和第三个“我”，尽管都是“我”，纯粹的词嵌入给出二者的嵌入向量必定完全相同。但是我们都知道，第一个“我”应该翻译为“I”，第三个“我”应该翻译为“my”。显然，仅靠词嵌入向量表达不同位置的词是不够的，这就意味着我们需在模型中引入某种表达位置的机制。

对位置进行表示的最常用手段即给词嵌入向量“加点料”——对于每一个词，在其词嵌入向量的基础上再添加一个和其位置有关的矫正向量。上述矫正向量的产生一般又包括位置嵌入（positional embedding）和位置编码（positional encoding）两种具体的实现方式。其中位置嵌入的方式与前文介绍的词嵌入方式类似，也可以通过线性变换方式实现，只不过这里独热编码的长度为最大句子长度，其中的独热元素位置为当前词在整个句子中的位置，位置嵌入矩阵也随着整个模型的训练进行一体化训练。GPT 和 BERT 等著名的模型都是采用此类方式为每个词嵌入向量添加位置校正向量的。而位置编码则不同，位置有关的矫正向量是预先构造好的，且具有不同位置、不同取值的固定向量。我们的主角 Transfermer 即采用此方式作为表达位置的机制。

如何构造位置编码，具体来说必须满足两方面的要求：第一，取值得合理。位置信息作为矫正量，取值不能太大，否则容易“跑飞”，取值也不能太小，否则加了也白加。可训练的嵌入不涉及这个问题，矫正量毕竟可以通过训练进行自然调整，“跑飞”的还能再拽回来，值小了还能拉上去；第二，能够分辨位置。每个位置对应的编码应该尽量不同，即编码要对位置具有分辨能力，这就意味着编码得尽量“花哨”。为了满足上述要求，Transfermer 使用正弦和余弦函数来构造位置编码，有

$$\begin{cases} PE(\text{pos},2i)=\sin\left(\dfrac{1}{10000^{2i/d_{\text{model}}}}\text{pos}\right) \\ PE(\text{pos},2i+1)=\cos\left(\dfrac{1}{10000^{2i/d_{\text{model}}}}\text{pos}\right) \end{cases} \tag{4-5}$$

式中，pos 表示位置，i 表示特征维度，$PE(p,*)\in\mathbb{R}^{d_{\text{model}}}$即表示给第 p 个词嵌入向量添加的位置校正向量。那么，Transformer 的位置编码如何考量上述两方面要求的？为了满足第一个要求，Transformer 使用了正弦和余弦函数，这样大不过 1，小不过负 1，取值适中；针对第二个要求，由于函数的周期性，为防止整周期矫正量相同的问题，Transformer 在不同的维度使用不同的频率——低维用高频，高维用低频；另外，为了让两个相邻的维度产生差异，Transformer 在偶数维度用正弦，奇数维度用余弦。简单来说，在 Transformer 基于正余弦的位置编码中，用维度控制频率，用位置控制相位。位置编码 PE 是定义在位置-维度平面上的二元函数，图 4-4 所示为位置编码可视化的效果（以 200 个位置和 300 个特征维度为例）。

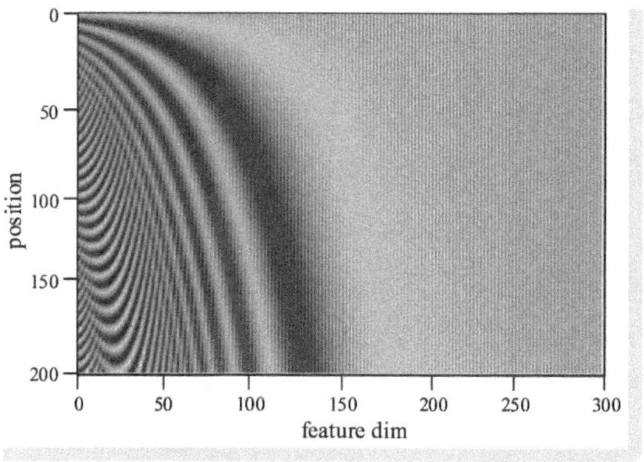

● 图 4-4　位置编码可视化的效果（以 200 个位置和 300 个特征维度为例）

综上所述，面对一个输入序列，Transformer 为其构造模型输入的过程为：首先，针对序列中的每一个词，将其独热编码与词嵌入矩阵相乘，得到对应的词嵌入向量序列；然后，按照词所在序列中的位置，利用式（4-5），为每个词构造位置编码向量，词嵌入向量和位置编码向量的维度均为 d_{model}；最后，将上述两组向量进行求和，即得到带有位置信息的词向量序列，该向量序列即作为 Transformer 的输入。图 4-5 示意了 Transformer 构造输入向量的过程。该示例以中文语句“我宝贝闺女”中排在第 3 位的“贝”字为例。

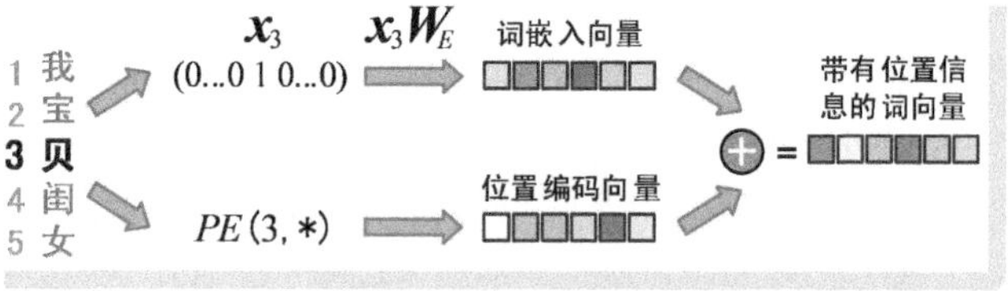

● 图 4-5　Transformer 构造输入向量的过程示意

细心的读者阅读 Transformer 原文时，可能会发现在整体架构图（原文中的图 1）中，词嵌入加位置编码的操作不仅仅只是针对输入序列进行，在解码器栈中也包括了一个针对输出序列的嵌入和位置编码操作，这是怎么回事？这是因为 Transformer 的解码过程采用自回归方式进行，这就意味着在解码产生当前词汇时，会将在当前步骤以前生成的目标序列再次输入解码器栈（如图 4-1 中，当前步骤之前已经生成的目标序列“I love my”），那么针对这些已经得到的目标序列词汇，自然也需要经过嵌入为位置编码处理后才能输入模型。

4.3.3 Transformer 的输出

谈完 Transformer 的输入，我们接下来讨论其输出。在 Transformer 中，输出由解码器栈来完成，而与编码器栈的一次性看见所有输入的并行处理方式不同，解码器栈一个接一个产生输出，且在构造当前步骤输出时，除了依赖编码器栈得到输入序列的内部编码外，还依赖当前步骤以前的所有已经产生的输出，因此 Transformer 的解码过程是遵循典型的自回归模式。Transformer 编码与自回归生成目标序列过程可以用如下两式简单表示

$$\boldsymbol{h}_1,\cdots,\boldsymbol{h}_n=\text{encode}(\boldsymbol{x}_1,\cdots,\boldsymbol{x}_n) \tag{4-6}$$

$$\boldsymbol{y}_t=\text{decode}(\boldsymbol{h}_1,\cdots,\boldsymbol{h}_n,\boldsymbol{y}_1,\cdots,\boldsymbol{y}_{t-1}),t=1,\cdots,m \tag{4-7}$$

式（4-6）中，$\boldsymbol{x}_1,\cdots,\boldsymbol{x}_n$ 表示长度为 n 的输入序列；$\boldsymbol{h}_1,\cdots,\boldsymbol{h}_n$ 为编码器栈对输入序列处理后得到的输出；$\boldsymbol{y}_t$ 为解码器栈产生的第 t 个输出，$\boldsymbol{y}_1,\cdots,\boldsymbol{y}_{t-1}$ 即表示第 t 步之前的输出序列；m 为输出序列的长度。因此，仅从输出依赖关系来看，Transformer 的输出产生过程与 Seq2Seq 模型类似——看看之前产生的，也看看所有输出的，然后决定当前的。

对于输入序列中的每一个元素，从一开始就被表示为 d_{model} 维的向量，在随后各级编码器和解码器的处理过程中，这一维度都不会改变㊀。这也就意味着如果我们直接在最后一个解码器获取输出，得到的将是一系列 d_{model} 维的向量。在机器翻译任务中，为了直接预测目标词汇，Transformer 在上述向量后再进行一次线性变换，将 d_{model} 维的向量变换为一个 $|V'|$ 维向量，这里 $|V'|$ 即为目标语言的词典长度，然后利用 softmax 函数对该向量进行概率化，即得到其在目标词汇空间的概率分布㊁。从概率视角看，词汇的生成过程就是对条件概率 $p(\boldsymbol{y}_t|\boldsymbol{y}_1,\cdots,\boldsymbol{y}_{t-1},\boldsymbol{x}_1,\cdots,\boldsymbol{x}_n)$ 的建模过程。图 4-6 示意了 Transformer 执行机器翻译的步骤（以最开始的两个步骤为例）。

图 4-6 示意了一个简单的汉译英过程。输入的中文句子为“我的宝贝闺女”，共计 6 个字。首先是编码过程，编码器栈以并行的方式输出每个字（假设我们就是以中文字作为最小处理单元，不做分词处理）对应的内部编码表示 $\boldsymbol{h}_1\sim\boldsymbol{h}_6$。上述 6 个编码向量会在解码过程中被每个层级的解码器使用（具体来说是被每个解码器中的第二个多头注意力模块使用）；接下来为解码过程，在第一步中，解码器还没有产生任何输出，因此此时给解码器一个表示开始的专用符号“<BOS>”㊂，解码器栈综合该专用符号和编码器栈输出 $\boldsymbol{h}_1\sim\boldsymbol{h}_6$，预测得到第一个输出词汇“My”；在第二步中，已经产生的输出“My”来到输入端，与“<BOS>”一起作为解码器栈的输入，解码器栈综合二者及 $\boldsymbol{h}_1\sim\boldsymbol{h}_6$，预测得到

㊀ 在全连接前馈网络子模块中，向量的维度一度从 d_{model} 变为 d_{ff}，在多头注意力模块中，向量的维度也一度从 d_{model} 变为 d_{model}/h。但是，在上述两结构的最后输出环节，向量的维度都会再次变换 d_{model}，所以我们忽略上述子模块内部的维度变化，认为向量的维度没有发生改变，均为 d_{model} 维。

㊁ 这里我们对 Transformer 目标词汇的预测方法进行了简化。在 Transformer 执行实际机器翻译任务时，应用了“Beam Search”（即“集束搜索”）的机制，相关内容请参考 4.5 节内容。

㊂ 这里的“BOS”是“Begin of Sentence”的首字母简写，作为句子开始标识符。与之对应的还有“<EOS>”，即“End of Sentence”的首字母简写，代表句子结束。需要说明的是，“<BOS>”和“<EOS>”等标识符在不同翻译模型中可以以不同符号表示。上述标识符在目标词典中也作为一个词汇，因此其也有对应的独热编码表示，故解码器栈以其作为输入时，也对其进行词嵌入和添加位置编码的标准操作。

第二个输出词汇“baby”，如此这般，依次执行。

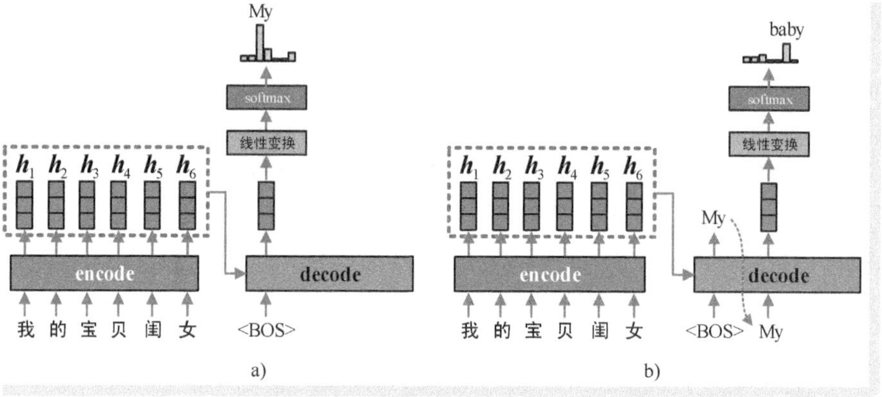

● 图 4-6 Transformer 执行机器翻译的步骤示意（以最开始的两个步骤为例）

a）第一步：生成词汇“My”　b）第二步：生成词汇“baby”

4.4 Transformer 的注意力机制

在上文中，我们着重介绍了 Transformer 的架构，有关注意力的问题我们一笔带过。那么在下面的部分，我们就回到重点，介绍 Transformer 中的注意力机制及其工作原理。在第 3 章的最后一部分，我们针对注意力机制给出了形式化的表示，在 Transformer 中，几位学者对这一形式化表达进行了进一步强化，Transformer 中的注意力机制也是正对这一形式化表示的忠实体现，那么下面我们首先对注意力的形式化表示进行简单的回顾。

注意力机制可以形式化地表示为：注意力机制可以被描述为一个函数，该函数将一个查询（query，简写为 $\boldsymbol{q}$）和一个具有 M 个元素的键-值（key-value，分别简写为 $\boldsymbol{K}$ 和 $\boldsymbol{V}$）集合（这个键-值集合也称之为“source”，即“源”）映射为一个值（value）。其中，查询、键与值均为向量。上述函数可以表示为 attention:$(\boldsymbol{q},\{\boldsymbol{k}_i,\boldsymbol{v}_i\}_{i=1}^{M})\to\boldsymbol{V}$。在具体计算时，注意力的计算还是我们所熟悉的“三步走”：第一步为相似度计算，即计算查询向量 $\boldsymbol{q}$ 与集合 $\{\boldsymbol{k}_i,\boldsymbol{v}_i\}_{i=1}^{M}$ 中的每一个键向量 $\boldsymbol{k}_i(i=1,2,\cdots,M)$ 之间的相似度，从而得到 M 个相似度，表示为

$$\text{similarly}(\boldsymbol{q},\{\boldsymbol{k}_i,\boldsymbol{v}_i\}_{i=1}^{M})=(\text{similarly}(\boldsymbol{q},\boldsymbol{k}_1),\cdots,\text{similarly}(\boldsymbol{q},\boldsymbol{k}_M)) \tag{4-8}$$

式中，similarly$(\cdot,\cdot)$为相似度函数，也即我们前文反复提及的对齐函数。我们也知道，其最简单的实现形式即为对输入的两个向量计算点积，当然也可以使用基于神经网络的预测等其他的方法来实现相似度的计算；第二步为概率化操作，即利用 softmax 函数对上述相似度向量进行概率化，使得其具有求和等于 1 的归一化性质，即

$$(\alpha_1,\cdots,\alpha_M)=\text{softmax}(\text{similarly}(\boldsymbol{q},\{\boldsymbol{k}_i,\boldsymbol{v}_i\}_{i=1}^{M})) \tag{4-9}$$

式中，$\alpha_1,\cdots,\alpha_M$即为 M 个注意力权重，且有 $\sum_{i=1}^{M}\alpha_i=1$； 第三步为加权求和，即利用概率化后得到

的注意力权重，对集合$\{\boldsymbol{k}_i,\boldsymbol{v}_i\}_{i=1}^M$中的值集合$\{\boldsymbol{v}_i\}_{i=1}^M$进行加权求和，得到具有注意力"加持"的最终输出$\boldsymbol{v}$，有

$$\boldsymbol{v}=\text{attention}(\boldsymbol{q},\{\boldsymbol{k}_i,\boldsymbol{v}_i\}_{i=1}^M)=\sum_{i=1}^M\alpha_i\boldsymbol{v}_i \tag{4-10}$$

注意力聚焦的过程体现在权重系数上，权重越大表示投射更多的注意力在对应的值上，即权重代表了信息的重要性。所谓的注意力机制，就是用查询$\boldsymbol{q}$，通过在键集合$\{\boldsymbol{k}_i\}_{i=1}^M$中执行相似度查询，从而获取值集合$\{\boldsymbol{v}_i\}_{i=1}^M$中的关键值，并将其整合为新值$\boldsymbol{v}$的过程。

在 Transformer 中，具体给出了两种注意力的实现方式：缩放点积注意力(Scaled Dot-Product Attention)和多头注意力(Multi-Head Attention)。

4.4.1 缩放点积注意力

在 Transformer 中，缩放点积注意力是最简单的注意力模型，也是所有其他注意力模型的基础，其定义为

$$\text{attention}_s(\boldsymbol{Q},\boldsymbol{K},\boldsymbol{V})=\text{softmax}\left(\frac{\boldsymbol{QK}^{\mathrm{T}}}{\sqrt{d_k}}\right)\boldsymbol{V} \tag{4-11}$$

式(4-11)与式(4-8)~式(4-10)中一次只计算一个注意力输出不同，这里采用紧凑的矩阵形式一次性得到多个注意力结果。其中，设查询向量的维度为d_k，$\boldsymbol{Q}$为将M_q个查询向量作为行向量拼成的矩阵形式，故有$\boldsymbol{Q}\in\mathbb{R}^{M_q\times d_k}$；$\boldsymbol{K}$和$\boldsymbol{V}$分别为矩阵表示的键集合和值集合，设键向量的个数为$M_k$，且键向量的维度与查询向量的维度相同，因此有$\boldsymbol{K}\in\mathbb{R}^{M_k\times d_k}$；设值向量的维度为$d_v$，且其个数与键向量个数相同，故有$\boldsymbol{V}\in\mathbb{R}^{M_k\times d_v}$。上述注意力输出的结果为一个$M_q\times d_v$维矩阵，其中的每一行都表示对应查询向量与所有键向量作用形成注意力权重后，对所有值向量进行加权求和的结果。考虑到当d_k很大时，点积结果将变得非常离散，因此对点积结果除以$\sqrt{d_k}$进行归一化处理。正是由于有$1/\sqrt{d_k}$的缩放因子，该注意力才被冠名"缩放点积"。图 4-7 所示为缩放点积注意力的数据流图表示和矩阵形式的计算示例（其中，虚线框所示的掩膜操作为可选操作，只有在解码器中的自注意力模块才会使用）。

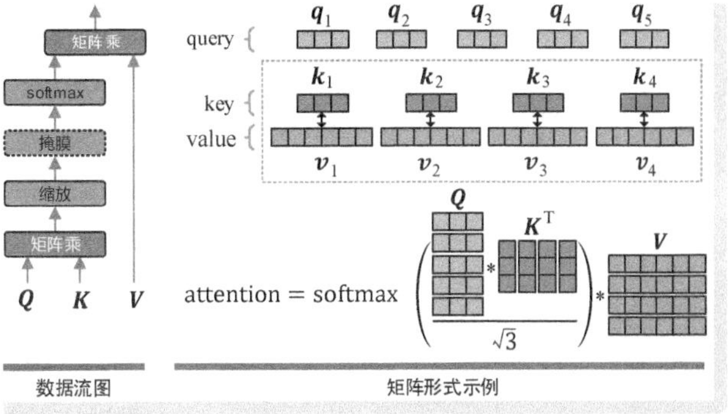

图 4-7 缩放点积注意力的数据流图表示和矩阵形式的计算示例

在图 4-7 所示的示例中，查询向量有 5 个，即$M_q=5$；每个查询向量的维度均为 3，即$d_k=3$，因此有$\boldsymbol{Q}\in\mathbb{R}^{5\times3}$；键-值集合中的元素个数为 4，即$M_k=4$；值向量的维度为 6，即$d_v=6$，因此有$\boldsymbol{K}\in\mathbb{R}^{4\times3}$、$\boldsymbol{V}\in\mathbb{R}^{4\times6}$，这样一来，$\boldsymbol{QK}^{\mathrm{T}}/\sqrt{d_k}$即得到一个 5 行 4 列的矩阵；接下来的 softmax 函数对该矩阵行进行按行归一化处理；最后将上述归一化矩阵与矩阵$\boldsymbol{V}$进行乘积，得到一个 5 行 6 列的矩阵，其中第i个行向量，即对应于查询$\boldsymbol{q}_i$的注意力模型输出。

4.4.2 多头注意力

在 Transformer 中，在编码器和解码器中实际应用的都是多头注意力机制，该注意力基本操作流程包括多路线性变换、多路缩放点积注意力计算、多路融合与再次线性变换四个步骤。其中，第一步的多路线性变换起着“分头”的作用——针对查询集合 $\boldsymbol{Q}$、键集合 $\boldsymbol{K}$ 和值集合 $\boldsymbol{V}$，分别进行 h 个线性变换，这里的 h 即我们要分出的“头数”。上述线性变换，相当于将每个集合“幻化”出 h 个版本，其中的第 i 个头的查询、键和值集合可以表示为

$$\boldsymbol{Q}_i'=\boldsymbol{Q}\boldsymbol{W}_i^Q,\boldsymbol{K}_i'=\boldsymbol{K}\boldsymbol{W}_i^K,\boldsymbol{V}_i'=\boldsymbol{V}\boldsymbol{W}_i^V \tag{4-12}$$

式中，各集合的元素个数及向量维度设定与式（4-9）相同。其中，$\boldsymbol{W}_i^Q\in\mathbb{R}^{d_{\text{model}}\times d_k}$、$\boldsymbol{W}_i^K\in\mathbb{R}^{d_{\text{model}}\times d_k}$ 以及 $\boldsymbol{W}_i^V\in\mathbb{R}^{d_{\text{model}}\times d_v}$ 均为可学习线性变换参数矩阵。需要说明的是，为了控制计算量，一般在分头后，都会将查询向量和值向量的维度适当降低，例如，在 Transformer 基础版本中，头数 $h=8$，而 $d_k=d_v=d_{\text{model}}/h=64$，最后的线性变换会将维度再次恢复到 d_{model}；第二步的多路缩放点积注意力计算基于每个头的查询、键和值集合，按照式（4-9）的方法，执行缩放点积注意力的计算，即

$$\boldsymbol{H}_i=\text{attention}_s(\boldsymbol{Q}_i',\boldsymbol{K}_i',\boldsymbol{V}_i')=\text{softmax}\left(\frac{\boldsymbol{Q}_i'\boldsymbol{K}_i'^{\text{T}}}{\sqrt{d_k}}\right)\boldsymbol{V}_i' \tag{4-13}$$

第三步的多路融合通过拼接操作，将 h 路缩放点积注意力结果进行整合，有

$$\boldsymbol{H}_f=\text{concat}(\boldsymbol{H}_1,\cdots,\boldsymbol{H}_h) \tag{4-14}$$

式中，拼接方式以“横铺”方式进行，因此有 $\boldsymbol{H}_f\in\mathbb{R}^{M_q\times hd_v}$。第四步的再次线性变换一方面对拼接结果进行进一步融合，同时还将拼接结果恢复到我们所需要的向量维度，有

$$\text{attention}_m(\boldsymbol{Q},\boldsymbol{K},\boldsymbol{V})=\boldsymbol{H}_f\boldsymbol{W}^O \tag{4-15}$$

式中，$\boldsymbol{W}^O\in\mathbb{R}^{hd_v\times d_{\text{model}}}$ 为可学习线性变换参数矩阵。图 4-8 示意了多头注意力的数据流图表示和矩阵形式的计算示例（在该例中，有 $d_k=3$、$d_v=6$、$M_q=4$、$M_k=3$。需要说明的是在本例中，没有采用 $d_k=d_v=$

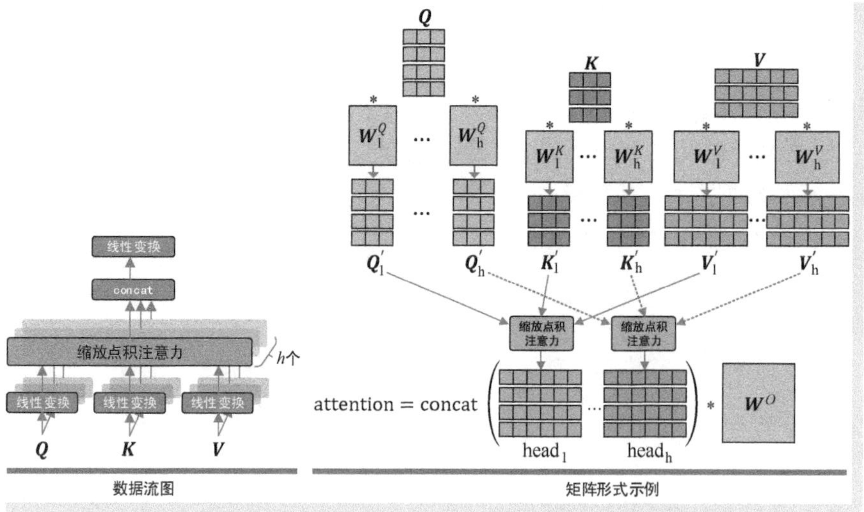

● 图 4-8 多头注意力的数据流图表示和矩阵形式的计算示例

d_{model}/h 的设定，即不做中间的降维操作）。

简单理解，多头注意力就是多路执行并融合的缩放点积注意力。不难看出，所谓的多头注意力机制，和我们在前文所说的多个视角下的注意力机制是异曲同工的。

4.4.3 编码器与解码器中的注意力模块

在第 3 章的最后部分，我们按照查询、键和值 3 个集合的来源，将注意力机制分为了 3 种典型模式：QKV 模式、QVV 模式和 VVV 模式。其中 QVV 模式和 VVV 模式应用最为广泛——前者表示的是产生于集合之间的互注意力机制，而后者则表示的是产生于集合自身的自注意力机制。

在 Transformer 中，编码器中的注意力模块为 VVV 模式的自注意力模块，而在解码器中包括了两个注意力模块，第一个为 VVV 模式的自注意力模块，第二个为 QVV 模式的互注意力模块。更具体来说，同样是 VVV 模式的自注意力，编码器和解码器中的两个自注意力模块还有着很大区别：后者在标准自注意力的基础上添加了"看前不看后"的掩膜操作。也就是说从细节看，Transformer 中包括了三种注意力模块。这样的设计是出于什么考量？在下文中，我们就来讨论编码器和解码器中的注意力模块的原理和结构。

1. 编码器中的标准自注意力模块

Transformer 的每个编码器中具有唯一的注意力模块，该模块具有我们上文介绍的标准多头注意力结构，属于典型的 VVV 模式。其中，查询集合、键集合以及值集合来源相同，均为上一个编码器对输入序列作用得到的编码向量序列（如果是第一个编码器，则为带有位置信息的词嵌入向量序列）。之所以采用上述设计，原因存在于：编码的核心工作就要捕捉输入序列中元素与元素之间的关系，使得每个元素对应的编码向量中充分蕴含了上下文语义信息。在实现方式上，Transformer 的编码器一次性看到一个完整的序列，以并行的方式对每个元素进行编码，这也为自注意力的开展提供了极大的便捷。

例如，在翻译句子"The dog is barking at the bird because it is angry"时，定冠词"The"除了和"dog"有关，剩下别无他意；而站在"dog"的立场，它在做什么？它在"barking"，针对谁？针对"bird"，为什么？因为"angry"；再例如，对于单词"it"，它到底指代的是"dog"还是"bird"等。一句话中，词与词之间关系如此复杂，站在不同词的视角，句中其他词对其的关系和影响力各不相同。还是以对"it"一词的编码为例，编码器自注意力模块就是为了在对其进行编码时，尽量使得"dog"对其具有更高的影响力——毕竟在本句中，作为代词的"it"压根和前文的"dog"就是一回事。图 4-9 所示为针对上述翻译问题的一个自注意力模块工作方式示意，其中 $\boldsymbol{x}_1,\cdots,\boldsymbol{x}_{11}$ 分别代表句子中每个词的编码（为简化起见不考虑句子开始/结束等辅助符号），$\boldsymbol{y}_1,\cdots,\boldsymbol{y}_{11}$ 分别为自注意力模块对每个词的输出，$\alpha_{i,j}$ 即为自注意力模型输出 $\boldsymbol{y}_i$ 时在输入 $\boldsymbol{x}_j$ 上投射的注意力权重。图 4-9 以 $\boldsymbol{y}_9$（即针对"it"一词）为例，示意了各输入编码上某种可能的注意力权重分配。

2. 解码器中的掩膜自注意力模块

Transformer 的每个解码器都包括两个注意力模块，其中第一个注意力模块也具有多头自注意力结构，故也属于 VVV 模式。但是相较于编码器中的自注意力模块，该模块添加了掩膜（mask）机制。这是因为 Transformer 的解码过程采用自回归方式进行，即产生目标序列时，词是一个一个“蹦”出来的，这就意味着在产生当前目标词汇时，我们根本不知道下面会输出什么。例如，在图 4-6 所示的英译汉的例子中，Transformer 对目标词汇的生成过程是：得到输入“<BOS>”，输出“My”，然后输入“<BOS>”和“My”，再输出“baby”，如此不断重复，每一步的输入都比上一步的输入多一个最新产生的目标词汇。图 4-10 示意了解码器输入序列随步骤变化与掩膜工作机制，其中每一行表示一个步骤的解码输入序列。

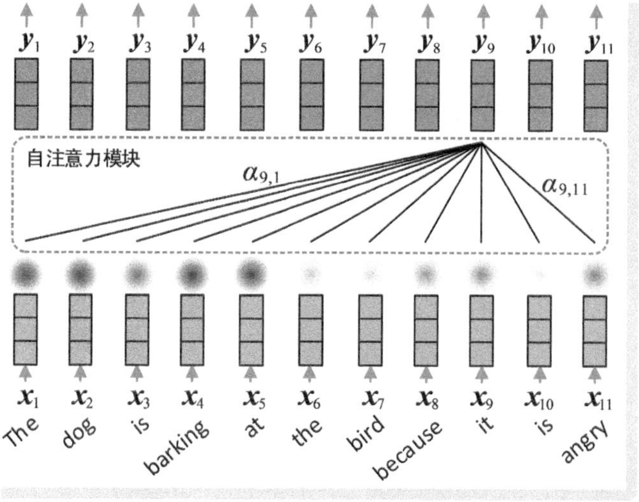

● 图 4-9 自注意力模块工作方式示意

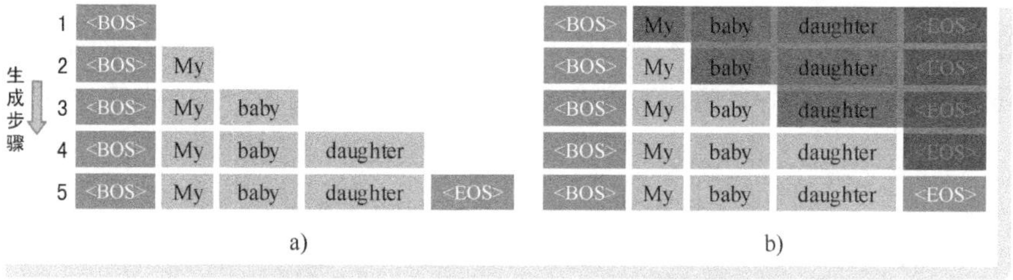

● 图 4-10 解码器输入序列随步骤变化与掩膜工作机制示意

a）解码器输入序列随步骤的变化示意 b）掩膜工作机制示意

这就意味着在这种不知后续“剧情”的情况下，我们只能用到当前生成步骤及其之前的输入序列进行注意力的计算和加权作用。在进行实际序列预测时，这不算什么问题，因为实际情况就是如此——目前已经生成的词我们知道，未来生成什么也的确不知道，自然想用也用不了，那么我们可以很容易在不完整的输入上应用注意力机制并产生当前步骤的输出。然而在训练环节，情况就变得大不一样。在训练环节中，一个输入的源序列及其对应的目标序列构成一组训练样本，后者是前者的真值，我们自然是完全知道的。而 Transformer 以并行的方式一次性将目标序列送入解码器栈[⊖]，并且一

⊖ 在训练时给解码器送入目标序列真值的模式称为的“Teacher Forcing”模式，针对该模式的详细讨论详见本章 4.5 节内容。

次性获得所有对应的输出，如果我们在其中仍然使用“看到全部”的自注意力机制，就会导致训练和预测的行为模式产生严重的不一致。因此，我们需要有一种机制能够挡住当前预测步骤之后的输入序列，使其不得参与当前输出的生成。在上述需求下，掩膜自注意力机制应运而生。图 4-11 示意了掩膜自注意力模块的工作方式。

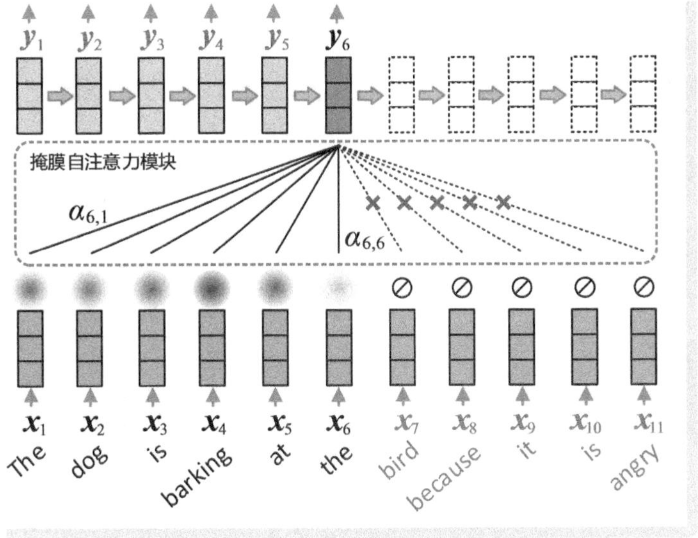

● 图 4-11　掩膜自注意力模块的工作方式示意

在图 4-11 所示的例子中，当前正在产生第 6 个输出 $\boldsymbol{y}_6$（对应的输入为单词“the”），对注意力权重的计算以及加权求和只能在前 6 个输入上进行，即有 $\boldsymbol{y}_6=\sum_{k=1}^{6}\alpha_{6,k}\boldsymbol{x}_k$，其中 $\sum_{k=1}^{6}\alpha_{6,k}=1$。实现时，在缩放点积注意力中，可以很容易通过掩膜矩阵的方式

$$\text{attention}_{ms}(\boldsymbol{Q},\boldsymbol{K},\boldsymbol{V})=\text{softmax}\left(\frac{\boldsymbol{QK}^{\mathrm{T}}\circ\boldsymbol{M}}{\sqrt{d_k}}\right)\boldsymbol{V} \tag{4-16}$$

式中，$\boldsymbol{M}$ 为一个 $M_q\times M_k$ 的二值掩膜矩阵，其上三角元素位置表示遮掩位置；符号“∘”表示矩阵的逐元素操作运算；“$\boldsymbol{QK}^{\mathrm{T}}\circ\boldsymbol{M}$”即表示将 $\boldsymbol{QK}^{\mathrm{T}}$ 的上三角部分“抹去”，随后的 softmax 函数即仅按行在未抹去的元素上进行概率化操作（在具体实现时，$\boldsymbol{QK}^{\mathrm{T}}\circ\boldsymbol{M}$ 操作即将 $\boldsymbol{QK}^{\mathrm{T}}$ 的掩膜位置改写为“-inf”，这样一来在 softmax 函数作用后该位置会被清零）。为了进一步说明基于矩阵表示掩膜注意力的作用模式，我们再次以图 4-7 中的示例进行举例说明，为了不失一般性，假设集合 $\boldsymbol{Q}$、$\boldsymbol{K}$ 和 $\boldsymbol{V}$ 均不同源，即 QKV 模式。其中，查询向量有 5 个，分别记作 $\boldsymbol{q}_1,\cdots,\boldsymbol{q}_5$，键值集合的元素个数均为 4 个，我们将键集合和值集合分别记作 $\boldsymbol{k}_1,\cdots,\boldsymbol{k}_4$ 和 $\boldsymbol{v}_1$，⋯，$\boldsymbol{v}_4$。在该示例中，每个值向量的维度 $k_v=6$。将上述向量分别作为行向量排布，即得到矩阵 $\boldsymbol{Q}$、$\boldsymbol{K}$ 和 $\boldsymbol{V}$，记作

$$\boldsymbol{Q}=\begin{pmatrix}\boldsymbol{q}_1\\ \vdots\\ \boldsymbol{q}_5\end{pmatrix},\boldsymbol{K}=\begin{pmatrix}\boldsymbol{k}_1\\ \vdots\\ \boldsymbol{k}_4\end{pmatrix},\boldsymbol{V}=\begin{pmatrix}\boldsymbol{v}_1\\ \vdots\\ \boldsymbol{v}_4\end{pmatrix} \tag{4-17}$$

因此，$\boldsymbol{QK}^{\mathrm{T}}\circ\boldsymbol{M}$ 可以表示为

$$\boldsymbol{QK}^{\mathrm{T}}\circ\boldsymbol{M}=\begin{pmatrix}\boldsymbol{q}_1\boldsymbol{k}_1^{\mathrm{T}} & \cdots & \boldsymbol{q}_1\boldsymbol{k}_4^{\mathrm{T}}\\ \vdots & & \vdots\\ \boldsymbol{q}_5\boldsymbol{k}_1^{\mathrm{T}} & \cdots & \boldsymbol{q}_5\boldsymbol{k}_4^{\mathrm{T}}\end{pmatrix}\circ\begin{pmatrix}1&0&0&0\\1&1&0&0\\1&1&1&0\\1&1&1&1\\1&1&1&1\end{pmatrix} \tag{4-18}$$

在式（4-18）的掩膜矩阵 $\boldsymbol{M}$ 中，我们分别用“0”和“1”两个符号表示期望抹去和保留的位置。从式（4-18）可以看出，经过掩膜矩阵 $\boldsymbol{M}$ 的按位置遮掩，$\boldsymbol{QK}^{\mathrm{T}}$的上角区域被无效化，其余部分呈现阶梯状。接下来，按照式（4-14）计算注意力机制的输出，有

$$\begin{aligned}\operatorname{attention}_{ms}(\boldsymbol{Q},\boldsymbol{K},\boldsymbol{V})&=\operatorname{softmax}\left(\frac{\boldsymbol{QK}^{\mathrm{T}}\circ\boldsymbol{M}}{\sqrt{d_k}}\right)\boldsymbol{V}\\&=\begin{pmatrix}\alpha_{11}&0&0&0\\\alpha_{21}&\alpha_{22}&0&0\\\vdots&\vdots&\vdots&0\\\alpha_{51}&\alpha_{52}&\cdots&\alpha_{54}\end{pmatrix}\begin{pmatrix}\boldsymbol{v}_1\\\vdots\\\boldsymbol{v}_4\end{pmatrix}\end{aligned} \tag{4-19}$$

式中，有 $\sum_j\alpha_{ij}=1$，其中 $i=1$，⋯，5。上述注意力机制的输出为一个 5×6 矩阵。以该矩阵的第 2、第 3 及第 5 行为例，三个行向量分别表示以查询 $\boldsymbol{q}_2$、查询 $\boldsymbol{q}_3$对应的掩膜注意力输出，表示为

$$\begin{aligned}\operatorname{attention}_{ms}(\boldsymbol{q}_2,\boldsymbol{K},\boldsymbol{V})&=\alpha_{21}\boldsymbol{v}_1+\alpha_{22}\boldsymbol{v}_2\\\operatorname{attention}_{ms}(\boldsymbol{q}_3,\boldsymbol{K},\boldsymbol{V})&=\alpha_{31}\boldsymbol{v}_1+\alpha_{32}\boldsymbol{v}_2+\alpha_{33}\boldsymbol{v}_3\\\operatorname{attention}_{ms}(\boldsymbol{q}_5,\boldsymbol{K},\boldsymbol{V})&=\alpha_{51}\boldsymbol{v}_1+\alpha_{52}\boldsymbol{v}_2+\alpha_{53}\boldsymbol{v}_3+\alpha_{54}\boldsymbol{v}_4\end{aligned} \tag{4-20}$$

式中，对于 $\boldsymbol{q}_2$和 $\boldsymbol{q}_3$，还只能看到部分值向量，但是到了 $\boldsymbol{q}_5$就可以看到完整的值向量（实际上从 $\boldsymbol{q}_4$开始就可以看到完整的值向量了，这是因为在该示例中，查询向量的数量多于键-值数量的缘故）。在以上的示例中，我们以 QKV 模式的注意力机制进行举例说明。回到解码器中的掩膜自注意力模块，以上情形将变得更加简单：$\boldsymbol{QK}^{\mathrm{T}}$和掩膜矩阵 $\boldsymbol{M}$ 均为方阵，计算得到注意力权重矩阵将是严格的下三角矩阵。这就意味着为每一个查询向量计算注意力输出时，严格有

$$\operatorname{attention}_{ms}(\boldsymbol{q}_i,\boldsymbol{K},\boldsymbol{V})=\alpha_{i1}\boldsymbol{v}_1+\cdots+\alpha_{ii}\boldsymbol{v}_i \tag{4-21}$$

从上文的介绍可以看出，利用掩膜矩阵可以轻松实现遮掩后续输入和并行处理两个重要目标。回过头来，我们再回味 Transformer 的掩膜注意力机制到底是什么。总结为一句话，那就是在并行的数据处理中，为了让训练环节也像预测环节那样遵循“不知未来”的分步模式，在我们明明知道完整的目标序列的情况下，故意对后续输入“装作不知道”，只在前序输入上计算并应用注意力的一种自注意力机制。

3. 解码器中的互注意力模块

Transformer 解码器中的第二个注意力模块称为“编码器-解码器注意力”模块。仅从其名称我们就可以猜测出该注意力是一种构造于编码器和解码器之间的互注意力模块，属于典型的 QVV 模式。的确如此，在编码器-解码器注意力模块中，查询集合来自当前解码器上一模块的输出，而键、值集合

相同，均为编码器栈的输出序列，即为输入序列构建的内部编码序列。因此可以看出，编码器-解码器注意力使用一个集合查询另一个集合，然后再进行“有轻有重”的信息融合，属于典型的互注意力机制。

编码器-解码器注意力模块的输入是上一级掩膜自注意力模块（包括残差融合和归一化）对目标序列的加工输出。针对其中的某一个向量，该注意力模块以其作为查询向量，构建其与编码器栈输出编码序列中所有编码向量间的相似关系，然后通过概率化操作将这些相似关系转化为注意力权重，最后再利用这些注意力权重对所有编码向量进行加权求和，得到对应的输出。图 4-12 示意了编码器-解码器注意力模块的工作方式。

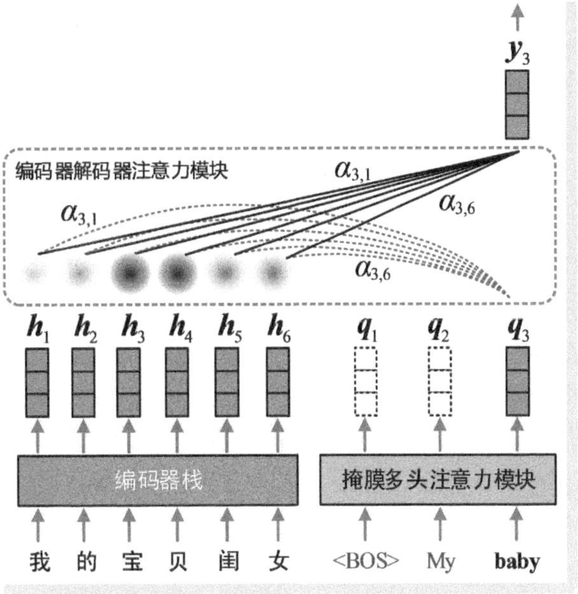

● 图 4-12　编码器-解码器注意力模块的工作方式示意

在图 4-12 所示汉译英的示例中，输入的中文句子是“我的宝贝闺女”，Transformer 的编码器栈对这 6 个字进行编码，得到其内部编码序列 $\boldsymbol{h}_1,\cdots,\boldsymbol{h}_6$；假设当前步骤输入到解码器栈的目标序列是“<BOS> My baby”，针对其中的最新一个词汇“baby”，前一个掩膜自注意力模块对其加工得到的向量为 $\boldsymbol{q}_3$。编码器-解码注意力模块为其计算输出 $\boldsymbol{y}_3$ 的过程为

$$(\alpha_{3,1},\cdots,\alpha_{3,6})=\mathrm{softmax}\left(\frac{1}{\sqrt{d_k}}\boldsymbol{q}_3\boldsymbol{h}_1^{\mathrm{T}},\cdots,\frac{1}{\sqrt{d_k}}\boldsymbol{q}_3\boldsymbol{h}_6^{\mathrm{T}}\right) \tag{4-22}$$

$$\boldsymbol{y}_3=\sum\nolimits_{i=1}^{6}\alpha_{3,i}\boldsymbol{h}_i \tag{4-23}$$

编码器-解码器注意力模块的计算方法非常简单，但是其在 Transformer 中扮演的角色却非常重要，可谓“简约而不简单”。具体来说，我们认为编码器-解码器注意力模块的“不简单”体现在三个方面：第一，构建起了编码器到解码器之间的信息桥梁。我们知道在基于编码器-解码器的序列转换架构中，解码器产生输入序列的内部编码，而解码器基于该编码产生目标输出。但是纵观 Transformer 的解码器栈部分，我们会发现只有编码器-解码器注意力模块以内部编码存在关系，可以说该注意力模块扮演了从输入到输出信息桥梁的角色。试想如果没有编码器-解码注意力模块的存在，解码过程岂不和“瞎猜”无异？第二，在产生解码输出时有侧重地参考了全部输入信息。输出什么得看输入，但是输入不见得对输出都有帮助，这就意味着需要有侧重的参考输入信息，而编码器-解码器注意力模块所起的就是这一作用。例如，在图 4-12 所示的例子中，$\boldsymbol{q}_3$ 是词汇“baby”对应的向量，那么显然与输入中的“宝贝”具有最高的语义相关性，因此在对其进行解码输出时，“宝贝”二字对应的特征占有更高的权重；第三，与掩膜自注意力模块形成“主内”与“主外”的搭配。序列内部元素之间的关系很重要，掩膜自注意力模块探索的正是这一序列内部关系。然而，在序列转换任务中，还需要在理清序列内部关系基础上，充分参考并理解输入序列的语义，才能产生与输入语义相符合的目标序列。而编码

器-解码器注意力模块就起着理解输入序列语义信息的关键作用。

4.5 一些其他问题

在上文中，我们对 Transformer 的架构，特别是其核心的注意力机制进行了详细讨论。但是，在 Transformer 模型中，还包括了很多值得探讨的其他问题。那么在本部分，我们就对 Transformer 模型中那些“主干”问题以外，但是又可圈可点的其他问题进行进一步讨论，其中不乏决定算法成败的“tricks”和“tips”。

4.5.1 BatchNorm 与 LayerNorm

归一化(normalization，有些文献也称为“正则化”或“规范化”）操作已经被广泛认为是能够提升算法性能的必备操作，该操作将数据“拽”到相同的分布水平㊀。在 CV 领域，应用最为广泛，甚至说是“标配”的归一化方式为批归一化(Batch Normlization，以下简称为“BatchNorm”）[4]。而在 NLP 领域，公认有效的归一化方式却是层归一化(Layer Normlization，以下简称为“LayerNorm”）[5]。在 Transformer 中自然也不例外——解码器中和解码器的每个子模块后，都添加了 LayerNorm 操作。无论是 BatchNorm 还是 LayerNorm，所做的都是“减均值，除标准差”的操作，即两种归一化方法都是将数据转换为标准正态分布。那么二者区别何在？NLP 领域又为何钟情 LayerNorm？

我们首先来看 BatchNorm。BatchNorm 将不同样本相同维度的特征处理为相同的分布。图 4-13 示意了针对一维样本这一最简单的情形 BatchNorm 的工作模式。在该示例中，一个批次中包含了 n 个具有 m 维特的样本，记作 $\boldsymbol{x}^{(1)},\cdots,\boldsymbol{x}^{(n)}$，我们将其中第 k 个样本的第 i 维特征记作 $x_i^{(k)}$。BatchNorm 首先针对每个维度的 n 个特征计算均值和标准差。对于第 $i(i=1,\cdots,m)$ 维特征，得到的均值和标准差分别记作 $\boldsymbol{\mu}_i$ 和 $\boldsymbol{\sigma}_i$。接下来就是减去均值再除以标准差的操作：$y_i^{(k)}=(x_i^{(k)}-\boldsymbol{\mu}_i)/\boldsymbol{\sigma}_i$，其中 $y_i^{(k)}$ 即为 BatchNorm 输出的第 k 个样本的第 i 维特征。以上述方法对一维数据进行归一化的操作非常常见。假设我们以身高和体重两个指标刻画一个人，即特征维度为 2，我们采集了 20 个人的身高和体重数据，即样本数为 20。要知道身高数据的表示可能是 175cm、182cm 等，而体重数据往往形如 63kg、72kg 等，很明显，从数值来看，身高和体重数据是“风马牛不相及”的两个分布，但是经过上述 BatchNorm 的加工，二者分布均成为标准正态分布。

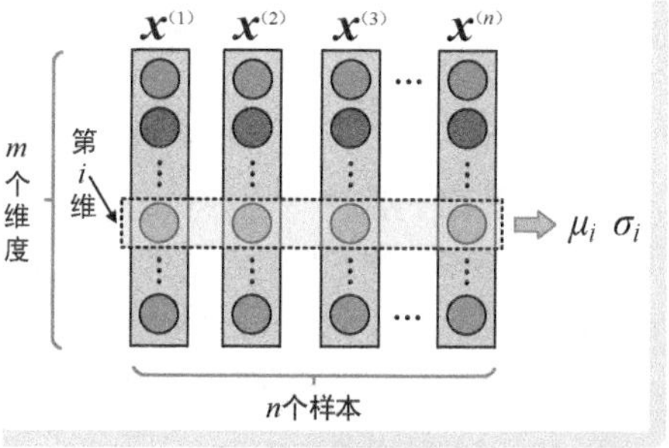

● 图 4-13 一维样本的 BatchNorm 工作模式示意

BatchNorm 真正广泛应用还当属在深度学习爆发后的 CV 领域。在这一应用场景中，一个批次中的样本不再是一个一维向量，而是一个三维张量，这个三维张量往往是原始彩色图像或是多通道的卷积

㊀ 至于为什么要将数据进行同分布化处理，以及不同分布的数据会对模型带来怎样的不良影响，我们在这里不做详细讨论，请读者自行查阅其他文献。

特征图。图 4-14 示意了针对三维张量情形 BatchNorm 的工作模式。这里的 $\boldsymbol{x}^{(1)},\cdots,\boldsymbol{x}^{(n)}$ 表示一个批次中的 n 个特征图，也即 n 个图像样本，每个特征图均具有 m 个通道。通道即可视为特征的维度，故 BatchNorm 将同一通道的所有特征视为一个分布并将其标准化。具体计算过程与针对一维特征的归一化类似：首先计算每个通道的均值和方差，但是参与计算的不再是 n 个特征，而是 $W\times H\times n$ 个特征一起计算，其中 W 和 H 分别为特征图的宽和高。得到均值和方差后，再用每个通道的每个位置减去对应通道的均值并除以对应通道的方差，即得到归一化后的特征图。

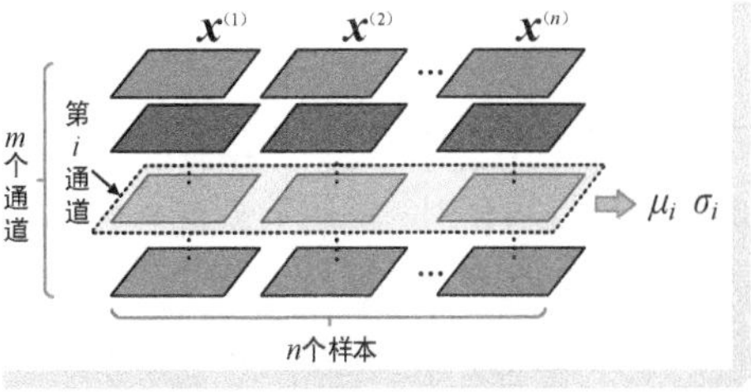

● 图 4-14 三维张量的 BatchNorm 工作模式示意

BatchNorm 针对同一特征，以跨样本的方式开展归一化，因此不会破坏不同样本同一特征之间的关系，毕竟“减均值，除标准差”就是一个平移加缩放的线性操作。在“身高体重”的例子中，这就意味着“归一化前是高个的归一化后仍然是高个，归一化前胖的归一化后也不会变瘦”。这一性质进而决定了经过归一化操作后，样本之间仍然具有可比较性。但是，特征与特征之间不再具有可比较性。

需要说明的是，BatchNorm“减均值，除标准差”的操作看似简单，但是除了在其背后有诸如内部协变量偏移等较为深刻的理论考量之外，在实际应用时也涉及批次均值标准差与以全局均值标准差怎么用、全局均值标准差如何更新、可训练的尺度变换和平移参数的引入等诸多细节问题，可以说即便是用好 BatchNorm 也着实不易。但是考虑到这些细节与我们此处讨论的问题无关，故在此处也不进行深入展开。

我们接下来看 LayerNorm 。对于一个 NLP 模型，一个批次的输入包括若干个独立的句子，每个句子又由不定长度的词构成，句子中的每个词又被表达为一个定长向量。因此，每个句子被视为批次中的一个样本，句子中的多个词特征构成句子特征，只不过不同句子的特征长度不一定相同。考虑到在以张量表示的样本批次要求样本必须具有相同长度，故需要对于长度不足的句子进行补齐（padding）操作。图 4-15 所示为 NLP 模型的输入形式示意，其中的虚线框表示补齐的零向量。在该示例中，一个批次中包括了“准备去打水”“一打啤酒”和“我的宝贝闺女”三句话，故批次中的样本个数为 3；假设将第三句话的长度作为序列的最大长度，则序列长度为 6；至于词特征的维度，由模型自行确定，例如，在 RNN 模型中，词特征的维度往往就是 RNN 隐状态向量的维度，在前文介绍的 Transformer 中即为 d_{model}。

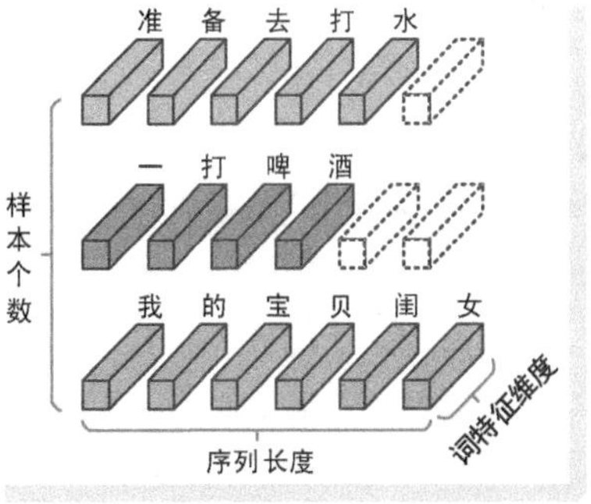

● 图 4-15 NLP 模型的输入形式示意

按照 BatchNorm 的思路，将批次中不同样本同一维特征视为相同分布，即对所有句子处于相同位置的词向量执行“减均值，除标准差”的操作。显然，这是极不合理的，原因有二，首先是无法计算。这是因为句子长短不一，某些位置有值某些位置为空，根本无法执行归一化计算。例如，在

图 4-15 所示的例子中，最长的句子是“我的宝贝闺女”，句子长度为 6。其中位于第 5 位的“闺”字在第一句中对应位置为“水”字，但在第二句中对应位置是空值，而该句中处在第 6 位的“女”字则在其他两句的对应位置均为空值。显然，基于 BatchNorm 的归一化无从谈起。其次是没意义。归一化的目的是将具有相同性质的数据转化为标准正态分布，其结果并不会破坏数据之间的可比较性。例如，在前文“身高体重”的例子中，参与归一化的数据分别是所有的身高数据和体重数据，二者中任何一组数据具有明确且相同的物理意义。但是，不同句子相同位置的词汇不具有相同性质，也不需要进行比较。例如，在图 4-15 的示例中，以第 3 个位置为例，三个句子在该位置的字分别是“去”“啤”和“宝”，三者何谈具有相同属性或相同物理意义？另外，三个句子是独立处理的，三者自然也不会涉及比较的问题。

BatchNorm 走不通，那么我们换个思路。既然归一化不会改变数据的可比较性，那我们就看看在哪些数据之间需要进行比较。还是以图 4-15 为例，前两句中都有“打”字，这两个“打”字到底是什么含义，仅凭一个字根本无法确定，我们需要分析其所在句子中上下文才能准确确定其含义。进一步说，其含义是其与同一句中其他词“比”出来的。除此之外，Transformer 在构建句内关系时使用的自注意力机制，正是将某个词与同句中其他词“比”出的相似度。这样一来，答案已经浮现在眼前——我们要保留句子中词与词之间的可比较性，因此我们需要对整个句子进行归一化操作，这也正是 LayerNorm 的归一化方式——计算一个句子的均值和标准差，然后对句中的每个词做归一化操作。LayerNorm 所做的操作类似于在一个句子中找到一个“语义中心”，然后将句子中的所有词都聚集在这个中心的周围，而句中词与词之间的比较关系不会遭到破坏。如果在图 4-15 所示的例子中，将词特征的维度压缩为 1 维，并且假设每个句子的长度均相同，那么该例子就退化为多个一维样本的情形。不难发现在这种情形下，LayerNorm 就是“转置版”的 BatchNorm。图 4-16 示意了针对一维样本批次进行 BatchNorm 和 LayerNorm 归一化的差异。

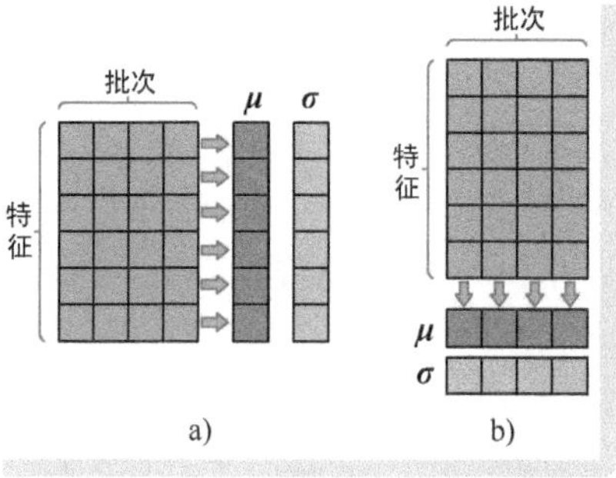

● 图 4-16 针对一维样本批次进行 BatchNorm 和 LayerNorm 归一化的差异示意

a）BatchNorm 操作示意 b）LayerNorm 操作示意

以批次将多个样本组织起来送入神经网络能够减少数据吞吐量、提升计算效率，也为模型训练提供了更多的统计信息。然而，即便是一个批次样本同时输入，神经网络每一层的处理对象仍然是一个样本。因此，LayerNorm 针对样本的归一化，等同于对层的输入进行归一化。除此之外，我们在图 4-15 的示例中，也能感受到 LayerNorm 是在批次中不同位置逐层进行归一化的。正是这一原因，LayerNorm 才得以获得“层归一化”的名称。

下面我们来简单总结 BatchNorm 和 LayerNorm 的差异。归根结底，两种归一化方法的差异主要体现在二者因面对任务的不同而引起的作用对象差异，以及其由此引发的一系列使用方法的不同。首先，最根本的不同即 BatchNorm 和 LayerNorm 的作用对象不同——BatchNorm 认为相同维的特征具有相同分布，因此在特征维度上开展归一化操作，归一化的结果保持样本之间的可比较性。而 LayerNorm

认为每个样本内的特征具有相同分布，因此针对每一个样本进行归一化处理，保持相同样本内部不同对象的可比较性。由于上述根本差异的存在，引出了一系列使用方法的不同：BatchNorm 在批次中执行跨样本的归一化操作，这就意味着批次的构成和规模会直接影响 BatchNorm 的效果。BatchNorm 需要平衡小批次统计量和整体样本统计量之间的关系，还需要考虑利用批次统计量更新全局统计量的方法，这也涉及训练和测试阶段使用的统计量有“批次版”和“全局版”的问题等。而这些问题到了 LayerNorm 就都不再是问题——LayerNorm 的归一化操作只在样本内部独立开展，实际可以完全忽略批次的存在。因此也不用考虑保存和更新的问题且训练和测试应用模式完全一致，均值和标准差随算随用。

4.5.2 模型训练的 Teacher Forcing 模式

在 Transformer 的训练阶段，应用了 Teacher Forcing 模式。Teacher Forcing 模式是一种旨在提升序列模型训练稳定性、加速模型收敛的技术。要讨论 Teacher Forcing，我们还得从“自回归”预测这一被提及多次的概念说起。所谓自回归预测，简单来说就是基于已经产生的预测结果预测下一步的输出。这一模式在序列预测中被广泛应用，Transformer 也不例外。然而，自回归模式存在着一个巨大的弊端，那就是很容易产生错误的累积，可谓“一步错，步步错，且越错越离谱”。上述缺陷在模型的训练环节，尤其是在训练初期阶段，将体现得更加明显。那是因为此时的解码器还是一个“小白”，很难得到靠谱的预测结果。在这一阶段，错误累积问题就变得极其严重，模型训练也变得极不稳定，很难收敛。除此之外，自回归模式只能以串行方式进行，这就意味着很难以并行化的方式开展训练以提升效率。

正是因为自回归模式在训练时存在的缺陷，人们在序列模型训练时引入了 Teacher Forcing 模式。所谓 Teacher Forcing 模式，就是在训练时不再以模型预测作为输入，取而代之的是以目标真值(ground truth）作为输入，其名称中的“Teacher”自然指的就是真值。在训练阶段，假设我们的一组训练样本为$\{(x_1,\cdots,x_n),(\tilde{y}_1,\cdots,\tilde{y}_m)\}$，其中，$x_1,\cdots,x_n$为输入序列，$\tilde{y}_1,\cdots,\tilde{y}_m$为其对应的目标真值序列，我们以$y_1,y_2,\cdots$表示模型的预测结果。则在第 t 个生成步骤，自回归模式和 Teacher Forcing 模式下的目标生成可以分别表示为$y_t=\text{generate}(y_1,\cdots,y_{t-1})$和$y_t=\text{generate}(\tilde{y}_1,\cdots,\tilde{y}_{t-1})$[⊖]。图 4-17 示意了自回归模式与 Teacher Forcing 模式在目标序列生成时的差异。

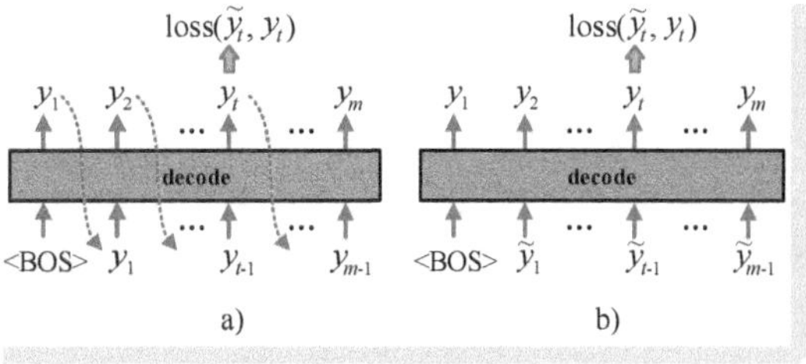

● 图 4-17　自回归模式和 Teacher Forcing 模式在目标序列生成时的差异
a）自回归模式　b）Teacher Forcing 模式

不难看出，Teacher Forcing 模式下的模型训练以“看着标准答案做题”的方式进行——看到的都是正确答案，只要做好当前一步的预测就好。其最大的特点即能够在训练的时候不断矫正模型的预测结果，从而消除了错误的累积效应。毕竟是在“正确

⊖ 解码器生成目标序列的时候还依赖输入序列的内部编码表示，但是这里我们对其进行了省略。

答案”指引下进行预测，模型训练的稳定性得到大大增强，收敛速度也得以大幅提升。除此之外，Teacher Forcing 模式在 Transformer 中还有着另一个重要意义——我们可以一次性输入全部目标序列，可以以并行的方式一次性输出完整的目标序列，训练效率大幅提升。即便是为了模拟预测环节的单步预测，也可以利用上文介绍的掩膜机制很容易达到目的。

但是，Teacher Forcing 模式存在的问题也是明显的，相较于自回归模式的“纯粹靠自己”，Teacher Forcing 模式走到了“纯粹靠标准答案”的另一个极端。显而易见，这也是有问题的，毕竟到了真正的序列转换任务中，“老师”没了，还是得“靠自己”。这种因 Teacher Forcing 模式导致的模型在训练环节和预测环节存在行为差异的现象被称为“曝光误差”（exposure bias）。随后，有不少工作都是围绕解决曝光误差问题展开的。其中最经典的方法莫过于 2015 年谷歌提出的“计划采样”（Scheduled Sampling）方法[6]，该方法针对 RNN 架构进行。在 2019 年，又有学者通过改造 Transformer 架构，将计划采样机制应用到 Transformer 中[7]。计划采样的核心思想非常简单朴素：既然自回归模式的全靠自身预测结果和 Teacher Forcing 模式的全靠真值均不可取，那取折中方案如何？计划采样的折中方案即在每一步的预测时，以一定的概率随机选择是用模型输出还是用真值。上述选择概率是随着训练的推进不断调整的：模型在训练初期尚属“小白”，还是应该更多地依赖真值，故需将使用真值的概率调整得高一些。随着模型的不断训练，“小白”逐渐变为“大佬”，故对模型自身的输出变得越来越信任，使用模型输出的概率也逐渐增大。图 4-18 示意了计划采样模式下的序列生成模式。图 4-18 中的概率 p 和 $1-p$ 即为选择模型输出和选择真值的概率。关于计划采样的更多细节，以及其他针对解决曝光误差问题的工作，我们这里就不再进行过多讨论。

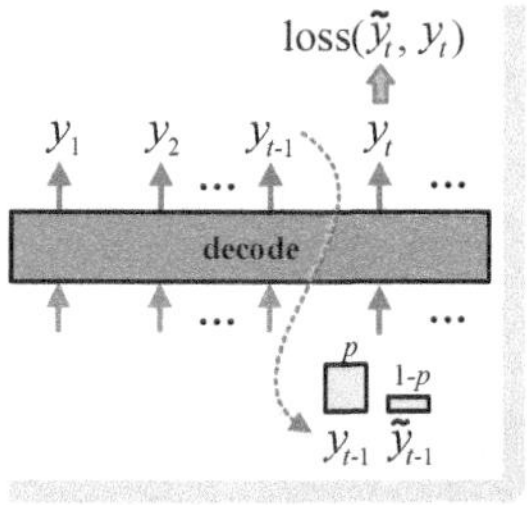

● 图 4-18　计划采样模式下的序列生成模式示意

4.5.3　序列预测的 Beam Search 方法

如果说 Teacher Forcing 模式讨论的是在模型训练环节相信谁的问题，那么接下来要介绍的 Beam Search 方法就是要讨论在实际预测环节如何构造一个理想输出的问题。

首先，什么是理想的输出序列？我们先考虑全局最优输出。从概率的视角，全局最优输出序列就是指在整个词空间中，使得输出序列联合概率取得最大词汇的组合。将输出序列记作 $\boldsymbol{y}=y_1,\cdots,y_m$，将其中的最优序列记作 $\boldsymbol{y}^*$，即满足 $\boldsymbol{y}^*=\operatorname{argmax}p(\boldsymbol{y})=\operatorname{argmax}p(y_1,\cdots,y_m)$。例如，有一个小词典，其中只有 3 个词，我们将 3 个词分别记作 A、B 和 C，假设输出序列长度为 2（即 $m=2$），则在词空间中，输出序列可能的情况包括 9 种，即：AA、AB、AC、BA、BB、BC、CA、CB、CC。倘若其中某个组合的概率在 9 个概率中取得最大值，那么该组合就是全局最优输出序列。按照联合分布的链式法则，可以将联合分布展开为条件概率的连乘形式，即有

$$
\begin{aligned}
p(\boldsymbol{y}) &= p(y_1,\cdots,y_m) \\
&= p(y_1)p(y_2|y_1)\cdots p(y_m|y_1,\cdots,y_{m-1})
\end{aligned}
\tag{4-24}
$$

式中，等式最右边的条件概率连乘形式正是自回归预测的概率模型：$p(y_1)$ 表示对第 1 个词的概率预测（基于输入“<BOS>”），$p(y_2|y_1)$ 表示基于上一步生成词 y_1 对第 2 个词的概率预测，$p(y_3|y_1,y_2)$

表示基于上两步生成词y_1、y_2对第 3 个词的概率预测等。不难看出，要获得全局最优输出，需要遍历词序列的所有可能组成并在其中挑选概率最大者，因此这种构造输出序列的方式被称为穷举搜索(exhaustive search）法。在图 4-19 中，我们同样以上文的“ABC”为例，示意了基于穷举搜索的序列构造方法。在该例中，假设输出序列长度 $m=2$。

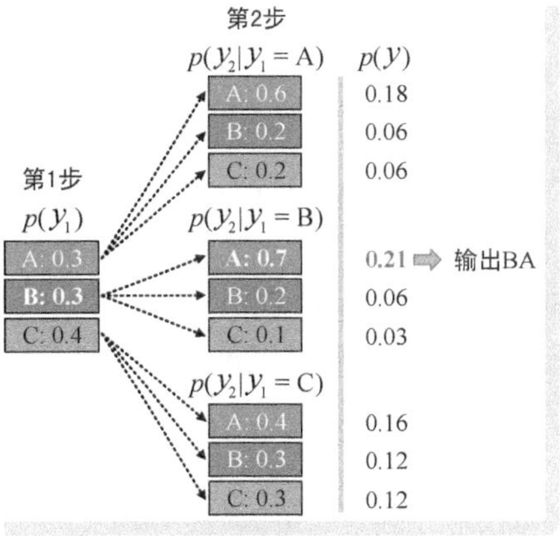

● 图 4-19 基于穷举搜索的序列构造方法示意

对于自回归模式的序列模型，穷举搜索意味着在进行第 t 步预测时，无论在 $t-1$ 步输出了什么，在当前步骤要让输入序列$y_1,\cdots,y_{t-1}$取遍所有可能的词汇组合作为模型输入。例如，在图 4-19 的示例中，第 1 步预测产生概率 $p(y_1=A)$、$p(y_1=B)$和$p(y_1=C)$；第 2 步，需要将 A、B 和 C 都作为模型输入，方可计算出概率值 $p(y_2|y_1=A)$、$p(y_2|y_1=B)$和$p(y_2|y_1=C)$；假设还有第 3 步（图中只示例了两步的情形，但是为了说明问题，这里假设还有第 3 步，即目标序列长度 $m\geqslant3$)，就需要将y_1,y_2取遍所有词的组合，才能算出 9 个形如$p(y_3|y_1=A,y_2=A)$、$p(y_3|y_1=A,y_2=B)$等形式的条件概率值。除此之外，穷举搜索需要执行到最后一步才能获得最优输出序列。在上述示例中，第 1 步计算 $p(y_1)$，词 C 具有最大概率预测值，但是此时我们不能直接输出 C，因为还没有处理到最后，所以不能着急，后面没准还有“黑马杀出”；第 2 步预测$p(y_2|y_1)$，得到 9 个具体点概率值。然后我们计算$p(y_1,y_2)=p(y_1)p(y_2|y_1)$，最终$p(y_1=B,y_2=A)=0.21$ 具有联合概率的最大值，故输出的最优序列是 BA。回过头我们发现，在第 1 步占优的 C 果然落选，但这就是穷举搜索的性质：看的是联合分布表示的全局最优，可谓“不计一城一地之得失”。

但是显而易见，穷举搜索太靠蛮力了。当我们使用一个大辞典时，穷举搜索的计算量将暴增，直接导致该方法无法实际使用。既然不能掌握全局，那么“只看眼前”如何？在这一思路的指导下，人们提出了贪心搜索(greedy search）法。在自回归模式的序列预测中，所谓应用贪心搜索，就是在进行第 t 步预测时，以 $t-1$ 步得到具有最大概率的预测词汇作为输入，以该词汇作为条件计算条件概率，然后将使得该条件概率达到最大值的词汇作为第 t 步输出。贪心搜索不会关心输出序列的联合概率是否达到最大值。在图 4-20 中，我们仍以上文的“ABC”为例，示意了基于贪心搜索的序列构造方法，其中假设输出序列长度 $m=3$。在该例中，第 1 步预测产生概率 $p(y_1=A)$、$p(y_1=B)$和$p(y_1=C)$，其中 $p(y_1=C)=0.4$ 为最大值，故该步骤输出词 C；第 2 步，将词 C 输入模型，计算条件概率 $p(y_2|y_1=C)$。在 3 个概率中，$p(y_2=A|y_1=C)=0.4$ 为最大值，故该步骤输出词 A；到了第 3 步，将词 A 作为模型输入，计算条件概率 $p(y_2|y_1=C,y_2=A)$，最终 $p(y_2=B|y_1=C,y_2=A)=0.5$ 概率最大，故该步骤输出词 B。因此在贪心搜索模式下，最终的输出序列为 CAB，显然 CAB 不见得是全局最优输出。

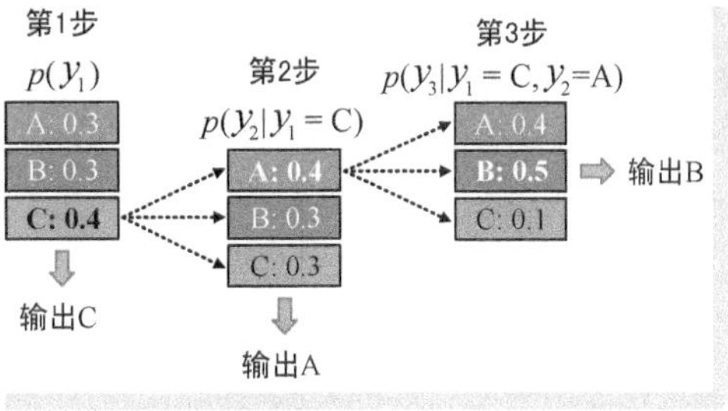

● 图 4-20 基于贪心搜索的序列构造方法示意

穷举搜索和贪心搜索是两种极端的搜索方法——前者“放眼全局”，后者“只看眼前”。但是两种方法都有严重的问题，穷举搜索计算量太大，无法实用，而贪心搜索“目光短浅”，容易产生误差的累积。既然两个极端方法都有问题，那么只能采取一些折中手段。集束搜索（beam search）是其中最经典的方法，Transformer 在进行序列生成时，使用的也正是该方法。这里的“集束”一词非常形象——在第 t 步的词预测中，既不像穷举搜索那样用到全部词的组合，也不像贪心搜索那样只用到前面最大的那个预测词汇，而是用到上一步概率值排在前 k 个的词预测作为当前步骤的输入，这里的 k 被称为“集束宽度”（beam width）。在 Transformer 中，对集束宽度的设置为 4。图 4-21 示意了基于集束搜索的序列构造方法。在该例中，假设集束宽度 $k=2$，输出序列长度 $m=3$。

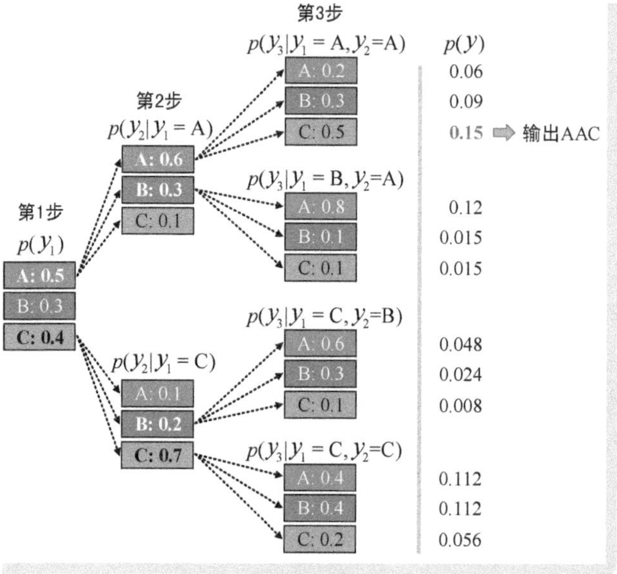

● 图 4-21　基于集束搜索的序列构造方法示意（以 $k=2$，$m=3$ 为例）

在图 4-21 所示的例子中，第 1 步仍然预测产生概率 $p(y_1=A)$、$p(y_1=B)$ 和 $p(y_1=C)$，其中 $p(y_1=C)=0.5$ 和 $p(y_1=C)=0.4$ 分别位于概率排序中的“老大”和“老二”，故“分叉路”就从此二者起步；到了第 2 步，分别将词 A 和词 C 送入模型，预测得到两组概率值：$p(y_2|y_1=A)$ 和 $p(y_2|y_1=C)$。以其中第 1 组概率为例，$p(y_2=A|y_1=A)=0.6$ 和 $p(y_2=B|y_1=A)=0.3$ 分别排在“概率榜”第 1 位和第 2 位，故到了第 3 步，再把词 A 和词 B 送入模型，再次预测两组条件概率 $p(y_3|y_1=A,y_2=A)$ 和 $p(y_3|y_1=B,y_2=A)$……到了最后，我们得到 12 个条件概率，故可以按照链式法则计算得到 12 个联合概率，其中路径 AAC 对应的联合概率取值最大，故 AAC 就是集束搜索的输出序列。不难发现，集束搜索计算的也是在联合概率中搜索最大值，只不过与穷举搜索算遍所有取值联合概率不同的是，集束搜索在逐级“Top-k”挑选的机制下只计算了其中一少部分概率。例如，在集束搜索的例子中我们算了 12 个联合概率，但是如果在图 4-19 所示穷举搜索的例子中再算一步，将得到 27 个联合概率。因此，集束搜索得到的也不是全局最优输出序列。

相较于穷举搜索和贪心搜索，集束搜索在计算量和准确性方面进行了平衡。特别是，当 $k=|V|$

时，集束搜索就变成了穷举搜索，其中 $|V|$ 为词典大小，而当 $k=1$ 时，集束搜索就退化为贪心搜索。从数据结构角度看，穷举搜索是 $|V|$ 叉树结构，贪心搜索是链表，而集束搜索是 k 叉树结构。

参考文献

[1] CHO K, VAN MERRIËNBOER B, GULCEHRE C, et al. Learning phrase representations using RNN encoder-decoder for statistical machine translation [OL]. (2014-9-3) [2022-11-15]. https://arxiv.org/abs/1406.1078.

[2] BAHDANAU D, CHO K, BENGIO Y. Neural Machine Translation by Jointly Learning to Align and Translate [OL]. (2016-5-19) [2022-11-15]. https://arxiv.org/abs/1409.0473, 2014.

[3] VASWANI A, SHAZEER N, PARMAR N, et al. Attention Is All You Need [OL]. (2017-12-6) [2022-11-3]. https://arxiv.org/abs/1706.03762.

[4] IOFFE S, SZEGEDY C. Batch normalization: Accelerating deep network training by reducing internal covariate shift [C]. Lille: International Conference on Machine Learning, 2015.

[5] Ba J L, Liros J R, HINTON G E. Layer normalization [OL]. (2016-7-21) [2022-12-1]. https://arxiv.org/abs/1607.06450.

[6] BENGIO S, VINYALS O, JAITLY N, et al. Scheduled sampling for sequence prediction with recurrent neural networks [C]. Montreal: Conference on Neural Information Processing Systems 29, 2015.

[7] MIHAYLOVA T, MARTINS A F T. Scheduled sampling for transformers [OL]. (2019-6-18) [2022-12-17]. https://arxiv.org/abs/1906.07651.

CHAPTER 5

第5章

自然语言处理中的预训练范式与Transformer的“一统江湖”

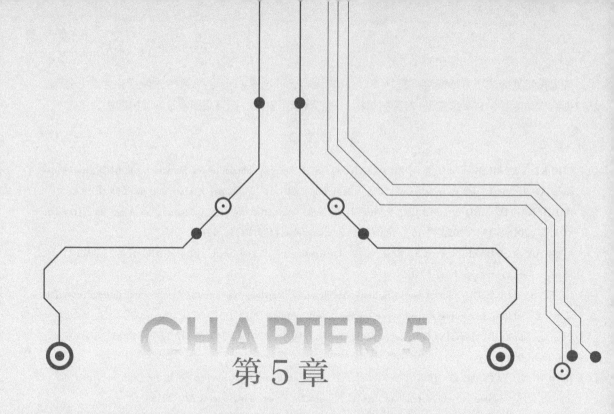

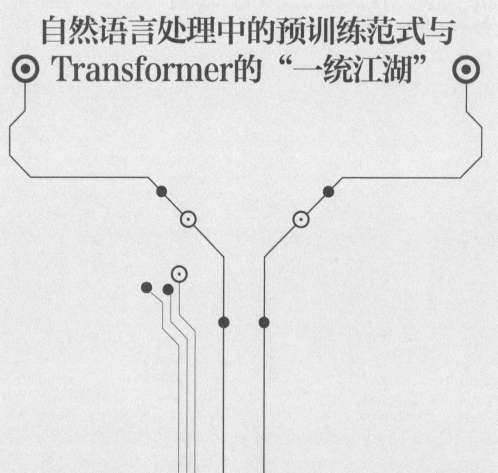

由于数据资源和应用的特殊性，绝大多数现代 NLP 应用模型的构建过程都被拆分成任务无关的预训练与任务相关的微调适配两个阶段：前一阶段试图以“阅尽天下之书”之势，构造一个能够深刻表达语言结构、语义信息等重要语言特征、但是又与具体 NLP 任务无关的通用模型，而后一阶段则以上述通用模型为起点，站在巨人的肩膀上，围绕自己具体的 NLP 下游任务进行适配，从而实现适配模型针对具体任务的快速迁移。这些基于大规模语料库构建的 NLP 通用模型即所谓的“预训练模型”(Pre-Trained Models，PTMs)。近年来在 NLP 领域，预训练加适配的模式已经蔚然成风，甚至已经形成了标准范式。特别地，在 Transformer 模型诞生后，以 BERT 和 GPT 为代表的一系列基于 Transformer 预训练模型犹如雨后春笋，席卷了整个 NLP 领域，现如今俨然已经成为预训练模型的代名词。一时间，Transformer 可谓在预训练模型中“一统江湖”。

在本章，我们首先对语言建模（Language Modeling）问题展开讨论，毕竟几乎所有预训练模型都是在构造语言模型；接下来，我们围绕 NLP 领域的两种主流的预训练范式进行简要介绍；随后，我们带领大家对 NLP 领域预训练模型的总体情况进行概览；最后，我们从 BERT 和 GPT 这两个著名模型开始，对基于 Transformer 的多个经典预训练模型展开详细讨论和算法剖析。特别需要说明的是，追溯预训练模型的历史，距今也有 10 年时间，因此对其展开讨论必将是一个非常庞大的话题。但是考虑到本书的核心研究对象是注意力，我们在本章的讨论重点将放在各类“former”身上，毕竟这才是注意力之所在。对预训练模型的讨论将采取“点到为止”的策略。如果读者需要对其进行详细了解，请参见复旦大学邱锡鹏[1]老师团队发表的综述性长文，其中对预训练模型的背景、发展史以及分类都进行了非常详实的论述。

5.1 语言建模

语言是词的序列，但不是任何词序列都能称得上是语言，只有那些满足语法规则，承载语义信息的词序列才能算得上是语言。那么如何定义一个词的序列是不是一句合理的语言呢？这便是语言建模问题。

语言建模得到一个概率模型，即语言模型，该模型衡量了一个词序列作为语言的自然性和合理性。其秉承的思想非常简单朴素：如果一个词序列是语言，那么这个词序列出现的概率应该比较大。简而言之，所谓一个语言模型，就是定义在一个词序列上的分布，刻画了序列出现的可能性。具体来说，就给定一个具有 T 个词的任意语言序列 $s=(w_1,w_2,\cdots,w_T)$ ㊀，语言模型定义了其联合分布 $p(s)=p(w_1,w_2,\cdots,w_T)$。说白了就是任意抽一些词（或者是字，但是为了简化起见，我们以下不区分词和字，一律用“词”），语言模型按照我们人类正常的思绪，给出了它能作为一句“人话”的概率。例如，给定两个中文语言序列 s_A 和 s_B，其序列内容分别为“我有一个宝贝女儿”和“儿我贝一宝个女有”，如果我们认为前者更像是一句“人话”，则有 $p(s_A)>p(s_B)$。语言建模即围绕如何计算上述联合概率这一核心问题展开。

㊀ 在本部分内容中，我们用 $w_1,w_2,\cdots,w_T$ 泛指一个序列中的 T 个词汇，不具体表示其是原始词汇或是独热编码特征抑或是词嵌入特征。

5.1.1 从统计语言模型到神经网络语言模型

早期的语言模型为统计语言模型(Statistical Language Model)。对于一个词序列，统计语言模型以频率统计这一简单直接的方式计算其联合概率。所谓频率统计，即对于一个给定的语句，我们依托语料库计算其出现的频率——如果一个语句在语料库中出现过，且出现的频率越高，我们就越倾向于认为其是一句合理的语言。反过来，如果有一句“话”，但这句“话”压根就没有任何人类说过用过，那么它自然也不能算作是语言。具体来说，给定一个语句 s_i，基于频率统计近似计算其联合概率可以表示为 $\text{count}(s_i)/\sum_k \text{count}(s_k)$，其中 $\text{count}(s_i)$ 表示语句 s_i 在整个语料库中出现的次数，$\sum_k \text{count}(s_k)$ 表示语料库中所有序列的个数。

但是，上述将整个语句作为频率统计单元的做法没有太大实际意义。首先，在语料中，相同的语句往往不会大量重复，否则语料就没有意义。这就意味着对于任意语句，在语料中出现的频率可能都很低；另外，语句有长有短，例如，短句“早上好”，一般就比长句“我有一个宝贝女儿”在语料库中出现的频次高，但是我们也并不能认为前者就比后者更像是一句“人话”。既然以整个语句作为单位进行频率统计有问题，那么我们是否可以缩小单位进行统计？这便是 N 元语言模型的思想。首先，我们利用链式法则将上述联合概率表示为条件概率的连乘表示，有

$$\begin{aligned} p(s) &= p(w_1,\cdots,w_T) \\ &= p(w_1)p(w_2 \mid w_1)\cdots p(w_T \mid w_1,\cdots,w_{T-1}) \\ &= \prod_{t=1}^{T} p(w_t \mid w_1,\cdots,w_{t-1}) \end{aligned} \tag{5-1}$$

上式是无条件成立的，其中条件概率 $p(w_t|w_1,\cdots,w_{t-1})$ 表示在给定前面 $t-1$ 个词条件下、出现第 t 个词的概率，这就意味着在考虑任何一个词，都要考虑其之间所有词，但是，这未免太过复杂，故我们可以引入马尔可夫（Markov）假设，即将完全依赖降低为局部依赖。例如，最极端的局部依赖为“只依赖自己”，也即认为语句中的词与词相互独立，表示为 $p(w_t|w_1,\cdots,w_{t-1}) \approx p(w_t)$，因此联合概率被非常极端地简化为

$$p(s)=p(w_1,\cdots,w_T) \approx p(w_1)p(w_2)\cdots p(w_T) \tag{5-2}$$

式中，词与词之间“了无牵挂”，我们的处理单元由整句变单词。该模型被形象地称为一元语言模型(unigram language model)，即“N 元语言模型”中 N 等于 1 的情况。但是，我们都知道语句中的词是有依赖关系的，而一元语言模型这种极端模型太过简单粗暴，因此在实际应用中很少使用。应用较多的是二元语言模型(bigram language model)、三元语言模型(trigram language model）等依赖范围更广的语言模型。以二元语言模型为例，顾名思义，即往前看一个词，即认为 $p(w_t|w_1,\cdots,w_{t-1}) \approx p(w_t|w_{t-1})$，这便是最标准的马尔可夫模型。在上述假设下，联合概率即可以表示为

$$\begin{aligned} p(s) &= p(w_1,\cdots,w_T) \\ &\approx p(w_1)p(w_2 \mid w_1)p(w_3 \mid w_2)\cdots p(w_T \mid w_{T-1}) \\ &= \prod_{t=1}^{T} p(w_t \mid w_{t-1}) \end{aligned} \tag{5-3}$$

对于上式中的条件概率 $p(w_t|w_{t-1})$，如果按照频率统计的方式计算，则有

$$p(w_t | w_{t-1}) = \frac{p(w_{t-1}, w_t)}{p(w_{t-1})} \approx \frac{\text{count}(w_{t-1}, w_t)}{\text{count}(w_{t-1})} \tag{5-4}$$

利用二元语言模型对一个语句进行概率计算时，会将相邻的两个词视为一体，计算其在语料中出现的概率，然后再将所有两两组合计算得到的概率相乘作为语句出现的概率。对于三元语言模型，则进一步往前看两个词，即假定 $p(w_t|w_1,\cdots,w_{t-1}) \approx p(w_t|w_{t-2},w_{t-1})$。以此类推，对于 N 等于 n 的情况，即考虑当前词与其之前 $n-1$ 个词之间的依赖关系，因此上述条件概率可以表示为 $p(w_t|w_{t-n+1},\cdots,w_{t-1})$。可以看出，N 元语言模型就是具有 N 阶马尔可夫假设下序列模型，语言序列中的可能出现的词即为状态，我们所建模的条件概率就是马尔可夫模型的状态转移概率。

N 元语言模型是一种非常简单高效的语言模型。然而，其在实际应用中也存在严重问题。主要表现为：概率计算依托语料库，这就对语料库中语料的分布提出了严苛的要求，很容易产生数据稀疏的问题。例如，针对语句“我很开心”和“我很高兴”，其中“开心”和“高兴”含义十分接近，即我们希望“p(开心|很) ≈ p(高兴|很)”。但是，如果语料库只收录了“很开心”和“很高兴”中的一个词组，则就会导致另外一个词组对应的条件概率为零，这显然是非常不合理的。但是，语料库不可能将所有的词组都收录在内，因此数据稀疏是必然现象。针对这一问题，学者们提出了大量的平滑方法，试图填补语料库中的“空洞”。关于 N 元语言模型的更多原理和细节，推荐读者参阅中科院自动化所宗成庆老师[2]所著的《统计自然语言处理》一书。

语言模型针对一个词序列，给出其“以此排列成句”的联合概率。在实现时，最重要的问题即如何计算条件概率 $p(w_t|w_1,\cdots,w_{t-1})$。上文介绍的 N 元语言模型虽然简单高效，但也因其存在的棘手问题让学者们纠结多年。然而，“纠结”止步于 2000 年——约书亚・本吉奥及其团队[3]在 NIPS 发表文章，提出了著名的神经网络语言模型（Neural Network Language Model，NNLM）——把条件概率预测的问题交给神经网络来完成。本吉奥 NNLM㊀架构的工作模式如图 5-1 所示。

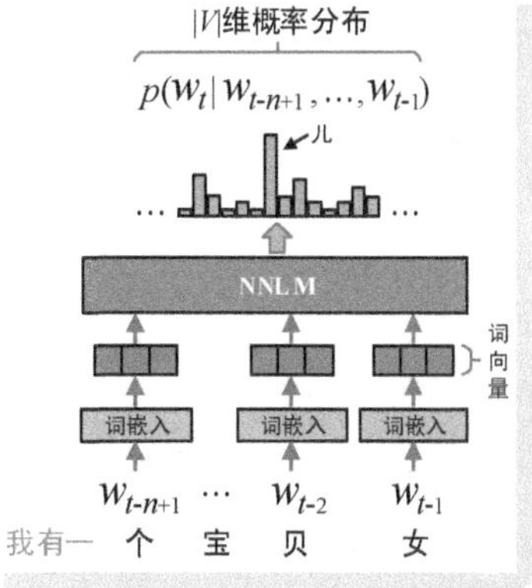

● 图 5-1 本吉奥 NNLM 架构的工作模式示意

与 N 元语言模型相同，对于一个具有 T 个词的输入序列 $s=(w_1,w_2,\cdots,w_T)$，NNLM 首先也是对其进行 n 元假设——当前词汇与其之前的 $n-1$ 个词具有依赖关系，即假设 $p(w_t|w_1,\cdots,w_{t-1}) \approx p(w_t|w_{t-n+1},\cdots,w_{t-1})$。当然在另一方面，固定依赖范围 n 也是为了使神经网络中的向量长度保持一致，不随序列长度的变化而变化。在上述假设下，本吉奥 NNLM 利用神经网络来建模条件概率 $p(w_t|w_{t-n+1},\cdots,w_{t-1})$——针对第 t 个词，神经网络以其之前 $n-1$ 个词 $w_{t-n+1},\cdots,w_{t-1}$ 为输入，以一个离散的概率分布作为输出（通过 softmax 函数实现），该概率分布即代表了上述条件概率。本吉奥 NNLM 可以抽象地表示为

㊀ 实际上，“NNLM”可以泛指所有以神经网络表达的所有语言模型，包括随后基于 RNN/LSTM 架构的模型，也包括现代基于 Transformer 的各类 NLP 模型。当我们在特指本吉奥提出的那个具体 NNLM 架构的时候，为了不产生混淆，我们使用“本吉奥 NNLM”等来进行特指。

$$f_{\text{NN}}(w_{t-n+1},\cdots,w_{t-1};\theta)=p(w_t|w_{t-n+1},\cdots,w_{t-1};\theta) \tag{5-5}$$

式中，θ 表示神经网络的参数。在图 5-1 所示的例子中，输入语句为“我有一个宝贝女儿”，长度为 8（为了简化，这里不考虑语句的起止符号且以单字作为处理单位）。假设当前 $t=8$（对应“儿”字），在五元语言模型假设下，我们朝前取四个词一直到“个”字。则模型输入的词序列为子句“个宝贝女”，模型输出一个长度与词典大小$|V|$相同的概率分布，即表示条件概率“$p(w_8|w_4=$个$,w_5=$宝$,w_6=$贝$,w_7=$女$)$”。有了条件概率，我们就能很容易的进行词预测和句联合概率的计算。在词预测任务中，使得条件概率最大的那个 w_t的取值，就是 t 时刻的词预测输出。例如在上例中，$w_8=$“儿”使得条件概率最大，故在此刻就应该输出“儿”；针对句联合概率计算任务，可以利用近似关系 $p(w_1,\cdots,w_T)\approx\prod_{t=1}^{T}p(w_t\mid w_{t-n+1},\cdots,w_{t-1})$ 计算整个语句的联合概率。

本吉奥 NNLM 考虑局部依赖，这一点与 N 元语言模型是类似的。但是相较于 N 元语言模型的频率统计模式，本吉奥 NNLM 采用模型预测的方式获得条件概率，因此首先需要通过训练获得模型的最优参数 θ。做参数估计自然首选最大似然估计。因此我们带入样本，最大化对数似然函数，以此获得模型的最优参数。因此即有

$$\begin{aligned}\theta^* &= \arg\max_{\theta}\log p(w_1,\cdots,w_T;\theta)+R(\theta)\\ &\approx \arg\max_{\theta}\log\prod_{t=1}^{T}p(w_t\mid w_{t-n+1},\cdots,w_{t-1};\theta)+R(\theta)\\ &= \arg\max_{\theta}\sum_{t=1}^{T}\log p(w_t\mid w_{t-n+1},\cdots,w_{t-1};\theta)+R(\theta)\end{aligned} \tag{5-6}$$

式中，$R(\theta)$为针对参数的正则化项。上述最大似然估计即认为语料库中的所有语料样本都相互独立且服从语言模型定义的那个联合分布，那么最优参数的估计过程就看看到底是在什么样的参数下、该联合分布能够以最大的可能性采样出这些语料样本。

在本吉奥发表 NNLM 模型之后，NNLM 以其强大的建模能力迅速受到 NLP 领域的广泛关注，尤其是伴随着由深度学习带来的神经网络复兴，利用神经网络开展语言建模便成为语言建模的最主要、甚至是唯一方式，这一局面直到今日仍然未曾改变。

5.1.2 单向语言模型与双向语言模型

无论是基于统计的 N 元语言模型还是本吉奥的 NNLM，建模的对象都是条件概率 $p(w_t|w_1,\cdots,w_{t-1})$，显然，该条件概率仅表达了当前词对上文的依赖关系。对于这种“只往前看”的语言模型，我们称之为前向语言模型。在日常生活中，我们天天使用的输入法就是前向语言模型的典型应用——键入一些词汇，输入法就会自动按照已经输入的词汇联想出后续输入，给我们带来极大的方便。在 NLP 领域，应用前向语言的模型也非常常见，例如，靠处理序列数据“起家”的标准 RNN 结构，就天然具备表达前向依赖关系的能力；再例如，随后产生的基于 Transformer 架构的 GPT 等著名模型，其构造的语言模型也是前向语言模型。但是，在很多时候，仅仅考虑上文依赖是不够的，下面我们再次用“杂志与弹匣”的例子来说明这一问题：对于两个待翻译的英文语句“gun magazine”和“magazine of a gun”，对于“magazine”一词的含义，在第一句中可以依据其前文的“gun”做出正确判断，前文依赖自然没问题。但是对于第二句，对其翻译起决定性作用的“gun”出现在其下文位置，显然只考虑上文是

不够的。于是人们开始考虑为条件概率 $p(w_t|w_{t+1},\cdots,w_T)$ 建模，以此考虑对下文依赖关系，这便是后向语言模型。我们将"只看一边"的前向语言模型和后向语言模型均称为单向语言模型(当然，几乎没有纯粹使用后项语言模型的，往往都是和前向语言模型一起构造双向语言模型)。图 5-2 为前向语言模型和后向语言模型的对比示意。

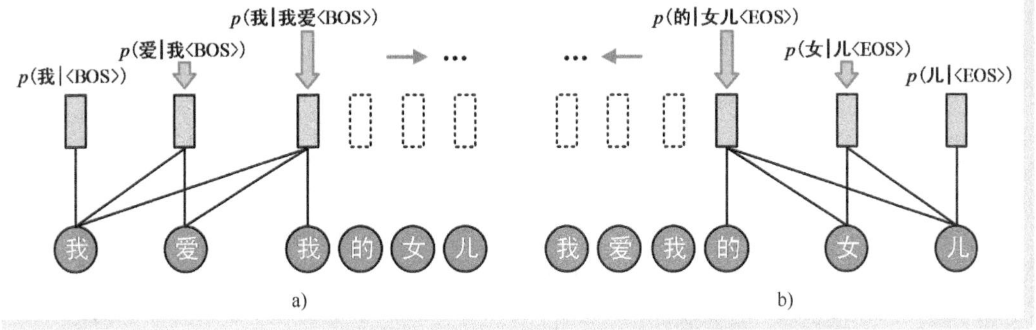

• 图 5-2　前向语言模型和后向语言模型的对比示意
a) 前向语言模型　b) 后向语言模型

双向语言模型(Bidirectional Language Model)，顾名思义，就是"既往前看，也往后看"、同时考虑上下文依赖的语言模型。利用神经网络实现双向语言模型的方式主要包括双结构和单结构两种。其中，双结构方式是指分别利用一个前向语言模型和后向语言模型进行两个方向的条件概率预测。这两个单向语言模型有独立参数，在训练过程中可以利用一个综合的目标函数对两组参数进行统一的训练。以 ELMo 模型[7]为例，其双向语言模型的训练目标可以表示为

$$\theta^* = (\theta_1^*,\theta_2^*) = \arg\max_{\theta_1,\theta_2}(\mathcal{L}_1(s;\theta_1)+\mathcal{L}_2(s;\theta_2)) \tag{5-7}$$

式中，$\mathcal{L}_1(s;\theta_1)=\sum_{t=1}^{T}\log p(w_t \mid w_1,\cdots,w_{t-1};\theta_1)$ 为前向语言模型对应的对数似然函数，θ_1 为其参数；$\mathcal{L}_2(s;\theta_2)=\sum_{t=1}^{T}\log p(w_t \mid w_{t+1},\cdots,w_T;\theta_2)$ 为后向语言模型对应的对数似然函数，θ_2 为其参数。上式表明，对于第 t 个位置出现的那个词，得被从前往后和从后往前的两个模型都"认可"才行。图 5-3 示意了上述双结构双向语言模型工作方式。

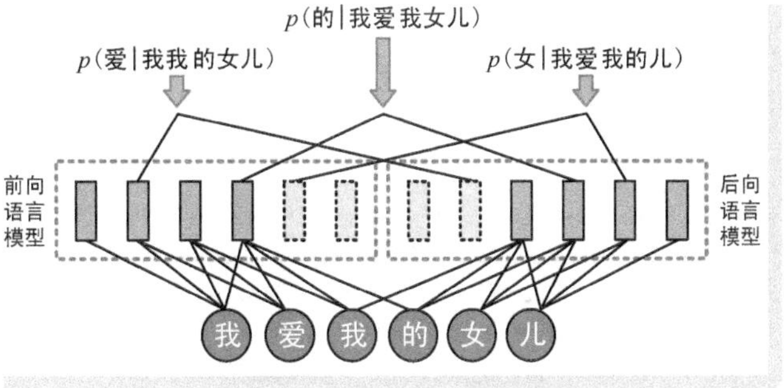

• 图 5-3　双结构双向语言模型的工作方式示意

基于单结构的双向语言模型用一个神经网络模型表达上下文依赖关系。例如，我们以著名的 BERT 模型[10] 为例，其语言模型训练的目标函数可以表示为㊀

$$\theta^* = \arg\max_{\theta} \sum_{t=1}^{T} \log p(w_t \mid w_1, \cdots, w_{t-1}, w_{t+1}, \cdots, w_T; \theta) \quad (5\text{-}8)$$

在式（5-8）中，从分布的条件部分可以很容易地看出双向依赖关系，θ 为该分布的参数。图 5-4 示意了上述基于单结构的双向语言模型的工作方式。

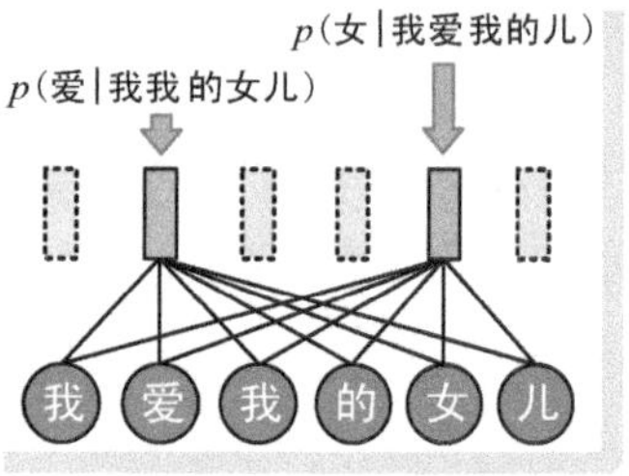

● 图 5-4 单结构双向语言模型的工作方式示意

5.1.3 自回归语言模型与自编码语言模型

根据上文内容预测下一个词汇或者根据下文内容预测上一个词汇，这样逐个产生词汇的语言模型被称为自回归语言模型（Autoregressive Language Model）。因此可以看出，我们上文介绍的单向语言模型也都属于自回归语言模型。特别地，尽管在 ELMo 模型中使用了上文和下文两方面的信息，但是上述两方面的依赖关系在两个独立的单向语言模型中实现，因此 ELMo 也属于自回归语言模型。

除了自回归语言模型，语言模型还有另外一种重要类型，即自编码语言模型（Autoencoding Language Model）。所谓自编码语言模型，就是让模型一次性的得到一个完整语句，并在任意一个位置，都能够充分对该位置的上下文信息进行考量与综合，测出该位置应该出现的那个正确词汇。这就意味着模型能够“吃透”上下文语义信息。也正是因为该类语言模型有着自编码器（autoencoder）架构“自己构造自己”的特性，因此才被冠以“自编码”的名号。BERT 系列模型便是自编码语言模型的典型代表，其采用掩膜语言模型（Masked Language Model）受“完形填空”思想的启发，通过刻意遮掩或是篡改输入语句中的某些词汇，来进一步增加模型对上下文关系的理解能力㊁，可以说将自编码的思想运用得更加极致。图 5-5 为自回归语言模型和自编码语言模型的对比示意。

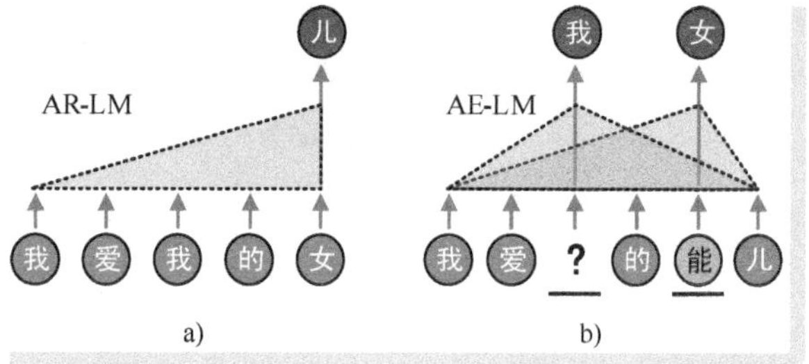

● 图 5-5 自回归语言模型和自编码语言模型对比示意

a）自回归语言模型 b）自编码语言模型（以掩膜语言模型为例）

在图 5-5 所示的对比示例中，输入的原始语句均为“我爱我的女儿”。在图 5-5a 所示的自回归语言模型中，当前的输入模型的部分语句为“我爱我的女”，模型依据这些前文信息推测第 6 个“儿”

㊀ 这里我们仅仅为了说明依赖的方向问题，因此对 BERT 的双向语言模型进行了大幅简化。

㊁ 这种遮掩和篡改输入的方式实际相当于在输入序列上人为添加噪声，而要求输出一个没有噪声的干净序列。因此在某种意义上，此类语言模型的工作模式与去噪自编码器（Denoising Autoencoder，DAE）是非常类似的。因此在部分文献中，将 BERT 所建模的双向语言模型归入 DAE 这一类别。然而，考虑到 BERT 模型只是在遮掩和篡改的位置预测对应词，而并非重构整个语句，这又与 DAE 的输出模式有所差别。因此在部分文献中，BERT 反而并未被划入 DAE 语言模型的范畴，倒是 2019 年提出的 BART 模型才被算作是 DAE 型语言模型的典型代表。但是我们在这里不明确区分自编码和去噪自编码，统一称其为自编码语言模型。

字；而在图 5-5b 所示的自编码语言模型中，我们刻意将第 3 个位置的“的”字遮住（即将这个位置替换为“<MASK>”标志），并将第 5 个位置的“女”字篡改为“能”字，于是模型输入的语句变为“我爱<MASK>的能儿”。然后我们试图让语言模型能够在第 3、5 个位置上预测出正确的字。

需要说明的是，上述我们对语言模型的分类相对宏观，但是很多预训练模型在实现时会采用很多特殊的具体形式。关于更多语言模型的实现细节，我们将在对具体模型的分析中做详细介绍。

5.2 自然语言处理中的预训练范式

Transformer 诞生以来，“预训练+微调”（pre-train and fine-turning）范式成为 NLP 领域应用最为广泛、也是最为成功的模型构造和下游任务适配模式。在“预训练+微调”范式下，人们的工作重点从训练具体的任务模型转变为构造具有通用能力的预训练模型，整个领域也逐渐形成了“大厂预训练我微调”的上下游分工局面。但是，可谓“量变引起质变”，随着预训练模型规模的不断增大，“预训练+微调”范式在数据和算力资源方面对下游任务的微调训练提出了极大的挑战。那么，是否能够改变“预训练+微调”的工作模式，使得下游任务适配的工作不至于如此之重？为了解决上述问题，一种新范式——“预训练+提示”（pre-train and prompt-turning）范式应运而生。下面，我们即围绕“预训练+微调”和“预训练+提示”两种 NLP 领域的经典预训练范式展开介绍。

5.2.1 “预训练+微调”范式

“预训练+微调”该范式体现的核心思想即迁移学习（Transfer Learning）的思想，而这一思想在人工智能领域被广泛应用。例如，在 CV 领域，斯坦福大学李飞飞教授团队主导构建的 ImageNet 大规模图像数据集，以及围绕该数据集开展的大规模视觉识别挑战赛 ILSVRC，是推动 CV 领域深度学习技术进展的重要力量，也是预训练模型的“诞生地”——在挑战赛中夺魁的很多深度网络模型，连同其基于 ImageNet 数据集训练得到的模型参数，都被作为很多自定义 CV 任务的预训练模型，我们基于这些预训练模型继续前行。

那么到了 NLP 领域，为什么要使用预训练模型？我们认为原因有三：第一，与 CV 领域类似，预训练模型能够让我们在进行下游任务适配时能够站在一个相对较高的起点，不必从“一穷二白”开始。正所谓“站在巨人的肩膀上”，我们的模型训练才更有可能快速收敛，从而实现对自己的特定任务的快速适配；第二，也是 NLP 领域的客观原因所致，那就是由于处理对象和任务的特殊性，可获取的带标注语料数据奇缺。毕竟对自然语言标注的难度与 CV 中对图像、视频标注的难度不在一个数量级。CV 领域的标注主要靠的是感知技能，即但凡认得出就能标注，不需要太多专业知识。但是对语言的标注需要认知技能，即标注需要应用语法、句法、语用等专业知识。这就意味着面对浩如烟海的语言资料，我们即使投入再大的人力物力也只能对其进行少量标注，标注的结果还有可能标准不一，参差不齐。因此，我们难以向 CV 那样，在 NLP 领域构造一个动辄百万千万样本的大规模数据集；第三，NLP 领域有取之不尽用之不竭的无标注语料资源，文字记录伴随人类文明一路不断产生，新闻、小说、论文、歌词等以文字表述的任何形式的资料都可以作为模型训练语料库，这为 NLP 模型的训练提供了坚实的数据基础。综上所述，我们对下游任务高起点的要求、标注资源的稀缺以及无标注语料资源的极大丰富共同构成 NLP 领域“预训练+微调”范式产生的最根本原因——预训练阶段要解决的关键问题是借助大规模语料资源，抽取那些语言的共性结构和关系，而微调适配阶段要解决的是如何借助小规模的专用数据集，进行模型能力的“垂直下沉”的问题。前者要的是“广”，后者则更多关注于“专”；前者在乎学习得到抽象的语言特征表示，后者更侧重达到具体任务的目标。事实上，预训练加微调适配的方式和我们人类的学习过程非常类似：小时候我们学习组词造句，学习语法句法等纯粹的语言知识，这就是预训练；长大后，我们投身不同专业，在具体专业术语构成的更加细化的语言体系中，带着特定目继续深耕，这如同微调适配。图 5-6 示意了现代 NLP 预训练模型的构建与应用模式。

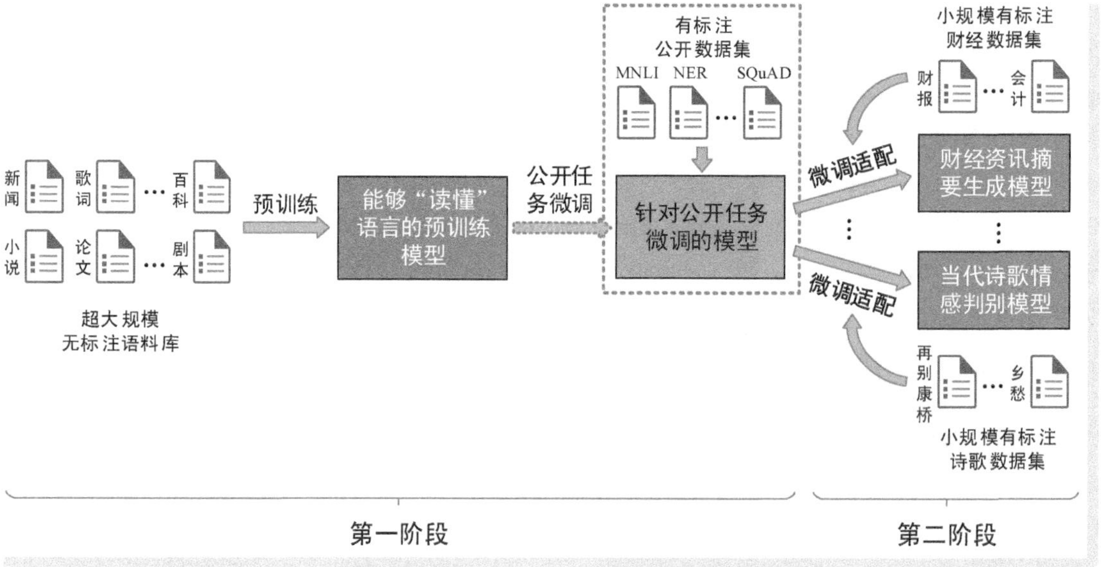

● 图 5-6　NLP 预训练模型的构建与应用模式示意

如图 5-6 所示，NLP 预训练模型的构建与应用包括了两大阶段。第一阶段即为预训练阶段，该阶段的输出即为一个能够“读懂”语言、但又与具体任务无关的预训练模型。在现代 NLP 领域，绝大多数预训练均为语言建模（Language Modeling），得到的模型即为语言模型（Language Model），该训练过程也均是基于超大规模无标注语料库，以无监督的方式开展㊀。之所以要构建语言模型，是因为语料

㊀ 关于这段描述，我们需要说明三点问题：第一，这里所说的“语言模型”是一个广义概念，泛指各类语言模型。实际上应该细分为语言模型（Language Model，简称“LM 模型”，如 GPT）、掩膜语言模型（Masked Language Model，简称“MLM 模型”，如 BERT）和排列语言模型（Permutation Language Model，简称“PLM 模型”，如 XL-Net）等。在这些不同的语言模型之间是有着本质区别的，在下文中我们将进行具体区分。第二，不是所有的预训练模型都是通过无监督训练得到的，例如，2017 年提出的 CoVe 模型，就是基于机器翻译数据集以有监督的方式训练得到。这也意味着不是所有的预训练模型都是语言模型，这里我们强调的是“绝大多数”。第三，这里所说的“无监督”也是广义概念，泛指那些不依赖人工标注数据的训练模式，其中自然也包括自监督（self-supervised）模式。但是狭义上，无监督学习特指不需要标签数据取和发掘数据内在特性及内部关系的学习方式，如数据聚类等。而自监督则是“自己监督自己”，其本质还是有监督的，只不过不需要人工标注数据而已。

库中包括了海量的自然语言序列，这些语言序列以“内蕴”的方式体现了语言的语法结构、词与词之间的关系等重要信息，这些重要信息作为语言的共性信息天然存在。而语言模型正是能够发掘这些语言共性结构和关系的概率模型。随着公开数据集的不断完善，在获得语言模型之后，很多工作还会以已得到的语言模型为基础模型，针对文本蕴含、符号标注、问答等诸多公开 NLP 任务，利用这些任务提供的带有标注信息的公开数据集进行有监督的微调训练。该步骤的作用首先是利用下游任务证明语言模型的有效性。其次，该步骤作为语言模型与用户专用模型之间的桥梁，其目的旨在能够在语言模型的基础上，朝着具体应用更进一步，让下游的微调适配能够再“省点力气”。当然，这一步骤不是所有模型都做的，某些模型预训练阶段只构建语言模型。因此我们在图 **5-6** 中以虚线框表示。第二个阶段为模型的微调适配。该步骤以第一阶段得到的预训练模型为基础模型，以用户手头的专用数据集作为训练数据，在用户端以监督训练的方式完成。该步骤的目的在于让 NLP 模型“下沉”到用户的业务场景，使其能够完成用户特有的 NLP 任务。例如，在图 **5-6** 中，我们示意了两个微调适配的场景。在第一个场景中，一名财经领域的人士，希望通过模型抽取财经资讯的摘要，那就需要在财经这一细化数据上训练一个摘要生成模型；在第二个场景中，一个文学爱好者希望自动判断当代诗歌所蕴含的感情色彩，那就需要在当代诗歌这一细化数据集上训练一个情感派别模型等。

可以看出，从预训练到微调适配，训练所基于的数据规模是越来越小的，但与应用领域的结合却是越来越深的，预训练和微调适配的方式体现的正是递进和迁移的思想。

5.2.2 “预训练+提示”范式

随着预训练模型规模的不断增大，“预训练+微调”范式存在的弊端也暴露无遗，主要体现在两个方面：第一，下游任务的微调适配需要以监督学习方式开展，这就意味着要求下游用户必须准备大量的标注数据供模型微调训练使用，这无疑需要投入海量的人力资源。即便是有了训练数据，但是在面对庞大而复杂的预训练大模型时，下游用户往往根本“训不动”；第二，仍碍于预训练模型的规模，对计算机资源奇高的要求，一般下游用户根本“训不起”。“预训练+微调”范式避免了用户的模型参数微调，取而代之的是在用户提示下开展下游任务适配，从而实现以“零样本学习”（Zero-Shot Learning）、“单样本学习”（One-Shot Learning）或“小样本学习”（Few-Shot Learning）模式来完成各类下游任务。

在“预训练+微调”范式下，预训练与微调两个阶段具有完全不同的输入与训练目标。以 BERT 模型为例，其在预训练阶段通过“<MASK>”标识符构造掩膜语言模型，即训练模型学会“完形填空”。但是到了下游任务的微调阶段，输入序列中自然不会再有“<MASK>”标识符，而且面对的任务也变为了诸如分类等与预训练截然不同的任务。这就意味着为了将模型从预训练的状态“强掰”到我们下游任务的状态，我们势必要在微调阶段增加额外的结构和参数，与此同时还需投入大量的训练数据和资源。模型规模越大，微调训练所需的资源投入就越大。这便是“预训练+微调”范式在大模型面前越来越难以为继的最主要原因。既然问题出在两个阶段模式的不一致上，那么我们在下游任务适配时，如果依旧保持预训练的输入、目标与架构不变，适配工作是否能变得容易一些呢？这正是提示学习（Prompt Learning）的核心思想。为说明这一思想，我们还得回到 BERT 模型的预训练和下游任务微调上。首先，谷歌基于大规模语料，以自监督方式进行掩膜语言建模，得到 BERT 预训练模型。

手握预训练好的BERT，我们即需要开展下游任务的微调训练。以情感分析等语句分类下游任务的微调适配为例，在“预训练+微调”范式下，最简单、最常见的方式即获得BERT对整个语句的特征表示（获取句首“<CLS>”标识符对应的特征输出，具体方式我们将在下文进行详细介绍），然后在其后添加线性变换等子结构，使用softmax进行语句类别的概率预测。所谓的微调就是以有监督的方式一体化训练BERT模型基础参数以及新添加的子结构参数。两阶段的不一致也由此产生。那么既然预训练阶段是“完形填空”，我们也将下游任务整理为“完形填空”的形式不就实现了两阶段的统一？例如，针对语句“今天阳光明媚，春光和煦”进行情感分类，如果我们将情感分类下游任务的输入改写为“今天阳光明媚，春光和煦。今天的天气真是___”，空中需要模型填入的词汇即能够表达对语句“今天阳光明媚，春光和煦”的情感。这样一来，下游任务与预训练阶段一样都变为“完形填空”任务了。“今天的天气真是”即我们为了下游任务所额外构造的“prompt”。准确地讲，所谓提示学习，即不显著改变预训练语言模型结构和参数的情况下，通过向输入中增加“提示”，将下游任务改造为文本生成任务，从而实现上下游任务统一的一种学习方法。

“预训练+提示”范式也包括了两个阶段，第一个阶段为预训练模型的构造阶段，该阶段发生的“故事”与上文介绍“预训练+微调”范式中的预训练阶段并无太大的差异。但是在第二阶段，我们从“fine-turning”转变为“prompt-turning”——通过合理的构造提示模板（prompt template），来给预训练模型提供一个“熟悉的环境”，从而使其能够在提示下给出正确输出。当然，操作还未结束，我们还需要增加输出文本到目标域映射的后处理操作。例如，还是在上文的情感分类任务中，我们需要模型预测0、1和2三个数值分别表示的正面、负面和中性情感。而在提示学习模式下，模型生成的词汇是随机的，例如，可以是“好”、“不错”等，我们需要将这些词汇映射到三种情感结论上。

作为NLP的一种新范式，“预训练+提示”以其在下游任务适配时对资源低依赖的巨大优势，受到“NLPer”们的广泛关注并在NLP领域引发巨大热情，被GPT、T5等诸多大模型作为其适配下游任务的方式，使得我们这些用户能够更加轻松地开展下游任务适配，甚至可以做到“拿来就用”。

5.3 预训练模型概览

近年来，NLP领域最具有革命性，也是最令人们欣喜的进展莫过于诸多优秀预训练模型的出现及其广泛应用。预训练模型的发展可以追溯到到本吉奥于2000年提出的NNLM模型[3]，该模型以神经网络建模语言模型，奠定了现代预训练模型的最基本形式，故我们将其视为是NLP预训练模型的开端。经过十几年的发展，领域中涌现出诸多预训练模型，所扮演的角色也从相对单一的获取词嵌入表示到NLP“全能选手”。特别是在2018年，在Transformer诞生后，OpenAI和谷歌先后提出GPT与BERT两个基于Transformer的预训练模型，给NLP领域带来了突飞猛进的进展，随后，基于Transformer架构的预训练模型更是犹如井喷般涌现。图5-7示意了NLP领域近十几年来产生的一些经典的预训练模型㊀。

㊀ 这里我们以arXiv首次提交日期进行时间注记和排序。

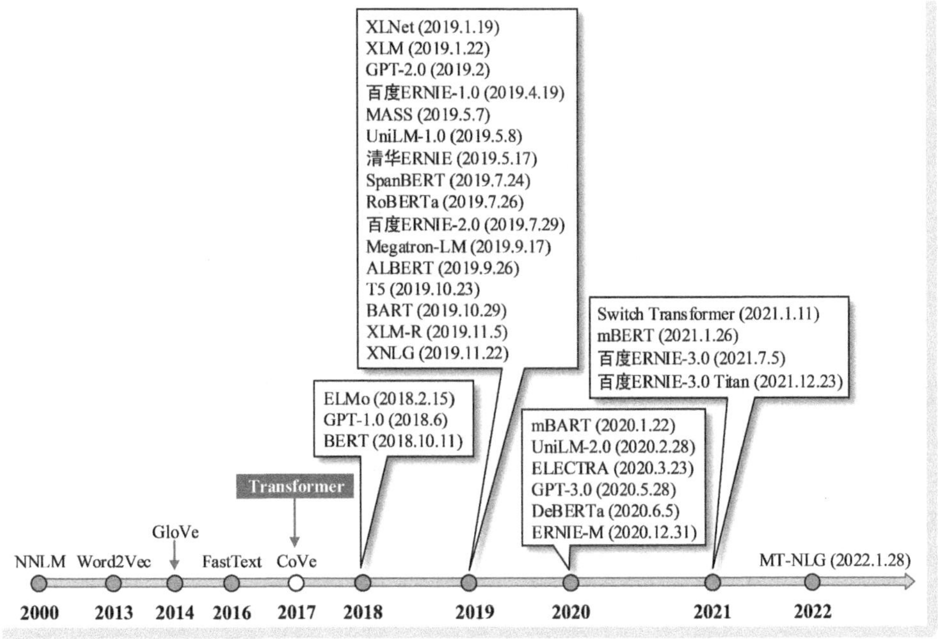

● 图 5-7　NLP 领域一些经典预训练模型的发展历程示意

我们知道，预训练模型的核心任务即将输入的词汇转换为特征向量，即获得词汇的嵌入表示。按照模型在进行词嵌入时是否依赖其所在上下文信息这一角度，预训练模型可以分为静态词嵌入和动态词嵌入两代。其中，第一代预训练模型也被称为非上下文词嵌入(Non-contextual word embedding)，最经典的实现莫过于 2013 年谷歌提出并开源的词嵌入工具 Word2Vec[4]，其中实现了连续词袋模型(Continuous Bag-of-Words，CBOW）和连续 Skip-Gram 两个具体的词嵌入模型；在 2014 年，Jeffrey Pennington 等[5]来自斯坦福大学的学者提出了 GloVe 模型则是一种利用全局信息的静态词嵌入模型；2017 年，Facebook 开源的 FastText 也是一个与 Word2Vec 类似、但功能更加强大的静态词向量计算和文本分类工具库。然而，静态词嵌入的本质就是一个词向量的查找表，这就意味着只要词相同，对应的嵌入向量也相同。静态词嵌入存的两个显著问题，第一个问题即“超出词汇表”（Out Of Vocabulary，OOV）的问题——一个输入的词汇超出了词典的范围，则自然也“查不出”向量来。第二个问题即无法解决一词多义的问题，例如，我们在上文中多次举例的“magazine”，我们自然希望其在作为“弹匣”和“杂志”时的词嵌入特征是不同的。为了克服静态词嵌入的弊端，人们开始构建第二代预训练模型，即动态词嵌入模型。在动态词嵌入模型中，词汇的嵌入表示随着其所在上下文语境的不同而改变，因此也被称为上下文词嵌入（Contextual word embedding）模型。2017 年，Bryan McCann 等[6]学者通过 LSTM 构造具有编码器-解码器的 Seq2Seq 模型。在该模型中，LSTM 结构即表达了词汇特征的前文依赖关系；2018 年提出的 ELMo 模型[7]，则采用双向 LSTM 结构建模输入语句中词汇的上下文依赖关系。ELMo 被誉为是前 Transformer 时代最优秀的动态词嵌入模型。目前，广为人知的各类基于 Transformer 的预训练模型，更是利用自注意力机制来表达词汇之间的上下文语义，故自然也属于第二代预训练模型的范畴。

在架构方面，从2000年至今，NLP预训练模型的架构大致可以分为三大类：基于前向神经网络的模型、基于RNN（含LSTM和GRU）的模型和基于Transformer架构的模型。其中，本吉奥的NNLM自然是基于前向神经网络的模型不必说，Word2Vec和FastText中实现的CBOW和连续Skip-Gram等模型，也是基于前向神经网络的典型代表；而在“只要注意力”的Transformer诞生之前，人们还在“只要RNN”——RNN架构在预训练模型占据绝对主导地位，各个模型正是利用RNN的记忆特性来处理自然语言这一序列数据，建模词汇之间的依赖关系；2017年，谷歌提出具有划时代意义的Transformer模型[5]，该模型以层叠的注意力模块构造具有编码器-解码器的Seq2Seq模型，在机器翻译这一具体领域取得了重大进展。早先，Transformer模型本身并未引起太大的轰动，反而在随后的2018年，OpenAI和谷歌先后提出的GPT [9]和BERT [10]两个模型，才算是真正“带火”了Transformer，特别是谷歌的BERT，更是刷榜11个NLP任务，一时风光无限。从此人们开始正视Transformer架构的价值，RNN架构迅速退出历史舞台，预训练模型领域变为自注意力的天下。在这些基于Transformer的预训练模型中，又包括了基于编码器、基于解码器以及基于编码器-解码器三种不同的结构。其中，基于编码器的预训练模型一般也被称为自编码语言模型，BERT便是此类模型的典型代表。随后，XLNet[13]、RoBERTa[14]、ALBERT[15]等著名模型也均基于Transformer编码器构造，都算作是BERT模型的升级版。这些后来居上的模型在NLP任务榜上反复“碾压”，不断提高基线水平；基于解码器的预训练模型一般被称为自回归语言模型，纯粹采用此架构的预训练模型不多，最具代表性的模型即OpenAI的GPT系列；基于Transformer编码器-解码器的架构主要用来完成序列到序列的任务，其中MASS[17]、BART[18]等模型就采用了标准的Transformer编码器-解码器架构。而微软提出的UniLM[19]看似只使用了Transformer编码器结构，但是其利用了BERT的双语句输入机制，以“类编码器”架构实现了自编码和自回归两种语言模型；而百度提出的ERNIE-3.0系列[24][25]则采用了具有“上下结构”的编码器-解码器架构来适配更加全面的NLP任务。

在“后Transformer”时代，不同预训练模型适配的下游NLP任务则各有侧重。其中以BERT及其改进模型为代表自编码语言模型更容易在语句分类等自然语言理解（Natural Language Understanding，NLU）方面具有突出的表现，而自回归语言模型表达的前项语言依赖关系与自然语言生成（Natural Language Generation，NLG）任务更加“登对”，故在预训练模型需要适配机器翻译、文本摘要等自然语言生成任务时，很多模型都会将自回归语言模型作为其输出端。例如，原生Transformer、MASS和BART模型就采用了“前自编码，后自回归”的——自编码操作来获得输入语句的完整语义并形成中间编码，而自回归操作则负责完成语言的逐个生成。而GPT系列模型则一路只用自回归语言模型。特别是从GPT-2.0开始，OpenAI更是利用纯粹的自回归语言模型，结合提示学习，以“一切皆生成”的方式来实现预训练模型下游任务的应用。除此之外，以UniLM和百度ERNIE-3.0为代表的模型更是希望能够兼顾自然语言理解和生成两类任务——在适配自然语言理解任务时，将模型当作BERT来使用，而在适配自然语言生成任务时，模型摇身一变又作为GPT来使用。基于Transformer的NLP预训练模型众多，为了帮助大家梳理其中一些经典模型的发展脉络，我们也仿照清华大学NLP实验室（THUNLP）那张著名的预训练模型图谱，针对部分基于Transformer架构的经典预训练模型，绘制了一幅表达模型改进关系的图谱，如图5-8所示。其中，前面标注有小圆圈的预训练模型，我们将在下文中进行详细介绍。

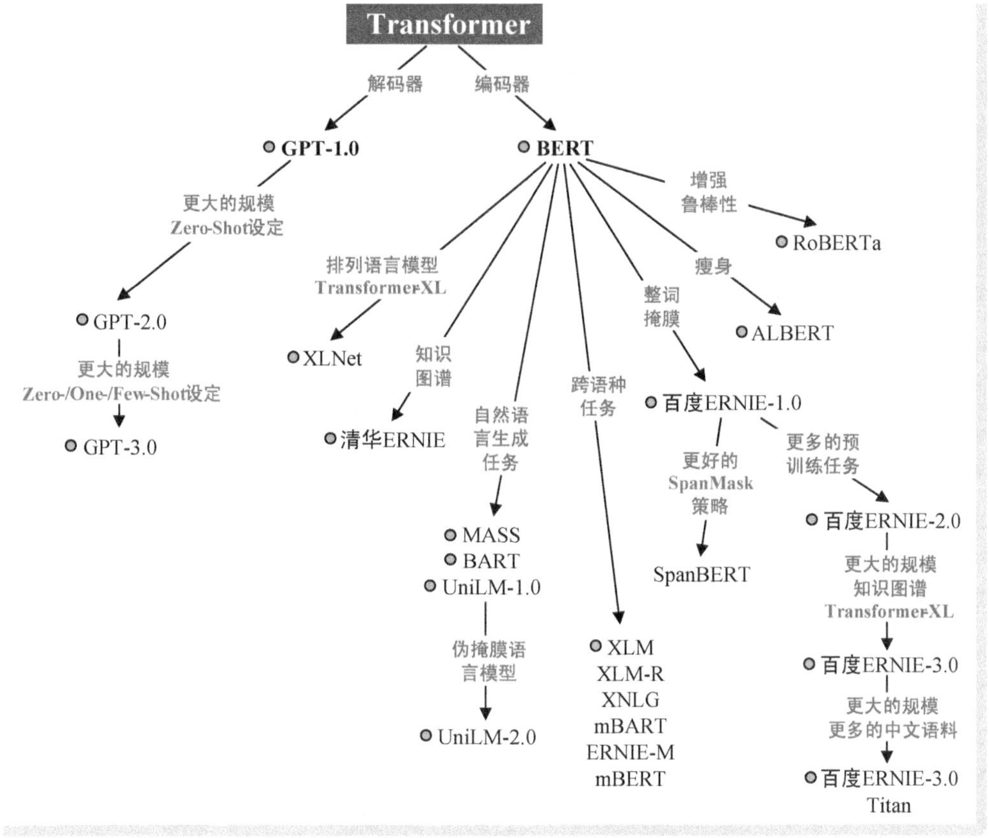

● 图 5-8　部分基于 Transformer 的经典预训练模型

Transformer 模型诞生后，GPT 和 BERT “兵分两路，分头前进”。事实上，我们可以将后 Transformer 时代的各类预训练模型都视为 BERT 和 GPT 两个模型的改进模型。只不过 BERT 和 GPT 走出了完全不同的两个体系：BERT 更像是手机操作系统中的安卓——完全开放，谁都能改，深受各层次、各机构从业者的推崇，故改进版本众多，可谓枝繁叶茂，让一般用户使用 NLP 的前沿技术成为可能；而 GPT 更像是手机操作系统中的苹果——大厂制造，功能强大，但是十分封闭且商业气息浓厚。因此对 GPT 模型的改进只局限在 OpenAI 内部进行。然而，不得不说，GPT 在很大程度上也引领了 NLP 行业的发展，虽然相较 BERT 模型的“繁花似锦”，GPT 模型的改进版本可谓甚少。但不鸣则已一鸣惊人，可谓出手即精品。2022 年底，ChatGPT 的闪亮登场就是一个活生生的例子。

5.4 基于 Transformer 的预训练模型

2017 年，谷歌提出用于序列转换的 Transformer 模型，在其中创造性地使用完全的注意力模块替代 RNN 结构以实现注意力机制。Transformer 一诞生就在机器翻译中取得了碾压性的好成绩。但是，机器翻译毕竟只是诸多 NLP 任务中的一种，还不能凸显 Transformer 的威力。人们不禁想，既然机器翻译这一 NLP 核心任务 Transformer 都能胜任，那么以其作为基础模型构造预训练模型，让它能够对接更多的 NLP 下游任务，是不是也能产生全面的颠覆性的效果？的确，接下来的“剧情”就是这么发展的。

2018 年，OpenAI 和谷歌两家公司先后提出了著名的 GPT 模型和 BERT 模型，这两种模型可以说是基于 Transformer 架构预训练模型的先驱。我们知道 Transformer 具有编码器-解码器的对称架构，而 GPT 和 BERT 模型则各取了一半——GPT 以 Transformer 的解码器作为基础架构，随后，OpenAI 相继提出了第二代 GPT 和第三代 GPT 模型。也正是因为 GPT 基于 Transformer 的解码器构造，故我们形象地称之为 Transformer 的“右手”（按照“左编码，右解码”的一般图示方法）；而作为“左手”的 BERT 模型则来自 Transformer 的编码器。BERT 模型一诞生便在 NLP 领域的 11 个任务刷榜。特别是在之后，诸多基于 BERT 架构的预训练模型如同雨后春笋不断涌现，其中不乏超越基本 BERT 模型的优秀预训练模型——BERT 分支可谓枝繁叶茂。

Transformer 之后，GPT 和 BERT 这两个基于 Transformer 的分支走出了不同的发展轨迹和格局。如果用手机操作系统来做类比，GPT 像是苹果系统，完整、封闭且“高冷”；而 BERT 更像是安卓系统，谁都能改谁懂能用，非常开放，非常“亲民”。正是因为这些后续预训练模型在 NLP 领域的优秀表现，才使得人们开始重新审视并重视 Transformer 的价值。在本部分，我们首先重点分析 GPT 和 BERT 两个“骨灰级”预训练模型，然后对基于 Transformer 的多个经典预训练模型展开深入剖析。

5.4.1 GPT：Transformer 的“右手”

2018 年 6 月，Alec Radford 等[9]四名来自 OpenAI 的学者提出了生成式预训练（Generative Pre-Training）模型，这便是大名鼎鼎的 GPT 模型㊀。在提出 GPT 模型文章的引言部分，作者说道：“针对语言理解任务，我们探索了一种使用无监督预训练和有监督微调相结合的半监督方法。目标旨在学习一种通用的语言表达，从而使得其经过少量适配就可以适应广泛的 NLP 任务。”这段话可谓把 GPT 的手段和目的说得再清晰不过了：手段是半监督训练（即“半监督=无监督的预训练+有监督的微调”），目的是构建一个能够快速适配诸多 NLP 任务的通用语言表示。可以说前者讨论了 GPT 是怎么来的，而后者涉及拿到 GPT 后怎么用在其他 NLP 任务。也正是从 GPT 开始，开启了无监督语言模型预训练与基于公开任务有监督微调相结合的预训练模型构造标准模式（即图 5-6 所示的第一阶段所示的两个步骤）。在下文中，我们即围绕基本结构、无监督预训练、有监督微调以及下游任务适配四个问题对 GPT 模型展开讨论。

1. GPT 的基本结构

GPT 是基于 Transformer 的解码器栈构造得到的。但是与基础版 Transformer 相比，GPT 对其中每个解码器的结构做了简化：在 Transformer 中，每个解码器中包括掩膜多头自注意力、编-解码注意力和全连接前馈网络三个子模块。而 GPT 去掉了其中的编-解码注意力模块，仅保留掩膜多头自注意力和全连接前馈网络两个子模块。这是因为在 Transformer 中，编-解码注意力模块用来完成输入输出之间的信息传递，其查询集合 $\boldsymbol{Q}$ 是来自其前面的掩膜多头注意力模块，而键集合 $\boldsymbol{K}$ 和值集合 $\boldsymbol{V}$ 均是由编

㊀ 这里是指第一代 GPT，即 GPT-1.0 模型。但是在此处我们直接简写作 GPT 模型。在下文中我们会以 GPT-1.0、GPT-2.0 和 GPT-3.0 对三代 GPT 模型加以区分。

码器栈的输出来扮演。但是在 GPT 中，已经不涉及 Transformer 的编码器栈部分，自然也没有这个注意力模块所需要的 $\boldsymbol{K}$ 和 $\boldsymbol{V}$，因此直接拿掉是最简单的方法。除此之外，相较于基础版 Transformer，GPT 对模型的规模进行了扩充：解码器个数从 6 个增加到 12 个，每个多头注意力模块中的注意力"头数"从 8 个增加到 12 个，内部特征的维度 d_{model} 也从 512 维增加到 768 维，在全连接前馈网络中，隐含层的维度由 2048 维增加到 3072 维。GPT 模型的总参数量约为 1.1 亿，这一规模与 CV 领域的 VGG-19 基本类似。图 5-9 示意了 GPT 模型的整体架构及其解码器结构。

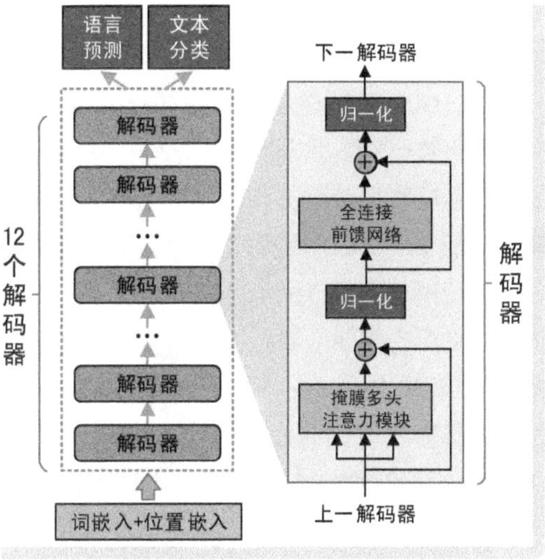

● 图 5-9　GPT 模型的整体架构与其解码器结构示意

在输入方面，针对一个长度为 T、用独热编码表示的输入序列 $\boldsymbol{X}=(\boldsymbol{x}_1,\cdots,\boldsymbol{x}_T)$，GPT 首先对其进行词嵌入和位置嵌入，表示为

$$\boldsymbol{H}_0=\boldsymbol{X}\boldsymbol{W}_E+\boldsymbol{W}_P \tag{5-9}$$

式中，$\boldsymbol{W}_E\in\mathbb{R}^{|V|\times d_{\text{model}}}$和 $\boldsymbol{W}_P\in\mathbb{R}^{T\times d_{\text{model}}}$分别为词嵌入矩阵和位置嵌入矩阵。关于词嵌入我们在前文中做过介绍，这里不再赘述。这里简单对位置嵌入做以介绍。考虑到无论是什么语言，语句中的词都是有序的，即每个词都是位置相关的（position-wise），因此需要在建立语言模型时引入某种表达位置的机制。在 Transformer 中，使用正弦和余弦函数来构造位置编码。但是在 GPT 中，采用了更加灵活的位置嵌入机制，在词嵌入特征的基础上再添加上位置信息：$\boldsymbol{X}\boldsymbol{W}_E$的每一行为基础的词嵌入特征向量，而 $\boldsymbol{W}_P$每行对应了一个位置，那么可以将 $\boldsymbol{W}_P$的第 i 行数据看作是位置的函数$f(i)\in\mathbb{R}^{d_{\text{model}}},i\in[1,T]$，那么输出$\boldsymbol{H}_0\in\mathbb{R}^{T\times d_{\text{model}}}$的每一行特征都可以看作是位置相关的词嵌入特征。GPT 以随机方式初始化 $\boldsymbol{W}_P$，希望通过训练一并调整 $\boldsymbol{W}_P$中的数据，从而实现在此后的预测中能够为词嵌入特征给予位置相关的合理修正。

2. GPT 的无监督预训练

GPT 的无监督预训练主要依托 BooksCorpus 语料数据集完成，该数据集包括了 7000 多本各流派的书籍，可以说语料规模是相当的庞大。该阶段的训练目标为构造标准的前向语言模型。具体来说，针对输入列 $\boldsymbol{X}=(\boldsymbol{x}_1,\cdots,\boldsymbol{x}_T)$，GPT 前向语言模型的条件依赖关系可以表示为

$$p(\boldsymbol{X};\boldsymbol{\theta})=p(\boldsymbol{x}_1,\cdots,\boldsymbol{x}_T;\boldsymbol{\theta})\approx\prod_{t=1}^{T}p(\boldsymbol{x}_t\mid\boldsymbol{x}_{t-k},\cdots,\boldsymbol{x}_{t-1};\boldsymbol{\theta}) \tag{5-10}$$

式中，$\boldsymbol{\theta}$即为待训练的模型参数。从式（5-10）可以看出，GPT 的语言模型对每个词向前考虑 k 个词的依赖关系，也即具有 k+1 元语言模型假设（在 GPT 原文中，将 k 称为"context window"，即上下文窗口）。按照最大似然估计的思路，语言模型的最优参数使得上述概率的对数似然函数$\mathcal{L}_{lm}(\boldsymbol{\theta})$取得最大值，即

$$\begin{aligned}\boldsymbol{\theta}^* &= \arg\max_{\theta}\mathcal{L}_{lm}(\boldsymbol{\theta})\\ &=\arg\max_{\theta}\log\prod_{t=1}^{T}p(\boldsymbol{x}_t\mid\boldsymbol{x}_{t-k},\cdots,\boldsymbol{x}_{t-1};\boldsymbol{\theta})\\ &=\arg\max_{\theta}\sum_{t=1}^{T}\log p(\boldsymbol{x}_t\mid\boldsymbol{x}_{t-k},\cdots,\boldsymbol{x}_{t-1};\boldsymbol{\theta})\end{aligned} \tag{5-11}$$

在上述优化目标中，条件概率 $p(\boldsymbol{x}_t|\boldsymbol{x}_{t-k},\cdots,\boldsymbol{x}_{t-1};\boldsymbol{\theta})$ 是对下一词汇的预测模型，这也正是 GPT 名称中有“生成式”（generative）一词的原因。GPT 之所以使用 Transformer 解码器，就是由于 GPT 具有“一个接一个”的词汇预测模式——解码器中的掩膜多头注意力正好能够利用遮掩机制，很方便的针对并行输入制造出序列处理的“假象”。关于掩膜注意力机制的工作模式，我们已经在上一章进行过详细讨论。但是，需要注意的是，由于 GPT 的前向依赖是 k 步的局部依赖，因此需要掩膜注意力模块能够“遮前也遮后”，而非 Transformer 标准掩膜的仅遮掩后续词汇。当然，GPT 的掩膜要求可以通过合理设置掩膜矩阵中的元素分布来实现。图 5-10 示意了 GPT 前向语言模型进行下一词汇预测的模式示意。

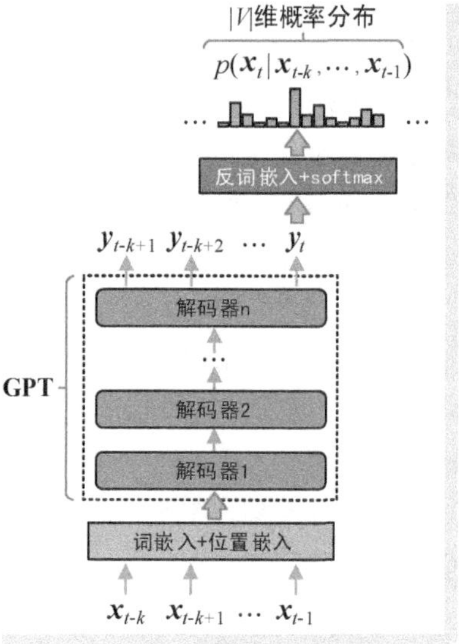

● 图 5-10　GPT 前向语言模型下一词汇预测模式示意

GPT 模型一次性的得到完整的序列输入，但是在掩膜多头自注意力模块的作用下，等效于从前往后逐个看到输入序列，并逐个得到下一个词对应的词向量，这些词向量经过反嵌入和概率化操作，即可得到我们需要的前向依赖条件概率。例如，在图 5-9 所示的例子中，对于第 t 个步骤，GPT 以“往前看 k 个词”的方式，得到输入序列 $\boldsymbol{x}_{t-k},\cdots,\boldsymbol{x}_{t-1}$（$\boldsymbol{x}_1,\cdots,\boldsymbol{x}_{t-k-1}$ 以及 $\boldsymbol{x}_t,\cdots,\boldsymbol{x}_T$ 都被掩膜注意力模块遮掩），经过模型逐个产生一个输出向量 $\boldsymbol{y}_t$，将其与反嵌入矩阵进行作用，并经过 softmax 进行概率化，即得到一个维度为 $|V|$ 的离散概率分布作为对下一个词的预测。上述过程可以表示为

$$p(\boldsymbol{x}_t|\boldsymbol{x}_{t-k},\cdots,\boldsymbol{x}_{t-1};\boldsymbol{\theta})=\operatorname{softmax}(\boldsymbol{y}_t\boldsymbol{W}_E^{\mathrm{T}}) \tag{5-12}$$

式中，$\boldsymbol{W}_E^{\mathrm{T}}\in\mathbb{R}^{d_{\text{model}}\times|V|}$ 为反嵌入矩阵，可以看出，其正是词嵌入矩阵的转置，即词嵌入和反嵌入共享参数，这一点与 Transformer 是相同的。

3. GPT 的有监督微调

经过无监督语言模型的预训练，可以说 GPT 已经是一个初步具备理解语言的模型了，但是为了使得 GPT 模型的参数能够更好地适配 NLP 其他下游任务，GPT 会再进行一轮有监督的微调训练。GPT 的监督微调被设定为一个文本分类任务：组织一个带有标签的数据集 $\mathcal{C}$，每一个样本都是由一个词序列（即一个语句）$\boldsymbol{X}=(\boldsymbol{x}_1,\cdots,\boldsymbol{x}_m)$ 及其对应的类别标签 l 构成。GPT 对最后一个输出词向量进行线性变换，再利用 softmax 函数进行概率化，从而得到类别标签的概率分布[㊀]。该过程可以表示为

$$p(l|\boldsymbol{x}_1,\cdots,\boldsymbol{x}_m;\boldsymbol{\theta})=\operatorname{softmax}(\boldsymbol{y}_m\boldsymbol{W}_y) \tag{5-13}$$

式中，$\boldsymbol{y}_m\in\mathbb{R}^{d_{\text{model}}}$ 为输入词汇 $\boldsymbol{x}_m$ 对应的输出向量；$\boldsymbol{W}_y\in\mathbb{R}^{d_{\text{model}}\times c}$ 为待学习的线性变换矩阵，其中 c 为文本分类任务中的类别数。经过 softmax 操作后，即得到一个 c 维的离散概率分布，表示对输入语句的类别预测。之所以使用最后一个词汇对应的向量作为整个语句的表示，那是因为该向量已经“浓缩”了

㊀ 该操作等价基于最后一个输出词向量训练一个线性分类器。

整个语句的语义信息。上述文本分类的工作方式可以用图 5-11 来表示。

GPT 的有监督微调训练仍按照最大似然估计的思想进行——对于数据集$\mathcal{C}$中的所有样本，最优模型参数$\boldsymbol{\theta}^*$使得所有文本类别预测概率的对数似然函数$\mathcal{L}_{\text{cls}}(\boldsymbol{\theta})$取得最大值，即有

$$\begin{aligned}\boldsymbol{\theta}^* &= \arg\max_{\theta} \mathcal{L}_{\text{cls}}(\boldsymbol{\theta}) \\ &= \arg\max_{\theta}\log\prod_{(\boldsymbol{X},l)\in\mathcal{C}} p(l \mid \boldsymbol{x}_1,\cdots,\boldsymbol{x}_m;\boldsymbol{\theta}) \\ &= \arg\max_{\theta}\sum_{(\boldsymbol{X},l)\in\mathcal{C}}\log p(l \mid \boldsymbol{x}_1,\cdots,\boldsymbol{x}_m;\boldsymbol{\theta})\end{aligned} \tag{5-14}$$

式中，数据集$\mathcal{C}$中的所有样本独立同分布，即“你预测你的，我预测我的”，互不干扰，故可以将所有样本的联合预测概率表示为每个独立预测概率的连乘形式。为了避免有监督微调将语言模型训练中辛辛苦苦得到的参数“拉偏”，GPT 在文本分类微调训练的同时，同步训练语言模型。即在该阶段，GPT 同时进行了有监督文本分类和无监督语言模型的双任务联合训练。上述联合训练的目标函数为

$$\boldsymbol{\theta}^* = \arg\max_{\theta}(L_{\text{cls}}(\boldsymbol{\theta}) + \lambda \cdot L_{lm}(\boldsymbol{\theta})) \tag{5-15}$$

式中，λ 为调节两个任务目标函数的权重因子。为了进一步说明 GPT 联合训练的方式，我们以图 5-12 再进行详细举例说明。

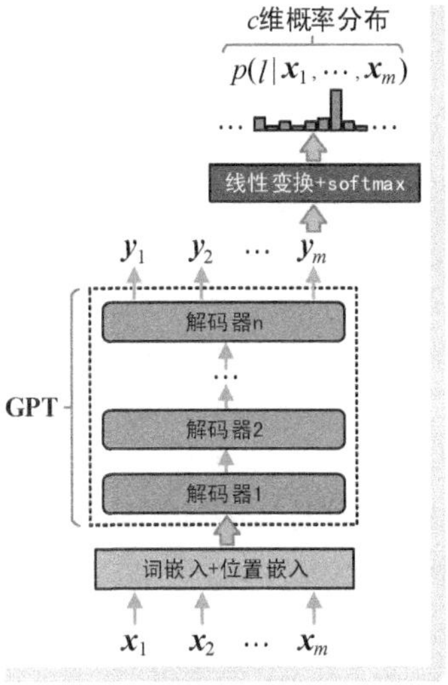

● 图 5-11　GPT 文本类别预测模式示意

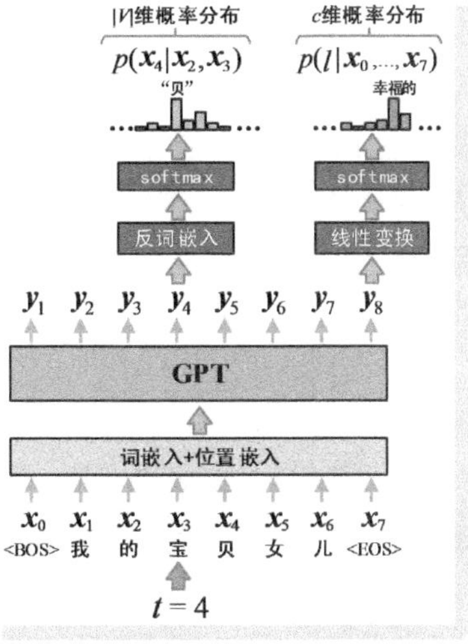

● 图 5-12　GPT 双任务联合训练示意（以 $k=2$ 为例）

在图 5-12 所示的示例中，我们假设语言模型的前向依赖范围为 2（即 $k=2$，当然在实际应用中对依赖范围的设定要大得多，这里只是为了举例方便）。我们还假设训练数据集中只有一个样本，其中语句为“<BOS>我的宝贝女儿<EOS>”，对应的文本类别标签为“幸福的”。在上述语句中，含起止标志共计 8 个词汇，我们以 $\boldsymbol{X}=(\boldsymbol{x}_0,\cdots,\boldsymbol{x}_7)$ 作为其独热编码表示。首先，GPT 对其进行词嵌入和位置嵌入操作，即 $\boldsymbol{H}_0=\boldsymbol{X}\boldsymbol{W}_E+\boldsymbol{W}_P$；随后，$\boldsymbol{H}_0$ 被送入 GPT 模型，经过一番加工，得到输出的词向量序列 $\boldsymbol{y}_1,\cdots,\boldsymbol{y}_8$，其中每个向量的维度均为 d_{model}，而且在掩膜注意力模块的作用下，每个词向量只与其前方

的两个输入词汇具有依赖关系（除了$\boldsymbol{y}_1$）；我们利用式（5-12）分别对$\boldsymbol{y}_1,\cdots,\boldsymbol{y}_8$进行反词嵌入和概率化，即得到一系列的条件概率$p(\boldsymbol{x}_1|\boldsymbol{x}_0)$，$p(\boldsymbol{x}_2|\boldsymbol{x}_0,\boldsymbol{x}_1),\cdots,p(\boldsymbol{x}_8|\boldsymbol{x}_6,\boldsymbol{x}_7)$。在图 5-12 中，示意了其中的$p(\boldsymbol{x}_4|\boldsymbol{x}_2,\boldsymbol{x}_3)$，即$t=4$ 的情形。因此语言模型的目标函数即可以写作 $L_{lm}(\boldsymbol{\theta})=\log p(\boldsymbol{x}_1|\boldsymbol{x}_0;\boldsymbol{\theta})+p(\boldsymbol{x}_2|\boldsymbol{x}_0,\boldsymbol{x}_1;\boldsymbol{\theta})+\cdots+p(\boldsymbol{x}_8|\boldsymbol{x}_6,\boldsymbol{x}_7;\boldsymbol{\theta})$；对于最后一个输出向量$\boldsymbol{y}_8$，我们利用式（5-13）对其进行线性变换和概率化，即得到文本类别的预测概率$p(l|\boldsymbol{x}_0,\cdots,\boldsymbol{x}_7;\boldsymbol{\theta})$，对应的文本分类任务的目标函数$L_{\text{cls}}(\boldsymbol{\theta})=\log p(l|\boldsymbol{x}_0,\cdots,\boldsymbol{x}_7;\boldsymbol{\theta})$（因为我们假设数据集中只有上述唯一样本，相较式（5-14），这里省略了求和操作）。将两个任务的目标函数进行整合，即得到式（5-15）所示的联合损失函数[⊖]。

4. GPT 的下游任务适配

为了证明 GPT 作为预训练模型能够顺畅对接更多的 NLP 下游任务，学者们在无监督预训练和有监督微调训练的基础上，又基于多个带标注信息的 NLP 公开数据集，通过在基本 GPT 模型上进行结构微调整，进行了多个 NLP 下游任务的适配尝试，给出了 GPT 应用于文本分类（包括 SST-2 和 ColLA 两个任务/数据集）、自然语言推理（包括 SNLI、MNLI、QNLI、RTE 和 SciTail 五个任务/数据集）、语义相似性判断（包括 MRPC、QQP 和 STS-B 三个任务/数据集）和多选（RACE 和 Story Cloze 两个任务/数据集）四大类 NLP 下游任务的可能架构。特别地，经过实验对比分析，GPT 面对上述四大类任务的 12 个公开任务/数据集，将其中的 9 个做到了“SOTA”的水平，可谓成绩斐然。下面我们就来介绍 GPT 模型适配上述四类 NLP 任务时，可能采用的架构和数据组织方式。

文本分类任务要求为给定的一个语句预测一个类别标签，属于针对单一语句的单值预测任务。GPT 的适配架构和上文介绍的有监督微调训练中文本分类的架构是相同的——即接收最后输出特征，然后对其进行线性变换和概率化操作，从而得到针对该语句的类别标签预测结果。图 5-13a 示意了 GPT 应用于文本分类任务的模型架构示意。

自然语言推理也称为文本蕴含，即给出一个语句作为前提（premise）和另一个语句作为猜测（hypothesis），预测后者是否能够从前者推理得到。预测结果包括对（T）、错（F）或是无法判断（U）三种情况。自然语言推理为针对两个语句的单值预测任务。GPT 给出的架构为：将两个语句做拼接，在“接缝”处打上分隔标识“<SEP>”（即“separator”的简写），将上述拼接序列作为整体统一送入 GPT，然后接收最后一个输出特征后，进行目标维度为 3 维的线性变换，最后使用 softmax 进行概率化得到能够表达推理结果的三维的离散分布。图 5-13b 示意了 GPT 应用于自然语言推理任务的模型架构示意。

语义相似性判断任务要求针对给定的两个语句，判断其蕴含的语义是否相似。理论上，语义相似性判断也是一种针对两个语句的单值预测任务，但是 GPT 却给出了一种使用孪生 GPT 结构这一更加合理的方案，其基本思想是：两句话如果语义相似，则无论是放在前面还是放在后面，输出的特征应该不会有太大改变（如图 5-14a 所示）；与之相反，如果两句话的语义差异很大，前后互换则输出的特征将发生较大的变化（如图 5-14b 所示）。

⊖ 在训练时，$\boldsymbol{x}_0,\cdots,\boldsymbol{x}_7$均将以实值带入，这样一来目标函数就仅是待优化参数$\boldsymbol{\theta}$的函数，获得最优参数的过程即标准的最大似然估计。站在损失函数的视角，参数的最大似然估计等价于最小化预测概率和独热编码表示真值概率之间的交叉熵（cross entropy）损失。

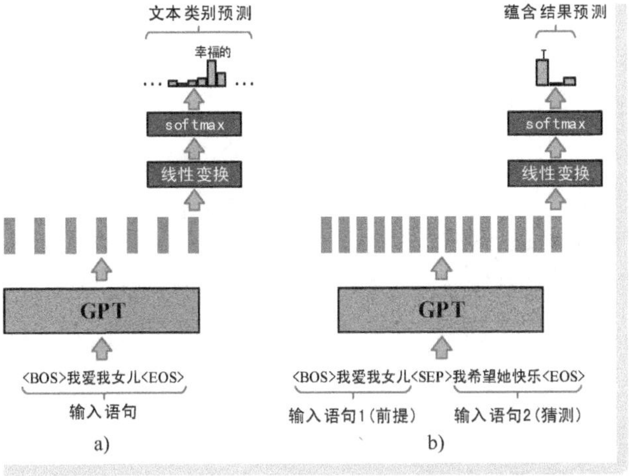

● 图 5-13　GPT 应用于文本分类任务和自然语言推理任务的架构示意

a）文本分类任务架构　b）自然语言推理任务架构

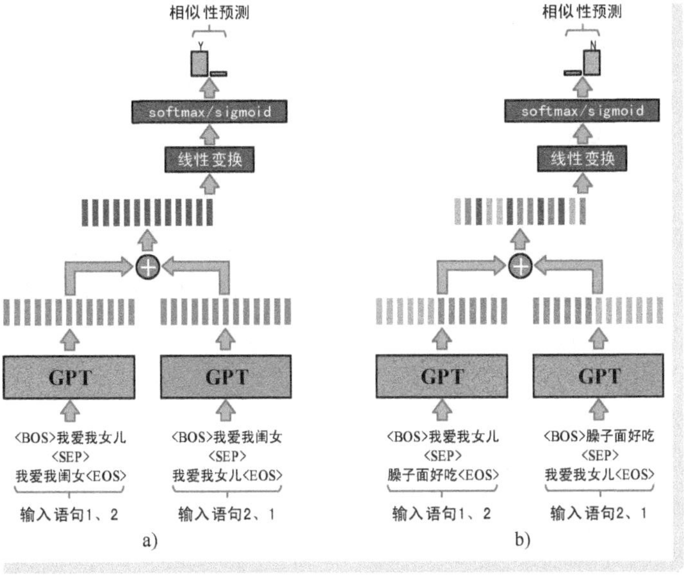

● 图 5-14　GPT 应用于语义相似性判断任务的架构示意

a）两语句语义相似的情形示意　b）两语句语义不相似的情形示意

多选任务即基于阅读理解的多选一任务，也是问答任务的一种形式——给模型输入一段语料（如一篇短文）z 和一个问题 q，以及一个候选答案集合 $\{a_1,\cdots,a_d\}$（其中 d 为可选答案的个数），模型从候选答案集合中选择一个最佳答案。多选任务很像我们所做的阅读理解——读一篇文章，然后做几道四选一的单项选择题。针对问答任务，GPT 给出的架构为：首先对语料 z 和问题 q 做中间不加任何分隔标识的"无缝"拼接，然后再将这个拼接结果分别与每一个答案 $a_k, k=1,\cdots,d$ 做"有缝"拼接（中间打上"<SEP>"分隔标识），从而得到 d 个拼接序列，其中的第 k 个序列形如 $[z,q,\text{<SEP>},a_k]$。

然后分别将上述 d 个拼接序列送入 d 个并列的 GPT 结构，每个 GPT 结构后边都跟着一个线性变换，将每个 GPT 的最后一个输出向量都映射为一个标量。如此一来，d 个并列的 GPT 结构将得到 d 个标量，也即一个 d 维向量。最后在使用 softmax 对这一 d 维向量进行概率化，即得到在答案空间的概率分布。图 5-15 为 GPT 应用于问答任务的架构示意。

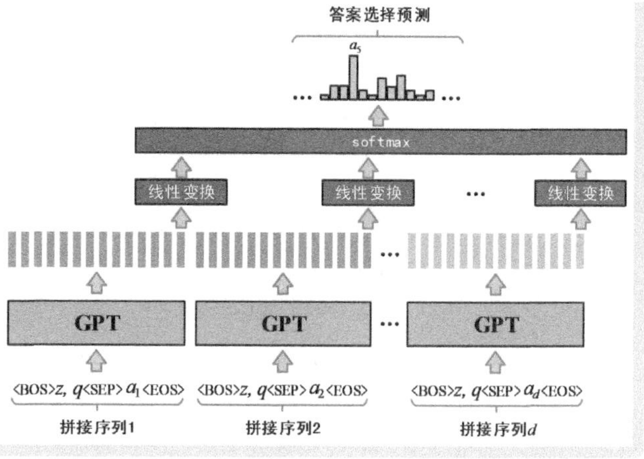

● 图 5-15　GPT 应用于问答任务的架构示意

在本部分内容中，我们讨论了经典预训练模型 GPT。该模型可以说是在 Transformer 开了好头之后，基于 Transformer 架构构建的第一种经典的 NLP 预训练模型。尽管 GPT 在效果上与一些后来的模型相比不算出众，但是作为 Transformer“解码器系”预训练模型的开启者，它对 Transformer 的应用方式是非常直接明了，也给后续的研究带来重要影响。更何况在我们介绍的第一代 GPT 身后，还站着 GPT-2 和 GPT-3 这两个 NLP“怪兽”呢。

5.4.2　BERT：Transformer 的“左手”

2018 年 10 月，在 Transformer 诞生一年多以后，Jacob Devlin 等[10]四名来自谷歌的学者终于基于自家 Transformer 架构，推出了著名的 NLP 预训练模型——BERT。我们认为 BERT 模型绝对是值得详细讨论的，原因有三：第一，Transformer 是谷歌的，BERT 也是谷歌的，基于自家提出的架构做的预训练模型，想必功力应该更加了得；第二，BERT 模型确实很优秀，一诞生就在 NLP 领域的 11 个任务上刷了榜，可谓光环闪耀；第三，与 GPT 逐渐变得大而全、商业味越来越浓相比，BERT 是朝着“接地气”方向走的，对我们来说更加能“玩得起”。

BERT 是“Bidirectional Encoder Representations from Transformers”的简称，翻译成中文是“基于 Transformer 的双向编码器表示”。一方面谷歌生生凑出了儿童节目《芝麻街》（*Sesame Street*）的角色“BERT”这个名字，趣味性十足；另一方面，除了使用 Transformer 架构，这个名字还强调了另外两件重要的事：“双向”——BERT 对语言前后两个方向的依赖关系进行了概率建模；“编码器”——BERT 只采用 Transformer 架构的编码器部分，所以我们称之为 Transformer 的“左手”。接下来，我们就对 BERT 这一重要的预训练模型展开详细介绍。

1. BERT 的基本结构

作为 Transformer 的“左手”，BERT 将 Transformer 的编码器栈作为其基本架构。因此 BERT 由一系列的 Transformer 编码器堆叠而成，每个编码器中都包括了一个多头自注意力子模块和一个全连接前馈网络子模块。但是与基本 Transformer 的编码器栈相比，BERT 对模型的规模进行了扩充。在 BERT 的论文中，给出了基础版（BERT-Base）和大规模版（BERT-Large）两种模型架构。其中，BERT-Base

包括了 12 层编码器，内部特征的维度 d_{model}⊖为 768 维，多头注意力模块的“头数”为 12 个，总参数量约为 1.1 亿。BERT-Base 的参数规模与 GPT-1.0 类似，对标 CV 领域，则与 VGG-19 模型的规模在相同量级；在 BERT Large 中，编码器层数增加到 24 层，内部特征的维度 d_{model}增加到 1024 维，多头注意力模块的“头数”也多达 16 个，总参数量约为 3.4 亿。另外，每个全连接前馈网络也均是三层结构，中间层的维度为 $4\times d_{model}$，即在 BERT-Base 模型中，中间层维度为 3072 维，该维度与 GPT-1.0 相同，在 BERT-Large 模型中，中间层维度为 4096 维。

相较于标准 Transformer 的编码器栈，BERT 模型除了在规模上大幅增加之外，并未进行特殊的结构改造，故我们在这里不再对其结构进行详细描述。需要了解细节的读者请参阅上一章的内容。

2. BERT 的输入表示

为了能够更加顺畅的对接 NLP 的下游任务，BERT 的输入可以是一句话也可以是两句话。其中一句话用来应对文本分类等一元输入的问题，而两句话用来应对下句预测（Next Sentence Prediction，NSP）等二元输入的问题。

BERT 针对输入序列，首先会对其进行嵌入操作，即获得对每个输入词的 d_{model}维向量表达，该向量表达将作为 BERT 多层编码器的输入。BERT 对原始序列的输入表示操作包括了符号化(tokenization）和嵌入(embedding）两大步骤，而其中嵌入又是符号嵌入(Token Embedding)、片段嵌入(Segmentation Embedding）和位置嵌入(Positional Embedding）三种不同嵌入的合成⊖。图 5-16 为 BERT 模型的输入表示示意。

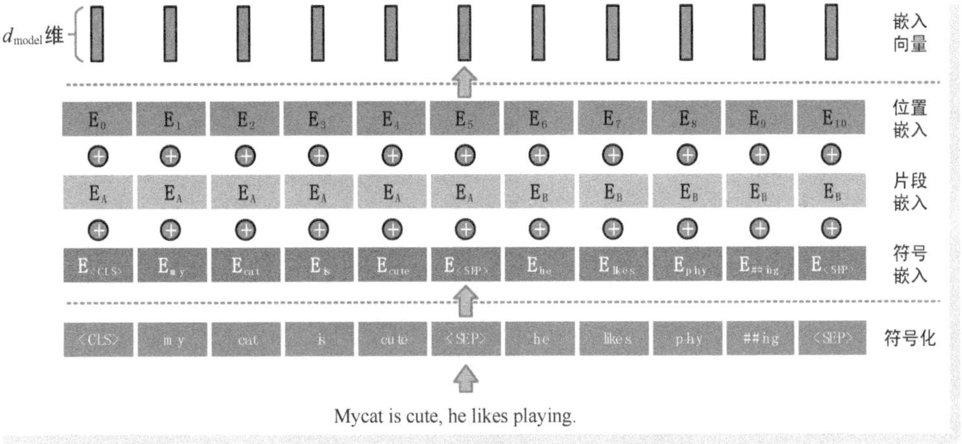

● 图 5-16 BERT 模型的输入表示示意

输入表示的第一步为符号化(tokenization)。BERT 在进行嵌入之前，首先对输入的语句进行符号化操作，符号化的过程包括基于 WordPiece 的子词处理和添加标识符两个环节。下面我们先简单说说

⊖ 在对 Transformer 的介绍中，我们用 d_{model}表示内部特征的维度。在 BERT 的原文中，使用 H 表示该维度。为了全书的一致性，我们这里仍使用 d_{model}。

⊖ 在这里，所谓的符号嵌入就是我们的前文反复提及的词嵌入。但是由于 BERT 还有“符号化”操作，为了保持和符号化操作的连贯性，我们在这里沿用“符号嵌入”这一提法。

WordPiece，但是由于篇幅所限，我们这里只做“蜻蜓点水”的介绍。所谓子词（sub-word）处理问题，即我们如何选择语言序列的处理粒度问题。对待一句中文，我们可以将单个字作为最小处理单元。但是，中文在单个汉字之上还有词语（甚至成语）的概念，而某些词语才是表达语义的最小单元，很多时候站在单字视角很难获得一个有价值的语义信息。例如，“玻璃”一词，二字拆来，单看“玻”或是单看“璃”都不具备语义信息，但一旦放在一起，那含义再清晰不过了。因此我们也可以通过分词得到语义信息更加明确的词组（从语句往下叫“分词”，从字往上反而应该叫“组词”），再以词组作为 NLP 的最小处理单元。

然而，英文与中文不同，英文本身就有单词的概念，在语句中单词天然的以空格或者标点作为分隔，这是对语言处理有利的一面。但是英文还有诸如“look”“looked”“looks”和“looking”的时态特问题，也有“big”“bigger”和“biggest”的比较级最高级问题，这又是英文处理比较棘手的一面。我们知道，每一个英文单词首先都要基于词典做向量表示，如果将所有时态、所有级的动词和形容词一股脑加入词典中，那词典必然变得异常庞大臃肿（试想我们需要在词典中先把所有动词列一遍，然后再将每个动词的“单三”模式一遍，“过去时”列一遍，“现在时”列一遍…这将一件多么可怕的事情）。更何况，很多词在不同“版本”下表达的语义是相同的，例如，“look”“looked”“looks”和“looking”都表示“看”，根本不用区分到底是“一般看”“过去看”“单三看”还是“正在看”。这就意味着应该选择一种更加合理的语言表示粒度，让语义表达更加自然的同时降低词典冗余。正是在这种背景下，子词模型应运而生。“子词”，从字面意思就是将单词再做进一步拆分，获得一种介于词和字母之间的中间粒度表示。在子词模型中，WordPiece 正是其中的一种经典处理方式——动词是动词，形容词是形容词，不同版本只体现为挂载不同的词缀——词与缀灵活组合“幻化”出万千版本。图 5-17 示意了某“toy”版词典及其对应的符号化示例（该图仅用作举例，并不代表 BERT 的实际 WordPiece 操作）。

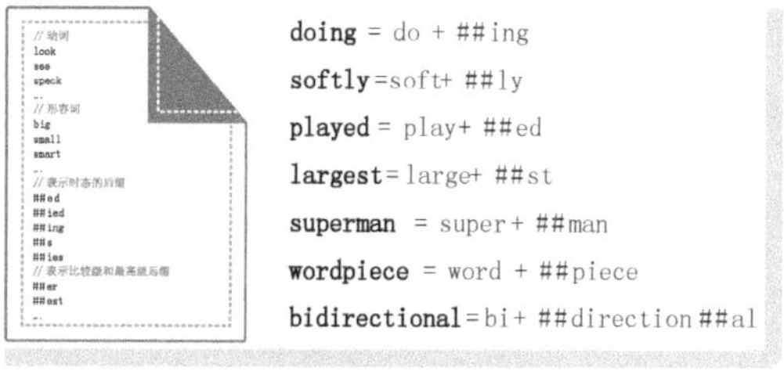

● 图 5-17　某“toy”版词典及其对应的 WordPiece 符号化示例

符号化后，BERT 也和其他模型一样，为了给后续的 NLP 下游任务提供更多的信息，会在语句中加入一些特定的标识符，将某些特定的含义带到下游去。其中最典型的就是在句前句末添加“<CLS>”和“<SEP>”，除此之外还有在训练掩膜语言模型时加“<MASK>”等[㊀]。

输入表示的第二步为嵌入操作。BERT 的词嵌入由符号嵌入、片段嵌入和位置嵌入合成得到，表示为

$$\boldsymbol{E}=\boldsymbol{E}_{\mathrm{tok}}+\boldsymbol{E}_{\mathrm{seg}}+\boldsymbol{E}_{\mathrm{pos}} \tag{5-16}$$

式中，$\boldsymbol{E}_{\mathrm{tok}}$、$\boldsymbol{E}_{\mathrm{seg}}$和$\boldsymbol{E}_{\mathrm{pos}}$均为维度为$T\times d_{\mathrm{model}}$的矩阵，其中 T 为输入序列的长度。这些矩阵的行向量分别为由符号嵌入、片段嵌入和位置嵌入得到的嵌入向量。其中，符号嵌入即词嵌入，表示为 $\boldsymbol{E}_{\mathrm{tok}}=$

㊀ 我们沿用尖括号表示的标识符格式，在 BERT 中则为方括号表示。在前文中，我们在句末一般使用“<EOS>”，但是在 BERT 中，句末一般使用“<SEP>”。

$\boldsymbol{X}_{\text{tok}}\boldsymbol{W}_{\text{tok}}$。其中，$\boldsymbol{X}_{\text{tok}}$为基于词典为输入序列构造独热编码矩阵，每行代表一个词汇的独热编码向量；$\boldsymbol{W}_{\text{tok}}\in\mathbb{R}^{|V|\times d_{\text{model}}}$为可学习的词嵌入矩阵，其中$|V|$为词典长度。对于词嵌入我们在前文中已经讨论过多次，这里就不再赘述。片段嵌入是 BERT 中面对双序列输入采取的一种特殊嵌入。片段嵌入为每一个输入获得一个表达其到底属于第一句还是第二句的描述向量。和符号嵌入一样，片段嵌入也是通过从一个可学习的片段嵌入矩阵$\boldsymbol{W}_{\text{seg}}\in\mathbb{R}^{|S|\times d_{\text{model}}}$中“抽行”得到，这里$|S|$为片段个数。在 BERT 做双句区分，即有$|S|=2$。这就意味着，所有在同一语句中的词，其对应的片段嵌入向量也相同。例如，输入的两个语句为“宝贝”和“女儿”，我们期望得到的嵌入维度$d_{\text{model}}=3$。首先我们用词的所述序列下标为每个词汇做独热编码表示，属于同一个语句的词汇具有相同的编码，然后再与片段嵌入矩阵做矩阵乘法得到嵌入结果，即有

$$\boldsymbol{X}_{\text{seg}}\boldsymbol{W}_{\text{seg}}=\begin{pmatrix}1&0\\1&0\\0&1\\0&1\end{pmatrix}\begin{pmatrix}w_{11}&w_{12}&w_{13}\\w_{21}&w_{22}&w_{23}\end{pmatrix}=\begin{pmatrix}w_{11}&w_{12}&w_{13}\\w_{11}&w_{12}&w_{12}\\w_{21}&w_{22}&w_{23}\\w_{21}&w_{22}&w_{23}\end{pmatrix}\tag{5-17}$$

需要说明的是，上述嵌入可以扩展到针对符号任意属性的嵌入，而不是拘泥于仅针对符号到底属于哪句话这种简单的属性。比如，针对符号的词性做嵌入，我们将词性划分为动词、名词、形容词、冠词、介词、过去时后缀、动名词后缀、单三后缀、比较级后缀、最高级后缀 10 种，即输入的任何符号都具有上述 10 种词性中的任意一种，则$|S|=10$。另外，谷歌提供的官方代码也支持对符号任意属性的嵌入，其中默认$|S|=16$。下面我们再看位置嵌入。与 GPT 类似，BERT 也放弃了 Transformer 的位置编码，也采用位置嵌入的方式为每个词汇表达位置信息。位置嵌入也可以表达为独热编码与嵌入矩阵相乘的方式来获得，即有$\boldsymbol{E}_{\text{pos}}=\boldsymbol{X}_{\text{pos}}\boldsymbol{W}_{\text{pos}}$，其中，$\boldsymbol{X}_{\text{pos}}$为一个$T\times|P|$矩阵㊀，每行代表一个词汇的位置独热编码：排在第$i$个位置的词汇，向量的第$i$个位置为 1、其余位置全为 0；$\boldsymbol{W}_{\text{pos}}\in\mathbb{R}^{|P|\times d_{\text{model}}}$为可学习的词嵌入矩阵。上述符号嵌入、片段嵌入和位置嵌入都可以表达为独热编码和嵌入矩阵相乘的统一格式，即有㊁

$$\boldsymbol{E}^{T\times d_{\text{model}}}=\boldsymbol{X}_{\text{tok}}^{T\times|V|}\boldsymbol{W}_{\text{tok}}^{|V|\times d_{\text{model}}}+\boldsymbol{X}_{\text{seg}}^{T\times|S|}\boldsymbol{W}_{\text{seg}}^{|S|\times d_{\text{model}}}+\boldsymbol{X}_{\text{pos}}^{T\times|P|}\boldsymbol{W}_{\text{pos}}^{|P|\times d_{\text{model}}}\tag{5-18}$$

形象理解，上面的嵌入合成有点像在调颜色，先有一个基于字典的符号嵌入作为基础颜色；然后按照符号类型属性（BERT 为语句的隶属关系）添加颜色，相同的符号类型添加相同的颜色，于是具有相同属性符号的颜色就接近了一些；然后再按照位置，进一步添加不同的颜色，最终得到一个“花里胡哨”的、包含有三类信息的词向量表示。从实现角度理解，三个“独热”编码向量与嵌入矩阵相乘，等价于构造三个以“独热”编码向量作为输入、输入维度分别为$|V|$、$|S|$和$|P|$、输出维度均为d_{model}的全连接网络。求和即为特征融合。图 5-18a 示意了这一特征融合模式的网络结构。另外，三个“独热”编码向量与三个嵌入矩阵相乘的格式，按照矩阵分块，也可以改写为

㊀ 在这里，T为输入序列的实际长度，而$|P|$为模型设定的最大序列长度。如果对不足最大序列长度的序列已经进行了填补处理，则$T=|P|$。这样一来，$\boldsymbol{X}_{\text{pos}}$为一个$|P|$阶单位矩阵。

㊁ 为了方便，我们在矩阵上标位置添加矩阵的维度。

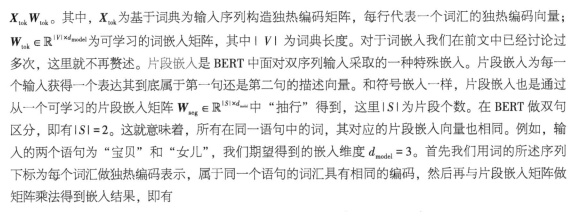

$$E^{T\times d_{\text{model}}}=(X_{\text{tok}}^{T\times|V|}\quad X_{\text{seg}}^{T\times|S|}\quad X_{\text{pos}}^{T\times|P|})\begin{pmatrix}W_{\text{tok}}^{|V|\times d_{\text{model}}}\\W_{\text{seg}}^{|S|\times d_{\text{model}}}\\W_{\text{pos}}^{|P|\times d_{\text{model}}}\end{pmatrix}\tag{5-19}$$

式中，由 X_{tok}、X_{seg}和 X_{pos}横向构造的矩阵，按行看就是三种独热编码的 “concat” 操作。在这种模式下，之前的三个全连接网络变为一个大的全连接网络，其输入维度为$|V|+|S|+|P|$，输出维度仍为d_{model}。对应的网络结构如图 5-18b 所示。

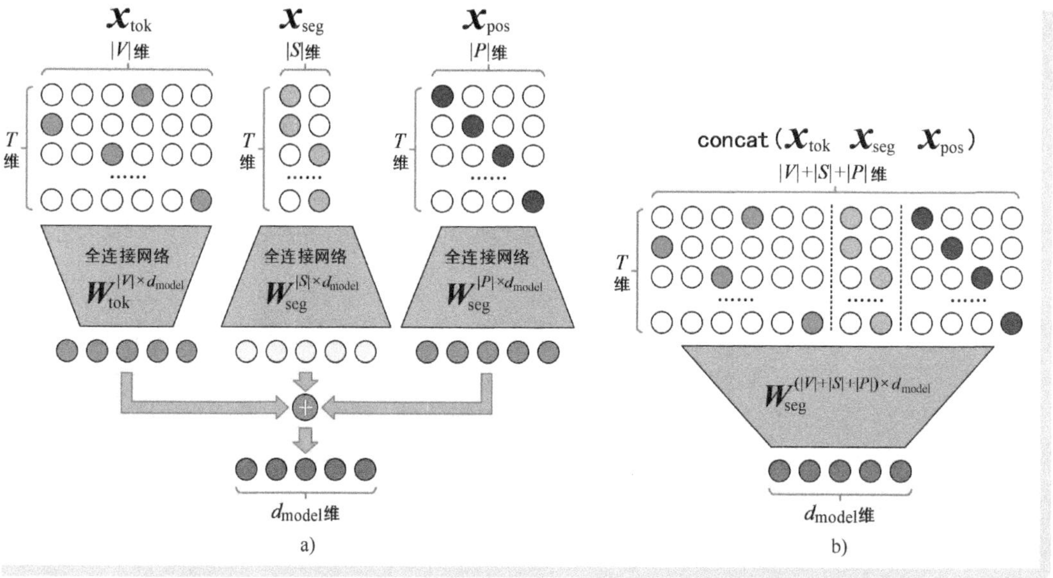

● 图 5-18　符号嵌入、片段嵌入和位置嵌入的两种实现形式示意

a）利用三个全连接网络进行嵌入操作示意　b）利用一个全连接网络进行嵌入操作示意

3. BERT 的自监督预训练

与 GPT 类似，BERT 模型的构造也包括自监督预训练和有监督微调两部分，这里我们讨论自监督预训练部分。BERT 的自监督的预训练包括了掩膜语言模型（Masked Language Model）和下句预测（Next Sentence Prediction）两个任务，二者都是以自监督[⊖]的方式实现训练。两个训练任务都也是基于公开的大规模语料库开展。这些语料库包括拥有 8 亿词汇量的 BooksCorpus 库和拥有 25 亿词汇量的维基百科，其中维基百科去掉了列表、表格标题等元素，只取正经文章部分。

BERT 第一个预训练任务为掩膜语言模型训练。按照我们上文对语言模型的分类，掩膜语言模型属于单结构双向自编码语言模型。所谓 “单结构双向”，体现为 BERT 仅使用 Transformer 编码器栈这一单一结构，在其中自注意力机制的作用下，实现在进行每一个词汇的生成时，都能够充分 “搅拌” 上下文信息，同时考虑上文依赖和下文依赖关系；而关于 “自编码” 我们在前文已经进行过讨论——BERT 在训练语言模型时，一次性看见整个序列，并且在随机位置故意遮挡或篡改一些词汇，要求模

⊖ BERT 的训练就是 “自己监督自己”，尽管在广义上属于无监督训练，但这里我们使用狭义的提法，即 “自监督”。

型能够在输出端预测出这些词汇。这与自编码器“自己构造自己”具有类似模式，故 BERT 构造的语言模型也属于典型的自编码型语言模型。

学过英语的读者一定对“完形填空”（cloze，即“克漏字”）这一题型不会感到陌生。所谓完形填空，就是在连贯的文章中去掉一些词语，形成空格，要求答题者结合上下文，从给出的备选答案中选出一个最佳的答案，从而使文章完整、通顺。这就意味着要想做好完形填空，就得吃透文章的上下文语义。受完形填空思想的启发，BERT 针对输入序列，刻意掩盖其中的某些词汇，要求模型在这些地方正确预测缺少词汇，从而使得模型具备对上下文关系的理解能力。这种刻意的遮挡原始输入的做法即所谓的掩膜，这种带掩膜的语言模型就是掩膜语言模型。BERT 在进行掩膜语言模型训练时，随机将输入序列中的某些符号替换为“<MASK>”标识符，实现对其的刻意遮掩。带掩膜标识符的符号序列通过模型获得输出特征后，针对“<MASK>”标识符对应的输出特征，将被遮掩的符号作为预测的目标，通过最大化被遮掩符号的条件概率，实现掩膜的语言模的训练。简单来说，BERT 要求模型只依赖上下文就能正确地完成“填空”，反过来说，如果模型能够填空，说明其基本读懂了语言。从概率的视角，假设输入的词汇为 $w_1, \cdots, w_T$，其中第 t 个词被遮掩，则掩膜语言模型的条件概率可以表示为 $p(w_t | w_1, \cdots, w_{t-1}, \text{<MASK>}, w_{t+1}, \cdots, w_T)$。下面我们再举一个小例子：假设模型的输入序列为“我爱我的女儿”，通过随机确定掩膜打在第 5 个字上（为了简化，在这个例子中我们假设不考虑句首的“<CLS>”和句尾的“<SEP>”）。然后通过“<MASK>”标识符对第 5 个符号的“女”字做替换遮掩，得到带掩膜的输入“我爱我的<MASK>儿”。将该序列输入模型，在模型输出端接收“<MASK>”对应的特征，然后做变换和概率化，以最大化“$p(w_5 = \text{女} | \text{我爱我的<MASK>儿}; \theta)$”为目标指导模型训练。如果模型能够成功预测“<MASK>”对应的正确字，即表明模型在没有任何关于“女”字信息输入的条件下，仅仅靠着上下文就推测出此处“有女”，等同于让模型学会做“我爱我的儿”这道填空题。图 5-19a 中示意了上述例子。

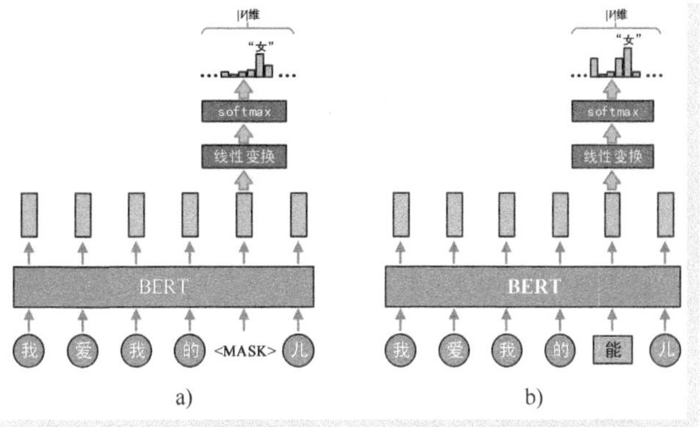

● 图 5-19　BERT 掩膜语言训练的遮掩和篡改模式示意
a）遮掩模式示意　b）篡改模式示意

这还不算完，BERT 给语言模型还提出了更高的要求——通过刻意篡改的方式再给模型训练增加难度。BERT 随机的将输入序列中的某些符号替换为词典中的任意符号，要求模型在篡改的位置也能实现对正确符号的预测。如果说掩膜语言模型训练是要求模型“不给看都知道该说的什么”，那么篡改模式的训练则要求模型“给看个错的都知道该说什么”。例如在图 5-19b 中，刻意将第 5 个“女”字替换为“能”字，如果在此处还能预测为“女”字，那模型算是理解到了语言的精髓，这种模式对应的条件概率模型为 $p(w_t | w_1, \cdots, w_{t-1}, w'_t, w_{t+1}, \cdots, w_T)$，其中 w'_t 为第 t 个位置篡改后的词汇。篡改模式的训练方式与掩膜模式的训练方式相同，这里就不再赘述。

在 BERT 用来做训练语言训练的所有序列样本中，八成序列做遮挡处理，一成做篡改处理，一成保持不变。三种模式对输入序列中一定的比例（如 15%）的词汇进行处理并进行预测监督⊖。

BERT 第二个预训练任务为下句预测任务训练。所谓下句预测，即给模型一次性输入两个语句——语句 A 和语句 B，模型输出语句 B 是不是可以作为语句 A 的下一句。如果说掩膜语言模型表达了同一语句中词与词之间的关系，那下句预测反映了语句之间语义的一致性，表达的是语句级别的语义关系。

BERT 针对下句预测任务的训练也通过自监督的方式进行：从一篇正式的文章中，取相邻的两句话分别作为语句 A 和语句 B，这样语句 B 一定是语句 A 的下一句，因为既然上述两个语句来自真实语料，表明真实中“人类就是这么说话的”，这就需要训练模型做出正面输出“IsNext”；将两句“风马牛不相及”的语句（如从两篇不同主题的文章中抽取两句话）放在一起作为语句 A 和语句 B，这是典型的“上句不接下句”，故需要训练模型做出负面输出——“NotNext”。尽管在“下句预测”这一任务名称中有“预测”一词，乍一看以为模型能“接话”似的，但本质是为一个二分类判别任务。BERT 首先对语句 A 和语句 B 进行“有缝”拼接，然后将拼接序列送入模型，针对句首“<CLS>”标识符对应的聚合特征，首先经过一个线性变换，然后再进行 softmax（或 sigmoid）的概率化操作，从而得到语句 B 是否是语句 A 的下句预测。图 5-20 示意了 BERT 下句预测任务的工作模式示意。

我们说 BERT 的预训练包括掩膜语言模型和下句预测两个子任务。预训练时，针对一组相同的样本数据，BERT 针对两个任务进行一体化训练：一方面使用遮掩、篡改以及保持处理做掩膜语言模型的自监督，另一方面从“<CLS>”位置获取聚合特征做下句预测任务的字监督，预训练的总损失定义为两个任务的损失之和，BERT 的预训练目标即最小化总损失，上述训练模式如图 5-21 所示。

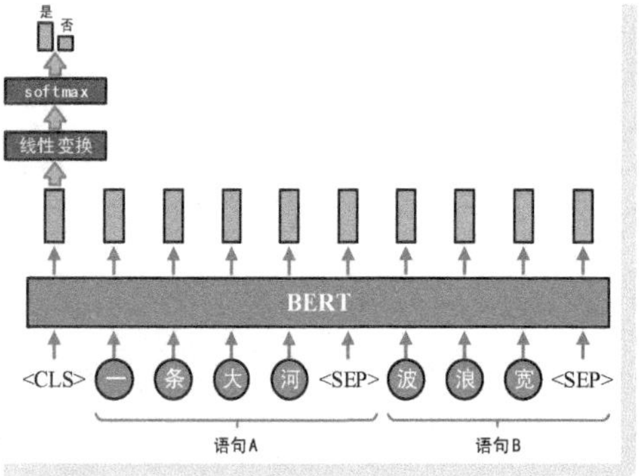

• 图 5-20　BERT 下句预测任务的工作模式示意

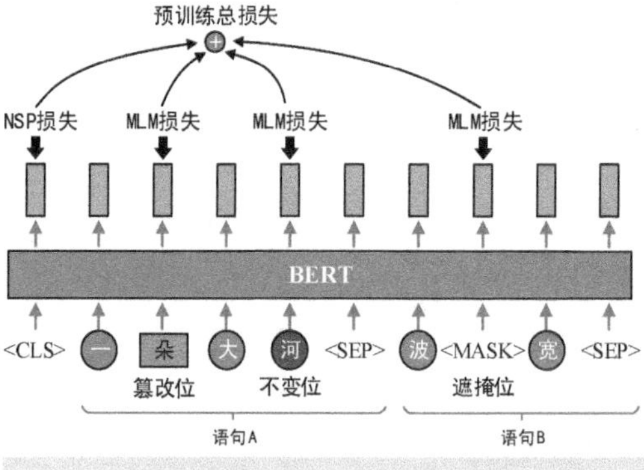

• 图 5-21　BERT 对掩膜语言模型和下句预测任务的一体化训练模式示意

4. BERT 的下游任务适配

那么经过掩膜语言模型和下句预测得到的 BERT，怎么对接下游的诸多 NLP 任务呢？BERT 给我们示范了其针对 11 个公开任务/数据集适配下游任务的模式及其表现出的惊人效果。这 11 个数任务/

⊖ 这里需要强调两点。第一点，保持不变的模式是指输入还是那个输入，只不过在输出端随机对其中一定比例的符号进行预测监督；第二点，上面的策略简单说就是：BERT 在做掩膜语言模型训练时只对其中一定比例的输出作监督，这些监督的输出中，有 80%是遮挡，10%是篡改，另外 10%为不变。

数据集为：MultiNLI、QQP、QNLI、SST-2、CoLA、MRPC、STS-B、RTE、SQuAD、NER 和 SWAG。以上 11 个 NLP 任务涉及了 GLUE、SQuAD v1.1、SQuAD v2.0 和 CoNLL-2003 NER 等多个任务组/数据集组。按照实现架构的相似性，我们将 BERT 下游任务架适配的架构分为四大类⊖：文本分类(包括 SST-2 和 CoLA 两个单句分类任务，也包括 MNLI、QQP、QNLI、STS-B、MRPC、RTE 六个双句分类任务)、抽取式问答(如 SQuAD 系列任务)、常识推理(如 SWAG 任务）和符号标注(如 NER 任务)。下面对上述任务进行逐个说明。

第一个任务为文本分类任务。BERT 的文本分类包括针对单句的分类和针对双句的分类两种。前者实现对单一输入语句某种属性的判别。例如，给定输入“今天真是晴朗的一天”，判断其表达的感情色彩到底是乐观的还是悲观的，这是典型的单句二分类任务；而后者则是一种“广义”的分类，实现对两个语句关系的判别：例如，给定两个输入语句“新春大吉”和“新年快乐”，判断其表达的语义相似程度的等级，这是典型的双句多分类任务；BERT 预训练中的下句预测任务，也是针对双句的典型二分类任务；抑或是以“是、否、未知”三种情况作为输出的文本蕴含任务也属于基于双语句输入的三分类任务。需要说明的是，在 GPT 的下游任务适配中，我们将基于两个语句的自然语言推理和语义相似性判断视为一个独立任务，而非文本分类的任务。这是因为 GPT 模型为单句输入模型，故需要对输入的形式进行调整才能适配上述两个任务。但是 BERT 为了应对此类进行了双语句输入架构设计，可以说 BERT“天生”具有处理双语句的能力，故可以实现针对单语句和双语句分类的架构统一。无论是单句分类还是双句分类，BERT 的操作模式都可以表示为获取聚合特征、线性变换、概率化三个步骤。该过程可以表示为 $\mathrm{softmax}(\boldsymbol{y}_{\mathrm{cls}}\boldsymbol{W})$，其中，$\boldsymbol{y}_{\mathrm{cls}}$ 为句首“<CLS>”标志位对应的输出特征，$\boldsymbol{W}\in\mathbb{R}^{d_{\mathrm{model}}\times K}$ 为可学习线性变换参数，其中 K 为分类的类别个数。关于分类任务的模型架构，请大家参考图 5-17 所示的下句预测任务的模型架构。

第二个任务为抽取式问答(Extractive Question Answering）任务。抽取式问答是问答任务中的一种形式，该任务特指在一个文章段落（paragraph）中找出所问问题（question）的答案，而段落中含有问题的答案。例如，问题为“我国第一名航天员是谁”，段落文字为“2003 年，杨利伟乘由长征二号 F 火箭运载的神舟五号飞船首次进入太空，成为我国第一名航天员”。自然，问题的答案为“杨利伟”。这是一个非常酷的 NLP 任务——模型通过阅读一大段文字，具备了回答问题的能力，这不正是传说中的阅读理解么？不过，不像人类阅读理解那样能“口吐莲花”般地组织带有主观色彩的答案，BERT 做的阅读理解只是从段落中选取一个子序列作为问题的答案而已。因此，问答任务的本质就是在给定文章段落序列中，预测能够作为问题答案子序列的起止位置。和双句分类的输入模式类似，BERT 在进行抽取式问答任务时，将问题作为语句 A，将文章段落作为语句 B，组织为“<CLS>question<SEP>paragraph<SEP>”的格式。抽取式问答任务适配训练的目标即让预测答案的起止位置贴近答案真实的起止位置，损失函数的定义为

$$L_{\mathrm{start}}=\mathrm{dist}(\mathrm{softmax}(\boldsymbol{Y}\boldsymbol{s}^{\mathrm{T}}),gt\_start\_pos) \tag{5-20}$$

$$L_{\mathrm{end}}=\mathrm{dist}(\mathrm{softmax}(\boldsymbol{Y}\boldsymbol{e}^{\mathrm{T}}),gt\_end\_pos) \tag{5-21}$$

⊖ 需要说明的是，这里是我们自己按照实现架构对适配任务进行的分类。因此，下面四个任务的名称也可能和官方称谓有所差别。

$$L_{eqa}=(L_{start}+L_{end})/2 \tag{5-22}$$

在式（5-20）和式（5-21）中，$Y\in\mathbb{R}^{T\times d_{model}}$为 BERT 输出特征拼成的矩阵表示，其中 T 为输出序列的长度；s，$e\in\mathbb{R}^{d_{model}}$均为一个为需要学习的、表示起始和终止位置的参数向量（在 BERT 的原文中，s 和 e 分别称为“start vector”和“end vector”）；因此，$\mathrm{softmax}(Ys^{\mathrm{T}})$和 $\mathrm{softmax}(Ye^{\mathrm{T}})$都会得到一个 T 维概率分布，其中第 t 个值分别表示对应词汇作为答案起点和终点的概率；gt_start_pos 和 gt_end_pos 为答案在序列中起点位置和终点位置的真值标注，以 T 维独热编码表示；$\mathrm{dist}(\cdot,\cdot)$为预测位置和位置真值之间的损失，最常用的即为交叉熵损失函数。最终的损失函数即为起始位置预测损失和终止位置预测损失的平均值，如式（5-22）所示。图 5-22 示意了 BERT 针对抽取式问答任务构造的模型架构。

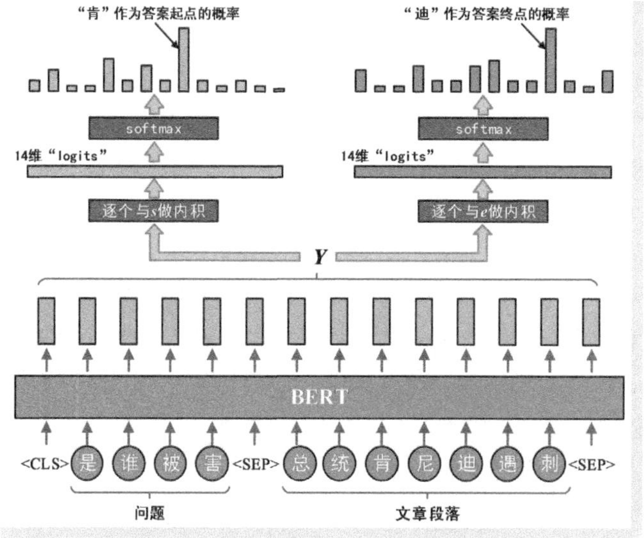

● 图 5-22　BERT 应用于抽取式问答任务的架构示意

第三个任务为常识推理（Commonsense Inference）任务。所谓常识推理任务，即给定一个陈述句和若干个候选语句，判断第一个陈述句与后面几个候选语句中的哪一句在语义层面最有逻辑的连续性。例如，第一句为“我吃了一大碗面”，给定的四个候选语句为“（A）天很蓝；（B）水很清；（C）人很多；（D）我很饱”。自然，按照人类正常的思维方式，答案是选 D。从形式上看，常识推理是一种多选一的任务，从任务属性上看也属于自然语言推理的一类。做常识推理任务训练，可以从两个思路考虑架构（为了方便描述，我们设候选答案个数为 N，即“N 选 1”任务）：第一种思路为将一个“N 选 1”任务看作是 N 个独立的双句二分类任务。操作方法为让第一句与候选语句分别“组队”送入模型，当第一句与正确的答案一起送入模型时，尽可能输出“连续”结论，否则输出“不连续”结论。上述模式利用了前文介绍的分类（具体来说是双句分类）任务架构实现，而且可以将 N 个组合序列组织为一个批次，一次性送入模型。这种思路的优点在于模型仅独立考虑每个序列之间双句关系，所以可以将多个“N 选 1”问题的所有“陈述-答案”双句组合编入一个批次；第二种思路为将任务看作是针对整个问题的 N 分类。具体操作方法为：让第一句与 N 个候选语句分别“组队”，然后将这 N 个拼接序列组成一个批次一次性送入模型。在模型的输出端获取批次中 N 个序列“<CLS>”位对应的 N 个聚合特征。构造变换，将上述 N 个 d_{model} 维特征变换为一个 N 维向量（即将每个 N 维向量压为标量）。利用 softmax 对上述向量做概率化，结果中第 t 个元素表示预测第 t 个选项是正确选项的概率。问题的正确选项在训练样本中已经给出，因此就可以用真值实现监督训练。不难看出，第二种思路是将一个“N 选 1”问题看作一个整体问题处理的，后面的变换在某种程度上起到了特征融合的作用，因此该思路的优点是考虑了各个选项之间的关系，这一点在几个选项语义接近时很有用。但是缺点是一个批次只能对应“一道题”，在批次组织的灵活性方面较第一种思路差很多。第一种实现思路可以完全按照分类任务的架构开展微调训练，这里不再赘述。下面我们仅对第二种思路的实现方式进行介绍，这也是 BERT 采用的方式。BERT 针对常识推理的“N 选 1”任务，训练的优化目标可以表示为

$$L_{\text{gci}}=\text{dist}(\text{softmax}(\hat{\boldsymbol{C}}\boldsymbol{q}^{\text{T}}),gt\_answer) \tag{5-23}$$

式中，$\hat{\boldsymbol{C}}\in\mathbb{R}^{N\times d_{\text{model}}}$ 为 BERT 针对 N 个“陈述-答案”双句组合，得到 N 个聚合特征拼接成的矩阵表示，其中 N 为候选答案的个数，也即批次的大小；$\boldsymbol{q}\in\mathbb{R}^{d_{\text{model}}}$ 为需要学习的参数向量；$\hat{\boldsymbol{C}}\boldsymbol{q}^{\text{T}}\in\mathbb{R}^{N}$，其中第 i 个元素表示批次第 i 个序列的聚合特征 $\boldsymbol{C}_i$ 与 $\boldsymbol{q}$ 的内积（$i=1,\cdots,N$）；然后将 softmax 作用在 $\hat{\boldsymbol{C}}\boldsymbol{q}^{\text{T}}$ 进行概率化操作，即得到一个 N 维的概率分布，即表示 N 个答案与所给陈述句具有连续型的概率；gt_answer 为标注真值，以独热编码表示；dist(·,·) 为预测答案和答案真值之间的损失，最常用的即为交叉熵损失函数。图 5-23 示意了 BERT 针对常识推理任务构造的模型架构。

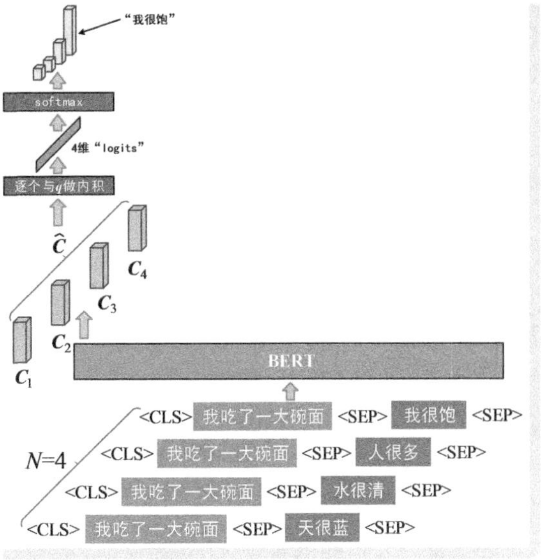

● 图 5-23 BERT 应用于常识推理任务的架构示意

第四个任务为符号标注任务。所谓符号标注，就是为输入序列中的每一个符号都赋予一个预定义的标签。因此，符号标注是一个典型的符号级分类任务——将每个输入符号都划分到预定义标签代表类别中的某一类，而类别数就是预定义标签集的大小。在 NLP 领域，著名的命名实体识别（Named Entity Recognition，NER）就是典型的符号标注任务。NER 是指识别文章报刊等语料中具有特定意义的对象实体，主要包括人名、地名、机构名、专有名词等。NER 是信息抽取的前置任务——只有先将具有特殊意义的词标记出来，才能做进一步的分析应用。BERT 为每一个词汇输出一个向量表示，符号标注既然是一个符号级的分类任务，那我们在每个符号对应的向量表示后再接一个分类器即可。事实上，BERT 对于掩膜语言模型构造本质上也是一个符号标注任务——在特定位置预测输出的词汇，只不过这个分类的类别数与词典长度相等，类别就是“哪个词”。再结合前面介绍 BERT 参数微调训练惯用线性变换的“套路”，我们给出 BERT 用于符号标注任务的优化目标

$$L_{\text{ann}}=\frac{1}{T}\sum_{t=1}^{T}\text{dist}(\text{softmax}(\boldsymbol{y}_t\boldsymbol{A}^{\text{T}}),gt\_ann_t) \tag{5-24}$$

式中，T 为输入序列的长度；$\boldsymbol{y}_t \in \mathbb{R}^{d_{\text{model}}}$ 为 BERT 对第 t 个输入词汇构造的输出向量；$\boldsymbol{A} \in \mathbb{R}^{K \times d_{\text{model}}}$ 为需要学习的变换参数矩阵，其中 K 为标注的类别数；$\text{softmax}(\boldsymbol{y}_t \boldsymbol{A}^{\text{T}}) \in \mathbb{R}^K$ 即表示针对第 t 个输入词汇在 K 个标注类别上的预测概率；gt_ann_t 为对于第 t 个输入的标注真值，以独热编码表示；$\text{dist}(\cdot,\cdot)$ 为预测类别和类别真值之间的损失，最常用的同样为交叉熵损失函数。图 5-24 示意了 BERT 针对符号标注任务构造的模型架构（为了方便示意，我们这次假设做了分词处理）。

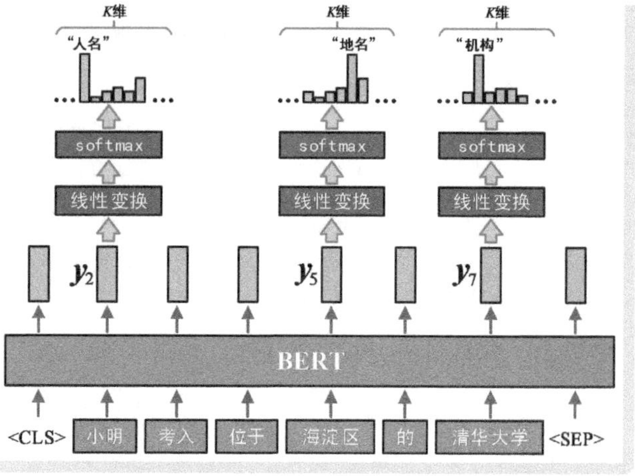

● 图 5-24　BERT 应用于符号标注任务的架构示意

到这里，我们对 BERT 的讨论就告一段落了。洋洋洒洒，写了过万字。我们之所以在 BERT 上用了这么多笔墨，主要是因为 BERT 作为 Transformer 诞生后、NLP 领域基于 Transformer 架构最重要的一个预训练模型，可谓"系出名门，光芒闪耀"。BERT 为后续很多预训练模型奠定了基础，指明了方向。非常重要，也非常值得细细品味。

GPT（1.0 版本）和 BERT 这两个大明星"出道"以后，人们都意识到了 Transformer 的巨大威力，基于 Transformer 架构的预训练模型也如井喷般在 NLP 领域蓬勃发展起来。在接下来的内容中，我们按照时间顺序，对 GPT 与 BERT 之后，多个基于 Transformer 架构的经典 NLP 预训练模型进行介绍和分析。

5.4.3　Transformer-XL 与 XLNet：从任意长输入到"更好的 BERT"

Transformer 以并行方式一次性读入一个完整序列，利用自注意力机制构建序列元素之间的关系，最终一次性产生输出序列。为了支持上述并行处理，Transformer 只支持固定长度的序列输入（如 Transformer 支持 512 个词汇）：对于长度不足的输入序列需进行补齐操作，而对超过长度限制的序列要进行裁剪操作。对于短句分析，这样的模式自然不存在什么问题，但是在面对一个长句乃至一篇文章这类超长输入序列时，要求定长序列输入的模式将难以应对。既然 Transformer 在进行语言分析时如此厉害，自然不能存在不支持任意长度序列输入这样的"bug"——在 Transformer 诞生后，很多学者便意识到这一问题，并提出了改进方案。其中，最简单最直接的想法及"化整为零"的分段处理思路——将超长文本拆分为一个个具有固定长度的片段，然后分别让模型在不同分段上独立处理。但是，针对片段的独立处理意味着认为片段具有独立的语义，不同片段中词汇的位置信息也是自成体系。这样的处理方式然是有大问题的，独立处理意味着认为片段具有独立的语义和独立的位置信息，这显然是不合理的。毕竟一段文章并不是一句句毫无关系语句的生拼硬凑，硬性的分段一定会人为带来语义割裂，形成上下文碎片（context fragmentation）。

为了缓解上述问题，Al-Rfou 等[11]学者于 2018 年 8 月提出了一种具有 64 层 Transformer 解码器架构的字符级（character-level）语言模型，该模型使用了"分段训练加滑窗推理"的模式。尽管该模型在一定程度上解决了变长序列的输入问题，但是其采用的滑窗推理的方式需要占用非常惊人的计算资源，速度很慢。为了能够更加完美的解决输入长度限制的问题，Zihang Dai 和 Zhilin Yang 等六名来自 CMU 和谷歌的学者于 2019 年 1 月和 6 月先后提出 Transformer-XL[12] 和 XLNet[13] 两个基于 Transformer 的模型：前者围绕 Transformer 无法接受变长输入序列这一具体问题，提出了一系列改进；而后者则是基于 Transformer-XL 探索得到的有益成果，构造的一个完整的预训练模型。

1. Transformer-XL：打破定长输入的限制

我们先看 Transformer-XL 模型[12]，该模型的提出旨在让 Transformer 能够处理超长文本序列，其名称中的"XL"便是"eXtra Long"的简写。整体来看，Transformer-XL 模型仍然遵循分段处理的模式，但是相较于独立分段处理，Transformer-XL 为了解决上下文碎片和推理速度慢的问题，引入分段递归（segment-level recurrence）和相对位置编码（relative positional encoding）两个重要机制：前者旨在构建片段与片段之间的关系，而后者使得在分段处理时能够有效整合词汇的位置信息。

我们首先来看看 Transformer-XL 的分段递归机制。在训练阶段，Transformer-XL 会使用一个额外的、具有固定长度的存储空间来保存上一个片段的隐状态㊀。在进行当前片段处理时，会将这些存储的隐状态与当前片段进行交互和信息整合，从而建立起两个片段之间的联系。具体来说，我们将 Transformer 接受的固定序列长度记为 T，将模型的层数记作 N（即编码器或解码器的个数）。我们用下标τ和$\tau+1$ 来区分两个相邻的片段（可以将τ和$\tau+1$ 分别视为上一片段和当前片段）。对于第 $n-1$ 层，两个相邻的片段的隐状态分别表示为 $\boldsymbol{H}_{\tau}^{(n-1)}$ 和 $\boldsymbol{H}_{\tau+1}^{(n-1)}$，这里，$\boldsymbol{H}_{\tau}^{(n-1)}$ 和 $\boldsymbol{H}_{\tau+1}^{(n-1)}$ 均为 $T\times d_{\text{model}}$ 矩阵。Transformer-XL 采用如下方式计算第二个片段的第 n 层输出

$$\widetilde{\boldsymbol{H}}_{\tau+1}^{(n-1)}=\text{concat}(\text{SG}(\boldsymbol{H}_{\tau}^{(n-1)}),\boldsymbol{H}_{\tau+1}^{(n-1)}) \tag{5-25}$$

$$\begin{cases}\boldsymbol{Q}_{\tau+1}^{(n)}=\boldsymbol{H}_{\tau+1}^{(n-1)}\boldsymbol{W}_q^{\mathrm{T}}\\ \boldsymbol{K}_{\tau+1}^{(n)}=\widetilde{\boldsymbol{H}}_{\tau+1}^{(n-1)}\boldsymbol{W}_k^{\mathrm{T}}\\ \boldsymbol{V}_{\tau+1}^{(n)}=\widetilde{\boldsymbol{H}}_{\tau+1}^{(n-1)}\boldsymbol{W}_v^{\mathrm{T}}\end{cases} \tag{5-26}$$

$$\boldsymbol{H}_{\tau+1}^{(n)}=\text{Trm\_layer}\ (\boldsymbol{Q}_{\tau+1}^{(n)},\ \boldsymbol{K}_{\tau+1}^{(n)},\ \boldsymbol{V}_{\tau+1}^{(n)}) \tag{5-27}$$

在式（5-25）中，concat 拼接按照序列长度维度进行，即$\widetilde{\boldsymbol{H}}_{\tau+1}^{(n-1)}\in\mathbb{R}^{2T\times d_{\text{model}}}$即表示将两个长度为 T 的序列拼接为一个长度为 $2T$ 的序列；式中 SG(·)为"Stop Gradient"的简写，SG($\boldsymbol{H}_{\tau}^{(n-1)}$)即表明在进行前向传播的时候正常使用 $\boldsymbol{H}_{\tau}^{(n-1)}$ 值，但是训练阶段 $\boldsymbol{H}_{\tau}^{(n-1)}$ 不参与梯度回传，这就意味着 $\boldsymbol{H}_{\tau}^{(n-1)}$ 只作为纯粹的存储数据使用；式（5-26）给出了 Transformer 层在进行注意力计算时，查询、键和值集合的来源：查询集合由当前片段的隐状态来扮演，而键-值集合的角色则由上一片段和当前片段拼接得到的联合序列扮演。在三式中，$\boldsymbol{W}_q^{\mathrm{T}}$、$\boldsymbol{W}_k^{\mathrm{T}}$和 $\boldsymbol{W}_v^{\mathrm{T}}$均为可学习的线性变换矩阵；式（5-27）表示一个 Transformer 层的完整操作，该层即以 $\boldsymbol{Q}_{\tau+1}^{(n)}$、$\boldsymbol{K}_{\tau+1}^{(n)}$和 $\boldsymbol{V}_{\tau+1}^{(n)}$作为输入，其中经过多头注意力和全连接前馈网络两个子模块的加工，输出当前片段对应的隐状态。从上述过程可以看出，Transformer-XL 正是利用注意力机制，

㊀ 这里的隐状态指的就是某个 Transformer 层的输出向量序列。

以当前短序列查询历史——当前长序列的方式获得注意力权重，然后并进行特征整合，从而建立起两个片段之间的关联关系。这一操作等价于在进行当前片段处理时，以上一个片段的缓存信息作为参考上文，可以说思路非常的巧妙。图 5-25 示意了独立片段处理模式（在 Transformer-XL 的文章中称之为 “Vanilla Transformer”）与 Transformer-XL 使用分段递归模式的对比示意。在图中我们示意了三个片段，分别以τ-1、τ和τ+1 来表示。其中图 5-25b 中的蓝色线段表示当前片段对上一片段的依赖关系，但这些依赖关系在训练阶段不涉及梯度回传。

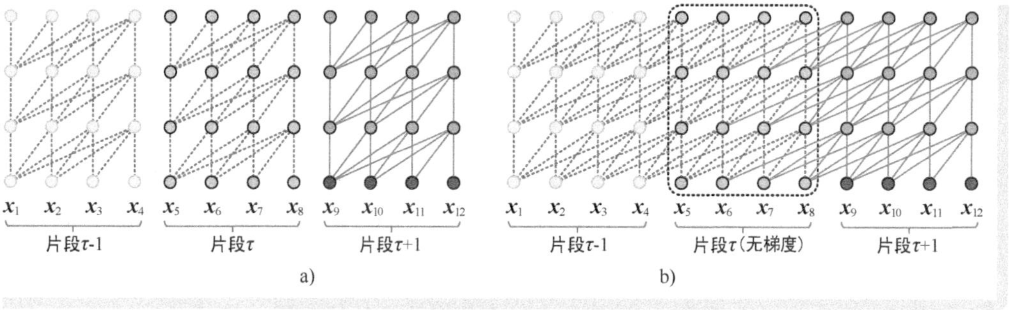

● 图 5-25　独立片段处理模式与分段递归处理模式对比示意

a）独立片段处理模式　b）分段递归处理模式

需要注意的是，Transformer-XL 使用的注意力机制为掩膜注意力机制——在进行某一词汇特征的构造时，掩膜注意力机制一方面遮挡后续词汇，使得注意力权重的计算和特征整合仅在当前词汇之前进行，因此 Transformer-XL 属于自回归前向语言模型；另一方面，与 GPT 的前向非完全依赖类似，Transformer-XL 对上文的依赖也是具有“N-gram”假设的。例如，在图 5-25b 中，位于第 n 层的某隐状态节点仅与 $n-1$ 层的四个隐状态有注意力依赖关系，因此属于五元语言模型。图 5-26 示意了在分段递归处理模式下，针对两个片段的前向完全依赖和局部依赖的对比。

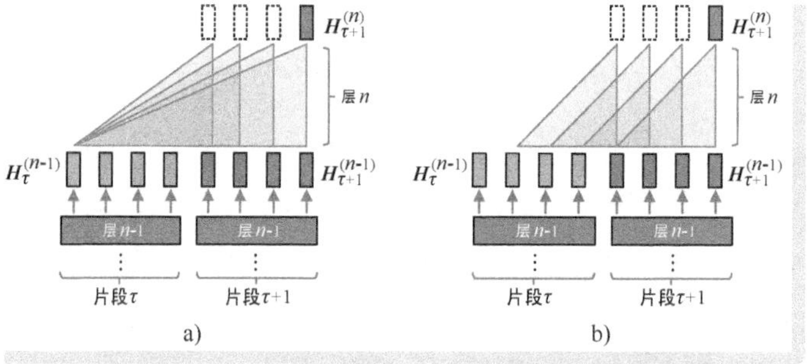

● 图 5-26　分段递归处理模式下的前向完全依赖和局部依赖的对比示意

a）前向完全依赖示意　b）前向局部依赖示意

为了避免人为割裂文本的语义，Al-Rfou 等学者在模型推理阶段采用了滑窗方案，试图以更加“丝滑”的方式进行长句推理。所谓滑窗模式即针对一段长文本，按照一定步长，从头至尾，在相邻的定长片段上进行独立推理，然后在模型的输出端接收片段最后一个词汇对应的输出。图 5-27a 示意了上述滑窗模式的操作过程。不难看出，滑窗推理模式看似“无缝”，但却存在两个显著缺陷。第一个缺陷为无法进行超长距离的依赖建模，毕竟在每一个滑窗位置的独立处理，使得模型能够表达的序列依赖长度不会超过片段长度 T；第二个缺陷即计算量太过庞大，对于每一个滑窗对应的序列片段，都会进行一次完整的模型推理。试想我们面对一段超长文本，以步长为 1 进行滑窗推理，滑窗独立推理方式所需的计算量将是惊人的。Transformer-XL 模型则能够在很大程度上解决上述两个问题。对于依赖建模问题，Transformer-XL 采用的缓存和复用机制，会带来形如

$$
\begin{aligned}
\boldsymbol{H}_S^{(N)} &= \text{depend}(\boldsymbol{H}_{S-1}^{(N-1)}, \boldsymbol{H}_S^{(N-1)}) \\
\boldsymbol{H}_{S-1}^{(N-1)} &= \text{depend}(\boldsymbol{H}_{S-2}^{(N-2)}, \boldsymbol{H}_{S-1}^{(N-2)}) \\
&\cdots \\
\boldsymbol{H}_2^{(2)} &= \text{depend}(\boldsymbol{H}_1^{(1)}, \boldsymbol{H}_2^{(1)})
\end{aligned} \tag{5-28}
$$

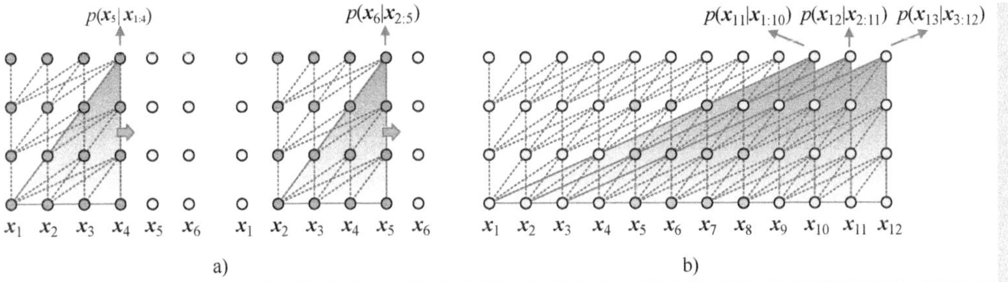

● 图 5-27　滑窗独立推理模式与 Transformer-XL 的推理模式对比示意

a）滑窗独立推理模式示意　b）Transformer-XL 推理模式示意

的递归依赖关系。式（5-28）中 N 为模型的层数，S 为所有片段的个数；“depend”表示泛指的依赖关系。从式（5-28）可以看出，Transformer-XL 可以表达的序列依赖关系非常长，并且和模型的层数相关——最后一个片段的最终输出依赖了第一个片段的第一层输出。图 5-27b 示意了 Transformer-XL 的推理过程；针对计算效率问题，Transformer-XL 缓存上一个片段的层输出并被在下一个片段的处理中重复使用，这种方式避免了大量的冗余计算，故相较于滑窗独立推理方式，Transformer-XL 带来的效率提升十分显著。

我们接下来再看看 Transformer-XL 的相对位置编码机制。标准 Transformer 以绝对位置编码来表示词汇的位置信息。这里的“绝对”即指词汇的位置编码代表的就是其在语句中的绝对位置。但是在分段处理模式下，每个片段都以独立方式处理，故都具有独立的位置索引。这样一来，绝对编码方式会导致我们不能区分不同片段内、处于相同位置词汇的先后顺序，例如，假设输入的完整语句“I have a very cute daughter”被拆分为“I have a”和“very cute daughter”两个片段，“have”和“cute”在各自的分段中均排在第二位，如果按照绝对编码方式，二者将具有相同的位置信息表示，这显然是不合理的。正是因为绝对编码存在的问题，人们提出了相对位置编码机制。绝对编码与相对位置编码的区别在于：在绝对位置编码机制中，所有词汇都具有唯一的位置表示，这一表示不随着查询词汇的改变而改变。例如，假设第 i 个词汇的位置编码向量为 $\boldsymbol{u}_i$，则无论是以第 j 个词汇做查询还是以第 k 个词汇

做查询，第 i 个词汇的位置编码都是 $\boldsymbol{u}_i$；而相对位置编码则“站在什么山上唱什么歌”——每个词汇的位置编码会随着查询词汇的改变而改变。例如，以第 j 个词汇做查询时，第 i 个词汇对应的位置编码向量为 $\boldsymbol{r}_{j-i}$，而当查询词汇变为第 k 个词汇时，第 i 个词汇对应的位置编码就相应的变为 $\boldsymbol{r}_{k-i}$。可以看出，相对位置编码抛弃了绝对位置编码中词汇到底在全句中“排老几”的争论，词汇的位置信息只以当前查询词汇为基准，这也正是“相对”一词的由来。既然不再考虑词汇的全句位置，那么分段处理模式自然是合理的。下面，我们就从具有绝对位置编码的自注意力机制开始谈起，经过一步步的改造得到 Transformer-XL 使用的相对注意力编码机制。

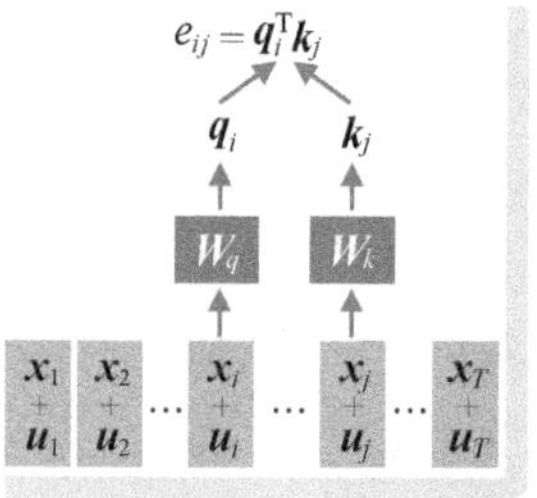

图 5-28 具有绝对位置编码的自注意力机制示意

首先，如图 5-28 所示，假设输入的序列有 T 个词汇，对于其中的第 i 个和第 j 个词汇，我们分别用 $\boldsymbol{x}_i$ 和 $\boldsymbol{x}_j$ 表示二者的词嵌入向量，用 $\boldsymbol{u}_i$ 和 $\boldsymbol{u}_j$ 分别表示其对应的绝对位置编码向量。多头自注意力首先对两个向量进行线性变换，分别得到查询向量 $\boldsymbol{q}_i=\boldsymbol{W}_q^{\mathrm{T}}(\boldsymbol{x}_i+\boldsymbol{u}_i)$ 和键向量 $\boldsymbol{k}_j=\boldsymbol{W}_k^{\mathrm{T}}(\boldsymbol{x}_j+\boldsymbol{u}_j)$ ㊀。然后构建两个词汇之间的关系，也即所谓的对齐操作。最常见的对齐操作即向量内积，即有 $e_{ij}^{\mathrm{abs}}=\boldsymbol{q}_i^{\mathrm{T}}\boldsymbol{k}_j$，我们将 $\boldsymbol{q}_i$ 和 $\boldsymbol{k}_j$ 带入内积表示，并展开有

$$\begin{aligned}e_{ij}^{\mathrm{abs}}&=\boldsymbol{q}_i^{\mathrm{T}}\boldsymbol{k}_j=(\boldsymbol{x}_i+\boldsymbol{u}_i)^{\mathrm{T}}\boldsymbol{W}_q^{\mathrm{T}}\boldsymbol{W}_k^{\mathrm{T}}(\boldsymbol{x}_j+\boldsymbol{u}_j)\\&=\boldsymbol{x}_i^{\mathrm{T}}\boldsymbol{W}_q^{\mathrm{T}}\boldsymbol{W}_k^{\mathrm{T}}\boldsymbol{x}_j+\boldsymbol{x}_i^{\mathrm{T}}\boldsymbol{W}_q^{\mathrm{T}}\boldsymbol{W}_k^{\mathrm{T}}\boldsymbol{u}_j+\boldsymbol{u}_i^{\mathrm{T}}\boldsymbol{W}_q^{\mathrm{T}}\boldsymbol{W}_k^{\mathrm{T}}\boldsymbol{x}_j+\boldsymbol{u}_i^{\mathrm{T}}\boldsymbol{W}_q^{\mathrm{T}}\boldsymbol{W}_k^{\mathrm{T}}\boldsymbol{u}_j\end{aligned}\tag{5-29}$$

以上的展开式包括了四个交叉项：第一项为词向量 $\boldsymbol{x}_i$ 和 $\boldsymbol{x}_j$ 之间的关系（忽略其中的 $\boldsymbol{W}_q^{\mathrm{T}}\boldsymbol{W}_k^{\mathrm{T}}$，只看两端的 $\boldsymbol{x}_i^{\mathrm{T}}$ 和 $\boldsymbol{x}_j$，后面三项也类似）；第二项表示词向量 $\boldsymbol{x}_i$ 和位置编码向量 $\boldsymbol{u}_j$ 之间的关系；第三项体现了位置编码向量 $\boldsymbol{u}_i$ 和词向量 $\boldsymbol{x}_j$ 之间的关系；第四项表达了位置编码向量 $\boldsymbol{u}_i$ 和 $\boldsymbol{u}_j$ 之间的关系。基于式(5-29)，我们进行以下三方面的改造：第一个改造为“绝对改相对”。$\boldsymbol{u}_i$ 是基准查询向量对应的位置编码，因此我们只需简单地将另外一个位置编码向量“相对化”——将 $\boldsymbol{u}_j$ 替换为 $\boldsymbol{r}_{i-j}$，即将绝对位置编码下的对齐操作改造为相对位置编码下的对齐操作；第二个改造为内容与位置分组。上式第一、三项中的 $\boldsymbol{W}_k^{\mathrm{T}}$ 为词嵌入向量 $\boldsymbol{x}_j$ 的系数矩阵，而第二、四项中相同的 $\boldsymbol{W}_k^{\mathrm{T}}$ 又作为相对位置编码向量 $\boldsymbol{r}_{i-j}$ 的系数矩阵。我们知道，$\boldsymbol{x}_j$ 和 $\boldsymbol{r}_{i-j}$ 属于不同性质的向量，前者为词嵌入向量，也被称为基于内容的键向量(content-based key vector)，而后者为相对位置编码向量，也被称为基于位置的键向量（location-based key vector)。为了让模型能够区分上述两类向量，我们使用 $\boldsymbol{W}_{k,E}$ 和 $\boldsymbol{W}_{k,R}$ 两个新矩阵分别作为 $\boldsymbol{x}_j$ 和 $\boldsymbol{r}_{i-j}$ 的线性变换系数矩阵，即将第一、三项中 $\boldsymbol{W}_k^{\mathrm{T}}$ 替换为 $\boldsymbol{W}_{k,E}$，将第二、四项中 $\boldsymbol{W}_k^{\mathrm{T}}$ 替换为 $\boldsymbol{W}_{k,R}$；第三个改造为构造全局查询基准。$\boldsymbol{u}_i$ 表示基准查询向量对应的位置编码。既然是基准，就应“放之四海皆准”，即可以将基准位置编码表示为一个与位置无关的全局向量。这一点是很好理解的：相对位置编码模式下，我们需要的就仅仅是一个相对基准的差异信息，至于基准具体在哪个位置反而无所谓。式

㊀ 这里我们需要强调两点：第一点，我们假设是站在第 i 个词的视角，为其构建所有词汇与其的注意力关系，因此我们将位置 i 对应的向量称为查询向量，将位置 j 对应的向量称为键向量；第二点，为了和 Transformer-XL 论文给出相对注意力的表示形式一致，这里我们使用了“矩阵转置左乘”的线性变换表示形式，该形式与我们在 Transformer 多头注意力部分的给出表述是不同的。但是，请读者注意，二者的实质并无二致。

（5-29）中的后两项都包括 $\boldsymbol{u}_i^{\mathrm{T}}\boldsymbol{W}_q^{\mathrm{T}}$，即都表示针对基准位置向量的线性变换，其结果为一个 d_{model} 维向量。于是我们将第三项中的 $\boldsymbol{u}_i^{\mathrm{T}}\boldsymbol{W}_q^{\mathrm{T}}$ 替换为 $\boldsymbol{u}^{\mathrm{T}}$，将第四项中的 $\boldsymbol{u}_i^{\mathrm{T}}\boldsymbol{W}_q^{\mathrm{T}}$ 替换为 $\boldsymbol{v}^{\mathrm{T}}$，$\boldsymbol{u}^{\mathrm{T}}$ 和 $\boldsymbol{v}^{\mathrm{T}}$ 都是可学习的参数向量㊀。经过上述三方面改造，我们即得到新的相对位置编码表示

$$e_{ij}^{\text{rel}}=\boldsymbol{x}_i^{\mathrm{T}}\boldsymbol{W}_q^{\mathrm{T}}\boldsymbol{W}_{k,E}\boldsymbol{x}_j+\boldsymbol{x}_i^{\mathrm{T}}\boldsymbol{W}_q^{\mathrm{T}}\boldsymbol{W}_{k,R}\boldsymbol{r}_{i-j}+\boldsymbol{u}^{\mathrm{T}}\boldsymbol{W}_{k,E}\boldsymbol{x}_j+\boldsymbol{v}^{\mathrm{T}}\boldsymbol{W}_{k,R}\boldsymbol{r}_{i-j} \tag{5-30}$$

式（5-30）即为 Transformer-XL 相对位置编码模式的对齐模型。下面，我们将分段递归和相对位置编码两个机制结合，即可勾勒出 Transformer-XL 模型的整体架构——对于一个具有 N 层的 Transformer-XL 模型，其中第 n 层的数据加工的完整过程为（假设注意力为单头注意力）

$$\widetilde{\boldsymbol{H}}_{\tau}^{(n-1)}=\text{concat}(\text{SG}(\boldsymbol{H}_{\tau-1}^{(n-1)}),\boldsymbol{H}_{\tau}^{(n-1)}) \tag{5-31}$$

$$\begin{cases}\boldsymbol{Q}_{\tau}^{(n)}=\boldsymbol{H}_{\tau}^{(n-1)}(\boldsymbol{W}_q^{(n)})^{\mathrm{T}}\\ \boldsymbol{K}_{\tau}^{(n)}=\widetilde{\boldsymbol{H}}_{\tau}^{(n-1)}(\boldsymbol{W}_{k,E}^{(n)})^{\mathrm{T}}\\ \boldsymbol{V}_{\tau}^{(n)}=\widetilde{\boldsymbol{H}}_{\tau}^{(n-1)}(\boldsymbol{W}_v^{(n)})^{\mathrm{T}}\end{cases} \tag{5-32}$$

$$\begin{aligned}\boldsymbol{E}_{\tau,i,j}^{(n)}=&(\boldsymbol{Q}_{\tau,i}^{(n)})^{\mathrm{T}}\boldsymbol{K}_{\tau,j}^{(n)}+(\boldsymbol{Q}_{\tau,i}^{(n)})^{\mathrm{T}}\boldsymbol{W}_{k,R}^{(n)}\boldsymbol{r}_{i-j}\\&+\boldsymbol{u}^{\mathrm{T}}\boldsymbol{K}_{\tau,j}^{(n)}+\boldsymbol{v}^{\mathrm{T}}\boldsymbol{W}_{k,R}^{(n)}\boldsymbol{r}_{i-j}\end{aligned} \tag{5-33}$$

$$\boldsymbol{A}_{\tau}^{(n)}=\text{MaskedSoftmax}(\boldsymbol{E}_{\tau}^{(n)})\boldsymbol{V}_{\tau}^{(n)} \tag{5-34}$$

$$\boldsymbol{O}_{\tau}^{(n)}=\text{LayerNorm}(\text{Linear}(\boldsymbol{A}_{\tau}^{(n)})+\boldsymbol{H}_{\tau}^{(n-1)}) \tag{5-35}$$

$$\boldsymbol{H}_{\tau}^{(n)}=\text{FwdLayer}(\boldsymbol{O}_{\tau}^{(n)}) \tag{5-36}$$

以上六个公式将一个 Transformer-XL 层的数据加工过程描述得再清晰不过：式（5-31）为“记忆与当前的碰撞”——将上一片段上一层的存储隐状态与当前片段上一层的隐状态进行拼接㊁；式（5-32）利用线性变换构造查询、键和值三个矩阵。这些矩阵中的每列代表一个特征向量；式（5-33）表示在 Transformer-XL 相对位置编码模式下、第 i 个查询向量与第 j 个键向量的对齐得分；式（5-34）实现注意力权重的计算和加权求和。其中的“MaskedSoftmax”为带有掩膜机制的 softmax 概率化操作，其中掩膜机制即实现“不看下文”的自回归和“看部分上文”的语言模型双向遮掩功能；式（5-35）示意了注意力模块的残差连接和层归一化操作；式（5-36）即为最后的逐位置全连接前馈神经网络结构㊂。

这里，我们对 Transformer-XL 模型的核心内容基本算是讨论完毕。Transformer-XL 通过引入分段递归和相对位置编码两个重要机制，旨在解决标准 Transformer 模型无法接受任意长度序列输入这一关键性问题。Transformer-XL 虽然不是一个完整的预训练模型，但其目的明确具体，为我们即将介绍的 XLNet 模型奠定了坚实的基础。

㊀ 在第三项和第四项中，尽管都是 $\boldsymbol{u}_i^{\mathrm{T}}\boldsymbol{W}_q^{\mathrm{T}}$，但是出于对 $\boldsymbol{x}_j$ 和 $\boldsymbol{r}_{i-j}$ 性质不同的考量，使用了两个不同的向量分别对其进行替换。因此，这里的 $\boldsymbol{u}^{\mathrm{T}}$ 和 $\boldsymbol{v}^{\mathrm{T}}$ 即表示通过训练，分别为词嵌入向量和位置编码向量构造的基准向量。

㊁ 请读者注意，式（5-31）中 $\boldsymbol{H}_{\tau-1}^{(n-1)}$ 的下标与原文不同，这里我们遵循式（5-25）的形式进行表示。

㊂ 需要说明的是，相较标准 Transformer 模型，式（5-36）所示的全连接前馈神经网络结构并没有表达残差结构。如果按照标准 Transformer，式（5-36）应该表示为 $\boldsymbol{H}_{\tau}^{(n)}=\text{LayerNorm}(\text{FwdLayer}(\boldsymbol{O}_{\tau}^{(n)})+\boldsymbol{O}_{\tau}^{(n)})$，这里我们遵循 Transformer-XL 的原文形式。

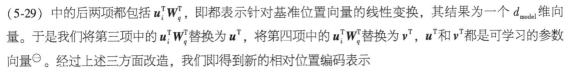

2. XLNet："更好的 BERT"

接下来，我们移步到 XLNet 模型[13]。先来看看模型定位。XLNet 是一个可以与 BERT 和 GPT 等模型比肩的预训练模型。这就意味着其提出的意图就是奔着成为 NLP“全能型选手”这一宏伟目标去的。因此 XLNet 不像 Transformer-XL 那样将眼光聚焦到某一类具体问题，甚至也不像标准 Transformer 那样将目标锁定在机器翻译这一单一任务。再来介绍诞生背景。XLNet 比自家的 BERT 晚诞生了 8 个月，旨在找到并解决 BERT 存在的问题。那么 BERT 有什么问题呢？简而言之，BERT 构造的自编码语言模型能够有效捕捉语言的上下文双向信息，这一点远胜无法进行双向建模的自回归语言模型。然而，BERT 基于带有“<MASK>”标识的语言序列进行模型预训练，这与无“<MASK>”标识的下游任务适配存在着严重的不一致，而自回归语言模型反而不存在这一问题。因此，XLNet 构造了一种能够兼顾自回归语言模型和自编码语言模型优点的新型语言模型——排列语言模型（Permutation Language Model）；然后介绍模型架构。XLNet 是一种基于 Transformer-XL 架构的预训练模型，其名称中的“XL”即为对“Transformer-XL”指代。XLNet 继承了 Transformer-XL 模型分段递归和相对位置编码两个重要机制，使得模型能够接收超长序列输入，并且能够开展快速推理；最后来看看 XLNet 的成绩。XLNet 通过克服 BERT 存在的缺陷，在 20 个公开任务/数据集上超越了 BERT，可谓成绩斐然。也正是因为这一原因，XLNet 一度被称为“更好的 BERT”。

XLNet 开宗明义，首次㊀将领域中的语言模型分为自回归语言模型和自编码语言模型两大“阵营”，前者以 ELMo 和 GPT 构造的预训练语言模型为代表，而后者则以 BERT 使用的掩膜语言模型为代表。自回归语言模型按照行文顺序对语句中词汇的单方向依赖关系进行建模，是语言模型数学定义的自然表达。该模式对机器翻译、文本摘要等生成类下游任务也非常友好，故应用最为广泛。然而，自回归语言模型最大的缺点在于其不能同时构建上下文的双向依赖关系，故其对语言的表达能力难以令人满意。正是因为上述原因，BERT 放弃了单向语言模型，以构建双向语言模型作为其预训练目标，通过在输入序列中添加掩膜机制，“逼着”模型猜词填空以提升其对上下文语义的理解能力。然而，BERT 的掩膜语言模型也存在着两个明显的问题。

第一个问题，BERT 的预训练与下游任务微调间存在显著差异。BERT 在训练掩膜语言模型时，随机将输入序列中的某些词汇替换为“<MASK>”标识。而在下游任务中，模型输入的语句中却不存在这些“<MASK>”。这就意味着 BERT 在两种任务的训练中使用了不同分布的数据：前者带有人为添加的噪声，而后者则使用干净数据。我们都知道，以不同分布数据训练得到模型为基础进行微调是非常困难的。除此之外，预训练与下游任务微调的任务目标也相去甚远：前者的本质是构造一个去噪模型，而后者旨在完成分类等其他 NLP 任务。

第二个问题，BERT 忽略了被遮掩词汇之间的关系。在 BERT 掩膜语言模型训练中，一个序列中被遮掩的词汇可能不止一处，我们以“所有遮掩词汇预测概率的对数之和取得最大值”作为训练目标，但是要知道这里之所以能够使用“之和”，是因为引入了独立性假设。为了理解这一问题，我们简单回顾 BERT 掩膜语言模型的训练方法。首先，对于一个长度为 T 的输入序列 $\boldsymbol{w}$，BERT 将其中的

㊀ 我们在 5.3.3 部分对语言模型的分类也是以 XLNet 给出的分类为依据。

部分词汇替换为“<MASK>”。我们将带有“<MASK>”标识的输入序列和被遮掩的词汇集合分别记作$\hat{w}$和$\overline{w}$，则掩膜语言模型的训练目标为

$$\theta^* = \arg\max_\theta \log(\overline{w} \mid \hat{w};\theta) \approx \arg\max_\theta \sum_{t=1}^{T} m_t \log(\overline{w}_t \mid \hat{w};\theta) \tag{5-37}$$

式中，m_t为遮掩标志位，起到求和筛选的作用——若序列中第 t 个词汇被遮掩，则有$m_t=1$，否则 $m_t=0$；$\overline{w}_t$为位于第 t 个位置的被遮掩词汇。上式中“≈”右边的部分即为求和模式的优化目标，而这也正是联合概率在独立假设下因子化的结果。但是，上述独立性假设往往是不合理的。例如，假设一个原始的输入是“我爱我的女儿”，经过 BERT 的遮掩操作，输入的数据变为“我爱我的<MASK><MASK>”。显然，我们可以按照第一个“<MASK>”遮掩的“女”字轻易地猜出第二个“<MASK>”代表的“儿”字，这就意味着被遮掩的词之间是并不独立的。上述两个 BERT 自编码语言模型的缺陷，却是自回归语言模型的优势所在。既然两类语言模型各有所长，优势互补，那么是否可以构造一种新的语言模型，取二者之长，避二者之短呢？在这一思路的指导下，XLNet 提出了一种新的语言模型——排列语言模型(Permutation Language Model)。

首先我们来讨论 XLNet 的第一个法宝——排列语言模型。排列语言模型的本质还是一种自回归语言模型，XLNet 将其的预训练称为广义自回归语言预训练(Generalized Autoregressive Pretraining)。相较于自回归语言模型和自编码语言模型，排列语言模型综合了二者的优势：第一，排列语言模型能够进行双向语言建模，弥补了自回归模型无法捕捉上下文依赖关系这一短板；第二，排列语言模型取消了 BERT 语言模型中的掩膜机制，使得上述因“<MASK>”引发的问题都得到较为有效的解决。

具体来说，给定一个长度为 T 的输入序列 $\boldsymbol{w}=w_1,\cdots,w_T$，针对其中第 t 个词汇 w_t，自回归语言模型建立了该词汇与上文全部词汇[㊀]或与下文全部词汇之间的依赖关系，即所谓的前向语言模型和后向语言模型。二者对应的条件概率分别可以表示为 $p(w_t \mid w_1,\cdots,w_{t-1})$ 和 $p(w_t \mid w_{t+1},\cdots,w_T)$；而在 BERT 的掩膜语言模型中，假设 w_t为被遮掩词汇，则掩膜语言模型构建了“<MASK>”与整个上下文之间的依赖关系，对应的条件概率可以表示为 $p(w_t \mid w_1,\cdots,w_{t-1},\text{<MASK>},w_{t+1},\cdots,w_T)$；XLNet 的排列语言模型则给出了一种“全方位”的解决方案——其构造了 w_t与上下文所有可能词汇或词汇组合的依赖关系。这就意味着针对 w_t，排列语言模型的概率模型对应了一组条件概率，我们将其表示为 $p(w_t \mid \tilde{\boldsymbol{w}})$。其中，$\tilde{\boldsymbol{w}}$为语句 $\boldsymbol{w}$ 中任意多个词汇、以任意顺序构成的集合。例如，$\tilde{\boldsymbol{w}}$也可以是 w_t的上文词汇序列或下文词汇序列，这就是前向语言模型和后向语言模型；$\tilde{\boldsymbol{w}}$也可以是 w_t的上下文序列，这便是双向语言模型；$\tilde{\boldsymbol{w}}$可以包含 $\boldsymbol{w}$ 中的一个词汇、两个词汇，抑或是任意多个词汇，即表示更加灵活广泛的依赖关系；$\tilde{\boldsymbol{w}}$甚至可以是空集，即有 $p(w_t \mid \tilde{\boldsymbol{w}})=p(w_t)$，这便表示 w_t谁也不依赖，“独成一派”。我们再举一个例子：输入的语句是“我的女儿”，对于其中排在第 3 位的“女”字，排列语言模型认为其和“儿”有关系，和“我”有关系，和“我的”有关系，和“我的儿”有关系等。可以看出，排列语言模型建立了一种完备的、广泛的依赖关系——可谓把输入序列“掰开了揉碎了”建立起的“全方位”依赖。排列语言模型的依赖关系可以用“一排下标，二朝前看”的方式来构造。下面我们用一个

㊀ 我们这里不考虑 N 元语言假设的情形，即依赖关系都是完全依赖。

"toy"序来列举例说明。设序列长度为 3（即 $T=3$），记作 $\boldsymbol{w}=w_1,w_2,w_3$，假设希望为其中的 w_2 构造排列语言模型对应的概率模型。经过观察可以容易看出，排列语言模型包含的条件概率有 4 个，即 $p(w_2)$、$p(w_2|w_1)$、$p(w_2|w_3)$ 和 $p(w_2|w_1,w_3)$。按照"一排下标，二朝前看"的方式，第一步为"排下标"：我们将原始下标序列词汇的下标记作 $\{1,2,3\}$，则其所有可能的排列有 $3!=6$ 种，有

$$\{\{2,1,3\},\{2,3,1\},\{1,2,3\},\{3,2,1\},\{1,3,2\},\{3,1,2\}\} \tag{5-38}$$

为了构建词汇 w_2 的依赖关系，我们从上述排列集合中取出每一种排列，将位于下标"2"左边的所有下标作为其所依赖的词汇下标，这便是所谓的"朝前看"。例如，在排列 $\{2,1,3\}$ 和 $\{2,3,1\}$ 中，"2"左边没其他下标，即表示 w_2 不依赖任何词汇，对应的条件概率为 $p(w_2)$；在排列 $\{1,2,3\}$ 和 $\{3,2,1\}$ 中，位于"2"左边的下标分别为"1"和"3"，即分别对应条件概率 $p(w_2|w_1)$ 和 $p(w_2|w_3)$；在排列 $\{1,3,2\}$ 和 $\{3,1,2\}$ 中，位于"2"左边的下标分别为"1,3"和"3,1"，即表示条件概率 $p(w_2|w_1,w_3)$[㊀]。上述"朝前看"即只看上文不看下文，因此在形式上相当于在排列的基础上构造了自回归语言模型。但是变换回原始排列顺序，则又会呈现出已处于不同位置的若干词汇预测另一位置词汇的形式，而后者和 BERT 的遮掩机制非常类似。因此可以看出，排列语言模型利用排列机制，以自回归之名行自编码之实，在实现双向语言建模的同时又规避了"<MASK>噪声"，思路非常巧妙。图 5-29 给出了上述示例对应排列语言模型词汇依赖关系的示意[㊁]。

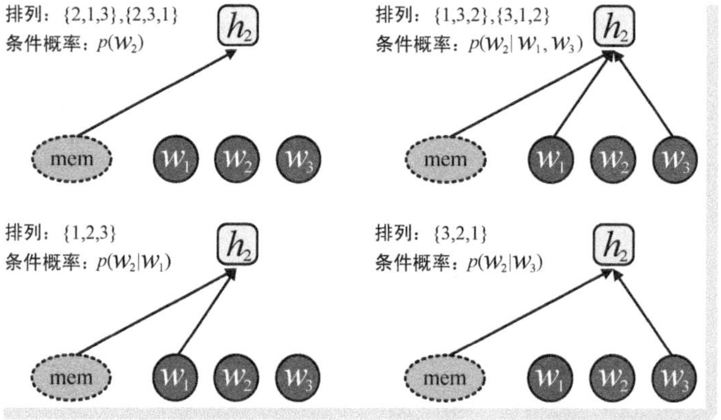

• 图 5-29　排列语言模型词汇依赖关系的示意（以长度为 3 的序列为例）

下面我们来讨论排列语言模型的优化目标。还是借助上文"toy"版的例子，只不过这里我们换一个视角，不再固定某词汇考察其在不同排列中的依赖关系，而是锁定某一排列考察其中词汇间的依赖关系。首先，以排列 $\{2,3,1\}$ 为例，其代表的序列为 w_2,w_3,w_1，按照惯例，我们利用链式法则对该序列的联合分布进行因子化，有

$$p(w_2,w_3,w_1)=p(w_2)p(w_3|w_2)p(w_1|w_2,w_3) \tag{5-39}$$

㊀ 需要注意的是，条件概率中的事件是无序的，如 $p(w_2|w_1,w_3)$ 和 $p(w_2|w_3,w_1)$。而下标的排列是有序的，故相较于排列语言模型的条件概率，排序集合存在冗余。

㊁ 图中均添加了对节点"mem"的依赖关系，该依赖关系即表达了 Transformer-XL 中当前片段对上一片段缓存隐状态的依赖关系。在这里请读者暂时不用关注该依赖关系。

可以看出，固定一个排列后，链式法则自然给出了词汇的前向依赖关系，即前向语言模型[⊖]。接下来，我们假设具有不同排序的词汇序列之间是相互独立的，即认为

$$p(\{w_2,w_1,w_3\},\cdots,\{w_3,w_1,w_2\})=p(w_2,w_1,w_3)\cdots p(w_3,w_1,w_2) \tag{5-40}$$

然后，按照式（5-39）所示的方式，对上式等号右边的每个联合分布再做展开，即可得到 18 个概率的连乘积形式，这些连乘积形如“$\prod_{6种排列}\prod_{3个展开因子}\cdots$”。假设上述概率分布具有待优化参数 θ，则排列语言模型的优化目标就是获得能够使得联合概率 $p(\{w_2,w_1,w_3\},\cdots,\{w_3,w_1,w_2\};\theta)$ 取得最大值的那个 θ。接下来的“剧情”想必大家都非常熟悉——按照最大似然估计的套路，我们对 18 个连乘的概率取对数，即得到形如“$\mathcal{L}(\theta)=\sum_{6种排列}\sum_{3个展开因子}p(\cdots;\ \theta)$”的似然函数。我们对其进行最大化获得最优参数，即实现了排列语言模型的优化目标。到这里，我们即以非常“toy”口吻给出了排列语言模型的定义及其优化目标。不难看出，排列语言模型在形式上可以视为是一系列基于排列的前向语言模型。也正是因为这一原因，排列语言模型在很多场合也被划入自回归语言模型的范畴。

正规地，针对一个长度为 T 的序列 $w_1,\cdots,w_T$，我们将其词汇下标 $\{1,\cdots,T\}$ 所有可能的排列构成组成一个集合，记作 $\mathcal{Z}_T$，集合中有 $T!$ 种排列。对于其中的任意一种排列 $z\in\mathcal{Z}_T$，我们用 z_t 表示其中第 t 个元素，用 $z_{<t}$ 表示 t 之前的 $t-1$ 个元素。按照我们上文给出的“toy”版推导，即可得到排列语言模型的理论目标函数

$$\theta^*=\arg\max_{\theta}\sum_{z\in\mathcal{Z}_T}\sum_{t=1}^{T}\log p(w_{z_t}\mid w_{z_{<t}};\theta) \tag{5-41}$$

上述目标函数表示，对于一个给定序列，我们需要让所有词汇在所有排列模式下、前向依赖条件概率的对数似然函数之和取得最大值。其中，内层求和表示遍历序列中的所有词汇，外层求和则表示取遍所有排列。但是显而易见，上式只在理论上具有合理性，在实际计算中则根本无法使用。毕竟对于一个长度为 T 的序列，其可能的排列个数多达 $T!$ 种，面对于一个超长序列，排列种数可谓是一个天文数字。在实际应用中，XLNet 利用排列抽样的思想对上述优化目标进行改进，从而大幅降低上述优化计算的计算量，改造后的目标函数为

$$\theta^*=\arg\max_{\theta}\mathbb{E}_{z\sim\mathcal{Z}_T}\left[\sum_{t=1}^{T}\log p(w_{z_t}\mid w_{z_{<t}};\theta)\right] \tag{5-42}$$

以上目标函数将所有排列的集合 $\mathcal{Z}_T$ 视为排列的分布。作为某一具体排列，z 被视为采样自上述分布的一个样本。以上目标函数代表的优化任务即为构造“平均排列”意义下的前向语言模型。

上面我们给出了排列语言模型的形式和优化目标，但原理简单实现难——XLNet 为了实现上述模型的预训练可谓煞费苦心。首先，按照直觉，既然排列语言模型等价于排列后的前向语言模型，那么我们直接对输入语句中的词汇进行随机排列，不就可以套用现有架构、借助掩膜注意力机制实现前向语言模型的预训练？至少笔者在学习 XLNet 最初就有这样的疑问。答案自然是否定的，如果我们进行词汇重排，就等于在预训练时使用乱序语句，而在下游任务适配时使用正常顺序的语句，这无异于是在人为造成预训练与下游任务微调的不一致。语言模型给出一句话是“人话”的概率，我们如果随机打乱词汇顺序，那还算“人话”吗？在这些“乱序”的语句上训练得到的语言模型自然也没有任何意义。话说回来，BERT 打个“<MASK>”标识我们都无法接受，何况是随机打乱顺序？因此，我们需

⊖ 这里说的是形式上的前向依赖和前向语言模型，具体原因我们会在下文中进行详细解释。

要清晰地认识到 XLNet 的排列语言模型仅是借助排列这一工具来构造和刻画词汇的广泛依赖关系，并不需要我们对输入的序列做“物理上”的重排。上文所说的前向依赖仅仅在形式上像是前向依赖而已。例如在上文“toy”版的例子中，条件概率 $p(w_2|w_1,w_3)$ 仅表示 w_2 与词汇 w_1 和 w_3 有关系，这和实际三个词汇是按什么顺序排列的没有任何关系，并不代表实际的词汇顺序就是 w_1，w_3，w_2。因此，在 XLNet 进行排列语言模型预训练时，并不对输入语句中的词汇进行重新排列——语句还是那个正常顺序的语句，只不过借助一系列重排下标来表达广泛依赖关系。这样一来，现有的框架自然无法套用。

进行词预测，需要明确“从哪里来，到哪里去”的问题——用处于哪些位置的词汇预测哪些位置的词汇。无论是自回归语言模型还是自编码语言模型，上述两个问题都是非常明确的：在自回归语言模型中，我们按照自然词序，用前 $t-1$ 个词预测第 t 个词；而在 BERT 的掩膜语言模型中，我们用全部词汇预测那个被遮掩的词汇，“<MASK>”就是目标词汇位置。在排列语言模型中，针对用哪些词汇预测这一个问题是好解决的，毕竟 Transformer 的掩膜注意力机制已经给出了方法，即通过合理的掩膜设定即可只让那些需要参与预测的词汇被注意到，实现类似图 5-26 那样的随意“挖洞”的效果。图 5-30 为针对排列“3,2,4,1”的掩膜示意。其中，左边为在排列上的掩膜矩阵，这种形式即前向语言模型中标准的“看前不看后”掩膜机制；右边为对应到原始词序上的掩膜设定。在该排列中，3 只能看见 3（这里我们假设自己能看到自己），2 能看见 2 和 3，4 能看见 2、3 和 4，1 能看见所有位置[㊀]。

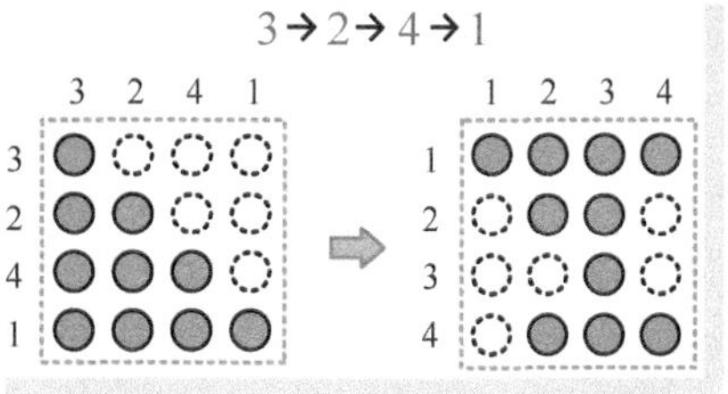

• 图 5-30　针对排列“3,2,4,1”的掩膜示意

“从哪里来”的问题好办，但是“到哪里去”的问题就不那么好解决了。主要原因在于现成自回归语言模型的词汇预测方法无法为重排语言模型直接套用。为了说明这一问题，我们首先来看看自回归语言模型的词汇预测模型。给定前 $t-1$ 个词汇 $w_{z_{<t}}$，自回归语言模型预测在第 t 个位置出现词汇 x 的概率为

$$p(W_{z_t}=x\mid w_{z_{<t}};\theta)=\frac{\exp(E(x)^{\mathrm{T}}h(w_{z_{<t}};\theta))}{\sum_{x'}\exp(E(x')^{\mathrm{T}}h(w_{z_{<t}};\theta))} \tag{5-43}$$

式中，$E(x)$ 表示对词汇 x 的嵌入表示；$h(w_{z_{<t}};\theta)$ 即表示 Transformer 在适当掩膜机制的作用下对 $w_{z_{<t}}$ 构建的特征表示。当然，也可以是 RNN 逐个对 $w_{z_{<t}}$ 进行加工得到的隐状态向量。观察等号右边计算 softmax 的部分，俨然只与预测词汇的内容有关，而与其位置毫无关系，即等号左边的 z_t 无论是多少，只要“词是那个词”，计算的概率都是相同的。和位置无关在自回归语言模型中没有任何问题，因为我们知道预测是按照词汇的输入顺序进行的——给模型输入 w_1，w_2，模型建模的条件概率一定是 $p(w_3|w_1,w_2)$，即预测的词汇一定是 w_3。但是在排列语言模型中，当词序重排后，到底预测的是哪个词出现了歧义。例如，我们给模型喂进 w_1,w_2，模型预测了一个词 x，我们根本不知道 x 到底是排列

㊀ 该图示中，为了和 Transformer 掩膜矩阵的形式保持一致，这里的掩膜矩阵按行表示依赖关系，即其中的第 i 行第 j 列元素表示了输入中的第 i 个词汇是否与第 j 个词汇具有依赖关系，这一点与 XLNet 原文中按列表示依赖关系是不同的，二者互为转置关系。

w_1, w_2, w_3, w_4 中的 w_3，还是排列 w_1, w_2, w_4, w_3 中的 w_4，因为按照式（5-43）计算条件概率，有 $p(w_3=x|w_1,w_2)=p(w_4=x|w_1,w_2)$。这样的语言模型无法表达语言的连贯性，即认为“我的宝贝”和“我的贝宝”都是同等合理的语言。既然问题出在没有位置信息上，XLNet 便对式（5-43）进行改造，添加位置信息

$$p(W_{z_t}=x|w_{z_{<t}};\theta)=\frac{\exp(E(x)^{\mathrm{T}}g(w_{z_{<t}},z_t;\theta))}{\sum_{x'}\exp(E(x')^{\mathrm{T}}g(w_{z_{<t}},z_t;\theta))} \tag{5-44}$$

式中，$g(w_{z_{<t}},z_t;\theta)$ 为改进后的模型输出特征，其中添加了预测词汇的位置信息 z_t。经过上述改造，等同于将上例中的 $p(w_3|w_1,w_2)$ 和 $p(w_4|w_1,w_2)$ 分别改造为 $p(w_3|w_1,w_2,3)$ 和 $p(w_4|w_1,w_2,4)$。如果说式（5-43）表示了输入词汇序列 $w_{z_{<t}}$，输出词汇 x 的概率，而式（5-44）则表达了输入词汇序列 $w_{z_{<t}}$，在位置 z_t 输出词汇 x 的概率。那么如何构造一个能够表达 $g(w_{z_{<t}},z_t;\theta)$ 的架构？XLNet 认为这样的架构需要满足两点要求：第一点要求，在预测单词 w_{z_t} 时，模型只能用到其位置信息 z_t，而不能用到词汇的内容信息 w_{z_t}。为何需要位置信息上文我们已经说得很清楚，不能包含内容信息也很好理解：总不能让模型在预测词汇时提前提供正确答案；第二点要求，在预测 w_{z_t} 之后的其他单词 $w_{z_k}(k>t)$ 时[㊀]，模型则需编码内容信息 w_{z_t}。图 5-31 针对排列“3,2,4,1”示意了上述两种情况。在图 5-31a 中，预测词汇 w_2 需要用到 w_3 的内容信息和 w_2 的位置信息，但是不能用到 w_2 的内容信息；在图 5-31b 中，预测词汇 w_4 需要用到 w_2 和 w_3 的内容信息，以及 w_4 的位置信息，但是不能使用 w_4 的内容信息。

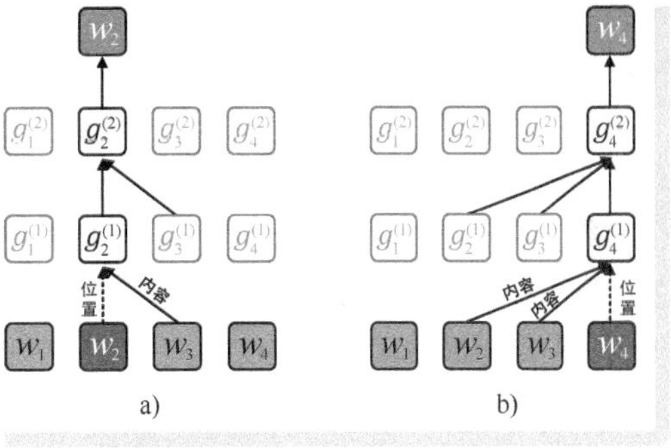

● 图 5-31　位置与内容要求示意

a）预测 w_2 时不需要编码 w_2 的内容信息

b）预测 w_4 时需要编码 w_2 和 w_3 的内容信息

无论是标准 Transformer 的位置编码还是 BERT 的位置嵌入，都将位置信息与内容信息进行了整合，即我们在模型中使用的词向量中既编码了内容信息也编码了位置信息。因此，为了解决上述问题，就需要将词汇的内容信息和位置信息剥离。XLNet 的做法为将标准 Transformer 的单一输入、以及各层的单一隐状态表示均改为两套，其中一套被称为查询特征表示(query representation)，记作 $g(w_{z_{<t}},z_t;\theta)$，简记作 g_{z_t}。查询特征只与上文内容信息 $w_{z_{<t}}$ 和位置 z_t 有关，而与当前内容信息 w_{z_t} 无关；另一套被称为内容特征表示(content representation)，记作 $h(w_{z_{\leq t}};\theta)$，简记作 h_{z_t}。内容特征与标准 Transformer 中的隐状态向量没有什么本质区别，编码了上文内容[㊁]信息 $w_{z_{<t}}$ 和当前内容信息 w_{z_t}（请读者注意下标的“≤”号，即表示包括了自身和上文内容信息）；基于上述两套特征表示，XLNet 提出了一种具有两路操作的注意力机制——掩膜双流自注意力(Masked Two-Stream Self-Attention)。

“双流”注意力中的第一个注意力为查询流（query stream）注意力。该注意力的设计即为了满足

㊀ 这里所说的“之后”是基于排列后的词汇顺序。

㊁ 这里所说的“上文”是基于排列后词汇顺序给出的提法。在正常语句顺序下，实际应该是“上下文”。例如，在排列“4,2,3,1”中，4 和 2 均为 3 的“上文”，但是回到正常语序下，2 和 4 分别为 3 的上文和下文，即“上下文”。

“预测我但看不见我”的第一点要求。在该注意力中，查询特征作为查询向量，由排列决定的、但不包括当前词汇的上下文内容特征作为键-值集合，表示为

$$g_{z_t}^{(m)} \leftarrow \text{attention}(\boldsymbol{Q}=g_{z_t}^{(m-1)}, \boldsymbol{K}=\boldsymbol{V}=h_{z_{<t}}^{(m-1)};\theta) \tag{5-45}$$

式中，查询向量自身包含了位置信息。同时，正是因为在计算注意力权重和特征整合时，未使用到当前词汇的内容特征，因此不涉及“提前给答案”的问题。图 5-32a 示意了查询流注意力的工作模式。该图同样针对排列“3,2,4,1”，以生成词汇 w_4对应的新查询特征表示为例。在上述排列中，w_4依赖排在其左边的 w_2和 w_3，故在计算注意力时，以 w_4对应的查询特征$g_4^{(0)}$在集合$\{h_2^{(0)},h_3^{(0)}\}$上执行查询并按照注意力权重进行特征整合，得到输出$g_4^{(1)}$。

“双流”注意力中的第二个注意力即内容流（content stream）注意力，该注意力机制围绕内容特征进行，体现了“预测别人能看见我”的第二点要求。其对信息的加工过程与标准自注意力机制别无二致，表示为

$$h_{z_t}^{(m)} \leftarrow \text{attention}(\boldsymbol{Q}=h_{z_t}^{(m-1)}, \boldsymbol{K}=\boldsymbol{V}=h_{z_{\leqslant t}}^{(m-1)};\theta) \tag{5-46}$$

式中，$\boldsymbol{Q}$、$\boldsymbol{K}$ 和 $\boldsymbol{V}$ 即我们非常熟悉的查询、键集合和值集合；上标的“$m-1$”和“m”分别表示在一个具有 M 层的网络结构中，位于第 $m-1$ 层和 m 层的内容特征。式（5-46）体现了标准自注意力机制的工作模式——获得哪个位置的输出，就以哪个位置的元素作为查询，计算其与其他元素之间的对齐得分，然后转换为注意力权重后再进行加权特征整合。只不过在这里，被查询的集合是由排列确定的、包含了当前词汇的上下文词汇。例如，在图 5-32b 中，我们以排列“3,2,4,1”为例，3 与 2 都排在 4 的左边，故在处理 w_4时，我们以 w_4对应的内容特征 $h_4^{(0)}$作为查询向量，在包括其自身的键集合$\{h_2^{(0)},h_3^{(0)},h_4^{(0)}\}$上执行查询、计算注意力权重进行特征合成，得到输出特征 $h_4^{(1)}$。

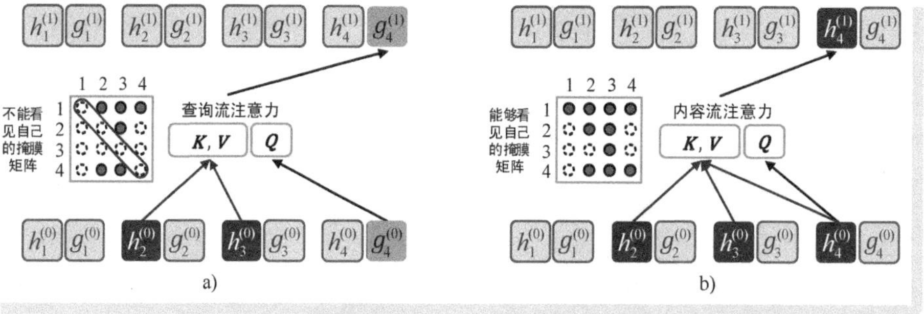

● 图 5-32　查询流注意力与内容流注意力工作模式示意

a）查询流注意力　b）内容流注意力

XLNet 将两个数据流组合在一起使用。在抽样一个排列后，XLNet 会针对内容流注意力和查询流注意力分别构造两个注意力掩膜矩阵，前者“能够看见自己”，而后者“不能看见自己”。针对每一层的每个位置，都在掩膜矩阵的指示下，分别求出内容特征 $h_t^{(m)}$和查询特征$g_t^{(m)}$。当某个位置的单词需要被预测时，则该位置只用到其对应的查询特征，由于查询表示中不包括自身位置对应词汇的内容信息，因此时不存在内容信息泄露的问题；反之，如果某个位置的单词被用作其他位置的单词预测，那么该单词的内容信息也将被用到。在模型的第一层，XLNet 使用每个输入词汇的词嵌入特征 $E(x_t)$作

为对应的内容特征 $h_t^{(0)}$，而使用一个待训练的特征向量 $\boldsymbol{u}$ 作为每个词汇的查询向量$g_t^{(0)}$。

在语言模型预训练阶段，为了让模型能够更好地理解上下文，XLNet 只获取查询流注意力的输出，做到“不偷看答案”。当然，在这一阶段，每层的各个内容特征 $h_t^{(m)}$ 也是需要计算出来的，毕竟计算 $g_t^{(m)}$ 时会用到它们；而到了下游任务微调阶段，XLNet 则会改为使用内容流注意力，这样便又回到了传统的自注意力结构，可谓“毫无违和感”。因此，我们可以这么理解 XLNet 的双流注意力机制：XLNet 的核心仍然是一套标准的自注意力架构，体现为双流注意力中的内容流注意力。但是，为了提升模型的语言预测能力，XLNet 又添加了一套在词预测时使用的、与内容流注意力共享参数的并列注意力机制，即查询流注意力。在这套注意力中，不会使用待预测词汇本身的内容信息。这便使得在语言模型预训练中，模型能够更加有效地挖掘词汇的上下文信息，更深刻地理解语义。一个完整的 XLNet 的双流注意力架构如图 5-33 所示（以排列“3,2,4,1”为例）。

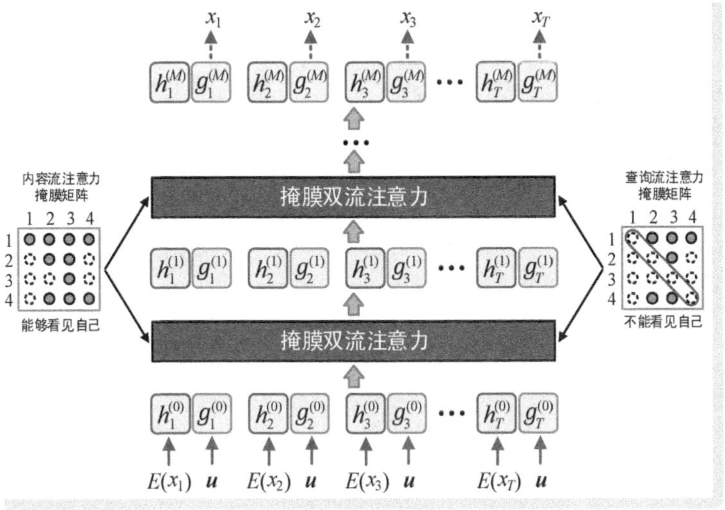

● 图 5-33　XLNet 双流注意力架构示意（以排列“3,2,4,1”为例）

为了提升训练效率，在获取某一随机排列之后，XLNet 只选择预测排在后部一定比例的词汇，这便是所谓的部分预测(Partial Prediction)。预测的词汇通过一个超参数 K 来控制，即预测整个语句中的约 $1/K$ 个词汇。这一操作与 BERT 将语句中 15%词汇替换为“<MASK>”的操作类似，只不过 XLNet 不打“<MASK>”标识，不会人为制造噪声。例如，针对一个有 9 个词汇的语句，我们抽样得到一个可能的词汇排序为“8,4,9,3,1,2,6,7,5”，假设 $K=3$，即对语句中 1/3 的词汇进行预测，语言模型的训练即要模型学会完成形如“8,4,9,3,1,2, _, _, _”的“填空题”。

XLNet 的第二个法宝即继承了 Transformer-XL 架构。为了能够像 Transformer-XL 那样接受超长序列输入，XLNet 继承了 Transformer-XL 模型的分段递归和相对位置编码两个重要机制。相对位置编码我们在这里不做过多讨论，我们仅简单看看 XLNet 的分段递归机制。假设有两个长度均为 T 的片段，XLNet 分段递归机制的工作流程为：首先，针对两个片段的下标$[1,2,\cdots,T]$和$[T+1,T+2,\cdots,2T]$分别构造排列$\tilde{\mathbf{z}}$和 $\mathbf{z}$；然后按照上文介绍的方式，在排列$\tilde{\mathbf{z}}$下处理第一个片段，将每一层得到的内容特征都进行缓存。对于第 m 层，我们将缓存的内容特征序列记作$\tilde{\boldsymbol{H}}^{(m)}=\tilde{h}_1^{(m)},\cdots,\tilde{h}_T^{(m)}$；接下来处理第二个片段，首先按照 Transform-XL 的标准方式进行特征的拼接操作，只不过在 XLNet 中，需要按照排列 $\mathbf{z}$ 给出的词汇依赖关系，区分查询流和内容流做不同的拼接操作——前者是$\tilde{\boldsymbol{H}}^{(m)}$和 $h_{z_{<t}}^{(m-1)}$ 的拼接，而后者则是$\tilde{\boldsymbol{H}}^{(m)}$和 $h_{z_{\leqslant t}}^{(m-1)}$ 的拼接。上述拼接结果将分别作为查询流注意力和内容流注意力的键值集合；最后，分别利用查询特征或内容特征作为查询在上述键值集合上执行注意力作用，为每个位置生成新的查询特征或内容特征。下式以内容流注意力为例，示意了其在分段递归模式下的计算方法

$$h_{z_t}^{(m)}\leftarrow\text{attention}(\boldsymbol{Q}=h_{z_t}^{(m-1)},\boldsymbol{K}=\boldsymbol{V}=[\text{SG}(\tilde{\boldsymbol{H}}^{(m-1)}),h_{z_{\leqslant t}}^{(m-1)}];\theta) \quad (5\text{-}47)$$

式中，“[· , ·]”表示按照序列长度进行的拼接操作。在图 5-34 中，我们以排列“3,2,4,1”为例，分别示意了分段递归模式下，查询流注意力和内容流注意力机制的工作方式。其中，图 5-34a 中的虚线表示在计算当前位置的查询特征时，只能使用自身的位置信息但不得使用自身的内容信息。

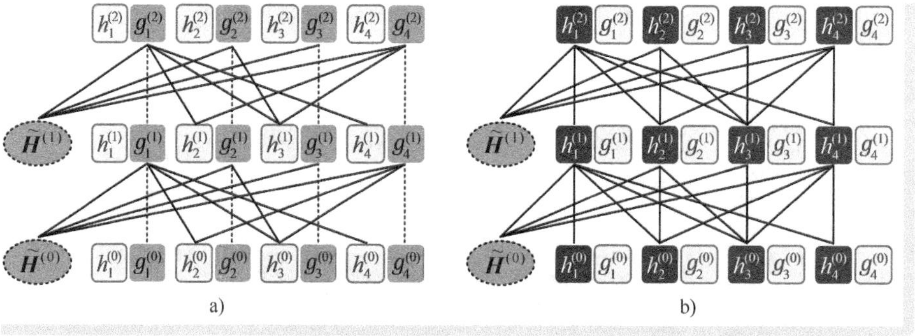

● 图 5-34　分段递归模式下查询流注意力与内容流注意力工作模式示意

a）查询流注意力　b）内容流注意力

XLNet 的第三个法宝为使用更多的数据。模型结构设计优秀了，剩下就是给模型注入充足的“燃料”，让模型动起来了。这里，模型所需的“燃料”自然就是语料数据。XLNet 模型的语言模型预训练用到了 BooksCorpus、英语维基百科、Giga5、ClueWeb 2012-B 和 Common Crawl 五个大型语料库，训练用纯文本语料的总规模超过 150GB。150GB 的纯文本可不是一个小数字，要知道 BERT 在训练掩膜语言模型时仅用到 BooksCorpus 一个语料库，XLNet 用到的语料规模是其 10 倍以上。也正是因为这一原因，很多人认为 XLNet 能够超越 BERT，模型的优化设计起到多大作用不好说，但是大规模的训练数据一定起到“大力出奇迹”的效果。

到这里，我们对 XLNet 模型的讨论就告一段落了。可以看出，XLNet 将诸多有利的因素进行了有机整合，涉及的内容还是相当多的。总体来看，XLNet 的核心要点包括三个方面：第一，巧妙地利用排列机制，提出了兼顾自回归和自编码语言模型优点，同时又摒弃二者缺陷的排列语言模型，实现了语言上下文依赖关系的建模，这也是 XLNet 的最大贡献；第二，借助 Transform-XL 分段递归和相对编码机制，使得模型能够接受不限长度的序列作为输入，大幅提升模型处理长文本的能力；第三，在语言训练阶段给模型“喂入”尽可能多的数据，使得模型能够“阅尽天下之书”。

5.4.4 RoBERTa 与 ALBERT：“鲁棒版 BERT”与“瘦身版 BERT”

BERT 在 NLP 预训练领域“火”了之后，基于 BERT 的预训练模型可谓层出不穷。在这些模型构造的过程中，有些学者从训练数据、参数选择、训练方法等诸多方面开展全面优化设计，通过精心调优深挖 BERT 的潜力，从而进一步强化 BERT 模型的能力；还有一些学者认为 BERT 性能虽好，但是体量还是过于庞大，于是展开了针对 BERT 的“瘦身”操作。试图使其变得轻量化，从而谁都能用得起，到哪都能跑。我们即将介绍的两个模型 RoBERTa 和 ALBERT，便是上述两种思路下的经典作品，接下来我们就分别看看这两种 BERT 模型。

1. RoBERTa：“鲁棒版 BERT”

2019 年 7 月，Yinhan Liu 等[14]10 名来自 Facebook AI 的学者提出了一种“鲁棒优化 BERT 的方法”(Robustly optimized BERT approach，RoBERTa)，使得 BERT 在诸多自然语言理解任务上的表现有了进一步提升，其性能完胜当时所有的“后 BERT”模型。准确地讲，RoBERTa 不是一种新的预训练模型，而是一套针对 BERT 的优化方法。因此在模型层面，RoBERTa 的本质就是 BERT，但却是一个经过一系列精心优化得到的高性能 BERT。

在正式介绍 RoBERTa 的优化手段和效果之前，我们需要简单做以说明。在 RoBERTa 的原文中，学者们的工作包括了三个阶段。第一阶段为基于 BERT-Base 架构进行的各类优化操作的尝试和分析，旨在论证哪些优化操作是有效的；第二阶段才真正构造 RoBERTa 模型。在该步骤中，使用的架构从 BERT-Base 变为 BERT-Large，一方面先把模型规模“拉满”，不在规模上“留余地”，另一方面更是为了和具有最好性能的原生 BERT 作对比。在该步骤中，直接应用第一步的探索得到四种有效的优化方法，并增加了对数据量和迭代轮数两个新因素的考量。因此，准确地讲，只有基于 BERT-Large 架构、应用了六个（第一阶段评估了四个，第二阶段评估了两个）优化手段构造的模型才是 RoBERTa 模型；第三阶段即针对 RoBERTa 进行实验对比，考察其在诸多自然语言理解任务上的表现情况。图 5-35 即为 RoBERTa 三个阶段工作的示意。在下文中，我们将第一阶段和第二阶段合并，重点介绍 RoBERTa 所采取的六个优化手段，随后我们也会简单介绍 RoBERTa 在对接自然语言理解下游任务时的表现。

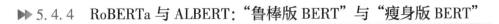

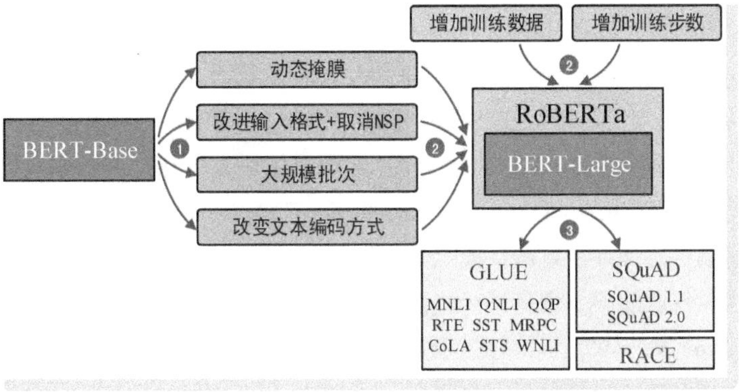

● 图 5-35 RoBERTa 三个阶段工作的示意（圆圈标号即对应三个阶段）

第一个优化即使用动态掩膜。和 BERT 相同，RoBERTa 的预训练目标同样是掩膜语言模型，故需要随机的对输入语句中的词汇进行遮掩操作。在原生 BERT 中，这些遮掩操作是在线下完成的，即将同一个训练语句复制多份，然后针对其做不同随机遮掩，从而得到诸多版本的“完形填空”试题。但是，这种离线模式需要占用大量的存储空间。RoBERTa 所做的改进就是将 BERT 的离线掩膜操作改为在线动态模式，即在模型训练读取训练语句时，才在语句的随机位置进行“<MASK>”替换。当然，笔者个人认为将动态掩膜视为一项优化着实有些牵强。毕竟 BERT 的做法本身就太过死板，无谓的占用了大量硬盘空间。与之接近的在线数据增广等操作早已被广泛使用，RoBERTa 的做法实际上是“纠偏”。另外，RoBERTa 使用的“动态掩膜”和“静态掩膜”两种提法也是令人迷惑的，第一印象总让人觉得是算法层面的创新，但实际上二者仅仅涉及数据组织形式方面的问题。

第二个优化即改进输入格式并取消下句预测。原生 BERT 支持双句输入，预训练包括了掩膜语言模型和下句预测任务训练两个目标。膜语言模型训练的重要性不言而喻，但是下句预测训练的必要性却饱受争议。针对下句预测任务的训练，原生 BERT 以 0.5 的概率从同一文档中抽取连续的两个语言片段作为正样本，以 0.5 的概率从不同的文档随机抽取两个语言片段拼接后作为负样本，下句预测训练的目的旨在让模型学习语言的连贯性——通过训练使得模型能够正确判断第二个片段是否为第一个片段的连续下文片段。为了考察两个语句形式对结果的影响，以及开展下句预测训练是否必要，RoBERTa 构造了四种模式并对其进行实验对比。其中，第一种模式为“Segment-pair+NSP”。该模式与 BERT 采取的模式相同，即双片段拼接输入并进行下句预测训练。这里，我们首先需要区分“片段”（segment）和“语句”（sentence）两个不同概念。前者是指连续的“一片”语言，其中可能包括多个自然语句，而后者就是指以标点符号分割的自然语句；第二种模式为“Sentence-pair+NSP”，即双语句拼接输入并进行下句预测训练。该组合在形式上与第一种组合基本一致，仅是将片段改为语句。既然是语句，就意味着双句拼接的长度不太可能超过 512 的长度限制（很少有两个自然语句拼在一起超过 512 个词的，否则会“喘不上气”）。故在这种模式中，RoBERTa 通过增加批次样本数量保证输入的规模；第三种模式为“Full-sentences”。在该模式下，RoBERTa 以连续方式从一个或多个文档中抽取完整语句进行拼接，直到长度达到 512 这一最大长度限制为止。连续语句的抽取可以跨越文档边界，当跨越文档边界时，RoBERTa 会在对应位置插入“<SEP>”标识符作为分割标识。除此之外，在该模式中不进行下句预测的训练；第四种模式为“Doc-sentences”。与“Full-sentences”类似，在该模式中，RoBERTa 也是进行连续语句的抽取与拼接，但是不同的是，本模式不允许跨越文档边界。那么形成拼接序列的长度不满足 512 时（即达到文档结尾还未达到允许的序列最大长度），则 RoBERTa 会自动扩充一个批次。同样，“Doc-sentences”模式不包括下句预测的训练。RoBERTa 按照上述四种模式构造四个预训练模型，分别在 SQuAD、MNLI-m、SST-2 和 RACE 四个自然语言理解公开任务/数据集上进行微调和对比测试。结果表明，“Full-sentences”和“Doc-sentences”两种模式的效果最优，这即意味着针对下句预测的训练不是必需的。而在上述两种模式中，“Doc-sentences”表现最优，故被 RoBERTa 最终采用。

第三个优化即增大批次规模。诸多神经机器翻译的工作已经表明，当学习率适当提高时，使用大的批次规模（batch size，即一次性训练输入给模型的序列数）进行训练可以提高优化速度，也能够提升最终任务性能。原生 BERT 的批次规模为 256，训练执行 100 万步。以梯度累积作为计算量的评估，上述 BERT 的训练模式等同于以 2000 的批次规模执行 12.5 万步训练，也等同于以 8000 的批次规模执行3.1万步训练。那么在相同的计算量下，上述三个批次规模中，哪一种训练出的模型更好呢？RoBERTa对该问题进行了测评（为与BERT进行对比，都使用BooksCorpus和英语维基百科两个语料库），结论是批次规模大的模型的效果好。当然，就RoBERTa给出的指标来看，笔者认为上述结论稍显牵强，尽管"2000+12.5万"的训练规模设定的确最优，但是"8000+3.1万"反而输给了BERT的"256+100万"。但是话又说回来，也可能是不同的学习率造成的差异……关于这个问题这里我们不做过多纠结。毕竟后续有很多预训练模型都采纳了大批次规模这一做法，例如，很多大模型的训练批规模达到百万级别，至少增加批次规模能够加快模型的收敛速度是毋庸置疑的。

第四个优化即改变文本编码方式。语言处理的粒度选择对于NLP模型来说至关重要——粒度太小则语义表达能力不足且词典过大，而粒度太大又容易造成OOV问题。将输入序列加工为模型所能接受的粒度即为所谓的符号化操作。目前，很多预训练模型都是采用基于字节对编码（Byte Pair Encoding，BPE）的子词构造技术来实现输入序列的符号化。BPE通过不断统计相邻字符在序列的出现频率，来考察其是否适合作为一个整体符号独立存在。按照粒度进行分类，常用的BPE包括字符级（character-level）和词汇级（word-level）等形式。原生BERT即使用字符级BPE，词典中包括约3万的词汇，其中的字符均为Unicode双字节编码表示。RoBERTa认为BERT的符号化粒度还是过大，无法克服很多稀有词汇，容易产生"OOV"的问题。为了解决上述问题，RoBERTa借鉴了GPT-2.0的做法，使用力度更小的字节级BPE（byte-level BPE）进行输入的符号化表示和词典构造，从而词典的规模增加至大约5万。几位作者坚信基于字节级BPE的符号化能够提升模型性能，但是针对其的实验和对比还有待进行。

第五个优化即增加训练数据。增加训练数据，无疑是提升模型性能最鲁棒的手段之一，RoBERTa的作者们自然也是这么想的。BERT在的预训练中，使用了BooksCorpus和英语维基百科两个语料库，二者拥有的词汇量分别为8亿和25亿，语料总规模大约为16GB。而RoBERTa使用的预训练数据，除了包括BERT用到的BooksCorpus和英语维基百科之外，进一步增加了CC-News（76GB）、OpenWebText（38GB）和Stories（31GB）三个语料数据集，总的数据规模较BERT扩大了10倍，达到惊人的161GB。图5-36示意了RoBERTa使用四个语料数据集的规模和比例。其中，我们对BERT使用的数据集进行了特殊标注。

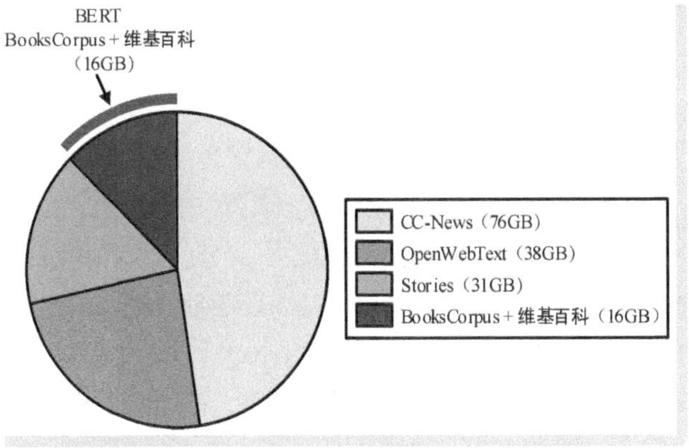

● 图5-36 RoBERTa使用四个语料数据的规模和比例示意

第六个优化即增加训练步数。该优化步骤与增大批次规模是相辅相成的，都是为了让模型见过更多的数据，使得训练更加充分。RoBERTa 对采用不同规模训练数据和不同训练迭代步数对模型性能的影响进行了综合评估，该评估以预训练模型适配 SQuAD、MNLI-m 和 SST-2 三个下游任务的成绩为标准。RoBERTa 以递进方式组织测评，包括如下三组核心实验：第一组实验验证“优化 1~4+优化 6”的有效性。针对 BERT 采用的 16GB 语料库，RoBERTa 分别将批次规模和训练步数设定为 8000 步和 10 万步。结果表明，RoBERTa 相较原生 BERT-Large 模型，性能具有明显提升。该结果表明，将第一阶段确定的四种优化方法（优化 1~4）与增加训练步数（优化 6）相结合，在提升模型性能方面卓有成效。该实验事实上也证明了 RoBERTa 比 BERT 效果好，不是仅靠“堆数据”得来的；第二组实验验证“优化 5”的有效性。RoBERTa 将训练数据“拉满”至 161GB，同样采用 8000 样本的批次规模和 10 万的训练步数，测评结果显示，模型效果相较 RoBERTa 在第一组实验中的表现有进一步提升。这说明增加训练数据（优化 5）就能够有效提升模型性能；第三组实验验证“优化 6”的有效性。RoBERTa 保持 161GB 的训练数据规模和 8000 的批次规模不变，分别将训练步数增加到 30 万步和 50 万步。实验结果表明，RoBERTa 模型性能在第二组实验的基础上再次提升，且随着训练步数越多，效果越好。上述三组实验递进做完，RoBERTa 已经“满配”，性能也达到最优。

最后我们简单看看 RoBERTa 在自然语言理解下游任务中的表现。按照我们上文介绍的“顶配”优化方法，RoBERTa 将得到的预训练模型在 GLUE、SQuAD 和 RACE 三大自然语言理解公开任务/数据集上进行微调适配实验。其中，GLUE 包括了 MNLI、QNLI、QQP、RTE、SST、MRPC、CoLA、STS 和 WNLI 九个子任务，而 SQuAD 包括 1.1 和 2.0 两个版本。针对 GLUE，RoBERTa 采取了两种不同模式的微调设置。其中，第一种模式为基于 GLUE 训练数据集、针对九个子任务分别进行的独立微调适配。在该模式下，RoBERTa 在所有子任务上都超越了 BERT-Large 和 XLNet，博得“满堂彩”；第二种模式为基于 GLUE 积分榜测试数据集进行的模型微调。在该组实验中，所有参评的其他模型都进行了多任务微调。在该模式下，RoBERTa 在全部的九个子任务中获得四个冠军，并且平均得分最高。在针对 SQuAD 和 RACE 的测评中，除了在个别指标上略逊于 XLNet 模型之外，RoBERTa 在其他的指标上均超越了 XLNet 等参评模型。

到此，我们对 RoBERTa 模型的讨论就告一段落了。可能有读者会认为 RoBERTa 没有什么创新之处，不值得去讨论。的确，RoBERTa 确实没有提出什么新架构、新理念，就连其作者们也承认这一点，在其文章中一再谦虚强调自己做的是一件重复性研究（“replication study”一词在文中出现了四次）。但是，我们认为 RoBERTa 还是非常值得研究的，原因有三：第一，RoBERTa 构建了预训练模型性能的新基线。RoBERTa 将预训练模型的性能提到一个新高度，后续诸多模型都是将 RoBERTa 作为比超对象。仅凭这一点，我们认为 RoBERTa 对领域的发展带来很大的促进作用。第二，RoBERTa 的优化方法为后续模型提供了思路。RoBERTa 使用的大批次、长时间训练等看似简单的操作，都被后续预训练模型采纳。事实也证明这些操作用的确有效。特别是在希望模型的性能指标再往上走那么一点点的“紧要关头”，RoBERTa 提出的调参方法往往立竿见影。第三，RoBERTa 的优化方法为工程化应用提供了思路。调参工作往往是绝大多数从业者的日常工作，笔者的工作亦是如此。在实际工程化应用中，“能 work”“效果好”才是第一要务。我们虽不能像大咖那样提出新模型，但是能把参数调好，让模型好用也是大功一件。RoBERTa 使用的诸多优化方法针对很多任务来说是真的管用，都可以作为我们日常调参工作的参考和指导。

2. ALBERT：“瘦身版 BERT”

为了追求模型的效果，NLP 预训练模型的规模越来越大。但是增大模型规模在给效果带来提升的同时，也给模型的训练、部署所需的计算机资源提出了更高的要求，很多模型甚至大到在一般的硬件上根本无法加载，人们直呼“玩不起”。2019 年 9 月，时任谷歌研究员的蓝振忠（Zhenzhong Lan）老师[15]连同另外 5 名来自谷歌研究院和芝加哥丰田技术学院（Toyota Technological Institute at Chicago，TTIC）的学者联名发文，提出一种“轻量化 BERT”架构（A Lite BERT，ALBERT），大幅为 BERT“瘦身”，更加神奇的是 BERT“瘦身”后的性能还有大幅提升，不禁让人拍手称奇。ALBERT 的核心工作可以用“2+1”来表示——“2”即 ALBERT 为了解决 BERT 模型存储占用过高、训练时间太长的问题，提出的两种消减模型参数的方法；“1”则表示在其开展的一项预训练优化工作。

ALBERT 所采取第一个消减参数量的方法为降低符号嵌入操作的参数规模。在原文中，该工作被称为“factorized embedding parameterization”，即“因子化的嵌入参数”。我们知道，任何预训练模型都会对输入词汇进行嵌入操作，且词嵌入向量的维度也往往和模型内部特征维度保持一致，该维度我们在 Transformer 中用 d_{model} 表示，在 BERT-Base 模型中，$d_{\text{model}}=768$，而在 BERT-Large 模型中，$d_{\text{model}}=1024$。词嵌入通过用使用独热编码从嵌入矩阵中“抽行”得到，嵌入矩阵维度为 $|V|\times d_{\text{model}}$，其中 $|V|$ 为词典中的词汇数量，例如，在 BERT 中，$|V|\approx 30000$。以 BERT-Lage 模型为例，词嵌入矩阵的参数量约为 3000 万。但是有研究表明，模型内部特征和词嵌入特征关系不大，故词嵌入特征可以使用一个较小的维度，我们将其记作 d_{word}。秉承这一思路，ALBERT 针对词嵌入矩阵瘦身的方法非常简单——先用一个 $|V|\times d_{\text{word}}$ 维矩阵将 $|V|$ 维独热编码变换为 d_{word} 维嵌入向量，然后再利用一个 $d_{\text{word}}\times d_{\text{model}}$ 维矩阵，将该向量变换回模型所需的 d_{model} 维向量输入。这样一来，原本的一个大参数矩阵变为两个小参数矩阵，改进后的词嵌入操作参数量为 $|V|\times d_{\text{word}}+d_{\text{word}}\times d_{\text{model}}$。容易看出，当 $d_{\text{word}}\ll d_{\text{model}}$ 时，模型词嵌入矩阵的参数量将大幅降低。例如，在 ALBERT 中，作者们经过对比分析，认为 $d_{\text{word}}=128$ 是一个合理的取值。在这一设定下，BERT-Base 词嵌入操作所需的参数量降低至 397 万。

ALBERT 所采取第二个消减参数量的方法即跨层参数共享（Cross-layer parameter sharing）。我们在分析 Transformer 架构的参数量时就已经提到，Transformer 编码器中注意力模块和全连接前馈网络才是参数“大户”，随着模型层数的不断增加，上述两个模块将导致模型参数总量的暴增。和这二者相比，上面针对词嵌入矩阵参数的消减简直就是“毛毛雨”。那么是否可以让这些编码器共享一份参数呢？2018 年 7 月，Mostafa Dehghani 等[16]来自阿姆斯特丹大学、DeepMind 和谷歌大脑的学者们提出了 Universal Transformer 模型，在其中提出了具有循环结构的 Transformer 架构。所谓循环结构，即不再像标准 Transformer 那样由多个不同的编码器层和解码器层堆叠构造编码器栈和解码器栈，而是分别只使用一个编码器层和解码器层，通过对其进行“将输出再作为输入”模式的循环调用，以共享权重的方式来完成对输入序列编码和解码操作，其中循环调用的步数即可视为是传统模型的层数。图 5-37 即为 Universal Transformer 循环编码器和解码器结构示意㊀。其中的“转换函数”（transition function）可以理解为是对注意力模块输出特征的进一步变换，可以以全连接前馈网络、可分离卷积等不同操作作为

㊀ 为了简化示意，我们在该图中省略了层归一化和残差连接结构。

其具体实现。在 ALBERT 模型中，作者们借鉴了 Universal Transformer 模型的参数共享机制，但由于 ALBERT 基于 BERT 模型，故只涉及图中虚线框所示的编码器部分，即将唯一一份多头自注意力模块和全连接前馈网络参数全局共享。当然，需要说明的是，一个编码器层循环调用 L 次与 L 个编码器层按照顺序进行调用，在计算量方面不会有区别，故 ALBERT 不会带来推理速度上的提升。

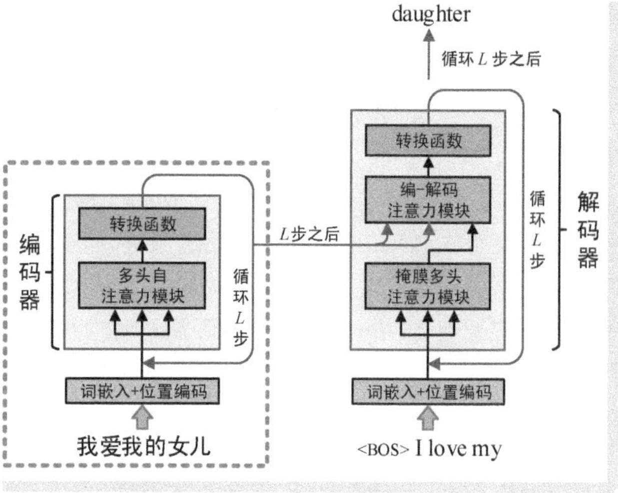

● 图 5-37 Universal Transformer 循环编码器和解码器结构示意（ALBERT 只采用虚线框中的编码器部分）

经过上述两个参数精简操作，ALBERT 的参数规模较原生 BERT 大幅降低。而节约下来的存储空间，可以用于增大内部特征的维度来使得模型更“宽”，从而保证模型的表达能力不发生下降。具体来说，ALBERT包括了四种不同规模的模型架构，其中 ALBERT-Base、ALBERT-Large，分别对标 BERT 同等规模的版本。为了进一步比较模型规模，作者针对 BERT 又构造了更大规模版本的模型 BERT-xLarge，针对 ALBERT 也构造了同等规模的版本 ALBERT-xLarge 与之对应。除此之外，还构造了一个更大规模的版本 ALBERT-xxLarge。图 5-38 示意了四种 ALBERT 模型的规模和参数量。其中，斜线后的参数表示与之对标 BERT 模型的对应参数。模型参数量这一关键参数我们使用加粗字体表示。从该图可以看出，相较于原生 BERT，ALBERT 模型在参数精简方面非常显著，特别是针对 BERT-Large 模型，ALBERT 的参数仅为其 1/18。另外，我们也可以从中看出，ALBERT 最大规模的版本——xxLarge 并不是以增加模型深度来扩大规模，相反，ALBERT-xxLarge 模型仅有区区 12 层编码器，反倒是内部特征的维度达到惊人的 4096 维，这是典型的“又浅又宽”的模型。事实上，很多预训练模型也都将模型“增宽”作为扩大规模的方式，如著名的 GPT-3. 0 即用到该方式。

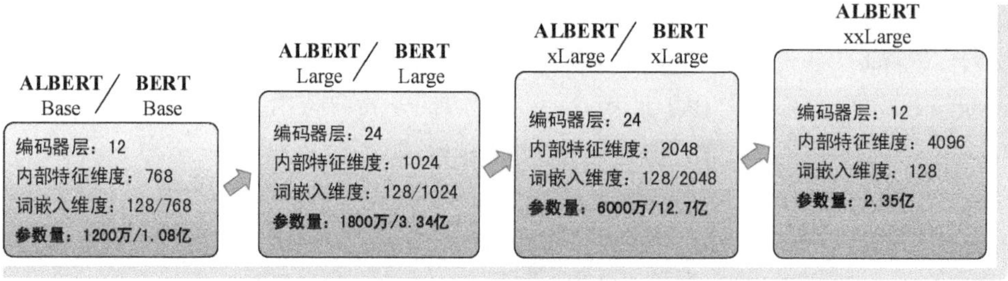

● 图 5-38 ALBERT 四种规模模型的参数对比示意

在预训练目标方面，ALBERT 也针对原生 BERT 提出了改进措施——以语句顺序预测损失（Sentence-order prediction）取代了原生 BERT 的下句预测损失。上文介绍的 RoBERTa 已经在预训练阶段变相取消了原生 BERT 的下句预测预训练任务，那么 ALBERT 算是正式将其“打入冷宫”——ALBERT 的作者们承认建模语句之间关系的必要性，但认为像 BERT 那样以“连续来自相同文档为正，来自不同文档则为负”为监督目标的下句预测方式却发挥不了太大的作用。故 ALBERT 以两个语句顺序的正确与否作为新的监督目标取而代之。具体来说，语句顺序预测任务的正样本与下句预测任务相同，即来自相同文档的连续语句。但是负样本则是通过对来自相同文档的连续语句交换顺序构造得到。例如，“因为我中午没吃饭，所以我很饿”是正样本，而“所以我很饿，因为我中午没吃饭”是负样本。我们可以认为，正样本具有人类正常语句该有的顺序，体现了人类正常的说话方式，而负样本则代表了“颠倒先生”所说的那些语无伦次的不正常语句。

最后我们看看 ALBERT 模型实验对比的相关内容。与上文介绍的 RoBERTa 相同，ALBERT 也是在 GLUE、SQuAD 和 RACE 三大自然语言理解公开任务/数据集上进行微调适配和实验对比。如图 5-39 所示，ALBERT 的实验分为两大类㊀。第一类即为常见的性能对比实验，即和其他模型“比高低、比刷榜”；第二类实验为模型配置论证实验，即探索自身在什么配置下能够达到最好性能，该类实验与 RoBERTa 调优实验是类似的。第一类的性能对比实验又包括两组，其中，第一组实验在 ALBERT 与 BERT 之间展开，毕竟后者是前者的直接对标对象。在该组实验中，双方最主要的“参赛选手”分别是具有 2.35 亿参数量的 ALBERT-xxLarge 和具有 3.34 亿参数量的 BERT-Large。结论是：在 SQuAD v1.1、SQuAD v2.0、MNLI（GLUE 中的子任务）、SST-2（GLUE 中的子任务）和 RACE 五个具代表性的自然语言理解子任务中，ALBERT“碾压式”地完胜 BERT。即便是只有 6000 万参数量的 ALBERT-xLarge，其水平已经和 BERT-Large 持平，这就意味着 ALBERT 采用 1/5 的参数量达到了原生 BERT 的最高水平，这真是一个不得了的进步。另外，从该组实验中我们还能看到一个细节：生造出的“最大规模版 BERT”——BERT-xLarge，徒有 12.7 亿的庞大参数量，成绩竟然垫底，其表现反而不及更小规模的 BERT-Large，甚至不如最小规模的 BERT-Base。笔者认为这一结果是不正常的，也许是 BERT-xLarge 并未得到充分训练的缘故。第二组实验为正式的“刷榜”对比实验，毕竟超过了 BERT 只能证明参数精简有效这一结论，在 ALBERT 诞生之时，BERT 已经不再代表预训练模型的最高水平。在该组实验中，对比模型除了 BERT-Large，还进一步增加了 XLNet 和 RoBERTa 等“高手”。该组实验的任务设置

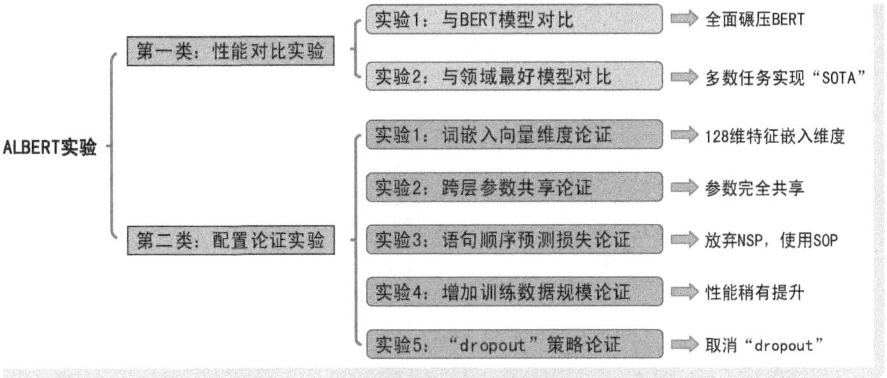

• 图 5-39 ALBERT 的实验设计及结论示意

㊀ 为了方便讨论，这里我们对实验进行了分类和分组，但与 ALBERT 原文给出的试验顺序不同。

和微调模式与 RoBERTa 类似，其中 ALBERT 也像 RoBERTa 那样增加了训练的步数，包括经过 100 万步和 150 万步训练的两个模型。针对 GLUE 任务/数据集的实验结论为：在针对九个子任务分别进行的独立微调适配模式下，ALBERT-1. 5M 获得九个任务全胜的战绩（其中在 QQP 和 MRPC 两个子任务上与 RoBERTa 打成平手），ALBERT-1M 相较 ALBERT-1. 5M 虽有差距，但表现也十分出色。这一结果除了证明 ALBERT 本身在模型层面所具有的优势之外，也再次证明了增加训练步骤能够带来性能提升这一结论；在基于 GLUE 积分榜测试数据集进行的模型微调模式下，ALBERT 在九个任务中获得六个冠军，并且九个任务的平均得分最高；针对 SQuAD（包括 v1. 1 和 v2. 0 两个版本）和 RACE 两个任务/数据集的实验对比中，ALBERT 在所有子任务上获胜。第二类的模型配置论证实验包括五组具体实验。前三组实验分别对应 ALBERT 所做的三点改进措施，三组实验均基于 ALBERT-Base 架构开展。其中，第一组实验用来确定词嵌入向量维度。由于只评估词嵌入向量的维度，故作者们将跨层共享参数与各层独立参数两种架构都纳入了测评，每种架构又分别考察了词嵌入向量维度在 64、128、256 和 768 四种维度下的表现。结论为：在不进行参数共享（即标准 BERT 模式）时，词嵌入向量维度越大越好，但是优势非常微弱，即便是采用 64 维和 128 维的短向量，效果也完全可以接受，这就再次证明了词嵌入与模型特征在维度上关系不大这一结论；在跨层参数共享模式下，128 维效果最佳。最后经过综合考量，ALBERT 选择 128 维作为其最终特征嵌入维度，这一结论我们已经在前文中直接使用。这一结果很好理解，毕竟 ALBERT 消减参数最主要的举措就是跨层参数共享，故该模式下的最优结果有着“最高话语权”。第二组实验用于论证跨层参数共享的有效性。既然考察对象是跨层参数共享，那么词嵌入维度这次又成为可变因素，故 ALBERT 又分别在 768 和 128 维两个词嵌入维度下开展对比，每种模式又包括了只共享注意力模块参数、只共享全连接前馈网络、参数完全共享和参数完全不共享四种具体设定。实验结论是：在不同词嵌入维度下，无论采用哪种共享模式，甚至是根本不进行跨层参数共享，模型效果之间的差异都极其微小。既然如此，ALBERT 自然选择参数精简最显著、实现也最简单的参数完全共享模式。第三组实验论证了语句顺序预测损失的有效性。在该组实验中，作者们对比了不做语句预测、下句预测和语句顺序预测三种模式下的预训练模型性能。结论是 ALBERT 使用的语句顺序预测任务能够显著提升预训练模型的效果。第四组实验用来论证增加预训练数据必要性。我们可以看到增加数据可以给模型性能带来较小的提升，但是在少量任务上不升反降。第五组实验用于考察是否使用“dropout”策略。结论为取消“dropout”策略，特别是 ALBERT 还得到了取消“dropout”策略能够显著提升掩膜语言模型训练效果这一结论。

最后，我们对 ALBERT 进行简单的总结。客观地讲，如果单单看创新性，ALBERT 并没有提出多么亮眼的创新，故在很多人的眼里，ALBERT 属于“老瓶装新酒”。但是，我们认为 ALBERT 瞄着 BERT“瘦身”这一目标稳扎稳打，其工作无疑是成功的。该工作对整个领域，尤其是工业应用领域的贡献也是巨大的。“瘦身”后的 BERT 在性能上还能如此之好，也足见作者们的功力深厚。除此之外，几位作者在针对的实验设计与对比方面做了扎实的工作，同样非常值得我们学习。

5. 4. 5 MASS、BART 与 UniLM：序列到序列的模型

NLP 是一个相对宽泛的概念。按照任务属性，NLP 任务一般又被分为自然语言理解（Natural Language Understanding，NLU）和自然语言生成（Natural Language Generation，NLG）两大类。其中，

自然语言理解重在理解，其核心任务包括：从语言文本中抽取实体、关系、事件等有用信息供下游任务使用；对语言组成元素——字、词、短语以及语句进行有效的特征学习与表达；针对文本开展感情色彩和其他属性的判别；对文本中的词汇进行属性标注；围绕文本进行信息检索与推理等。简而言之，自然语言理解是围绕让计算机理解人类自然语言和文字这一终极目标开展的各类分析工作，我们上文介绍的文本分类、自然语言推理、抽取式问答、命名实体识别等诸多任务均属于自然语言理解的范畴；自然语言生成任务旨在生成。相较于语言理解，其核心任务就显得非常“纯粹”——让计算机能够产生人类可以理解的自然语言。最常见的生成方式莫过于文本到文本的生成，例如，机器翻译、文摘生成等均属于典型的文本到文本生成任务。广义的自然语言生成还包括跨模态生成任务，例如，“看图说话”（Image Captioning）就是典型的由图像到文本的生成应用。

在 Transformer 诞生后，NLP 领域诞生了诸多基于 Transformer 架构的预训练模型。在这些预训练模型中，BERT 和 GPT 是其中最为突出的两种。二者皆是基于 Transformer 架构，只不过前者取了 Transformer 的编码器部分，而后者应用了 Transformer 的解码器部分。在两种模型中，BERT 属于自编码语言模型，而自编码语言模型核心要务为“编码”——为输入序列中的词汇构造特征表达，为的是为下游的自然语言理解任务提供优质特征，因此更加适合自然语言理解任务，BERT 在各类自然语言理解任务上“刷榜”就充分证明了这一点；GPT 属于自回归语言模型，自回归语言模型利用前文预测下一词汇，更加符合诸如机器翻译等逐词预测的任务模式，因此在形式上更加适合自然语言生成任务。但是，由于只使用了 Transformer 的解码器，缺少了编码特征的支持，特别是缺少了从编码器到解码器间的注意力作用，GPT 在自然语言生成任务上的表现也不尽如人意。为了语言生成，我们能不能把 BERT 和 GPT 硬性拼在一起，让 BERT 负责编码，让 GPT 负责生成呢？答案自然是否定的，各自的架构在各自的训练目标下进行独立训练，难以做到“步调一致”，特别是跨在编码器和解码器之间的注意力模块根本无法得到有效训练。如此“生拉硬拽”得到模型自然不会有好的效果。

自然语言生成是典型的序列到序列（Sequence to Sequence，以下简称为“Seq2Seq”）任务，那么我们是否可以构造一个 Seq2Seq 模型，来专门作为自然语言生成的预训练模型？在下文中，我们就介绍三个经典的 Seq2Seq 模型：MASS[17]、BART[18] 和 UniLM[19][20]㊀。三个模型均诞生于 2019 年，其中 MASS 和 UniLM 两个模型均为微软出品，而 BART 则是由 Facebook AI 打造；MASS 模型旨在为语言生成任务打造预训练模型，而 BART 和 UniLM 则更加有“野心”——试图在自然语言理解和自然语言生成两大类任务上做到“通吃”。

1. MASS：序列到序列预训练模型的开始

我们讨论的第一个模型为 MASS 模型。MASS 的全称为“MAsked Sequence to Sequence pre-training”，即“掩膜序列到序列预训练”模型。该模型诞生于 2019 年 5 月，作者是 Kaitao Song 等[17] 五名来自微软和南京大学的学者。MASS 模型旨在为各类语言生成下游任务提供预训练模型。在模型架构方面，相较于 GPT 的只用 Transformer 解码器和 BERT 的只用 Transformer 编码器，MASS 使用了完整的 Transformer 编码器-解码器架构，通过一体化训练，使其能够有效应对自然语言生成任务。和其

㊀ 微软先后提出了两个版本的 UniLM 模型，先后于 2019 年 5 月 8 日和 2020 年 2 月 28 日在 arXiv 上首发。故实际上针对 UniLM 我们会分析两个版本的模型，分别用“UniLM-1.0”和“UniLM-2.0”作为两个版本 UniLM 的简称。

他预训练模型类似，MASS 的工作也分为模型预训练和下游语言生成任务适配两块主要内容。结果表明，MASS 作为预训练模型，在机器翻译、文摘生成和会话响应生成三大类自然语言生成任务的八个公开数据集上，成绩均超越了基线模型。图 5-40 为 MASS 编码器-解码器架构示意。

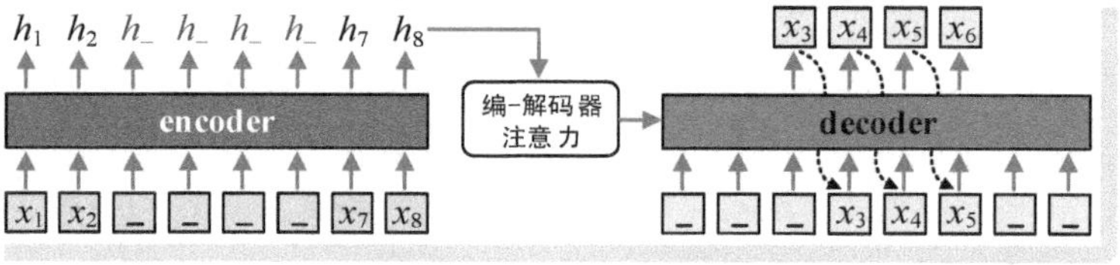

● 图 5-40　MASS 的编码器-解码器架构示意（其中“_”表示被遮掩词汇）

首先我们再来简单回顾一下 Seq2Seq 模型。Seq2Seq 模型也称为序列转换模型，即给定一个长度为 T 的输入序列 $\boldsymbol{x}=\{x_1,\cdots,x_T\}$，Seq2Seq 模型产生一个长度为 T' 的目标序列 $\boldsymbol{y}=\{y_1,\cdots,y_{T'}\}$ 作为其对应的输出，当 $\boldsymbol{x}$ 和 $\boldsymbol{y}$ 为不同语言时，Seq2Seq 模型完成的就是机器翻译任务；当 $\boldsymbol{x}$ 和 $\boldsymbol{y}$ 为同种语言时，$\boldsymbol{y}$ 则可以认为是 $\boldsymbol{x}$ 的另外一种表述，例如，$\boldsymbol{x}$ 为一篇文章，$\boldsymbol{y}$ 为与之对应的摘要等。Seq2Seq 模型进行序列转换的概率模型可以表示为 $p(\boldsymbol{y}|\boldsymbol{x};\theta)$，其中 θ 为模型参数。针对一个平行语料库，可以构造对数似然函数 $\mathcal{L}(\theta;(\boldsymbol{X},\boldsymbol{Y}))=\sum_{(\boldsymbol{x},\boldsymbol{y})\in(\boldsymbol{X},\boldsymbol{Y})}\log p(\boldsymbol{y}|\boldsymbol{x};\theta)$ 作为模型优化的目标函数，其中 $(\boldsymbol{X},\boldsymbol{Y})$ 表示平行语料，$(\boldsymbol{x},\boldsymbol{y})\in(\boldsymbol{X},\boldsymbol{Y})$ 为其中的一组语句对。针对条件概率 $p(\boldsymbol{y}|\boldsymbol{x};\theta)$，我们可以利用连式法则对其进行因子化表示，即 $p(\boldsymbol{y}|\boldsymbol{x};\theta)=\prod_{t=1}^{T'}p(y_t|y_{<t},\boldsymbol{x};\theta)$。在编码器-解码器架构中，编码器读取输入序列并将其表达为某种中间特征表示，而解码器则按照上述中间表示和已经生成的词汇，以自回归的方式，通过预测下一个词汇的条件概率，来确定该输出什么词。

接下来我们来讨论 MASS 模型的预训练。MASS 模型的预训练即构造一个具有编码器-解码器架构的 Seq2Seq 模型，使得其在得到一个存在遮掩片段的输入序列时，能够预测出该被遮掩的片段。具体来说，MASS 是受到 BERT 掩膜语言模型的启发，在编码器的输入端，首先对输入进行遮掩操作，但是与 BERT 随机遮掩个别单词不同，MASS 一次性遮掩一个连续片段：设 $\boldsymbol{x}=\{x_1,\cdots,x_T\}$ 为一个长度为 T 输入序列，MASS 将其中第 u 个词到第 v 个词之间的片段进行遮掩，其中 $0<u<v<T$。我们将被遮掩的片段和具有遮掩的整个序列分别记作 $x^{u:v}$ 和 $x^{\setminus u:v}$。例如，在图 5-40 的示例中，输入的序列为 $\boldsymbol{x}=\{x_1,\cdots,x_8\}$，遮掩操作从第 3 个词汇开始，到第 6 个词汇结束，故有 $u=3$、$v=6$；被遮掩的语句片段 $x^{u:v}$ 即为“$x_3x_4x_5x_6$”；具有遮掩的输入序列 $x^{\setminus u:v}$ 即表示“x_1x_2<MASK><MASK><MASK><MASK>x_7x_8”㊀。MASS 的预训练目标即为基于被遮挡的原序列预测被遮挡的片段，目标函数可以表示为最大化如下对数似然函数

$$\begin{aligned}\mathcal{L}(\theta;(\boldsymbol{X},\boldsymbol{Y}))&=\frac{1}{|\boldsymbol{X}|}\sum_{x\in\boldsymbol{X}}\log p(x^{u:v}|x^{\setminus u:v};\theta)\\&=\frac{1}{|\boldsymbol{X}|}\sum_{x\in\boldsymbol{X}}\log\prod_{t=u}^{v}p(x_t^{u:v}|x_{<t}^{u:v},x^{\setminus u:v};\theta)\end{aligned}\tag{5-48}$$

㊀ 在 MASS 的原文中，被遮掩的词汇用符号“[M]”表示，但是这里为了和前文统一，我们仍然使用“<MASK>”标识符，二者无任何本质区别。

式中，$|\boldsymbol{X}|$ 为语料库中单语种语句的数量。从条件概率 $p(x_t^{u:v}|x_{<t}^{u:v},x^{\backslash u:v};\theta)$ 的形式可以看出三个要点：第一，$x_t^{u:v}$作为待预测词汇，其下标 t 从 u 遍历到 v，这就意味着 MASS 只预测被遮掩的片段。例如在图 5-40 的示例中，输入端片段“$x_3x_4x_5x_6$”被遮掩，则解码器就预测该片段，其他的词则不作预测目标；第二，上述条件概率体现了自回归模式的逐词预测模式——用“<MASK>”预测 x_3，用<MASK> x_3预测 x_4……用 $x_3x_4x_5$预测 x_6 ㊀，这一点与 GPT 模型是类似的；第三，条件概率的条件$x^{\backslash u:v}$即代表被遮掩的输入序列，在 MASS 的编码器-解码器架构中，具体表现为编码器针对输入序列构造的中间特征表示，如在图 5-40 的示例中的 $h_1\sim h_8$。将上述条件概率改写作 $p(x_t^{u:v}|x_{<t}^{u:v},h^{1:T};\theta)$ 会更加清晰。在解码器产生输出时，这些中间特征将作为解码器中的编-解码器注意力模块的键-值集合，供在词汇生成时进行特征的加权合成之用。

为了在预训练时“高标准、严要求”，MASS 对编码器和解码器的输入进行了“互补”式掩膜操作——编码器输入中被遮掩的片段在解码器输入中则不做遮掩，如以上示例中的“$x_3x_4x_5x_6$”。在这种训练要求下，就逼着编码器能挖掘未被遮掩词汇的语义，生成更加优质的特征表示供解码器使用；而编码器输入中不遮掩的片段，则在解码器输入中进行遮掩，例如，以上示例中的片段 x_1x_2和 x_7x_8。这么做的目的也是进一步使得编码器、解码器以及二者之间的注意力模块能够在训练中“共同进步”。例如，在图 5-40 的示例中，生成 x_3时，解码器的输入只有前面三个“<MASK>”，这就意味着解码器本身不能给 x_3的生成提供什么有效信息，真正能给生成带来帮助的反倒是通过注意力模块得到的编码器输出特征。简单来说，互补式遮掩的目的在于让编码器和解码器进入“互逼对方”的模式。这样一来，MASS 的预训练即以“端到端”的方式，一体化训练了一个针对片段的掩膜语言模型和一个前向的自回归语言模型。

至于 MASS 与 BERT、GPT 两个模型的关系，几位作者也给出了解读：MASS 是一种介于 BERT 和 GPT 之间的模型——在 MASS 模型中，$k=v-u+1$ 作为超参数，控制了被遮掩片段的长度。当 $k=1$ 时，即编码器只遮掩一个词汇，而解码器端在输入全部为“<MASK>”情况下、利用全部来自编码器的信息来预测上述被遮掩的词汇。这样一来，解码器-解码器的一体化训练就变为训练一个具有掩膜的编码器结构，而这便是 BERT 掩膜语言模型的训练目标。图 5-41a 示意了这一情形；另外一个极端即 $k=T$ 的情形，即编码器的输入全部都被遮掩。这样一来，编码器等于在无任何有效输入的状态下“胡乱”编码，解码器生成词汇就只能“全靠自己”，而这就是 GPT 前向语言模型预训练需要达到的训练效果。图 5-41b 示意了上

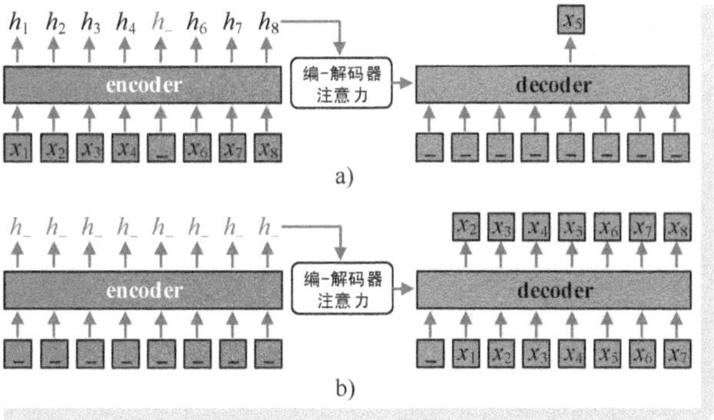

● 图 5-41　MASS 模型中 $k=1$ 和 $k=T$ 两种情况的对比示意

a）$k=1$ 的情形　b）$k=T$ 的情形

㊀ 至于参与预测的上文词汇是使用真值还是使用预测值，这属于是否使用“Teacher Forcing”预测模式的问题，需要了解相关内容的读者请参考第 4 章第 5 节内容。

述情形。

在预训练架构方面，MASS 的预训练模型使用了完整的 Transformer 编码器-解码器架构，其中编码器和解码器中均包含 6 层，模型内部特征向量的维度均为 1024 维，全连接前馈网络中隐含层的维度为 4096 维；在预训练数据方面，MASS 基于 WMT News Crawl 单一语种语料数据集进行模型预训练。数据集中的语料数据搜集自 2007—2017 年，涉及英语、法语和德语三种语言，三种单语语料库的语句数量 1.9 亿、6200 万和 2.7 亿。为了增加模型对低资源语言的支持，还增加了针对罗马尼亚语（Romanian）的预训练。具体来说，针对机器翻译任务，MASS 在上述四种单语种语料库上进行训练，而针对文摘生成和会话响应生成两种任务，则 MASS 只在英语语料库上进行模型预训练。为了让模型能够区分语种，MASS 模型在输入时也进行了语种嵌入操作；在词汇遮掩设置方面，与 BERT 类似，MASS 所有语句样本中，对其中 80%的语句进行遮挡处理，10%做篡改处理，另外的 10%则保持不变。在遮挡或篡改的语句中，MASS 选择其中随机位置、长度约为整个语句 50%的片段进行处理。

最后来我们来看看 MASS 模型的下游任务微调适配。MASS 对机器翻译、文摘生成和会话响应生成三类自然语言生成下游任务进行了微调适配和测评。其中，机器翻译任务又具体包括无监督机器翻译和针对低资源语言的有监督机器翻译两类。在无监督机器翻译中，由于缺少平行语料，MASS 基于上述单语种语料，采用反向翻译的方式构造出伪双语数据进行训练。在针对 WMT14 英语-法语、WMT16 英语-德语和英语-罗马尼亚语三组语言的共计六个机器翻译任务中，MASS 完胜多个现有的机器翻译模型，其中就包括了我们下文要介绍的 XLM 模型；在低资源语言有监督翻译任务中，MASS 从上述三个机器翻译数据集中分别抽取 1 万、10 万、100 万语句对，模拟低资源语言环境进行有监督机器翻译任务微调适配，结果表明，MASS 模型也超越了 XLM 模型；针对文本摘要任务，MASS 以 Gigaword 英文文摘语料库作为微调训练数据集，分别将文章和摘要作为编码器输入和解码器输入进行微调训练。测评结果也超过了其他两种模型架构；会话响应生成任务要求计算机能够对输入对话做出灵活响应。MASS 基于 Cornell 电影对话语料库作为训练数据进行微调训练，结果也表明 MASS 模型能够针对会话响应生成任务得到良好的效果。但是需要说明的是，笔者认为 MASS 在针对下游任务微调适配的细节并未给出太多的介绍，并且在模型对比方面也不算很充分，故这里我们也不做过多展开。

2. BART：序列去噪视角下的预训练模型

我们讨论的第二个模型为 BART 模型。BART 模型首次提出于 2019 年 10 月底，作者是 Mike Lewis 等[18]八名来自 Facebook AI 的学者。BART 模型的全称为“Bidirectional and Auto-Regressive Transformers”，从字面意思理解，即“兼有双向语言建模和自回归机制的 Transformer”。在架构方面，BART 继承了 Transformer 标准的六层编码器和六层解码器架构。其中，编码器和解码器扮演的角色与 MASS 中编码器和解码器的角色是类似的——编码器像 BERT 那样，利用掩膜机制建立双向语言模型，而解码器则像 GPT 那样以自回归的方式产生输出。BART 在文章中开宗明义，明确给出了其使用的编码器-解码器架构与 BERT 编码器架构、GPT 解码器架构在词汇预测模式方面的本质区别，上述三个模型的对比如图 5-42 所示。

在预训练阶段，BART 将预训练的目标定义为破坏文档恢复——在编码器-解码器架构中，编码器的输入即为被破坏的文档序列，而解码器输出的序列即为恢复后的文档序列。BART 在恢复文档与未经破坏文档之间构造交叉熵损失。“被破坏”等价于“有噪声”，因此 BART 对破坏文档进行恢复的过程，等价于针对带有噪声数据进行的去噪操作，BART 在文章题目中明确提到了“去噪”。在架构方面，BART 扮演的正是去噪自编码器的角色，故在很多文献对模型进行的细化分类中，BART 也被划分入去噪自编码语言建模的范畴。事实上，关于对文档的破坏，BART 大量借鉴了 BERT 的掩膜思路，毕竟遮掩也是破坏的一种，只不过 BART 眼里的破坏具有任意性，因此使用包括掩膜在内的更多破坏方法。具体来说，BART 使用的破坏方法有五种，包括：符号遮掩（Token Masking）、符号删除（Token Deleting）、文本填充（Text Infilling）、语句重排（Sentence Permutation）和文档轮换（Document Rotation）。

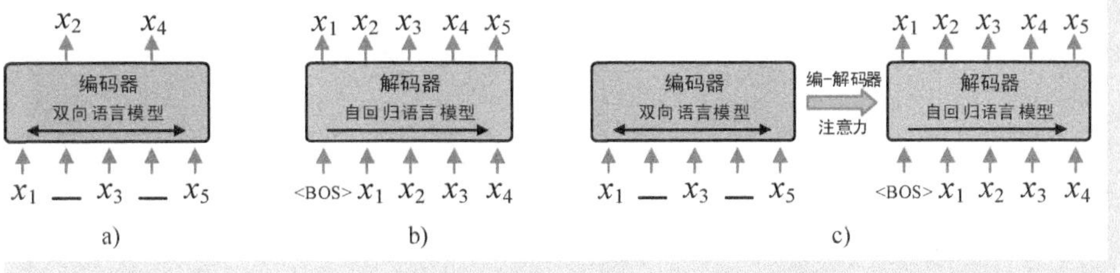

● 图 5-42 BART 编码器-解码器与 BERT 编码器、GPT 解码器架构的对比示意
a）BERT 的编码器架构 b）GPT 的解码器架构 c）BART 的编码器-解码器架构

下面我们结合一个简单的示例，对 BART 的上述五种破坏操作进行介绍。在该示例中，假设输入的文档内容为“$x_1x_2x_3.x_4x_5$”，其中包括两个语句：“$x_1x_2x_3$”和“x_4x_5”（注意个语句中间有句号分隔，句号也算作一个词汇）。在上述五种破坏操作中，符号遮掩与 BERT 的掩膜操作相同，即利用“<MASK>”标识符随机替换输入语句中的词汇。例如，我们随机选中 x_2 和 x_4 两个词汇，将二者均替换为“<MASK>”标识符，得到的新文档即“x_1<MASK>x_3.<MASK>x_5”。符号删除即随机从输入语句中删除词汇，要求模型必须知道在什么位置缺少了词汇。例如，在上例中，我们随机选中 x_1 和 x_4 两个词汇，直接将其删除，于是得到的新文档为“$x_2x_3.x_5$”。文本填充即随机将一段连续的词汇替换为一个“<MASK>”标识符，连续词汇的长度服从 $\lambda=3$ 的泊松分布。当连续长度为 0 就相当于插入一个“<MASK>”标识符。例如，在上例中，我们随机将 x_2x_3 两个连续词汇被替换为一个“<MASK>”标识符，在 x_4 和 x_5 之间插入一个“<MASK>”标识符，于是得到新文档“x_1<MASK>.x_4<MASK>x_5”。语句重排即将文档中的语句进行随机重新排列。例如，我们将语句“$x_1x_2x_3$”和“x_4x_5”交换顺序，得到新的文档“$x_4x_5.x_1x_2x_3$”。文档轮换即随机取文档中的一个词汇，使用循环移位的方式，将上述选中词汇之前的序列挪动到文档尾部，使得选中词汇排在新序列的第一位。例如，在上例中，我们随机选中词汇 x_3，然后将其前部的 x_1x_2 循环移动到文档最后，于是 x_3 成为文档的第一个词汇。文档轮换形成的新文档为“$x_3.x_4x_5x_1x_2$”。

在下游任务微调适配训练方面，BART 给出了其针对序列分类（Sequence Classification）、符号分类（Token Classification）、序列生成（Sequence Generation）和机器翻译四类任务进行模型微调适配的可能架构和方法。其中序列分类和符号分类即我们前文所说的文本分类和符号标注，二者分别代表了语句级和词汇级的分类任务，因此属于典型的自然语言理解任务；而序列生成和机器翻译则属于典型的自然语言生成任务。需要说明的是，从广义上讲，机器翻译也属于序列生成任务，但是在 BART 这里进行了区分。此处的序列生成特指生成式问答或文本摘要等任务，这些任务均为同语种的序列生成任务，而机器翻译则是跨语种的语言生成任务。BART 针对上述序列生成和机器翻译两类任务采取了不同的架构。图 5-43 示意了 BART 预训练模型应用于上述四类下游任务进行适配训练的架构。

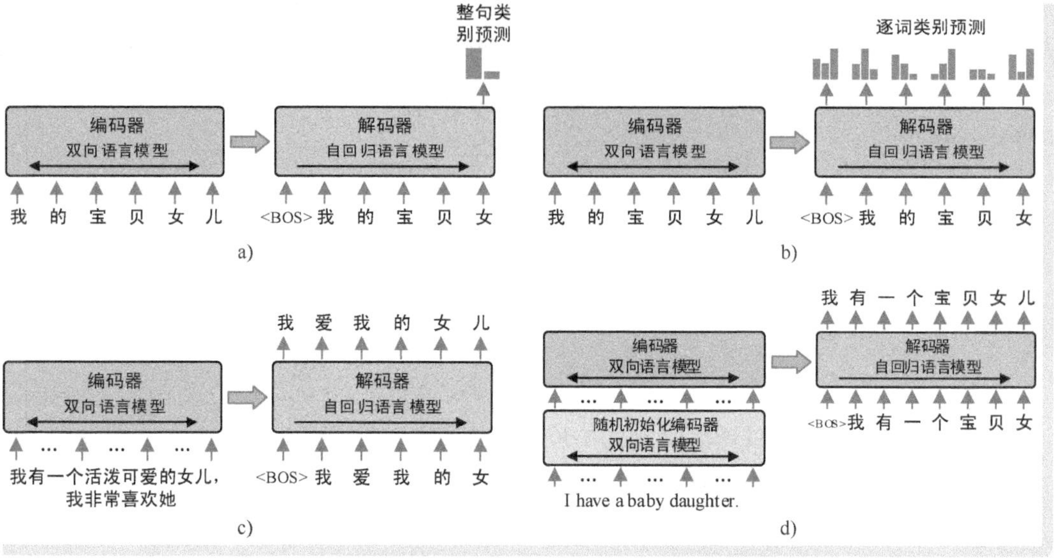

● 图 5-43　BART 下游任务适配训练的架构示意

a）序列分类任务　b）符号分类任务　c）序列生成任务　d）机器翻译任务

在图 5-43 中，图 5-43a 示意了 BART 针对序列分类任务的微调训练架构。在该架构中，BART 首先将输入语句同时输入编码器和解码器，解码器以自回归方式输出每个词汇对应的隐变量向量。BART 只接收其中最后一个隐变量向量作为整句的特征表示，然后通过构造线分类器（线性变换加 softmax 概率化）来实现序列类别的预测。在这里，取最后一个隐变量向量作为整个语句的语义代表是没有问题的，毕竟解码器以前向依赖的自回归方式运行，和 LSTM 类似，最后一个隐变量中已经“浓缩”了整个语句的语义。图 5-43b 示意了 BART 针对符号分类任务的微调训练架构。在该架构中，序列的输入方式与 BART 应对序列分类训练任务的输入方式是相同的，只不过 BART 获取解码器的所有输出隐变量作为每一个词汇的特征表示。然后针对这些特征构造分类器来实现词汇级的类别预测。在图 5-43c 中，我们以生成式摘要为例，示意了 BART 针对序列生成任务的微调训练架构。在该架构中，BART 将原文和目标摘要分别作为编码器和解码器的输入，其中编码器充分理解原文，并产生针对原文的中间向量表示，解码器则通过编-解码注意力机制“注意”这些原文语义，然后以自回归的方式生成摘要。事实上，在 BART 的视角中，文本摘要也可以视为是一类去噪工作：摘要是淹没在原文噪声中的精华，因此文本摘要所做的工作就是针对原文的“取精华”和“去糟粕”。图 5-43d 示意了 BART 对接机器翻译任务所采用的架构。在该架构中，BART 首先将原编码器的嵌入层替换为一个具有随机参数的新编码器，经过端到端的训练，该编码器实现源语句到 BART 可以开展去噪操作语句的初步过渡。具体来说，BART 针对机器翻译任务的微调训练分为两个步骤：在第一步训练中，大部分参数都被冻结，仅有新增编码器的全部参数、位置嵌入矩阵，以及 BART 原编码器第一层自注意力模块的线性变换矩阵三类参数会得到更新；在第二步训练中，再以少量的迭代步数对全部参数进行整体更新。

在 BART 采取的五种文档破坏模式中，到底哪种破坏或是破坏组合构造的预训练模型最为有效呢？为了回答上述问题，BART 以不同模式训练得到的预训练模型作为基础，构造针对 SQuAD（抽取式问答）、MNLI（自然语言推理）、ELI5（生成式问答）、SXum（新闻摘要任务）、ConvAI2（对话响应生成）和 CNN/DM（新闻摘要任务）六个公开任务/数据集的下游任务适配模型，以预训练模型在下游任务中的表现作为其评价标准。在上述六个公开任务/数据集中，针对 SQuAD 和 MNLI 两个任务/数据集，BART 分别采用上文介绍的符号分类和序列分类两种任务架构来应对；而针对其余四个任务/数据集，则采用上述序列生成任务架构作为其适配架构。测评的破坏模式有六种，包括上述五种破坏模式中的每一个单一模式，再加上“文本填充+语句重排”这一混合破坏模式；对比对象包括六个，包括：BERT-base（BERT 只用于完成自然语言理解任务，故只在 SQuAD 和 MNLI 上有结果）、GPT 使用的前向语言模型、XLNet 使用的排列语言模型、BERT 使用的掩膜语言模型、UniLM 使用的多任务语言模型（这里的 UniLM 特指 UniLM-1.0 模型，我们下文会进行详细介绍）以及 MASS 使用的 Seq2Seq 语言模型。在针对六个公开任务/数据集的测试结果中，BART 的“6 选手”在其中的四个任务上取得最优，只有针对 MNLI 和 FLI5 两个任务的第一名分别被 BERT-Base 和前向语言模型夺走。经过上述对比，BART 的作者们得出如下四条结论㊀：第一，不同的预训练模式对下游任务的适配能力各有千秋，预训练目标的选择虽然重要，但不是影响结果的唯一因素，我们认为这一条可以算作是总结论；第二，单独使用文档轮换或语句重排效果不佳，反而是词汇的遮掩或删除非常有效；第三，GPT 使用的前向语言模型对于生成类任务非常有效，例如，在针对 ELI5，前向语言模型的表现完胜 BART 的所有模式；第四，双向语言建模对 SquAD 这类抽取式问答任务非常有帮助。

最后，几位作者构造了一个具有 12 层编/解码器的大规模 BART 模型，并借鉴 RoBERTa 的大批次、长时间训练方式，试图对 BART 的极限能力进行了全方位的评估。具体评估内容和结果如下：针对 SquAD（包括 1.1 和 2.0）和 GLUE 两个任务/数据集的共计 10 个自然语言理解任务，给出了其与 BERT、UniLM-1.0、XLNet、RoBERTa 四个完整预训练模型的对比，结果显示，BART 在其中五个任务上取胜，另外 5 个冠军全部被“超级 BERT”——RoBERTa 夺走。这也许是“大力出奇迹”；在针对 CNN/DailyMail 和 Xsum 两个新闻摘要任务，BART 取得完胜战绩，其中对手就包括我们下文将要介绍的 UniLM-1.0 模型；在针对 ConvAI2 的应答生成任务中，BART 也超越了注意力 Seq2Seq 等传统模型；在 ELI5 生成式问答任务中，BART 也在 ROUGE-L 指标上超越了当时最好的模型；在基于 WMT16 罗马尼亚语-英语翻译数据集的机器翻译任务中，BART 以基于英语训练得到的预训练模型作为基础，原编码器前添加了一个具有 6 层的新编码器作为语言过渡，利用反向翻译策略的微调训练，其机器翻译结果超越了原生 Transformer。可以看出，大规模 BART 模型的表现也的确不俗。

3. UniLM：只用编码器的通用预训练模型

我们最后着重讨论两个模型——UniLM“双雄”。UniLM 的全称是“Unified Language Model”，即“通用语言模型”。从模型名称即可看出，UniLM 的目标不单单是应对自然语言生成任务，而是要在自

㊀ 在 BART 的原文中，给出了六条结论，这里我们将其凝练为四条。

然语言理解和自然语言生成两大任务上实现“双开花”。UniLM-1.0 作者为董力（Li Dong）老师等[19]九名来自微软亚研究院的学者。相较于 MASS 和 BART 两个模型使用完整的 Transformer 编码器-解码器，UniLM-1.0 只使用了单一的 Transformer 编码器架构，因此在架构方面，UniLM-1.0 与 BERT 基本相同。特别是在输入方面，UniLM-1.0 模型接受双句拼接输入，并且对输入进行符号、片段和位置三种嵌入的合成，这便与 BERT 更加类似。然而，UniLM-1.0 与 BERT 是“形似而神不似”，尤其是在面对双句输入时，其内部工作机制更是“别有玄机”。接下来我们就对 UniLM-1.0 这一通用模型做以分析。

作为预训练模型，构造语言模型是标配，所以我们先来讨论 UniLM-1.0 的通用语言模型预训练。首先，受到 BERT 的启发，UniLM-1.0 也将语言模型的预训练设计为“完形填空”任务——在输入序列中将某些词汇随机替换为“<MASK>”标识符，让模型预测在对应的位置对被遮掩的词汇进行预测。但是，在前文中我们已经说过语言模型有单向和双向之分。例如，ELMo 模型训练了前向和后向两个语言模型，而 GPT 的语言模型只考虑前向语言依赖，即前向语言模型，但是 BERT 则使用了单一 Transformer 架构构造了双向语言模型，实现了语言的上下文建模等。在 UniLM-1.0 模型中，为了进一步吃透语义，并且为了达到“通用”的目的，UniLM-1.0 的“完形填空”任务包括了四个训练目标：单向语言模型、双向语言模型、序列到序列语言模型（以下简称为“Seq2Seq 语言模型”）和下句预测四个方面的训练目标。

UniLM-1.0 的单向语言模型即意味着让模型在做完形填空题时只按照上文或者只按照下文猜词。例如，输入的语句为“<CLS>x_1x_2<MASK>x_4<SEP>”㊀，在前向语言模型中，在对“<MASK>”遮掩的词汇 x_3 进行预测时，自注意力只能作用到“<CLS>”、x_1、x_2 及其自身；而在后向语言模型中，对 x_3 的预测只能用到“<MASK>”、x_4 和“<SEP>”。在对 GPT 模型的介绍中，我们已经说过，上述“遮前挡后”的操作可以用掩膜注意力机制轻松实现。图 5-44 分别为上述两种单向语言模型词汇间的依赖关系及其对应的掩膜矩阵示意㊁。

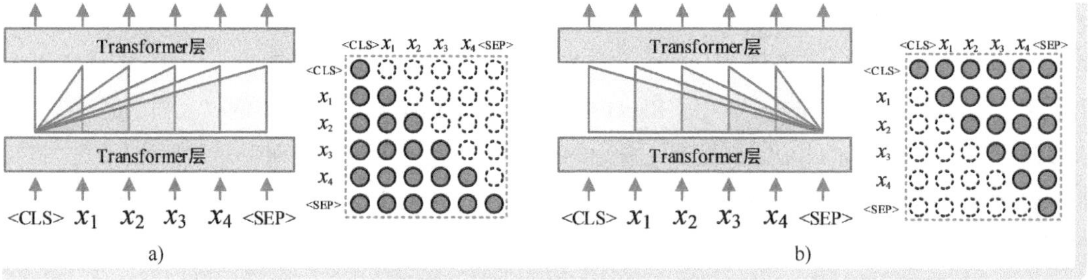

● 图 5-44 两种单向语言模型词汇间的依赖关系及其对应的掩膜矩阵示意

a）前向语言模型 b）后向语言模型

㊀ 在 UniLM 原文中，分别使用“[BOS]”和“[EOS]”作为句首和句末标识。但是为了与前文统一，我们这里分别使用“<CLS>”和“<SEP>”作为上述两种标识。

㊁ 关于该图，需要说明三点：第一，我们仅使用该图示意词汇的依赖关系，因此在输入中略去“<MASK>”标识符；第二，该图中的掩膜矩阵，彩色圆圈表示可见，这一点与上文的 XLNet 保持一致，但与 UniLM 原文中的图示相反；第三，这里的掩膜矩阵按行表示依赖关系，即其中的第 i 行第 j 列元素表示了输入中的第 i 个词汇是否与第 j 个词汇具有依赖关系。

UniLM-1.0 的双向语言模型与 BERT 相同，即同时基于上下文对被遮掩词汇进行预测。当然，这种模式也可以用掩膜注意力机制统一实现，只不过掩膜矩阵全部设置为可见标志，图 5-45 示意了双向语言模型词汇间的依赖关系及其对应的掩膜矩阵。

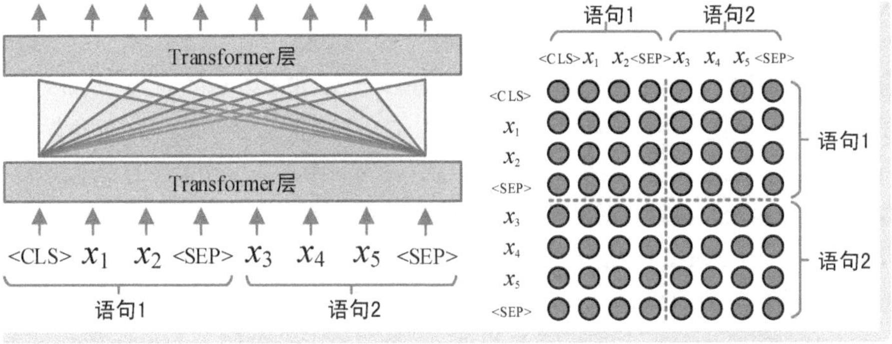

● 图 5-45　双向语言模型词汇间的依赖关系及其对应的掩膜矩阵示意

UniLM-1.0 的 Seq2Seq 语言模型是专门针对双句输入设计的一种特殊的语言模型，也是 UniLM-1.0 最大的创新之处。在该模型中，针对第一个语句，词汇与词汇之间是双向依赖关系，即针对每个词的预测都能用到第一个语句中的所有词汇；在第二个语句中，只为词汇构造前向依赖关系。例如，假设“x_1x_2”和“$x_3x_4x_5$”分别为输入的两个语句，将其构成双句输入即为“<CLS>x_1x_2<SEP>$x_3x_4x_5$<SEP>”。那么对于第一句中的 x_1 和 x_2，其依赖关系为前四个词汇，即“<CLS>x_1x_2<SEP>”，而对于第二句中的 x_4，对其预测只能用包括其自身在内的前 6 个词汇，即“<CLS>x_1x_2<SEP>x_3”。UniLM-1.0 之所以针对输入的两个语句进行不同的依赖设定，这是因为在 UniLM-1.0 序列转化的任务中，两个语句分别代表了源语句和目标语句，要想预测得到一个好的目标语句，就必须充分掌握源语句的语义，因此 UniLM-1.0 选择了 BERT 那样的双向语言模型；而对于第二个语句，为了使得模型具有出自回归模式的逐词输出特性，UniLM-1.0 就将第二句的依赖关系构造为 GPT 模式的前向依赖。Seq2Seq 语言模型针对两个语句的依赖关系也可以使用掩膜注意力机制统一实现，只不过掩膜矩阵的前一半为“全可见”模式，而后一半为“只见前文”模式，图 5-46 示意了 Seq2Seq 语言模型词汇间的依赖关系及其对应的掩膜矩阵。

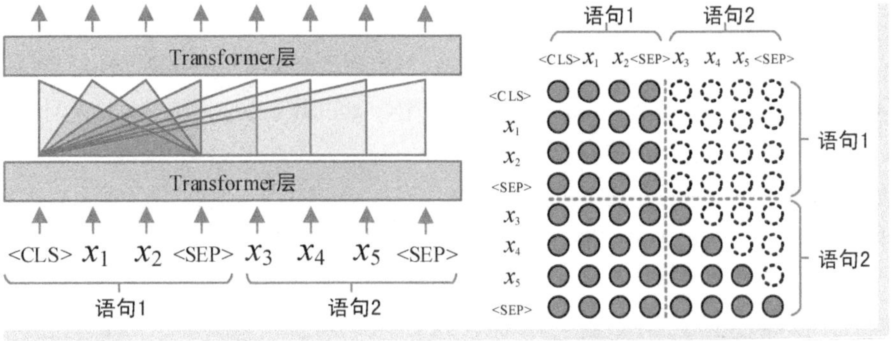

● 图 5-46　Seq2Seq 语言模型词汇间的依赖关系及其对应的掩膜矩阵示意

UniLM-1.0 的下句预测预训练的操作方式与 BERT 下句预测的方式相同，在上文对 BERT 模型的介绍中，我们已经进行了解读，故在这里不再赘述。

说完语言模型，下面我们来看 UniLM-1.0 的预训练配置。在模型架构方面，UniLM-1.0 采用 BERT 大规模版（BERT-Large）模型作为其预训练模型的基本结构。即 UniLM-1.0 拥有 24 个 Transformer 编码器层，内部特征的维度为 1024 维，多头注意力模块的“头数”为 16 个，模型总参数量约为 3.4 亿。模型能够接收的序列长度限制为 512。在训练数据方面，UniLM-1.0 采用 BooksCorpus 和英语维基百科作为语言模型预训练的语料库。和 BERT 相同，UniLM-1.0 也采用 WordPiece 方法构造词典，词典包含了 28996 个条目。在语言模型训练目标设定方面，针对一个输入批次的所有样本语句，其中用于双向语言模型和 Seq2Seq 语言模型训练的样本比例均为 1/3，用于前向语言模型和后项语言模型训练的样本占 1/6 的比例。UniLM-1.0 会以约 15%的比例，针对两个输入语句的随机位置，在输出端进行词汇预测，并通过最小化词汇真值与上述预测结果之间交叉熵损失实现语言模型的自监督训练。在这些被预测的词汇中，以“<MASK>”标识符遮掩和随机篡改的比例分别占到 80%和 10%，其余 10%保持不变。

作为通用语言模型，接下来我们就来看看 UniLM-1.0 模型如何支持自然语言理解和自然语言生成两类下游任务的微调适配。在面对自然语言理解任务时，UniLM-1.0 就会“变身”BERT——UniLM-1.0 包含 Transformer 的编码器部分，以提取优质特征为目标，于是我们可以在句首接收“<CLS>”标识符对应的、蕴含有全部语句语义信息的聚合特征，然后像 BERT 那样通过线性变换和概率化等操作，去获得包括单句情感、双句是否具有蕴含关系等我们想要的任何预测结果，微调训练的损失也即构建在真值，在上述预测概率之间。上述微调适配操作很好理解，毕竟在架构和数据组织方面，UniLM-1.0 和 BERT 别无二致，在预训练方式方面二者也相差无几，故 BERT 怎么适配自然语言理解下游任务，UniLM-1.0 就照着做即可；在面对自然语言生成任务时，UniLM-1.0 的双句输入模式和 Seq2Seq 语言模型就派上了用场。以序列生成任务为例，UniLM-1.0 将源语句和目标语句进行双句拼接，得到形如“<CLS>S_1<SEP>S_2<SEP>”的输入格式。按照我们上文介绍的 Seq2Seq 语言模型的方式，UniLM-1.0 按照一定的比例在第二个语句 S_2上进行随机遮掩，通过让模型在第二个语句上进行“完形填空”训练来实现目标序列生成任务的微调。在 UniLM-1.0 的实验和分析部分，作者们给出了 UniLM-1.0 应用于抽取式问答、情绪分析、文本相似性、复述检测和自然语言推理等诸多自然语言理解任务的实验结果，也给出了 UniLM-1.0 应用于文本摘要、生成式问答、问题生成与响应生成等自然语言生成任务的实验结果。经过详实的对比分析，可以看出，针对上述两大类任务，UniLM-1.0 的确发挥了通用模型的作用——在几乎所有任务/数据集上，UniLM-1.0 都超越了现有模型的效果，针对某些任务，在某些指标上，UniLM-1.0 的表现甚至是碾压式的。不难看出，UniLM-1.0 使用单一架构同时支持两类 NLP 下游任务，正是其作为通用模型的核心所在。

讨论完 UniLM-1.0，接下来我们就再聊聊其继任者——UniLM-2.0 模型[20]。在上文中我们已经说过，自编码语言模型适合自然语言理解任务，而自回归语言模型则更适合自然语言生成任务。观察 UniLM 模型对双句输入的加工模式，我们仿佛已经看见“一半自编码，一半自回归”的影子，只不过几位作者并没有明确给出上述提法。到了 2020 年 2 月，微软亚洲研究院在 UniLM 模型的基础上提出了 UniLM-2.0 模型，在其中明确提出了通过自编码语言模型和自回归语言模型联合训练的方式来构造通用预训练模型。UniLM-2.0 模型拥有更加紧凑的结构，其构造的预训练语言模型整体叫作“伪掩膜语言模型”（Pseudo Masked Language Model，PMLM）。伪掩膜语言模型具体包括了自编码语言模型和部分自回归语言模型（Partially Autoregressive Language Model）两种不同语言模型的训练目标。

第一种语言模型即和 BERT 一样的自编码语言模型。UniLM-2.0 通过在输入序列中随机将词汇替换为“<MASK>”标识符㊀（为了简化并于其他标识符统一，我们在下文中将其简写为“<M>”），在输出端预测这些词汇并以自监督的方式实现对该语言模型的训练。针对自回归上述掩膜语言模型的训练损失函数可以表示为

$$L_{AE}(\theta) = -\sum_{x \in \mathcal{D}} \log \prod_{m \in M} p(x_m \mid x_{\backslash M}; \theta) \tag{5-49}$$

式中，$\mathcal{D}$表示用于训练的语料，$\boldsymbol{x}$ 表示其中的一个语句；M 为被遮掩的位置集合，x_m和 $x_{\backslash M}$分别表示被遮掩的词汇和未被遮掩的词汇集合；符号“\”表示集合减法。上式很清晰地体现了用全部未遮掩词汇预测遮掩词汇的模式，且认为被遮掩的词汇之间相互独立，语句与语句之间也相互独立。

第二种语言模型称为“部分自回归语言模型”（Partially Autoregressive Language Model），这也是为 UniLM 最核心的创新点。我们知道，XLNet 模型最大的贡献即排列语言模型，UniLM-2.0 充分意识到排列的意义，在其部分自回归语言模型也采用了排列的思路。只不过与 XLNet 对整个输入序列进行排列不同，UniLM-2.0 对被遮掩的单个词汇或片段进行排列。而部分自回归语言模型正是基于这些排列，以“看前不看后”的方式构建词汇依赖关系并开展预测。也正是因为能够支持片段预测和前向依赖建模，该模型才以“部分”和“自回归”冠名。我们用 $M = \{M_1, \cdots, M_{|M|}\}$ 表示被随机遮掩单个位置或连续位置的某一种排列，其中元素 M_i即表示一个被遮掩的单个位置或连续多个位置。则对于一个输入语句，在排列 M 下，被遮掩词汇的概率可以分解为

$$\begin{aligned} p(x_M \mid x_{\backslash M}) &= \prod_{i=1}^{|M|} p(x_{M_i} \mid x_{\backslash M_{\geqslant i}}) \\ &= \prod_{i=1}^{|M|} \prod_{m \in M_i} p(x_m \mid x_{\backslash M_{\geqslant i}}) \end{aligned} \tag{5-50}$$

式中，x_M和 $x_{\backslash M}$分别表示被遮掩词汇和“挖去”遮掩词汇的输入序列；$x_{M_i} = \{x_m\}_{m \in M_i}$即表示排列 M 中、第 i 组遮掩位置对应的词汇序列；$M_{\geqslant i} = \cup_{j \geqslant i} M_j$即表示在排列 M 中，M_i及 M_i以后的位置集合；“$\backslash M_{\geqslant i}$”是只从整个序列的位置集合中扣除 $M_{\geqslant i}$对应的位置集合，因此条件概率 $p(x_{M_i} | x_{\backslash M_{\geqslant i}})$在 M_i对应遮挡词汇预测时，是不会使用其自身以及排在其之后位置词汇的。

在刚看到式（5-50）时，读者可能会感到有些费解，下面我们举一个例子对上式进行进一步说明。假设输入语句包含 6 个词汇，记作 $x = x_1 \cdots x_6$。在被遮掩词汇总量不超过一定比例的前提下，我们首先经过多次随机位置选取，从 6 个位置中确定若干遮掩位置，这些位置可以是单一位置，也可以是连续的若干位置㊁。假设经过上述操作，我们得到的遮掩词汇为 $x_2 x_4 x_5$。而易见，按照词汇的连续型，上述遮掩位置可以分为两组——x_2独成一组，$x_4 x_5$为另一组。两组遮掩位置能形成的排列方式也有两种，即 $x_2 \to x_4 x_5$和 $x_4 x_5 \to x_2$。上文中的 M 就代表上述两种排列中的一种，故$|M| = 2$。我们假设 M 表示

㊀ 准确地讲是对 15%的词汇进行遮掩、篡改和保持三种操作，三种操作的比例为 80%、10%和 10%。这里我们统一将其简化描述为遮掩操作。

㊁ 具体来说在 UniLM-2.0 中，被遮掩词汇总量不超过整个语句长度的 15%；遮掩片段长度为介于 2~6 之前的随机长度；单个词汇做遮掩和连续若干个位置做遮掩两种情形的比例分别为 60%和 40%。

排列 $x_2 \to x_4x_5$，即有 $M=\{\{2\},\{4,5\}\}$，其中 $M_1=\{2\}$，$M_2=\{4,5\}$。在式（5-50）中，条件概率 $p(x_M|x_{\backslash M})$即表示在不使用这些被遮掩词汇的条件下预测这些词汇的概率，其中 x_M和 $x_{\backslash M}$即分别表示词汇集合$\{x_2,x_4,x_5\}$和$\{x_1,x_3,x_6\}$；接下来我们再看因子分解式 $p(x_{M_i}|x_{\backslash M_{\geqslant i}})$：当 $i=1$ 时，$M_{\geqslant 1}=M_1\cup M_2=\{2,4,5\}$，$\backslash M_{\geqslant 1}$即表示从完整序列位置集合中扣除$\{2,4,5\}$，故$\backslash M_{\geqslant 1}=\{1,3,6\}$，则 $p(x_{M_1}|x_{\backslash M_{\geqslant 1}})$表示的概率为 $p(x_2|x_1,x_3,x_6)$；当 $i=2$ 时，$M_{\geqslant 2}=M_2=\{4,5\}$，$\backslash M_{\geqslant 2}=\{1,2,3,6\}$，故 $p(x_{M_2}|x_{\backslash M_{\geqslant 2}})$表示的概率为 $p(x_4,x_5|x_1,x_2,x_3,x_6)$。式（5-50）第二个等号后的分解式，即假设遮掩片段中各词汇相互独立。例如，当 $i=2$ 时，有 $p(x_4,x_5|x_{\backslash\{4,5\}})=p(x_4|x_{\backslash\{4,5\}})p(x_5|x_{\backslash\{4,5\}})$。图 5-47 即针对上述示例，示意了自编码语言模型和部分自回归语言模型的词汇预测方法，其中词汇下方的数字代表位置嵌入，虚线仅表示位置对应。

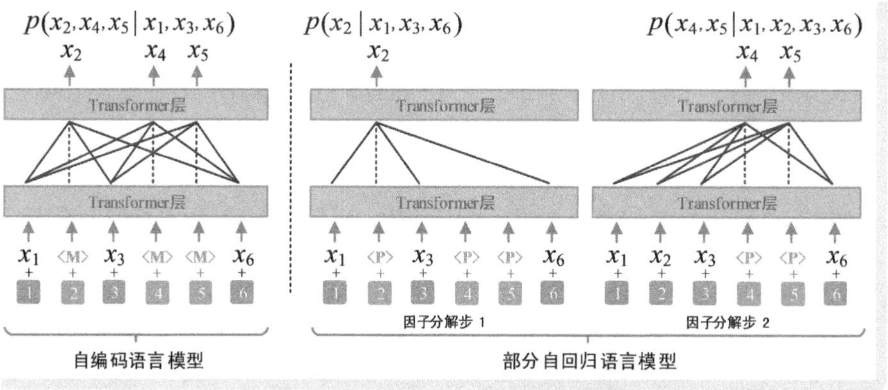

● 图 5-47　自编码语言模型和部分自回归语言模型的词汇预测方法示意

考虑到排列的种类很多，$|M|$组遮掩词汇就会有$|M|!$ 种排列方式，并且在选择遮掩词汇时充满了随机性，故 UniLM-2.0 也仿照 XLNet，采用数学期望来表示部分自回归语言模型的损失函数，即有

$$L_{PAR}(\theta)=-\sum_{x\in\mathcal{D}}\mathbb{E}_{M\sim\mathcal{M}}[\log p(x_M|x_{\backslash M};\theta)] \tag{5-51}$$

式中，$M\sim\mathcal{M}$即表示从排列分布$\mathcal{M}$中采样一个具体的排列 M；数学期望表示了“平均排列”下、预测遮掩词汇的对数似然概率。在实际计算中，进行完备数学期望的计算是不现实的，故 UniLM-2.0 同样采用了 XLNet 的方法，即针对一个输入语句，仅随机构造一组遮掩排列来进行部分自回归语言模型的训练。

在上文中，我们分别介绍了自编码语言模型和部分自回归语言模型两个目标，下面我们就看看二者的合体——伪掩膜语言模型。式（5-50）给出了条件该概率 $p(x_M|x_{\backslash M})$的因子分解。然而，其中不同因子表示的词汇预测会用到不同的上下文环境。例如，在上面的示例中，针对第一步因子分解 $p(x_{M_1}|x_{\backslash M_{\geqslant 1}})$，在预测 x_2时，需要遮掩词汇 $x_2x_4x_5$，但是到了第二步因子分解 $p(x_{M_2}|x_{\backslash M_{\geqslant 2}})$，在预测 x_4和 x_5时，需要遮掩词汇是 x_4x_5，即在上一步被遮掩的 x_2又得“重见天日”。这就意味着我们需要为每一个因子构造一套“完形填空”，这显然是不现实的。UniLM-2.0 即利用伪掩膜语言模型来解决上述问题，并实现对两种语言模型进行一体化训练。首先，针对输入语句，UniLM-2.0 并不像 BERT 那样直接将词汇替换为“<M>”，而是保留所有输入词汇不变，只是在被遮掩的词汇之后插入“<P>”和

“<M>”两种特定的标识符，前者中的“P”正是“Pseudo”的简写。也正是因为不对词汇进行真正的遮掩，UniLM-2.0 的语言模型才叫“伪掩膜”语言模型。这些插入的标识符与其代表的词汇具有相同位置嵌入向量。因此，经过词向量和位置嵌入向量的合成后，我们可以将这些标志位视为是规避了词汇内容信息，但却蕴含词汇位置信息的输入向量表示，而那些未被遮掩的输入向量中同时包括词汇的内容信息和位置信息。这不禁让我们想起了 XLNet 双流注意力机制。没错，UniLM-2.0 就是这么考虑的，只不换了一种更加紧凑的架构。下面我们继续围绕上述示例来介绍伪掩膜语言模型的工作机制。对于序列 $x_1 \cdots x_6$ 和遮掩词汇为 $x_2x_4x_5$，插入标识符后的序列变为 $x_1x_2<P_2><M_2>x_3x_4x_5<P_4><P_5><M_4><M_5>x_6$（为了方便读者看清标识符代表的词汇，我们加上了下标，实际模型中是不包含下标的）。标识符“<M>”用来进行自编码语言模型的词预测，我们在其对应的位置产生预测词汇。对于被遮掩词汇 $x_2x_4x_5$，我们以 x_2 为例，其预测模型为 $p(x_2 | x_{\backslash\{2,4,5\}}) = p(x_2 | x_1, x_3, x_6)$，即对 x_2 的预测依赖 $x_1x_3x_6$。同时，按照 XLNet“预测自己不看自己内容，但看自己位置”的原则，对 x_2 的预测还要用到“$<M_2>$”。对于 x_4 和 x_5 的预测也按照相同的方式进行。图 5-48a 示意了上述自编码语言模型的工作机制。在部分自回归语言模型中，我们在标识符“<P>”的对应位置产生预测输出。还是以排列 $x_2 \to x_4x_5$ 为例，第一步因子分解对应的条件概率为 $p(x_2 | x_{\backslash\{2,4,5\}})$。预测 x_2，则在“$<P_2>$”对应位置输出预测词汇，上述条件概率表示对 x_2 的预测依赖 $x_1x_3x_6$，另外还需要加一个 x_2 的自身位置“$<P_2>$”。第二步因子分解对应的条件概率为 $p(x_4x_5 | x_{\backslash\{4,5\}})$，其中 $x_{\backslash\{4,5\}} = x_1x_2x_3x_6$，在对 x_4 和 x_5 分别预测输出分别在“$<P_4>$”和“$<P_5>$”对应位置产生。除了 $x_1x_2x_3x_6$ 作为两个词汇的依赖词汇，对 x_4 和 x_5 的预测还要用到二者的位置信息，即“$<P_4>$”和“$<P_5>$”。图 5-48b 和图 5-48c 分别示意了上述两个因子分解步骤词汇预测的方式。需要说明的是，为了统一操作，在 UniLM-2.0 中，规定所有“<M>”标识在部分自回归语言模型中均为可见，所以我们也遵循了这一原则。

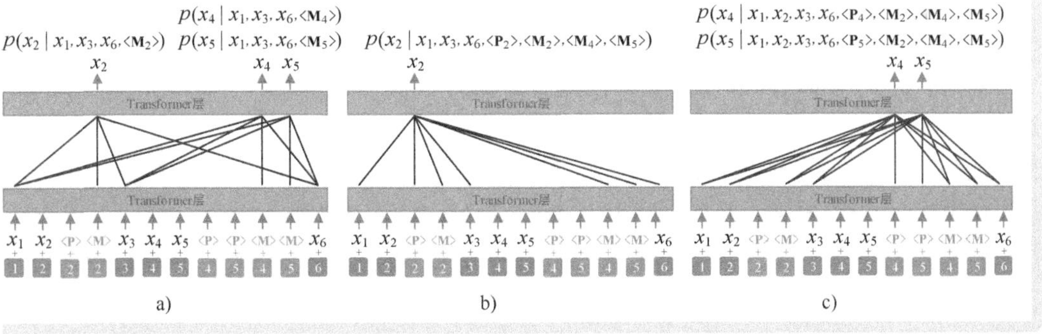

● 图 5-48　自编码语言模型和部分自回归语言模型的词汇预测方法示意
a）自编码语言模型　b）部分自回归语言模型（第一步因子分解）　c）部分自回归语言模型（第二步因子分解）

在上述伪掩膜语言模型的训练中，为了给待预测设定不同的上下文依赖，我们很自然的又会使用掩膜自注意力机制。至于掩膜矩阵如何构造，想必读者已经轻车熟路，我们这里就不再进行过多讨论。伪掩膜语言模型通过运用两种伪掩膜标识符，巧妙地实现了自编码语言模型和部分自回归语言模型的一体化自监督训练：给定一个输入语句，首先随机采样一个遮掩的排列，针对上述排列中的所有遮掩位置，在原始语句中插入“<P>”和“<M>”两种特定的标识符；然后利用标准自编码语言模型在标识有“<M>”的位置预测词汇，并利用式（5-49）计算预测损失；然后按照遮掩排列给出的因子分解，构造预测词汇的上下文依赖关系，然后在标识有“<P>”的位置预测词汇，并利用式（5-51）计算预测损。伪掩膜语言模型的总体损失即上述两种语言模型损失之和，有

$$L_{\text{PMLM}}(\theta)=L_{AE}(\theta)+L_{\text{PAR}}(\theta) \tag{5-52}$$

可能有读者会诧异，既然是自回归，建立的就是前向语言模型，反应在词汇依赖上即表现为前向依赖关系，但是为什么在 UniLM-2.0 的部分自回归语言模型中没有看出前向依赖这一特性呢？需要说明的是，和 XLNet 相同，“看前不看后”的前向依赖关系只体现在排列上，恢复到词汇的原始输入顺序自然就不再满足。事实上，我们可以将词汇按照原始顺序和排列顺序组织为双句模式，例如，对于序列 $x_1\cdots x_6$ 和遮掩词汇排列 $x_2\to x_4x_5$，按照上述方法组织的双句输入即为 $x_1x_2x_3x_4x_5x_6x_2x_4x_5$。然后分别在第一个语句中添加“<M>”标识符，在第二个语句中添加“<P>”标识符，即可得到如图 5-49 所示的“左半部分自编码，右半部分自回归”的形式，这一形式便与 UniLM-1.0 的形式接近了。出于简化的目的，我们在图中省略了“<CLS>”和“<SEP>”标识符。

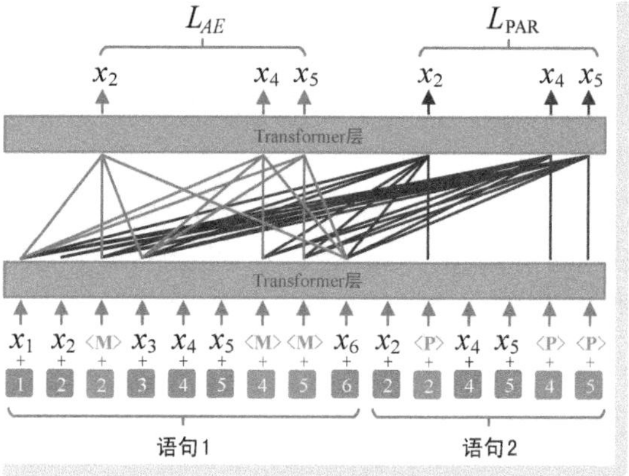

● 图 5-49　将原始语句和掩膜词汇进行双句拼接模式下的词汇预测示意

下面我们简单看看 UniLM-2.0 如何针对自然语言理解和自然语言生成两类任务进行微调适配。在针对自然语言理解任务的微调训练中，与 UniLM-1.0 模型相同，UniLM-2.0 也是化身为 BERT，从句首“<BOS>”对应位置获取输出，然后再做各类预测和监督训练，具体方式这里不再赘述；针对自然语言生成任务的微调训练，UniLM-2.0 首先将源语句和目标语句进行双句拼接，得到“<CLS>S_1<SEP>S_2<SEP>”的输入形式。针对其中的源语句 S_1，UniLM-2.0 以自编码的方式进行词汇预测和监督，即每个输出词汇都会“注意到”S_1中的所有词汇，目的旨在让模型充分理解源语句的语义；对目标语句的处理则按照自回归方式进行。我们知道，标识符“<P>”代表了部分自回归语言模型的预测位置，故 UniLM-2.0 为 S_2中每个词汇都添加“<P>”标识符，然后再利用自注意力机制，以自回归的方式预测对应位置的词汇并进行监督。至于 UniLM-2.0 模型具体进行了哪些任务适配与测评，以及测评效果如何等内容，请读者自行查阅相关文献，我们这里不再进行详细讨论。

三个模型讨论完毕，我们将其放在一起进行对比总结。首先在设计目标方面，MASS、BART 和 UniLM 都具备序列到序列的生成能力，因此三者都能够适配自然语言生成任务。特别是 UniLM 模型，更是在通用性方面狠下功夫，希望模型能够在自然语言理解和自然语言生成两大类任务上做到“双丰收”。既然要生成目标语言，那么必须充分理解源语言，故三个模型都采用了双向自编码语言模型来构造对输入源语言的编码表示。只不过在实现架构和训练方法上，三个模型却各有特色：MASS 和 BART 都采用了完整的 Transformer 编码器-解码器架构——编码器负责对源语言进行理解和编码，而解码器负责目标语言生成，二者分工明确。其中，MASS 模型利用编码器片段掩膜，以及与之对应的解

码器互补掩膜，开展一体化训练，使得模型的编码器能够充分理解语义，而解码器能够来适应词汇生成。而 BART 模型则将预训练的目标定义为去噪——在编码器的输入端以多种方式刻意破坏输入序列，然后训练模型恢复文档，从而让模型更加充分地理解语义。因此，MASS 和 BART 模型的本质都是一个 BERT 与 GPT 的“合体”。与上述两个模型的“中规中矩”相比，UniLM 仅使用了 Transformer 编码器架构，无论在架构上还是在对接自然语言理解任务上，其与 BERT 模型都非常类似，因此在应对自然语言理解任务时，UniLM 至少能够做到不输 BERT。但是在适配自然语言生成任务时，UniLM 的内部操作则与 BERT 有着本质区别——UniLM 充分利用 BERT 双句输入的机制，分别将源语句与目标语句作为前后句，对前者自编码，对后者自回归，可谓“一鱼两吃”。因此，UniLM 也可以视为是 BERT 和 GPT 的组合，只不过与 MASS 和 BART 那样的显式构造不同，UniLM 更像是将 BERT 和 GPT 进行横向无缝拼接，并隐藏在一个 BERT 的“外壳”之中。除此之外，在 UniLM-2.0 模型中，作者们还充分借鉴了 XLNet 的排列语言模型和双流自注意力思想，创造性地提出了伪掩膜语言模型，使得模型在结构上更加统一和紧凑。

5.4.6 ERNIE“双雄”：借助外部数据的增强模型

2019 年，“芝麻街”在 NLP 领域的势力得到进一步壮大——在 4 月和 5 月，先后诞生了两个叫作“ERNIE”的预训练模型。前者的全称为“通过知识集成来增强表示”（Enhanced Representation through kNowledge IntEgration），该模型由 Yu Sun 等[21] 10 名来自百度的学者提出；而后者的全称为“信息实体增强的语言表示”（Enhanced Language RepresentatioN with Informative Entities），则是由 Zhengyan Zhang 等[22] 6 名来自清华大学和华为诺亚的学者联袂提出。从名称可以看出，二者均借助了外部信息来提升自身的语言表示能力。

为了区分上述两派“ERNIE”，我们将来自清华的 ERNIE 简称为“清华 ERNIE”。对于百度提出的 ERNIE 模型，我们首先将 2019 年 4 月百度提出的首个 ERNIE 模型称为“百度 ERNIE-1.0”，之所以是“1.0”，这是因为百度 ERNIE 实际上是一个“人丁兴旺”大家族——在 1.0 版模型之后，同一批作者在同年 7 月、2021 年 7 月以及 2021 年 12 月又先后提出了 ERNIE-2.0[23]、ERNIE-3.0[24] 和 ERNIE-3.0 Titan[25] 三个升级版模型。因此，我们也将来自百度的 ERNIE 模型表述为“百度 ERNIE-版本号”的形式。需要特别说明的是，从 2019 年 4 月提出首个 ERNIE 模型开始，百度公司即借助自身强大的研发能力，特别是依托其在语料资源方面所具有的得天独厚的优势，不断提升模型对语言的理解能力，终于在 NLP 领域、特别是中文 NLP 领域占据了一席之地。其中，可训练参数量高达 2600 亿的 ERNIE-3.0 Titan（也被称为“文心 ERNIE”或“文心大模型”），更是被誉为“史上最强中文预训练模型”。2022 年 6 月，百度基于 ERNIE-3.0 Titan 打造的手机虚拟 AI 助手“度晓晓”，在写作、绘画等创作方向上展现出卓越的能力。

两派均叫作“ERNIE”的模型让我们看见了两种可能：第一，在 NLP 模型训练时可以引入更多外部信息以进一步提升模型的表达能力；第二，为了凑“芝麻街”的角色是可以不顾及首字母原则，当然后者是玩笑话。百度 ERNIE 的提出早于清华 ERNIE，故按照时间顺序理应先介绍百度 ERNIE 才是。但是，考虑到清华 ERNIE 借助外部知识的模式更加直接，而且我们需要借助其来阐述实体关系的概念和引入外部信息的意义。当我们理解了清华 ERNIE 的思路之后，理解百度 ERNIE 的创新点也就水到渠成。故在下文中，下面我们按照“先清华后百度”的顺序，分别对 ERNIE 这两路“双雄”展开讨论。

1. 清华 ERNIE：借助知识图谱的增强模型

实体(entity) 和关系(relationship) 是对现实世界中事物以及事物之间联系的一种抽象表示。其中实体表示一个个离散的对象，如城市、计算机、歌曲等，而关系则描述了两个或更多实体如何相互关联，例如，程序与计算机这两个实体之间的关系就是前者“运行在”后者之上。我们所说的自然语句也是常常蕴含实体和关系，例如，语句“1993 年，李健从哈尔滨来到清华园。他一路心怀音乐梦想，于 10 年后推出《似水流年》”㊀，其中蕴含的实体关系可以用图 5-50 表示。其中，“李健”“哈尔滨”“清华园”和“《似水流年》”均为实体（事实上“音乐”“梦想”等也是实体，但是这里我们只以主要实体举例）㊁。

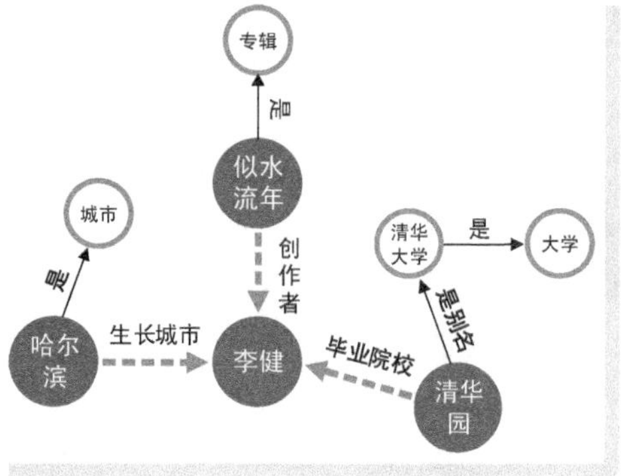

● 图 5-50　实体关系图示意（其中，虚线箭头表示从语句中抽取的关系，而实现箭头表示已经存在的客观知识）

读完上面的语句，我们可以很容易地了解到：李健生长在哈尔滨，他毕业的大学是清华大学，他是音乐专辑《似水流年》的创作者。之所以我们能够得到上述正确认知，是因为在表面文字下，实际上还蕴含了很多的背景知识。例如，哈尔滨是一座城市，清华园是清华大学的别称，而清华大学是一所大学，《似水流年》是一张音乐专辑的名称。如果没有上述背景知识，仅仅通过表面文字，我们很难就很给李健打上“哈尔滨人”“清华毕业生”和“音乐创作人”这样的精准标签。一般的预训练模型以“浮于文字表面，读到什么算什么”的工作模式进行构造，很难发掘那些更加深刻的、认知层面的信息。清华 ERNIE [22] 就是针对上述问题，通过将现有大规模知识图谱(Knowledge Graph) 所富含的实体-关系信息作为文本语料分析的重要背景知识补充，使得模型能够在自然语言理解的水平上“更上一层楼”。

几位作者认为，若想将知识图谱所蕴含的外部知识整合进语言模型，有两个核心问题必须解决。第一个问题即针对结构化数据的编码表示问题。知识图谱具有典型的图结构，无法直接使用，所谓的编码就是将其中的实体和关系转换为向量表示。第二个问题即异构特征的融合问题。我们知道，自然语言属于非结构化数据，而知识图谱是典型的结构化数据，自然语言语句中的词特征和知识图谱得到的实体/关系嵌入特征处于不同的特征空间。如何构造一个有效的预训练任务，实现对自然语言蕴含的语义信息与知识图谱所承载的外部知识有机的融合，是一个非常具有挑战性的工作。针对第一个问

㊀ 在清华 ERNIE 原文中使用了鲍勃·迪伦（Bob Dylan）的例子，这是一个非常有代表性的例子。但是为了更中国化一些，我们参照原文的例子仿写了该语句示例。另外，我们这里举了一个中文的例子，但是清华 ERNIE 模型处理的还是英文语料。

㊁ 为了简化描述，这里我们将自然语言中对实体的描述也简称为实体。但是严格地讲，这种提法是不正确的。实体是客观存在，而自然语言中的某些词汇只能算作是我们“说”出来的实体。故这里准确地讲应该称为“实体提及”（entity mention）。

题，作者们借助了 TransE 模型[26]来实现对知识图谱进行嵌入操作，从而得到图谱中实体的向量表示，进而作为清华 ERNIE 模型提供外部知识的特征表示。TransE 模型是一种于 2013 年提出的、用于对结构化知识进行嵌入表示的经典模型。针对一个以三元组集合 $\{(h,l,t)\}$ 表示的知识图谱，TransE 以“$t-h\approx l$”为目标，将所有实体和关系转换为向量表示。其中，h 和 t 表示知识图谱中的两个实体（h 和 t 分别代表头实体和尾实体），l 表示其间关系。简单来看，TransE 模型认为实体和关系的嵌入向量应该满足“两个实体之间的差异就是其间关系”这一约束条件。例如，在图 5-43 的示例中，如果仅是单看实体“清华园”，那么它可以代表清华大学、街道甚至是火车和公交站点等，但是它与“清华大学”这一实体之间，就差了“是别称”这一层关系。至于 TransE 的详细原理以及如何使用的问题，这里就不做深究了，毕竟清华 ERNIE 也采取了“拿来主义”。我们只要知道经过 TransE 的操作，知识图谱中的实体已经转换为向量表示即可。下面我们来重点讨论第二个问题，即清华 ERNIE 如何通过模型的构造和预训练任务的设计来实现两种异构数据的融合。

首先我们来看看清华 ERNIE 的架构设计。如图 5-51 所示，清华 ERNIE 模型包括两个核心结构：符号编码器(Token Encoder，以下简称为“T-编码器”）和知识编码器(Knowledgeable Encoder，以下简称为“K-编码器”）。其中，T-编码器用来对输入的自然语言序列进行编码，从而获得每个词汇对应的特征表示。T-编码器由 N 层标准 Transformer 编码器堆叠而成，因此可以认为其就是一个 Transformer 编码器栈，或者说其就是一个 N 层“小 BERT”。T-编码器对输入语句的加工可以简单表示为 $\{\boldsymbol{w}_1,\cdots,\boldsymbol{w}_n\}=\text{T-Encoder}(\{w_1,\cdots,w_n\})$。其中，$\{w_1,\cdots,w_n\}$ 和 $\{\boldsymbol{w}_1,\cdots,\boldsymbol{w}_n\}$ 分别表示 T-编码器的输入词汇序列和输出特征序列，n 为序列长度。当然，与 BERT 相同，T-编码器在接收到原始输入词汇后，首先也会对其进行词嵌入、片段嵌入和位置嵌入的“三嵌入”合成操作。接下来就到了 K-编码器大显身手的时候了。K-编码器由 M 个堆叠的聚合器(aggregator）构成，用来完成对 T-编码器输出 $\{\boldsymbol{w}_1,\cdots,\boldsymbol{w}_n\}$ 与知识图谱实体嵌入表示 $\{\boldsymbol{e}_1,\cdots,\boldsymbol{e}_m\}$ 的融合操作，其中 m 为实体个数。K-编码器对上述两路输入的加工过程可以表示为

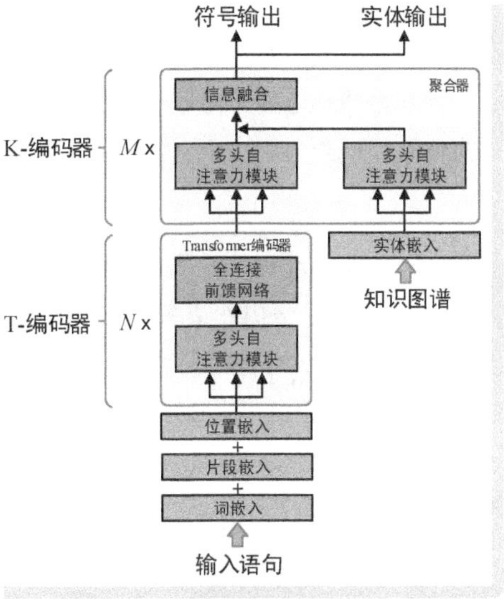

● 图 5-51　清华 ERNIE 模型架构图

$$\{\boldsymbol{w}_1^o,\cdots,\boldsymbol{w}_n^o\},\{\boldsymbol{e}_1^o,\cdots,\boldsymbol{e}_n^o\}=\text{K-Encoder}(\{\boldsymbol{w}_1,\cdots,\boldsymbol{w}_n\},\{\boldsymbol{e}_1,\cdots,\boldsymbol{e}_m\}) \tag{5-53}$$

式中，$\{\boldsymbol{w}_1^o,\cdots,\boldsymbol{w}_n^o\}$ 和 $\{\boldsymbol{e}_1^o,\cdots,\boldsymbol{e}_n^o\}$ 分别为 K-编码器的双路输出，用来作为更多下游任务的特征输入。K-编码器中的每一个聚合器都具有词汇嵌入和实体嵌入两路特征输入。在第 i 个聚合器中，首先利用两个并行的多头自注意力模块对上述两路输入进行加工，该过程可以表示为

$$\{\tilde{\boldsymbol{w}}_1^{(i)},\cdots,\tilde{\boldsymbol{w}}_n^{(i)}\}=\text{attention}(\boldsymbol{w}_1^{(i-1)},\cdots,\boldsymbol{w}_n^{(i-1)}) \tag{5-54}$$

$$\{\tilde{\boldsymbol{e}}_1^{(i)},\cdots,\tilde{\boldsymbol{e}}_m^{(i)}\}=\text{attention}(\boldsymbol{e}_1^{(i-1)},\cdots,\boldsymbol{e}_m^{(i-1)}) \tag{5-55}$$

在以上两式中，$\{\boldsymbol{w}_1^{(i-1)},\cdots,\boldsymbol{w}_n^{(i-1)}\}$和$\{\boldsymbol{e}_1^{(i-1)},\cdots,\boldsymbol{e}_n^{(i-1)}\}$分别表示两个多头自注意力模块的输入，$\{\tilde{\boldsymbol{w}}_1^{(i)},\cdots,\tilde{\boldsymbol{w}}_n^{(i)}\}$和$\{\tilde{\boldsymbol{e}}_1^{(i)},\cdots,\tilde{\boldsymbol{e}}_m^{(i)}\}$为其对应的输出；attention(·)为标准的多头自注意力操作。再接下来，聚合器就要对两种异构特征进行融合操作，该操作包括两种具体情形。第一种情形即输入词汇与实体能够匹配的情形，即所谓输入的词汇与知识图谱的实体能够“对齐”。在这种情形下，对于输入的词汇 w_j及其对齐的实体e_j，清华 ERNIE 按照如下的方式进行特征融合

$$\boldsymbol{h}_j=\sigma(\tilde{\boldsymbol{W}}_t^{(i)}\tilde{\boldsymbol{w}}_j^{(i)}+\tilde{\boldsymbol{W}}_e^{(i)}\tilde{\boldsymbol{e}}_k^{(i)}+\tilde{\boldsymbol{b}}^{(i)}) \tag{5-56}$$

$$\boldsymbol{w}_j^{(i)}=\sigma(\boldsymbol{W}_t^{(i)}\boldsymbol{h}_j+\boldsymbol{b}_t^{(i)}) \tag{5-57}$$

$$\boldsymbol{e}_k^{(i)}=\sigma(\boldsymbol{W}_e^{(i)}\boldsymbol{h}_j+\boldsymbol{b}_e^{(i)}) \tag{5-58}$$

在以上三式中，式（5-56）表示针对对齐异构特征$\tilde{\boldsymbol{w}}_j^{(i)}$和$\tilde{\boldsymbol{e}}_k^{(i)}$所进行的融合操作。其中$\tilde{\boldsymbol{W}}_t^{(i)}$、$\tilde{\boldsymbol{W}}_e^{(i)}$为可训练的线性变换参数矩阵，$\tilde{\boldsymbol{b}}^{(i)}$为对应的偏置向量；针对式（5-56）得到的融合特征 $\boldsymbol{h}_j$，式（5-57）和式（5-58）分别采用“线性变换+激活”的方式，“兵分两路”，将已经融合的特征再次分开，分别得到蕴含有实体信息的词汇特征输出$\boldsymbol{w}_j^{(i)}$和蕴含有词汇信息的实体特征输出$\boldsymbol{e}_k^{(i)}$，其中$\boldsymbol{W}_t^{(i)}$和$\boldsymbol{W}_e^{(i)}$为可训练的线性变换参数矩阵；$\boldsymbol{b}_t^{(i)}$和$\boldsymbol{b}_e^{(i)}$为对应的偏置向量；以上三式中的σ(·)均表示 GELU 激活函数。第二种情形为输入符号不存在与之对齐实体的情形。该情形意味着我们只有 w_j，而没有与之匹配的实体e_j。在这种情形下，特征融合操作仅体现为针对纯粹词汇特征进行的双重线性变换而已，表示为

$$\boldsymbol{h}_j=\sigma(\tilde{\boldsymbol{W}}_t^{(i)}\tilde{\boldsymbol{w}}_j^{(i)}+\tilde{\boldsymbol{b}}^{(i)}) \tag{5-59}$$

$$\boldsymbol{w}_j^{(i)}=\sigma(\boldsymbol{W}_t^{(i)}\boldsymbol{h}_j+\boldsymbol{b}_t^{(i)}) \tag{5-60}$$

图 5-52 示意了 K-编码器中第 i 个聚合器的工作模式。其中，我们假设对输入的中文语句进行了分词处理㊀。在该示例中，我们假设输入语句中的词汇“李健”“哈尔滨”和“《似水流年》”能够在知识图谱中找到对应的实体，故按照第一种情形进行特征融合处理；而“1993 年”和“从”则属于只有词汇没有实体的情形，故对其按照第二种情形进行纯粹的变换操作。

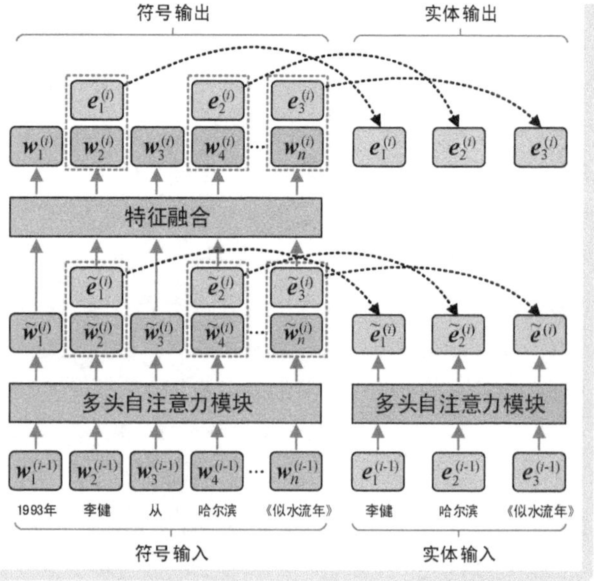

● 图 5-52　聚合器工作模式示意

接下来我们来看看清华 ERNIE 的预训练任务。清华 ERNIE 的预训练任务有三个，其中，除了像 BERT 那样使用标准语言掩膜模型和下句预测两个预训练任务之外，为了能

㊀ 该示例纯属虚构，其中的知识图谱为我们给出的“toy”示例；另外，该例中分词也并不是由任何实际分词算法得到的真实结果。

够将知识图谱中所蕴含的实体信息有效添加到语言表示中，作者们专门设计了一种新的预训练任务——“去噪实体自编码器”（denoising entity auto-encoder，dAE）。清华 ERNIE 的整体预训练损失即掩膜语言模型、下句预测以及去噪实体自编码器三个任务的损失之和，预训练即针对上述合成损失的优化过程。针对掩膜语言模型与下句预测两个任务的预训练，我们在前文中已经讨论过多次，这里就不再赘述，下面我们着重讨论去噪实体自编码器的训练任务。去噪实体自编码器的训练任务针对那些具有对齐关系的“词汇-实体”进行。在训练时，以随机方式掩盖其中的部分实体，然后训练模型能够通过词汇预测与之对齐的实体。因此可以看出，去噪实体自编码器任务也是一种“完形填空”任务，只不过要求模型在空中填入实体。假设我们有一个输入的自然语言序列$\{w_1,\cdots,w_n\}$和实体序列$\{e_1,\cdots,e_m\}$，针对输入词汇 w_i，定义其对齐实体分布(aligned entity distribution) 为

$$p(e_j \mid w_i)=\frac{\exp(\text{linear}(\boldsymbol{w}_i^o)\,\boldsymbol{e}_j)}{\sum_{k=1}^{m}\exp(\text{linear}(\boldsymbol{w}_i^o)\,\boldsymbol{e}_k)} \tag{5-61}$$

式（5-61）给出了由词汇 w_i预测与之对齐实体的条件概率模型，表达了给定词汇 w_i，某实体e_j能够与之对齐的可能性。其中，linear(·)表示一个线性变换操作。需要注意的是，式（5-61）中的 $\boldsymbol{w}_i^o$表示整个 ERNIE 模型针对第 i 个输入词汇加工得到的最终输出向量（也即 K-编码器的输出向量），这就意味着，如果输入词汇$\boldsymbol{w}_i$有真正的实体对应，则经过 M 层聚合器的融合操作后，$\boldsymbol{w}_i^o$已经是一个注入实体信息的词特征，而$\boldsymbol{e}_j$则表示最初的实体嵌入向量（由 TransE 得到“原汁原味”的实体嵌入向量）。式（5-61）表明，若混合有实体信息的词汇特征与某实体原始特征接近，则二者的对齐程度越高。ERNIE 在预训练中，通过交叉熵损失来评估预测实体与真实实体之间的接近程度，从而倒逼模型提升词汇嵌入和特征融合的水平。下面我们还是以上述示例为例稍做说明。假设知识图谱中只有三个实体，分别表示音乐人李健、哈尔滨市以及专辑《似水流年》，我们分别将其中表示哈尔滨市的实体及其嵌入特征记作 e_{Harbin}和 $\boldsymbol{e}_{\text{Harbin}}$（下标“Harbin”即表示哈尔滨。另外请务必注意粗细体之分）。对于输入的自然语句，我们将其中的词汇“哈尔滨”记作 w_{Harbin}。显然，w_{Harbin}与e_{Harbin}具有对齐关系。这就意味着 w_{Harbin}对应的实体真值可以表示为独热编码［0,1,0］（三个实体，e_{Harbin}排第二位）。经过 ERNIE 两个编码器的加工，w_{Harbin}对应的输出向量为 $\boldsymbol{w}_{\text{Harbin}}^o$。这时，$\boldsymbol{w}_{\text{Harbin}}^o$中已经融合了 w_{Harbin}和e_{Harbin}的信息，我们简单表示为 $\boldsymbol{w}_{\text{Harbin}}^o=f(w_{\text{Harbin}},e_{\text{Harbin}};\theta)$，这里的“$f(\cdot;\theta)$”即表示 ERNIE 中 T-编码器和 K-编码器的数据加工操作，θ 为其参数。然后利用式（5-61），取遍所有实体，即可得到一个具有三个元素的向量，即表示针对“哈尔滨”一词，模型预测其在所有实体上的概率分布。这样一来，我们即可以像标准分类任务那样，利用交叉熵来评估实体预测概率与实体真值之间的损失，从而指导对模型参数 θ 的优化。除此之外，与 BERT 类似，ERNIE 对去噪实体自编码器的预训练任务也设定了比例策略：针对所有对齐的“词汇-实体”，将其中的 5%进行随机实体替换操作，该操作类似于 BERT 的词汇篡改；将 15%进行遮掩操作，类似于 BERT 的“<MASK>”遮掩；其余的“词汇-实体”则维持不变。

清华 ERNIE 可以适配两类下游任务。第一类任务即我们非常熟悉的一般自然语言理解任务。在适配该类下游任务时，清华 ERNIE 的操作模式与 BERT 适配下游任务的模式是类似的。例如，可以使用句首“<CLS>”对应的输出特征作为整个语句的聚合特征执行分类操作等。第二类任务即知识驱动型

任务(knowledge-driven tasks)。清华 ERNIE 以关系分类(relation classification)和实体归类(entity typing)两个具体任务为例，给出了其微调适配的可能方案。其中，关系分类也称为关系抽取(relation extraction)，即要求模型根据上下文，预测给定两个实体之间关系的类别。一种常用、也是最容易的方式即在模型的输出端，获取自然语言中两个实体的特征输出，将两个特征进行拼接后再进行分类预测。而清华 ERNIE 提出了另外一种更加简单的方式，即在输入语句中额外引入“<HD>”和“<TL>”两个新的标识符，分别用来标识头实体和尾实体的位置，从而将输入序列改造为“…<HD>头实体<HD>…< TL >尾实体< TL >…”的格式。然后根据“<CLS>”符号来确定关系的类别。实体归类任务与命名实体识别任务类似。针对该任务，清华 ERNIE 采取的方式与关系分类任务采取的方式类似，并且更加简单——通过在输入语句中添加标识符“<ENT>”来标识实体位置，然后也通过“<CLS>”符号来确定实体的类别。事实上，我们可以以超文本标记语言（HTML）中形如“<TABLE ></TABLE>”标记的含义来类比清华 ERNIE 引入新标识符的作用。

关于清华 ERNIE 的训练数据及其在下游任务上的表现，请读者自行查阅相关文献，我们在这里就不再详细讨论了。下面我们简单对该模型进行总结。清华 ERNIE 最显著的创新莫过于通过异构信息的融合来增强语言模型的性能：首先，使用 TransE 获得知识图谱中实体的嵌入表示，然后利用 K-编码器将其与 T-编码器得到的词汇嵌入表示进行融合，通过掩膜语言模型、下句预测和去噪实体自编码器三个任务来实现模型的训练。清华 ERNIE 以知识图谱“赋能”语言模型，使得语言模型具有更加强大的表达能力，可以说思路是非常新颖的。

2. 百度 ERNIE：从“全词掩膜”到超级模型

在本部分内容中，我们来看看百度提出的系列 ERNIE 模型。首先是该家族的首位成员——百度 ERNIE-1.0 [21]。相较于清华 ERNIE 直接将知识图谱作为外部信息输入这一“赤裸裸”的做法，百度 ERNIE-1.0 使用外部信息的方式要“含蓄”得多——受到 BERT 掩膜语言模型及其在自然语言理解方面卓越表现的启发，百度 ERNIE-1.0 将外部信息的注入都表现为对输入词汇的遮掩，即通过设置不同类型的“完形填空”来训练模型理解语言。如果要用一个关键词来形容百度 ERNIE-1.0，那这个关键词一定就是“Mask”。百度 ERNIE-1.0 进一步将 BERT 掩膜语言模型扩展到三个层次：词汇级(在原文中称为“Basic-level”，即“基础级”)、短语级(Phrase-level)和实体级(Entity-level)。其中，短语级和实体级两种掩膜操作是百度 ERNIE-1.0 所特有的，也正是其对外部信息使用的体现。图 5-53 为百度 ERNIE-1.0 使用三种掩膜语言模型的对比示意。

● 图 5-53　百度 ERNIE-1.0 使用三种掩膜语言模型的对比示意

词汇级掩膜操作与 BERT 是类似的，即针对输入语义中单个词汇进行随机掩膜，并让模型在词汇这一基础层面具备对语言的理解。例如，针对英文，遮掩的对象就是英文单词或子词；对于中文，遮掩的对象就是中文字符。在遮掩比例方面，百度 ERNIE-1.0 也以 15%的比例进行随机遮掩。

短语级掩膜操作遮掩的对象为短语。所谓短语，即一组具有独立语义的连续词汇或字符。相较于词汇级掩膜，短语级掩膜所针对的对象在语义层面上又上了一个层次。例如在英文中，针对短语“come on”，我们很容易地知道它是“加油”的意思。但是如果我们只是站在词汇的层次，孤立看“come”或者只看“on”两个单词，则短语原本所具有的含义将不复存在；再例如在中文中，“玻”和“璃”放在一起构成“玻璃”是有明确意义的，但是单看“玻”或者“璃”都是没有任何意义的。短语级掩膜语言模型的训练任务相当于让模型学会做短语的“完形填空”题目。例如，对于题目“____，the bus is comming!”，空中需要填入的最佳短语是“hurry up”。在百度 ERNIE-1.0 中，作者们使用词汇分析和语言分割工具来获得语句中短语的边界。在短语级掩膜语言模型的训练中，百度 ERNIE-1.0 随机对其中的短语进行遮掩，并监督模型对其进行正确预测。实际上，针对输入语句，百度 ERNIE-1.0 借助一些外部工具来决定短语的边界位置，在这一过程中，来自外部的知识已经在“不知不觉”中被引入。

实体级掩膜操作，顾名思义，遮掩的对象和要求模型预测的对象均为实体。在很多场合中，相较于词汇和短语，实体在语句中往往扮演着更加重要的角色。还记得我们在清华 ERNIE 中举的那个例子吗？整个语句都在描述李健的一些经历，故音乐人李健就是其中最核心的实体。在实体级掩膜语言模型的训练中，与短语级语言模型的处理方式类似，百度 ERNIE-1.0 首先也是借助外部工具得到输入语句中的命名实体（named entity），然后以实体为单位进行随机遮掩和预测监督。当然，上述外部工具自然也可以包括清华 ERNIE 所使用的知识图谱。例如，以图 5-50 所示的知识图谱为例，针对图 5-53 所示的输入语句“音乐人李健是《似水流年》的创作者”，显然我们需要对“李健”和“《似水流年》”进行遮挡。在利用实体掩膜构造语言模型时，外部的知识也在“不经意间”被作为先验知识应用到语言模型的训练中。类似百度 ERNIE-1.0 这种遮挡短语、实体等有意义语言单元的工作模式也称为“整词遮掩”(Whole Word Masking，WWM）故百度 ERNIE-1.0 也在很多文献中被称为 ERNIE-WWM。

在预训练阶段，针对上述三种语言模型的训练是逐级开展的——先是词汇级，然后是短语级，最后才是实体级。随着训练的深入，模型对语义理解的层次也不断地提升。相较于原生 BERT，百度 ERNIE-1.0 没有引入任何新的结构，故在模型架构、训练任务设定等方面都可以直接套用 BERT 模型。与清华 ERNIE 直接使用外部信息的显式模式相比，百度 ERNIE-1.0 模型将外部信息转化为遮掩不同语言单元的掩膜策略，以隐式方式使用外部信息，因此模型更加简洁灵活，为后续各版本 ERNIE 模型奠定了良好的基础。

下面我们再简单看看后续几个版本的百度 ERNIE 模型。2019 年 7 月，百度的学者们在 1.0 版模型的基础上，提出了百度 ERNIE-2.0 模型[23]。百度 ERNIE-2.0 具有两个显著的特点：更加丰富的预训练任务和连续学习(continual learning）机制。在预训练任务方面，百度 ERNIE-2.0 在 1.0 模型的基础上，极大丰富了预训练任务的内容，设计了词汇级(word-aware)、结构级(structure-aware）和语义级(semantic-aware）三大类共计七种预训练任务，这些预训练任务就是以自监督或弱监督的方式进行训练。其中，在词汇级预训练任务中，有一种被称为“知识掩膜”（Knowledge Masking）的任务，该任务就是百度 ERNIE-1.0 所采用的、针对短语和实体进行的“完形填空”任务。其余的各类预训练任务，均为作者们结合自身对语言规则和规律的理解，从语法、句法、结构、关系等诸多角度的考量设计构造。由于预训练任务众多，为了让模型能够针对输入序列区分任务，百度 ERNIE-2.0 在 BERT 的三种嵌入的基础上，也对任务进行了编码，又输入序列增加了任务嵌入(task embedding)。这样一来，百度 ERNIE-2.0 模型的输入是符号嵌入、位置嵌入、语句嵌入与任务嵌入四个嵌入操作的合成。百度 ERNIE-2.0 模型的架构如图 5-54 所示。针对如此众多的任务，如何组织预训练？直接构造一个包含所有任务的多任务训练目标进行一体化训练，各个任务之间恐怕会相互掣肘，训练难以有效收敛；如果一个任务接一个任务训练，模型难免会学了新忘了旧，“狗熊搬苞米”。为了解决这一问题，百度 ERNIE-2.0 采用了一种增量式的训练模式，即所谓的连续训练机制。所谓连续训练即先训练任务一，然后添加任务二，一体化训练任务一和任务二，然后再添加任务三，一体化训练任务一、任务二和任务三…以此类推，直到引入所有任务，实现“最高段位”的一体化训练。这种增量式的训练机制，使得每个新任务的训练都是基于旧任务得到的模型参数开展，新旧任务一起滚动向前。

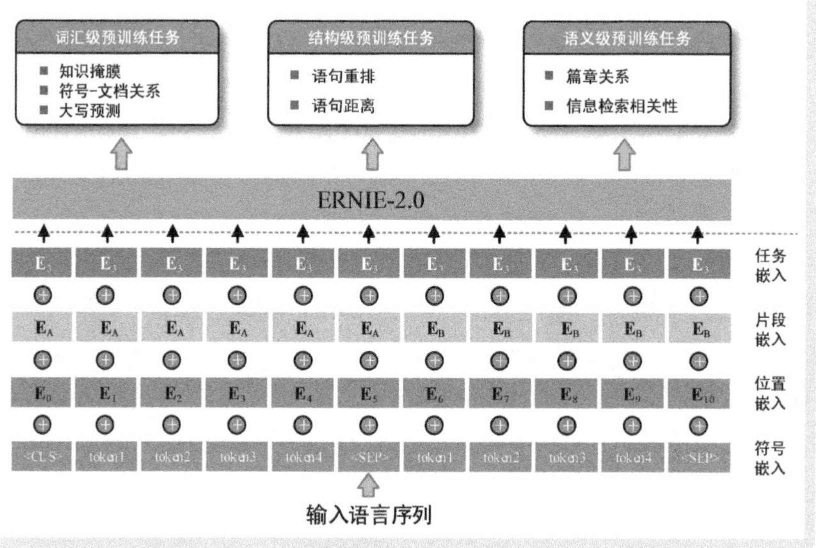

● 图 5-54　百度 ERNIE-2.0 模型的架构示意

下面我们来看看百度大模型的起点——ERNIE-3.0。随着 T5、GPT-3.0 等大模型的推出，百度的学者们再也按捺不住心情，开始借助自身的大规模数据优势，构造自己的全能大模型。于是在 2021 年 7 月，百度 ERNIE-3.0 模型[23]应运而生了。该模型的主要亮点有两个：第一，在架构方面，百度 ERNIE-3.0 采用自编码和自回归相结合的架构，既可以应对自然语言理解任务，也可以适应自然语言生成任务。因此，与 UniLM 等模型类似，百度 ERNIE-3.0 也是通用型语言模型——要做到所有 NLP 任务“通吃”；第二，在外部知识应用方面，类似于清华 ERNIE 的思路，为了让语言模型能够理解知识、利用知识，百度 ERNIE-3.0 的训练也应用了标准自然语言语料和知识图谱两种异构数据资源，训练数据的总规模达到 4TB，这 4TB 的训练数据，支撑了百度 ERNIE-3.0 模型的 100 亿参数的训练。

首先聊聊百度 ERNIE-3.0 的整体架构。ERNIE-3.0 整体架构分为上下两个部分，其中，基础部分被称为通用表示模块(Universal Representation Module)，该模块接收语言序列和知识图谱两种异构数据作为输入，扮演了通用语义特征提取器的角色。通用表示模块由多层 Transformer 层构成，其规模非常庞大——包括了 48 个 Transformer 层，其中每层的注意力头数为 64 头，中间特征维度为 4096 维；百度 ERNIE-3.0 的上层结构为特定任务模块(Task-specific Representation Modules)，该模块以通用表示模块提取得到的通用特征作为输入，承担了进一步提取特定任务语义特征的功能，其中参数由特定任务的目标来确定。特定任务模块包括了自然语言理解和自然语言生成两个并列的网络结构（以下分别将两个网络结构简称为“NLU 网络”和“NLG 网络”），分别用于对接两类不同的 NLP 任务。相较于通用表示模块，特定任务模块的两个网络规模要小得多，基本与 BERT-Large 模型一致——包括了 12 层 Transformer 层，其中注意力头数为 12 头，中间特征维度为 768 维。因此可以看出，尽管百度 ERNIE-3.0 采用自编码和自回归相结合的方式应对自然语言理解和自然语言生成两类任务，但是其架构与 MASS、BART 的完整编码器-解码器，或是 UniLM 那样一个编码器“分半使用”的架构是不同的。除此之外，无论是通用表示模块还是特定任务模块，为了让模型能够接受超长序列输入，百度 ERNIE-3.0 都采用 Transformer-XL 作为其主干网络结构。图 5-55 示意了百度 ERNIE-3.0 模型的整体架构。

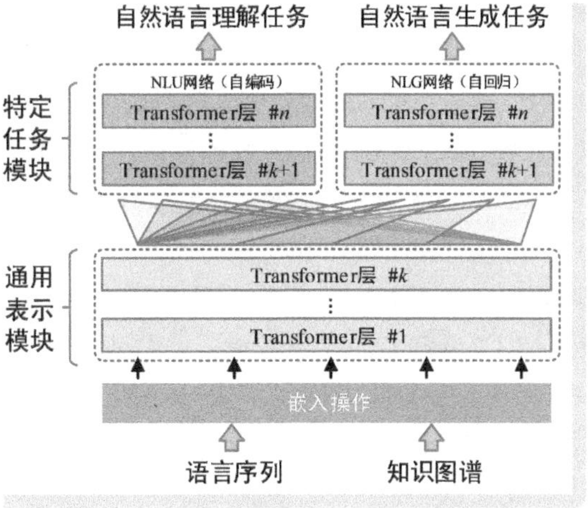

● 图 5-55　百度 ERNIE-3.0 模型整体架构示意

在模型预训练方面，百度 ERNIE-3.0 的预训练任务同样非常丰富，包括了三大类：词汇级(word-aware)预训练任务、结构级(structure-aware)预训练任务与知识级(knowledge-aware)预训练任务。词汇级预训练任务包括了知识掩膜语言建模（Knowledge Masked Language Modeling）和文档语言建模(Document Language Modeling)两个子任务。其中，知识掩膜语言建模是从百度 ERNIE 两个早期版本一路继承下来的，针对短语和实体的掩膜预训练任务；而文档语言建模，则是为了训练 ERNIE-3.0 的语言生成能力，针对长文档开展的标准语言模型构建任务。结构级预训练任务继承自百度 ERNIE-2.0，也包括了语句重排（Sentence Reordering）和语句距离（Sentence Distance）两个子任务。前者通过训练模型识别语句的重排顺序，使得其能够正确地理解语句关系，而后者作为下句预测任务的升级版，通过训练模型辨识两个语句的相邻关系，使得模型能够理解语句级信息。百度 ERNIE-3.0 的知识级预训练任务被称作“通用知识-文本预测”（Universal Knowledge-Text Prediction)。该训练任务也是以掩膜操作作为具体实现，因此可以将其视为是知识掩膜语言建模的扩展。但是与知识掩膜语言建模只依赖非结构化的自然语言序列不同的是，通用知识-文本预测任务需要自然语言序列和知识图谱两种异构数据输入。在训练时，百度 ERNIE-3.0 首先将知识图谱的三元组与自然语言文本进行拼接，在其中随机遮掩三元组的关系或是语句中的词汇，然后利用剩下的输入预测遮掩的对象。其中，关系预测与关系抽取任务类似，要求模型必须“注意”并利用语句中头实体和尾实体的提及；而词汇预测不仅考虑了句子中的依赖信息，还考虑了知识图谱三元组中的实体与实体之间的关系。实际上，百度 ERNIE-3.0

"互相预测"的模式，正体现了关系抽取远程监督（Distant Supervision）算法中关于知识图谱与自然语言之间关系的核心思想——如果两个实体之间存在关系，那么包含上述两实体（提及）的自然语言一定蕴含了这样的关系。在上述三大类共计五种预训练任务中，百度 ERNIE-3.0 利用知识掩膜语言建模任务来训练 NLU 网络，使得其具备对词法的理解能力；利用语句重排和语句距离两个任务的训练来增强模型捕获句法信息的能力；通过通用知识-文本预测任务来提高模型的知识记忆和推理能力；同时，利用文档语言建模任务训练 NLG 网络，使得其能够适配自然语言生成类任务。但是，在预训练策略方面，笔者认为作者们给出的阐述是不充分的：例如，在进行预训练时，通用表示模块、NLU 网络与 NLG 网络三个结构是一体化训练还是分步骤训练等问题，文中并未进行明确说明。此外，作者们在训练过程部分仅仅强调了进行渐进式训练，但是如何不断增加训练的复杂度等具体内容却没有给出明确交代。因此，关于预训练策略及过程，我们就不在这里妄加猜测。另外，关于百度 ERNIE-3.0 的表现，自然是"SOTA"满满。特别是在中文自然语言理解这一细化方向，百度 ERNIE-3.0 更是特色鲜明。至于模型表现的具体指标，请读者查阅原文，我们这里不再赘述。

为了进一步挖掘 ERNIE-3.0 的潜力，百度于 2021 年 12 月公布了 ERNIE-3.0 的"同比例放大"版模型——ERNIE-3.0 Titan [25]。百度 ERNIE-3.0 Titan 模型拥有 2600 亿可训练参数，在规模上已经完胜了 GPT-3.0 的 1750 亿参数量，可谓是一个"巨无霸"模型。在整体架构方面，百度 ERNIE-3.0 Titan 继承了 3.0 版模型的双层架构，并且也是使用 Transformer-XL 作为模型的主干。但是在规模方面，针对其中通用表示模块的规模进行了"加宽"处理：通用表示模块中有 48 个 Transformer 层，在层数方面与 3.0 版模型保持一致，但是其中每层的注意力头数增加至 192 头，中间特征维度也激增到 12288 维，显然，这一"增肥"操作是受到了 GPT-3.0 的启发。至于 NLU 网络和 NLG 网络两个上层子结构，其结构则与百度 ERNIE-3.0 保持一致，依然相对"清瘦"。在预训练任务方面，除了继承 3.0 版模型的三类五种任务之外，百度 ERNIE-3.0 Titan 在知识级任务中增加了一种称为"可信可控生成"（Credible and Controllable Generations）的任务，来约束模型生成语言的分布，使得其"更加靠谱"。所谓可信可控生成，即借助生成式对抗网络的思路，通过增加一个自监督对抗监督（self-supervised adversarial）损失，使得生成语言的分布与真实语言的分布尽量接近——如果生成的语言和真实的语言真假难辨，那么就意味着模型生成语言的水平已经相当了得。在训练数据方面，除了百度 ERNIE-3.0 使用的 4TB 高质量中文语料数据之外，百度 ERNIE-3.0 Titan 又构建了 ERNIE-3.0 对抗数据集（ERNIE 3.0 adversarial dataset）和 ERNIE-3.0 可控数据集（ERNIE 3.0 controllable dataset）两个额外的数据集来支持模型训练。除此之外，由于模型规模太过于庞大，作者们专门为百度 ERNIE-3.0 Titan 设计了高效的训练和推理架构和机制，利用细粒度混合并行、异构硬件训练（鹏城实验室的 NPU 与百度的 GPU）等策略开展模型的分布式训练，并且训练过程中充分考虑了针对硬件故障的容错机制。另外，由于模型规模太过庞大，导致其训练所需计算资源过高，作者们还为 ERNIE-3.0 Titan 模型设计了在线蒸馏（Online Distillation）框架，以降低其训练过程中的资源占用。

到这里，我们对百度 ERNIE-3.0 Titan 的介绍就告一段落了。事实上，与该模型有关的细节还很多，我们这里就不再一一介绍了。这是因为一方面，这些内容与本书的主题关系不大；另一方面，以笔者的水平恐怕难以对如此复杂的细节进行详实准确的介绍。毕竟构造一个类似 ERNIE-3.0 Titan 这样的超级模型，需要算法、软件、硬件等诸多专业人事的协作，这是一个十分庞大的系统工程。如果说百度 ERNIE-1.0 和 2.0 模型的对标对象是 BERT 等早期的预训练模型，所做出的工作就是“刷刷榜”，与其他模型“打打架”，那么从 ERNIE-3.0 开始，百度的目标已经很明确——即应用大规语料与知识，打造一个全能型的自然语言处理产品。就像 GPT-3.0 之于 OpenAI 那样，百度需要占据中文语言处理这一 NLP 的重要子领域的霸主地位，ERNIE-3.0 以及 3.0 Titan 就是其战略布局中的重要一环。从百度 ERNIE-3.0 开始，百度所做的工作已经不再单单是一项学术研究，这些模型已经被设定了更加宏伟的目标，被赋予了更加重要的商业使命。这些模型已经从早期模型的“作坊制造”，变为真正意义的“大厂出品”。

5.4.7 XLM：跨语种预训练语言模型

以 BERT 和 GPT 为代表的预训练模型在 NLP 领域的诸多任务上取得成功。但是这些预训练模型都是依托单语言语料、特别是基于英文语料打造，可以说掌握的都是“单一语言技能”。但是，世间的语言并非只有英语一种，是否能够构造一种具有跨语种能力的预训练模型？在这一想法的驱使下，2019 年 1 月，Guillaume Lample 和 Alexis Conneau[27] 两名来自 Facebook AI 的学者提出了一种跨语种的预训练模型——XLM 模型，开启了基于 Transformer 架构（准确地说是基于 BERT 架构）构造跨语种预训练模型的先河。下面我们就来讨论 XLM 模型。XLM 的重点工作包括两大方面，即跨语种语言建模与跨语种下游任务适配，如图 5-56 所示。

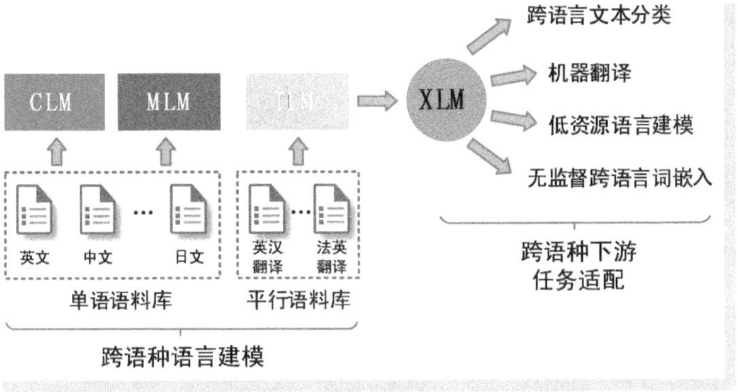

图 5-56 XLM 的重点工作示意

我们首先来讨论 XLM 的跨语种语言建模。XLM 的跨语种语言建模包括了三个具体目标：因果语言建模（Causal Language Modeling，CLM）、掩膜语言建模（Masked Language Modeling，MLM）和翻译语言建模（Translation Language Modeling，TLM）。其中，前两种语言模型的构建都是基于单语种语料库、以无监督方式进行，而第三个训练则是基于平行语料库㊀以有监督的方式进行。

在语料准备方面，XLM 使用了 N 个单语种语料，记作 $\{C_i\}_{1=1,\cdots,N}$。例如，C_1 表示英文语料、C_2 为中文语料、C_3 为日文语料等。对于其中某种单语语料 C_i，我们假设其中的语句数量为 n_i。但是考虑到样本均衡问题，在训练时，XLM 以概率 $q_i = p_i^{\alpha}/(\sum_{j=1}^{N} p_j^{\alpha})$ 作为针对语种 C_i 的采样概率。其中，$p_i =$

㊀ 平行语料（parallel corpora）库也叫对应语料库，是由原文文本及其平行对应的译语文本构成的双语语料库。

$n_i/(\sum_{k=1}^{N} n_k)$ 即为第 i 个单语语料中的语句占所有语料语句的比例；α 为一个指数控制参数，在 XLM 中，$\alpha=0.5$。例如，我们分别用C_1、C_2和C_3分别表示英文、中文和日文语料，三个语料库中语句的条数分别为 100、90 和 10，对应的语句比例分别为$p_1=0.5$、$p_2=0.45$ 和$p_3=0.05$。如果直接按照上述频率进行语句采样，语句样本几乎都会来自英文和中文语料库，日文几乎将无法得到训练。我们按照 XLM 给出的采样概率计算，有$q_1\approx0.44$、$q_3\approx0.42$ 和$q_3\approx0.14$，可以看出情况得到一定程度的改观。在词典组织方面，XLM 以字节对编码方式，将所有语种的词汇编入一个统一的共享词典，以改善不同语种词语的对齐效果。

XLM 跨语种语言建模的第一个目标为因果语言建模。这里，所谓的因果语言模型就是我们所说的前项语言模型 $p(w_t|w_1,\cdots,w_{t-1};\theta)$——上文是因，下文是果，只不过作者换了个“时髦”的名称。因果语言模型的训练基于单语种语料库以无监督的方式进行，关于此部分训练内容我们不做过多的阐述。

XLM 跨语种语言建模的第二个目标为掩膜语言建模。XLM 的掩膜语言模型训练与 BERT 的掩膜语言模型训练非常类似，也是通过在输入序列中以“<MASK>”标识符随机进行人为的词汇遮掩。但是，相较于 BERT，XLM 做了两方面的调整：第一，取消了 BERT 输入中标志每个词汇隶属哪个语句的片段嵌入（Segmentation Embedding），取而代之的是语种嵌入，即告知模型当前输入属于什么语种，例如，在图 5-57 中，“en”标志即表明当前输入为英文；第二，XLM 取消了 BERT 双句输入的限制，允许一次性给模型输入多个语句片段，但是要求每个片段中词汇的数量不得超过 256，超出部分将做截断处理。图 5-57 为 XLM 的掩膜语言建模示意。

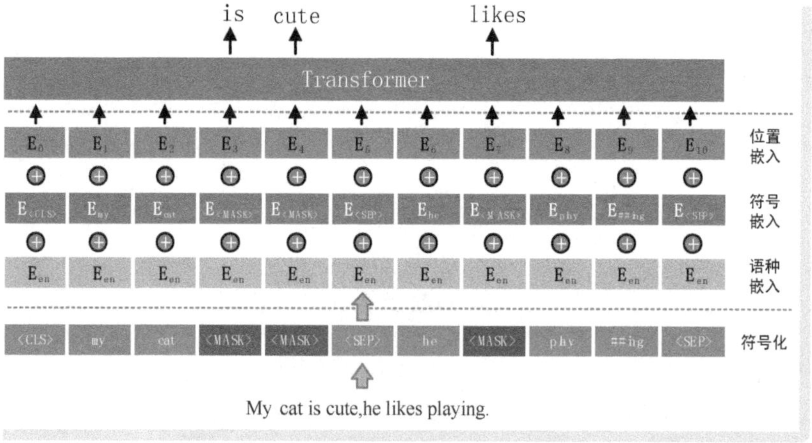

● 图 5-57 XLM 的掩膜语言建模示意

XLM 跨语种语言建模的第三个目标为翻译语言建模。无论是因果语言模型还是掩膜语言模型，XLM 都是使用来自单一语种的语料对其进行训练，跨语种操作仅体现为在语言模型训练中，从多个语种语料库中抽取不同语言的语句作为训练样本。而 XLM 的翻译语言模型训练才能算作是真正意义的多语种训练。翻译语言模型是掩膜语言模型的扩展，只不过在翻译语言模型中，XLM 将来自平行语料库的、互为译文的源语句和目标语句进行拼接作为模型输入。为了标识两个语句的语种，语种嵌入便发挥了作用，例如，在图 5-58 的示例中，我们分别用“en”和“chs”表示英文和中文，并以此为每个词汇构造语种嵌入向量。XLM 同时会对源语句和目标语句中的随机位置进行“<MASK>”遮掩并对这些位置的词汇进行预测。这样，预测源语句中被遮掩的词汇时，在注意力机制的帮助下，模型既可以注意到待预测词汇在源语句中的上下文词汇，还会应用到目标语句中的词汇。反之亦是如此。这就逼着模型在正确预测词汇这一目标的驱使下开展两种语言的相互表示，两种语言在训练过程中也实现在特征表示层面的对齐。上述语言模型的训练仿佛是在做一段双语混合型的完形填空，我们可以借助两种语言综合考量到底应该填入什么词汇。图 5-58 为 XLM 的翻译语言建模示意。在该例中，输入的两个语句来自中英翻译语料库，两个语句分别为“my baby daughter”和“我的宝贝女儿”。在英文语句中，“my”和“daughter”两个词汇被遮掩，在中文语句中，“我”和“宝”两个字被遮掩。我们可以想象，在预测英文词汇“daughter”时，中文的“女儿”二字应该会被投以较高的注意力权重；而在预测中文的“宝”字时，想必英文的“baby”将贡献更多的力量。

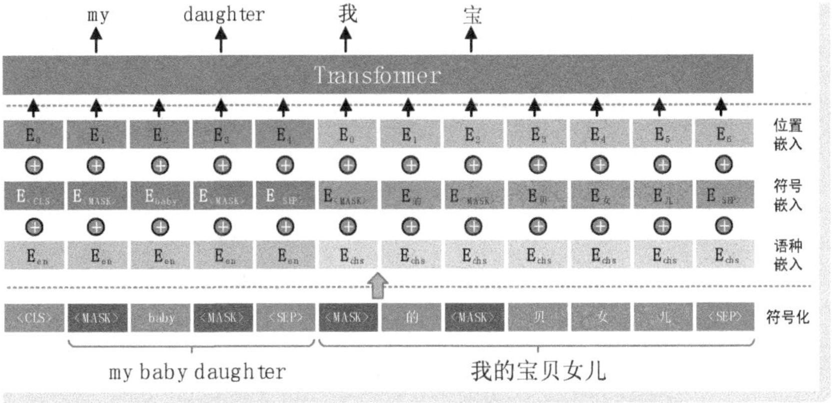

● 图 5-58　XLM 的翻译语言建模示意

我们接下来讨论 XLM 的跨语种下游任务适配。为了证明 XLM 作为跨语种预训练模型具有的潜力，学者们给出了 XLM 应用于四种跨语种下游任务适配的尝试。这四种下游任务分别是跨语种文本分类、机器翻译、低资源语言建模和无监督跨语言词嵌入。

跨语种文本分类任务特指针对不同语种开展的自然语言推理任务（XNLI），此类任务经常也被称为文本蕴涵任务。该任务的数据集中包括了用多种语言表示的前提和猜测语句对。针对该任务，XLM 采用的架构与 BERT 适配自然语言推理任务时采用的架构相同——在输入端，XLM 将前提语句和猜测语句进行拼接作为模型的双句输入；在输出端，XLM 也经过获取聚合特征、线性变换、概率化三个步骤得到最终的预测结果。该过程可以表示为 $\text{softmax}(\boldsymbol{y}_{\text{cls}}\boldsymbol{W})$，其中，$\boldsymbol{y}_{\text{cls}}$ 为句首“<CLS>”标志位对应的输出特征，$\boldsymbol{W}\in\mathbb{R}^{d_{\text{model}}\times 3}$ 为可学习线性变换参数。Softmax 输出的三维概率分布即表示模型对猜测与前提关系的判断——对、错或是无法判断。需要说明的是，XLM 仅基于 XNLI 数据集中的英文语料进行文本分类任务微调训练，然后，使用微调得到的模型在包括英文在内的 15 种语种的自然语言推理任务上进行测试。结果表明，XLM 以“掩膜语言模型+翻译语言模型”相组合训练得到的跨语种预训练语言模型，经过基于英文语料的微调后，在 15 个语种的文本分类任务上均达到了“SOTA”的水平。

XLM 这种“zero-shot”的能力，在某种意义上正说明其在跨语种语言模型构建阶段打下了坚实的基础。

机器翻译任务是典型的“序列到序列”任务，一般都被构造为编码器-解码器架构。XLM 围绕机器翻译任务，证明了以跨语种语言预训练模型初始化编码器或解码器，能够对机器翻译的结果带来显著提升。具体来说，机器翻译包括有监督机器翻译（Supervised Machine Translation）和无监督机器翻译（Unsupervised Machine Translation，UMT）两大类任务。其中，有监督机器翻译即我们常见的、基于平行语料训练的机器翻译模型。针对此类任务，XLM 基于 WMT16 罗马尼亚语-英语翻译数据集进行机器翻译测试。结果表明，以掩膜语言模型作为预训练模型、以“双向翻译+反向回译”模式进行训练得到的翻译模型取得“SOTA”的成绩；无监督机器翻译特指在面对小语种翻译等平行语料资源匮乏的翻译任务时，不依托平行语料所开展的机器翻译模型构造。针对此类任务，Guillaume Lample 等 XLM 作者在先前提出了一种基于去噪自编码器架构的无监督机器翻译架构。在这里，XLM 沿着上述思路继续前行——以跨语种预训练语言模型初始化编码器和解码器，以提升无监督翻译的性能。XLM 在英语-法语、英语-德语以及英语-罗马尼亚语三组语言、共计六个翻译任务上开展实验，结果表明，以掩膜语言模型初始化编码器和解码器，在上述六个翻译任务中的五个任务上（不包括“英译德”）达到了“SOTA”的翻译结果；以掩膜语言模型初始化编码器，以随机方式初始化解码器这一组合取得了“英译德”任务的最好水平。

低资源语言建模（Low-resource language modeling）任务是指针对语料资源匮乏的语种进行的语言模型构造。而正是因为语料资源的匮乏，使得对低资源语言构造的语言模型对语言规则的理解往往难以充分，对语言的表达能力往往也很差。在针对低资源语言的建模中，XLM 得到如下的结论：基于多种语言训练的语言模型，其性能远远超过基于单一低资源语言得到语言模型的性能。特别是在语法接近的语言间训练多语言模型，上述优势将体现得更加明显。在具体的实验中，XLM 针对尼泊尔语（Nepali）作为目标语言，以针对其构建语言模型的困惑度（perplexity）作为评判指标，开展了针对纯粹尼泊尔语、尼泊尔语+英语、尼泊尔语+海地语（Hindi）以及尼泊尔语+海地语+英语四种组织方式的对比实验。实验结果表明，纯粹使用尼泊尔语训练得到的语言模型效果最差；尼泊尔语+海地语的组合明显优于尼泊尔语+英语的组合，主要原因在于相较于英语，海地语与尼泊尔语在语法和词根上更为接近；尼泊尔语+海地语+英语这一组合则取得了最佳成绩。XLM 针对低资源语言建模的实验在某种意义上证明了跨语种语言模型训练能够发掘语言之间的语义互补性。

无监督跨语言词嵌入（Unsupervised cross-lingual word embeddings）任务即将来自不同语种的词汇映射到一个共享的嵌入特征空间，使得语义相同但来自不同语言的词汇在该空间中具有相同或接近的特征向量表示。为了验证 XLM 模型在跨语言词嵌入方面的能力，学者们分别以特征的余弦距离、L2 距离以及跨语言词汇相似度三个指标作为特征接近程度的评估指标，在 Semeval-2017 task 2 任务/数据集㊀上开展跨语言词嵌入实验。结果表明，XLM 能够让来自不同语言具有近似语义的词汇在嵌入空间中特征更加接近，这就意味着 XLM 能够利用其跨语种优势，在不同语言间发挥良好的对齐作用。

㊀ Semeval-2017 task 2 数据集包括了英语、波斯语、德语、意大利语和西班牙语五种语言，分为了两个子任务：第一个子任务即针对上述五个单语种的近义词数据集；第二个子任务即针对上述五种语言两两构成的 10 个跨语言近义词数据集。

到这里，我们对 XLM 模型的核心工作即讨论完毕了。可以看出，无论是在模型架构还是在算法层面，XLM 并未涉及多少创新性工作，可谓“朴实无华”。但是，作为基于 Transformer 架构跨语种语言模型的开山之作，XLM 仅仅通过简单的数据组织和微调训练，就能够使得模型在跨语种分类和机器翻译等重要任务上取得传统模型的好成绩，也在低质量语言建模和跨语言特征表达等重要基础性工作上有着不俗表现，足以证明了 Transformer 架构在跨语种语言处理方面所具有的强大潜力。在 XLM 之后，诞生了多个跨语种模型，XLM 为这些模型的研发奠定了良好的基础。

5.4.8 GPT-2.0 与 GPT-3.0：超级模型

谈到 NLP 领域的预训练模型，怎么能少了 OpenAI 的 GPT 家族？该家族在 NLP 预训练乃至整个 NLP 领域都是一个丰碑式的存在。家族的元老——GPT-1.0 模型诞生于 2018 年 6 月，比大名鼎鼎的 BERT 还早问世 4 个月。GPT-1.0 可以视为是最早基于 Transformer 架构的预训练模型，在诸多 NLP 任务上取得了碾压式的胜利。GPT-1.0 作为自回归语言模型的代表，一直是后续预训练模型借鉴和对比的重要对象。到了 2019 年 2 月，GPT-1.0 的后继者——GPT-2.0 模型闪亮登场，该模型以其强大的文本生成能力在领域内引起轰动，在整个 2019 年都具有极高的“出镜率”。一年后的 2020 年 5 月，更具革命性的 GPT-3.0 模型诞生，其能够生成的文章令人难辨真伪，经常被人们以“惊艳”“逆天”“炸裂”等词形容。其具有的能力甚至被人们形容为“无所不能”…从 GPT-2.0 到 GPT-3.0，甚至再到最近“火到天际”的聊天机器人 ChatGPT，除了高性能，GPT 系列模型还有两大标签——封闭和庞大。其中，封闭指的是 OpenAI 对 GPT 闭源，在官方层面只是发布训练好的模型接口供大家调用，其他团队很难复现其效果。这种做法与学术界秉承的开放与分享的思想截然相悖。这种做法也让很多崇尚开源精神的人对其大加指责；GPT 模型的第二个标签为庞大，从 GPT-2.0 开始，模型在参数规模以及支持其训练的数据规模上就变得异常庞大，GPT-2.0 提高了 NLP 领域的“准入”门槛，在整个 NLP 领域掀起了一股攀比模型规模的风气，也让很多学者发出“小团队难以出大成果”的感叹。但是，无论如何都得承认，GPT 对 NLP 领域的贡献是巨大的，影响也是极其深远的。

在前文中，我们已经对 GPT-1.0 模型进行了详细的分析。在下文中，我们就针对其更加著名的两个继任者——GPT-2.0 和 GPT-3.0 进行逐一讨论。之所以我们将对二者的讨论放在了最后，是因为 GPT 模型，尤其是 GPT-3.0 模型的能力实在太强悍了，正所谓“压轴戏放后面”吧。

1. GPT-2.0：大模型的开端

GPT-2.0 模型诞生于 2019 年 2 月，作者是 Alec Radford 等[28] 6 名来自 OpenAI 的学者，其第一作者 Alec Radford 也正是 GPT-1.0 模型的第一作者（当然，两个模型的最后作者也相同）。GPT-2.0 的文章题目为“Language Models are Unsupervised Multitask Learners”，即“语言模型是无监督的学习器”。仅从上述标题就能看出 GPT-2.0 在构造和应用模式方面的两点端倪：第一，GPT-2.0 构造的还是语言模型；第二，上述语言模型在对接各类下游任务时，不需要进行有监督的训练。

当前，绝大多数表现出色的机器学习模型都是基于大量具有人工标注的数据集，以监督学习方式构造的。然而，上述方式有两个显著问题，一是对训练数据的要求过高，需要在标签制作方面投入大量人力，二是这些模型的通用性往往令人担忧，数据的分布稍有改变，模型的性能就会显著下降。尽管在机器学习中，已经有很多工作致力于多任务学习（Multitask learning），即在训练过程中引入多任务数据并进行多目标的一体化训练。但是在 NLP 领域，上述多任务学习的模式并不常见，目前 NLP 领域最主流、也是最为有效的方式还是“预训练加下游任务微调”模式——第一阶段以无监督方式学习语言共性，而第二阶段则以有监督的方式让模型学习任务特性。然而即便如此，下游任务微调阶段也依赖有标注的样本数据，对数据要求仍然较高，除此之外，该阶段也是以单任务训练模式展开，模型通用性不足这一问题仍然存在。GPT-2.0 即试图改变上述模式，其核心目标即创建一个不需要使用监督数据进行微调训练，就可以适配下游多种任务的通用模型。其对接下游任务不需要进行监督训练，即在下游任务微调适配时做了零样本学习(Zero-Shot Learning) 的任务设定，也正是 GPT-2.0 的技术亮点。GPT-2.0 给自己设定了一个非常宏伟的目标，相当于说“我训练好的模型，拿去直接用便是”。

先说说 GPT-2.0 的训练任务。任何单一 NLP 单一任务都可以视为是对条件概率 $p(output|input)$ 的估计。这一点很好理解，例如，在前向语言模型中，*input* 为一段上文词汇序列，而 *output* 为下一个词汇；而在掩膜语言模型中，*input* 为整个输入序列，而 *output* 为被遮掩的词汇；在文本分类中，*input* 为输入序列，*output* 为文本对应的类别；在符号标注任务中，*input* 为输入序列，*output* 为每个词汇对应的类别；在机器翻译任务中，*input* 为源语句，*output* 为与之对应的目标语句等。面对不同任务，条件概率 $p(output|input)$ 都被构造为不同的架构，即所谓的单任务模型。为了让上述条件概率能够建模不同任务，GPT-2.0 将任务的标识也纳入条件概率的条件部分，即构造的条件概率变为 $p(output|input, task\_prompt)$。显然，GPT-2.0 以提示学习作为其适配下游任务的模式。在该模式下，模型的一条训练样本可以形如“Translate Chinese to English, Chinese text, English text”或是“Answer the question, document, question, answer”等。在上述两例中，站在语言视角，二者均为合法的自然语言；但是按照任务属性，上述两个语料样本显然又分别针对机器翻译和问答任务两个具体任务。这样一来，GPT-2.0 将任务描述也视为是训练语料的模式，即将任务适配操作进行“数据化”和“样本化”，通过类似语言模型的无监督训练方式，同时构造语言模型和任务模型。下面我们再举两个简单的例子加以说明。例如，当读到语句“我爱我的宝贝女儿的英文翻译为 I love my baby daughter”时，首先我们充分掌握了它的语义，毕竟这是一句合理的人类语言，该操作可以视为是在语言模型层面的认知成果；第二，从任务属性角度看，我们实际掌握了一项具体的汉译英能力；再例如，面对语句“要说中国进入太空的第一人是谁，我的答案自然是杨利伟”，除了语言层面的理解，在任务层面，我们实际上已经学会了“中国第一代航天员是谁”这一问题的答案。事实上，GPT-2.0 的这一操作，已经不知不觉打开了“Prompt”的大门——“Translate Chinese to English”和“Answer the question”等我们可以认为就是“伪装为”为文本，但却又是作为任务标识符的提示。GPT-2.0 的核心工作还是以无监督的方式构建语言模型。关于语言模型的构造和训练目标，我们已经在上文对 GPT-1.0 的介绍中进行了详细地讨论，而且在对其他模型的分析中也反复提及，故这里就不再赘述。

接下来我们再来看看 GPT-2.0 的训练数据集。训练语言模型需要大规模的语料库来支撑，现有绝大多数预训练模型的多以新闻文章、维基百科或小说等语料作为训练数据。除了上述现成的文章或文字作品，互联网可以作为一个取之不尽用之不竭语料资源库，受到很多学者和机构的青睐。人们通过构造网络爬虫收集大量网页文本，构造更大规模的、跨领域的语料数据，以此作为构造 NLP 预训练模型重要的数据基础。例如，谷歌经过多年网页爬取形成的 Common Crawl 语料库，其中包含了 PB 级的文本数据，这些数据可以供研究者免费下载使用。然而，GPT-2.0 认为网页爬虫抽取的语料虽然规模够大，但质量却难以保证，其中包含了大量的垃圾信息。故 GPT-2.0 亲自动手打造了一个高质量的大规模语料库——WebText。为了构造 WebText 语料库，GPT-2.0 将目标锁定到拥有几亿活跃用户、被誉为“互联网头版”、以新闻聚合和评论为特点的美国社交网络——Reddit。选择 Reddit 的原因有两点：第一个原因是 Reddit 在数据规模上有保证。Reddit 是一个老牌社交网站，经过多年的发展，拥有大量用户，积累了海量的文本数据，数据涉及的领域也可谓包罗万象；第二个原因是 Reddit 在数据质量方面有保证。Reddit 中的发帖和评论都是人工针对特定问题或目的编写的，在质量方面，相较于用爬虫爬取的任意网页要高得多。特别是 Reddit 以使用一个被称为“Karma”的得分对发帖和回复质量进行标识，这一人为评分可以视为是对语料可靠性的标注，对 Reddit 语料的进一步筛选提供了遍历，例如，WebText 中就只选择了那些 Karma 得分高于 3 的语料链接。按照 Karma 得分，GPT-2.0 从 Reddit 网站获取了 4500 万个文章链接，然后爬取这些链接对应的 HTML 文本；然后，针对这些进一步进行清洗，最终得到的 WebText 语料库中超过 800 万个文档，纯文本数据超过 40GB。上述数据规模已经是其“前辈”GPT-1.0 模型训练使用数据规模的 8 倍。几位作者对这些数据进行了分析，其中包括了大量带有提示性的语句，即认为这些数据是可以支撑上述任务建模目标的。

有了大规模数据，下面就是构造大规模模型。实话实说，除了对层归一化操作的位置做了调整之外，GPT-2.0 在纯粹架构层面没有什么创新之处——和 GPT-1.0 相同，GPT-2.0 也是只用到 Transformer 的解码器部分。只不过 GPT-2.0 给出了从小到大四种规模的架构。上述这四种从小到大架构的称呼分别为“小规模版”（Small）、“中等规模版”（Medium）、“大规模版”（Large）和“超大规模版”（Extra Large，简称为“XL”）。这四种版本模型的规模如图 5-59 所示。其中，GPT-2.0-Small 版的规模与 BERT-Base 版、GPT-1.0 两个模型的规模相同，包含 12 个 Transformer 解码器，总参数量约为 1.1 亿，而 GPT-2.0-Medium 版的规模与 BERT-Large 版规模相当，拥有 24 个 Transformer 解码器，总参数量约为 3.45 亿。显然，GPT-2.0-Medium 是对标 BERT-Large 的。最大规模的 GPT-2.0 模型拥有超过 15 亿的参数量，相较于当年的那个“小 BERT”，可谓是相当可观的规模增长。在输入方面，GPT-2.0 也是以字节对编码（BPE）方式构造输入，词典中的词汇量也相应扩充至 50257。同时，GPT-2.0 也将模型输入的序列长度从 512 增加到 1024。

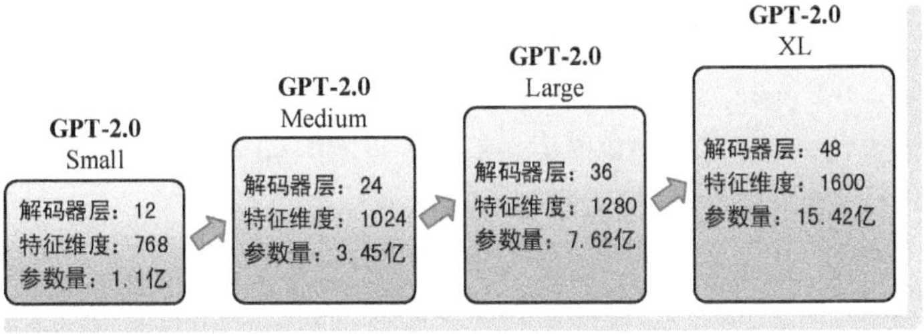

● 图 5-59　GPT-2.0 四个版本模型规模的对比示意

在实验对比方面，GPT-2.0 进行了两组实验。第一组实验为零样本实验，在这一组实验中，作者以“拿来就用”的方式对 GPT-2.0 进行了考察和对比。当然在这一组实验上，GPT-2.0 模型的表现自然是相当的“SOTA”。对于本组实验，我们不做过多展开，毕竟 GPT-2.0 主打零样本这一亮点，自然结果不会差，也不能差；第二组实验为真正意义的 NLP 任务实验。GPT-2.0 模型基于斯坦福 CoQA、WMT14 英语-法语、CNN/Daily Maily 以及谷歌 Natural Questions Corpus 四个公开任务/数据集，分别进行了阅读理解、机器翻译、文本摘要和问答四个 NLP 任务的应用和对比。至于对比的结果，我们应该分为两个角度看：首先，仅仅看结果，GPT-2.0 的表现是不好的。除了在阅读理解任务上 GPT-2.0 和 DrQA、PGNet 具有可比性之外，剩下的三个任务都不及现有模型。其中针对文本摘要任务，GPT-2.0 输给了传统的注意力 Seq2Seq 模型，而对于问答任务，GPT-2.0 的表现更是“惨不忍睹”。如此宏伟的目标，如此大的模型规模，在“不 SOTA 就不好意思出来打招呼”的年代，GPT-2.0 的实际表现难免让人感到沮丧。但是，从另外一个角度看，我们应该看到希望：首先，这是 GPT-2.0 在“zero-shot”模式下的实验结果，如果从“zero-shot”这么激进的目标稍微回撤一些，到“few-shot”呢？其次，在上述四个任务中，每一个任务都表现出模型越大效果越好的性质，那么如果将模型的规模再进行扩大，是否能够带来更大的突破呢？正是在上述两点思路的指引下，GPT-3.0 诞生了。

2. GPT-3.0：“逆天”的万能大模型

2020 年 5 月，来自 OpenAI 的 Tom B. Brown 等[29] 31 名学者联名撰写 75 页技术报告“Language Models are Few-Shot Learners”，提出了著名的 GPT-3.0 模型。相较于 GPT-2.0，GPT-3.0 有以下三个特点：第一，在模型规模方面，GPT-3.0 的模型异常庞大，可训练的参数量多达 1750 亿。这一参数规模是 GPT-2.0-XL 版本模型的 116 倍有余。第二，在下游任务适配方法方面，GPT-3.0 不再使用 GPT-2.0 的零样本学习模式，而是采用更加务实的小样本学习设定，这一点在 GPT-3.0 的报告题目中已经表达的非常清楚。除此之外，GPT-3.0 在针对下游任务适配时，不会做任何梯度更新操作。毕竟如此大规模的模型，整体更新权重是一件不现实的事情。第三，在 NLP 任务的效果方面，相较于 GPT-2.0 的“拉跨”表现，GPT-3.0 可谓“一雪前耻”，效果“逆天”。特别是 GPT-3.0 生成的某些文字，已经和人类的水平相差无几，几乎能够做到以假乱真的程度。

我们先说模型架构。与前两代 GPT 模型相同，GPT-3.0 还是一种基于 Transformer 解码器的自回归语言模型。在报告中，针对 GPT-3.0 给出了 8 种不同规模的模型架构，按照规模从小到大依次是：Small 版、Medium 版、Large 版、XL 版、2.7B 版、6.7B 版、13B 版和 175B 版。其中，从 2.7B 开始，各模型都是以模型参数量作为版本标识。上述 8 个版本模型的规模如图 5-60 所示㊀。可以看出在规模上，GPT-3.0-Small 对标 GPT-1.0 和 BERT-Base 两个模型，而 GPT-3.0-Medium 对标 BERT-Large 模型；GPT-3.0-Large 与 GPT-2.0-Large 虽然在参数量上非常接近，但是前者较后者的层数少了 12 层，但是特征维度从 1280 维增加到 1536 维。在 175B 模型之前，各版本的 GPT-3.0 模型在解码器层数方面都相对“克制”，没有“一言不合就翻倍”，也没有超越 GPT-2.0-Large 的 48 层。但是这些模型的特征维度都

㊀ 图中的“注意力维度”为多头注意力模型中、每个注意力分支使用的特征维度，即特征维度 d_{model} 除以注意力头数得到的结果。

相对较大，且注意力的头数也相对较多，故属于"浅而宽"的模型；直至 GPT-3.0-175B，解码器层数激增到 96 层，特征维度过万，可谓"既深又宽"，规模十分惊人。

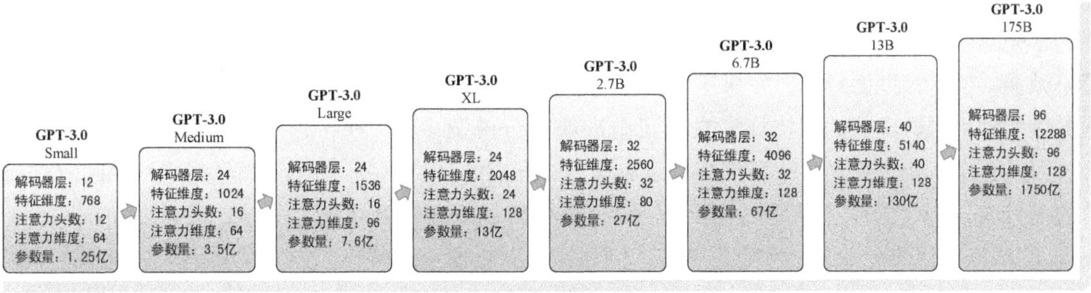

● 图 5-60　GPT-3.0 的八个版本模型的规模对比示意

接下来我们再来看看 GPT-3.0 的训练数据。大模型需要大规模数据支持，那么我们不禁要问，GPT-2.0 就已经用到多达 40GB 的纯文本语料数据做训练，那么对于百倍于 GPT-2.0 规模的 GPT-3.0，需要什么规模的数据才能支撑得起其训练？首先，在 GPT-2.0 训练中"看不上"的 Common Crawl 数据集，在 GPT-3.0 中也用上了。毕竟该数据集在数据量上占有极大的优势，能够快速弥补数据缺口。GPT-3.0 获取的 Common Crawl 数据覆盖了 2016—2019 四年时间，原始纯文本数据量高达 45TB。当然，为了克服 Common Crawl 数据质量低的问题，GPT-3.0 对其进行了两种清洗操作：第一种操作为低质量数据过滤。GPT-3.0 以 GPT-2.0 使用的 WebText 数据集作为高质量参考数据，利用文本相似性对 Common Crawl 的原始数据进行质量判定，滤除其中的低质量的数据；第二种操作为文档级模糊去重（fuzzy deduplication），即按照序列相似度滤除重复文档，以减少数据冗余。经过上述清洗后的 Common Crawl 数据集规模大约为 570GB。在上述 Common Crawl 数据的基础上，GPT-3.0 进一步引入四个高精度语料数据作为训练样本补充，包括：扩展版 WebText 数据集（简称"WebText2"）、两个网上图书语料数据集（GPT-3.0 将二者简称为"Books1"和"Books2"），以及被预训练模型广泛使用的维基百科语料库。图 5-61 示意了上述五个数据集的规模对比。除此之外，考虑到数据集在质量上仍存在高低之

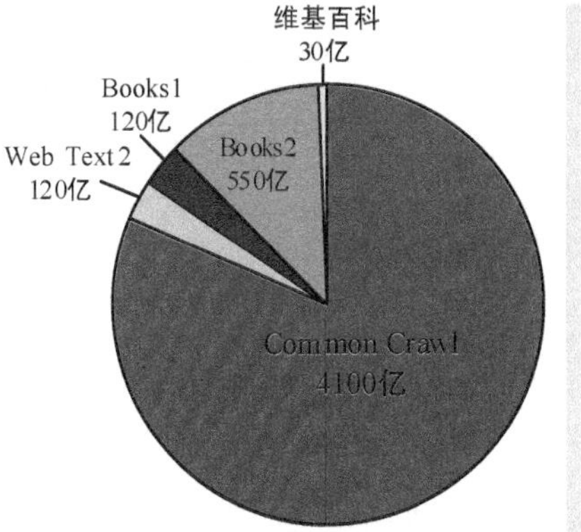

● 图 5-61　GPT-3.0 使用五个训练数据集的规模对比示意

分，故 GPT-3.0 在训练时，对样本的采样权重也进行了策略设定，以使得质量低的数据集提供样本的机会少一些，而质量高的数据集提供样本的机会多一些。

在面对下游任务时，GPT-3.0 提出的适配模式是革命性的。为了体会 GPT-3.0 的“革命性”，我们首先回顾一下传统的模型微调方法。模型微调发生在面对一个全新下游任务，或是已经进行了简单微调、但是模型面对任务效果还欠佳之时。在微调训练时，我们首先会收集带有标签的样本数据，然后利用损失函数的回传梯度去校正全部或部分模型参数，使得模型能够逐渐适应该下游任务。可以看出，传统的模型微调训练是以离线方式开展的，可谓牵一发而动全身。而 GPT-3.0 以简单的提示(prompt) 方式让模型学会下游任务的适配，其格式可以表示“task_desc [example(s)] prompt”。其中“task_desc”为任务描述，例如，希望机器完成英语到汉语的翻译，任务描述可以表示为“Translate English to Chinese”；“[example(s)]”表示 0 个、1 个或若干个样本（如在英译汉的例子中，一个样本即形如“baby daughter => 宝贝女儿”的源语句-目标语句对)；“prompt”为提示，即示意机器“开始答题”，例如，在上例中，提示为“my daughter =>”即要求模型开始对“my daughter”执行英语到汉语的翻译。“[example (s)]”中样本的数量，对应了 GPT-3.0 的三种任务设定：没有样本即对应 GPT-3.0 的零样本学习(Zero-shot Learning) 模式，拿来就用；一个样本即单样本学习(One-shot Learning) 模式，先给个示例感受感受；1~100 个样本对应 GPT-3.0 的小样本学习(Few-shot Learning) 模式，给若干示例熟悉熟悉。可以看出，GPT-3.0 的下游适配以在线方式进行，样本和任务执行很自然的融为一体。特别是 GPT-3.0 不会做任何梯度更新操作，避免了大规模参数更新这一棘手问题，对下游任务的适配十分友好便利。下面我们再举一个不恰当的例子说明传统微调训练模式和 GPT-3.0 提示模式的区别：小明同学不会做题，于是老师给他发了一大堆习题让他回家练习，经过一个月的苦练后，小明“重出江湖”…这是传统微调训练；老师给小明同学说“做题！嗯？不会？给你个例子，还不会？再给你两个例子，这下做吧”，于是小明学会了做题…这便是 GPT-3.0 的提示模式。图 5-62 示意了 GPT-3.0 的三种下游任务对接模式设定。其中在小样本模式的示意中，包括了 5 条样本。

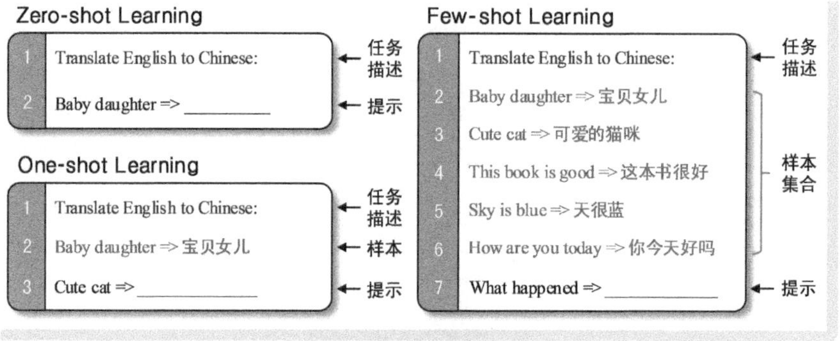

● 图 5-62　GPT-3.0 的三种下游任务对接模式示意

GPT-3.0 是如何实现上述“惊艳”效果的？这就不得不提 GPT-3.0 用到的上下文学习(in-context learning) 技术。首先，我们给上下文学习下一个“非官方”定义：所谓上下文学习，就是一种在不改变模型参数的条件下㊀，根据当前语境动态调整输出的机制。上下文学习以“One-/Few-Shot”的方式，实现针对难以训练的大模型（如 GPT-3.0 等），或是不具备微调条件的其他模型（如部署在用户端的模型）的预测效果提升。如果说一般的机器学习以模型 $f(x;\theta)=y$ 表示由 x 预测 y 的过程，那么上下文学习即可以表示为 $f'(x,examples;\theta)=y$。其中，x 对应提示，θ 为模型参数，*examples* 即样本。在机器翻译任务中，x 和 y 即分别代表源语句和目标语句，*examples* 即为作为样本的若干平行语料对。显然，在下文学习中，当 *examples* 发生改变，即便是模型 θ 不发生改变，模型输出也会随之改变。因此，上下文学习并不是一种传统意义上的、以更新模型参数为目的的学习过程。如果说传统的微调操作是“发自深处的改变”，那么上下文学习如同“见人说人话，见鬼说鬼话”。我们与其将“example(s)”叫作训练样本，还不如说是给模型“打了个样”。GPT-3.0 能够实现上下文学习靠的是两件法宝。其中，第一件法宝即“一切输入皆文本，一切任务皆生成”的思想。在 GPT-3.0（在 GPT-2.0 中也是如此）中，不会在提供给模型的文字中区分什么是任务描述，哪句是样本，抑或是谁是提示，它们都被视为普通文本。而上述这些文本又会被拼在一起，作为待输出结果的参考上文，于是 GPT-3.0 模型要做的唯一操作就是基于上文生成下文。在图 5-62 中的单样本的示例中，语句生成的问题可以表示为“Translate English to Chinese: Baby daughter => 宝贝女儿 Cute cat => __”。我们将空格之前的语句不加区分地视为一个整体，这样一来，模型此时此刻的输入已经与 GPT-3.0 预训练阶段的输入一致——都是自回归语言模型的下文预测任务（当然，站在自编码语言的视角，这也是一道“完形填空”试题，只不过空格总是在文本的最后位置）。这样一来，GPT-3.0 可以文本生成应对任意 NLP 任务。GPT-3.0 仰仗的第二件法宝即 Transformer 提供的注意力机制。尽管 GPT-3.0 并没有公布其实现上下文学习的细节，但是我们能够想象，注意力机制一定在其中发挥着重要作用。毕竟模型参数一旦训练完毕就会固定，但注意力权重是随着输入改变的、运行于模型参数之外的一套自由参数。当我们改变了给模型的输入样本，相当于改变了模型输入，因此注意力权重也会按照新的上下文重新计算，最终的输出也会随之调整。因此我们认为 GPT-3.0 借助注意力机制的特性实现了上下文学习功能。图 5-63 示意了针对一个虚构的“toy 版”机器翻译任务，在不同样本条件下，注意力权重的改变（图中体现为线条颜色的变化）以及最终输出的改变。在该虚构的示例中，输入的样本分别为“Baby daughter => 宝贝女儿”

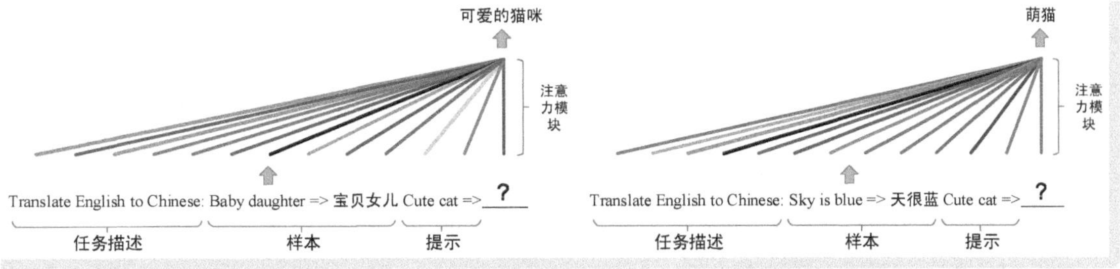

● 图 5-63　注意力权重随提示改变的示意（以一个虚构的机器翻译任务为例）

㊀ 当然，目前也有研究主张调整部分模型参数，但是我们认为这样就丧失了部分上下文学习的优势。除此之外，我们这里讨论的是 GPT-3.0 模型，而 GPT-3.0 不做任何模型参数调整，故我们这里也进行类似表述。

和“Sky is blue => 天很蓝”，模型再依据不同的输入计算了不同的注意力权重，最终导致两者对“Cute cat”的翻译分别为“可爱的猫咪”和“萌猫”。当然，需要强调是，我们这里仅用上述极简示例说明注意力机制能够基于不同输入产生不同输出，但不涉及 GPT-3.0 的实现细节，因为我们不清楚细节。另外，上下文学习本身是一个非常庞大的话题，相关的研究工作也有很多，故这里不作为 GPT-3.0 的内容进行讨论。关于上下文学习的详细内容也不在这里做过多的讨论。

最后我们简单看看 GPT-3.0 模型的表现。GPT-3.0 在报告中，给出了其在 42 个 NLP 公开任务/数据集上的实验结果和对比分析。总结起来，其结论体现为如下三个方面：第一，在三种任务设定中，小样本学习效果最好，单样本学习效果次之，零样本学习效果最差。显然，这一结果在情理之中。第二，在 GPT-3.0 给出 8 种规模的模型中，模型规模越大，效果越好，自然 GPT-3.0-175B 模型的效果最优。第三，在“Few-shot”设定下，GPT-3.0-175B 模型将 42 个 NLP 任务中多个做到“SOTA”的水平。尽管离我们期望的“全面 SOTA”还有一定距离，但是要知道这是在基于几个样本、在上下文学习模式下得到的结果。当然，想必 GPT-3.0 收集更多的有标签数据，做真正意义的参数微调一定能大幅提升效果，但是这样一来，GPT-3.0“死活不做参数微调”这一创新点也就不复存在了。关于 GPT-3.0 模型更多的表现，“坊间传闻”已经够多。至于详细的实验数据，也请读者参考报告原文，其中有几十页的实验和分析，我们就不在这里展开讨论了。

依托“宇宙级”的语料资源和模型规模，秉承“一切输入皆文本，一切任务皆生成”的思想，GPT-3.0 打破了不同任务在数据组织和输出形式等方面的一切壁垒，也给 GPT-3.0 及其后续模型带来了无限可能。事实上，在 GPT-3.0 眼中，早已没有了下游任务的概念。尽管 GPT-3.0 对 NLP 下游任务的表现离完美还相差甚远，但是如同考试成绩差不意味着能力低一样，GPT-3.0 及其后续模型的综合能力有目共睹。OpenAI 给 GPT 设定的目标远不止完成若干公开任务即宣告万事大吉这么简单。也许在 OpenAI 的科学家眼中，GPT 担负着给 NLP 领域带来革命性进步的使命，甚至有朝一日能够改变人类的社交方式。除此之外，虽然人们对 GPT-3.0 庞大和封闭的质疑就从来没有停止过，但是我们也确确实实能从 GPT 模型体会到 NLP 领域的不断进步，甚至能够感受到 NLP 的未来。

参考文献

[1] QIU X, SUN T, XU Y, et al. Pre-trained models for natural language processing: A survey [J]. Science China Technological Sciences, 63 (10), 1872-1897. 2020.

[2] 宗成庆 . 统计自然语言处理 [M]. 2 版 . 北京：清华大学出版社，2013.

[3] BENGIO Y, DUCHARME R, VINCENT P. A neural probabilistic language model [C]. Denver: Neural Information Processing Systems, 2000.

[4] MIKOLOV T, CHEN K, CORRADO G, et al. Efficient Estimation of Word Representations in Vector Space [OL]. (2013-9-7) [2023-2-1]. https://arxiv.org/abs/1301.3781.

[5] PENNINGTON J, SOCHER R, MANNING C. Glove: Global Vectors for Word Representation [C]. Doha: Conference on Empirical Methods in Natural Language Processing, 2014.

[6] MCCANN B, BRADBURY J, XIONG C, et al. Learned in Translation: Contextualized Word Vectors [OL]. (2016-6-20) [2023-2-5]. https://arxiv.org/abs/1301.3781.

[7] PETERS M , NEUMANN M , IYYER M , et al. Deep Contextualized Word Representations [OL]. (2018-3-22) [2023-2-5]. https://arxiv.org/abs/1802.05365.
[8] VASWANI A, SHAZEER N, PARMAR N, et al. Attention Is All You Need [OL]. (2017-12-6) [2023-2-5]. https://arxiv.org/abs/1706.03762.
[9] RADFORD A, NARASIMHAN K, SALIMANS T, et al. Improving Language Understanding by Generative Pre-Training [R]. OpenAI, 2018.
[10] DEVLIN J, CHANG M W, LEE K, et al. BERT: Pre-training of Deep Bidirectional Transformers for Language Understanding [OL]. (2019-5-24) [2023-2-5]. https://arxiv.org/abs/1810.04805.
[11] AL-RFOU R, CHOE D, CONSTANT N, et al. Character-Level Language Modeling with Deeper Self-Attention [OL]. (2018-12-10) [2023-2-10]. https://arxiv.org/abs/1808.04444.
[12] DAI Z, YANG Z, YANG Y, et al. Transformer-XL: Attentive Language Models Beyond a Fixed-Length Context [OL]. (2019-6-2) [2023-2-11]. https://arxiv.org/abs/1901.02860.
[13] YANG Z, DAI Z, YANG Y, et al. XLNet: Generalized Autoregressive Pretraining for Language Understanding [OL]. (2020-1-2) [2023-2-15]. https://arxiv.org/abs/1906.08237.
[14] LIU Y, OTT M, GOYAL N, et al. RoBERTa: A Robustly Optimized BERT Pretraining Approach [OL]. (2019-7-26) [2023-2-19]. https://arxiv.org/abs/1907.11692.
[15] LAN Z, CHEN M, GOODMAN S, et al. ALBERT: A Lite BERT for Self-supervised Learning of Language Representations [OL]. (2020-2-9) [2023-3-2]. https://arxiv.org/abs/1909.11942.
[16] DEHGHANI M, GOUWS S, VINYALS O, et al. Universal transformers [OL]. (2019-3-5) [2023-3-5]. https://arxiv.org/abs/1807.03819.
[17] SONG K, TAN X, QIN T, et al. MASS: Masked Sequence to Sequence Pre-training for Language Generation [OL]. (2019-6-21) [2023-3-5]. https://arxiv.org/abs/1905.02450.
[18] LEWIS M, LIU Y, GOYAL N, et al. BART: Denoising Sequence-to-Sequence Pre-training for Natural Language Generation, Translation, and Comprehension [OL]. (2019-10-29) [2023-3-9]. https://arxiv.org/abs/1910.13461.
[19] DONG L, YANG N, WANG W, et al. Unified Language Model Pre-training for Natural Language Understanding and Generation [OL]. (2019-10-15) [2023-3-9]. https://arxiv.org/abs/1905.03197.
[20] BAO H, DONG L, WEI F, et al. UniLMv2: Pseudo-Masked Language Models for Unified Language Model Pre-Training [OL]. (2020-2-28) [2023-4-1]. https://arxiv.org/abs/2002.12804.
[21] SUN Y, WANG S, LI Y, et al. ERNIE: Enhanced Representation through Knowledge Integration [OL]. (2019-4-19) [2023-3-1]. https://arxiv.org/abs/1904.09223.
[22] ZHANG Z , HAN X , LIU Z , et al. ERNIE: Enhanced Language Representation with Informative Entities [OL]. (2019-6-4) [2023-3-2]. https://arxiv.org/abs/1905.07129.
[23] SUN Y, WANG S, LI Y, et al. ERNIE 2.0: A Continual Pre-training Framework for Language Understanding [OL]. (2019-11-21) [2023-3-7]. https://arxiv.org/abs/1907.12412.
[24] SUN Y, WANG S, FENG S, et al. ERNIE 3.0: Large-scale Knowledge Enhanced Pre-training for Language Understanding and Generation [OL]. (2021-7-5) [2023-3-11]. https://arxiv.org/abs/2107.02137.

[25] WANG S, SUN Y, XIANG Y, et al. ERNIE 3.0 Titan: Exploring Larger-scale Knowledge Enhanced Pre-training for Language Understanding and Generation [OL]. (2021-12-23) [2023-3-11]. https: //arxiv. org/abs/2112. 12731.

[26] BORDES A, USUNIER N, GARCIA-DURAN A, et al. Translating embeddings for modeling multi-relational data [C]. Lake Tahoe: Neural Information Processing Systems, 2013.

[27] LAMPLE G, CONNEAU A. Cross-lingual Language Model Pretraining [OL]. (2019-1-22) [2023-3-14]. https://arxiv. org/abs/1901. 07291.

[28] RADFORD A, WU J, CHILD R, et al. Language Models are Unsupervised Multitask Learners [R]. OpenAI, 2019.

[29] BROWN T B, MANN B, RYDER N, et al. Language Models are Few-Shot Learners [OL]. (2020-7-22) [2023-3-15]. https: //arxiv. org/abs/2005. 14165.

CHAPTER 6

第 6 章

计算机视觉中的 Transformer

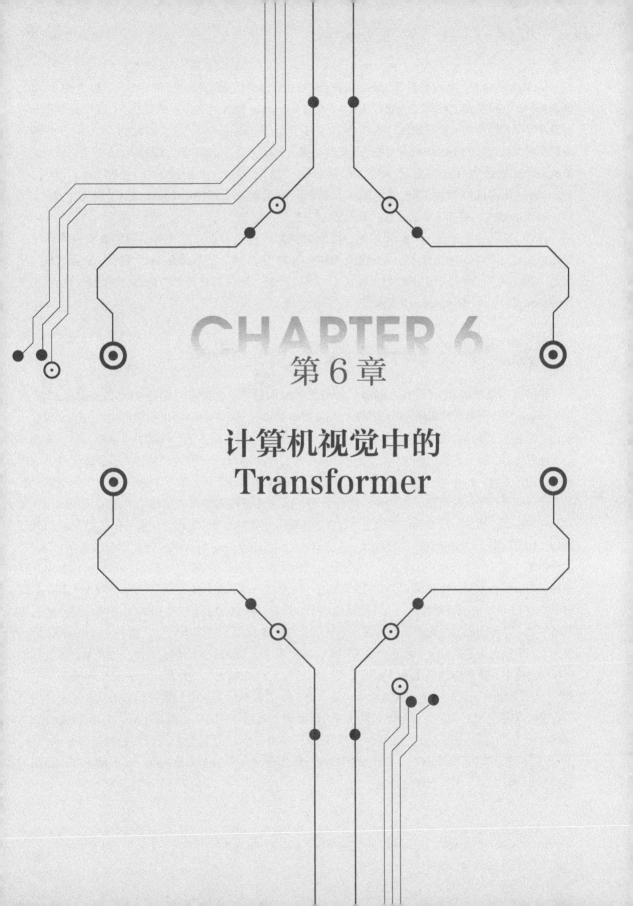

从2018年开始，一系列基于Transformer架构的预训练模型犹如雨后春笋，席卷了整个NLP领域，Transformer瞬间在NLP领域“一统江湖”。既然Transformer如此优秀，那么其在CV领域是否也能够一显身手呢？怀着试试看的想法，人们在2020年开始了Transformer在CV领域的“试水”，希望在NLP领域大红大紫的Transformer也能与CV应用擦出火花。到了2021年，Transformer的CV应用进入爆发期，发展势态何止是擦出火花，那简直是“浓烟滚滚，火光冲天”，甚至人们开始讨论Transformer是否能够替代CNN的问题。很多新闻报道都用上“Transformer到CV领域‘踢馆’”“Transformer在CV领域又拿下一城”等劲爆的标题。

在第二章已经对部分CV领域的部分注意力模型进行过分析，但这些模型的提出时间均早于Transformer。在本章，我们就将目光聚焦到2020—2022年，对“后Transformer”时代CV领域有关注意力机制的探索、研究与应用进展进行讨论，特别是对在CV领域进行“攻城略地”的多种经典视觉Transformer（Vision Transformer）模型㊀进行详细分析。

6.1 视觉Transformer模型概览

我们首先简单回顾一下Transformer在NLP领域的故事。2017年，谷歌提出Transformer模型。Transformer是一个具有编码器-解码器架构的Seq2Seq模型，其中的编码器以多层自注意力机制对输入语句进行上下文建模，而解码器一方面利用自注意力机制对现有输入进行内部关系建模，另一方面利用互注意力机制对当前输入和编码向量进行关系交互。Transformer一经问世就在机器翻译任务上取得碾压式的好成绩。2018年，OpenAI和谷歌先后提出GPT和BERT两个基于Transformer的预训练模型，二者分别基于自回归和自编码这两种不同的思路、以自监督训练的方式构建语言模型，从而为下游NLP任务提供优质的、任务无关的通用语言表示。特别是其中的BERT模型，更是在适配下游NLP任务时，几乎取得了“满堂彩”的好成绩，充分展示了以Transformer为架构、使用“自监督预训练+有监督微调”模式的强大潜力。随后，人们深刻认识到Transformer的威力，于是Transformer在NLP领域的热情被彻底点燃。在随后的两年间，涌现出一大批基于Transformer的NLP预训练模型。其中高潮出现在2019年，形成百家争鸣，百花齐放的局面。然而，从2020开始，整个NLP世界似乎开始慢慢冷静下来，新模型的提出速度明显放缓。笔者认为产生该局面的原因有两个：第一，以OpenAI为代表的大厂借助自身的数据优势和算力资源优势，生生将NLP领域带入大模型时代，很多学者或机构发现仅凭自己手头这点资源根本做不出有影响力的工作。而那些大厂们也都闷下头来布局未来“憋大招”，为日后强人工智能系统的构建积蓄力量。第二，很多机构和学者，意识到了Transformer的潜力不应该仅停留在NLP领域，于是他们将注意力投射到“隔壁”的CV领域，开始了Transformer在CV领域的尝试，Transformer在CV领域的故事开始于2020年，这便是我们所熟知的视觉Transformer。图6-1即示意了这条“故事线”。其中我们将具有里程碑意义的工作标为蓝色，后面标注有小圆圈的模型，我们将在下文中进行详细介绍。

㊀ “视觉Transformer”有广义和狭义之分。广义上，所有应用于CV任务的Transformer模型都被称为“视觉Transformer”。但是在狭义上，即特指2020年由Alexey Dosovitskiy提出的ViT模型。

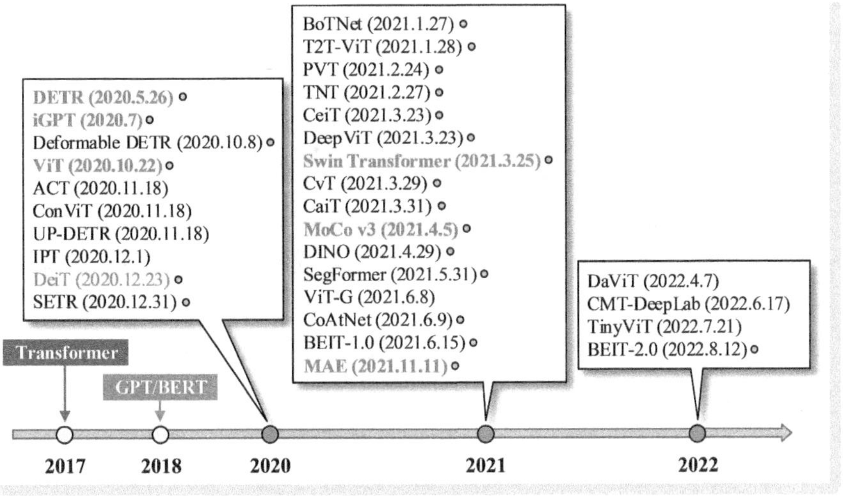

● 图 6-1 Transformer 视觉应用发展历程示意

2020 年——起步之年。各种基于 Transformer 的模型在 CV 各方面纷纷崭露头角。这些模型虽不完善，但是却让人们看见了 Transformer 的视觉应用潜力，为后续工作指明了方向，也提供了巨大的改进的舞台。

故事的第一个“主角”是 Facebook AI 于 2020 年 5 月提出的 DETR[1]，该模型可以算作是 Transformer 在 CV 领域的首秀。DETR 的出现多少让人有些意外，毕竟一般的“试水”工作都是先做基础任务再增加难度，但是 DETR 上来就将目标定位在目标检测这一相对复杂的 CV 任务上，而且是瞄着“端到端”这一大问题去的，不得不佩服作者们的勇气和功底。DETR 即作为 Transformer 应用于目标检测的开山之作，随后产生了大量的改进版本，形成各种以“DETR”命名的目标检测模型，其中最具代表性的模型即为商汤科技于 2020 年 10 月提出的 Deformable DETR[2]。该模型借鉴了可变形卷积的思想，让注意力投射的区域也可以动态改变，将 DETR 的目标检测、特别是小目标检测的精度提高了一大截。而 2020 年 11 月，北京大学提出的端到端目标检测模型 ACT[3]，则是瞄准了 DETR 在高分辨率图像输入时计算量大的“痛点”，利用局部敏感哈希（Locality Sensitive Hashing，LSH）技术对查询特征进行自适应聚类，大幅降低自注意力的计算量。

GPT 是基于词汇的 NLP 预训练模型，那么将其架构照搬到 CV 领域，将词汇换为像素是否可行？2020 年 7 月，OpenAI GPT-2.0 的原班作者团队即在上述思路的指引下，直接利用 GPT-2.0 的架构，构造了应用于 CV 领域的 iGPT 模型[4]。iGPT 是第一个具有纯 Transformer 架构的 CV 模型，并且同时将 NLP 预训练范式首次完整地引入 CV 领域。尽管在很多下游任务上，iGPT 的表现距离“SOTA”相差甚远，但其最重要的贡献莫过于证明了在 NLP 领域广泛应用的“预训练+微调”范式在 CV 领域也是可行的。iGPT 的诞生也为后续多种 CV 预训练模型的设计构建奠定了基础。

Transformer 处理的是离散的词汇序列，那么将图像打成小块排成序列，像词汇那样送入 Transformer 是否可行？在这种思路的指导下，2020 年 10 月，谷歌的 ViT 模型[5]诞生了。该模型认为一幅图像“值 16x16 个词”——通过图像均匀分块、嵌入并添加位置信息等操作，将图像整理为

Transformer 完全可以接受的序列输入格式。ViT 模型的实现极为简单，甚至看似是将 BERT “硬套”在图像上使用，但却给日后整个视觉 Transformer 的发展带来了深远影响，随后诞生的以 “ViT” 命名的模型可谓雨后春笋。正是因为 ViT 的工作，使得 CNN 在 CV 领域的地位出现了动摇。ViT 让人们意识到 Transformer 在 CV 应用的两个最大特点：第一，只有大规模数据才能 “喂饱” Transformer；第二，只要训练数据够多，ViT 性能的提升几乎无上限。正是由于 ViT 模型对数据和计算资源的高依赖，2020 年 12 月 Facebook AI 提出了 DeiT 模型[6]。DeiT 模型通过引入知识蒸馏技术，利用 “拼不过你，我就学你” 的思路，将 ViT 的性能提升了一大步，同时也大幅降低了其对数据和计算资源的依赖，实用化得以大幅提高。

与目标检测类似，图像的语义分割也属于典型的密集预测（Dense Prediction）任务，而在 CV 领域，语义分割的 “阵地” 一直被全卷积网络（Fully Convolutional Networks，FCN）牢牢占据。那么是否能用 Transformer 进行语义分割呢？全面 Transformer 化如果太过激进，那么只替换 FCN 中的 CNN 主干网络如何呢？在该思路下，复旦大学于 2020 年 12 月提出用于图像语义分割的 SETR 模型，该模型将两种标准 FCN 模型中，ViT 替换 CNN 主干，在解码器中仍保持原有的 CNN 结构。实验结果表明，SETR 模型的表现甩出标准 FCN 模型一大截。原来 Transformer 可以、至少可以部分完成语义分割这种密集预测任务。

我们知道，自注意力的最大的优势就是能够以灵活的方式开展关系建模，而卷积则更适合进行图像局部特征的提取（我们在下文中会详细对比卷积和自注意力的差异），二者可谓各有千秋，那么是否能够在细粒度㊀上对二者进行 “混搭”，从而综合二者的优势呢？2020 年 11 月，来自法国高等师范学院的学者们提出 ConViT[9]，以门控位置自注意力（Gated Positional Self-Attention，GPSA）模块替换标准自注意力模块，在自注意力机制中注入卷积的 “灵魂”。通过上述方式改造 BeiT 模型后，BeiT 模型的图像分类表现全面超越自我。可以看出，ConViT 是一种典型的以卷积增强 Transformer 能力的模型。

图像的语义分割已经算是相对底层的视觉任务，但是还有学者独辟蹊径，将目标集中在更加底层的图像处理任务上，北京大学与 2020 年 12 月提出的 IPT[10] 就是其中的典型代表。IPT 将去噪、超分辨率等图像处理视为序列转换的任务，其主干采用 Transformer 的编码器-解码器架构。通过在主干首尾分别添加多头和多尾结构以应对不同的图像处理任务。

2021 年——爆发之年。2021 年，Transformer 在 CV 领域的火爆场面和 2019 年其在 NLP 领域的盛况有的一拼。如果说 2020 年 Transformer 在 CV 领域的应用完成了 “可行性论证”，得到了 “方案可行” 的结论，那么到了 2021 年，自然就进入对其进行深化研究与应用的新阶段。我们认为这一阶段的研究趋势有两大特点：第一，人们开始反观 CNN 的优势，让 ViT 向 CNN 的模式靠拢；第二，人们不再拘泥于具体 CV 任务，而是将目光集中在能够适用于各类 CV 任务的通用型主干网络上，可谓 “全都好，才算真的好”。特别地，进一步受到 NLP 预训练模型的启发（抑或说是刺激），同时考虑到 Transformer 依赖大规模训练数据的现实问题，人们开始质疑有监督训练的必要性，因此在此阶段，基

㊀ 广义上来说，上文介绍的 DETR、SETR 等模型也可以算作是 Transformer 和 CNN 的 “混搭”，但是我们认为上述模型 “一半 Transformer，一半 CNN” 的组合架构是粗粒度的。

于 Transformer 的 CV 自监督预训练模型也得到长足进展，并且得到了“方案可行”甚至“大有可为”的结论。

首先，人们开始冷静分析 CNN 的优势，认为其局部特征提取、空间关系建模和层级信息加工是其能够很好应用于 CV 任务的三大法宝。但是回头再看原生 ViT，其直接将图像分块展平为序列，试图“硬套” Transformer 的做法未免太过粗糙、太不“图像”了。因此针对 ViT，一个最主要的优化方向即让它像 CNN 那样工作。在这一思路的指引下，诞生了诸多 ViT 的变体模型。在这些变体模型中，我们认为最为经典的模型有四个：T2T-ViT（2021 年 1 月）[11]、PVT（2021 年 2 月）[12]、TNT（2021 年 2 月）[13]和 Swin Transformer（2021 年 3 月）[14]。其中，除了 T2T-ViT 任务设定为仅针对图像分类任务之外，其他的三个模型均为通用主干网络模型，即都可以应用于包括目标检测、图像分割等密集预测任务在内的各类 CV 下游任务。其中，T2T-ViT 利用 T2T 模块实现局部特征的注意力投射与融合，试图像 CNN 那样体现特征的空间局部特性。其在 ImageNet 上的分类精度高于 ResNet 网络；PVT 则将 ViT 加工构造为多个阶段，在不同的阶段使用位置融合与嵌入机制，不断缩小特征图的分辨率并增加了特征图的通道数，模仿了 CNN 的多尺度特性。尽管 PVT 在图像分类任务上与其他视觉 Transformer 成绩相当，但是其在针对目标检测和语义分割等密集预测任务上却表现得十分出色；TNT 则通过两路 Transformer 结构分别对图像块和图像“块中块”分别进行自注意力处理并进行融合，同时开展像块间与图像块内两种尺度关系的建模。实验结果也表明 TNT 在图像分类任务上表现不俗，在密集预测任务上具有更大的优势；最厉害的模型要数 Swin Transformer，该模型虽具有纯粹 Transformer 架构，但却像极了 CNN——局部特征提取、空间关系建模和层级信息加工，CNN 该有的特性它都有。Swin Transformer 在多个 CV 任务上取得了碾压式的好成绩，以其优异的表现，证明了 Transformer 在 CV 领域能用，而且很好用。除此之外，我们还要说说香港大学于 2020 年 5 月提出的语义分割模型 SegFormer[21]，虽然该模型的任务设定仅为语义分割，但是其主干网络已经和上面介绍的三个通用主干网络非常类似，想必作为主干应用于更多的 CV 任务，也会取得不俗的效果。

针对 ViT，是否可以像 CNN 那样，通过增加层数，来提高模型的特征表达能力？2021 年 3 月，新加坡国立大学提出的 DeepViT 模型[15]，即通过重注意机制来克服随 Transformer 结构加深产生的注意力坍塌问题。DeepViT 可以将标准 ViT 的深度增加至 32 层，并取得更高的分类精度；在 DeepViT 提出的 9 天后，Facebook AI 提出的 CaiT 模型[16]，则通过对残差结构、初始化策略等重新设计，来保证模型在增加层数时，特征依然能够保持稳定。经过改进，CaiT 能够将 ViT 的层数轻易增加到 48 层，并且在 ImageNet 数据集上达到 86.5%的 top-1 分类精度。

对于 CNN 和 Transformer 混合架构方面的研究，在 2021 年也有了新进展。我们认为其中比较经典的工作有 4 个：BoTNet（2021 年 1 月，伯克利大学）[17]、CeiT（2021 年 3 月，商汤科技）[18]、CvT（2021 年 3 月，麦吉尔大学）[19]和 CoAtNet（2021 年 6 月，谷歌）[20]。其中，除了 BoTNet 是以 Transformer 增强 CNN 模型之外，其余的三个模型都属于以卷积增强 Transformer 的模式。除此之外，以上四种模型的“混搭”粒度是不同的，粒度从小到大排序为 CoAtNet<CvT<BoTNet<CeiT。其中，CoAtNet 直接在注意力权重的计算中“动手术”，因此属于最细粒度的“混搭”；CvT 在 Transformer 编码器层中的自注意力模块中，以卷积投影方式引入卷积思想，故与 ConViT 类似，CvT 属于注意力模块级的“混搭”；BoTNet 整体来看就是一个 ResNet 网络，但是其中每一个瓶颈块中的 3×3 卷积层都已经被“神不

知鬼不觉”的被替换为一个多头自注意力层。因此 BoTNet 属于层级别的“混搭”；在 CeiT 中，CNN 被作为 ViT 模型的前置模块，用来提取基础视觉特征。因此和 DETR 类似，CeiT 的架构混合属于大粒度的网络级“混搭”。

2021 年最让人振奋的莫过于 CV 自监督预训练模型的进展。何恺明及其在 Facebook AI 的团队提出的 MoCo 系列模型，从 2019 年[22][23]一路走来（v1：2019 年 11 月，v2：2020 年 3 月），到 2021 年（2021 年 4 月）终于走到基于 Transformer 的 v3 版本[24]，连同随后 Facebook AI 提出的另一个基于 Transformer 的预训练模型 DINO[26]，让人们看到在对比学习框架下，Transformer 能够很好地提取通用视觉特征表示；而微软亚洲研究院于 2021 年 6 月提出的预训练模型 BEIT-1. 0[27]，以及 Facebook AI 何恺明团队于 2021 年 11 月提出的预训练模型 MAE[30]，则证明在 CV 领域像 BERT 那样经过自监督方式构造自编码预训练模型，提取得到的通用视觉特征，同样能够很好赋能诸多 CV 下游任务。

2022 年——恢复平静之年。相较于 2021 年视觉 Transformer 的大爆发，在 2022 年，纯粹视觉 Transformer 模型相关的新模型数量明显变少。笔者认为产生这一现象的原因有两个：第一，针对纯粹视觉 Transformer 的研究与应用进入深水区，绝大多数的模型均是对先前模型的修补和完善，极具创新性的模型几乎没有；第二，也是最重要的原因，那就是在 2021 年，在视觉 Transformer 的研究锣鼓喧天进行之际，CV 与 NLP 整合的多模态模型也在如火如荼地开展。因此在 2022 年，有更多学者将目光转向视觉-语言多模态模型构建这一更加具有挑战性的研究方向。而这些和多模态有关的研究正是我们下一章的重点讨论内容。

6.2 卷积还是注意力?

CNN 已经牢牢“盘踞”CV 领域十多年，可以说是“无 CNN 不 CV”。其取得的成绩有目共睹，为 CV 领域带来巨大的推动作用。然而，随着 Transformer 的 CV 应用不断增多，无数工作已经证明，Transformer 的核心数据加工机制——注意力机制也能够很好的应用在图像上，甚至能够在很多任务上实现超越 CNN 的效果。那么卷积与注意力有什么异同呢？下面我们就试着针对这一问题进行讨论。先抛结论，我们认为，总体而言二者是“形似而神不似”——看着都差不多，但是在作用机制上有着本质区别。

首先我们来看看注意力和 CNN 的“形似”。无论是注意力机制还是 CNN 中的卷积操作，抑或是全连接操作，在实现层面看，都是以加权求和的模式对数据进行加工。加权求和可以分为加权和求和两方面来看，前者是对数据进行有差别的对待，而后者是做数据融合。从这一点看无论注意力还是 CNN 中的卷积也差不多是在做这件事。尤其是在 Transformer 中，多头注意力在后面还有一个特征融合过程，在操作套路上和 CNN 中逐通道卷积最后沿着通道求和做特征融合就更加相像了。甚至我们可以认为 CNN 中的卷积是在全图范围内，只对当前卷积窗口中投射了全部的注意力而已。然后我们重点看看注意力与 CNN 的“神不似”，笔者认为可以从如下四个视角分析二者的差异。

1）“静态权重 vs 动态权重”。在训练阶段，CNN 模型在损失函数的驱动下不断更新卷积操作的权重参数，使得模型预测结果尽可能地与真值贴近。但是一旦训练结束，这些卷积参数就固定下来。在推理阶段，无论输入的数据是什么，CNN 都会采用相同的权重对其进行加权求和的卷积运算。因此可以看出，CNN 使用的是静态权重；而注意力机制则不同，注意力权重是由查询在键集合上通过相似度计算得到的，而这里的查询、键值集合都是输入数据。这就意味着注意力的权重是由输入决定的，是“随着输入走”的。

2）“特征响应 vs 关系建模”。CNN 通过学习来确定卷积参数，实现任务驱动下的自适应特征提取，从而避免了手工特征设计这一烦琐复杂的工作。但是不管怎样，卷积特征提取的目的就是获取图像在不同卷积模板下的响应，而不同卷积模板代表了对不同视觉特征的提取，如边缘特征、角点特征等。因此，CNN 中的卷积操作与 Gabor 等卷积特征提取并无本质区别；而注意力机制则完全不同，其所完成的工作是站在某一输入对象的“立场”上，考察其与其他“同僚”之间的关系，看看这些“同僚”对自己的重要性如何。并以此重要性作为权重，让“同僚们”为自己贡献力量。前者称为“查询”（query），被考察的“同僚”称为“键”（key），而合成的元素称为“值”（value）。例如，在 NLP 中，注意力机制所构建的是词汇与其上下文词汇之间的关系，而在 CV 中，注意力机制则构建了某像素与其他像素之间的关系（空间域注意力）、某通道与其他通道之间的关系（通道域/特征域），或者是视频中某帧与其他帧之间的关系（时间域注意力）等。因此，我们也可以认为 CNN 中的卷积是一种绝对的特征响应获取，而注意力机制则是一种相对的关系建模。

3）“局部操作 vs 全局操作”。我们知道，除了特征学习和逐层加工两个特性，CNN 的操作还具有局部和参数共享两个重要特性。其中，局部特性特指卷积操作在图像的局部窗口中进行，特别是在 VGG 网络之后，人们更加倾向于使用 3×3 这样的小尺寸卷积进行特征提取。而所谓的参数共享，即无论卷积窗口作用在图像上什么位置，其使用的权重都是一样的（当然，如果参数不共享也不能称为卷积了），即“换个位置再算一次”；注意力机制则不同，除了刻意要求局部作用，绝大多数注意力机制都采用全局注意力以建模更广范围的依赖关系，也就是说其加权求和操作在形式上，反而更像是全连接操作（注意我们这里说的是“形式上”，即也是“形似而神不似”）。这就意味着，我们需要堆叠多个卷积层才能建模较大范围图像特征的依赖关系，但是如果使用自注意力机制，我们仅需要使用一个自注意力层就能够达到上述目的。即便是在局部范围进行注意力作用（如在 NLP 中的掩膜自注意力等），由于具有“随数据走”的特性，故作用在不同区域的注意力权重也是不一样的，即“此局部非彼局部”。

4）“归纳偏好 vs 灵活自由”。在各类机器学习任务中，往往需要我们对分析的数据进行一些假设，并依据这些假设进行模型架构设计。在机器学习领域，这些人为针对数据或是算法模型设定的假设被称为“归纳偏好”（inductive bias），也称为“学习偏好”（learning bias）。归纳偏好在机器学习模型泛化到未知数据的能力中起着重要作用。例如，在进行线性回归时，我们就假设了输入数据和输出数据具有线性关系并通过观测数据构造该关系，对于未知数据也“照此办理”；我们使用 K-近邻算法，就假设了与某实体同类的其他实体一定出现在它的周围等。到了深度学习这一机器学习的子领域，我们认为信息应该“逐级加工，层层抽象”，因此才有了层数越来越深的神经网络模型。到了 CNN 这一具体架构，归纳偏好体现的就更加明显，除了信息逐级加工这一假设之外，我们还认为信息具有空间局部性（locality），而且还需要做到特征提取的平移不变性（即无论对象出现在哪里，其特征响应就平移到哪里），因此我们便使用了共享权重的滑动卷积进行局部特征的提取。强的归纳偏好给数据分析和模型构建带来的最大好处在于不需要过多的样本，就能实现模型的快速收敛达到全局最优。还是以一维数据的线性回归为例，理论上我们只需要两个观测样本就能唯一确定那条直线。也正是因为

CNN 模型具有很强的归纳偏好，我们才能够在相对较小的数据集（如 ImageNet-1K 数据集）上快速训练得到一个性能不错的 CNN 模型。然而，归纳偏好是一把双刃剑，强的假设意味着弱的灵活性，当训练数据增多、数据的多样性增加后，CNN 模型的提升反而变得乏力，这就是很多文献中常常说 CNN“天花板低”的问题。然而到了注意力模型，情况正好相反，我们不再有类似卷积那样强的假设，信息整合的方案完全按照输入数据之间的关系自由进行。相较于卷积，注意力模型具有极大的灵活性，极大的灵活性一方面意味着模型具有极大的性能提升潜力，但另一方面也意味着需要巨量的数据才能挖掘出模型的潜力，而且模型训练变得更加不稳定。

从以上分析，读者们也许已经隐约感受到，相较于卷积操作，注意力机制的灵活程度要高很多：注意力权重能随着输入数据关系的改变而“因地制宜”的调整，不像卷积参数训练完了就一成不变；同样是加权计算，通过学习得到注意力权重可以分布在任意位置、任意形状，而不像卷积那样只能局限在一个小格子里进行。同时，由于 CNN 比自注意力有着更强的归纳偏好，故 CNN 模型往往更容易训练。在文献［31］中，几位学者对自注意力与卷积之间的关系进行了更加深刻的讨论，认为自注意力操作可以通过学习做出与卷积类似的数据加工行为。具体来说，几位学者的工作包括两个方面：第一，从理论角度，证明了使用相对位置编码的单个多头注意力层可以表达任何卷积层；第二，经过实验观察，前几个自注意力层的确在查询像素周围的矩形区域内存在较强的权重投射，这一现象与卷积的矩形感受野类似。上述几位学者们说得很“含蓄”，翻译为大白话就是理论和实践都表明，只要经过合理的构造和良好的训练，卷积能干的事儿自注意力也能干。也就是说，卷积可以认为是一种增加了限制条件的自注意力模型。也正是因为自注意力模型的灵活性，使得其需要更大量的训练数据来防止过拟合问题的产生，反倒是 CNN 在不需要太大量数据的情况下就能够达到一个相对较好的效果，这一点在 ViT[1] 中也得到证明。

6.3 Transformer 的计算机视觉应用与算法剖析

下面即到了我们对经典模型的分析时间。首先，我们按照图像分类、目标检测和图像分割三大 CV 任务，对多种针对具体视觉任务的 Transformer 模型进行分类并逐一进行深入剖析。除此之外，受到 NLP 自监督预训练模型的启发，人们也以 Transformer 作为基础模型，以自监督的方式构造了诸多 CV 领域的预训练模型。这些预训练模型虽然不针对任何具体任务，但却为各下游 CV 任务提供了高质量的通用视觉特征表示。基于 Transformer 的 CV 预训练模型拉近了 CV 领域和 NLP 领域之间的“gap”，促进了两个领域模型的统一，笔者认为此类模型相较于具体的任务模型有着更大的发展潜力。故在最后，我们还增加了针对 CV 自监督预训练模型的讨论㊀。

㊀ 需要说明的是，一个模型可以从不同的视角看待，故我们在下文对模型的分类方式可能和其他文献不同。例如，Swin Transformer 等模型作为通用主干网络结构，既可以应用于分类任务，也可以应用于图像分割和目标检测等密集预测任务。但是考虑到分类任务是所有 CV 任务的“母任务”，并考虑到这些模型的通用性，也不便于划入任何具体任务，故我们将针对通用主干网络的讨论也纳入第一个类别一并讨论；再例如，预训练模型一般都是作为具体任务模型的主干网络来使用，但是考虑到其训练模式的特殊性，以及预训练模型的重要性，我们对其进行独立类别划分并进行讨论。

6.3.1 图像分类与通用主干网络

图像分类是最基础的视觉任务，因此也被视为是各类 CV 任务的“母任务”，各新模型，尤其是主干网络模型往往都是在图像分类任务上先取得“SOTA”、证明有效性后，然后再作为其他各类 CV 任务模型的基础进行进一步拓展。在下文中，我们即对基于 Transformer 的图像分类与通用主干网络模型展开剖析，其中涉及的经典模型总计有 12 个。

1. ViT 与 DeiT：开启视觉 Transformer 的时代

作为各类 CV 任务的基础任务，图像分类相对简单，最能体现模型本身的性能。在 ImageNet 这样的大规模数据集的支持下，模型训练也比较容易开展，故图像分类是各种新模型“试水”的战场，Transformer 自然也不例外。在本部分内容中，我们将介绍两个模型，第一个就是 2020 年 10 月提谷歌出的视觉 Transformer ㊀ (Vision Transformer，ViT) 模型[5]，该模型可以算作是各类视觉 Transformer 的“鼻祖”模型；而第二个模型为 2020 年 12 月 Facebook AI 提出的 DeiT 模型[6]。DeiT 模型引入知识蒸馏技术，将 ViT 的实用化往前推进了一大步，也为 ViT 模型的性能构造了基线。

我们讨论的第一个模型为谷歌的 ViT 模型。2020 年 10 月，Alexey Dosovitskiy 等[5] 12 名来自谷歌的学者提出了用于图像分类的视觉 Transformer，即 ViT 模型。尽管 ViT 并不是 Transformer 在 CV 领域的首次尝试，也并未对 Transformer 进行什么针对性地改进，但它确是纯 Transformer 架构的 CV “首秀”。我们千万不要小看这个“纯”字，因为它释放了 Transformer 试图颠覆 CNN 在 CV 领域地位的明确信号。就和当年 Transformer 的“你只要注意力”一样，ViT 论文的题目也充满了挑战的口吻——“一幅图就是 16x16 个词” (An image is worth 16x16 words)，既然图像都当词看了，那直接用 Transformer 就好了。

我们先看谷歌的原生 ViT 模型(以下简称为“ViT 模型”)。ViT 的模型架构非常简单，如图 6-2 所示。简单看，ViT 模型就是一个适配了序列分类任务的 CV 版 BERT 模型。具体来说，给定一幅图

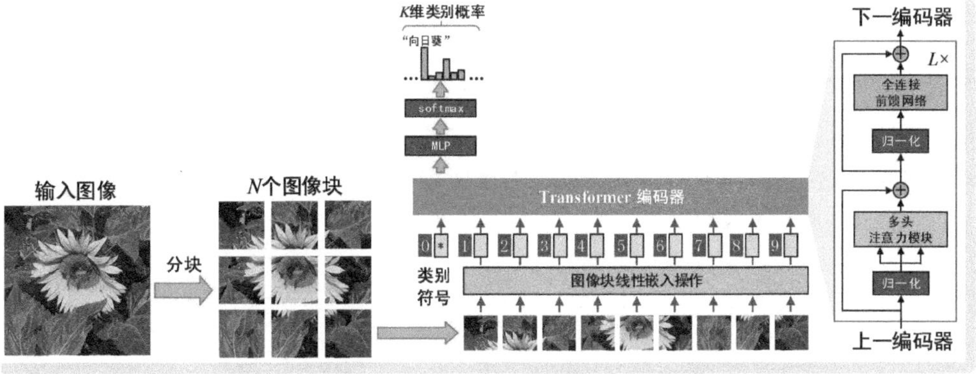

● 图 6-2 ViT 模型的整体架构示意

㊀ 这里“视觉 Transformer”取狭义，就是指这里的、由 Alexey Dosovitskiy 提出的 ViT 模型。

像，ViT对其进行分类的过程包括了如下五个步骤：第一步为图像分块。ViT对输入的图像进行均匀分块，然后对每一个图像块进行“拉向量”（flatten）操作。经过上述操作，整幅图像将被表达为一个二维矩阵，其维度为$N\times(P^2 \cdot C)$，其中，N为图像块个数，例如，在图6-2的示意中，N为9，而在ViT的“16x16个词”中，N则为256；P和C分别表示图像块的尺寸和图像的通道数。上述分块操作相当于将图像整理为了一个长度为N的序列，正好对了Transformer的“胃口”。第二步为图像块线性嵌入。ViT对每个图像块进行一个可学习的线性变换，将图像块从$P^2 \cdot C$维的原始像素向量变换为Transformer所需要的d_{model}维向量。线性变换操作相当于NLP中将输入的词汇从独热编码表示加工为嵌入向量表示，因此在ViT中，上述操作的输出被称为图像块嵌入（patch embeddings）向量。第三步为图像块嵌入与位置嵌入的合成。与自然语言分析需要词汇位置信息类似，针对图像的分析与图像的空间位置也是息息相关。因此，ViT也在图像块嵌入向量的基础上添加位置嵌入信息。我们知道，对于任意一个图像块，其空间位置既可以用在所有图像块中的一维下标表示，也可以用其所在行列的二维位置表示。在ViT中，为了考察位置嵌入的必要性和方式，几位作者尝试了一维绝对位置嵌入、二维绝对位置嵌入和相对位置嵌入三种具体的位置嵌入模式，并将其与不进行位置嵌入的模式进行对比。得到的结论为：进行位置嵌入是必要的，但是具体采用上述三种方式的哪一种却没有太大区别。第四步为Transformer的数据加工。经过前三步的操作，一幅图像已经被表达为了一个向量的序列，其中每个向量都具有图像和位置的融合信息。这样一来，图像的表达形式已经和Transformer所需的输入形式完全一致，下一步就水到渠成了——Transformer像处理词汇序列那样处理每一个图像块，并得到与之对应的向量输出。当然，为了在输出端接收聚合特征，ViT在上述序列前面虚构出一个称为类别符号（class token）的特殊向量，该向量的功能与BERT中的“<CLS>”标志位的功能相同。第五步为图像的类别预测。这一步操作与BERT进行语句分类的模式完全一致，都是在Transformer输出端获取类别符号对应的图像聚合特征，在其后接上多层感知器结构和softmax概率化操作，从而得到最终的图像类别预测。需要说明的是，尽管我们说ViT就是CV版的BERT，但是相较于BERT，ViT在结构和输入方面也存在着两点差异：第一，受部分NLP模型的启发，ViT在其Transformer编码器中也采用了前置的层归一化操作（即层归一化放置在注意力模块各全连接前馈网络之前）；第二，由于图像分块个数固定，因此ViT不需要像Transformer在面对不同长度语句输入时进行补全和裁剪操作。

在ViT模型中，使用了三种不同规模的Transformer架构：基础版（ViT-Base）、大规模版（ViT-Large）和超大规模版（ViT-Huge），三种模型的配置对比如图6-3所示。不难看出，ViT基础版和大规模版的模型架构分别与BERT基础版和大规模版的架构是相同的。

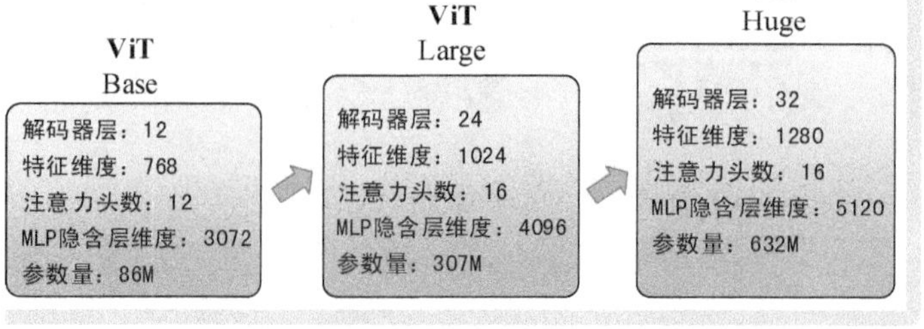

● 图6-3 ViT三个版本模型规模的对比示意

最后我们来简单看看 ViT 在图像分类任务上的表现。与 ViT 同台竞技的模型有两个：BiT（Big Transfer）和 Noisy Student，二者均为谷歌自家提出的模型，分别采用改进版 ResNet 和 EfficientNet 架构。之所以选择这两种模型作为对比对象是因为二者都极具代表性——BiT 作为一个预训练模型，获取通用视觉特征表示，然后利用迁移学习技术实现对多种下游 CV 任务的良好适配。ViT 在实验中涉及迁移学习的应用，故要和迁移学习的"高手过招"；而 Noisy Student 则利用自监督技术，大幅提升并刷新了 ImageNet 分类任务的成绩榜，属于当年图像分类任务的"SOTA"模型。比分类自然要和该任务的冠军比。ViT 方派出的"参赛选手"也有两个，分别简称为"ViT-H/14"和"ViT-L/16"。其中 ViT-H 和 ViT-L 分别表示 ViT 的超大规模版（ViT-Huge）和大规模版（ViT-Large），其后数字 14 和 16 表示采用图像块的尺寸分别为 14×14 和 16×16。实验结果表明：如直接在 ImageNet 数据集上做训练，ViT 模型的效果不及 BiT 的 ResNet，自然更无法和 Noisy Student 的 EfficientNet 相比。但是，如果将 ViT 模型在具有三亿图像规模的谷歌 JFT 300M 数据集上做预训练，然后再在 ImageNet 数据集上进行微调，其分类成绩可以与 EfficientNet 媲美。既然增加训练数据就能"涨点"，那训练 ViT 需要多少数据呢？为了验证 ViT 模型的性能与训练数据规模的关系，作者们将 JFT 的训练数据从 1000 万逐渐增加到 3 亿供分别训练 CNN 和 ViT 两个模型进行对比。结果表明，CNN 模型的性能在 1000 万数据集上远远优于 ViT，并且在数据增加的早期，模型性能也随之提升。然后到了后期，无论数据量怎么增加，其效果的提升几乎陷入停滞。反观 ViT 模型的性能，却是"一路向好"。上述实验结果说明两个问题：第一，CNN 在较小的数据集上就能达到较好的效果，但是模型的瓶颈效应也非常明显；第二，只要肯增加训练数据，ViT 的图像分类效果能够实现"SOTA"，并且性能仍有大幅提升空间。这正体现了"灵活的模型需要大规模数据喂养"这一观点。

经过对 ViT 模型的学习，读者们可能会有这样的感觉：ViT 就是在图像上"生套"BERT 模型，仿佛没有太多创新之处。的确，在 ViT 进行图像分类的五个步骤中，前三个步骤都是为了将图像加工为 Transformer 能够接受的格式，抹平二者之间的"gap"，而后面两步的操作就是标准的 BERT 应用。因此，仅从模型的技术创新性这一角度上来看，ViT 的确没有太多可圈可点的地方。但是，我们更应该看到的是 ViT 的战略意图和其所带来的影响，ViT 以"拿来主义"这种看似简单的方式换了一个领域使用纯 Transformer 架构，这何尝不是一种更加大胆的创新？更重要的是，ViT 希望向人们传达的信号"Transformer is all you need"。也正是因为 ViT 的工作，使得看似在 CV 领域牢不可破的 CNN 迅速出现了裂痕。

我们讨论的第二个模型为 Facebook AI 的 DeiT 。ViT 模型的确让人眼前一亮，证明了纯 Transformer 架构在 CV 领域应用的可能性，也让我们看到了其光明的前景。但是 ViT 所需的训练资源却又让人望而却步，大呼"玩不起"——如果直接使用 ImageNet-1K 数据集训练 ViT，其结果与 CNN 不具备可比性，甚至可以用"惨不忍睹"来形容。倘若希望得到好的效果，就需要大规模训练数据的支持。例如，预训练 ViT 的 JFT 300M 为谷歌私有数据集，其图像规模达到 3 亿，很少有用户能拥有如此规模的数据资源。有了大规模数据集，对算力资源的要求自然水涨船高。例如，基于 ImageNet-21K 数据集，谷歌在八核 TPUv3 标准云上花费了大约 30 天的时间，才完成 ViT-L/16 模型的预训练。

为了克服原生 ViT 难训练、资源要求高的问题，2020 年 12 月，Hugo Touvron 等[6]来自 Facebook AI 和法国索邦大学的六名学者联名提出 DeiT（Data-efficient image Transformers）模型。简而言之，

DeiT 最重要的贡献在于，使用知识蒸馏(Knowledge Distillation) 策略，仅依托 ImageNet-1K 数据集，在单台计算机上以不超过 3 天的时间就训练得到一个 ViT-Base 模型，并且将分类任务的水平做到接近“SOTA”，可谓成绩斐然。需要说明的是，就像 RoBERTa 之于 BERT 那样，DeiT 并不是一个新模型，其构造的仍是 ViT 模型，但是一个对训练资源低要求的 ViT。具体来说，DeiT 选择 ViT 基础版模型(ViT-Base) 作为调优对象，简称为 DeiT-B。除此之外，为了验证知识蒸馏的有效性，作者们还构造了另外两种具有更小 Transformer 规模的结构：DeiT-Ti （“Ti” 为 “Tiny” 的简写）和 DeiT-S （“S” 为 “Small” 的简写）。两个模型均包含 12 层 Transformer 编码器，注意力的头数分别为 3 头和 6 头，中间特征的维度分别为 192 维和 384 维，参数量分别为 500 万和 2200 万。

我们先简单聊聊知识蒸馏。知识蒸馏的理念由杰弗里・辛顿（Geoffrey Hinton）于 2015 年首次提出[7]，其核心思想即用一个好模型监督另一个差模型的训练，使得后者能够达到与前者接近的性能。在知识蒸馏中，二者分别被形象地称为“教师模型” （teacher model）和“学生模型” （student model)。教师模型一般都是复杂的高性能模型，而学生模型往往具有较低的复杂度，也更适合推理和部署。知识蒸馏即试图通过“老师教学生”的训练方式实现知识迁移，使得学生模型能够以简化的结构达到教师模型的高性能，做到“鱼和熊掌兼得”。图 6-4 示意了知识蒸馏的一般架构。知识蒸馏的核心工作即损失函数的设计，最简单、应用最为广泛的损失函数一般包括了“类别预测损失”和“蒸馏损失”两个方面。其中，前者要求学生预测的类别要贴近真值（如图 6-4 中的“Loss #1”）；后者则要求学生模型预测的类别接近教师模型给出的类别（如图 6-4 中的“Loss #2”）。

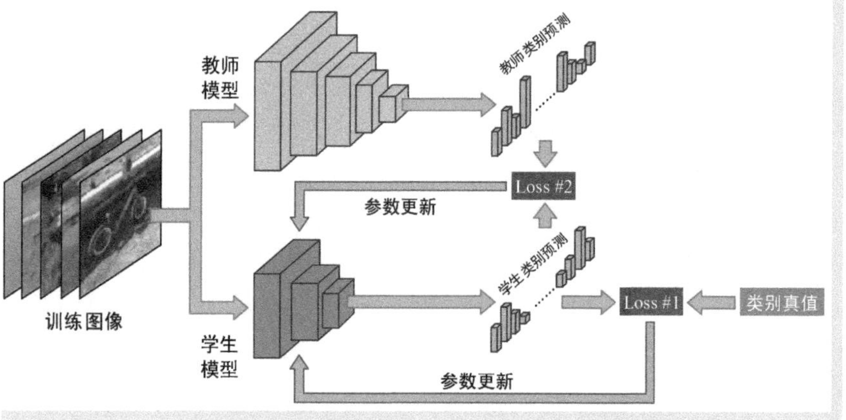

● 图 6-4 知识蒸馏的一般架构示意

DeiT 给出了“软蒸馏”（soft distillation）和“硬标签蒸馏”（hard-label distillation）两种知识蒸馏训模式。其中，在软蒸馏模式下，损失函数的定义为

$$L_{soft}=(1-\lambda)\cdot L_{CE}(\psi(Z_s),y)+\lambda T^2\cdot KL\left(\psi\left(\frac{Z_s}{T}\right),\psi\left(\frac{Z_t}{T}\right)\right) \tag{6-1}$$

式中，Z_s和Z_t分别表示教师模型和学生模型输出的“logits”；T 为“蒸馏温度”（distillation temperature)；$\psi(\cdot)$为 softmax 损失函数；$L_{CE}(\cdot,\cdot)$和 $KL(\cdot,\cdot)$分别表示交叉熵损失和 KL 散度（Kullback-Leibler divergence）损失；λ 为平衡上述两种损失的超参数；y 为独热编码表示的类别真值。正因为上

述约束都是构建在概率分布上，故被认为是“soft”的。有“软”就有“硬”——我们也可以将约束直接构建在类别标签上，这便是 DeiT 的硬标签蒸馏损失。硬标签蒸馏模式下的损失函数定义为

$$L_{\text{hard}}=\frac{1}{2}L_{CE}(\psi(Z_s),y)+\frac{1}{2}L_{CE}(\psi(Z_s),y_t) \tag{6-2}$$

式中，y_t为教师模型的预测标签，以独热编码表示。正因为是在学生模型的预测概率与标签之间比距离，故上式中的两项全部都是用交叉熵损失。

在 DeiT 中，学生模型自然是那个难训练的 ViT。为了让 ViT 模型在类别真值和教师输出双重约束下开展训练，DeiT 在原生 ViT 的类别符号（class token）之外，又引进了一种新的标识符作为输入——蒸馏符号(distillation token)。蒸馏符号被添加到了输入序列的尾部，Transformer 编码器对其加工过程与类别符号完全相同，也和其他输入一起经过多层自注意力机制的作用。类别符号与蒸馏符号一头一尾，其对应的输出特征分别用来计算 ViT 模型的类别预测损失和蒸馏损失。图 6-5 示意了 DeiT 知识蒸馏的架构。

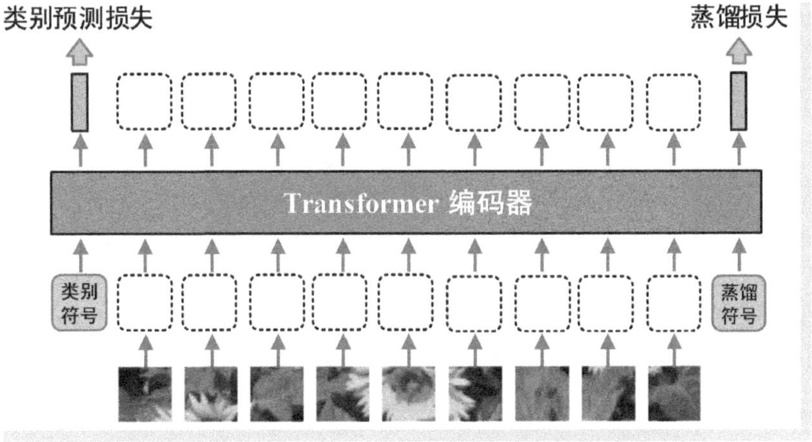

● 图 6-5　DeiT 知识蒸馏的架构示意

在实验部分，作者们一共设计了三组实验。其中，第一组实验为“选老师”的实验。对手是 CNN，老师自然也是 CNN——在该实验中，作者们选择了何凯明提出的四种 RegNetY 模型作为教师模型。实验结果表明，学生的确能够在老师的帮助下“健康成长”。特别地，我们在其中还可以观察到一个非常有趣的现象，即学生模型竟然能够超越教师模型的性能。第二组实验为不同蒸馏方式的对比。实验表明，在诸多不同蒸馏方式的组合中，硬标签蒸馏方式表现最佳。第三组实验即“排行榜”实验。作者们选择的对比对象模型非常多，包括 ResNet（四种）、RegNet（三种）、EfficientNet-B（10种）、KDforAA-B8、ViT（两种）。己方的选手包括了各种规模、各种不同训练策略下得到的 12 个 DeiT 模型。其中，最好的 DeiT 模型在基于 ImageNet-1K 数据集的图像分类任务上取得了 85.2%的 Top-1 精度，这一成绩位于排行榜的第二位，仅仅比 KDforAA-B8 的 85.8%差了一点点，将 ResNet 系列模型（包括 18、50、101 和 152 层四种，对应的 Top-1 精度分别为 69.8%、76.2%、77.4%和 78.3%）远远甩在身后。需要说明的是，在原生 ViT 模型中取得最高分类水平的 ViT-H 并未在对比模型序列中，该模型在

ImageNet-1K 数据集上的 Top-1 分类精度达到 88.55%的“SOTA”水平。但是我们要知道，该模型的参数量高达 6 亿，并且是在 JFT 300M 私有数据集上花了大力气预训练，然后又在 ImageNet 上经过微调才取得的好成绩。

在上文中，我们对 FAIR 的 DeiT 模型展开介绍。该模型的本质还是 ViT 模型，但是却是一个仅仅依赖小规模数据就可以达到很好分类精度的高性能 ViT。在降低 ViT 所需数据规模和计算机资源依赖的努力中，DeiT 并没有在模型架构等方面“直面硬扛”，而是走了蒸馏学习这一巧妙的“借力”路线——“比不过你，我就学你”。如果说谷歌的 ViT 开创了纯 Transformer 架构应用于 CV 任务的先河，那么 FAIR 的 DeiT 则将视觉 Transformer 的实用化往前又提升了一大步。因此我们可以认为是 DeiT 产生，才带火了 ViT。

2. T2T-ViT 到 Swin Transformer：“更图像”的 Transformer

我们知道，局部特征提取、空间关系建模和层级信息加工是视觉认知中的三大重要环节。CNN 之所以能够在 CV 领域大获成功，正是因为其遵循并模仿了上述视觉加工的特性——利用卷积操作在不破坏图像空间结构的前提下抽取图像的局部特征，利用层级结构不断对局部特征进行聚合和抽象。ViT 的成功让人们看到了 Transformer 在 CV 领域应用的前景。但是 Transformer 毕竟是“舶来品”，为了直接套用现成 Transformer 结构，ViT 直接将图像分块拼成序列，这种操作破坏了图像的空间结构和局部特征，也不具备层级视觉加工机制，未免太过粗糙，对图像“太不尊重”，效果自然也不会太好。

我们不禁要问，能否让 ViT“更图像”一些，甚至能像 CNN 那样工作？这是一个非常有意义的研究方向，ViT 诞生之后，也有很多学者和机构投身此方向。本部分将要介绍的四个模型便是这一方向的经典模型，分别为：新加坡国立大学的 T2T-ViT [11]、南京大学的 PVT [12]、华为诺亚的 TNT [13]和微软亚洲研究院的 Swin Transformer [14]。这四个模型均为 2021 年提出。其中，T2T-ViT 和 Swin Transformer 均于 ICCV 2021 会议上正式公布，PVT 和 TNT 则分别发表于 CVPR 2021 和 NeurIPS 2021 会议。特别地，Swin Transformer 是其中登峰造极之作，实现碾压 CNN，斩获 ICCV 2021 的最佳论文奖（即马尔奖），自然也是我们介绍的重点模型。

我们讨论的第一个模型为 T2T-ViT 模型。2021 年 1 月，Li Yuan 等[11]来自新加坡国立大学和依图科技的学者联名提出“符号到符号的 ViT”（Token-to-Token ViT，T2T-ViT）模型。被 T2T-ViT 锁定的原生 ViT 的“痛点”有两个：第一个痛点即 ViT 破坏了图像的局部特征。这一点很好理解，ViT 直接图像分块和符号化操作方式打散了图像的二维结构，原本空间上接近且有联系的视觉特征被人为地割裂。这一操作和对二维特征的“拉向量”（flatten）操作是类似的。第二个痛点是作者们通过对特征的可视化观察得到的。首先，在 ViT 使用 Transformer 编码器主干网络产生的特征中，存在很多空白特征，这就意味着注意力模块在特征提取中存在冗余；其次，有内容的特征图也是“鼻子不是鼻子，眼不是眼”。反观与之对比的 ResNet50 网络，其特征图均表现出诸如边缘、角点以及各类纹理等明显视觉特征。这就意味着 ViT 使用的 Transformer 网络无法表达丰富的视觉特征。简而言之，第二个痛点就是使用 Transformer 作为主干提取得到的视觉特征，看起来“很不视觉”。针对第一个痛点，作者们的解决思路即构造 T2T 模块（Tokens-to-Token module）。该模块将空间位置接近的特征拼接在一起，从而实现局部特征的融合；针对第二个痛点，作者们采用了深而窄（deep-narrow）的 Transformer 结构作为主干网络，试图让特征提取变得更加集中也更加深入。作者们将上述 Transformer 主干结构称为

“T2T-ViT 主干”（T2T-ViT Backbone）。一个完整的 T2T-ViT 模型即由一个 T2T 模块和一个 T2T-ViT 主干串联得到。其架构如图 6-6 所示。

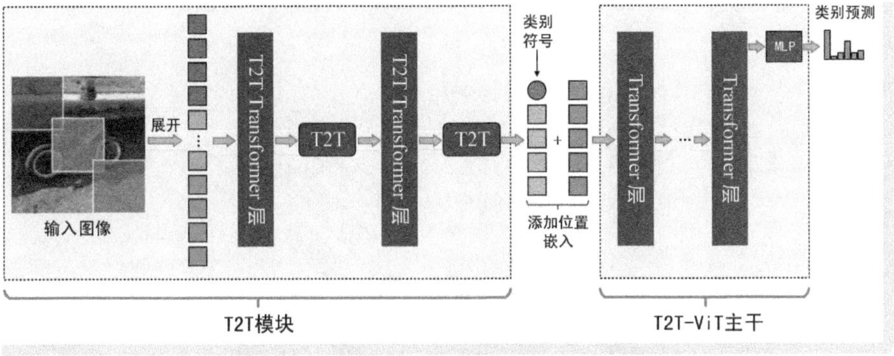

● 图 6-6　T2T-ViT 模型的整体架构示意

我们首先来重点讨论 T2T 模块，该模块也是整个 T2T-ViT 模型的核心所在。从图 6-6 可以看出，T2T 模块与原始图像作为输入，经过一系列 T2T 操作（T2T Process）与 T2T Transformer 层的加工后，输出图像块的嵌入向量序列。紧接着，在该向量序列的首位添加类别符号，然后再进行位置信息融合，得到的融合特征随后又被送入 T2T-ViT 主干结构进行进一步的注意力加工并实现最终的类别预测。因此可以看出，在架构层面，T2T-ViT 模型对原生 ViT 的最大改进就是以 T2T 模块替换了其图像块线性嵌入操作。在 T2T 模块中，每一个 T2T 操作都会按照空间区域，完成一次序列的重排，而接下来的 T2T Transformer 层则完成对 T2T 操作输出序列的注意力加工。这里，T2T Transformer 层是对一般任意 Transformer 编码器的泛称，即该结构可以是一个标准 Transformer 编码器层，也可以是任意 Transformer 层的变体。T2T 操作则包括了重结构化（re-structurization）和软拆分（soft split）两个操作步骤。其中，所谓重结构化就是通过变形操作将已经序列化的符号序列变回与原图像对应的二维结构，毕竟在图像上“划区域”还是在二维结构上最容易；软拆分指的是针对重结构化后二维结构，按照空间位置划分，再将其展开（unfold）并融合为新的符号序列。正是因为 T2T 的输入和输出均为符号序列，模型才得名“Token-to-Token”。另外，考虑到特征在空间上的连续性，在空间位置划分时，采用了类似卷积操作的滑动窗口方式，即区域窗口之间存在重叠，这便是“soft”的由来。图 6-7 即示意了 T2T 操作的流程。在该示例中，我们假设输入的符号特征维度为 C，序列长度为 9。假设图像块的原有组织模式是 3×3。则重结构化操作将这些符号变形回到 3×3 的形状。假设我们使用 2×2 的区域窗口，滑动步长（stride）为 1，则第一个区域中将包含符号(1,2,4,5)，其余的三个区域将分别包含符号(2,3,5,6)、(4,5,7,8)和(5,6,8,9)。最后，利用展开操作，沿着特征维度将位于相同区域中的特征进行拼接得到新的特征，从而实现空间局部特征的融合。每一个新特征的维度均为 $C k^2$ 维，其中 k 为区域窗口尺寸（该例中 $k=2$），T2T 操作输出序列的长度变为滑动窗口的总数。因此，T2T 操作也会采用类似卷积的外扩（padding）操作，以保证输出序列长度的一致。对 CNN 中卷积底层实现比较熟悉的读者也许会发现，T2T 操作中的展开步骤非常类似卷积实现中的“im2col”操作：在计算特征图的卷积时，为了规避卷积操作的多重循环，“im2col”操作以带有冗余的方式将特征图展开为矩阵，然后便用 CUDA 提供的通用矩阵乘法运算大幅简化卷积运算。计算结束后，再利用“col2im”操作将结果矩阵整理为特征图的形式，而这一步等同于 T2T 操作的变形步骤。显然，“im2col”操作属于典型的“空间换时间”策略。而 T2T 操作是典型的“空间换空间”——前者是显存，而后者为位置。

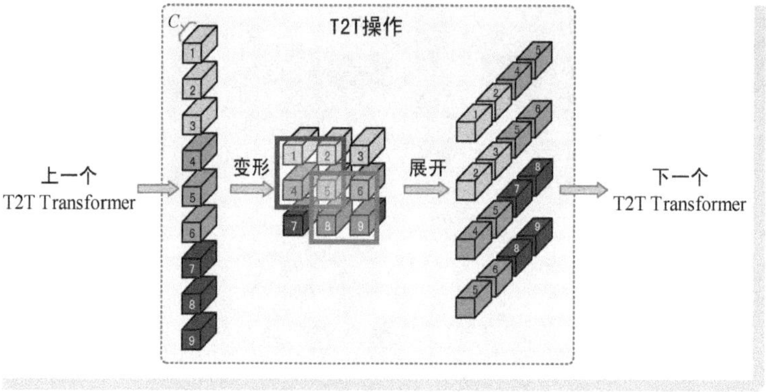

● 图 6-7　T2T 操作流程示意

然后来我们看看 T2T-ViT 主干结构。在上文中我们已经提到，作者们在对原生 ViT 主干网络特征的可视化分析中，发现其难以有效表达视觉特征，因此需要为 T2T-ViT 寻找一种更加有效的主干网络结构。可是在当时，除了 ViT 模型，再没有视觉 Transformer 的网络设计可供参考，故作者们只能借助 CNN 的设计经验来设计基于 Transformer 的网络结构。具体来说，尝试了 CNN 的设计思路一共有五种，包括：稠密连接（参考 DenseNet）、深而窄或浅而宽的网络（参考 Wide-ResNet）、通道注意力（参考 SENet）、使用更多头的注意力（参考 ResNeXt）和 Ghost 操作（参考 GhostNet）。经过大量实验，作者们最终选择了构造深而窄的 Transformer 网络作为 T2T-ViT 的主干网络。按照深而窄的原则，作者们大幅削减了 Transformer 中间特征的维度（256~512 维不等）和 MLP 的隐含层特征的维度（512~1536 维不等）。在深度方面，为了方便与现有模型进行对比，作者们按照参数规模，设计了具有不同深度的 T2T-ViT 模型主干结构。其中，具有 14、19 和 24 层 T2T-ViT 主干的 T2T-ViT 模型对标了 ResNet50、101 和 152 三个模型；而具有 7 层和 8 层 T2T-ViT 主干的 T2T-ViT 模型分别与 MobileNetV1 和 V2 两个模型具有接近的参数量。

我们讨论的第二个模型为 PVT 模型。PVT 模型的全称为“Pyramid Vision Transformer”，即“金字塔视觉 Transformer”。顾名思义，就是使用了层级结构的视觉 Transformer 模型。PVT 模型诞生于 2021 年 2 月，作者是 Wenhai Wang 等[12]学者（作者单位涉及南京大学、香港大学、南京理工大学、IIAI 和商汤科技）。之所以提出 PVT 模型，旨在克服 ViT 模型只能用于图像级分类，但无法应对目标检测、图像分割等像素级视觉任务的弊端，而上述像素级任务即所谓的密集预测（dense prediction）任务。与之相反，密集预测任务确是 CNN 模型非常擅长的。例如，我们可以利用全卷积网络（Fully Convolutional Networks，FCN），以输出特征图的每一个特征预测逐位置预测语义类别，这便是完成语义分割任务，我们还可以在输出特征图的每个位置预测物体包围框信息，这就实现了目标检测等。图 6-8 示意了 PVT 模型的整体结构。

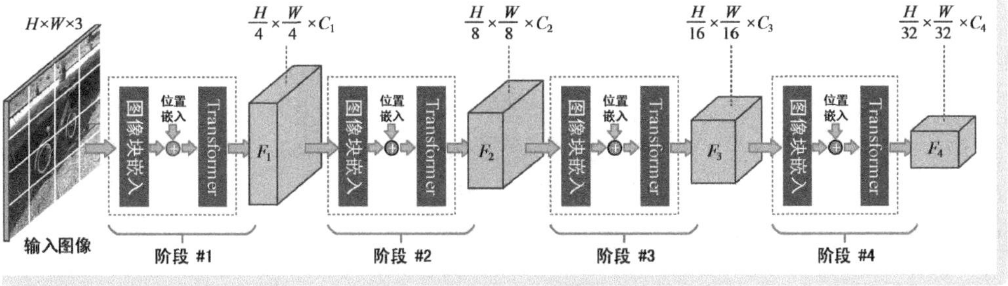

● 图 6-8　PVT 模型整体结构示意

如图 6-8 所示，整个 PVT 模型分为了四个处理阶段（stages），每个阶段又都包括了一个图像块嵌入和一个 Transformer 编码器结构，分别完成对上一阶段输出特征图的嵌入和注意力加工，其中 $i=1$，2，3，4 表示处理阶段的下标。四个阶段相对原始图像的降采样因子分别为 1/4、1/8、1/16 和 1/32，产生的特征图记作$\{F_1,F_2,F_3,F_4\}$。我们知道，在 CNN 的层级结构中，特征图的尺寸随着层级的加深逐渐减小，但通道数往往随之增加。因此，PVT 也借鉴了这一思路，四个特征图的通道数分别为：$C_1=64$、$C_2=128$、$C_3=320$、$C_4=512$。

具体来说，PVT 的每一个处理阶段都包括分块、展平、位置融合与嵌入、注意力加工和形状恢复五个具体步骤。下面我们以第一个处理阶段为例，对上述五个步骤进行逐一介绍。第一个处理阶段以原始图像作为输入，输出特征图F_1。我们假设输入图像的尺寸为 224×224×3，分块尺寸$p_1=4$（即进行 4×4 像素分块），目标特征图F_1的通道数$C_1=64$。第一步为图像分块。在 4×4 像素的小尺寸分块下，输入图像被分为 3136 块。第二步为特征展平。该步骤即通过“flattan”操作将个维度为 4×4×3 的图像块展开为一个 48 维向量，这样一来，总共 3136 个图像块将被组织成为一个 3136×48 的矩阵，即可以视为一个具有 3136 个“词”的序列；第三步为位置融合与嵌入。与标准 ViT 模型相同，该步骤首先在每一个特征上添加一个 48 维的位置嵌入向量，然后再以一个可学习的线性变换作用于上述合成向量，从而将向量的维度从 48 维升到 64 维。经过上述线性变换，整个输入特征的维度已经变为 3136×64。第四步为注意力加工。在该步骤中，上一步骤得到的 3136×64 维的特征序列，被送入一个含有L_1层编码器的 Transformer 结构进行多层注意力机制的加工。不同规模 PVT 版本使用了不同深度的 Transformer 结构，以 TVT-Tiny 为例，$L_1=2$。Transformer 编码器不会改变输入特征的维度，故该步骤的输出维度仍为 3136×64。第五步为形状恢复。该步骤将 3136×64 维二维序列特征“reshape”回 56×56×64 维的特征图，以便保持图像的二维空间形状以方便下一阶段的分块操作。上述特征图即为第一阶段的特征输出F_1。在紧接其后的第二个处理阶段，又会按照$p_2=2$ 的分块尺寸重复上述操作过程。图 6-9 以第 i 个操作阶段为例，对上述五个步骤操作的详细流程示意。

自注意力在为每一个位置计算输出时，都会“注意到”其他所有位置，因此计算量大是 Transformer 存在的一个公认问题。到了 PVT 模型，这一问题随着小尺寸分块和层级结构的应用被进一步放大。为了防止计算量的暴增，PVT 的作者提出了一种称为“空间缩小注意力”（Spatial-Reduction Attention，SRA）模块，以取代 Transformer 编码器中的标准自注意力模块。SRA 的做法非常简单：用原始特征图的特征作为查询，去“注意”并合成该特征图的缩略版本。这样一来，在保持输出尺寸不变（输出尺寸与查询对应）的前提下，注意力模块的计算量也随着参与特征的大幅减少而降低。缩略特征图通过在局部区域内进行特征的线性组合得到，这一操作以类似平均池化的操作方式进行，只不过与池化的固定系数不同，SRA 通过学习得到上述线性组合的系数。SRA 局部特征合成区域的尺寸称为缩小比例(reduction ratio)。在 PVT 四个处理阶段的 Transformer 结构中，应用了不同的缩小比例，分别为 $R_1=8$、$R_2=4$、$R_3=2$、$R_4=1$。可以看出，SRA 的缩小比例随着特征图尺寸减小，这一点也很好理解，毕竟在大的特征图上做缩略图才更能起到降低运算量的目的。

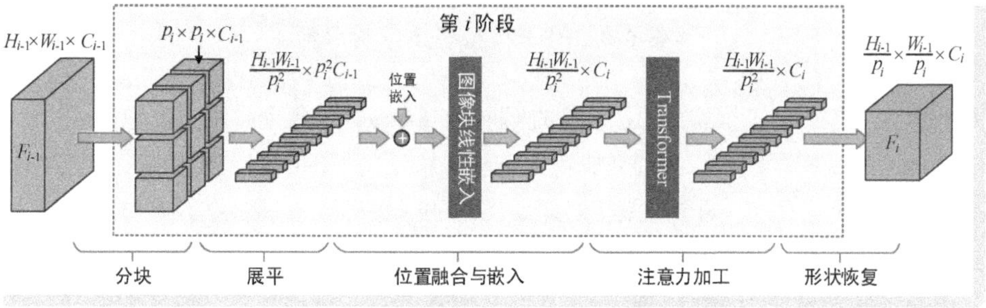

● 图 6-9 PVT 处理阶段的具体执行流程示意（以第 i 个阶段为例）

到这里，我们对 PVT 模型的讨论就告一段落了。就模型结构而言，PVT 模型在每个处理阶段中所做的操作与标准 ViT 模型是基本相同的，只不过在其后又额外添加了一个形状恢复操作，以使其能够输出类似 CNN 那样的特征图。因此，整个 PVT 模型可以视为多个 ViT 模型层级串联。可以说，PVT 是一种“很 CNN”的 Transformer：相较于标准视觉 Transformer，PVT 使用了 4×4 的小尺寸图像块，大幅提高了特征的空间分辨率，这一点对密集预测任务非常重要。同时，PVT 引入金字塔层级结构，特征图尺寸逐渐变小，从而使得计算量能够让人接受；而相较于标准 CNN，PVT 通过 Transformer 提供的自注意力机制注意一次性的“注意”整幅图像的全部特征，从而实现了图像块的全局关系建模。

我们讨论的第三个模型为 TNT 模型。TNT 模型于 2021 年 2 月提出，其 arXiv 的首发时间就比 PVT 晚了 3 天（PVT 是 2 月 24 日，TNT 是 2 月 27 日）。该模型的作者是 Kai Han 等[13]学者，作者单位涉及华为诺亚、中国科学院大学和澳门大学。TNT 模型的全称为“Transformer iN Transformer”，仅从模型名称，我们除了能看出作者们非要借“炸药的名义”之外，还联想到了“Network iN Network”（NIN）这一经典模型，因此熟悉 NIN 的读者可能也揣摩出了 TNT 在结构上的“端倪”。TNT 的确也像 NIN 那样，构造了“网络中有网络”的嵌套结构。之所以要采取这种结构，主要原因在于原生 ViT 采用的图像分块再向量化的机制，仅能在全局尺度上建模图像块与块之间的关系。而图像块中的像素却混为一体，局部特征遭到严重破坏。为了解决上述问题，TNT 对图像进行了“分块再分块”的两级图像分块机制，通过两路 Transformer 结构分别对上述两级图像分块进行处理并进行融合，同时兼顾图像块间与图像块内两种尺度关系的建模，从而提升模型对图像特征的表达能力。TNT 模型的整体架构如图 6-10 所示。

TNT 模型的输入部分与一般视觉 Transformer 模型类似，也包括三个步骤：第一步为图像分块。给定一幅输入图像，TNT 首先也对图像进行分块操作，只不过这里的分块包括了两个级别。其中，第一级分块的方式与标准 ViT 相同，该步骤将整幅图像均分为 N 个图像块（例如，在图 6-10 中，$N=3\times3=9$）。我们将上述图像分块表示为（$X^1,X^2,\cdots,X^N$）；接下来的第二级分块在每个一级图像块的内部进行，即将每个一级图像块再均分为 M 个子块（例如，在图 6-10 中，同样有 $M=3\times3=9$）。对于其中第 i 个一级分块X^i（$i=1,\cdots,N$），其对应的二级分块可以记为$X^i\to(x^{i,1},x^{i,2},\cdots,x^{i,M})$；第二步为线性嵌入。TNT 对“flatten”后的图像块进行线性嵌入操作，使其具有与后续操作匹配的特征维度。在 TNT 中，一幅图像被类比为一篇文章，那么一级图像块即可以视为构成文章的语句，而二级子块即对应构成语句的词汇。因此，TNT 分别将针对上述两级图像块开展的线性嵌入称为“视觉语句”（visual sentences）嵌入和“视觉词汇”（visual words）嵌入，二者的嵌入维度分别为 d 和 c；第三步为位置信息融合。得到上述两类线性嵌入的向量后，即将其与位置嵌入向量相加以实现图像和位置信息的融合。在这里，针对一、二级图像块的嵌入向量，TNT 分别对其添加全局位置信息和局部位置信息，前者体现“语句在文章”中的位置，而后者体现“词汇在语句”中的位置。以上的第二步和第三步操作可以分别用如下两式表示

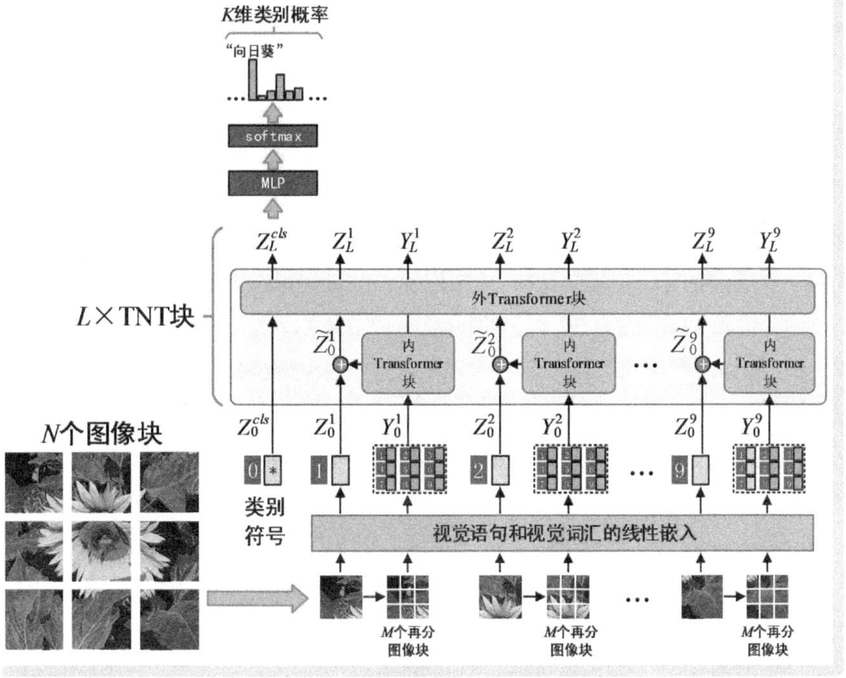

● 图 6-10　TNT 模型的整体架构示意

$$Z_0^i=PE_{\text{global}}(i)+\text{linear}(\text{flatten}(X^i)) \tag{6-3}$$

$$y_0^{i,j}=PE_{\text{local}}(j)+\text{linear}(\text{flatten}(x^{i,j})) \tag{6-4}$$

式中，符号下标表示 TNT 的层下标，故这里的“0”即表示输入；$PE_{\text{global}}(i)$和$PE_{\text{local}}(j)$分别表示全局位置 i 和局部位置 j 对应的位置嵌入向量；flatten(·)和 linear(·)分别表示向量化和线性变换操作。接下来就到了“重头戏”——逐层注意力加工环节。整个 TNT 模型由 L 个堆叠的 TNT 块[⊖]（TNT

⊖ 很多文献使用“block”这一词汇表示某些网络结构，TNT 也是如此，我们这里也按照“块”对其进行直译。请读者将其理解为层即可。包括后面的“内 Transformer 块”和“外 Transformer 块”，实际就是 Transformer 的编码器层。

Block）构成，每层 TNT 块对数据的加工都分两路开展——二级图像块特征送入一个小 Transformer 层，得到的输出再兵分两路，一路直接作为输出交给下一层使用，另一路与对应的一级图像块特征融合，融合结果又被送入全局的大 Transformer 处理。为了简单起见，我们就以第一层 TNT 块的处理过程为例进行详细说明。在第一层 TNT 块的操作中，第 i 个一级图像块所有子块特征（融合有局部位置信息），可以表示为一个特征序列$Y_0^i=(y_0^{i,1},y_0^{i,2},\cdots,y_0^{i,M})\in\mathbb{R}^{M\times c}$（一共 M 个子块，每个子块被表达为一个 c 维的融合特征），该序列首先被送入一个 Transformer 层，借助其自注意力机制来实现图像块内部子块之间关系的建模，该层被称为“内 Transformer 块”（Inner Transformer Block）。内 Transformer 块对其加工结果仍为一个 $M\times c$ 序列，该过程可以表示为

$$Y_1^i=(y_1^{i,1},y_1^{i,2},\cdots,y_1^{i,M})=\text{Transformer}_{in}(y_0^{i,1},y_0^{i,2},\cdots,y_0^{i,M}) \tag{6-5}$$

内 Transformer 块的输出Y_1^i，一方面直接作为第一层 TNT 块的输出，传递给下一层 TNT 块以供其中的内 Transformer 块继续加工，另一方面则交给对应的一级图像块特征进行融合，为其“注入”局部图像特征。融合方法为

$$\widetilde{Z}_0^i=Z_0^i+\text{linear}(\text{concat}(y_1^{i,1},y_1^{i,2},\cdots,y_1^{i,M})) \tag{6-6}$$

式中，linear(·)为线性变换操作，将输入特征的维度变换至 d 维，以满足向量的求和条件。为了减少参数量，在相同 TNT 块内，内 Transformer 块在各个图像块上是参数共享的。接下来，与 ViT 类似，TNT 在上述融合序列的首部添加类别符号，将得到的序列送入一个被称为“外 Transformer 块”（Outer Transformer Block）的全局注意力层进行块间关系建模，该过程可以表示为

$$(Z_1^{\text{cls}},Z_1^1,\cdots,Z_1^N)=\text{Transformer}_{\text{out}}(Z_0^{\text{cls}},\widetilde{Z}_0^1,\cdots,\widetilde{Z}_0^N) \tag{6-7}$$

式中，$(Z_1^{\text{cls}},Z_1^1,\cdots,Z_1^N)\in\mathbb{R}^{(N+1)\times d}$即表示第一层 TNT 块对一级图像块的特征输，后续 TNT 各层的操作也是以类似方式进行。经过 L 层 TNT 块的加工，将得到一级图像块的最终输出$(Z_L^{\text{cls}},Z_L^1,\cdots,Z_L^N)$。上述输出形式与标准 ViT 别无二致，只不过对于每个图像块特征，其中已经融合了其内部更加丰富的细节信息。在对接图像分类任务时，TNT 即在Z_L^{cls}后添加 MLP 结构和 softmax 来实现类别预测。

通过控制 Transformer 的内部向量维度、多头注意力的头数等参数，作者们构造了三种不同规模的 TNT 模型，包括：微型版（TNT-Ti）、小规模版（TNT-S）和基础版（TNT-B）。三种模型均以 224×224 分辨率的图像作为输入，两级图像的分块尺寸分别为 16×16 和 4×4 像素。三种模型均包含 12 层 TNT 块，在三种规模的模型中，内 Transformer 块的内部特征维度 c 分别为 12、24 和 40，注意力头数分别为 2、4 和 4；外 Transformer 块的内部特征维度 d 分别为 192、384 和 640，注意力头数分别为 3、6 和 10。三种规模 TNT 模型的参数量分别为 610 万、2380 万和 6560 万。

最后，我们对 TNT 模型进行简单总结。TNT 模型的提出旨在克服原生 ViT 模型忽略图像块内细节特征这一问题，通过引入双重嵌套 Transformer 结构，在两个尺度同时构建图像块之间以及图像块内部的关系，通过将后者特征与前者特征相融合提高模型对图像特征的表达能力。因此可以看出，TNT 模型的本质就是全局注意力和局部子注意力机制的综合应用。

我们讨论的第四个模型为 Swin Transformer 模型。2021 年 3 月，来自微软亚洲研究院的胡瀚老师团队[14]提出了大名鼎鼎 Swin Transformer 模型。在随后的半年时间里，该团队又陆续构造了多个 Swin Transformer 的变体模型，应用于更加广泛的 CV 任务，这些模型可谓个个都是“叫好又叫座”，几乎实现了 Transformer 在 CV 领域的全面“SOTA”，在诸多视觉任务上构造了新的“baseline”。正因如此，

在 2021 年 10 月，Swin Transformer 斩获了 ICCV 最佳论文奖（即马尔奖）。Swin Transformer 之所以有如此大的影响力，效果好自然不必说，更最重的原因在于：在其之前的各类视觉 Transformer 模型仅仅证明了 Transformer 在 CV 领域的可用性，而 Swin Transformer 则通过其在一系列 CV 任务上的强大表现，证明了 Transformer 能够在 CV 领域广泛应用，甚至完全取代 CNN。

Swin Transformer 要解决的关键问题有两个：第一个问题即多尺度问题。这也正是 CV 与 NLP 相比最显著的差异之一。例如，在前车检测任务中，视频中的车辆有远有近，尺度差异极大。而标准 Transformer 在单一尺度下进行数据加工，如果直接将其应用于 CV 领域，势必难以应对上述多尺度问题。第二个问题即计算量问题。Transformer 默认采用全局自注意力机制，即在计算每个位置的输出时要求所有位置都参与计算，在面对图像这种密集型数据结构时，计算量之大将超乎想象。针对第一个问题，Swin Transformer 的解决方案为构造层级结构，使得其能够像 CNN 那样进行层级式的多尺度特征提取。这一思想并不稀奇，我们前文介绍的 PVT 模型也正是基于这一出发点考量；针对第二个问题，Swin Transformer 的应对方法即引入移动窗口（shifted windows）机制。在这里，“移动窗口”又可以再分为“移动”和“窗口”两个方面进行理解。首先是“窗口”，顾名思义，即让自注意力的计算在局部窗口中进行，在上文介绍的 TNT 模型中，内 Transformer 块就采用了这一模式。局部窗口操作可以大幅降低计算的复杂度。例如，一幅图像的尺寸为 $N\times N$ 像素，如果直接在像素上计算全局自注意力，则其时间复杂度为 $O(N^2)$。如果我们将上述图像拆分为 K 个 $n\times n$ 的图像块，再在每个局部块中分别执行自注意力计算，则时间复杂度为 $O(K\cdot n^2)$，这里的 K 往往是不随数据规模发生改变常数（例如，在原生 ViT 中 $K=16\times16=256$），故在该模式下时间复杂度实际为 $O(n^2)$。光有“窗口”还不够，更重要的是窗口还能“移动”——Swin Transformer 通过窗口的移动操作，在相邻窗口之间建立了联系，从而防止独立窗口处理带来的特征割裂问题。正因如此，移动窗口也是 Swin Transformer 模型最大的贡献之一。回过头来我们再看文章的题目——“Hierarchical Vision Transformer using Shifted Windows”，即“带有移动窗口的层级视觉 Transformer”，已经将 Swin Transformer 的特性表达得非常清晰，模型名称中的“Swin”正是“Shift windows”简写。Swin Transformer 模型的整体架构如图 6-11 所示。

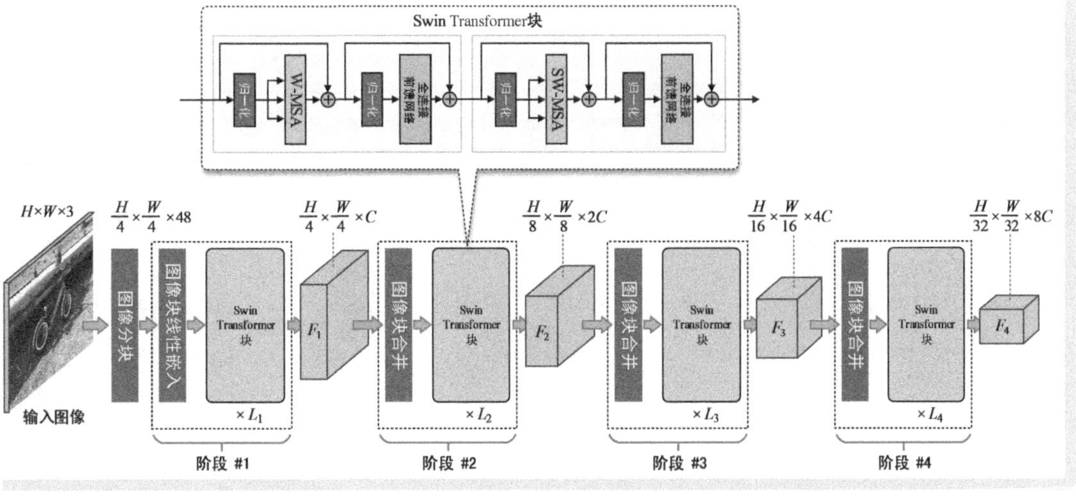

● 图 6-11　Swin Transformer 模型的整体架构示意

整个 Swin Transformer 模型包括四个操作阶段（stage），实现多尺度视觉特征的提取。在获得一个 $H×W×3$ 的输入图像后，Swin Transformer 首先按照标准 ViT 模型的做法，对图像进行不重叠的均匀分块处理，图像分块的尺寸为 4×4 像素，因此每个图像块原始像素的特征维度为 $4×4×3=48$。经过分块处理之后，整个图像被表示为一个$\frac{H}{4}×\frac{W}{4}×48$ 的原始特征图。在第一阶段，Swin Transformer 首先采用一个线性变换将上述特征映射为第一阶段后续加工所需的数据维度，该维度我们用 C 来表示。直到这一步，Swin Transformer 所做的操作和标准 ViT 是相同的。接下来，经过线性变换后的特征图被送入 L_1 个串联的 Transformer 块进行加工。但是，这些 Transformer 块已经不再是标准 Transformer 结构，它们都包括了改进的自注意力模块，以实现基于窗口的自注意力计算，上述改进版 Transformer 块被称成为 Swin Transformer 块（Swin Transformer Block）。在接下来的第二阶段，为了实现层级特征表示，Swin Transformer 首先利用一个图像块合并（patch merging）操作用来降低特征图的空间分辨率，该操作与 CNN 网络中、各阶段间的池化操作具有类似的功能。具体来说，图像块合并操作包括了降采样、拼接和线性变换三个具体环节。其中，在降采样环节，为了将输入特征图的尺寸减半，故采用间隔为 2 像素，以“隔一个选一个”的方式实现的特征图的空间降采样。经过降采样，一个维度为 $H×W×C$ 的特征图，就变为四个维度为$\frac{H}{2}×\frac{W}{2}×C$ 的特征图；接下来的拼接环节将上述四个特征图沿着通道维度拼接，从而得到一个$\frac{H}{2}×\frac{W}{2}×4C$ 的特征图；第三个环节用来将特征图的通道数从 $4C$ 降低至 $2C$。该操作以沿通道维度进行线性变换的方式实现，因此需要执行 $2C$ 组线性变换。当然，在实际程序实现时，上述线性变换等价于对$\frac{H}{2}×\frac{W}{2}×4C$ 维特征图执行 $1×1×2C$ 的卷积操作。图 6-12 示意了上述图像块合并操作的流程。在该图中，我们将第一步和第二步进行了合并，并且以相同颜色表示同一组采样点。经过图像块合并操作，Swin Transformer 也与 CNN 结构具有类似的多尺度特征提取模式：每经过一个操作阶段，特征图的尺寸减半而通道加倍。完成图像块合并后，得到的新特征同样会被送入若干个串联的 Swin Transformer 块进行加工，这里，我们将串联 Swin Transformer 块的个数记作 L_2。同理，在随后的第三阶段和第四阶段，对特征的加工操作和第二阶段完全相同，只不过其中 Swin Transformer 块的个数存在差异，我们分别将后续两阶段 Transformer 块的个数记作 L_3 和 L_4。经过四个阶段的处理后，Swin Transformer 最终以一个$\frac{H}{32}×\frac{W}{32}×8C$ 维的特征图作为输出。

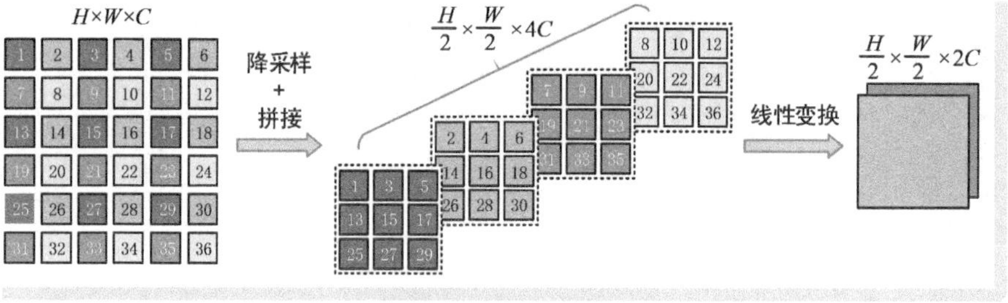

● 图 6-12　图像块合并操作示意

下面我们来重点讨论 Swin Transformer 块的结构。Swin Transformer 块是 Swin Transformer 模型中的最关键结构，用来完成基于窗口的注意力计算。每一个 Swin Transformer 块即可视为一个 Transformer 编码器，其中也包括一个自注意力模块和一个全连接前馈网络子模块，这两个子模块都具有残差连接和层归一化操作，只不过 Swin Transformer 也采用了前置的层归一化模式。然而，Swin Transformer 块使用了与标准多头注意力不同的两种自注意力模块，即窗口多头自注意力(Windowed Multi-head Self-Attention，W-MSA）模块和移动窗口多头自注意力(Shifted Window Multi-head Self-Attention，SW-MSA）模块。对于“多头自注意力”，想必大家已经非常熟悉，下面我们更多的来理解“窗口”。W-MSA 即无重叠的局部窗口注意力——将特征图均匀地拆分为若干个互不重叠的窗口，然后在每个窗口中开展注意力计算，我们以 Swin-T 模型的第一阶段为例，假设输入图像的维度为 224×224×3，经过 4×4 分块和图像块线性嵌入后，我们将得到一个 56×56×96（在 Swin-T 中，$C=96$）的特征图。接下来，W-MSA 以 7×7 窗口再对 56×56×96 的特征图进行空间均匀分块，即得到 8×8=64 个子窗口，则 W-MSA 对注意力的计算就在这 64 个子窗口中进行——每一个输出特征都是由其对应窗口中的 49 个 96 维特征向量加权求和得到。图 6-13a 示意了 W-MSA 注意力机制的工作模式。在该例中，输入特征图的尺寸为 8×8(这里我们忽略通道维度)，局部窗口的大小为 4×4，则拆分得到的窗口数为 2×2=4 个。W-MSA 的注意力计算就在这 4 个 4×4 的局部窗口中进行。W-MSA 基于局部窗口的注意力计算能够大幅降低注意力的计算量，但是却忽略窗口与窗口之间的关系，从而无法实现图像的全局关系建模，这显然又背离了自注意力机制的初衷。为解决这一问题，作者们提出了 SW-MSA 模块，让原本划分在不同窗口的特征能够有机会一起进行注意力的计算，从而建立窗口与窗口之间的联系。移动窗口的构造方法为：对于一个“罩在”特征图上的、网格尺寸为 $M\times M$ 的均匀网格，SW-MSA 将其平移($\lfloor M/2\rfloor$,$\lfloor M/2\rfloor$)的距离（其中“$\lfloor\cdot\rfloor$”为向下取整操作。在 Swin Transformer 中，默认 $M=7$，故窗口的平移距离为 3)，然后再以此网格对特征图进行窗口划分。例如，在图 6-13b 的示例中，W-MSA 中原本的 4 个拆分窗口，经过平移后即变为 9 个（读者在这里假设网格有无限大，而且只考虑其与特征图的重叠部分)。接下来，SW-MSA 模块即在新的拆分窗口中进行局部的注意力计算，如图 6-13c 所示。为了能够实现局部注意力计算并进行窗口间通信并举，在 Swin Transformer 中，都是将具有 W-MSA 模块和 SW-MSA 模块的两个 Swin Transformer 块进行串联使用，前者在输入特征图上进行不重叠窗口拆分并进行局部注意力计算，而后者以前者的输出作为输入，在前者的窗口设置上进行平移操作，通过在平移后窗口内计算注意力以构建窗口之间的语义关系。

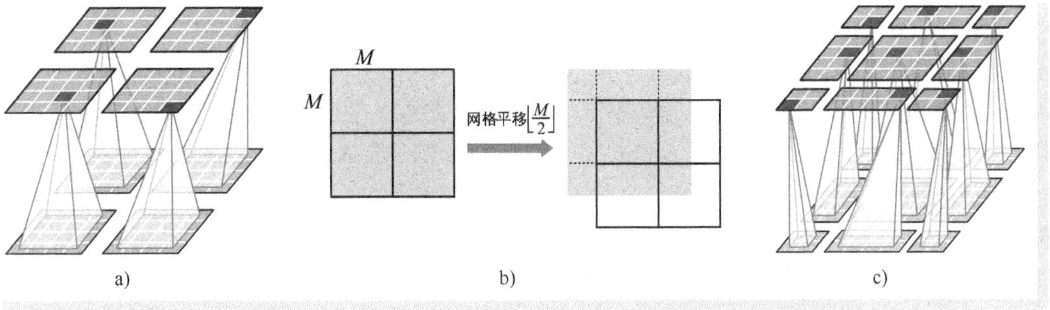

● 图 6-13　W-MSA 和 SW-MSA 两种自注意力的计算模式示意

a) W-MSA 的原始窗口注意力示意　b) 窗口移动示意　c) SW-MSA 的移动窗口注意力示意

上述移动窗口的原理是非常简单的，但是在实现方面却存在着比较大的问题，那就是窗口移动将导致窗口数量的增加，同时还会带来窗口的尺寸不一致。例如，在图 6-14b 的示例中，经过移动操作后，窗口的数量从 4 个增加到 9 个，并且产生了 4 种不同尺寸的窗口，其中只有中间窗口的尺寸与移动前窗口尺寸相同。我们知道，为了提高模型对数据的加工效率，我们往往将输入的多个序列组织为批次，但是组织批次的前提是其中的序列长度必须一致，上述移动窗口显然不满足要求。为了能够执行批次计算，最简单的思路莫过于采用加“padding”方式将窗口扩充到统一的尺寸，但是上述做法无疑大幅增加了注意力的计算量。例如，在图 6-14c 的示例中，橙色区域即为外扩区域，但是计算注意力的窗口数量不再是 4 个，而是 9 个。为此，在 SW-MSA 中，采用了“循环移动”（cyclic shift）与掩膜 MSA（Masked MSA）相结合的机制来实现高效的批次计算。所谓循环移动，即在网格进行右下方平移后，在图像块右下方填补左上方“身后”的数据。例如，在图 6-14d 中，我们将左上方的 A 块填补到新窗口的右下方，分别将左方的 B 块和上方的 C 块复制到新窗口的右侧和下方。这样一来，新的窗口仍然为 4 个，且具有相同的尺寸，如图中的实线边框所示。接下来，SW-MSA 即将每个窗口中的特征组成数据批次，利用掩膜 MSA 进行局部窗口中的注意力计算，最后，再利用“逆循环移动”（reverse cyclic shift），将扩充位置对应的注意力输出填回原来的位置，如图 6-14e 所示。

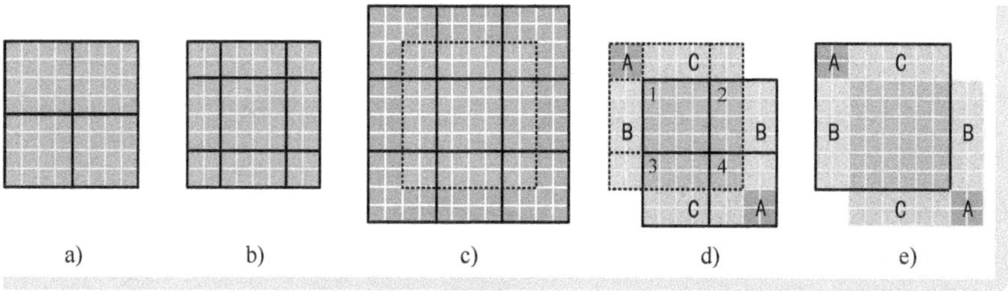

● 图 6-14　移动窗口与循环移动示意

a）原始窗口示意　b）移动窗口示意　c）窗口外扩示意　d）循环移动示意　e）逆循环移动示意

尽管循环移动没有增加窗口数量，也使得窗口具有统一的尺寸以便于批次组织，但是该做法有悖于注意力机制旨在发掘特征间潜在关系的初衷：循环移动把空间本不相邻的图像区域强制划入相同窗口，这样一来，如果在窗口中对这些本无关系的特征进行注意力的计算，势必造成图像语义关系的混乱。例如，在图 6-14d 的示例中，除了 1 号窗口不存在这样的问题之外，其他窗口都存在该问题。例如，2 号和 3 号窗口则均包含了来自两个区域的特征；而 4 号窗口的问题就更为严重，其中包含了来自四个区域的特征。为了解决上述问题，Swin Transformer 再次祭出我们熟悉的“mask”大法——掩膜 MSA，让注意力只在那些应该建立关系的特征之间进行。这里，“应该建立关系”的特征即那些原本在空间上相邻的特征。下面我们以图 6-14d 中的 3 号窗口为例，简单介绍掩膜 MSA 的工作机制。我们假设这些特征的维度均为 d。为了简化，这里不考虑多头注意力机制和线性变换。在 3 号窗口中，一共有 16 个特征，在这些特征中，来自两个不同区域的特征各有 8 个。我们首先将这 16 个特征排列为一个 $16\times d$ 矩阵，该矩阵即是查询矩阵 $\boldsymbol{Q}$，也是键值矩阵 $\boldsymbol{K}$ 和 $\boldsymbol{V}$。上述矩阵的前 8 行和后 8 行分别表示来自不同区域的特征。我们知道，自注意力的计算机表示为 $\text{softmax}(\boldsymbol{QK}^{\mathrm{T}}/\sqrt{d})\boldsymbol{V}$，因此 $\boldsymbol{QK}^{\mathrm{T}}$ 将得到一个 16×16 的矩阵。按照矩阵分块，该矩阵主对角线的两个分块分别为两个区域特征自己的内积矩阵，即那些“应该建立关系”的特征，而副对角线的两个子矩阵则为跨区域特征的内积矩阵，不应该参与注意力矩阵的“混血”情况。故掩膜 MSA 就针对上述两个位于副对角线上的混合子矩阵进行遮掩操作。如图 6-15 示意了针对图 6-14d 中的 4 个窗口的掩膜 MSA 示意。其中，1 号窗口为“什么都不掩”的模式。

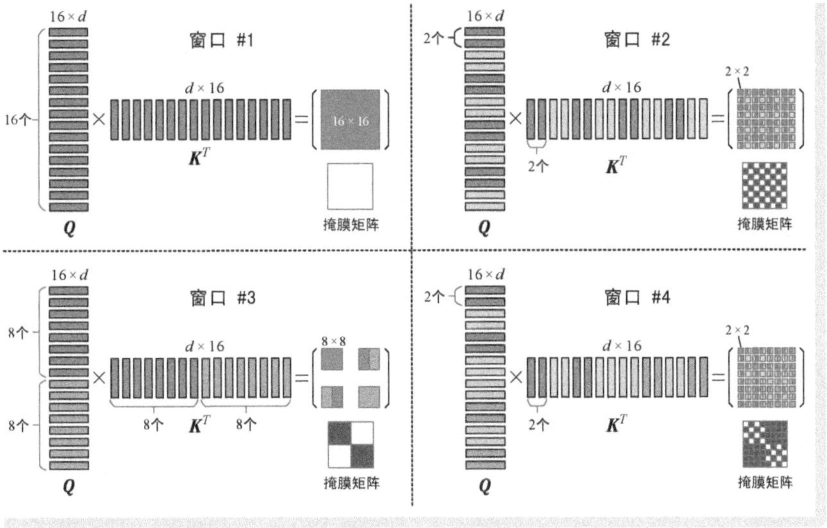

● 图 6-15　针对 4 个窗口的掩膜 MSA 计算示意

在模型结构方面，作者们提出了 4 种不同规模的 Swin Transformer 模型：Swin-T（微型版）、Swin-S（小规模版）、Swin-B（基础版）和 Swin-L（大规模版）。这 4 种规模第一阶段特征维度 C 分别为 96、96、128 和 192。随后 3 个阶段特征维度均按照 $2C$、$4C$ 和 $8C$ 组织；在上述 4 个版本的模型中，4 个阶段 Swin Transformer 块的个数设定分别为{2,2,6,2}、{2,2,18,2}、{2,2,18,2}和{2,2,18,2}。之所以 Swin Transformer 块的个数均为偶数，正是因为 Swin Transformer 将具有 W-MSA 模块和 SW-MSA 模块的两个 Swin Transformer 块进行串联使用的缘故。在参数规模上，Swin-T 与 ResNet50 和 DeiT-S 两个模型接近，而 Swin-S 则与 ResNet101 模型类似。

Swin Transformer 作为主干网络，如何与各种 CV 任务适配？简而言之，在 CV 任务中我们怎么用 VGG、ResNet 等 CNN 主干网络，那么我们就怎么用 Swin Transformer。我们已经看到，在接收到一幅图像后，Swin Transformer 利用 4 个阶段的操作对其一路加工，得到 4 种不同尺度的特征图。这些特征图在维度上与 VGG、ResNet 等多阶段 CNN 模型别无二致，直接替换就是。因此，Swin Transformer 是一个“很 CNN”的 Transformer。

最后，我们来看看 Swin Transformer 在 CV 领域的“逆天”表现。主干网络的测评一定绕不开 CV 三大任务，Swin Transformer 也是如此。我们首先来看分类任务。在基于 ImageNet-1K 数据集的测评中，与视觉 Transformer 分类任务中取得“SOTA”的 DeiT 模型（Swin-T 和 Swin-B 分别对标 DeiT-S 个 DeiT-B）相比，其 top-1 分类精度均提高了 1.5%左右，相较于更早期的标准 ViT 模型，Swin Transformer 更是碾压式的存在；相较于 CNN 分类模型，之前各视觉 Transformer 难以望其项背的 EfficientNet（B7），这次终于被超越，但是 Swin Transformer 的领先优势不够明显，而且在参数规模和计算量方面，EfficientNet 更具优势。不过需要说明的是，RegNet 和 EfficientNet 这两个效果不错的模型是通过模型搜索得到的，这就意味着 Swin Transformer 还是具有相当的潜力。再来看看目标检测任务。针对该任务的测评基于 COCO 数据集开展。首先，作者们选择了 4 个目标检测模型，同样也是通过替换不同主干网络的方式来测试主干网络的性能。上述 4 个目标检测模型分别为：Cascade Mask R-CNN、ATSS、RepPoints v2 和 Sparse RCNN。至于结论，简而言之就是无论是普通目标检测还是实例分割，Swin Transformer 碾压了所有“SOTA”水平的 CNN 主干网络。具体实验包括 3 组。第 1 组实验即针对上述 4 个模型，分别将其主干网络替换为 Swin-T 和 ResNet50。对比结果为：以 Swin-T 作为主干网络的 4 种目标检测模型，其性能相较于同等参数规模的 ResNet50 高出约 3%~4%。在第 2 组实验中，作者们选定 Cascade Mask R-CNN 模型，替换多个主干网络并对比其性能。在该组实验中，为了公平起见，作者们也是按照参数规模进行分组。测评结果为：在同等参数规模下，Swin-T 超越了 ResNet50 和 DeiT-S，Swin-S 超越了 ResNet101-32，而 Swin-B 超越了 ResNet101-64。值得一提的是，在上述“竞争对手”中，效果最好的模型为 ResNet101-64（参数规模 1.4 亿）。但是，即便是最为“瘦小”的 Swin-T 模型（参数量为 8600 万），都能轻松将其击败——后者较前者检测精度高出约 2%。第 3 组实验属于系统级实验，即不再顾及公平性，能用的手段都用上，看看模型最高能够达到的水平。结论为：Swin-L 在 HTC 的加持下，目标检测的精度比“SOTA”模型 Copy-paste 高约 2%~3%。最后我们再来看看语义分割任务。针对该任务的测评数据集为 ADE20K。对比结论为：以 Swin-L 为主干网络的 UperNet 模型，图像分割 mIoU 成绩达到 53.5%，远远高出纪录保持者——SETR 模型（以 ViT-Large 为主干，在下文中我们会对该模型进行详细讨论）的 50.3%。之前 CNN 模型的最好成绩是以 ResNeSt-200 为主干网络的 DeepLabV3+模型，该模型的 mIoU 指标为 48.4%。从 SETR 即可以看出，采用视觉 Transformer 作为语义分割模型的优势，而 Swin Transformer 进一步扩大了这一优势。从 Swin Transformer 在 CV 三大任务的表现可以得到如下综合结论：就图像分类任务，Swin Transformer 基本与 CNN 的最好水平打成平手，但是对于目标检测和图像分割这两类密集预测任务，Swin Transformer 具有绝对优势。

关于 Swin Transformer 模型，需要探讨的内容还有很多，在具体实现时更是有很多细节需要注意，但是受篇幅和内容的限制，我们在这里就不做过多的展开。下面我们简单对 Swin Transformer 进行总结。针对原生 ViT，Swin Transformer 要解决的关键问题有两个——多尺度特征表示的问题和降低计算量的问题。针对第一个问题，Swin Transformer 引入层级结构，并通过在每个阶段的前部添加图像块合并操作来降低特征图的分辨率，使得整个模型具有了类似 CNN 模型那样的多尺度特征表示模式；针对第二个问题，Swin Transformer 引入局部窗口的注意力计算模式，大幅降低注意力的计算量，特别是提出移动窗口机制，解决了独立窗口特征无法交互的问题。Swin Transformer 以其优异的表现，证明了 Transformer 在 CV 领域能用，而且很好用。可以说，Swin Transformer 奠定了 CV 各类任务新的“baseline”。直到今日，在各个排行榜上盘踞榜首的模型，多多少少都与 Swin Transformer 有关系，可见其在 CV 领域影响深远。

3. DeepViT 与 CaiT：更深的结构

我们知道，增加神经网络的深度能够显著提升模型的表达能力。相较于传统神经网络模型，深度学习模型性能之所以能够大幅提升，其中很大一部分原因是使用了更深的网络结构。在 CV 领域中，我们使用的 CNN 模型在改进激活函数和残差结构的加持下，更是能够轻松达到数百层的深度。无数事实也证明，这些具有深层结构的 CNN 模型，性能上也比浅层模型有着大幅提升。那么我们是否也可以依葫芦画瓢，通过增加视觉 Transformer 模型的深度，来进一步提升其在 CV 任务上的表现？的确，也有学者们想到了这一点——接下来我们将要介绍的 DeepViT [15] 和 CaiT [16] 两个模型就是受上述思想启发下所设计的视觉 Transformer 模型。

我们讨论的第一个模型为 DeepViT 模型。该模型于 2021 年 3 月提出，作者是 Daquan Zhou 等[15] 来自新加坡国立大学和字节跳动的 8 名学者。DeepViT 模型的最大贡献在于通过实验发现并解决 ViT 模型在层数（即 Transformer 编码器数量）增加时产生的“注意力坍塌”（attention collapse）现象。所谓注意力坍塌，即随着 Transformer 结构的加深，层与层之间的注意力权重逐渐变得相似，甚至在某些层之后变得几乎相同，这就意味着自注意力捕获丰富特征的能力随着 ViT 的变深严重退化，可谓“注意力涣散”。DeepViT 是一个实验味道很浓的工作，包括三个方面：第一，实验观察，深入分析 ViT 模型注意力坍塌现象；第二，提出方案，提出了“重注意”（re-attention）机制以克服上述问题；第三，测试效果，将标准 ViT 中的自注意力模块替换为重注意力模块，使得 ViT 的深度能够增加至 32 层。相较于直接在 ViT 中堆叠相同数量的 Transformer 块，其在 ImageNet-1K 数据集上的 top-1 分类精度提升了约 1.6%。

首先是实验观察。在 ViT 中，为了度量第 p 层与第 q 层 Transformer 块之间注意力图的相似性，作者们引入了余弦矩阵$\boldsymbol{M}^{p,q}\in\mathbb{R}^{H\times T}$，其中 H 为 Transformer 块中注意力的头数，T 为输入符号序列的长度，例如，在“16×16 个词”的 ViT 中，$T=256$。余弦矩阵$\boldsymbol{M}^{p,q}$中，位于第 h 行第 t 列元素$M_{h,t}^{p,q}$的计算方法为

$$M_{h,t}^{p,q}=\frac{(\boldsymbol{a}_{h,t}^{p})^{\mathrm{T}}\boldsymbol{a}_{h,t}^{q}}{\|\boldsymbol{a}_{h,t}^{p}\|\|\boldsymbol{a}_{h,t}^{q}\|} \tag{6-8}$$

式中，$\boldsymbol{a}_{h,t}^{p}$和$\boldsymbol{a}_{h,t}^{q}$均为 T 维向量，分别表示在 p、q 两层中，对于第 h 个注意力头，在构造第 t 个符号时所有输入序列为其贡献的注意力权重。简而言之，DeepViT 用式（6-8）所示的余弦距离，表达了相同注意力头、相同位置注意力权重在不同层上的差异。有了相似性度量方法，作者们随即基于 ImageNet-1K 数据集训练不同深度 ViT 模型（12~32 层），利用上述相似性度量方法来分析注意力坍塌的现象。我们直接看结论。第一个结论，随着层数的增加，注意力权重开始趋同——作者们观察到，在 17 层之后，在相邻的 k（$k=1$，2，3）个层中，对于相同的注意力头，超过 90%的符号注意力权重的相似度超过相似度平局值，且随着层数的加深，这一现象还有加剧之势；第二个结论，各个注意力头之间的注意力权重并不趋同。观察发现，无论层数怎么增加，在相同的层中，不同注意力头中注意力权重相似度符号的比例，一直保持在 30%以下，这表明多头注意力的确在维护注意力的多样性方面起到重要作用。

再说解决方案。实验观察得到的第二个结论表明，ViT 注意力权重具有“层内跨头多样”的特性。那么既然如此，是否可以在每层中以不同头的注意力权重作为基础，再构造出一套新的注意力权重，从而进一步增加层间注意力权重的多样性呢？这便是 DeepViT 重注意力模块的核心思想——重注意力模块以 H 头注意力计算得到的注意力权重为基（basis），额外引入一个可训练的线性变换矩阵 $\boldsymbol{\theta}\in\mathbb{R}^{H\times H}$，通过对已经得到的注意力权重进行线性变换，从而再“幻化”出一套新的注意力权重。重注

意力的计算方法为

$$\text{reattention}(\boldsymbol{Q},\boldsymbol{K},\boldsymbol{V})=\text{norm}\left(\boldsymbol{\theta}\cdot\text{softmax}\left(\frac{\boldsymbol{Q}\boldsymbol{K}^{\mathrm{T}}}{\sqrt{d}}\right)\right)\boldsymbol{V} \tag{6-9}$$

式中，$\boldsymbol{Q},\boldsymbol{K},\boldsymbol{V}\in\mathbb{R}^{T\times Hd}$表示多头注意力中的查询矩阵、键矩阵和值矩阵。需要读者注意，这些矩阵都将每个头对应矩阵横向拼接得到。以其中的 $\boldsymbol{Q}$ 为例，有 $\boldsymbol{Q}=(\boldsymbol{Q}_1,\cdots,\boldsymbol{Q}_H)$，其中$\boldsymbol{Q}_h\in\mathbb{R}^{T\times d}(h=1,\cdots,H)$表示第 h 头注意力的查询矩阵，其中每行都是一个 d 维的查询向量。矩阵 $\boldsymbol{K}$ 和 $\boldsymbol{V}$ 的组织形式与 $\boldsymbol{Q}$ 相同。简而言之，H 头自注意力模块产生 H 个注意力权重矩阵，重注意力所做的工作，即通过构造 H 组线性组合系数（每组线性组合系数均为一个 H 维可学习向量），将其变换为另外 H 个新的注意力权重矩阵。

我们讨论的第二个模型为 CaiT 模型。CaiT 的全称是“Class-Attention in image Transformers”，即“带有类注意力的视觉 Transformer”。该模型在 arXiv 的首发时间为 2021 年 3 月 31 日，比上文介绍的 DeepViT 的首发时间晚了九天，作者是 Hugo Touvron 等[16]五名来自 Facebook AI 和法国索邦大学的学者。

CaiT 模型的主要贡献有两个：LayerScale 结构和类注意力机制。其中，LayerScale 是一种带有归一化操作的残差结构，通过在自注意力模块中添加 LayerScale 操作，旨在解决随着模型深度增加而随即产生的梯度不稳定的问题，使得深层模型的训练优化变得更加有效；类注意力（class-attention）机制的应用旨在用来缓解类别符号（即 CV 版“<CLS>”）的“尴尬局面”：类别符号对应的特征既要作为全图代表特征用于后续的分类任务，还要和其他图像块特征一起指导注意力关系的构建，这可以说是两个“风马牛不相及”的任务。在 CaiT 中，即采用了前段自注意力加后段类注意力的分段模式，并结合类别符号后移的策略来解决上述矛盾。

我们探讨的第一个话题即 LayerScale 结构。首先，我们来体会一下作者们提出 LayerScale 结构的“心路历程”：很多实验已经证明，直接增加 ViT 模型的深度将导致模型训练变得异常困难，因此深层 ViT 模型的表现往往也难以让人满意。反观 CNN 那边却是“风生水起”——对上百层结构的训练不在话下且效果绝佳。CNN 之所以能以近乎无限制的方式增加深度，一个很重要的原因在于残差结构（residual architectures）的使用。带有归一化的残差结构能够保证深层模型在训练时也能获得稳定的梯度，从而防止模型在深度增加时产生退化的现象。这也正是以 ResNet 为代表的残差网络在 CNN 领域经久不衰的原因。然而，事实上在 Transformer 编码器㊀中，自注意力模块和全连接前馈网络也是具有残差结构和归一化操作的，那为什么 ViT 仍不好训练呢？这恐怕是原生 Transformer 的残差结构在很大程度上不适合 CV 任务的原因。纵观学界，人们已经就残差结构的设计和归一化操作参数的初始化问题展开过广泛的讨论，也形成了不少相关的成果，如 Fixup、ReZero 和 SkipInit 等。于是作者们借鉴了这些成果的思路，提出了用于 ViT 的 LayerScale 结构，并且也在随后的实验中证明了 LayerScale 是有效的。图 6-16 为 LayerScale 和另外四种典型残差结构的对比。其中，“ATT/FFN”表示注意力模块或全连接前馈网络。

㊀ 我们已经说过，ViT 的编码器与原生 Transformer 的编码器并不完全相同，前者采用了前置归一化结构，而后者的归一化操作均位于注意力模块和全连接前馈网络之后。

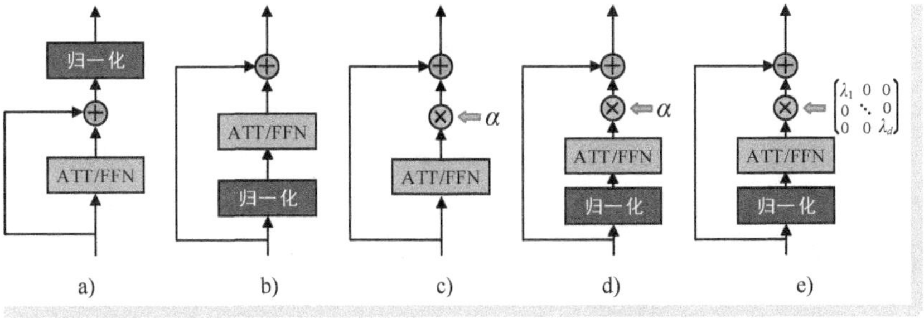

● 图 6-16 LayerScale 与另外四种典型残差结构的对比示意
a）标准 Transformer 残差结构 b）ViT 残差结构 c）ReZero/SkipInit/Fixup 残差结构
d）"归一化+缩放因子"残差结构 e）LayerScale 残差结构

Fixup、ReZero 和 SkipInit 三种方法移除了前置的归一化操作，而是在其残差结构中引入一个可学习的缩放因子 α，如图 6-16c 所示。其中，Fixup 和 ReZero 分别以 1 和 0 作为其初值。除此之外，上述三种方法除了移除前置的归一化操作，还在训练阶段取消了在训练初期使用的学习率的"warmup"策略。但是作者们按照上述方式训练 ViT 模型，发现训练过程无法稳定收敛，反而是把归一化操作和"warmup"策略用上反而能够很好地训练 ViT 模型。这样一来，残差结构就变为图 6-16d 所示的样子。经过分析，作者们认为缩放因子 α 在促进模型训收敛中起到关键作用。既然将一个标量因子作用到整个特征向量上都如此有效，那么在特征的每个维度都应用独立的缩放因子，给残差通路以更多的缩放自由度，效果会不会更好？这便是 LayerScale 的思路——LayerScale 用 d 阶对角矩阵作用在注意力模块或全连接前馈网络的输出上，为 d 维特征的每个维度执行缩放操作。其对角线元素即为 d 个可学习的缩放因子。图 6-16e 为 LayerScale 残差结构示意。具有 LayerScale 结构的编码器对数据的完整加工过程可以表示为

$$
\begin{aligned}
x_l' &= x_l + \mathrm{diag}(\lambda_{l,1},\cdots,\lambda_{l,d}) \times \mathrm{AttLayer}(\mathrm{LayerNorm}(x_l)) \\
x_{l+1} &= x_l' + \mathrm{diag}(\lambda_{l,1}',\cdots,\lambda_{l,d}') \times \mathrm{FwdLayer}(\mathrm{LayerNorm}(x_l'))
\end{aligned} \tag{6-10}
$$

式中，l 为编码器层下标；$\mathrm{diag}(\lambda_{l,1},\cdots,\lambda_{l,d})$ 和 $\mathrm{diag}(\lambda_{l,1}',\cdots,\lambda_{l,d}')$ 分别为作用于注意力模块和全连接前馈网络输出的 d 阶对角矩阵。对于位于对角线上的缩放因子，CaiT 以很小的值 ε 作为其初值：在 18 层之前，$\varepsilon=0.1$，在 18~24 层，$\varepsilon=10^{-5}$，在更深的层中，有 $\varepsilon=10^{-6}$。

我们探讨的第二个话题即类注意力结构。我们知道，ViT 模型继承了 BERT 的"<CLS>"机制，也在图像块序列的前部添加类别符号。该符号在多层注意力的加工中，与其他图像块特征"水乳交融"，最终得到的聚合特征被用来进一步进行分类操作。类别符号扮演了两个矛盾的角色：一方面，在注意力加工时，类别符号"假扮"为图像块，在图像块间引导自注意力的投射，构建图像块之间的关系；另一方面，类别符号又在分类目标的要求下，成为"精华吸取器"，提取、概括那些有利于分类的图像块特征。为了解决上述矛盾，作者们提出了类注意力（Class Attention，CA）机制，并将整个网络结构构造为自注意力和类注意力两个阶段。其中，类注意力也是一种多头注意力机制，用来从已经得到的图像块特征中抽取并归纳信息。假设我们已经有了 N 个图像块对应的特征表示 $\boldsymbol{x}_1,\cdots,\boldsymbol{x}_N$，首先，如同标准 ViT 那样，我们在其前部插入类别特征 $\boldsymbol{x}_{cls}$（即在架构的某阶段，类别符号对应的嵌入特

征），即得到一个长度为 $N+1$ 的序列，记作 $\boldsymbol{z}=[\boldsymbol{x}_{cls},\boldsymbol{x}_1,\cdots,\boldsymbol{x}_N]\in\mathbb{R}^{(N+1)\times d}$。假设类注意力中的头数有 H 个，对于其中第 i 个头，类注意力首先通过线性变换构造注意力计算所需的查询、键和值，有㊀

$$\boldsymbol{q}_i=\boldsymbol{x}_{cls}\boldsymbol{W}_i^q+\boldsymbol{b}_i^q,\boldsymbol{K}_i=\boldsymbol{z}\boldsymbol{W}_i^k+[\boldsymbol{b}_i^k],\boldsymbol{V}_i=\boldsymbol{z}\boldsymbol{W}_i^v+[\boldsymbol{b}_i^v] \tag{6-11}$$

式中，$\boldsymbol{W}_i^q,\boldsymbol{W}_i^k,\boldsymbol{W}_i^v\in\mathbb{R}^{d\times d}$ 为可学习的线性变换矩阵，$\boldsymbol{b}_q,\boldsymbol{b}_k,\boldsymbol{b}_v\in\mathbb{R}^d$ 为可学习的线性变换偏置向量；$[\boldsymbol{b}_i^*]\in\mathbb{R}^{(N+1)\times d}$为行向量 $\boldsymbol{b}_i^*\in\mathbb{R}^d$平铺（$N+1$）行构建的矩阵。在以上三式中，有 $\boldsymbol{q}_i\in\mathbb{R}^d,\boldsymbol{K}_i\in\mathbb{R}^{(N+1)\times d}$，$\boldsymbol{V}_i\in\mathbb{R}^{(N+1)\times d}$。在有了查询、键和值之后，即可计算类注意力的权重矩阵，并进行特征合成和最终的变换操作，有

$$\boldsymbol{A}=\mathrm{softmax}(\boldsymbol{Q}\boldsymbol{K}^{\mathrm{T}}/\sqrt{d/H}) \tag{6-12}$$

$$\boldsymbol{o}_{ca}=\boldsymbol{W}_o\boldsymbol{A}\boldsymbol{V}+\boldsymbol{b}_o \tag{6-13}$$

在式（6-12）中，$\boldsymbol{Q}\in\mathbb{R}^{H\times d}$，其中第 i 行即为第 i 头注意力中的查询向量 $\boldsymbol{q}_i$；$\boldsymbol{K}\in\mathbb{R}^{(N+1)\times Hd}$为$\boldsymbol{K}_i$横向拼接得到的 H 头键矩阵；输出 $\boldsymbol{A}\in\mathbb{R}^{H\times(N+1)}$即为类注意力的权重矩阵。在式（6-13）中，$\boldsymbol{V}\in\mathbb{R}^{(N+1)\times Hd}$为$\boldsymbol{V}_i$横向拼接得到的 H 头值矩阵，$\boldsymbol{AV}$ 即表示多个值向量的注意力融合；$\boldsymbol{W}_o\in\mathbb{R}^{d\times d}$和 $\boldsymbol{b}_o\in\mathbb{R}^d$分别为获得最终输出的线性变换的系数矩阵和偏置向量。

不难看出，在类注意力中，类别特征扮演了查询的角色，而已经获取的图像块特征（当然，也包括类别特征自己）则扮演了键和值的角色。将类别特征在图像块特征的集合上执行查询，从而计算出以图像块特征表达类别特征的注意力权重，最终实现图像块特征的融合。这样一来，我们发现类别符号的任务变得单一了——只用来做特征提取与归纳，为后续的全图分类做特征准备。有了类注意力模块，接下来我们来看看其具体应用——两阶段架构。为了将图像块关系构建操作与分类特征的归纳操作分开，作者们为 CaiT 设计了两阶段架构。其中，第一阶段为自注意力阶段，该阶段只接收图像块的嵌入特征，通过多层自注意力加工（带有 LayerScale 残差结构）来构建这些图像块特征之间的关系。与原生 ViT 不同，CaiT 的自注意力阶段不需要类别符号参与；第二阶段为类注意力阶段，类别符号在本阶段才“闪亮登场”，此时的图像块特征已经是固定值，类注意力模块只是考虑如何将这些既有的图像块特征整合起来用于后续分类这一项工作。为了给类别特征更多的非线性加工，作者们在每个类注意力模块之后，还对类别特征进行了一次全连接前馈网络的架构操作。图 6-17 即原生 ViT 架构与 CaiT 架构对比示意（其中，MHSA、CA 和 FFN 分别表示多头自注意力、类注意力和全连接前馈网络）。在 CaiT 中，我们仿佛看见了编码器-解码器的影子——编码器充分挖掘输入元素之间的关系，对其进行中间特征表示；解码器基于中间特征表示进行各类后续加工，形成最终输出。对应到 CaiT 中，自注意力阶段和类注意力阶段分别扮演了编码器和解码器的角色，前者构造图像块之间的关系，得到其中间特征表示，而后者基于图像块特征进行类别特征融合，以应对后续的类别预测。

按照注意力的头数和 Transformer 中间特征维度，作者们构造了四种不同宽度的 CaiT 模型——CaiT-XXS（“eXtra eXtra Small”版，四头 192 维）、CaiT-XS（“eXtra Small”版，六头 288 维）、CaiT-S（“Small”版，八头 384 维）和 CaiT-M（“Medium”版，16 头 768 维）。其中 CaiT-S 和 CaiT-M 作为“刷榜主力”，其规模对标 DeiT-S 和 DeiT-M。在上述每种宽度的模型中，又包括了若干不同深度的模

㊀ 笔者认为，CaiT 原文对类注意力计算方式的介绍不够清晰。故在如下的公式中，笔者按照自己理解，重新整理了相关公式。

型，例如，CaiT-S 又包括了具有 24 层、36 层和 48 层三种不同深度的模型（这里的深度指的是自注意力阶段中编码器的层数），分别记作 CaiT-S-24、CaiT-S-36 和 CaiT-S-48。上述模型均具有“X+2”的两阶段结构，其中“X”即为上面的 24 层、36 层等，“+2”即表示在其后添加一个两层的、带有全连接前馈网络的类注意力层。

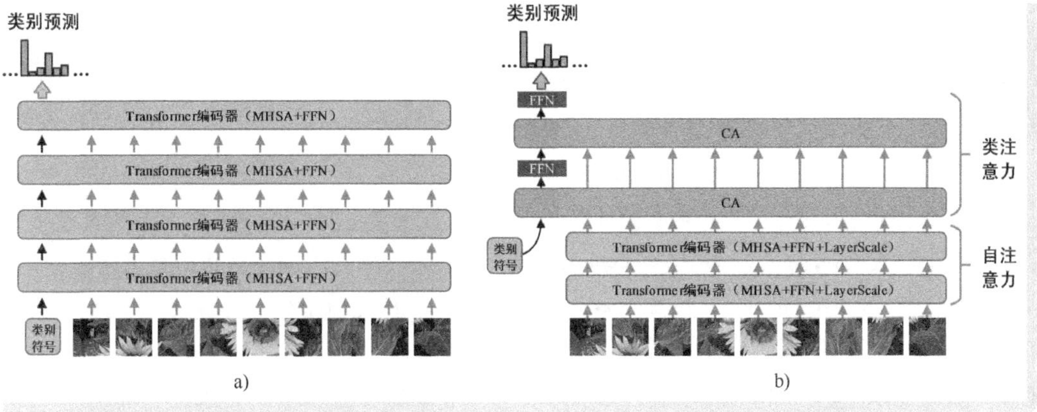

● 图 6-17 原生 ViT 架构与 CaiT 架构对比示意（其中，MHSA、CA 和 FFN 分别表示多头自注意力、类注意力和全连接前馈网络）
a）ViT 架构 b）CaiT 架构

4. BoTNet 到 CoAtNet：Transformer 与 CNN 的“混搭”

我们知道，CNN 的优势在于局部视觉特征提取和多尺度表达，而 Transformer 的强项在于其能够灵活地构建数据之间的依赖关系。既然 CNN 与 Transformer 各有优点，那么是否能够将二者进行“混搭”，让其“强强联手”呢？在下文中，我们将详细讨论 4 个 Transformer 与 CNN“混搭”的模型——BoTNet[17]、CeiT[18]、CvT[19]和 CoAtNet[20]。

我们讨论的第一个模型为 BoTNet。模型于 2021 年 1 月提出，作者是 Aravind Srinivas 等[17]六名来自伯克利和谷歌的学者。请读者们注意，Transformer 的第一作者 Ashish Vaswani 也名列 BoTNet 的作者名单。BoTNet 的提出旨在借助自注意力机制的全局关系建模能力来弥补卷积操作的“短视”弊端。这一思路很好理解，试想我们需要分析一幅足球运动员射门的图像，运动员在图像的左下角，而腾空的足球已经飞到图像的正中间，而球门在图像的右上角。按照 CNN 的局部操作模式，运动员、足球、球门三个对象的特征几乎不会“相遇”，这就意味着我们不会得到“起脚射门，足球奔着球门飞去”这样的理解结果。反倒是自注意力的全局信息加工能够容易地构建球员、足球和球门的关系。

BoTNet 名称中的“BoT”为“Bottleneck Transformer”的简称，直译为“瓶颈 Transformer”。瓶颈 Transformer 的结构非常简单：将 ResNet 瓶颈块（Bottleneck block）中的 3×3 卷积替换为多头自注意力（Multi-Head Self-Attention，MHSA）层即可。图 6-18 示意了瓶颈 Transformer 与 ResNet 瓶颈结构的对比。可以看出，BoTNet 是一种典型的利用 Transformer 赋能 CNN 的模型。同时，瓶颈 Transformer 也可以视为是一种构造网络的基础模块，在外部根本无法感知其存在，可谓即插即用。有了瓶颈 Transformer 这一基础模块，接下来就是构造 BoTNet 这一主干网结构了。作者基于 ResNet 构造

BotNet——将 ResNet 最后三个瓶颈块替换为瓶颈 Transformer 即可，非常简洁。

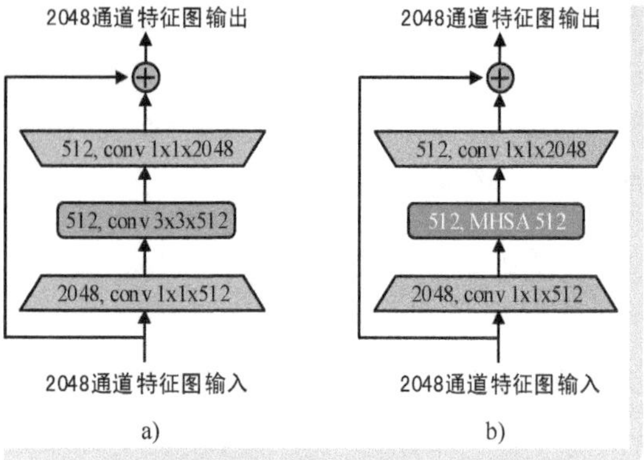

● 图 6-18 ResNet 瓶颈结构与瓶颈 Transformer 结构的对比示意

a）ResNet 瓶颈结构 b）瓶颈 Transformer 结构

接下来我们就来看看瓶颈 Transformer 中 MHSA 层的具体结构。如图 6-19 所示，假设输入的特征图维度为 $H\times W\times C$（这里，为了简化说明，我们省略了"batch"维度，并且也只考虑单头注意力的情形）。在获得该特征图之后，瓶颈 Transformer 所做的第一步操作即通过三个 $1\times1\times C$ 的卷积操作将其"幻化"为三个特征图，即我们再熟悉不过的 $\boldsymbol{Q}$、$\boldsymbol{K}$ 和 $\boldsymbol{V}$。需要注意，以上三者均来自图像的内容；接下来即兵分两路，分别进行内容对内容（content-content）的查询和内容对位置（content-position）的查询。我们先看看第一路——内容对内容的查询。分别对 $\boldsymbol{Q}$ 和 $\boldsymbol{K}$ 进行展开操作，得到两个 $HW\times C$ 矩阵（我们仍将二者记作 $\boldsymbol{Q}$ 和 $\boldsymbol{K}$），然后计算 $\boldsymbol{QK}^{\mathrm{T}}\in\mathbb{R}^{HW\times HW}$ 作为内容对内容的查询相似度结果；然后是第二路——内容对位置的查询。在该路操作中，我们首先用 $\boldsymbol{R}_h\in\mathbb{R}^{H\times1\times C}$ 和 $\boldsymbol{R}_w\in\mathbb{R}^{1\times W\times C}$ 分别代表垂直和水平方向上的相对位置信息矩阵。二者被构造为两个可学习的参数矩阵，分别为不同行和不同列的特征进行差异化标识。然后，将 $\boldsymbol{R}_h$ 和 $\boldsymbol{R}_w$ 在宽度和高度维上复制扩展，即可得到两个 $H\times W\times C$ 维位置编码矩阵（我们仍记作 $\boldsymbol{R}_h$ 和 $\boldsymbol{R}_w$）。令 $\boldsymbol{R}=\boldsymbol{R}_h+\boldsymbol{R}_w$，便得到融合了垂直和

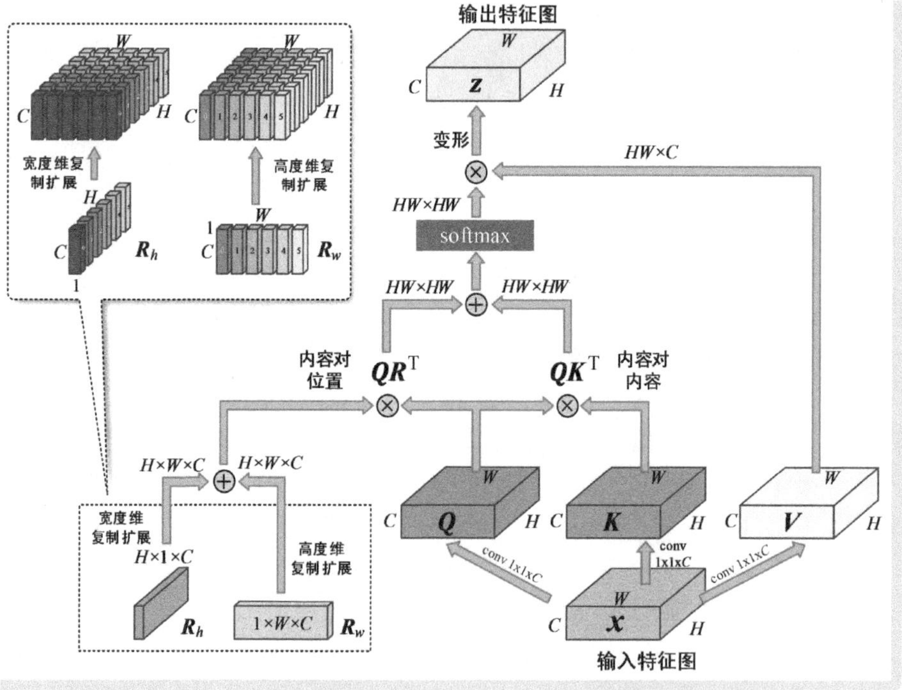

● 图 6-19 瓶颈 Transformer 中 MHSA 层结构示意

水平两个方向位置特征的位置编码矩阵。接下来计算 $\boldsymbol{QR}^{\mathrm{T}} \in \mathbb{R}^{HW \times HW}$ 作为内容对位置的查询相似度；接下来即计算注意力权重并执行对值的加权求和 $\boldsymbol{V}' = \mathrm{softmax}(\boldsymbol{QK}^{\mathrm{T}} + \boldsymbol{QR}^{\mathrm{T}})\boldsymbol{V}$。在这里，值集合 $\boldsymbol{V}$ 已经变形为 $HW \times C$ 的形状，$\boldsymbol{V}'$ 即为在内容和位置“加持下”的特征输出；最后一步，再将 $\boldsymbol{V}'$ 变换回 $H \times W \times C$ 的形状作为 MHSA 层的最终输出。

我们已经在第 2 章中讨论了 Non-local 网络，熟悉的读者可能已经感到 MHSA 层与 Non-local 网络多少有些类似。的确，Non-local 网络也是一种基于自注意力机制、用来捕捉特征长距离依赖关系的模块级网络结构。作者们认为，MHSA 层和 Non-local 网络之间存在三点主要区别。第一，MHSA 更多的借鉴了 Transformer 的思想，应用了位置编码和多头机制；第二，Non-local 网络获得特征图输入后，会将其通道数降低为原来的 1/2，而瓶颈 Transformer 则与 ResNet 瓶颈相同，通道数降低为原始通道的 1/4，例如，在图 6-18 中，输入输出特征图的通道数首先从 2048 降到 512，MHSA 架构结束后再提升为 2048；第三，Non-local 块一般以一个额外的结构插入 ResNet 的主干中，而 MHSA 则直接替换 ResNet 瓶颈结构中间的卷积层，颗粒度更小，对 CNN 的改造可以更加的“神不知鬼不觉”。

我们讨论的第二个模型为 CeiT。CeiT 的全称为“卷积增强的图像 Transformer”（Convolution-enhanced image Transformer），提出时间为 2021 年 3 月，其作者为 Kun Yuan 等[18]六名来自商汤科技和南洋理工大学的学者。CeiT 提出的目的也是为了综合 CNN 和 Transformer 各自的优势——利用 CNN 提取图像局部特征，利用 Transformer 构建这些特征之间的长范围依赖关系。只不过与 BoTNet 模型不同的是，BoTNet 以 Transformer 增强 CNN 模型性能，而 CeiT 所做的正如其模型名称——在 Transformer 中使用类似 CNN 操作模式，让 CNN 赋能 Transformer。具体来说，CeiT 对原生 ViT 的改进包括三个方面。第一，设计了一个称为“图像到符号”（Image-to-Tokens，I2T）的前置模块，该模块从低级视觉特征中构建图像分块，从而避免了直接在原始图像上进行的分块；第二，将 Transformer 编码器中的全连接前馈网络替换为局部增强前馈（Locally-enhanced Feed-Forward，LeFF）层，该层在空间维度构建符号之间的局部相关性；第三，提出逐层类别符号注意力（Layer-wise Class-token Attention，LCA）模块，用来将来自不同深度的类别特征进行整合，并进行最终的类别预测。图 6-20 为 CeiT 模型的整体架构示意。

首先我们来看看 I2T 模块。所谓的 I2T 模块，简单来说就是一个轻量级的 CNN 网络，其中包括一个带有归一化操作的卷积操作和一个最大池化操作。I2T 模块输出的卷积特征相较于原始图像具有更小的尺寸但更多的通道数，该操作相当于对原始输入图像进行了一次低级视觉特征提取和聚合的预处理。I2T 模块输出特征的抽象程度和丰富程度已经相较于原始 RGB 图像前进了一步。接下来，在分块和嵌入操作，即在 I2T 模块输出的特征图上进行，得到的嵌入向量序列连同类别符号将一并送入后续的结构进行加工。

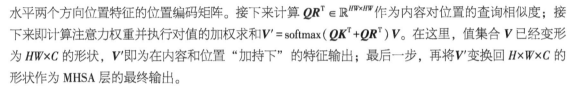

接下来我们重点来讨论 LeFF 层。一个标准的 Transformer 层包括多头注意力（MHSA）和全连接前馈网络（FFN）两个模块。在 CeiT 的主干结构中，MHSA 模块保持不变，但是 FFN 层已经被替换为 LeFF 层，也正是 LeFF 层对数据的加工使得 CeiT 能够在 Transformer 中向 CNN 那样提取图像的局部特征。在获取上一 MHSA 模块的 $N+1$ 个 d 维特征（N 个图像特征和一个类别特征）后，LeFF 层通过五个步骤的操作来完成对数据的加工，如图 6-21 所示。第一步为线性变换操作，LeFF 通过一个可学习的线性变换，将 N 个图像特征变换为 D 维特征；第二步为形状恢复操作，即将第一步操作获得的 $N \times D$ 维特征变回图像的二维结构，即得到一个 $\sqrt{N} \times \sqrt{N} \times D$ 维的特征图。其中 D 即为特征图的通道数；第三

步为逐通道卷积操作，该步骤在每个通道“切片”上执行空间卷积操作，以捕获局部空间区域的图像特征。当然，为了保持序列长度不发生改变，在上述卷积中会使用外扩（padding）处理；第四步为展平操作，该步骤将上一步卷积操作得到的二维特征图再变形回 $N×D$ 维的特征序列形式；第五步为线性变换操作，该步骤与第一步中的线性变换作用相反——将 D 维特征再恢复到原始的 d 维。在 LeFF 层中，类别特征不参与任何加工，以“直通”方式送入输出序列。不难看出，逐通道卷积是 LeFF 中最关键的一步操作。该操作在局部空间窗口中提取图像特征。

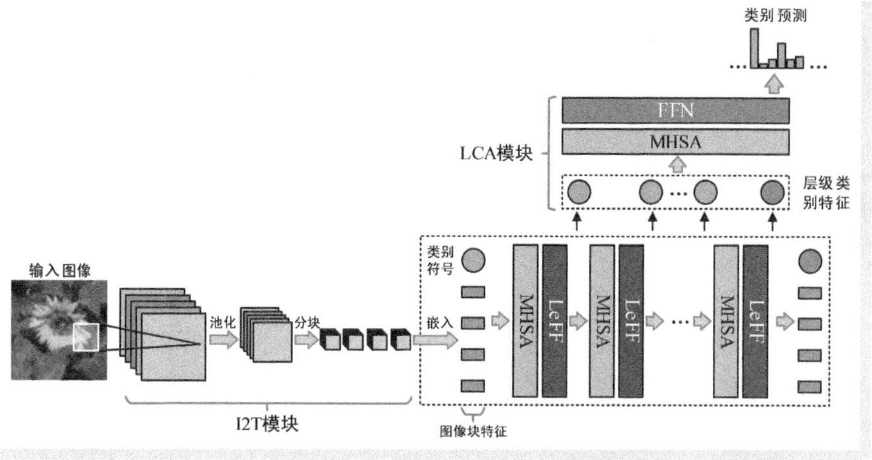

● 图 6-20　CeiT 模型的整体架构示意

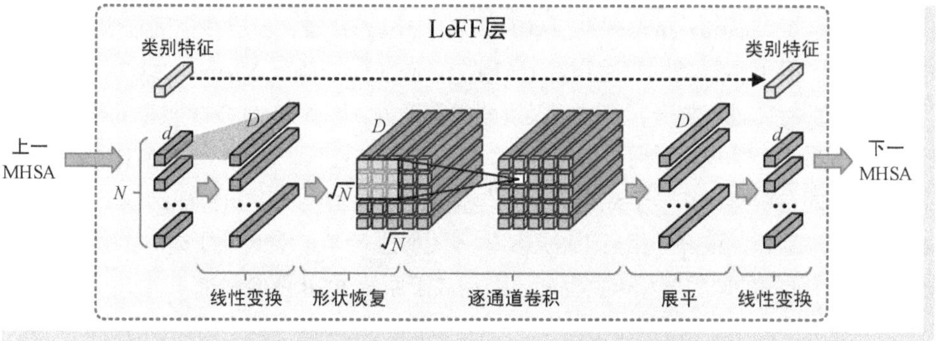

● 图 6-21　LeFF 层的信息加工流程示意

最后我们再来看看 LCA 模块。在 CNN 中，随着网络深度的加深，特征图的感受野也逐渐增大，在 ViT 中也有类似的现象——随着 ViT 模型深度的增加，注意力的范围也逐渐增大。在 CNN 中，对不同层的特征进行融合是一种常见操作，CeiT 中的 LCA 模块扮演的也正是类似的功能。只不过其融合的是每个层的类别特征。LCA 模块对不同层的类别特征拼接后，即得到一个 $L×d$ 维的序列，其中 L 为 CeiT 主干网络的层数。LCA 模块将该序列又送入一个标准 Transformer 编码器，经过自注意力机制的加工后，CeiT 编码器输出获得最后一层类别符号对应的输出作为分类特征执行最终的类别预测。

在网络结构方面，作者为 CeiT 构造了三种不同规模的模型：微型版（CeiT-T，参数量 640 万）、小规模版（CeiT-S，参数量 2420 万）和基础版（CeiT-B，参数量 8660 万）。在上述三种模型中，I2T 模块的设置均相同——卷积层中卷积核的尺寸为 7×7，步长为 2，最大池化层的池化窗口为 3×3，步长为 2。I2T 模块输出的特征图的通道数均为 32；三种模型主干结构中编码器的层数均为 12 层，MHSA 中注意力的头数分别为 3、6 和 12。中间特征的维度分别为 192 维、384 维和 768 维。因此可以看出，三种 CeiT 模型在规模上的差别体现为模型的宽度。

我们讨论的第三个模型为 CvT 。与 CeiT 类似，CvT 也是一种将卷积思想引入 Transformer 的模型。该模型提出于 2021 年 3 月，作者是 Haiping Wu 等[19]七名来自加拿大麦吉尔大学和微软公司的学者。与上文介绍的几种“混搭”模型相同，CvT 将卷积操作引入 Transformer 的原因同样是为了利用卷积操作给 Transformer 增加局部特征提取能力。具体来说，CvT 主要通过在标准 ViT 结构上进行的两点改进来实现上述目标，这两种改进均和卷积有关。第一点改进即增加卷积符号嵌入（Convolutional Token Embedding）操作，该操作实现对输入特征图⊖空间局部特征的嵌入；第二点改进即以卷积 Transformer 块（Convolutional Transformer Block）替换原生 ViT 中的 Transformer 编码器，在其中以卷积特征作为多头注意力的输入。上述卷积符号嵌入还有一个“副产品”——可以通过设定卷积窗口的尺寸、步长，以及卷积输出个数来控制输出特征的长度和维度，这便为 CvT 模型带来了类似 CNN 那样的多尺度特征表达能力。因此在 CvT 中，作者们将一个卷积符号嵌入与若干个卷积 Transformer 块级联为一个操作阶段，CvT 模型便可以构造为类似 ResNet 那样的多阶段架构，而且实现了特征图的尺寸越来越小，通道越来越多的效果。图 6-22 为 CvT 模型的整体架构示意。

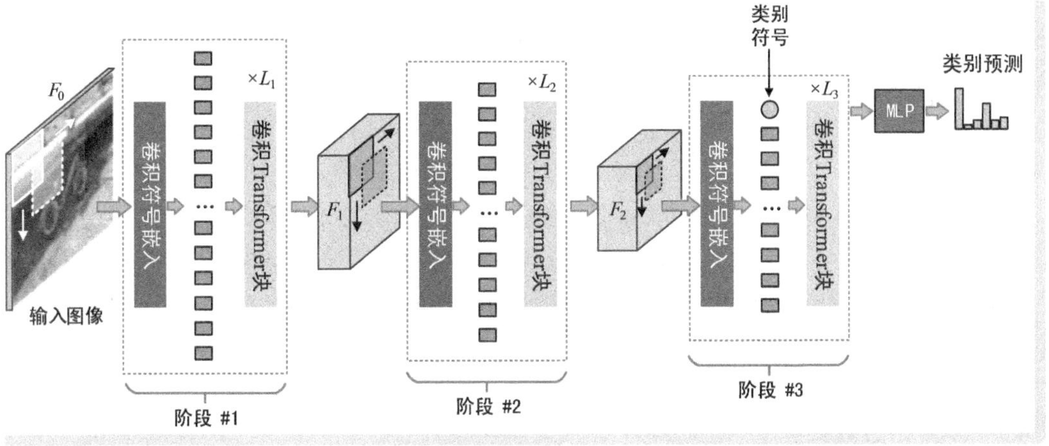

● 图 6-22　CvT 模型的整体架构示意

首先我们来看看 CvT 的第一点改进——卷积符号嵌入。所谓卷积符号嵌入，即利用与卷积相同的滑动窗口模式对输入图像或特征图进行局部特征的提取。与标准 ViT 直接分块不同的是，可以通过设

⊖ 在 CvT 中，该输入称为“token map”，即“符号图”。所谓符号图即 Transformer 输出的特征序列再变形回图像二维形状的特征表示，所以本质还是特征图。

定步长、外扩等参数来控制局部窗口的重叠度。设$F_{i-1}\in\mathbb{R}^{H_{i-1}\times W_{i-1}\times C_{i-1}}$为第 i 阶段的特征输入，该阶段的卷积符号嵌入可以表示为$F_i=f(F_{i-1})$，其中$F_i\in\mathbb{R}^{H_i\times W_i\times C_i}$为输出特征图。对$F_i$尺寸的计算方法与卷积特征图尺寸的计算方法完全相同。以高度为例，假设卷积窗口的尺寸为 $k\times k$，外扩为 p，卷积步长为 s，则输出特征图的高度为 $H_i=\lfloor(H_{i-1}+2p-k)/s+1\rfloor$。输出特征图的通道数$C_i$为事先设定好的超参数。在获得输出的二维特征图之后，对其进行展平操作——将二维特征图变为以 $H_iW_i\times C_i$的特征序列形式，以满足后续 Transformer 层的输入维度要求[㊀]。不难看出，CvT 卷积符号嵌入就是 ViT 图像块嵌入的重叠窗口版本，其基本思路与 CeiT 模型中 I2T 模块也有类似之处，只不过图像块嵌入和 I2T 模块都是针对输入图像的预处理模块，在进入 Transformer 之前做一次就好，而 CvT 的卷积符号嵌入在每个阶段都得做一次，因此其扮演了操作阶段预处理模块的角色。除此之外，相较于 I2T 模块，卷积符号嵌入不涉及池化操作，因此其带来的降采样效果完全以卷积操作的“内缩”来实现。

接下来我们来看看 CvT 的第二点改进——卷积 Transformer 块。在原生 ViT 的 Transformer 层中，自注意力模块使用的查询、键和值都是基于整个输入序列构造的，这种全局构造模式彻底抛弃了图像的局部信息。为了克服这一弊端，作者们再次想起了卷积。在卷积 Transformer 块中，这一利用卷积来实现的自注意力输入构造模式被称为“卷积投影”（Convolutional Projection）。卷积投影的数据加工过程为：在接收到一个 $HW\times C$ 维向量序列后，首先对其进行形状恢复操作，得到 $H\times W\times C$ 维的特征图形式；接下来，利用三个深度可分离卷积(depth-wise separable convolution)[㊁]“幻化”出三个特征图，这三个特征图经过展平操作后，即分别作为后续自注意力模块所需的 $\boldsymbol{Q}$、$\boldsymbol{K}$ 和 $\boldsymbol{V}$。卷积投影在 $\boldsymbol{Q}$、$\boldsymbol{K}$、$\boldsymbol{V}$ 的构造过程中，以卷积操作隐式加入了局部特征提取机制，可以说是非常巧妙的。该做法更加“有机”，更加能套用现有框架来实现。图 6-23a 为 CvT 卷积 Transformer 块的结构示意。卷积投影的实现方法有两种：标准卷积投影和挤压卷积投影(squeezed convolutional projection)。在标准卷积投影中，三个深度可分离卷积采用相同的步长设定（当然卷积窗口与外扩设定也相同），故得到的三个特征图具有相同的维度；而在挤压卷积投影中，进行查询特征图构造时，采用步长为 1 的设定，而进行键和值特征图构造时，则采用了步长为 2 的设定，这就意味着键和值特征图的尺寸小于查询特征图的尺寸。这样一来，注意力的计算量将大幅降低。图 6-23b 为上述两种卷积投影方法工作模式的示意。

作者们构造了三种不同规模的 CvT 模型，三种模型均具有三阶段，分别记作 CvT-13、CvT-21 和 CvT-W24，其中模型的数字后缀表示三个阶段中卷积 Transformer 块的个数。在上述三个版本的模型中，三个阶段卷积 Transformer 块的个数设定分别为{1,2,10}、{1,4,16}和{2,2,20}。CvT-13 和 CvT-21 模型除了层数存在差异之外，对应阶段卷积符号嵌入和卷积 Transformer 块的超参数设置均相同；而 CvT-W24模型除了层数更深之外，模型中特征的维度也进行了相应的增加（名称中的“W”即“Wide”的简写）——三个阶段的卷积符号嵌入特征维度分别为 192 维、768 维和 1024 维，每阶段卷积 Transformer 块中的特征维度也随之进行了调整。

㊀ 事实上，后续卷积 Transformer 块仍以二维特征图作为输入形式。因此，如果仅针对卷积 Transformer 块，这里的展平操作是多余的。笔者猜想作者希望卷积符号嵌入操作能够作为一个通用模块，可适配更一般的 Transformer 结构。

㊁ 深度可分离卷积（depth-wise separable convolution）包括了逐通道（即沿着深度维度）卷积（depth-wise convolution）和 1×1 逐点（point-wise convolution）卷积两个步骤。其通过拆分空间维度和通道（深度）维度的相关性，减少了卷积计算所需要的参数个数。该结构被广泛应用于 Xception、MobileNet 等 CNN 结构中。

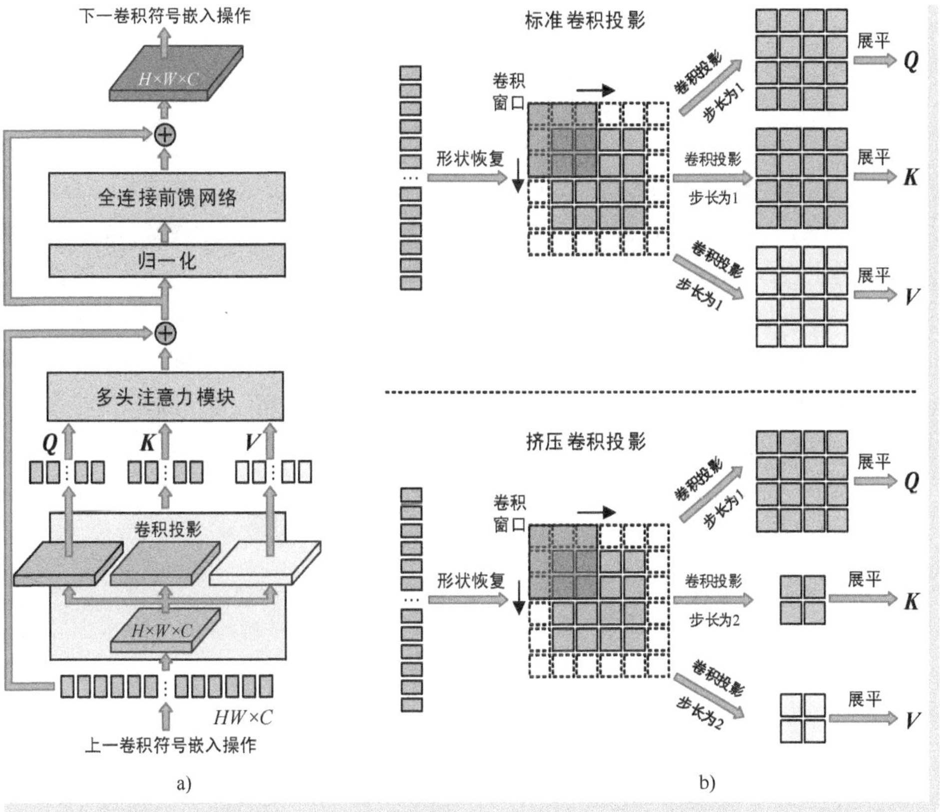

● 图 6-23　CvT 卷积 Transformer 块的结构与两种卷积投影方法的工作模式示意

a）CvT 卷积 Transformer 块结构示意　b）两种卷积投影方法的工作模式示意

我们讨论的第四个模型为 CoAtNet 。CoAtNet 模型于 2021 年 6 月提出，作者是 Zihang Dai 等[20]四名来自谷歌的学者。模型名称中的“CoAt”即“Convolution and self-Attention”的简写。由此可见，CoAtNet 也是一个 CNN 与 Transformer“联姻”的模型。之所以要将 CNN 和 Transformer 进行整合，目的无外乎还是希望二者能够取长补短。作者们给出的具体理由如下：CNN 在归纳偏好性质的加持下，在小规模数据集上就能达到一个比较理想的性能。但随着训练数据的继续增加，模型性能提升步伐随之减慢，性能提升达到天花板。反观 Transformer，由于注意力机制的灵活性，很难用小数据集将其“喂饱”，故 Transformer 在小规模数据集上性能不佳。但是随着数据量的不断增加，模型性能一路飙升，动力强劲，这就意味着 Transformer 模型有着更大的容量(capacity)。CoAtNet 模型旨在综合 CNN 和 Transformer 上述优势，最终达到文章题目所说的“All Data Sizes”——在什么规模的数据集都能训练出一个高性能模型。在构造 CoAtNet 时，作者们考量的主要问题有两个：

第一个问题为如何对卷积与自注意力进行有机结合。我们来看看 CoAtNet 的思路。首先，我们还是先回顾一下卷积计算和自注意力计算方法，如下所示

$$y_i = \sum_{j \in \mathcal{L}(i)} w_{i,j} \cdot x_j \tag{6-14}$$

$$\boldsymbol{y}_i=\sum_{j\in\mathcal{G}}A_{i,j}\cdot\boldsymbol{x}_j=\sum_{j\in\mathcal{G}}\frac{\exp(\boldsymbol{x}_i^{\mathrm{T}}\boldsymbol{x}_j)}{\sum_{k\in\mathcal{G}}\exp(\boldsymbol{x}_i^{\mathrm{T}}\boldsymbol{x}_k)}\cdot\boldsymbol{x}_j \tag{6-15}$$

在式（6-14）中，$\mathcal{L}(i)$为以位置i为中心的一个矩形区域，如我们常用的3×3卷积区域等；卷积操作即为以$w_{i,j}$为权重，在位置i为中心的矩形区域$\mathcal{L}(i)$中、对其中各元素的加权求和操作㊀；式（6-15）即为我们非常熟悉的自注意力计算方法，其中，加权求和的范围不再是局部窗口，而是全局空间位置，以$\mathcal{G}$表示；$A_{i,j}$即为经过softmax进行归一化处理的相似度。对比卷积和自注意力的计算方法容易看出，卷积相较于自注意力具有平移不变（translation equivariance）特性，该特性正是CNN能够很好应用于CV任务最重要的归纳偏好之一。而自注意力机制的优势在于自适应动态权重和全局感受野，这两点反而又是卷积操作所不具备的。作者们认为卷积和自注意力最理想的“联姻”效果即应该同时具备上述三点优势，即平移不变性、自适应权重和全局感受野。因此，作者们给出了一种非常简单而直接的做法，即将全局静态卷积核和自适应的注意力矩阵直接进行求和，有

$$\boldsymbol{y}_i=\sum_{j\in\mathcal{G}}\frac{\exp(\boldsymbol{x}_i^{\mathrm{T}}\boldsymbol{x}_j+w_{i,j})}{\sum_{k\in\mathcal{G}}\exp(\boldsymbol{x}_i^{\mathrm{T}}\boldsymbol{x}_k+w_{i,k})}\cdot\boldsymbol{x}_j \tag{6-16}$$

从式（6-16）可以看出，对注意力权重的计算不再仅仅基于输入数据$\boldsymbol{x}_i^{\mathrm{T}}\boldsymbol{x}_j$，而是进一步依赖了能够体现平移不变特性的静态参数$w_{i,j}$，可谓“动静结合”㊁。熟悉相对自注意力（Relation-aware Self-Attention）的读者可能已经看出，上述自注意力就是相对自注意力一种变体，故在CoAtNet中，该注意力也被称为“相对自注意力”，并以其替换Transformer编码器中的标准自注意力模块。

第二个问题即如何将卷积层和Transformer层堆叠为一个完整的网络架构。对于CNN基础模块选型问题，作者们以MBConv模块作为基本CNN模块，该模块具有“逆瓶颈”（inverted bottleneck）残差结构。针对输入特征图，MBConv模块首先利用1×1卷积进行升维，将特征图的通道数增加至原来的四倍，然后在此基础上进行深度可分离卷积操作，最后再通过一个1×1卷积进行降维处理。在该模块中，特征维度先增后减，呈现出与瓶颈块“细腰”相反的“大肚子”形态，故才被形象地称为“逆瓶颈”结构。MBConv模块被广泛应用于MobileNet和EfficientNet等经典CNN模型。确定了CNN基础模块，下面就是如何将CNN模块和Transformer层堆叠在一起的问题。考虑到相对注意力的计算量过大，作者们采用了如下方案：将整个架构设计为多个具有降采样的阶段，前几个阶段为CNN模块，当特征图的规模降低到一定程度时，再堆叠若干带有相对自注意力模块的Transformer层进行进一步加工。长话短说，经过大量实验对比，在充分权衡模型泛化能力和容量两方面因素后，作者们最终确定“C-C-T-T”方案作为CoAtNet的最终架构，其中“C”和“T”即分别代表CNN结构和Transformer结构。我们将上述四个阶段简记为S1～S4，每个阶段包含的MBConv模块或Transformer层的个数分别为L_1～L_4。除此之外，作者在上述四个阶段前还添加了一个具有两层卷积结构的CNN主

㊀ 在该式中，我们示意了单一通道上的卷积操作，故这里的x_j、x_i和$w_{i,j}$均为标量。

㊁ 式（6-16）中，$w_{i,j}$添加在softmax归一化操作之前，故在文中，该式中表示的注意力计算结果被表示为$\boldsymbol{y}_i^{pre}$；除此之外，作者们还给出了一种将$w_{i,j}$添加在softmax之后的注意力计算版本$\boldsymbol{y}_i^{post}=\sum_{j\in\mathcal{G}}\left(\frac{\exp(\boldsymbol{x}_i^{\mathrm{T}}\boldsymbol{x}_j+w_{i,j})}{\sum_{k\in\mathcal{G}}\exp(\boldsymbol{x}_i^{\mathrm{T}}\boldsymbol{x}_k+w_{i,k})}+w_{i,j}\right)\cdot\boldsymbol{x}_j$。但是考虑到CoAtNet使用的是前者，故我们不对后者进行详细介绍。

干阶段（stem stage），简记为 S0，在 S4 阶段之后添加全局池化和全连接操作，以实现后续的特征加工和类别预测。图 6-24 示意了一个完整的五阶段 CoAtNet 网络结构。与 ResNet 等多阶段 CNN 架构类似，在 CoAtNet 中，随着阶段的加深，各阶段输出特征图的尺寸也不断减半，通道数也不断增加。

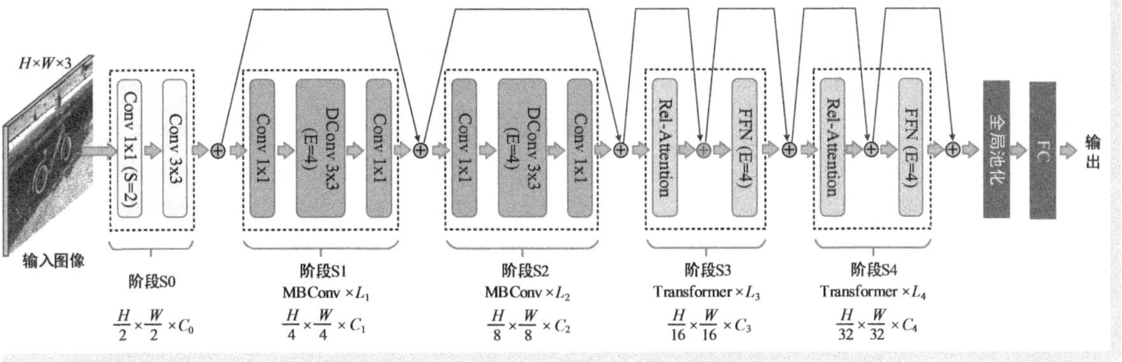

● 图 6-24 CoAtNet 整体网络结构示意（图中“DConv”表示深度可分离卷积，“S=2”表示卷积步长为 2，“E=4”表示 CNN 或 FFN 结构中，中间特征维度是输入特征维度的四倍）

通过设定各阶段模块的层数和特征的维度，作者们构造了五种规模的 CoAtNet 模型，分别记作 CoAtNet-0~CoAtNet-4。在上述五个模型中，五个阶段的模块层数分别为（即图 6-24 中的$C_1 \sim C_5$）：{2,2,3,5,2}、{2,2,6,14,2}、{2,2,6,14,2}、{2,2,6,14,2}和{2,2,12,28,2}；五个阶段输出特征图的通道数分别为：{64,96,192,384,768}、{64,96,192,384,768}、{128,128,256,512,1024}、{192,192,384,768,1536}和{192,192,12,768,1536}。从上述模型的规模设定，不难看出作者们的良苦用心：其中 CoAtNet-0 是“最浅最窄”的模型，CoAtNet-1 则是 CoAtNet-0 的加深版；而随后的 CoAtNet-2~CoAtNet-3 与 CoAtNet-1 模型的深度保持一致，但是模型宽度不断增加；最大规模的 CoAtNet-4 模型与 CoAtNet-3 宽度相同，但是阶段 S2 和 S4 中，MBConv 和 Transformer 编码器个数均进行加倍。

6.3.2 目标检测

目标检测任务是 CV 领域最重要的研究方向之一，也是各类视觉分析系统中最重要的应用之一。目标标检测是指在静态图像或视频中，定位出某些特定目标的位置，一般以包围框（Bounding box）加类别的形式给出结果。在下文中，我们即围绕两种基于 Transformer 的目标检测模型展开讨论。

1. DETR：基于 Transformer 的端到端目标检测

与图像分类的一张图赋予一个类别以及图像分割的一个像素赋予一个类别的模式不同，目标检测需要预测包围框的位置和所框对象类别两类对象。也就是说，目标检测任务期望达到的理想目标是“框的位置准”且“类别判断准”。正是因为目标检测任务包括了“找目标和判类别”两个目标，故相较于图像分类和图像分割任务，目标检测模型的结构和预测流程往往要复杂得多。2014 年的 R-CNN

是 CNN 应用于目标检测任务的开山之作，该方法一经问世就刷新了目标检测的世界纪录。但是，R-CNN模型太复杂了，执行一次目标检测需竟然包括五个步骤：基于选择性搜索（Selective Search）生成区域建议、利用 CNN 提取局部图像特征、利用 SVM 进行特征分类、基于边框回归（Bounding Box Regression）修正区域建议位置和基于非极大值抑制（Non-Maximum Suppression，NMS）滤除冗余预测结果。在随后的日子里，CV 领域涌现出一大批新的、基于 CNN 的目标检测模型，学者们在设计这些模型时，简化架构无疑是重点发力方向。在图 6-25 中，我们示意了 Faster R-CNN 与 Yolo-V1 这两种常用的目标检测模型，二者分别是两阶段（two-stage）和单阶段（one-stage）模型的代表。在前者中，整个目标检测包括了两个阶段，第一阶段先要生成候选包围框，即传说中的区域建议（region proposals），该阶段为后续阶段提供可能出现目标的位置，然后再在第二阶段从这些候选框中实现类别判断和边框位置微调。可以看出 Faster R-CNN 已经将区域建议生成、预测等关键环节全部“网络化”；而在后者中，模型产生预测结果的过程则更为精简：输入原始图像，输出一个代表结果的张量，其中编码了目标的位置信息和类别概率。目标检测过程中没有额外环节和分支。但是即便如此，目标检测模型的结构仍是复杂的，距离“一头赶进活猪，一头取香肠”的工作模式还相差甚远。很少有模型能够做到真正意义的端到端操作，至少基于 NMS 进行后处理这一步操作是难以避免的。

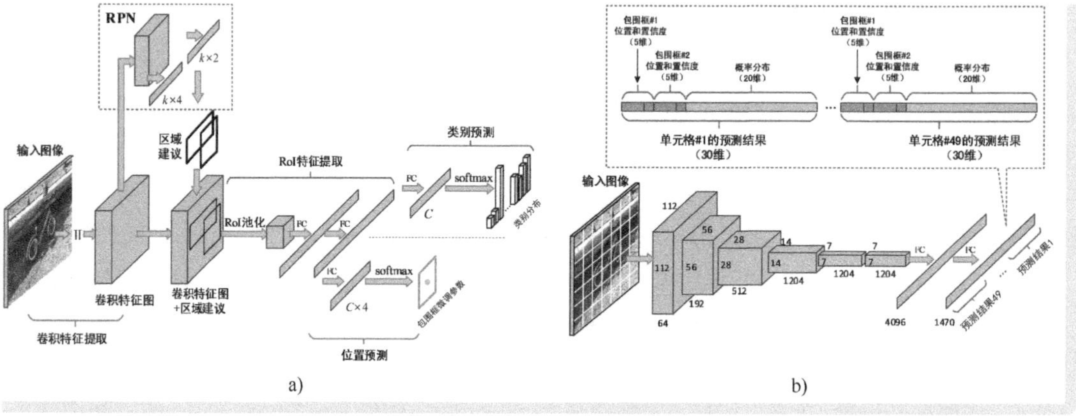

● 图 6-25　Faster R-CNN 与 Yolo-V1 两种目标检测模型架构的对比示意

a）Faster R-CNN 两阶段架构示意　b）Yolo-V1 单阶段架构示意

接下来即进入我们正题——DETR。2020 年 5 月，Nicolas Carion 等[1]六名来自 Facebook AI 的学者在 arXiv 提出大名鼎鼎的目标检测 Transformer（DEtection TRansformer）模型，简称 DETR。随后该文章在当年的 ECCV 大会上正式公布。DETR 一经提出，就在 CV 领域引发了轰动，甚至一度被认为最有可能获得 ECCV 2020 最佳论文奖。之所以 DETR 能够引起如此强烈的反响，主要在于其创造了两个“第一”：DETR 是第一个成功将 Transformer 架构应用 CV 任务的模型；DETR 是第一个真正意义上的端到端目标检测模型——模型输出的就是最终目标检测结果，什么后处理都不用。因此，即无论是模型架构还是任务模式，DETR 无疑都是里程碑式的工作。

我们先来看 DETR 模型的整体架构。如图 6-26 所示，DETR 的整体架构分为四个部分：CNN 特征提取主干网络、Transformer 编码器、Transformer 解码器和目标检测头结构。其中，CNN 特征提取主干网络用来获取图像的二维特征表示。对于输入图像 $\boldsymbol{x}\in\mathbb{R}^{H_0\times W_0\times 3}$，CNN 结构对其进行逐级特征提取，最终得到一个具有 1/32 降采样的特征图 $\boldsymbol{f}\in\mathbb{R}^{H\times W\times C}$作为特征表示，其中，$H=H_0/32$、$W=W_0/32$ 为输出特征图的高度和宽度，C 为通道数。在具体实现时，DETR 选择了 ResNet50 和 ResNet101 两种 CNN 主干结构，对应的 DETR 模型分别被称为“DETR-R50”和“DETR-R101”。除此之外，作者们还尝试了在上述两种 ResNet 模型的最后阶段使用膨胀卷积等改造，对应的 DETR 模型分别叫作“DETR-DC5”和“DETR-DC5-R101”。Transformer 编码器的作用即为对上述特征进行逐级编码，利用自注意力机制来构建特征之间的全局关系。DETR 使用的 Transformer 编码器具有六层结构，每一个编码器与标准编码器结构也别无二致，都具有多头自注意力和全连接前馈网络两个子模块。当然，为了让特征能够与 Transformer 编码器相匹配，DETR 首先利用 $1\times1\times d$ 卷积特征图 $\boldsymbol{f}$ 进行进一步加工，将特征图维度（即通道数）从 C 降低到 Transformer 所需的维度 d（如 $C=2048$，$d=256$），得到特征图记作 $\boldsymbol{z}_0\in\mathbb{R}^{H\times W\times d}$。除此之外，考虑到 Transformer 不会考虑输入序列中各元素的顺序，为了让特征带有位置信息，DETR 也在输入特征上添加了固定位置编码。上述添加位置信息的实现非常简单，构造一个 $H\times W\times d$ 维的灰度渐变图，直接添加到 $\boldsymbol{z}_0$上即可。最后，再将带有位置信息的特征图展平为 $HW\times d$ 维的特征序列作为 Transformer 编码器的输入。Transformer 编码器最终将输出一个 $HW\times d$ 维特征序列，作为输入序列的编码表示。Transformer 解码器用来产生固定个数的目标特征。Transformer 解码器的输入序列具有固定长度，用 N 表示，该值即表示一幅图像中可能产生的最多目标个数，在 DETR 中，$N=100$。Transformer 解码器的输入为一个 $N\times d$ 维特征序列，称为“目标查询”（object queries）。目标查询序列中的特征以位置编码作为初值，在随后的训练中连同模型的其他部分一起更新。这些目标查询特征输入解码器后，解码器中的编-解码器注意力模块以其作为查询，在编码特征上查询并进行注意力特征融合，经过反复的注意力加工，最终得到 $N\times d$ 维的输出特征序列。因此，如果将 Transformer 解码器看作一个生成器的话，目标查询可以视为是生成过程的种子点（当然在训练阶段，种子点也参与训练）；如果与之前基于锚点（anchor-based）的目标检测模型作类比，那么目标查询就扮演了锚点（anchor）的角色—— 以位置编码作为初值，相当于在不同位置上进行了“锚定”。随后，解码器借助注意力机制，结合图像特征（体现为编码器得到的编码）在这些锚点特征上进行调整，得到最终目标特征。需要说明的是，相较于标准 Transformer 解码器以自回归方式逐个产生输出的方式，DETR 解码器以并行输入、

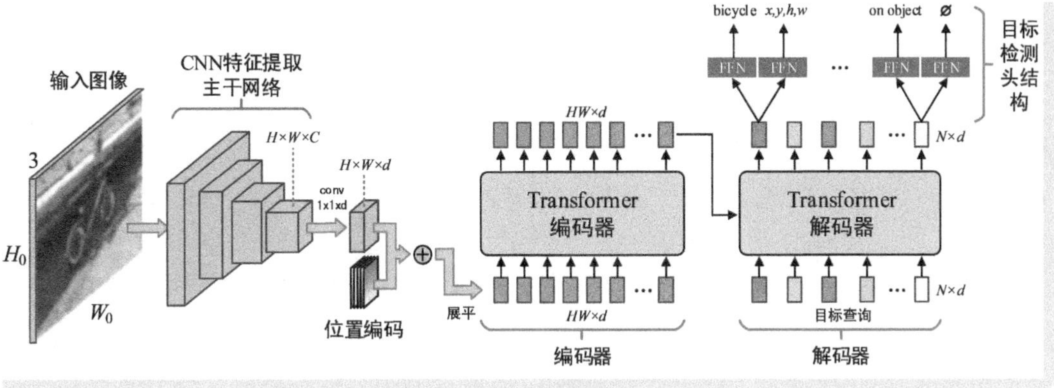

● 图 6-26　DETR 整体架构示意

并行加工的方式进行，一次性得到全部 N 个输出。目标检测头结构用来输出最终的目标检测结果。Transformer 解码器输出 N 个 d 维特征，每一个特征都会分别送入两个全连接网络结构，分别进行对象类别的预测和对象目标的预测。其中，前者通过 softmax 函数产生一个 $K+1$ 维的概率预测，其中 K 为目标类别总数，“+1”表示背景类别，即“no object”类；后者将输出一个长度为 4 的向量表示目标框的位置。我们看到，DETR 一次性输出全部目标预测结果，这些预测目标之间没有顺序，也没有相互关系，因此 DETR 采用的目标检测往往被称为“集合预测”（set prediction）模式。可以看出，DETR 真正做到了一端送图像、一端取结果的端到端预测，没有诸如 NMS 后处理操作，整个过程一气呵成，非常简洁流畅。

接下来我们来讨论 DETR 模型的训练损失函数设计。我们知道，所有的监督学习都需要计算预测和真值间的损失，才能通过梯度下降的方式监督模型训练。而在目标检测任务中，要想计算损失，前提就是我们必须知道预测目标和真值目标之间的匹配关系。例如，我们需要训练一个针对猫的检测模型，某幅作为训练样本的图像上已经正确标注了两个猫的目标框。我们也通过模型预测了若干目标框。所谓匹配问题，就是需要在我们预测的目标框中，确定哪些框是“奔着”第一只猫去的，哪些框试图以第二只猫为目标。只有这样，才能让真值目标作为老师，督促模型不断向好。在绝大多数现有的目标检测模型中，上述匹配关系都是通过计算预测目标框和真值目标框之间的重叠度来实现：那些与真值目标框重叠大于某一阈值的预测目标框即作为与真值匹配的预测目标框。但是，上述模式会产生多对一的匹配关系，毕竟与真值目标框具有高重叠度的预测目标框不见得只有一个。既然训练时允许多对一，那预测时也一定会出现一个目标上套着多个包围框的问题，于是基于 NMS 的后处理环节就变得必不可少。但是，DETR 号称不需要 NMS 的后处理操作，那么就只能使用一对一的匹配方式。DETR 一次性的产生固定的 N 个目标预测，而图像中实际的目标数量小于该值且随机，那么所谓的一对一匹配问题，就是在预测目标和真值目标两个集合里确定哪些元素具有最合理的一一对应关系，“一个萝卜一个坑”。我们用 $y=\{y_i\}_{i=1}^{N'}$ 表示真值目标集合，其中，N' 为真值目标的个数；用 $\hat{y}=\{\hat{y}_i\}_{i=1}^{N}$ 表示 DETR 的 N 个预测目标，这里有 $N>N'$。首先，为了方便匹配，DETR 在集合 y 中填充空元素“$\varnothing$”（即表示“no object”类别），使得两个集合的元素数量相等，然后通过最小化如下综合代价函数来确定两个集合的一一匹配方案

$$\hat{\sigma}=\arg\min_{\sigma\in\mathfrak{S}_N}\sum_{i=1}^{N}\mathcal{L}_{\text{match}}(y_i,\hat{y}_{\sigma(i)}) \tag{6-17}$$

式中，$\mathfrak{S}_N$ 表示所有匹配方案的集合；$\mathcal{L}_{\text{match}}(y_i,\hat{y}_{\sigma(i)})$ 即表示真值目标 y_i 与以 $\sigma(i)$ 为下标的预测目标之间的两两匹配代价。上述优化目标的最优解即在所有可能的匹配方案中使得代价之和达到最小的匹配方案。该问题为一个标准的二分图匹配（bipartite matching）问题，DETR 采用经典的匈牙利算法（Hungarian algorithm）对其进行求解。关于二分图匹配和匈牙利算法的相关问题，请读者自行查阅文献，这里不再赘述。无论是预测目标还是真值目标，都包括了类别和位置两方面内容，故 y_i 可以进一步写作 $y_i=(c_i,b_i)$，其中 c_i 和 b_i 分别表示真值 y_i 的类别标签（包括“no object”类别）和包围框相对坐标。匹配代价函数自然也包含了对上述两方面的综合考量，具体的定义为：$\mathcal{L}_{\text{match}}(y_i,\hat{y}_{\sigma(i)})=-\mathbf{1}_{\{c_i\neq\varnothing\}}\hat{p}_{\sigma(i)}(c_i)+\mathbf{1}_{\{c_i\neq\varnothing\}}\mathcal{L}_{\text{box}}(b_i,\hat{b}_{\sigma(i)})$，其中，“$\mathbf{1}_{\{\text{expr}\}}$”为一个 0-1 二值函数——当 expr = true 时，$\mathbf{1}_{\{\text{expr}\}}=1$，否则 $\mathbf{1}_{\{\text{expr}\}}=0$；上式中的 $\mathbf{1}_{\{c_i\neq\varnothing\}}$ 即表示只考虑那些真值目标的类别不是“no object”的情况；$\hat{p}_{\sigma(i)}(c_i)$ 表示

对于预测目标$\hat{y}_{\sigma(i)}$，其类别预测为c_i的概率，显然这是类别正确的情况，故第一项为负，表示对该情况进行奖励；$\mathcal{L}_{\text{box}}(b_i,\hat{b}_{\sigma(i)})$即表示真值目标包围框与预测包围框之间的位置损失。建立了一对一匹配关系，即可以计算预测目标与真值目标之间的损失。损失函数的定义与$\mathcal{L}_{\text{match}}$的定义非常接近，也包含了类别损失和位置损失两项，其具体定义为

$$\mathcal{L}_{\text{Hungarian}}(y,\hat{y})=\sum_{i=1}^{N}\left[-\log\hat{p}_{\hat{\sigma}(i)}(c_i)+\mathbf{1}_{\{c_i\neq\varnothing\}}\mathcal{L}_{\text{box}}(b_i,\hat{b}_{\hat{\sigma}(i)})\right] \tag{6-18}$$

式中，需要读者注意两个问题：第一，由于损失计算是在最优匹配方案已经确定的基础上进行的，故所有的预测目标的下标都“戴了帽子”；第二，与上文中对$\mathcal{L}_{\text{match}}(y_i,\hat{y}_{\sigma(i)})$函数定义不同的是，本式中的第一项没有进行“$\mathbf{1}_{\{c_i\neq\varnothing\}}$”过滤，这是因为我们不仅需要计算目标正样本的类别预测损失，还需要计算负样本的类别损失。式（6-18）中的第一项就是标准类别的交叉熵损失。简单来讲，式（6-18）表示了无论预测为目标还是背景，都会计算类别预测损失，但是只有其中预测为目标的才有真值目标与之对应，因此才会进一步计算包围框损失。在 DETR 中，包围框预测损失$\mathcal{L}_{\text{box}}(b_i,\hat{b}_{\hat{\sigma}(i)})$定义为 GIoU 损失和 L1 损失的合成，有

$$\mathcal{L}_{\text{box}}(b_i,\hat{b}_{\hat{\sigma}(i)})=\lambda_{\text{iou}}(b_i,\hat{b}_{\hat{\sigma}(i)})+\lambda_{\text{L1}}\|b_i-\hat{b}_{\hat{\sigma}(i)}\|_1 \tag{6-19}$$

式中，λ_{iou}和λ_{L1}分别表示平衡 GIoU 损失和 L1 损失的权重因子。回过头去，我们可能已经感受到 DETR 在预测真值匹配、损失函数的设计两方面，与已有基于锚点的目标检测模型并无本质区别。但是，DETR 为了规避冗余预测，要求匹配必须一对一，从而保证在预测阶段，目标的预测产生也是一步到位。

DETR 采用了完整的 Transformer 编码器-解码器架构。那么我们不禁要问，编码器和解码器中的注意力在目标检测中到底起到什么作用？针对上述问题，作者们在文章中开展了非常有趣的可视化实验和分析。第一组可视化实验用来分析 Transformer 编码器自注意力机制的作用。作者们在图像的不同目标物上各选择一个点，分别以这些点作为查询，看看编码器自注意力权重的分布情况。可视化结果表明，上述查询点在自身物体上都投射了较强的注意力，甚至注意力热图体现出了实例分割的效果。图 6-27a 示意了这一现象（该图为示意图，并不是真实模型的运行结果，下同）。第二组可视化实验用来分析 Transformer 解码器注意力机制的作用。作者们将预测不同目标对应特征的注意力权重进行了可视化，结果表明，不同目标的注意力都分布在其局部位置，如物体边缘等，6-27b 为这一现象的示意图。经过上述两种可视化分析，作者们得到的最终结论为：DETR 使用的 Transformer 编码器和解码器在整个模型中都起到关键作用，前者站在全局视角利用自注意力机制有效拆分对象实例，而后者基于前者的输出，利用注意力机制捕获不同对象的关键特征用于后续任务。

图 6-27　编码器与解码器注意力作用示意（注：该图为示意图，并不是真实算法的运行结果）
a）编码器自注意力权重分布示意　b）解码器注意力权重分布示意

最后我们简单来聊一聊 DETR 的表现。首先自然是目标检测任务上的表现，测评数据集为 COCO 2017。DETR 和 Faster R-CNN 系列模型⊖的对比结论为：DETR 最优版本——DETR-DC5-R101 模型与 Faster R-CNN-R101-FPN+模型的平均 AP 指标难分伯仲，而 Faster R-CNN 在执行速度上更具优势。除此之外，作者们还对目标进行了大、中、小尺寸的细分，分别比较上述三种尺寸物体下两种模型的表现差异。结论为：对于小目标，Faster R-CNN-R101-FPN+模型具有显著优势，而对于中、大尺寸目标物，DETR-DC5-R101 则更具优势。作者分析产生上述现象的原因主要在于 DETR 采用全局注意力机制，故无论目标物有多大，DETR 都能有效应对。然而，DETR 的结构太过简单，没有采用锚点和多尺度检测机制，也没有使用过于精致的目标检测头结构，故对小目标的检测不够友好。除了目标检测，作者们还对 DETR 进行了全景分割（panoptic segmentation）任务的实验。结果表明，较于 PanopticFPN++、UPSnet 等经典全景分割模型，DETR 也能取得相当出众的效果。

到这里，我们对 DETR 模型的讨论就告一段落了。DETR 将 Transformer 编码器-解码器架构引入 CV 目标检测模型，将目标检测视为集合预测任务，大幅精简了目标检测模型的架构和流程。不得不说，DETR 的确是一项非常具有开创性的工作。但是 DETR 也存在着诸如训练时间长、对小目标的检测能力差的问题。但是，瑕不掩瑜，开山之作往往都不是完美的。相较于上述问题，人们更多看到的是 DETR 的潜力，随后产生了 DETR 的诸多变体模型。这些后继的“DETR 们”正是沿着 DETR 开启的方向，不断提高目标检测以及其他 CV 任务的水平。

2. Deformable DETR：基于可变形注意力的端到端目标检测

在上文中，我们详细讨论了大名鼎鼎的 DETR 模型，该模型作为第一个真正意义上的端到端目标检测模型，其优势和重大意义想必大家已经深有感受，这里便不再多说，下面我们只说问题。在 DETR 原文最后的结论部分，作者们也坦言，DETR 存在两个亟须改进的问题：一个是训练模型需要很长的时间，另一个是模型对小目标的检测能力不足。

2020 年 10 月，Xizhou Zhu 等[2]六名学者在 arXiv 上联袂提出“可变形 DETR”（Deformable DETR）模型，旨在解决上述两个问题。该工作随后在次年的 ICLR 会议上正式公布，作者单位涉及商汤科技、中国科学技术大学和香港中文大学。作者们对 DETR 产生上述问题的原因进行了分析：第一个问题是由于 Transformer 注意力机制的全局作用特性所导致——在初始初始阶段，随机初始化的注意力权重“雨露均沾、不偏不倚”，丝毫未起到划重点的作用。而在一幅图像中，真正需要注意的区域往往是小且稀疏的。因此，模型需要大量的迭代才能让注意力真正“活跃”起来，去注意那些具有重要价值的局部位置。实际也的确如此，例如，在 COCO 数据集上，DETR 需要迭代 500 轮才能收敛。第二个问题来自 DETR 的架构设计。很多现代目标检测模型都采用了多尺度架构，在高分辨率特征图上预测小目标，在低分辨率的特征图上预测大目标。但是 DETR 的目标预测仅在单一尺度上进行。而且，考虑到为了降低 Transformer 的计算压力，DETR 利用前置的 CNN 主干网络将特征图的尺寸降低至输入图像尺寸的 1/32，小目标的特征早已不复存在。如果直接增加输入图像或特征图的分辨率以改善特征图的细节信息，那么 DETR 中自注意力所需的计算量将激增。

⊖ 作者在 DETR 的训练中应用了缩放增广、长时间训练等训练策略，故为了公平起见，作者们也对 Faster R-CNN 系列模型进行了相同策略的重训练，记作“Faster R-CNN-XXX+”。

Deformable DETR 的作者们解决上述问题的心路历程大致是这样的：几乎所有的问题都是出在 Transformer 上——全局注意力一方面计算量太大，以至于人们不敢轻易提升输入图像或特征图的分辨率，另一方面，全局注意力从均匀投射到有重点的稀疏投射，需要耗费长时间的迭代训练。那么是否可以变全局为局部，只让部分的元素参加注意力的计算？除此之外，目标物有圆有方、有长有扁，使用固定尺寸的局部注意力计算肯定不是最佳选择，那么是否可以让参与注意力计算的区域是一个可变的任意区域呢？正巧，MSRA 在早先提出的可变形卷积(Deformable Convolution) 就采取了类似的思路，通过在规则的卷积网格上添加可学习的偏移，从而实现基于更加贴合物体形态区域的特征提取。但是，卷积不能进行关系建模，那么一个最佳的解决方案莫过于让注意力机制像可变形卷积那样工作。于是，我们的主角——可变形注意力(Deformable Attention) 在这一思路下诞生。图 6-28 示意了全局注意力、局部固定区域注意力和可变形注意力的工作模式对比。

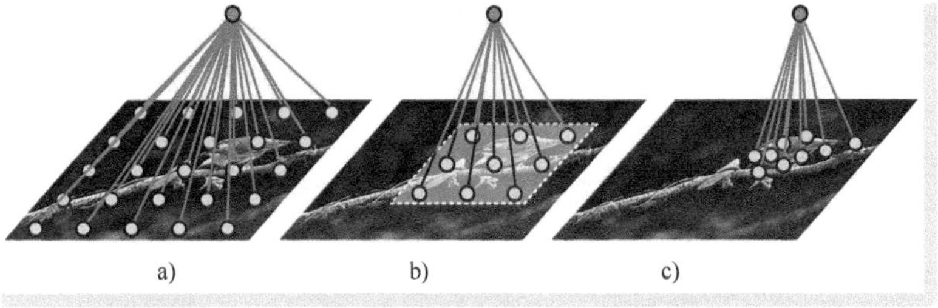

● 图 6-28　全局注意力、局部固定区域注意力和可变形注意力的工作模式对比示意
a) 全局注意力　b) 局部固定区域注意力　c) 可变形注意力

在 Deformable DETR 中，实现上述机制的模块即为可变形注意力模块(Deformable Attention Module)。无论输入特征图的空间大小如何，可变形注意力模块的注意力权重只会投射在参考位置(reference location)[⊖] 周围的一小组关键采样点上，从而规避了标准注意力"全员参与"带来的计算量问题。请读者注意，这里的"参考位置"即特征图上的一个计算注意力区域的基准位置，而"关键采样点"即通过在参考位置上添加位置偏移量，得到的若干新位置，这些位置对应的特征即后续注意力加工的数据来源。Deformable DETR 的可变形注意力模块也具有多头结构，下面我们"从简入奢"，先从单头注意力谈起。首先我们有一个查询向量 $\boldsymbol{z}_q \in \mathbb{R}^C$，和一个输入特征图 $\boldsymbol{x} \in \mathbb{R}^{H\times W\times C}$，在特征图上有一个参考位置，记作 $\boldsymbol{p}_q=(x_q,y_q)$；我们将 $\boldsymbol{p}_q$ 对应在特征图上的特征称记作 $\boldsymbol{x}_{\boldsymbol{p}_q}$ (即在特征图 $\boldsymbol{p}_q$ 的位置沿通道方向"挖"一个向量)。则针对查询 $\boldsymbol{z}_q$、特征图 $\boldsymbol{x}$，以及其上的基准位置 $\boldsymbol{p}_q$，单头版可变形注意力的计算方法为

$$\text{attention}_{sh\text{-}def}(\boldsymbol{z}_q,\boldsymbol{p}_q,\boldsymbol{x}) = \sum_{k=1}^{K} A_{q,k}\cdot(\boldsymbol{W}^V\cdot \boldsymbol{x}_{\boldsymbol{p}_q+\Delta \boldsymbol{p}_{q,k}}) \tag{6-20}$$

式中，K 为参与注意力计算的特征个数，$K\ll H\times W$；$\Delta \boldsymbol{p}_{q,k}\in\mathbb{R}^2$ 表示相对于参考位置的第 $k(k=1,\cdots,K)$ 个坐标偏移量，该偏移量是由查询特征 $\boldsymbol{z}_q$ 通过一个可学习的线性变换预测得到；$\boldsymbol{x}_{\boldsymbol{p}_q+\Delta \boldsymbol{p}_{q,k}}$ 则表示在特征图 $\boldsymbol{x}$ 上位于位置 $\boldsymbol{p}_q+\Delta \boldsymbol{p}_{q,k}$ 的特征；$\boldsymbol{W}^V\in\mathbb{R}^{C\times C}$ 为可学习的线性变换矩阵，变换的结果即得到用于注意力

⊖ 原文中使用的是"参考点"(reference point) 这一提法，但是笔者认为使用"参考位置"会更加准确一些。

计算的值向量；$A_{q,k}$即由查询向量和键向量计算得到的概率化注意力权重，$\sum_{k=1}^{K} A_{q,k}=1$。这里的查询向量为原始查询向量的线性变换 $\boldsymbol{W}^{Q}\cdot \boldsymbol{z}_q$，键向量为图像特征的线性变换 $\boldsymbol{W}^{K}\cdot \boldsymbol{x}_{\boldsymbol{p}_q+\Delta \boldsymbol{p}_{q,k}}$，其中 $\boldsymbol{W}^{Q},\boldsymbol{W}^{K}\in\mathbb{R}^{C\times C}$均为可学习的线性变换矩阵；最外层的求和即利用该权重执行对 K 个值向量的加权求和，即得到由采样点聚合得到的 $\boldsymbol{z}_q$对应的聚合特征。说完基本原理，还需要补充说明两个问题：第一，上述注意力的查询向量与键-值集合并不同源，这是为了更一般化的考量。只有在自注意力模式下，查询向量 $\boldsymbol{z}_q$就是来自特征图 $\boldsymbol{x}$ 位于 $\boldsymbol{p}_q$的特征 $\boldsymbol{x}_{\boldsymbol{p}_q}$，即某特征与自己周边的特征计算注意力；第二，通过神经网络预测的结果难以是整数，故特征 $\boldsymbol{x}_{\boldsymbol{p}_q+\Delta \boldsymbol{p}_{q,k}}$是通过其周边特征双线性插值得到。图 6-29 示意了可变形注意力模块的工作机制（以单头注意力为例，其中 $K=4$）。

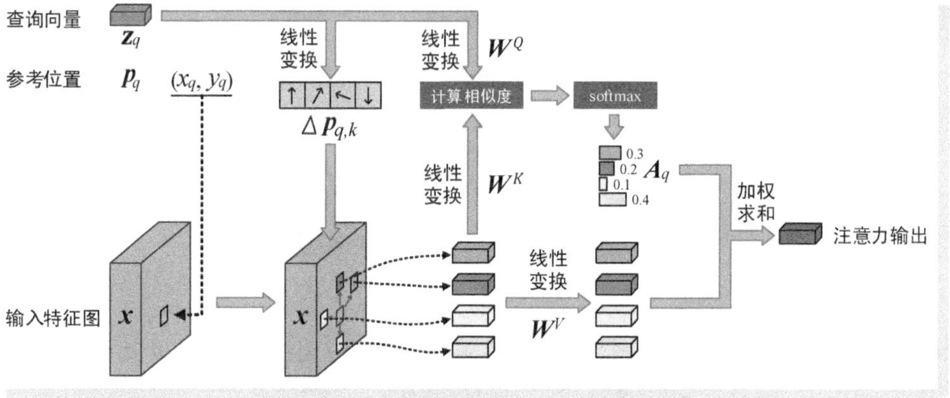

● 图 6-29　可变形注意力模块的工作机制示意（以单头注意力为例，其中 $K=4$）

假设注意力为 M 头结构，我们可以很容易地将式（6-20）所示的单头版本注意力计算方法拓展为多头版，所需操作只有三步：第一，将线性变换矩阵、坐标偏移量和注意力权重改造为每头一份的模式，我们只需在相关符号的下标部分添加头结构下标 $m(m=1,\cdots,M)$即可；第二，为了降低计算量，各头注意力都会采用低维特征，这里我们将此维度表示为C_v，而$C_v=C/M$。因此，对应的线性变换矩阵的维度也需要随之调整，如其中 $\boldsymbol{W}^{Q}$、$\boldsymbol{W}^{K}$和 $\boldsymbol{W}^{V}$的维度均需要从 $C\times C$ 变为$C_v\times C$；最后，还需要添加多头注意力的特征变换和融合操作。综上所述，多头版可变形注意力的计算方法为

$$\begin{aligned}&\text{attention}_{mh\text{-}def}(\boldsymbol{z}_q,\boldsymbol{p}_q,\boldsymbol{x})\\&=\sum_{m=1}^{M}\boldsymbol{W}_m\left[\sum_{k=1}^{K}A_{m,q,k}\cdot(\boldsymbol{W}_m^{V}\cdot \boldsymbol{x}_{\boldsymbol{p}_q+\Delta \boldsymbol{p}_{m,q,k}})\right]\end{aligned}\tag{6-21}$$

式中，$\boldsymbol{W}_m\in\mathbb{R}^{C\times C_v}$为针对第 m 头注意力的线性变换矩阵，该线性变换将各头注意力输出特征的维度从C_v维恢复到 C 维；最外层的求和即多头融合操作。

接下来我们来看看 Deformable DETR 的多尺度结构设计。一说到多尺度目标检测，我们最先想到的恐怕就是特征金字塔网络（Feature Pyramid Network，FPN）结构。但是 Deformable DETR 的作者们在文中开宗明义——“我们的多尺度模型不需要 FPN”。Deformable DETR 多尺度结构的设计可谓十分直接大胆：在式（6-21）中，我们只有一个特征图 $\boldsymbol{x}$，那么如果我们有“一摞”多尺度特征图，并且将在单层特征图上的坐标偏移和注意力特征融合扩展到多层的立体空间中呢？这便是多尺度可变形注意

力的基本思想。令$\{\boldsymbol{x}^l\}_{l=1}^L$为 L 个多尺度特征图，$\boldsymbol{x}^l\in\mathbb{R}^{H_l\times W_l\times C}$为其中第 l 个层级的特征图；令$\hat{\boldsymbol{p}}_q\in[0,1]^2$表示归一化参考位置。按照上述思路，对式（6-21）进行扩展，得到 Deformable DETR 的多尺度可变形注意力的计算方法，有

$$\begin{aligned}&\text{attention}_{ms\text{-}def}(\boldsymbol{z}_q,\hat{\boldsymbol{p}}_q,\{\boldsymbol{x}^l\}_{l=1}^L)\\&=\sum_{m=1}^M\boldsymbol{W}_m\left[\sum_{l=1}^L\sum_{k=1}^K A_{m,l,q,k}\cdot(\boldsymbol{W}_m^V\cdot\boldsymbol{x}^l_{\phi_l(\hat{\boldsymbol{p}}_q)+\Delta\boldsymbol{p}_{m,l,q,k}})\right]\end{aligned}\tag{6-22}$$

式中，$\Delta\boldsymbol{p}_{m,l,q,k}$表示在第 m 个注意力头中位于第 l 层级的特征图上，第 k 个采样位置的坐标偏移量预测，这里的坐标偏移以绝对坐标表示。另外还需读者注意，上述偏移量在不同层级是不同的；$A_{m,l,q,k}$为注意力权重矩阵，有 $\sum_{l=1}^L\sum_{k=1}^K A_{m,l,q,k}=1$； 由于这里的$\boldsymbol{p}_q$为归一化坐标，$(0,0)$和$(1,1)$分别表示图像的左上角和右下角，这就意味着需要对其进行坐标的绝对化才能计算采样坐标，$\phi_l(\boldsymbol{p}_q)$即表示在第 l 个尺度的特征图上，对$\boldsymbol{p}_q$进行的比例放大操作。上述注意力机制背后的思想是非常容易理解的：例如，在一幅人脸图像中，鼻子和眼睛、嘴一定是有关系的，那么我们构造出同一幅图像不同的分辨率版本，鼻子与不同分辨率下的眼睛和嘴的关系仍然存在。这里的鼻子就好比我们的查询向量，而眼睛和嘴则代表了注意力中的键-值向量。

上文我们对 Deformable DETR 的核心注意力模块进行了详细介绍，下面我们就来看看 Deformable DETR 模型的结构。首先在整体架构方面，Deformable DETR 与标准 DETR 类似，也采用了“前 CNN，后 Transformer”的整体架构——前者为后者提供多尺度特征，而后者进行特征编码和目标预测。在实现时，作者们使用 ResNet 网络作为 CNN 主干来提取多尺度图像特征。下面我们来看看 Deformable DETR 的编码器。首先，Deformable DETR 将标准的 Transformer 编码器模块全部替换为上述多尺度可变形注意力模块。其所需的多尺度特征正是来自前面的 CNN 主干。我们将编码器输入的多尺度特征仍表示为$\{\boldsymbol{x}^l\}_{l=1}^L$，在具体实现时，Deformable DETR 使用了四个层级，即 $L=4$。这四个层级的特征图来自 ResNet 主干网络的不同阶段，并通过后续的卷积操作分别进行加工处理：前三个层级的特征图$\boldsymbol{x}^1$、$\boldsymbol{x}^2$和$\boldsymbol{x}^3$，分别来自 ResNet 网络C_3、C_4和C_5三个阶段的特征图输出，然后均使用 1×1×256 卷积进行降维操作（ResNet 三个阶段输出特征图的通道数分别为 512、1024 和 2048），$\boldsymbol{x}^1$、$\boldsymbol{x}^2$和$\boldsymbol{x}^3$相较于原始图像，降采样率分别为 1/8、1/16 和 1/32；第四个层级特征图$\boldsymbol{x}^4$同样来自C_5阶段的特征图输出，只不过随后的卷积操作不再是 1×1×256，而是 3×3×256，并且步长为 2，因此特征图$\boldsymbol{x}^4$的分辨率为原始图像的 1/64。Deformable DETR 每一层编码器的输入输出形式，均为与$\{\boldsymbol{x}^l\}_{l=1}^L$具有相同分辨率的多尺度特征图。我们假设某层编码器的输入为$\{\boldsymbol{x}^l\}_{l=1}^L$，输出为$\{\boldsymbol{y}^l\}_{l=1}^L$，则单个编码器的工作流程为：遍历$\boldsymbol{x}^l$中的每一个特征，以其作为查询向量，以其位置作为参考位置，然后通过在不同层级上预测坐标偏移获得需要注意的若干特征（如图 6-30 三角形所示），然后执行注意力权重的计算和特征合成，再经过 FFN、归一化等操作，最终得到的结果即作为$\boldsymbol{y}^l$中对应位置的输出特征（如图 6-30 圆圈所示）。最后，按照上述方式遍历输入中的所有层级。说完编码器，我们再来看看 Deformable DETR 的解码器。与标准 DETR 相同，Deformable DETR 解码器的输入也是一个以位置编码为初值目标查询序列。在每一个解码器层中，都包括了两个串联的注意力模块（当然还有归一化和全连接前馈网络操作），第一个为标准的多头自注意力模块，在该模块中，目标查询向量内部进行交互和特征融合，注意力的键-值集合均是查询向量序列自身；第二个注意力模块称作“多尺度可变形交叉注意力”（multi-scale deformable cross-attention）模块，其实质还是用于编码器和解码器数据通信的编-解码注意力模块，只不过相较于Transformer标准编-解码器注意力模块，Deformable DETR将其替换为了多尺度可变形注意力模块。在该模块中，解码器输入的目标查询向量即作为注意力计算的查询向量，而编码器输出的多尺度特征图则作为注意力的键和值，以目标查询在编码器输出特征图上进行特征融合。对于某一目标查询向量，Deformable DETR首先通过一个可学习的线性变换，将其映射为一个长度为2的向量，然后再利用sigmoid函数将其元素都压缩到(0,1)范围，即作为其对应的归一化参考位置$\hat{\boldsymbol{p}}_q$。图6-30示意了Deformable DETR的完整架构。

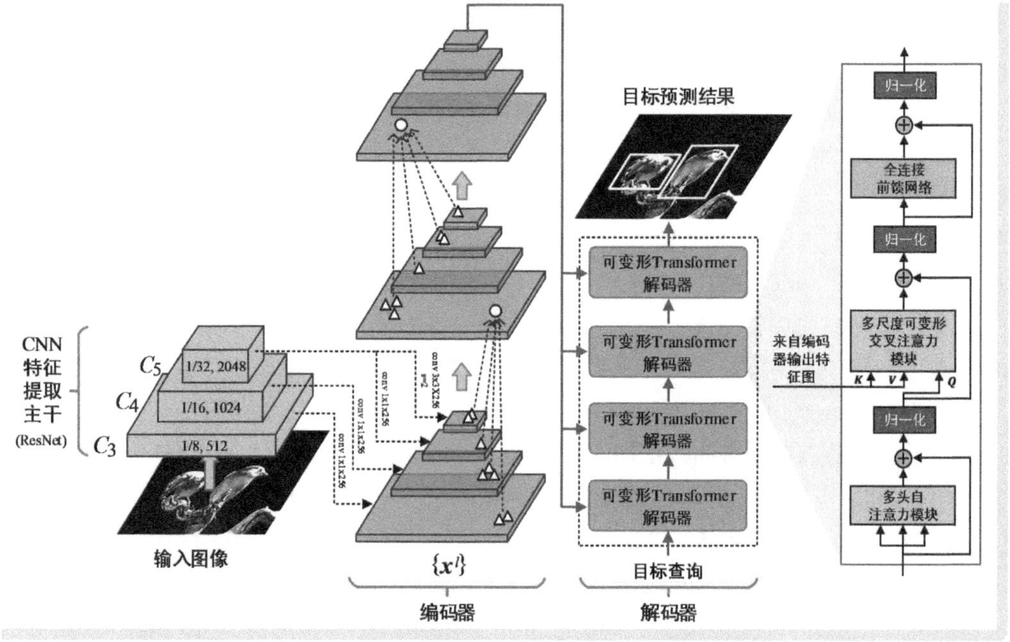

● 图6-30　Deformable DETR目标检测模型的整体架构示意

在原文中，作者们还讨论了诸多Deformable DETR模型的细节问题，但是考虑到与本书内容的相关性，这里就不再详细讨论。下面我们直接看Deformable DETR的表现。第一组实验在Faster R-CNN+FPN、DETR和Deformable DETR三种模型之间展开，实验结论为：在训练时间方面，Deformable DETR在COCO 2017数据集上，比另外两个模型所需的训练时间都短，特别是与公认训练慢的DETR相比，Deformable DETR的训练时间缩短为其1/10；在推理速度方面，由于Deformable DETR将全局注意力改为局部注意力，使得注意力机制的计算量大幅降低。相较于DETR，Deformable DETR的推理速度提升到其1.6倍，该速度仅比以快著称的Faster R-CNN慢了20%；在检测精度方面，相较于DETR，Deformable DETR的目标检测精度，特别是对小目标物的检测精度有明显提高。特别地，在迭代包围框精调和两阶段目标检测模式（即带有区域建议生成环节的Deformable DETR模型）的加持下，Deformable DETR的精度优势变得更加明显；第二组实验为"SOTA"排名对比。结论为：在使用迭代包围框精调和两阶段目标检测模式的基础上，使用ResNet101和ResNeXt101作为CNN主干网络，Deformable

DETR 的目标检测的 AP 精度分别达到 48.7%和 49.0%；若再将标准 CNN 主干也“可变形化”——替换为可变形卷积版的 ResNeXt101，则 Deformable DETR 的目标检测精度能够进一步提高到 50.1%；如果在测试阶段运用水平翻转和多尺度变换层测试时增广（test-time augmentation，即所谓的“TTA”），则 Deformable DETR 的目标检测精度能够达到 52.3%。

6.3.3 图像分割

图像语义分割（Semantic Segmentation）作为初级 CV 任务，在图像的每一个位置预测一个语义类别，为后续分析提供区域标注信息。Transformer 在 CV 领域开始“试水”以来，人们不禁又要提出那个熟悉的问题——将基于 CNN 的图像分割模型换为 Transformer 是否可以？答案是肯定的。下文我们即对两种基于 Transformer 的图像分割模型进行剖析。

1. SETR：“Tranformer 版”FCN

CNN 中的 FCN 以其具有的密集预测优势，一直是图像语义分割任务中的绝对霸主。但是在 Transformer 诞生后，情况发生改变——2020 年 12 月，来自复旦大学的 Sixiao Zheng 等[8]11 名学者提出“图像分割 Transformer”（SEgmentation TRansformer，SETR）模型，可以视为是以 Transformer 撼动 FCN 霸主地位的开始。

语义分割与图像分类最大的区别在于：语义分割为逐位置的密集预测任务，因此不能破坏图像的二维结构。同时，还要求得到的区域边缘尽可能清晰、鲜锐，即分割图的分辨率要足够高。面对第一个要求，FCN 不会像 CNN 那样在最后添加“拉向量”操作，而是针对输入图像采取一路卷积操作，这正是“全卷积”的含义。上述层级卷积结构一般被称为编码器，用于压缩图像的分辨率并逐级提取更加抽象的语义特征。然而，随着特征图尺寸的不断降低，分割结果的分辨率必然难以保证。因此，很多 FCN 模型又会在编码器结构上添加一些附加结构以保证模型能够产生高分辨率的分割图，这些附加模块一般也被称为解码器。最为典型的解码器结构有两种：第一种，在后方添加由反卷积层构成的解码器结构，不断将在编码器中损失的分辨率再“卷上去”；第二种，添加多尺度特征融合机制，将浅层特征直接“拉到”最后去与深层特征整合，把损失的细节特征再“补回去”。到这里，我们实际上已经对 SETR 的架构有了清晰的认识——SETR 以 Transformer 编码器作为语义分割模型的编码器（即主干网络），然后分别基于反卷积和多尺度特征融合两种附加结构构造了两种 SETR 模型，分别称为 SETR-PUP 和 SETR-MLA（后缀“PUP”和“MLA”分别是“Progressive UPsampling”和“Multi-Level feature Aggregation”的简写）㊀。图 6-31 示意了 SETR 模型的整体架构（以大规模版为例）。

可以看出，SETR 的编码器基本上就是一个标准的 ViT 模型，只不过因为不是应用于分类任务，故无需在输入序列最前面插入类别符号。编码器的输入也是基于图像块特征进行——图像首先被拆分为 16×16 个图像块，然后通过线性嵌入并添加位置嵌入向量后作为编码器的输入。我们将 SETR 编码器的层数记作 L_e，将所有编码器的输出记作 $\{Z^l\}_{l=1}^{L_e}$，$Z^l \in \mathbb{R}^{(HW/N^2)\times d}$，其中 d 即为 Transformer 编码器的

㊀ 事实上，在 SETR 的原文中还有第三种 SETR 模型，即“SETR-Naive”，在该模型中，附加结构就是线性变换和基于双线性插值的上采样，前者将特征图的通道数变换到语义分割的类别数，第二步再直接将其插值到高分辨率版本。当然，上述附加结构太过“naive”，所以我们这里不进行罗列。

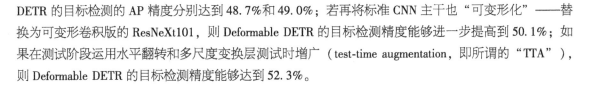

中间特征维度。例如，在图 6-31 的示例中，$d=1024$。接下来，作者们给出了两种具有不同结构解码器的 SETR 模型，其中，第一种是 SETR-PUP 模型。SETR-PUP 的解码器仅针对编码器最后一层输出 Z^{L_e}（也是整个编码器的最终输出）进行加工，运用一系列反卷积以不断提高特征图的分辨率。首先，通过形状恢复将$\frac{HW}{16^2}\times d$维特征序列恢复为$\frac{H}{16}\times\frac{W}{16}\times d$维的特征图形式。接下来，在上述特征图上连续进行四次×2 上采样的反卷积操作，即将特征图的分辨率恢复到原始水平。其中，最后一个反卷积操作输出的特征通道数即为语义类别数，记作 K。例如，对于 Cityscapes 数据集，$K=19$。最后一个特征图上的每个位置与原始像素一一对应，在每个位置沿着通道维度运用 softmax 即可预测该像素对应的予以类别；第二种是 SETR-MLA 模型。MLA 解码器会针对编码器中不同层级的特征进行融合，然后再进行语义类别预测。作者们希望能够通过这样的操作实现 FCN 跨层多尺度特征融合的类似效果㊀：位于编码器浅层的特征被注意力加工的还不够充分，因此想必更加贴近输入图像本身的低级特征。而位于编码器的深层特征已经被注意力机制“蹂躏”过多次，故理论上具有更加贴近任务目标的语义信息。为了挑选特征所在层级，SETR 引入了层级步长 M 作为控制因子。MLA 解码器处理的层级编码器特征可以

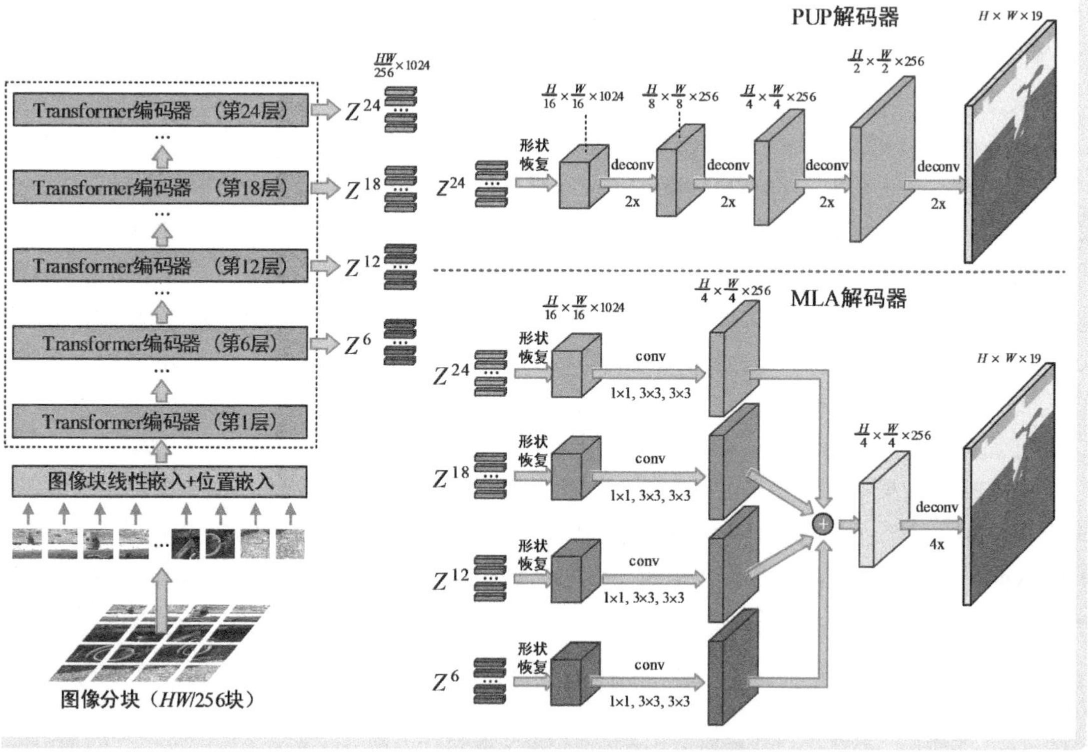

● 图 6-31　SETR 模型的整体架构示意（以大规模版为例）

㊀ 请读者注意，SETR 抽取的特征尽管来自不同层级的编码器输出，但是这与 FCN 中的多尺度特征以及前文介绍的 PVT、Swin Transformer 等架构的多尺度特征是不同的，毕竟在标准 ViT 中，并不对输入序列进行任何的降采样处理。所以我们说是“作者希望”能够达到类似的效果。

表示为$\{Z^m\}(m=L_e/M,2L_e/M,\cdots,ML_e/M)$。例如，在图 6-31 的示例中，有 $M=4$，故 MLA 解码器加工的编码器特征为$\{Z^6,Z^{12},Z^{18},Z^{24}\}$。获取到 M 个编码器多尺度特征后，MLA 解码器首先也是对其进行形状恢复操作，得到 M 个$\frac{H}{16}\times\frac{W}{16}\times d$ 维特征图。接下来即对于这些特征图均进行三层卷积操作，三个卷积操作的卷积核尺寸分别为 1×1、3×3 和 3×3。其中第一、三层卷积都会减半特征图的通道数，而第三层卷积还会对特征图进行×4 的空间上采样。因此，经过上述操作，将得到 M 个维度为$\frac{H}{4}\times\frac{W}{4}\times\frac{d}{4}$的特征图。随后，上述特征图进行逐像素融合后，再经过一个×2 上采样的反卷积操作，将特征图的尺寸进一步恢复至 $H\times W$，通道数也调整至 K 个通道，接下来即进行逐位置的语义类别预测。

通过设定 Transformer 编码器的各项参数，SETR 也给出了两种不同规模的模型版本——基础版（Base 版）和大规模版（Large 版）。其中，前者的 Transformer 编码器拥有 12 层，特征维度为 768 维，多头注意力的头数为 12。这一参数规模与 ViT-Base 相同；而在后者中，编码器的层数为 24 层，特征维度为 1024 维，多头注意力的头数为 16。大规模版 Transformer 主干结构与 ViT-Large 具有相同的规模。

最后我们来看看 SETR 在图像语义分割任务上的表现。作者们基于 CityScapes、ADE20K 和 PASCAL Context 三个主流数据集进行语义分割实验。下面我们直接说结论：针对以上三个数据集，在多尺度推理模式下，采用大规模 Transformer 编码器的 SETR 模型都取得了“SOTA”的水平（在 CityScapes、ADE20K 和 Pascal Context 数据集上，取得最佳成绩的 SETR 分别使用了 PUP、MLA 和 MLA 解码器结构）。SETR 模型的表现甩出基本 FCN 模型一大截，也超过了 DANet、OCRNet、UperNet 和 DeepLab V3+等经典 CNN 语义分割模型。但是需要说明的是，上述几个 CNN 模型均使用 ResNet101 主干网络，SETR-MLA 模型的参数量是其参数量的 5 倍以上。具体的指标请读者自行查阅原文，我们在这里不进行详细讨论。

2. SegFormer：高效的多尺度语义分割模型

我们知道，标准 ViT 模型在进行视觉提取与表示时存在着两个显著问题。第一个问题即标准 ViT 在单一尺度上进行数据加工，无法进行多尺度的特征表示，这对很多视觉任务、特别是密集预测任务是非常不利的；第二个问题即计算量问题，这是由 Transformer 自注意力机制的性质决定的。这一问题在图像语义分割这种密集预测任务中就体现得更加明显，甚至是难以调和的——要想得到高分辨率的预测结果就不能将图像或特征图缩得太小，但是不缩小计算量又会大到难以接受。

在 ViT 中引进多尺度架构是解决上述问题的有效手段。自从 ViT 诞生以来，为了将其进一步的“CV 化”，很多学者做了大量的努力，我们上文所介绍的 PVT、TNT 等模型，以及大名鼎鼎的 Swin Transformer，都在 Transformer 架构应用时使用了类似 CNN 那样的多尺度架构——一方面以获得多尺度的特征表达，另一方面通过不断降低特征图分辨率以减少自注意力的计算量。然而，我们上文介绍的 SETR 模型，其诞生之际，尚处在视觉 Transformer 的起步阶段㊀，上述多尺度主干网络尚未提出。尽

㊀ 说是起步阶段，实际也就两个月时间，几个相关模型的提出的顺序为（以 arXiv 首发时间为准）：标准 ViT——2020 年 10 月 22 日，SETR——2020 年 12 月 31 日，T2T-ViT——2021 年 1 月 28 日，PVT——2021 年 2 月 24 日，TNT——2021 年 2 月 27 日，Swin Transformer——2021 年 3 月 25 日。

管 SETR 的作者们也通过融合不同层级的特征，在改善特征丰富性方面做出努力，但是受到标准 Transformer 结构的限制，难以做到真正意义的多尺度处理。在这一背景下，2021 年 5 月，Enze Xie 等[21]六名来自香港大学、南京大学、英伟达和加州理工学院的学者提出用于语义分割的 SegFormer 模型，通过对编码器和解码器两个结构的改进来提升图像语义分割的水平：在编码器部分，将标准 Transformer 编码器（也即 ViT）替换为层级 Transformer 编码器，用于提取从精细到粗略的多尺度特征；在解码器部分，使用一个轻量级的完全 MLP（ALL-MLP）解码器，来融合上述多尺度特征。SegFormer 的整体架构如图 6-32 所示。

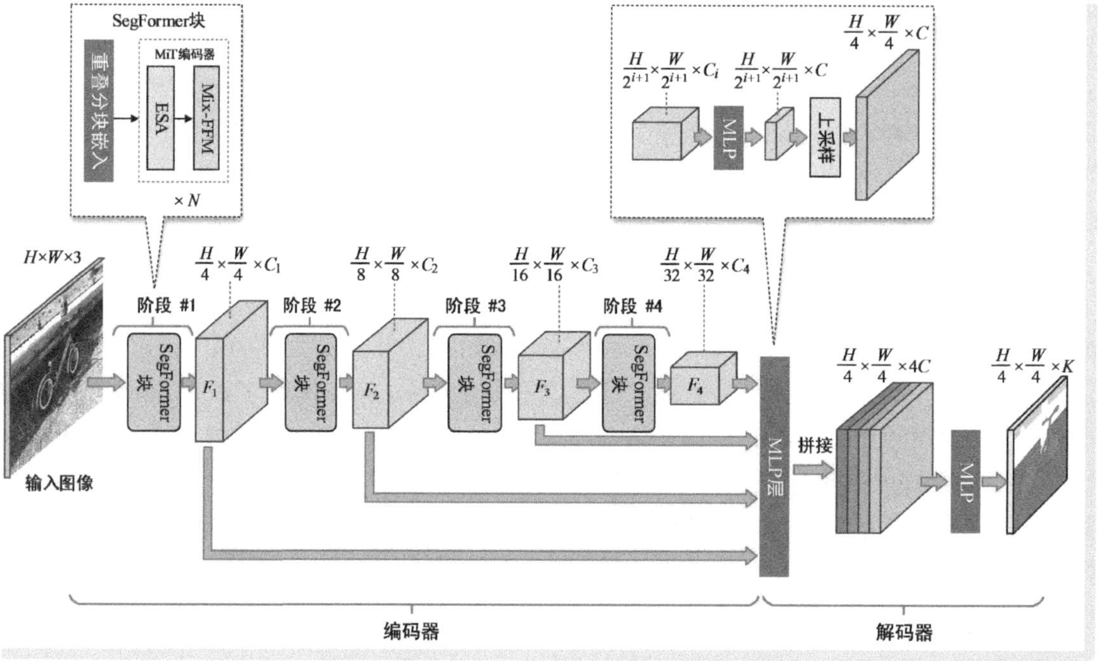

● 图 6-32　SegFormer 模型的整体架构示意

我们先来看看 SegFormer 的编码器结构。针对输入的 $H\times W\times 3$ 图像，编码器通过四个连续的操作阶段对其加工，生成四个不同尺度、不同通道数的特征图$\{F_1,F_2,F_3,F_4\}$。上述四个特征图的分辨率分别为原始图像分辨率的$\{1/4,1/8,1/16,1/32\}$，特征图的通道数记作$\{C_1,C_2,C_3,C_4\}$，其中$C_i>C_{i-1}$，即也像 CNN 那样，特征图越小但通道数越多。我们将完成每一个操作阶段的结构称为一个"SegFormer 块"⊖。每个 SegFormer 块又包括了两个部分：一个重叠块合并（Overlap Patch Merging）模块和 N 个串联的混合 Transformer 编码器（Mix Transformer，以下简称为"MiT 编码器"）。重叠块合并模块用来调

⊖ 原文称为"Transformer 块"（Transformer Block）。但是考虑到其中并不是标准的 Transformer 编码器结构，故我们这里将其称为"SegFormer 块"。除此之外，请读者注意，这里我们对原文描述的模型结构进行了调整。在原文中，输入的图像首先经过重叠块嵌入后，再经过四个 Transformer 块的逐阶段处理，而每个阶段的最后仍然还具有一个重叠块嵌入操作。我们在这里参考作者公布的代码，改为输入图像直接进行连续的四个 Transformer 块（即我们所说的"SegFormer 块"）连续处理，而每个 SegFormer 块中首先进行重叠块嵌入操作。

整特征图的维度，即使得不同阶段的特征图尺寸逐渐缩小，但通道数逐渐增加。具体来说，重叠块合并模块在特征图上利用滑动窗口实现局部特征嵌入变换，因此也可以类似卷积那样，通过设定窗口尺寸、步长和外扩等操作，来控制输出特征的维度。例如，在第一个阶段，设定的窗口尺寸为 7×7、步长为 4、外扩为 3，使得输出特征图相对原始输入图像产生 1/4 的降采样，在随后的三个阶段的重叠块合并模块中，采用了尺寸为 3×3、步长为 2、外扩为 1 的窗口设置，从而使得输出特征图的尺寸相较于输入特征图均具有 1/2 的降采样。MiT 编码器与标准 Transformer 编码器类似，也包括了一个自注意力模块和一个全连接前馈网络模块（当然还包括归一化操作和残差结构）。但是在 SegFormer 中，作者们对上述两个模块进行了改进，分别称为“高效自注意力”（Efficient Self-Attention，ESA）模块和“混合全连接前馈网络”（Mix Feed-Forward Network，Mix-FFN）。ESA 模块采取与 PVT 模型“空间缩小注意力”（SRA）模块相同的思路，即通过引入缩小键-值序列的长度来降低输入的数据规模，使得自注意力机制的计算更加高效。以键序列为例，该操作具体操作方式为：针对维度为 $N \times C$（即 N 个 C 维特征）的键特征序列，首先通过变形操作将其变为 $N/R \times C \cdot R$（即 N/R 个 $C \cdot R$ 维特征），其中，R 为一个缩放因子超参数；然后通过一个可学习的线性变换其中的每一个 $C \cdot R$ 维特征变换回 C 维，即得到 N/R 个 C 维特征，在特征维度不变的前提下，键序列的长度缩小为原长度的 $1/R$。值序列也采取相同的方式削减长度。可以看出，ESA 模块的本质即将输入序列中相邻的 R 个键-值特征通过线性组合构成为一个特征后再做注意力。而在具体实现时，SEA 模块采用卷积核尺寸为$\sqrt{R} \times \sqrt{R}$、步长为$\sqrt{R}$的卷积操作来实现，这一点与 PVT 的操作模式一致。作者们在 SegFormer 四个处理阶段中，应用了不同的缩小比例，分别为 $R_1=64$、$R_2=16$、$R_3=4$、$R_4=1$[㊀]。ESA 模块之后即为 Mix-FFN 模块，该模块用来加工特征图的局部特征。这里的“mix”就体现为将 3×3 卷积与 MLP 整合起来。其对数据的加工过程为：针对 ESA 模块输出的特征序列，首先对其进行逐特征的标准 MLP 操作，接下来，将得到的特征序列变形回二维特征图模式，对其执行带有外扩的 3×3 深度可分离卷积操作；然后将输出的卷积特征图变换回特征序列，再对每个特征执行 MLP 操作。因此相较于 Transformer 编码器中的标准 FFN 模块，Mix-FFN 模块将其替换为两个 FFN 中间加一个 3×3 卷积的结构。

我们先来看看 SegFormer 的解码器结构。SegFormer 对解码器的设计理念是简单、高效，因此其采用了完全的 MLP 结构。首先，解码器针对特征图$F_i(i=1,2,3,4)$进行线性变换，将其特征维度从C_i维降低到 C 维，这里 C 为预设维度，再将其上采样到 1/4 的降采样尺寸。然后，解码器将输出的四个维度为$\frac{H}{4}\times\frac{W}{4}\times C$ 的特征图进行通道维的拼接操作，得到一个$\frac{H}{4}\times\frac{W}{4}\times 4C$ 维特征图，再在对其进行基于 MLP 的操作，得到$\frac{H}{4}\times\frac{W}{4}\times K$，其中 K 即为语义分割的类别数。随后，通过在通道维上进行 softmax 操作即作为该位置的语义类别预测。

最后，我们看看 SegFormer 的表现。通过设置 SegFormer 的深度和特征维度，作者们构造了六个不同版本的 SegFormer 模型，记作 SegFormer-B0～SegFormer-B5。其中 B0 模型是最轻量化的版本，用于和其他实时分割模型进行对比，从 B0～B5，模型规模逐渐增大，模型性能也越来越强，其中 B4 和 B5 是

㊀ 在原文中，$\{R_1,R_2,R_3,R_4\}$是以“$\sqrt{R}$”的方式给出的，即$\{8,4,2,1\}$。

作为“不顾一切冲指标”的模型。作者们在 ADE20K、Cityscapes 和 COCO-Stuff 三个图像语义分割数据集上进行算法测评。测评结论为：在 ADE20K 数据集上，SegFormer-B0 仅有 380 万模型参数和 8.4GB FLOP 的计算量，但其 mIoU 精度达到 37.4%，在参数量、计算量等方面优于所有其他对比模型。例如，与 DeeplobV3+（以 MobileNetV2 作为主干网络）相比，SegFormer-B0 的图像分割速度为 7.4 帧/秒（FPS），速度更快，同时 mIoU 还高出了 3.4%。性能最佳的 SegFormer-B5 模型，其 mIoU 精度达到 51.8%。该精度明显优于所有其他方法，其中包括了当时的“SOTA”模型 SETR，同时运行效率显著提高。在 CityScapes 数据集上，SegFormer-B0 达到了 15.2 FPS 的分割速度和 76.2%的 mIoU 精度，与 DeeplabV3+相比，该模型的精度提升了 1.3%，速度提升了 2 倍；精度最高的 SegFormer-B5 模型的 mIoU 精度达到 84.0%，超过当时“SOTA”模型（SETR-Large）约 1.8%，其运行速度比 SETR 快了 5 倍，但是参数量只有其 1/4。在 COCO Stuff 数据集上，作者们复现了 DeeplabV3+、OCRNet 和 SETR 三个模型（上述三个模型没有在 COCO Stuff 数据集上的公开测试结果）。SegFormer-B5 仅用 8470 万参数量就达到 46.7%的 mIoU 精度，其规模是 SETR 的 1/4，但是精度比 SETR 提高了 0.9%。综上所述，上述实验对比表明了 SegFormer 在语义分割中的准确性、计算成本和模型规模方面都具有明显优势。

6.3.4 自监督预训练模型

我们知道在 NLP 领域，“预训练+微调”已经成为一种操作范式——预训练阶段以自监督的方式让模型学习语言表示，而微调阶段通过小规模的有监督训练让模型适配各类下游任务。在 CV 领域，也有学者利用无监督训练方式，构建能够进行图像基本特征表达的预训练模型。下文我们将对四种经典的自监督预训练模型进行深入讨论。

1. iGPT：“CV 版”GPT

2019 年 5 月，OpenAI 的 GPT-2.0 模型诞生，该模型以其强大的生成能力在 NLP 领域着实引起了不小的轰动。可就在大家还在讨论 GPT 给 NLP 领域会带来何种推动之际，几位作者已经把目光转移至 CV 领域，动起了构造 CV 版预训练模型的念头。2020 年 7 月，Mark Chen 等[4]八名来自 OpenAI 的学者在 ICML 上公布了他们的“CV 版 GPT”——图像 GPT（image GPT，iGPT）模型。图 6-33 示意了 iGPT 的整体构造过程。

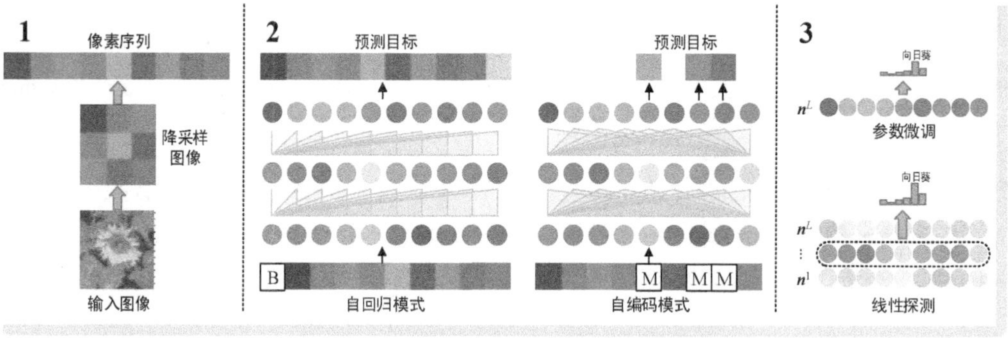

● 图 6-33 iGPT 模型的整体构造流程示意

如图 6-33 所示，iGPT 模型的整体构造过程包括了三个部分。第一部分为输入图像的序列化。关于这一问题想必读者们已经非常熟悉：无论手头数据是何种形式，只要能够转为特征序列，那么就可以作为 Transformer 的输入，在 iGPT 中自然也是如此。与 ViT 直接将图像分块、以块特征构造为序列不同，iGPT 使用低分辨率图像的像素直接构成输入序列，这正是文章题目中“from pixels”的由来。之所以采用低分辨率，那是因为直接将图像“拉直”为一个向量作为输入序列将导致序列过长、计算量过大，例如，224×224×3 原始图像对应的序列长度为 150528（224×224×3 = 150528）。为此，作者们对图像进行了降采样处理，得到 32×32×3 或者 64×64×3 等不同的低分辨率图像。然而，即便是小到 32×32×3 的图像，其序列长度也达到 3072（32×32×3 = 3072），然而分辨率再也不能降低了，再降图像就“没法看”了。为了解决上述问题，作者采用 $k=512$ 的 k-means 聚类，获得 512 个颜色中心，以这 512 种颜色表示天下所有颜色。这一具有 512 种颜色的颜色表即等同于我们在 NLP 中使用的词典。这样一来，任何一个 RGB 颜色即可以表示为一个颜色表下标，序列的长度减少到 1024（32×32×1 = 1024），为原长度的 1/3。剩下的操作就已经和词汇序列别无二致——将每个像素位置表达为 512 维独热编码，然后利用一个可学习的嵌入操作将其再变化为 Transformer 所需的输入维度 d。第二部分为模型预训练。作者们选择自回归和自编码两种方式中的一种对模型进行自监督预训练。在第一种模式中，模型被当作标准 GPT 进行预训练——在序列起始位置添加“<BOS>”标志位，然后以利用掩膜自注意力机制遮蔽后续像素，利用已经“看到”的前方像素逐个预测下一像素，让模型构建颜色的前向依赖关系；在第二种模式中，模型被当作 BERT 进行预训练——通过随机遮掩输入序列中的像素，让模型基于上下文像素做“颜色完形填空”。第三部分模型评估。为了验证预训练模型的有效性，作者们采用参数微调和线性探测(linear probing）两种方式对预训练模型进行评估。对于一个具有 L 层的 iGPT 模型，我们将其每一层产生的输出序列记作$\boldsymbol{n}^l(l=1,\cdots,L)$。参数微调同时优化自监督像素预测和有监督分类两个目标，损失函数可以记作 $L=L_{gen}+L_{cls}$。其中，L_{gen}即预训练相同目标下的损失（自回归或自编码中的一种）；L_{cls}为有监督的图像分类损失，作者们首先基于最后一层特征序列计算特征均值（维度为 d），然后，对该均值特征进行线性投影和概率化操作，L_{cls}预测值与真值之间的交叉熵损失。在参数微调训练中，整个模型的参数（包括嵌入、所有解码器层，以及添加的线性变换等）都是要进行一体化更新的；在线性探测中，预训练模型被作为一个固定的特征提取器使用，故其参数不进行更新。在线性探测评估中，所有层特征输出$\boldsymbol{n}^1,\cdots,\boldsymbol{n}^L$都会涉及，同样，作者对每层输出特征计算均值，然后通过线性变换作为分类“logits”。在上述评估中，只会更新线性分类器参数。经过对结果的分析，作者们认为处于中间层的特征具有最佳的表达能力。

在模型规模方面，作者们一共构造了四种不同规模的 iGPT 模型，按照规模从小到大依次为：小规模版（iGPT-S）、中等规模版（iGPT-M）、大规模版（iGPT-L）和超大规模版（iGPT-XL）。上述四种模型的 Transformer 解码器层数分别为 24、36、48 和 60 层，中间特征维度分比为 512、1024、1536 和 3072 维；参数量分比为 7600 万、4. 55 亿、14 亿㊀和 68 亿。可以看出，iGPT 各规模模型并不与 GPT-2. 0 各规模模型具有一一对应关系，显然 iGPT 比 GPT-2. 0 要“大一号”。其中，只有 iGPT-L 和 GPT-2. 0-XL 规模接近，二者均具有 48 层解码器结构，只不过二者的中间特征维度稍有区别，前者为

㊀ 在原文中，这里写为 1. 4M，这显然是笔误，故这里我们将其改为 1. 4B。

1536 维，而后者为 1600 维。

接下来我们来看 iGPT 的实验部分。为了论证 iGPT 的结构、预训练模式对结果的影响，作者组织了一系列实验。我们选择其中最重要的四组实验进行分析。在这四组实验中，前两组实验都是基于 ImageNet 数据集以自回归模式开展预训练，然后针对 CIFAR-10、CIFAR-100 和 STL-10 三个数据集进行适配和测评。第一组实验，分析到底哪一层特征比较有效。该组实验针对 iGPT-L 模型（48 层）开展。得到的结论为：并不是越深的特征越有效，反而是第 20 层左右的特征能够达到最佳的分类精度，在以上三个数据集上均得到相同结论。特别地，在 CIFAR-10 数据集上，分别以最后一层特征和最优特征进行分类，前者比后者精度下降了 2.4%。第二组实验，论证模型规模与性能之间的关系。作者们对比了 iGPT-S/M/L 三个模型，结论是：模型规模越大效果越好，并且也像 GPT-2.0 那样表现出了“看不见天花板”的现象。在上述三个数据集上，iGPT 的线性探测精度（最佳特征配合与之微调后的线性分类器达到的精度）超过了 ResNet152 和 SimCLR 两个经典监督训练模型。第三组实验，测评基于 ImageNet 数据的线性探测分类精度。在该实验中，作者们基于更大规模的网络数据集进行预训练，然后在 ImageNet 上进行适配。结论为：iGPT-XL 在 64×64×3 的图像分辨率下，达到 72.0%的 top-1 分类精度，这一水平高于 BigBiGAN、MoCo、CPC 等多个模型，但是距离大规模版 SimCLR 模型仍有差距。而且 iGPT-XL 的参数规模是大规模版 SimCLR 的 20 倍。第四组实验，测试预训练到底用自回归方式好还是有自编码方式好。实验结论是：在线性探测模式下，自编码预训练模式远差于采用自回归预训练模式。例如，在 CIFAR-10 数据集上，前者较后者低了 1%，而在 ImageNet 数据集上，前者较后者低了 6%；在参数微调模式下，二者的差距变小，例如，在 CIFAR-10 数据集上，自编码模式比自回归模式低了 0.4%，而在 ImageNet 数据集上，自编码模式比自回归模式达到的精度还略高。

最后，我们对 iGPT 模型进行简单总结。粗略地看，iGPT 仿佛就是 GPT 的作者“随手”将自己的 NLP 模型拿到 CV 领域用了用，无论在模型架构还是训练模式等方面，基本上就是照搬 GPT（还有 BERT），看似不具有太多创新性的工作。除此之外，iGPT 模型参数量极大，因此只能处理极低分辨率图像，就连 64×64 这样的“马赛克”图像在 iGPT 的眼中都算是“奢侈品”。同时，iGPT 训练时需要的计算资源也十分惊人，例如，作者们在文中提到，在 Tesla V100 上的训练 iGPT-L 模型大约需要 2500 天，这可不是个人或一般机构能够支持的训练资源投入。但是，即便 iGPT 所具有里程碑意义是不容否定的：iGPT 是第一个具有纯 Transformer 架构的 CV 模型，并且同时将 NLP 预训练范式首次完整的引入 CV 领域。尽管在具体 CV 任务上没能做到完美的“SOTA”，但是 iGPT 已超越了一众经典的 CV 监督训练模型，这已经证明了在 NLP 领域广泛应用的“预训练+微调”范式在 CV 领域也是可行的。当然，iGPT 也让人们进一步看到了 Transformer 应用于 CV 领域的巨大潜力。

2. MoCo v3：基于对比学习的预训练模型

相较于监督学习，自监督学习不依赖人工标注，因此受到学界各方向学者的广泛关注。人工智能世界级专家、图领奖得主 Yann LeCun 甚至认为自监督学习才是能够给人工智能带来革命性推动的关键性技术。说到自监督学习，怎能不谈对比学习（Contrastive Learning）？对比学习以其灵活、简单、效果好等诸多优势，成为近些年自监督学习领域中最炙手可热的研究方向之一。甚至可以认为正是因为对比学习的产生，才打破了 CV 领域“内卷”的僵局。

所谓对比学习，就是一种在没有标签的情况下，通过让模型辨别哪些数据相似、哪些数据不相似来学习数据特征的一种自监督学习方法。也就是说，对比学习不像监督学习那样在需要绝对类别的驱动下提取视觉特征，而只需要在抽象特征空间上学会对数据的区分，即仅需要通过对比、以相对的方式得到视觉特征表示即可。例如，在图 6-34 的示例中，我们有四幅输入图像，分别记作 $x_1 \sim x_4$，显而易见，图像 x_1 和 x_2 具有相同的类别，都是鸭子，而图像 x_3 和 x_4 属于另外一种类别——花。而对比学习不需要我们能够明确区分谁是鸭子谁是花，而是只是要求学习得到的特征在特征空间表现出同类特征接近、不同类特征远离的性质即可。为此，对比学习需要我们首先设计一个任务框架，使得能够通过任务的训练来获取所需的特征表示；除此之外，还需要我们构造一个奖惩机制来确定模型的优化方向。上述两点考量正是现代对比学习的两个关键要素：代理任务(pretext task) 和损失函数。所谓代理任务，即指该任务并非我们所关注的那个真正的、最终的任务，但是通过完成该任务，模型能够学习到一种对下游任务非常有益的特征表示。例如，在 BERT 预训练中，代理任务是“完形填空”，而这一任务和各类下游任务没有任何关系，但却为下游任务提供了重要的通用语言表示；训练一个以重构输入作为任务目标的自编码器模型，这一重构任务在实际应用中除了去噪仿佛再无他用。但是通过完成上述任务，我们可以将编码器输出的隐变量作为图像的特征表示——这一特征强大到足够重建自身；在图 6-34 所示的示例中，我们终极目标可能是图像分类，但是在代理任务中，我们却将 x_1、x_2 或 x_3、x_4 放一起作为正样本对，而从两个类别图像中各选一个放在一起即算作负样本对。代理任务的本质就是一个判别谁是正负样本对的分类任务。该任务看似与最终的分类任务毫无关系，但是完成该任务后，图像特征已经“聚集”，再进行类别划分将变得非常容易。对比学习中的损失函数即特指对比损失函数（contrastive loss function），用来在代理任务训练时，定量评估任务的产出什么算好、怎样是坏，何种时候该奖励，何种情况该惩罚。同时将误差反向传播进行模型修正，为代理任务的训练指明优化方向。

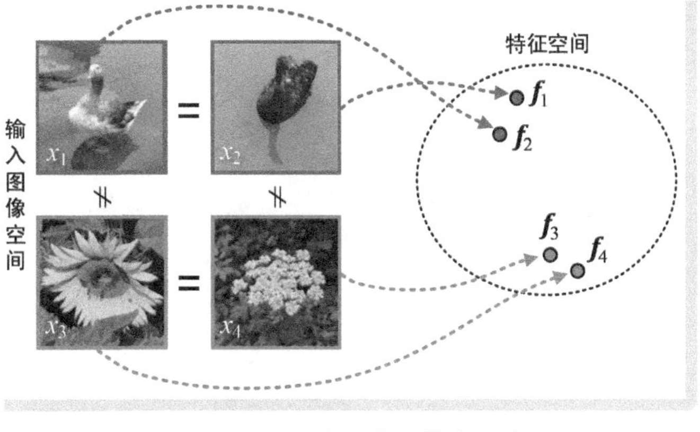

• 图 6-34 对比学习模式示意

说起对比学习，何恺明及其团队提出的 MoCo 系列模型可以说是里程碑式的存在。迄今为止，MoCo 系列模型具体包括三个版本，分别简称为 MoCo v1 [22]、v2 [23] 和 v3 [24]，三个版本 MoCo 模型的提出时间（arXiv 首发时间）分别为 2019 年 11 月、2020 年 3 月和 2021 年 4 月。在上述三个版本的模型中，只有 v3 版使用了 Transformer 架构，也就是说理论上只有 MoCo v3 与本书的主旨有关系。但是考虑到三个版本模型的技术连续性，同时考虑到 MoCo 模型在自监督学习领域中的重要性，在本部分内容中，我们将从 MoCo v1 开始，首先对前两个早期版本的 MoCo 进模型行介绍，最终顺理成章地抵达具有 Transformer 架构的 MoCo v3。

我们介绍的第一个模型为 MoCo v1。总体来看，MoCo v1 采用对比学习中常用的个体判别（instance discrimination）任务作为其代理任务。所谓个体判别任务，即把每一幅图像都视为一个类别，希望模型可以学习到图像的特征表示，从而实现图像的区分。标准个体识别任务的实现思路非常简单，例如，我们可以将同一幅图像上随机裁剪得到图像块彼此构成正样本对，而裁剪自不同图像的图像块则算作负样本对[㊀]。个体判别任务即要求前两者间的相似度尽可能大，而后两者间的相似度尽可能小。以图 6-35 为例，假设我们有两幅图像，记作图像 1 和 2，首选从两幅图像中随机裁剪得到若干图像块作为训练样本集合。接下来我们从来自图像 1 的图像块集合中抽取一个图像块 A 作为基准，该图像块经过编码器 q 的编码操作，得到对应向量表示 $\boldsymbol{q}$，该项量一般称为锚点（anchor）或查询（query）向量[㊁]。这里的编码器 q 和 k 可以是任意的神经网络结构，二者可以完全不同或参数部分共享，抑或是参数完全共享。然后我们再从两个集合中各抽取一个图像块 B 和 C，经过编码器 k 的编码操作，得到对应向量表示 $\boldsymbol{k}_0$和 $\boldsymbol{k}_1$，这两个向量均被称为键（key）向量。显然，$\boldsymbol{q}$ 和 $\boldsymbol{k}_0$同源（来自同一幅图像的特征），故二者构成正样本特征对（或称键 $\boldsymbol{k}_0$是查询 $\boldsymbol{q}$ 的正样本特征），其间的相似度应尽可能大，而 $\boldsymbol{q}$ 和 $\boldsymbol{k}_1$不同源（来自不同图像的特征），故二者构成负样本特征对（或称键 $\boldsymbol{k}_1$是查询 $\boldsymbol{q}$ 的负样本特征），其间的相似度应该尽可能小。

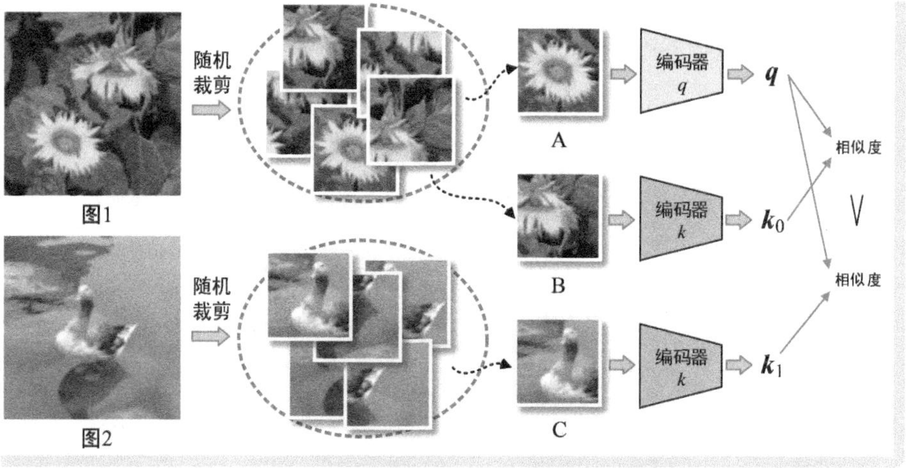

● 图 6-35　个体判别任务示意

㊀ 需要说明的是，在个体判别任务中，从图像上进行随机裁剪只是一种具体实现方式，我们在这里仅以此方法为例。事实上，很多对比学习模型将某一幅图像（或图形块）及其增广版本构成正样本对。至于什么图像放在一起算正样本对，什么算负样本对，只看二者是否“同源”。而在对比学习这一灵活的框架下，“同源”的概念都可以灵活定义。

㊁ 在很多涉及 Triplet 网络的文献中将 $\boldsymbol{q}$ 称为“锚点”，而在 MoCo 中称为“查询”，下文中我们也采用 MoCo 的称呼。

讨论完代理任务这一关键要素，接下来我们来看看对比学习的第二个关键要素——对比损失函数。假设我们手头有一个查询向量 $\boldsymbol{q}$，和一个由键向量构成的字典，记作 $\{\boldsymbol{k}_0,\boldsymbol{k}_1,\cdots,\boldsymbol{k}_K\}$，其中，只有一个键向量与查询向量构成正样本对，我们将该键向量记作 $\boldsymbol{k}_+$。对比损失函数要求具有如下性质：当 $\boldsymbol{q}$ 与正样本 $\boldsymbol{k}_+$相似并且与其他所有键不相似时，对比损失函数的输出损失值要很小，否则要很大。在 MoCo v1 中，采用了对比学习中常用的 InfoNCE 损失作为对比损失函数，该损失函数以向量内积作为相似性度量，定义为

$$\mathcal{L}(\boldsymbol{q},\boldsymbol{k}) = -\log \frac{\exp(\boldsymbol{q}^{\mathrm{T}}\boldsymbol{k}_+/\tau)}{\sum_{i=0}^{K}\exp(\boldsymbol{q}^{\mathrm{T}}\boldsymbol{k}_i/\tau)} \tag{6-23}$$

式中，τ为一个被称为温度的超参数，控制了损失函数的平滑程度。从 InfoNCE 的定义不难看出，该函数的分子部分鼓励正样本之间的相似度越大越好，而分母则期望任意负样本之间的向量相似度越小越好。分母上的求和在所有键集合上进行，因此，InfoNCE 的主体部分可以视为是在一个（K+1）分类 softmax 函数中、将 $\boldsymbol{q}$ 划入类别 $\boldsymbol{k}_+$的概率。在 InfoNCE 损失函数的指导下，我们即可得到所期望的对比学习目标。

在个体判别代理任务的设定下，每一张图都是一个类别，即站在任意一幅图像的视角，全天下的图像都是自己的负样本。这就意味着在训练时，需要构建一个大字典，从而含有足够多的负样本向量才能支撑上述设定。在 MoCo v1 诞生之前，存在两种经典的训练模式。第一种模式为端到端模式，如图 6-36a 所示。在该模式中，对于一个给定的、作为查询图像样本x^q（即扮演图 6-35 中图像块 A 的角色），然后选择一个正样本x_0^k（即与x^q同源的图像，如图 6-35 中图像块 B 的角色）和一系列负样本（即与x^q不同源的图像），组织为一个图像样本批次，记作$\{x_0^k,x_1^k,x_2^k\cdots\}$。随后，编码器 q 将图像x^q编码为查询向量 $\boldsymbol{q}$，图像批次则被编码器 k 编码为键字典$\{\boldsymbol{k}_0,\boldsymbol{k}_1,\boldsymbol{k}_2\cdots\}$，接下来即以查询向量对键字典中所有的键向量计算相似度并计算对比损失，然后将梯度反向传播给两个编码器，以实现对二者的参数更新，这也正是“端到端”的含义。不难看出，在该模式下，字典的大小等同于批次的大小。但是受到存储和算力的限制，批次的容量不能取的太大，这就意味着该模式难以提供足够数量的负样本。因此，人们提出了记忆体(memory bank）的模式，如图 6-36b 所示。在该模式中，数据集中所有图像的特征都保存在记忆体中。在每一步迭代时，确定查询图像样本x^q并得到其查询向量 $\boldsymbol{q}$ 后，都会从记忆体中随机采样一个特征批次作为键字典，然后将 $\boldsymbol{q}$ 与其进行相似度和对比损失计算。只不过在记忆

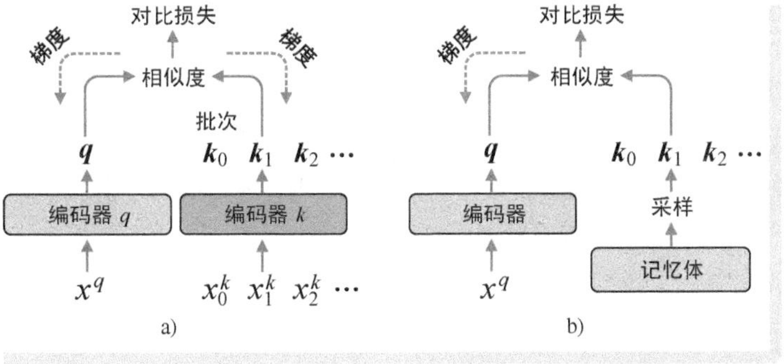

● 图 6-36　MoCo v1 产生前的两种经典训练模式示意
a）端到端模式　b）记忆体模式

体的模式下，由于记忆体并不包含可学习参数，故梯度反向传播只针对编码器分支进行。在实现时，记忆体被组织为硬盘上的特征数据文件，故在构造大字典这一问题上可以完全不考虑计算资源的限制。但是这种模式存在的最大问题就是特征一致性差的问题。该问题由记忆体的更新机制所导致：在每一次迭代后，编码器的参数都会被更新。为了获得“最新鲜”的键特征，紧接着还会将被抽样到的样本再过一次编码器，以编码器输出特征更新记忆体中与之对应的特征。但是问题来了，在随机采样模式下，编码器的参数是不断变化的，记忆体中的特征来自不同迭代步骤的编码器，有的特征可能甚至都没有被更新过（即一次都没有被采样过）。也就是说可以认为记忆体中存储的特征压根就不是一个编码器产生的，这便导致特征的不一致性。

综上所述，端到端模式能保证特征的一致性，但是键词典大小不够，而记忆体的模式可以不用考虑键词典大小的问题，但是特征的一致性又无法保证，这便是 MoCo v1 需要解决的痛点问题。于是，终于在兜兜转转之后，我们总算要触及 MoCo v1 的核心工作——基于动量对比（Momentum Contrast）的自监督视觉特征学习，而“MoCo”这一名称正是由单词“Momentum”和“Contrast”的前两个字母拼凑而成。针对上述痛点问题，MoCo v1 的解决方案非常简单，概括起来包括三个方面。第一，在结构方面，MoCo v1 也使用了两个编码器，这两个编码器结构完全相同，但是参数不共享。两个编码器的作用与端到端模式中两个编码器的作用相同：前者为查询编码器，用于将查询图像样本$\boldsymbol{x}^q$编码为查询向量 $\boldsymbol{q}$，而后者被称为“动量编码器”（momentum encoder），用来产生查询向量。在 MoCo v1 中，上述编码器都以 ResNet 作为其具体实现架构。但是与端到端模式不同的是，MoCo v1 仅利用回传梯度更新查询编码器的参数。第二，在数据结构方面，MoCo v1 中有两个数据结构，一个是样本批次（batch），用来存储新读入的图像样本数据，假设其容量为 N；另一个重要的数据结构就是队列（queue），其容量为 K，且 $K \gg N$，因此能够放入更多的键向量。在具体实现时，为了整批次的存储键数据，K 一般都取 N 的整倍数，例如，在 MoCo v1 中，有 $N=256$，而 $K=256N=65536$。之所以使用队列这一数据结构，目的就是利用其“先进先出”（First In First Out，FIFO）性质让最旧的特征出队（dequeue），最新的特征入队（enqueue），从而保证其中特征是最“新鲜”的。不难看出，MoCo v1 的队列即与记忆体模式中的记忆体具有类似的作用。第三，在参数更新模式方面，由对比损失函数产生的回传梯度将只进行查询编码器的参数更新。而动量编码器的参数则采用动量更新模式进行——以查询编码器的最新参数与自己的动量编码器的旧参数进行加权求和，即有

$$\boldsymbol{\theta}_k^{(i)} \leftarrow m \cdot \boldsymbol{\theta}_k^{(i-1)} + (1-m) \cdot \boldsymbol{\theta}_q^{(i)} \tag{6-24}$$

式中，$\boldsymbol{\theta}_k$和$\boldsymbol{\theta}_q$分别表示动量编码器的旧参数和查询编码器的更新后参数（上标表示迭代步骤）；$m \in [0,1)$为动量超参数——当 $m \approx 0$ 时，即表示让动量编码器尽量保持旧参数，而当 $m \approx 1$ 时，即表明更倾向于使用查询编码器的新参数替换旧参数。在 MoCo v1 中，考虑到为了保持键队列中的特征的一致性，取 $m=0.999$，这就意味着动量编码器的更新非常缓慢。

在 MoCo v1 的原文中，作者们以伪代码的方式给出了其进行一次迭代的完整流程。按照其伪代码示意，我们对其中的关键步骤进行整理，将一个完整迭代流程归纳为六个步骤，如图 6-37 所示（图中所示的圆圈标号即与下文的步骤对应）。第一步为样本批次构造。从数据集中随机抽取 N 幅图像构成一个批次，记作$\{x_1, x_2, \cdots, x_N\}$，然后对其中的任一幅图像进行两次随机增强（如随机裁剪），即产生

N 对同源样本。我们将两次增强得到的图像样本表示为两个集合，前者即作为查询图像样本，而后者作为与之对应的正样本，分别记作 $\{x_1^q, x_2^q, \cdots, x_N^q\}$ 和 $\{x_1^k, x_2^k, \cdots, x_N^k\}$，其中 x_i^q 和 x_i^k 为同源图像样本。第二步为特征表示。我们将查询图像样本 $\{x_1^q, x_2^q, \cdots, x_N^q\}$ 送入查询编码器，得到对应的查询向量 $\{\boldsymbol{q}_1, \boldsymbol{q}_2, \cdots, \boldsymbol{q}_N\}$；将图像样本 $\{x_1^k, x_2^k, \cdots, x_N^k\}$ 送入动量编码器，得到其对应的键向量 $\{\boldsymbol{k}_1, \boldsymbol{k}_2, \cdots, \boldsymbol{k}_N\}$。然后，我们再从键队列中取出全部 K 个键向量 $\{\boldsymbol{k}_1^-, \boldsymbol{k}_2^-, \cdots, \boldsymbol{k}_K^-\}$，这些键向量全部都是负样本向量，所以我们在上标上以负号表示。第三步为相似度和对比损失计算。站在查询向量 $\boldsymbol{q}_i$ 的“立场上”，只有 $\boldsymbol{k}_i$ 是其正样本，而 $\boldsymbol{k}_1^-, \boldsymbol{k}_2^-, \cdots, \boldsymbol{k}_K^-$ 都是其负样本。这样我们就可以按照式（6-23）的方式计算相似度并进而计算对比损失。以 $\boldsymbol{q}_i$ 为例，式（6-23）的分子和部分即为 $\exp(\boldsymbol{q}_i^{\mathrm{T}}\boldsymbol{k}_i/\tau)$，分母部分即为 $\exp(\boldsymbol{q}_i^{\mathrm{T}}\boldsymbol{k}_i/\tau) + \sum_{j=1}^{K}\exp(\boldsymbol{q}_i^{\mathrm{T}}\boldsymbol{k}_j^-/\tau)$。第四步为查询编码器参数更新。在该步骤中，以对比损失函数回传的梯度更新查询编码器参数。此时的动量编码器梯度回传通路是阻断的。第五步为动量编码器参数更新。该步骤即按照式（6-24）所示的方式，利用第四步对查询编码器的参数更新结果，以动量更新方式更新动量编码器参数。第六步为键队列更新。此时的 $\{\boldsymbol{k}_1, \boldsymbol{k}_2, \cdots, \boldsymbol{k}_N\}$ 可谓“新鲜出炉”，故需要将其反写到键队列中去。按照“先进先出”的原则，让位于队列头部最早批次的 N 个特征出队，让 $\{\boldsymbol{k}_1, \boldsymbol{k}_2, \cdots, \boldsymbol{k}_N\}$ 在队尾入队。这样一来，键队列中特征保持了最大程度的“新鲜度”。

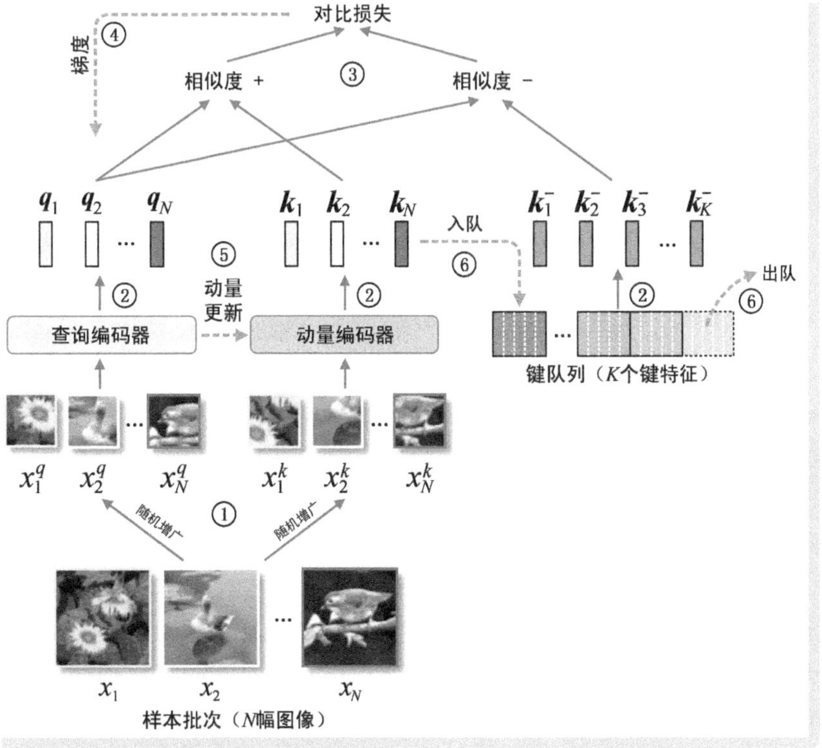

● 图 6-37　MoCo v1 一次迭代的完整流程示意

到这里，我们对 MoCo v1 的关键工作算是分析完毕了，最后我们简单聊聊 MoCo v1 的表现和意义。作者对 MoCo v1 进行了大量的实验和对比，得到的结论概括起来就是三句话：比端到端和记忆体两种模式都好；比其他经典自监督模型都好；在下游 CV 任务中表现优异。其中，得到第一条结论是必然的，毕竟解决痛点的模型自然不会比“痛点模型”表现差。对于第二条结论，如果比其他预训练模型差，不会成为 CVPR 最佳论文提名。最重要的是第三条结论——MoCo v1 在 PASCAL VOC、COCO 和其他数据集上的 7 项目标检测或图像分割任务中可以优于其他监督预训练模型，在某些任务上甚至能够表现出明显优势。这一结论着实让人振奋，这表明在许多视觉任务上，相较于有监督学习，自监督表示学习所达到的性能已经可以与其媲美，甚至实现“超车”，这就意味着我们不依赖大规模标注数据训练模型可能不再是梦想。MoCo v1 的里程碑意义也正体现在此。

2020 年 2 月，Ting Chen 等[25]来自谷歌的学者（Geoffrey Hinton 也在作者之列）提出另一个著名的自监督模型——SimCLR 。SimCLR 与 MoCo v1 最大的区别有三点：第一，采用了图 6-36a 所示的端到端模式，毕竟谷歌有大量 TPU 计算资源可用，可以直接使用大规模的批次（如采用 4000 或 8000 的样本批次容量）提供足够数量的负样本，而不需要使用记忆体、队列等额外结构；第二，在编码器提取特征表示和对比损失之间，添加一个可学习的非线性变换，以进一步提高得到特征的质量；第三，使用了更加丰富强大的数据增强方法。结果显示，SimCLR 的表现超越了当时所有的自监督模型，其中自然也包括 MoCo v1。Facebook AI 的 MoCo v2[23]就在这一背景下产生。MoCo v2 提出的目的，旨在通过借鉴 SimCLR 的一些思路来改进 v1 版模型，从而证明 MoCo 架构本身是很优秀的，通过增加一些“tricks”还能提高性能——正如其文章题目所说，构造“improved baselines”。因此可以看出，严格意义上，MoCo v2 不能算作一个新的模型，除此之外，其文章也只有两页，更像是一个实验报告。

上文已经提及，SimCLR 与 MoCo v1 的区别主要体现为三个方面，那么 MoCo v2 需要借鉴 SimCLR 的哪些内容呢？首先，SimCLR 采用大规模的批次来容纳更多的负样本，对于这一点，作者们认为着实没必要借鉴，毕竟 MoCo v1 采用队列来存放更多的负样本特征，批次规模再大也大不过队列。除此之外，队列结构是 MoCo v1 最大的创新点之一，自然也不能轻易否定自己。剩下可借鉴的就剩下两点了，这也正是 MoCo v2 的改进思路：第一，在两个编码器后再添加 MLP 结构，实现对特征的非线性变换；第二，在 MoCo v1 的原始增强模式中增加模糊增强（blur augmentation）策略。在上述两方面的改进之下，MoCo v2 终于反超 SimCLR，让 MoCo 重回“SOTA 宝座”，构造了 CV 自监督模型的新基线。具体实验对比请读者自行查阅相关文献，这里不进行详细讨论。

下面我们进入和本书主旨真正有关的模型——MoCo v3。MoCo v1 和 v2 两个模型的提出时间分别为 2019 年 11 月和 2020 年 3 月，此时 Transformer 还未在 CV 领域“试水”（DETR 可以认为是 Transformer 的 CV“首秀”，其提出时间为 2020 年 5 月）。2020 年 10 月，具有纯粹 Transformer 架构的 ViT 模型诞生，随后各类 ViT 的变体模型开始在 CV 领域“大杀四方”，证明了 Transformer 在 CV 领域不仅能用，而且潜力巨大，甚至能够成为 CNN 的替代品。这便是 MoCo v3 的诞生背景。MoCo v3 提出于 2021 年 4 月，作者为陈鑫磊（Xinlei Chen）、谢赛宁（Saining Xie）和何恺明（Kaiming He）[24]三名来自 Facebook AI 的学者。

就模型架构和方法而言，正如作者坦言，MoCo v3 在严格意义上不能算是一项非常具有创新性的工作。其核心工作就是通过实验来讨论如何以自监督的方式训练 ViT 模型，以获得高质量的视觉特征表示。正如文章题目所说的那样，MoCo v3 是“训练自监督视觉 Transformer 的一项实验性研究”。但是，笔者认为 MoCo v3 的工作是十分有意义的，原因有二：第一，自监督需要 ViT 。就自监督表示学习而言，先前的模型都是基于 CNN 架构的，这些模型性能虽在不断提升，却也逐渐步入瓶颈。ViT 模型在各类 CV 任务上的表现犹如一股新风，其性能潜力也令人鼓舞。那么 Transformer 是否能够取代 CNN、为 CV 自监督表示学习注入一针强心剂？MoCo v3 所做的正是这样的尝试。第二，ViT 需要自监督。就 ViT 模型而言，只有在大量数据的支持下才能发挥其真正威力，而大规模标注数据是难以获取的。因此探索其在无标签数据上自监督训练方法，以获得能够轻松应用于下游任务的强大视觉特征表示有着很强的现实意义。总之，MoCo v3 是一项填补空白的工作：在 MoCo v3 诞生之前，尽管已经有了类似 iGPT 这样的、基于 Transformer 架构的 CV 自监督模型，但是其照搬了 NLP 中最常用的自回归和自编码任务作为其代理任务。然而众所周知，在 CV 自监督模型中，最常用、效果最好的仍然是对比学习（也即孪生网络）框架，因此基于“Transformer 架构+对比学习”框架的 CV 自监督表示学习方法还尚属空白。而 MoCo v3 所做的工作就是填补这块空白。

与 MoCo v1 和 v2 相比，MoCo v3 同样采用了查询编码器和动量编码器的双编码器架构，其中前者直接采用回传梯度进行参数更新，而后者采用动量更新模式进行参数更新。但是，相较于 MoCo v1 和 v2，MoCo v3 最显著变化有两方面：第一，两个编码器的主干均采用 ViT 结构。这就意味着在 ViT 的输入端需要进行图像分块、线性嵌入和位置嵌入等输入构造工作，在 ViT 的输出端还要采取特征聚合操作得到能够代表整幅图像的特征表示。除此之外，参考 MoCo v2 的做法，作者们在两个编码器的主干结构后都还添加了基于 MLP 的非线性变换，该结构在 MoCo v3 中被称为“投影头”（projection head）结构。对于键编码器，在投影头结构后又额外添加了另外一个称为“预测头”（prediction head）的 MLP 结构。即查询编码器的结构为“ViT 主干+投影头+预测头”，而动量编码器的结构为“ViT 主干+投影头”。第二，MoCo v3 取消了键队列这一数据结构，取而代之的是更大的批次（如 4096）。查询、正样本和负样本都按照批次中图像的实际情况。

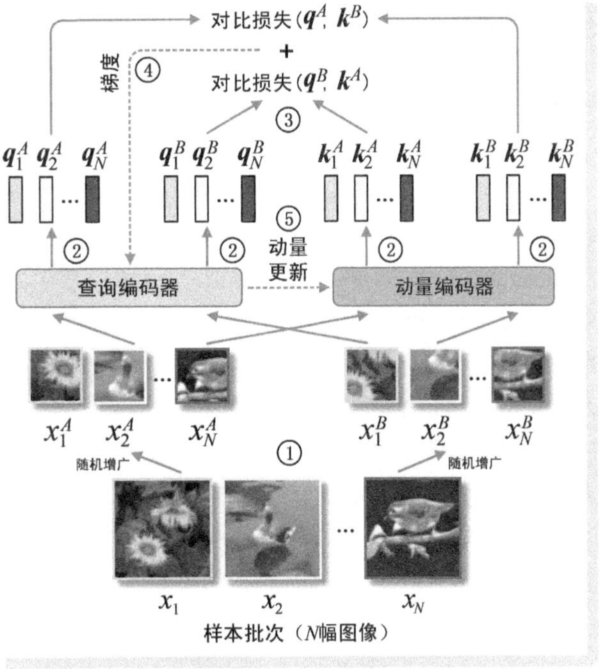

● 图 6-38　MoCo v3 一次迭代的完整流程示意

图 6-38 示意了 MoCo v3 在一次迭代中的五个步骤，下面我们也以该图为例介绍一下流程。第一步为样本批次构造。首先获取 N 幅图像构成批次 $\{x_1, x_2, \cdots, x_N\}$，然后对其中的任一幅图像进行两次随机增强，得到两组图像样本集合，分别记作 $\{x_1^A, x_2^A, \cdots, x_N^A\}$ 和 $\{x_1^B, x_2^B, \cdots, x_N^B\}$。第二步为特征表示。分别将上述两组图像样本送入查询编码器，得到与之对应的两组查询向量，分别记作 $\boldsymbol{q}^A = \{\boldsymbol{q}_1^A, \boldsymbol{q}_2^A, \cdots, \boldsymbol{q}_N^A\}$ 和 $\boldsymbol{q}^B = \{\boldsymbol{q}_1^B, \boldsymbol{q}_2^B, \cdots, \boldsymbol{q}_N^B\}$。再分别将上述两组图像样本送入动量编码器，得到与之对应的两组键向量，分别记作 $\boldsymbol{k}^A = \{\boldsymbol{k}_1^A, \boldsymbol{k}_2^A, \cdots, \boldsymbol{k}_N^A\}$

和 $\boldsymbol{k}^B=\{\boldsymbol{k}_1^B,\boldsymbol{k}_2^B,\cdots,\boldsymbol{k}_N^B\}$㊀。第三步为相似度和对比损失计算。在查询向量集合 $\boldsymbol{q}^A$ 和键向量集合 $\boldsymbol{k}^B$ 中，$\boldsymbol{q}_i^A$ 和 $\boldsymbol{k}_i^B$ 互为正样本，而 $\boldsymbol{q}_i^A$ 和 $\boldsymbol{k}_j^B(i\neq j)$ 互为负样本，因此可以按照式（6-23）计算两个集合的相似度和对比损失 $\mathcal{L}(\boldsymbol{q}^A,\boldsymbol{k}^B)$；同理，也可以按照相同的方法计算 $\boldsymbol{q}^B$ 和 $\boldsymbol{k}^A$ 之间的对比损失 $\mathcal{L}(\boldsymbol{q}^B,\boldsymbol{k}^A)$。最终，MoCo v3 的整体损失函数即上述两个损失函数之和，即 $\mathcal{L}(\boldsymbol{q},\boldsymbol{k})=\mathcal{L}(\boldsymbol{q}^A,\boldsymbol{k}^B)+\mathcal{L}(\boldsymbol{q}^B,\boldsymbol{k}^A)$。第四步为查询编码器更新。与 MoCo v1 相同，采用损失函数回传梯度更新查询编码器参数。第五步为动量编码器参数更新。同样按照 MoCo v1 的方式，利用动量更新方式更新动量编码器参数。当然，这里仅会用到查询编码器 ViT 主干和投影头结构中的参数。

MoCo v3 采用了"ViT 主干+对比学习"这一新颖的架构。那么我们不禁要问，是否简单地将传统对比学习模型中的 CNN 主干替换为 ViT 主干，就能轻易开展训练，最终实现"炸裂"的效果呢？恐怕事情没有这么简单。首先，作者们通过大量实验，分析了 ViT 模型进行自监督训练的不稳定性（instability）。于是作者们从批次大小、学习率和优化器三个基础因素入手，探索保证自监督 ViT 能够稳定训练的策略。在 MoCo v3 的原文中，作者们就上述问题的讨论投入大量的笔墨，因此这部分内容才是 MoCo v3 的核心工作。

第一个考量的因素为批次大小（batch size）。本批次大小是一个非常重要的因素，在诸多 ViT 模型的训练中已经证明，训练批次大小与模型性能有直接关系。另外，从 MoCo v1 一路走来，我们也知道批次大小关系到负样本的多少，这一点在对比学习架构中非常关键。在该实验中，作者们使用 AdamW 优化器，并将基准学习率固定为 1.0e-4，实验 1024、2048、4096 和 6144 四种批次大小下的模型表现。作者在训练的每一轮（epoch）结束后，都计算一次模型的 KNN 精度（KNN Accuracy，读者不必细究其实现方法，仅需知道 KNN 精度就是一种精度评定准则即可。该值越大，表示模型越好），以观察不同批次大小下，不同迭代轮的精度情况。实现结果表示，批次规模越大，在训练过程中越容易产生震荡现象。当批次大小增加到 6144 时，模型训练产生严重震荡，如图 6-39a 所示。在 100 轮迭代完毕后，测评在四种批次大小下得到 MoCo v3 的线性探测精度，结果分别为 71.5%、72.6%、72.2% 和 69.7%。可以看出随着批次大小的增加，模型精度先增后减，即并不是批次越大模型效果越好。

第二个考量的因素为学习率（learning rate）。作者们以 $lr_{\text{base}}\times batch\_size/255$ 作为 MoCo v3 训练的学习率，通过调整基准学习率超参数 lr_{base} 来考察其对模型训练和性能的影响。在该实验中，作者们使用 AdamW 优化器，并将批次大小固定为 4096，实验的基准学习率包括 0.5e-4、1.0e-4 和 1.5e-4 三种。KNN 精度曲线表明，学习率越小训练越稳定，如图 6-39b 所示。在 100 轮迭代完毕后，测评在三种基准学习率下得到 MoCo v3 的线性探测精度，结果分别为 70.4%、72.2%和 71.5%。显然，最小基准学习率 0.5e-4 稳定虽稳定，但是"结局最差"。作者认为产生上述现象的原因是欠拟合的缘故。

第三个考量的因素为优化器（optimizer）。在训练 ViT 及其变体模型（如标准 ViT、DeiT 等）时，人们通常选择使用 AdamW 优化器对模型进行优化。而在进行基于大规模样本批次的自监督模型（如 SimCLR、BYOL 等）训练时，LARS 优化器又是最常见的选择。另外，LAMB 作为一种分层自适应规模批次的优化技术，以 Adam 作为其基础算法，可以说是综合了前两种优化器的优势，其"既适合

㊀ 请读者注意，这里的查询编码器和动量编码器分别具有"ViT 主干+投影头+预测头"和"ViT 主干+投影头"结构。

ViT 模型，又适合大批次无监督”的双重优势与 MoCo v3 的需求非常契合。因此，作者们针对 LAMB 优化器开展实验。结果表明在适当设定学习率的情况下，LAMB 优化器能够很好地对 MoCo v3 模型进行优化。当学习率设置过大时，迭代的 KNN 精度将下降。但是，从 KNN 曲线可以看出，尽管训练 KNN 曲线是平滑的，但是中间却出现了比较严重的退化现象。图 6-39c 示意了不同学习率下 LAMB 优化器的 KNN 精度曲线。

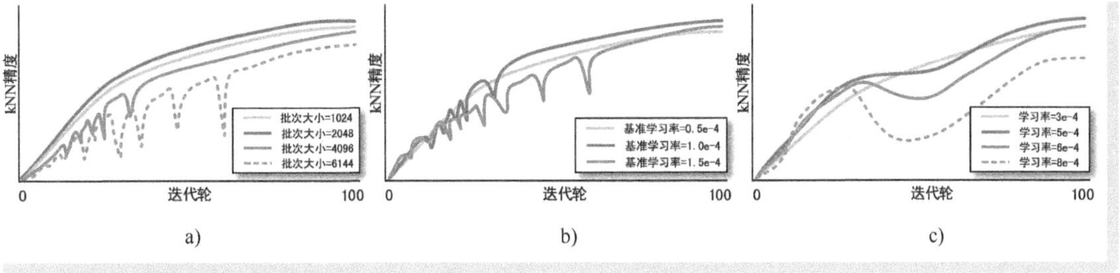

● 图 6-39　KNN 精度曲线示意（注：该图为示意图，并不是真实算法的运行结果）

a）不同批次大小下的 KNN 精度曲线　b）不同基础学习率下的 KNN 精度曲线　c）不同学习率下 LAMB 优化器的 KNN 精度曲线

经过逐层对梯度幅值（在 MoCo v3 即具有最大绝对值的梯度值，即无穷范数）的分析，作者们认为正是因为训练时梯度产生的突变（表现为梯度幅值上的尖峰），导致训练的不稳定性（表现为 KNN 精度曲线的突然下陷）。分析结果还表明，梯度突变的问题往往先在第一层产生，经过若干步迭代后，在最后一层也会发生类似的现象。第一层就产生跳变，莫非是图像块嵌入操作“惹的祸”？怀着试试看的思路，作者们尝试冻结图像块嵌入的参数，即一经随机初始化后，就不再对其进行更新（即对该层输出设置“停止梯度”标志）。上述尝试的结果是十分惊人的，如此简单的改进竟然解决了 ViT 自监督训练的稳定性问题，KNN 精度曲线变得非常平滑，不得不佩服作者们直觉的敏锐和功力的深厚。

最后，我们简单看看 MoCo v3 的表现。为了评估 MoCo v3 模型的表现，作者们开展了三组关键实验。第一组实验对比在 MoCo v3 和 iGPT 之间展开，之所以选择和 iGPT 进行对比，是因为此时就 iGPT 这一个基于纯 Transformer 架构的自监督模型。显而易见，这是在纯 Transformer 架构下、对比学习与自回归（也包括自编码）自监督之间的对比。对比结果简单来说就是 MoCo v3 碾压 iGPT。例如，以基于 ImageNet 数据集的线性探测精度作为评估指标，iGPT 的最好水平为 72.0%的 top-1 精度，该精度由最大规模的 iGPT-XL 取得，其参数量高达 68.01 亿。而 MoCo v3 以 ViT-B 为主干，仅仅使用 8600 万的参数量，就达到了 76.7% 的 top-1 精度，若将主干结构替换为更大的 ViT-L，并使用批归一化（BatchNorm）和 7×7 的图像分块尺寸（原文中将该配置下的模型简称为“ViT-BN-L/7”），参数量为 3.04 亿，其分类精度能够进一步提升到 81.0%。第二组实验即为和“SOTA”自监督模型的对比。结果表明，MoCo v3 完胜 SimCLR v2 和 BYOL 这两个当时的“SOTA”模型。其中，上述两个对比模型均采用 ResNet 作为其主干结构，这也证明了 ViT 作为主干结构的优势。第三组实验为 ViT 规模实验。作者们对比了 MoCo v3 在使用不同规模 ViT 主干结构时的性能，结果同样表明模型越大，效果越好，这又一次证明了 Transformer 视觉应用的潜力。

无独有偶，在 MoCo v3 诞生后的 20 多天（2021 年 4 月 29 日，MoCo v3 的 arXiv 首发时间为 2021

年 4 月 5 日），Facebook AI 的另外一个团队又提出一个基于 Transformer 的自监督模型——无标签自蒸馏（self-DIstillation with NO labels，DINO）㊀[26]。DINO 模型的思想与 MoCo v3 非常相似，也拥有两个并列的 ViT 网络结构，而且也是一个基于梯度进行参数更新，一个基于动量进行参数更新。只不过对于 MoCo 来说，左边的网络结构叫作查询编码器，右边的网络叫作键编码器，而在 DINO 中，二者分别被称为学生网络（student network）和教师网络（teacher network），即 DINO 以知识蒸馏的框架来刻画自监督任务。为了探索在自监督模式下、自注意力到底“注意到”什么，作者们也像 DETR 那样，对若干参考点的注意力图进行了可视化，结果表明注意力图上产生类似语义分割的对象化效果。这结果无疑就是非常有趣甚至令人振奋的，这说明在毫无真值标注的数据上，通过自监督训练，模型竟然学习到了正确的语义特征。随后，有很多工作正是借助 DINO 的这一特点，将其作为主干模型应用于目标检测等更多的 CV 下游任务中。

3. BEIT：“CV 版”BERT

在上文中，我们说 iGPT 是“CV 版”的 GPT，那么在 NLP 领域与 GPT 并驾齐驱的 BERT，是否也能搞个“CV 版”呢？这个问题算是问着了，我们下面即将介绍的 BEIT 就是这样的模型。BEIT 模型提出于 2021 年 6 月，作者为来自微软亚洲研究院的董力（Dong Li）老师[27]及其团队。BEIT 的全称为“Bidirectional Encoder representation from Image Transformers”，即“基于视觉 Transformer 的双向编码器表示”。而 BERT 的全称为“Bidirectional Encoder Representations from Transformers”，一词之差，一切尽在不言中，这显然就是要构造“CV 版”的 BERT 啊。另外，需要特别说明的是，BEIT 包含了一系列优秀的模型：2021 年 6 月提出的是第一代 BEIT 模型[27]（下文称为 BEIT-1.0），算作开篇；2022 年 8 月 12 日，几位作者在 arXiv 上提交了第二代 BEIT 模型[28]（下文称为 BEIT-2.0），该模型是对 1.0 版模型的完善和改进；紧接着，作者们于 8 月 22 日在 arXiv 上提交了第三代 BEIT 模型[29]，该模型可以适配全部 CV 语言和视觉-语言任务，属于多模态通用模型。在下文中，我们主要围绕 BEIT-1.0 模型进行讨论，在最后也会对 BEIT-2.0 进行简要介绍。

与 iGPT 直接“照搬”GPT 到 CV 领域不同㊁，BEIT-1.0 在将 BERT 模型应用于 CV 领域时还做了很多创新性工作，主要创新点体现在两个方面：第一，使用离散变分自编码器（discrete Variational AutoEncoder，dVAE）将图像编码成视觉符号（visual tokens）序列；第二，以自监督方式预训练 ViT 模型（本质就是 BERT），预测被遮掩图像图像块对应的视觉符号。上述预训练操作与 BERT 的掩膜语言模型非常类似，因此被称为掩膜图像模型（Masked Image Model，MIM）。BEIT-1.0 模型的整体架构如图 6-40 所示。

在 BEIT-1.0 模型中，图像有两种表示方法：视觉符号表示和图像块表示。我们下面先来看看图像的视觉符号表示。在 NLP 应用中，第一步需要构建一个词典，然后将输入语句中的每个词汇都以其在词典中的下标进行表示，这一操作就是对输入语句的符号化。那么在 CV 领域也可以进行类似的操作——将图像表达为一个离散序列，其中的每一个元素都是其在某一“视觉词典”（Visual Dictionary，在某些文献中也称为“视觉码本”，即“Visual Codebook”）中的下标，这便是图像的视觉符号表示。

㊀ 2022 年还有一个基于 DETR 的目标检测模型也简称为“DINO”，请读者注意区分。

㊁ 事实上 iGPT 的自编码模式预训练，可以算作已经“照搬”了 BERT。

在 BEIT-1.0 中，视觉词典的长度 $|V|$ ，这就意味着每个视觉符号都是一个 $1\sim|V|$ 之间的整数。BEIT-1.0 模型通过 dVAE 模型来获得图像的视觉符号表示。dVAE 是一种具有编码器-解码器架构的神经网络模型，其训练目标即“重塑自己”——在输入端送入一幅图像，编码器对其进行编码从而得到对应的中间特征表示，然后解码器对其进行解码得到重构图像，dVAE 的训练目标即要求重构图像与输入图像尽可能地接近。上述训练目标的核心要义即好编码器能够产生好特征，而好特征能够完美重构自己。当然，对于 dVAE 最多的应用不是重构图像，而是获取图像的特征表示，该应用方式即在推理阶段只保留编码器部分，向其输入图像，然后获取其输出的中间特征即作为图像的特征表示㊀。在 BEIT-1.0 中即采用上述应用模式：以独立阶段训练 dVAE 模型，在 BEIT-1.0 预训练阶段只是用其编码器部分，得到的即视觉符号。离散自编码器中的“离散”及要求视觉符号必须是满足词典长的整数。对于一幅尺寸为 $H\times W$ 的输入图像，经过 dVAE 编码器的编码，将得到一个 $N\times N$ 的视觉符号矩阵。例如，BEIT-1.0 将 224×224 图像表示为 14×14 的视觉符号矩阵。BEIT-1.0 对图像的第二种表示就是图像块表示，这一表示方法与 ViT 等模型是一致的。首先对 $H\times W$ 的输入图像进行 $N\times N$ 均匀分块，然后对每个图像块进行展平和线性嵌入操作。图像分块的数量与视觉符号的数量保持一致，目的就是为了让图像块能够和视觉符号按照位置一一对应。例如，BEIT-1.0 也是将 224×224 图像表示为 14×14 的视觉符号矩阵，即每个图像块的尺寸为 16×16 像素。

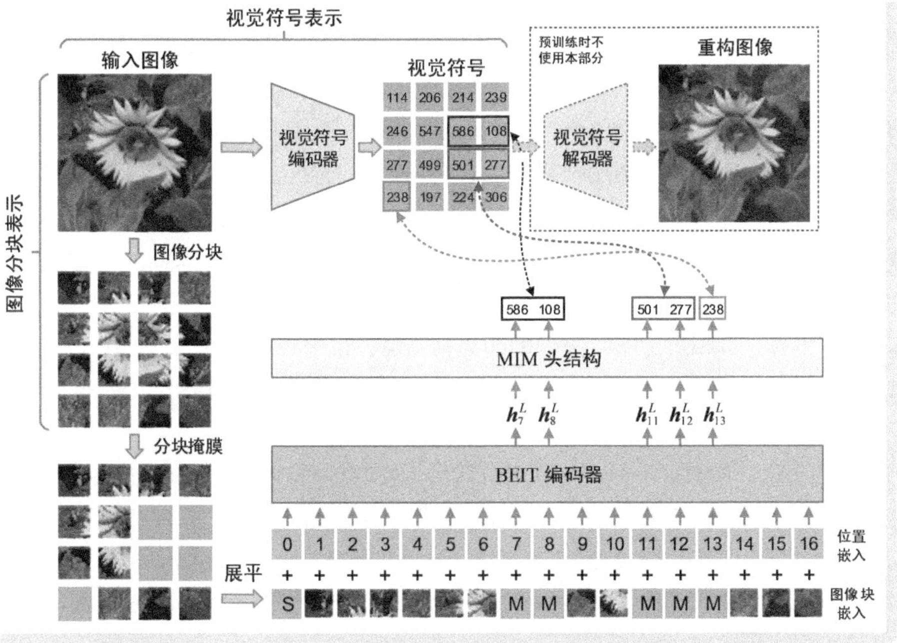

● 图 6-40　BEIT-1.0 模型的整体架构示意

㊀ 请读者注意，我们上面对 dVAE 的描述并未体现“离散变分自编码器”中的“离散”和“变分”，而是标准的“自编码器”（AutoEncoder，AE）。考虑到 dVAE 的训练模式和应用方式与 AE 并无太大区别，所以在这里我们简单借用了 AE 的概念。笔者认为对变分自编码器乃至离散变分自编码器的讨论将是一个庞大的话题，特别是前者涉及变分推断等复杂的内容，因此展开讨论反而会冲淡主题。故读者在这里只需将 dVAE 视为 AE，知道其大致怎么使用即可。更加深入的概念请自行查阅其他文献。

接下来就是 BEIT-1.0 的重头戏——预训练。BEIT-1.0 预训练的目标即构造掩膜图像模型，视觉符号和图像块这两种表示也正在预训练中关联起来——前者作为后者的预测真值。获得一幅输入图像后，BEIT-1.0 对其进行兵分两路的操作，一路利用已经训练好的 dVAE 编码器（此时的解码器已经弃而不用）对其进行架构，得到其对应的 $N \times N$ 的视觉符号矩阵，这一矩阵即作为预训练的真值；另一路被送入了分块分支，得到 $N \times N$ 的图像分块，并对其进行线性嵌入后添加位置嵌入。为了让模型与 ViT 兼容，BEIT-1.0 也在序列前部添加起始符号（在图 6-40 中，我们以“S”表示该符号）。经上述架构后，得到的图像块特征表示为$[\boldsymbol{e}_S, \boldsymbol{Ex}_1, \boldsymbol{Ex}_2, \cdots, \boldsymbol{Ex}_{N^2}] + \boldsymbol{E}_{\text{pos}}$，其中$\boldsymbol{e}_S$为起始符号对应的嵌入表示；$\boldsymbol{Ex}_i \in \mathbb{R}^d$表示对 $i(i=1,\cdots,N^2)$ 个图像块展平向量的线性嵌入（这里 d 即为后续 ViT 模型的特征维度）；$\boldsymbol{E}_{\text{pos}} \in \mathbb{R}^{N^2 \times d}$为位置嵌入向量序列。得到分块后，就要对其中的某些图像块进行遮掩操作了。BEIT-1.0 对其中约 40%的图像块进行随机遮掩。但是考虑到图像的局部空间特性，BEIT-1.0 并不像 BERT 那样以单个词汇进行随机遮掩，而是使用了一种称为“分块遮掩”（Blockwise Masking）的机制，一次性遮掩空间相邻的若干图像块。具体的遮掩方法即将被遮掩图像块的线性嵌入替换为一个可学习的嵌入$\boldsymbol{e}_M$。BEIT-1.0 的分块遮掩机制可以视为 SpanBERT 和 ERNIE 等遮掩独立语义单元模式的“CV 版”。随后，带有遮掩标识的特征序列被送入一个 L 层的 ViT 模型，经过逐层自注意力加工后，在输出端即可获得每个输入元素对应的特征表示，记作$[\boldsymbol{h}_S^L, \boldsymbol{h}_1^L, \boldsymbol{h}_2^L, \cdots, \boldsymbol{h}_{N^2}^L]$。最后就到了自监督环节，按照 BERT“遮挡谁才预测谁”的思路，BEIT-1.0 只对被遮挡图像块进行自监督训练。在 ViT 输出的最后，BEIT-1.0 添加了一个被称为“掩膜图像模型头”（Masked Image Modeling Head）的结构，该结构在预训练阶段的作用就是基于遮掩图像块对应的特征输出预测视觉符号。具体方法即对被遮掩图像块输出的 d 维特征进行线性变换得到 $|V|$ 维“logits”，然后利用 softmax 操作即可得对视觉符号的预测概率。而就在此时此刻，由第一路分支获得的视觉符号作为真值早就“等在那里”，通过构建二者之间的损失函数即可实现对 BEIT-1.0 模型的监督训练。可以看出，BEIT-1.0 模型的预训练就是训练模型完成图像补全这样的“完形填空”，但是所填入的内容并不是图像块本身，而是视觉符号。事实上，我们可以将视觉符号视为图像块的类别——在 BEIT-1.0 的视角中，“全天下”的图像一共分为$|V|$类，BEIT-1.0 的预训练相当于图像块级别的类别监督，这一点与 NLP 中的 NER 类似，只不过在 BER 中，命名实体的类别是人工标注的，而 BEIT-1.0 中的“类别”是 dVAE 产生的，即整体来看是“自监督”的。

在预训练设置方面，BEIT-1.0 采用的视觉词典的长度$|V|$为 8192。在 Transformer 架构方面，BEIT-1.0 分别使用了 ViT-Base 和 ViT-Large 两种结构，分别称为 BEIT-Base 和 BEIT-Large。前者拥有 12 层 Transformer 编码器，768 维特征和 12 头自注意力，而后者拥有 24 层 Transformer 编码器，1024 维特征和 16 头自注意力。BEIT 的预训练在 ImageNet-1K 数据集上进行，训练时采用了随机缩放后裁剪、水平翻转和颜色抖动等数据增广方式。

在 BEIT-1.0 预训练完毕后，作者们也像 BERT 那样，通过在基础模型上添加一些任务结构，以实现对下游 CV 任务的参数微调适配。在原文中，作者们给出了 BEIT-1.0 作为预训练模型，针对图像分类和语义分割两种具体任务的适配方式。在进行图像分类任务适配时，作者们在 ViT 主干结构后添加分类层，该层首先对全部输出特征进行平均池化操作，然后对特征均值进行线性变换和概率化操作，即得到最终的整图级类别预测。上述操作可以简单地表示为 $\text{softmax}(\text{avg}(\boldsymbol{h}_1^L, \boldsymbol{h}_2^L, \cdots, \boldsymbol{h}_{N^2}^L) \cdot \boldsymbol{W}_c)$，其中

$W_c \in \mathbb{R}^{d \times K}$为可学习的线性变换矩阵（其中 K 为类别个数）。请读者注意，BEIT-1.0 在适配图像分类任务时，并未像 ViT 那样使用类别符号对应的聚合特征，而是使用了全部输出特征；在进行语义分割任务适配时，作者们参考了 SETR-PUP 架构，在 BEIT-1.0 主干后又添加了一系列反卷积操作构成的解码器结构，以实现语义分割所要求的密集预测。

下面我们来看看 BEIT-1.0 在下游任务上的表现。实验结果表明，无论是针对图像分类任务还是语义分割任务，BEIT 都取得了“SOTA”的成绩。针对图像分类任务，BEIT-1.0 的表现概括来说包括两个方面：第一方面，与采用随机初始化训练（即从头开始训练）的监督模型 ViT 和 DeiT 相比，预训练的 BEIT 模型在 ImageNet-1K 和 CIFAR-100 数据集上的性能都有显著提高。例如，BEIT-Base 模型在 ImageNet-1K 数据集上取得了 83.2%的 top-1 分类精度，这一结果远超具有相同训练配置 DeiT 的分类精度；BEIT-Large 在 ImageNet-1K（使用 384×384 分辨率图像）数据集上经无监督预训练之后，其 top-1 分类精度达到 86.3%，这一水平甚至超过了 ViT-L 通过 ImageNet-22K 预训练、再在 ImageNet-1K 数据集上执行微调后的分类水平。值得注意的是，在较小规模的 CIFAR-100 数据集上，从头训练的 ViT 的 top-1 分类精度仅为 48.5%，而 BEIT-1.0 在预训练的赋能下，达到了 90.1%的 top-1 精度。这就意味着相较于一般监督模型，BEIT-1.0 通过无监督的预训练，后续仅需要进行简单的有监督微调即可达到一个较高的水平，从而能够大幅节省标注资源。第二方面，在与 iGPT、MoCo v3 和 DINO 三种基于 Transformer 架构的预训练模型的对比中，BEIT-1.0 也取得了“SOTA”的成绩。例如，在基于 ImageNet-1K 数据集的测评中，BEIT-1.0 超过了 MoCo v3 和 DINO 两个优秀的模型。在 CIFAR-100 上也明显优于 MoCo v3，与 DINO 基本持平并略高。针对语义分割任务，作者们首先也是基于 ImageNet 数据集对 BEIT-1.0 模型进行预训练，然后在 ADE20K 数据集进行微调适配及测评，测评结论为：BEIT-1.0 比监督预训练获得了更好的性能，而且更重要的是 BEIT 不需要基于人工标注的数据进行有监督的预训练。

2022 年 8 月，作者们提出了 BEIT-1.0 的升级版本——BEIT-2.0 [28]。与 BEIT-1.0 相同，BEIT-2.0 的训练阶段也包括了视觉符号表示和掩膜图像模型预训练两个部分。但是作者们对上述两个部分都进行了改进。其中针对第一部分，BEIT-2.0 引入矢量量化的知识蒸馏（Vector-Quantized Knowledge Distillation，VQ-KD）机制，提升了视觉符号的表达能力。这也是 2.0 对 1.0 模型的最大改进。这一改进直接体现在了文章的题目中。之所以要对视觉符号表达进行改进，这是因为视觉符号是作为训练真值使用的，因此我们要求它必须足够够准确。而 BEIT-2.0 所做的改进，相当于构造了更加精准的视觉词典，随后以此词典表达所有图像；针对第二部分，BEIT-2.0 利用附加的轻量级 ViT 结构对类别特征和图像块特征构建的聚合特征（在 BEIT-2.0 中称为“patch aggregation strategy”，即“块聚合策略”）进行再加工，从而进一步提升了类别特征对全图的语义表达能力。

首先我们来看看 BEIT-2.0 的第一个改进，即如何构造视觉符号表示。与 BEIT-1.0 类似，在训练阶段，BEIT-2.0 模型也通过自监督方式训练一个编码器-解码器结构的类 AE 模型，编码器首先根据可学习码本（codebook，码本也就是我们所说的视觉词典）将输入图像表达为离散符号；然后，解码器以重建由教师模型产生的语义特征作为目标。在随后的预训练阶段，编码器输出的离散符号即作为图像的视觉符号表示。上述描述中有两个关键词：“码本”和“教师模型”，这两个关键词也正体现了 BEIT-2.0 对 BEIT-1.0 模型的最大改进——前者即体现为“量化”，对应“VQ”；后者即“知识蒸馏”，

对应“KD”。在量化部分中，作者们参考了 VQ-VAE 的做法针对输入的图像，编码器首先为每个图像块编码生成特征表示（以下简称“生成特征”），该特征是连续特征。接下来，使用生成特征在当前码本中找到与之最为接近的码本特征，该码本特征所在码本中的下标即作为对应图像块的离散视觉符号。这样一来，一个无限可能的连续特征被表达为码本长度范围内有限的整数，这便是所谓的量化表示。在 BEIT-2.0 中，假设 $N\times N$ 个图像块得到的生成特征表示记作 $\boldsymbol{h}_1,\cdots,\boldsymbol{h}_{N^2}$，对于其中第 i 个图像块，其对应的视觉符号 z_i 即与其具有最近欧式距离的码本特征所在的下标，即有 $z_i=\min_j\|\ell_2(\boldsymbol{h}_i)-\ell_2(\boldsymbol{v}_j)\|_2$。其中，$\{\boldsymbol{v}_1,\cdots,\boldsymbol{v}_{|V|}\}$ 即表示长度为 $|V|$ 的码本特征；$\ell_2(\cdot)$ 即表示向量的 L2 归一化操作。在训练阶段，与图像块特征对应的（即具有最小欧氏距离的）码本特征 $\{\ell_2(\boldsymbol{v}_{z_i})\}_{i=1}^{N^2}$ 被送入解码器进行重构。但是与 BEIT-1.0 的重构原图不同，BEIT-2.0 让输出特征 $\{\boldsymbol{o}_i\}_{i=1}^{N^2}$ 以重构教师模型获得的语义特征为目标，这里的教师模型即为 DINO 和 CLIP，这便是 BEIT-2.0 所采用的知识蒸馏机制。将教师模型对第 i 个图像块得到的语义特征（以下简称为“教师特征”）记作 $\boldsymbol{t}_i$，BEIT-2.0 以输出特征 $\boldsymbol{o}_i$ 与其之间的余弦距离作为相似性度量。VQ-KD 的整体训练目标可以表示为最大化模型预测特征与教师特征间的余弦相似度的同时最小化生成特征和码本特征之间距离，有

$$\max\sum_{x\in\mathcal{D}}\sum_{i=1}^{N^2}\mathrm{c}(\boldsymbol{o}_i,\boldsymbol{t}_i)-\mathrm{d}(\mathrm{SG}[\ell_2(\boldsymbol{h}_i)],\ell_2(\boldsymbol{v}_{z_i}))-\mathrm{d}(\ell_2(\boldsymbol{h}_i),\mathrm{SG}[\ell_2(\boldsymbol{v}_{z_i})]) \tag{6-25}$$

式中，$x\in\mathcal{D}$ 表示遍历所有训练数据集 $\mathcal{D}$ 中的所有图像 x；$\mathrm{c}(\boldsymbol{o}_i,\boldsymbol{t}_i)$ 表示针对第 i 个图像块、模型重构特征 $\boldsymbol{o}_i$ 与教师特征 $\boldsymbol{t}_i$ 之间的余弦相似度；$\mathrm{d}(\boldsymbol{a},\boldsymbol{b})=\|\boldsymbol{a}-\boldsymbol{b}\|_2^2$ 为向量欧氏距离的平方；$\mathrm{SG}[\cdot]$ 表示“停止梯度”（Stop Gradient）标志。之所以存在“停止梯度”的问题，是由于量化操作是采用“argmin”方式“挑”出距离最近的码本特征，而这个“挑”的动作是不可导的，这就意味着梯度从损失函数回传到解码器，想再往前传给解码器时，量化操作却“掉了链子”。因此在 BEIT-2.0 中，采用了“直通梯度”（Straight-Through Gradients）模式进行编码器参数更新——若生成特征 $\boldsymbol{h}_i$ 对应的最近码本特征为 $\boldsymbol{v}_{z_i}$，则就把后者的梯度直接复制给前者，可谓“谁是伙伴，谁就负责全部梯度”[㊀]。在式（6-25）中，$\mathrm{d}(\mathrm{SG}[\ell_2(\boldsymbol{h}_i)],\ell_2(\boldsymbol{v}_{z_i}))$ 表示梯度不回传编码器但回传给码本特征，即表示“按住”编码器只更新码本；而后面的 $\mathrm{d}(\ell_2(\boldsymbol{h}_i),\mathrm{SG}[\ell_2(\boldsymbol{v}_{z_i})])$ 则正好相反——梯度不回传码本，只以直通模式传播给编码器，即表示“按住”码本只更新编码器。

接下来我们来看看 BEIT-2.0 的第二个改进，即如何进行预训练。在通过 VQ-KD 得到图像的视觉符号之后，便可以将其作为目标真值执行 ViT 模型的预训练。BEIT-1.0 仅进行了掩膜图像模型的预训练，但是在 BEIT-2.0 中，除了上述预训练目标，为了学习图像的全局信息，作者们也在输入图像块特征的首部（末尾也没问题）添加了分类符号（即“<CLS>”标识符），然后通过对分类符号的预训练来得到图像的全局信息。对于一个 $N\times N$ 分块的图像块输入，经过 L 层 ViT 模型的加工，将得到特征输出序列 $\boldsymbol{h}_{cls}^L,\boldsymbol{h}_1^L,\boldsymbol{h}_2^L,\cdots,\boldsymbol{h}_{N^2}^L$，其中 $\boldsymbol{h}_{cls}^L$ 即为分类符号对应的特征输出（以下简称为“分类特征”）。BEIT-2.0

㊀ 事实上，“直通梯度”在训练 CNN 模型时非常常见。例如，最大池化操作在前向传播时使用了局部“挑最大”的操作，这里的“挑”显然不可导。这就意味着在前馈中，每次都需要记录“谁最大”，在梯度回传时，直接把梯度全部复制给那个值最大的神经元；标准 ReLU 函数也是如此——值大于 0 的神经元保持不变，否则清零。选择“值大于 0 的神经元”也是一个不可导的操作，这就要求在前馈中需要记录这些神经元的位置，在梯度回传时，将获得到的梯度直接复制给这些值大于 0 的神经元。

的预训练目标有两个，第一个即掩膜图像模型预训练——针对 $h_1^L, h_2^L, \cdots, h_{N^2}^L$ 中被遮掩的位置，以其对应的视觉符号作为真值进行自监督训练；第二个预训练目标被称为分类符号预训练。目的旨在让分类特征 h_{cls}^L 能够更好地表示整幅图像的特征。上述预训练的具体执行过程为：将最后一层的分类特征 h_{cls}^L 与 ViT 第 l 层的图像块特征 $h_1^l, h_2^l, \cdots, h_{N^2}^l$ 进行拼接，得到 $S = (h_{cls}^L, h_1^l, h_2^l, \cdots, h_{N^2}^l)$。上述拼接操作在原文中被称为“块聚合策略”；接下来再将拼接特征序列 S 输入到一个简单（在 BEIT-2.0 中使用两层 Transformer 编码）的 ViT 模型进行注意力加工，最后再来预测一次遮掩图像块对应的视觉符号。其中，使用到的掩膜图像模型头结构与第一个目标使用的头结构是参数共享的。分类符号预训练的思想为：将表达能力不强的浅层图像块特征作为“差队友”与最终的类别特征进行“组队”，在此基础上要求模型能够进行优质的视觉符号预测，这就逼着类别特征要具有强有力的全图像表达能力，方能带领“弱队”取得好的预测结果。图 6-41 示意了 BEIT-2.0 的预训练架构。

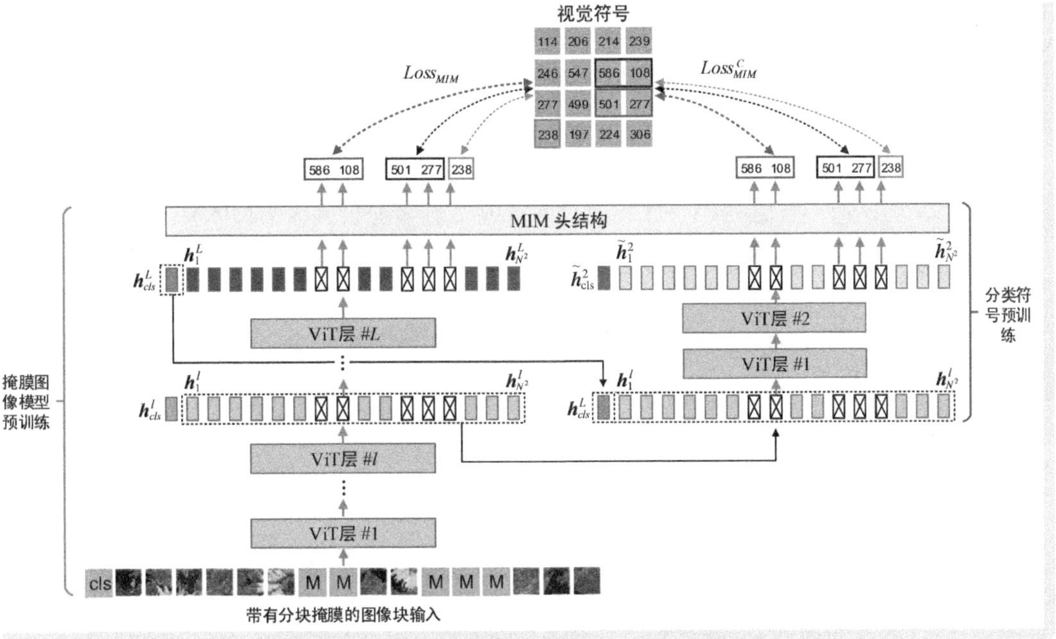

• 图 6-41　BEIT-2.0 的预训练架构示意

在测评环节，作者首先将 BEIT-2.0 模型在 ImageNet-1K 数据集上进行预训练，然后将预训练得到的 BEIT-2.0 模型应用于图像分类和语义分割两种 CV 下游任务的适配。分类任务基于 ImageNet-1K 数据集展开，基础版 BEIT-V2 模型（以 ViT-B/16 作为主干结构）的 top-1 分类精度达到 85.0%，在长时间训练（1600 epochs，下同）策略下，上述精度能够进一步达到 85.5%，如果在此基础上再添加中间任务微调（基于 ImageNet-22K 数据集，下同）策略，BEIT-V2 的 top-1 分类精度能够达到 86.5% 的“SOTA”水平。如果将模型替换为大规模版（以 ViT-L/16 作为主干结构），上述三种适配模式下的 top-1 分类精度分别为 86.6%、87.3% 和 88.4%；语义分割任务基于 ADE20K 数据集进行，基础版 BEIT-V2 达到的 mIoU 分割精度为 52.7%，在长时间训练和进一步添加中间任务微调两种策略下，分割精度达到 53.1%和 53.5%；使用大规模版 BEIT-2.0 模型，上述三种适配模式下的 mIoU 分割精度分别为 55.0%、56.7%和 57.5%。BEIT-2.0 模型在下游两种 CV 任务上的表现完胜前任 BEIT-1.0 模型，相较于其他基于掩膜图像模型目标构造的预训练模型，BEIT-2.0 模型也取得了“SOTA”的成绩。

4. MAE：基于自编码器的预训练模型

在上文中，我们为读者们介绍了 BEIT 模型，这是一个很像 BERT 的 CV 预训练模型——对输入图像进行分块处理并随机遮掩其中部分图像块，以自监督方式训练一个 ViT 模型，让其能够在输出端恢复这些被遮掩图像块，从而“逼着” ViT 模型理解上下文图像语义特征。但是，我们知道 BEIT 模型试图恢复的并不是图像块本身，而是其对应的视觉符号。这就意味着 BEIT 模型必须事先在预训练模型之外，构造一个用来获取图像视觉符号的模型。那么我们不禁要问，是否能够训练模型重构图像块像素，而非其他表示，从而使得整个模型更加的简洁、更加的端到端呢？答案是肯定的，我们下文即将介绍的掩膜自编码器（Masked AutoEncoder，MAE）模型便是如此。MAE 模型于 2021 年 11 月，作者还是何恺明及其在 Facebook AI 研究团队[30]，也即提出 MoCo 模型的原班人马。如果说 MoCo v3 是作者们以 Transformer 为主干、在对比学习框架下构造的 CV 自监督模型，那么在 MAE 模型中，作者们采取了自编码这一更“BERT”的技术路线。

在 MAE 的原文中，作者们开篇就进行了一番“灵魂拷问”：为什么基于自编码模式的自监督预训练在 NLP 领域大行其道，但是在 CV 领域却明显滞后呢？作者分析其原因具体有三。第一，架构差异。CV 领域长期牢牢被 CNN 所统治，在 CNN 架构中开展掩膜或者位置嵌入等很“NLP”的操作并不容易。当然，在 ViT 诞生之后，上述情况得到很大改观，两个领域之间的“gap”已经逐步缩小。第二，信息密度差异。自然语言可以认为是已经经过人类认知处理的产出物，因此其信息密度要远远高于图像、视频这样的具有大量信息冗余的视觉信号㊀。这就意味着不能直接将 BERT 的掩膜机制照搬到 CV 领域，至少在图像遮挡策略上应该做调整。第三，解码器设计问题。这一问题还是因自然语言与视觉信号的差异所引起：自然语言已经是有限的符号化表示，因此在 BERT 的自编码模型中，所谓对被遮掩词汇的解码器“重构”仅仅体现为对应隐编码向量的简单变换和分类（例如，使用 MLP 结构结合 softmax 预测被遮掩词汇对应的词典概率）。甚至我们认为在 BERT 中压根就没有显式的解码器；但是在 CV 中，视觉信号是无限空间表示，因此对像素级的重构就严重依赖解码器设计，无法使用 BERT 那样轻量化到近乎不存在的解码器就能够完成像素级重构。也正是因为这一原因，上文介绍的 BEIT 模型才选择重构视觉符号，而非重构像素本身。

针对上述三个问题中的第一个问题，作者们的解决方案就是使用 ViT 而非 CNN，这样便很容易地开展分块遮掩和位置信息融合等操作。当然，这一做法并非首创，上文介绍的 iGPT 和 BEIT 两个模型早就采用了这一模式。针对第二个问题，作者们认为既然图像本身就含有大量冗余信息，那多遮掩一些也无妨。因此作者们即采用大比例的图像块随机遮掩这一简单的策略，并证明了这一方式的有效性。上述遮掩策略与 BERT 的操作正好相反，毕竟自然语言信息密度很高，每个词汇可能都承载了重要的语义信息，故 BERT“不敢”遮掩太多词汇（一般只对输入序列中 15%的词汇进行遮掩）。但是

㊀ 这一点与我们在前文对 CV 与 NLP 差异的分析结论类似，CV 任务往往包括了感知和认知两个部分，而 NLP 任务基本就是纯粹的认知任务。

MAE 的遮掩比例超过 75%；针对第三个问题，为了恢复像素级视觉信号，作者们使用了比 BERT “重”得多的解码器结构，且该结构也为 ViT 结构，只不过相较于编码器中 ViT，解码器要轻量化不少。这便是 MAE 模型，一个具有 ViT 编码器-解码器架构、以像素级重构大比例遮掩图像块为目标的 CV 自监督模型。MAE 模型的整体预训练架构如图 6-42 所示。

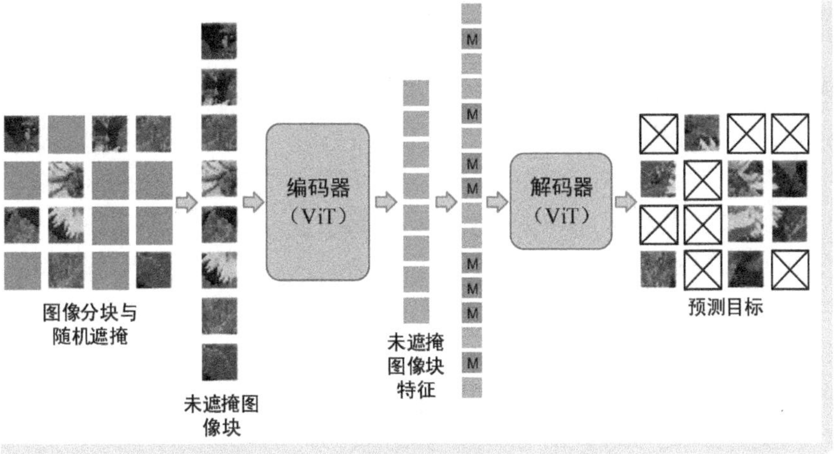

● 图 6-42　MAE 整体预训练架构示意

如图 6-42 所示，MAE 的预训练架构非常简单，其利用编码器对输入的图像块进行编码，然后再通过解码器对被遮掩的图像块进行重构，然后用被遮掩图像块的真值监督编码器的编码和解码器的重构，可谓一气呵成，清晰明了。下面我们重点了解一些其中的细节。在编码部分，与 ViT 的标准操作相同，输入图像首先被均匀的分为图像块，然后这些图像块被展平为向量，并进行线性嵌入并添加位置嵌入，然后随机地选择其中一少部分（如 25%）作为不做遮挡的图像块特征，送入编码器进行编码，其余的大部分图像块（如 75%）就视为是被遮掩图像块。请读者注意，MAE 只对那些没有被遮挡的图像块进行编码，这一操作方式与 BERT 是不同的，在 BERT 中，“<MASK>”标识符也被视为普通词汇参与编码。由于在 MAE 中，未被遮掩的图像块只占到一小部分，因此上述做法能够大幅降低编码器的计算量。除此之外，MAE 也像 ViT 那样，在输入序列的首部添加分类符号，该分类符号对应的编码输出将为后续的线性探测和微调提供全图聚合特征。在解码部分，在获得编码器对未遮掩图像块的编码特征后，MAE 首先对这些输出特征再进行一次线性嵌入操作，使得其维度与后续的解码器相适配。然后按照原图的遮掩位置，将掩膜特征填充回去。这里所谓的掩膜特征就是一个随机初始化的、维度与解码器特征维度相同的可学习向量，且所有掩膜特征共享参数。随后，上述完整的特征序列再一次被添加上位置信息。可以看出，解码器的解码对象包括了未遮掩图像块的编码器输出特征与遮掩图像块对应的掩膜特征，且两类特征都按照原始位置添加了位置信息；在损失计算部分，解码器为每一个图像块（包括遮掩的和未遮掩的）输出一个解码器特征，然后 MAE 再对其进行一次线性变换，使得其维度能够与原始图像块的像素特征维度相同，即K^2C。其中，K 和 C 即为原始图像的分块尺寸和通道数。这样一来，形状一致了，就方便进行逐像素损失计算了。随后，MAE 采用标准的均方误差（Mean Squared Error，MSE）作为评估被遮掩图像块预测值与真值之间的损失，并回传梯度更新编码器和解码器参数，以及各嵌入操作的参数。请读者注意，MAE 与 BERT 相同，只在被遮掩对象上设置损失进行监督。当然，作者们在原文的脚注中提到尝试了对所有图像块进行监督的模式，但是该模式效果稍差，故未被 MAE 采用。

最后我们来看看 MAE 的实验部分。在实验环节，作者们对 MAE 的性能和超参数配置进行了全方位的实验评估。整体来看，开展的实验包括两大部分：基于 ImageNet-1K 的分类实验和基于其他数据集的迁移学习实验。其中，在基于 ImageNet-1K 的分类实验中，第一个实验为基线模型构造。作者们以 ViT-L/16 模型作为其编码器（即主干），首先在 ImageNet-1K 数据集上进行自监督预训练，然后再在相同的数据集上进行有监督的端到端微调（即全部参数可调）和线性探测（即固定主干网络，仅调整最后的线性变换参数）两种模式的适配，并在验证集上报告两种模式的 top-1 精度。作者们将端到端微调模式构造的 ViT 模型作为 MAE 基线模型，该模型经过 50 轮的微调迭代，top-1 精度达到 84.9%，相较于从头训练 ViT-L/16 的 76.5%（经过 200 轮迭代），精度上有着质的飞跃。这就意味着模型最终的精度表现与采用何种预训练方式有着紧密的关系；基于 ImageNet-1K 数据集的第二组实验即各种超参数设置的消融实验，改组实验也均包括端到端微调和线性探测两种模式，具体包括：图像块遮掩比例、解码器深度/宽度、遮掩符号使用、重构目标设计、数据增强、掩膜采样策略和迭代轮数等诸多方面。这组实验内容非常丰富，这里我们就不再详细展开，请读者自行查阅原文。基于 ImageNet-1K 数据集的第三组实验即“SOTA”对比实验。该组实验包括了两个具体实验，在第一个实验中，作者们将 MAE 与 DINO、MoCo v3 和 BEIT 三个自监督模型进行了对比。结果表明，包括 MAE 在内的四种模型表现十分接近（MAE 稍高），但是 MAE 具有运行速度快、结构简单的巨大优势。特别是在使用 ViT-H/14 模型，448×448 分辨率下，MAE 的 top-1 精度达到“SOTA”的 87.8%。在第二个实验中，作者们以 ViT-L/16 为主干，分别进行自监督预训练和有监督预训练两种模式下的精度对比，前者即 MAE 模式，后者即标准 ViT 模式。结果表明，MAE 仅凭 ImageNet-1K 数据集进行自监督预训练，其性能几乎与标准 ViT 模型在 JFT 300M 超大规模数据集进行有监督预训练达到的精度接近，而且表现出随着模型规模变大，精度也不断提升的现象。在迁移学习实验中，作者们将预训练得到 MAE 的 ViT 作为主干应用于图像检测/分割（即实例分割任务，任务模型为 Mask R-CNN，数据集为 COCO）、语义分割（任务模型为 UperNet，数据集为 ADE20K）和分类（数据集为 iNaturalists 和 Places）三种下游 CV 任务。实验结果表明，基于 ImageNet-1K 进行预训练得到的 ViT 主干可以有效适配各类下游任务，其结果略好于当年的“SOTA”预训练模型 BEIT。但是，就架构简洁程度而言，MAE 相较于预测视觉符号的 BEIT 有着巨大优势。

参考文献

[1] CARION N, MASSA F, SYNNAEVE G, et al. End-to-End Object Detection with Transformers [OL]. (2020-5-28) [2023-3-29]. https://arxiv.org/abs/2005.12872.

[2] ZHU X, SU W, LU L, et al. Deformable DETR: Deformable transformers for end-to-end object detection [OL]. (2021-3-18) [2023-3-30]. https://arxiv.org/abs/2010.04159.

[3] ZHENG M, GAO P, ZHANG R, et al. End-to-End Object Detection with Adaptive Clustering Transformer [OL]. (2021-12-18) [2023-4-12]. https://arxiv.org/abs/2011.09315.

[4] CHEN M, RADFORD A, CHILD R, et al. Generative Pretraining From Pixels [C]. Vienna: International Conference on Machine Learning, 2020.

[5] DOSOVITSKIY A, BEYER L, KOLESNIKOV A, et al. An image is worth 16x16 words: Transformers for image recognition at scale [OL]. (2021-6-3) [2023-4-14]. https://arxiv.org/abs/2010.11929.

[6] TOUVRON H, CORD M, DOUZE M, et al. Training data-efficient image transformers & distillation through attention [OL]. (2021-6-15) [2023-4-19]. https://arxiv.org/abs/2012.12877.

[7] HINTON G, VINYALS O, DEAN J. Distilling the Knowledge in a Neural Network [OL]. (2015-3-9) [2023-4-19]. https://arxiv.org/abs/1503.02531.

[8] ZHENG S, LU J, ZHAO H, et al. Rethinking Semantic Segmentation from a Sequence-to-Sequence Perspective with Transformers [OL]. (2021-7-25) [2023-4-19]. https://arxiv.org/abs/2012.15840.

[9] D'ASCOLI S, TOUVRON H, LEAVITT M, et al. Improving Vision Transformers with Soft Convolutional Inductive Biases [OL]. (2021-6-10) [2023-4-19]. https://arxiv.org/abs/2103.10697.

[10] CHEN H, WANG Y, GUO T, et al. Pre-Trained Image Processing Transformer [OL]. (2021-11-8) [2023-4-19]. https://arxiv.org/abs/2012.00364.

[11] YUAN L, CHEN Y, WANG T, et al. Tokens-to-Token ViT: Training Vision Transformers from Scratch on ImageNet [OL]. (2021-11-30) [2023-4-20]. https://arxiv.org/abs/2101.11986.

[12] WANG W, XIE E, LI X, et al. Pyramid Vision Transformer: A Versatile Backbone for Dense Prediction without Convolutions [OL]. (2021-8-11) [2023-4-20]. https://arxiv.org/abs/2102.12122.

[13] HAN K, XIAO A, WU E, et al. Transformer in Transformer [OL]. (2021-10-26) [2023-4-20]. https://arxiv.org/abs/2103.00112.

[14] LIU Z, LIN Y, CAO Y, et al. Swin Transformer: Hierarchical Vision Transformer using Shifted Windows [OL]. (2021-8-17) [2023-4-20]. https://arxiv.org/abs/2103.14030.

[15] ZHOU D, KANG B, JIN X, et al. DeepViT: Towards Deeper Vision Transformer [OL]. (2021-4-19) [2023-4-20]. https://arxiv.org/abs/2103.11886.

[16] TOUVRON H, CORD M, SABLAYROLLES A, et al. Going deeper with Image Transformers [OL]. (2021-4-7) [2023-4-20]. https://arxiv.org/abs/2103.17239.

[17] SRINIVAS A, LIN T, PARMAR N, et al. Bottleneck Transformers for Visual Recognition [OL]. (2021-8-2) [2023-4-20]. https://arxiv.org/abs/2101.11605.

[18] YUAN K, GUO S, ZHOU A, et al. Incorporating Convolution Designs into Visual Transformers [OL]. (2021-4-20) [2023-4-20]. https://arxiv.org/abs/2103.11816.

[19] WU P, XIAO B, CODELLA N, et al. CvT: Introducing Convolutions to Vision Transformers [OL]. (2021-3-29) [2023-4-20]. https://arxiv.org/abs/2103.15808.

[20] DAI Z, LIU H, LE Q V, et al. CoAtNet: Marrying Convolution and Attention for All Data Sizes [OL]. (2021-9-15) [2023-4-20]. https://arxiv.org/abs/2106.04803.

[21] XIE E, WANG W, ANANDKUMAR A, et al. SegFormer: Simple and Efficient Design for Semantic Segmentation with Transformers [OL]. (2021-10-25) [2023-4-20]. https://arxiv.org/abs/2105.15203.

[22] HE K, FAN H, WU Y, et al. Momentum Contrast for Unsupervised Visual Representation Learning [OL].

(2020-3-23) [2023-4-22]. https://arxiv.org/abs/1911.05722.

[23] CHEN X, FAN H, GIRSHICK R, et al. Improved Baselines with Momentum Contrastive Learning [OL]. (2020-3-9) [2023-4-22]. https://arxiv.org/abs/2003.04297.

[24] CHEN X, XIE S, HE K. An Empirical Study of Training Self-Supervised Vision Transformers [OL]. (2021-8-16) [2023-4-22]. https://arxiv.org/abs/2104.02057.

[25] CHEN T, KORNBLITH S, NOROUZI M, et al. A Simple Framework for Contrastive Learning of Visual Representations [OL]. (2021-7-1) [2023-4-22]. https://arxiv.org/abs/2002.05709.

[26] CARON M, TOUVRON H, MISRA I, et al. Emerging Properties in Self-Supervised Vision Transformers [OL]. (2021-5-24) [2023-4-22]. https://arxiv.org/abs/2104.14294.

[27] BAO H, DONG L, PIAO S, et al. BEIT: BERT Pre-Training of Image Transformers [OL]. (2022-9-3) [2023-4-23]. https://arxiv.org/abs/2106.08254.

[28] PENG Z, DONG L, BAO H, et al. BEIT V2: Masked Image Modeling with Vector-Quantized Visual Tokenizers [OL]. (2022-10-3) [2023-4-23]. https://arxiv.org/abs/2208.06366.

[29] WANG W, BAO H, DONG L, et al. Image as a Foreign Language: BEIT Pretraining for All Vision and Vision-Language Tasks [OL]. (2022-8-31) [2023-4-23]. https://arxiv.org/abs/2208.10442.

[30] HE K, CHEN X, XIE S, et al. Masked Autoencoders Are Scalable Vision Learners [OL]. (2021-12-19) [2023-4-23]. https://arxiv.org/abs/2111.06377.

[31] CORDONNIER J B, LOUKAS A, JAGGI M. On the Relationship between Self-Attention and Convolutional Layers [OL]. (2020-1-10) [2023-4-23]. https://arxiv.org/abs/1911.03584.

CHAPTER 7

第 7 章

多模态机器学习中的注意力机制

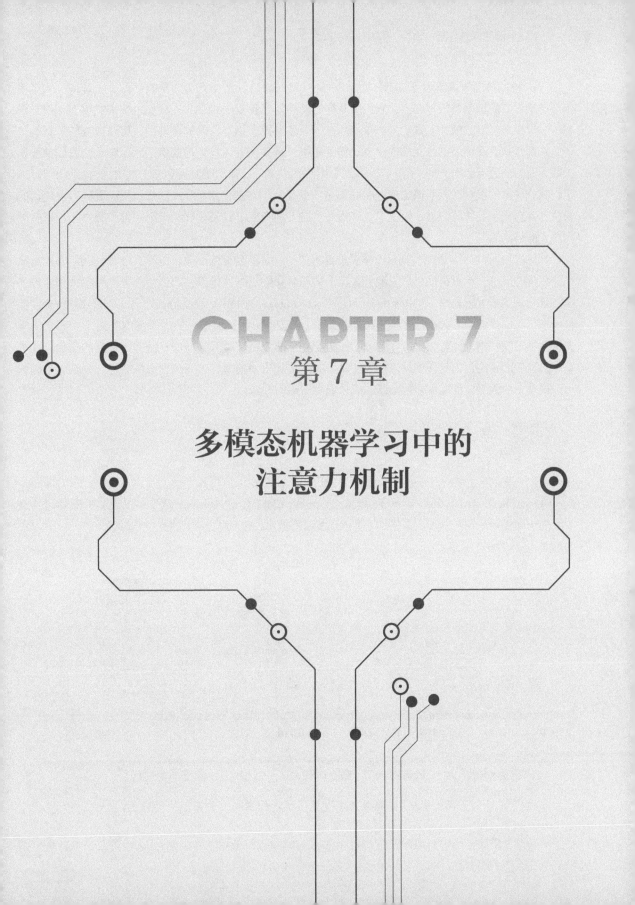

每一种信息的来源或者形式都称为一种模态(Modality)。对于人类，眼睛、鼻子、耳朵、触觉系统都是从外界获取信息的传感器，它们所获得的外界信息都是一种独立的模态——视觉模态、嗅觉模态、听觉模态和触觉模态。我们人类就生活在一个多种模态相互交融的环境中，可以说我们所做的一些认知都是基于多模态信息完成的。在日常生活中，对多模态信息处理的例子比比皆是：我们在和某人聊天时，一边听着对方的声音一边看着其表情和动作，听觉和视觉两种模态的信号被我们同时加工；我们在享受美食时，所谓的“色香味俱全”就是我们对美食的多模态认知；我们看见一块烧红的铁块，并感受到其阵阵热浪，做出了“它很烫”的正确判断，这便是我们动用视觉和触觉两种模态得到的判断结果等。

计算机与我们“生活在”同一个多模态的世界——其所处理的图像、语音、视频、文字等也是典型的多模态信息。计算机如果想象我们人类一样理解我们周围的世界，那么它必须能够解释和处理多模态信息。多模态机器学习(MultiModel Machine Learning，MMML）便是能够处理、关联并分析来自多种模态信息的机器学习分支。多模态机器学习公认是未来 AI 领域最重要的研究方向之一。而在多模态机器学习模型中，注意力机制在区分特征重要性、建立特征关系等方面，扮演着重要的角色。在本章中，我们即将注意力转移到另外一个注意力应用更加宏伟的舞台——多模态机器学习领域。该领域可以说是当今人工智能发展最为活跃、成果最为璀璨的领域。

7.1 多模态技术发展史

我们先来简要回顾一下多模态机器学习的历史。在国际计算语言学学会（Association for Computational Linguistics，ACL）2017 年召开的大会上，来自 CMU 的 LP Morency 教授将多模态机器学习的整个发展历程概括为四个阶段[1]。图 7-1 示意了多模态技术发展历程中的主要“故事线”。

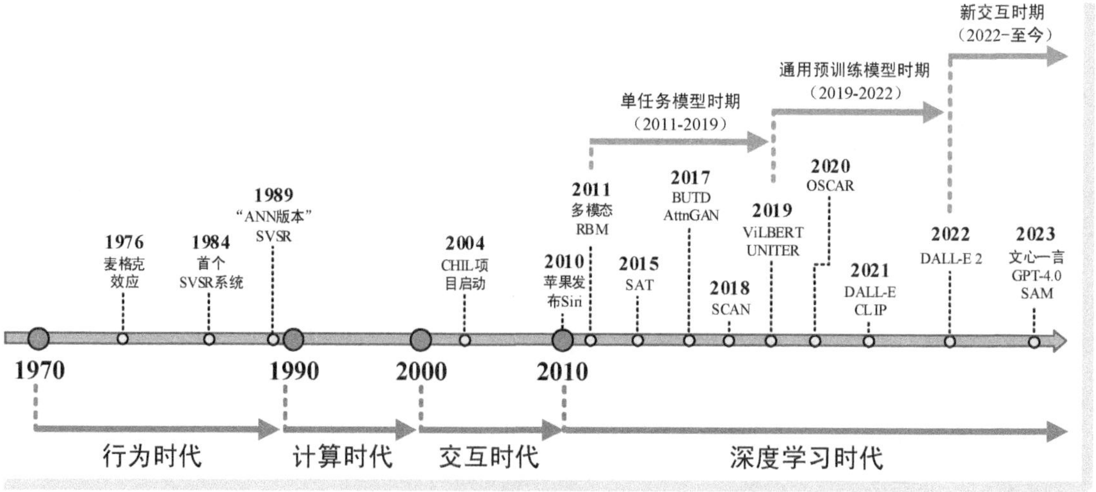

● 图 7-1　多模态技术发展历程中的主要“故事线”示意

第一个阶段被称为“行为时代”(The Behavioral Era，1970—1980 年年末)。该阶段，主要是一些认知心理学家，从认知科学的视角研究我们人类自身对多模态信息的加工机制，发现了诸多对后续多模态研究有着建设性意义的认知现象。其中，最具有代表性的研究成果莫过于“麦格克效应”（McGurk effect）。麦格克效应是20世纪70年代中期，英国萨里大学的心理学家哈里·麦格克（Harry McGurk）和约翰·麦克唐纳（John MacDonald）发现的一种有趣的认知现象。两位科学家通过实验发现人类的听觉会受到视觉的影响，经常会产生误听现象，甚至还会在脑海中虚构出第三种不存在的声音——当明明听到的是“啊”，但是看到的口型却是“喔”时，我们往往不会认为听到了“啊”，甚至还会产生幻觉，认为听到的是“咦”这一压根就不存在的第三种声音。麦格克效应体现了人类在语音感知过程中与听觉和视觉之间的相互作用，表明人类在进行声音辨识时，视觉会对听觉系统的工作施加重要影响。1976年，这两位心理学家在《自然》杂志上发表了上述研究成果。文章的标题非常有趣，叫作“听见唇动与看见声音”“Hearing Lips and Seeing Voices”。

第二个阶段被称为“计算时代”（The Computational Era，1980年年末—2000年）。在这一阶段，人们开始构建一些简单模型对多模态信息进行分析，其中代表性的应用包括多模态视听语音识别（Audio-Visual Speech Recognition，AVSR）、多模态情感计算（Affective computing）等。这一阶段的多模态模型具有两个典型特点，第一，模型结构相对简单，如使用浅层神经网络、马尔可夫链等；第二，该阶段的模型往往具有比较厚重的仿生学背景。例如，在1984年，伊利诺伊大学的Eric Petajan在其博士学位论文中认为计算机对纯粹语音信号的自动识别是不准确的，应该利用唇读（lipreading）等视觉信号来增强自动语音识别能力，就像人类在听觉退化时使用唇读来增强语音辨识能力一样。基于上述思想，Petajan研发了一个自动唇读系统，综合处理音频和口型视频双模态信号，可以说这是世界上第一个完整的AVSR系统；1989年，来自马里兰大学的Ben P. Yuhas等三名学者基于麦格克效应，利用浅层神经网络对语音和视觉信息进行整合，以提高语音辨识的准确率，特别是在语音信号带有噪声时，视频信号对其信息的补充作用就变得十分明显。

第三个阶段被称为“交互时代”（The Interaction Era，2000—2010年）。在这一阶段，人们主要从多媒体人机交互的角度入手，研究多模态识别问题，试图让人与机器像人与人之间那样开展互动。上述研究方向还有一个专有名称——多模态人机交互（Multimodal Human-Computer Interaction，MMHCI）。例如，CMU的Alex Waibel教授主导的CHIL（Computers in the Human Interaction Loop）项目，旨在将计算机置于人类交互循环中，多传感器多模态信号处理，开展面对面人机交互；我们耳熟能详的苹果语音助手Siri，便是处于本阶段美国历史上最大规模人工智能项目CALO（Cognitive Assistant that Learns and Organizes）的产物。在这一阶段，多模态模型主要还是通过浅层网络、概率图模型、支持向量机等所谓的“传统机器学习”方法构造。

第四个阶段为“深度学习时代”（The Deep Learning Era，2000年至今）。2011年，来自斯坦福大学的Jiquan Ngiam等[2]学者（我们所熟悉的Andrew Ng老师也是作者之一）在ICML会议上发表文章，提出了一系列多模态学习任务，并给出了如何利用受限玻尔兹曼机（Restricted Boltzmann Machine，RBM）学习不同模态数据特征以应对这些任务的具体模式。作者们还展示了跨模态特征学习的方法，证明了在使用多个模态（例如，使用音频和视频两种输入）时，学习得到的特征具有更强大的表达能力。该工作可以算是深度学习多模态机器学习的开山之作。随后，深度学习技术逐渐成为AI领域的主导技术，同时人们开始拥有更强大的计算资源以及规模更加庞大、信息也更为丰富的多模态数据集，基于深度学习的多模态机器学习也在诸多有利因素的加持下逐渐繁荣起来。

在最近的五到六年间，CV 和 NLP 两个领域取得突飞猛进的进展，于是视觉语言（Vision-Language，VL）双模态模型的研究也随即进入爆发时期，成为多模态机器学习领域中最重要、也是成果最为丰硕的研究方向。尤其是在最近两年，视觉语言模型所取得的长足进步，将多模态机器学习乃至整个人工智能领域推到了一个前所未有的高度，让人们不禁认为人工智能真的要来了。如果按照模型的任务性质分类，整个深度学习时代可以细分为三个具体时期。

第一个时期为单任务模型时期(2011—2019 年)。顾名思义，在该时期绝大多数的多模态模型均为仅用来完成单一任务，例如，此时期的视觉语言模型都旨在完成看图说话（Image Captioning，IC）、视觉问答（Visual Question Answer，VQA）和图文匹配（Image-Text Matching，ITM）等单一任务。

第二个时期为通用预训练模型时期(2019—2022 年)。之所以视觉语言模型也走上预训练模型的道路，主要原因还是受到预训练范式在 NLP 领域和 CV 领域取得成绩的鼓舞和激励。人们已经不再将目光局限在一个个具体的视觉语言任务上，而是倾向于像 NLP 中的 BERT 和 GPT 那样，打造能够应用于各种下游视觉语言任务的通用预训练模型。其中开山之作为佐治亚理工大学于 2019 年 8 月提出的任务无关视觉语言模型 ViLBERT[3]，随后诞生了诸多视觉语言版“BERT 们”和“GPT 们”。当然，最具里程碑意义的视觉语言预训练模型莫过于 2021 年 2 月由 OpenAI 提出的基于对比学习的 CLIP[4]。

第三个时期我们称之为“新交互时期”（2022 年至今)。这是一个人工智能领域发生深刻变革的时期。首先，人工智能内容生成（AI Generated Content，AIGC）技术突飞猛进。例如，在 2021 年 2 月，OpenAI 提出的 DALL-E[5]文本-图像生成模型，能够基于自然语言生成以假乱真的图像；2022 年 4 月，OpenAI 在其 DALL-E 2[6]中，将 CLIP 与扩散模型（Diffusion Models）[7][8][9][10]进行强强联合，达到了更加惊艳的文本到图像生成效果。2022 年年底，ChatGPT 闪亮登场，其能够与人类开展流畅自然的对话，着实令人震惊不已；到了 2023 年，受到广泛关注的百度文心一言、微软的 GPT-4.0 以及其他一些视觉语言大模型也相继诞生，在这些大模型中，计算机几乎已经能够以图文并茂的方式和人类进行灵活交互；2023 年 4 月，Meta（即原 Facebook）发布“分割一切模型”（Segment Anything Model，SAM)，该模型首次将 NLP 领域的提示学习范式引入 CV 领域，通过提示方式与机器交互，试图让机器能够掌握物体的一般概念，即所谓“分割万物”。SAM 的诞生，将“以数据为中心的人工智能”(Data-Centric AI）这一理念又往前推进了一大步。在新交互时期，相较于上述多模态机器学习第三阶段的交互时代，这一时期的交互水平已经有了质的飞跃，可谓今非昔比。人们似乎已经看到，通用人工智能（Artificial General Intelligence，AGI）离我们越来越近。

7.2 多模态机器学习面临的挑战

2017 年，LP Morency 教授在 ACL 会议上，将多模态机器学习所面临的技术挑战概括为五大方面，包括表示（Representation)、翻译（Translation)、对齐（Alignment)、融合（Fusion）和协同学习(Co-learning)[1][12]。到了 2022 年，经过对五年多模态机器学习发展的重新审视和概括，LP Morency 教授在 CVPR 会议以及随后发表的关于多模态机器学习的综述性文章中，与时俱进地将上述五大挑战订正为六大挑战，即：表示、对齐、推理（Reasoning)、生成（Generation)、迁移（Transference）和量化（Quantification）[13]。在上述挑战中，绝大多数都与注意力机制高度相关。下面，我们对两个版本的挑战（以下简称为“1.0 版挑战”和“2.0 版挑战”）进行重新整合，将注意力机制在多模态机器学习中的应用分为多模态表示、多模态对齐和跨模态生成三大类。

应用 1——多模态表示(Multimodel Representation)。多模态表示是多模态机器学习中最为基础的任务（或挑战）之一。多模态表示旨在挖掘多种模态数据之间的互补性和冗余性，对多种异质信息进行有机整合，实现模态间的信息互补和冗余滤除，从而得到更加强大的特征表示。例如，在构造 AVSR 系统时，同时收集语音和口型视频两种模态的数据。但是语音信号可能含有噪声，我们便可以将语音信号和口型视觉信号相结合来更准确地判断某人到底说了什么等。具体来说，多模态表示又主要包括两大研究方向：联合表示(Joint Representation）和协同表示(Coordinated Representation)㊀。其中，联合表示将多模态数据变换到一个共同的特征空间，得到不同模态的联合表示，即实现“多变一”。在该模式中，注意力机制体现为在多个模态的数据上交叉注意（cross-attention)，能够有效确定信息整合时“多路人马”参与了多少、参与多大程度，并进行跨模态关系建模。图 7-2a 示意了联合表示方式及注意力的工作模式（其中不同连线颜色的不同深浅表示不同强度的注意力权重)；而协同表示将每个模态变换到不同空间，但是这些空间之间互相具有约束关系（例如，使用特征之间的余弦距离进行特征约束等)。例如，以 CLIP[4] 为代表的图文对比学习就属于典型的协同表示学习：图像和文本“各走各的路”，然后用对比损失来约束两个模态特征之间的关系。在协同表示模式中，注意力机制可以分别独立施加在两个独立的数据之上，在最终目标的驱动下关注各自的重点，以使得不同模态特征表达的能力更加强大。

应用 2——多模态对齐(Multimodel Alignment)㊁。多模态对齐就是构建不同模态信息之间的对应关系。例如，在 AVSR 系统中，同时采集了语音信号和口型视频信号，那么每一个语音和口型都具有对应关系，而将二者相关联的“纽带”就是两种模态共同表达的那个客观存在的，但存在于隐空间的真实语言内容；在视觉定位（Visual Grounding）任务中，给定一幅图像和一段文字描述，需要确定与文字中的词或者短语对应的图像区域，在该应用中，进行对齐的多模态元素即文字中的词汇与图像中的区域等。多模态对齐可以分为显式对齐(Explicit Alignment）和隐式对齐(Implicit Alignment）两种具体模式㊂。其中，显式对齐指的是针对两个不同模态的信号，明确给出其对应关系。前文我们提到的视觉定位任务就是一种典型的多模态显式对齐；而隐式对齐并不以输出对齐结果为目的，而是应用在

㊀ 在“1.0 版挑战”中，表示和融合被列为两个平行的挑战，但是在现代多模态机器学习中，所谓的多模态表示（具体指这里的联合表示）就是多模态信息的融合表示，这就意味着表示和融合在某些场合就是一回事。因此在“2.0 版挑战”中，LP Morency 教授取消了“融合挑战”，而是将多模态表示细分为表示融合（representation fusion)、表示协同（representation coordination）和表示分裂（representation fission）三种具体形式。其中表示融合即包括“1.0 版挑战”中的联合表示和融合两部分内容。在这里，我们采用了“1.0 版挑战”中对多模态表示的提法，但是其中的“联合表示”等同于“2.0 版挑战”中的表示融合。

㊁ 请读者注意，我们这里所说的多模态对齐更多的是从目的角度进行的任务定义，而应用 1 中的协同表示则更倾向于架构层面的描述，二者并不是严格平行的概念。例如，很多视觉语言模型就利用对比学习来对齐两个模态的特征（如 ALBEF 模型的先对齐再融合)，而使用的架构往往又是协同表示的双塔型架构——实现两路模态的特征不做任何交互，最后才采用对比损失函数对两种特征表示进行约束。

㊂ 在“2.0 版挑战”中，LP Morency 教授将对齐细分为离散对齐（discrete alignment)、连续对齐（continuous alignment）和情境化对齐（contextualized representations)。在这里，我们采用了“1.0 版挑战”中关于对齐的分类。

其他多模态任务的中间环节，为特征表示与融合等其他环节提供服务。两种对齐方式有点像视觉显著性检测和注意力机制之间的关系——显式对齐就是以对齐为目的，而隐式对齐则是在其他应用中“不知不觉”用到对齐，因此，准确地讲隐式对齐并不是一种平行于表示的独立工作。在对齐任务中，通过跨模态构建元素之间注意力权重，以此表达其中一个模态中的某元素和另一模态所有元素的关联强度。例如，在图 7-2c 所示的示例中，模态#2 中的第 2、第 7 个元素分别对模态#1 中第 3、第 6 个元素投射有强的注意力。因此，我们认为模态#2、#1 中，元素{2,3}以及元素 {7, 6} 就具有对齐关系。

应用 3——跨模态生成(Cross-model Generation)。跨模态生成旨在基于一个模态的信号构造另一个模态的对应表示。LP Morency 教授按照目标模态内容的多少，将多模态生成细分为三大类[⊖]，即：总结(summarization)、翻译(translation) 和创造(creation)。其中，总结特指减少内容的跨模态生成，目的在于突出显示输入中最突出的部分。例如，在看图说话任务中，给定一幅图像，需要以一个词汇对图像进行概括，显然，这是一个信息凝练的过程。在这一模式下，注意力“划重点”的机制就显得尤为重要——从诸多源模态的信号中确定核心要素并生成其在目标模态中的对应表示，即做到“捡最重要的说”；翻译即指保持信息内容的模态到模态转换。翻译任务要求保持跨模态对齐的一致性，即所谓的“一到一”生成。例如，在某些看图说话任务中，要求“有什么说什么”，这便是所谓的翻译任务。在这种模式下，“有什么”这件事本身就是注意力机制的输出，只不过与总结任务相比，此处注意力的投射区域为多个；所谓创造即指由少到多的生成，允许在生成过程中带有合理的“发挥”。例如，在近期十分火爆的 AIGC 中，我们给定一个短语“一头小熊”，希望计算机输出对应的图像。计算机为我们输出了一幅正在爬树的棕色小熊。“爬树”和“棕色”我们并未要求，这显然是模型的合理化发挥。在创造模式中，注意力机制主要在于关系表达——“爬树”与小熊有关系，“棕色”与小熊也有关系。图 7-2d 为注意力机制应用于跨模态生成的示意。在该例中，注意力在模态#1 中的第 2 个元素以及在第 6、7 个元素上投射有比较强的注意力，那么针对两个注意力投射区域，生成与之对应的语言模态表示“two”和“six & seven”。

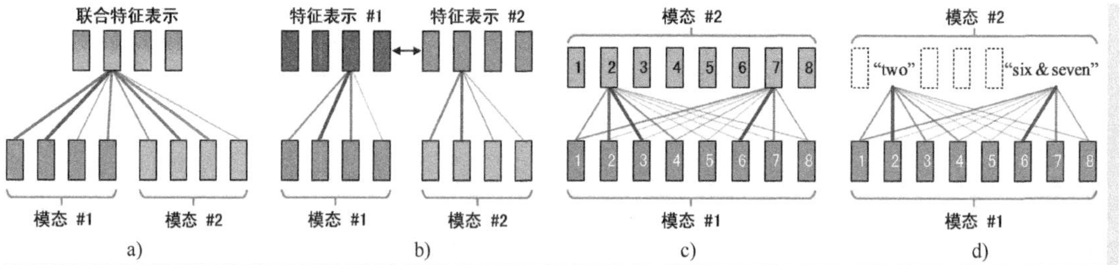

图 7-2　多模态表示、多模态对齐和跨模态生成示意（其中不同连线颜色的不同深浅表示不同强度的注意力权重）

a）联合表示　b）协同表示　c）多模态对齐　d）跨模态生成

⊖ “2.0 版挑战”将“1.0 版挑战”中的翻译纳入生成，我们这里直接采纳“2.0 版挑战”的提法。

除此之外，无论是在“1.0 版挑战”还是在“2.0 版挑战”中，LP Morency 教授将多模态协同学习(Multimodel Co-learning)作为多模态机器学习的挑战之一[⊖]。多模态协同学习通过在模态及其表示之间转移知识，旨在发掘其中一种模态的有价值信息来帮助另一模态建模，简单理解就是“在做某一个模态的任务时，用到了其他模态的信息”。多模态协同学习的一个重要应用场景即利用数据资源丰富且质量高的某模态信息去协助那些数据资源匮乏模态任务的开展。例如，我们在构建一个纯语音辨识系统时，考虑到语音信号存在比较严重的噪声干扰，为了让语音特征表示更具鲁棒性，我们可以在训练阶段引入口型视频信号，利用其对语音信号的特征表示进行约束和校正；再例如，在诸多视觉语言任务中，有一大类模型属于“文本引导的视觉任务”（Text-Guided Visual Tasks），针对此类任务的视觉语言模型通过综合学习语言特征和图像特征，将前者作为后者的“提示”（prompt），为后者补充引导信息，从而进一步提升图像分类、目标检测、语义分割等 CV 任务的水平。然而，多模态协同学习并不是一种具体的多模态数据的处理操作，而是从目的角度阐述的一种框架，因此在其实现过程中会涉及多模态表示、对齐或者生成等各种多模态数据处理，而正如上文所说，这些处理正是注意力机制重要的应用场景。

7.3 视觉语言多模态模型

所谓视觉语言（Vision-Language，VL）模型，顾名思义就是构建于视觉与自然语言两种模态上的机器学习模型。CV 和 NLP 是人工智能领域中最重要的两个分支，而二者的“联姻”——视觉语言模型必然也是多模态机器学习中最重要的方向之一。特别是在 2018 年后，CV 和 NLP 两个领域取得突飞猛进的进展，于是对于视觉语言模型的研究也进入爆发时期，视觉语言也逐渐成为整个多模态机器学习领域受到关注最多、发展最为迅猛、前景最为广阔的研究与应用方向，特别是在 2022 年后，视觉语言多模态方面的研究成果更是让人惊喜连连。在某种意义上讲，视觉语言模型已经可以作为整个多模态机器学习的代名词。因此，我们在下文中也将目光聚焦到视觉语言模型这一更加具体的多模态机器学习方向，其依托思想、所用技术在其他模态数据分析的应用中也同样适用。

7.3.1 视觉语言任务简介

下面我们首先简单介绍视觉语言任务。总体来看，视觉语言任务分为生成(Generation)、理解(Understanding)、检索(Retrieval)、视觉定位(Visual Grounding)和提示驱动视觉任务(Prompt-Guided Visual Tasks)五大类。其中生成类任务和理解类任务可以视为 NLP 领域中 NLG 和 NLU 任务的“图文版”。每大类任务下又细分为若干子任务，如图 7-3 所示。

⊖ 准确地讲，在“1.0 版挑战”中，协同学习被作为五大挑战中独立的一个，而在“2.0 版挑战”中，六大挑战中迁移挑战又被细分为跨模态迁移（Cross-modal Transfer）、多模态协同学习（Co-learning）和模型归纳（Model Induction），协同学习是其中的一个“子挑战”。

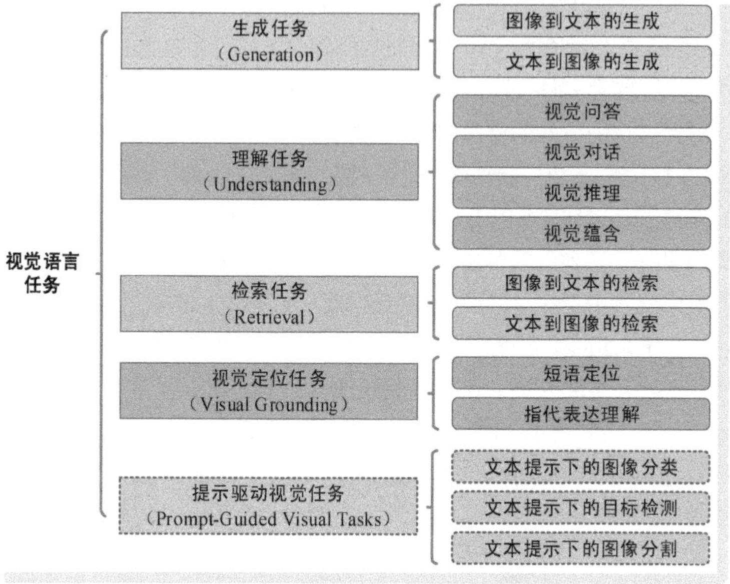

● 图 7-3　主要的视觉语言任务示意

视觉语言生成任务指在图像[⊖]模态和文本模态之间，开展跨模态的生成，可以与 NLP 中的机器翻译任务做类比。既然是跨模态生成，那么必然涉及生成的方向问题，即包括图像到文本的生成（Image-to-Text Generation）和文本到图像的生成（Text-to-Image Generation）两种具体的任务。其中，图像到文本的生成也称为“看图说话”（Image Captioning）任务，简单来说就是输入一幅图像，输出能够对这幅图像进行描述的一句话或是一组关键词。该任务要求计算机一方面实现对图像的理解——能够识别图像中的物体和场景，另一方面还要求机器实现类似于人的语言组织能力——用合理的语言将其理解的图像内容表达出来。文本到图像的生成则是相反的过程：给定一段文字或是一组关键词，要求计算机以一幅能够表达其语义的图像作为输出。该任务要求计算机一方面理解“人话”，另一方面还需要其“会画画”。相较于图像到文本的生成，文本到图像的生成更加具有挑战性。毕竟从图像生成文本等同于信息摘要，要去除信息冗余，“捡重点的说”即可。例如，所给的图像展示了一幅鸭子游泳的场景，无论图像上显示什么样的鸭子在怎样的水里游泳，只要生成的描述文本中有“鸭子”和“游泳”，生成任务基本就算过关，至于是不是在鸭子之前冠以“漂亮的”或者“水”是“碧绿的”还是“清澈的”，都无伤大雅。但是从文本生成图像则正好相反，这是一个做加法的过程，文字中涉及的内容需要体现，还需要“无中生有”地添加一些视觉冗余信息才能使得生成的图像更加自然逼真。例如，给定的文字是“鸭子游泳”四个字，那生成的图像还得考虑鸭子的羽毛是什么颜色、泳姿如何等，水是什么颜色，是不是有波纹，鸭子在水中的倒影等在所给文本以外的信息，特别是还要将这些虚构出的内容与文本要求的“必选科目”完美的结合。近些年，文本到图像生成的技术可谓突飞猛进，生成的

⊖ 准确地讲，视觉语言生成中的视觉模态不仅仅是图像，还包括视频等其他视觉载体，但是这里我们以图像这一最简单的视觉载体为例。

图像以假乱真，构成了基于人工智能的内容生成（AI Generated Content，AIGC）技术的重要组成部分。图 7-4 为图像到文本和文本到图像生成两种任务的示意。其中第一行和第二行示意了针对三幅给定的图像的文本生成结果（注：该图为示意，并不是任何真实算法的运行结果）；第二行和第三行为基于给定文本进行图像生成的示意（注：采用 Craiyon[⊖] 生成）。

A baby girl in red is riding a bicycle.
A pink baby bicycle is leaning against the wooden bridge.
A duck is standing on a stone in the water.

● 图 7-4 图像到文本和文本到图像生成两种任务的示意
（注：图像到本文的生成为笔者虚构，文本到图像的生成采用 Craiyon 实现）

视觉语言理解任务一般包括视觉问答（Visual Question Answer，VQA）、视觉对话（Visual Dialog，VD）、视觉推理（Visual Reasoning，VR）和视觉蕴含（Visual Entailment，VE）四个子任务，视觉语言理解可以视为 NLP 中 NLU 任务在图文多模态场景中的扩展。其中，视觉问答要求计算机按照视觉内容回答问题，其具体的任务定义为：给定一幅图像和一段问题文本，要求计算机基于图像回答该问题。因此，视觉问答任务可以表示为 answer = VQA(image, question)。例如，在图 7-5a 所示的示例中，我们给的计算输入为一幅图像以及问题“船是什么颜色的”，计算机按照图像实际内容给出了“白色”这一正确答案。视觉对话要求计算机以自然的对话语言与人类就视觉内容进行有意义的对话，其具体任务设定为：给定一幅图像、一个对话历史记录和一个关于图像的后续问题，要求计算机回答这个问题。视觉对话任务可以表示为 answer = VD(image, dialog, question)。相较于视觉问答任务，视觉对话任务的输入多了对话历史记录，这就要求模型具备更强的语言理解能力，能够从对话内容中抽取“蛛丝马迹”，毕竟对话历史记录是自然而连续的，其中存在大量的代词，这就要求计算机能够理解这些代词具体指代的是什么。例如，在图 7-5b 所示的示例中，给定了一幅向日葵的图像，以及一系列关于该图像的历史对话，并且提出了“花是什么颜色的”问题，模型按照图像和历史对话，给出了“黄色”

⊖ Craiyon（https://www.craiyon.com）是由谷歌和 Hugging Face 的研究员开发的 AI 绘图工具，其后台使用 Dall-E Mini 模型进行图像生成。在给定文本描述后，Craiyon 会一次性生成多幅图像，这里我们只选择了其中的一幅。

这一正确答案。视觉推理任务与视觉问答任务类似，也是要求计算机回答问题，但是视觉推理的问题涉及更多细化的对象属性及其关系，形式也更加多样，这就要求计算机对图像和语言的理解更加深刻。最基本的视觉推理任务㊀（以下简称为“基本视觉推理任务”）简单来说就是按照“一图加一问”给出回答，表示为 answer = VR(image, question)。例如，在图 7-5c 所示的示例中，针对所给图像提出“自行车后边是一座木桥吗”这样带有对象关系的问题，计算机给出了正面答复。在视觉推理中，还包括两幅图像加一个文本的输入模式，此类视觉推理任务一般被称为“自然语言视觉推理”(Natural Language Visual Reasoning，NLVR)，表示为 answer = NLVR($image_1$, $image_2$, statement)。其中，文本一般为针对两幅图像关系的陈述或者问题，任务要求模型理解两幅图像的内容，判断陈述的正确与否或是对问题进行作答。例如，在图 7-5d 所示的示例中，针对给定的两幅图像和“左图鸭子数量是右图三倍”的陈述，计算机给出了“真”的判断结果。2018 年 11 月，Rowan Zellers 等[14]来自华盛顿大学的学者们提出了上述基本视觉推理任务的升级版——视觉常识推理(Visual Commonsense Reasoning，VCR）任务并公开了相关数据集。视觉常识推理是一种非常具有挑战性的视觉语言任务，需要计算机首先根据图像内容开展视觉问答，然后再根据自身掌握的常识开展推理。上述两个步骤可以表示 answer = VQA(image, question) 和 reason = CR(commonsense, answer)（其中“CR”为“Commonsense Reasoning”的简写)。Rowan Zellers 等学者对该任务的具体设定为：给定一幅图像，以包围框标注其中的一些对象，首先让计算机回答第一道形如“某对象在做什么”或“对象 A 对对象 B 做某事是因为什么”的选择题，然后再要求计算机按照常识做第二道选择题以回答为什么做出上述选择。例如，在图 7-5e 所示的示例中，给定了一幅图像以及其上某一建筑的标注“Building 1”（当有多个目标物时，即以“Building 2”“Building 3”的方式续写)，第一个问题是问“Building 1”为何种设施，计算机对图文进行充分理解后，选择了“铁路隧道”这一正确答案；紧接着，再从四个答案中选择“因为有铁路”作为做出第一步选择的理由。视觉蕴含任务是文本蕴含任务的“图像前提版”——在文本蕴含任务中，给定一个语句作为前提（premise)，再给定另一个语句作为猜测（hypothesis)，预测后者是否能够从前者推理得到。但是在视觉蕴含任务中，需要将前提替换为一幅图像，即要求计算机判断是否能够通过图像推理得到文本表示的猜测。视觉蕴含任务可以表示为 answer = VE(image, hypothesis)。例如，在图 7-5f 所示的示例中，基于我们给定的图像，在给定的三点猜测（分别记作H1 ~ H3)中，猜测“小女孩在滑轮滑”显然是成立的（答案为 T)，猜测“小女孩在吃午饭”显然是不成立的(答案为 F)；而从给定图像无法看出运动速度，故对于猜测“小女孩滑的很快”是否成立无法做出判断（答案为 U)。

视觉语言检索任务也称为“图文匹配”任务（Image-Text Matching，ITM)，其中包括图像到文本的检索(Image-to-Text Retrieval）和文本到图像的检索(Text-to-Image Retrieval）两个子任务，二者互为逆过程。其中，前者特指给定一幅图像，从文本库中检索得到与之相匹配的文本，如图 7-6a 所示；而后者则是给定一段文本描述，从图像库中检索与之匹配的图像，如图 7-6b 所示。无论是哪个方向的检索，视觉语言检索任务的核心工作都是计算图像和文本的相似度。目前，计算图像和文本相似度的方

㊀ 此类任务往往也被划入视觉问答任务的范畴。另外，也请读者注意，对于任务的命名并不统一，主要取决于数据集提供者如何对其命名。

式包括基于融合特征的相似度预测和基于独立特征的相似度计算两种，二者分别对应多模态特征表示中的联合表示和协同表示。其中，基于融合特征的相似度预测可以表示为 similarly = sim_pred(joint_repr(image, text))，即先将图像和文本特征进行“充分搅拌”，然后再基于联合特征开展相似度预测；而基于独立特征的相似度计算可以表示为 similarly = dist(repr(image), repr(text))，即让图像和文本“各走各的路”，分别获得两种模态的特征表示后，再计算二者的相似度。

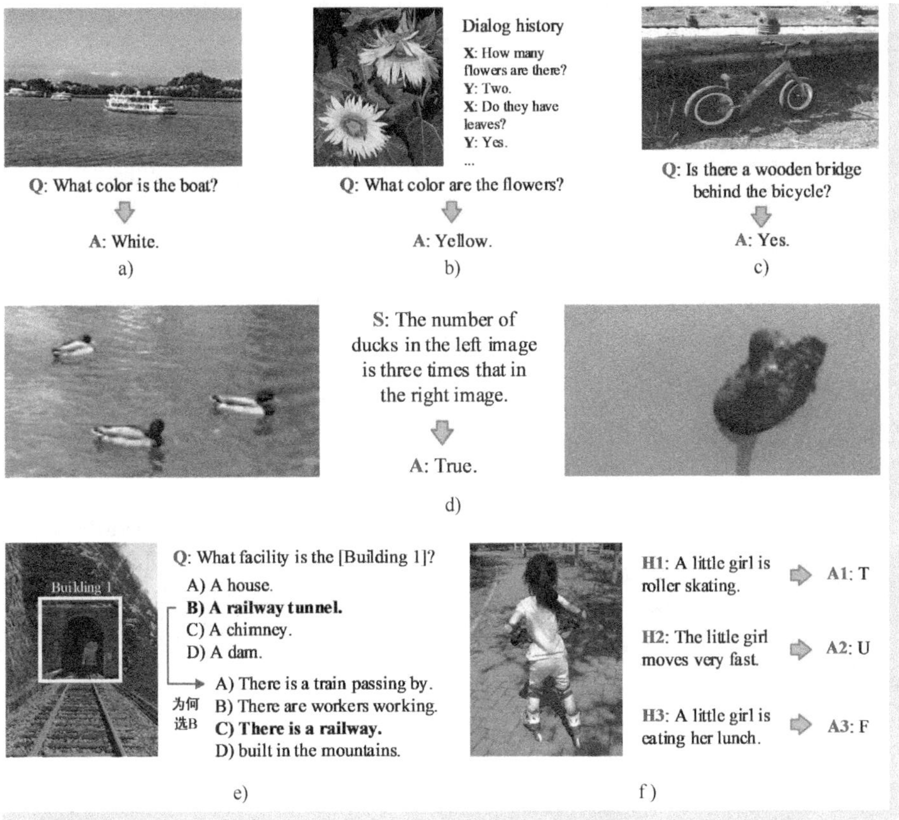

● 图 7-5　视觉语言理解任务的子任务示意（注：该图为示意，并不是任何真实算法的运行结果）

a）视觉问答　b）视觉对话　c）基本视觉推理　d）自然语言视觉推理　e）视觉常识推理　f）视觉蕴含

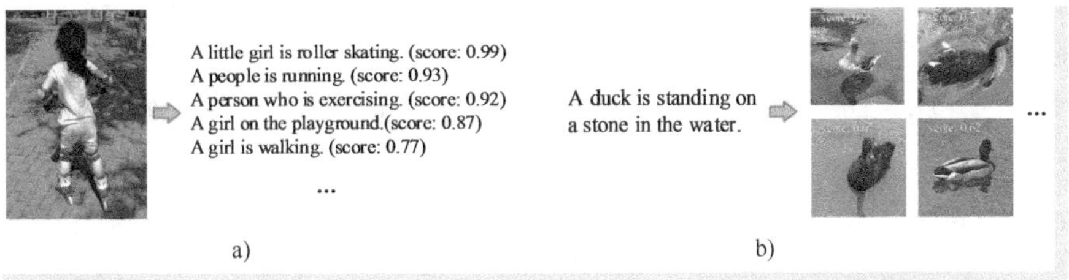

● 图 7-6　视觉语言检索任务示意（注：该图为示意，并不是任何真实算法的运行结果）

a）图像到文本的检索　b）文本到图像的检索

视觉语言视觉定位任务旨在基于自然语言查询来定位图像中最相关的对象或区域。其中查询可以是一个短语、一个句子，甚至是一个多回合的对话。不难看出，视觉定位任务要求计算机做到图像区域与词汇、短语等文本元素的对齐，因此我们可以将其简单理解为多模态对齐的可视化任务。视觉定位任务具体包括短语定位(Phrase Grounding，PG）和指代表达理解(Referring Expression Comprehension，REC）两个主要子任务㊀。其中，短语定位任务要求计算机将所给文本中的名词性短语在图像上进行定位，简单理解就是实现将文本描述的物体与图像描述物体进行对齐。例如，在图7-7a中，描述文本为“一只鸟站在有两个果实的树枝上”，其中名词性短语包括“一只鸟”“两个果实”和“树枝”，故短语定位就需要在图上将上述要素全都定位出来（图中左右两图分别为包围框和热力图两种定位方式，下同)；而在指代表达理解任务中，对计算机的要求就高了一大截：文本描述中包含了对象间关系，以及关于对象的各种描述，任务要求计算机只在图上定位特指的对象，而非短语定位那样定位所有名词。例如，在图7-7b中，文本特指的是“那只站在树枝上的鸟”，故计算机的定位输出只能就是“那只鸟”，而不能包括其他。除此之外，视觉定位还包括了一些更加具体的定位任务，例如，“基于人的视觉定位”（Person-Centric Visual Grounding，PCVG）就要求在图像上定位文本所描述的具体人名。假设文本描述了一场篮球比赛，其中某两个著名球员正在激烈争球，则基于人的视觉定位就要求计算机在相关的新闻图片中定位两位球员，以辅助读者快速在图像上聚焦。当然，基于人的视觉属于短语定位的范畴，毕竟人名也是名词，而其也应该纳入指代表达理解的范畴，毕竟人名可以视为最为直接的人物指代。

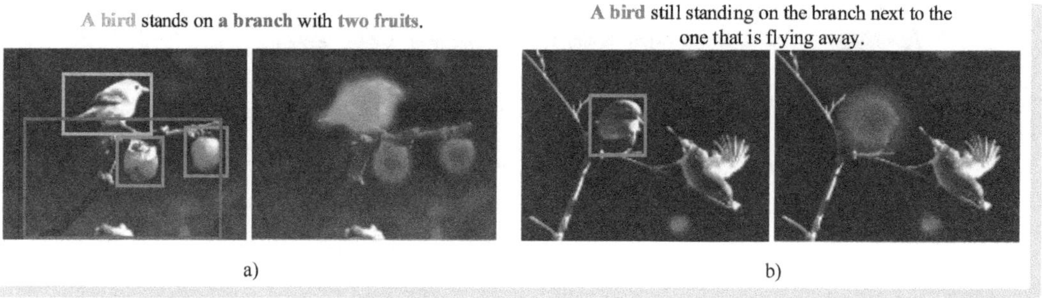

A bird stands on a branch with two fruits.
a)
A bird still standing on the branch next to the one that is flying away.
b)

● 图7-7　两种视觉定位任务示意（注：该图为示意，并不是任何真实算法的运行结果）

a）短语定位　b）指代表达理解

提示驱动视觉任务完成的仍是图像分类、检测和分割等标准CV任务。但是在执行上述任务时，需要给模型以合理的文字（甚至是其他交互信息）作为提示，使得模型能够按照提示得到相应的处理结果。相较于标准CV任务，提示驱动视觉任务最大的特点在于“提示变则结果变”，因此更加灵活高效，具有强大的“zero-shot”适配能力。提示驱动视觉任务的本质就是NLP领域广泛使用提示学习

㊀ 这里补充强调两个问题：第一，短语定位为一种泛称，例如还有一种更加具体的任务叫作“短语抽取与定位”(Phrase Extraction and Grounding，PEG)，即明确要求模型一边从文本中抽取短语，一边进行图上定位；第二，很多文献将视频定位（Video Grounding）也纳入视觉定位的范畴。视频定位即指根据给定的文本描述，从一段视频中确定与之对应活动的开始时间和结束时间，旨在抽取相关视频片段。但是笔者认为此类任务的本质是文本到图像的检索，故在这里不将其纳入视觉定位任务的考量。

(Prompt Learning)，而提示学习在 NLP 中的强大威力想必大家已经通过 ChatGPT 深深地领教过。但是需要说明的是，与前面四种有明确定义和公开数据集的视觉语言任务不同，提示驱动视觉任务并不能算作是一种严格的任务定义，而更多地算是一种新兴的 CV 任务模式。但是就在几个月前，随着交互式模型构建方式的兴起，以 Meta AI 为代表的大机构也已经着手建立提示驱动分割任务及大规模数据集了，相信在不久的将来，提示驱动视觉任务一定会全面繁荣起来。

7.3.2 视觉语言模型中的注意力机制

人们对视觉语言多模态模型的研究起步于 2000 年左右，十几年间，已经诞生了不下百种模型，其中包括应用于各类视觉语言任务的专用模型，而可以适配各类视觉语言下游任务的通用预训练模型更是数不胜数。按照注意力模型的架构，视觉语言模型中对注意力研究与应用可以分为四个时期，如图 7-8 所示。

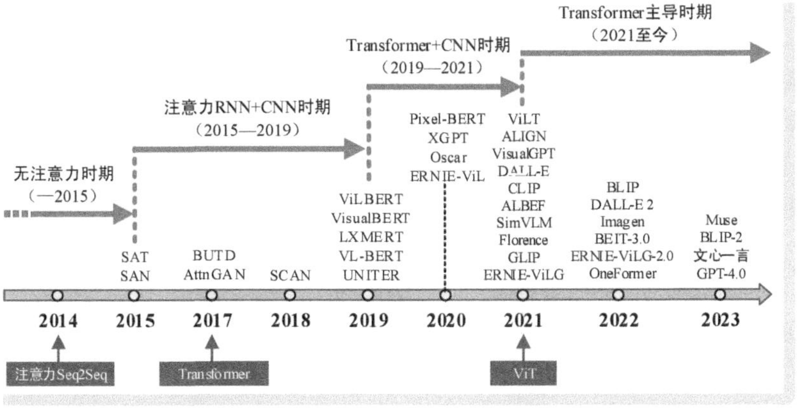

● 图 7-8 视觉语言模型的中注意力的阶段及经典模型示意

第一个时期为“无注意力时期”（—2015 年）。在该时期，人们已经开始构造看图说话、图文检索等单任务视觉语言模型。但是尚未在这些多模态模型中使用注意力机制。毕竟在该时期，单模态领域注意力机制的使用也刚刚起步。

第二个时期为“注意力 RNN+CNN 时期”（2015—2019 年）。2014 年，人们开始使用注意力 SeqSeq 模型代替标准的 SeqSeq 模型，注意力机制在 NLP 领域的应用也随机拉开序幕。受到注意力 Seq2Seq 的启发，约书亚·本吉奥及其团队于 2015 年提出用于看图说话任务的 SAT（Show，Attend and Tell）模型[15]，该模型也是一个具有编码器-解码器的 Seq2Seq 模型，其中图像编码器具有 CNN 结构，而解码器部分则是带有注意力的 RNN 结构。SAT 模型的提出开启了视觉语言模型中注意力应用的先河。在随后，诞生了一批带有注意力机制的视觉语言模型，用来完成看图说话、视觉问答等单一多模态任务。针对图像和文本双模态输入，这些模型均采用 CNN 结构和 RNN 结构分别对其进行编码表示，而注意力也都表现为用于两种特征交互的交叉注意力机制。

第三个时期为“Transformer+CNN 时期”（2019—2021 年）。2017 年，NLP 领域出了一件大事——Transformer 模型诞生。随后，整个 NLP 领域的模型清一色的从 RNN 架构变为 Transformer 架构，这股浪潮自然也波及视觉语言双模态模型中的语言处理部分——视觉语言模型中的文本编码器瞬间全部“Transformer 化”。但是，此时 Transformer 在 CV 领域尚处于“试水”阶段，故视觉语言模型中的图像编码器仍被 CNN 架构牢牢统治。除此之外，基于 Transformer 架构的预训练模型在 NLP 领域已经风靡已久。因此在视觉语言领域，人们也开始着手构造类似 BERT 和 GPT 的“图文版”预训练模型。在这一时期，注意力的工作机制包括两种，一种为在两路模态特征之间以“互查”方式进行特征融合的交叉注意力；另一种在文本单模态特征加工时使用的自注意力机制。

第四个时期为“Transformer 主导时期”（2021 年至今）。2021 年，视觉 Transformer 在 CV 领域广泛使用，CNN 的地位也受到了严峻挑战。与此同时，在视觉语言多模态领域，人们也开始诟病以重量级 CNN（特别是目标检测模型）作为图像编码器太过臃肿的问题。视觉 Transformer 的诞生可谓“久旱逢甘霖”——视觉 Transformer 开始全面介入视觉语言模型。在该阶段，视觉语言模型的架构总体上分为两种，第一种架构为后期融合（late fusion）架构。该架构一般具有“双塔”形态——文本编码器和图像编码器首先对两种模态的特征进行独立加工，后期再进行模态融合。而上述两种模态的编码器全都采用 Transformer 架构。因此，在这一架构下，注意力的使用体现为“自注意力+交叉注意力”模式——“双塔”内部的单模态特征处理使用的是自注意力机制，而交叉注意力则应用于后期模态融合操作中跨模态交互。第二种架构为先期融合（early fusion）架构。该架构一般具有“单塔”形态——图像块被视为词汇，也像词汇那样进行各类嵌入操作，随后与文本一并送入一个统一的 Transformer 模型。此时此刻，图像和文本的特征已经别无二致，因此一开始就利用自注意力机制让两种模态的特征“水乳交融”。

7.4 经典多模态模型剖析

接下来，我们分四部分对视觉语言模型以及其中的注意力机制进行剖析。其中，第一部分为对早期单任务视觉语言模型的剖析，这些模型都是针对看图说话、视觉问答等单一视觉语言任务而设计的；第二部分为对视觉语言预训练模型的剖析，这些模型是作为适配各类具体视觉语言下游任务的通用基础模型而构造的；第三部分为针对提示驱动下 CV 模型的讨论，这些模型都是针对 CV 任务而设计的，但却都采用了提示驱动的新模式；第四部分为针对几种新型图像生成模型的剖析，而这些模型都是当代 AIGC 领域的经典模型。

7.4.1 早期单任务视觉语言模型

早期有关视觉语言多模态的工作多集中在单一任务上，以“一任务一模型”的方式开展模型构造，注意力机制的赋能也是如此。那么在这部分内容中，我们对早期的经典单任务视觉语言模型展开分析，其中涉及的具体模型包括五个，针对视觉语言任务包括图像到文本的生成任务（以下将该任务简称为“看图说话”）、视觉问答任务、文本到图像的生成和视觉语言检索任务（以下将该任务简称为“图文匹配”）四种。

1. SAT：看图说话

在 NLP 领域，机器翻译是典型的序列到序列任务，最早的模型基于 RNN 编码器-解码器的

Seq2Seq 模型。而到了图文多模态任务中，看图说话要求针对输入的图像生成文本描述，其本质也是一种翻译任务，只不过是跨了图像和文本两个模态而已。因此在 2014 年 11 月，Oriol Vinyals 等[22]四名来自谷歌的学者参考标准 Seq2Seq 模型的思路，提出了应用于看图说话任务的“Show and Tell”模型(以下简称“ST 模型”)，该模型也具有编码器-解码器架构，只不过面对图像的编码器换为了 CNN。请读者注意，ST 模型的名称里没有“Attend”，这就意味着该模型未使用注意力机制，故 ST 模型可视为标准 Seq2Seq 模型的图文版。随后，注意力 Seq2Seq 模型诞生，该模型在标准 Seq2Seq 模型上引入注意力机制以提高机器翻译的质量。那么，是否能够在 ST 模型的基础上，也增加注意力机制，使得看图说话能够更加有效呢？这便是我们下文的主角——SAT 模型。2015 年 2 月，Kelvin Xu 等[15]学者受注意力 Seq2Seq 模型的启发，在 ST 模型的基础上，提出了看图说话模型 SAT（简称来自论文题目“Show，Attend and Tell”）。SAT 模型既是注意力 Seq2Seq 的图文版，又是 ST 模型的注意力版。作为视觉注意力应用的开山之作（自然也是视觉语言模型中注意力机制的开山之作），SAT 模型为看图说话任务乃至整个多模态机器学习方向打开了注意力的大门，影响极其深远。

图 7-9 示意了 SAT 模型的工作模式。SAT 模型也采用了编码器-解码器架构。下面，我们从六个方面将其与机器翻译的注意力 Seq2Seq 模型进行对比。首先是四点不同：在输入方面，注意力 Seq2Seq 模型面对的是一段语言序列，而 SAT 模型面对的是一幅图像；在处理单元方面，注意力 Seq2Seq 模型的处理单元为字、词等具有时间关系的语言单位，而 SAT 模型的处理单元为具有空间关系的图像区域；在编码器架构方面，注意力 Seq2Seq 模型使用 RNN 作为编码器架构，而 SAT 模型采用 CNN（准确地讲是 FCN）作为编码器架构；在注意力作用模式方面，注意力 Seq2Seq 模型的注意力机制体现为针对不同语言单位的注意力权重，而在 SAT 模型中则体现为针对不同位置卷积特征的注意力权重。然后是两点相同：在解码器架构方面，二者均采用 RNN 作为解码器架构；在输出方面，二者均以语言序列作为输出。

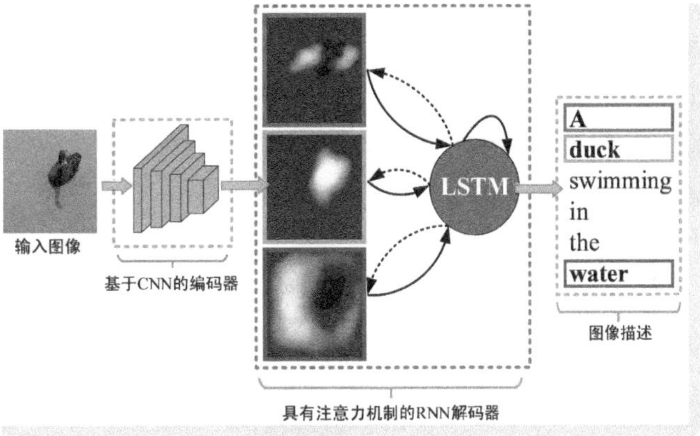

● 图 7-9　SAT 模型的工作模式示意

在注意力 Seq2Seq 模型中，编码器为 RNN 架构（准确地讲是 LSTM)，输入单词序列中的每个词汇都有一个隐状态向量作为对应词汇的特征表示。与之类似，SAT 采用 FCN 作为编码器，FCN 输出特征图与原始图像按照位置也具有对应关系。图 7-10 为注意力 Seq2Seq 模型与 SAT 模型的对比示意。在图 7-10a 的注意力 Seq2Seq 模型中，RNN 隐状态 h_7 为输入序列中“水”一词的特征表示。而在图 7-10b SAT 模型中，FCN 输出特征图的某一位置也代表了原图与之对应区域的特征表示，这一区域同样也是“水”，只不过这里的“水”是一种视觉形式的存在。

在 SAT 模型中，FCN 作为编码器，针对输入图像的 L 个位置输出 L 个向量作为其特征表示，每个

特征向量的维度为 D，表示为⊖

$$h=\{\boldsymbol{h}_1,\boldsymbol{h}_2,\cdots,\boldsymbol{h}_L\},\boldsymbol{h}_i\in\mathbb{R}^D \tag{7-1}$$

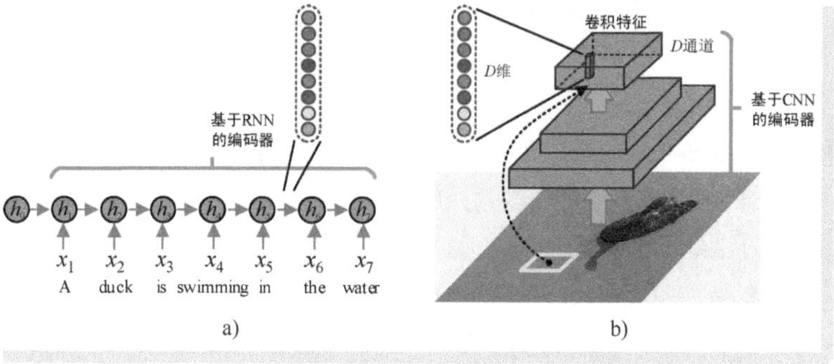

● 图 7-10 注意力 Seq2Seq 模型与 SAT 模型的对比示意
a）注意力 Seq2Seq 模型 b）SAT 模型

注意力 Seq2Seq 模型中的注意力体现为将基本 Seq2Seq 模型中的单一上下文序列替换为多个具有不同侧重的上下文序列，而每个上下文序列又是不同注意力权重下各特征表示的加权和，因此注意力模型的核心就是获取这些注意力权重。SAT 模型也是以类似的方式引入注意力机制，其核心也是针对多个上下文序列在每个卷积特征上指定一个注意力权重。针对第 t 步的描述词汇生成，与该步骤匹配的上下文序列为 $\boldsymbol{c}_t$，对应每个卷积特征上的注意力权重记作$\alpha_{ti}(i=1,2,\cdots,L)$，则所谓的注意力模型表达为一个函数$f_{\text{att}}$（在注意力 Seq2Seq 模型中对应函数称之为对齐模型 a）。在 SAT 模型中，该函数表达为一个 MLP 结构，其输入为上一步解码器隐状态 $\boldsymbol{s}_{t-1}$以及针对位置 i 提取的卷积特征 $\boldsymbol{h}_i$，输出为注意力强度（归一化之前的注意力权重），即

$$e_{ti}=f_{\text{att}}(\boldsymbol{s}_{t-1},\boldsymbol{h}_i),i=1,2,\cdots,L \tag{7-2}$$

然后，同样使用 softmax 函数得到归一化注意力权重 $\boldsymbol{\alpha}_{ti}=\exp(e_{ti})/\sum_{k=1}^{L}\exp(e_{tk})$。图 7-11 “鸭子游泳”例子中，$t=1$ 和 $t=2$ 时的注意力权重分布示意（在该例中，FCN 输出的特征图尺寸为 7×7，即 $L=49$）。

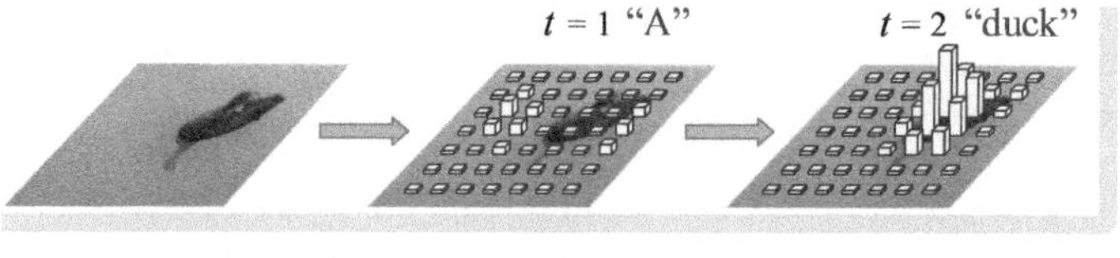

● 图 7-11 “鸭子游泳”例子中，$t=1$ 和 $t=2$ 时的注意力权重分布示意

在不同的步骤 t，FCN 特征图的每一个特征位置 i，都有一个注意力权重$\boldsymbol{\alpha}_{ti}$与之对应。有了注意力权重，SAT 模型通过构造注意力函数 ϕ，将所有位置卷积特征与对应注意力权重进行融合，得到一个

⊖ 在 SAT 原文中，特征表示使用符号 $\boldsymbol{a}$ 来表示，但是为了与下文中 Seq2Seq 模型保持一致，这里使用 $\boldsymbol{h}$ 作为其符号表示，其他符号也有类似情况。

上下文特征 c_t

$$c_t=\phi(\{\alpha_{ti}\},\{h_i\}),i=1,2,\cdots,L \tag{7-3}$$

通过构造不同的注意力函数 ϕ，SAT 模型给出了两种可选的注意力机制：确定柔性注意力（Deterministic Soft Attention）机制和随机硬性注意力（Stochastic Hard Attention）机制。在确定柔性注意力机制中，注意力权重α_{ti}扮演的角色是表达在第 t 步中卷积特征 h_i参与上下文序列 c_t合成操作时的重要性，对应到输入图像即为分配到图像不同区域的注意力权重。这与注意力 Seq2Seq 模型中的注意力权重的作用是相同的，注意力函数 ϕ 的形式也是加权和，即

$$c_t=\sum_{i=1}^{L}\alpha_{ti}h_i \tag{7-4}$$

在这种注意力机制下，整个模型光滑可微，符合对柔性注意力模型的定义，因此可以利用基于梯度反向传播来进行端到端的训练。SAT 模型在确定性柔性注意力机制下的损失函数定义为

$$L_d=-\log p(y\mid x)+\lambda\sum_{i=1}^{L}\left(1-\sum_{t=1}^{C}\alpha_{ti}\right)^2 \tag{7-5}$$

式中，第一项为主损失函数，定义为在给定输入图像 x 的条件下、输出词汇 y 的负对数似然函数，这里显然是用到了最大似然估计；第二项为约束项，λ 为事先给定的约束项权重系数。该约束项要求相同位置的注意力权重在不同步骤下的取值之和趋近于 1，有 $\sum_{t=1}^{C}\alpha_{ti}\approx 1$，即要求同一位置在所有步骤中至少得到了“关注”（可以是在所有步骤中“旗鼓相当”的关注，也可以是在某一步中给予“重点关注”）。添加这一约束的目的是为了能够令注意力在不同位置的分配更加多样，从而使得最终输出的词汇更具有丰富性。例如，还是在上述“鸭子游泳”的例子中，如果在所有步骤中，水所在位置永远得不到注意力分配，即针对这些区域有“$\sum_{t=1}^{C}\alpha_{t水}\approx 0$”，这就意味着在最终得到的词汇中，永远不可能出现“水”这一词汇。图 7-12 以“鸭子游泳”为例，SAT 模型柔性注意力机制工作流程示意（其中假设输入图像的尺寸为 224×224，由 FCN 得到特征图的尺寸为 14×14×512，因此有 $L=14\times14=196$、$D=512$。假设词典维度 $K=10000$，词嵌入维度 $m=512$，LSTM 隐状态向量维度 $n=1024$）。

柔性注意力体现了参与特征合成“贡献”，而硬性注意力则反映了“资格”——在随机硬性注意力机制中，FCN 特征图上只有一个位置的特征“有资格”参与上下文序列的合成，从而进一步输入解码器进行后续的描述生成工作，这一“有资格”位置即为注意力投射点（对应到输入图像上即为一个注意力投射矩形区域）。这种注意力机制的实质就是区域选择，相当于图像描述生成只会针对被认为是重要的区域进行，该操作方式完全符合对硬性注意力模型的定义，其名称中“硬性”一词也是来源于此。令 b_{ti}为一个 0/1 指示器，在第 t 步描述词汇生成中，若处于位置 i 的特征被确定为注意力投射位置，则 $b_{ti}=1$，而对于其他位置 $j(j\neq i)$，有 $b_{tj}=0$。因此，向量 b_t可以视为第 t 步注意力的“独热”掩膜。在这种机制下上下文序列的计算方式以纯粹的“挑选”方式进行，即

$$c_t=\sum_{i=1}^{L}b_{ti}h_i \tag{7-6}$$

在确定 b_{ti}时，可以将随机向量 b_t视为服从以$\{\alpha_{ti}\}$，$i=1,2,\cdots,L$ 为参数的多维伯努利分布（Multinoulli Distribution，具体来说这里就是 L 维），表示为

$$p(b_{ti}=1\mid b_{j<t},h)=\alpha_{ti} \tag{7-7}$$

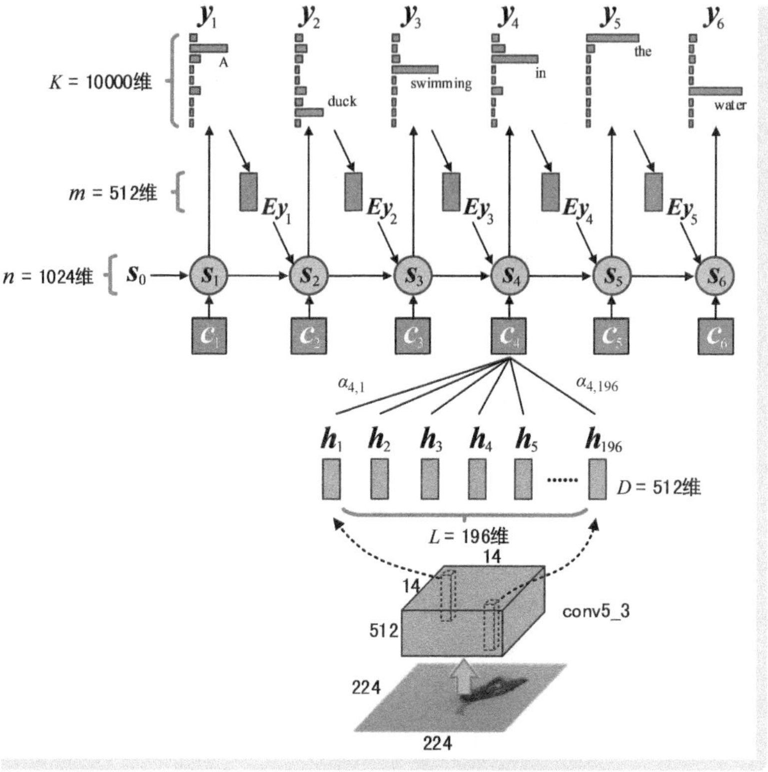

● 图 7-12　SAT 模型柔性注意力机制工作流程示意

式中，概率α_{ti}表示在给定图像特征 $\boldsymbol{h}$ 以及之前步骤 j（$j<t$）已获得注意力掩膜 $\boldsymbol{b}_{j<t}$的条件下，当前步骤 t 中处于位置 i 的特征（即对应图像区域）“有资格”（即 $b_{ti}=1$）进行后续词汇生成的可能性。用 $\boldsymbol{y}$ 表示解码器最终输出的描述词汇序列，则最优的生成词汇序列 $\boldsymbol{y}^*$ 能够使得在给定图像特征 $\boldsymbol{h}$ 的条件下，输出序列 $\boldsymbol{y}$ 的对数似然函数取得最大值，即

$$\boldsymbol{y}^* = \text{argmax}_y \log p(\boldsymbol{y} \mid \boldsymbol{h}) \tag{7-8}$$

而 $\boldsymbol{y}$ 的边缘分布可以通过在 $\boldsymbol{y}$ 与 b 的联合分布中对 b 进行边缘化得到（在这里 b 可以认为是模型的隐变量），即 $p(\boldsymbol{y} \mid \boldsymbol{h}) = \sum_b p(\boldsymbol{y}, b \mid \boldsymbol{h})$，而 $p(\boldsymbol{y}, b \mid \boldsymbol{h}) = p(\boldsymbol{y} \mid b, \boldsymbol{h}) p(b \mid \boldsymbol{h})$，因此有

$$\log p(\boldsymbol{y} \mid \boldsymbol{h}) = \log \sum_b p(\boldsymbol{y} \mid b, \boldsymbol{h}) p(b \mid \boldsymbol{h}) \tag{7-9}$$

令 $L_s = \sum_b p(b \mid \boldsymbol{h}) \log p(\boldsymbol{y} \mid b, \boldsymbol{h})$，按照琴生不等式(Jensen Inequality)，有 $L_s \leqslant \log \sum_b p(\boldsymbol{y} \mid b, \boldsymbol{h}) p(b \mid \boldsymbol{h})$，即有 $L_s \leqslant \log p(\boldsymbol{y} \mid \boldsymbol{h})$。这就说明 L_s是所求对数似然函数 $\log p(\boldsymbol{y} \mid \boldsymbol{h})$ 的下界。这样一来，最大化对数似然 $\log p(\boldsymbol{y} \mid \boldsymbol{h})$ 的问题以优化其下界 L_s的方式取而代之，因此 L_s即为模型新的目标函数。设 W 为 L_s中的待学习参数，则针对 L_s计算关于 W 的梯度有

$$\frac{\partial L_s}{\partial W} = \sum_b p(b \mid \boldsymbol{h}) \left[\frac{\partial p(\boldsymbol{y} \mid b, \boldsymbol{h})}{\partial W} + \log p(\boldsymbol{y} \mid b, \boldsymbol{h}) \frac{\partial p(b \mid \boldsymbol{h})}{\partial W} \right] \tag{7-10}$$

式中，将方括号中的部分视为一个函数，即可以将其表达为数学期望的形式$\mathbb{E}_{b\sim p(b|\boldsymbol{h})}\left[\frac{\partial p(\boldsymbol{y}|b,\boldsymbol{h})}{\partial W}+\log p(\boldsymbol{y}|b,\boldsymbol{h})\frac{\partial p(b|\boldsymbol{h})}{\partial W}\right]$。针对上述期望，需要遍历 b 的所有可能才可以精确得到，因此 SAT 模型通过蒙特卡洛方法以采样的方式近似计算，也正是因为引入采样，这里的注意力才被冠以“随机”的名称。首先，由于注意力掩膜 $\boldsymbol{b}_t$服从以$\{\alpha_{ti}\}$为参数的多维伯努利分布，因此对于第 t 步注意力的“独热”掩膜可以通过从多维伯努利分布中采样得到，即有$\tilde{b}_t \sim \text{Multinoulli}_L(\{\alpha_{ti}\})$。在该分布中，参数$\{\alpha_{ti}\}$为一组 L 维离散概率分布，有 $\sum_{i=1}^{L}\alpha_{ti}=1$。$\alpha_{ti}$的取值表示在位置 i 出现 1，而其他位置出现 0 的概率。例如，$\boldsymbol{\alpha}_t=\{0.1,0.2,0.7\}$，表示$\{1,0,0\}$、$\{0,1,0\}$和$\{0,0,1\}$这三种情况的出现概率分别为 0.1、0.2 和 0.7。在上例中，所谓采样是指$\tilde{b}_t$每次可以随机出现上述三种情况中的任意一种，只不过是经过足够多次采样后，三种情况占总采样次数的比例分别约为一成、二成和七成。进行 N 次抽样，梯度 $\partial L_s/\partial W$ 可依据函数在采样点上的均值近似计算，即

$$\frac{\partial L_s}{\partial W}\approx\frac{1}{N}\sum_{n=1}^{N}\left(\frac{\partial p(\boldsymbol{y}|\tilde{b}^n,\boldsymbol{h})}{\partial W}+\log p(\boldsymbol{y}|\tilde{b}^n,\boldsymbol{h})\frac{\partial p(\tilde{b}^n|\boldsymbol{h})}{\partial W}\right)\tag{7-11}$$

在以上述蒙特卡洛方法进行梯度估计时，SAT 模型通过使用滑动平均基线(moving average baseline) 方法来减少梯度波动。滑动平均的基本思想为：在以迭代方式进行某变量的更新时，为了防止数值的剧烈抖动，将最新取值与前一次取值按照一定比例合成，作为变量的当前赋值（形如$x'^{(n+1)}\leftarrow w_1x^{(n)}+w_2x^{(n+1)}$）。考虑到上式中梯度估计的不稳定性主要是由无界函数 $\log p(\boldsymbol{y}|\tilde{b}^n,\boldsymbol{h})$产生，因此基线构建也针对该函数进行。滑动平均基线以累积方式进行构造：在第 k 个迭代批次中，当前基线 r_k为 $\log p(\boldsymbol{y}|\tilde{b}^n,\boldsymbol{h})$的最新取值与前一基线取值的合成，即

$$r_k=0.9r_{k-1}+0.1\log p(\boldsymbol{y}|\tilde{b}_k,\boldsymbol{h})\tag{7-12}$$

r_k以 9：1 的比例对旧取值和新取值进行融合。基线随着迭代的进行不断构建，迭代完成，基线也随即构建完成。获得基线后，以$(\log p(\boldsymbol{y}|\tilde{b}^n,\boldsymbol{h})-r)$替代原始学习规则中的 $\log p(\boldsymbol{y}|\tilde{b}^n,\boldsymbol{h})$，即实现对“不安定因素”的中心化处理㊀。除此之外，为了进一步降低梯度波动，引入多维伯努利分布的熵(entropy) $\mathbb{H}[b]=\sum_b p(b|\boldsymbol{h})\log p(b|\boldsymbol{h})$ 作为第二重约束。加入上述两方面约束条件后，最终的参数梯度估计方法（即学习规则）为

$$\frac{\partial L_s}{\partial W}\approx\frac{1}{N}\sum_{n=1}^{N}\left(\frac{\partial p(\boldsymbol{y}|\tilde{b}^n,\boldsymbol{h})}{\partial W}+\lambda_r(\log p(\boldsymbol{y}|\tilde{b}^n,\boldsymbol{h})-r)\frac{\partial p(\tilde{b}^n|\boldsymbol{h})}{\partial W}+\lambda_e\frac{\partial\mathbb{H}[\tilde{b}^n]}{\partial W}\right)\tag{7-13}$$

式中，$\boldsymbol{\lambda}_r$和$\boldsymbol{\lambda}_e$为事先指定的超参数，分别为针对滑动平均和熵约束的权重系数。实际上，以上学习规则与强化学习的思路是等价的：由注意力机制选择的一系列挑选操作所获得的奖励与注意力轨迹下生成目标描述语句的对数似然成正比。有了上述的“可实现”梯度，SAT 即可以利用强化学习决策梯度

㊀ 这一操作等同于样本的减均值操作，将单方向抖动变为围绕中心的双方向抖动。

的思路进行注意力的投射和目标语句输出，具体方式这里不再赘述。

以上便是我们对著名SAT模型的讨论。SAT模型将注意力Seq2Seq模型的思路应用于从“看图说话”这一图像到文本的跨域生成工作，思路可以说是相当的清晰，为后续相关领域的研究奠定了重要的基础。然而，相信读者已经感觉到，SAT模型涉及的内容十分“硬核”，这一点仅从原文长达22页的篇幅和大量的公式也可以看出。如果读者没有完全看懂SAT模型中的细节也没关系，只要理解了注意力机制在SAT中以“注意哪里就说出什么”的方式助力文本描述生成，并且还知道上述“注意”又包括了以梯度下降实现的“柔性注意力”和以强化学习实现的“硬性注意力”两种模式，就算是掌握了SAT注意力机制应用的核心要领了。

2. SAN：视觉问答

我们讨论的第二个模型为SAN。SAN模型诞生于2015年11月，作者是Zichao Yang等[16]五名来自CMU和微软研究院的学者。SAN模型专门针对视觉问答任务而设计，其全称为“堆叠注意力网络”(Stacked Attention Networks)。视觉问答的输入包括图像和问题文本，要求计算机按照图像回答问题。因此，SAN模型采用了典型的双塔结构，一路获得图像特征表示，另一路获得文本特征表示。注意力机制的作用则体现为以文本特征作为查询与图像特征进行交互和特征合成。除此之外，为了提升融合特征的表达能力，作者们将上述注意力操作组织为层级结构，即所谓的“Stacked”。在两个模态编码器㊀的选择方面，作者们使用CNN作为图像编码器，而尝试了LSTM和CNN两种不同的文本编码器结构。SAN模型的整体架构如图7-13所示（其中文本编码器以LSTM为例）。

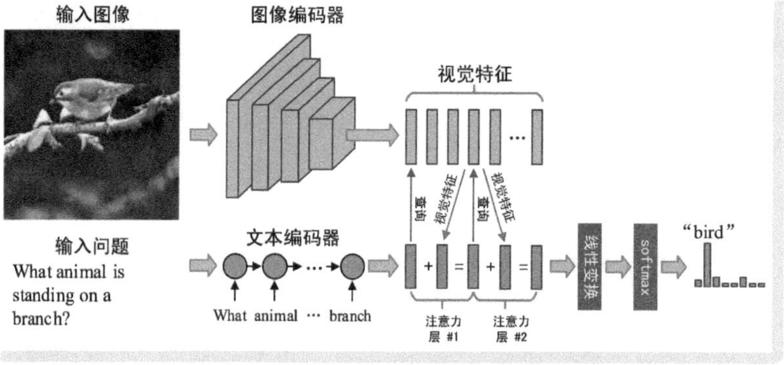

● 图7-13　SAN模型的整体架构示意

在获取图像特征表达方面，作者们使用VGG网络作为图像编码器。输入的图像维度为448×448×3，经过编码器的逐级加工，输出特征图的维度为14×14×512（1/32的降采样）。该操作可以表示为$\boldsymbol{F}_I=\text{CNN}_{\text{vgg}}(I)$。其中每一个512维特征都与原始图像上的32×32区域对应，我们将每一个特征向量记作$\boldsymbol{f}_i(i=1,\cdots,196)$。接下来，SAN对这196个512维向量进行线性变换和激活操作，即$\boldsymbol{V}_I=\tanh(\boldsymbol{W}_I\boldsymbol{F}_I+\boldsymbol{b}_i)$，$\boldsymbol{V}_I\in\mathbb{R}^{d\times 196}$，其中第$i$列向量$\boldsymbol{v}_i\in\mathbb{R}^d$即表示第$i$个图像位置对应的视觉特征，$d$为其维度。

㊀ 在SAN的原文中，分别将图像编码器和文本编码器称为“图像模型”（Image Model）和“问题模型”（Question Model），但是这里仍使用“编码器”的提法。

在获取文本特征表达方面，作者们尝试了基于 LSTM 和 CNN 的两种文本编码器结构。首先，我们将问题文本序列记作 $\boldsymbol{q}=(\boldsymbol{q}_1,\cdots,\boldsymbol{q}_T)$，其中 $\boldsymbol{q}_t(t=1,\cdots,T)$ 表示其中第 t 个词汇的独热编码表示，T 为序列长度。在基于 LSTM 的文本编码器中，首先进行词嵌入操作，然后再将嵌入特征逐个送入 LSTM。LSTM 将在每个时间步"吐出"一个隐状态向量作为已经读到的文本特征表达。上述编码过程可以表示为 $\boldsymbol{x}_t=\boldsymbol{W}_e\boldsymbol{q}_t$，$\boldsymbol{h}_t=\mathrm{LSTM}(\boldsymbol{x}_t,\boldsymbol{h}_{t-1})$。最后，SAN 取 LSTM 最后一个隐状态的输出作为对整个问题文本的特征表达，即令 $\boldsymbol{v}_Q=\boldsymbol{h}_T$。在 SAN 的原文中，$\boldsymbol{v}_Q$ 被称为"问题特征"（question vector）；在基于 CNN 的文本特征编码器中，第一步操作自然也是词嵌入操作；接下来，SAN 在嵌入特征上采取卷积操作，卷积窗口的尺寸包括 1、2 和 3 三种，分别对应一元（unigram）、二元（bigram）和三元（trigram）语言特征表示。我们将其中窗口大小为 c 的卷积操作对应的特征输出记作 $\boldsymbol{h}_c=(\boldsymbol{h}_{c,1},\cdots,\boldsymbol{h}_{c,T-c+1})$（由于不加外扩操作，故在窗口为 c 的卷积操作下，长度为 T 的序列输出长度变为 $T-c+1$），第 t 个卷积输出 $\boldsymbol{h}_{c,t}=\tanh(\boldsymbol{W}_c\boldsymbol{x}_{t:t+c-1}+\boldsymbol{b}_c)$，其中，$\boldsymbol{x}_{t:t+c-1}$ 表示词嵌入序列中从第 t 到 $t+c-1$ 的局部词嵌入向量；$\boldsymbol{W}_c$ 和 $\boldsymbol{b}_c$ 分别为卷积核和偏置参数。请读者注意，$\boldsymbol{h}_{c,t}$ 的维度可以与 $\boldsymbol{x}_t$ 不同；接下来按照时间轴进行最大池化操作，表示为 $\tilde{\boldsymbol{h}}_c=\max_t(\boldsymbol{h}_{c,1},\cdots,\boldsymbol{h}_{c,T-c+1})$；最后，将 $\tilde{\boldsymbol{h}}_1$、$\tilde{\boldsymbol{h}}_2$ 和 $\tilde{\boldsymbol{h}}_3$ 进行拼接，即得到问题文本的特征表示，记作 $\boldsymbol{v}_Q=[\tilde{\boldsymbol{h}}_1,\tilde{\boldsymbol{h}}_2,\tilde{\boldsymbol{h}}_3]$。图 7-14 示意了基于 CNN 的文本特征编码器的工作流程。在该示例中，问题文本的长度为 $T=8$；词嵌入特征维度为 4；三个卷积操作后输出特征序列的长度分别为 8、7、6，其中的特征维度均为 3；针对三个特征序列进行时间轴的最大池化，则每个特征序列都会得到一个长度为 3 的向量。经过拼接，最终得到的文本特征表示 $\boldsymbol{v}_Q$ 为一个长度为 9 的向量。

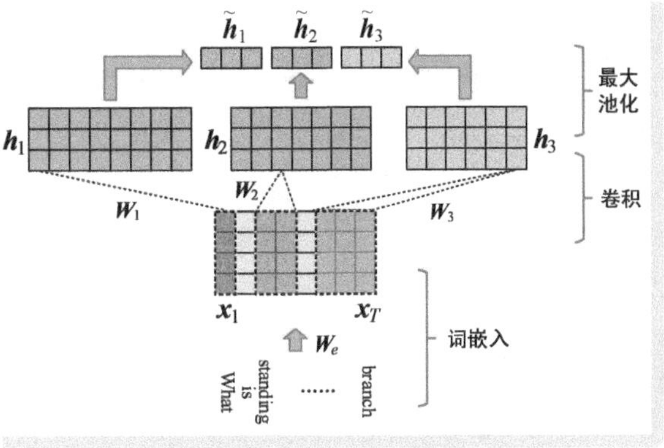

● 图 7-14　基于 CNN 的文本特征编码器的工作流程示意

有了两种模态的特征表示，下面就看二者如何通过注意力机制进行信息交互。针对图像，我们有了 CNN 提取的 196 个视觉特征向量表示 $\boldsymbol{v}_1,\cdots,\boldsymbol{v}_{196}$，针对问题文本，我们也有了经过 LSTM 或卷积提取的文本特征表示 $\boldsymbol{v}_Q$。首先，SAN 将上述两种特征表示送入一个单层神经网络进行融合，然后再利用 softmax 函数算出一组注意力权重，上述操作表示为

$$\boldsymbol{H}_A=\tanh(\boldsymbol{W}_{I,A}\cdot\boldsymbol{V}_I\oplus(\boldsymbol{W}_{Q,A}\cdot\boldsymbol{v}_Q+\boldsymbol{b}_A))\tag{7-14}$$

$$\boldsymbol{p}_A=\mathrm{softmax}(\boldsymbol{W}_P\cdot\boldsymbol{H}_A+\boldsymbol{b}_P)\tag{7-15}$$

在式 7-14 中，$\boldsymbol{V}_I\in\mathbb{R}^{d\times m}$ 和 $\boldsymbol{v}_Q\in\mathbb{R}^d$ 分别为视觉特征表示（矩阵）和问题本文特征向量，其中 d 和 m 分别为特征维度和特征个数（特征个数也就是图像的区域数，具体来说就是 $14\times14=196$）；$\boldsymbol{W}_{I,A}$ 和 $\boldsymbol{W}_{Q,A}$ 为针对上述两种模态特征的线性变换参数，二者的维度均为 $k\times d$；$\boldsymbol{b}_A\in\mathbb{R}^k$ 为文本特征线性变换的偏置向量；操作"$\boldsymbol{A}\oplus\boldsymbol{b}$"表示矩阵 $\boldsymbol{A}$ 和向量 $\boldsymbol{b}$ 的"求和"操作：将矩阵 $\boldsymbol{A}$ 的每一列都与向量 $\boldsymbol{b}$ 相加。经过式 7-14 的加工，输出矩阵 $\boldsymbol{H}_A$ 的维度为 $k\times m$；在式 7-15 中，首先 $\boldsymbol{H}_A$ 再进行一次线性变换，其中 $\boldsymbol{W}_P\in\mathbb{R}^{1\times k}$、$\boldsymbol{b}_P\in\mathbb{R}^m$ 均为线性变换的参数。上述线性变换将得到一个长度为 m 的向量，该向量经过 softmax 的概率化操作后，得到一个同等长度的概率分布，这便是站在文本特征立场上的 m 个视觉特征的注意力权重。有了注意力权重，下面就是针对视觉特征的注意力加权以及与文本特征的融合操作，表示为

$$\tilde{\boldsymbol{v}}_I = \sum_{i=1}^{m} p_i \boldsymbol{v}_i \tag{7-16}$$

$$\boldsymbol{u} = \tilde{\boldsymbol{v}}_I + \boldsymbol{v}_Q \tag{7-17}$$

在以上两式中，$\tilde{\boldsymbol{v}}_I$为整幅图像的特征表示，该特征是对图像各区域特征以不同注意力作为权重的合成结果；$\boldsymbol{u}$ 为融合后的文本特征，即以上述图像特征作为修正量对原始文本特征$\boldsymbol{v}_Q$进行修正。在上文中，我们仅仅示意了基于注意力机制的单次图像-文本交互过程，为了让两个模态的信息能够进一步"水乳交融"，SAN 将上述操作进行堆叠，构造了能够实现多次交互层级的注意网络结构。我们将层级数记作 L，对于其中的第 l 层，将上述单次交互的公式改造为层级模式只需做两点改进：第一，将各网络参数都替换为各层自身的参数；第二，将每层所用的文本特征替换为上一层输出的融合后特征。这一操作非常简单，请读者自行查阅 SAN 原文，这里我们不做过多展开。在获得最后一层的文本融合特征 $\boldsymbol{u}^L$后，SAN 再对其进行一次线性变换和 softmax 的概率化操作，可得到答案词汇对应的词典概率，即 $\boldsymbol{p}_{ans} = \text{softmax}(\boldsymbol{W}_u \cdot \boldsymbol{u}^L + \boldsymbol{b}_u)$。

在上文中，我们介绍了用于视觉问答任务的 SAN 模型。SAN 模型具有典型双塔结构，分别针对视觉问答任务的图像和问题文本获取特征表达。在该模型中，注意力为互注意力机制，文本特征被用作查询与视觉特征进行交互，将得到的注意力权重对视觉特征做有重点的合成，然后再对自身进行特征补充并进行答案预测。

3. BUTD：看图说话与视觉问答

人类视觉的注意力有自下而上和自上而下之分，前者体现了认知对象客观上所具有的能够引起人注意的特征，而后者则是指人们调用记忆等已有的认知体系，对关心的对象投射更多主观上的关注。对应到计算机领域，自下而上的注意力体现为与任务无关的图像显著性，而自上而下的注意力则体现为任务驱动下的数据重要性区分。2017 年 7 月，Peter Anderson 等[17]七名学者提出针对看图说话和视觉问答两种任务的自下而上和自上而下（Bottom-Up and Top-Down，BUTD）注意力模型。

在 BUTD 模型中，所谓的自下而上的注意力（Buttom-Up Attention）体现为通用局部图像特征提取，这与看图说话和视觉问答这两个具体任务无关。BUTD 所要求的区域要求具有"objectness"特性，即提取的图像特征得是某"东西"的特征。为了达到这一目的，BUTD 采用 Faster R-CNN 目标检测模型来获取上述局部区域，这便是我们上文所说的"OD-based"区域特征。需要注意的是，BUTD 只会利用 Faster R-CNN 得到的目标框位置信息。因此，准确地讲，Faster R-CNN 在 BUTD 中扮演的是区域建议生成的角色。在得到上述 k 个大小不一的包围后，BUTD 会将这些边框"套在"ResNet101 网络最后输出的特征图上，计算每个目标框图中的特征均值作为该区域的特征表示。我们将上述视觉特征表示记作 $\boldsymbol{V} = (\boldsymbol{v}_1, \cdots, \boldsymbol{v}_k), \boldsymbol{v}_i \in \mathbb{R}^d$。这里$\boldsymbol{v}_i$表示 Faster R-CNN 产生的第 i 个目标框的视觉特征（目标框中所有卷积特征的均值），d 为其维度，具体在 ResNet101 网络中，$d = 2048$。为了构造一个高质量的区域特征表示模型，作者们首先基于 ImageNet 数据集对 ResNet101 主干网络进行预训练，然后将以上述预训练

参数作为 Faster R-CNN 模型主干网络的初值，再在 Visual Genome 数据集上进行目标检测模型的训练。

针对看图说话任务，BUTD 模型也采用了编码器-解码器架构，其中上文提到的基于 Faster R-CNN 模型的区域视觉提取即扮演了视觉特征编码器的角色，解码器则采用了 LSTM 结构。但是与标准 LSTM 结构不同的是，BUTD 采用了双层 LSTM 单元，分别叫作“自上而下注意力 LSTM”[17]（Top-Down Attention LSTM，以下简称为“TDA-LSTM”）单元和“语言 LSTM”（Language LSTM，以下简称为“L-LSTM”）单元，其中，前者在看图说话目标的驱动下，为视觉特征计算自上而下的柔性注意力权重，而后者负责生成目标词汇（即预测词汇在词典中的概率）。在下文中我们分别以上标 1、2 标识上述两个 LSTM 的输入输出。在步骤 t 中，TDA-LSTM 单元的信息加工过程可以表示为

$$\boldsymbol{h}_t^1=\mathrm{LSTM}(\boldsymbol{x}_t^1,\boldsymbol{h}_{t-1}^1) \tag{7-18}$$

式中，$\boldsymbol{x}_t^1$、$\boldsymbol{h}_{t-1}^1$和 $\boldsymbol{h}_t^1$分别为 TDA-LSTM 单元的当前输入、上一步的隐状态和本步骤的隐状态输出。$\boldsymbol{x}_t^1=[\boldsymbol{h}_{t-1}^2,\bar{\boldsymbol{v}},\hat{\boldsymbol{y}}_{t-1}]$为三个特征的拼接：$\boldsymbol{h}_{t-1}^2$为上一步骤 L-LSTM 单元的隐状态向量输出（也将 TDA-LSTM 和 L-LSTM 视为整体，上一步隐状态输出）；$\bar{\boldsymbol{v}}=\sum_{i=1}^{k}\boldsymbol{v}_i/k$ 为 k 个视觉特征的平均值；$\hat{\boldsymbol{y}}_{t-1}=\boldsymbol{W}_e\cdot\mathrm{onehot}(\boldsymbol{y}_{t-1})$ 表示上一步骤预测词汇的词嵌入向量，其中 $\boldsymbol{W}_e$为可学习的线性嵌入矩阵，$\mathrm{onehot}(\boldsymbol{y}_{t-1})$表示上一步预测词汇概率 $\boldsymbol{y}_{t-1}$对应的独热编码表示㊀。可以看出 $\boldsymbol{x}_t^1$中融入的三方面信息包括：LSTM 的最新状态、图像的整体特征和到目前为止产生的词汇输出。目的在于为 TDA-LSTM 单元提供更加丰富的上文资料。在获得 TDA-LSTM 单元的输出 h_t^1后，接下来 BUTD 即利用一个 MLP 网络，在其与 k 个图像特征之间，预测一组归一化注意力权重$\boldsymbol{\alpha}_t\in\mathbb{R}^k$，具体方法为

$$a_{i,t}=\boldsymbol{w}_a^{\mathrm{T}}\tanh(\boldsymbol{W}_{va}\boldsymbol{v}_i+\boldsymbol{W}_{ha}\boldsymbol{h}_t^1) \tag{7-19}$$

$$\boldsymbol{\alpha}_t=\mathrm{softmax}(\{a_{i,t}\}_{i=1}^{k}) \tag{7-20}$$

式中，$\boldsymbol{W}_{va}$和 $\boldsymbol{W}_{ha}$均为可学习的线性变换矩阵，$\boldsymbol{w}_a^{\mathrm{T}}$为可学习的参数向量。不难看出，上述注意力属于典型的互注意力机制。有了注意力权重，可以用其对所有视觉特征进行加权，表示为 $\hat{\boldsymbol{v}}=\sum_{i=1}^{k}a_{i,t}\cdot\boldsymbol{v}_i$。L-LSTM对信息的加工过程可以表示为 $\boldsymbol{h}_t^2=\mathrm{LSTM}(\boldsymbol{x}_t^2,\boldsymbol{h}_{t-1}^2)$。其中，$\boldsymbol{x}_t^2=[\hat{\boldsymbol{v}},\boldsymbol{h}_t^1]$为注意力合成视觉特征和 TDA-LSTM 的输出隐状态的拼接，$\boldsymbol{h}_t^2$为该 LSTM 单元的输出；在得到 $\boldsymbol{h}_t^2$后，BUTD 对其进行线性变换和 softmax 的概率化操作，来预测第 t 步输出词汇在词典中的概率，表示为 $p(\boldsymbol{y}_t|\boldsymbol{y}_{1:t-1})=\mathrm{softmax}(\boldsymbol{W}_p\boldsymbol{h}_t^2+\boldsymbol{b}_p)$，其中 $\boldsymbol{W}_p$和 $\boldsymbol{b}_p$分别为可学习的线性变换矩阵和偏置向量。图 7-15 示意了 BUTD 看图说话任务的整体模型架构。

针对视觉问答任务，BUTD 采用了典型的“视觉编码器+文本编码器”的双塔结构。其中，视觉编码器结构与看图说话任务中的视觉编码器相同，同样是基于 Faster R-CNN 的区域视觉特征；而针对问题的文本编码器则采用了 GRU 结构，自然也是属于基于 RNN 结构的文本编码器。关于视觉编码器，我们这里不再重复，假设已经有视觉特征 $\boldsymbol{V}=(\boldsymbol{v}_1,\cdots,\boldsymbol{v}_k),\boldsymbol{v}_i\in\mathbb{R}^d$，下面我们主要讨论两路特征的融合问题。首先，对于问题文本，在对其中的每个词汇进行嵌入操作后输入 GRU 网络，获取 GRU 结构的

㊀ 请读者注意，在 BUTD 的原文中，作者上一步预测词汇的独热编码记作Π_t，笔者认为这一下标有误，故这里表示为“$\mathrm{onehot}(\boldsymbol{y}_{t-1})$”。

最后一个隐状态输出 $\boldsymbol{q}$ 作为其特征表示，然后基于该特征为每一个视觉特征计算一个注意力权重，该过程可以表示为

$$a_i = \boldsymbol{w}_a^{\mathrm{T}} f_a([\boldsymbol{v}_i, \boldsymbol{q}]) \tag{7-21}$$

$$\{\alpha_t\} = \mathrm{softmax}(\{a_i\}_{i=1}^{k}) \tag{7-22}$$

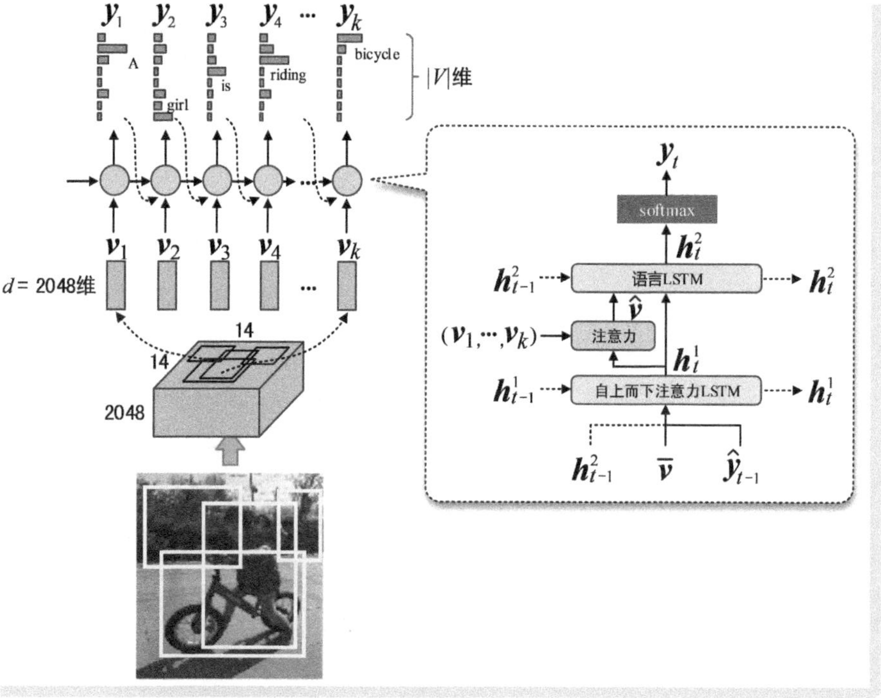

● 图 7-15　BUTD 看图说话任务的整体模型架构示意

式中，$\boldsymbol{w}_a^{\mathrm{T}}$ 为可学习的参数向量；$f_a(\cdot)$ 表示任意神经网络结构。在获得注意力权重后，即可用该权重对视觉特征进行注意力加权融合，有 $\hat{\boldsymbol{v}} = \sum_{i=1}^{k} a_i \cdot \boldsymbol{v}_i$。这里的 $\hat{\boldsymbol{v}}$ 可以认为是问题文本注意力“赋能”下的整体视觉特征。接下来，对文本特征 $\boldsymbol{q}$ 和视觉特征 $\hat{\boldsymbol{v}}$ 再分别进行两路神经网络加工，使其具有相同的维度，然后对二者进行逐元素相乘进行进一步融合，最后对融合结果再进行神经网络加工和线性变换，最后通过概率化操作，可以预测得到答案文本的词典概率。上述过程可以表示为

$$\boldsymbol{h} = f_q(\boldsymbol{q}) \circ f_v(\hat{\boldsymbol{v}}) \tag{7-23}$$

$$p(y \mid V, q) = \mathrm{softmax}(\boldsymbol{W}_p f_o(\boldsymbol{h})) \tag{7-24}$$

式中，$f_q(\cdot)$、$f_v(\cdot)$ 和 $f_o(\cdot)$ 均表示任意神经网络结构；符号“∘”表示向量的逐元素相乘。不难看出，BUTD 将文本特征构造为“直通”分支；$\boldsymbol{W}_p$ 为可学习的线性变换参数，将输入特征的维度变换到词典大小；最后的 softmax 操作对上述“logits”向量进行概率化处理，即表示答案词汇在词典上的概率分布。图 7-16 示意了 BUTD 视觉问答任务的整体模型架构。

到这里，我们对 BUTD 模型的介绍就告一段落了。BUTD 针对看图说话和视觉问答两个具体的图文双模态任务设计，前者旨在跨模态的生成，而后者属于典型的视觉语言理解。在看图说话任务中，

BUTD 使用了标准的编码器-解码器架构，而在视觉问答任务中，BUTD 则采用了视觉编码器和文本编码器并列的双塔型结构，两路特征的首次“碰撞”为注意力机制作用下的视觉特征融合，再次“碰撞”为直通文本特征与融合视觉特征的最终整合。在两种任务模型中，BUTD 均采用基于 Faster R-CNN 的区域特征作为视觉特征表示，这些特征与具体的视觉语言任务无关，故被称为自下而上的注意力，这也是 BUTD 模型最大的贡献所在，后续还有诸多视觉语言模型也均采用类似的设计。就自下而上注意力而言，BUTD 对视觉特征的提取以目标区域为单位，故属于典型的硬性注意力机制，注意力反映到原图上就是“一块一块”的。而在两种任务模型中，针对视觉特征施加的自上而下的注意力权重具有概率分布性质，故显然属于柔性注意力机制的范畴。特别是在视觉问答模型中，自上而下的注意力还表现为跨模态的注意力。

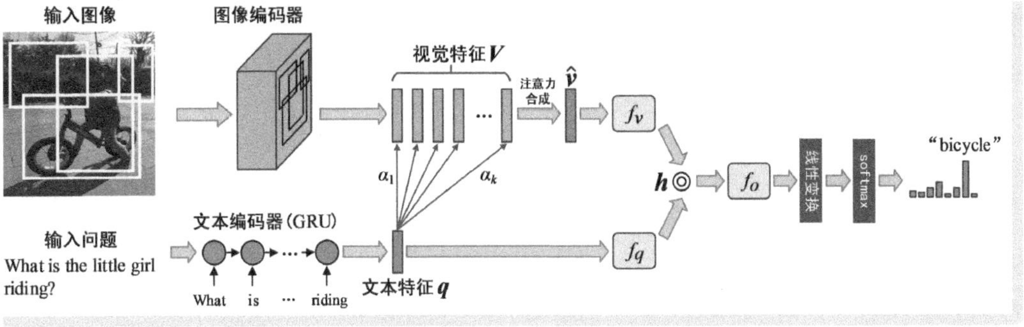

● 图 7-16　BUTD 视觉问答任务的整体模型架构示意

4. AttnGAN：文本到图像的生成

模式识别的本质问题是分类——输入一个特征，输出它对应的类别。分类，用一个更加学术、更加专业的词来说叫“判别”。判别的结果是为后续机器决策提供依托数据，因此，判别在人工智能中的重要性不言而喻。然而，判别虽然重要，但是总让人感觉不那么“高级”，总带着一种“问：你饿吗？答：我不饿”的“憨傻感”。要是让计算机能够连续地生成我们要的任何图像，那岂不是比简单地做个选择题高端大气上档次得多？如果我们以一段文本描述我们想要的内容，计算机按照该文本生成与之对应的图像，这便是图文跨模态生成任务中的从文本到图像的生成任务，属于我们前文介绍 SAT 和 BUTD 两个模型的“逆操作”。

说到图像生成，怎么能绕开大名鼎鼎的 GAN？2014 年 6 月，Ian Goodfellow 等[19]学者提出了生成式对抗网络(Generative Adversarial Networks，GAN)。该模型以随机数为输入，以我们所需内容的图像作为输出。但是这个模型怎么能让生成的图像以假乱真呢？Goodfellow 巧妙地采用对抗机制来训练它——先生成一幅假图，尽可能让判图员无法分辨其真伪，提升判图员的水平，然后再生成一幅更加逼真的假图，尽量让判图员丧失判别真伪的能力，如此往复，一个能够以假乱真的图像生成器就诞生了。GAN 模型自诞生以来，可谓开辟了一个生成式模型的新阵地，Goodfellow 也赢得了“GAN 之父”的美名。我们下文将要介绍的就是一种基于 GAN 的文本到图像生成模型，其全称为注意力生成式对抗网络(Attentional Generative Adversarial Networks，AttnGAN)。AttnGAN 模型的提出时间为 2017 年 11

月，作者 Tao Xu 等[18]七名来自理海大学和其他机构的学者。该模型通过注意力来关注自然语言描述中的相关词汇，来合成图像中不同子区域的细粒度信息。需要说明的是，AttnGAN 并不是第一个基于 GAN 的文本到图像生成模型，但是相较于之前模型将整个文本描述编码为一个向量表示的“粗犷”生成，AttnGAN 正如其题目所强调的“Fine-Grained”的那样重在“抠细节”，这也正是注意力机制所发挥的重要作用。

为了让读者们能够更容易地理解 AttnGAN，下面我们首先对其基础——标准 GAN（即 2014 年 Goodfellow 提出的 GAN 模型）和条件 GAN [20]（Conditional GANs，CGAN）两个模型进行简单介绍。标准 GAN 采用生成器和判别器交替训练的模式让二者的水平“水涨船高”——首先给定一个随机向量 $\boldsymbol{z}$，将其送入一个生成器 G，得到对应的生成数据$\hat{\boldsymbol{x}}=G(\boldsymbol{z})$，然后将其与真实数据 $\boldsymbol{x}$ 放在一起，训练一个判别器 D（即二分类的分类器），使得判别器能够辨别真假。因此，在固定生成器的情况下，对判别器的优化目标可以表示为

$$D^*=\underset{D}{\operatorname{argmax}}\mathbb{E}_{x\sim p_r}[\log D(\boldsymbol{x})]+\mathbb{E}_{\hat{x}\sim p_g}[\log(1-D(\hat{\boldsymbol{x}}))] \tag{7-25}$$

式中，p_r和p_g分别表示真实数据和生成数据的分布；$D(\boldsymbol{x})$表示将数据 $\boldsymbol{x}$ 判断为真的概率。上式包括了两项，其中第一项要求“检验员”在平均意义下（数学期望）、将真实数据判断为真的可能性（对数似然）要尽量大；而第二项要求“检验员”在平均意义下，将假数据误判为假的可能性要尽量大。D^*表示在当前生成器下，训练得到的最优判别器。有了最优判别器，接下来就轮到提升“造假”水平了——在固定最优判别器的情况下，对生成器的优化目标可以表示为

$$G^*=\underset{G}{\operatorname{argmin}}\mathbb{E}_{\hat{x}\sim p_g}[\log(1-D^*(\hat{\boldsymbol{x}}))] \tag{7-26}$$

式中，$D^*(\hat{\boldsymbol{x}})$表示最优判别器$D^*$将生成数据$\hat{\boldsymbol{x}}$判断为真的概率，$1-D^*(\hat{\boldsymbol{x}})$则表示将其判断为假的概率。因此，以上优化目标即要求平均意义下，生成器要使得生成的假数据被判别器判断为假的可能性最小。图 7-17a 为标准 GAN 结构的示意。

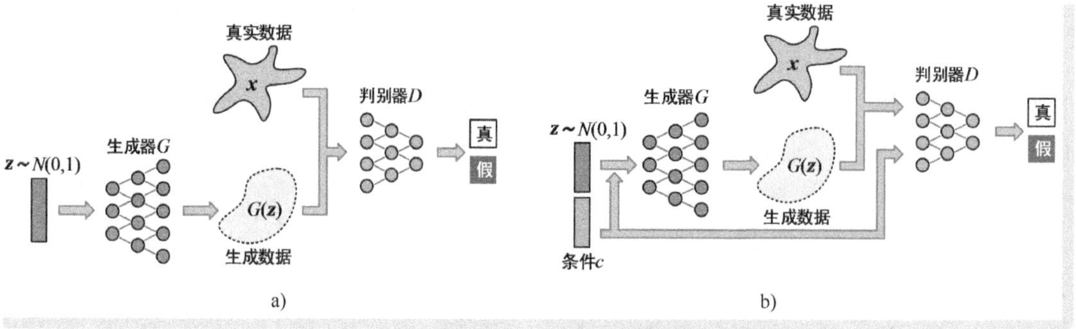

● 图 7-17　标准 GAN 与 CGAN 结构对比示意

a）标准 GAN　b）CGAN

GAN 的思路非常新颖，但是其最大问题是生成数据不可控。那么是否可以引入一个控制条件，使得 GAN 的数据生成能够在附加条件的引导下开展呢？这是一个非常现实的诉求，例如，在图像生成任务中，我们可以将所需生成的图像类别作为条件，使得 GAN 能够生成我们要种类的图像。CGAN 便是在上述需求下应运而生的。CGAN 对标准 GAN 的改进非常简单，即在生成器和判别器数据项的基础

上，再添加一个附加条件即可——将生成器和判别器相应地改变为 $G(\boldsymbol{z},c)$ 和 $D(\boldsymbol{x},c)$，即分别实现在上述条件下的生成和真假辨别。在 CGAN 中，附加条件可以是任何类型的数据，因此，CGAN 实质上就是一个多模态模型。图 7-17b 为 CGAN 结构的示意。

有了上面的基础，下面我们正式进入 AttnGAN 部分的内容。就整体结构而言，AttnGAN 就是一个实现从文本到图像生成的 CGAN 模型，生成的“起点”仍为随机向量，附加条件就是所给的文本描述。但是与标准 CGAN 不同的是，AttnGAN 的生成器具有 m 个层级，记作$(G_0,G_1,\cdots,G_{m-1})$。其中，每个生成器都具有一个前置的图像特征构造器（以下简称为“特征构造器”），记作$(F_0,F_1,\cdots,F_{m-1})$，上述特征构造器都会生成对应层级的图像特征，记作$(\boldsymbol{h}_0,\boldsymbol{h}_1,\cdots,\boldsymbol{h}_{m-1})$。而每一个生成器都基于上述输出特征来生成图像。多个生成器对应多个判别器，这些判别器在自己的层级上，结合条件判断生成图像的真假，表示为$D_i(\hat{\boldsymbol{x}}_i,c),i=0,\cdots,m-1$。对于第一个特征构造器$F_0$，其输入在形式上与 CGAN 是相同的——以文本描述整体特征表示为条件的随机噪声向量 $\boldsymbol{z}$。对于后续特征构造器$F_i(i=1,\cdots,m-1)$，其输入包括两路：一路为上一级特征构造器的输出 $\boldsymbol{h}_{i-1}$，另一路特征为注意力加权的词特征，上述注意力权重通过 $\boldsymbol{h}_{i-1}$与词特征之间的计算得到。上述过程可以表示为

$$\boldsymbol{h}_0=F_0(\boldsymbol{z},F^{ca}(\bar{\boldsymbol{e}})) \tag{7-27}$$

$$\boldsymbol{h}_i=F_i(\boldsymbol{h}_{i-1},F_i^{\text{attn}}(\boldsymbol{e},\boldsymbol{h}_{i-1})),i=1,\cdots,m-1 \tag{7-28}$$

$$\hat{\boldsymbol{x}}_i=G_i(\boldsymbol{h}_i) \tag{7-29}$$

式中，$\boldsymbol{z}\sim N(0,1)$为随机向量；$\bar{\boldsymbol{e}}$为文本描述的整体特征表示，该特征表示通过文本编码器得到，F^{ca}表示对上述特征的某种变换操作，$F^{\text{ca}}(\bar{\boldsymbol{e}})$即作为 $\boldsymbol{z}$ 的附加条件；在以上各式中，F^{ca}、F_i^{attn}、F_i和 G_i均被实现为神经网络结构。在式 7-28 中，注意力模型$F^{\text{attn}}(\boldsymbol{e},\boldsymbol{h})$（为了方便描述，我们忽略了层级下标）具有两个输入：文本描述的词特征序列 $\boldsymbol{e}=(\boldsymbol{e}_1,\cdots,\boldsymbol{e}_T)\in\mathbb{R}^{D\times T}$和上一级特征构造器输出的图像特征 $h\in\mathbb{R}^{\hat{D}\times N}$。其中 D 和$\hat{D}$分别表示词特征和图像特征的维度；T 和 N 分别为文本描述的长度和图像区域的个数。为了将词特征映射到图像的语义空间，AttnGAN 首先对词特征执行线性变换，表示为 $\boldsymbol{e}'=\boldsymbol{U}\boldsymbol{e}$，其中 $\boldsymbol{U}\in\mathbb{R}^{\hat{D}\times D}$。接下来，即以每个图像局部特征（$\boldsymbol{h}$ 中的每一列）作为查询，去所有词特征 $\boldsymbol{e}'=(\boldsymbol{e}'_1,\cdots,\boldsymbol{e}'_T)$中“求关注”，然后再按照得到的注意力权重对所有词特征进行合成，具体方法如下

$$\alpha_{j,t}=\frac{\exp(\boldsymbol{h}_j^{\mathrm{T}}\boldsymbol{e}'_t)}{\sum_{k=1}^{\mathrm{T}}\exp(\boldsymbol{h}_j^{\mathrm{T}}\boldsymbol{e}'_k)} \tag{7-30}$$

$$\boldsymbol{c}_j=\sum_{t=1}^{\mathrm{T}}\alpha_{j,t}\boldsymbol{e}'_t \tag{7-31}$$

式中，$\alpha_{j,t}$表示对于第 j 个图像局部特征 $\boldsymbol{h}_j$在第 t 个词特征$\boldsymbol{e}'_t$上施加的注意力权重；$\boldsymbol{c}_j$则表示针对 $\boldsymbol{h}_j$的注意力合成特征，在 AttnGAN 中，该合成特征被称为“词上下文特征”（word-context feature）。对于所有的 N 个图像局部特征，我们都可以按照上述方法计算得到其对应的词上下文特征，即有$F^{\text{attn}}(\boldsymbol{e},\boldsymbol{h})=(\boldsymbol{c}_1,\boldsymbol{c}_2,\cdots,\boldsymbol{c}_N)\in\mathbb{R}^{\hat{D}\times N}$。接下来，图像特征和相应的词上下文特征被送入下一阶段的特征构造器以生成图像。图 7-18 为 AttnGAN 的整体架构示意（注：该图中的图像并不是任何真实算法的运行结果）。

为了让生成的图像与输入的文本描述能够更加匹配，AttnGAN 在上述生成结构的基础上，又添加了一个称为“深度注意力多模态相似度模型”（Deep Attentional Multimodal Similarity Model，DAMSM）

的结构，目的就是在区域与词汇这一细粒度层级上评估图像与文本之间的相似度。DAMSM 包括了两个编码器结构：一个文本编码器和一个图像编码器，二者一前一后。其中，文本编码器前文我们已经多次提及，该编码器一方面生成文本描述的整体特征表示$\bar{\boldsymbol{e}}$，一方面生成文本描述的词特征序列 $\boldsymbol{e}=(\boldsymbol{e}_1,\cdots,\boldsymbol{e}_T)$。文本编码器为双向 LSTM 结构，其中每个词汇都对应两个 LSTM 的隐状态向量，AttnGAN 将二者拼接作为每个词汇的特征表示，同时将最后一个拼接得到的隐状态特征作为文本描述的整体特征表示。AttnGAN 使用 CNN 作为其图像编码器。图像编码器作用在生成图像上，将其加工为特征图。在具体实现中，AttnGAN 采用在 ImageNet 预训练得到的 Inception-v3 网络作为图像编码器，特征图取自其“mixed_6e”层，在输入图像为 299×299 的尺寸下，上述特征图的维度为 17×17×768。因此，对上述特征图进行变形操作，即得到 289 个 768 维特征作为图像的局部特征表示，记作$\boldsymbol{f}\in\mathbb{R}^{768\times289}$。同时，再从 Inception-v3 网络的最后平均池化层抽取图像的全局特征$\bar{\boldsymbol{f}}\in\mathbb{R}^{2048}$。然后，分别对局部特征和全局特征进行线性变换，将其特征维度统一到词特征的维度，有 $\boldsymbol{v}=\boldsymbol{W}\boldsymbol{f}$、$\bar{\boldsymbol{v}}=\overline{\boldsymbol{W}}\bar{\boldsymbol{f}}$。其中，$\boldsymbol{v}\in\mathbb{R}^{D\times289}$，每一列均为一个图像局部特征，而$\bar{\boldsymbol{v}}\in\mathbb{R}^{D}$则表示图像的全局特征。有了词特征，也有了图像局部特征，接下来就需要计算二者之间的相似度，注意力再次派上用场，只不过这次“角色互换”——词特征作为查询，图像局部特征被施加注意力并进行加权合成。按照式（7-30）和式（7-31）类似的方式[⊖]，对于每个词特征，都会有一个“区域上下文特征”（region-context feature）与之对应，记作$(\boldsymbol{c}'_1,\boldsymbol{c}'_2,\cdots,\boldsymbol{c}'_T)\in\mathbb{R}^{D\times T}$。对于第 i 个词汇，AttnGAN 使用词特征和区域上下文特征之间的余弦距离作为二者相关性的度量，即有 $R(\boldsymbol{e}_i,\boldsymbol{c}'_i)=(\boldsymbol{e}_i^{\mathrm{T}}\boldsymbol{c}'_i)/(\|\boldsymbol{e}_i\|\|\boldsymbol{c}'_i\|)$。对于给定的图像 Q 和文本描述 S，AttnGAN 将在注意力驱动下，整幅图像和整句文本描述间的匹配得分定义为

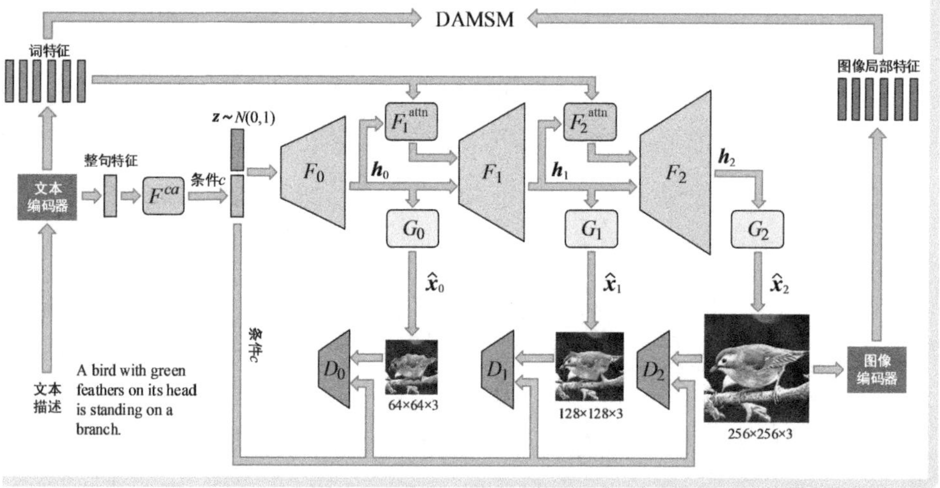

• 图 7-18　AttnGAN 的整体架构示意（注：该图中的图像并不是任何真实算法的运行结果）

⊖ 事实上，在 AttnGAN 的原文中，这里计算注意力的方式相较于式（7-30）和式（7-31）稍微复杂一些，其中包括了归一化处理，并且在计算注意力权重时还引入了因子γ_1。但是本质没有任何差别，需要了解细节的读者可以查阅原文。

$$R(Q,S)=\log\left(\sum_{i=1}^{T}\exp(\gamma_2\cdot R(\boldsymbol{e}_i,\boldsymbol{c}'_i))\right)^{\frac{1}{\gamma_2}} \tag{7-32}$$

式中，γ_2为一个预设因子，用来控制对最相关的词-区域上下文特征的放大程度。

最后，我们来看看 AttnGAN 的损失函数。AttnGAN 的损失函数包括图像生成损失和基于 DAMSM 的文本-图像匹配损失两部分，因此总体损失函数可以表示为

$$\mathcal{L}=\mathcal{L}_G+\mathcal{L}_{\text{DAMSM}} \tag{7-33}$$

式中，$\mathcal{L}_G=\sum_{i=0}^{m-1}\mathcal{L}_{G_i}$ 表示 m 个层级所有图像生成损失函数$\mathcal{L}_{G_i}$的合成。其中$\mathcal{L}_{G_i}$的定义为

$$\mathcal{L}_{G_i}=-\frac{1}{2}\mathbb{E}_{\hat{x}_i\sim p_{g_i}}[\log(D_i^*(\hat{\boldsymbol{x}}_i))]-\frac{1}{2}\mathbb{E}_{\hat{x}_i\sim p_{g_i}}[\log(D_i^*(\hat{\boldsymbol{x}}_i,\bar{\boldsymbol{e}}))] \tag{7-34}$$

式中，$\hat{\boldsymbol{x}}_i$表示第 i 个层级的生成图像，$D_i^*(\hat{\boldsymbol{x}}_i)$表示该层级当前判别器$D_i^*$将其判断为真实图像的概率；$p_{g_i}$表示该层级生成图像的分布。上式包括两项，其中第一项中的不包括条件与式（7-26）所示的优化目标等价，即标准 GAN 生成器的优化目标；而第二项带有文本描述条件$\bar{\boldsymbol{e}}$，这是 CGAN 的生成器优化目标。以上损失函数表明 AttnGAN 综合了标准 GAN 和条件 GAN 生成器的两种优化目标。下面我们再看判别器的损失函数。判别器损失函数的定义为

$$\begin{aligned}\mathcal{L}_{D_i}=&-\frac{1}{2}\mathbb{E}_{x_i\sim p_{r_i}}[\log D_i(\boldsymbol{x}_i)]+\mathbb{E}_{\hat{x}_i\sim p_{g_i}}[\log(1-D(\hat{\boldsymbol{x}}_i))]-\\&\frac{1}{2}\mathbb{E}_{x_i\sim p_{r_i}}[\log D_i(\boldsymbol{x}_i,\bar{\boldsymbol{e}})]+\mathbb{E}_{\hat{x}_i\sim p_{g_i}}[\log(1-D(\hat{\boldsymbol{x}},\bar{\boldsymbol{e}}))]\end{aligned} \tag{7-35}$$

式中，p_{r_i}表示第 i 个层级真实图像的分布。以上损失函数也包括两部分，其中第一部分与式（7-25）等价，即标准 GAN 的判别器优化目标，而第二部分对应其"条件版"。接下来我们回到式（7-33），再来看看文本-图像匹配损失函数$\mathcal{L}_{\text{DAMSM}}$的定义。假设针对一个批次的 M 个文本描述进行了图像生成，得到了 M 个文本-图像对，记作$\{Q_i,S_i\}_i^M$，其中Q_i表示对文本描述 S_i生成的图像。AttnGAN 按照下式定义文本描述 S_i与图像Q_i匹配的后验概率

$$p(S_i\mid Q_i)=\frac{\exp(\gamma_3\cdot R(Q_i,S_i))}{\sum_{k=1}^{M}\exp(\gamma_3\cdot R(Q_i,S_k))} \tag{7-36}$$

式中，γ_3为平滑因子。我们知道，在所有的 M 个文本描述中，只有 S_i是与Q_i匹配的，因此可以将上述后验概率的负对数作为一个损失函数，有

$$\mathcal{L}_1^w=-\sum_{i=1}^{M}\log p(S_i\mid Q_i) \tag{7-37}$$

同理，将式 7-36 和式 7-37 中的文本和图像对换，还可以得到第二个损失函数 $\mathcal{L}_2^w=-\sum_{i=1}^{M}\log p(Q_i\mid S_i)$。然后将式 7-32 中的 $R(Q,S)$替换为$(\bar{\boldsymbol{e}}^{\mathrm{T}}\bar{\boldsymbol{v}})/(\|\bar{\boldsymbol{e}}\|\|\bar{\boldsymbol{v}}\|)$的"全局特征版"，按照以上方式又会得到两个损失函数，分别记作$\mathcal{L}_1^s$和$\mathcal{L}_2^s$。损失函数$\mathcal{L}_{\text{DAMSM}}$定义为上述 4 个损失函数之和，即$\mathcal{L}_{\text{DAMSM}}=\mathcal{L}_1^w+\mathcal{L}_2^w+\mathcal{L}_1^s+\mathcal{L}_2^s$。

到这里我们对 AttnGAN 模型的讨论就结束了。AttnGAN 完成从文本到图像的跨模态生成任务，其本质为一个多层级的 CGAN 模型。注意力机制在其中完成了两个功能：第一，细粒度信息的整合。AttnGAN 像 CGAN 那样看到的是作为条件的整句特征，但是随着生成步骤的推进，不断利用注意力机制考察图像区域特征与词汇特征之间的关系，将细粒度的语言特征整合进来，随着信息量的补充，生

成的图像分辨率也逐渐提高，细节也更加丰富。第二，输入与输出的匹配约束。为了让生成的图像与输入的文本描述能够更好匹配，AttnGAN 利用注意力机制度量二者之间的匹配程度，约束了生成的图像能够与输入文本描述更加匹配。

5. SCAN：图文匹配

图文匹配任务的核心就是计算输入图像与文本描述之间的相似度。下面我们即将介绍的堆叠交叉注意力网络（Stacked Cross Attention Network，SCAN）模型是一种专门针对图文匹配任务的视觉语言模型。该模型的提出时间为 2018 年 3 月，作者是 Kuang-Huei Lee 等[21]五名来自微软和京东的学者。SCAN 的总体思路非常清晰明了：将文本中的单词和图像区域映射到一个公共的嵌入空间中，应用堆叠交叉注意力实现图像区域特征和单词特征的对齐，从而推断整幅图像和整个文本之间的相似性。就整体架构而言，SCAN 模型具有典型的双塔型架构，其中图像编码器与 BUTD 模型相同，也采用 Faster R-CNN 加 ResNet101 的结构，因此 SCAN 图像编码器属于“OD-Based”类型；而文本编码器采用了双向 GRU 结构。

我们首先来看看 SCAN 中的核心——堆叠交叉注意力（Stacked Cross Attention，SCA）。SCA 的输入有两个：图像区域特征序列$(\boldsymbol{v}_1,\cdots,\boldsymbol{v}_N)$，$\boldsymbol{v}_i\in\mathbb{R}^D$和文本中词的特征序列$(\boldsymbol{e}_1,\cdots,\boldsymbol{e}_T)$，$\boldsymbol{e}_i\in\mathbb{R}^D$。其中 N 和 T 分别为图像的区域个数和文本长度，D 为特征的维度（至于如何得到上述两组特征，我们将在下文介绍。这里请读者假设认为已经有特征在手，并且已经映射到公共的 D 维空间）。SCA 输出图像和文本之间的相似性得分。SCA 在推断相似性的同时，以不同的方式注意图像区域和词汇，将两者作为对方的上下文信息。SCA 包括了图像-文本堆叠交叉注意力（Image-Text Stacked Cross Attention，以下简称为“IT-SCA”）和文本-图像堆叠交叉注意力（Image-Text Stacked Cross Attention，以下简称为“TI-SCA”）两种具体的形式。

IT-SCA 站在图像的视角考察文本。首先针对 N 个图像特征和 T 个词汇特征，跨模态计算特征两两之间的余弦距离作为其相似性度量。对于第 i 个图像特征和第 j 个词汇特征，即有 $s_{i,j}=(\boldsymbol{v}_i^{\mathrm{T}}\boldsymbol{e}_j)/(\|\boldsymbol{v}_i\|\|\boldsymbol{e}_j\|)$，$i\in[1,N]$，$j\in[1,T]$。然后，对其进行负值清零和归一化处理，有 $\bar{s}_{i,j}=[s_{i,j}]_+/\sqrt{\sum_i[s_{i,j}]_+^2}$，其中$[x]_+=\max(x,0)$。接下来便是“轻车熟路”的操作——向词特征映射注意力并且基于注意力权重进行加权求和，有

$$\alpha_{i,j}=\frac{\exp(\gamma_1\bar{s}_{i,j})}{\sum_{k=1}^{T}\exp(\gamma_1\bar{s}_{i,k})} \tag{7-38}$$

$$\boldsymbol{a}_i^t=\sum_{j=1}^{T}\alpha_{i,j}\boldsymbol{e}_j \tag{7-39}$$

式中，$\alpha_{i,j}$为第 i 个图像特征映射在第 j 个词汇特征上的注意力权重；$\boldsymbol{a}_i^t$为站在第 i 个图像区域“立场上”的文本特征表达（上标“t”为“text”的简写。在 SCAN 的原文中，该特征被称为“attended sentence vector”，即“被注意的语句向量”，但是在下文我们也按照 AttnGAN 的提法，将其称为图像区域对应的“词上下文特征”）。接下来，再运用一次余弦距离来表示第 i 个图像特征与其词上下文特征之间的相关性，有 $R(\boldsymbol{v}_i,\boldsymbol{a}_i^t)=(\boldsymbol{v}_i^{\mathrm{T}}\boldsymbol{a}_i^t)/(\|\boldsymbol{v}_i\|\|\boldsymbol{a}_i^t\|)$。有了上述相关性的定义，SCAN 采用两种方式计算整幅图像与整个语句之间的相似度：第一种方式按照 AttnGAN 中 DAMSM 的方式进行计算，即有

$R(Q,S)=\log\left(\sum_{i=1}^{N}\exp(\gamma_2\cdot R(\boldsymbol{v}_i,\boldsymbol{a}_i^t))\right)^{(1/\gamma_2)}$；第二种方式直接对 N 个相似度取平均值，即有 $R(Q,S)=\sum_{i=1}^{N}R(\boldsymbol{v}_i,\boldsymbol{a}_i^t)/N$。需要说明的是，在 SCAN 原文中，作者将上述过程分为两个阶段，第一个阶段由图像特征“注意”词汇，第二个阶段为计算相似度，这也正是“stacked”的含义。但是在上文中我们并未分阶段描述。图 7-19 示意了 IT-SCA 的工作模式（该例中，示意了第二种图像-文本相似度计算方法）。

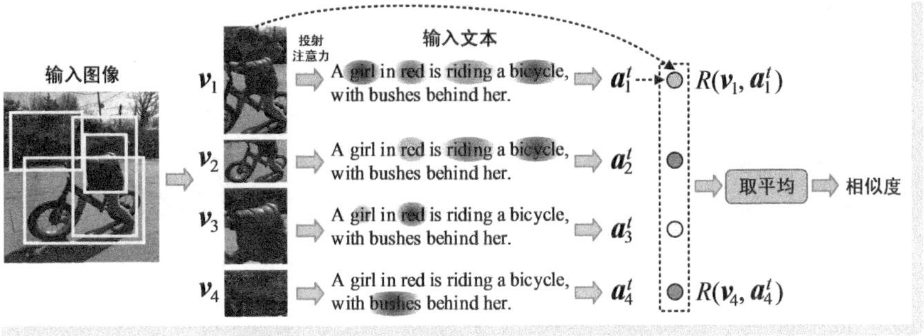

● 图 7-19　IT-SCA 的工作模式示意

IT-SCA 站在文本的视角考察图像。有了 AttnGAN 中 DAMSM 的经验，我们能够很容易地联想到只要将 TI-SCA 中的图像和文本的位置互换，改为由词汇特征“注意”图像特征，然后再对后者进行合成，最后计算相似度，就可以将 TI-SCA 变为 IT-SCA。下面我们就按照上述思路，对 TI-SCA 进行修改，给出 IT-SCA 下图文相似度计算方法。首先，将 $s_{i,j}$ 替换为 $\bar{s}_{i,j}$，其中 $i\in[1,T],j\in[1,N]$。$\bar{s}_{i,j}$ 为以余弦距离表示的第 i 个词汇特征和第 j 个图像特征之间的相似度；将 $\alpha_{i,j}$ 替换为 $\alpha'_{i,j}$，表示第 i 个词汇特征映射在第 j 个图像特征上的注意力权重；将 $\boldsymbol{a}_i^t$ 替换为 $\boldsymbol{a}_i^v$，即为站在第 i 个词汇“立场上”的图像区域特征表达（上标“v”为“vision”的简写。在 SCAN 的原文中，该特征被称为“attended image vector”，即“被注意的图像向量”，但是我们仍将其称为词汇对应的“区域上下文特征”）；将 $R(\boldsymbol{v}_i,\boldsymbol{a}_i^t)$ 替换为 $R'(\boldsymbol{e}_i,\boldsymbol{a}_i^v)$，即为以余弦距离表示的第 i 个词汇特征与其区域上下文特征之间的相关性；将 $R(Q,S)$ 替换为 $R'(Q,S)$，即表示在 IT-SCA 模式下整幅图像 Q 与整句文本 S 之间的相似度。图 7-20 示意了 TI-SCA 的工作模式（该例中，也同样以“平均版”相似度为例）。

那么，上文反复提及的图像特征和文本特征是怎么来的？对于图像特征，SCAN 借鉴了 BUTD 的方法，通过 Faster R-CNN 提供具有对象意义的图像区域，然后在每个区域中取特征均值进行线性变换得到，即有 $\boldsymbol{v}_i=\boldsymbol{W}_v\boldsymbol{f}_i+\boldsymbol{b}_v$；对于文本特征，SCAN 将双向 GRU 单元隐状态的平均值作为对应词汇的特征表示，即有 $\boldsymbol{e}_i=(\overrightarrow{\boldsymbol{h}}_i+\overleftarrow{\boldsymbol{h}}_i)/2$。关于上述特征表示的问题，我们在前文已经讨论过多次，这里不再赘述。

接下来我们来看看 SCAN 的损失函数。SCAN 采用三元（Triplet）损失函数来指导模型训练，具体方式为：在每个训练批次中，对于一组图文正样本 Q，S（即具有匹配关系的一幅图像和一段文本描述），我们分别以 $\hat{Q}_h=\arg\max_{q\neq Q}R(q,S)$ 和 $\hat{S}_h=\arg\max_{s\neq S}R(Q,s)$ 表示其最难图像负样本和最难文本负样本。所谓的最难图像负样本，就是指在训练批次中，与文本 S 相似度最大（即“最不像”）的那幅图像，而所谓的最难文本负样本，就是指在批次中与图像相似度最大的文本。按照上述设定，SCAN 的

三元损失函数定义为

$$\mathcal{L}(Q,S)=[\alpha-R(Q,S)+R(Q,\hat{S}_h)]_+ +[\alpha-R(Q,S)+R(\hat{Q}_h,S)]_+ \tag{7-40}$$

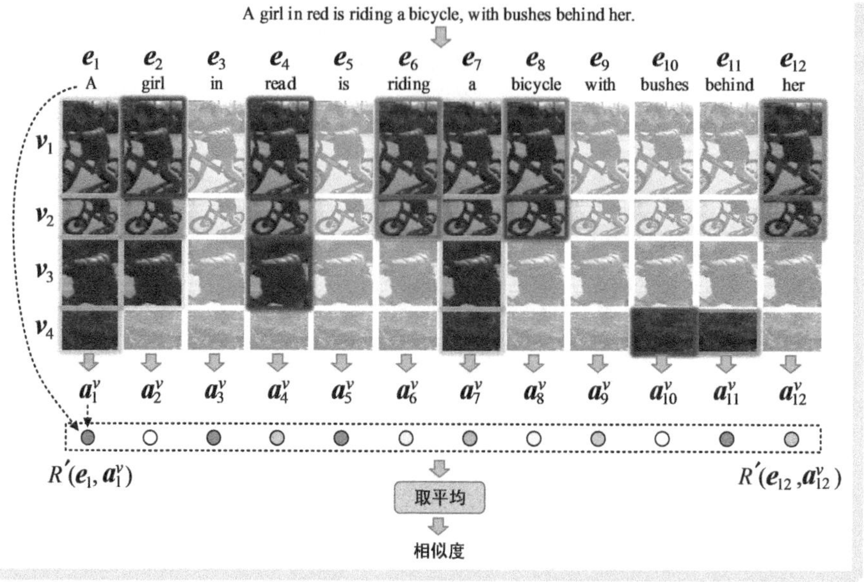

● 图 7-20　TI-SCA 的工作模式示意

式中，$R(Q,S)$、$R(Q,\hat{S}_h)$ 和 $R(\hat{Q}_h,S)$ 分别表示具有匹配关系的图像与文本、图像与最不匹配的文本，以及文本与最不匹配图像之间的相似度。在三者中，第一个为正样本，其余两个均为极端情况的负样本；$[x]_+=\max(x,0)$；$\alpha>0$ 为间隔（margin）超参数。上式要求，正样本对之间的相似度要比极端负样本的相似度大，而且还得大出一个间隔 α，否则就会遭到惩罚。例如，在上式的第一项中，若 $R(Q,\hat{S}_h)-R(Q,S)>\alpha$，则有 $\alpha-R(Q,S)+R(Q,\hat{S}_h)<0$，经过“max”处理则得到 0，对于损失函数来说为不做惩罚的情况；若 $R(Q,\hat{S}_h)-R(Q,S)<\alpha$，则有 $\alpha-R(Q,S)+R(Q,\hat{S}_h)>0$，经过“max”处理则保持不变（>0），对于损失函数来说这种情况需要惩罚。同理，上式中的第二项也是如此，只不过是对图像和文本做了互换而已。

到这里，读者朋友们应该已经看出，SCAN 模型与上文 AttnGAN 中的 DAMSM 几乎如出一辙，二者都基于交叉注意力计算图像与文本描述之间的相似度，其中也都用到了“角色互换”，两种模型中图像和文本的地位也都“对仗工整”。没错，DAMSM 的实质就是一个图文匹配模型，只不过并没有直面图文匹配任务，而是作为生成模型训练过程中的一个约束条件。除此之外，DAMSM 并未使用目标检测模型提取局部特征作为图像的特征表示，而是直接使用了卷积特征。因此按照上文对图像编码器的分类，DAMSM 的图像编码器属于“Grid-based”类型，而 SCAN 的则属于“OD-based”类型。

7.4.2　视觉语言预训练模型

从 2019 年开始，人们对视觉语言双模态预训练模型的研究与应用也如火如荼地开展起来，下面我们即按照其在 arXiv 的首发时间安排，从模型整体架构、多模态编码器结构、注意力机制的工作模式、预训练以及下游任务适配等几个主要方面，对 10 个经典的视觉语言模型进行分析。

1. ViLBERT：图文预训练模型的开山之作

在 NLP 领域，很多预训练模型都是基于 BERT 这一经典模型打造的，那么是否能够对 BERT 再进行扩展，令其能够获得视觉和语言的联合表示来支持下游视觉语言任务呢？2019 年 8 月，Jiasen Lu 等[3]五名学者提出的 ViLBERT（Vision and Language BERT）模型便是上述思路下的开山之作。

在整体架构方面，如图 7-21 所示，ViLBERT 模型具有典型的视觉-语言双塔型结构，其中，图像编码器和文本编码器首先分别对两种模态的数据特征表示；随后，作者们引入具有协同注意力机制的 Transformer（Co-attentional Transformer）编码器（以下简称“Co-TRM 编码器”）对上述两路特征表示进行“相互注意”，使得两种模态信息在注意力机制的作用下实现“水乳交融”；最后，两种模态的信息再次兵分两路，各自表示，但是此时的特征已经经过对方“赋能”，信息变得更加丰富，特征的表达能力更加强大。

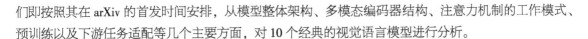

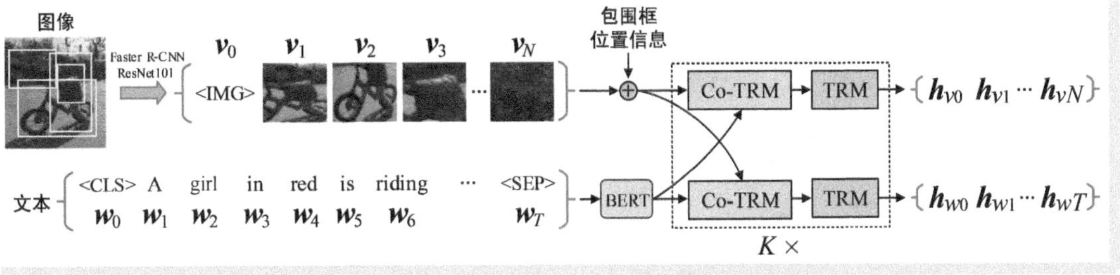

● 图 7-21 ViLBERT 模型的整体架构示意（“TRM”表示标准 Transformer 编码器）

在图像编码器方面，ViLBERT 也采用了“OD-based”模式——利用 Faster R-CNN 目标检测模型给出得分最高的 10~36 个目标位置，从 ResNet101 网络得到特征图上抽取区域特征，然后计算每个位置的特征均值作为对应区域的特征表示。考虑到目标检测的结果是随机的，ViLBERT 将目标框的位置信息作为位置编码与上述图像局部特征进行融合。原始位置信息包括五维，其中包括四个归一化的坐标位置和包围框面积所占比例。在位置编码之前，ViLBERT 会使用线性变换将其维度提升至图像特征的维度，使得随后可以对二者进行求和操作。

在文本编码器方面，ViLBERT 直接使用了 BERT-Base 模型（12 层 Transformer 编码器，每层包括 12 个自注意力头，中间特征维度为 768 维）对输入语言序列进行编码。显然，ViLBERT 使用了比较“重”的文本编码器，之所以采用这种设计，原因在于作者们认为文本语义比图像语义“藏得更深”，更难理解，因此需要使用更加复杂的模型来更好地获得其中的语义。

在注意力机制方面，ViLBERT 采用了 K 个基于 Transformer 的特征融合层，每层中都包括一个 Co-TRM 块和一个标准的 Transformer 编码器（在图 7-21 中以“TRM”表示），其中，前者利用协同注意力机制对两种模态的特征进行融合，而后者则针对独立模态信息进行处理。图 7-22 为标准单模态 Transformer 编码器与双模态 Co-TRM 编码器的结构对比示意。可以看出，相较于标准单模态 Transformer 编码器，一个 Co-TRM 编码器包括两个对称的 Transformer 编码器，二者分别实现对图像

（在图中对应下标“v”）和文本（在图中对应下标“w”）的编码。但是各自的多头注意力模块均以“站在自身立场上关注对方”的方式引入另外一个模态的信息：在图像编码器中，图像特征扮演查询集合$\boldsymbol{Q}_v$，文本特征扮演键-值集合$\{\boldsymbol{K}_w,\boldsymbol{V}_w\}$；而在文本编码器中，文本特征扮演查询集合$\boldsymbol{Q}_w$，而图像特征扮演键-值集合$\{\boldsymbol{K}_v,\boldsymbol{V}_v\}$。因此，Co-TRM 中的注意力机制是典型的跨模态交叉注意力机制。在 Co-TRM 中，中间特征维度为 1024 维，注意力的头数为 8 个。

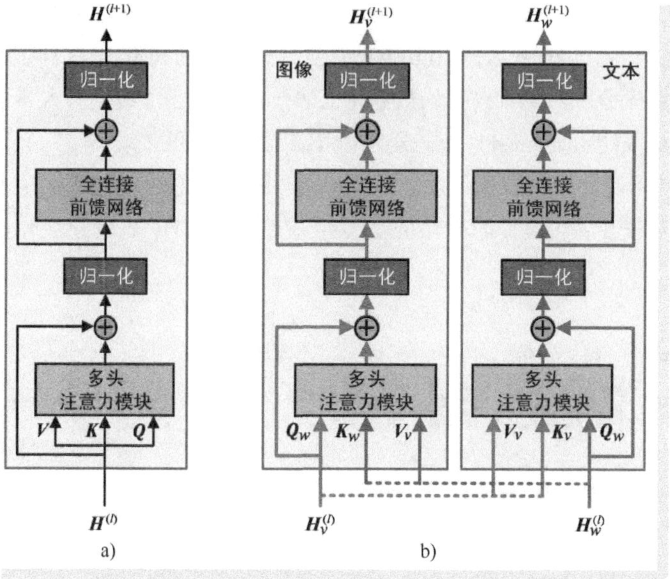

● 图 7-22　标准单模态 Transformer 编码器与双模态 Co-TRM 编码器的结构对比示意

a）标准单模态 Transformer 编码器　b）双模态 Co-TRM 编码器

在预训练目标方面，ViLBERT 模型的预训练目标包括三个，即掩膜语言建模、掩膜视觉建模和图文匹配㊀。在前两个预训练任务中，作者们也仿照标准 BERT 的做法，在输入中随机遮掩 15%的词汇特征和图像特征，然后利用未遮掩的图像和文本特征对其进行预测。在被选中进行遮掩处理的图像特征中，有大约 90%的图像特征会做清零处理（即遮掩），其余 10%则保持不变。除此之外，ViLBERT 对于被遮掩的图像并不进行图像特征重构，而是以其语义类别作为监督信息，而这些语义类别正是 Faster R-CNN 预测目标的类别。这一操作与我们上文介绍的 BEIT-1.0 和 2.0 模型所采用的预训练目标类似。在图文匹配预训练任务中，训练目标为预测图像-文本对是否能够匹配，简而言之就是本文和图像是不是“说的是一回事儿”。在输入中，AiLBERT 在图像特征序列的起始添加图像标志“<IMG>”，在文本序列的起始分类标志“<CLS>”，分别将二者对应的最终输出$\boldsymbol{h}_{<IMG>}$和$\boldsymbol{h}_{<CLS>}$作为视觉输入和语言输入的整体表示。ViLBERT 首先对上述两个向量进行逐元素相乘得到融合特征（以下简称为“图文融合特征”），然后再构造一个线性分类器对图像与文本的匹配与否进行二值预测。在 Conceptual

㊀ 在 ViLBERT 中，作者们将前两个预训练目标统称为掩膜多模态建模（masked multi-modal modelling），多模态对齐预测（multi-modal alignment prediction）。但是为了与上文介绍的预训练任务相匹配，我们在这里与上文采用了统一的提法。

Captions 数据集中，训练数据为具有匹配关系的图像-文本对，自然这些样本对都属于正样本对。ViLBERT 通过随机组合的图像和文本描述，构造出负样本对。

在下游视觉语言任务适配方面，作者们将 ViLBERT 在四个视觉语言任务上进行了微调适配，这四个任务包括：视觉问答、视觉常识推理、指代表达理解和文本到图像的检索。针对视觉问答任务的微调适配基于 VQA 2.0 数据集进行，该任务模型所采用的架构与图文匹配预训练任务的架构类似，也是首先构造图文融合特征，然后再基于该特征进行 3129 个可能答案的预测。在视觉常识推理任务中，由于视觉常识推理任务包括了 Q→A 和 QA→R 两个子任务，每个子任务都是四选一的多选模式，故 ViLBERT 也采用了两个步骤来完成该任务。在完成 Q→A 子任务时，ViLBERT 将问题文本分别与四个答案选项文本进行拼接，然后再与图像组合，即得到四组输入，表示为 $\{[\text{question},\text{choice}_i],\text{image}\}_{i=1}^{4}$。然后，将上述四组输入组成批次送入 ViLBERT 模型，在获得的四个图文融合特征上应用线性变换和四维概率化操作，从而得到问题答案的预测（具体方式请读者参见上文对 BERT 常识推理下游任务的做法）。在完成 QA→R 子任务时，ViLBERT 同样将架构组织为“批次上的选择题”，只不过将上述输入中的“问题”部分替换为“问题+正确选项”，将第一道选择题中的选项替换为第二道选择题中作为理由的选项。指代表达理解任务的微调适配基于 RefCOCO+上开展。对于该任务，ViLBERT 采取的适配方案为：针对一幅图像，获取其中每一个局部区域的最终特征后，对其进行一次线性变换，再预测其真实指代目标的得分。在微调训练时，当图像区域与指代目标真值位置的 IoU 大于 0.5 时，则认为该区域为正样本，即尽量要求上述匹配得分接近 1，否则将其作为负样本，尽量要求预测的匹配得分接近 0。因此可以看出，在指代表达理解任务中，ViLBERT 任务模型的本质就是一个文本辅助下的单目标类别的目标检测模型，这里的单目标就是那个在语言中“被指代”的目标。在推理阶段，直接使用具有最高得分的图像区域作为模型输出即可。针对文本到图像的检索任务，其微调训练在 Flickr30K 数据集上进行，在对该任务模型的训练中，与视觉常识推理任务模型类似，作者们也将该任务的适配架构构造为一个四选一的任务：构造四个图文样本对，其中只有一个是真正匹配的，其余三个为干样本，这些样本通过随机描述替换和随机图像替换等方式得到。将上述四组图文样本对送入 ViLBERT，按照图文匹配任务的方式即可预测得到四个对齐得分，然后对四个对齐得分应用 softmax 概率化，将问题再转化为一个四分类任务——让那个真正匹配的样本对在分类中“胜出”。需要注意，上述四选一模式只有在进行微调训练时用到，在推理阶段只需像标准图文匹配任务那样，向模型送入一个图像文本对，模型预测二者的对齐得分即作为其相似度。但是在视觉常识推理任务中，无论是在训练还是推理阶段，给模型送入的样本对个数都必须是四的整倍数，每四个一组构成一道选择题答案。

2. LXMERT：双塔 Transformer 的图文预训练模型

LXMERT 模型的提出时间为 2019 年 8 月，作者为 Hao Tan 和 Mohit Bansal[23] 两位来自北卡罗来纳大学教堂山分校的学者。LXMERT 的全称为“Learning Cross-Modality Encoder Representations from Transformers”。从其名称可以容易看出，LXMERT 模型与 ViLBERT 类似，也是一种利用 Transformer 编码器进行跨模态交互，从而获得融合多模态信息特征表示的模型。

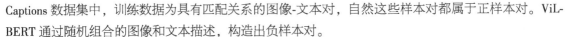

在整体架构方面，如图 7-23 所示，LXMERT 模型的整体架构与 ViLBERT 非常类似，也具有典型的视觉-语言双塔型结构，图像编码器和文本编码器首先分头获取两种模态数据特征的特征表示，随后跟着的一系列基于 Transformer 的跨模态编码器让两路特征“相互注意”，以实现跨模态的特征融合，

最终两种模态的数据带着对方的信息再次“分道扬镳”。但是，与 ViLBERT 不同的是，LXMERT 除了视觉特征和语言特征两路输出之外，还将输入文本句首添加的“<CLS>”标识符对应的输出特征单独剥离出来（即语言特征输出是不包括该标志位的其余部分）作为第三路输出，该特征被称为跨模态输出(Cross-Modality Output)，被应用于一些特殊的跨模态任务。

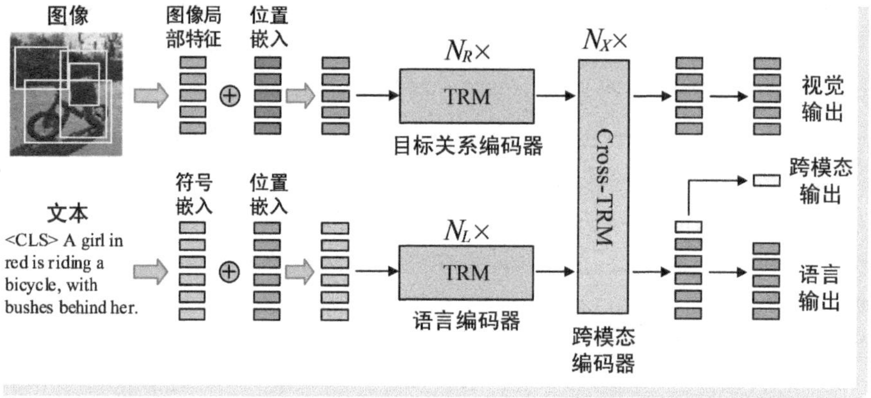

● 图 7-23 LXMERT 模型的整体架构示意（其中“TRM”和“Cross-TRM”分别表示标准 Transformer 编码器和跨模态 Transformer 编码器）

在图像编码器方面，LXMERT 同样采用基于 Faster R-CNN（采用 ResNet101 作为主干网络）的图像区域特征作为编码器输入，故也属于典型的“OD-based”视觉特征。在进行编码器的正式处理之前，LXMERT 在每个图像特征上都添加了位置信息。这里的位置信息就是 Faster R-CNN 给出目标区域的四个坐标值。具体融合方式为：分别对局部区域的 2048 维 RoI 特征和四个坐标值进行线性变换，将二者的维度统一到后续编码器所需的维度，然后对二者取平均值。LXMERT 的图像编码器被称为“目标关系编码器”（Object-Relationship Encoder），其中包括了N_R个堆叠的 Transformer 编码器；在文本编码器方面，LXMERT 同样采用了 Transformer 架构，其中包括了N_L个堆叠的 Transformer 编码器。在进行文本编码之前，LXMERT 首先在输入文本序列的首部添加“<CLS>”标识符，然后再对其中的词汇进行符号嵌入并添加位置信息。在具体实现时，文本编码器和图像编码器的层数分别为 9 层和 5 层（即$N_L=9$，$N_R=5$），二者各层的参数设置均与 BERT-Base 相同。可以看出，相较于 ViLBERT，LXMERT 的图像编码器明显“重”了很多，但是仍比文本编码器简单。作者认为图像特征在进入 Transformer 编码器之前，已经被 101 层的 CNN 深度加工过，因此针对视觉特征可以使用规模较小的编码器。

在注意力机制方面，LXMERT 的做法与 ViLBERT 基本相同，也是利用注意力机制在两个模态之间的数据上相互“注意”，从而实现信息的交互合成。在 LXMERT 中，完成上述功能的模块被称为跨模态编码器(cross-modality encoder)。其中包括了N_X（在具体实现中，$N_X=5$）个层级，在每个层级中都包括三个子模块。其中第一个子模块即跨模态交叉注意力模块，LXMERT 即通过该模块以跨模态“互查”的交叉方式执行模态间信息交互，在其后为一个自注意力模块和一个全连接前馈网络，用来对融合特征在进行独立加工。因此可以看出，所谓的跨模态 Transformer 编码器，就是在一个标准 Transformer 编码器的最前面添加一个交叉注意力模块。

在预训练目标方面，LXMERT 模型的预训练目标包括掩膜语言建模、掩膜视觉建模、图文匹配和视觉问答㊀。其中，掩膜语言模建模（在原文中作者将其称为“Masked Cross-Modality Language Modeling”即“掩膜跨模态语言建模”）在 15%的随机词汇上以“<MASK>”标识符标志其被遮掩，然后在语言模态分支的输出上，利用未遮掩的图像和词汇特征预测这些词汇。图 7-24 最下方的“MLM”部分即为该任务的示意。掩膜视觉建模（在原文中作者将其称为“Masked Object Prediction”即“遮掩目标预测”）随机遮掩 15%的图像特征（将图像的 RoI 特征向量清零)，然后在视觉模态分支的输出上，利用未遮掩的图像和词汇特征预测这些视觉目标。既然是视觉目标预测，自然就包括对视觉特征本身的预测和对目标类别的预测两大类。上述两个子任务在 LXMERT 模型中分别被称为 RoI 特征回归（RoI-Feature Regression）和检测标签预测（Detected-Label Classification)。其中，前者利用 L2 损失来约束预测特征与真值特征之间的距离；而后者则在输出特征后再添加分类器，预测图像区域特征对应的目标类别。容易看出，RoI 特征回归子任务要求模型能够实现视觉特征重构，而检测标签预测子任务则相当于让模型完成双模态的目标检测任务。上述两种子任务的真值均由 Faster R-CNN 模型提供。图 7-24 最上方的“MVM”部分即为掩膜视觉建模任务的示意。图文匹配任务和视觉问答任务基于跨模态特征（“<CLS>”标志对应的特征）进行。模型的输入为已知是否具有匹配关系的一幅图像和一段问题文本，图文匹配任务即要求模型预测上述两个输入是否具有匹配关系，而视觉问答任务则要求模型根据图像回答问题。构造上述两个子任务模型的方法为在跨模态特征后添加两个并列的分类器，分别实现对图文匹配（二分类）和问题答案（多分类）的预测。图 7-24 中间的“ITM & VQA”部分即为该任务的示意。

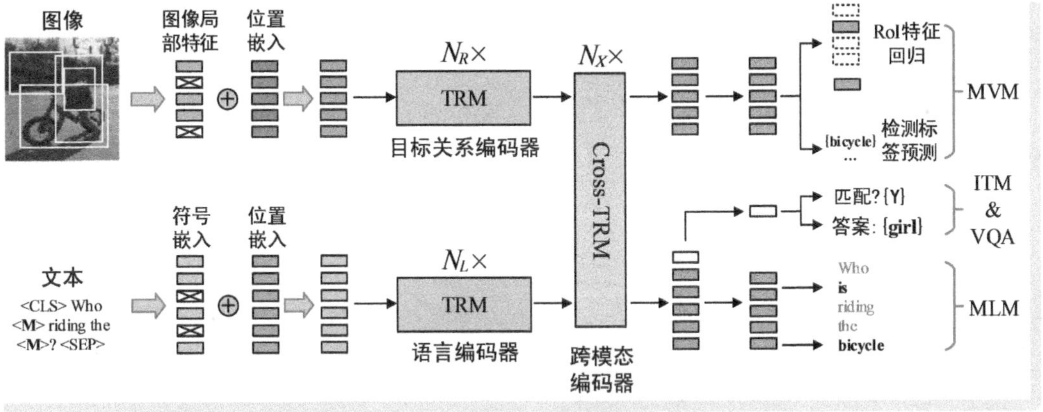

● 图 7-24　LXMERT 模型的预训练任务示意

在下游视觉语言任务适配方面，作者们将 LXMERT 在视觉问答和自然语言推理两类㊁视觉语言任务上进行了微调适配。针对视觉问答任务，LXMERT 的预训练阶段已经涉及，架构也是现成的架构，

㊀ 在 LXMERT 的原文中，作者们将图文匹配和视觉问答任务视为跨模态任务的两个子任务。

㊁ 在 LXMERT 的原文中，作者们在 VQA、GQA 和 $NLVR^2$ 三个数据集/任务上进行微调适配，但是我们认为 GQA 本身就是视觉问答任务，且 LXMERT 对二者也采取了相同的任务架构，故我们将前两者合并，统称为视觉问答任务。

这里只需在其他数据集上做微调即可；在自然语言推理任务中，由于任务的输入为两幅图像和一段文本陈述，故作者们分别将两幅图与文本“组队”，构造出形如$\{image_i, stagement\}_{i=1,2}$两个输入，将其组织为批次送入 LXMERT 模型，然后将两次多模态输出的结果再次进行拼接融合，进行线性变换再进行监督分类。

3. VisualBERT：一体化特征加工

上文介绍的 ViLBERT 和 LXMERT 两个模型均采用了经典的双塔型结构，两路模型对图像和文本信息分头进行加工，交叉注意力在其中进行两种模态的信息交互。那么，如果将图像和文本映射入一个公共的空间进行表示，然后像针对处理单模态信息那样使用 Transformer 的自注意力机制将两个模态的信息进行充分融合岂不更加简单？我们下面即将介绍的 VisualBERT 就具有这样的架构。VisualBERT 模型的提出时间为 2019 年 8 月，作者为 Liunian Harold Li 等[24]五名学者。

整体架构如图 7-25 所示，VisualBERT 模型由一系列 Transformer 编码器堆叠而成，可以说 VisualBERT 的本质就是一个 BERT 模型（具体在实现时，作者们使用的就是 BERT-Base 模型），只不过在其处理的信息中，一半是图像，一半是文本。所有针对双模态信息的融合操作全部交给了 Transformer 中的自注意力机制来完成。

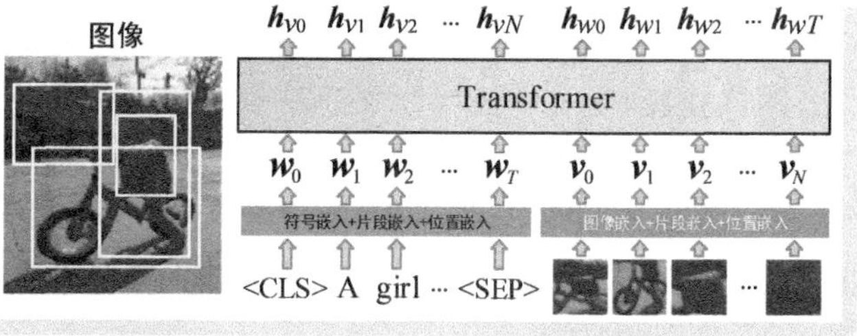

● 图 7-25 VisualBERT 模型的整体架构示意

在模型输入方面，VisualBERT 针对文本输入完全采用了 BERT 的方式——在输入文本序列前后分别添加“<CLS>”和“<SEP>”标识符，然后对每个词汇进行符号嵌入、片段嵌入和位置嵌入的合成操作。在这里，符号嵌入、位置嵌入与标准 BERT 完全相同，而片段嵌入则用来标识每一个元素到底是文本特征还是图像特征。容易看出，这一做法与 BERT 针对双句输入所采用片段嵌入如出一辙，只不过 BERT 用片段嵌入来标识词汇来自两个语句中的哪一句。针对图像特征，VisualBERT 也是采用了三个嵌入合成的方式来构造输入。其中第一个嵌入为图像嵌入，即利用目标检测模型获取的目标区域中的卷积特征标识，显然，VisualBERT 的图像特征表示也是“OD-based”；第二个嵌入为片段嵌入，该操作与词汇片段嵌入的目的完全相同；第三个嵌入为位置嵌入，在原文中并未明确给出位置嵌入的具体方法，请读者将其理解为针对每一个局部特征添加了一个位置标示向量即可。经过上述处理之后，文本中的词汇特征和图像特征已经具有相同的维度，两种模态的数据完全可以视为 BERT 中的两个语句，因此后续 Transformer 编码器即可以对其进行“毫无违和感”的一体化加工。

在预训练目标方面，VisualBERT 模型的预训练目标包括两个：掩膜语言建模和图文匹配。在掩膜语言建模预训练中，VisualBERT 利用未进行遮掩的图像和词汇特征来预测被遮掩的词汇，具体实现方法与标准的掩膜语言建模别无二致；在针对图文匹配任务的预训练中，VisualBERT 进行的操作与 ViLBERT 也十分类似——给模型输入图像-文本样本对，其中有 50%样本为正样本对，即文本能够描述图像，而另外 50%的样本对为随机绑定的负样本对。图文匹配任务即要求模型尽量正确判断图像和文本是否能匹配。

在下游视觉语言任务适配方面，作者们将 VisualBERT 在四个视觉语言任务上进行了微调适配，这四个任务包括：视觉问答、视觉常识推理、自然语言推理和短语定位。针对视觉问答任务，适配的方式等同于预训练中的掩膜语言建模，只不过在这里，“<MASK>”标识符不用于替换任何词汇，只是添加到问题文本的最后，VisualBERT 将该标识符对应的最终特征表示送入一个分类器，从而实现对问题答案的预测；针对视觉常识推理任务，VisualBERT 的做法与 ViLBERT 基本相同，同样采用“批次拼接大法”，只不过 VisualBERT 在后续分类以“<MASK>”对应特征为输入，而 ViLBERT 则基于图文融合特征开展后续分类；在自然语言推理任务中，VisualBERT 使用的任务架构与 LXMERT 基本相同——分别将两幅图像与文本陈述组合，然后组成批次送入模型，在两个输出上进行分类；在短语定位任务中，作者们基于 Flickr30k Entities 数据集开展模型适配。该数据集同时标注了图像及其文本描述中的实体（在图像上以包围框形式标注，在文本中则以实体短语在文本中的起止位置标注），旨在评测模型是否能够在图像和文本之间对齐相同实体。为了完成上述任务，首先得确定正样本特征。方法为：将 Faster R-CNN 给出的目标框与数据集中的图像真值位置进行 IoU 计算，将其中阈值大于 0.5 的图像区域特征视为正样本特征。接下来即进行对齐监督训练，作者们额外引入了一个多头自注意力层，将多头注意力在相同特征上的注意力平均值作为对齐得分的预测。例如，需要在图像上定位文本中提到的实体“bird”，那么利用上述方式获得其在图像上与之对齐的那个“视觉 bird”的注意力权重，微调训练的目标即让该注意力权重尽量接近于 1。

4. UNITER：通用图像-文本表示学习

上文介绍的 VisualBERT 已经将“双塔”变“单塔”，在架构层面已经实现统一。那么是否能够让其在预训练和下游任务适配中接受更多任务的训练，让其能够“通吃”所有任务呢？很多学者按照这一思路提出了诸多模型，我们下文介绍的 UNITER 模型就是其中的典型代表。UNITER 模型的全称为“通用图像-文本表示”（“UNiversal Image-TExt Representation”），这里所谓的“通用”简单来说就是“什么活都能干”㊀。该模型的提出时间为 2019 年 9 月，作者为 Yen-Chun Chen 等[25]八名来自微软的学者。

在整体架构方面，如图 7-26 所示，UNITER 模型也具有“BERT 型”架构，输入的序列也是一半图像，一半文本，多层自注意力机制针对两种模态的特征“充分搅拌”。按照 Transformer 架构的规模，UNITER 又包括基础版（UNITER-Base）和大规模版（UNITER-Large）两种规模，二者与 BERT 对应规模模型参数设置保持一致。无论是模型架构还是功能，UNITER 俨然就是一个“图文版 BERT”。

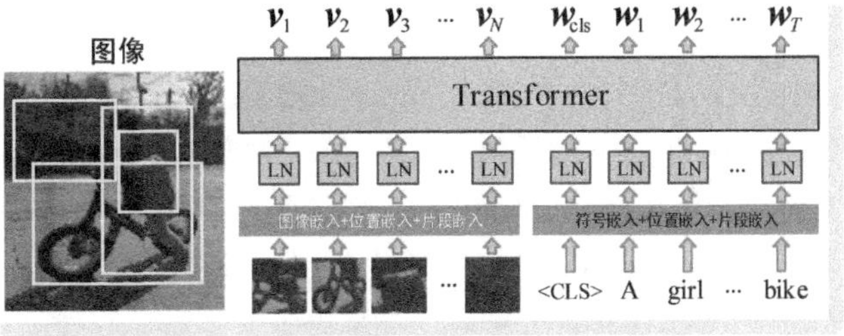

● 图 7-26 UNITER 模型的整体架构示意

在模型输入方面，针对图像特征，UNITER 同样属于“OD-based”类型，我们的老朋友 Faster R-CNN 再次登场。视觉特征的表示包括卷积特征和位置特征的合成，其中前者即为区域卷积特征的均

㊀ 其读者注意，视觉语言任务也分为理解任务和生成任务两大类。UNITER 并未对生成任务进行适配。因此，这里的“什么活都能干”准确地讲是什么理解类任务都能适配。

值，而后者为七维位置特征（包围框的四个归一化坐标，再加上包围框的宽、高和面积）。两种类型的特征经过线性变换维度统一后即进行求和。针对文本特征，UNITER 直接采用了 BERT 的方式，将符号嵌入特征和位置嵌入特征进行求和。除此之外，为了区分特征到底来自图像还是文本，UNITER 也参考了 BERT 的做法，在上述合成特征的基础上添加了片段嵌入特征，最后合成后的特征经过层归一化处理，即作为 UNITER 模型的输入。

在预训练目标方面，UNITER 模型的预训练目标包括四个：掩膜语言建模、掩膜图像建模、图文匹配和词汇-区域对齐。其中，对于掩膜语言建模这一预训练目标，UNITER 做法没有太多特别之处——利用未遮掩的图像和文本特征预测被遮掩（约 15%的比例㊀）的词汇。掩膜图像任务即利用为遮掩的图像和文本特征预测被遮掩（约 15%的比例）图像区域。针对该预训练任务，作者们为 UNITER 设定了三个子任务：遮掩特征区域回归（Masked Region Feature Regression，MRFR）、遮掩区域分类（Masked Region Classification，MRC）和基于 KL 散度的遮掩区域分类（Masked Region Classification with KL-Divergence，MRC-kl）。其中，MRFR 子任务的设定目的与 LXMERT 模型中 RoI 特征回归子任务相同，都是为了让模型能够基于双模态信息重构被遮掩的图像特征。UNITER 同样采用 L2 距离作为重构特征和真值特征（Faster R-CNN 提取的区域特征）之间的损失度量。后两个子任务都是为了让 UNITER 模型能够根据多模态特征正确预测目标类别。二者的区别在于：MRC 子任务以标准交叉熵损失对预测类别和真值类别（即由 Faster R-CNN 给出的目标类别预测）进行损失计算和监督，这里的标签为 0-1 硬标签；而 MRC-kl 子任务即为 MRC 任务的“软标签”版（即 softmax 输出的概率，不做 argmax 的找最大处理），即通过 KL 散度直接对预测类别概率和真值类别概率（即 Faster R-CNN 给出的目标概率预测）之间的距离进行计算，以此作为损失来对模型进行监督。之所以使用软标签进行监督，这是因为 Faster R-CNN 给出的预测结果实际也并非真值，直接将其“硬化”作为真值多少有些武断；在图文匹配任务中，作者们在文本输入之前添加“<CLS>”标识符，以其对应的输出特征作为全局多模态特征。图文匹配是一个典型的全局二分类任务，故 UNITER 基于上述全局多模态特征构造分类器，以实现对图像和文本匹配与否的二值预测；词汇-区域对齐任务即要求模型能够在图像局部特征和词汇特征之间建立匹配关系。针对这一任务，作者们使用了一种基于最优运输（Optimal Transport）理论的新方法。我们分别将模型得到的图像特征序列记作 $\boldsymbol{v}=(\boldsymbol{v}_1,\cdots,\boldsymbol{v}_N)$，将词汇特征序列记作 $\boldsymbol{w}=(\boldsymbol{w}_1,\cdots,\boldsymbol{w}_T)$，其中 N 和 T 分别为图像区域个数和文本长度。我们可以将最优运输问题理解为求解如何以最小代价将一堆货物码放为另外一种形态的问题。运输的计划有多种，最优运输问题即要求在所有运输计划中选择代价最小的一种。在上述货物中，如果将原货物和目标货物替换为两种分布，那么最小代价（即最优运输计划对应的代价）则定义了两种分布之间的距离，该距离一般称为“沃瑟斯坦距离”（Wasserstein Distance，简称为“W 距离”）或“推土机距离”（Earth Mover's Distance），著名的 WGAN 中的“W”即为“Wasserstein”的首字母。对应到 UNITER 的预训练任务中，图像特征序列 $\boldsymbol{v}$ 和词汇特征序列 $\boldsymbol{w}$ 即被视为运输前后的两个分布。UNITER 的预训练方法为：首先，按照 $\boldsymbol{v}$ 和 $\boldsymbol{w}$ 计算其间的 W 距离 $\mathrm{wdist}(\boldsymbol{v},\ \boldsymbol{w})=\sum_{i=1}^{T}\sum_{j=1}^{N}\boldsymbol{T}_{i,j}^{*}c(\boldsymbol{v}_i,\ \boldsymbol{w}_j)$。其中，$c(\boldsymbol{v}_i,\boldsymbol{w}_j)$表示向量$\boldsymbol{v}_i$和$\boldsymbol{w}_j$之间的运

㊀ 准确地讲是在 15%的词汇上进行监督。这些词汇又被分为三种操作：10%做词汇的随机篡改，10%保持不变，其余 80%使用“<MASK>”遮掩。

输代价，在UNITER 中具体实现为 $c(\boldsymbol{v}_i,\boldsymbol{w}_j)=1-(\boldsymbol{v}_i^{\mathrm{T}}\boldsymbol{w}_j)/(\|\boldsymbol{v}_i\|\|\boldsymbol{w}_j\|)$。对应到我们“挪货物”的例子中，即从位置 i 到位置 j 需要走多远。$\boldsymbol{T}^*\in\mathbb{R}^{T\times N}$即最优运输计划矩阵，其中元素$\boldsymbol{T}^*_{i,j}$为从位置 i 到 j 的运输代价。对应到我们“挪货物”的例子中，即从位置 i 到位置 j 挪多少货物。距离就是损失——UNITER 针对词汇-区域对齐任务，即以上述 $\boldsymbol{W}$ 距离作为词汇和图像区域的对齐损失函数，要求针对具有匹配关系的图像和文本，模型应尽可能地将二者对齐。图 7-27 示意了 UNITER 的四种预训练任务。

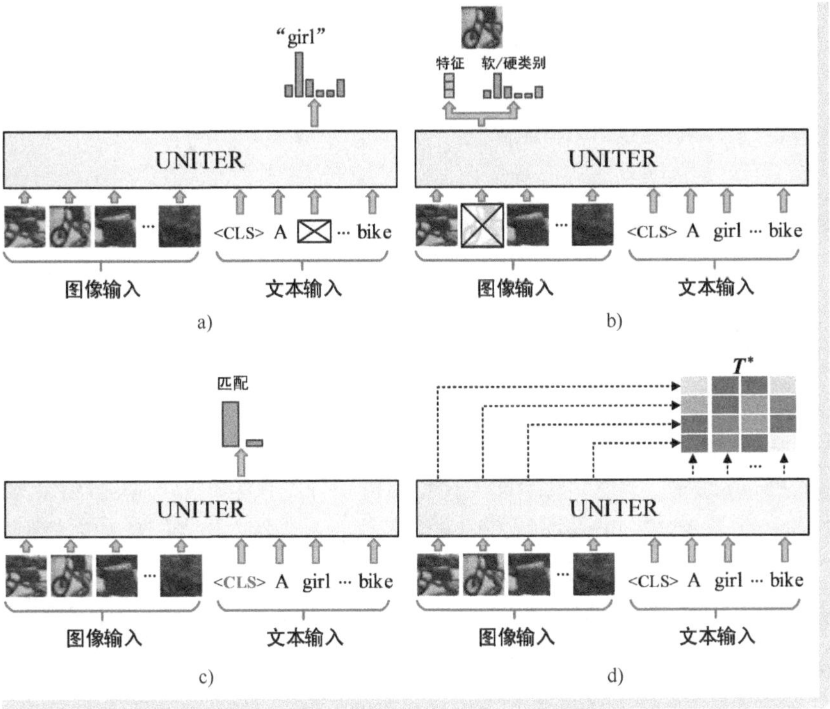

● 图 7-27　UNITER 的四种预训练任务示意

a）掩膜语言建模　b）掩膜图像建模　c）图文匹配　d）词汇-区域对齐

在下游视觉语言任务适配方面，作者们在视觉问答、图文匹配、视觉蕴含、视觉常识推理、自然语言视觉推理和指代表达理解六个下游任务的共计九个数据集上对 UNITER 模型进行了微调适配。其中，视觉问答、图文匹配和视觉蕴含三种任务，属于典型的基于图文二元输入的分类问题，故 UNITER 对其使用了相同的架构，该架构相较于其他模型算得上是中规中矩——将图像和文本一并送入模型，然后将“<CLS>”标识符对应的模型输出特征送入一个 MLP 分类器，预测所需要的概率分布。在上述三个任务中，上述概率分布分别为：答案词汇的概率（维度为词典大小）、是否匹配的二分类概率，以及图文蕴含关系的三分类概率。针对视觉常识推理任务，UNITER 也采用了与 VisualBERT 和 ViLBERT 同样的“批次拼接大法”——在 Q→A 和 QA→R 两个步骤中，均采用四个图文拼接作为模型输入，要求模型完成四选一的选择题。针对自然语言推理这一“双图+文本”的模式，作者们为 UNITER 设计了三种适配方案：Triplet 方案、Pair 方案和 Pair-BiAttn 方案。在 Triplet 方案中，将两幅图像的区域特征进行拼接，然后再与文本特征组合一并送入网络。整理来看，模型的输入仍然为一半图像一半文本，只不过图像的那一半可以再一分为二，分别为来自两幅图像的区域特征。随后再对“<CLS>”标识符对应输出特征执行分类，预测输入文本是否能够作为两幅图像的正确陈述。在Pair方案中，分别将两幅图像与陈述文本进行拼接，输入两次UNITER模型，得到两组联合特征表示。然后将两个“<CLS>”特征进行融合和MLP加工，最后再执行二分类操作。Pair-BiAttn方案为增强版Pair方案，其输入组织与Pair方案完全相同，只不过在Pair输出的两组联合特征表示之后，再使用一个双向注意力（Bidirectional Attention，BiAttn）层，对两个联合表示进行一次注意力机制的作用。然后再对注意力层的输出特征进行融合并进行最终的二分类预测；针对指代表达理解任务，UNITER在图像特征输出后添加一个MLP结构，为每一个图像特征预测一个对齐得分，取其中得分最高特征对应的图像区域作为最有可能的指代区域输出。

5. VLP：兼顾理解与生成的预训练模型

NLP任务又可以具体细分为NLU和NLG两类任务，有些模型适合做NLU任务，如BERT等，有些模型用来专攻NLG任务，如GPT（还包括Transformer“本尊”）等。但是也有学者在试图用一个模型“通吃”上述两类任务，例如，我们在上文中介绍的UniLM就是其中的典型代表。理解和生成的“争论”在视觉语言多模态领域自然也存在。例如，上文介绍的ViLBERT、LXMERT、VisualBERT都是针对理解任务设计，即便是“通吃”的UNITER模型，也只做到“通吃”理解类任务。那么是否能够构造一款既能够完成生成任务、又能应用于理解任务的预训练模型呢？我们下文介绍的VLP（Vision-Language Pre-training）模型即属于此类视觉语言预训练模型。VLP模型提出于2019年9月，作者是Luowei Zhou等[26]六名来自密歇根大学和微软的学者。当然，作者们对VLP模型的任务设定相对保守，选择了生成任务中的看图说话，以及理解任务中的视觉问答作为其发力方向。

在整体架构方面，VLP模型也是由一系列的Transformer编码器构成，输入模式同样也是图像和文本并列的双模态一体化输入。但是，尽管看上去VLP模型在整体架构上与上文介绍的VisualBERT和UNITER别无二致，但是在实质上VLP模型中可谓“别有洞天”——在面对理解类任务时，VLP模型拥有纯粹的双模态编码器架构，在这种模式下，VLP与VisualBERT和UNITER并无本质区别；但是在面对生成类任务（在VLP中就是看图说话这一图像到文本的生成）时，VLP又摇身一变成为了跨模态生成的编码器-解码器架构。可能有些读者会发现，VLP这种看似是编码器，但是能转变角色、完成理解和生成两类任务的模式，和之前讨论过的UniLM模型非常相似。没错，VLP可以视为是UniLM模型的“图文版”——将UniLM模型双句拼接输入的第一句替换为图像特征。作者们在原文中也多次提及UniLM，甚至以UniLM作为VLP模型的参数初值。图7-28示意了VLP模型的两种预训练架构。

在模型输入方面，VLP使用的图像特征仍为“OD-based”特征——将Faster R-CNN目标检测模型（主干网络为带有FPN结构的ResNeXt101）获取的区域特征与各种其他特征进行合成，只不过相较于上文介绍的模型，VLP图像特征的合成中还添加了目标检测的类别信息。假设模型输入的图像区域特征序列为$\{\boldsymbol{r}_i\}_{i=1}^N$，其中$N$为区域个数，$\boldsymbol{r}_i=\boldsymbol{W}_r\boldsymbol{f}_i+\boldsymbol{W}_p[\mathrm{LN}(\boldsymbol{W}_c\boldsymbol{c}_i),\mathrm{LN}(\boldsymbol{W}_g\boldsymbol{g}_i)]+\boldsymbol{W}_s\boldsymbol{s}_i$。这里，$\boldsymbol{f}_i$、$\boldsymbol{c}_i$、$\boldsymbol{g}_i$和$\boldsymbol{s}_i$分别表示目标区域的RoI特征、目标类别分布（向量）包围框的五维位置（四个坐标值加上相对面积）和特征的片段标识；$\boldsymbol{W}_r$、$\boldsymbol{W}_c$、$\boldsymbol{W}_g$、$\boldsymbol{W}_s$和$\boldsymbol{W}_p$均为可学习线性嵌入参数矩阵；$\mathrm{LN}(\cdot)$为层归一化操作。对于文本中的每一个词汇，VLP直接使用了BERT的方式，对其进行符号嵌入、位置嵌入和片段嵌入的三个嵌入合成，合成后的词汇序列记作$\{\boldsymbol{y}_i\}_{i=1}^T$。除此之外，作者们在整个输入序列最开

始、两个模态数据之间和最末尾分别添加“<CLS>”“<SEP>”和“<STOP>”标识符。因此，VLP 模型的整体输入形如$(\text{<CLS>},\boldsymbol{r}_1,\cdots,\boldsymbol{r}_N,\text{<SEP>},\boldsymbol{y}_1,\cdots,\boldsymbol{y}_T,\text{<STOP>})\in\mathbb{R}^{d\times U}$，其中 d 为特征维度，$U=N+T+3$。

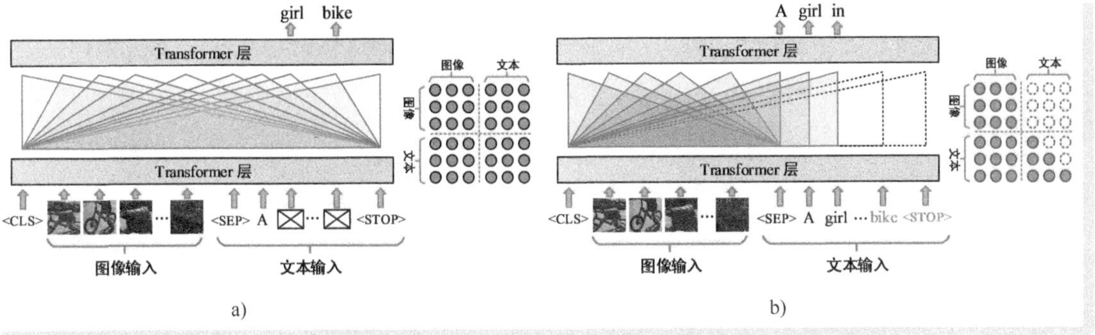

● 图 7-28 VLP 模型的两种预训练架构示意
a）掩膜语言建模的预训练架构 b）Seq2Seq 建模的预训练架构

在编码器方面，VLP 中的 Transformer 编码器会随着任务转变角色。当面对理解类任务时，图像和文本被视为地位平等的两路输入，Transformer 编码器通过其中的自注意力机制对两路特征进行充分“搅拌”，最终得到双模态的联合特征表示。在这种模式下，VLP 的工作模式与 VisualBERT 和 UNITER 并无本质区别；但是在面对生成类任务（在 VLP 中就是看图说话这一图像到文本的生成）时，VLP 摇身一变成为编码器-解码器架构。其中的 Transformer 一分为二，前半部分作为图像编码器，利用双向自注意力机制对图像上下文特征进行充分交互，充分理解图像语义；后半部分为自回归解码器，其中的掩膜注意力机制使得其在生成词汇时无法“注意”其后词汇，只能依赖图像编码特征即在其之前生成的词汇。在上述两种模式中，注意力的投射范围通过掩膜矩阵控制。

在预训练目标方面，VLP 的作者们将 UniLM 的单向语言建模、双向语言建模、序列到序列语言建模（以下简称为“Seq2Seq 建模”）和下句预测四个预训练目标减少到两个：双向语言建模和 Seq2Seq 建模，这两种预训练目标即分别对应理解和生成两类任务。其中，双向语言建模即掩膜语言建模，VLP 对其中 15%随机词汇的输出上进行监督，在这 15%的词汇中，八成做“<MASK>”操作，一成做随机篡改，其余一成保持不变。VLP 即通过让模型学习图文阅读材料，然后在文本上进行“完形填空”训练。图 7-28a 示意了掩膜语言建模的预训练架构。Seq2Seq 建模的预训练目标可以表示为最大化条件概率 $p(\hat{\boldsymbol{y}}_t|\boldsymbol{r}_1,\cdots,\boldsymbol{r}_N,\hat{\boldsymbol{y}}_1,\cdots,\hat{\boldsymbol{y}}_{t-1};\theta)$，其中的条件部分即为全部的图像特征（$\boldsymbol{r}_1,\cdots,\boldsymbol{r}_N$）以及当前步骤之前已经生成的词汇特征（$\hat{\boldsymbol{y}}_1,\cdots,\hat{\boldsymbol{y}}_{t-1}$）；$\theta$ 为需要优化的模型参数。可以看出，在该预训练目标下，实际上就是训练一个基于 Transformer 的 Seq2Seq 模型，原序列为图像区域，目标序列为文本。上述“只向前看”的方式可以通过掩膜注意力机制轻松实现。图 7-28b 示意了 Seq2Seq 建模的预训练架构。

在下游视觉语言任务适配方面，VLP 适配的下游任务包括视觉问答和看图说话两种，二者分别是理解类任务和生成类任务的典型代表。针对视觉问答任务，VLP 的任务架构相较于前文介绍的几个模型来说大同小异：将图像和问题文本并列送入模型，然后在模型输出端接收类别标识符“<CLS>”和分隔标识符“<SEP>”对应的特征，以逐元素相乘的方式对二者进行融合，最后再将融合特征送入

MLP 分类器来预测问题答案。针对看图说话任务的微调适配就是 Seq2Seq 建模——输入图像，然后以自回归方式逐个预测输出词汇并进行监督训练。具体方法为：首先将图像特征序列前后分别添加“<CLS>”和“<SEP>”标识符，然后在其后再添加一个“<MASK>”标识符作为开始生成标志，在输出端获得其对应的特征并进行词汇预测；将该词汇替换上述“<MASK>”标识符，再在序列最后再添加一个“<MASK>”标识符作为下一个词汇预测的启动标志，以此类推，直到“<STOP>”标识符的出现。在获得预测词汇后，即可以计算其与真值文本序列之间的损失来对模型进行监督微调。

6. OSCAR：将对象标签作为对齐线索

上文介绍的 VisualBERT、UNITER 和 VLP 模型都具有“图像区域特征+文本特征+Transformer”的整体架构。随后，上述配置似乎成了标配，被大量视觉语言预训练模型所采用。在该架构中，图像区域特征和文本特征被并列送入 Transformer 结构，Transformer 利用其自注意力机制，在不同视觉语言任务的驱动下，来实现两种模态语义信息的对齐㊀。然而，上述做法存在着一个明显的问题，那就是以最终视觉语言任务作为驱动，其能够给跨模态对齐带来的指导信息是不够清晰明确的，尤其是当数据存在大量的冗余信息（噪声）时，上述对齐将变得异常困难。例如，我们有一幅图像，上面有一只猫和一只狗，但是与之匹配的描述语句为“A black dog with blue eyes stood next to a cute cat.”。我们需要完成的对齐任务就是建立图像上猫和狗两个区域与文本中“cat”和“dog”两个词汇的对应关系，文本中“可爱的”“黑色”“蓝眼睛”等修饰性语言都可以视为对齐任务的干扰信息。这就意味着我们的模型必须学会抽丝剥茧，将重点锁定到需要真正对齐的输入上。这一要求在任务驱动的端到端“黑盒”模式下是非常困难的。为了克服上述问题，2020 年 4 月，Xiujun Li 等[27] 12 名来自微软和华盛顿大学的学者提出对象语义对齐预训练（Object-SemantiCs Aligned PRe-training，OSCAR）模型。OSCAR 模型的思路非常简单：难对齐的核心原因在于没有提供足够明确的线索，那么如果把目标检测模型给出的对象标签（object tags）文本化也作为模型输入，岂不是最直接明了的线索？例如，在我们上文“猫狗”的例子中，目标检测模型检测出了图像上的猫和狗，那么我们就将二者对应的对象标签文本“cat”和“dog”也作为除图像和文本描述之外的第三种输入，作为对齐的直接线索，使得对齐变得更加容易。在 OSCAR 模型中，上述对象标签文本被称为对齐的“锚点”（anchor points）。

整体架构如图 7-29 所示，OSCAR 模型也具有基于 Transformer 编码器（准确地讲是 BERT）的架

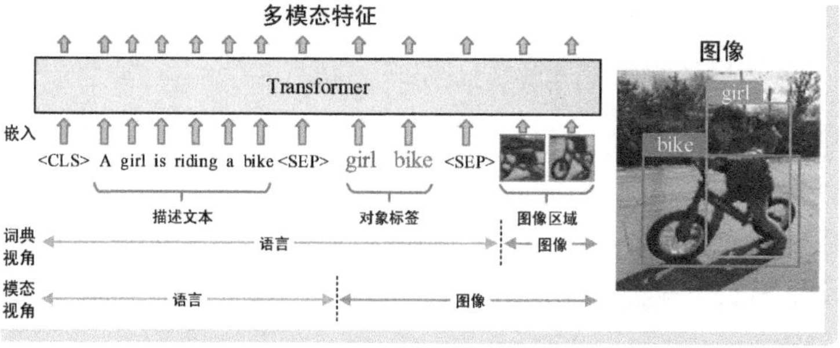

● 图 7-29 OSCAR 模型的整体架构示意

㊀ 除非是词汇-区域对齐任务，这里的对齐往往都是隐式对齐。

构，输入模式同样也是文本与图像区域并列的混合型输入。按照其中 Transformer 结构的规模，OSCAR 也有两种不同规模的版本：基础版（OSCAR-B）和大规模版（OSCAR-L），两种模型的参数设定与 BERT 对应规模模型相同，且作者们也在模型初始化时使用对应规模 BERT 模型作为参数初值。

在模型输入方面，OSCAR 模型将一般视觉语言的双序列输入形式改为“描述文本+对象标签+图像区域”的三元组形式（原文将该输入形式称为“Word-Tag-Image 三元组”）。其中，描述文本和图像区域与前文介绍模型别无二致，前者作为后者的描述。输入中的图像区域同样来自 Faster R-CNN 的目标检测输出，故 OSCAR 的图像特征仍属于“OD-Based”类型；而三元组输入中的即为 Faster R-CNN 目标检测输出类别的文本表示，对象标签的加入也正是 OSCAR 的创新之处。例如，在图 7-29 所示的例子中，目标检测模型从输入图像上检测出两个目标，类别标签分别为“girl”和“bike”，则将上述两个区域和两个文本标签分别作为三元组输入中的图像区域输入和对象标签输入。对于其中的文本特征（包括描述文本和对象标签），OSCAR 对其进行词嵌入操作，针对图像区域特征，OSCAR 的做法也与前文介绍模型类似——将区域卷积特征与包围框位置特征融合，然后通过线性变换将其维度与词嵌入特征统一。经过上述嵌入之后，我们将 OSCAR 模型输入的三元组记作$(\boldsymbol{w},\boldsymbol{q},\boldsymbol{v})$。$\boldsymbol{w}\in\mathbb{R}^{d\times T}$和$\boldsymbol{v}\in\mathbb{R}^{d\times N}$即分别为描述文本和图像区域的嵌入特征序列，$\boldsymbol{q}\in\mathbb{R}^{d\times N}$表示对象标签（文本）的嵌入特征序列，这里的$\boldsymbol{q}$即所谓的锚点。其中 d 为嵌入特征维度（也即后续 Transformer 结构的中间特征维度），T 和 N 分别为描述文本的长度和图像区域的个数。在进行 Transformer 模型输入之前，OSCAR 在序列首部添加“<CLS>”标识符，在三元数据之间插入“<SEP>”标识符，即整个模型输入形如（$\text{<CLS>}\boldsymbol{w}\ \text{<SEP>}\boldsymbol{q}\text{<SEP>}\boldsymbol{v}$）$\in\mathbb{R}^{d\times U}$，其中 $U=T+2N+3$。

在预训练目标方面，OSCAR 从两个视角看待输入的三元组：词典视角(Dictionary View，DV）和模态视角(Modality View，MV)。每个视角都将三元输入划分为两个组别。其中，词典视角按照特征的表现形式分组。在该视角下，描述文本 $\boldsymbol{w}$ 和对象标签 $\boldsymbol{q}$ 划分为语言组别，而图像区域 $\boldsymbol{v}$ 独自构成图像组别。这一分组很好理解，即文本一组，图像一组。模态视角按照特征来源进行分组。在该视角下，描述文本 $\boldsymbol{w}$ 独自属于语言组别，而对象标签 $\boldsymbol{q}$ 和图像区域 $\boldsymbol{v}$ 同属于图像组别[⊖]。上述两个视角下的三元组输入可以表示为

$$MV\triangleq((\boldsymbol{w},\boldsymbol{q}),\boldsymbol{v})=(\boldsymbol{w},(\boldsymbol{q},\boldsymbol{v}))\triangleq DV \tag{7-41}$$

两种视角对应了两种不同的预训练目标。在词典视角下，OSCAR 的预训练目标即为掩膜语言建模。因为在该视角下，$\boldsymbol{w}$ 与 $\boldsymbol{q}$ 均为文本表示，二者中的词汇来自相同的词典，共享语义空间，故理论上 $\boldsymbol{w}$ 与 $\boldsymbol{q}$ 中的任何一个词汇都可以被其他词汇，以及图像特征有关。我们令$\boldsymbol{w}'=[\boldsymbol{w},\boldsymbol{q}]$，即将描述文本和目标标签拼接，视为一段新的文本。这样一来，OSCAR 模型的输入与前文介绍的双模态模型相同。下面的操作想必读者已经非常熟悉——以 15%的比例对 $\boldsymbol{w}'$中的词汇进行随机遮掩，然后利用其余未遮掩的词汇特征和图像特征预测这些被遮掩词汇。在模态视角下，OSCAR 的预训练目标基于对比损失（Contrastive Loss）完成。具体操作方法十分简单：在图像组别$(\boldsymbol{q},\boldsymbol{v})$中，以 50%的概率将其中的目

⊖ 请读者注意，尽管对象标签的原始输入也是文本，也是按照词嵌入的方式进行加工。但是其来自图像的目标检测输出，与图像区域对应，故可以视为图像区域的另外一种表示，故按照特征来源分组，其属于图像组别无可厚非。

标标签序列 $\boldsymbol{q}$ 随机替换为一个与图像不相关的错误标签序列 $\boldsymbol{q}^-$（在原文中将这一操作称为“制造污染”。与之对应，我们将能够与图像对应的正确目标标签序列记作 $\boldsymbol{q}^+$），然后接收句首“<CLS>”标识符对应的全局多模态特征，并对其进行匹配与否的二分类预测——在 $(\boldsymbol{w},(\boldsymbol{q}^+,\boldsymbol{v}))$ 出现时，要求模型尽可能为 1，而当 $(\boldsymbol{w},(\boldsymbol{q}^-,\boldsymbol{v}))$ 出现时，要求模型输出 0。OSCAR 的整体预训练目标即上述两个视角下预训练目标的综合（整体损失函数即两个视角损失函数之和）。

在下游视觉语言任务适配方面，VLP 适配的下游任务包括四种：图文匹配、看图说话、视觉问答和自然语言视觉推理。在图文匹配任务中，作者们选择正确匹配和随机错误匹配的图像-文本对分别作为正样本和负样本送入模型，然后基于“<CLS>”对应输出特征构建二分类器，以预测图像和文本的匹配得分；在看图说话任务中，OSCAR 采用了 VLP 的做法，在图像部分利用自注意力机制进行双向编码，在文本部分则利用“不看后面”的掩膜注意力机制，以及不断后移的“<MASK>”标识符作为指示逐个生成词汇；在视觉问答任务中，OSCAR 所采用的任务架构与图文匹配类似，同样是将任务模型构造为一个双模态输入的分类模型，只不过类别个数为词典长度；在自然语言视觉推理任务中，OSCAR 也采用了上文介绍模型的常用架构——两幅图与陈述分别捆绑，进行两次模型加工，然后再两组多模态输出结果上执行分类。

7. ViLT：放弃 CNN 的“图文版 ViT”

上文介绍的多个视觉语言预训练模型有一个共同的特点，即其中的图像特征都来源于一个目标检测模型，这便是所谓的“OD-Based”图像特征。这样做的好处在于目标检测模型为后续工作提供了与任务无关的、具有物体化（objectness）属性的视觉特征，实现了类似自下而上的预注意机制。然而，其缺点也非常明显，主要体现在两个方面：第一，整个模型的构被造割裂为两个阶段——先构造目标检测模型，后构造多模态模型，前者以离线方式为后者提供图像特征，无法实现端到端训练；第二，模型的体量过于庞大。首先，为了达到比较好的目标检测效果，目标检测模型往往具有复杂的结构；其次，诸多工作也在实践中证明，多模态模型一般也需要复杂的结构才能够达到良好的跨模态交互效果。如此一来，重量级的视觉特征提取加上重量级的多模态交互，将导致整个模型十分臃肿，运行效率也非常低下。那么，我们很自然的要问一个问题，目标检测模型是必需吗？甚至一定要使用 CNN 特征吗？2020 年 10 月，ViT 的诞生为人们打开了另一扇窗，随后各类基于 ViT 的 CV 模型也不断地告诉我们“CNN 也许不是必需的”。在这一背景下，我们下文的主角——ViLT（Vision-and-Language Transformer）模型应运而生。该模型彻底放弃基于 CNN 的图像特征提取（自然也就放弃了 Faster R-CNN 等目标检测模型），取而代之的是 ViT 分块图像处理机制。ViLT 大幅简化了模型架构。将原本视觉语言模型中“视觉 CNN，语言 Transformer”的全部统一到 Transformer 架构上来。ViLT 模型的提出时间为 2021 年 2 月，作者是 Wonjae Kim 等[28]三名韩国学者。

在整体架构方面，一个视觉语言模型一般包括视觉编码器（Vision Encoder，VE）、文本编码器（Text Encoder，TE）和模态交互（Modality Interaction，MI）三个主要模块。这些模块可繁可简，可轻可重。ViLT 的作者们在其文章开篇，首先按照三个模块的复杂程度，将现有视觉语言模型的架构分为四大类。我们在其基础上额外再增加一种，将多模态模型的架构分为五类，如图 7-30 所示。我们下面也从这五种不同架构说起。

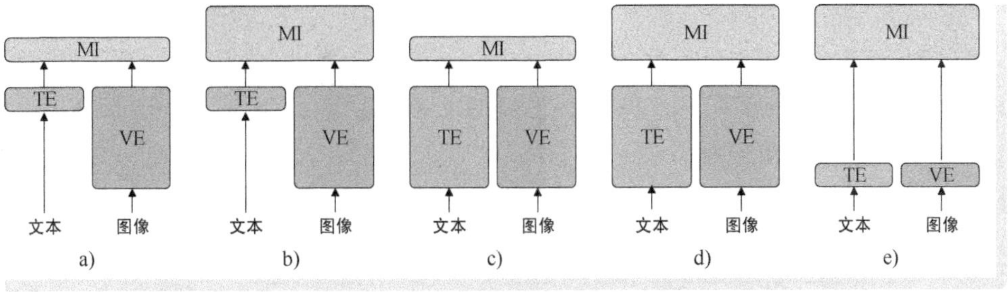

● 图 7-30 按照三个模块的规模对视觉语言模型的五种分类

a）轻文本，重图像，轻交互 b）轻文本，重图像，重交互 c）重文本，重图像，轻交互
d）重文本，重图像，重交互 e）轻文本，轻图像，重交互

第一种架构简单来说即“轻文本，重图像，轻交互”（如图 7-30a 所示）。在该类架构中，绝大多数的计算资源都投入在视觉一侧，文本编码及后续的模态交互部分与之相比则显得十分单薄。例如，在我们前文介绍的 SCAN 模型中，视觉特征的提取用到了 Faster R-CNN 加 ResNet101 这一重量级的结构，而文本特征的提取用了很简单的双向 GRU。在后续的模态交互中，仅使用了单次注意力投射的特征融合机制。第二种架构具有“轻文本，重图像，重交互”的模式（如图 7-30b 所示）。在该类架构中，文本编码器和视觉编码器仍“一高一矮”，但是人们已经意识到模态交互的重要性，故使用了重量级的模态交互模块，从而使得跨模态特征的融合能够更加充分。我们前文介绍的 VisualBERT、UNITER 模型均属于此类。在这些模型中，图像特征还是由重量级的目标检测模型来提供，在融合前对文本输入的处理也只有“薄薄一层”嵌入操作，而后续的模态融合则由多层 Transformer 结构来完成。第三种架构具有“重文本，重图像，轻交互”的特点（如图 7-30c 所示）。该类架构如同在双塔之上搭了块石板——视觉和文本编码器模型都为“重量级选手”，二者“势均力敌”，但后续的模态交互部分却相对简单。例如，著名的 CLIP 模型就属于此类架构。第四种架构的特点为“重文本，重图像，重交互”（如图 7-30d 所示）。在该类架构中，三个模块都具有比较大的规模。例如，在我们上文介绍的 ViLBERT 中，图像编码器使用了 Faster R-CNN 与 ResNet101，但是文本编码器使用了 BERT，可以说无论是图像还是文本，编码器都相对复杂。后续的模态交互也使用了多层交叉 Transformer 结构，LXMERT 模型也具有类似的形式。第五种架构为“轻文本，轻图像，重交互”的模式（如图 7-30e 所示）。在该类架构中，计算的全部“火力”几乎都集中在了模态交互模块，在其之前对文本和图像的编码工作都退化到只剩下嵌入操作。我们将要介绍的 ViLT 模型即采用此类架构。请读者注意，上述几种架构的演变和发展是随着 CV 和 NLP 领域技术的变革同步进行的，带有浓厚的时代背景。例如，在 Transformer 诞生前，CNN 和 RNN 分别作为图像特征表示和文本特征表示的霸主，前者相较于后者具有更加复杂的结构，故此时视觉语言模型的文本编码器都很轻量化；而在 Transformer 诞生后，RNN 迅速被 Transformer 取代，故文本编码器开始“加重”，除此之外，人们也开始意识到深层模态交互对联合特征表示学习的重要性，尤其是认识到基于 Transformer 注意力机制能够有效进行跨模态的特征关系建模后，模态交互模块也开始变得“厚重”起来；接下来，单塔型视觉语言模型开始风靡，这些模型像 BERT 那样对文本输入仅进行简单地嵌入处理，但是此时此刻，CNN 在 CV 领域的影响力还在，故基于目标检测的视觉特征表示仍被广泛使用；再后来，ViT 模型诞生，其对图像分块处理的方

式与词汇处理十分一致，既然如此，那就拿掉 CNN，将两种模态的输入进行统一，前期对二者只做嵌入操作，将联合特征表示的工作全都交给后续的 Transformer 来完成，这便得到上述第五种架构，也即 ViLT 的诞生背景。图 7-31 示意了 ViLT 模型的整体架构。不难看出，正如其名称那样，ViLT 就是添加了并列文本输入的多模态 ViT 模型。

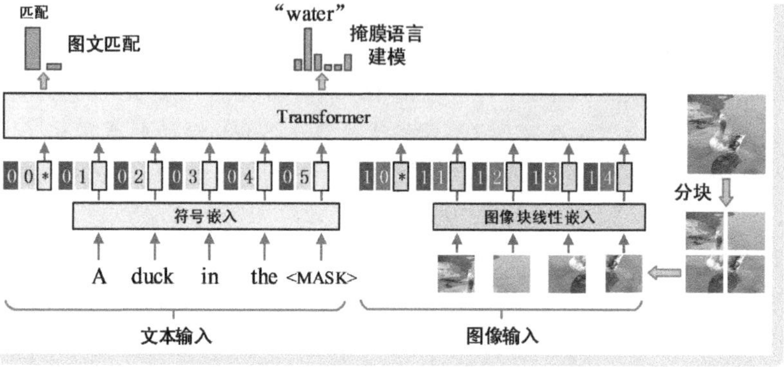

● 图 7-31　ViLT 模型的整体架构示意

在模型输入方面，ViLT 模型的输入可以理解为“一半 BERT，一半 ViT”：对于文本输入，ViLT 对其进行符号嵌入和位置嵌入的合成；对于图像输入，ViLT 首先进行分块处理，然后对图像分块进行展平、线性嵌入并添加位置嵌入。对于上述两种输入，ViLT 同样增加了标识数据来源的片段嵌入，并且分别在两种输入之前添加分类标志，即“<CLS>”标识符。

在预训练目标方面，ViLT 模型的预训练目标有两个，即图文匹配和掩膜语言模型。其中前者被建模为一个针对正确匹配和错误匹配图像-文本样本的二分类任务，该任务使用句首分类标识对应的输出特征作为分类特征；在后者中，和其他模型类似，同样要求模型基于图文阅读材料完成“完形填空”任务。

在下游视觉语言任务适配方面，ViLT 适配的下游任务包括视觉问答、自然语言视觉推理和图文匹配三种。三种下游任务都可以视为基于双模态输入的分类任务，因此其采用的实现架构都是基于分类标识对应输出特征的分类架构。其中，针对自然语言视觉推理任务的“双图像加文本”的输入，ViLT 也采用了两次图文捆绑输入再分类的模式。

8. ALBEF：“先对齐再融合”

对多模态特征进行融合能够弥补单一模态的信息短板，使得特征具有更强的表达能力。但是，融合的前提是两种模态特征需要是对齐的，否则将风马牛不相及的特征融合在一起，不但起不到提升特征表达能力的作用，反而会大大降低特征的质量。在上一章，我们简单介绍了自监督学习的利器——对比学习。对比学习的目标即让具有匹配关系的特征聚集，让不匹配的特征远离，其目标不正是对齐吗？只不过前文介绍的对比学习模型都只针对图像这一单模态特征罢了。那么在图像和文本这两种不同模态间是否也可以开展对比学习来实现二者的对齐？我们接下来介绍的 ALBEF 模型就秉承了这一思路[⊖]。该

[⊖] 当然，ALBEF 并不是基于对比学习进行图像-文本对齐的第一个模型，至少我们下文介绍的 CLIP 就比 ALBEF 早提出五个月。

模型名称体现对齐对于多模态特征融合的重要性——“先对齐再融合”（ALign BEfore Fuse），其中的对齐操作就是基于对比学习来完成。ALBEF 模型的提出时间为 2021 年 7 月，作者是 Junnan Li 等[29]六名来自 Salesforce Research 的学者。

在整体架构方面，如图 7-32 所示，ALBEF 包含了一个图像编码器、一个文本编码器和一个多模态编码器（即我们前文中所说的“模态交互模块”）。以上三个编码器均为 Transformer 架构，其中，图像编码器为一个 12 层的 ViT-B/16 模型，作者们基于 ImageNet-1K 对该模型进行了预训练；文本和多模态编码器均为六层 Transformer 结构。其中，相较于标准 Transformer，多模态编码器在自注意力模块之后添加了一个交叉注意力模块，用来在图像和文本两路特征上以“查询对方”的方式进行交互融合。文本编码器和多模态编码器分别以预训练 BERT-Base 模型的前六层和后六层进行初始化。因此，按照上文对视觉语言预训练模型架构的分类，ALBEF 属于“重文本，重图像，重交互”型架构㊀，相当于将一个 BERT 模型一劈两半，前一半保持不变用来对文本进行编码，对后一半 BERT 进行多模态改造，再另找一个 ViT 对图像特征进行编码，将图像特征和文本特征一起送入后半段 BERT 模型中去集中加工。ALBEF 属于典型的双塔型架构，但是其在双塔顶端“搭块石板”之前，在其间还先建立了一座桥梁，这便是针对双模态特征的对齐操作。除了上述三个“摆在明面”上的编码器（以下简称为“当前编码器”），在 ALBEF 的架构中，还存在一套被称为动量编码器的“幕后英雄”。动量编码器中的两个单模态编码器和多模态编码器与上述三个编码器具有完全相同的结构。ALBEF 一方面以动量更新方式更新动量编码器中的参数，使得其参数变化平滑稳定，从而克服因训练样本中含有噪声而导致模型训练的剧烈震荡；另一方面，也是最重要的方面，即将动量编码器的“伪目标”（pseudo-targets）作为预训练任务的约束条件。这便是所谓的“动量蒸馏”（Momentum Distillation）机制。

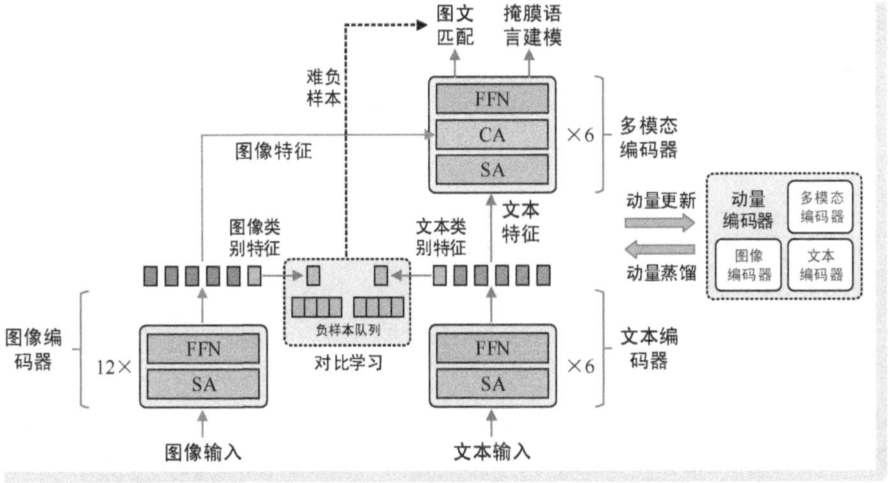

● 图 7-32　ALBEF 模型的整体架构示意（其中，SA、CA 和 FFN 分别为自注意力、交叉注意力和全连接前馈网络）

㊀ 尽管图像编码器有 12 层，而文本编码器和模态交互只有 6 层，但是我们认为只要用上 Transformer 结构，那么模型都算重量级模型。当然，将其算作“轻文本，重图像，重交互”型架构也没有问题。

在预训练目标方面，ALBEF 采用了“三合一”的预训练目标——掩膜语言建模、图文匹配和对比学习。其中掩膜语言建模和图文匹配预训练任务的目标和架构与前文介绍的模型基本一致——前者也是基于未遮掩的图文特征来预测被遮掩词汇，后者则基于多模态编码器对“<CLS>”标识符得到的输出特征进行二分类，预测图像和文本的是否匹配，我们将上述两种任务的损失函数分别记作$\mathcal{L}_{\text{mlm}}$和$\mathcal{L}_{\text{itm}}$，二者的具体表达形式这里不过多展开。ALBEF 最具创新性的预训练任务是图文对比学习任务。在该任务中，作者们借鉴了 MoCo v1 对比学习中的队列机制，将动量编码器产生的最新的 M 个的图像特征和文本特征存储为两个队列，然后将另外一个模态的当前特征视为查询，构建其与队列中历史特征的相似度，然后再利用 InfoNCE 损失进行对比学习的监督。具体流程为：对于一组相同图像-文本输入，我们将当前图像编码器和文本编码器对其的输出（即“<CLS>”标识符对应的特征输出）记作$\boldsymbol{v}_{\text{cls}}$和$\boldsymbol{w}_{\text{cls}}$，将动量编码器两个单模态编码器对应的特征表示记作$\boldsymbol{v}'_{\text{cls}}$和$\boldsymbol{w}'_{\text{cls}}$。首先，以内积方式定义如下两个图文相似度：$s(I,T)=(\boldsymbol{v}_{\text{cls}})^{\text{T}}\boldsymbol{w}'_{\text{cls}}$和$s(T,I)=(\boldsymbol{w}_{\text{cls}})^{\text{T}}\boldsymbol{v}'_{\text{cls}}$㊀，其中，前者表示当前图像特征与动量文本特征之间的相似度，后者表示当前文本特征与动量图像特征之间的相似度。基于上述相似度，利用 softmax 计算当前图像特征与 M 个历史文本特征的归一化相似度，以及当前文本特征与 M 个历史图像特征的归一化相似度，有

$$p_m^{i2t}(I)=\frac{\exp(S(I,T_m)/\tau)}{\sum_{m=1}^{M}\exp(S(I,T_m)/\tau)},p_m^{t2i}(T)=\frac{\exp(S(T,I_m)/\tau)}{\sum_{m=1}^{M}\exp(S(T,I_m)/\tau)} \tag{7-42}$$

式中，T_m和I_m分别表示文本特征队列和图像特征队列中的第 m 个特征；τ为一个可学习的温度的参数。设 $\boldsymbol{y}^{i2t}(I)$ 为图像 I 与文本特征队列匹配真值的独特编码表示（即文本队列中只有一个是与图像匹配的，向量只在该位置“独热”）。同理，设 $\boldsymbol{y}^{t2i}(T)$ 为文本 T 与图像特征队列匹配真值的独特编码表示，则即可通过交叉熵计算预测相似度与真值之间的损失。在 ALBEF 的原文中，对比损失即为上述两个交叉熵损失的平均值，将其表达为如下数学希望的形式

$$\mathcal{L}_{\text{itc}}=\frac{1}{2}\mathbb{E}_{(I,T)\sim D}[\text{CE}(\boldsymbol{y}^{i2t}(I),\boldsymbol{p}^{i2t}(I))+\text{CE}(\boldsymbol{y}^{t2i}(T),\boldsymbol{p}^{t2i}(T))] \tag{7-43}$$

式中，$\boldsymbol{p}^{i2t}(I)=\{p_m^{i2t}(I)\}_{m=1}^{M}$为归一化的图像-文本相似度向量；$\boldsymbol{p}^{t2i}(T)=\{p_m^{t2i}(I)\}_{m=1}^{M}$为归一化的文本-图像相似度向量；$\text{CE}(\cdot,\cdot)$表示交叉熵损失函数。有了以上对比损失函数的定义，ALBEF 的整体预训练损失就是掩膜语言建模、图文匹配和图文对比损失之和，即$\mathcal{L}_{\text{mlm}}+\mathcal{L}_{\text{itm}}+\mathcal{L}_{\text{itc}}$。除此之外，由于在 M 个向量中，只有一个正样本，那么相似度最高的负样本就是所谓的“难负样本”（hard negative）。故 ALBEF 的对比学习还有一个“副产品”，就是同时扮演了难样本挖掘的角色，为图文匹配预训练提供更加有价值的图文样本对。

考虑到绝大多训练数据都是来源于网络，图像-文本对中均存在着大量噪声（文本中存在和图像不相关的词汇，图像中存在文本中没有的对象等），如果直接利用这些带有噪声的数据进行模型训练，

㊀ 在原文中，$s(I,T)=g_v(\boldsymbol{v}_{\text{cls}})^{\text{T}}g'_w(\boldsymbol{w}'_{\text{cls}})$，$s(T,I)=g_w(\boldsymbol{w}_{\text{cls}})^{\text{T}}g'_v(\boldsymbol{v}'_{\text{cls}})$。其中，$g_v(\cdot)$和$g_w(\cdot)$分别表示当前两个单模态编码器对输出又进行的降维线性变换（如将 BERT-Base 的 768 维特征输出降到 256 维），$g'_v(\cdot)$和$g'_w(\cdot)$对应动量编码器中的线性变换。但是在这里，为了简化描述，我们假设$\boldsymbol{v}_{\text{cls}}$、$\boldsymbol{w}_{\text{cls}}$，以及$\boldsymbol{v}'_{\text{cls}}$、$\boldsymbol{w}'_{\text{cls}}$是经过线性变换后的向量。

模型在训练时“一会儿天上，一会儿地下”，无法稳定收敛。为了使得模型训练不容易受到噪声干扰，ALBEF 引入了动量蒸馏机制。所谓动量蒸馏，即分别将当前编码器和动量编码器视为学生模型和教师模型，同样的输入一分为二，利用后者的输出作为前者输出的约束条件。毕竟动量编码器是采用动量更新这一柔和的方式更新的，其输出会更加稳定。具体来说，针对图文对比预训练任务，首先以 $s'(I,T)=(\boldsymbol{v}'_{\text{cls}})^{\mathrm{T}}\boldsymbol{w}'_{\text{cls}}$ 和 $s'(T,I)=(\boldsymbol{w}'_{\text{cls}})^{\mathrm{T}}\boldsymbol{v}'_{\text{cls}}$ ⊖ 来表示动量编码器跨模态特征相似度，并按照式（7-42）的方式计算图像-文本和文本-图像归一化相似度，分别记作 $\boldsymbol{q}^{i2t}(I)$ 和 $\boldsymbol{q}^{t2i}(T)$。此时此刻，针对图像-文本，我们有了两组归一化相似度，分别为由当前编码器得到的“学生激进版”相似度 $\boldsymbol{p}^{i2t}(I)$，和自动量编码器得到的“教师稳定版”相似度 $\boldsymbol{q}^{i2t}(I)$，对于文本-图像，亦同样有 $\boldsymbol{p}^{t2i}(T)$ 和 $\boldsymbol{q}^{t2i}(T)$。故 ALBEF 将 $\boldsymbol{q}^{i2t}(I)$ 和 $\boldsymbol{q}^{t2i}(T)$ 作为柔性的“伪目标”来约束 $\boldsymbol{p}^{i2t}(I)$ 和 $\boldsymbol{p}^{t2i}(T)$。添加动量蒸馏机制后，新的“动量蒸馏版”对比学习损失函数改变为

$$\mathcal{L}_{\text{itc}}^{\text{mod}}=(1-\alpha)\mathcal{L}_{\text{itc}}+\frac{\alpha}{2}\mathbb{E}_{(I,T)\sim D}[\mathrm{KL}(\boldsymbol{p}^{i2t}(I)\,|\,\boldsymbol{q}^{i2t}(I))+\mathrm{KL}(\boldsymbol{p}^{t2i}(T)\,|\,\boldsymbol{q}^{t2i}(T))] \tag{7-44}$$

式中，KL(·|·) 为两个分布之间的 KL 散度；α 为平衡原对比学习损失 $\mathcal{L}_{\text{itc}}$ 和约束项之间的超参数权重。同样，掩膜语言建模的损失函数同样也有“动量蒸馏版”，即

$$\mathcal{L}_{\text{mlm}}^{\text{mod}}=(1-\alpha)\mathcal{L}_{\text{mlm}}+\alpha\,\mathbb{E}_{(I,\hat{T})\sim D}[\mathrm{KL}(\boldsymbol{q}^{\text{msk}}(I,\hat{T})\,|\,\boldsymbol{p}^{\text{msk}}(I,\hat{T}))] \tag{7-45}$$

式中，$\boldsymbol{q}^{\text{msk}}(I,\hat{T})$ 和 $\boldsymbol{p}^{\text{msk}}(I,\hat{T})$ 分别为动量多模态编码器和当前多模态编码器对遮掩词汇的预测概率，二者分别为教师模型和学生模型的预测结果。ALBEF 即利用 KL 散度对二者进行约束使得二者尽可能接近；α 同样为平衡原对掩膜语言建模损失 $\mathcal{L}_{\text{mlm}}$ 和约束项之间的超参数权重因子。

在下游视觉语言任务适配方面，ALBEF 适配的下游任务包括图文匹配、视觉蕴含、视觉问答、自然语言视觉推理和视觉定位五种。其中，图文匹配和视觉蕴含任务属于典型的分类任务，特别是在 ALBEF 的预训练任务中已经又设计了图文匹配任务，故在微调阶段，ALBEF 同样基于多模态编码器“<CLS>”标识符输出特征分类的方式来进行微调训练。对于视觉问答任务，前文介绍的模型多是针对选择型问答任务，在该模式下，任务本身仍然是一个分类问题。但是 ALBEF 则将视觉问答任务建模为生成式任务，即针对问题，基于图像生成答案文本。针对这一任务设定，ALBEF 在多模态编码器之后又添加了一个自回归解码器（在 ALBEF 的原文中称为“答案解码器”），分别以“<CLS>”和“<SEP>”标识符作为生成的起始和结束标识。答案解码器在结构方面与多模态编码器是一致的，故其初始化参数直接使用了多模态编码器参数。ALBEF 利用前向语言模型建模对答案编码器参数进行微调。图 7-33a 示意了 ALBEF 针对视觉问答任务所采取的任务架构。对于自然语言视觉推理任务，作者们对原始 ALBEF 的架构进行了扩展，使得其能够接受两幅图像输入。在新架构中，两幅图像分别被两个共享参数的图像编码器编码。而在多模态编码器中，每个编码器层都替换为两层（每层仍具有图 7-32 所示的三个模块），两层编码器分别针对两幅图像特征和文本特征进行联合加工——其中的交叉注意力模块在自己“负责”图像与文本之间开展“互查”并进行特征融合。最后，在多模态编码器

⊖ 在原文中，作者们将 $s'(T,I)$ 写为了 $g'_w(\boldsymbol{w}_{\text{cls}})^{\mathrm{T}}g'_v(\boldsymbol{v}'_{\text{cls}})$。笔者认为这是笔误，至少应该是 $g'_w(\boldsymbol{w}'_{\text{cls}})^{\mathrm{T}}g'_v(\boldsymbol{v}'_{\text{cls}})$。

输出端接收“<CLS>”标识符对应的特征执行陈述是否成立的二值预测。图 7-33b 示意了 ALBEF 针对自然语言视觉推理任务所采用的任务架构。上述两个多模态模块的初值相同，二者中的交叉注意力参数共享键值线性变换参数。

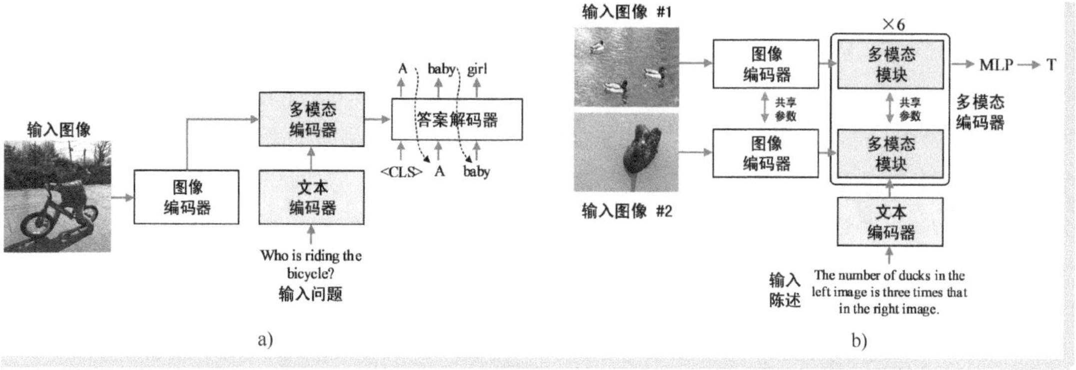

● 图 7-33　ALBEF 针对视觉问答和自然语言视觉推理任务的架构示意

a）视觉问答架构　b）自然语言视觉推理架构

9. BLIP-1.0：自举预训练的通用模型

近年来，人们在视觉语言预训练方面的研究取得了长足的进展，但是仍面临着两个问题：第一个问题即模型通用性问题。我们构造的预训练模型是否能够兼顾理解任务和生成任务？在上文介绍的诸多预训练模型中，除了 VLP 模型借鉴了 UniLM 模型的思路，针对理解和生成两类进行了有益的探索之外，绝大多数视觉语言预训练模型都是针理解类任务而设计。第二个问题即训练数据质量的问题。为了让模型能够“见多识广”，就需要以超大规模的图文数据对其进行训练，如此大规模的数据需求紧靠人工标注是绝无可能满足的，这就需要大量使用互联网爬取的图文数据来扩充训练数据的规模甚至作为训练数据的主体。然而，来自互联网的数据质量难以保证，其中存在着大量噪声，无法保证模型的有效训练。2022 年 1 月，ALBEF 的第一作者，来自 Salesforce Research 的华人学者 Junnan Li[30]，联合另外三名学者提出了 BLIP（Bootstrapping Language-Image Pre-training，为了和 BLIP-2 区分，我们以下将其称为“BLIP-1.0”）模型，旨在解决上述两个关键问题：针对第一个问题（原文中称之为“模型视角”），作者们设计了一种新架构——编-解码器的多模态混合（Multimodal mixture of Encoder-Decoder，MED）架构，旨在统一视觉语言理解和生成。MED 是一种多功能新架构，其可以作为一个单模态编码器，或是基于图像的文本编码器（image-grounded text encoder），抑或是基于图像的文本解码器（image-grounded text decoder）。为了对 MED 进行预训练，作者们为其设计了相应的预训练任务。针对第二个问题（原文中称之为“数据视角”），作者们提出了一种模型与数据集滚动前进的新框架——描述与过滤（Captioning and Filtering，CapFilt）。该方法被称为数据集自举（Dataset Bootstrapping），即利用 BLIP 的理解与生成能力，不断对训练数据进行清洗，再以干净的数据训练模型，如此反复，实现“模型清洗数据，数据反哺模型，二者共同进步”。

在整体架构方面，如图 7-34 所示，BLIP-1.0 模型中包括了四个 Transformer 结构，以支撑其多任务要求。这四个 Transformer 结构分别为图像编码器、文本编码器、基于图像的文本编码器和基于图像的文本解码器。其中，图像编码器用来对输入图像进行编码，该编码器可以视为一个标准的 ViT 模型——以图像块作为输入，并在输入的一端添加类别符号，最终以类别符号对应的输出特征作为图像特征；文本编码器就是一个标准的 BERT 模型，在输入的文本序列前添加“<CLS>”标识符，以其对应的特征输出作为文本特征；基于图像的文本编码器就是 ALBEF 中的多模态编码器，其一方面接收文本输入（在输入首部添加“<Encode>”标识符㊀），另一方面通过其中的交叉注意力模块接收并融合图像特征，输出的特征即为经过图像“赋能”的文本特征，其中“<Encode>”标识符对应的输出特征即作为代表图文的多模态特征；基于图像的文本解码器是一个自回归的多模态解码器，用来实现逐个词汇预测，可以将其视为一个具有图像“赋能”的 GPT 模型。该解码器中的掩膜自注意力模块以“朝前看”的方式对输入文本进行前向关系构建，其后的交叉注意力模块再为其注入图像特征。该模块以“<Decode>”标识符作为词汇生成的起始标识。

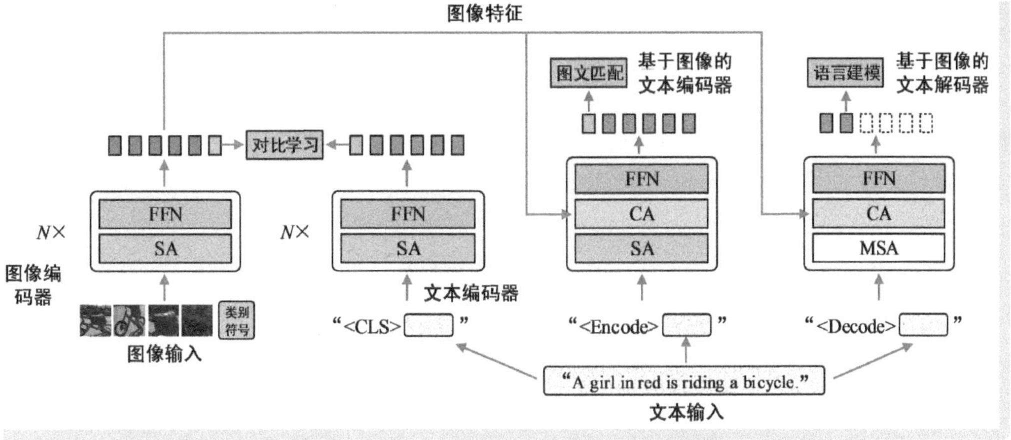

● 图 7-34 BLIP-1.0 模型的整体架构和预训练任务示意（其中，SA、CA 和 FFN 分别为自注意力、交叉注意力和全连接前馈网络）

在预训练目标方面，作者们为 BLIP-1.0 的四个结构设计了三个预训练任务：图文对比学习、图文匹配和前向语言建模。其中，图文对比学习在图像编码器和文本编码器这两个单模态编码器之间展开，其预训练任务、目标与 ALBEF 是相同的，其中也采用了 ALBEF 的动量编码器机制。图文匹配任务涉及了图像编码器和基于图像的文本编码器两个编码器结构，由后者得到的图文多模态特征（即“<Encode>”标识符对应的特征）随后被送入一个二分类头结构来预测输入图像和文本是否匹配。在图文匹配任务中，为了提高训练的针对性，作者们同样采取了 ALBEF 的难负样本发掘机制。由此可见，除了没有开展掩膜语言建模，上述三个编码器对应的两个预训练任务相当于构造了一个 ALBEF 预训练模型；掩膜语言任务同时训练了图像编码器和基于图像的文本解码器两个结构，二者构成了一个完整的编码器-解码器架构。基于图像的文本解码器以自回归的方式产生词汇，前向语言建模即以交叉

㊀ 读者将其理解为“<CLS>”标识符即可，这里只是为了和文本编码器进行区分。事实上标识符是什么都无所谓，只是起到一个占位作用。

熵损失来评估预测词汇与真值词汇之间的差异，从而指导上述编码器和解码器的参数更新。三个预训练任务的开展，四个结构能够实现有机配合。BLIP-1.0 多任务支持的精妙设计即体现于此：按照下游任务要求组合所需的结构，而这些结构组合在预训练阶段进行了充分的训练。例如，当下游任务需要对图像或文本进行单模态编码时，图像编码器和文本编码器可以独立发挥功能；在适配图像文本理解类任务时，图像编码器和基于图像的文本编码器这一组合就可以派上用场，二者在预训练阶段早就“深度合作过”，并且图文之间还进行了对齐操作；在面对看图说话这样的图文生成任务时，BLIP-1.0 又“掏出”图像编码器和基于图像的文本解码器两个结构进行组合，前者对图像进行充分理解，后者生成与之匹配的文本描述，二者同样早就在预训练阶段“打过配合”。

除了多功能架构和预训练目标方面的创新，BLIP 最具创造性的贡献莫过于建立了数据集自举这一新的滚动训练机制。图 7-35 示意了这一机制的工作流程，接下来我们按照该图示走一遍流程。第一步为预训练（如图中①所示）。按照上文所述的方式以三个任务对 MED 的四个结构进行预训练。预训练的数据集包括了两个子集，其中一部分为人工标注图像-文本对$\{(I_h, T_h)\}$，另一部分为互联网爬取的图像-文本对$\{(I_w, T_w)\}$（下标中的“h”和“w”分别为“human”和“web”的首字母）。在两个子数据集中，人工数据集质量高，但很稀缺，而互联网数据规模庞大，但是质量很差。第二步为针对性微调（如图中②所示）。针对性微调使用的训练数据为人工高质量数据$\{I_h, T_h\}$。微调的方向有两个，其中一个方向即利用前向语言建模来训练模型，使得其具有更强的文本生成能力（图中下方分支），经过生成加强的 MED 称为“描述器”（captioner），它特别擅长“说话”；另一个微调方向为利用对比学习和图文匹配任务来增强模型的图文判别能力（图中上方分支），经过判别强化的 MED 模型被称为“过滤器”（filter），它特别擅长图文判断。第三步为描述生成（如图中③所示）。利用描述器善于生成的优势，对网络图像数据集I_w进行文本描述生成，我们将生成的文本集合记作 T_s。然而，由于其中的文本描述是计算机生成的，一定存在着与图像不匹的情况。这一步骤即“CapFilt”中的“Cap”步骤。第四步为样本过滤（如图中④所示）。目前，我们手头有两个质量不高的图像-文本数据集，其中一个为预训练数据集中的互联网数据集$\{(I_w, T_w)\}$，另外一个就是由描述器针对互联网图像生成描述得到的数据集$\{(I_w, T_s)\}$。该步骤即借助过滤器擅长进行图文判断的优势，针对上述两个数据集进行过滤，挑选出其中图文匹配程度高的数据集。我们将挑选结果分别记作$\{(I_w, \bar{T}_w)\}$和$\{(I_w, \bar{T}_s)\}$。这一步骤即

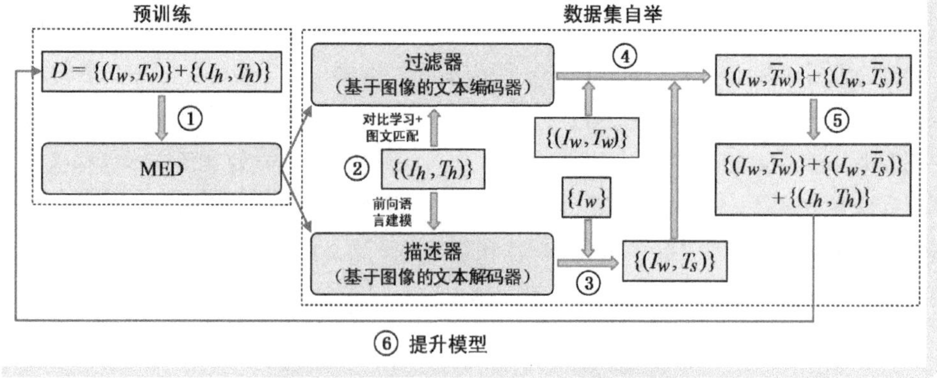

● 图 7-35　BLIP-1.0“CapFilt”自举机制的流程示意

“CapFilt”中的“Filt”步骤。第五步为训练数据集构造(如图中⑤所示)。经过过滤操作,得以保留的数据集$\{(I_w,\overline{T}_w)\}$和$\{(I_w,\overline{T}_s)\}$已经较之前准确得多,那么我们将上述两个数据集与人工标注数据集合并,构成新的、质量提升的数据集,记作$D=\{(I_w,\overline{T}_w)\}+\{(I_w,\overline{T}_s)\}+\{(I_h,T_h)\}$。第六步为模型提升(如图中⑥所示)。将提升质量的数据集D作为预训练数据集,再对MED进行更高水平的预训练。

在下游视觉语言任务适配方面,作者们将BLIP-1.0预训练模型在图文匹配、看图说话、视觉问答、自然语言视觉理解和视觉对话五个任务上进行微调适配。其中,图文匹配和看图说话与三个预训练任务中的两个任务是重合的,故只需沿用对应预训练任务的架构和目标,继续在新的数据集上进一步微调即可。在视觉问答任务中,作者们同样按照ALBEF的思路,以问题生成替代常见的问题选择,故视觉问答任务属于一个典型的生成任务。针对该任务,BLIP-1.0采用的任务架构涉及图像编码器、基于图像的文本编码器和基于图像的文本解码器三个结构:其中图像编码器用来提取图像特征,基于图像的文本编码器以形如“<Encode> question”的文本序列进行输入,并利用交叉注意力与图像特征进行交互;基于图像的文本解码器以得到的图文联合特征作为输入,以自回归的方式生成答案词汇。针对自然语言视觉理解任务,BLIP-1.0也借鉴了ALBEF将多模态编码器每层“一变二”的操作,但是这里“一变二”的操作不是将多模态编码器中的一层编码器替换为两层,而是将一层编码器中的交叉注意力模块从一个变为并列的两个,分别针对两幅图像进行图像-文本信息交互。在两个交叉注意力模块后,再通过一个融合模块对双路信息进行融合。最后,通过对“<Encode>”标识符对应特征进行分类来预测陈述语句是否正确。针对视觉对话任务,BLIP-1.0使用了三个编码器。其中第一个编码器为图像编码器,用来对图像进行编码;第二个编码器被称为描述编码器(Caption Encoder),这是一个基于图像的文本编码器,该编码器的输入形如“<Encode> caption”,输出被称为图像-描述嵌入(image-caption embeddings),其中的交叉注意力模块实现上述文本描述特征与图像特征的交互;第三个编码器称为对话编码器(Dialog Encoder),该编码器将问题、答案与历史对话三类文本进行拼接,形如“<Encoder> question answer dialog_history”,利用交叉注意力将上述文本输入的特征与图像-描述嵌入进行交互,最后再基于“<Encoder>”对应的特征输出进行答案预测。

10. BLIP-2.0:构建大模型之间的桥梁

近几年间,NLP模型的体量越来越大,我们逐渐进入了大规模语言模型(Large Language Model, LLM)时代。特别是在2022年底,ChatGPT的诞生在NLP乃至整个人工智能领域引起巨大震动。ChatGPT以其清晰的逻辑、流畅的行文,让人们深刻意识到原来以“阅尽天下之书”方式训练出来的LLM真的可以理解人类语言并执行深层次推理。那么我们不禁要问,这些LLM只能处理语言这一单一模态的数据,是否能够让其进一步支持多模态,从而实现与人类的图文交互呢?[⊖]。此时此刻,视觉语言多模态领域已经诞生了诸多模型,但是这些模型绝大多数都在做一些诸如“单选”“判断”的简单“题型”,即便是支持文本生成,也都停留在诸如简短图像描述生成这样的简单生成任务上,与LLM的“口吐莲花”相比可谓天壤之别。与此同时,以ViT为代表的预训练图像编码器也在CV领域

⊖ 可能有读者会说文心一言和GPT-4.0不就是多模态大模型吗?但是请读者注意,上述两个模型的发布时间均为2023年3月,我们这里在阐述BLIP-2.0模型的诞生背景,故需要读者“穿越”回2023年1月。

“大杀四方”。那么我们不禁又要问，是否可以将 CV 中的优秀图像编码器与 LLM 嫁接？我们能够想到最直接的嫁接方案有两个：第一个方案为不做任何训练，直接将图像编码器与 LLM 对接，将高质量图像特征送给高水平的“语言大师”，但是这种方案显然是不可取的，图像编码器得到的特征根本就不是为 LLM 任务设计的，LLM 所需的特征也不是图像编码器所能提供的，二者可谓“都活在自己的世界里”；第二个方案为将图像编码器与 LLM 对接，然后设计一系列视觉语言任务，让两个模型进行端到端训练。但是一个现实问题马上就摆在眼前，大模型在给我们带来强大处理能力的同时，几乎也剥夺了我们对其开展训练的可能——面对如此巨大的模型，以一般机构所拥有的训练数据积累和算力资源，根本训练不动，也训练不起。

两种极端方案都不可取，那么折中方案来了——不去训练模型本身，而是构造连接两种模型的桥梁，抹平不同模态特征之间的鸿沟。下文将要介绍的 BLIP-2. 0 模型即是在“撮合”思路下最经典的工作之一。BLIP-2. 0 模型的提出时间为 2023 年 1 月，作者与 ALBEF 和 BLIP-1. 0 相同，仍是华人学者 Junnan Li[31] 及其所在 Salesforce Research 团队。BLIP-2. 0 模型最大贡献在于开启了一种多模态大模型应用的新范式，该范式可以任意组合并充分利用两个预训练好的视觉编码器和语言模型，而不是以端到端方式训练整个架构。可以看出，上述范式在模型越来越“训不动”的今天，意义十分重大。

在整体架构方面，如图 7-36 所示，BLIP-2. 0 的核心结构就是一个夹在图像编码器和 LLM 间的轻量化 Transformer 结构，该结构称为查询 Transformer（Query Transformer，简称为“Q-Former”）。上述图像编码器和 LLM 是冻结的，即“大厂已经训练好的”，这就意味着在整个架构中，唯一可以通过训练调整参数的结构就只有 Q-Former。BLIP-2. 0 所做的工作就是承前启后——训练 Q-Former，使其能够从图像编码器获取最有益于生成的图像特征，让 LLM 开展更高质量的文本生成。这便是 BLIP-2. 0 中针对预训练模型的两个“bootstrapping”——前者针对的是图像模型，而后者针对语言模型。如图 7-37 所示，在 Q-Former 中，包含了两个基于 Transformer 的子结构，这两个子结构均包含 N 层编码器，而每层编码器都共用同一个自注意力层（即图中的“SA”层）。其中，第一个 Transformer 子结构为图像 Transformer，其主体输入为一组可学习的、固定个数的查询向量（例如，在 BLIP-2. 0 中查询向量的个数为 32，维度为 768）。这些查询向量首先通过自注意力机制进行相互交互，然后再通过交叉注意力模块与图像特征进行交互，实现图像特征的注意力合成。由于查询向量的个数是固定的，则能够实现输出特征个数与输入图像的分辨率（或分块个数）无关。除此之外，由于共用自注意力层的原因，查询特征还能够在某些预训练任务中与另一个 Transformer 子结构中的文本特征进行交互。Q-Former 的第二个 Transformer 子结构为文本 Transformer，其输入为一段自然语言文本，文本 Transformer 即扮演了文本编码器或文本解码器的角色。

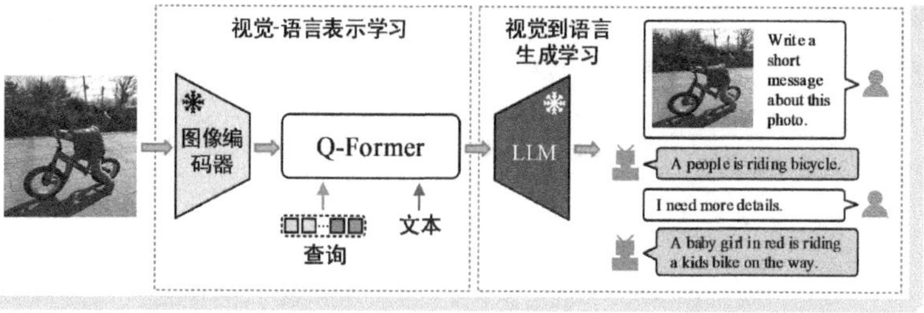

● 图 7-36　BLIP-2. 0 模型的整体架构示意

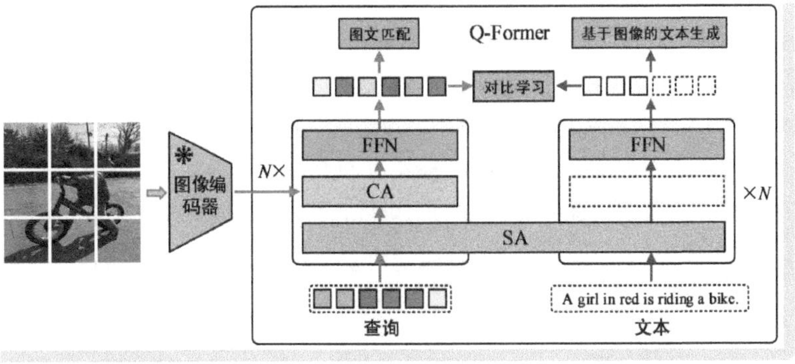

● 图 7-37　Q-Former 结构与第一阶段预训练任务示意

在预训练目标方面，BLIP-2.0 对 Q-Former 的预训练分为了两个阶段，分别为针对冻结图像编码器的视觉-语言表示学习（vision-language representation learning）阶段和针对冻结 LLM 的视觉到语言生成学习（vision-to-language generative learning）阶段，分别对应 Q-Former 的"承前"和"启后"两个角色。下面我们就分别对两个阶段的预训练目的和任务进行分析。

第一阶段训练预训练的目的在于"承前"——通过查询向量查找并提取冻结图像编码器产生的图像特征，这些图像特征要贴近自然语言。该阶段的预训练目标有三个：图文对比学习、图文匹配和基于图像的文本生成（Image-Grounded Text Generation）。其中，图文对比学习任务的目的和操作方式与 ALBEF 和 BLIP-1.0 类似，对比的两种模态特征分别为由查询向量"查出来"的图像特征和文本特征，目的旨在让两种模态的特征能够对齐。在对比学习任务中，两种模态的特征是"最后才见面"的，故自注意力层在中间是"断开"的——自注意力机制的加工仅在单一模态内部进行，即"图像看不见文本，文本看不见图像"。图文匹配任务同样与 ALBEF 和 BLIP-1.0 类似，目的在于要求模型在特征融合的情况下，能够正确做出输入图像和文本是否"说一件事"的判断。例如，在图 7-37 所示的示例中，图像和文本是匹配的，故图文匹配的结果输出应该是"真"才可以。在图文匹配任务中，我们要求特征是全面融合的，故在该任务模式下，自注意力体现为模态内、模态间的全连接模式，即"图像文本互相可见"。基于图像的文本生成任务也即前向语言建模任务，旨在训练模型能够看图说话，且其所说的要和给定的匹配文本尽可能地接近。在该任务下，Q-Former 就已经成为和 UniLM、VLP 类似的"两半"结构——前一半为图像编码器，其中的注意力为标准的完全型注意力，"全面开放"，而文本 Transformer 扮演后一半文本解码器的角色，负责以自回归的方式逐个产生词汇，故对于每个词汇的生成依赖全部图像特征及其之前的文本特征。在该任务模式下，注意力机制的表现方式为"图像内部相互可见，图像看不见文本，文本能看见图像以及前文"。图 7-38 分别示意了上述三种预训练任务下的注意力投射模式和对应的掩膜设置。

第二阶段训练预训练的目的在于"启后"——将 Q-Former 与冻结参数的 LLM 对接，借助 LLM 强大的语言生成能力，使其能够生成高质量的文本描述。由于不同的 LLM 的特征输入特征维度不同，因此首先对 Q-Former 产生的视觉特征（即查询向量对应的输出，在原文中将其称为查询嵌入特征）进行线性变换，使得其能够满足 LLM 的输入维度。变换后的视觉特征作为输入文本特征的前置特征，扮演了 LLM 在语言生成时的柔性视觉提示（soft visual prompts）[⊖]。在该阶段，作者们实验了针对两种不同架构 LLM 的对接方案，如图 7-39 所示。第一种为基于解码器（decode-based）的 LLM，此类 LLM 以 OPT 为代表（如果对 OPT 不熟悉，可以认为其就是 GPT-3.0）；第二种为基于编码器-解码器（encoder-decoder-based）的 LLM，此类 LLM 以 FlanT5 为代表。针对第一种 LLM，预训练的目标为语言模型，冻结的 LLM 的任务就是生成基于 Q-Former 输出视觉特征的文本；针对第二种 LLM，BLIP-2.0 使用前缀语言建模（prefix language modeling）作为预训练目标。首先将文本分成两部分，将 Q-Former 输

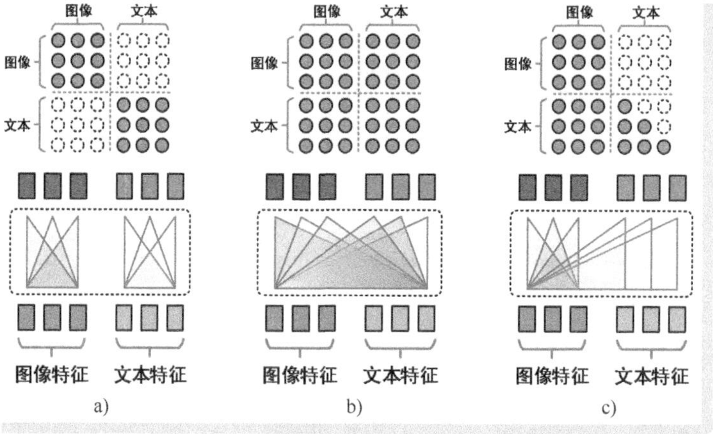

● 图 7-38　BILP-2.0 第一阶段三种预训练任务的注意力投射模式和对应的掩膜设置示意

a）图文对比学习　b）图文匹配　c）基于图像的文本生成

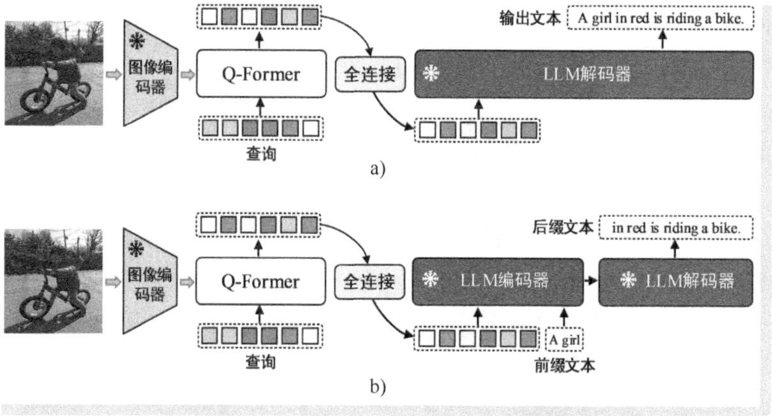

● 图 7-39　BILP-2.0 对接两种 LLM 的模式示意

a）基于解码器的 LLM（如 OPT）　b）基于编码器-解码器的 LLM（如 FlanT5）

⊖ 例如，我们希望 LLM 生成一段关于某幅图像的简短描述。于是我们先给 LLM 一幅图像，然后再输入一句指令文本"Write a short message about this photo."。这里的图像特征将与指令文本特征一起作为提示送给 LLM，而图像特征即为文本特征的前置提示。所谓"柔性"即该提示表现为可学习的向量，而非固定的文本提示模板。

出的视觉特征与前缀文本进行连接，作为LLM编码器的输入，后缀文本则用作LLM解码器（也即整个编码器-解码器模型）的生成目标。但是，笔者认为作者在原文中并未明确给出具体的预训练任务和架构。不过通过后续BLIP-2.0对视觉问答等生成类任务的适配模式可以猜测得出，这里的预训练会一起更新图像编码器和Q-Former的参数，但是LLM一直保持冻结。具体细节我们不再过多讨论，总而言之，如果说第一阶段预训练的本质是让图像特征贴近文本，那么第二阶段预训练的本质就是为LLM构造优质提示，让其能够“说”出我们所要。

在下游视觉语言任务适配方面，作者们首先将BLIP-2.0应用于带有文本指令的“zero-shot”图像到文本生成任务，这也是BLIP-2.0最令人拍手叫绝的应用方式。针对此类任务，BLIP-2.0都采用了在图像特征后附加文本提示作为LLM输入的简单模式，其中图像特征即来自Q-Former的输出。以“zero-shot”视觉问答任务为例，在对接OPT模型（基于解码器架构）时，文本提示的形式为“Question:{} Answer:”，在对接FlanT5模型（基于编码器-解码器架构）时，文本提示的形式为“Question:{} Short answer:”。在优质视觉特征的加持下，LMM果然开始“侃侃而谈”。除此之外，作者们还针对看图说话、视觉问答[㊀]和图文匹配三个视觉语言任务对BLIP-2.0进行了参数微调适配，其中前看图说话和视觉问答为生成类任务，而图文匹配为理解类任务。在看图说话任务中，同样以Q-Former生成的图像特征加文本提示“a photo of”作为LLM的初始输入，然后在冻结LLM参数的状态下，以语言建模为目标训练微调图像编码器和Q-Former的参数；在视觉问答任务中，BLIP-2.0同样是微调图像编码器和Q-Former，冻结LLM。LLM接收到Q-Former的特征输出和问题文本，然后被要求回答问题，损失函数即定义在LLM给出答案和真值答案之上。为了让Q-Former产生的图像特征能够和问题更加相关，在训练时，问题文本同样会作为Q-Former的输入。随着训练，Q-Former中的交叉注意力会将注意力集中在与文本关系最密切的图像区域上。图文匹配任务不涉及文本生成，故不需要LLM参与，BLIP-2.0直接在第一阶段预训练架构和任务上继续微调即可，然后基于融合特征进行图文匹配得分的预测。当然，为了让模型更加具有任务的针对性，作者们同时也对图像编码器的参数进行了一体化的微调。

最后我们对BLIP-2.0模型做以简单总结。第一，BLIP-2.0所解决的是如何让LLM在保持冻结的状态下能够支持图文多模态的问题。BLIP-2.0以“训练不动你，我就适配你”的思路开展模型结构及预训练任务的设计，思路非常的巧妙，结果也相当的惊艳。第二，也是最重要的一点，BLIP-2.0所开展“撮合”适配工作的本质仍是多模态特征的对齐——将图像和文本特征在相同的特征空间对齐后，“图就是文，文就是图”。BLIP-2.0与ALBEF、BLIP-1.0的作者相同，ALBEF以对齐“起家”，在随后的两个模型中，对齐的理念也贯穿始终。由此可见，对齐工作不愧是多模态模型构建中最核心的工作。

7.4.3 提示驱动CV模型

在NLP领域，“预训练+提示”是继“预训练+微调”范式之后的又一流行范式。该范式不需要针

㊀ 这里所说的视觉问答是生成式视觉问答，而非选择性视觉问答。前者需要生成答案文本，故属于生成任务，而后者本质是做分类，故属于理解任务。

对下游任务进行微调训练，具有“提示变则结果变”的性质，能够以“zero-shot”方式实现下游任务的适配，已经是当今大规模语言模型与用户进行交互的主流方式。近年来，在视觉语言多模态方向，也诞生了很多提示驱动的 CV 模型，这些任务完成的仍是图像分类、检测和分割等标准 CV 任务。但是在执行上述任务时，需要给模型合理的文字（甚至是其他交互信息）作为提示，使得模型能够按照提示得到相应的处理结果。下面，我们即对四个在提示驱动下工作的 CV 模型展开讨论。

1. CLIP：文本提示下的图像分类

提到视觉语言多模态模型，怎么能少了大名鼎鼎的 CLIP？CLIP 模型由 OpenAI 出品，其诞生时间为 2021 年 2 月，作者是 Alec Radford 等[4] 12 名学者。可谓 OpenAI 出手必是精品——在预训练阶段，CLIP 采用图像-文本的对比学习机制，对齐那些“说同一件事”的图像和文本，无论思路还是模型架构都极其简单；在图像类别预测阶段，CLIP 创造性的利用提示学习机制，在不进行任何微调的情况下（即“zero-shot”模式下），竟然在 ImageNet 分类任务上和监督训练得到的 ResNet50 战成平手，这着实是一个令人震撼的成绩。可以说，CLIP 的诞生颠覆了 CV 模型的构造和使用模式，开创了文本指导 CV 模型的新方向。

在预训练架构方面，CLIP 模型对比学习预训练架构如图 7-40 所示。就该示意图而言，想必对对比学习稍有了解的读者也能够很快理解 CLIP 的训练方法：CLIP 模型具有典型的双塔型架构，对于一组具有 N 个图像-文本对的样本批次，将其中文本部分利用文本编码器进行编码，得到 N 个文本特征表示，记作$\{\boldsymbol{T}_i\}_{i=1}^{N}$；图像部分则送入图像编码器，得到 N 个图像特征表示，记作$\{\boldsymbol{I}_i\}_{i=1}^{N}$。对比学习需要定义正样本和负样本，那么此时此刻，谁是正样本谁是负样本是显然的：具有匹配关系的图像-文本对是正样本，因为他们“说的是一回事”，不具有匹配关系的图像-文本对自然就是负样本。如果两组特征以矩阵表示，即对角线上的 N 个图文特征为正样本，其余的N^2-N 个图文特征则为负样本。在 CLIP 中，采用了常用的 InfoNCE 损失作为对比损失函数（其中温度超参数为 0.07，采用余弦相似度作为特征间的相似性度量）。自监督学习模型的训练往往需要大数据集来支撑，为此，OpenAI 构造了一个拥有 4 亿的图像-文本数据集作为 CLIP 的训练样本，可谓相当的财大气粗。

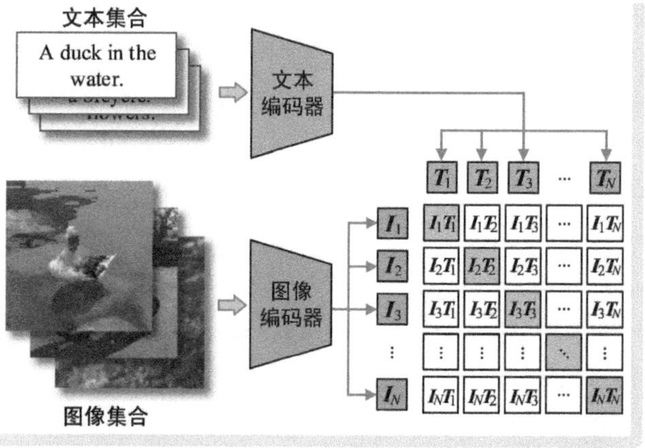

● 图 7-40 CLIP 模型的对比学习预训练架构示意

在编码器方面，CLIP 以 Transformer 作为文本编码器，而图像编码器则可以是 CNN⊖，抑或是视觉 Transformer。对于文本编码器，在送入 Transformer 之前，也对其中的每一个词汇进行了符号嵌入和位置嵌入操作，并添加“<CLS>”标识符。最终以“<CLS>”标识符对应的输出向量作为整个文本的特征表示；对于图像编码器，在使用 CNN 架构时，CLIP 以注意力池化（attention pooling）代替全局平

⊖ 在 CLIP 的官方代码中，以 MobileNet 作为具体的 CNN 模型。

均池化，将 CNN 输出的特征图转化为特征向量，并以其作为整幅图像的特征表示。这里的注意力池化可以理解为一个具有单层结构的小视觉 Transformer，只不过其以特征本身进行而非图像块特征作为输入；在使用视觉 Transformer 作为图像编码器时，首先对图像进行分块和“flatten”操作，然后对其进行线性嵌入并添加位置信息，然后在序列前部添加类别符号，最后以此类别符号对应的特征输出作为整幅图像的特征表示。经过上述两路编码处理，图像和文本数据映射到一个公共特征空间，然后通过对比学习将两种表达相同“东西”的特征表示匹配起来。

在下游任务适配方面，CLIP 与前文介绍诸多预训练模型的最大不同在于它根本不做参数微调，不会在预训练模型上添加诸如分类头等与具体任务有关的任何附加结构。简而言之，CLIP 要实现的是“zero-shot”模式下的下游任务适配㊀。下面我们具体看看 CLIP 怎么进行适配，要知道 CLIP 模型的任务设定是图像分类，即在使用 CLIP 时是没有文本输入的，这与预训练时以图像-文本双模态数据作为训练样本的场景是截然不同的。为此，CLIP 的作者们将提示学习的思路引入分类：没有文本没关系，那就给图像“硬配”一个文本——将所有的类别文本标签带入提示模板“A photo of a {label}.”（即以类别文本标签替换掉其中的“{label}”），然后利用文本编码器对这些文本进行编码，逐个与图像编码比较相似度，取相似度最高者作为图像分类结果。图 7-41 示意了 CLIP 执行图像分类任务的流程。在其中，假设全部类别有 K 个，对应的文本标签为“duck”“plane”“bicycle”等，将这些标签带入提示，即构成了“A photo of a duck.”“A photo of a plane.”“A photo of a bicycle.”等语句。使用训练好的文本编码器对上述 K 个语句分别进行编码，即得到 K 个文本特征表示$\boldsymbol{T}_1,\cdots,\boldsymbol{T}_K$。然后将图像编码器获得的图像特征表示 $\boldsymbol{I}_1$与上述 K 个文本特征逐一计算余弦相似度，选择其中最相似者即可。在该示例中，文本“A photo of a bicycle.”当选，那么“bicycle”即是类别预测结果。CLIP 可谓将提示学习的核心思想体现得淋漓尽致：通过合理设计提示模板，将模型“带回到当年学习时的状态”。当然，提示模板的设计也是很考究的，需要和预训练时的文本描述尽量接近，才能让模型回忆起“当年的状态”。使用不同提示模板时图像分类的效果可谓天壤之别。为此，作者们在 CLIP 的原文使用大量

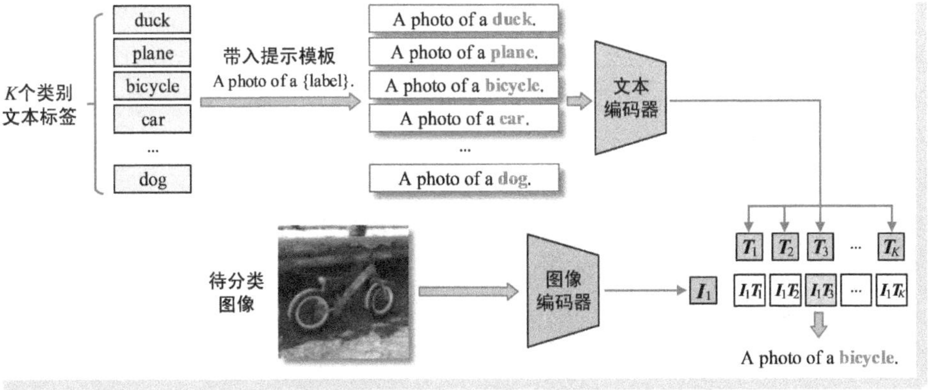

● 图 7-41　CLIP 执行图像分类的模式示意

㊀ 以“zero-shot”模式进行下游任务适配是 OpenAI 所追求的一贯目标，GPT 系列也是如此——提供预训练模型或是仅仅提供调用接口，让“票友们”以提示的方式直接使用。训练预训练模型的代码和数据自然不会公开，即使公开了，绝大多数人也无法承担高额训练成本。

篇幅就提示模板的设计问题进行了讨论，这一工作被称为提示工程（prompt engineering）。

至于 CLIP 在各个数据集上的迁移效果，我们这里不再详细展开，读者们可以自行参考原文了解细节。我们下面只说 CLIP 模型的贡献。首先，就预训练架构而言，可以说 CLIP 除了简单没有太多可圈可点的地方，甚至可以将其视为“图文版 SimCLR”。但是在下游任务适配方面，CLIP 采用的适配方式确是十分新颖的，甚至用“脑洞大开”来形容也毫不过分。CLIP 给人们带来的最大惊喜莫过其颠覆了分类必须训练、至少需要微调模型的传统认知。甚至在增加类别时，CLIP 也不需要训练模型，只要把新类别的标签文本带入即可，在预训练时只要让模型见得够多，这一新增类别大概率会被命中。简而言之，CLIP 为 CV 任务开辟了新模式，让人们意识到“原来 CV 任务可以这样做”。

2. GLIP：文本提示下的目标检测

在上文中我们介绍了著名的 CLIP 模型，该模型将图像类别文本化，利用图文对比学习机制，将传统的图像分类任务建模为全局尺度下、语句和图像特征的对齐任务。而在图文多模态任务中，视觉定位（Visual Grounding，这里更多指的是名词短语的视觉定位）要求模型在图像上定位文本描述中的实体，其本质为词汇和图像区域的双模态特征对齐任务。反观 CV 领域的目标检测，则要求从图像上找到目标位置并预测其类别，似乎和视觉定位有着极大的相似性。那么为什么不能将目标类别同样进行文本化，通过构造其与图像区域特征之间的特征对齐关系，从而将目标检测任务和视觉定位任务统一起来呢？我们下文将要介绍的 GLIP 模型就给出了肯定的答案。GLIP 的全称为“Grounded Language-Image Pre-training”，即“定位语言-视觉预训练”，GLIP 模型的提出时间为 2021 年 12 月，作者是 Liunian Harold Li 等[32] 12 名来自 UCLA 和微软等机构的学者。

在预训练架构方面，GLIP 模型预训练架构如图 7-42 所示。看到该架构图，刚从 CLIP 模型中走出来的我们，第一感觉莫过于 GLIP 和 CLIP 简直太像了。的确，GLIP 也采用了典型的双塔型结构分别对图像文本特征进行编码，也是以点积（特别是也在架构图上表示为点积矩阵）作为特征间的相似性度量等，哪怕两个模型在名称上也就只差了一个字母。但是两个模型之间是存在着显著差异的。第一点差异体现在处理的粒度方面。CLIP 对比学习的对象是整图特征和整句特征，而 GLIP 对比学习的对象是图像局部特征和词汇特征，这也是二者最为显著的差异。也正是因为这一原因，两个模型的训练输入也有着明显的差异：CLIP 的输入为图像-文本序列，而 GLIP 的输入则是图像区域-名词短语（目标类别）序列。第二点差异体现在特征融合方面。CLIP 利用双塔结构对两种模态数据进行独立加工，在最后进行相似度计算前，两路信息根本不会“碰面”；而在 GLIP 中，为了让两种模态进行充分融合，两路特征在进行最后的特征对比之前就已经进行了多次“私下勾兑”。GLIP 中，上述多层级早期融合被称为跨模态深度融合（cross-modality deep fusion）。第三点差异体现为优化目标的差异。CLIP 为图像分类模型，不涉及定位问题，因此类别预测正确是其唯一目标。但是 GLIP 目标检测模型，不仅要求类别正确，还要求位置准确。故在损失函数方面，GLIP 除了具有约束类别预测的对齐损失（Alignment Loss）之外，还增加了定位损失（Localization Loss），以要求模型能够进行目标的准确定位。

在预训练输入方面，视觉定位任务的输入包括图像及其文本描述两种，标注信息包括文本中的实体名词，以及图像上与之对应的位置。但是在目标检测任务中，训练数据的组织形式只有目标位置和类别。为了将目标检测任务统一到视觉定位任务，作者们采用了一种极其直接的方法，就是将所有候选目标类别的对应文本用“.”分隔，拼为一段长文本，以此长文本作为文本模态的输入。例如，针对 COCO 的 80 类目标检测数据集，改造后的文本输入即为点号连接的 80 个类别单词，形如“Person. Bicycle … hairdryer.”的形式。这样一来，GLIP 的预训练数据集就包括“正经”的视觉定位数据集和各大目标检测数据集的“视觉定位版”。

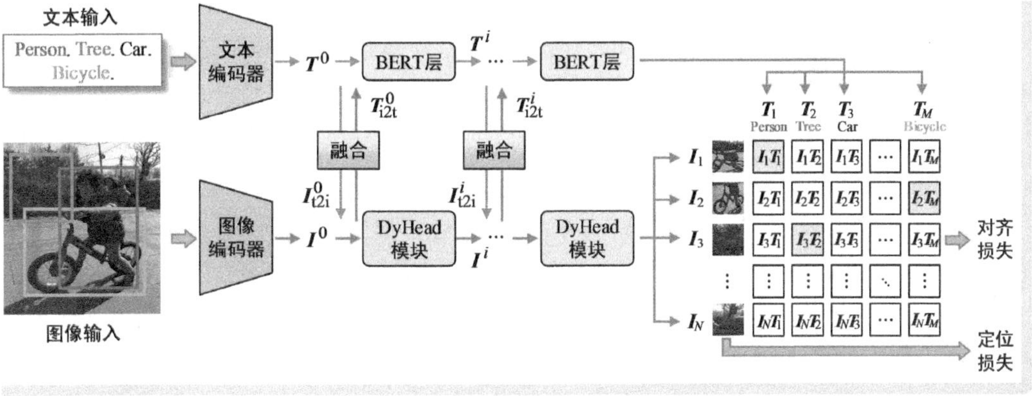

● 图 7-42　GLIP 模型的预训练架构示意

在编码器方面，GLIP 首先将文本和图像分别送入主干文本编码器和主干图像编码器进行初步编码，其中前者实现为 BERT，而后者被构造为 Swin Transformer，两个主干编码器对文本和图像的特征输出分别记作$\boldsymbol{T}^0$和$\boldsymbol{I}^0$。接下来，GLIP 则利用跨模态深度融合机制，以“交叉注意融合+自注意”的层级结构对两种模态的特征进行不断融合和加工。其中，交叉注意融合通过交叉意力模块来完成；而对于自注意加工，两个模态使用了不同的结构：文本分支采用单层 Transformer 层（在图 7-42 中称为“BERT 层”）来完成，而图像分支则采用 DyHead 模块来实现。上述多模态融合机制中，每个层级信息的融合方式可以表示为

$$\boldsymbol{T}^i_{\text{i2t}},\boldsymbol{I}^i_{\text{t2i}}=\text{XMHA}(\boldsymbol{T}^i,\boldsymbol{I}^i),i=0,\cdots,L-1 \tag{7-46}$$

$$\boldsymbol{T}^{i+1}=\text{BERTLayer}(\boldsymbol{T}^i+\boldsymbol{T}^i_{\text{i2t}}) \tag{7-47}$$

$$\boldsymbol{I}^{i+1}=\text{DyHeadModule}(\boldsymbol{I}^i+\boldsymbol{I}^i_{\text{t2i}}) \tag{7-48}$$

式中，$\boldsymbol{T}^i$和$\boldsymbol{I}^i$分别表示第 i 层的文本特征和图像特征；L 为 DyHead 结构中 DyHead 模块的个数；在式（7-46）中，XMHA 为交叉多头自注意力模块，以“相互注意”的方式对两种模态输入进行融合，$\boldsymbol{T}^i_{\text{i2t}}$和$\boldsymbol{I}^i_{\text{t2i}}$为其输出，分别表示了带有图像特征的文本信息和带有文本特征的图像信息；在式（7-47）和式（7-48）中，BERTLayer 和 DyHeadModule 分别表示对融合特征进行的基于 Transformer 的自注意力加工和基于 DyHead 自注意力加工。经过上述处理，对于长度为 M 的文本序列，我们将得到其对应词汇特征序列 $\boldsymbol{T}=(\boldsymbol{T}_1,\cdots,\boldsymbol{T}_M)$，其中$\boldsymbol{T}_i\in\mathbb{R}^d$（$d$ 为特征维度，下同）；对于输入图像，我们也将得到其对应的 N 个区域特征表示 $\boldsymbol{I}=(\boldsymbol{I}_1,\cdots,\boldsymbol{I}_N)$，其中 $\boldsymbol{I}_i\in\mathbb{R}^d$㊀。

在预训练目标方面，标准目标检测任务的训练目标有两个，即“定位准+类别准”，而 GLIP 为了

㊀ 读者将 $\boldsymbol{I}_1,\cdots,\boldsymbol{I}_N$ 视为一个 $H\times W\times d$ 维特征图上的所有 d 维特征即可，这里 $N=H\times W$。

将目标检测统一到视觉定位任务上来，将预训练目标调整为“定位准+对得齐”。我们首先看看一般的目标检测如何进行监督训练。首先，在获得第 i 个图像区域特征表示 $\boldsymbol{I}_i$ 后，都会基于其进行包围框回归（bounding-box regression）和类别预测㊀。前者预测位置，后者预测类别，二者加起来即表示在位置 i 处预测一个目标。在有了预测目标框后，就会计算其与所有真值目标框重叠度，判断其是正样本还是负样本。如果是正样本，即在预测目标框和与其匹配的真值目标框之间就会计算出一个位置损失，记作 $\mathcal{L}_{\text{loc}}$；如果是负样本，则不会计算上述位置损失，毕竟预测目标框和“空气”匹配；接下来需要预测类别并计算类别损失。首先对 $\boldsymbol{I}_i$ 进行线性变换预测其与所有类别的相似度，有 $\boldsymbol{s}_i^{\text{cls}}=\boldsymbol{I}_i\boldsymbol{W}^{\text{T}}$，其中 $\boldsymbol{W}\in\mathbb{R}^{c\times d}$ 为可学习的线性变换参数矩阵（c 为目标类别数），$\boldsymbol{s}_i^{\text{cls}}\in\mathbb{R}^{c}$ 即为类别预测结果；接下来即可以利用交叉熵损失函数计算预测类别和真值类别之间的损失，即 $\mathcal{L}_{\text{cls}}=\text{CE}(\text{softmax}(\boldsymbol{s}_i^{\text{cls}}),\boldsymbol{g}_i)$，其中 $\boldsymbol{g}_i$ 即为与位置 i 匹配的类别真值（以独热编码表示）。最终的综合损失即为上述两个损失之和，即有 $\mathcal{L}=\mathcal{L}_{\text{loc}}+\mathcal{L}_{\text{cls}}$。回到 GLIP 模型，$\mathcal{L}_{\text{loc}}$ 该怎算还怎么算，但是对于类别预测损失中的相似度稍作变化——以视觉特征与所有词汇文本之间点积作为相似度，代替目标检测中基于线性变换预测的相似度，即有 $\boldsymbol{s}_i^{\text{grd}}=\boldsymbol{I}_i\boldsymbol{T}^{\text{T}}$，这里 $\boldsymbol{s}_i^{\text{grd}}\in\mathbb{R}^{M}$ 即表示视觉特征 $\boldsymbol{I}_i$ 与所有词汇特征 $\boldsymbol{T}_1$，…，$\boldsymbol{T}_M$ 之间的相似度（即图 7-42 所示矩阵中的一行）。千万别小看这一小点改变，前后两种相似度的计算方法是有着本质区别的：目标检测中的相似度是基于特征直接预测出来的，而 GLIP 中的类别相似度是通过两个模态特征对比出来的，相似度反映的就是二者的对齐得分。综上所述，GLIP 类别预测预训练目标的整体流程可以简单表示为

$$\boldsymbol{T}=\text{enc}_L(\textit{prompt}),\boldsymbol{I}=\text{enc}_V(\textit{image}) \tag{7-49}$$

$$\boldsymbol{S}^{\text{grd}}=\boldsymbol{I}\boldsymbol{T}^{\text{T}} \tag{7-50}$$

$$\mathcal{L}_{\text{cls}}=\text{CE}(\text{softmax}(\boldsymbol{S}^{\text{grd}}),\boldsymbol{G}) \tag{7-51}$$

在以上各式中，式（7-49）示意了文本和图像编码的过程；式（7-50）为图像区域特征与词汇特征的相似度计算；式（7-51）为类别预测损失函数的计算，其中 $\boldsymbol{G}\in\mathbb{R}^{M\times N}$，每行均为独热编码表示的真值类别。

在下游任务适配方面，作者们以两种模式考察 GLIP 模型的迁移能力，一种是与 CLIP 类似的“zero-shot”迁移，另一种为有监督的迁移学习。其中，在“zero-shot”模式的迁移任务中，GLIP 所做的操作与 CLIP 非常类似——输入一幅图像，将所有类别拼凑为一个语句作为提示。经过两个编码器的编码后，基于图像区域特征预测位置，然后取与图像特征“对得最齐”的类别（准确地讲是类别文本对应的类别）作为其类别预测结果。对于第二种有监督的迁移学习，GLIP 即采用与预训练类似的方式进行继续微调即可，这里不再过多展开。

3. LSeg：文本提示下的语义分割

在上文中，我们先后介绍了 CLIP 和 GLIP 两个模型，前者在文本提示下实现零样本图像分类，而后者可以在文本提示下执行目标检测。在“文本提示下系列”中，从任务属性角度，CV 三大任务还缺图像分割；就图文交互级别而言，有了图像级，有了区域级，现在就差像素级。下面，图像分割来了——2022 年 1 月，Boyi Li 等[33]五名学者提出“语言驱动下的语义分割”（Language-driven Semantic

㊀ 这里我们以最简单的一阶段目标检测为例，读者以 Yolo-V1 作为类比即可。

Segmentation）模型，该模型简称为“LSeg”，能够实现在文本化分割类别的驱动下，给出不同的分割结果。整体来看，LSeg 执行语义分割的流程分为三个步骤：单模态特征表示、词-像素相似度计算和空间正则化。图 7-43 即为 LSeg 图像语义分割的流程示意。

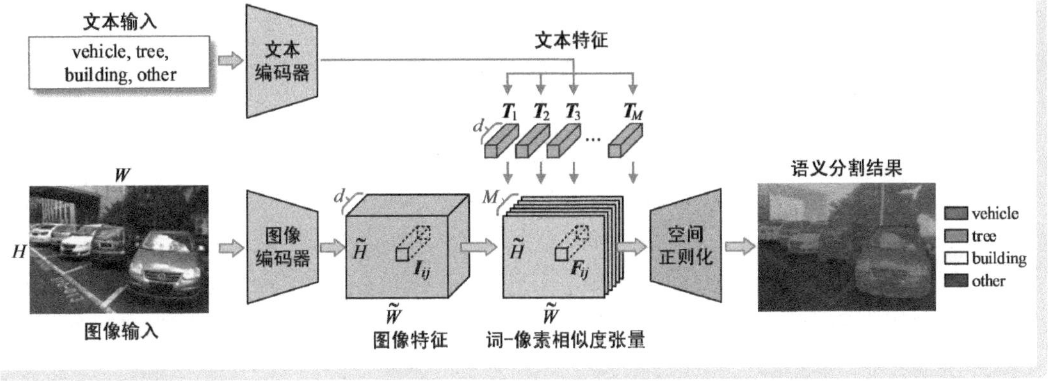

● 图 7-43　LSeg 执行图像语义分割的整体流程示意

单模态特征表示即利用文本编码器和图像编码器分别对提示文本和待分割图像进行编码，获取二者的特征表示。LSeg 也采用了经典的双塔型架构。其中，在文本处理分支，LSeg 将希望得到的分割类别文本化，拼成一条语句，然后将其送入一个基于 Transformer 架构的文本编码器以获取其特征表示，这里我们将文本编码器得到的词汇特征序列记作 $\boldsymbol{T}=(\boldsymbol{T}_1,\cdots,\boldsymbol{T}_M)$，其中$\boldsymbol{T}_i\in\mathbb{R}^d$（$d$ 为特征维度，M 为分割类别数），即表示第 i 个类别文本的特征表示。为了“站在巨人的肩膀上”，LSeg 直接照搬了 CLIP 的文本编码器结构，并使用了 CLIP 文本编码器的参数作为初值。笔者认为这一选择是非常明智的，毕竟 CLIP“见过”四亿数据，其文本编码器编码类别文本必定是一把好手。图像编码器就更简单了，无论什么结构，只要最终能够输出与原图位置具有对应关系的特征图就可以。在 LSeg 模型中，作者们以密集预测 Transformer（Dense Prediction Transformer，DPT）作为图像编码器架构。对于以一幅 $H\times W\times 3$ 的输入图像，DPT 将其加工为一个$\tilde{H}\times\tilde{W}\times d$ 的特征图为其特征表示。在 LSeg 的设定中，$\tilde{H}=H/2$，$\tilde{W}=W/2$。

词-像素相似度计算即以点乘方式计算每个位置图像特征与所有词汇特征之间的相似度。具体计算方法非常简单：对于第一步得到图像特征图(i,j)位置的 d 维特征 $\boldsymbol{I}_{ij}$，计算其与所有词汇特征的点乘，即得到一个 M 维特征相似度向量，有 $\boldsymbol{F}_{ij}=\boldsymbol{I}_{ij}\boldsymbol{T}^{\mathrm{T}}$。遍历图像特征图的所有位置，即得到词-像素相似度张量(原文中称之为词-像素相关张量，即“Word-pixel correlation tensor”)，其维度为$\tilde{H}\times\tilde{W}\times M$。随后在每个位置沿着通道轴使用 softmax 即可以得到该位置像素所属类别的概率预测。可以看出，这便是 CLIP 相似度矩阵的像素级“立体版”。

空间正则化(Spatial regularization）即通过上采样将低分辨率的分割预测图恢复到原始分辨率，这也是一般语义分割模型都必须做的一步后处理工作。上采样一般通过插值和反卷积两种方式进行。需要注意的是，此时 LSeg 的类别预测已经完成，而预测结果就体现在通道上，这就意味着所选的上采样操作不能混合通道数据。这样一来，上采样要么通过插值方式实现，要么在反卷积时进行逐通道（depth-wise）加工。这部分内容我们不做过多讨论。

最后，我们简单聊聊 LSeg 模型的训练和特点。至于 LSeg 怎么训练，想必熟悉 CLIP 的读者此时此刻早已心知肚明，没错，就是对比学习——在有待分割图像及其对应的分割真值图后，正负样本的定义已经非常清晰：每个像素特征与其对应真值类别的文本特征构成正样本对，而与其他类别的文本特征构成负样本对。有了正负样本定义，对比学习就能够无缝开展。再说 LSeg 分割的特点。相较于一般语义分割模型（即非多模态的语义分割模型），LSeg 分割模型的最大特点在于分割结果是随着提示文本变化的，简单来说就是“你让我分割出什么我就分割出什么”。具体而言，LSeg 与一般分割模型的区别体现在：一般语义分割模型输出类别的范围与预定义类别是相同的，毕竟其采用预测方式确定类别就是奔着预定义类别去的，得到的预测结果就是在预定义类别上的概率分布；而 LSeg 语义分割模型输出类别的范围与提示文本中给出的类别一致，毕竟 LSeg 通过词汇-像素相似度来确定类别，没有出现在文本中的类别压根就不会参与相似度的计算。同时这也就意味着，LSeg 的分割结果可能会“超纲”，也即 LSeg 具有“zero-shot”的分割能力——当文本提示中出现了一个全新的类别，某像素特征都有可能与其词特征非常接近，从而将其作为该像素的类别预测。上述种种现象进一步说明了提示的重要性。

4. SAM：“交互亦模态，万物皆提示”的分割大模型

上文介绍的 CLIP、GLIP 和 LSeg 都属于文本提示下的 CV 模型，这些模型都具有图像加文本提示的双模态输入方式，模型通过图文交互生成结果。相较于传统 CV 模型，这些提示驱动模型最大的特点莫过于具有强大的“zero-shot”能力——“管他是不是我的任务，只要提示让我做的我就去做”，这也是此类模型极具魅力的所在。但是我们不禁要问，提示是否只能是文本？是否能够是有助于 CV 任务开展的任意提示信息？2023 年 4 月，Alexander Kirillov 等[11] 12 名来自 Meta AI 的学者提出具有颠覆性的交互式图像分割模型——“分割一切模型”（Segment Anything Model，SAM）。

作为一个图像分割模型，SAM 的提示信息不再是单一的文本，而可以是标记前景或背景的点、粗略的包围框或掩膜（即不规则区域），还可以是随意的自然语言，甚至还包括任何能够指示模型“要分割什么”的提示信息。SAM 即将这些交互信息视为图像之外的另外一种模态，将其与图像进行交互，从而得到最终的分割结果。我们可以将 SAM 执行图像分割的模式以如下情景类比：一个美工在计算机上用 Photoshop 编辑图像，旁边站着产品经理不断提出需求。产品经理可用手指着屏幕示意美工“改改这里”（点提示），或者用手在屏幕上随便画个框或区域让产品经理“修修这里”（包围框提示和掩膜提示），或者直接对美工说“把右边的字改大点”（语言提示）等。当然需要强调的是，严格意义上，SAM 不属于视觉语言模型，毕竟提示信息不仅仅是语言，还要考虑到内容的连续型，我们暂且将上述提示视为“广义语言”，故将对 SAM 模型的讨论安排在此处。

在整体架构方面，如图 7-44 所示，SAM 包括图像编码器、提示编码器和掩膜解码器三个主要结构。其中前两个结构分别对两种模态输入进行编码，而掩膜解码器则用来进行双模态特征融合和预测输出。在 SAM 中，图像编码器具有比较大的体量，而提示编码器和掩膜解码器都采用了轻量化设计。故按照上文我们对架构的分类，SAM 具有典型的“轻文本，重图像，轻交互”的双塔型架构。

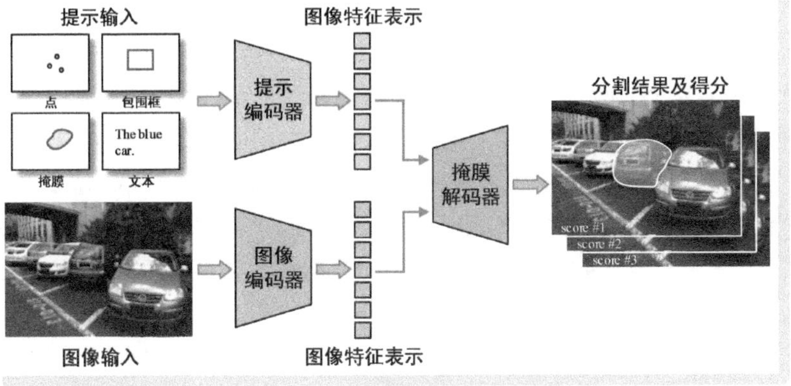

● 图 7-44 SAM 模型整体架构示意

图像编码器用来获得待分割图像的特征表示。作者们直接采用了基于 MAE 预训练的 ViT-H/16 模型。输入图像的分辨率为 1024×1024（以图像长边计，对短边进行填充）。输出特征图具有 1/16 的降采样率。在得到 ViT 的输出后，随后再对其先后进行 1×1×256 卷积和 3×3×256 卷积（带有层归一化操作，最后的 3×3 卷积具有 1 像素外扩），最终以 64×64×256 的特征图作为输入图像的特征表示。

提示编码器用来将各类提示转换为特征表示。SAM 将输入的提示分为稀疏提示和稠密提示两种，其中稀疏提示即指的是点、边框和文本三种类型的提示，而稠密提示特指掩膜型提示。其中，每个点提示都包括了点的坐标及其是前景或背景的类别标识，提示编码器则以可学习类别嵌入加上其位置编码作为特征表示；针对包围框型提示，提示编码器将其表达为一对嵌入特征：将左上角点表示为位置编码加上“左上角”对应的可学习嵌入，将右下角点则表示为其位置编码加上“右下角”对应的可学习嵌入；针对文本型提示，SAM 则直接使用了 CLIP 的文本编码器的输出作为文本提示的特征表示。掩膜型提示为一幅与原始图像等比例的二值图像，其分辨率为原始图像的 1/4，提示编码器首先对其进行两次 2×2、步长为 2 的卷积操作，将分辨率再降低为原始掩膜图像的 1/4（即输入图像分辨率的 1/16），两次卷积的输出通道数分别为 4 和 16。最后再使用一次 1×1×256 卷积，将得到的 256 通道特征图作为掩膜提示对应的特征表示，该表示将与图像特征进行逐位置的求和。综上所述，无论提示是哪种形式，提示编码器都将其转换为一个 256 维特征的序列。

掩膜解码器将图像特征和提示特征进行融合并输出最终的分割结果。首先，SAM 在针对提示特征序列中插入一个可学习的标志特征，该特征即扮演“<CLS>”的角色，被称为“输出符号”（output token）。接下来掩膜解码器用两轮解码操作对提示特征和图像特征进行交互，并在最后进行分割掩膜图的预测。每一轮解码操作包括了四个步骤：第一步为对提示特征的自注意力加工，该步骤旨在在提示特征内部进行信息融合；第二步为提示到图像的注意，在步骤中，将提示特征作为查询，在图像特征上投射注意力并进行特征整合，从而更新提示特征；第三步为提示特征后处理，在每个提示特征后进行 MLP 加工；第四步为图像到提示的注意，在该步骤中，图像特征被作为查询，在提示特征上投射注意力并进行整合，更新图像特征，这一步也是 SAM 比较独特的操作，一般的多模态模型都只会开展提示到图像的查询。第二轮解码器操作基于更新后的提示特征和图像特征进行。特别地，第二轮解码的输入为更新后提示特征和原始提示特征之和，添加原始提示的目的是为了给模型进行再次提示以

"加深印象"。在第二轮解码操作完成后，即需要进行分割结果的预测。一方面，将解码得到的图像特征通过两个2×反卷积（步长均为2，输出通道数分别为64和32）进行4×的上采样，最终输出的特征图维度为256×256×32。另一方面，将解码得到提示特征和图像特征再次进行提示到图像的交叉注意力加工，接下来即基于4×上采样特征图和上述交叉注意力的输出来预测分割掩膜和对应得分。考虑到分割结果可能出现歧义（如原文中给出的衣服和人的例子——如果一个点提示位于衣服上时，到底是分割衣服还是穿着衣服的人），故掩膜解码器一次性的输出三个分割掩膜，每个掩膜图都对应着一个得分预测。上述分割掩膜和得分利用两个预测头结构分别得到。其中，第一个预测头结构完成分割掩膜预测，其中包括三个MLP结构，每个MLP输出特征向量的维度与图像特征图的通道数相同，均为32维。逐个将图像特征图每个位置的32维特向量征与一个MLP输出的32维特征做点积，即得到一个256×256的输出，这便是一个分割掩膜的预测结果，按照该方式遍历三个MLP的特征输出，即得到三个分割掩膜预测；第二个预测头为一个MLP结构，其输出一个三维向量，即作为上述三个分割掩膜的得分预测。图7-45示意了掩膜解码器的工作流程。

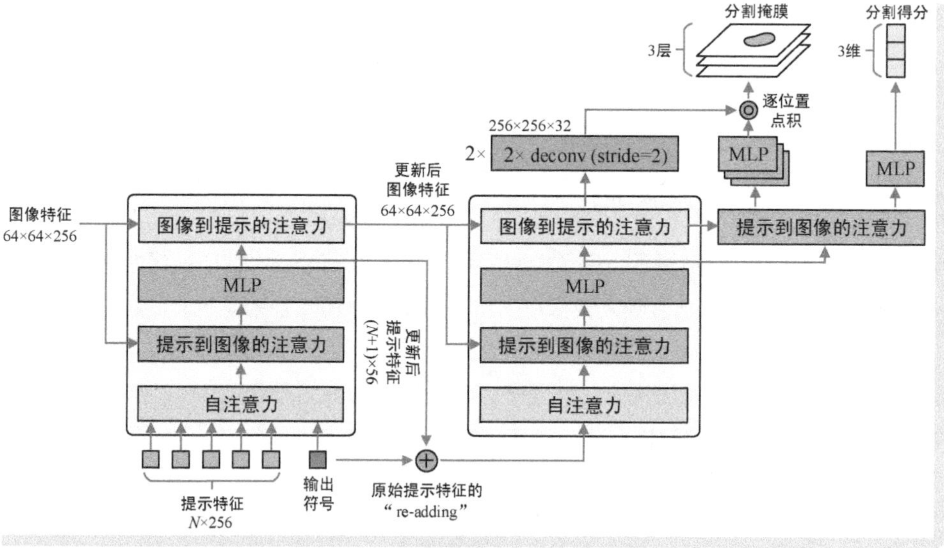

● 图7-45　掩膜解码器的工作流程示意

在训练阶段，作者们基于真值掩膜标注，以模拟提示输入的方式，交互式地训练SAM。例如，点型的提示以相同概率随机产生在目标内或背景上（其类别标签即按照其出现的实际位置进行赋予），目标框即取自目标掩膜的外接矩形。当然，为了更像未来的人工输入，包围框的位置添加了随机噪声。掩膜型的提示也通过类似的方式产生。通过不断进行提示-分割迭代，不断按照分割预测结果进行提示的调整，实现最终的模型训练。

最后，我们来简单聊聊SAM的意义。作为一种提示驱动的图像分割模型，SAM将提示信息从单一的文本形式扩展到任意交互形态，可以说思路非常新颖。但是除了模型层面的创新，笔者认为SAM给整个CV领域带来的影响远不止如此。第一，SAM颠覆了CV模型的构造和使用方式。从原来的针对特定数据集训练专用模型的方式，转变为"大模型就在那里，提合理要求就是"的新模式。我们现在绝大多数从业者都是在研发应用于专项任务的专用CV模型，要想效果好，拼的是调参的功力。但是SAM诞生后情况变了——效果好不好，全看提示是否到位。因此很多从业者都产生了“饭碗不保”的担忧。第二，从模型中心（Model-Centric）到数据中心（Data-Centric）的转变。现在的情况是，数据集构造和模型构造“两张皮”，算法工程师所做的工作就是等着别人标好数据，自己“围着模型转”，这便是典型的模型中心模式。但是，SAM给出了一种“数据促模型，模型滚数据”的循环新模式，数据集构建和模型训练的界限已经不再分明，甚至融为了一体。除此之外，我们应该看到Meta AI的宏大愿景，这一点在SAM原文的一开始已经阐述得非常清楚——Mata AI希望做的事情叫作“分割一切”项目（Segment Anything Project），其中包括三项具体工作：第一项工作为构建一种新的任务，该任务称为“可提示分割”（promptable segmentation）任务，模型的输入就是一幅图像及对其的提示信息，输出即为模型在提示下、针对图像得到的分割结果；第二项工作即构建一个能够完成上述任务的模型，我们上文介绍的SAM即是该工作的产物；第三项工作，便是通过人机交互的“滚动”模式，构建一个具有10亿级掩膜标注的超大规模的数据集。综上所述，有了任务设定和大规模数据集，还有了示范模型，可谓三位一体，Mata AI这是要创建一种图像分割或是其他密集预测乃至整个CV及多模态任务的新模式、新生态。

7.4.4 新型生成模型

近年来，随着NLP和CV技术的进步，以文本到图像生成为核心的AIGC技术也迎来了突飞猛进的发展，人们终于可以和计算机进行图文交互，甚至还诞生了“AI画师”这一新职业。在下文中，我们就对三个新型图像生成模型的背景和原理展开介绍。

1. DALL-E：基于dVAE和Transformer的图像生成

文本到图像的生成任务要求模型基于人类的自然语言生成与之相匹配的逼真图像，是视觉语言多模态任务中的一项重要任务，也一直也是人们的梦想和多年的追求目标。然而，图像生成是一项极具挑战性的任务。为了让图像的生成满足真实、多样，以及和文本匹配等诸多条件，需要构造多种分支结构、引进各种损失函数。因此，此类生成模型往往具有非常复杂的结构并且优化困难，我们从前文介绍的AttnGAN模型便可见一斑。2017年，谷歌Transformer，尤其是随后OpenAI GPT系列预训练生成式模型的诞生，将机器翻译等文本生成水平提高到了一个前所未有的高度，而这些NLP的生成模型都具有基于Transformer的简单架构。那么，是否可以借鉴NLP文本生成方面的有益思路架构，在大幅简化模型结构的同时，将文本到图像生成任务提高一个层次呢？2021年2月，Aditya Ramesh等[5]八名来自OpenAI的学者提出了“零样本文本到图像的生成”（Zero-Shot Text-to-Image Generation）模型，即诞生于上述背景下的经典工作。学者们将该模型昵称为“DALL-E”（读作“达利”），旨在向超现实主义艺术家萨尔瓦多·达利（Salvador Dali）和皮克斯动画电影《机器人总动员》中的机器人瓦力（WALL-E）的致敬。

为了理解DALL-E从文本到图像生成的过程，我们首先简单回顾一下自编码器（AutoEncoder，AE）模型㊀进行图像编码与重构的过程。如图7-46所示，对于一幅输入图像，AE首先利用图像编码器将

㊀ 请读者注意，我们这里是泛指自编码器类型的所有模型。包括了AE、VAE、VQ-VAE和下文将要涉及的dVAE等，这些模型的整体架构和工作模式都是类似的。

其编码到特征空间，即获得其特征表示（在某些场合也将该特征表示称作图像的隐状态特征），然后再以上述特征表示作为输入，利用一个图像解码器对其进行解码，将其恢复到图像空间。AE 模型采用自监督端到端模式训练，训练目标就是“重塑自己”——一幅图像经过编码器编码，再经过解码器重构，要求输出图像与输入图像越接近越好。当上述目的达到时，就意味着编码器和解码器都很“优秀”：编码器能够将图像编码为一个高质量的特征（一般这个特征的维度要远低于原始图像），该特征质量高到没有损失信息；解码器基于一个“浓缩版”的特征能够“真真切切”地恢复出原始图像。

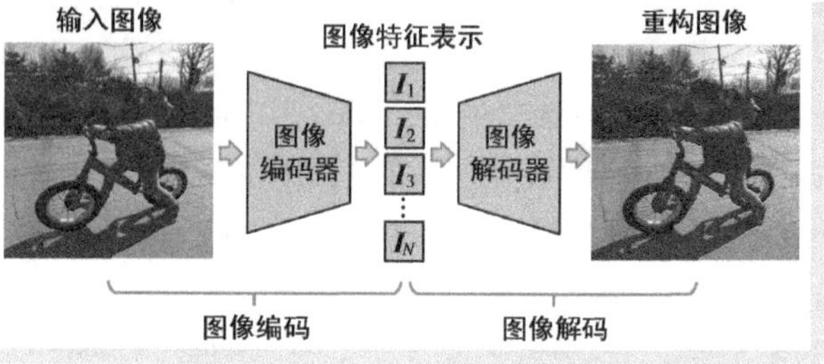

● 图 7-46　自编码器的图像编码与重构示意

一个训练好的 AE 模型一般来说都是“拆开”用的。例如，在上一章我们介绍的 BEIT 模型，就使用了 AE 的前半段——给定一幅图像，利用图像编码器获得其特征表示，这也是 AE 最常见的“打开方式”。但是我们这里先考虑要使用 AE 的后半段——如果我们手头上的已经有了一个图像的特征表示，就可以利用解码器将其恢复为图像，也即完成了图像生成操作。但是，图像特征从哪里来？我们可以继续“往前倒”：假如该图像特征不是像 AE 那样来由图像编码器产生，而是通过某种模态转换操作从文本特征转换而来，而文本特征又是文本编码器对某一文本的编码表示…于是，我们已经以“倒序”的方式打通了从文本生成图像的完整链路，这也正是 DALL-E 模型由文生图的整体流程。DALL-E 从文本到图像生成的过程包括了四个步骤。第一步为文本编码。针对输入的文本描述，通过文本编码器将其转换为文本特征表示。第二步为模态转换。这一步操作类似于机器翻译——将源语言特征表示转换为目标语言特征。只不过 DALL-E 中，这里的源语言和目标语言特征分别对应文本特征和图像特征。第三步图像解码。这一步已经回到了 AE 的下半段，即利用图像解码器对图像特征进行解码，重构图像。第四步为后处理。目的在于让生成的图像具有更高的质量。其中，就跨模态特征转换到底使用什么模型这一问题恐怕已经没有任何悬念——非 Transformer 结构莫属。图 7-47 示意了 DALL-E 文本到图像生成的整体流程。

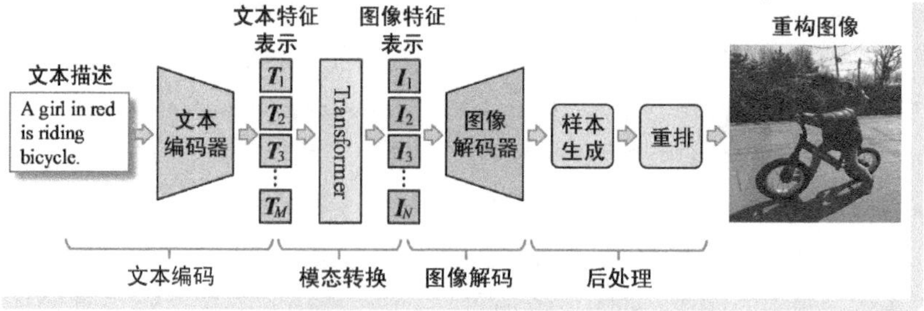

● 图 7-47　DALL-E 文本到图像生成的整体流程示意

经过上述讨论，我们已经了解了 DALL-E 模型的工作流程。但是还有两个重要问题还未落实。第一个问题，图像特征到底是什么？第二个问题，从文本到图像进行模态转换的 Transformer 怎么训练？上述两个问题即对应了 DALL-E 的两个阶段训练。其中，第一阶段即为训练图像的编码表示，第二阶段为训练特征转换模型。图 7-48 为 DALL-E 两阶段训练流程示意。

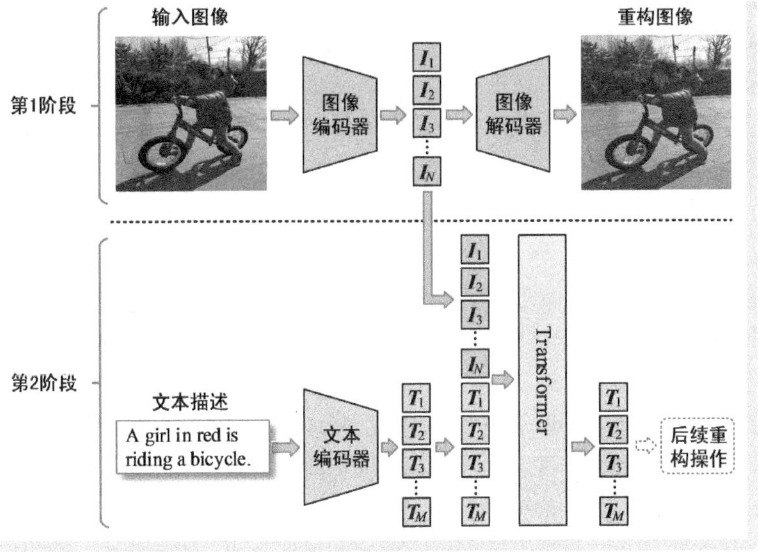

● 图 7-48　DALL-E 两阶段训练流程示意

在第一个训练阶段，DALL-E 以自监督训练的方式，训练一个离散变分自编码器（discrete Variational AutoEncoder，dVAE）。输入一幅图像，dVAE 将图像表达为一个离散特征序列，其中的每一个元素都是其在一个“视觉词典”（Visual Dictionary，在某些文献中也称为“视觉码本”，即“Visual Codebook”）中的下标，该下标称为视觉符号。有了视觉符号，dVAE 的解码器即可以将其恢复为图像。具体在 DALL-E 中，dVAE 的编码器和解码器都是 CNN 结构，针对一幅 256×256×3 的输入图像，dVAE 将其编码为 32×32 个视觉符号，视觉码本的大小为 8192。原文将第一阶段 dVAE 的训练形象地称为“视觉码本学习”（Learning the Visual Codebook）。我们在上一章中介绍的 BEIT 模型，也使用 dVAE 模型提取图像特征表示，之所以 dVAE 广受青睐，原因有二：第一，dVAE 能够实现大幅数据压缩，例如，在 DALL-E 中，dVAE 产生的图像特征只有 1024 个元素（32×32 = 1024）；第二，dVAE 实现图像分块进行离散的视觉符号表示，对图像的表达形式与词汇非常类似，故能够和词汇符号进行统一处理。

在第二个训练阶段，该阶段被称为“先验分布学习”（Learning the Prior），即训练一个稀疏 Transformer 解码器模型，使得其能够将文本特征转换为图像特征，训练的样本为一系列具有匹配关系的图像-文本对。针对其中的一组输入，DALL-E 利用第一阶段训练好的 dVAE 编码器对其中的图像进行编码，得到输入图像的特征表示，其长度为 32×32 = 1024，视觉词典大小为 8192；利用一个字节对编码器（BPE-encoder）对文本进行编码，得到输入文本的特征表示，其长度为 256，词典大小为 16384。此时，训练 Transformer 模型所需的输入和真值输出已经就位。然后，将两路特征表示进行拼接，送入 Transformer 解码器进行图像特征预测。请读者注意，如果我们要完成特征转换任务（如机器翻译任务），标准模型需要使用编码器-解码器两个结构——前者一次性看见所有并对其进行逐级加工，而后者采用“看前不看后”的自回归方式进行目标特征生成。而这里只是用了 Transformer 的解码器，这是因为 DALL-E 也采用了“前一半编码，后一半解码”的模式，通过注意力的掩膜来控制特征依赖关系。想必读者对该架构已经非常熟悉，前文介绍的 NLP 预训练模型 UniLM，以及上文介绍的视觉语言预训练模型 VisualBERT、UNITER 和 VLP 等在完成生成类任务时均采用了这一架构。DALL-E 使用 Transformer 的规模非常庞大，其层数高达 64 层，每个多头自注意力模块的头数为 62，每头注意力的特征维度为 64，整个模型的参数量达到 120 亿。在 DALL-E 的稀疏 Transformer 解码器中，使用了行注意力、列注意力和卷积注意力三种不同的稀疏注意力掩膜来控制注意力的作用范围。关于三种注意力的具体掩膜形式，我们这里不再详细展开，请感兴趣的读者阅读 DALL-E 原文或稀疏 Transformer 有关的文献。

推理阶段，在获得 Transformer 输出的图像特征表示之后，即可以利用 dVAE 的解码器进行后续的图像生成操作。作为变分自编码器（Variational AutoEncoder，VAE）的一种，dVAE 解码器在图像特征表示上添加一个小的随机噪声扰动，然后在此基础上重构图像，这就意味着 dVAE 的图像生成是具有随机性的，那么 DALL-E 到底以哪一幅或者哪些图像作为最终输出？这就需引入所谓的重排（reranking）操作。重排操作的思想非常简单——生成的图像与输入文本描述匹配程度越高，就越有优先输出的资格。重排的具体方法为：计算所有生成图像与输入文本之间的相似度并进行排序，将图文相似度高的前几幅图像作为输出。显而易见，重排操作的核心就是完成一个图文匹配任务，DALL-E 会利用一个训练好的对比学习模型（如前文介绍的 CLIP 模型）来完成上述工作。这样一来，整个 DALL-E 会用到三个模型：一个用来提取图像特征和进行图像重构的 dVAE 模型，一个用来完成文本特征到图像特征转换的 Transformer 模型，以及一个用来进行图文相似度计算的对比学习模型。

2. DALL-E 2：基于 CLIP 和扩散模型的图像生成

我们上文介绍了 DALL-E 模型，该模型分别以 BPE 编码器和 dVAE 编码器作为文本和图像编码器，以获得文本特征和图像特征，然后以 Transformer 实现文本到图像特征的转换，最后再以 dVAE 的解码器实现图像生成。在 DALL-E 诞生后不久，无论是图文特征表示方面还是图像生成方面，都取得了长足的进展。首先是图文特征表示方面，OpenAI 自家的 CLIP 模型可以说是里程碑般的存在。CLIP 在超大规模的图像-文本数据集上开展基于对比学习的自监督训练，可以同时学习得到带有文本语义特征的图像特征和带有图像信息的文本特征。再说图像生成方面，在 2020 年以前，图像生成主要依靠“两驾马车”，分别是基于 VAE 的图像生成模型和基于 GAN 的图像生成模型。例如，DALL-E 就属于 VAE“阵营”的生成模型。而 GAN 模型的分支更是枝繁叶茂，算得上是图像生成的绝对主力。但是，GAN 模型存在着两个比较严重的问题：一个问题是模型训练不稳定，简单来说就是“难训”；另一个问题就是生成图像更多的要求“保真”，但是在多样性方面却难以令人满意。2015 年，Jascha Sohl-Dickstein 等[7]四名来自斯坦福大学和伯克利大学的学者提出著名的扩散概率模型（Diffusion Probabilistic Models，DPM）。随后，各类扩散模型不断登场，GAN 模型当年的盛世在扩散模型阵营重演，特别是在 CV 领域，扩散模型生成的图像以假乱真，且极具多样化。让众人看到了扩散在视觉方面的潜力。图文特征表示和图像生成是文本到图像生成模型两个最核心的模块，既然两个方向都更新换代了，那么 DALL-E 是否能够“借着东风”再往前走一步呢？于是在 DALL-E 模型诞生一年后的 2022 年 4 月，

OpenAI 推出新一代文本到图像生成模型——DALL-E 2 [6]，该模型即以 CLIP 和扩散模型分别作为图文特征编码器和图像生成器，根据文本描述，生成高分辨率的、以假乱真，甚至是带有玄幻色彩的图像。

上文我们已经对 CLIP 模型进行了讨论，下面我们就对 DALL-E 2 模型涉及的另一个重要模块——扩散模型做简单讨论。但是需要说明的是，扩散模型有着非常深刻的数学背景，并且变种模型也非常多。受到篇幅和作者能力的限制，我们下面对扩散模型的讨论旨在为 DALL-E 2 做铺垫，因此只会涉及与 DALL-E 2 有直接关系的扩散模型，讨论的深度也仅会停留在“科普”层面，只说结论，回避推导。

我们讨论的第一个扩散模型为伯克利大学提出的去噪扩散概率模型（Denoising Diffusion Probabilistic Models，DDPM）[8]，其提出时间为 2020 年 6 月。DDPM 正式将扩散模型应用于 CV 领域，可以算作扩散模型应用于图像生成方面的开山之作，将扩散模型带到了一个新高度。说到 DDPM，首先需要了解扩散过程（diffusion process）。扩散过程也称为前向过程（forward process），简单来说，就是在一幅干净的图像上不断添加高斯噪声，最终利用噪声将图像信息完全淹没的过程。“扩散模型”中的“扩散”一词也来源来源于物理学概念——添加噪声的过程就如同在水中倒入颜料，刚开始的时候颜料和水还“丝丝分明”，但是随着颜料不断倒入，水和颜料逐渐融为一体，最后难以区分。图 7-49 上方箭头方向即为扩散过程的示意。其中 x_0 表示无任何噪声污染的原始图像，我们在其上添加高斯噪声，得到少量噪声污染的图像 x_1，然后再在 x_1 上添加高斯噪声，得到进一步污染的图像 x_2…以此类推，经过 T 步高斯噪声的添加，我们最终得到了一个什么也看不出来的噪声图像 x_T。DDPM 将每一步扩散过程表示为上一步图像和噪声的加权融合，表示为

$$x_t = \sqrt{\alpha_t} \cdot x_{t-1} + \sqrt{1-\alpha_t} \cdot \epsilon_{t-1} \tag{7-52}$$

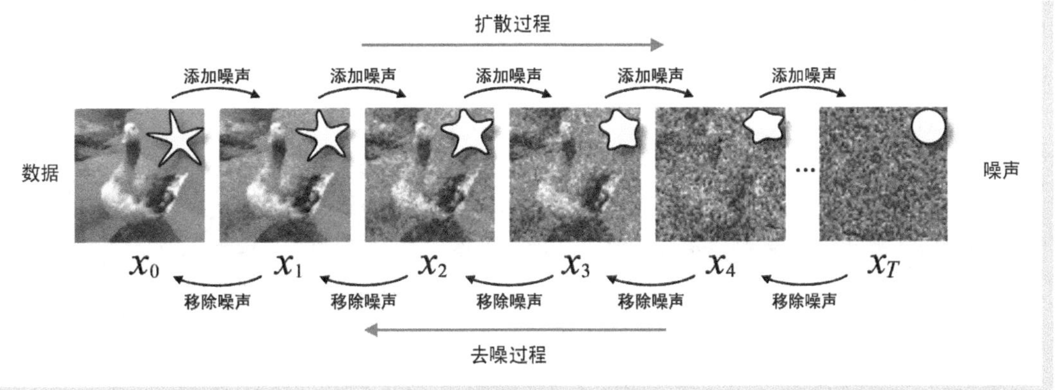

● 图 7-49　DDPM 的扩散过程和去噪过程示意（每幅图像右上角的图标为图像分布示意）

式中，$\epsilon_{t-1} \sim \mathcal{N}(0,1)$ 为高斯噪声；$\{\alpha_t\}_{t=1}^{T}$ 为一系列预先设定的超参数列表，用来控制上一步图像和噪声的混合比例，在很多文献中被称为噪声计划表（noise schedule）。式（7-52）表示了相邻两幅图像变化递归公式，那么还可以构造出从 x_0 到 x_t 的“一步到位”的噪声污染模型，有

$$x_t = \sqrt{\bar{\alpha}_t} \cdot x_0 + \sqrt{1-\bar{\alpha}_t} \cdot \epsilon \tag{7-53}$$

其中 $\epsilon \sim \mathcal{N}(0,1)$ 为高斯噪声（即高斯噪声的生成和步骤无关）；$\overline{\alpha}_t=\alpha_t\alpha_{t-1}\cdots\alpha_1$；本身高斯噪声采样与步骤无关，故直接将 ϵ_{t-1} 改写为 $\epsilon \sim \mathcal{N}(0,1)$。有了前向的添加噪声，那必定有反向的去噪过程（denoising process）。去噪过程为扩散过程的逆过程，即在每一步骤上进行噪声估计，通过迭代一步步将被噪声污染的图像 x_t 恢复到最干净的图像 x_0，图 7-49 下方箭头即示意了这一过程。每一步去噪过程可以表示为

$$x_{t-1}=\frac{1}{\sqrt{\alpha_t}}\cdot x_t-\frac{\sqrt{1-\alpha_t}}{\sqrt{\alpha_t}}\cdot \epsilon_\theta(x_t,t)+\sigma_t z \tag{7-54}$$

式中，$\epsilon_\theta(x_t,t)$ 即为 DDPM 针对步骤 t 和噪声图像 x_t，通过 U-Net 得到噪声估计，θ 为噪声估计模型的参数；$z\sim\mathcal{N}(0,1)$ 为一个高斯噪声，σ_t 为一个事先设定、和步骤有关的常量（与 α_t 类似）；$\sigma_t z$ 即表示经过噪声剥离后，得到的结果和真值还“差了那么点”的一个随机值。从采样的视角（也即生成的视角），式（7-54）可以表示为 $x_{t-1}\sim\mathcal{N}(\mu_\theta(x_t),\Sigma_t)$。如果我们将 Σ_t 也作为估计模型的输出，上述采样过程可以进一步表示为

$$x_{t-1}\sim\mathcal{N}(\mu_\theta(x_t),\Sigma_\theta(x_t)) \tag{7-55}$$

DDPM 以 U-Net 模型实现对 $\epsilon_\theta(x_t,t)$ 的预测，所谓 DDPM 的训练，即确定 U-Net 模型的参数 θ，使得噪声预测值和噪声真值之间的差异达到最小化。图 7-50 示意了 DDPM 的训练流程，每一次迭代都包括四个步骤（在图中用带圆圈的数字表示）：第一步为扩散过程。获取一幅干净的图像 x_0，随机产生一个高斯噪声 $\epsilon\sim\mathcal{N}(0,1)$，然后再随机产生一个步骤值 t，利用式（7-53）所示的“一步到位”方法，利用噪声将 x_0 污染为 x_t（需要结合 $\{\overline{\alpha}_t\}_{t=1}^T$）。第二步为噪声估计。首先将时间进行嵌入表示，然后将其与噪声图像 x_t 一起送入一个 U-Net 网络，U-Net 网络的输出则为步骤 t 下图像 x_t 中的噪声估计值 $\epsilon_\theta(x_t,t)$。在 DDPM 中，为了增加 U-Net 的全局建模能力，作者们在其中增加了若干单头自注意力模块。第三步为噪声差异损失计算。在扩散过程中人为生成的噪声 ϵ 是已知的，因此可以作为噪声估计的真值，计算二者之间的损失。第四步为模型参数更新。基于第三步得到的损失，指导更新 U-Net 模型的参数。有了噪声估计模型，就可以很容易地进行图像生成了：从 $\mathcal{N}(0,1)$ 中随机产生一幅噪声图像，将其视为经过极端噪声污染的图像 x_T，然后按照上述方式“抽丝剥茧”，一步步将其恢复到 x_0 的过程，即为图像生成的过程。

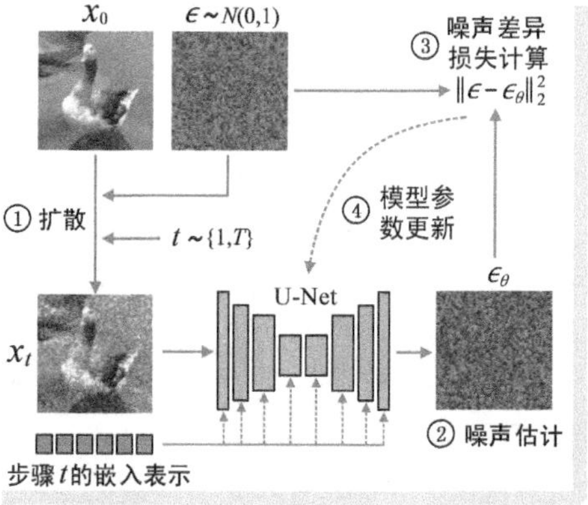

● 图 7-50　DDPM 的训练流程示意

我们介绍的第二类扩散模型为带有引导的扩散模型（Guided Diffusion Models）。上文中的 DDPM 与标准 GAN 模型类似，从随机噪声生成图像，属于无条件图像生成模型。然而，就像条件 GAN 之于标准 GAN 那样，人们自然希望生成的结果符合我们预期，不能“野蛮生长”。于是带有附加条件的系列扩散模型应运而生，这一类模型即被称为带有引导的扩散模型。按照引导信息的加入方式，带有引导的扩散模型可以分为分类器引导（classifier guidance）扩散模型和无分类器引导（classifier-free guidance）

扩散模型两大类。其中，前者为 OpenAI 于 2021 年 5 月提出[9]，该模型被称为“消融扩散模型”（Ablated Diffusion Model。ADM），代表扩散模型阵营赢得了击败 GAN 的关键一战；而后者则由谷歌在 2021 年 12 月召开的 NeurIPS 会议上提出[10]。两种扩散模型体现了不同的思想：前者借助外部模型（一般为分类器）的输出作为引导条件来指导扩散模型的去噪过程，该类模型的特点是不用修改扩散模型本身。对于那些不想训练或训练不起扩散模型的个人或机构而言，这是一种非常友好的引导方式；而后者直接将所需的引导条件作为模型输入的一部分，从而让扩散模型见到这个条件后就可以直接生成我们想要的输出。此类模型从扩散模型训练的一开始就为其注入引导“基因”，这便等同于训练一种全新的扩散模型，意味着模型的训练需要大规模的图像数据和引导数据（这里的引导数据一般是与图像匹配的多模态数据），因此只有 OpenAI、谷歌这种大公司才能承担得起，我们下文将要介绍的 DALL-E 2，以及目前几乎所有的图像生成模型都采用的这种方式。在 DDPM（无条件扩散模型）中，我们将步骤 t 到步骤 $t-1$ 的去噪模型记作$p_\theta(x_{t-1}|x_t)$，则在分类器引导扩散模型中，在给定额外的类别标签条件 y 后，去噪过程可以表示为

$$p_{\theta,\phi}(x_{t-1}|x_t,y)=Z\cdot p_\theta(x_{t-1}|x_t)\cdot p_\phi(y|x_t) \tag{7-56}$$

式中，Z 为一个归一化因子；$p_\phi(y|x_t)$即为对 x_t进行类别预测的概率模型，ϕ 为其参数。可以看出，作为原扩散模型的单步去噪模型，$p_\theta(x_{t-1}|x_t)$仍在那里，未发生任何改变。这即证明在分类器引导扩散模型中，原扩散模型是保持不变的，只需额外训练一个分类器，然后在去噪过程中将类别预测结果整合进来即可。在上述模式下，式（7-55）的采样过程需要改写为

$$x_{t-1}\sim\mathcal{N}(\mu_\theta(x_t)+s\cdot\Sigma_\theta(x_t)\cdot\nabla_{x_t}\log p_\phi(y|x_t),\Sigma_\theta(x_t)) \tag{7-57}$$

式中，s 为一个预先设定的常量系数。式（7-57）表明，我们在每一步去噪（生成）过程中，在计算高斯分布的均值时，需要为其加上方差及分类梯度项的乘积。值得一提的是，ADM 模型针对 U-Net 网络也开展了很多有益的改进工作，其中和注意力机制有关的改进具体包括两个方面：第一，将 DDPM 的单头注意力改为多头；第二，将 DDPM 仅在 16×16 的单一分辨率尺度上的注意力计算，改造为在 32×32、16×16 和 8×8 三种分辨率尺度上进行。

分类器引导扩散模型存在显著的问题，它需要额外训练一个分类模型，除了过于烦琐之外，更重要的问题在于引导条件的引入太过死板，基本上只能对接判别模型的输出，不利于在大规模数据上联合更加丰富的多源特征（如后续的多模态引导）开展一体化训练。为了克服上述问题，人们提出了无分类器引导扩散模型。在该模型中，相邻两步的去噪模型可以表示为$p_\theta(x_{t-1}|x_t,y)=\mathcal{N}(\mu_\theta(x_t,y),\Sigma_\theta(x_t))$，其中$\mu_\theta(x_t,y)$形式与式（7-54）所示 DDPM 十分接近，即

$$\mu_\theta(x_t,y)=\frac{1}{\sqrt{\alpha_t}}\cdot x_t-\frac{\sqrt{1-\alpha_t}}{\sqrt{\alpha_t}}\cdot\epsilon_\theta(x_t,t,y) \tag{7-58}$$

相较于 DDPM，无分类器引导扩散模型的噪声预测从$\epsilon_\theta(x_t,t)$变为$\epsilon_\theta(x_t,t,y)$，即增加了引导条件作为模型输入。相较于分类器引导扩散模型，这里不需要额外训练一个分类模型。在对无类别引导扩散模型进行训练时，为了让其兼顾无条件（即标准 DDPM）生成和有条件生成两种功能，往往以固定的概率将引导条件 y 置为控制（即令 $y=\varnothing$），使得模型“时而受控，时而自由”，从而做到“有条件的自由发挥”。

我们介绍的第三个扩散模型为 OpenAI 的 GLIDE [34]。GLIDE 模型的提出时间为 2021 年 12 月，其全称为 “Guided Language to Image Diffusion for Generation and Editing”。显而易见，GLIDE 是一个文本引导的、用于图像生成和编辑㊀的扩散模型。具体而言，GLIDE 是一个以文本描述作为引导条件的无分类器引导扩散模型，即将噪声预测模型具体化为$\epsilon_\theta(x_t, t, caption)$。可以说 GLIDE 是在 DALL-E 诞生后，OpenAI 基于扩散模型这一图像生成的最优模型，借助自身强大的数据和计算资源优势，以“大力出奇迹”的方式，对 DALL-E 所做的第一次改进。对于输入的、作为引导信息的文本描述，GLIDE 模型使用一个 Transformer 的文本编码器获取其特征表示，并进行噪声预测模型的特征注入。具体操作包括两个方面：第一，针对长度为 K 的特征，GLIDE 取出其最后一个输出特征作为文本的整体描述，添加到 U-Net 的每一个残差模块进行特征融合。这一操作与 DDPM 中对步骤 t 嵌入表示的使用模式类似；第二，将最终输出的 K 个词汇特征进行分别的不同维度的线性变换，将变换结果与不同注意力模块中的特征进行拼接，然后进行一体化的注意力加工。

有了上述几个扩散模型的基础，我们就可以正式讨论 DALL-E 2 模型。接下来我们同样按照介绍 DALL-E 的方式，从后往前推，厘清 DALL-E 2 从文本到图像生成的大致脉络。首先，我们有了 DDPM，相当于有了一个图像生成工具，它能够基于图像特征生成最终的图像㊁，因此 DDPM 扮演了图像解码器的角色；那么图像特征从哪里来？自然是从文本特征转换而来，在两代 DALL-E 中，这一步操作都被称为先验(prior)学习。在上文介绍的 DALL-E 中，这一转换工作由 Transformer 解码器（也即 GPT）以自回归方式来完成，但是在 DALL-E 2 中，作者们除了使用上述自回归方式，还尝试了扩散模型，扩散模型的起点（即x_t）为文本特征，而目标（即x_0）为图像特征；文本特征的来源自然不用多说，就是 OpenAI 自家 CLIP 文本编码器对输入文本描述的加工。这样一来，DALL-E 2 的从文本到图像的生成过程（即推理）就包括三大步骤：第一步，文本到文本特征。针对输入的文本描述，首先利用 CLIP 文本编码器将其加工为特征表示；第二步，文本特征到图像特征。利用先验学习得到的转换模型，将文本特征转换为图像特征；第三步，图形特征到图像。该步骤即利用扩散模型对图像特征进行解码，生成最终的图像。在这一步，DALL-E 2 即使用了改进版的 GLIDE 模型。

与 DALL-E 的两阶段训练类似，DALL-E 2 模型的训练过程也分为两大阶段。在第一个训练阶段，DALL-E 2 以对比学习的方式，利用图像-文本对数据，训练一个 CLIP 模型，如图 7-51 上半部分示意；在第二个训练阶段，训练数据仍然为图像-文本对，此时 CLIP 模型即被冻结，然后基于其提取的特征训练两个模型。其中，第一个模型即从文本特征到图像特征的转换模型（即原文中的先验学习模型构造），对其训练的输入数据为 CLIP 得到的文本特征，而用来作为监督的真值数据即为 CLIP 模型得到的图像特征。在原文中，作者们对比了两种不同架构的特征转换模型，其中第一种模型与 DALL-E 相同，也是基于 Transformer 的自回归转换模型（也即 GPT 模型），第二种为以文本特征作为引导信息的扩散模型；第二个模型训练即构造基于 GLIDE 的图像解码器，训练的输入数据即为上述图像特征，而

㊀ 所谓文本引导的图像编辑（Image Editing），简单来说就是通过给计算机形如“把左边的人擦除”或“把图中的屋顶换为红色”的文字提示，让计算机对一幅图像进行修改。

㊁ 上文介绍的带有噪声的图像也可以视为是一种图像特征，这里的图像特征和最终输出图像分别相当于x_t和x_0。请读者不要仅仅从“加噪”和“去噪”进行狭义地理解，将扩散模型的所做操作理解为广义上的变换。

目标图像即为输入图像，其示意如图7-51下半部分所示。经过上述分析容易看出，DALL-E 2是非常依赖CLIP模型的，尤其是其图像生成过程，相当于将CLIP图像特征恢复为图像，即进行了CLIP图像编码的逆过程，因此在DALL-E 2的原文中，将自己称为“UnCLIP模型”。DALL-E 2论文题目中的“CLIP Latent”也正是因为其图像生成使用了CLIP模型提取的特征。

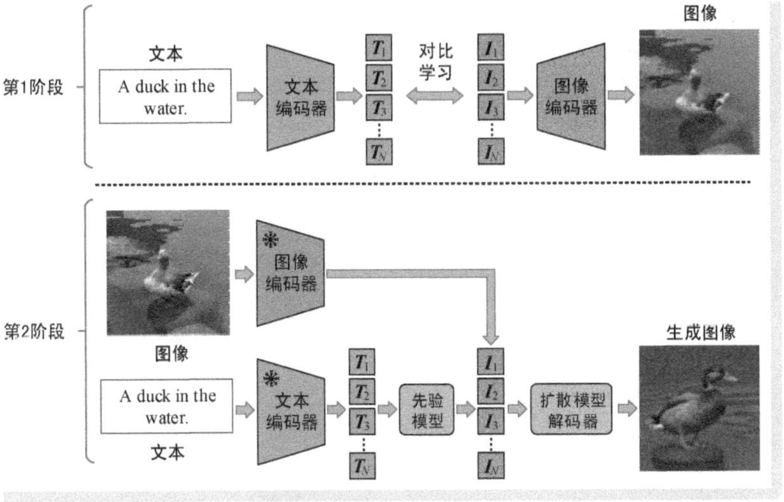

● 图7-51　DALL-E 2两阶段训练流程示意

我们从一般扩散模型到带有引导的扩散模型（又包括分类引导和无分类引导两种），再到文本引导的扩散模型，总算将DALL-E 2模型的核心工作讨论清楚。可以看出，就模型结构本身而言，DALL-E 2执行文本到图像生成的步骤同样遵循了DALL-E的“三段式”模式——从文本到文本特征，再从文本特征到图像特征，最后从图像特征到图像。就创新性而言，说DALL-E 2是一个“缝合”模型一点也不为过，毕竟几乎所有模块都是用现成最好的模型——图文特征表示用的是自己的CLIP，图像生成用的是自家的GLIDE。但是，我们能够从DALL-E 2模型上看到OpenAI的两点过人之处：第一，卓越的工程化能力，OpenAI投入了大量的结构优化和精细化参数调节工作，才能将模型“缝合”到如此自然且效果出众；第二，不断探索的精神，无论是扩散模型还是文本到图像的生成模型，OpenAI的身影可谓随处可见，都能够在恰当的时机，将相关技术往前猛推一步，也常常使人眼前一亮。不断地技术积累，再加上自身雄厚资源的支撑，最终才得到DALL-E 2看似“缝合”但实则是集大成者的优秀工作。

3. LDM：AI绘图的“绝世高手”

扩散模型在图像生成方面的表现可谓相当的“SOTA”，但是其最大的问题莫过于对计算资源的要求太高，尤其是我们需要得到高分辨率的生成图像时，上述缺陷将是致命的。扩散模型计算量大，最重要的原因在于其所有的扩散过程都是在原始像素空间进行。那么，我们是否可以将扩散模型从像素空间转换到低维特征空间，从而使得计算量能够大幅降低呢？2021年12月，Robin Rombach等[35]四名学者提出潜扩散模型（Latent Diffusion Model，LDM），即将标准扩散模型的扩散操作搬到自编码器的特征空间中进行。相较于图像像素这一“摆在明面”的空间，LDM的工作环境为无法直接观测的潜表示空间（latent representation space），LDM也因此而得名。

在训练架构方面，LDM 与 DALL-E 模型类似，其整体形如一个“夹心面包”。其中“面包”部分为一个自编码器模型（两片面包分别对应自编码器中的编码器和解码器），而其中的“夹心”部分则是一个扩散模型。除此之外，LDM 还有一个可选的“多功能调味盒”——通用条件模块，该模块可以对文本、图像等多形式的外部多模态信息进行编码，将其作为扩散模型的引导条件注入噪声预测模型，将 LDM 中的扩散模型构造为带有多模态引导的扩散模型（准确地说为无分类器引导扩散模型）；当需要 LDM 进行无条件图像生成时，将条件模块的输出置为空即可。图 7-52 为 LDM 的整体训练架构示意。“面包”和“夹心”要分头制作——LDM 模型的训练也分为的两个独立的阶段。

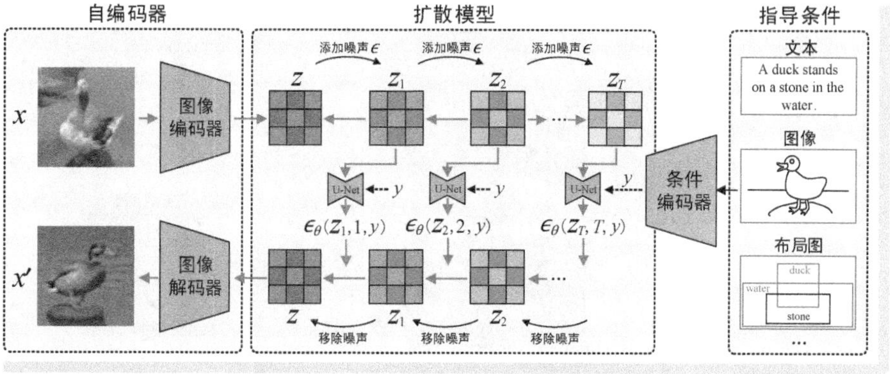

● 图 7-52　LDM 的整体训练架构示意

第一阶段训练旨在构造一个自编码器模型，以获得图像的潜特征表示，从而为后续扩散模型的高效加工提供数据基础。在原文中，将利用自编码器获得图像潜特征表示的过程称为“感知图像压缩”（Perceptual Image Compression）。感知图像压缩具体的工作流程为：输入一幅彩色图像 $x \in \mathbb{R}^{H\times W\times 3}$，自编码器模型中的编码器将其编码为潜特征表示，表示为 $z=\mathrm{enc}(x)$，其中 $z \in \mathbb{R}^{h\times w\times c}$；然后解码器能够对其进行重建，将其恢复到原始图像空间，即 $x'=\mathrm{dec}(z)=\mathrm{dec}(\mathrm{enc}(x))$。潜特征表示 z 对于原始图像具有2^m的降采样率，即有 $H/h=W/w=2^m$，其中 $m=1,2,\cdots$。为了让 z 能够稳健高效地表达原始图像，作者们在训练自编码模型时设置了多种监督目标，还尝试添加了 KL-Reg 和 VQ-Reg 两种正则化约束。

第二阶段训练即基于潜特征表示训练扩散模型。我们首先将经过 T 步扩散形成的潜特征表示序列记作$\{z_t\}_{t=0}^{T}$，其中 $z_t=z_{t-1}+\epsilon$，$\epsilon \sim \mathcal{N}(0,1)$为高斯噪声，$z_t$即为噪声“污染版”的 z_{t-1}，z_0即为编码器形成的最原始特征 z。LDM 扩散模型的训练任务即构造噪声估计模型 $\epsilon_\theta(z_t,t,y)$，使得其能够尽量准确地估计每一步的噪声。LDM 的优化目标可以表示为最小化如下数学期望

$$\mathcal{L}_{ldm}(\theta)=\mathbb{E}_{z=\mathrm{enc}(x),\epsilon\sim\mathcal{N}(0,1),t\sim\{1,T\}}\left[\|\epsilon-\epsilon_\theta(z_t,t,y)\|_2^2\right] \tag{7-59}$$

式（7-59）表示的 LDM 优化过程为：针对输入的图像 x，首先利用编码器得到其对应的潜特征表示 $z=\mathrm{enc}(x)$；然后产生随机噪声 ϵ 和随机步骤 t，利用“一步到位”的方式，构造出 z 在扩散步骤 t 下的“污染版”特征 z_t；接着利用噪声估计模型估计当前步骤的噪声$\epsilon_\theta(z_t,t,y)$，这里的 y 即表示外部的引导条件[⊖]，该引导条件可以是文本、图像，以及布局图（layerout，即标注不同对象在图上位置的标注

⊖ 准确地讲，这里的指导条件是指导条件的编码，但是这里我们简化了描述。

图）等多种形式，当 $y=\varnothing$时，即表示 LDM 为无条件生成模型；最后利用 L2 距离计算其与真实噪声之间 ϵ 的差异，LDM 优化目标即要求二者尽可能地接近。正是因为步骤 t 的采样是随机的，所以采用数学期望来表示平均意义下的最优噪声估计。

下面我们来看看 LDM 使用引导条件的机制。在上文的讨论中，已经反复提及噪声预测模型 $\epsilon_\theta(z_t,t,y)$，在 LDM 中，该模型同样也是使用一个 U-Net 网络来实现。噪声预测模型有三个输入，其中的 y 即代表一个来自外部的引导条件，目的旨在让扩散模型在引导下开展工作。LDM 的引导条件是具有通用性的，可以是类别标签、一段描述性文本，也可以是一幅图像，甚至是一幅布局图。也就是说 LDM 支持“anything→image”模式的图像生成，文本到图像的生成只是其中的一种具体形式。简单来说，但凡能够数字化表示的信息都可以放在 LDM 的“多功能调味盒”中。LDM 使用一个条件编码器（Conditiona Encoder）对上述引导条件进行编码表示，我们将该编码工作记作$\tau_\phi(y)\in\mathbb{R}^{M\times d_\tau}$，其中 M 和 d_τ分别为特征表示的长度和维度，ϕ 为条件编码器参数。为了与引导条件进行特征整合，LDM 在 U-Net 模型中添加了多个层级的交叉注意力模块，在这些注意力模块中，U-Net 对 z_t进行加工得到的中间特征（可以理解为预测噪声的某中间特征表示）作为查询，在引导条件特征上进行查询和注意力合成。具体来说，对于第 i 个层级的交叉注意力模块，注意力计算所需的查询集合、键值集合的计算方法㊀

$$
\begin{aligned}
\boldsymbol{Q}^{(i)} &= \varphi_i(z_t)\cdot \boldsymbol{W}_Q^{(i)},\\
\boldsymbol{K}^{(i)} &= \tau_\phi(y)\cdot \boldsymbol{W}_K^{(i)},\\
\boldsymbol{V}^{(i)} &= \tau_\phi(y)\cdot \boldsymbol{W}_V^{(i)}
\end{aligned}
\tag{7-60}
$$

式中，$\varphi_i(z_t)\in\mathbb{R}^{N\times d_\epsilon^i}$为 U-Net 第 i 层中间特征的“展平”表示；$\boldsymbol{W}_Q^{(i)}\in\mathbb{R}^{d_\epsilon^i\times d}$、$\boldsymbol{W}_K^{(i)}\in\mathbb{R}^{d_\tau\times d}$和 $\boldsymbol{W}_V^{(i)}\in\mathbb{R}^{d_\tau\times d}$分为查询、键和值特征的线性变换矩阵。有了 $\boldsymbol{Q}$、$\boldsymbol{K}$ 和 $\boldsymbol{V}$，我们可以计算按照注意力的标准形式计算注意力的权重并对特征进行融合，将引导条件特征注入 U-Net 的每一层级注意力模块。LDM 的训练即对τ_ϕ与ϵ_θ进行联合优化。

训练好的 LDM 非常容易使用，下面我们就以文本到图像生成为例对其使用方法进行介绍。如图 7-53 所示，输入一段文本描述，首先利用文本编码器（即上文介绍条件编码器τ_ϕ的文本版本）对其进行编码，获得文本特征表示，该特征表示将作为后续扩散模型的引导条件；然后构造一个与潜特征

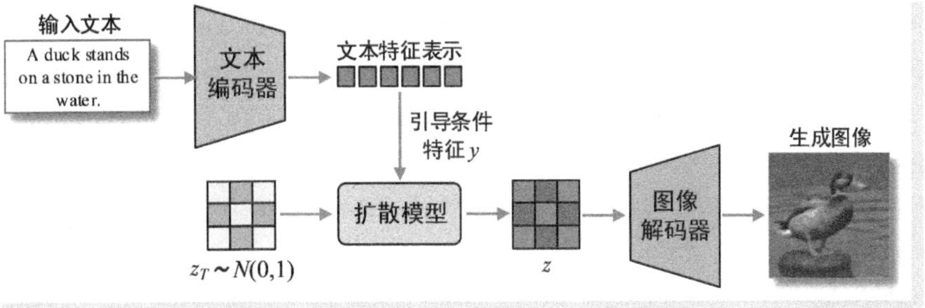

● 图 7-53　LDM 进行文本到图像生成的流程示意

㊀ 为了与前文进行统一，这里我们对原文线性变换调整了顺序，并且按照笔者个人的理解调整了矩阵的维度。

表示具有相同维度的随机张量，该张量即可以视为“污染到极致”的潜特征表示 z_T；接下来即进入扩散模型的去噪操作，该操作基于 z_T，结合文本引导条件特征，一步步获得 z_T的“最干净版本” z；最后，即利用训练好自编码器中的解码器，将潜特征表示 z 恢复到图像空间，这便是最终的图像生成结果。

最后，我们对 LDM 进行简单的总结。LDM 的诞生将图像生成应用推向一个新高度。除了显著提升了传统扩散模型的计算效率之外，LDM 模型还具有两个明显优势：第一，支持高质量的图像生成。LDM 可以生成很高分辨率的图像，其中包含丰富的细节，哪怕是巨幅风景画的生成，LDM 也不在话下。这也是 LDM 最直接的优势。第二，功能十分强大。LDM 能够很好地应用于无条件图像生成、图像修复（inpainting）和图像超分辨率（super-resolution）等各类单模态应用，还能够以文本、图像等多种模态信息作为引导条件，开展文本到图像生成等各类多模态应用。也正是因为 LDM 的强大能力和巨大潜力，在其后诞生了一系列在特征层面开展工作的扩散模型，为 AIGC 领域带来前所未有的繁荣，这一类模型有着一个响当当的名字——“稳定扩散模型”（Stable Diffusion Models）。现如今，AIGC 领域所有耳熟能详的 AI 绘图系统，清一色都是基于稳定扩散模型打造。

参考文献

[1] MORENCY L P，BALTRUSAITIS T. Tutorial on Multimodal Machine Learning [C]. Vancouver：Annual Meeting of the Association for Computational Linguistics，2017.

[2] NGIAM J，KHOSLA A，KIM M，et al. Multimodal Deep Learning [C]. Bellevue：International Conference on Machine Learning，2011.

[3] LU J，BATRA D，PARIKH D，et al. ViLBERT：Pretraining Task-Agnostic Visiolinguistic Representations for Vision-and-Language Tasks [OL].（2019-8-6）[2023-4-25]. https：//arxiv. org/abs/1908. 02265.

[4] RADFORD A，KIM J W，HALLACY C，et al. Learning Transferable Visual Models From Natural Language Supervision [OL].（2021-2-26）[2023-4-26]. https：//arxiv. org/abs/2103. 000201.

[5] RAMESH A，PAVLOV M，GOH G，et al. Zero-Shot Text-to-Image Generation. 2021 [OL].（2021-2-26）[2023-4-26]. https：//arxiv. org/abs/2102. 12092.

[6] RAMESH A，DHARIWAL P，NICHOL A，et al. Hierarchical Text-Conditional Image Generation with CLIP Latents [OL].（2022-4-13）[2023-4-26]. https：//arxiv. org/abs/2204. 06125.

[7] DICKSTEIN J S，WEISS E A，MAHESWARANATHAN N，et al. Deep Unsupervised Learning using Nonequilibrium Thermodynamics [OL].（2015-11-18）[2023-4-27]. https：//arxiv. org/abs/1503. 03585.

[8] HO J，JAIN A，ABBEEL P. Denoising Diffusion Probabilistic Models [OL].（2020-12-16）[2023-4-27]. https：//arxiv. org/abs/1503. 03585.

[9] DHARIWAL P，NICHOL A. Diffusion Models Beat GANs on Image Synthesis [OL].（2021-6-1）[2023-4-27]. https：//arxiv. org/abs/1503. 03585.

[10] HO J，SALIMANS T. Classifier-Free Diffusion Guidance [C]. OnLine：Conference on Neural Information Processing Systems 35，2021.

[11] KIRILLOV A，MINTUN E，RAVI N，et al. Segment Anything [OL].（2023-4-5）[2023-4-28]. https：//arxiv. org/abs/2304. 02643.

[12] BALTRUSAITIS B，AHUJA C，MORENCY L. Multimodal Machine Learning：A Survey and Taxonomy [OL].

(2017-8-1) [2023-4-28]. https://arxiv.org/abs/1705.09406.

[13] LIANG PP, ZADEH A, MORENCY LP, et al. Foundations and Trends in Multimodal Machine Learning: Principles, Challenges, and Open Question [OL]. (2023-2-20) [2023-4-28]. https://arxiv.org/abs/2209.03430.

[14] ZELLERS R, BISK Y, FARHADI A, et al. From Recognition to Cognition: Visual Commonsense Reasoning [OL]. (2019-3-26) [2023-4-28]. https://arxiv.org/abs/1811.10830.

[15] XU K, BA J, KIROS R, et al. Show, Attend and Tell: Neural Image Caption Generation with Visual Attention [OL]. (2016-1-26) [2023-4-28]. https://arxiv.org/abs/1502.03044.

[16] YANG Z, HE X, GAO J, et al. Stacked Attention Networks for Image Question Answering [OL]. (2016-1-26) [2023-5-1]. https://arxiv.org/abs/1511.02274.

[17] ANDERSON P, HE X, BUEHLER C, et al. Bottom-Up and Top-Down Attention for Image Captioning and Visual Question Answering [OL]. (2018-3-14) [2023-5-1]. https://arxiv.org/abs/1707.07998.

[18] XU T, ZHANG P, HUANG Q, et al. Fine-Grained Text to Image Generation with Attentional Generative Adversarial Networks [OL]. (2017-11-28) [2023-5-1]. https://arxiv.org/abs/1711.10485.

[19] GOODFELLOW I J, PougET-ABADIE J, MIRZA M, et al. Generative Adversarial Networks [OL]. (2014-6-10) [2023-5-1]. https://arxiv.org/abs/1406.2661.

[20] MIRZA M, OSINDERO S. Conditional Generative Adversarial Nets [OL]. (2014-11-6) [2023-5-2]. https://arxiv.org/abs/1411.1784.

[21] LEE K H, CHEN X, HUA G, et al. Stacked Cross Attention for Image-Text Matching [OL]. (2018-7-23) [2023-5-2]. https://arxiv.org/abs/1803.08024.

[22] VINYALS O, TOSHEV A, BENGIO S, et al. Show and Tell: A Neural Image Caption Generator [OL]. (2016-3-19) [2023-5-2]. https://arxiv.org/abs/1502.03044.

[23] TAN H, BANSAL M. LXMERT: Learning Cross-Modality Encoder Representations from Transformers [OL]. (2019-12-3) [2023-5-2]. https://arxiv.org/abs/1908.07490.

[24] LI L H, YATSKAR M, YIN D, et al. VisualBERT: A Simple and Performant Baseline for Vision and Language [OL]. (2019-8-9) [2023-5-2]. https://arxiv.org/abs/1908.03557.

[25] CHEN Y C, LI L, YU L, et al. UNITER: UNiversal Image-TExt Representation Learning [OL]. (2020-7-17) [2023-5-2]. https://arxiv.org/abs/1909.11740.

[26] ZHOU L, PALANGI H, ZHANG L, et al. Unified Vision-Language Pre-Training for Image Captioning and VQA [OL]. (2019-12-4) [2023-5-2]. https://arxiv.org/abs/1909.11059.

[27] LI X, LI C, ZHANG P, et al. Oscar: Object-Semantics Aligned Pre-training for Vision-Language Tasks [OL]. (2020-7-26) [2023-5-2]. https://arxiv.org/abs/2004.06165.

[28] KIM W, SON B, KIM I. ViLT: Vision-and-Language Transformer Without Convolution or Region Supervision [OL]. (2021-6-10) [2023-5-3]. https://arxiv.org/abs/2102.03334.

[29] LI J, SELVARAJU R R, GOTMARE A D, et al. Align before Fuse: Vision and Language Representation Learning with Momentum Distillation [OL]. (2021-10-7) [2023-5-3]. https://arxiv.org/abs/2107.07651.

[30] LI J, LI D, XIONG C, et al. BLIP: Bootstrapping Language-Image Pre-training for Unified Vision-Language

Understanding and Generation [OL]. (2021-2-15) [2023-5-3]. https://arxiv.org/abs/2201.12086.

[31] LI J, LI D, SAVARESE S, et al. BLIP-2: Bootstrapping Language-Image Pre-training with Frozen Image Encoders and Large Language Models [OL]. (2023-6-15) [2023-5-4]. https://arxiv.org/abs/2301.12597.

[32] LI L H, ZHANG P, ZHANG H, et al. Grounded Language-Image Pre-training [OL]. (2022-6-17) [2023-5-4]. https://arxiv.org/abs/2112.03857.

[33] LI B, WEINBERGER K Q, BELONGIE S, et al. Language-driven Semantic Segmentation [OL]. (2022-4-3) [2023-5-4]. https://arxiv.org/abs/2201.03546.

[34] NICHOL A, DHARIWAL P, RAMESH A, et al. GLIDE: Towards Photorealistic Image Generation and Editing with Text-Guided Diffusion Models [OL]. (2022-3-8) [2023-5-4]. https://arxiv.org/abs/2112.10741.

[35] ROMBACH R, BLATTMANN A, LORENZ D, et al. High-Resolution Image Synthesis with Latent Diffusion Models [OL]. (2022-4-13) [2023-5-4]. https://arxiv.org/abs/2112.10752.